Première Livraison

L'AGRICULTURE FRANÇAISE

ILLUSTRÉE

MANUEL PRATIQUE

PUBLIÉ SOUS LA DIRECTION DE MM.

DELACROIX ET **T. OBALSKI**

Chef de laboratoire à l'Institut agronomique. — Attaché au Muséum d'histoire naturelle

INTRODUCTION

Par M. **GEORGES VILLE**

Professeur au Muséum.

AVEC LE CONCOURS OU D'APRÈS LES TRAVAUX DE MM.

PRILLIEUX, inspecteur général de l'enseignement agricole ; DUCHARTRE, DEHÉRAIN et SCHLŒSING, de l'Institut ; MAXIME CORNU, professeur de cultures au Muséum ; GRANDEAU et AIMÉ GIRARD, professeur au Conservatoire des Arts et Métiers ; SCHRIBAUX, NANOT, MALLÈVRE, KAYSER, BUSSARD, professeurs à l'Institut agronomique ; VIALA, professeur à l'École de Montpellier, etc., etc.

PARIS

...LANGER, éditeur, 90, boulevard Montparnasse.

L'AGRICULTURE FRANÇAISE ILLUSTRÉE

Depuis quelques années, l'agriculture a fait d'immenses progrès ; les sciences agricoles ont transformé les méthodes de culture et inauguré des pratiques raisonnées, basées sur la connaissance exacte des lois de la nature.

Quels sont ces progrès ? Quelles sont ces connaissances nouvelles ?

La science agricole est restée jusqu'à ce jour une étude spéciale, que le cultivateur n'a pas osé affronter, craignant de se perdre dans des livres trop dogmatiques. Nous croyons le moment venu de mettre les nouvelles méthodes agricoles à la portée de tous en les résumant dans une étude simple et facile à lire, tout en lui conservant son caractère scientifique.

Après une étude rapide des **Progrès de la science agricole moderne**, nous entamerons l'**Étude du sol**. La qualité du sol, en effet, indique ce qu'on en doit attendre ; un sol déterminé ne pouvant donner qu'un nombre limité de produits. Pour le connaître, il nous faudra recourir aux procédés pratiques de l'analyse chimique des terres. Cette étude nous amènera à parler de la **Chimie agricole** et de la **Botanique générale**.

Vient ensuite l'**Agriculture proprement dite**, où nous nous étendrons davantage en insistant sur la question primordiale des **Engrais**.

Les **Arts et industries agricoles**, les **Cultures industrielles**, serviront de transition pour arriver à la **Viticulture**, question de la plus haute importance, depuis que nos vignes françaises, détruites par un fléau, se reconstituent et reverdissent plus florissantes que jamais.

Les plantes, comme tout organisme, sont sujettes aux **Maladies**.

De même que la médecine combat le mal, de même la science agricole est arrivée à connaître et à guérir les fléaux des plantes.

Nous terminerons ce travail par l'**Élevage des animaux** et enfin par l'**Horticulture**, dont les progrès ont été si rapides pendant ces dernières années.

En un mot, nous voulons que le laboureur qui aime la terre, l'instituteur qui veut instruire ses élèves, le propriétaire intelligent qui cultive lui-même, que tous, enfin, puissent comprendre les méthodes nouvelles et en tirer profit.

Pour faire de cet ouvrage un guide sûr et qui inspire confiance, nous nous sommes adressés aux savants éminents et aux professeurs dont le nom fait autorité dans la science agricole.

M. [illegible], professeur au Muséum d'histoire naturelle, a bien voulu nous donner l'introduction de cet ouvrage, — M. Prillieux, inspecteur général de l'enseignement agricole, et M. le docteur Delacroix, chef de laboratoire à l'Institut agronomique, nous conseilleront pour traiter des maladies des plantes.

MM. Schlœsing et Duchartre, de l'Institut, nous guideront dans l'étude de la chimie agricole.

Enfin, nous nous sommes assurés des excellents conseils de MM. Mallèvre, directeur du laboratoire zootechnique de Joinville ; Bussard, chef du laboratoire des essais de semence ; Kayser, chimiste au laboratoire des fermentations ; Nanot, directeur de l'École d'horticulture de Versailles ; Schribaux, directeur de la station d'essai de semences ; Viala, professeur à l'École de Montpellier, et de MM. Grandeau, Maxime Cornu et Dehérain, à la bienveillance desquels nous n'avons pas fait appel en vain.

L'ouvrage paraît chez tous les libraires en livraisons à 10 centimes, deux par semaine.

On peut souscrire soit chez tous les libraires, soit chez [illegible], et dans ce cas le souscripteur reçoit une série de 4 livraisons, sous couverture, tous les 15 jours. — Prix de l'abonnement : [illegible] francs pour [illegible].

Sceaux. — Imp. Charaire et Cie.

L'AGRICULTURE FRANÇAISE

ILLUSTRÉE

SCEAUX. — IMPRIMERIE CHARAIRE ET Cie

L'AGRICULTURE FRANÇAISE ILLUSTRÉE

MANUEL PRATIQUE

PUBLIÉ SOUS LA DIRECTION

DE

T. OBALSKI

Attaché au Muséum d'histoire naturelle

L. BOULANGER

ÉDITEUR

90, BOULEVARD MONTPARNASSE, 90

PARIS

L'AGRICULTURE FRANÇAISE
ILLUSTRÉE

INTRODUCTION

L'accroissement de la production au moyen des engrais chimiques.

Par GEORGES VILLE

Quiconque, en cette fin de siècle, observe avec attention le mouvement des esprits et des événements est immédiatement frappé d'une chose : le souffle nouveau qui entraîne les peuples et le sentiment d'émancipation qui les anime. Tout le monde convient que l'ancien concordat entre le travail et le capital ne saurait subsister, qu'il faut que ce concordat subisse une transformation radicale. Il n'est pas jusqu'à la papauté qui ne reconnaisse, ne proclame la légitimité de cette transformation.

Mais, dans la question sociale, il y a deux termes : le partage des bénéfices et l'élévation de la production. Je laisse le partage des bénéfices de côté — ceci nous entraînerait trop loin — pour n'envisager que l'élévation de la production, et, au lieu de faire dériver les solutions que l'avenir réserve à la question sociale des incidents secondaires, des intérêts de second ordre, je vais m'appliquer, au contraire, à faire dériver ces solutions des lois qui règlent les manifestations de la vie, qui commandent le jeu de l'énergie vitale dont chacun de nous dépend, et qui, par conséquent, comprennent et résument à elles seules tous les intérêts qui nous touchent.

La vie se manifeste sous trois modes : la vie végétale, la vie animale et la vie humaine. La végétation, le règne animal, le genre humain, tels sont les trois termes de l'équation de la vie, qui ne saurait avoir d'autre cadre que celui-là.

La première assise des manifestations de la vie, c'est la végétation. Pas de végétaux, pas d'animaux, pas d'espèce humaine! Par conséquent, quelles que soient les questions qui puissent surgir, quand il s'agit de définir les conditions essentielles de l'existence, il y en a une qui prime toutes les autres : je parle des lois qui commandent à l'activité vitale, aux phénomènes dont la vie dépend, dont la vie est l'affirmation. Eh bien! c'est cette question que je vais essayer de définir dans ses termes fondamentaux, en vous faisant passer successivement des questions de principe aux applications, et aux applications pour ainsi dire les plus pratiques, celles qui nous touchent dans nos intérêts les plus immédiats.

Dans le passé, comment les sociétés ont-elles vécu? Elles ont traversé trois phases distinctes, elles ont appliqué trois grandes méthodes irréductibles. Quand les populations ne sont pas encore très denses, on suit deux systèmes agricoles. Là où il y a de vastes espaces, c'est le système pastoral, où toute l'économie agricole se réduit à l'élevage de nombreux troupeaux, soutenu et complété par une culture restreinte d'orge ou de froment. Quand, au contraire, au lieu de vastes espaces, les Sociétés ne disposent que d'espaces limités, quand, au lieu de vivre sur d'immenses plateaux herbeux et dans les plaines infinies, les hommes se cantonnent au fond des vallées dont la partie inférieure est sillonnée par des cours d'eau, alors, on a recours à l'irrigation. Tel est le cas de l'Afrique dans la partie qui confine le désert, tel est le cas de l'Egypte que traverse le Nil, tel est le cas de certaines régions de la Chine. L'irrigation, le régime pastoral : c'est entre ces deux régimes que se partage l'économie agricole des populations clairsemées.

Mais ces procédés sont des procédés primitifs, des procédés qui ne peuvent s'appliquer qu'à des populations peu nombreuses. Lorsque les populations s'accroissent, lorsque les populations se condensent, il leur faut des régimes nouveaux, et c'est à ce moment que, dans l'histoire de l'humanité, se révèle et s'affirme ce que l'esprit d'initiative, de recherche et d'entreprise est capable de produire; c'est alors que naissent les systèmes agricoles réguliers dont le prototype est le système triennal.

Le système triennal consiste à diviser la terre en deux parties : d'un côté, la prairie, dans l'autre partie, la culture proprement dite. La partie réservée à la culture se subdivise elle-même en trois soles ou trois parcelles : une partie laissée en jachère, une partie qui est cultivée en blé, une troisième qui est cultivée en avoine, plus une légère surface pour suffire à tous les besoins du personnel de la ferme, des exploitants de l'usine agricole. Et quel est le caractère de cette solution? C'est la fusion du régime pastoral et du régime fondé sur l'irrigation, car la prairie est irriguée.

Mais ce système a un caractère spécifique, un caractère fatal: c'est que l'agriculteur est condamné à produire à la fois la récolte et l'engrais qui fait la récolte. Avant de produire le blé, il faut produire le fumier, condition nécessaire et matière première du blé. La prairie précède et commande le champ. L'engrais, en effet, le fumier, provient de la prairie; la prairie, qui fournit l'engrais, la substance même de la récolte future, est donc le point de départ du cadre étroit et rigide dans lequel l'industrie agricole doit s'exercer.

Plus tard, ce système se transforme, on lui substitue un assolement alterne qui commence par une plante sarclée et dans la constitution duquel intervient le trèfle. Plus tard encore, viennent les assolements industriels, dans lesquels un rôle est réservé à la pomme de terre ou à la betterave. Tous systèmes qui ont pour caractère de substituer à l'exportation de la récolte intégrale l'exportation d'un produit de la récolte, et à laisser pour la consommation des animaux des produits dérivés, des pulpes, par exemple.

Tous ces systèmes répondent à cette nécessité inexorable et sans appel :

La culture est tenue de produire et le fumier et la récolte.

Entre ces deux termes, il y a un rapport de dépendance inflexible, auquel on ne peut se soustraire. Vous voulez des récoltes? Il vous faut du fumier. Pour avoir du fumier, il vous faut du bétail! D'où cette formule : *Prairie, Bétail, Céréales!* La prairie, pour avoir de la nourriture pour le bétail, du bétail pour avoir du fumier, et du fumier pour avoir des céréales!

Arrêtons-nous là, car il faut faire sortir de ce premier résultat la définition des conditions d'existence qui nous sont imposées.

Du moment que le fumier est la première nécessité de la culture, et du moment qu'il y a un rapport de dépendance entre le fumier et la récolte, entre la quantité du fumier produit et la quantité de récolte obtenue, les sociétés sont enfermées dans un cercle de fer qu'elles ne sauraient franchir. L'assolement triennal, qui a été la première affirmation d'un système régulier de culture arrive à produire 6,000 kilogrammes de fumier par hectare de culture. Or, 6,000 kilogrammes de fumier permettent d'obtenir 14 hectolitres de blé à l'hectare : tantôt 15, tantôt 16, tantôt 12, la moyenne étant finalement de 14. Quand vous introduisez une plante sarclée, la production des céréales s'élève à 20 hectolitres. Quand vous substituez, à un assolement alterne, un assolement industriel fondé sur la betterave par exemple, alors le rendement des céréales peut s'élever jusqu'à 24 hectolitres à l'hectare. Mais faites ce que vous voudrez! Du moment que le fumier est le régulateur de la production de la récolte et que vous êtes tenu de produire à la fois la récolte et la matière première dont est faite la récolte, vous êtes acculé à une difficulté qu'il ne vous est pas permis de surmonter, vous êtes enlacé dans un cercle de fer que vous ne pouvez rompre! ***Fatalement, les rendements que vous pouvez obtenir sont subordonnés à la quantité de fumier que vous pouvez produire.***

Cette phase de l'évolution agricole est assurément une période superbe, parce qu'elle atteste la prodigieuse fécondité de l'esprit d'observation. Quand la science a eu défini les lois de la production végétale que je vais vous présenter, quand la science a eu définitivement éclairé ce système, elle a été saisie d'un sentiment indicible d'admiration : rien, en effet, n'est plus digne d'admiration que la rigueur avec laquelle la quantité du fumier mis dans la terre correspond à la récolte issue de la terre. L'homme pratique qui a le premier appliqué ce procédé n'apercevait pas, sans doute, ce rapport de dépendance, et, pour ainsi parler, de filiation directe. C'est l'esprit d'observation, l'empirisme pratique qui, sous la rude pression des exigences du combat pour l'existence, le lui a fait découvrir. Mais c'est seulement après plusieurs siècles, quand on a pu remonter de la plante à ses éléments constituants que l'explication a pu être donnée. Jusque-là, c'était le résultat conquis par l'effort, le résultat poursuivi pour se soustraire à la souffrance, le résultat qu'on obtient toujours lorsque, dans l'indépendance de l'esprit, on sait regarder, on sait voir. On peut manquer de théorie, mais on peut aller très loin en cherchant simplement à relier l'effet à sa cause, alors même que la cause n'est pas définie, pourvu que l'effet soit parfaitement déterminé et défini lui-même.

Alors, en effet, pour les agriculteurs, le fumier était une chose une ; ils ne pensaient pas que le fumier pût être capable d'être défini dans les substances qui le constituent. Assurément, le fumier et la récolte étaient deux termes distincts, deux termes indéterminés, sans relation réciproque appréciable.

Voulez-vous que nous passions du passé au présent et du présent à l'avenir? Eh bien! substituons à ces notions vagues, à ces notions presque obtuses, les notions analytiques; définissons la plante; définissons le fumier et, alors, tout un ordre nouveau va apparaître parce que nous passerons du domaine de la pratique empirique au domaine de la pratique que la science illumine, au domaine que la science éclaire de toute la splendeur des lois qu'elle est capable de conquérir, pour conduire l'homme à la notion intime, précise et certaine des causes profondes dont ces lois sont l'affirmation.

Mettons de côté pour un instant la question de culture et la question sociale, et toutes les questions qui peuvent en ce moment troubler ou occuper les esprits, ne voyons qu'une chose..... Les végétaux sont, avons-nous dit, la première assise des manifestations de la vie. Eh bien! demandons-nous ce que sont les végétaux,

CULTURE DU CHANVRE

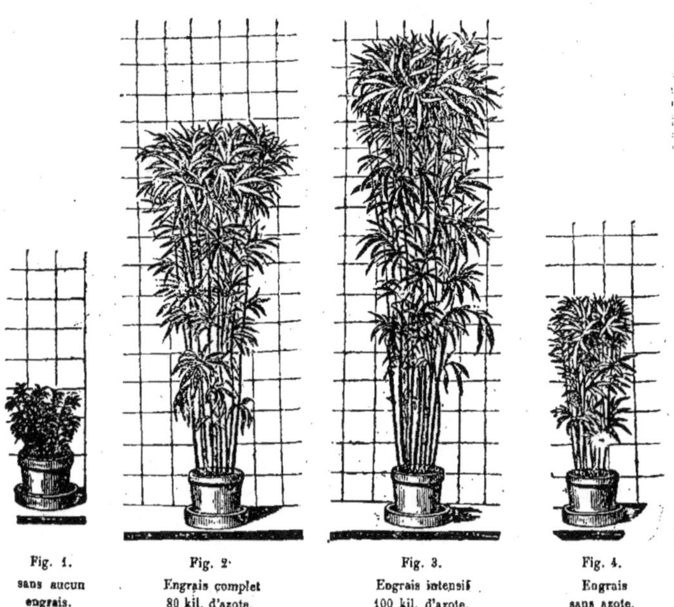

Fig. 1. sans aucun engrais. — Fig. 2. Engrais complet 80 kil. d'azote. — Fig. 3. Engrais intensif 100 kil. d'azote. — Fig. 4. Engrais sans azote.

d'où ils viennent, de quoi ils sont formés; puis nous pousserons plus loin cette étude, nous nous demanderons s'il n'est pas possible de produire des végétaux, comme on obtient de véritables produits chimiques, de la soude, du chlore ou du savon.

Il n'y a pas de question plus facile à résoudre que celle-là. De quoi sont formés les végétaux? Les végétaux, ou plutôt tous les êtres vivants, tous les êtres qui, à tous les degrés de l'échelle animée, affirment l'activité vivante qui, tantôt, est réglée et subordonnée par des instincts, et tantôt, rayonne la pensée, la conscience, la volonté, tous les êtres vivants doivent leur constitution à quatorze éléments qui sont toujours les mêmes. Plante, animal, espèce humaine, tout ce qui vit comporte invariablement ces quatorze éléments.

Quatre de ces éléments sont représentés par le carbone, l'hydrogène, l'azote et l'oxygène, que nous appelons les « éléments organiques » de la substance animée, caractérisés par une faculté spéciale que possède la substance animée, à quelque règne qu'elle appartienne, la faculté de brûler. Lorsqu'un végétal, une bûche de bois, brûle dans vos foyers, les fumées et les vapeurs qui s'en dégagent sont expressément représentées par du carbone, par de l'hydrogène, par de l'azote et par de l'oxygène. D'autre part, les cendres qui restent dans le foyer sont représentées par tous les éléments inscrits sur le tableau suivant, et qu'on appelle « les éléments minéraux », la partie minérale, parce qu'ils ont pour origine l'écorce solide du globe.

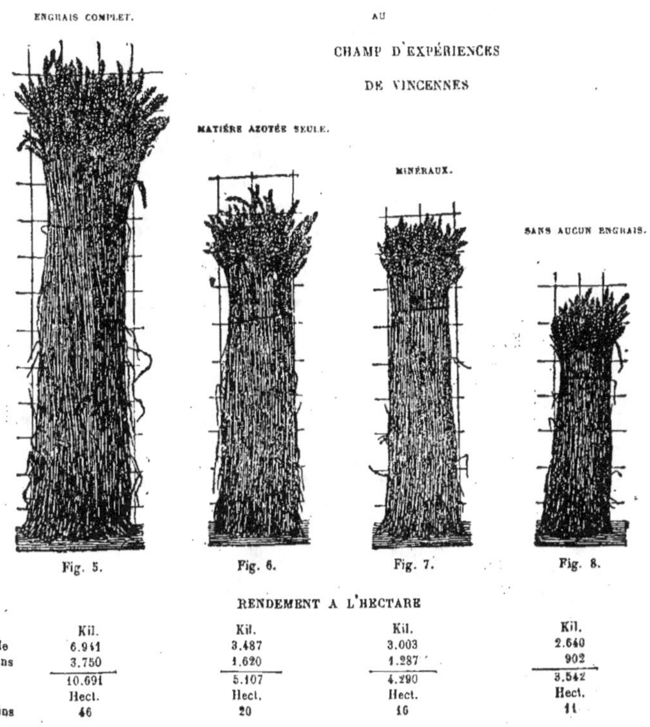

Fig. 5. Fig. 6. Fig. 7. Fig. 8.

RENDEMENT A L'HECTARE

	Fig. 5	Fig. 6	Fig. 7	Fig. 8
	Kil.	Kil.	Kil.	Kil.
Paille	6.941	3.487	3.003	2.640
Grains	3.750	1.620	1.287	902
	10.691	5.107	4.290	3.542
	Hect.	Hect.	Hect.	Hect.
Grains	46	20	16	11

ÉLÉMENTS MINÉRAUX DE LA PRODUCTION AGRICOLE

1° *Acide phosphorique*	5° *Oxyde de fer*	9° *Soude*
2° *Soufre*	6° *Manganèse*	10° *Potasse.*
3° *Chlore*	7° *Chaux*	
4° *Silice*	8° *Magnésie*	

Eh bien, une fois que vous avez défini ainsi la constitution de toute substance qui a été animée, vous arrivez à cette conclusion que tous les êtres vivants relèvent d'un fond substantiel commun dans lequel il y a quatorze éléments : quatre éléments organiques, le carbone, l'hydrogène, l'oxygène, l'azote, et dix éléments minéraux, parmi lesquels, figurent au premier rang, l'acide phosphorique ou le phosphate, la potasse et la chaux.

Ce qu'il faut voir en ce moment, ce sont les deux choses : la partie qui se dissipe, la partie qui survit à la combustion. Ce qu'il faut voir, c'est l'invariable fixité de ce fond substantiel immuable que la vie anime à un certain moment, dont la vie dérive, et qui est toujours représenté par quatorze éléments.

Ah! une fois qu'on est arrivé à cette définition, il se lève dans l'esprit toute une marée de problèmes et d'ambitions. En ce qui concerne les végétaux, on peut se demander s'il ne serait pas possible de produire des végétaux avec ces éléments, à la condition de leur faire revêtir une forme déterminée. Eh bien! pour éclairer tout ce domaine, il va nous suffire de nous demander d'où viennent ces éléments, et vous allez tout de suite voir s'établir entre eux un départ, une distinction qui va préparer la solution que nous aurons à vous présenter, et qui doit dériver des premières notions que je viens de vous soumettre.

En effet, d'où viennent le carbone, l'hydrogène et l'oxygène? De l'air et de l'eau de la pluie! Or, le carbone, l'hydrogène et l'oxygène représentent à eux seuls et à eux trois les 93 centièmes de la plante. S'il en est ainsi, voyez quelle différence il y a entre la pratique du passé et les pratiques auxquelles nous allons être conduits. Le passé avait dit : « Il faut du fumier pour avoir des récoltes. Le fumier « est représenté par un grand nombre de voitures, puisque la masse du fumier qu'il « faut employer est de 40 à 50,000 kilogrammes par hectare..... Entre le poids du « fumier et le poids de la récolte, il y a, en apparence, un certain rapport de quo- « tité. » La science arrive et vous dit : « Mais non! dans la récolte, il y a 93 0/0 « dont vous n'avez pas à vous préoccuper; ce n'est pas la terre qui les donne aux « plantes; c'est l'air et l'eau de la pluie. Par conséquent, ces éléments, qui consti- « tuent la plus forte partie de la récolte, au point de vue de la production, vous « n'avez pas à en prendre souci. Si vous les faites intervenir, vous faites une fausse « manœuvre. Ces éléments proviennent de sources naturelles, et le grand effort que « vous devez faire, c'est de découvrir les conditions qui vous permettent d'ouvrir la « porte sacrée qui fait communiquer les agents naturels avec le champ des œuvres « humaines, avec l'arène du travail humain, porte qui s'ouvre ou reste fermée, sui- « vant que vous savez vous élever à la notion de la loi qui en est la clef mysté- « rieuse et prédestinée. »

Après l'oxygène, l'hydrogène et le carbone, représentant 93 0/0 du végétal, arrivent les éléments minéraux, au nombre de sept, la soude, la magnésie, l'acide sulfurique, le chlore, l'oxyde de fer, la silice, le manganèse qui, dans la substance des végétaux, représentent 4 0/0 et *dont la terre est saturée.* Il y en a dans la terre comme il y a du sel dans l'eau de l'Océan. Vous n'avez donc pas à vous en préoccuper non plus! Pourquoi apporter à la terre ce qu'elle contient en surabondance?

Alors vous êtes amenés à ce résultat inattendu, qui vous surprend, qui frappe la pensée d'une certaine stupeur : c'est que, sur les quatorze éléments de la vie végétale, il y en a dix dont vous n'avez pas à vous préoccuper, justement dix éléments qui représentent 97 0/0 du poids de la récolte. En revanche, les conditions dans lesquelles ces 97 0/0 sont assimilés par la plante, les conditions que la Nature, dans sa constitution éternelle et dans la souveraineté de ses manifestations, a imposées à la création, les conditions de la vie végétale qui continuent à enfanter et à maintenir l'ordre à travers le monde, ces conditions doivent tenter les curiosités de la science militante, car c'est la découverte des lois qui leur commandent qui vous permettra de vous enrichir et de commander à votre tour à votre profit et à la production du sol.

Vous trouvez enfin, dans la composition des végétaux, de l'azote, de l'acide phosphorique, de la potasse et de la chaux, pour un peu plus de 3 0/0 du poids de la plante. Eh bien! la réunion de ces quatre corps, c'est l'engrais théorique, c'est l'engrais dominateur, c'est la condition qui fait le végétal. Portez ces quatre corps sur tel sol que vous voudrez, et la fertilité naîtra immédiatement. Un wagon chargé de ces quatre corps porte la vie végétale, comme un wagon chargé de charbon porte la force mécanique. Avez-vous ces quatre corps? Toutes les sources de la nature vous sont ouvertes, tout vous appartient. Si vous avez la notion exacte des facultés de ces quatre corps et la connaissance nette et précise des conditions qui en portent les effets à leur maximum, vous êtes des conquérants; la nature est asservie; vous ferez des végétaux comme on fait du verre, comme on fait du cristal, de la porcelaine ou du savon.

Et, pour faire pénétrer cette conviction dans vos esprits, pour vous faire en quelque sorte toucher du doigt le phénomène, je n'aurai qu'à faire une évolution; je n'aurai qu'à définir en trois ou quatre propositions les conditions qui règlent l'activité de ce mélange sacré, de ce mélange qui est la source de la vie, puis à vous en montrer les résultats en vous présentant les produits qu'on obtient à son aide.

Je dis qu'avec ces quatre corps, vous réalisez les conditions de la production la plus puissante. La preuve, je n'ai pas à vous la fournir : des centaines, des milliers de résultats l'ont affirmé. Mais si vous aviez un doute, l'ombre seulement d'un doute, ah! j'aurais à ma disposition le moyen de vous convaincre et de le dissiper, ce serait de produire des végétaux dans le sable calciné, en dehors de tout élément capable de concourir à la vie végétale... Mais il me faut précipiter ma démonstration en définissant les conditions de l'activité de ce mélange qui est la vie dans ses dernières profondeurs, qui est l'instrument dominateur commandant à toutes les manifestations de la vie; et je vous demande de me croire sur parole quand je dis que ces quatre corps commandent la végétation.

Vous remarquerez, que, du moment que sur les quatorze éléments que les végétaux contiennent, il y en a dix qui se trouvent dans l'air, dans l'eau de la pluie ou dans le sol, alors les quatre que je viens de vous indiquer, s'ils possèdent bien la qualité que je dis, ne la possèdent qu'à la condition d'utiliser les dix autres, qui appartiennent aux sources naturelles, lesquelles sont ouvertes ou fermées, je le répète, suivant que vous avez ou non recours à ces quatre clefs magiques.

Eh bien! il y a plus. Prenez du fumier et faites une expérience parallèle avec le fumier et ces quatre corps réunis; — là, des charretées, ici, quelques sacs. Partout où vous donnez les quelques sacs, vous avez des récoltes plus belles que là où vous avez donné le fumier par tombereau. Vous pourrez vous convaincre par des milliers de résultats venant de tous côtés, affirmant de la façon la plus péremptoire l'immense supériorité de l'engrais chimique sur le fumier.

Mais, à mesure que vous multipliez les expériences, il vous est révélé un fait nouveau : c'est que, sur ces quatre corps, il y en a trois, l'azote, l'acide phosphorique et la potasse, qui exercent chacun, tour à tour, une fonction prédominante et régulatrice. Je m'explique!

Vous donnez à la terre, pour produire du blé, les quatre corps essentiels, les quatre éléments cardinaux. La récolte est superbe. Vous augmentez, dans une certaine expérience, la quantité de phosphate : la récolte reste la même. Vous augmentez la quantité de la potasse, la récolte reste aussi la même. Vous augmentez la quantité de chaux : la récolte reste toujours la même. Vous augmentez la quantité de l'azote, et, aussitôt, la récolte augmente.

Il y a donc un rapport de dépendance entre la quantité de la matière azotée et la quotité de la récolte. Sans doute, la matière azotée, pour manifester son action, a besoin de la présence et du concours des trois autres éléments; elle ne revêt, elle n'acquiert, elle ne possède, elle ne manifeste cette fonction de suprématie qu'à la condition d'être accompagnée des trois autres, elle règle la quotité de la récolte, alors que les autres l'assurent et ne la règlent pas.

Vous passez de la céréale au trèfle? Oh! ce n'est plus la matière azotée qui a la fonction prépondérante, c'est la potasse. Vous passez au turneps, au maïs, au topinambour, à la canne à sucre. Ce n'est plus la matière azotée, ce n'est plus la potasse, c'est le phosphate de chaux, qui joue le rôle d'élément prédominant et régulateur.

Par conséquent, vous êtes conduits à ces conclusions capitales et absolues :

1° Que quatre termes suffisent à la production de tous les végétaux, qui en contiennent quatorze, parce que la présence de ces quatre termes permet aux dix termes absents d'intervenir, le végétal ayant la propriété de puiser directement aux sources naturelles qui les contiennent;

2° Que, sur ces quatre corps, il y en a trois qui, suivant la nature des plantes, exercent une fonction prédominante et régulatrice, en outre de la fonction nécessaire constitutive de la production de la récolte;

3° Que ces trois éléments prédestinés, supérieurs, sont l'azote, la potasse et le phosphate de chaux; la chaux étant nécessaire à toutes, mais n'étant prépondérante vis-à-vis d'aucune culture.

J'ai donné le nom de *dominante* d'une plante à l'élément qui est le régulateur du rendement.

Quant à l'importance des résultats qu'on peut obtenir, il m'est facile de vous en rendre juges.

Voici du chanvre venu en l'absence de tout engrais (fig. 1).

Nous donnons à la terre l'engrais formé de quatre termes, et, à la place de cette récolte chétive, nous obtenons la récolte que voici (fig. 2).

J'ai dit que l'azote était le régulateur du rendement de la récolte. A cet engrais (fig. 3) nous ajoutons un excès d'azote, nous mettons 100 kilogrammes d'azote au lieu de 75, et la récolte passe à ce développement.

J'ajoute que tous les autres termes de l'engrais, l'acide phosphorique, la potasse et la chaux sont nécessaires, que, si on les supprime, on porte atteinte à la quotité de la récolte, mais que, lorsqu'il s'agit d'obtenir une récolte, et qu'on emploie l'engrais composé des quatre termes, c'est la quotité de l'azote qui est le régulateur. Vous supprimez l'azote, et voici la récolte qui est obtenue (fig. 4).

Si vous supprimez la chaux, l'atteinte est moins profonde; si vous supprimez le phosphate, l'atteinte est moins profonde; si vous supprimez l'azote, l'atteinte est plus profonde. C'est que l'azote est l'élément dominant. Nous l'augmentons sans augmenter la dose du phosphate, de la potasse et de la chaux, et la récolte augmente dans une proportion correspondante.

Nous supprimons l'azote, la récolte diminue soudain au point de se confondre avec la récolte obtenue sans le secours d'aucun engrais.

Le froment reproduit absolument les effets obtenus sur le chanvre (fig. 5, 6, 7, 8).

C'est dans cette progression que réside la justification de cette qualité, de cette dénomination de *dominante*, et de cette fonction supérieure et régulatrice que possède seule la dominante. Les quatre termes sont nécessaires; la suppression de l'un d'eux porte une atteinte considérable à l'action de tous les autres; mais, sur les quatre, il y en a un dont la suppression porte une grande atteinte, plus forte que la suppression des autres, et dont l'augmentation crée une progression dans le résultat, alors que l'augmentation des autres termes est absolument sans effet.

La suppression est nuisible, l'augmentation produit une augmentation correspondante dans la quotité de la récolte: voilà le caractère de la dominante.

La potasse est la dominante de la pomme de terre, la suppression de la potasse réduit jusqu'à rien la récolte (fig. 9, 10, 11).

Mettez en regard de ces résultats ce que vous obtenez avec le fumier. La récolte est toujours plus faible qu'avec les engrais chimiques, et, le fumier étant un, invariable dans sa constitution, vous ne possédez pas le moyen de varier ses effets en variant sa composition.

CULTURE DE LA POMME DE TERRE

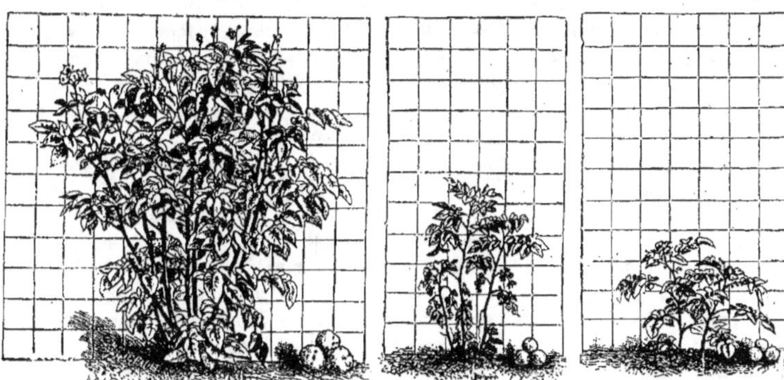

Engrais complet. Fig. 9. Sans potasse. Fig. 10. Sans aucun engrais. Fig. 11.

Avec les engrais chimiques, vous possédez la faculté de régler la composition des engrais suivant les aptitudes et les nécessités culturales, et, grâce à cette faculté du changement dans la composition des engrais, vous avez des effets correspondants dans les résultats obtenus. Ce qui vient de se produire pour le chanvre se produira sur toutes les autres récoltes. Sur le topinambour et le maïs, les effets sont plus saisissants qu'avec le chanvre et le froment, parce que le maïs et le topinambour atteignent une taille beaucoup plus haute.

Sur la terre sans aucun engrais, le topinambour atteint à peine un mètre de hauteur; avec l'engrais chimique, il en atteint au moins trois.

Sur les tubercules, l'effet est le même que sur l'ensemble de la plante.

Sur la terre qui n'a pas reçu d'engrais, les tubercules acquièrent à peine la grosseur d'un œuf, avec l'engrais chimique ils dépassent le volume d'une belle poire. Par conséquent, la plante et le tubercule révèlent, accusent et affirment les résultats obtenus.

Le maïs du Nicaragua, dit maïs géant, nous fournira un dernier exemple.

En l'absence de l'engrais, sa hauteur atteint un mètre à peine. Avec l'engrais il en atteint cinq à six. Et, ce qu'il y a de plus saisissant, c'est que c'est la trente-deuxième récolte obtenue à la même place et sur la même terre! Depuis la fondation du champ d'expériences de Vincennes, la terre vouée au maïs est toujours cultivée en maïs.

Ce sont là, il me semble, des manifestations singulièrement affirmatives des indications théoriques que je vous ai présentées tout à l'heure. Reste maintenant à rattacher ces affirmations aux résultats de la pratique consacrée par la tradition.

Le fumier, disons-nous, est actif, et, pendant des siècles, on a dit que, dans le fumier (qu'on ne définissait pas), il y avait des conditions mystérieuses qui déterminaient son efficacité. Ce sont là des formules qui correspondent à la période chaotique de l'esprit humain, des formules qui s'évanouissent et s'évaporent comme la rosée du matin lorsque le soleil s'élève au-dessus de l'orient et répand la lumière et la chaleur à la surface de la terre.

Qu'y a-t-il donc dans le fumier? D'abord, 80 0/0 d'eau ; puis, 13 0/0 de carbone, d'hydrogène et d'oxygène. Or, vous savez que ces corps ne sont pas nécessaires, je vous l'ai démontré déjà, puisque nous avons eu des récoltes superbes en leur absence. Vous avez, d'autre part, dans le fumier plus de 5 0/0 de soude, de magnésie, d'acide sulfurique, d'oxyde de fer, de silice, de manganèse; or, je vous ai dit qu'il n'est pas nécessaire de donner ces corps à la terre, parce que la terre en contient des provisions séculaires, et je le prouve, puisque j'obtiens ces grandes récoltes en leur absence, et puisque je les obtiens, sinon pendant des périodes séculaires, au moins pendant trente-deux années consécutives.

Enfin, il y a dans le fumier de l'azote, de l'acide phosphorique, de la potasse et de la chaux pour une quantité très faible : 2 0/0 dans le fumier humide, à peine 10 0/0 dans le fumier sec. Eh bien, *ces quatre corps sont l'engrais chimique*, c'est à ces quatre corps, dont le fumier ne contient que 2 0/0 lorsqu'il est humide, que le fumier doit ses bons effets, doit son efficacité. Par conséquent, le fumier, n'est à vrai dire, qu'un engrais chimique de qualité inférieure, attendu que ces quatre corps, dissimulés à l'état latent dans le fumier, ont besoin, pour manifester leur activité et leur efficacité, que la partie organique du fumier se décompose, tandis qu'avec l'engrais chimique l'action est immédiate, l'absorption soudaine. Qu'il arrive une averse, l'engrais chimique est immédiatement absorbé, tandis que le fumier, pour agir, a besoin que ses substances se dissocient; pour que ses quatre éléments efficaces puissent être absorbés par la plante, il faut qu'ils deviennent accessibles à ses moyens d'absorption.

Il y a ici deux faits : il y a un fait d'expérience pratique, et il y a un fait d'expérience théorique qui a beaucoup plus de portée que le fait pratique.

Remarquez-le bien. Il ne s'agit pas seulement de faire des plantes avec des engrais chimiques : il s'agit de définir et de déterminer la portée et la signification du résultat au point de vue scientifique, au point de vue philosophique. Or, le point de vue scientifique et philosophique, le voici :

Lorsque vous cultivez avec le fumier, vous êtes tenu de produire le fumier, et vous vous heurtez à une frontière, à un cercle infranchissable ; vous n'avez de récolte que par la quantité de fumier que vous produisez : si le bétail est onéreux à élever, il faut cependant l'élever; si la prairie est onéreuse à maintenir, il faut cependant la maintenir ; quoi que vous fassiez, quoi que vous cherchiez, il faut tout d'abord, avant tout, songer au fumier : hors du fumier, pas de récolte !

Mais, ici, le phénomène change complètement et de portée, et de signification, et de résultat. D'où provient l'engrais chimique? Il provient de gisements qui existent dans la nature : il vous suffit d'aller chercher le phosphate où il réside; il vous suffit d'aller chercher la potasse où elle est cachée. Il faut, dis-je, aller chercher ces produits où ils sont; puis, il faut les manufacturer, les rendre assimilables par la plante, et une fois qu'ils ont été rendus assimilables, les apporter à la plante qui les absorbe, et s'en sert, en vertu de sa propre spontanéité vitale, pour en extraire la récolte. La plante va désormais puiser tout ce dont elle a besoin dans les sources naturelles, sous l'influence de ces quatre éléments venus du dehors : ces quatre éléments sont les instruments à l'aide desquels la plante va contraindre les forces naturelles à collaborer à sa propre formation, et, dès lors, vous n'êtes plus enfermé comme autrefois dans une impasse sans issue. La chaîne est rompue, la barrière est renversée : il va dépendre de vous de produire plus ou moins.

Il ne s'agit pas ici d'une question économique, il s'agit d'une question de principe : la vie végétale est conquise, vous lui commandez. Pour cela, il vous suffit d'aller trouver où ils sont, dans la nature, les éléments qui font la récolte, et à la faveur de cette découverte la plante se développe, le système agricole se transforme, la production du fumier cesse d'être une nécessité.

Vous utiliserez encore le fumier, sans doute, parce qu'il faut l'utiliser, et le moyen en est bien facile. Du moment que le fumier contient les mêmes éléments que l'engrais chimique, suivant la quantité de fumier dont vous disposez, pour en tirer le meilleur parti, vous n'avez que deux choses à faire : c'est : 1° d'ajouter au fumier la dominante de la plante, et aussitôt les propriétés du fumier prennent un surcroît d'intensité ; 2° si la quantité de fumier dont vous disposez est trop faible, c'est d'ajouter au fumier une demi-dose d'engrais chimique, et, alors, le fumier se complète par l'engrais chimique et, finalement, vous arrivez au maximum de récolte en utilisant le fumier que l'exploitation vous livre et que les fatalités économiques vous ont imposé l'obligation de produire, ne fût-ce que pour le travail de la terre. Mais vous sortez du cercle fatal qui vous limitait à une production déterminée ! La production s'élève, elle grandit, et cet accroissement de production est en définitive l'affirmation de la conquête de la vie végétale, de l'activité végétale; la végétation ne vous domine plus, c'est vous qui dominez la végétation.

Mais, dans la solution du problème, il y a un dernier terme. J'ai parlé du phosphate, j'ai parlé de la chaux. Mais, l'azote, où le prendre? Ah ! l'azote n'a pas été facile à conquérir ! Il a des propriétés tellement difficiles à préciser, à saisir et à définir, qu'il a fallu une longue période d'années pour s'en rendre maître. Mais, enfin, on a fini par le vaincre, et voici les résultats des conquêtes de la science sur ce domaine nouveau qui est le complément de ce que je viens de vous dire.

Les plantes se divisent en deux catégories : celles qui jouissent de la propriété de puiser de l'azote dans l'air et les plantes qui puisent leur azote dans le sol.

Les légumineuses, les arbres, les arbustes appartiennent à la première catégorie ; les pois, la luzerne, le trèfle, prospèrent plus quand on leur donne du phosphate de chaux, de la potasse et de la chaux, sans matière azotée, que lorsqu'on ajoute à ces trois termes de la matière azotée, et, pourtant, ces récoltes contiennent une quantité d'azote considérable.

Eh bien ! s'il en est comme je vous le dis, vous allez tout de suite apercevoir la facilité avec laquelle on peut tirer parti de ce résultat pour accroître la production agricole avec le moins de dépense possible, la facilité avec laquelle on peut se procurer cet azote nécessaire, indispensable, essentiel, sans lequel, pour le plus grand nombre de plantes, le phosphate, la potasse et la chaux n'auraient qu'une action de minime importance.

Prenons le système triennal. Le n° 1, c'est de la prairie; le n° 2, c'est de la culture divisée elle-même en trois soles : jachère, blé et avoine.

Oublions la prairie ! Ne nous en occupons pas. Sur cette exploitation, on produit 6,000 kilogrammes de fumier, grâce auquel on obtient 14 hectolitres de blé et de 25 à 30 hectolitres d'avoine à l'hectare, tandis qu'on laisse le tiers de la surface cultivée en jachère morte.

Eh bien ! disons qu'on semera dans le blé du trèfle ; plus tard, qu'on sèmera dans l'avoine encore du trèfle. Lorsque la sole en avoine devra passer à l'état de jachère, au lieu d'être nue, elle sera couverte d'une récolte de trèfle, à laquelle on donnera du phosphate, de la potasse et de la chaux ; et lorsque cette récolte aura acquis 35 à 40 centimètres de hauteur, au mois de mai, nous l'enterrerons. Et alors, il se passera ce phénomène : nous aurons enterré 30,000 kilogrammes au moins de récolte obtenue avec du phosphate, de la potasse et de la chaux (ce qui est un accroissement de richesse pour la terre, puisque ces trois éléments parviennent du dehors) ; mais le trèfle, plante collectrice d'azote, aura puisé dans l'air 200 kilogrammes d'azote. Le blé, dont l'azote est la dominante, bénéficiera de cette conquête, et la jachère, qui ne produisait rien, sera devenue une fosse à fumier qui se sera remplie toute seule, et qui permettra de passer d'un rendement de 14 hectolitres à un rendement de 40 à 45 hectolitres de blé.

CULTURE DU BLÉ DANS LE SABLE CALCINÉ

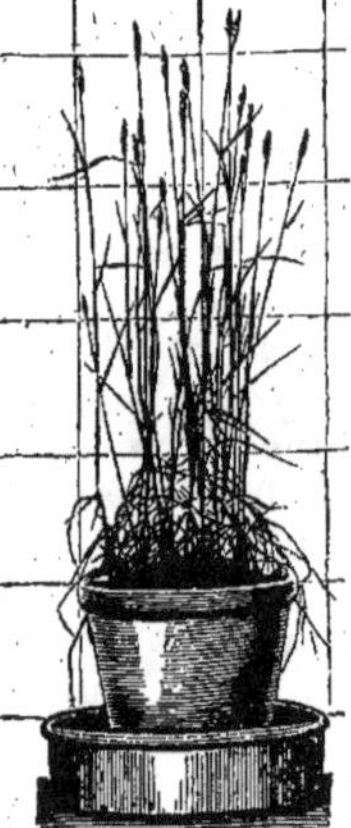

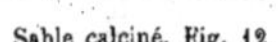

Sable calciné. Fig. 12. — Sable et minéraux. Fig. 13. — Sable et humus. Fig. 14. — Azote et minéraux. Fig. 15. (L'engrais complet.)

RENDEMENT DE 20 GRAINS DE SEMENCE :

	Fig. 12	Fig. 13	Fig. 14	Fig. 15
Paille.	542	632	916	1,648
Grains	007	054	009	430
	549	686	925	2,078

Cet accroissement de produit, comment l'aurez-vous obtenu ? Vous l'aurez obtenu en appliquant les lois de la science et en vous servant de produits minéraux que vous aura fournis l'écorce solide du globe, où ils existent à l'état de dépôts miniers.

L'engrais chimique avec l'intervention du trèfle, c'est ce que j'appelle la *sidération!* La sidération nous donne 44 hectolitres, alors que la terre sans engrais ne nous en donne pas plus de 7 ou 8. Vous voyez la progression !!! Et, pour arriver à ce résultat, qu'avez-vous dépensé? 120 francs par hectare pour deux

CULTURES DE COLZA

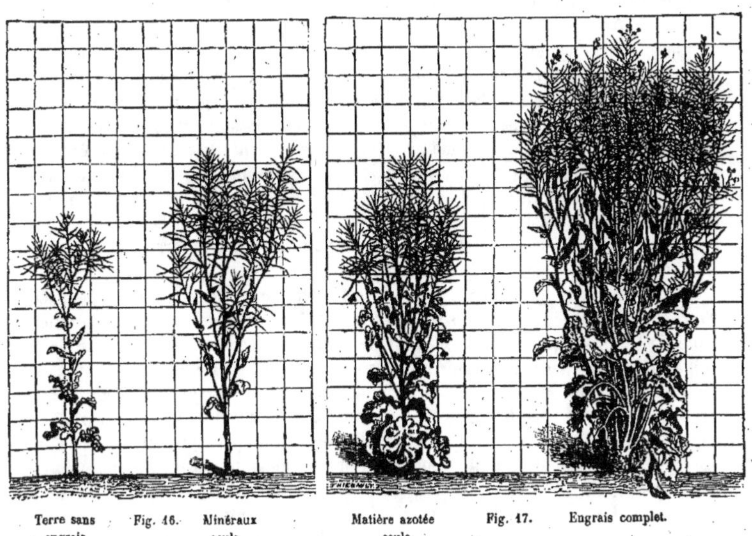

Terre sans engrais. Fig. 16. Minéraux seuls. Matière azotée seule. Fig. 17. Engrais complet.

ASSOLEMENT TRIENNAL

2	JACHÈRE *morte* / BLÉ / AVOINE	PRAIRIE	1

ans, mettez 60 francs par an... Il n'en faut pas plus pour passer d'une récolte de 14 hectolitres à une récolte de 44 hectolitres, pour tripler le rendement.

Par conséquent, vous avez conquis la végétation par la connaissance des agents qui lui commandent, vous avez défini le degré d'utilité de chacun de ces agents; vous avez pu définir la composition qu'il faut donner à l'engrais suivant la nature de la plante que vous voulez produire et vous arrivez, comme point culminant, à ce résultat, d'avoir le maximum de récolte en limitant l'importation de l'engrais au phosphate, à la potasse et à la chaux, et en allant puiser l'azote dans l'atmosphère, où il ne vous coûte absolument rien. Voilà les récoltes que vous obtenez par la sidération ! Ces récoltes, aujourd'hui, sont susceptibles d'être obtenues dans des conditions infiniment plus variées, mais je ne vous présente ces résultats que pour affirmer le principe : avec des éléments chimiques puisés au dehors, avec l'azote conquis sur l'atmosphère, le résultat est tout simplement le passage d'un rendement de 14 hectolitres à un rendement de 40 à 44 hectolitres.

Le second fait que vous obtenez est celui-ci :

Quand vous cultivez du froment, la terre est envahie par la mauvaise herbe, et, pour mettre en état de propreté une terre vouée exclusivement à la culture des céréales, il faut donner un labour de déchaume, puis un labour profond, puis trois ou quatre hersages, et, au moment de semer, encore un labour superficiel. Tout cela pour vous débarrasser de la mauvaise herbe ! Mais, quand vous introduisez du trèfle dans une céréale, il n'en est plus de même : le trèfle qui précède la céréale étouffe la mauvaise herbe, et, cette année, j'ai pu constater, dans la Brie, que la culture du trèfle s'étendait comme un incendie bienfaisant : la terre est couverte de trèfle partout, et, partout où le trèfle intervient, le nombre des charrues diminue, on peut réduire les frais de préparation de la terre d'un grand tiers ; et, ce qu'il y a de remarquable, c'est que, lorsqu'on observe de près l'état de la terre, il n'y a plus de mauvaise herbe, l'effet est saisissant : on dirait que la terre a été passée à un véritable tamis.

Par conséquent, l'alliance des plantes à dominante de potasse, collectrices d'azote, avec les céréales, qui sont des plantes dont la dominante est la matière azotée, vous ménage ce double résultat, de réduire considérablement les frais de préparation de la terre et d'avoir un accroissement de récolte que vous ne pouvez obtenir par aucun système fermé, dans lequel vous êtes tenus de produire à la fois le fumier et la récolte, dans lequel, coûte que coûte, il faut avoir du fumier. Ici, il n'en est plus de même, c'est la récolte seule que vous produisez : vous utilisez le fumier en le fécondant ; vous le supprimez absolument même, si vous avez avantage à le supprimer, et, en Angleterre, il y a plusieurs fermes établies sur ce type. En tout cas, un résultat capital a été obtenu : ce résultat, c'est l'augmentation de la production, c'est le triplement de la récolte !

Or, comme ce résultat est la première assise de la vie ; comme, par le végétal, vous commandez à la vie ; comme, par le végétal, vous élevez et améliorez les conditions d'existence des espèces animales, de l'espèce humaine elle-même et des sociétés, il en résulte que vous avez, par l'engrais chimique, conquis la vie et commencé à résoudre l'irritant problème social.

Reste à vous montrer par un dernier trait la puissance de l'analogie qu'il y a entre cette conquête et les progrès faits par l'industrie au moyen de la machine à vapeur.

L'industrie est en avance sur la culture dans une proportion considérable. Elle veut accroître ses moyens de production ? Le moyen est bien simple : elle multiplie ses machines ; l'industrie n'a qu'à augmenter le nombre de ses machines, et elle produit ce qu'elle veut, à la seule condition de pouvoir se procurer de la matière première.

Mais, dans la culture, il n'en est pas de même. Si vous augmentez la surface cultivée, la dépense s'accroît dans une proportion correspondante, vous n'augmentez, par unité de surface, ni le bénéfice net, ni la quotité de la récolte obtenue.

Qu'est-ce donc qu'une machine à vapeur ? Une machine à vapeur se compose essentiellement de deux organes : le foyer et la machine proprement dite ; le foyer, où vous brûlez de la houille, laquelle détermine une production de vapeur dont la tension anime des organes mécaniques qui produisent des mouvements déterminés. A la faveur de ces mouvements, vous pouvez opérer les transformations les plus variées dans le domaine des transformations physiques; vous pouvez changer l'état de la matière. Ici, vous fabriquez des clous; là, vous fabriquez des planches; ailleurs, vous filez du coton, de la laine, de la soie. Vous transformez l'état de la matière, mais vous ne la créez pas.

Qu'est-ce qu'un végétal? C'est une machine. Quelle est la force qui anime cette machine? C'est le soleil.

Si vous placez au centre d'un miroir conique une petite chaudière à vapeur, et que vous exposiez ce miroir aux radiations du soleil, l'eau de la chaudière entre en ébullition, il se forme de la vapeur et la machine se met en mouvement. Il y a des machines à vapeur solaires; le soleil peut devenir une source de force mécanique. Avec le végétal, les effets changent de caractère. Ils sont à la fois plus variés et plus profonds. Les feuilles du végétal possèdent la faculté d'absorber la lumière et la chaleur du soleil qu'elles éteignent et refoulent dans leurs tissus; et, grâce à ce refoulement, accompli par les grains de chlorophylle, qui forment la matière verte des feuilles, ce que les racines ont puisé dans la terre, ce que les feuilles tirent de l'air éprouve une transformation, et les agents qui appartenaient à la nature minérale inerte passent dans la nature vivante et deviennent de la nature animée. Par conséquent, le refoulement de la lumière et de la chaleur du soleil fait passer les éléments minéraux que les plantes absorbent du domaine des morts dans le domaine des vivants.

D'où viennent, dans la machine à vapeur, les effets que le foyer manifeste? Ils viennent de la houille. Qu'est-ce que la houille? C'est le produit de la végétation des âges primitifs, dont l'aspect et l'état physique ont été modifiés par la succession des siècles. Le combustible ne doit la faculté d'animer les chaudières qui actionnent les organes mécaniques que parce qu'il régénère en brûlant la chaleur et la lumière du soleil emmagasinés autrefois dans son sein.

Ainsi donc, entre la plante et la machine à vapeur, il y a cette unique différence que la plante utilise la force vive du soleil de l'époque actuelle et la machine à vapeur la force vive absorbée par les générations végétales des temps primitifs.

Ce n'est pas tout! Pour que le végétal utilise la force vive du soleil, il faut qu'il puisse se développer. Si la terre manque des éléments essentiels à son développement, la force vive du soleil a beau frapper ses feuilles, elle n'est pas utilisée, elle ne peut pas l'être.

Mais voici que vous apportez à la plante les substances fécondantes, les quatre corps qui sont les conditions du développement du végétal: aussitôt les racines les absorbent, la plante se développe, elle absorbe plus de lumière et plus de chaleur, la machine devient plus puissante. Il y a un rapport de dépendance entre l'engrais dominateur, qui commande à la plante, et la force vive du soleil, qui vient l'animer. Pas d'engrais, pas de développement, pas de vie! De l'engrais: c'est le développement, c'est la vie! La force est conquise, et vous devenez ainsi le dominateur des conditions qui font la récolte, vous commandez à la végétation c'est-à-dire à ce qui forme les premières assises de la vie, dont toutes les autres manifestations découlent et dépendent.

Suivez en effet cette progression : l'herbe de la prairie absorbe à la fois les éléments de l'atmosphère qu'elle change en matière vivante et la force vive du soleil qui est la condition de cette création. Le bœuf consomme l'herbe, mais il produit à son aide du mouvement, de la force, de la chair et rayonne de la chaleur. Le bœuf agit donc à l'inverse de la plante.

Vient enfin l'homme, qui vit des animaux et des plantes, mais ici la restitution se complique et s'élève, car aux actes de son activité physique il faut ajouter ceux de son activité intellectuelle et morale.

Le philosophe qui pense, la mère qui pleure son enfant, l'enfant qui prie sur la tombe de sa mère, restituent, à l'égal de l'ouvrier qui vit du travail de ses bras, l'équivalent de la force emmagasinée par la plante, et en partie conservée dans la chair des animaux.

La loi providentielle du travail veut que tous les actes de la vie, depuis les êtres les plus humbles jusqu'à l'homme, contribuent à l'harmonie qui fait la durée au sein de la création par l'équivalent des effets contraires; et ce qu'il y a précisément de beau et de grand dans la culture telle que la science l'explique et la définit, c'est que tous les procédés qu'elle met en œuvre, quels qu'en soient l'économie ou le caractère, reposent toujours sur ces données fondamentales : l'utilisation du soleil, de l'atmosphère et de certains minéraux empruntés à l'écorce solide du globe.

La dernière expression de cette équation universelle se résume dans ces deux termes. A l'origine, un rayon de lumière, à son terme, la prière d'un enfant, et, entre ces deux facteurs, la conflagration de tous les faits cosmiques, astronomiques, physiques, chimiques, industriels, agricoles, sociaux, intellectuels, métaphysiques, moraux, dont la souffrance fait partie. La souffrance, notre plus bel apanage, sans lequel nous n'aurions ni connu, ni conquis ces grandes lois qui resteront l'éternel honneur de notre temps et de l'humanité.

Des hauteurs où la théorie nous a entraîné, il nous faut revenir à la pratique. J'ai besoin de raffermir en l'éclairant d'une nouvelle lumière ma principale conclusion, à savoir que les engrais chimiques sont, pour l'agriculture, l'équivalent de ce qu'a été la machine à vapeur pour l'industrie.

Lorsque l'agriculture n'opère qu'avec le fumier, sa production est fatalement limitée et est très lente à s'accroître; c'est à peine si son accroissement a été de 15 à 20 0/0 depuis le commencement de ce siècle, alors que celle de l'industrie a plus que centuplé. Passé ce faible excédent de 15 à 20 0/0, l'agriculture ne peut élever sa production qu'à la condition expresse d'étendre la surface des terres cultivées; mais alors les frais généraux suivent une progression correspondante, et les prix de revient ne sont pas abaissés.

Avec les engrais chimiques, les conditions sont absolument différentes. A leur aide on double et on triple toutes les récoltes, on fait passer sans transition la récolte du froment de 14 hectolitres par hectare à 40, sans avoir à payer deux fois le fermage, les impôts, les frais de labour. C'est la révolution opérée par la machine à vapeur dans l'industrie.

Ceci nous ramène à la question sociale.

Pour résoudre la question sociale, il ne suffit pas seulement de poursuivre et de chercher le perfectionnement et l'extension des moyens de partage, il faut s'appliquer à élever la production : là où il y a dix pains à partager, il est bien plus facile de s'entendre que là où il n'y en a que deux. Or, il dépend de nous, aujourd'hui, de doubler et de tripler la production agricole dont la vie découle. Cette conquête appartient à la science française de notre temps, et, lorsque l'histoire aura à prononcer son suprême verdict, elle devra rendre, sans partage ni réserve, ce glorieux honneur à la France, à laquelle les sociétés devront au siècle prochain la plus solide assise de leur grandeur et de leur prospérité.

GEORGES VILLE,
Professeur au Muséum d'histoire naturelle.

Fig. 18 — LE LABOURAGE DANS L'INDE.

RECHERCHES SUR L'ORIGINE ET L'HISTOIRE DE L'AGRICULTURE

L'AGRICULTURE FRANÇAISE A TRAVERS LES AGES

L'histoire de la culture s'unit à celle des peuples ; les questions agricoles, en effet, sont de celles qui touchent le plus intimement aux intérêts vitaux d'une nation, la prospérité d'un pays repose sur la richesse de son agriculture ; c'est la population rurale formant les deux tiers environ de la population vitale qui alimente en grande partie le commerce et l'industrie. Si la situation agricole d'un pays est florissante, le commerce et l'industrie seront eux-mêmes prospères.

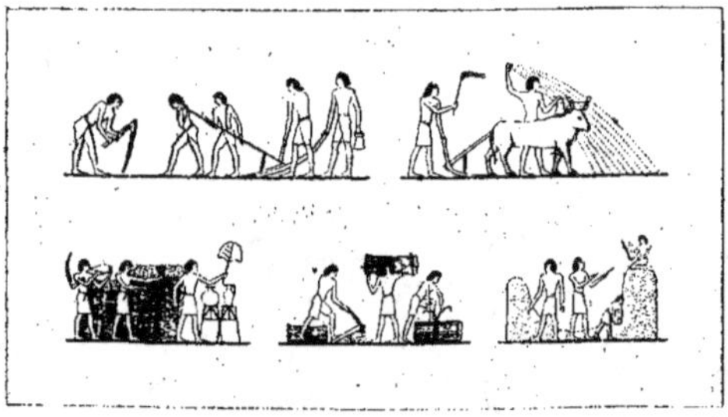

Fig. 19. — Scènes de labourage en Égypte. D'après les bas-reliefs et monuments du Musée du Louvre.

On a longtemps fait une distinction entre l'agriculture et l'industrie ; cette distinction n'existe pas. L'agriculture est une industrie, et la plus importante de toutes, puisqu'elle satisfait le besoin le plus impérieux de l'homme, l'alimentation de chaque jour, et qu'elle fournit en même temps des matières premières à une foule d'autres industries : le chanvre, le lin, la laine, la soie, l'huile, l'alcool, etc. Ce qui a fait suppposer que ce n'était pas une industrie, c'est qu'à l'origine des sociétés, quand l'industrie manufacturière n'existe pas encore, l'agriculture est la seule occupation des peuples, parce qu'il est impossible de s'en passer. Dans ces temps primitifs, chacun produit ce qu'il consomme, et le commerce lui-même est à naître. Mais, à mesure que les sociétés se perfectionnent, la division du travail s'établit ; on ne produit plus seulement pour consommer, mais pour vendre ses produits, en les échangeant contre d'autres ; l'industrie manufacturière et l'industrie commerciale se développent, l'industrie agricole prend son véritable caractère.

Recherches sur l'origine de l'agriculture. — L'origine de l'agriculture est complètement inconnue et se perd dans la nuit des temps ; vainement on a consulté, pour la découvrir, les documents historiques. Les plus anciens de ces documents, les monuments égyptiens des premières dynasties, nous montrent l'agriculture toute constituée et largement développée ; cela quatre à cinq mille ans avant notre ère. D'où venait-elle ? Comment s'était-elle organisée ? Ces deux questions restent sans réponses sérieuses.

On pouvait espérer trouver une solution dans les études préhistoriques. Malheureusement elles n'ont pas donné ce qu'on attendait d'elles.

L'agriculture ne se montre dans nos régions qu'avec les temps géologiques actuels, qui commencent à l'époque de la *pierre polie*.

Les premières traces un peu régulières de culture se retrouvent dans les *cités lacustres*, et ce qui peut surprendre, c'est de voir à ces époques si éloignées de nous, le froment et l'orge offrir déjà plusieurs variétés. Des céréales, des légumineuses, des fruits, pommes, poires, prunes, cerises, fraises, framboises, noisettes, cormes, châtaignes d'eau, etc., contribuaient à l'alimentation des plus anciens habitants lacustres de nos régions. Des fibres végétales étaient tissées pour des cordes, des filets pour la vannerie. Des animaux étaient domestiqués.

Fig. 20. — Reconstitution d'une station lacustre. — C'est dans les stations lacustres que l'on a retrouvé les premières traces un peu régulières de culture

Le matériel aratoire devait être des plus simples et des plus rustiques, à peu près tel qu'il est encore actuellement chez plusieurs insulaires de la Polynésie.

Certains auteurs ont émis l'idée que des bois de cerf réduits à un seul andouiller,

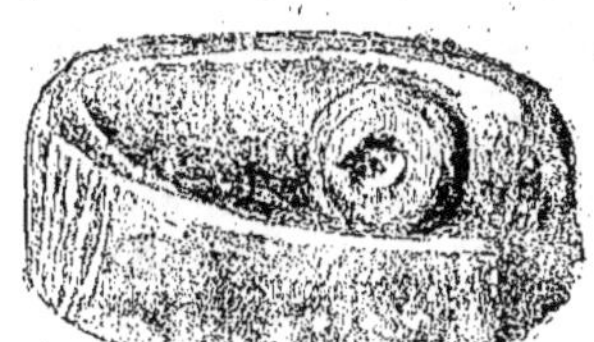

Fig. 21. — Meule préhistorique.

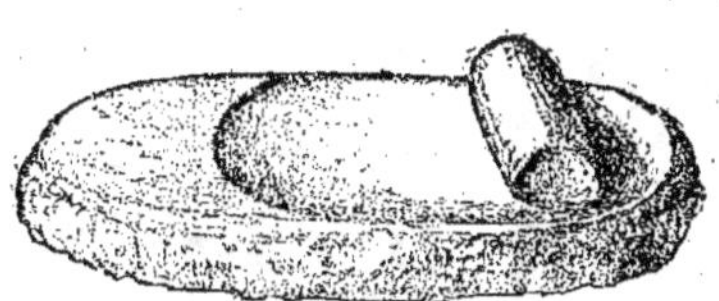

Fig. 22. — Meule gallo-romaine.

(Collection du Musée Carnavalet.)

des demi-mâchoires d'animaux privées de leur branche montante, de simples branches d'arbres formant entre elles un angle plus ou moins ouvert, des silex taillés et emmanchés, etc., pouvaient servir de pics et de hoyaux à une époque où le sol, vierge encore, devait être partout d'une grande fécondité sans avoir besoin d'un labour profond.

L'agriculture se montre donc là d'emblée, comme en Egypte, avec tous ses développements : animaux domestiques, culture des céréales, des légumes et des plantes textiles. Ce n'est donc pas dans l'ouest de l'Europe qu'elle a pris naissance. Elle y a été apportée de toutes pièces, déjà constituée, d'un pays étranger, avec des rudiments de civilisation.

L'agriculture est pratiquée aujourd'hui par la majeure partie du genre humain, mais avec une habileté fort diverse. Pour l'agriculture, comme pour toutes les manifestations de l'activité humaine, l'ethnographie nous retrace encore les diverses phases lentement parcourues par les races et les peuples les plus avancés. Tout d'abord les assolements et les fumures sont inconnus, la parcelle grossièrement défrichée est abandonnée, dès que sa fertilité diminue. On ne songe pas non plus à remuer profondément le sol. On se borne à y faire, avec un bâton pointu, des trous, dans lesquels on met la graine.

Fig. 23. — Premières poteries agricoles pour laitage et graines trouvées dans les stations lacustres. (Collection du Musée de Cluny.)

Plusieurs peuplades encore sauvages, et même adonnées à l'anthropophagie, emploient actuellement, pour cultiver la terre, des outils tout aussi primitifs et aussi peu perfectionnés que ceux dont les premiers habitants de nos régions faisaient probablement usage. Ainsi, les Fidjiens ont pour bêches des côtes de baleines ou des rondins façonnés en forme de cure-dents. Une petite masse sert, en guise de rouleau, à émietter les mottes que soulève le bâton. Leur sarcloir est en écaille d'huître ou de tortue fixée solidement au bout d'une tige quelconque. Une écaille tranchante leur tient lieu de serpette.

Fig. 24 et 25. — Premières faux et faucille en bronze trouvées dans les stations lacustres. (Collection du Louvre.)

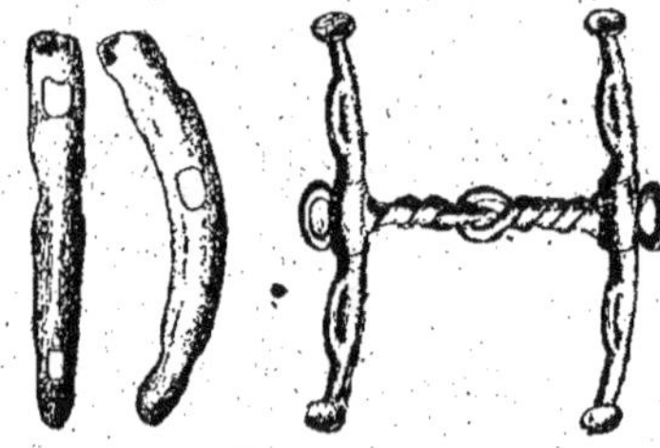

Fig. — 26 et 27. Premières traces de domestication des animaux. Mors en corne de cerf et en bronze. (Stations lacustres.) (Collections du Musée national de Saint-Germain.)

Les anciens Péruviens ne se servaient même que de pieux aigus, munis d'une barre transversale, sur laquelle on appuyait le pied, et, aujourd'hui même, la pique de bois est l'unique outil agricole des Néo-Calédoniens, des Caraïbes, des Nubiens, etc. Déjà les Cafres et les Bambaras ont imaginé une sorte de bêche, mais toute l'Afrique nègre ignore la charrue, connue pourtant de l'Egypte ancienne, où on la faisait traîner tantôt par des esclaves, tantôt par des vaches.

La charrue primitive, qui fut probablement d'invention asiatique, était d'ailleurs fort rudimentaire. D'après Hésiode, les premières charrues helléniques n'étaient encore qu'un long croc de bois, effleurant le sol. Des hommes pouvaient donc être attelés à la charrue légère, que l'on retrouve encore un peu perfectionnée à Célèbes. Les Chinois de nos jours y attèlent même des femmes.

Dans l'Inde la charrue est assez primitive, on y attèle des petits bœufs, des buffles et même des éléphants.

Les progrès de l'agriculture sont liés à ceux de la civilisation. — Dans l'histoire de la civilisation, l'invention de l'agriculture, surtout d'une agriculture assez savante pour savoir, soit par les assolements, soit par les fumures, faire du sol un instrument de production qui ne s'use point, cette

Fig. 28. — Fête du labourage en Chine.
L'Empereur de Chine conduisant lui-même la charrue et semant les premières graines au printemps.
(D'après des dessins chinois du Musée du Louvre.)

invention, disons-nous, est capitale. Sans doute, la vie pastorale assure déjà à l'homme une certaine sécurité; elle lui garantit à peu près son lendemain et ne le laisse plus à la merci d'une chasse malheureuse, mais, seule, l'agriculture peut créer des populations denses. De plus, elle déshabitue totalement l'homme de la vie sauvage; elle le dresse à l'effort soutenu, à la prévoyance; en outre, en le fixant au sol, elle le rend sociable. C'est bien lentement que les races actuellement civilisées ont passé de la vie de chasseur ou de pêcheur à la vie agricole, mais il est à croire qu'abandonnées à elles-mêmes les races les plus sauvages auraient peu à peu gravi ces échelons.

Nous ne tolérons plus ces lentes évolutions. Partout notre intrusion brutale force les races attardées à se civiliser à notre manière ou à périr. La plupart s'éteignent. Çà et là pourtant, quelques débris se plient à cette transformation rapide. Ainsi ont fait en Amérique les Creeks, les Chactas, les Osages, les Séminoles, les Natchez, qui ont des champs, des villes, des écoles. Même les Sioux (Peaux-Rouges), si sauvages, passent assez rapidement de la vie de chasseur à celle de pasteur et d'agriculteur, dans les territoires où les a cantonnés le gouvernement des États-Unis.

L'agriculture et la mythologie. — Les premiers peuples connus étaient nomades, chasseurs et pasteurs ; à mesure que les hommes se multiplièrent, des besoins plus nombreux se manifestèrent, et la nécessité d'y pourvoir les força à cultiver la terre et à s'organiser en sociétés.

Ce sont là les faits que la marche de la civilisation nous enseigne ; mais on ne sait à quelle époque cette culture des champs prit naissance. Nulle tradition, nulle histoire écrite ne saurait nous le dire. Semblables à l'enfant, qui ne garde aucun souvenir de ses premières années, les peuples ont perdu la mémoire des étapes successives qu'ils ont traversées avant de sortir des langes de l'ignorance et de la barbarie. Aucun d'eux ne peut même nous apprendre l'origine du plus simple instrument aratoire et encore moins le nom de son inventeur. Mais là où l'histoire se tait, la mythologie fait entendre sa voix, et elle infuse dans les esprits ces fictions poétiques qui traversent les âges en tenant lieu de vérité.

Comme toutes les autres industries et inventions humaines, l'agriculture a donc donné lieu à un riche développement mythique.

Quand on songe aux bienfaits de tous genres qui résultent de la culture des champs, on conçoit que les peuples dans l'enfance de la civilisation aient cru à l'origine céleste de l'agriculture. L'invention de la culture et des procédés agricoles fut attribuée, très naturellement, tantôt à des bienfaiteurs imaginaires, aux ancêtres fabuleux de chaque race, tantôt au ciel et à la terre, ancêtres universels, le plus souvent aux uns et aux autres, à tous et à chacun. Il n'est point de peuple agricole à un titre quelconque chez qui l'on ne retrouve la plupart de ces formes simultanées ou successives du culte de l'agriculture. On retrouve dans les traditions populaires d'innombrables légendes et pratiques superstitieuses dont quelques-unes sont conservées encore de nos jours.

La plupart des mythologies donnent, avons-nous dit, une origine divine à l'agriculture. On éleva des autels aux auteurs des principales découvertes. En Égypte, on attribuait l'invention de la culture à la déesse Isis et au dieu Osiris ; les Grecs à Cérès, déesse des moissons, et à Triptolème, roi d'Éleusis, inspiré par la déesse, ils furent regardés au même titre qu'Orphée et Amphion, comme les premiers instituteurs du genre humain ; les Italiens, à Janus, à Numa, qui furent mis au rang des dieux pour les grands services qu'ils avaient rendus à l'agriculture de leur pays.

Les Scythes barbares, ainsi que nous l'apprend Hérodote croyaient à l'origine céleste de la charrue. Chez les premiers habitants de la Germanie, une herse tombe aussi du ciel, et un temple s'élève là où la herse est tombée.

Cérémonie du labourage en Chine. — De temps immémorial, l'agriculture est en honneur dans l'empire chinois, qui lui doit son immense population. Un empereur fabuleux, Chin-noug, le divin laboureur successeur de Fou-hi (3218 ans avant notre ère), inventa la charrue et sema cinq sortes de blé. Depuis cette époque, chaque année, en avril, dans une solennité publique, dite *Fête de l'agriculture*, le Fils du Ciel (nom de l'empereur de la Chine) trace, conduisant lui-même la charrue, les premiers sillons et y jette la première semence pour honorer ainsi d'une manière éclatante le premier des arts utiles [1].

L'art agricole en Égypte. — Les Égyptiens passent pour être les premiers qui honorèrent le plus l'agriculture. Ils la portèrent à un assez haut point de perfection, et leurs irrigations sur les bords du Nil, qu'ils habitaient, sont devenues célèbres. Les dessins coloriés du musée égyptien du Louvre donnent des preuves authentiques de l'état de cette agriculture où il y avait une classification des terres cultivées; elle était favorisée par les eaux fécondes du Nil; une végétation luxuriante et de riches moissons étaient la conséquence des irrigations sous le chaud climat de la contrée. Ce fut de l'Égypte que les premières notions de l'agriculture furent apportées en Grèce, à l'époque de la fondation des anciennes colonies. Il paraît même que c'est à la suite des différentes colonies égyptiennes fondées dans toutes les contrées alors connues que l'agriculture a dû pénétrer en Afrique, en Asie, peut-être même en Chine.

Travaux agricoles dans la Grèce ancienne. — L'agriculture des Grecs nous présente comme traits saillants : l'introduction de jachères trois fois labourées; l'usage des engrais, les semailles à la volée, l'emploi de la faucille pour les moissons, celui des mortiers pour écraser le grain; les clôtures en épines; deux espèces de charrues, l'une pour les défrichements, et traînée par des bœufs soumis au joug, l'autre pour les deuxième et troisième labours, et tirée par des mules; le dépiquage des grains par les pieds des chevaux; la taille de la vigne et la fabrication du vin; la culture des plantes, dont le nombre alla toujours en augmentant; l'estime qu'on faisait des chèvres et des porcs; la multiplication des bestiaux pour les sacrifices; l'éducation des chevaux de course, mise en faveur par les jeux d'Olympie, de Némée et de Corinthe.

Par les Grecs et les Phéniciens elle se répandit en Italie et sur les côtes de la Gaule, dont les Romains plus tard devaient s'emparer en y introduisant leur civilisation. Telle serait du moins sa marche, d'après les traditions historiques conservées et accréditées; mais on doit admettre que des conditions analogues et des besoins semblables ont porté les hommes à cultiver le sol simultanément sur divers points du globe à la fois.

Développement de l'agriculture chez les Romains. — Les principaux auteurs qui ont traité de l'agriculture chez les Romains sont Caton, Varron, Columelle, Virgile, Pline et Palladius; ils entrent dans les plus grands détails sur toutes les parties de cet art. Du temps de Romulus, les Romains ne connaissaient pas encore le pain; Numa leur apprit à cuire les grains et à les manger comme des gruaux. Mais l'agriculture, honorée, pratiquée par les premiers citoyens de Rome, dut bien vite parvenir à un état florissant.

Les terres, chez les Romains, étaient labourées à l'aide d'une charrue, sorte d'araire traîné par des bœufs; ils reçurent plus tard des Gaulois la charrue à roues. Les terres étaient semées une année, et l'année suivante elles reposaient ou étaient en jachères. Ils apportaient des soins minutieux à la manipulation des engrais et tiraient un grand parti de celui que leur fournissaient les cloaques

1. Dans ce même mois d'avril l'impératrice régnante de Chine se rend en grande pompe au temple consacré à l'inventeur de la soie, y offre un sacrifice et cueille elle-même des feuilles de mûrier.

et les basses-cours ou les volières. Les engrais étaient donc déjà très recherchés; on y suppléait même par l'enfouissement des plantes vertes. Les bestiaux parquaient en plein air, et les chaumes étaient brûlés sur place dans les champs. Ils pratiquaient le binage, le buttage et le sarclage. Leur système d'irrigation et de dessèchement était admirablement entendu.

Les agriculteurs romains connaissaient plusieurs variétés de froment, l'orge, le millet, les fèves, les haricots, les lentilles, toutes nos variétés de pois, la gesse, la vesce, l'ers, les lupins, les raves, les navets, les choux, qui, selon Columelle, étaient estimés du peuple et des rois. Vers les derniers temps de la république, une grande partie de la campagne romaine fut changée en potagers et en vergers. La pratique des prairies artificielles fut très en usage, on semait dans ce but la luzerne, le seigle pour couper en vert, les dragées, mélange d'orge, de pois, de fèves, de lentilles; aussitôt que le fruit était noué, la faucille coupait le fourrage, et la charrue traçait de nouveaux sillons.

La vigne et l'olivier étaient la principale richesse des Romains; les vins avaient de l'âpreté, mais l'huile d'olive était délicieuse et formait l'objet d'un commerce très étendu. La vigne était disposée de quatre manières : les ceps étaient rampants ou liés à des échalas, mis en treilles ou mariés à l'ormeau, au peuplier, au frêne.

Dès les temps les plus reculés, les Romains s'adonnèrent avec soin au jardinage; il est probable que les clients convertissaient en jardins les petites possessions qui leur étaient confiées par leurs patrons, le jardinage rapportant plus que l'agriculture, et ces possessions se trouvant d'ailleurs dans le voisinage de la ville.

On choisissait pour un jardin un sol gras, et on l'arrosait constamment avec un soin particulier; dans les terrains qui étaient privés d'eau, on avait recours à des conduits qui amenaient, souvent de très loin, l'eau nécessaire.

En fait de fleurs, Varron ne mentionne que la rose, la violette, le lis et le safran. Il paraît qu'on faisait aussi des bosquets de lauriers, de myrtes, de buis, d'ifs, de cyprès; on employait beaucoup le platane, qui donnait un large ombrage : les arbres étaient entrelacés ou taillés en différentes formes par des esclaves qui avaient fait de cet art une étude particulière.

Dans les derniers temps de la république et sous les empereurs, les serres chaudes furent connues des Romains; Martial parle des fruits et des raisins, qui y étaient abrités contre le froid par des vitres; on cultivait aussi des fleurs dans les serres, non seulement pour embellir la maison, mais encore parce qu'elles étaient nécessaires pour les couronnes usitées dans les repas.

On employa aussi les beaux-arts à l'embellissement des jardins, qu'on décorait de statues, surtout de divinités champêtres, comme Hermès, Pomone, les Satyres et les Nymphes.

Décadence de l'agriculture chez les Romains. — Tel était l'état de l'agriculture chez le peuple romain au temps de sa plus grande prospérité, lorsqu'il regardait cet art comme la source de sa principale richesse, lorsqu'il fallait être propriétaire et cultivateur pour avoir le droit de défendre la patrie. Ajoutons qu'ils avaient établi des foires et des marchés nombreux, que des chemins bien entretenus facilitaient le transport des denrées, et que la loi protégeait sévèrement la propriété rurale. Mais cette prospérité ne fut pas de très

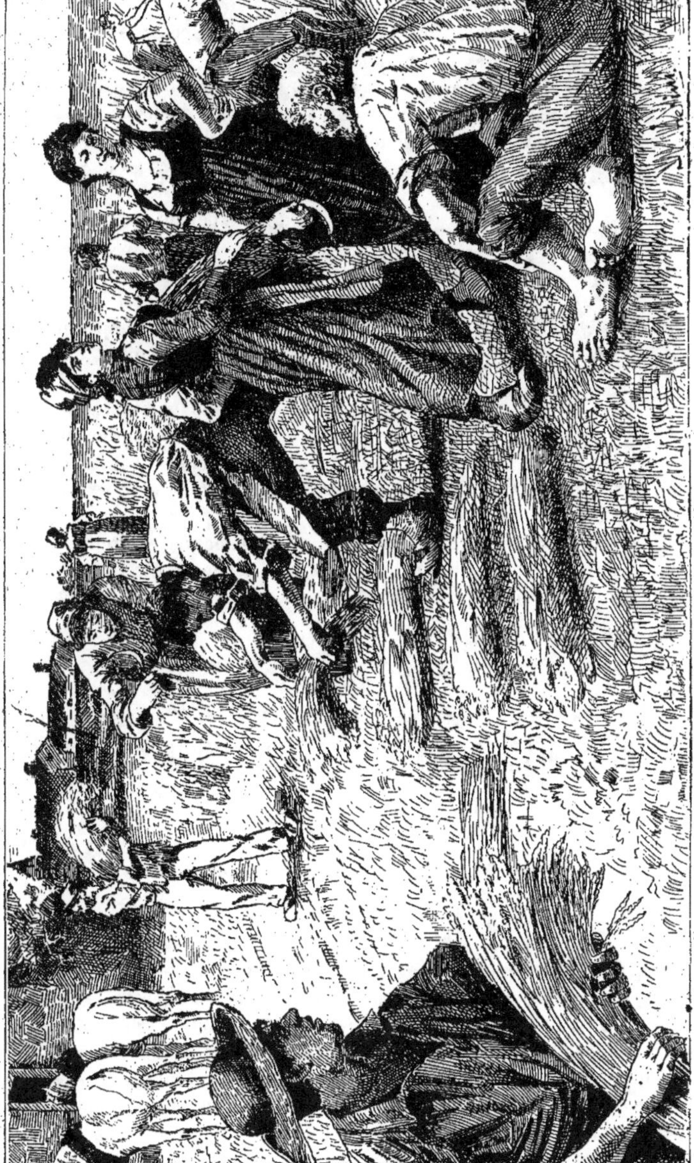

Fig. 29. — LA RÉCOLTE DANS NOS CAMPAGNES.

longue durée : les discordres civiles et l'esprit de conquête furent les causes d'une décadence rapide. Le citoyen romain quitta la charrue pour la gloire, l'administration des terres fut confiée à des esclaves ou bien affermée à des affranchis ; la propriété foncière fut accablée d'impôts, ruinée par l'usure, et la noble profession de cultivateur ne jouit bientôt plus d'aucune considération. L'or des peuples vaincus tint lieu des produits du sol et corrompit les mœurs, de sorte que, parvenu au faîte de la domination, le peuple romain, dégénéré et amolli, ne connut plus que deux besoins principaux : le pain et les spectacles. Sous les empereurs, le trésor s'épuisait en achats de grains et, malgré quelques louables efforts pour remettre l'agriculture en honneur, le sol italien, jadis si fécond, devint presque stérile. Exemple mémorable qui devrait servir à jamais d'enseignement aux nations.

Fig. 30. — Scènes de labourage français (XIIe siècle), d'après un bas-relief du Musée du Louvre.

En parcourant la France, l'Angleterre et l'Allemagne, on retrouve partout les traces de l'agriculture romaine, qui s'y sont conservées malgré les nombreuses révolutions du temps de la décadence et de la chute de l'empire.

ORIGINE ET DÉVELOPPEMENT DE L'AGRICULTURE SUR NOTRE SOL

ÉTAT DE L'AGRICULTURE A NOTRE ÉPOQUE

Origine de l'agriculture chez les Gaulois. — Si des campagnes romaines nous passons dans notre pays, nous pouvons constater que l'agriculture a été de tout temps pratiquée. Dès que la société gauloise fut parvenue à un certain degré de civilisation, les habitants cultivèrent le sol fertile de leur pays ; mais les rives de la Méditerranée, grâce à l'influence des colonies grecques qui s'y étaient établies, devinrent bientôt plus fertiles que le reste des Gaules ; la vigne, l'olivier, le figuier et le grenadier y prospéraient ; le blé, le millet et l'orge étaient récoltés dans ces provinces comme aussi dans toutes les autres parties de la Gaule, que ne couvraient pas ces immenses forêts de bouleaux, de chênes et de pins, si communes dans l'Armorique et dans la

Belgique. Les Gaulois paraissent même avoir connu certains procédés modernes de l'agriculture. Ainsi, par exemple, ils se servaient de la marne pour amender les terres. Toutefois, l'éducation des bestiaux fut longtemps leur principale industrie.

Les Romains, chez lesquels cet art était fort avancé, durent apporter dans les Gaules, après en avoir fait la conquête, leurs connaissances en agriculture. Mais il est impossible de déterminer exactement en quoi a consisté leur influence, qui doit, toutefois, avoir été considérable.

A l'époque de la grande invasion des barbares, l'agriculture fut presque entièrement ruinée. Ce n'est pas ici le lieu de raconter les dévastations commises par toutes les populations sauvages qui envahirent la Gaule. Le régime politique qui suivit l'établissement des Francs dans la Gaule était loin de pouvoir relever l'agriculture du triste état dans lequel elle était tombée. En effet, les Gaulois, plongés dans la servitude, étaient soumis à la domination arbitraire des Francs, possesseurs d'alleux ou de bénéfices. Or, entre les mains d'esclaves paresseux et craintifs, les terres les meilleures deviennent bientôt infertiles.

L'agriculture française. — Charlemagne s'occupa de l'agriculture, et publia même un capitulaire sur l'entretien de ses fermes (*De villis*). Mais les sages institutions de ce prince durèrent peu, et, après lui, le gouvernement féodal s'étant établi, tous les progrès de la culture furent arrêtés. Il était impossible que les serfs taillables et corvéables à merci, sans cesse traînés à la guerre par leurs seigneurs, pussent cultiver avec soin leurs terres qui, d'ailleurs, étaient presque continuellement ravagées par la guerre. Les invasions des Normands, des Sarrasins et des Hongrois aux IXe et Xe siècles, et les guerres privées que se faisaient sans cesse les seigneurs, expliquent ces famines si fréquentes et si longues, les pestes, la dépopulation des campagnes et, enfin, l'anéantissement de l'agriculture. Dès la fin du XIe siècle, l'Église essaya de remédier à ces malheurs en décrétant la Trêve de Dieu ; et plusieurs ordonnances rendues par les rois vinrent appuyer l'autorité de l'Église, méconnue par les seigneurs. Philippe-Auguste et saint Louis, par l'établissement de la *quarantaine le roi*, atténuèrent l'abus des guerres privées (1257) ; les incendies, la désolation des campagnes furent interdits, et les laboureurs devaient ne plus être troublés dans la culture des terres. Mais ces sages dispositions furent encore violées. Le remède ne devait pas venir de la royauté; il vint du peuple, qui s'affranchit, et qui, une fois libre, se défendit contre ceux qui l'opprimaient. C'est en effet aux XIIe et XIIIe siècles, à l'établissement des communes, que l'on peut rapporter la renaissance de l'agriculture. A cette époque, les affranchissements des serfs se multiplièrent, et les hommes, devenus libres, travaillèrent avec plus de courage.

Les procédés agricoles conservés par les moines au moyen âge. — Heureusement que, pendant ces siècles de barbarie et d'ignorance, les moines avaient conservé le dépôt des connaissances et des pratiques de l'agriculture; ils avaient défriché une quantité innombrable de terrains déserts, les avaient changés en campagnes fertiles, et, plus tard, ils communiquèrent les traditions de l'antiquité aux hommes des communes. Il nous suffira de rappeler ici que les Prémontrés, les Bénédictins, etc., ont défriché, dans toute la France, bien des forêts et des landes qui aujourd'hui sont remplacées par des vignobles ou des moissons. On peut aussi attribuer aux croisades une partie des progrès que fit l'agriculture à cette époque.

Plantes et procédés agricoles rapportés d'Orient après les croisades. — Les Français trouvèrent établis, chez les Arabes d'Orient et d'Espagne, des procédés utiles qu'ils emportèrent chez eux; de nouvelles plantes furent également introduites en France, notamment le maïs ou blé de Turquie, envoyé en Italie par Boniface de Montferrat, après la prise de Constantinople, les pruniers de Damas, les échalotes, etc., etc.

L'agriculture et la Renaissance. — Néanmoins, jusqu'au XVIe siècle, l'agriculture ne prit pas un développement bien remarquable; mais, à cette époque, elle se ressentit de l'impulsion générale que reçut l'intelligence humaine. En Italie, plusieurs agronomes publièrent sur l'agriculture de bons ouvrages, qui répandirent dans toute l'Europe d'utiles doctrines et détruisiren une partie des préjugés.

L'administration de Sully doit être surtout célèbre dans l'histoire de l'agriculture française. Les guerres civiles, qui, depuis si longtemps, désolaient la France, avaient ruiné l'agriculture et le commerce. Sully donna tous ses soins à la première, il disait sans cesse que « le labourage et le pâturage sont les deux mamelles dont la France est alimentée, les vraies mines et trésors du Pérou ». Pendant l'administration de Sully, Olivier de Serres publia son *Théâtre d'agriculture* (1600), livre qui lui a valu le titre de père de l'agriculture francaise [1].

Le règne de Louis XIV fut peu favorable au développement de l'agriculture : le commerce et l'industrie, les arts, la guerre, attirèrent toute l'attention de ce prince, et Colbert subordonna toujours l'agriculture à l'industrie. Cependant les routes et les canaux qu'il fit construire multiplièrent les relations, et servirent autant les laboureurs que les artisans.

Nourrir l'industrie avec l'agriculture, faire germer partout la population agricole, soumettre, en un mot, la terre à la manufacture, afin de les faire prospérer plus tard concurremment, et l'une par l'autre, telle fut la grande politique de Colbert pour l'accroissement de la population, et par conséquent de la splendeur de notre pays.

Sous le règne suivant, le système de Law et la fureur d'agiotage, qui s'empara de tous les esprits, surtout durant la régence, accablèrent l'agriculture, qui ne se releva que vers le milieu du XVIIIe siècle.

Les économistes français, marchant sur les traces de Vauban, s'occupèrent des sources de la richesse des États, et l'agriculture, dans leurs théories, jouait un rôle considérable. Les travaux de Quesnay, Turgot, Duhamel, Rozier, Raynal, Trudaine, Condorcet, Mirabeau, Dupont de Nemours, appelèrent l'attention du gouvernement sur l'agriculture, et amenèrent d'utiles réformes. Dès 1754, on publia un édit qui permettait le libre commerce des grains dans l'intérieur de la France, et qui en autorisait l'exportation dans de certaines limites. Des écoles vétérinaires [2] furent fondées à Lyon et à Alfort. En 1756, on exempta d'impo-

1. Sully fit entendre à son roi Henri IV que « le labourage et le pasturage estoient les deux mamelles dont la France estoit alimentée, les vrayes mines et trésors du Pérou ».

2. Claude Bourgelat fonda à Lyon, en 1762, la première école vétérinaire.

sitions les terres nouvellement défrichées; en 1776, on supprima les corvées; de nombreuses sociétés d'agriculture se formèrent et s'occupèrent des moyens de perfectionner et la théorie, et les instruments. Mais, ce qui donna une impulsion immense à la culture, ce fut la destruction des dernières lois féodales, sur la chasse, par exemple, la suppression des dîmes, l'aliénation des biens du clergé et de la noblesse, l'égal partage des biens entre les enfants : réformes dont la France est redevable à la Révolution française.

État de l'agriculture depuis la Révolution jusqu'à nos jours. — Les guerres continuelles que la France eut à soutenir sous la République et sous l'Empire ne permirent pas à l'agriculture de subir complètement l'heureuse influence du grand mouvement révolutionnaire qui, depuis 1789, s'était étendu de la politique à toutes les branches de l'industrie.

Néanmoins Napoléon, sans cesse occupé de tout ce qui pouvait accroître les richesses et les ressources de la France, prescrivit d'utiles mesures, et l'on ne peut oublier qu'on lui doit la culture en grand de la betterave. Depuis 1815, la France s'est occupée sans cesse et souvent avec succès de perfectionner les théories et les instruments agricoles; on a créé des fermes modèles et des écoles spéciales dans lesquelles une jeunesse nombreuse apprend à connaître les meilleures théories et les applications de toutes les sciences à l'agriculture.

Fig. 31. — Labourage et charrue primitifs usités encore en Sardaigne.

Les propriétaires, en fixant leur résidence sur leurs terres et en dirigeant eux-mêmes leurs travaux, ont aussi contribué à faire adopter des procédés que la routine repoussait. La substitution du système des assolements à celui des jachères, la multiplication des races des animaux domestiques, les nombreux percements de routes et de chemins exécutés par le gouvernement, sont autant de causes qui ont relevé l'agriculture, dont aujourd'hui le produit annuel se chiffre par milliards de francs. Malgré ces progrès immenses, l'agriculture a encore beaucoup à faire; elle a surtout à lutter contre l'esprit d'industrialisme qui a tourné vers le commerce tant de bras et de capitaux, privant ainsi l'agriculture d'auxiliaires indispensables pour ne faire souvent que susciter des embarras à l'industrie. N'oublions pas, en effet, que la France doit être avant tout un pays agricole et, par une inintelligente imitation de ce qui se fait en certain pays, n'abandonnons pas les principes de Sully, qui ont rendu jusqu'à ce jour notre belle patrie si puissante et lui ont dans tous les temps fourni les moyens de se relever, après ses revers, plus forte et plus redoutable.

LA FRANCE AGRICOLE ACTUELLE

De très grands progrès agricoles ont été faits en France depuis un siècle. En 1790 la production agricole de France, évaluée par Lavoisier, ne dépassait pas deux milliards et demi ; elle a plus que doublé depuis. Cette augmentation a été surtout sensible dans les départements les plus riches.

Cet accroissement de plusieurs milliards en près d'un siècle, n'a pas été obtenu par un progrès constant et régulier ; il a subi, au contraire, de graves intermittences.

Nous ne pouvons nous étendre ici sur ce sujet, mais nous devons constater que malgré les découvertes modernes dans les applications des sciences à la production agricole, l'agriculture française n'a pas réalisé des progrès aussi rapides qu'on aurait pu l'espérer. La cause en est au défaut à peu près général d'instruction chez le cultivateur. Heureusement cette lacune tend à disparaître ; de grands efforts ont été faits pour répandre l'enseignement professionnel non seulement dans les écoles spéciales, mais jusque dans les derniers hameaux. Ces efforts seront certainement couronnés de succès et il en résultera le plus grand bien pour le pays.

Les propriétés territoriales. — Depuis que la propriété territoriale a été dégagée de toutes les entraves qui en empêchaient la division et la libre circulation, c'est-à-dire depuis la Révolution; la propriété agricole s'est divisée à l'infini.

Un dénombrement récent établit que sur 3;226,000 exploitations agricoles existant en France, 2,436,000 ont une étendue inférieure à dix hectares (valant en moyenne 15,000 francs), soit plus de 75 0/0 de petite culture.

La culture moyenne, c'est-à-dire celle dont l'exploitation embrasse une superficie de 10 à 40 hectares, comprend environ 637,000 unités (à peu près 20 0/0 de l'ensemble) ; et la grande culture, dont chaque unité exploite plus de 40 hectares, en compte à peine 153,000, soit 5 0/0 du tout.

Ces chiffres démontrent bien que les petits producteurs sont l'immense majorité et qu'ils représentent réellement la fortune agricole de la France.

Population rurale et urbaine. — Avant d'entrer dans quelques détails statistiques sur la production agricole française, il est utile, pensons-nous, de constater un fait qui a une grande importance, c'est le mouvement de la population rurale et urbaine.

L'industrie attire à elle, par des salaires élevés, les ouvriers des champs, et les campagnes se dépeuplent petit à petit.

Pour mettre en évidence ce mouvement, nous donnerons quelques chiffres. Sur 100 habitants, la France comptait :

En 1851	74,48	ruraux et	25,52	urbains.
1856	72,69	—	27,31	—
1861	71,14	—	28,86	—
1866	69,54	—	30,46	—
1872	68,88	—	31,12	—
1876	67,56	—	32,44	—
1881	65,24	—	34,76	—
1883	64,42	—	35,60	—

C'est-à-dire que la population rurale, au lieu de constituer les trois quarts de la population totale, n'atteint pas même aujourd'hui les deux tiers.

Statistique agricole. — Bien que les chiffres de la statistique n'aient pas une valeur absolue, on en tire cependant des renseignements fort utiles dans leur ensemble.

Avant la guerre de 1870, la France avait une superficie totale de 53,028,894 hectares. Le traité de Francfort nous en ayant fait perdre 1,451,174, notre territoire continental a donc, à l'heure actuelle, une superficie de 51,557,720 hectares.

De ce chiffre, il faut déduire les surfaces occupées par les fleuves, rivières, chemins de fer, routes, chemins vicinaux, étangs, marais, jachères, villes, forêts et domaines de l'État, etc. (environ 14,000,000 d'hectares), et, sur les 37,397,720 hectares qui restent, 32,820,943 sont utilisés pour l'agriculture. Le surplus (à peine 13 0/0) représente les terrains arides, les landes, les montagnes rocheuses, les plages, etc. Il n'y a pas de pays en Europe (sauf la Belgique) où la proportion de terres cultivées, par rapport à la superficie totale, soit plus élevée.

La superficie des terres cultivées par rapport à la surface totale est approximativement :

Pour la France	de 63	pour 100.
— l'Angleterre	57	—
— l'Italie	52	—
— l'Allemagne	51	—
— la Suisse	46	—
— l'Espagne	39	—
— la Russie	22	—

Les 33 millions d'hectares cultivés actuellement en France se répartissent ainsi d'après les dernières statistiques.

	Hectares.
Céréales	15,015,328
Farineux	1,981,424
Légumes verts	474,061
Cultures industrielles	1,006,489
Fourrages	10,448,310
Vignobles	2,040,770
Bois et forêts	1,600,000
Vergers, fruitiers	337,561
	32,820,943

Ces 32,820,943 hectares représentent une valeur approximative de 98 milliards de francs. Le revenu annuel étant actuellement évalué à environ 2,800,000,000 de francs, le rendement moyen net de la propriété foncière en France est environ de 2.85 0/0.

Avant de parler de la production, il est nécessaire de donner un aperçu de notre outillage agricole.

L'enquête agricole de 1873 a établi qu'il existait en France :

Charrues de pays	2,334,928
— perfectionnées	860,872
Machines à battre à vapeur	6,793
— chevaux	127,323

MACHINES PERFECTIONNÉES

Faucheuses	3,161
Moissonneuses	2,883

Les résultats fournis par cette statistique sont malheureusement bien faibles et indiquent une infériorité de notre outillage agricole. Nous devons reconnaître cependant que depuis 1873 notre outillage de culture est en voie de transformation.

Fig. 32. — AIRE A BLÉ.
Le dépiquage du blé par le pas des chevaux usité encore dans quelques endroits de la France et en Sardaigne.

Le nombre des machines à vapeur et des instruments perfectionnés employés par l'agriculture augmente chaque année dans de fortes proportions.

Le nombre des chevaux-vapeurs employés pour la culture était de 27,516 en 1878 ; 33,596 en 1879 ; 38,062 en 1880 ; 42,092 en 1881 ; 46,722 en 1882 ; 52,520 en 1883. Depuis cette époque, il a été toujours en augmentant, indiquant ainsi une grande amélioration.

Si nous passons à l'inventaire des animaux de la ferme, nous voyons, d'après les recensements officiels, les fluctuations suivantes :

ESPÈCES	1866 (TÊTES)	1873 (TÊTES)	1883 (TÊTES)
Chevaline	3,313,232	2,742,708	2,852,187
Mulassière	345,243	303,775	268,062
Asine	518,837	410,268	390,466
Bovine	12,733,188	11,721,459	11,793,812
Ovine	30,386,223	25,935,114	21,639,657
Porcine	5,889,624	5,755,656	5,847,405
Caprine	1,679,938	1,794,887	1,462,173

Nous terminerons ces notes statistiques par les deux tableaux suivants donnant des renseignements intéressants sur la production des *céréales* et des *cultures*.

Fig. 33. — PLANTES DE SERRE : Dans les serres un milieu ambiant propice permet de cultiver toutes sortes de plantes.

		Surface cultivée.	Récolte totale.	Rendement à l'hectare.	Prix de l'hectol.	Valeur totale.
		Hectares.	Hectolitres.	Hectolitres.	Fr. c.	Francs.
CÉRÉALES	Froment	6,866,054	104,772,587	15,21	19 »	641,589,430
	Méteil	355,818	5,803,737	22,32	15,19	35,691,630
	Seigle	1,723,195	25,588,872	18,66	13,23	143,492,784
	Orge	1,016,301	19,174,974	13,97	11,84	51,055,101
	Sarrasin	628,971	10,666,643	14,56	11,33	17,739,396
	Maïs	598,076	9,765,881	11,56	13,85	33,578,846
	Millet	41,503	642,962	10,91	13,44	1,238,330
	Avoine	3,677,125	90,000,659	16,95	8,69	228,132,976
	Pommes de terre	1,346,630	134,938,560	102,01	5,34	715,832,516
	Totaux	16,253,730	401,354,875	»	»	1,868,346,005

		Hectares.	Produit total.
CULTURES	Farineux	2,055,726	855,110,000
	Betteraves	521,808	352,987,896
	Houblon	3,469	12,480,151
	Tabac	12,542	13,543,848
	Textiles (lin et chanvre)	116,506	72,739,335
	Cultures oléagineuses (colza, œillette, olives, etc.)	319,796	84,782,159
	Vignes	2,175,485	1,708,053,630
	Fourrages	10,448,310	»
	Bois et forêts	1,600,000	»
	Vergers et fruitiers	337,561	»
	Produits de la sériciculture représentant une valeur de	»	30,323,780
	Produits de l'apiculture représentant une valeur de	»	19,262,253

Nous avons tenu à donner dès le commencement de cet ouvrage ces éléments de statistique pour qu'on puisse se rendre compte de l'importance des questions agricoles à tous les points de vue.

Ces chiffres prouvent que la France est bien un pays agricole par excellence, les progrès de la culture intéressent donc et sa prospérité et sa grandeur.

Nous disions en commençant que l'agriculture est une industrie, il nous suffira d'ajouter en terminant qu'au point où nous sommes parvenus l'agriculture doit agir exactement avec les mêmes procédés que l'industrie la plus savante ; la terre ne doit être qu'un instrument entre les mains du cultivateur. L'application des sciences à la culture ouvre tout un nouvel horizon ; la mécanique, la chimie, la physique, la zoologie, la botanique, ont désormais à tourner leurs principales études de ce côté, et les conquêtes déjà faites dans cette voie font pressentir combien on peut en faire encore.

Les constatations les plus récentes ont établi d'une manière irréfutable que l'agriculture française pourrait lutter avec avantage contre la concurrence étrangère, si le vieil outillage d'autrefois était peu à peu remplacé par les instruments aratoires perfectionnés que la mécanique a inventés, et si les cultivateurs pouvaient enrayer l'épuisement de leurs terres en employant les engrais, les éléments de fertilisation nouveaux trouvés par la chimie moderne.

Une transformation rationnelle du vieux système d'exploitation est nécessaire.

Grâce à la vulgarisation des théories scientifiques et aux encouragements qui commencent enfin à être donnés au travail de la terre, on peut dire avec raison que l'agriculture française a devant elle un immense avenir.

LES FACTEURS DE LA VÉGÉTATION

L'ATMOSPHÈRE ET LE SOL

L'atmosphère; son rôle dans les phénomènes naturels. — L'air, ce fluide gazeux qui forme autour du globe terrestre une enveloppe désignée sous le nom d'*atmosphère*, joue un rôle des plus importants dans la plupart des phénomènes naturels. C'est un immense laboratoire où se passent sans cesse les opérations chimiques les plus variées.

Après avoir reçu sous forme de vapeur les eaux de la terre, ce vaste réservoir les rejette en pluie ou va les déposer sur les sommets des montagnes d'où elles redescendent en ruisseaux ou en torrents. Il transporte à des distances prodigieuses le pollen ou la graine des végétaux, et les œufs et les germes de beaucoup d'animaux microscopiques. Enfin, il entretient la végétation dans les plantes et la respiration chez les animaux.

La présence de l'*air* est nécessaire au développement et au maintien de la vie chez tous les êtres organisés, plantes et animaux, aussi l'a-t-on nommé très justement le *pabulum vitæ* (l'*aliment de la vie*).

C'est depuis Lavoisier seulement que l'on connaît son rôle physiologique. On comprend que la connaissance positive de son rôle était nécessairement subordonnée à la découverte de la composition de l'*air* : ce progrès considérable de la physiologie ne pouvait venir qu'avec les progrès de la chimie. « Le retard de nos connaissances sur la respiration, dit très bien Lavoisier dans un de ses admirables mémoires, tient à ce qu'il existe un enchaînement nécessaire dans la suite de nos idées, un ordre indispensable dans la marche de l'esprit humain. Il était impossible de rien savoir sur ce qui se passe dans la respiration avant qu'on eût reconnu : 1° que l'air est composé de deux gaz : l'un respirable (l'oxygène), l'autre irrespirable (l'azote); 2° que l'air vital, l'oxygène, est un principe commun aux divers acides ; 3° que le gaz acide carbonique est une combinaison d'oxygène et de charbon pur... »

L'air entretient la vie des animaux et des plantes. — L'*air* agit dans la respiration animale comme dans la combustion. Comme le bois et l'huile en brûlant, l'animal en respirant prend à l'air de l'oxygène et lui rend de l'acide carbonique ; au point de vue chimique, il constitue un véritable appareil de combustion dans lequel l'oxygène de l'air vient sans cesse brûler du carbone et de l'hydrogène, et produire de l'acide carbonique et de l'eau. D'un autre côté, le rôle essentiel des végétaux, le résultat général de leur présence sur la terre est d'absorber cet acide carbonique que les animaux versent sans cesse dans l'atmosphère, de le décomposer, d'en fixer le carbone et d'en restituer l'oxygène à l'air. L'action du règne végétal est une cause conservatrice qui fait équilibre à l'action du règne animal, et entretient la stabilité de composition de l'air atmosphérique. « Les plantes et les animaux, a dit M. Dumas, viennent de l'air et y retournent : ce sont de véritables dépendances de l'atmosphère. Ce que les uns donnent à l'air, les autres le reprennent à l'air... De l'atmosphère primitive de la terre, il s'est fait trois grandes parts : l'une qui constitue l'air atmosphérique actuel ; la seconde qui est représentée par les végétaux ; la troisième qui est représentée par les animaux. Des échanges continuels ont lieu entre ces trois masses : la matière descend de l'air dans les plantes, pénètre par cette voie dans les animaux et retourne à l'air à mesure que ceux-ci la mettent à profit...

Fig. 34. — Les climats froids et rigoureux du nord de l'Europe ne permettent aucune culture. Une maigre végétation ne donne qu'une faible nourriture à des troupeaux de rennes.

Ainsi tout ce que l'air donne aux plantes, les plantes le cèdent aux animaux, les animaux le rendent à l'air, cercle éternel dans lequel la vie s'agite et se manifeste, mais où la nature ne fait que changer de place. La matière brute de l'air, organisée peu à peu dans les plantes, vient fonctionner dans les animaux et servir d'instrument à la pensée ; puis, vaincue par cet effort et comme brisée, elle retourne matière brute au grand réservoir d'où elle était sortie. »

Composition de l'air; éléments étrangers en suspension dans l'atmosphère. — L'air est formé essentiellement par les deux gaz *oxygène* et *azote* en mélange, sur tous les points de la surface du globe, à toutes les altitudes, à quelques légères variations près, dans les proportions suivantes : en volume, 79 d'azote et 21 d'oxygène ; en poids, 77 parties d'azote et 23 parties d'oxygène. Il contient en outre d'une façon constante de l'acide carbonique et de la vapeur d'eau. Quelle que soit la localité ou la saison, on voit toujours une couche d'humidité se former à la surface des corps dont la température est de beaucoup inférieure à celle de l'air ambiant. Indépendamment de ces produits, l'air contient toujours un peu d'ammoniaque.

Quant aux corpuscules qui existent constamment en suspension dans l'atmosphère et qu'on aperçoit en si grand nombre, quand un rayon de soleil pénètre par une petite ouverture dans une chambre peu éclairée, ils sont formés non seulement de matières minérales et de filaments de laine ou de coton, mais encore de germes très variés. Ceux-ci, placés dans des conditions convenables, se développent et reproduisent, comme l'a démontré M. Pasteur, les moisissures

Fig. 35. — Dans les plaines africaines, l'aridité est complète faute d'eau, cependant de loin en loin quelques oasis apparaissent là où l'humidité du sol ou le forage d'un puits donne l'eau nécessaire à la vie des plantes.

et tous les êtres organisés, *les microbes*, dont on attribuait l'origine à des générations spontanées.

Le climat, dépendance de la température et de l'humidité de l'air. — Le climat d'une région quelconque dépend tout à la fois de la température et du degré d'humidité qui dominent dans cette région; et, comme la température, l'état hygrométrique dépend, à son tour, de la situation géographique du pays et des phénomènes météorologiques qui s'y rencontrent. On peut définir le climat d'un lieu : *l'ensemble des phénomènes atmosphériques qui, joints à la position du lieu considéré, déterminent les degrés de chaleur et d'humidité qui s'y succèdent.*

Les degrés de température et d'humidité varient, il est vrai, dans chaque localité, d'une année à l'autre, et même d'un jour à l'autre; mais leur variation oscille entre certaines limites, dont la connaissance constitue les éléments caractéristiques du climat. Si, par exemple, dans le cours de plusieurs années, on constate que, dans un pays, le nombre des jours à la fois secs et chauds l'emporte sur celui des jours autrement caractérisés, tels que secs et froids, humides et chauds, humides et froids, on dira que le climat de ce pays est sec et chaud. Le climat étant pour ainsi dire une fonction de la température et de l'état hygrométrique, on conçoit qu'il doit exercer une influence capitale sur la santé de l'homme, des animaux et des plantes, et, par suite, on conçoit de quelle importance est le choix d'un climat pour toutes les entreprises que l'homme peut avoir à tenter.

Influence de la température. — Toute plante a besoin, pour entrer en végétation, d'un certain degré de chaleur au-dessous duquel elle reste comme engourdie. Dès que la température a dépassé ce minimum, l'organisme végétal se réveille; son développement commence; il devient de plus en plus rapide à mesure que la chaleur augmente, mais seulement jusqu'à un certain terme; celui-ci atteint, la végétation languit et s'arrête encore, et un nouvel accroissement de chaleur en amène l'arrêt définitif suivi de la mort. Il y a donc un certain nombre de degrés entre lesquels la végétation suit une marche ascendante, pour se ralentir ensuite, et en dessous comme en dessus desquels elle est d'abord stationnaire, pour cesser ensuite à jamais. On voit donc que l'insuffisance comme l'excès de chaleur agissent à deux degrés différents et successifs. De là vient que les hivers ordinaires suspendent seulement le développement des plantes, amènent pour elles un simple engourdissement, tandis que les froids exceptionnels en font périr un grand nombre. L'engourdissement amené par un froid insuffisant pour causer la mort peut se prolonger longtemps.

Le degré de froid qui amène l'arrêt de la végétation et celui qui cause la mort varient considérablement pour les différentes espèces végétales; c'est ce qu'on indique vulgairement en qualifiant les unes de délicates et les autres de rustiques; mais, en moyenne, c'est vers zéro que cesse tout développement, et les végétaux des contrées tempérées et froides supportent des gelées à plusieurs degrés au-dessous de zéro avant que leur mort survienne. Dans ce dernier cas, on a pensé que la plante périt parce que ses sucs, en se congelant, augmentent de volume, déchirent par cela même les cellules qu'ils remplissaient et déterminent ainsi dans les tissus une désorganisation avec laquelle la vie cesse nécessairement. Il est certain que des froids rigoureux amènent mécaniquement des déchirures considérables dans les végétaux; c'est ainsi, par exemple, que, dans les parties froides de l'Europe, les fortes gelées font éclater des arbres avec une sorte d'explosion. Néanmoins il est facile de reconnaître que, dans la grande majorité des cas, la mort par le froid n'est pas la conséquence de la congélation des sucs; car nous voyons différentes plantes de nos pays devenir raides, n'être à peu près qu'un glaçon après une forte gelée, et reprendre ensuite, pourvu qu'elles soient dégelées lentement, la rapidité du dégel ayant, dans presque tous les cas, des conséquences funestes; en outre, la plupart des espèces propres aux pays chauds succombent à une température de quelques degrés au-dessus de zéro et qui ne peut dès lors congeler leurs sucs. Enfin, l'observation directe n'a pas confirmé l'idée selon laquelle, dans un parenchyme, par exemple, soumis à l'action d'une forte gelée les cellules seraient toutes ou en grande majorité déchirées.

Le point d'arrêt par insuffisance de chaleur, qui constitue ce qu'on peut regarder comme le zéro du thermomètre végétal, varie pour les différentes espèces; en général, il correspond à une température de plus en plus basse, si l'on va de celles qui habitent les régions chaudes à celles qui se trouvent dans les contrées froides ou à des altitudes considérables, et qu'on nomme espèces *alpines*, en appliquant aux plantes de toutes les hautes montagnes une désignation qui n'indiquait d'abord que celles des Alpes. Aussi, tandis qu'il faut plusieurs degrés au-dessus de zéro pour mettre en activité la végétation des plantes tropicales, les plantes septentrionales et alpines poussent et fleurissent aussitôt que fond la neige qui les couvrait.

L'excès de température arrête la végétation peut-être par la sécheresse qu'il détermine, mais certainement aussi par son influence sur les propriétés vitales des tissus, puisqu'il rend raides et immobiles les organes susceptibles de mouvement. Ses effets extérieurs se manifestent souvent d'une manière analogue en apparence à ceux que produit le froid, ajoute M. P. Duchartre, à qui nous empruntons cette étude.

La conséquence de ce qui précède, c'est que, pour les plantes, il y a : 1° des températures *utiles*, comprises entre le minimum et le maximum qui déterminent également l'arrêt de la végétation; 2° des températures *inutiles* au-dessous de ce minimum et au-dessus de ce maximum jusqu'au terme où surviennent les températures *nuisibles*.

Au total, puisque chaque plante a besoin, pour pousser et se reproduire, d'une certaine chaleur et qu'elle succombe à certains froids, comme elle souffre ou périt sous l'action de températures trop hautes, il existe une relation directe et nécessaire entre elle et le climat. Afin de formuler cette relation par une expression mathématique, Humboldt a imaginé de tracer sur une mappemonde des lignes qu'il a nommées *isothermes* ou d'égale chaleur moyenne, parce que chacune d'elles passe par tous les points de la terre qui possèdent la même température moyenne annuelle.

Reconnaissant bientôt le peu de signification des isothermes pour rendre compte de l'action de la température sur les végétaux, Humboldt y a joint deux autres natures de lignes dont l'une, appelée par lui *isochimène*, réunit toutes les localités qui possèdent la même température moyenne hiémale, dont l'autre, nommée *isothère*, passe par tous les lieux qui ont la même température moyenne estivale. Ces lignes fournissent une expression beaucoup plus exacte des climats, et, par conséquent, des conditions qu'y rencontrent les végétaux; toutefois, à ce dernier point de vue, il faut y joindre encore une autre donnée, celle du maximum de froid qu'amènent les hivers rigoureux ; car ce maximum de froid ou minimum de température détermine une grande mortalité parmi les végétaux même indigènes, à moins que la neige ne vienne couvrir toutes leurs parties souterraines d'un abri qui amoindrisse considérablement les effets de la gelée.

Pour s'expliquer la présence d'une plante dans telle localité, son absence dans telle autre, il faut ajouter à ces données déjà fondamentales quelques autres considérations, dont l'intérêt, toujours grand, acquiert parfois une importance majeure. Ainsi l'on doit tenir grand compte de la température du sol dans lequel s'étendent les racines et de l'action directe des rayons solaires sur les organes aériens. L'action de la température du sol est très importante pour la végétation à différents points de vue, et surtout pour les motifs suivants : 1° les racines n'entrent en activité, par conséquent la végétation ne commence pour les plantes vivaces, que lorsque le sol, à une profondeur moyenne d'environ 35 centimètres, s'est échauffé jusqu'à une température déterminée pour chaque espèce. Elles cessent d'agir, et par suite l'arrêt de la végétation survient, quand le refroidissement automnal amène à cette profondeur une température inférieure à ce même terme. Dès lors chaque espèce de plante, ayant besoin d'un nombre déterminé de degrés de chaleur pour parcourir le cercle entier de sa végétation, ne pourra exister et se reproduire que dans les pays où la somme des températures moyennes des jours compris entre la reprise et l'arrêt de sa végétation annuelle égalera ce nombre ou le surpassera. Le même raisonnement s'applique aux plantes annuelles dont la germination exige une température déterminée pour chacune d'elles, et ne peut par conséquent avoir lieu que dans un sol réchauffé au moins jusqu'à cette température. — 2° Les parties actives des racines sont notablement plus sensibles au froid que la partie aérienne des végétaux auxquels elles appartiennent. Ainsi Hugo Mohl a reconnu que les racines du Frêne ont gelé, en janvier, par un froid de — 16°,25 centigrades ; que celles du Cerisier et du Pommier souffraient déjà, en février, par — 6°,25 centigrades ; enfin, que celles du Chêne et du Hêtre ont péri à — 14 degrés centigrades, tandis que les branches de ces deux dernières essences peuvent supporter impunément jusqu'à — 25 degrés centigrades. Un végétal peut donc succomber à la suite de la destruction de ses jeunes racines, par un froid qu'il aurait très bien supporté si ses racines avaient été préservées ; sous ce rapport, il doit y avoir une différence marquée entre un arbre isolé ou planté dans un sol nu et un autre qui se trouve dans une forêt dont la terre est couverte, en hiver, d'une couche épaisse de feuilles sèches et de broussailles.

En général, la puissante influence de la chaleur du sol sur la végétation est mise en évidence, dans la pratique de l'horticulture, par les effets que produit la *chaleur du fond*, c'est-à-dire le réchauffement direct de la terre, dans les serres, obtenu artificiellement.

Les graines supportent des limites de température très étendues.

La température moyenne annuelle de la partie habitée de la France paraît être de 12° environ. La température la plus basse de l'année a lieu, généralement, vers le 15 janvier, et la plus élevée vers le 15 juillet.

La température décroît à mesure que l'on s'élève au-dessus de la surface du sol, on a observé en général un abaissement d'un degré pour un accroissement d'altitude d'environ 180 mètres.

L'époque de la floraison des plantes et de la maturation de leurs fruits suit avec assez de régularité la variation de la chaleur des saisons. On peut remarquer, en effet, que les récoltes se font beaucoup plus tôt les années chaudes que les années froides.

Rapports qui existent entre les lignes de température et les limites de certains végétaux. — On conçoit que, parmi les plantes cultivées, celles qu'on sème pour les récolter au bout de quelques mois, peuvent arriver à maturité partout où la température moyenne de l'été est assez élevée, quelle que soit d'ailleurs a température de l'hiver. Aussi observe-t-on, par exemple,

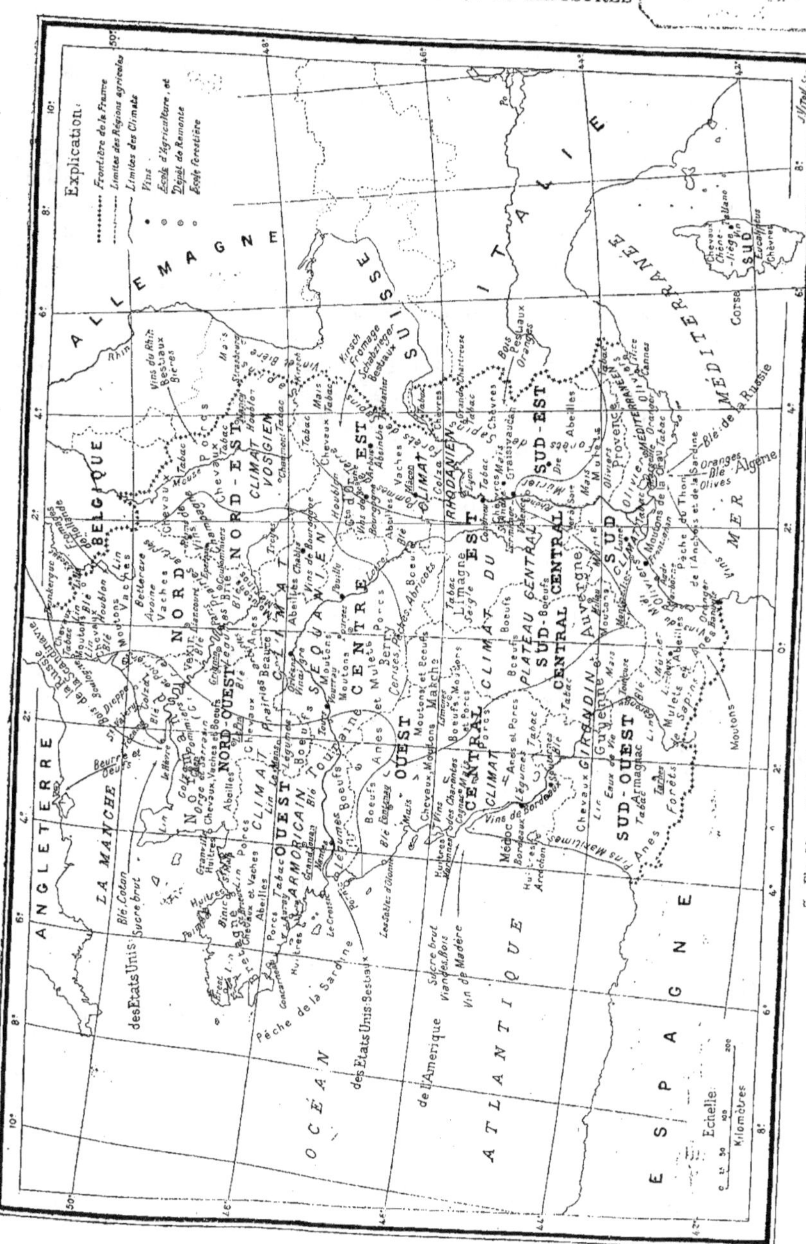

Fig. 36. — Distribution des plantes cultivées et des animaux en France.

que la culture des orges, en Europe, est limitée au nord par une ligne voisine de la ligne *isothère* de 10 degrés, et celle des froments par une ligne voisine de la ligne isothère de 15 degrés. Les points traversés par ces lignes ont cependant des climats différents, et, pendant l'hiver, des températures très inégales. De même, le maïs n'exige guère que deux ou trois mois d'une température un peu élevée pour arriver à maturation : sa limite de culture se rapproche beaucoup de la ligne isothère de 20 degrés. — Il en est à peu près de même des végétaux vivaces qu'on cultive pour leurs fruits : la culture en est répandue seulement dans les points où ces fruits peuvent arriver à maturité, c'est-à-dire où la température de l'été est assez élevée. Aussi, les limites de culture des vignes, des oliviers, des orangers, affectent-elles encore des formes voisines de celles des lignes isothères.

Au contraire, les limites de végétation des arbres forestiers dépendent des températures de l'hiver, c'est-à-dire qu'elles suivent les lignes *isochimènes*. — Ainsi, la limite de végétation du chêne vert se rapproche de la ligne isochimène de + 5 degrés; elle correspond à une latitude assez basse dans les continents orientaux, mais elle s'élève brusquement vers le midi de la France, et suit la côte de l'Océan jusque dans la Bretagne. — Des remarques analogues sont applicables aux autres arbres forestiers, dont les limites de végétation s'élèvent d'autant plus en latitude qu'ils peuvent supporter des hivers plus rigoureux.

En résumé, l'*ensemble* de la végétation d'une contrée dépend, à des titres différents, des températures de l'été et des températures de l'hiver, ou des lignes *isothères* et des lignes *isochimènes* entre lesquelles cette contrée est comprise.

Influence de la lumière. — L'influence de la lumière sur les plantes est difficile à isoler de celle de la chaleur, et d'ailleurs il n'est guère possible d'en exprimer les effets avec la rigueur ni avec la commodité que le thermomètre donne pour cette dernière; cependant certains faits de végétation la mettent en évidence. Ainsi les espèces qui croissent habituellement dans les bois et à l'ombre, ne peuvent changer cette manière d'être et ne prospèrent pas dans les endroits découverts où la lumière est fort vive. La culture est obligée de tenir compte de cette action et de graduer l'intensité de la lumière à laquelle les plantes sont soumises en raison des habitudes naturelles qui les distinguent. Cette même action se manifeste d'une manière appréciable aux yeux par la couleur des fleurs. La corolle des espèces qui croissent à de grandes hauteurs sur les montagnes a des couleurs vives, l'atmosphère plus pure et d'ailleurs moins épaisse à ce niveau laissant aux rayons du soleil qui les frappent un plus grand pouvoir éclairant. Il y a même quelques espèces auxquelles la flexibilité de leur tempérament, si l'on peut ainsi parler, permet de prospérer à des altitudes différentes, et dans lesquelles la teinte de la fleur s'avive à mesure qu'elles atteignent un niveau plus élevé. L'influence de la lumière explique la différence marquée qui existe entre les plantes des terres découvertes, avec leur air de vigueur, leur verdure intense, leur odeur aromatique et celles des bois, ou plus généralement des lieux ombragés, que distinguent des caractères opposés.

La lumière, ou plutôt les rayons chimiques qui l'accompagnent, est indispensable au développement complet de nos plantes ordinaires. C'est seulement sous l'action de cet agent que se produisent les réactions chimiques auxquelles les plantes doivent leur accroissement. Les végétaux privés de lumière s'étiolent, leurs tiges blanchissent et s'allongent sans acquérir de solidité et sans produire de graines.

L'électricité atmosphérique. — L'électricité atmosphérique, comme la lumière, joue dans la nature un rôle des plus importants, et exerce sur la végétation une influence qui ne paraît pas douteuse; mais cet agent est encore bien peu connu, au point de vue qui nous occupe; aussi nous ne ferons que le signaler.

Pression atmosphérique; vents. — Les variations de la pression atmosphérique ne paraissent pas exercer par elles-mêmes d'action bien directe sur la végétation, mais le baromètre qui indique les pressions peut rendre à l'agriculteur des services en fournissant des indications sur la pluie. La pression moyenne du baromètre à Paris est de $0^{m},756$; on remarque, en général, qu'un abaissement est un indice du pluie et que son élévation est au contraire un pronostic de beau temps. L'examen attentif de la marche du baromètre combiné avec l'étude des vents et de quelques autres phénomènes conduit pour chaque localité à prévoir quelques jours d'avance une chute de pluie.

La fréquence et la force des vents doivent se compter parmi les éléments caractéristiques d'un climat. On peut dire d'une manière générale que les vents modérés, en renouvelant l'air et en imprimant aux plantes une certaine agitation, compatible avec leur élasticité propre, sont favorables à la végétation. Mais les vents secs, en régnant avec trop de force ou de continuité dans une direction déterminée, fatiguent les plantes et leur impriment des caractères spéciaux : les arbres offrent un aspect rabougri, la tête s'incline du côté opposé au vent, les branches s'allongent dans ce sens et les racines s'accroissent et prennent, dans la direction opposée, un développement anormal.

La France, considérée d'une manière générale, appartient à la grande zone du vent sud-ouest, mais une foule de circonstances locales en modifient la direction.

Influence de l'eau. — L'humidité de l'atmosphère exerce sur la végétation une grande influence, soit que l'eau à l'état de vapeur entoure les parties aériennes des plantes, soit qu'elle retombe en pluie et pénètre le sol.

L'influence de l'eau sur la répartition des végétaux tient à l'importance et à la complexité de son action; elle intervient, en effet, dans la végétation comme aliment, comme véhicule nécessaire des matières solubles nutritives, comme entretenant la fraîcheur de la terre, enfin, comme jouant, pour quelques espèces, le rôle de milieu.

Sous ces divers rapports, la quantité d'eau qui tombe annuellement et la répartition des pluies aux différentes époques de l'année sont des facteurs importants de la production végétale.

Nous voudrions donner quelques chiffres certains, mais la chose est assez difficile. Cependant, pour avoir une idée des évaluations faites, nous transcrirons les données généralement admises : il tomberait en moyenne $0^{m},70$ d'eau par année de 110 jours environ de pluie; chaque saison donnerait à peu près la même quantité de pluie, excepté l'automne qui en fournit davantage.

C'est la pluie, en général, qui distribue aux plantes l'humidité dont elles ont besoin; on conçoit par cela seul l'importance agricole de ses effets. La répartition des pluies et leur abondance dans les différentes saisons de l'année sont un des principaux éléments de la fertilité des terrains et l'une des causes les plus réelles de l'aspect général de l'agriculture d'un pays. Les pluies sont très inégalement réparties dans les différentes parties de la France, soit que l'on considère la quantité absolue d'eau tombée, soit que l'on tienne compte seulement du nombre annuel des jours de pluie et de leur distribution dans différentes saisons. Dans les contrées où il pleut souvent, chaque pluie est peu abondante,

Fig. 37. — La culture dans les régions alpines est limitée par la hauteur des sommets ; à environ 2,500 mètres, le pin, l'épicea et le mélèze vivent encore assez bien ; au delà on ne trouve plus que des plantes herbacées et des cryptogames ; enfin la vie cesse avec les neiges.

elle pénètre uniformément la terre et entretient les végétaux dans un état continuel d'humidité et de fraîcheur. Ces contrées humides conviennent surtout à la culture des fourrages et à l'élève des bestiaux.

Dans les pays où les pluies sont peu fréquentes, et le volume d'eau cependant considérable, les pluies sont torrentielles, ravagent les cultures dans les terrains en pente, noient le sol dans les parties basses et les laissent ensuite se dessécher complètement par l'action prolongée d'un temps sec et d'une chaleur élevée.

L'automne, dans la plus grande partie de la France, est la saison de l'année dans laquelle il tombe le plus d'eau; dans les Vosges et dans une partie du bassin de la Seine, l'été se place sous ce rapport au premier rang.

L'eau est l'élément capital de la production agricole. La plante, dit M. Grandeau, est un appareil évaporateur d'une haute puissance. C'est par millions de litres que se compte le volume d'eau que la récolte couvrant une superficie d'un hectare aspire du sol pour le déverser ensuite, sous forme de vapeur, dans

LA BASSE-COUR

l'atmosphère. Dans les régions où il ne pleut jamais, comme certaines parties de l'Amérique, si bien étudiées au point de vue agricole par Boussingault, la végétation emprunte toute son eau à l'humidité de l'air. Mais c'est là un fait tout à fait exceptionnel ; dans les régions tempérées, en Europe, on peut dire que l'un des facteurs les plus importants de la récolte est la quantité d'eau qui, naturellement ou par la main de l'homme, est mise à la disposition de la plante. D'une façon générale, on constate que la quantité d'eau mise en œuvre par la végétation,

Fig. 38. — Les plaines de la Crau restent stériles faute d'un sol arable et d'eau. Une maigre végétation apparaît aux confins de cet immense désert.

correspond à plusieurs centaines de fois le poids de la substance organique fabriquée par la plante.

S'il est, on le sait, des sols où la végétation languit par suite d'un excès d'eau dans la couche arable, sols que le drainage améliore si complètement, il en est bien plus encore qui, fertiles par nature ou susceptibles de fournir de hauts rendements sous l'influence des engrais, demeurent inféconds par absence d'eau. Le midi de la France, ou pour mieux dire le midi de l'Europe, voit sa fécondité dépendre presque exclusivement du régime des pluies, et c'est par millions de francs que se traduiraient annuellement les accroissements de rendements dans ces régions, si on les soumettait à un régime rationnel d'irrigation.

Sans eau, toutes les améliorations culturales sont impossibles. Nos colonies d'Afrique nous montrent bien l'importance de l'eau : partout où on fore un puits et que l'eau jaillit, aussitôt le désert se couvre de végétation. L'Égypte n'est fertile qu'où il y a de l'eau, où cet élément manque c'est le désert aride, au sol instable, ne fournissant qu'une herbe rare et sèche, nourrissant à grand'peine quelques troupeaux.

Le sol; son rôle important. Le sous-sol. — Le *sol* joue en agriculture un rôle des plus importants. C'est, en effet, la couche de l'écorce terrestre qui, modifiée de mille manières dans ses propriétés physiques ou mécaniques comme dans sa composition chimique, fournit aux végétaux cultivés le support où ils sont fixés et le milieu dans lequel ils puisent par leurs racines tout ou partie des substances nécessaires à leur développement. On distingue le *sol végétal*, dans lequel s'étendent les racines des plantes; le *sol arable*, qui est pénétré par les instruments aratoires, et le *sous-sol*, couches inférieure ou inerte, qui n'exerce pas une action directe sur les plantes. Ce dernier est quelquefois de même nature que le *sol*, et en diffère seulement en ce qu'il est compacte et moins aéré; d'autre fois, il est d'une composition chimique différente; dans tous les cas, il peut être converti partiellement en *sol* et agit toujours plus ou moins sur celui-ci par ses propriétés.

M. de Gasparin, pour préciser d'une manière complète leur constitution, les partage en 4 classes :

« Nous appellerons, dit cet habile agronome, le *sol* la couche supérieure du terrain, jusqu'à la profondeur où elle conservera la même nature minérale. Le sol se divisera en : 1° *sol actif*, celui qui est mêlé de terreau, qui reçoit les impressions de l'atmosphère, les sels solubles, dans lequel se passent les phénomèmes de la végétation et qui est atteint par les labours; 2° au-dessous de cette première couche, et quoique conservant la même composition minérale si le sol est profond, nous appellerons *sol inerte* la seconde couche qui n'est pas entamée par les cultures.

« Au-dessous du sol, au moment où une nouvelle couche de composition minérale différente se présente, nous avons le *sous-sol*, qui peut être formé lui-même de plusieurs couches variées aussi dans leur composition jusqu'à ce qu'on atteigne dans la profondeur la couche imperméable. »

La terre cultivable doit renfermer, quand elle est appropriée à une récolte, tous les éléments minéraux nécessaires au développement de la plante. Mais ces éléments n'arrivent pas tout d'un coup à l'état de désagrégation qui les rend assimilables pour le végétal; ils n'arrivent à cet état que successivement, par l'action prolongée des agents atmosphériques et des préparations répétées que l'on fait subir au sol.

L'épaisseur de la couche du sol où vivent et se développent les racines des plantes est excessivement variée ; réduite à quelques centimètres dans les mauvais sols, elle atteint 0m,25 à 0m,35 dans les sols profonds.

Le *sol*, comme le *sous-sol*, emprunte ses éléments à diverses sources : aux débris des roches qui constituent l'écorce du globe; aux détritus provenant de la destruction des êtres organisés; aux matières fournies par les eaux ou par l'atmosphère. Sa composition est donc très diverse et souvent très complexe; de plus, elle varie continuellement à cause des réactions chimiques qui s'opèrent constamment dans son intérieur. Les éléments qui jouent un rôle notable dans la composition des sols sont la silice, la chaux, l'alumine, la magnésie, le fer, le manganèse, la potasse, la soude, le chlore, le soufre, le phosphore, l'ammoniaque, le carbone, l'eau, l'azote, l'hydrogène et l'oxygène. L'action de ces diverses substances est loin d'être toujours en raison directe de leur quantité. Parmi les propriétés physiques du sol, il faut distinguer d'abord sa masse ; celle-ci est en raison de l'épaisseur ou de la profondeur de la couche végétale ou arable. Plus celle-ci est mince, plus l'action du sous-sol se fait sentir. Ce dernier peut être actif ou inerte, suivant qu'il est ou non pénétré par les racines. Les sous-sols caillouteux ou même rocheux deviennent souvent actifs, lorsqu'ils sont faciles à désagréger ou remplis de fissures, parce qu'ils laissent alors pénétrer les racines pivotantes comme celles de la luzerne, de la vigne, du châtaignier, du chêne, etc. Le sous-sol est dit encore *perméable* ou *imperméable*, suivant qu'il se laisse ou non pénétrer par l'eau.

Le premier nuit aux terres légères, qu'il rend trop sèches, tandis qu'il est favorable aux terres argileuses, en permettant à l'excès d'eau de s'écouler. Ce sera, par conséquent, l'inverse pour les sous-sols imperméables ; toutefois, ce dernier défaut est plus facile à corriger, on y remédie par les défoncements ou le drainage. Si le sol et le sous-sol sont de nature différente, il peut arriver que leurs défauts se corrigent mutuellement.

D'après l'état du niveau de sa surface, un sol est en plaine, en pente, en butte, en bassin, etc. Une pente légère est toujours favorable, surtout si elle s'allie à une bonne exposition ; mais, à mesure qu'elle augmente, la culture devient plus difficile, bien que les plantes puissent y végéter sur les côtes les plus abruptes. Les sols peuvent présenter tous les degrés de division, depuis la poussière impalpable jusqu'à la masse rocheuse. Il n'est pas besoin de définir ce que c'est qu'un sol rocheux, tuffeux, pierreux, caillouteux, graveux, sableux ou sablonneux, glaiseux, etc.

Suivant la pesanteur spécifique, l'état de cohésion ou de ténacité, les terres sont lourdes ou légères, compactes ou meubles, dures, tenaces, fortes, collantes, etc. La couleur du sol n'est en général qu'un caractère accessoire ; elle peut néanmoins servir à reconnaître sa composition chimique, sa richesse en terreau, etc. ; elle influe d'ailleurs sur la faculté d'absorber ou d'émettre le calorique.

La manière d'être du sol par rapport à l'eau a beaucoup plus d'importance ; suivant le degré d'humidité, les sols sont arides, secs, frais, humides ou marécageux. En général, un sol absorbe d'autant plus d'eau qu'il est plus profond, plus meuble, plus finement divisé et plus riche en matières organiques. Sous divers rapports, on place en première ligne les sols de terreau, puis l'argile, les sols argilo-calcaires, magnésiens, crayeux, les sables fins et en dernier lieu les sables grossiers. La perte de l'humidité est en raison de la perméabilité du sol, de sa dessiccation et de son ameublissement. L'ordre que nous venons d'indiquer pour l'absorption de l'eau est l'inverse en ce qui concerne l'absorption du calorique. Les sols de couleur foncée s'échauffent plus vite que les autres. L'inclinaison et l'exposition de la surface exercent encore ici beaucoup d'influence. Enfin, les terres sont d'autant meilleures qu'elles absorbent et retiennent plus facilement les sels, les alcalis, les acides, les gaz, en un mot tous les principes enfermés dans l'air atmosphérique, les eaux pluviales et d'irrigation, les amendements, les engrais, etc.

Relativement à la composition chimique, on distingue les sols à base minérale et les sols à base organique. Les premiers se subdivisent à leur tour en deux classes fondées sur la présence ou l'absence de l'élément calcaire; ils se répartissent ensuite en divers groupes, suivant la proportion d'argile, de calcaire et de sable siliceux qu'ils renferment. Les sols à base organique se distinguent en sols de terreau proprement dit, dans lesquels le terreau est doux, soluble et parfaitement décomposé, et en terres acides, où la décomposition du terreau est moins avancée et plus difficile; telles sont les tourbes et les terres de bruyère.

Mais la composition chimique se complique de l'état matériel. Sous ce dernier rapport, on peut diviser les sols en catégories : les *limons* formés de particules très fines et bien mélangées, et qui sont généralement des dépôts ou des alluvions; les *sables* terrains de transport ou de sédiment, formés de grains plus grossiers et de nature presque exclusivement siliceuse; les terres composées d'un *mélange de limon ou de sable* avec des graviers ou des pierres; les *terreaux*, formés en majeure partie de matières organiques et plus ou moins fibreuses. Si maintenant on combine tous les caractères précédents, si, en outre, on tient compte de la richesse en humus ou des matières qui se rencontrent accidentellement, telles que la magnésie, le fer, les sels divers, etc., on arrive à une variété presque infinie de sols.

En étudiant plus spécialement les sols au point de vue de la production agricole, ils peuvent se diviser en trois groupes, que nous examinerons successivement.

Sols calcaires. — On les reconnaît à l'effervescence qui s'y développe quand on y verse un acide. Le calcaire a pour résultat de rendre le sol plus meuble et plus perméable et de favoriser l'action des engrais; les terres qui en renferment sont aptes à la production des légumineuses, telles que le trèfle, la luzerne, le sainfoin, et des fruits à noyau, pêches, prunes, cerises, etc. On rencontre rarement des limons purement calcaires, à moins qu'on ne range dans cette catégorie quelques marnes calcaires à pâte homogène plus ou moins siliceuse. Parmi les terres calcaires, nous signalerons d'abord les sols crayeux, dont la Champagne présente un type bien connu. Ces sols, généralement blancs, sont friables et peu tenaces, mais collants après la pluie. Avec des engrais on peut y obtenir de bonnes récoltes; on peut, d'ailleurs, y cultiver la pimprenelle, le sainfoin, la chicorée sauvage, le pin sylvestre, le saule marceau, le mahaleb, etc. Les sols calcaires proprement dits, formés aux dépens des terrains jurassiques ou des calcaires tertiaires sont très sujets à la sécheresse et au déchaussement des plantes par la gelée; bien fumés, ils donnent du froment, de l'avoine, du sainfoin, de la luzerne, etc. Les sols argilo-calcaires renferment des limons très fertiles et des terres marneuses, fortes ou grasses, difficiles à labourer; ce sont, en général, de bonnes terres à froment. Les sols où le calcaire est mélangé de silice ou d'argile, quand ils sont à l'état de limon, forment le meilleur type de ce qu'on a appelé *terre normale ou terre franche*. Ces sols sont faciles à diviser, exigent peu de forces, conservent bien l'humidité sans excès, décomposent les fumiers et en conservent les principes; ils donnent de belles récoltes.

Sols non calcaires. — Ces sols se reconnaissent en ce qu'ils ne font pas d'effervescence au contact des acides, à moins qu'ils ne renferment de la magnésie ou des principes alcalins; moins poreux que les sols calcaires, ils

Fig. 30. — LABOURAGE PERFECTIONNÉ. Attelage à chevaux et charrue à roues.

assimilent moins bien les engrais. Les ajoncs, les fougères, les bruyères y abondent. Les récoltes sans engrais y sont médiocres. Les argiles pures sont les plus ingrats de tous les sols; mais elles présentent rarement des surfaces d'une certaine étendue. Les limons argileux, surtout s'ils sont mêlés de graviers ou de cailloux, sont déjà moins mauvais.

Les sols mélangés de silice et d'argile deviennent excellents par l'addition de la chaux ou des amendements alcalins. Il en est de même des sols schisteux et aussi des terrains volcaniques, bien que ceux-ci, par l'abondance de leurs principes alcalins, se rapprochent souvent des sols calcaires. Les sables non calcaires, formés surtout de silice, s'observent particulièrement dans les bandes et les dunes ; ce sont des terrains arides et stériles, surtout s'ils reposent sur un sous-sol très perméable. Mais, s'ils sont profonds, riches en terrain soluble et qu'ils reposent sur un sous-sol suffisamment humide, ils deviennent excellents, surtout pour les cultures maraîchères et industrielles. On en remarque de nombreux exemples dans les vallées de la Seine et de la Loire.

Sols humifères. — Les sols de cette nature sont riches en matières organiques et surtout en humus ou en terreau soluble. Le terreau des jardiniers en présente le type le plus parfait. Ces terres sont en général fort peu étendues ; aussi les réserve-t-on généralement pour les cultures maraîchères, les plantes industrielles ou pour les pâtures grasses ; les céréales y poussent avec trop de vigueur. Rendus plus consistants par un mélange d'argile, de sable ou de calcaire, ces sols deviennent aptes à tous les produits. Il n'en est pas de même des terreaux acides, tels que tourbes, terres de bruyère ou terres de bois.

Les premières ne produisent que des plantes impropres à la nourriture du bétail et désignées sous le nom de *foin aigre.* Améliorées par des travaux d'assainissement, des amendements calcaires, l'écobuage, l'irrigation au moyen d'eaux courantes, etc., elles perdent leur acidité et deviennent souvent très fertiles; c'est ainsi qu'on a tiré un bon parti des tourbières de la vallée de la Somme, notamment de celles des environs d'Amiens. Les terres de bruyère rentrent dans la classe des sables siliceux; on ne peut les mettre en valeur que par les amendements calcaires, le noir animal, les fumures abondantes, les assainissements, etc. Par contre, la terre de bruyère est très recherchée pour les cultures d'agrément, et elle est même indispensable pour diverses plantes.

Fig. 40. — Charrue et chariot à voiles en Chine.

RÉPARTITION GÉNÉRALE DES PLANTES CULTIVÉES
SUIVANT LE MILIEU

La répartition des plantes est, comme celle des animaux, subordonnée à l'influence du sol, de l'air, de la lumière, de la chaleur, de l'humidité et de la concurrence vitale, c'est-à-dire au milieu ambiant.

Les plantes empruntent leur nourriture à deux milieux différents : l'*atmosphère* et le *sol;* de l'atmosphère elles retirent du carbone, de l'hydrogène, de l'oxygène, de l'azote sous forme d'ammoniaque et d'acide carbonique, qui l'un et l'autre sont à l'état gazeux. La plante étant immobile, c'est le milieu gazeux qui en se déplaçant apporte les aliments.

Le sol fournit de l'azote sous forme de nitrate, de l'eau, du soufre, du phosphore, du potassium et du sodium.

Les milieux ambiants, avons-nous dit, jouent un grand rôle dans la distribution des êtres vivants. Cependant l'homme civilisé, auquel ne suffisent plus les productions spontanées que lui offre la terre, et qui cherche à multiplier autour de lui les animaux et les végétaux qui peuvent lui servir ou lui plaire, à détruire ceux qui lui déplaisent ou lui nuisent, tend nécessairement à modifier de plus en plus la distribution de ces êtres et la physionomie de la nature primitive. Nous ne la voyons qu'ainsi altérée dans la plus grande partie de l'Europe, où il faut qu'un lieu soit bien inaccessible ou irrévocablement stérile pour rester abandonné à lui-même. Les forêts dans l'état de nature, tendent à s'emparer du sol, ainsi qu'on peut le voir encore dans le sud du Chili, où les bouquets de bois, une fois chaque année, en s'avançant sur toute la ligne de leurs lisières comme en colonne serrée, finissent par opérer leur jonction, et rétrécissant de plus en plus le cercle des Graminées, par les remplacer complètement. C'est le contraire dans les pays cultivés. Les forêts, qui en couvraient primitivement la plus grande étendue, s'éclaircissent et disparaissent graduellement sous les coups de l'homme, et celles qu'on conserve, soumises pour la plupart à des coupes réglées, n'ont plus ni le même aspect ni la même influence sur la nature environnante. Les conditions du climat ont été ainsi modifiées; celles du sol le sont sans cesse par la culture, qui règle d'ailleurs les espèces peu nombreuses qui doivent le couvrir. Beaucoup de celles qui formaient la flore spontanée sont ainsi détruites, au moins par places; quelques autres, au contraire, sont introduites, et ce sont en général des plantes annuelles dont les graines se sont mêlées à celles des céréales venues de pays plus ou moins lointains.

Mais quelles que soient ces modifications, elles ne peuvent être tellement profondes que la nature ne conserve pas toujours ses droits; elle dirige l'homme tout en le suivant : les plantes spontanées qu'elle continue à faire croître, en abondance, les plantes cultivées qu'elle laisse croître, sont un double indice par lequel elle se fait reconnaître. Les dernières fournissent même des signes excellents à l'étude de la distribution des plantes : seulement, en les employant, on doit se rappeler que l'industrie humaine trouve moyen de pousser toute culture avantageuse plus ou moins au delà des limites où s'arrêterait la croissance des mêmes plantations laissées à elles-mêmes ; mais ces limites ainsi étendues conservent leur rapport pour les diverses espèces. Il faut se souvenir aussi que l'absence d'une culture dans un lieu donné peut ne pas impliquer son impossibilité, mais seulement la préférence donnée à d'autres plus avantageuses pour ce lieu-là. C'est dans sa région natale qu'un végétal est cultivé avec le plus de succès et ordinairement qu'il l'a été d'abord. Les climats analogues lui sont ensuite les plus favorables, et, à mesure qu'on s'éloigne davantage de cette zone, sa culture devient de plus en plus difficile, sa production de moindre en moindre.

Fig. 41. — Pomme de terre. (*Solanum tuberosum*.)

En ayant égard à ces considérations, les distributions botanique et agricole s'éclaireront mutuellement. La première empruntera à la seconde des points de repère bien définis, et, une fois qu'on aura vu certains végétaux spontanés accompagner telle ou telle culture, en les rencontrant autre part, on en concluera la probabilité que cette même culture pourrait y réussir aussi.

Il est intéressant et instructif de faire un rapide examen de la distribution des végétaux cultivés ; nous nous bornerons à un petit nombre, à ceux qui servent le plus généralement de base à la nourriture de l'homme, et se trouvent en conséquence les plus répandus sur la terre. Nous emprunterons à MM. Schouw et Adrien de Jussieu, beaucoup de détails qui suivent.

Fig. 42. — Sarrasin. (*Polygonum fagopyrum*.)

La culture des *céréales* est poussée dans le nord de la Scandinavie jusque vers le 70e degré, à peu près vers la limite où vont cesser aussi les arbres. C'est le seul point où elle dépasse le cercle polaire, en deçà duquel elle s'arrête sur tout le reste de la terre, vers 60 degrés dans l'ouest de la Sibérie, vers 55 degrés plus à l'est; près de la côte orientale, elle n'atteint pas le Kamtchatka, c'est-à-dire le 51e degré. Dans l'Amérique, elle peut arriver jusqu'au 57° degré sur la côte occidentale, comme le prouve l'expérience des possessions russes; mais, sur la côte orientale, elle ne dépasse pas le 50e ou au plus le 52e degré. La ligne qui la circonscrit au nord dans les deux continents se trouve donc suivre les mêmes influences que les isothermes.

Fig. 43. — Maïs. (*Zea Mays.*)

C'est l'*orge* qui mûrit jusqu'à cette limite, dont s'approche aussi l'*avoine*, mais à laquelle la récolte est loin d'être sûre, et ne réussit quelquefois qu'une année sur plusieurs. Leurs graines font l'aliment de l'homme dans le nord de l'Écosse de la Norvège, de la Suède et de la Sibérie.

Plus au midi, on voit s'y associer la culture du *seigle*, qui, du reste, monte aussi loin que celle de l'avoine dans la Scandinavie. C'est celle qui domine dans cette partie de la zone tempérée froide, que forment le sud de la Suède et de la Norvège, le Danemark, presque tous les pays riverains de la Baltique, le nord de l'Allemagne et une portion de la Sibérie. On commence à y rencontrer aussi le *blé*, et l'on ne cultive plus guère l'avoine que pour la nourriture des chevaux, l'orge que pour la fabrication de la bière.

Fig. 44. — Châtaignier commun (*Castanea* sa fleur mâle, et sa fleur femelle contenue dans un involucre.

Puis commence une grande zone où le *blé* est cultivé presque à l'exclusion du seigle, et qui comprend le sud de l'Écosse, l'Angleterre, le centre de la France, une partie de l'Allemagne, la Hongrie, la Crimée et le Caucase, et des parties de l'Asie centrale, celles où il y a quelque agriculture. Comme la vigne croît dans une partie de cette zone, le vin remplace la bière, et en conséquence l'orge est moins recherchée. Le blé s'étend bien plus au sud, mais là on y associe communément la culture du riz et du maïs. C'est ce qui a lieu dans la péninsule espagnole, une partie du midi de la France, notamment celle qui borde la Méditerranée, l'Italie, la Grèce, l'Asie Mineure et la Syrie, la Perse, le nord de l'Inde, l'Arabie, l'Égypte, la Nubie, la Barbarie et les Canaries. Dans ces derniers pays, le maïs et le riz sont le plus généralement cultivés vers le sud, et dans quelques-uns aussi le *sorgho* et le *poa abyssinica*. Le *seigle*, dans cette double zone du froment, est relégué sur les montagnes à des élévations assez considérables, l'*avoine* aussi; mais la culture de cette dernière finit par disparaître à cause de la préférence donnée à l'*orge* pour la nourriture des chevaux et des mulets.

A l'extrémité orientale de l'ancien continent, en Chine et au Japon, par une cause qui paraît inhérente aux habitudes du pays, nos graines sont presque abandonnées pour la culture exclusive du riz. Elle domine aussi dans les provinces méridionales des États-Unis, mais celle du maïs est générale dans le reste de cette partie de l'Amérique beaucoup plus que dans notre continent.

Dans la zone torride, c'est aussi le *maïs* qui domine en Amérique, le *riz* en Asie, distribution qui tient sans doute à l'origine primitive de ces deux graminées. Elles sont cultivées également toutes deux en Afrique.

Dans l'hémisphère boréal, dont les régions tempérées admettaient sans doute la plupart de ces cultures, elles doivent être plus rares, à cause de l'état de civilisation moins perfectionné et des populations plus clairsemées, et dépendent en partie des usages apportés par les colonies. Celle du *blé* est dominante dans le midi du Brésil, à Buenos-Ayres, au Chili, au cap de Bonne-Espérance et à la Nouvelle-Hollande, dans la Nouvelle-Galles du Sud, où l'*orge* et le *seigle* se montrent plus au midi, ainsi que dans l'île de Van-Diemen.

En recherchant maintenant la distribution des céréales sur les zones différentes par les hauteurs, nous la trouverions analogue à celle que nous venons de voir sur les zones différentes par les latitudes. Pour avoir un exemple qui les présente toutes à la fois, prenons les Andes de l'Amérique équatoriale. Le maïs y domine de 1,000 à 2,000 mètres, mais arrive encore à près de 400 mètres plus haut. Entre 2,000 et 3,000, ce sont les céréales d'Europe qui dominent à leur tour : le *seigle* et l'*orge* vers le haut, le *blé* plus bas.

La *pomme de terre*, à une époque toute moderne, s'est répandue dans presque tous les pays cultivés et est venue s'ajouter aux aliments farineux fournis par la graine des céréales, les remplacer presque dans certaines contrées. Sa culture suit celle de ces céréales jusqu'à ses dernières limites, et même les dépasse un peu, si l'on choisit les variétés hâtives qu'un été fort court peut amener à maturité. C'est ainsi qu'on la cultive maintenant en Islande, et à des hauteurs considérables sur les montagnes d'Europe, là où les céréales ne peuvent plus réussir. Dans ces pays elle est en conséquence abandonnée, si ce n'est à des hauteurs suffisantes pour ramener le climat aux conditions convenables de température. Sa culture est générale, suivant de Humboldt, dans les Andes équatoriales, entre 3,000 et 4,000 mètres.

Plusieurs espèces du genre *polygonum*, type de la famille des polygonées dont la graine offre une composition farineuse, servent, pour cette raison, habituellement d'aliment aux peuplades qui habitent les montagnes septentrionales et les hauts plateaux de l'Asie, d'où ces espèces sont originaires. L'une d'elles, le *sarrasin* (Polygonum fagopyrum) est très répandue dans le nord de l'Europe, particulièrement dans la Bretagne, où elle forme la principale nourriture des paysans.

Les populations de quelques districts montagneux, dans l'Apennin en Italie, en France dans les Cévennes et le Limousin, se nourrissent, pendant une partie de l'année, de *châtaignes*. Le *châtaignier* croît spontanément dans toutes les régions montueuses du midi de l'Europe, dans l'Asie Mineure et le Caucase, et il est cultivé assez loin de ses limites naturelles. Mais il lui faut, pour que son fruit mûrisse, un certain degré de chaleur assez longtemps prolongé. Au delà de Londres et de la Belgique, vers 51 degrés, il ne vient plus à maturité et n'est plus cultivé comme fruitier, mais seulement pour son bois ou pour l'ornement. Comme, en sa qualité d'arbre, il doit subir toute l'influence des hivers, il est probable que sa limite au nord est marquée par une ligne isochimène. Mais il redoute aussi la chaleur ; déjà, en Italie, il ne croît que sur le penchant des montagnes, et il manque à l'Atlas.

Nous savons jusqu'à quel point les boissons fermentées et alcooliques sont recherchées par l'homme, qui s'en procure dans presque tous les pays au moyen des végétaux qu'il peut y avoir à sa disposition. Nous en examinerons ici un seul, le plus important de tous, la *vigne*, relativement aux limites de sa culture en grand pour la fabrication du vin. Cette limite paraît s'être étendue autrefois plus au nord que maintenant, puisqu'on faisait du vin en Bretagne et en Normandie, où l'on n'en fait plus, moins sans doute parce que le climat se serait détérioré, comme quelques-uns le prétendent, que parce que la civilisation, facilitant les échanges et les transports, a engagé à substituer d'autres cultures plus avantageuses à celles-là, et à abandonner un produit médiocre et incertain, qu'on pouvait aisément et sûrement tirer supérieur d'autre part. Quoi qu'il en soit, la ligne où s'arrête actuellement la culture en grand de la vigne commence sur la côte occidentale de France, vers Nantes : de là, elle remonte jusqu'auprès de Paris (49 degrés), un peu plus haut encore en Champagne, et sur la Moselle et le Rhin jusqu'à 51 degrés ; puis après quelques ondulations, passe à peu près au même degré en Silésie, redescend ensuite, vers le midi, à 48-49 degrés en Hongrie, d'où elle se soutient à la même latitude jusqu'en Crimée et au nord de la Caspienne, où elle disparaît. La limite méridionale de la vigne est aux Canaries vers 27°,48, puis sur un petit point de la Barbarie, s'y interrompt pour reparaître en Égypte et beaucoup plus abondante sur un petit point de Perse, à 29 et même à 27 degrés. Elle ne mûrit pas au Japon et n'est pas cultivée en Chine, où sans doute elle pourrait l'être, mais dont tout le vaste empire est voué à la boisson du thé.

Dans l'autre hémisphère et en Amérique, cette culture a été tentée avec succès, sur quelques points disséminés, d'après les habitudes et les idées des colons, mais non sur une échelle assez générale pour que la circonscription actuelle puisse être considérée comme nécessaire et fixée par la nature. Dans l'Amérique septentrionale, où les premiers navigateurs trouvèrent plusieurs espèces distinctes de vignes croissant spontanément, la limite septentionale de sa culture ne dépasse pas 37 degrés sur les bords de l'Ohio, 38 degrés dans la Nouvelle-Californie ; la limite méridionale, 26 degrés à la Nouvelle-Biscaye, 32 degrés au Nouveau-Mexique. Dans l'hémisphère austral, où elle n'atteint certainement nulle part 40 degrés, on l'observe au Chili et dans la province de Buenos-Ayres ; vers 34 degrés dans la Nouvelle-Hollande et au cap de Bonne-Espérance, si renommé pour son vin.

Fig. 45. — Épi de blé communément cultivé en France. (*Triticum sativum.*)

Fig. 46. — Épi d'avoine. (*Avena sativa.*)

Quant aux montagnes d'Europe, elle monte au plus à 300 mètres en Hongrie ; dans le nord de la Suisse, à 550 ; ne dépasse pas 650 sur le versant méridional des Alpes, et peut s'approcher de 960 dans l'Apennin méridional et en Sicile, quoique à Ténériffe elle n'aille qu'à 800.

De tout ce qui précède, on peut conclure que la vigne veut un climat tempéré, mais qu'elle se règle moins sur la température moyenne que sur celle de l'été, qui doit avoir une certaine force pour mûrir ses fruits, et une certaine durée pour que cette maturation, qui doit s'achever en automne, y trouve encore une température assez élevée. Ne rencontre-t-elle nulle part, sous les tropiques, ces conditions favorables ? Les observations modernes semblent décider la question affirmativement, puisque, outre certains points déjà signalés autrefois (comme une des îles du Cap-Vert, celle de Saint-Thomas, près de la côte de Guinée et l'Abyssinie), on fait maintenant sur la côte ouest de l'Amérique méridionale, vers le 18, le 14e et jusqu'au 6e degré, du vin dont les voyageurs parlent avec éloge. On pourrait supposer que les hauteurs où cette culture a lieu compensent les latitudes trop basses ; mais cela ne peut être vrai partout, puisqu'on la voit, sur certains points, descendre jusqu'à la côte. Seulement il faut que le climat soit extrêmement sec, et l'humidité semble, autre part, la rendre impossible.

L'*olivier* est l'une des premières plantes oléifères du globe ; son importance est considérable dans les régions agricoles du midi de l'Europe, où il permet d'utiliser des terrains escarpés et sans valeur pour la culture des céréales. Il ne faudrait pas croire cependant que cet arbre peut se passer absolument des soins de l'homme ; l'ameublissement de terrain, les engrais et la taille augmentent beaucoup ses rendements. L'olivier est originaire d'Asie, il a été naturalisé dans toute l'étendue de la zone méditerranéenne ; son aire est toute méridionale, on trouve cet arbre au midi de l'Europe, vers les côtes septentrionales de l'Afrique, dans l'Asie Mineure et dans les pays voisins.

Nous ne nous étendrons pas davantage, en ce moment, sur la distribution générale des plantes agricoles suivant le milieu ; cette question se trouvera mieux établie dans la suite de cet ouvrage. Nous voulions simplement montrer l'importance de ce facteur en agriculture.

Fig. 47. — BATTAGE DES BLÉS A LA MACHINE.

DISTRIBUTION DES PLANTES CULTIVÉES EN FRANCE

Nous devons cependant, en parlant des productions agricoles, dire immédiatement, au moins dans les plus grandes lignes, ce que fournit notre pays. Nous empruntons à MM. Schribaux et Nanot les intéressants renseignements généraux qui suivent.

La France est située dans la *zone tempérée*. Sa situation à la fois continentale et maritime, la configuration de son sol, produisent cette diversité de climats qui fait de notre pays le plus riche de l'Europe en végétaux utiles et agréables.

Dans la *région du Sud* ou *méditerranéenne* croissent l'oranger, le citronnier, le jujubier, le pistachier, le lentisque, le laurier-rose, le myrte, l'amandier, la vigne, cultivés dans les plaines, le mûrier, le chêne-liège, le chêne-yeuse, le chêne-kermès, le pin d'Alep. Des labiées (thym, romarin, lavande, menthe), du géranium, on extrait des parfums; aux environs de Nice, d'Hyères, on cultive dans le même but la violette de Parme et le jasmin.

Le *Sud-Ouest* peut être appelé la région des maïs. L'*Est* et le *Nord-Est* jouissent d'un climat extrême; on y cultive la vigne sur les coteaux exposés à l'est et au midi, le houblon, le chanvre, le colza; le maïs y mûrit en quelques endroits; le *Nord-Ouest* est la région des herbages. La betterave, le colza, le houblon, le tabac, sont les principales plantes industrielles qui y sont cultivées. La vigne n'y mûrit pas. On y boit du cidre, du poiré, et de la bière.

Le sarrasin ne sert à l'alimentation de l'homme que dans l'*Ouest*, en Bretagne; le climat du littoral est caractérisé par la présence du figuier, du grenadier, du laurier-rose et des plantes spontanées semblables à celles qui existent à Nice et à Turin.

Le *Centre* de la France est montagneux et caractérisé surtout par la culture du châtaignier et du seigle.

Lorsqu'on gravit les *Alpes*, dans la région qui avoisine la Méditerranée, on observe en quelques heures la flore des diverses zones dont nous venons de parler; après l'oranger, on rencontre le pin d'Alep, qui s'élève jusqu'à 600 mètres environ au-dessus du niveau de la mer; le mûrier, la vigne, le chêne-rouvre, le châtaignier, le pin sylvestre, les sapins et les céréales ne dépassent pas 1,000 mètres. Elle est à la fois pastorale et frontière; on y trouve encore le hêtre, le sapin, l'épicéa, le pin à crochets, l'aconit et la gentiane jaune. Plus haut, jusqu'à 2,500 mètres, s'étend la *zone alpine*, qui possède encore l'épicéa, le pin à crochets, le mélèze et le pin cembro. C'est la région pastorale par excellence; il n'y a que peu de plantes annuelles dans les pâturages.

A un niveau plus élevé, on ne trouve plus que des plantes cryptogames et des plantes herbacées, dont le nombre et les dimensions vont sans cesse en diminuant jusqu'aux neiges éternelles, où la vie s'éteint complètement.

RELATION ENTRE L'AGRICULTURE ET LA CONSTITUTION DU SOL

C'est à M. Risler, le savant agronome, qu'appartient l'honneur d'avoir démontré quelles relations étroites existent entre la formation géologique d'une contrée et la composition chimique des terrains. Les particules qui constituent la terre arable proviennent de l'altération des roches sous l'influence des causes naturelles qui se sont exercées de tout temps, telles que l'action de l'eau, des gels et dégels, des racines, des plantes, de l'acide carbonique de l'air, etc. Le sol doit donc avoir une composition en rapport avec celle des roches d'où il dérive, et de cette composition dépend, comme nous le savons, leur fertilité.

Il est nécesaire de faire ici une esquisse rapide de la formation du sol de la France, étude d'après M. Ch. Velain et qui nous sera utile dans la suite.

Pendant la *période primitive*, le lieu qui fut plus tard la France était, comme le reste de notre globe, caché sous des eaux portées à une haute température et chargées de principes minéraux divers, dans lesquels se consolidaient les roches fondamentales, gneiss et micaschistes, qui forment maintenant le soubassement de tous les terrains de sédiment. Cette première enveloppe, faible et peu résistante, impuissante pour contenir les tempêtes de la mer de feu qu'elle recouvrait, s'est fracturée en divers sens, livrant passage au granit, qui, surgissant au travers de larges fissures, a donné naissance aux premières saillies.

En France, ces premières terres émergées ont formé, d'une part la Vendée et les deux bordures qui limitent au nord et au sud-ouest la Bretagne ; d'autre part, ce vaste Plateau Central qui restera toujours découvert et deviendra le théâtre d'une longue série d'éruptions. Elles constituent également les parties centrales des Vosges, des Pyrénées et des Alpes, ainsi que quelques îlots dans les massifs des Maures et de l'Estérel, qui devaient alors se relier à la Corse en grande partie émergée. Elles marquent ainsi l'emplacement futur de notre pays, en indiquant la place des principaux accidents montagneux, qui deviendront limites naturelles.

Ces premiers îlots ont formé les rivages des océans primaires, dans lesquels se sont déposés les grès, les schistes et les calcaires, qui ont pris une si grande part à la formation de notre sol. Les *terrains primaires* occupent, en effet, maintenant la partie centrale de la Bretagne et du Cotentin ; ils constituent l'Ardenne, une grande partie des Vosges, la partie nord-ouest du Plateau Central ; dans les Pyrénées, ils forment une large bande qui s'étend sur toute la longueur de la chaîne.

La France, après cette période primaire, qui a vu les plus anciennes manifestations de la vie, était encore bien différente de ce qu'elle est devenue ; c'est à l'aide de changements successifs, amenant une longue série d'adjonctions aux terres primitivement émergées, qu'elle a pris la forme actuelle.

Le *terrain triasique* se rencontre encore au voisinage des terrains primaires ; il entoure les Vosges et se développe principalement sur le versant ouest, en venant occuper toute la partie orientale de la Lorraine, où il donne lieu à une vaste plaine, argileuse et humide, à la surface ondulée. Il se dispose également en bordure du côté du Plateau Central, dans le Nord et surtout dans l'Ouest, où il forme une bande assez continue qui vient se relier avec le trias jurassien.

Les sources salifères du Jura et les amas de sel gemme de la Lorraine sont de cet âge. Dans le Sud, il occupe les parties élevées de la chaîne occidentale des Pyrénées, et constitue enfin, sur le revers nord-ouest du massif ancien des Maures et de l'Estérel, une large bande qui vient se terminer à Toulon.

Fig. 48. — Les vignes du Cap. Les raisins poussent tout près du sol et chaque pied a peu de grappes, les fruits étant très gros.

Des prêles géantes (equisetum) croissaient alors près des Pyrénées et des Alpes aussi bien que dans les Vosges. Les plantes houillères avaient alors disparu, le climat aussi n'était plus le même. De grandes forêts de conifères (voltzia), ayant l'aspect de nos araucarias actuels, s'élevaient sur les hauteurs. Les cycadées tendaient également à s'introduire et à se multiplier, destinées qu'elles étaient à obtenir bientôt la prépondérance.

Le *terrain jurassique*, très développé en France, où il constitue pour ainsi dire à lui seul la chaîne du Jura, présente, par rapport au Plateau Central et au bassin de Paris, une disposition fort remarquable, dont on peut bien se rendre compte en examinant une carte géologique. Ces deux régions sont, en effet, entourées chacune d'une ceinture jurassique, à peu près continue, qui prend ainsi, suivant l'ingénieuse comparaison de Dufrénoy et d'Élie de Beaumont, la forme d'un 8 ouvert par le haut. Au nord, le lambeau jurassique de Boulogne se reliant à la bande jurassique qui entoure le bassin de Londres, en Angleterre, sert de jalon pour fermer la boucle supérieure de ce 8. Au sud-est, dans le bassin du

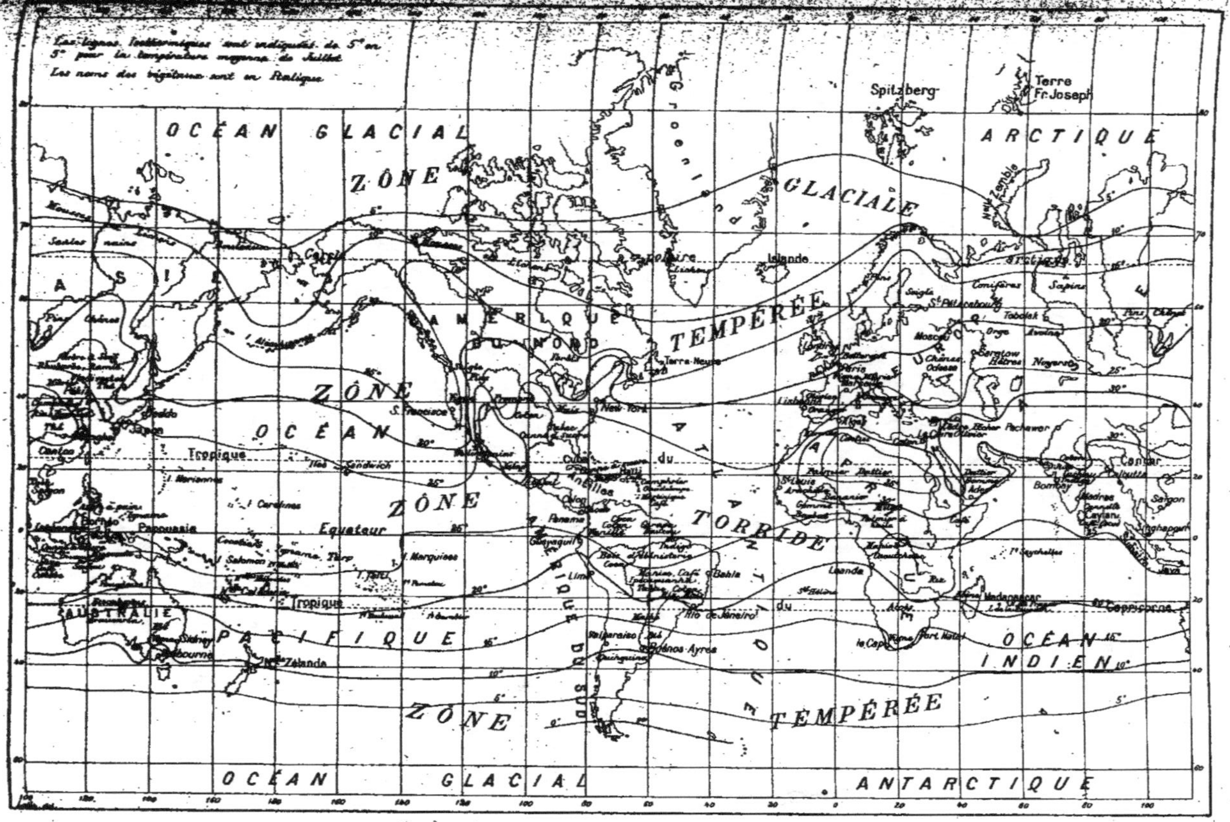

Fig. 49. — Distribution des plantes cultivées sur la surface du globe.

Rhône, sur le versant occidental des Alpes, ainsi que dans l'intérieur des chaînes principales, le terrain jurassique prend encore un grand développement; on le trouve également au sud-ouest, sur les deux versants des Pyrénées.

Les *terrains crétacés* forment, dans le bassin de Paris, une ceinture incluse dans celle du jurassique, qui renferme elle-même les terrains tertiaires de cette région; ils constituent l'Artois, la Picardie, les plaines ondulées, arides et sèches, de la Champagne, ainsi qu'une partie de l'Anjou et du Maine dans l'Ouest. Dans le bassin du Rhône, les calcaires à térébratules perforées, avec les calcaires à rudistes, occupant maintenant une grande partie de la Provence et du Languedoc, et s'étendent largement sur le versant occidental des Alpes, en Savoie et dans le Dauphiné. Dans le bassin du Sud-Ouest, ces mêmes terrains, très développés, se disposent en bordure tout le long des Pyrénées, d'une mer à l'autre, et viennent ensuite affleurer dans le nord de l'Aquitaine, en Saintonge et dans le Périgord.

Les *terrains tertiaires* occupent presque le tiers de la surface de la France; concentrés principalement dans l'intérieur des trois bassins de la Seine, de la Gironde et du Rhône, ils forment là de grandes plaines et représentent ainsi des dépôts de remplissage entre les plateaux et les chaînes de montagnes; ainsi, les plaines tertiaires de la Neustrie (bassin de Paris) dans le Nord, auxquelles viennent se rattacher celles de la Limagne, encaissées dans la partie sud du Plateau Central, sur les rives de l'Allier et de la Loire, sont comprises entre la Lorraine, la Bourgogne, le Plateau Central et la Bretagne. Les terrains tertiaires de l'Aquitaine, entre les Pyrénées d'une part, et de l'autre entre les deux plateaux élevés, formés de calcaires jurassiques, le Quercy et le haut Poitou, reliés par le Plateau Central; dans le Sud-Ouest, ceux de la Bresse, du Languedoc et de la Provence viennent de même s'adosser d'une part au Plateau Central, et de l'autre au massif des Maures, aux Alpes et au Jura.

Les *terrains d'alluvion* qui sont d'âges quaternaires recouvrent une grande partie du sol de la France; ce sont eux qui ont contribué, pour la plus grande part à la formation de la terre végétale et, par suite, à la fertilité du pays; ils reposent indistinctement sur tous les terrains précédents, formant une nappe de peu d'épaisseur, qui occupent le fond et les parties inférieures des flancs des vallées.

La France présente donc la succession à peu près complète de toutes les roches éruptives et de tous les terrains stratifiés reconnus comme entrant dans la composition de l'écorce terrestre. Notre pays est, de la sorte, des plus favorisés. Il se divise en un certain nombre de régions naturelles, qui se distinguent les unes des autres par des caractères extérieurs bien tranchés, et qui sont constituées chacune par un ou plusieurs groupes de terrains.

Au centre s'élève un vaste plateau, composé principalement d'un assemblage de gneiss, de micaschistes et de roches éruptives diverses, le *Plateau Central*, qui peut être considéré comme l'axe de la France. Il appartient, en effet, aux trois grands bassins orographiques qui se partagent notre pays : au sud-est et à l'est, le bassin du Rhône; au sud-ouest et à l'ouest, celui de la Garonne et de la Charente; au nord, cette vaste enceinte circulaire, dont Paris occupe le centre, et dont la Seine est le fleuve le plus important.

Les autres régions montagneuses (Pyrénées, Alpes, Jura, Vosges, Ardennes), placées aux confins de notre territoire, dont elles forment ainsi les frontières naturelles, doivent être regardées comme les parties extérieures de ce squelette de roches anciennes qui forment l'ossature de la France. Chacune d'elles, si diverses par leur direction générale, leur altitude et les allures mêmes qu'elles représentent, n'ont pas surgi à la fois, ni par suite d'un seul et même phénomène, chacune a son histoire à part, histoire qui est également celle des plaines et des vallées étendues à leurs pieds. Elles sont dues à des redressements ou à des plissements de parties de l'écorce terrestre, composées principalement de terrains cristallins. C'est dans les dépressions intermédiaires qui relient chacune d'elles au Plateau Central, que sont venues se déposer, aux différentes époques géologiques, toutes ces roches de sédiment qui constituent maintenant les régions de collines et de plaines, c'est-à-dire la majeure partie du sol français.

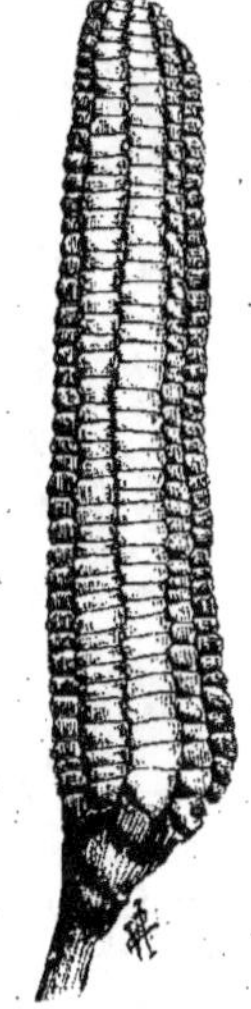

Fig. 50. — Épi de maïs. (*Zea Mays.*)

L'examen de la carte géologique de la France rend bien compte de cette question. On y voit les terrains jurassiques entourant complètement ce Plateau Central et formant également la première ceinture des trois bassins que nous avons décrits.

Les terrains crétacés donnent lieu à une seconde zone, disposée en retrait par rapport à la précédente. Pour compléter la France actuelle, les terrains tertiaires n'ont eu qu'à combler un espace bien rétréci; superposés aux assises précédentes, ils occupent le centre des bassins et n'ont ajouté qu'un faible relief à la superficie générale de ces contrées.

Les vallées actuelles, qui convergent toutes vers le centre de ces bassins, traversent les crêtes successives formées par les terrains secondaires relevés, dans les défilés que les grands courants diluviens de la période quaternaire ont ouverts pour elles. Elles marquent la place des alluvions anciennes, qui sont la trace de ces érosions.

Cette disposition est surtout bien nette dans le bassin de Paris, qui se montre rempli par une succession d'assises, à peu près concentriques, comparables à une série de cuvettes emboîtées les unes au-dessus des autres; les sondages, pour les puits artésiens, ont traversé d'abord les terrains tertiaires, puis les terrains secondaires où l'on a rencontré, dans les sables verts du Gault, la nappe aquifère. La sonde, au delà, après avoir traversé les terrains jurassiques, aurait atteint les terrains primaires qui doivent reposer là sur leur soubassement habituel de gneiss et de micaschistes.

Les roches primitives (granits, gneiss, schistes, micaschistes, porphyres) donnent naissance à des terrains caractérisés par l'absence de la chaux et de l'acide phosphorique.

En France, plus d'un cinquième de la surface du territoire (10,000,000 d'hectares) est constitué par des sols granitiques; la Bretagne, la Vendée, le Morvan, le Plateau Central, qu'on appelle la tête chauve de la France, etc., régions naturellement stériles, sont complètement transformés par les chaulages et les phosphatages.

Les roches volcaniques (basaltes, trachytes et laves) donnent au contraire naissance à des sols d'une très grande fertilité, riches à la fois en chaux, en acide phosphorique et potasse.

Fig. 51. — Avoine. (*Avena sativa.*)

Les grès sont naturellement stériles; ils sont constitués en effet par du quartz presque pur, c'est-à-dire par de la silice; ils ne sont aptes qu'à la production forestière et aussi à la production fourragère, quand il est possible, comme dans les Vosges, de les enrichir par les irrigations et les colmatages.

Des roches calcaires répandues dans les différents étages géologiques dérivent des sols très pauvres (causses de l'Aveyron, Champagne Pouilleuse), mais qu'un apport de matières organiques et d'engrais potassique modifie complètement.

M. Risler a montré tout le parti qu'on pouvait tirer de l'examen géologique. Quand une ferme se trouve dans un étage bien déterminé, on peut souvent, même sans avoir recours à l'analyse chimique, déterminer les qualités et les défauts de la terre et, par conséquent, la nature des engrais et amendements qu'il convient d'adopter.

Poursuivons notre examen des sols au point de vue de leur origine et de leur répartition géologique. Nous avons dit qu'ils provenaient primitivement de la désagrégation des roches qui forment l'écorce solide du globe. Nous aurons donc d'abord deux grandes classes de sols, suivant qu'ils doivent leur formation à des terrains cristallins ou de sédiment. Les premiers comprennent les terres granitiques, quartzeuses, amphiboliques, porphyriques, etc. On peut rattacher à ce groupe des terrains volcaniques tels que les basaltes, les trachytes et les laves.

Fig. 52. — Olivier commun chargé de fruits et sa fleur. (*Olea europæa.*)

Ces diverses formations, qui couvrent une grande partie de notre territoire, constituent souvent des massifs montagneux, à cimes élevées, à pentes escarpées, à sous-sols rocheux et imperméables, d'ailleurs pourvus de principes alcalins, mais non de matières organiques, et par conséquent d'une grande pauvreté; mais, quand elles sont moins élevées, comme au voisinage des vallées, et que d'ailleurs les roches tendres et poreuses se désagrègent facilement, elles forment des sols d'assez bonne qualité, produisant des pâturages estimés. La vigne et les arbres fruitiers prospèrent dans ces terrains. Les sols provenant de terrains de sédiment sont plus étendus et

Fig. 53. — L'arrosage en Algérie.
Un procédé presque analogue est encore usité dans plusieurs provinces françaises.

plus variés. Nous trouvons d'abord les grès houillers, puis les schistes et les terrains ardoisiers, qui sont généralement peu fertiles, surtout quand le relief est montagneux; mais, sur les plateaux et dans les vallées, le sol qui les recouvre porte des forêts, des châtaigneraies, des pâturages, des prairies, qui peuvent devenir très productives lorsque des sources et des eaux abondantes facilitent l'irrigation. Les terrains triasiques et les marnes irisées sont généralement argileux et difficiles à cultiver, mais fertiles quand ils sont bien assainis. Quand le climat est suffisamment humide, ils produisent d'excellents herbages. Les terrains jurassiques renferment de grandes étendues pierreuses et stériles, des marnes souvent ferrugineuses; ce sont le plus souvent des terrains incultes, où croît une maigre végétation forestière; on y trouve néanmoins des parties formées de couches sédimentaires marines ou lacustres, où la végétation herbacée est très vigoureuse. Les terrains crétacés, les sols crayeux, très communs dans la Champagne et dans une partie de la haute Normandie, ne peuvent être cultivés avec avantage que si le sous-sol est imperméable, ce qui a lieu quand celui-ci est formé d'argile; dans ce cas, ces sortes de terres se prêtent parfaitement à la production des pâturages et des cultures fourragères.

« La classe des terrains tertiaires de sédiment, dit P. Lefour, se compose de sols généralement meubles : les atterrissements et l'air de mer, grands dépôts abandonnés sur les rives de la mer. Quelquefois ces amas sableux sont soulevés par les vents, qui les déposent en collines arides et mouvantes, les dunes. Les dépôts faits par les eaux douces dans les lacs donnent naissance à des sols limoneux qu'on a encore appelés *paludéens*. On a réservé le nom d'*alluvions* aux dépôts faits par les eaux courantes. Enfin les couches superficielles de sables ou d'argiles ont pris le nom de *diluvium*. C'est dans ces derniers groupes géologiques que se rencontrent les riches limons et terres dont s'est emparée la culture céréale, industrielle et maraîchère de divers pays. »

La première chose que doit faire le cultivateur, c'est de bien connaître le *sol* sur lequel il doit opérer. Il y parviendra au moyen de l'examen préliminaire des informations, enfin de l'analyse mécanique et chimique.

« L'examen, dit encore P. Lefour, comprendra la position topographique; l'altitude ou niveau au-dessus de la mer, donné par la plupart des cartes spéciales; le relief, les pentes; les eaux stagnantes ou courantes; la constitution zoologique; la profondeur du sol, celle du sous-sol et sa nature; l'homogénéité du sol sur une certaine étendue, son état cultural; la vigueur de la végétation herbacée et arbustive. A la vue, au toucher et par certaines déductions, on reconnaîtra plusieurs propriétés physiques caractéristiques déjà indiquées plus haut. Si le sol humide est collant, plastique; si, sec, il est cohérent, happant à la langue, sans être rude au toucher, l'argile y domine; des indications contraires annoncent un sol siliceux : la berge d'un fossé, la terre d'une taupinière révéleront le sous-sol; l'hièble, la prêle, le muscari, la fougère, dans certains cas, annonceront la profondeur, etc. Les renseignements pris avec habileté sur les travaux et l'aisance du cultivateur, les recherches dans les livres du cadastre, les baux, etc., fourniront des probabilités précieuses de la valeur et de la qualité des terres. »

Nous résumons dans un petit tableau les premières notions des terrains et des principales roches qu'ils contiennent.

	ÈRE	PÉRIODE	PRINCIPALES ROCHES	FLORE
FORMATION SÉDIMENTAIRE	MODERNE	*Récente.* *Quaternaire.*	Terre végétale. Alluvions modernes. Alluvions anciennes (diluviennes).	Faune et flore actuelles.
FORMATION SÉDIMENTAIRE	TERTIAIRE	*Pliocène.* *Miocène.* *Eocène.*	Lignite. Grès argileux. Marnes. Gypse et Travertins. Sables coquilliers. Calcaires terreux et cristallins. Argiles molles et plastiques.	Règne des angiospermes.
FORMATION SÉDIMENTAIRE	SECONDAIRE	*Crétacée.*	Craies verte, marneuse, blanche, jaune. Calcaires jaune et marneux. Argile et sable.	Apparition des angiospermes; premiers palmiers.
FORMATION SÉDIMENTAIRE	SECONDAIRE	*Jurassique.*	Argile et calcaire compact. Calcaire corallien. Calcaire oolithique. Grès, schistes marneux; calcaires bleus ou noirâtres.	Règne des cycadées.
FORMATION SÉDIMENTAIRE	SECONDAIRE	*Triasique.*	Marnes irisées. Calcaire coquillier. Grès bigarrés.	Cycadées; Fougères arborescentes.
FORMATION SÉDIMENTAIRE	PRIMAIRE	*Penéenne*......	Calcaire magnésien; schistes et grès.	Règne des acrogènes et des gymnospermes.
FORMATION SÉDIMENTAIRE	PRIMAIRE	*Carbonifère*......	Calcaires noirs; grès et schistes houillers.	
FORMATION SÉDIMENTAIRE	PRIMAIRE	*Dévonienne*......	Calcaires compacts et grès divers.	
FORMATION SÉDIMENTAIRE	PRIMAIRE	*Silurienne*........	Schistes et quartzites.	Première flore terrestre.
FORMATION SÉDIMENTAIRE	PRIMAIRE	*Archéenne*........	Schistes cristallins. Granite.	
	PRIMITIVE	*Schistes cristallins*	Chloritoschistes. Cipolins; schistes amphiboliques. Gneiss et micaschistes. Gneiss granitoïde fondamental.	

L'analyse mécanique du sol est à la portée de tout le monde; les appareils et les opérations qu'elle comporte sont de la plus grande simplicité. Comme elle consiste surtout à déterminer la proportion des parties grossières ou ténues, on opère sur une masse suffisante. Un simple criblage indiquera la quantité relative des cailloux ou des gros graviers; le contact d'un acide permettra d'apprécier s'ils sont calcaires; le choc du briquet sur les cailloux fera connaître la nature siliceuse. Puis, par deux ou trois lavages successifs, suivis de décantation et de la dessiccation du dépôt, la proportion des graviers fins et du sable; celle des matières organiques s'obtiendra aisément si, après avoir pesé au préalable une petite portion déterminée de la terre, on la calcine lentement à une douce chaleur, puis on la pèse de nouveau, pour constater la perte. Enfin en versant sur un échantillon une quantité d'eau suffisante pour la saturer, on déterminera la faculté d'absorption du sol. Quant à l'analyse chimique, nous la traiterons à part.

Au point de vue pratique, les qualités diverses du sol se réunissent en une chose, sa fertilité; celle-ci comprend la richesse et la puissance. Comment le sol agit-il sur la végétation ? D'abord en recevant et en conservant les matériaux nécessaires au développement des plantes ; puis en les mettant à la disposition de celle-ci, au fur et à mesure de leurs besoins et dans les conditions les plus convenables d'assimilation. L'abondance de ces matériaux constitue la richesse du sol; l'action de celui-ci sur l'assimilation est sa puissance. Les matériaux de la végétation ne sont autre chose que les éléments mêmes qui constituent le végétal, c'est-à-dire, le carbone, l'hydrogène, l'oxygène, l'azote, l'eau et quelques sels. Ils se trouvent en abondance dans les milieux (*atmosphère et sol*) où se développe la plante. Mais quel rôle joue ces milieux? Comment ces matériaux sont-ils assimilés par le végétal? Quelles sont les combinaisons qui s'opèrent? Les savants ne sont pas en parfait accord sur ces différents points.

Toutefois, on admet généralement qu'il existe dans les plantes une double alimentation : l'une aérienne, au moyen des feuilles; l'autre souterraine par l'intermédiaire des racines. Or, l'atmosphère constitue une source inépuisable d'azote et d'autres principes, tandis que la richesse du sol a besoin d'être souvent augmentée et toujours entretenue par un bon assolement et par d'abondantes fumures. Quant à sa puissance, elle tient à des conditions, les unes inhérentes au sol lui-même, les autres extérieures. Les premières sont : la profondeur et la consistance du sol; la nature du sous-sol, perméable ou non; la composition minérale de l'un et de l'autre; leur état hygrométrique; la faculté qu'ils ont d'absorber et de retenir l'eau, l'ammoniaque, les gaz, le calorique, etc., enfin les autres propriétés physiques. Les secondes sont : le climat et les influences atmosphériques; l'exposition et l'inclinaison du sol; les eaux courantes ou torrentielles, les sources, etc. « Isolées, dit P. Lefour, la puissance ou la richesse est insuffisante pour reproduire la fertilité; ainsi les débris organiques accumulés dans une terre imperméable se décomposent en un terreau acide impropre à la végétation ; un sol qui réunit les conditions physiques favorables à la végétation est infertile, s'il est dépourvu de l'humus et des sels nécessaires aux plantes ; réunis au contraire, la richesse et la puissance se multiplient en quelque sorte l'une par l'autre et constituent la fertilité ou la fécondité du sol. La fertilité est relative et variable : relative, si l'on considère les sols entre eux ou dans leur rapport avec les plantes qu'ils doivent produire ; elle est variable, car elle diffère selon le climat ; elle s'accroît par les travaux et les procédés de culture. Un sol fertile sous un climat humide peut être médiocre sous un climat sec. »

Un bon sol est celui qui renferme tous les éléments ou qui possède toutes les qualités favorables à la production ; un sol mauvais ou médiocre est celui auquel il manque tout ou partie de ces qualités. La base la plus rationnelle pour apprécier la fertilité d'un sol est sa productivité, c'est-à-dire la quantité de matière végétale qu'il produit habituellement. Entre le produit maximum, ou le plus considérable d'un sol, et son produit maximum, ou le plus faible, se placent des

Fig. 54. — Étude au microscope des éléments du sol.

moyennes qui varient continuellement et, par suite, ne donnent qu'un chiffre approximatif.

La richesse, la puissance et la fertilité d'un sol peuvent varier en plus ou en moins ; elles peuvent être diminuées par des accidents météoriques ou autres, des inondations ou des opérations culturales mal entendues. Elles peuvent être augmentées par l'apport des matières fertilisantes provenant de l'atmosphère, des eaux, des animaux, des végétaux ou du travail de l'homme, et surtout par un mode de culture et d'assolement rationnels.

Un sol, avons-nous dit, consiste chimiquement en substances minérales provenant de la désagrégation des roches primitives, et en matières organiques nommées humus ou substances humiques. Cet humus résulte des détritus des plantes qui ont vécu et qui se sont ensuite putréfiées.

Dans les sols cultivés, il résulte aussi des substances organiques diverses que l'on ajoute volontairement sous la forme d'engrais. La couche qui confine immédiatement au sol est formée par des roches désagrégées, non encore entamées par la bêche ou la charrue et qui atteignent seulement les parties les plus profondes des racines des plantes. On lui donne, avons-nous dit, le nom de *sous-sol*.

Le sol est la source d'où les plantes tirent la totalité de leurs aliments minéraux. Toutes les plantes ont besoin, pour se nourrir, d'acide phosphorique, d'acide sulfurique, d'alcalis, de chaux, de magnésie et de fer; beaucoup exigent de la silice. Celles qui vivent sur les bords de la mer absorbent des sels de sodium et des iodures métalliques. Toutes les substances minérales qui sont nécessaires au développement des plantes ont, dans un sens absolu, une valeur égale. En effet, il suffit que l'une d'elles fasse défaut ou qu'elle n'existe que sous une forme non assimilable par les plantes pour que la végétation languisse ou s'éteigne. Les substances organiques fournissent l'acide carbonique et l'ammoniaque. L'ammoniaque résulte de la putréfaction des matières azotées, et l'acide carbonique de l'oxydation des substances humiques sous l'influence de l'oxygène qui pénètre dans le sol. L'acide carbonique ainsi produit sert non seulement de source de carbone pour la plante qui pousse, il a une autre utilité encore : il facilite la désagrégation des constituants minéraux du sol, en dissolvant les phosphates terreux et en décomposant les minéraux feldspathiques. Le chlorure et l'azotate de sodium, ainsi que les sels ammoniacaux, dissolvent également les phosphates de calcium et de magnésium et contribuent ainsi à la diffusion de ces sels dans le sol, et à leur absorption par les radicelles des plantes qui en ont besoin pour vivre.

On supposait autrefois que les constituants minéraux du sol ne pouvaient jamais être absorbés par les plantes, à moins qu'ils ne fussent à l'état de solution. De nouvelles recherches ont démontré que ce n'est point le cas. Les sols, et surtout ceux qui renferment des quantités considérables d'humus, de débris végétaux, ont le pouvoir d'absorber les acides, les alcalis et les sels qui les traversent à l'état de dissolution, et de les retenir sous forme de combinaisons assez instables pour que les matériaux puissent y être facilement puisés par les racines des plantes.

L'absorption destinée à nourrir les plantes aux dépens du sol s'effectue par le moyen du chevelu des racines qui sont en contact immédiat avec les particules chargées de substances nutritives. Il importe donc que le sol possède une certaine porosité, afin de permettre à ces radicelles de se ramifier dans toutes les directions dans son intérieur. « L'effet que l'on obtient en défrichant le terrain au moyen de la bêche, de la charrue, de la houe, de la herse ou du rouleau dépend surtout de ce fait que les racines des plantes peuvent ainsi aller chercher leur nourriture, tandis que les substances nutritives n'ont pas de locomotion propre et ne peuvent pas, par elles-mêmes, quitter la place qu'elles occupent. Les racines, comme si elles avaient des yeux pour voir, se courbent et se bifurquent dans les directions de l'aliment, si bien que leur nombre, leur épaisseur et la direction de leurs filaments indiquent les places précises où elles ont rencontré la nourriture. » (LIEBIG.)

Le microscope rend aujourd'hui les plus grands services dans les études d'histoire naturelle; on peut facilement par son emploi se rendre compte de la constitution des éléments d'un sol, il sert aussi pour l'étude des plantes et de leurs maladies.

LES SOLS ARABLES

LES SOLS ARGILEUX, SABLEUX, CALCAIRES, MAGNÉSIENS, HUMIFÈRES.
SOLS SECS ET HUMIDES

Considérations générales sur la formation du sol arable.

On désigne sous le nom de *terre arable, terre végétale*, la couche terrestre superficielle qui est propre à la culture des plantes. Les sols arables sont des mélanges de substances minérales pulvérulentes et de matières organiques en décomposition. La *terre* n'est pas formée d'une substance; ce n'est pas un élément comme le croyaient les anciens; elle se compose d'un grand nombre d'éléments ou corps simples, formant entre eux des combinaisons chimiques très variables. Il n'est personne qui ne se soit rendu compte de cette diversité de matières. Ici, en effet, nous aurons des terrains compacts, présentant une grande résistance aux instruments de culture, formant avec l'eau une pâte liante; là, des terrains légers, se laissant rapidement traverser par l'eau de pluie, et nous en conclurons qu'il ne peut y avoir aucune identité de composition entre ces deux sols. Dans bien des cas, cependant, la seule inspection du sol ne suffira pas, et deux sols peuvent être composés d'éléments complètement différents sans qu'il soit possible de nous en rendre compte à première vue. C'est à l'analyse chimique qu'il faudra avoir recours; elle nous apprendra quels sont les éléments constitutifs du terrain à cultiver, sous quelles formes ils s'y trouvent et dans quelles proportions ils y sont combinés les uns aux autres. Ne croyons pas que cette étude soit purement spéculative, c'est le préliminaire indispensable de toute bonne culture. En effet la composition chimique du sol doit servir constamment de guide dans le choix des produits qu'on devra demander à la *terre;* enfin, nous pourrons modifier sa constitution intime en lui mélangeant les éléments dont elle peut être privée.

Tout d'abord on peut se demander comment s'est formée cette couche labourable, et sans entrer dans des considérations géologiques qui ont déjà fait le sujet d'une étude spéciale, nous voulons en dire quelques mots. Quand on creuse un point quelconque de la surface de la *terre,* on est certain, après avoir pénétré à une profondeur plus ou moins grande, d'atteindre la limite formée par des roches solides de nature variable, mais toujours compactes ou cristallines; qu'on fasse cette expérience au sommet des plus hautes montagnes ou au fond des vallées les plus profondes, on arrivera au même résultat. Il n'y a donc pas homogénéité dans la masse principale de la *terre;* il n'y a pas cohésion entre la surface et les parties intérieures du globe; pour expliquer ce fait, il faut remonter à l'époque des grandes révolutions terrestres. On sait que la terre, autrefois incandescente, s'est refroidie peu à peu; ses éléments, divisés d'abord, se sont combinés et ont produit des corps cristallisés de nature variable. Ces roches, à peine constituées, ont été attaquées et détruites, sous l'influence de l'air et de l'eau devenue liquide. Ces agents ont joué un double rôle; en effet, l'eau tantôt s'est infiltrée dans les masses compactes, et, venant à s'y congeler, a produit des fentes et des crevasses; tantôt, c'est comme dissolvant que, chargée d'acide carbonique, elle a pu attaquer les silicates, dissoudre les oxydes métalliques. L'air, outre son action mécanique, a été le grand agent d'oxydation; c'est ainsi qu'une roche a pu se décomposer, se transformer en *terre végétale*. Nous venons de considérer le cas le plus simple, celui où nous trouvons dans le sol les mêmes éléments que dans le sous-sol; il n'en est pas toujours ainsi; souvent, en effet, et particulièrement dans l'Europe occidentale, il n'y a souvent aucune relation de composition entre la terre végétale et son support. Pour nous rendre compte de ce phénomène, il faut nous reporter à l'époque dont nous parlions tout à l'heure et qui a reçu le nom *d'époque plutonienne*. L'immensité des lacs et des mers produisait des pluies torrentielles; les gaz, exerçant sur la mince paroi qui les renfermait une pression énorme, occasionnaient au sein des masses liquides des boursouflements fréquents; on conçoit que, sous l'influence d'actions mécaniques dont nous ne pouvons pas avoir l'idée, dans les conditions extraordinaires qui résultaient du contact alternatif de masses en ignition et de masses refroidies, aient dû s'effectuer des décompositions que nous ne pouvons plus réaliser aujourd'hui. Entraînés par les pluies et les vents, les différents produits de la désagrégation se sont mélangés, puis, en raison de leur densité ou de leur solubilité, sont venus se déposer à des distances plus ou moins grandes des roches dont ils provenaient.

La végétation, de son côté, a beaucoup contribué à la production des terres arables. Les premières plantes ont permis, par leur décomposition, à des végétaux plus parfaits de s'y développer. Le grand travail de formation de couches arables s'exécute encore sous nos yeux; sous l'influence des vents et des pluies, le niveau des vallées s'élève aux dépens de la terre des collines; enfin, l'homme a profondément modifié la composition des sols primitifs, soit par les grands travaux qu'il a exécutés à la surface du globe, soit par l'action directe de la culture.

Classifications des sols arables.

Avant de faire connaître la classification des différents sols arables, il faut faire remarquer qu'on y rencontre en fait de substances minérales : la silice, l'alumine, la chaux, la magnésie, la potasse, la soude, les oxydes de fer et de magnésie, les acides phosphorique, sulfurique et carbonique, et le chlore. A ces principes vient se joindre l'humus, qui constitue la partie organique du sol. Chacun sait que la terre arable n'a pas partout la même profondeur; les agronomes ont divisé les différents sols en :

	Profondeur.
Sol superficiel	0m,10 à 0m,13
Sol moyen	0m,16 à 0m,18
Sol profond	0m,24 à 0m,27

Tout ce qui est au-dessous du sol arable prend le nom de sous-sol; le sous-sol est donc la roche minérale dont la surface a été peu à peu convertie en terre

Fig. 55. — Laboratoire d'études agricoles.

arable; pour certains agronomes, le sous-sol est la couche minérale dont la composition diffère complètement des couches meubles. Voici la classification qu'a proposée M. de Gasparin :

Sol actif. Mêlé de terreau cultivé.

Sol inerte. De même nature minérale que le précédent, non attaqué par le labour.

Sous-sol. De composition minérale différente des précédents.

Couche imperméable. D'une profondeur variable, composée le plus souvent d'argile.

Il est très important pour un cultivateur de connaître la nature et la composition du sous-sol; dans beaucoup de cas, on pourra, en augmentant la profondeur du labour, accroître la quantité de terre végétale; souvent, en effet, ce qu'on croit être le sous-sol n'est autre chose que la terre labourable elle-même, trop fortement agglutinée pour être entamée par les instruments de culture ordinaires. Souvent aussi, le sous-sol diffère dans sa composition du sol arable et peut lui être mélangé avec avantage. Enfin, si ce sous-sol est formé de terre glaise, on devra avoir recours au drainage.

MM. Girardin et Du Breuil ont divisé en 5 grandes classes les différentes espèces de terres cultivables; ce sont :

1° Sols argileux	Sol d'argile pure. — argilo-ferrugineux. — argilo-calcaire. — argilo-sableux. Terres fortes. — franches ou loams meubles.
2° Sols sableux	Sol de sable pur. — sablo-argileux, loams inconstants. — quartzeux, graveleux et granitiques. — volcanique. — sablo-argilo-ferrugineux. — sablo-humifère, terres de bruyère.
3° Sols calcaires	Sable calcaire. Sol crayeux. — tuffier. — marneux.
4° Sols magnésiens.	
5° Sols humifères.	Terrains tourbeux. — marécageux.

LES SOLS ARGILEUX

L'argile la plus pure provient de la décomposition d'une roche formée de feldspath et de quartz. Les pays argileux sont impraticables en temps de pluie et renferment fréquemment des marécages. Les steppes sont inhérents à ces contrées.

Les *terres argileuses* sont celles qui contiennent 7 0/0 d'argile ; au delà de cette proportion, elles sont impropres à la culture; on y trouve ensuite environ 10 0/0 de silice libre, 2 à 5 0/0 de calcaire, de l'oxyde de fer qui lui donne sa couleur jaune ou brune et de l'humus en proportion variable. Leur principal défaut est d'être très humides en hiver, très sèches et dures en été, difficiles à travailler en tous temps; on modifie leur humidité et leur cohésion par des façons multipliées, par des défoncements, des marnages (marnes siliceuses), l'écobuage ou le drainage. Contre le déchaussement auquel elles sont exposées, on n'a qu'un moyen, celui de semailles hâtives à l'automne.

Elles réclament d'abondantes fumures, avant de se saturer d'ammoniaque ; il faut donc les fumer copieusement à la fois plutôt que médiocrement et à intervalles plus rapprochés, et surtout leur réserver les fumiers frais, en particulier ceux des écuries et des bergeries.

Les sols argileux se distinguent par leur consistance, leur propriété de happer à la langue et leur coloration brune, jaune ou rouge. D'une saveur et d'une odeur caractéristiques, ils adhèrent fortement aux instruments aratoires, et le labour les partage seulement en grosses mottes consistantes qui se prêtent peu à l'ensemencement. Les labours profonds, l'action énergique des rouleaux et des extirpateurs leur conviennent parfaitement. On doit leur fournir des engrais longs qui divisent la terre; on a également obtenu d'excellents résultats en enfouissant les récoltes en vert.

Lorsque les *sols argileux* contiennent une assez grande quantité de *fer*, ils sont colorés en noir, en rouge ou en jaune; une légère calcination leur fait prendre une teinte rouge de peroxyde de fer.

Dans les *sols argilo-sablonneux*, l'argile se trouve en plus forte proportion que le sable; parmi eux, les terres fortes conviennent aux arbres, surtout à ceux qui donnent des bois blancs, tandis que les terres franches qui contiennent du calcaire, et quelquefois en assez forte proportion, sont très fertiles.

Quant aux *sols argilo-calcaires*, leur composition est éminemment variable; d'une très grande fertilité lorsque la proportion du calcaire ne dépasse pas 30 0/0, ils deviennent de plus en plus difficiles à cultiver lorsque la quantité de calcaire dépasse la moitié de leur poids. Les terres argilo-calcaires doivent souvent être drainées ; on y cultive avec succès les prairies naturelles.

Les *roches siliceuses*, dites *arénacées*, se composent principalement de grains siliceux qui sont généralement arrondis, effet qui a dû être produit par l'eau courante. Les contrées où domine la silice sont généralement peu accidentées, offrant beaucoup de plateaux ou de plaines. Ces contrées sont dépourvues de végétaux; c'est là surtout que se rencontrent les déserts. La surface en est plus ou moins blanche, selon la pureté de la silice; les *roches argileuses* ou *alumineuses*, quoiqu'il soit plus exact de ne se servir que du premier terme, l'alumine n'y étant jamais qu'à l'état d'argile, offrent divers degrés relativement à la proportion plus ou moins forte de sable qu'elles contiennent.

LES SOLS SABLEUX

Dans les *sols sableux*, la silice prédomine; ils sont parfois jaunâtres, souvent d'un blanc plus ou moins pur, rudes au toucher, n'adhérant pas à la langue, ils sont brûlants en été et froids en hiver. Ils exigent une grande quantité de fumier. Le sable pur ne se rencontre que sur les bords de la mer, où il constitue les *dunes*.

On appelle ainsi des collines de sable fin dont la hauteur varie ordinairement entre 10 et 40 mètres ; on en rencontre même parfois qui atteignent environ 100 mètres. Les dunes poussées par le vent qui souffle généralement de mer, s'avancent dans les terres et tendent à envahir les cultures actuelles. On ne peut donc trop s'empresser de rechercher les moyens de prévenir ce mal.

Fig. 56. — Trèfle des prés (*Trifolium pratense*).

C'est à Bremontier que l'on doit un excellent moyen de prévenir ces envahissements. Il imagina de semer des pins sur la plage qui sépare le pied de ces collines de sable d'avec la mer. Après avoir mis ses grains dans la terre, il les préserva de la mauvaise influence du vent qui, avec le sable les aurait emportés, au moyen de branches d'arbres verts qu'il fixa au sol par des crochets. Grâce à la fraîcheur constante de l'intérieur des dunes, entretenue par l'humidité qu'apportent les vents venant de la mer, ces grains germent promptement, les pousses végètent avec vigueur et offrent bientôt une digue naturelle bien établie contre les vents et les sables de la mer. Derrière cette première rangée on sème de nouveaux pins qui, préservés par leurs voisins des ravages du vent, ne laissent pas d'avoir une entière réussite. Cette opération se continue ainsi d'année en année et l'on arrive par le temps à fixer complètement les dunes et à les rendre cultivables. On y cultive alors avec plein succès la pomme de terre, la carotte, la betterave, les topinambours, la rave, les scorsonères, et, en général, toutes les racines.

Fig. 57. — Sainfoin (*Onobrychis sativa*).

Les terres siliceuses renferment de 60 à 70 0/0 de sable (silice). Elles se distinguent par des propriétés inverses des terres argileuses, c'est-à-dire qu'elles sont légères, poreuses, manquent le plus souvent d'humidité, souffrent fréquemment de la sécheresse ; les pluies abondantes entraînent dans le sous-sol les matières fertilisantes qui y sont enfermées. Le système d'arrosement par les engrais liquides pour y entretenir la fraîcheur convient merveilleusement à cette nature de sols. Le seigle et le sarrasin pour grains ou fourrages, le tréfle incarnat, les navets, les pommes de terre, sont les plantes qui s'y plaisent le mieux. Quand l'argile ou l'humus augmente un peu leur consistance, on peut y cultiver l'orge, le trèfle, le colza, la carotte, etc. ; quand elles sont profondes, la luzerne y vient très bien ; quand la proportion de chaux y est un peu notable, le sainfoin peut y réussir.

Les *terres silico-argileuses* sont bien préférables aux autres terres à tous les égards; moins humides, moins lourdes à travailler que les sols argilo-siliceux, elles sont moins sèches et tirent meilleur parti des engrais que les sols siliceux. Toutes les plantes peuvent y être cultivées, moins la luzerne et le sainfoin si elles ne sont pas assez profondes et assez calcaires; leur réussite dépend surtout de la quantité d'engrais qu'on leur aura appliquée. Le froment, l'orge, le trèfle, le colza, la carotte, la betterave, s'y trouvent dans les conditions les plus favorables.

Dans les *terres sablo-argileuses*, la proportion de sable l'emporte sur celle de l'argile; elles se couvrent naturellement d'herbes et sont, dans les climats humides, d'une grande fertilité. On trouve les terres argilo-sableuses dans

Fig. 58. — Le terreau n'est que peu employé dans la grande culture; mais dans les serres il forme avec l'humus un sol précieux pour toutes sortes de plantes.

quelques vallées renommées pour leur production, et sur les rives de quelques fleuves; on les retrouve dans les jardins des grandes villes et dans les potagers qui les environnent. Les inondations les recouvrent d'une couche souvent très épaisse, d'un limon onctueux, doux au toucher, qui contient en forte proportion de l'argile et du calcaire divisé, et toujours beaucoup de matières organiques en décomposition. Les bords du Nil, les rives de la Loire, les prairies des bords de la Seine, sont remarquables par leur prodigieuse fécondité.

Lorsque les terres sableuses sont abondamment mélangées de cailloux d'au moins $0^{m},03$ de diamètre, elles prennent la dénomination de *caillouteuses;* quand elles proviennent de la décomposition du granit, elles sont appelées *granitiques :* le granit est d'une nature stérile et ne porte d'ordinaire que des fanges et des broussailles, et quelquefois quelques chênes.

Les *terrains dits volcaniques* ont été formés par les éruptions de roches qui se sont produites près de la surface de la terre ou à cette surface même, par l'action de la chaleur souterraine, à des époques reculées ou dans les temps modernes.

Les roches volcaniques peuvent se diviser en genres distincts : 1° Les *roches basaltiques*, qui sont toutes formées de substances qui sont des silicates de chaux et de protoxyde de fer, ou de chaux et de magnésie. Elles contiennent du pyroxène, et répondent aux porphyres noires. 2° Les *roches trachytiques*, rudes et couvertes d'aspérités, sont composées d'un mélange siliceux et feldspathique. 3° Les *roches laviques* sont celles qui sont à base d'alumine et de soude ou d'alumine et de chaux et renferment quelques cristaux de pyroxène et parfois aussi de mica. Toutes ces roches renferment les éléments principaux de la végétation silice, alumine, fer, chaux, soude et potasse.

Les propriétés avantageuses des terrains volcaniques doivent être principalement attribuées à la présence constante de la soude et de la potasse et des sulfate et chlorhydrate d'ammoniaque ; de là l'opulente végétation dont se recouvrent ces terrains quand on a soin de leur procurer l'humidité qui y fait généralement défaut.

Les vins provenant des terrains volcaniques, tels que le lacryma-christi, sont d'une grande supériorité, et c'est au mélange de débris volcaniques que les plaines de la Limagne, d'Auvergne doivent une partie de leur fertilité.

Fig. 59. Phléole des prés (*Phleum pratense.*)

Quant aux terres *sablo-humifères*, elles ne diffèrent des terres sableuses que par la proportion considérable d'humus qu'elles contiennent, quantité qui atteint quelquefois 7 0/0.

LES SOLS CALCAIRES

La roche calcaire est composée principalement d'acide carbonique et de chaux et comprend beaucoup de groupes intéressant l'agriculture à un très haut point. La marne est constituée d'argile et d'une quantité surabondante de matières calcaires. On a donné le nom de *marne*, tantôt à toute terre qui, comme la véritable marne, se réduit en poussière quand elle est exposée à l'air, tantôt même à des substances dans lesquelles la chaux fait entièrement défaut, comme au limon rouge de l'Angleterre dit marne rouge.

Les contrées où le principe calcaire est très répandu sont arides ; les antres et les grottes y sont assez nombreux, la végétation y est sèche, si le calcaire est pur, mais bonne s'il est plus amplement mélangé de silice et d'alumine.

Les *terres calcaires* sont celles dans lesquelles domine la chaux ou la magnésie, puis l'argile et enfin le sable. Elles doivent au carbonate de chaux la propriété d'absorber une certaine proportion d'eau (70 à 80 0/0), de se gonfler sous la gelée et d'exposer les plantes au déchaussement ; elles lui doivent aussi leur couleur blanchâtre et la faculté de réfracter fortement les rayons solaires, ce qui les rend froides et tardives au printemps ; elles durcissent fortement en été en se

Fig. 60. Raygrass anglais (*Lolium perenne.*)

crevassant; leur ténacité est moyenne, mais il ne faut les labourer ni quand elles sont humides ni quand elles sont sèches ; on doit choisir leur état intermédiaire entre ces deux extrêmes. Cette considération est importante, dans le Midi surtout, où dans ce cas la terre est dite *gâtée* et produit une infinité de mauvaises herbes qui l'épuisent. Ces terres absorbent rapidement la fumure, qui doit être renouvelée sans parcimonie.

Les *sols calcaires*, avons-nous dit, sont ceux dans lesquels domine la chaux et sont, en général, peu productifs ; ils ont le plus souvent une couleur blanchâtre qui s'oppose à l'absorption de la chaleur produite par les rayons solaires. Ces sortes de terres n'offrent aucune résistance à l'action de la gelée, qui les soulève et détermine le déchaînement des racines. Les engrais s'y consument très rapidement et ce n'est qu'en les employant en très grandes quantités qu'on peut en obtenir des produits satisfaisants. Le sainfoin, une des meilleures légumineuses, y donne des résultats excellents; mais les parties le plus élevées et le plus difficiles à cultiver doivent être couvertes en plantations d'arbres appropriés au sol, l'arbre de Sainte-Lucie, le merisier des bois, le faux ébénier, etc.

Les sols crayeux, très communs dans la Champagne et dans une partie de la haute Normandie, ne peuvent être cultivés avec avantage que si le sous-sol est imperméable, ce qui a lieu quand celui-ci est formé d'argile ; dans ce cas, ces sortes de terres se prêtent parfaitement à la production des pâturages et des cultures fourragères.

On appelle *tuf* un carbonate de chaux plus compact que la craie ordinaire, assez dur parfois pour pouvoir être utilisé dans les constructions, et qui forme des bancs à peu de profondeur, sous les sols crayeux.

La composition des *marnes* est très variable et rentre dans celle des terres argilo-calcaires.

SOLS MAGNÉSIENS

On a longtemps cru que le *carbonate de magnésie* frappait de stérilité les terrains qui en renfermaient. Les expériences de Giobert et d'Angelo d'Abbene semblent démontrer qu'on a fait erreur à ce sujet. La magnésie ne se trouve jamais, dans ces terres, à l'état caustique, et les terres les plus fertiles renferment du carbonate de cette base. Les terres de la vallée du Nil contiennent une assez forte proportion de carbonate de magnésie. Différents sols du Languedoc réputés excellents en renferment de 7 à 12 0/0. Thaer a constaté les qualités améliorantes extraordinaires d'une marne qui contenait 20 0/0 de carbonate de magnésie. Néanmoins, on a observé que les terrains formés uniquement de débris dolomitiques (mélange de parties égales de carbonates de chaux et de magnésie) n'ont plus qu'une végétation languissante. Le rôle chimique des carbonates de magnésie dans les terres arables est le même que celui du carbonate de chaux, ils diffèrent par leurs propriétés physiques : le carbonate de magnésie absorbe quatre fois et demie son poids d'eau et le carbonate de chaux en absorbe un peu plus d'un quart.

SOLS HUMIFÈRES

On comprend sous le nom de *sols humifères* les terres qui renferment une forte proportion de débris organiques, mais sous une autre forme que celle d'humus ou de terreau dans leur état naturel; elles sont peu propres à la culture, et ce n'est qu'à l'aide d'amendements et de travaux de toute sorte qu'on parvient à les convertir en terres de rapport.

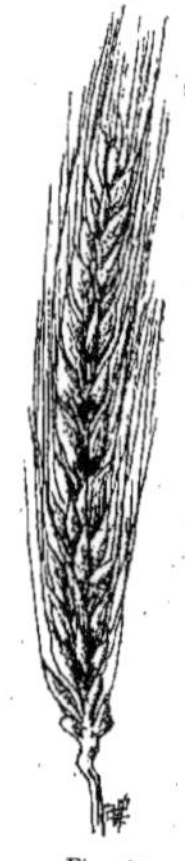

Fig. 61. Orge (*Hordeum vulgare.*)

Les *terres tourbeuses* se forment partout où l'eau presque stagnante séjourne une grande partie de l'année, excepté pourtant sur les sols calcaires. C'est d'ordinaire dans le fond des vallées, dans les étangs, les marais, les marécages que se forme la tourbe, débris végétaux de plantes aquatiques qui s'accumulent sans se décomposer entièrement : en effet, les principes acides ne trouvant pas de base avec laquelle ils puissent se combiner, restent libres, sous forme d'acide acétique, phosphorique et tannique. La tourbe a la propriété d'absorber une forte proportion d'eau et de la retenir avec une certaine avidité (1,90 0/0 en poids environ); en outre, reposant sur un fond très meuble et presque toujours mouillé, elle manque souvent de fixité. Assainie à l'aide de l'élément calcaire, on peut y obtenir des colzas, des rutabagas, des carottes, du ray-grass, des haricots, des pommes de terre, des choux, de l'épine blanche, etc. Les céréales y produisent beaucoup de paille, mais peu de grains.

Quant aux *terres de bruyère*, elles consistent en sables fins plus ou moins ferrugineux. Elles contiennent une forte proportion d'un terrain particulier provenant de la destruction des bruyères, des genêts, des fougères et autres plantes qui contiennent beaucoup de tanin et de fer, la chaux y fait presque toujours défaut. Elles n'offrent aucun avantage pour la grande culture, et sont surtout utilisées pour la production des plantes de jardin.

Les plantes appartenant à la famille des conifères, le chouc, le colza, la navette, ont une prédilection pour cette nature de terrain; le seigle, le sarrasin, la spergule, l'ornithopus ou pied-d'oiseau, le rutabaga, etc., y donnent, en général, d'assez bons produits dans les années humides.

Les *terrains marécageux* sont des sols recouverts d'eau stagnante arrêtée intérieurement par une couche imperméable et alimentée par les eaux de pluie qui tombent dans un rayon plus ou moins étendu et qui découlent sur les déclivités du bassin dont le marais est l'extrême fond. Dans ce cas, le sol forme une terre à grains très fins composée de particules analogues aux terrains avoisinants. Si l'on parvient à dessécher convenablement ces marécages de manière que leur sous-sol reste frais sans retenir les eaux croupissantes, on peut y obtenir, au moyen de fréquents engrais, de riches récoltes de garance.

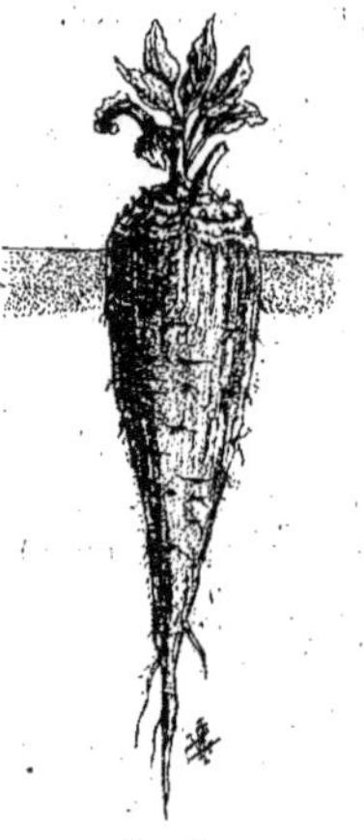

Fig. 62. Betterave (*Beta vulgaris*).

Les terrains marécageux doivent être nécessairement assainis avant d'être livrés à la culture. Souvent, le mieux est d'y faire des oseraies et d'y planter des aunes; mais, quelquefois aussi, ces terrains, bien égouttés, sont d'une grande fertilité.

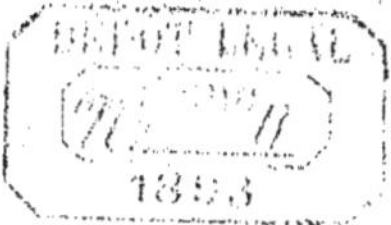

SOLS HUMIDES ET SECS

Des sols humides. — Un sol humide est généralement froid et conséquemment tardif; mais, mieux que d'autres, il conserve sa fraîcheur, et par suite, sa fertilité pendant les sécheresses. Les terres qui ne se pénètrent pas aisément d'eau sont, il est vrai, d'une assez grande précocité; mais, en revanche, la chaleur agit facilement sur elles, arrête de bonne heure leur végétation et la détruit parfois complètement. Les sols humides donnent les produits les plus forts, les sols secs les produits les plus savoureux ; les sols frais, qui sont les plus rares, tiennent un juste milieu entre ces deux extrêmes et fournissent les meilleurs produits.

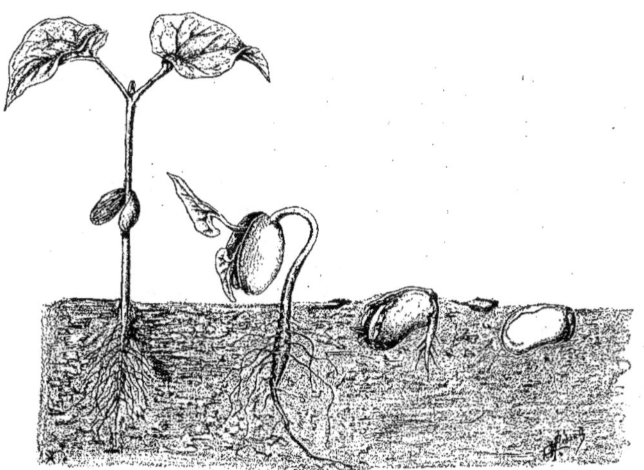

Fig. 63. — Germination du haricot (*Phaseolus*).

Les terres qui, à 33 centimètres de profondeur, retiennent moins de 0,10 de leur poids d'humidité au milieu de l'été, et qui n'en ont jamais plus de 0,22 en hiver, trois jours après la pluie, sont dites *terres sèches*. Celles qui en ont toujours au minimum 0,10 dans les plus grandes sécheresses de l'été et au plus 0,25 dans la saison des pluies sont réputées *terres fraîches*. Celles dont la quantité surpasse les limites précédentes constituent les *terres humides*.

Considérations générales sur les sols secs. — Les terrains secs conviennent spécialement à la culture des plantes qui achèvent leur fructification avant les fortes chaleurs, telles que les légumes et les plantes-racines qui résistent plus ou moins bien à la sécheresse. On y plantera encore avec beaucoup d'avantage les arbres qui, par de profondes racines, vont puiser leurs sucs nourriciers bien avant dans le sol. Ces terres sont pendant les années sèches, peu aptes à porter encore une seconde récolte après qu'on a enlevé la première à la fin du printemps. Parmi ces terres, il s'en trouve qui ne sont propres, et à peine encore, qu'à la culture d'une seule céréale, le seigle; d'autres qui ne peuvent produire que le seigle et l'avoine, et quelques-unes même l'orge. Enfin, on en trouvera, mais beaucoup plus rarement, qui, en outre, pourront donner du froment avec quelque succès.

NOTIONS DE PHYSIOLOGIE AGRICOLE

LA GRAINE

Toute plante tire son origine d'un corps reproducteur spécial, *graine* ou *spore*, et elle finit par reproduire un corps organisé comme celui d'où elle est sortie; entre ces deux points de départ et d'arrivée s'enchaînent et s'échelonnent tous les phénomènes de la vie végétale.

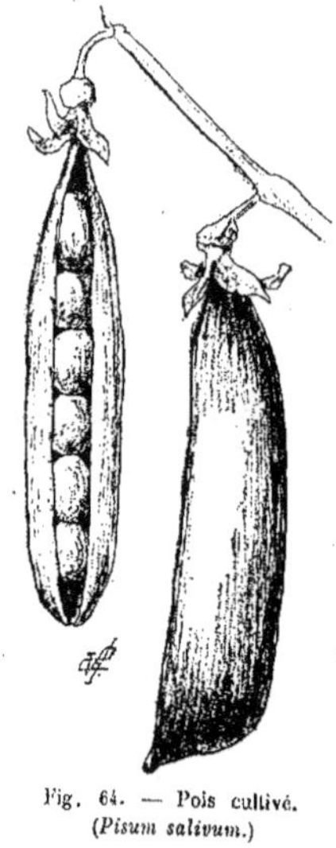

Ce qu'est la graine; l'embryon. — La *graine* ou *semence* est l'élément indispensable de la conservation et de la propagation des plantes ; la nature a soin de l'entourer d'abris protecteurs destinés à la garantir de tout accident jusqu'au moment où elle s'isolera pour aller remplir son rôle essentiel. A quelques exceptions près, ces abris protecteurs forment toute la portion externe de l'ensemble qu'on nomme *fruit*, et cette portion externe constitue ce qu'on nomme le *péricarpe*.

Une gousse de *haricot* (*phaseolus*), par exemple, est formée d'une enveloppe allongée, plus ou moins arquée, d'abord verte et tendre, qui durcit ensuite en jaunissant ou se colorant à la maturité. Cette enveloppe est le péricarpe dans la cavité duquel sont contenus des grains (*graine* ou *semence*) attachés par un petit filet ou cordon nommé *funicule* ou *cordon ombilical*, qui se brisera et laissera une cicatrice sur la graine de haricot : c'est le *hile* ou *ombilic*.

Fig. 64. — Pois cultivé. (*Pisum sativum*.)

Si nous examinons la graine isolée, sa portion extérieure est formée par une peau, le *tégument séminal*, qui, enlevée, laissera à découvert la partie essentielle, un nouvel individu en miniature : c'est l'*embryon*.

L'*embryon* est la plante à l'état rudimentaire. Il est formé : 1° d'une partie ascendante nommée *tigelle*; 2° d'une partie descendante nommée *radicule*; 3° d'un bourgeron nommé *gemmule*, d'une ou deux feuilles nommées *cotylédons*. De là les noms de *monocotylédon*, *dicotylédon*. L'embryon est encore appelé quelquefois *plantule*.

Les cotylédons ou feuilles séminales. — Si nous faisons germer comparativement diverses graines, nous verrons que fréquemment, à mesure que l'embryon se développe, sa tige s'allonge et soulève hors de terre les cotylédons. Dans le Haricot, ils sont élevés jusqu'à quelques centimètres au-dessus du sol, en conservant à peu près la même configuration originelle, seulement ils s'épuisent et verdissent faiblement; dans le Frêne les cotylédons deviennent deux petites *feuilles séminales* minces, ovales sans divisions, différentes de celles qui apparaîtront dans la suite; dans le Volubilis des jardins, ces feuilles séminales deviennent grandes et échancrées en cœur, n'ayant aucune ressemblance avec les pousses foliaires qui viendront après. Les cotylédons sont donc les premières feuilles de la jeune plante réduite à l'état d'embryon, ils servent de réserve nutritive.

Plantes dicotylédones, monocotylédones, acotylédones. — Les embryons qui possèdent deux cotylédons, comme le haricot, le frêne, le volubilis, etc., sont nommés *Dicotyledonés;* mais il y en a beaucoup qui n'ont qu'un seul cotylédon, les *Monocotylédonés*, tels que les lis, les asperges, les palmiers, etc. Il est aussi un grand nombre de végétaux chez lesquels l'embryon, ou la partie qu'on peut regarder comme analogue, offre une simplicité beaucoup plus grande d'organisation et ne présente rien de comparable à un cotylédon; ils sont appelés *Acotylédonés*. Ce sont les *Cryptogames* ou végétaux dépourvus de fleurs, tandis que les végétaux cotylédonés ont tous des fleurs et sont qualifiés de *Phanérogames*.

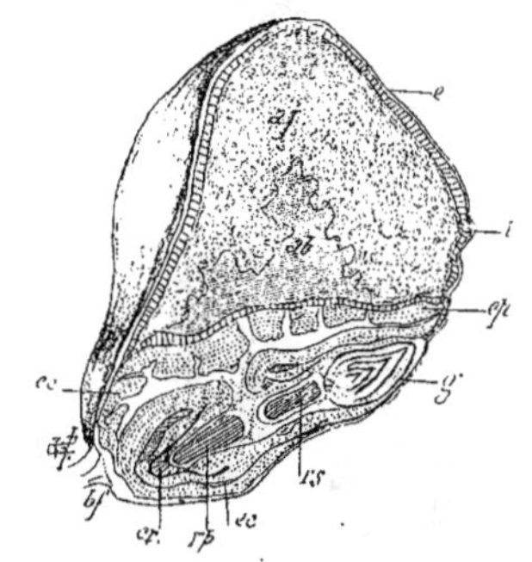

Fig. 65. — Grain de maïs (*Zea maïs*). — Coupe longitudinale.

e Enveloppe du fruit.
i Trace d'insertion du stigmate.
bf Base du fruit.
aj Partie jaunâtre et dure de l'albumen.
ab Partie blanche et molle de l'albumen.
ec Ecusson de l'embryon.
ep Id. Sa pointe.
g Gemmule.
rp Racine principale.
cr Sa gaine.
rs Racine secondaire produite par le premier entrenœud et la tige de l'embryon.

A l'absence des cotylédons, comme à leur présence et à leur nombre, se relient une multitude de particularités d'organisation qui font de ce caractère un des plus importants. A.-L. de Jussieu, en 1789, basait sur ce caractère, la division du règne végétal en trois embranchements, savoir : les *Acotylédonés*, *Monocotylédonés* et *Dicotylédonés*, divisions qui, depuis cette époque, s'est maintenue dans la classification. Qu'il nous suffise de dire pour le moment que les arbres et arbustes de nos pays, ainsi que la plupart des herbes de nos campagnes et de nos jardins (pomme de terre, betterave, reine-marguerite, courge, melon, moutarde, etc., etc.) sont des Dicotylédonés; que nos céréales, les graminées de nos prairies, le roseau, le blé, le sergho, les lis, les tulipes, les palmiers, etc., sont des Monocotylédonés; enfin que parmi les Acotylédonés viennent se ranger tous les végétaux d'organisation plus simple, depuis les fougères, les prêles, jusqu'aux mousses, aux champignons, aux algues.

Organes végétatifs et reproducteurs des plantes. — L'embryon de la graine possède donc les parties essentielles du végétal développé : une tige terminée inférieurement par l'ébauche d'une racine et supportant à sa partie supérieure des feuilles. Ces parties constituent un végétal et en assurent la conservation, puisque c'est en eux que s'opèrent les phénomènes vitaux ; on les qualifie d'*organes végétatifs*. L'embryon n'en possède pas d'autres ; mais la plante qui provient de lui en développera de nouveaux, qui se présenteront avec une manière d'être différente, bien qu'au fond ils ne soient que des modifications des premiers. Ces nouveaux organes sont spécialement destinés à reproduire les plantes ; aussi les appelle-t-on *organes reproducteurs*. Ils se groupent pour former l'ensemble qu'on appelle la *fleur*, et celle-ci, à son tour, est le siège de phénomènes qui font naître d'elle le *fruit* dans lequel est contenue la *graine*, but et résultat final de toute végétation.

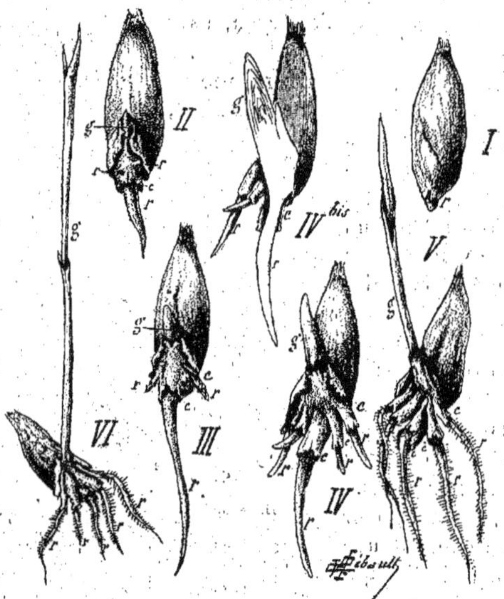

Fig. 66 — Germination du blé (*Triticum*).
r Racines principales et secondaires.
c Coleorhize.
g Gemmule.

Nous ne pouvons entrer ici dans plus de détails sur toutes ces questions si intéressantes de botanique ; nous renverrons le lecteur qui voudrait bien approfondir ce sujet aux *Éléments de Botanique* de M. P. Duchartre, où nous-même avons puisé la substance de cette étude.

L'œuf et la graine. — La germination est le premier développement de l'embryon contenu dans la graine ; dans sa constitution physique comme dans sa constitution chimique, la graine présente, ainsi que l'a fait observer M. Boussingault, la plus merveilleuse analogie avec l'œuf des animaux savoir :

ŒUF	GRAINE
Albumine	Albumine.
Matières grasses	Matières grasses.
Sucre du lait, glucose?	Amidon, dextrine pouvant donner du glucose.
Soufre, phosphore entrant dans les composés organiques	Soufre, phosphore entrant dans les composés organiques.
Phosphate de chaux	Phosphate de chaux.
Eau en forte proportion : de 65 à 90 0/0.	Eau en faible proportion : de 12 à 20 0/0.
	Cellulose.

Dès que le germe de cette graine se trouve placé dans des conditions favorables, la vie, jusque-là latente, s'éveille et la plante commence à se développer. La germination s'accomplit régulièrement dans une atmosphère normale, c'est-à-dire renfermant de l'azote, de l'oxygène, de l'acide carbonique et des vapeurs

d'eau en proportions régulières. La présence de l'oxygène est complètement indispensable et la proportion (21 0/0) dans laquelle il est enfermé dans l'air normal est la plus favorable.

Germination des graines. — La germination des graines est la période pendant laquelle leur embryon, sortant de l'état de torpeur auquel la maturation l'avait amené, s'accroît en une jeune plante.

Fig. 67. — Prêles, ou queues de cheval (*Equisetum*). Herbe des terrains humides et marécageux.

L'embryon adulte comprenant une radicule, une tigelle, un corps cotylédonaire et une gemmule plus ou moins caractérisée, ces quatre parties sortent de l'état d'engourdissement dans lequel elles étaient à l'intérieur de la graine et se mettent à croître successivement selon l'ordre dans lequel elles viennent d'être énumérées.

C'est la radicule qui s'allonge la première et qui se fait jour à travers le tégument séminal plus ou moins largement rompu sous la pression qu'elle exerce sur lui, et par l'effet du gonflement qu'une absorption d'humidité détermine dans l'amande. La racine de la plantule a déjà pris un accroissement notable quand la tigelle commence de s'accroître à son tour, pour former l'entrenœud hypocotylé, et la croissance de celle-ci précède à son tour celle des cotylédons qui doivent devenir des feuilles séminales; enfin, en dernier lieu seulement, commence l'évolution de la gemmule en tige épicotylée.

Pour qu'une graine germe, il faut que, renfermant un embryon en bon état, elle soit soumise aux influences capables de rappeler cet embryon de la vie latente à la vie active; il faut, en outre, que ce même embryon n'ait pas perdu, par un repos trop prolongé, l'aptitude à rentrer en activité, en d'autres termes, qu'il n'ait pas perdu la faculté germinative.

Pour germer, une bonne graine doit être soumise simultanément à trois influences, qui sont : l'*humidité*, la *chaleur* et l'*oxygène* de l'air.

Humidité. — Aucune germination ne peut avoir lieu sans humidité. L'eau étant la base de toute végétation, et agissant d'ailleurs comme véhicule de l'aliment des plantes, la graine, que la maturité a rendue très sèche, doit recevoir une quantité de ce liquide suffisante pour remplir ces deux rôles. L'eau joue, en outre, un rôle mécanique : gonflant les téguments, elle détermine des ruptures qui ouvrent passage à la plantule qui a ainsi accès aux influences extérieures.

La pénétration de l'eau est plus ou moins facile; lorsque la graine est enfermée dans un noyau ou que son tégument séminal est épais et dur, il faut beaucoup de temps aux graines pour germer. Ainsi s'explique la pratique des jardiniers, qui entaillent ou qui usent sur quelque point, comme une pierre, le test impénétrable de certaines graines.

Toutes les graines n'exigent pas pour se gonfler d'abord, puis pour germer, la même quantité d'eau ; les légumineuses en absorbent le plus, les graminées en prennent le moins.

Th. de Saussure a constaté que la germination de certaines graines peut être interrompue par la dessiccation et recommencée ensuite avec le retour de l'eau. Il en est ainsi pour le Froment, le Seigle, l'Orge, le Maïs, la Lentille, le Chanvre, etc. ; mais non pour la Fève, le Haricot, le Pourpier, la Raiponce, le Pavot. Les premières de ces graines conservent leur force végétative lorsque, ayant déjà commencé de germer, elles sont soumises au dessèchement le plus avancé qu'on puisse obtenir à l'air libre, à l'ombre, ou sous une température de 35 degrés centigrades (Froment, Seigle, Vesce, Chou). Après avoir été séchées, elles peuvent être échauffées à 70 degrés sans perdre la faculté de reprendre vie au retour de l'humidité. En recommençant ensuite à végéter, les plantes perdent leur radicule. En général, il leur faut alors d'autant plus de temps pour reprendre, que la germination était plus avancée avant le dessèchement.

Chaleur. — La chaleur est indispensable pour la germination, mais entre certaines limites au delà desquelles elle devient inutile ou nuisible. La limite inférieure, au-dessous de laquelle les graines ne peuvent germer, est d'environ 5 degrés.

Pour chaque espèce végétale, il y a une température favorable à la germination de sa graine; à mesure qu'on s'éloigne de ce terme moyen, le phénomène devient de plus en plus difficile, ce qui le rend de plus en plus lent à se produire, jusqu'à ce qu'enfin on arrive aux limites au delà desquelles il n'a plus lieu. En général, c'est de 10 à 25 degrés que la germination s'opère avec le plus de rapidité; mais les végétaux des régions chaudes aiment et exigent une chaleur sensiblement plus forte.

Voici, pour quelques espèces herbacées et ligneuses, le minimum et le maximum au-dessous et au-dessus desquels leurs graines n'ont pas germé, ainsi que l'optimum ou la température à laquelle elles l'ont fait le plus vite :

1° *Plantes herbacées* (Haberlandt.	Minimum.		Optimum.		Maximum.	
Froment, Seigle, Orge, Avoine, de	0° à	4°,8	de 25° à	31°	de 31° à	37° C.
Maïs	4°,8	10°,5	37°	44°	44°	50°
Chanvre	0°	4°,8	37°	44°	44°	50°
Soleil	4°,8	10°,5	31°	37°	37°	44°
Lin, Pois	0°	4°,8	25°	31°	31°	37°
Luzerne	0°	4°,8	31°	37°	37°	44°
Courge	10°.5	15°,6	37°	44°	44°	50°
Melon, Concombre	15°,6	18°,8	34°	37°	44°	50°

Air. — Pour prouver que la présence de l'air, et dans celui-ci l'oxygène, est indispensable à la germination, il suffit de placer les graines dans des vases remplis d'hydrogène, d'azote ou d'acide carbonique, en les soumettant à une température et à un degré d'humidité convenables; leur embryon ne s'accroît pas ou presque pas.

Il en est de même si on les plonge dans de l'eau privée d'air; même, en général, elles ne germent pas submergées dans l'eau ordinaire et aérée, sauf, d'après Th. de Saussure, les pois, les lentilles et les semences d'espèces aquatiques, la quantité d'oxygène qu'elles y trouvent ne suffisant, d'ordinaire, que pour déterminer en elles un commencement de germination; mais si, comme l'a fait M. Émery, on renouvelle constamment l'eau qui apporte de nouvel air dissous, ou si l'on y détermine un dégagement constant d'oxygène, non seulement la germination s'opère, mais encore les petites plantes qu'elle donne peuvent continuer longtemps à végéter dans ces conditions exceptionnelles.

L'oxygène de l'air est donc nécessaire à la germination et son rôle est complexe; le principal cependant est de former avec le carbone de l'acide carbonique.

La quantité d'oxygène que prennent les graines pour germer varie d'une espèce à l'autre : le haricot, la fève, la laitue, en absorbent environ 0,01 de leur poids, tandis que le froment, l'orge, le pourpier en exigent dix fois moins.

La nécessité de l'oxygène de l'air pour la germination explique : 1° pourquoi les graines profondément enfouies ne germent pas, et aussi pourquoi la germination se fait mieux dans les sols meubles que dans ceux que leur état compact rend peu perméables à l'air; 2° pourquoi des arrosements trop abondants, après le semis, en déterminant la formation d'une croûte sur les terres principalement argileuses, deviennent souvent nuisibles; il vaut mieux mouiller d'abord le sol sur lequel on répand les semences et ne couvrir celles-ci que d'une couche de terre légère ou de terreau. En outre, dans la pratique, l'ensemencement doit être d'autant moins profond que les graines sont plus petites, les petites graines donnant des plantules assez faibles pour ne pouvoir surmonter la résistance d'une couche de terre tant soit peu épaisse.

Influences secondaires : Le sol ; l'obscurité. — Le *sol* n'est certainement pas indifférent pour la facilité plus ou moins grande avec laquelle une graine y germe; mais son influence tient essentiellement à ses propriétés physiques, comme son ameublissement, sa perméabilité, la force avec laquelle il retient l'humidité, etc. Ce n'est point par lui-même qu'il agit, car on fait germer aisément des graines sur l'eau, sur des éponges ou des linges humides, etc.

L'*obscurité* a été regardée par Sénebier, et par beaucoup de botanistes après lui, comme essentielle pour la germination, et les jardiniers sont aussi généralement convaincus de son utilité; cependant Th. de Saussure, Meyen, etc., ayant fait germer en même temps des graines semblables sous deux récipients égaux, l'un opaque et l'autre transparent, à la même température, n'ont vu aucune différence dans la germination des unes et des autres.

Le chlore facilite la germination. — Humboldt a découvert ce fait intéressant que le *chlore* hâte la germination des graines et peut en faire germer certaines qui ne l'auraient pas fait, semées à la manière ordinaire. On a plusieurs fois utilisé cette propriété dans les jardins botaniques, pour tirer parti de vieilles graines. Mais cette substance doit être employée en faible quantité. Voici une bonne manière de procéder. On fait tremper les graines pendant douze heures dans de l'eau ordinaire; on les met ensuite au soleil pendant six heures, dans de l'eau additionnée de deux gouttes de solution aqueuse de chlore pour 60 grammes de liquide. On égoutte les graines sur un linge; on les mélange d'un peu de terre, après quoi on les sème et on les arrose avec l'eau qui a passé à travers le linge. — On a attribué la même propriété accélératrice à l'iode et au brome.

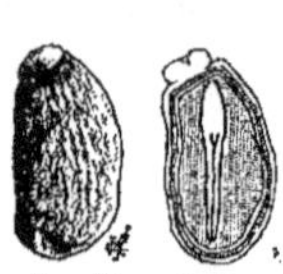

Fig. 68. — Graine de ricin.

Temps nécessaire pour la germination. — Les graines de diverses plantes exigent pour germer des espaces de temps fort différents, à égalité de chaleur et d'humidité. La graine de Mangliers germe dans le fruit même et la plantule tombe toute germée dans la vase maritime où elle continue son développement sans interruption. Celles du cresson alénois, des laitues, etc., germent en moins d'un jour dans des circonstances favorables, et quelques jours suffisent pour celles des Pois, des Haricots, des Céréales. Au contraire, celles des Rosiers, de l'Aubépine, de divers arbres fruitiers à noyau, etc., exigent deux années ou même parfois davantage pour germer, probablement parce que son embryon n'est pas réellement adulte quand le fruit arrive à maturité. Pour ces graines lentes à germer, il y a de grandes inégalités, même entre celles qu'on prend sur le même pied et dans le même fruit.

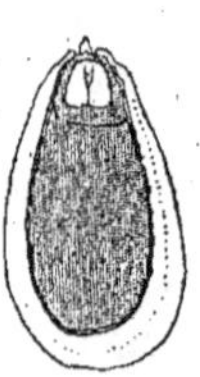

Fig. 69. — Graine de nénuphar.

Les expériences et l'observation de tous les jours montrent qu'il existe de grandes inégalités dues non seulement à l'espèce, à la température et aux autres circonstances extérieures, mais encore à l'état de fraîcheur ou de vieillesse des graines. En général, celles qui sont mises en terre aussitôt après avoir été récoltées ou peu après germent plus promptement que celles dont le semis a été tardif.

Moyens employés pour l'accélération de la germination. — Il est très important que les graines semées germent le plus rapidement possible, non seulement pour obtenir une maturation plus hâtive de la récolte, mais encore pour mettre la graine à l'abri de ses ennemis. Plus les graines sont fraîches, plus elles germent vite, et presque toujours il est préférable de semer les graines de la dernière récolte. Il existe, cependant, quelques exceptions : 1° pour les plantes d'ornement, auxquelles on demande des fleurs doubles, etc.; 2° celles sujettes à monter : les salades, choux, betteraves, etc.; 3° celles destinées au porte-graines.

Ce n'est pas que la graine s'améliore en vieillissant, mais toutes celles imparfaites ne germeront pas et il ne restera que des sujets d'élite provenant de graines robustes.

La récolte des pommes de terre (par M. Hagbourg).

Généralement, les graines restées dans leurs enveloppes charnues demandent à être conservées dans ces enveloppes, aussi longtemps que possible; lorsqu'on les extrait, en attendant l'époque des semailles, il est utile de les faire stratifier dans du sable fin, renfermant un dixième d'humidité, en les mettant à l'abri du contact direct de l'air. Les pépins de vignes nettoyés et séchés, à l'époque des vendanges, mis en sac et semés au printemps, n'ont germé que dans la proportion de 8 à 10 0/0, pour la première année, plusieurs n'ont germé que la 2ᵉ et la 3ᵉ année; ces dernières avaient presque toutes les feuilles séminales panachées, alors que les semblables conservées dans la pulpe, jusqu'à la fin de décembre, et mis dans le sable, jusqu'au moment du semis, ont germé assez rapidement et dans la proportion de 70 à 80 0/0.

Fig. 17. — Sorgho.

Les mêmes faits se produisent pour certaines grosses graines aqueuses, chênes, thés, camélias, lauriers, marronniers, châtaigniers, hêtres. Ces graines perdent, en grande partie, leurs facultés germinatives, lorsqu'on les conserve pendant l'hiver, au sec, dans les greniers, et demandent, si on ne les sème pas, aussitôt après la maturité, une stratification lente prolongeant les facultés germinatives et les préparant à la germination, lorsque le moment du semis est arrivé.

Cette méthode s'applique aussi aux graines à enveloppes osseuses et dures, ne germant que lentement : oliviers, cornouillers, presque toutes les rosacées, telles qu'aubépine, rosiers, fruits à noyaux, etc.

Il arrive souvent qu'on ne possède ces graines qu'au moment de faire les semis; il en est absolument de même pour une foule d'autres graines exotiques : palmiers, caféiers, certaines cactées que l'on ne peut se procurer qu'au moment des semailles.

Certaines graines potagères sont aussi très longues à germer : panais, carottes, persil, betteraves, etc., qui gagnent à être stratifiés d'avance, mais par des procédés plus actifs.

Des jardiniers et des cultivateurs, après avoir mélangé les graines avec du terreau fin, les mettent dans un vase ou dans un sac et les plongent pendant quelque temps dans une couche tiède; d'autres les font tremper, plus ou moins longtemps, de 6 à 48 heures, dans de l'eau tiède dans laquelle on jette quelques gouttes de chlore; enfin, quelques cultivateurs font tremper dans du purin les graines de carottes, de betteraves, pendant un ou deux jours, avant de les semer. Ces procédés donnent généralement de bons résultats, lorsqu'on s'en sert avec discernement.

On dit que certains fakirs indiens faisaient germer, devant un public ébahi, des graines en quelques minutes dans un peu de poussière, et ils vendaient ensuite ces graines, sans dire leurs secrets.

On ne peut recommander, comme donnant de bons résultats, le système consistant à plonger les graines dans de l'eau additionnée d'une forte dose de potasse ou de soude caustique. L'énergie de ces sels est tellement grande, que si l'on jette dedans une graine de café, on voit apparaître les germes au bout de quelques heures, mais alors beaucoup d'entre eux, au lieu de continuer à pousser, s'éteignent dès qu'ils sont jetés en terre.

On dit que l'électricité stimule la germination, d'une façon très énergique. Des expériences n'ont donné que des résultats médiocres; on a cependant constaté quelques effets avec une bonne installation, suivant la nature des graines; ce serait peut-être là un moyen puissant et efficace pour faire germer les graines vieilles et celles d'une nature osseuse ou cornée.

La germination des graines a été obtenue, en bien moins de temps qu'à l'ordinaire, en les plongeant de 6 à 36 heures, selon leur dureté, dans l'eau additionnée d'un dixième de son volume d'ammoniaque liquide du commerce 22 degrés.

Certains produits ont été beaucoup vantés, avec lesquels on fait des bains destinés aux céréales, pour semences et autres graines de grande et petite culture; ces produits paraissent basés sur le même principe que celui des résidus schisteux ou autres, d'une nature insecticide, mélangés d'une certaine quantité d'ammoniaque ou de chlore.

En résumé, toutes ces substances facilitent la transformation des matières amylacées de la graine en glucose, la rendent ainsi assimilable à l'embryon, favorisent le développement et activent la germination.

L'air, l'humidité et la chaleur sont des agents indispensables à ces combinaisons, mais il reste à choisir la substance convenable pour aider le mieux ces agents dans leur rôle transformateur; celle préconisée par M. Weber est l'ammoniaque, et, comme application pratique, c'est aussi le crotin de cheval frais, ou rafraîchi par l'urine de ces mêmes animaux, qui sera employé, soit mélangé avec d'autres substances, soit seul, placé sur couche ou toute autre partie chauffée d'une serre.

C'est à l'aide de ces moyens appropriés aux choses que M. Weber a fait germer des pépins de poires et de raisins, des noyaux de prunelliers et d'amandier, des graines de caféiers et de palmiers, de betteraves et de tétragones, de pivoines, de fraxinelles et autres graines à germination lente, qui ont levé en moins de temps que celles des mêmes espèces semées dans les conditions ordinaires, c'est-à-dire non stratifiées.

Pour les pois, haricots, fèves, lupins et autres légumineuses, une stratification prolongée donnerait de très mauvais résultats, à cause de l'écartement rapide des cotylédons, de sorte que beaucoup de germes se cassent et disparaissent. Ces graines, on peut conseiller de les plonger de 6 à 8 heures dans de l'eau légèrement tiède qui ramollissant la tunique facilite la sortie des germes. On peut, d'ailleurs, faire des modifications à ce qui vient d'être dit; chacun suivra à sa manière les procédés ci-dessus indiqués. Dans tous les cas, il ne faut pas hésiter à prendre tous les moyens pour hâter la germination des graines, car on sème beaucoup et les levées se font lentement ou n'ont pas lieu du tout, ce qui amène nécessairement des pertes sérieuses.

Mathieu de Dombasle conseille la chaux mélangée avec le sulfate de soude

Fig. 72. — Laboratoire de chimie agricole.

pour le *chaulage* et le *sulfatage* des graines; ces produits accélèrent en même temps la germination.

L'essai des semences. — Il existe à l'Institut agronomique de Versailles une *station d'essais de semences* qui a pour directeur M. Schribaux, le savant professeur d'agriculture à l'Institut national agronomique de Paris, et où se poursuivent les plus intelligentes études à la fois scientifiques et pratiques sur les semences.

Les travaux de cet établissement comportent les analyses des graines et les recherches relatives au choix et à l'amélioration des variétés.

La culture demande au commerce la presque totalité des semences fourragères, légumineuses et graminées. Ce sont celles qui font presque exclusivement l'objet des analyses de la station. Malheureusement, la qualité en est rarement irréprochable, ou bien elles germent mal, ou bien elles sont souillées d'impuretés dangereuses ou rongées par les insectes, etc. La station a appelé l'attention des agriculteurs sur ce déplorable état de choses et cherché les moyens d'y porter remède; son laboratoire se met au service et des marchands grainiers qui désirent s'assurer de la qualité de leur marchandise et des cultivateurs soucieux de s'assurer de la valeur agricole de leurs achats.

Cette station par des expériences culturales poursuit aussi l'amélioration des plantes cultivées et cherche à déterminer les variétés de choix qui peuvent être recommandées aux agriculteurs français. Les études minutieuses qu'elle a en-

Fig. 73. — Melon.

treprises depuis plusieurs années ont conduit à formuler une loi de sélection simple : *Dans un individu donné, les fleurs qui s'épanouissent les premières fournissent les semences les plus prolifiques, et comme celles-ci se trouvent être les plus volumineuses, il suffit pour les isoler, de recourir à un triage rigoureux.*

On conçoit facilement l'importance de pareilles études: un choix judicieux des reproducteurs augmente certainement la production et représente par conséquent un sérieux bénéfice que nos cultivateurs pourraient réaliser chaque année.

Durée de la faculté germinatrice. — Les graines conservent plus ou moins longtemps, selon les espèces, la faculté de germer. Quelques-unes ne germent que si on les sème aussitôt après les avoir récoltées ou peu de temps après, à moins qu'on ne les *stratifie*, c'est-à-dire qu'on ne les dispose dans des pots, par couches minces, qu'on fait alterner avec des assises peu épaisses de terre très légère ou du sable entretenu légèrement humide. Là elles subissent lentement un commencement de germination, et peuvent ainsi n'être semées qu'après plusieurs semaines ou quelques mois.

Par opposition avec cette première catégorie de graines, il en est qui se conservent pendant quelques années, parfois même pendant longtemps.

M. Heuzé indique dans le tableau ci-dessous le maximum de temps pendant lequel les semences des principales plantes cultivées conservent leur faculté germinative :

	Nombre d'années		Nombre d'années		Nombre d'années
Tabac	6	Féverolle	3	Millet	2
Chicorée	6	Moutarde	3	Orge	2
Betterave	4	Pois	3	Pastel	2
Carotte	4	Vesce	3	Pavot œillette	2
Chou	4	Avoine	2	Sarrasin	2
Cameline	4	Froment	2	Trèfle	2
Colza	4	Lin	2	Arachide	1
Gesse	4	Lentille	2	Chanvre	1
Navet	4	Luzerne	2	Panais	1
Rutabaga	4	Maïs	2	Pimprenelle	1

Exagération de la faculté germinatrice de certaines graines. — La propriété des germes, soit laissés à l'air libre, soit et principalement enfouis à une grande profondeur de manière à être soustraits à l'influence de l'air, s'est vue conserver pendant un temps immense.

On a vu lever des graines de haricots qui étaient restées plus de cent ans en herbier, des graines de seigle après cent quarante années de conservation. On a même dit souvent que des graines de froment, enfouies par les anciens Egyptiens dans les caisses de leurs momies, avaient pu germer de nos jours, au bout d'une longue série de siècles. Mais rien n'est moins authentiquement constaté que l'origine réelle de ces prétendus *blés des momies.*

Des graines enfouies profondément et soustraites à l'action de l'air peuvent en général rester longtemps endormies et aptes à germer. C'est ce qui explique pourquoi on voit souvent les terres remuer profondément, le sol des étangs desséchés momentanément, etc., se couvrir de plantes qu'on n'y trouvait pas auparavant. A Londres, à Versailles et ailleurs, la démolition de maisons a fait apparaître en grande quantité des plantes rares dans ces localités, dont les graines avaient été englobées dans le mortier avec le sable qui avait servi à le préparer. Plusieurs fois des graines, trouvées dans de vieux tombeaux qui remontaient au moyen âge, à l'époque gallo-romaine, même à la période celtique, ont pu lever.

A Paris, sous les fondations d'une vieille maison d'école, il y a quelques années, dans la Cité, on a trouvé des graines mêlées à une terre noirâtre; semées avec soin et sous cloche, elles ont donné des pieds de *joncs des crapauds* (*Juncus bufonius*), espèce qui croît ordinairement dans des conditions analogues à celles qu'offrait le sol sur lequel fut bâtie Lutèce.

Substances nuisibles à la germination. — Diverses substances retardent et empêchent la germination des graines; aussi faut-il prendre beaucoup de soin dans le choix des produits dont on se sert pour détruire les parasites des semences. L'acide arsénieux, l'acide acétique, l'acide salicylique, le salicylate de soude, etc., sont dans ce cas.

Les graines stratifiées. — Pour conserver les qualités germinatives de beaucoup de graines, il faut les stratifier, sans quoi le plus grand nombre ne vaudrait plus rien à l'époque des semences.

La stratification s'opère de diverses manières mais toujours d'après le même principe. Les uns prennent une caisse plus ou moins grande, selon la quantité de semence à conserver. Ils étendent, au fond de cette caisse, un lit de sable fin sur lequel ils placent un premier lit de graines, puis vient un second lit de sable fin, un second lit de graines; et ainsi de suite jusqu'à ce que les semences à conserver soient épuisées; cela fait, ils portent la caisse dans une cave obscure ou bien ils l'enfouissent dans la terre, ou bien ils la mettent au pied d'un mur, à bonne exposition du midi et à l'abri de la gelée. Notez que c'est en novembre ou décembre que l'opération se pratique habituellement.

D'autres personnes prennent un pot et y placent des couches alternatives de sable et de graines; après quoi, elles l'enterrent dans la partie la plus sèche du jardin et forment au-dessus, avec de la terre ordinaire, une butte en pain de sucre parfaitement battue avec la pelle ou la bêche. Cette butte, qui forme pour ainsi dire couvercle, ne permet ni à la gelée ni à la pluie d'arriver jusqu'au pot.

Certains jardiniers, enfin, choisissent sur leurs propriétés un emplacement aussi sec que possible, et y établissent purement et simplement leurs couches de sable et de graines, auxquelles ils donnent une forme conique. Une fois le cône élevé, ils le recouvrent complètement d'une chemise en paille de seigle comme nous faisons dans nos campagnes pour nos ruches simples. Ils coiffent le dessus de cette chemise avec un vieux pot, afin d'empêcher l'eau de pénétrer, enfin, ils complètent le travail en creusant tout autour du cône une rigole qui assainit le terrain et reçoit les égouts des pluies.

Au printemps, quand les gelées ne sont plus à craindre, on enlève les graines avec le sable, et si ces graines sont petites, on sème le tout ensemble.

Absorption de la sève. — Le développement de la jeune plante contenue en germe dans la graine, la formation de ces organes et l'accroissement de toutes ses parties, exigent nécessairement une addition successive de matériaux propres à l'accomplissement de ces actes importants de la vie. C'est en effet en s'appropriant, à l'aide d'appareils spéciaux, une nourriture convenable que les végétaux forment et réparent leurs différents organes, travail complexe et commun aux deux règnes animal et végétal, et auquel les naturalistes ont donné le nom de *nutrition*. Disons encore, pour compléter l'analogie, que, chez les plantes, comme chez les animaux de tous les ordres, l'accroissement de leurs parties constituantes se fait toujours de dedans en dehors.

Les plantes puisent dans le sol, par absorption et à l'état liquide, la plus grande partie de leur nourriture au moyen des spongioles cellulaires qui terminent leurs ramifications les plus déliées. Le liquide absorbé, en s'introduisant dans la plante, prend le nom de *sève ascendante*, ou simplement sève. Il s'élève de proche en proche par la tige et les rameaux jusque dans les feuilles. Là, mis en contact avec l'air atmosphérique, la sève subit dans sa composition des modifications importantes; elle s'élabore, se concentre et redescend ensuite par les mêmes rameaux et la même tige jusqu'aux racines : c'est alors la *sève descendante*.

La sève n'a pas la même composition chimique pour tous les végétaux. M. Payen constate que la matière azotée est d'autant plus abondante dans les diverses parties d'une plante que les tissus sont plus jeunes ou doués d'une plus grande énergie vitale.

Bien que la sève soit, par sa nature, essentiellement identique dans la plupart des végétaux, elle présente toutefois quelques différences dans un certain nombre de végétaux.

C'est dans la sève que sont contenus tous les éléments d'accroissement de la plante, toutes les matières qu'elle doit éliminer par les sécrétions et les excrétions, les gommes, les résines, les matières colorantes, etc.

Fig. 74. — Schéma de la Fleur.

1° Type d'un ovaire supère : à gauche, étamine, introrse, pétales et sépales soudés, placentation pariétale ;
A droite, étamine extrorse, périanthe libre, placentation axile.

2° Type à ovaire supère, comme ci-dessus.
1 pistil soudé au carpel.
2 étamine.
3 pétale.
4 sépale
5 bractée.

Nutrition des plantes par les racines. — La racine est la partie du végétal qui, ancrée en terre, va y sucer la nourriture qui doit donner la vie à la partie supérieure de son être. La racine fuit la lumière, elle chemine sous terre et chacun de ses rameaux a son correspondant à l'air et au soleil. Les racines se divisent en racines principales (pivot), en racines secondaires (radicules) et en chevelu (radicelles).

La sève circule dans les successions de cellules allongées qui constituent les fibres, mais non pas partout et toujours dans les mêmes groupes de tissus, au milieu des mêmes organes élémentaires. La sève du printemps, dit M. A. de Jussieu, envahit sous les tissus, remplissant les cellules, les fibres, les vaisseaux, les méats. C'est presque entièrement par les corps ligneux qu'elle monte, ainsi qu'on peut s'en assurer par l'inspection de la branche fraîchement coupée. On voit le liquide s'écouler de la surface de la section de tout le corps ligneux, si la branche est jeune ; si elle est âgée, seulement de la zone extérieure, qui est encore à l'état d'aubier. Après la sève du printemps, beaucoup de vaisseaux sont vides, et en les examinant sous l'eau on s'assure qu'ils sont occupés par des gaz que l'on voit sortir par petites bulles. C'est donc par les tissus cellulaires que doit avoir lieu, du moins pour la plus grande partie, le passage de la sève, mais par un mouvement peu sensible du bas vers le haut, le végétal étant alors comme saturé de liquides et à peu près dans la condition d'un appareil plein d'eau qui, percé de petites ouvertures à ses deux extrémités, laisserait écouler par l'une une certaine quantité, et recevrait par l'autre une quantité équivalente, sans qu'il en résultât de courant apparent. Si quelque cause vient troubler cet équilibre, comme après une sécheresse plus ou moins

Moutarde. (*Sinapis nigra.*)

Fig. 76. — LA FENAISON.

prolongée et à laquelle succède la pluie, ou par le développement de nouveaux bourgeons, l'ascension de la sève (sève d'août) doit se ranimer et reprendre en partie les voies qu'elle avait momentanément abandonnées.

NOTIONS GÉNÉRALES SUR LA CONSTITUTION DES PLANTES

Le *végétal* est un être organisé qui possède les attributs fondamentaux de la vie, c'est-à-dire qu'il croît, se nourrit, se reproduit, mais en général ne sent pas et ne peut se mouvoir volontairement. L'*animal*, dont l'organisation est plus compliquée, a des fonctions communes avec la plante : il vit, croît, se nourrit, mais il a des mouvements volontaires et un système nerveux.

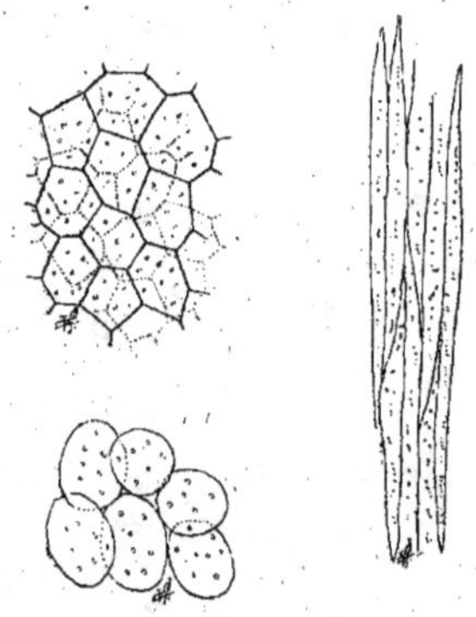

Ces êtres (animaux et végétaux) croissent pas intussusception, les aliments étant portés et assimilés à l'intérieur.

Fig. 77. — Tissu cellulaire et tissu fibreux.

Le végétal et l'animal. — Au point de vue chimique, le *carbone* et les composés *ternaires* dominent dans les végétaux; l'*azote* et les composés *quaternaires* dans les animaux. Au point de vue histologique, les éléments anatomiques, fibres, tubes, dérivent tous, chez les végétaux, de cellules transformées. Chez les animaux, les fibres, tubes, naissent, à un moment de la vie, au milieu des cellules, mais n'en dérivent pas par métamorphose. La forme des végétaux est *circulaire et rayonnée;* dans toutes les classes supérieures du règne animal, nous rencontrons la *symétrie bilatérale*, c'est-à-dire que le corps est composé de deux moitiés latérales qui paraissent s'être réunies sur une ligne médiane. Chez les végétaux, l'hermaphroditisme est la règle, et la séparation des sexes est l'exception; tandis que, chez la majorité des espèces animales, les sexes sont séparés. Chez les végétaux, les organes sexuels ne servent qu'une fois; ils tombent après la fécondation; chaque année, une nouvelle floraison fait apparaître de nouvelles étamines et de nouveaux pistils. Chez les animaux, les mêmes organes sexuels persistent et servent indéfiniment. L'absorption chez les végétaux se fait toujours à l'extérieur. Chez presque tous les animaux, la présence d'une cavité creusée dans le corps rend l'absorption surtout intérieure. Sous le rapport de la respiration, nous trouvons entre les végétaux et les animaux une différence très importante, on peut dire un véritable antagonisme. L'animal dépouille l'air de son oxygène, et expire l'acide carbonique. La plante, au contraire, par ses feuilles, et en général par ses parties vertes, absorbe de l'acide carbonique, le décompose, en fixe le carbone et en dégage l'oxygène. La circulation chez les plantes paraît être un phénomène d'ordre purement physique; elle s'explique par l'endosmose, la capillarité, l'évaporation qui se produit à la surface des feuilles. Chez les animaux, la circulation a son principe dans l'appareil circulatoire lui-même; elle dépend d'une propriété vitale, la contractilité, qui appartient en propre au règne animal. La plante se nourrit de composés inorganiques binaires, qu'elle combine et transforme en composés organiques ternaires et quaternaires préparés dans l'organisme végétal ou animal. Les végétaux sont dépourvus de sensibilité et de mouvement volontaire; les animaux sentent pour se mouvoir et se meuvent parce qu'ils sentent. Cette différence, qui est fondamentale, a été formulée par Linné en termes bien connus.

Elle se lie à celle du mode d'absorption. Le végétal devait être fixé au sol pour y puiser incessamment des matériaux absorbables. Adhérent au sol, immobile, il ne fallait pas qu'il fût sensible, qu'il pût souffrir. L'animal, au contraire, devait faire effort, se mouvoir en tout ou en partie pour aller au-devant de la masse alimentaire, l'atteindre et l'introduire dans son tube digestif. Ces mouvements, nécessaires à la nutrition de l'animal, avaient besoin à leur tour d'une certaine sensibilité pour les déterminer et les diriger.

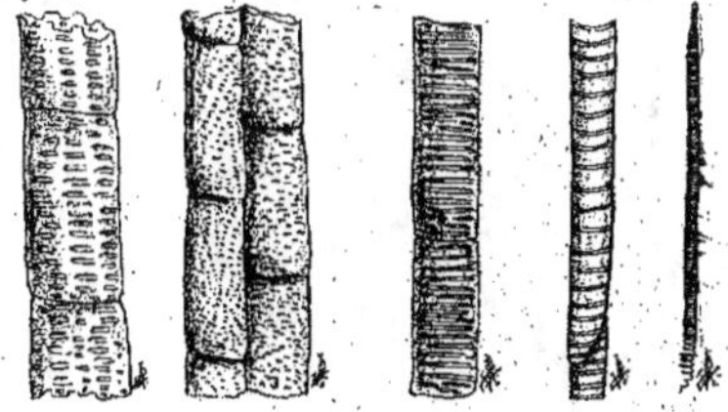
Fig. 78. — Tissu vasculaire : vaisseaux ponctués, rayés, annulaires, réticulés. Trachées.

Ce qu'est la plante. — La *plante* est un être organisé, vivant, mais privé de sensibilité et de mouvement volontaire. Cet être organisé se compose essentiellement d'oxygène et d'hydrogène, surtout de carbone et rarement d'azote; les autres éléments ne jouent dans sa composition qu'un rôle accessoire et pour ainsi dire accidentel. Il se réduit en définitive à un seul organe élémentaire, l'*utricule* ou *cellule*, multiplié et modifié à l'infini. Il puise dans le sol et dans l'atmosphère les éléments de sa nutrition, qu'il absorbe par ses racines ou par divers points de sa surface et qu'il élabore dans l'intérieur de son tissu. La vie de la *plante* se résume et existe, en quelque sorte, à l'état latent, dans le germe, *graine* ou *spore*. Dès que celui-ci est mis dans des conditions convenables de chaleur et d'humidité, il se gonfle, ses enveloppes se déchirent, et les organes qu'il renfermait se montrent à nu. Les cotylédons se séparent, livrent passage à la plantule et, dès lors, le végétal est dans un premier état de germination. La végétation commence; la radicule se dirige vers la terre, s'y enfonce, grossit, émet des fibres latérales qui formeront le chevelu, tandis qu'elle sera le pivot; la gemmule ou plumule paraît peu de temps après; elle tient encore aux cotylédons qui la nourrissent, jusqu'à ce que la radicule soit apte à remplir cette fonction, Si c'est une herbe, la tige sans consistance périra tous les ans, ou si elle renaît des racines, ce ne peut être que pour un petit nombre d'années. Si c'est un arbuste, sa tige aura plus de consistance et de solidité; elle sera d'une plus longue durée, résistera aux changements de saison et pourra donner tous les ans des fleurs et des fruits. Si c'est un arbrisseau, souvent il se divisera dès sa base en plusieurs rameaux d'une consistance ligneuse; il présentera des bourgeons aux aisselles des feuilles, annonçant par là son accroissement successif et sa fécondité. Si c'est un arbre, il s'élèvera majestueusement et d'un seul jet; ce jet deviendra un tronc dont la consistance sera très durable et qui produira de nombreux rameaux; toutes ses aisselles seront munies de bourgeons. Bientôt ces bourgeons se développent à leur tour; ils émettent d'abord des feuilles, à l'aide desquelles le végétal respire, se nourrit, élabore la sève et les produits qui en dérivent. Plus tard, la fleur s'épanouit; les organes sexuels arrivent au terme de leur accroissement normal, puis périssent quand leurs mystérieuses amours se sont accomplies. L'ovaire seule subsiste en général; il continue à se développer, à mûrir, à se transformer en fruit, tandis que les ovules qu'il renferme deviennent des graines. Celles-ci parviendront bientôt à l'état où elles sont aptes, en se détachant du végétal, à en reproduire un pareil. Ainsi s'établit ce cercle merveilleux de la végétation, que l'on peut à volonté faire commencer à la graine ou à toute autre période.

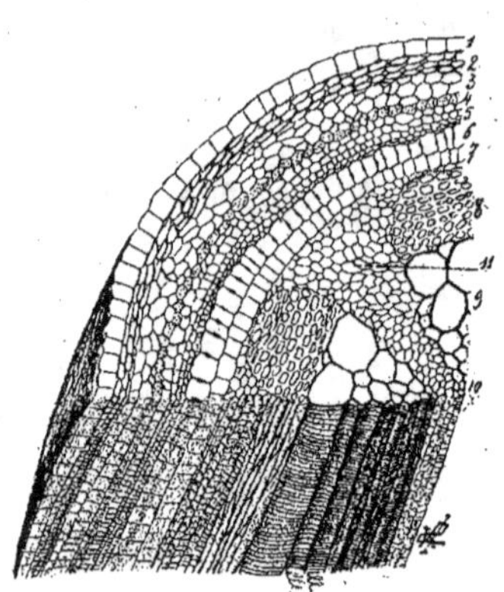

Fig. 79. — COUPE DE TIGE DE DICOTYLÉDONES.
1° Assise épidermique.
2° — subérienne.
3° — corticale externe.
5° — — interne.
4° Zone d'accroissement de l'écorce.
6° Endoderme.
7° Pericycle.
8° Faisceau libérien.
9° — ligneux.
10° Moelle.
11° Rayon médullaire.

Les végétaux contribuent beaucoup à former la couche d'humus par leurs déjections, et l'agriculture leur doit en grande partie ce sol arable auquel elle fait produire ensuite les plantes les plus variées. Dans tous les sols, sous tous les climats, à toutes les hauteurs, par toutes les latitudes, dans les conditions les plus mauvaises en apparence, croissent spontanément quelques espèces végétales, dont les débris préparent une sorte de lit à des espèces de plus en plus élevées. Il ne faut pas oublier non plus les végétaux des temps anciens dont l'accumulation a formé des couches puissantes de houille, de lignite ou de tourbe que l'industrie exploite aujourd'hui, ni ces *plantes* marines qui, recueillies en abondance, fournissent à l'agriculture un excellent engrais.

Les principaux membres de la plante. — Nous pouvons définir ainsi les trois membres de la plante :

1° La *racine* qui ne porte pas de feuilles, qui se dirige souvent de haut en bas et qui peut s'allonger pendant très longtemps ;

2° La *tige* qui porte des feuilles, qui se dirige souvent de bas en haut et qui peut s'allonger aussi pendant très longtemps;

3° La *feuille* qui est attachée sur la tige, qui a une droite et une gauche, une face supérieure et une face inférieure; l'allongement de la feuille s'arrête ordinairement assez vite lorsque la feuille a pris sa forme définitive.

Quelles sont, dans la plupart des cas, les principales fonctions de ces trois membres de la plante?

La racine absorbe l'eau chargée de substances minérales qui se trouve dans le sol; cette absorption se fait par de petits poils nombreux qui la recouvrent un peu en deçà de son extrémité. On sait que si les racines d'une plante sont privées d'eau, la plante ne tarde pas, en général, à mourir.

La feuille verte sert aussi à nourrir la plante. Elle puise la nourriture dans l'air qui l'entoure; mais il faut pour cela que la feuille soit à la lumière. On sait qu'une plante mise dans une armoire obscure, lors même que l'on arrose ses racines, y périt rapidement.

Quant à la tige, elle sert de communication entre les feuilles et les racines. C'est par la tige que le liquide absorbé par les racines est transporté jusqu'aux feuilles, et c'est par ce membre de la plante que se distribue la nourriture du végétal dans toutes ses parties.

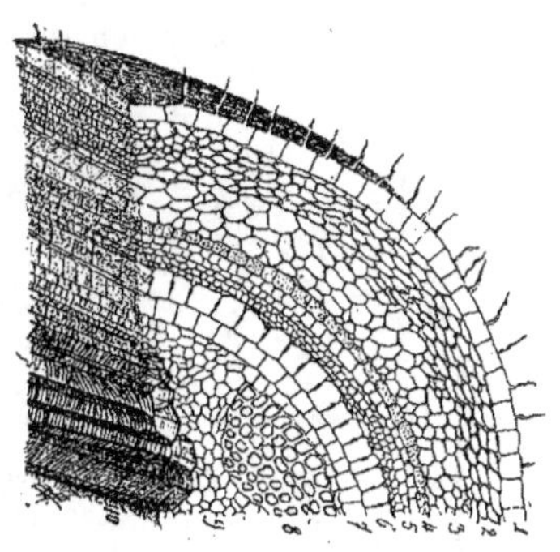

Fig. 80. — COUPE DE RACINE

1° Assise pilifère.
2° — subérienne.
3° — corticale externe.
5° — — interne.
4° Zone d'accroissement de l'écorce.
6° Endoderme.
7° Zone périphérique.
8° Faisceau libérien.
10° — ligneux.
9° Faisceaux fibro-vasculaires.

Organes élémentaires. — Si l'on examine une plante prise parmi les végétaux supérieurs, on voit qu'elle se compose de parties bien distinctes, que l'on connaît vulgairement sous les noms de *tige*, *racines*, *feuilles*, *fleurs*, etc. Chacune de ces parties semble elle-même formée par la réunion de diverses pièces spéciales. Dans les fleurs, par exemple, on distingue les pétales, les étamines, etc. Dans la tige, on reconnaît facilement l'existence de plusieurs couches, dont la plus superficielle, ou écorce, se détache parfois très facilement. Mais la division ne s'arrête pas là : on peut pousser l'analyse beaucoup plus loin et reconnaître que chacune de ces parties, que l'on croyait simples, se compose d'une infinité de particules qui paraissent invisibles, et portent pour cette raison le nom d'*organes élémentaires*.

Ce n'est pas à l'œil nu que l'on peut étudier la structure intime des végétaux; les organes élémentaires échappent, par leur petitesse, à nos moyens d'investigations ordinaires, il faut avoir recours au microscope. C'est à l'aide de cet instrument que l'on constate que les plantes sont constituées par la réunion de *cellules*, de *fibres* et de *vaisseaux*.

Quelques végétaux d'une organisation extrêmement simple, tels que les champignons, les algues, etc., ne se composent que de cellules; aussi portent-ils le nom de *plantes cellulaires*, par opposition aux *plantes vasculaires*, qui sont formées à la fois par des cellules, des fibres et des vaisseaux.

La cellule est l'élément primordial de la plante; certains végétaux restent même toujours à cet état. La cellule est formée par une matière vivante, le *protoplasma*.

Des modifications de la cellule résultent toutes les différentiations de composition organique du végétal.

Tissu cellulaire. — Le tissu cellulaire peut être considéré comme le point de départ et l'élément primordial de tout organisme végétal : il consiste en une foule de petites vésicules (*cellules*), formées par une membrane continue et groupées côte à côte. Quand aucun obstacle ne vient gêner leur développement, elles affectent une forme sphérique, mais le plus souvent elles sont tellement serrées les unes contre les autres que leurs parois se compriment mutuellement. Elles prennent alors une forme plus ou moins *polyédrique* et adhèrent fortement ensemble, aussi leurs parois se confondent si intimement qu'on ne saurait apercevoir aucune trace de leur séparation première. Parfois elles se développent plus rapidement sur divers points et présentent des saillies ; on dit alors qu'elles sont *rameuses;* dans ce cas, elles ne se touchent que par un certain nombre de points et interceptent de petits espaces vides que l'on désigne sous le nom de *méats* ou de *lacunes*. Les tiges des graminées en offrent des exemples.

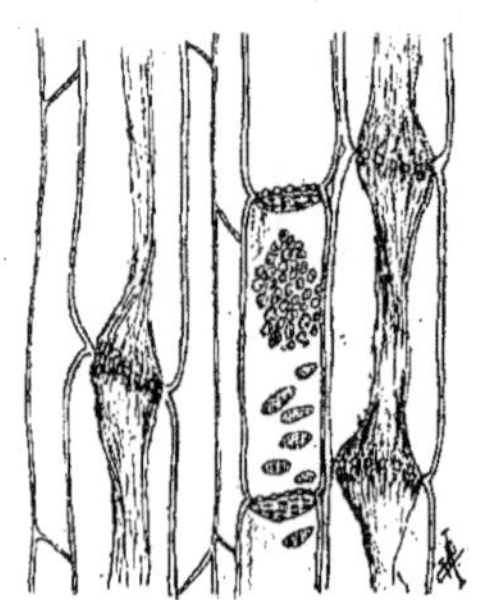

Fig. 81. — Coupe d'un faisceau libérien et ses éléments caractéristiques, les tubes cribreux à plaque grillagée.

Les utricules sont d'abord molles, minces et transparentes. Plus tard, elles deviennent ligneuses. Elles sont revêtues, à l'intérieur, d'une membrane qui n'est pas continue de tous les côtés, ce qui a fait regarder la cellule comme étant poreuse.

Les parois de cellules, avons-nous dit, peuvent ne pas être parfaitement homogènes, le plus souvent elles présentent soit de petites ponctuations, et sont dites *ponctuées*, soit de petites lignes dirigées transversalement ou obliquement et sont alors appelées *rayées*, soit de lignes enroulées en spirales d'où le nom de *spiralées;* parfois elles sont comme trouées, elles sont dites *aérolées* et présentent une disposition spéciale indiquée par la figure 83.

On ignore encore quels sont les moyens par lesquels les cellules communiquent entre elles, mais on pense généralement que c'est au moyen de pores invisibles.

Les cellules renferment en général des granules, dont la nature peut varier. On y rencontre trois sortes de corps : des solides, des liquides et des gaz.

Les corps solides sont : une matière plastique granuliforme appelée *nucleus* ou *noyau;* il est admis que c'est cette matière qui sert à la reproduction de nouvelles cellules ; la *chlorophylle*, c'est la partie solide qui donne la coloration verte ; elle est soluble dans l'alcool et est composée d'une masse plus ou moins gélatineuse, informe, ou par des globules ; — la *fécule*, formée par des corps arrondis de volume non constant ; — des *cristaux*, dont la forme et le nombre sont variables ; — de la *matière azotée* analogue au gluten.

Les corps liquides et gazeux, contenus dans les cellules, sont la *sève* et l'*air*.

Tissu fibreux. — Le tissu *fibreux*, appelé aussi prosenchyme, se compose d'utricules allongées en forme de fuseau et atténuées à leurs extrémités désignées pour cette raison sous le nom de *fibres*. Les parois des fibres sont en général épaisses, et leur cavité intérieure est souvent réduite à presque rien. Les couches qui viennent doubler la membrane externe peuvent s'interrompre sur certains points et présentent toutes les particularités du tissu cellulaire. La fibre est plus ou moins épaisse, non transparente, et elle se trouve surtout dans la partie médullaire, les pétioles des feuilles, ainsi que dans leurs nervures.

Tissu vasculaire. — Le tissu vasculaire est formé par des tubes cylindriques, en général très allongés et s'étranglant à distance. Ces rétrécissements sont dus à ce que les vaisseaux sont primitivement constitués par une série d'utricules en forme de tonneaux allongés placés bout à bout et dont les parois disparaissent au point du contact de façon à former un tube.

La surface des vaisseaux n'est jamais lisse et unie comme celle de certaines cellules; toujours elle présente soit des ponctuations, soit des réticulations, soit des annulations. D'après ces modifications on a distingué les vaisseaux en *Ponctués, Rayés, Annulaires, Réticulés*. Chez les Acotylédones il y a des vaisseaux rayés en échelle (*scalariformes*).

Trachées. — On a réservé le nom de *Trachées* à des vaisseaux qui sont constitués par une membrane cylindrique et unie doublée par un fil spiral.

Certains vaisseaux présentent à la fois des ponctuations et des raies ou des anneaux; d'autres offrent sur une partie de leur largeur la structure annulaire et deviennent ensuite réticulés ou trachéens.

Fig. 82. Vaisseaux dits scalariformes (en échelle) des plantes acotylédones.

Laticifères. — On a désigné sous le nom de *vaisseaux laticifères* un système de tubes, qui, au lieu d'être continus d'un bout à l'autre, communiquent entre eux, s'anastomosent et forment une sorte de réseau. Primitivement ces vaisseaux sont dépourvus de parois; ils sont formés par des lacunes et les interstices qui existent entre les organes élémentaires, mais les sucs qui circulent dans ce système de cavités ne tardent pas à déposer le long de leurs parois une couche spéciale; ils tendent ainsi à se canaliser.

LA RACINE

Les arbres et la plupart de nos végétaux herbacés présentent, avons-nous dit, deux parties bien distinctes : l'une s'élève au-dessus du sol, se couvre de feuilles, donne des fleurs et des fruits, tandis que la seconde, plongeant dans la terre à laquelle elle fixe le végétal, s'y ramifie à l'infini.

Les racines sont en général souterraines, leurs ramifications adhèrent plus ou moins fortement au sol et y puisent certains sucs nécessaires à la vie des plantes. Elles se dirigent vers le centre de la terre et s'accroissent par leur extrémité inférieure.

La ligne où commence la racine et où finit la tige porte le nom de *collet*. Toutes les racines sont loin de se ressembler; cependant, en considérant l'ensemble des formes diverses, on peut les ramener à un petit nombre de types. Toute jeune racine est d'abord unique, c'est un pivot de forme conique qui s'enfonce en terre par son extrémité libre. Plus tard, on voit apparaître sur ce pivot ou *axe principal*, des axes ou des divisions radiculaires qu'on peut appeler des *racines secondaires;* de même se montrent des *racines tertiaires*, *quaternaires*, etc. On conçoit que, dans certains cas, la racine primaire grossisse au détriment de toutes les autres, alors on a des racines appelées *pivotantes simples*. Dans d'autres, au contraire, les racines de second, de troisième ordre, etc., se développent et se ramifient de telle façon que les plus jeunes sont nécessairement plus délicates, mais sans que le pivot soit sensiblement plus développé que les autres; ces racines sont dites *pivotantes rameuses*.

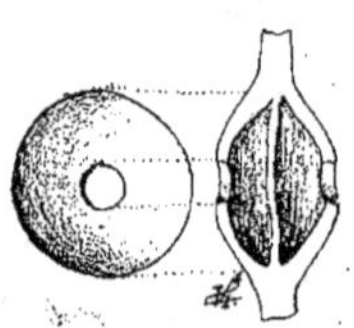

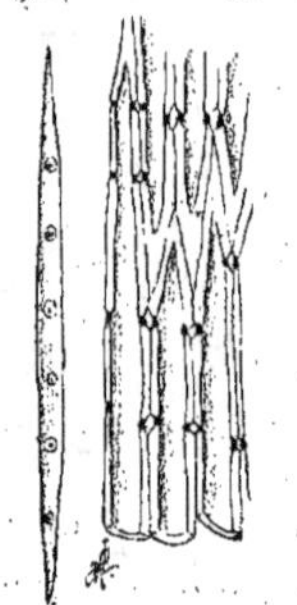

Fig. 83.
Cellule aérolée et fibre du bois chez les conifères.

Enfin, dans les *racines fasciculées*, le pivot ou racine primitive ne persiste pas, il s'atrophie de bonne heure; les racines secondaires, tertiaires, etc., se développent seules, prenant pour appui le tronçon de la racine primitive sur lequel elles sont portées, ou la base de la tige. Or, comme ce point est fort court, elles semblent toutes partir du même niveau.

Les racines ne se développent pas au hasard et sans loi, il existe au contraire un ordre régulier pour chaque espèce de plantes.

Les racines proprement dites ont toujours pour point de départ et pour appui la radicule, c'est-à-dire l'axe sorti le premier de la graine en germination; mais il en est d'autres qui, tout en se rapprochant des précédentes par leur fonction et leur structure, n'ont pas la même origine, ce sont elles qu'on appelle des *racines adventives*.

La racine principale ne se conserve donc pas toujours, il arrive des cas où elle est devenue inutile, suppléée dans ses fonctions par les racines adventives. C'est ce qui a lieu dans toutes nos céréales: qu'on examine le chiendent, le blé, l'orge, le seigle, etc., et l'on verra que la racine primaire se détruit presque dès la naissance, mais qu'elle est remplacée par des racines adventives qui naissent de nœuds de la tige très rapprochés. La position souterraine de ces portions de tiges pourrait faire croire que ce sont les racines, plus tard nous verrons à les distinguer; pour le moment, il nous suffira de comparer ce qui se passe ici sous terre avec ce que l'on remarque dans l'air pour certaines autres plantes de la même famille: le maïs, par exemple. La tige ici est dressée, cela n'empêche que, des nœuds inférieurs, on ne voie partir des racines qui gagnent le sol et viennent apporter leur concours à la nutrition du végétal

Fig. 84. — LA FERME.

Non seulement la racine principale, mais une portion de la tige elle-même peut aussi se détruire. Les racines adventives se substituent alors à la racine proprement dite et suffisent à elles seules pour entretenir la partie du végétal qu'elles supportent.

Cette disposition se voit dans la primevère, la violette, les carex, etc., qui ont pour tige ce que l'on nomme des *rhizomes*.

Il est certaines plantes qui présentent des racines de formes anormales, et, au premier abord, on se sent embarrassé pour les rapprocher de celles que nous avons décrites jusqu'ici. Ainsi, pour s'attacher aux corps sur lesquels il se fixe, aux vieux arbres, aux pierres des murs en ruines qu'il tapisse, le lierre porte dans tous les points de sa tige des crampons qui s'accrochent aux moindres rugosités et y adhèrent tellement qu'il est difficile de les en arracher. Un autre végétal qui dans certaines localités est un fléau pour les récoltes des plantes fourragères, la *cuscute*, se fixe aux végétaux, sur lesquels elle vit en parasite et qu'elle tue dans ses enlacements, par des espèces de suçoirs ou ventouses qui l'attachent à sa victime. Les analogies de fonctions, bien plutôt que la ressemblance de formes, font regarder les crampons du lierre et les suçoirs des cuscutes comme des racines adventives.

On trouve des racines adventives sur d'autres parties de la plante que la tige et ses ramifications : il s'en développe dès qu'il y a un peu d'humidité sur les branches. Les branches des saules qui plongent dans les eaux en sont chargées. On en rencontre sur les feuilles, c'est ainsi qu'on reproduit certains bégonias ; on en trouve dans les fleurs, quelquefois dans l'intérieur des fruits.

Les racines deviennent dans certains cas des réservoirs de sucs, c'est-à-dire que non seulement elles prennent au sol les substances nécessaires à la nourriture de la plante, mais elles les emmagasinent pour servir aux générations dont cette plante deviendra la mère. Il se produit alors des renflements plus ou moins considérables remplis de sucs féculents ou sucrés. Ce sont ces sucs que l'homme utilise pour ses propres besoins. Lorsque ces accumulations se font dans une racine pivotante, on voit le pivot se gonfler outre mesure. Nous n'avons qu'à citer, pour nous faire comprendre, les racines de carotte, de navet, de radis, de rave, de betterave, etc. Les racines fasciculées présentent les mêmes particularités : ainsi le dahlia, l'anémone. Enfin, nous en dirons autant de certaines tiges souterraines, celles des asperges, etc.

Structure des racines. — La structure des racines n'est pas la même que celle des tiges. Chez les dicotylédonées on n'y rencontre jamais ni moelle ni étui médullaire, le centre est occupé par des faisceaux fibro-vasculaires. L'épiderme de la racine ne présente jamais de stomates. En général, il est peu distinct.

Les racines s'accroissent en épaisseur, comme les tiges, par l'addition chaque année d'un faisceau ligneux et d'un faisceau cortical, et elles croissent en longueur par leur extrémité seulement.

Fonctions des racines. — Les racines servent à pomper dans la terre les liquides nécessaires à la nutrition des tissus ; c'est à l'extrémité de leurs ramifications que cette absorption se fait le plus activement. Le tissu jeune de l'extrémité des racines est assez perméable pour se laisser traverser par les liquides ; c'est par conséquent par les dernières ramifications, par ce que l'on appelle le *chevelu*, que se fait l'absorption. L'épiderme n'est pas encore formé dans ces parties, et ce sont les cellules elles-mêmes qui sont en contact avec les liquides. Dans leur intérieur se trouvent des sucs épais, en un mot toutes les conditions nécessaires aux phénomènes d'osmose se trouvent réunies. Les racines ne peuvent absorber que des matières en dissolution, et plus la solution est délayée, plus l'absorption est rapide.

La racine a encore un rôle mécanique, elle fixe le végétal à la terre et l'aide à résister aux agents extérieurs en le maintenant dans sa position normale.

LA TIGE

La tige est la partie du végétal qui porte les rameaux et les feuilles, et s'élève en général verticalement vers le ciel.

Certains végétaux paraissent au premier abord privés de tige; cette particularité n'est qu'apparente, et tient à ce que la tige est en général cachée sous la terre.

Les tiges se divisent en *simples* et *rameuses*. Les premières ne portent pas de branches, comme la tige des palmiers, qui est simplement couronnée d'un bouquet de feuilles. Les secondes se distinguent par la présence de diverses branches. Dans ce cas, on nomme *axe primitif* ou primordial le tronc principal, en réservant le nom d'*axes secondaires*, *tertiaires*, etc., aux différentes branches, suivant l'ordre d'après lequel elles naissent sur la tige. Chaque axe secondaire peut à son tour jouer le rôle d'axe primaire, par rapport aux branches qui s'implantent sur lui, et la division en rameaux peut ainsi être portée extrêmement loin.

Les tiges tendent à s'élever vers le ciel, mais elles ne présentent pas toujours une position exactement verticale; elles peuvent être plus ou moins obliques, ou, si elles sont trop faibles pour se maintenir droites, elles cherchent à s'appuyer sur les corps environnants. Quelquefois elles s'enroulent autour d'eux en formant une spirale.

Souvent les tiges ne s'enroulent pas ainsi, elles se soutiennent à l'aide de crampons que l'on appelle vrilles, etc... On donne à ces plantes le nom de *grimpantes*.

D'autres fois la tige cherche un appui sur le sol et s'y attache au moyen de racines qui prennent naissance sur elle, de distance en distance. On dit alors que la tige est *rampante*.

Enfin certaines tiges, au lieu de ramper à la surface du sol, croissent entièrement sous terre. Aussi pendant longtemps les a-t-on prises pour des racines. Mais il est facile de se convaincre qu'il n'en est rien, car ces prétendues racines donnent naissance à des feuilles, et nous savons que cette propriété est dévolue seulement aux tiges.

On désigne sous le nom de *rhizomes* les tiges souterraines; des fibres radicellaires naissent de ces rhizomes, mais nous avons vu qu'il en était de même pour les tiges rampantes. En supposant que ces dernières soient enfouies, on aura des rhizomes. De distance en distance il naît des axes secondaires qui viennent se développer à la surface du sol. L'iris, le blé, l'orge, etc., nous fournissent de bons exemples de rhizomes.

Les *bulbes* et les *tubercules* sont des modifications des tiges souterraines. Pendant longtemps on a rangé ces productions parmi les racines, mais elles n'ont d'autre rapport avec ces dernières que d'être enfouies sous le sol.

On appelle bulbe un corps arrondi, composé : 1° d'un plateau plus ou moins circulaire qui porte à sa partie inférieure des racines ; 2° de tuniques charnues portées par le plateau et s'emboîtant les unes dans les autres ; 3° d'un bourgeon central formé de feuilles ou de fleurs rudimentaires. D'après l'énoncé des parties qui constituent le bulbe, on voit que c'est une plante tout entière, portant ses racines, un axe (plateau), et des organes appendiculaires (les feuilles). Le bulbe peut être comparé à un rhizome raccourci. Le bulbe est tantôt *tronqué*, c'est-à-dire entouré complètement de feuilles modifiées, tantôt *écailleux*. Dans ce cas, les feuilles se disposent sur plusieurs rangées. Les oignons peuvent être pris pour exemple de bulbes tronqués, et les lis de bulbes écailleux.

On appelle tubercule un corps renflé qui se trouve sous le sol, adhérent au rhizome. Ce corps résulte de l'épaississement et du raccourcissement d'un axe secondaire qui devient charnu et se charge de fécule. La pomme de terre, par exemple, n'est qu'un bourgeon modifié par les conditions dans lesquelles il s'est développé. Il suffit, en effet, pour transformer en tubercules les jeunes bourgeons aériens de la pomme de terre, de les entourer de terre. Si l'on jette les yeux sur une pomme de terre, on y voit de petites écailles, traces rudimentaires des feuilles.

Les tubercules que l'on trouve suspendus aux racines du dahlia ne dépendent pas de la tige, ce sont des réservoirs de matière nutritive, appartenant au système radiculaire.

La consistance des tiges peut varier beaucoup : tantôt elles sont charnues, molles et chargées de sucs; tantôt elles sont dures et ligneuses. Les premières sont désignées sous le nom de *tiges herbacées*, les secondes sous celui de *tiges ligneuses*.

Les plantes herbacées ne vivent souvent qu'une année, et, à raison de cette particularité, portent le nom de plantes *annuelles;* celles qui vivent deux ans sont appelées *bisannuelles;* enfin, on appelle *vivaces* celles qui persistent plusieurs années.

La dimension des tiges est entièrement variable. Chez quelques plantes, elles sont à peine de la grosseur d'un fil ; chez d'autres, tels que les baobabs, elles peuvent avoir jusqu'à vingt-sept mètres de circonférence, sur une hauteur proportionnée. On a donné le nom d'*arbres* à celles dont la taille est considérable, et on appelle *arbustes* ou *arbrisseaux* celles qui restent basses et se ramifient près de terre.

La structure intérieure des tiges varie beaucoup, suivant que l'on s'adresse à un végétal dicotylédone, monocotylédon ou acotylédone.

LES FEUILLES

Les feuilles sont des expansions latérales de la tige, de couleur verte et de forme aplatie.

La feuille est l'organe le plus important du végétal; c'est elle qui, en se modi-

Fig. 85. — Tige volubile du houblon.

Fig. 86. — Tige mâle du houblon.

fiant, peut produire une foule d'organes tels que les diverses parties de la fleur, les petites écailles qui entourent les bourgeons, celles qui se trouvent à la base des feuilles, etc.

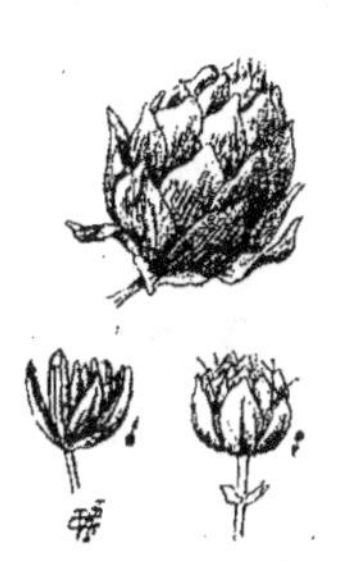

Fig. 87 et 88. — Houblon (*Humulus lupulus*). Tige femelle. Fleur femelle et fleur mâle.

Les feuilles proprement dites sont les organes de la respiration des plantes ; les feuilles de la fleur ceux de la fructification. Les premières sont ordinairement vertes et bien développées; elles offrent presque toujours un bourgeon à leur aisselle, c'est-à-dire au point où la base de la feuille se sépare de la branche. Les secondes sont de couleurs diverses, moins développées, et jamais on ne voit de bourgeons à leur aisselle.

Les *feuilles* sont ordinairement lisses et vertes, elles naissent des nœuds vitaux de la tige et résultent de l'épanouissement de faisceaux fibro-vasculaires, entre lesquels est interposé du tissu cellulaire ou parenchyme.

La feuille est composée de deux parties : 1° d'un *limbe* ou *lame;* 2° d'un *pétiole* (vulgairement *queue*).

Tout organe qui est aplati et qui offre l'apparence d'une feuille n'en est pas toujours une pour cela.

Fonctions des feuilles. — Les feuilles servent :

1° A la respiration des végétaux ;

2° A l'évaporation de l'eau dont la sève doit se débarrasser.

L'air pénètre par les stomates dans les lacunes et dans les méats qui se trouvent dans les feuilles; il est ainsi mis directement en contact avec les cellules gorgées des sucs propres de la plante, qui peuvent alors respirer.

Les phénomènes de respiration ne se font pas de la même manière, sous l'influence de la lumière ou dans l'obscurité.

Pendant le jour, les plantes absorbent l'acide carbonique contenu en faible proportion dans l'air, fixent le carbone dans leurs tissus et rendent l'oxygène ; c'est ainsi que se produisent les matières carbonées qui se rencontrent en si grande quantité dans les végétaux.

Pendant la nuit, les phénomènes sont inverses; l'acide carbonique est exhalé par la plante, qui prend de l'oxygène.

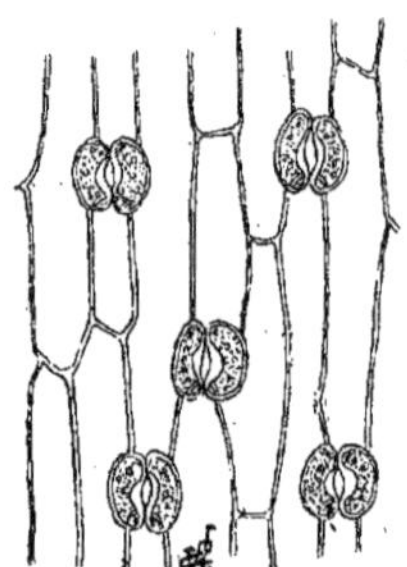

Fig. 89. — Stomate de l'épiderme d'une fleur.

La propriété que les parties vertes des végétaux possèdent de fixer le carbone de l'acide carbonique et de rejeter l'oxygène, leur est communiquée par la lumière. Des feuilles, séparées de la plante, et placées au soleil sous une cloche, produisent encore de l'oxygène aux dépens de l'acide carbonique. Les parties d'une plante qui ne présentent pas de matière verte, respirent comme des feuilles placées dans l'obscurité.

La respiration des feuilles submergées se fait au moyen de l'air dissous dans l'eau. Les phénomènes chimiques sont les mêmes que pour les feuilles aériennes.

Les bourgeons. — On appelle *bourgeons* des organes ovalaires, coniques ou arrondis, formés par la superposition d'un certain nombre d'écailles destinées à protéger un organe essentiel de la vie individuelle ou de la reproduction, ou bien les uns et les autres.

L'ÉPIDERME

Les végétaux présentent tous une enveloppe continue qui s'étend uniformément à leur surface et qui, en raison de cette disposition, a reçu le nom d'*épiderme*. Cette membrane se subdivise en deux couches : l'une intérieure, formée d'un ou plusieurs rangs de cellules, appelée *épiderme proprement dit*, l'autre, extérieure et continue, nommée *cuticule*.

L'épiderme est toujours mieux développé et plus épais sur les plantes ou les parties de la plante les plus directement exposées à l'air. Les feuilles, par exemple, sont enveloppées par une couche épidermique épaisse ; les racines, au contraire, ne présentent que des traces de cette membrane. Les feuilles qui flottent sur l'eau sont pourvues d'épiderme sur la face en contact avec l'air; elles en sont privées du côté qui baigne dans l'eau. Quand elles sont complètement plongées dans ce liquide, elles manquent d'épiderme proprement dit. Il en est de même pour les végétaux cellulaires (algues, champignons).

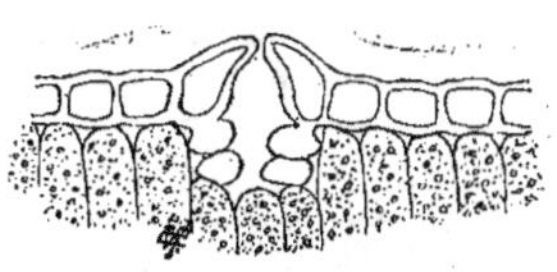

Fig. 90. — Coupe d'un stomate.

Le stomate. — La couche extérieure ou cuticule se présente sous la forme d'une pellicule mince moulant la forme du végétal et se perce vis-à-vis des organes de respiration pour livrer passage à l'air.

On trouve en effet entre les cellules qui forment le tissu épidermique, de petites ouvertures ou pores que l'on appelle *stomates* (du grec *stoma* qui signifie *bouche*). Leurs lèvres, généralement arquées, sont formées, le plus souvent, par les bords de deux cellules qui se touchent.

Les stomates font communiquer l'air extérieur avec les méats du tissu cellulaire placé sous l'épiderme. On ne trouve point indifféremment les stomates dans l'épiderme d'une partie quelconque d'une plante. On les observe sur les feuilles, mais particulièrement à leur partie inférieure; on les voit encore sur les tiges herbacées, etc.

ORGANES ACCESSOIRES

Poils; glandes; aiguillons; épines; vrilles. — La tige et ses ramifications portent des organes dont il faut connaître la signification. Ces organes sont : les *poils*, les *glandes*, les *aiguillons*, les *épines* et les *vrilles*.

Les *poils* sont des cellules allongées, plus ou moins ramifiées, qui sont des dépendances du tissu cellulaire. Tous les organes, à peu d'exceptions près, sont limités par une ou plusieurs couches de cellules plus ou moins larges et plus ou moins régulières, mais plus épaisses et aplaties : ce sont des cellules *tabuliformes*. Leur ensemble forme une couche ou un vernis, que l'on nomme *épiderme*. Les poils sont certaines de ces cellules qui s'allongent et prennent des apparences diverses : tantôt formés d'une seule cellule, tantôt d'un grand nombre; tantôt mous et sans consistance, tantôt durs et résistants; tantôt simples, tantôt bifides, tantôt étoilés; souvent remplis de liquide.

Certains poils sont dits *glanduleux* ; dans ce cas, une ou plusieurs des cellules qui les constituent renferment une substance qui possède des vertus diverses :

celle-ci est aromatique, celle-là est vésicante et nuisible. La portion glanduleuse peut occuper le sommet du poil, comme dans le millepertuis, ou la base, comme dans l'ortie. Dans ce dernier cas, la portion supérieure du poil sert à inoculer le liquide sécrété par la *glande*.

Les *aiguillons* sont encore des dépendances de la zone cellulaire externe. Ici, ce n'est plus l'épiderme seul qui les forme, mais une portion de ce tissu cellulaire particulier qu'on trouve au-dessous de l'épiderme et qui est nommée couche *subéreuse* ou *liège*. C'est cette couche qui, très développée partout dans le chêne-liège où on l'exploite, ne se développe sur la rose et la ronce qu'en certains points pour former les aiguillons.

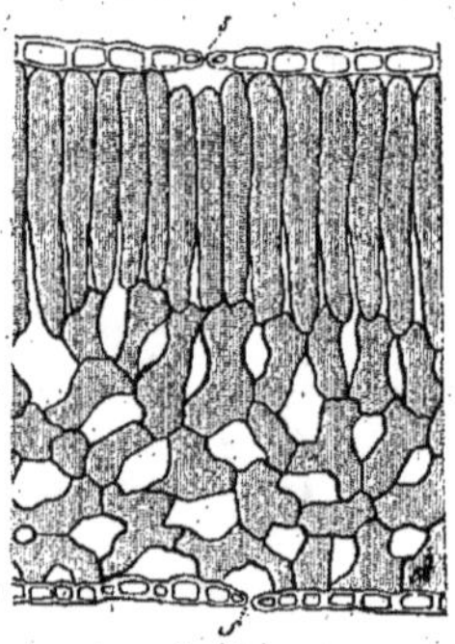

Fig. 91. — Coupe dans une feuille avec l'ouverture de stomates.

Les *épines* ou *piquants* se distinguent aisément des aiguillons en ce qu'il est plus difficile de les enlever. Il faut pour cela déchirer la tige. C'est qu'ils sont formés surtout par les fibres ligneuses dépendant de la couche de bois qui, nous l'avons vu, est située plus profondément.

La nature de ces piquants varie beaucoup : tantôt ce sont des rameaux avortés et transformés, comme dans le prunellier de nos haies; tantôt ce sont des feuilles modifiées, comme dans l'épine-vinette ; d'autres fois encore ce sont des transformations d'organes particuliers, connus sous le nom de *stipules*, comme dans les robiniers-faux-acacias.

Les *vrilles* sont des organes enroulés qui fixent les plantes grimpantes à leurs appuis. Leur nature est fort variable : ce sont des adaptations d'organes à des besoins pressants, et chaque organe peut se transformer si la nécessité s'en fait sentir. Les vrilles des pois, celles de la vigne et celles des potirons ne sont pas de même nature.

FLEURS, FRUITS ET GRAINES

La fleur. — La fleur est formée par la réunion d'un certain nombre de petites feuilles de formes particulières, rapprochées les unes des autres à l'extrémité d'une branche.

En regardant une fleur, nous pouvons voir facilement quels sont les divers organes qui constituent cette partie importante de la plante.

En dehors, nous trouvons des petites feuilles vertes : ce sont les *sépales;* l'ensemble des sépales constitue l'enveloppe la plus extérieure de la fleur : c'est ce qu'on nomme le *calice*.

Fig. 92. — LE PAIN.

A l'intérieur de ces sépales, nous trouvons d'autres feuilles, qui sont généralement colorées, ce sont les *pétales;* l'ensemble des pétales forme l'enveloppe intérieure de la fleur, nommée *corolle*.

Enlevons maintenant ces deux enveloppes de la fleur en détachant tous les sépales et tous les pétales, nous apercevrons alors de nombreux filaments terminés au sommet par une petite partie renflée et ovale : ce sont les *étamines*. Chaque étamine se compose d'une partie mince appelée *filet* que surmonte la partie renflée nommée *anthère*. L'anthère est la partie essentielle de l'étamine; à la maturité, l'anthère s'ouvre pour laisser échapper une poussière fine qu'on nomme le *pollen* et qui, comme on le verra plus loin, est indispensable pour préparer la formation des graines.

Fig. 93. — Tige du pois (*Pisum*). Fleurs, feuilles et vrilles.

En dernier lieu, supprimons les étamines en les enlevant délicatement, et nous découvrirons les *carpelles* groupés au centre de la fleur. Ce sont de petites masses vertes dont l'ensemble constitue le *pistil*. Chaque carpelle est formé d'une partie close appelée *ovaire* renfermant une petite masse blanche et ovale nommée *ovule*, l'ovaire surmonté d'une partie allongée, c'est le *style* terminé lui-même par une partie visqueuse nommée *stigmate*. C'est ce stigmate visqueux qui retient à sa surface le pollen s'échappant des étamines, et c'est seulement lorsque le pollen est venu sur le stigmate que l'ovule peut se transformer en graine et l'ovaire en fruit.

En résumé, nous voyons que la fleur se compose, en général, de deux parties principales, le pistil et les étamines, toutes deux nécessaires pour préparer la transformation de la fleur en fruit; la fleur possède, en outre, le plus souvent des parties accessoires (calice et corolle) qui protègent le pistil et les étamines pendant leur développement.

Fig. 94. Fleur du pois.

Fruits et graines. — La fonction principale de la fleur est de préparer la formation des graines. Lorsque le pollen est venu sur le stigmate, les diverses parties de la fleur se flétrissent, en général, à l'exception de l'ovaire, qui se développe.

L'ovaire grossit et se change en *fruit;* à son intérieur, les ovules s'accroissent aussi et se transforment *en graines* renfermées dans le fruit.

L'une de ces graines, tombant sur le sol, peut se développer, germer, produire une première racine, une première tige, des feuilles, et donner une plante semblable à celle qui l'a formée.

LES ENGRAIS

ÉTUDE GÉNÉRALE SUR LES ENGRAIS ORGANIQUES ET INORGANIQUES

Considérations générales sur les éléments de fertilité des plantes. — La partie superficielle du sol dans laquelle se développent les racines des plantes est, avons-nous dit, formée principalement par la réduction en morceaux plus ou moins ténus des roches qui constituent la surface de la terre. C'est sous l'influence des eaux de pluie, de l'air, des alternatives de chaleur et de gelée, que les roches se désagrègent. Avec ces roches se mêlent les débris des animaux et des végétaux. C'est ainsi que se forme la terre arable. On comprend qu'on doit en rencontrer un grand nombre de variétés, lesquelles diffèrent par leur constitution même, c'est-à-dire par les éléments dont elles sont formées; par leur profondeur, c'est-à-dire par l'épaisseur de la couche superficielle dont la nature est uniforme; enfin, par leur situation en plaine, en coteau ou en montagne. Les unes sont faciles à travailler, les autres sont rebelles à la culture. Les unes sont fertiles, c'est-à-dire aptes à produire des récoltes abondantes; les autres sont naturellement infertiles. Les circonstances au milieu desquelles le cultivateur est appelé à se mouvoir sont donc extrêmement diverses.

Toutefois, les difficultés que la nature des terres peut présenter sont loin d'être aussi insurmontables pour le cultivateur que celles offertes par le climat. Contre le climat, l'homme ne peut rien; mais heureusement contre la terre il peut beaucoup; c'est une affaire de travail et de persévérance.

La terre est, à la fois, pour les plantes, un soutien dans lequel les racines se développent, et un réservoir dans lequel elles puisent les éléments nécessaires à la constitution de tous leurs organes : tige, feuilles, fleurs, fruits, etc. Pour que ces organes puissent se développer régulièrement, il est nécessaire que le sol contienne les éléments qui les constituent; si la plante ne trouve qu'une partie de ces éléments, elle végétera misérablement ou bien elle avortera. Pour bien connaître le rôle à remplir par la terre, il est donc important de savoir ce que les plantes doivent nécessairement y trouver.

Dans tous les végétaux, on retrouve invariablement par l'analyse chimique quatorze corps simples : *azote*, *hydrogène*, *oxygène*, *carbone*, *phosphore*, *potassium*, *calcium*, *soufre*, *sodium*, *chlore*, *fer*, *magnésium*, *manganèse*, *silicium*. Les proportions de ces corps varient, mais on les retrouve toujours. Les combinaisons des quatre premiers entre eux constituent les éléments dits organiques des plantes; les dix autres forment la matière minérale qui, par la combustion, se transforme en cendre. D'un autre côté, quand on soumet à l'analyse les diverses natures de terres, on constate que les terres même les plus pauvres contiennent sept de ces éléments en quantité surabondante pour les besoins de la végétation : *silicium*, *soufre*, *magnésium*, *sodium*, *chlore*, *fer* et *manganèse*. D'un autre côté, l'*hydrogène*, l'*oxygène* et le *carbone* sont fournis aux plantes par l'air et par l'eau. Il ne reste donc que quatre éléments que l'on rencontre en quantité suffisante dans certaines terres, dont l'un ou l'autre manque dans certaines autres terres, et dont la présence ou l'absence influent d'une manière directe sur la fertilité ou l'infertilité : ce sont l'*azote*, le *phosphore*, le *potassium* et le *calcium*.

Certaines plantes sont plus avides de l'un de ces principes, et n'exigent que de faibles quantités d'un autre. C'est ce qui explique les différences considérables présentées par la végétation spontanée qui couvre les diverses natures de sol; les terres incultes ou landes des sols riches en chaux, par exemple, ne portent pas les mêmes plantes que les landes dont le sol est dépourvu de calvaire. De même, il y a des plantes cultivées qui conviennent plutôt à certaines catégories de terres qu'à d'autres catégories. Le cultivateur doit donc étudier la nature des terres qu'il cultive, et c'est d'après cette étude qu'il peut choisir les plantes à y cultiver. Mais, si son sol manque de certains principes, il pourra les y ajouter s'il les trouve dans la nature, et il fera disparaître les inégalités naturelles. C'est par l'emploi des amendements et des engrais qu'on obtient ce résultat : c'est grâce à ces agents que le cultivateur peut modifier la nature de son sol, qu'il peut le rendre fertile, qu'il peut en maintenir et même en accroître la fertilité. Il faut observer, en effet, que chaque récolte prise dans un champ appauvrit ce champ d'une certaine proportion des éléments nécessaires à la vie végétale; le cultivateur habile doit rendre ces éléments ou directement ou indirectement, s'il ne veut pas que ce champ soit, au bout d'un temps plus ou moins long, voué à la stérilité.

Jadis, on professait que la terre, pour rester féconde, devait alternativement produire et se reposer. C'était le système de la culture dite biennale : une année, on semait et récoltait; l'année suivante, la terre était laissée en repos ou en jachère; et ainsi de suite. Pendant le repos, la terre était supposée reconquérir ce qu'elle avait perdu. C'était vrai jusqu'à un certain point, car sous l'influence des agents atmosphériques, des pluies, etc., la terre récupérait une partie de sa richesse. Mais ce système ne pouvait donner que des récoltes chétives; néanmoins, il est encore suivi dans beaucoup de pays, et on le trouve pratiqué de temps immémorial dans quelques parties de la France.

Plus tard, on imagina, pour maintenir et même pour augmenter la fertilité des terres, une combinaison de cultures telle que la production des plantes combinée avec l'élevage du bétail devait rendre au sol, par le fumier des animaux domestiques, ce que les récoltes lui avaient enlevé. C'est ce qu'on a appelé la culture alterne. Ce fut un progrès réel, dans lequel la culture du trèfle et les parties artificielles ont été pour beaucoup. Mais, quoique beaucoup plus parfait, ce système n'est pas encore complet. En effet, il est nécessaire que le cultivateur vende une partie de ses produits, et par conséquent qu'il exporte de son domaine des éléments enlevés au sol, éléments qui ne se retrouvent pas dans le fumier des animaux domestiques qu'il répand sur ses champs. Au bout d'un nombre d'années plus ou moins grand, variable suivant les circonstances, les rendements de ses récoltes arriveront forcément à diminuer. C'est d'ailleurs ce que l'on a constaté dans un grand nombre de cas où la culture alterne avait été adoptée d'une manière à peu près exclusive.

On arrive ainsi à la doctrine moderne de la restitution complète au sol de tous les éléments enlevés par les récoltes. Il est impossible à une exploitation agricole de vivre de son propre fonds, sans l'épuiser : pour maintenir la production et surtout pour l'accroître, le cultivateur doit se procurer, sous une forme ou sous une autre, le plus économiquement qu'il peut, tous les principes que ses récoltes ont enlevés au sol, à l'exception, bien entendu, de ceux que nous avons dits y être surabondants. Cette doctrine est la seule qui réponde réellement à l'expérience, la seule que l'esprit scientifique puisse admettre. Mais, dit-on parfois, c'est une doctrine égoïste, car vous ne pouvez rendre à un point du globe

Fig. 95. — Cour de ferme.

qu'en enlevant à un autre, vous appauvrissez l'un pour enrichir l'autre, votre agriculture est une agriculture vampire. L'objection est plus spécieuse que solide; les sources de matières fertilisantes sont heureusement abondantes; on les trouve dans un grand nombre de roches que recèle le globe, dans les déjections et les détritus des grandes agglomérations humaines, dans les résidus des industries qui utilisent les denrées du sol, dans les matières extraites des mers, dans les débris des animaux, etc. Pour ne pas être inépuisable, la source en est assez abondante pour n'inspirer aucune inquiétude sérieuse.

Suite normale des progrès de culture. — Telle est la méthode par laquelle le cultivateur peut modifier la nature de la terre qu'il cultive. Mais, suivant les circonstances, l'application de cette méthode sera différente. En effet, la nature initiale des terres varie dans d'énormes proportions. D'après cette nature et d'après les ressources dont on dispose, on marchera plus ou moins vite dans la transformation du sol. A cet égard, un agronome distingué, Royre, a donné une classification fort intéressante des périodes par lesquelles la terre peut passer, et des caractères qui distinguent ces périodes. Elles sont au nombre de six : 1° la *période forestière*, dans laquelle les terres manquent de principes végétatifs, et ne portent naturellement qu'un pâturage à peu près nul ; pour les faire passer à un état meilleur, il faudrait employer des masses d'engrais qui dépasseraient de beaucoup la valeur des terres ; aussi le moyen d'exploitation le plus sûr est de les semer ou planter en bois, en laissant à la nature le soin de les porter, dans des siècles futurs, à la période suivante ; 2° la *période pacagère*, caractérisée par la pousse chétive des luzernes, trèfles, sainfoins, qui n'y deviennent pas susceptibles d'être fauchés et forcent à les consacrer au pâturage ; avec l'emploi de la marne ou de la chaux, on peut les faire passer à la période plus avancée ; 3° la *période fourragère*, indiquée par la réussite à peu près complète de l'un des trois fourrages, luzerne, sainfoin, trèfle ; ces fourrages peuvent être fauchés ; le labourage alterne avec le pâturage ; mais il faut consacrer une grande étendue de terre à la production des fourrages, à l'effet de multiplier les engrais nécessaires pour arriver à un plus haut degré de fertilité ; 4° la *période céréale*, qui arrive lorsque les fourrages donnent des coupes abondantes ; les céréales deviennent prépondérantes, les pailles sont abondantes et le bétail entretenu à l'étable fournit une grande quantité de fumier ; 5° la *période commerciale*, dans laquelle les plantes à produits industriels alternent avec les céréales ; 6° la *période jardinière*, dans laquelle le travail à la bêche sur de petits espaces remplace le travail à la charrue, où l'on achète de grandes quantités d'engrais.

Le passage d'une période à une autre demande toujours beaucoup de temps, parce que la terre ne se transforme que lentement. Mais il faut ajouter qu'il y a des terres qui, par leur fertilité intrinsèque, ne se trouvent jamais dans les périodes inférieures et qui sont, dès leur défrichement, dans la période céréale ou commerciale, de même qu'il en est d'autres qu'on ne doit jamais tenter de faire sortir de la période forestière. Il faut que l'agriculteur sache toujours traiter les terres suivant leur nature, et qu'il les soumette à des systèmes de cultures variables selon l'état de fécondité auquel elles peuvent être amenées.

On fait depuis quelque temps, entre les divers modes de culture, une distinction nouvelle qu'il ne faut pas non plus perdre de vue : c'est la distinction entre la culture *épuisante* et la culture *améliorante*. La première est celle où le cultivateur cherche à tirer du sol, dans un moment donné, tous les produits que ce sol peut porter, sans s'inquiéter de l'état d'appauvrissement où il le laissera et qui le rendra incapable d'autres récoltes ; la seconde est, au contraire, celle où le cultivateur cherche avant tout à rendre le sol de plus en plus fertile, de manière à en retirer, sans l'épuiser, des récoltes toujours croissantes.

Disons que le talent de l'agriculteur consiste à savoir se diriger dans les différentes conditions où il se trouve, conditions de sol, de climat et de milieu économique.

Ajoutons aussi qu'auprès du *capital foncier*, du *capital d'exploitation* il faut aussi le *capital intellectuel*, qui n'est autre chose que l'habileté agricole qui se perfectionne par deux moyens trop souvent séparés, mais dont la réunion seule est suffisamment féconde : l'*expérience* et la *théorie*. On ne voit que trop souvent l'expérience mépriser la théorie, et la théorie mépriser l'expérience. On a également tort dans les deux cas.

Notions générales sur les engrais. — Pour qu'une plante puisse croître et se développer dans un terrain déterminé, il faut qu'elle y trouve les substances nécessaires à sa nutrition, en dehors de celles qu'elle puise dans l'atmosphère, et cela sous une forme qui lui permette de les absorber, puis de les assimiler. Si quelques-unes de ces substances, qui varient avec la nature de la plante, venaient à manquer, il faudrait, pour assurer son développement normal, les ajouter au sol. C'est cette addition qui constitue l'*engrais*, que M. Deherain définit en conséquence : *tout élément utile à la plante, qui manque au sol.* Il peut arriver que le sol renferme bien cet élément, mais dans un état qui n'en permet pas l'assimilation par le végétal. On cherche alors, par l'adjonction de certaines matières, à l'amener à une forme nouvelle qui rende son absorption possible; c'est ce qui constitue l'*amendement.* La distinction entre un engrais et un amendement n'est cependant pas toujours aussi tranchée dans la pratique.

Il faut d'abord connaître les substances qui entrent dans la constitution des végétaux, leur origine, la forme sous laquelle elles pénètrent dans leur organisme, pour pouvoir présenter à chaque plante le corps nécessaire à son développement. On admet aujourd'hui que ces éléments sont au nombre de quatorze. De ces substances, l'expérience nous apprend qu'il en est dix dont la terre cultivée est, en général, richement pourvue, tandis qu'elle ne contient les quatre autres qu'en proportions minimes, et qu'elle s'en épuise sans cesse par les récoltes ; ces quatre substances sont : le *potassium*, le *calcium*, le *phosphore* et l'*azote*. Et lorsqu'une terre renferme une quantité insuffisante de l'une de ces substances, la production se trouve de beaucoup ralentie.

L'expérience montre en outre que, si on ajoute à un sol cultivé une matière assimilable qui s'y trouve déjà en quantité suffisante, la production n'augmente pas. Et qu'enfin l'effet produit dépend de la nature de la plante, de ses besoins d'alimentation, comme de la nature du sol, plus ou moins favorable à l'accomplissement des métamorphoses qui rendent la substance introduite assimilable par la plante.

L'emploi rationnel des engrais exigerait donc une connaissance approfondie du sol que l'on cultive et de la plante qu'on veut lui faire produire.

Forme sous laquelle l'engrais est plus facilement assimilable. — Sous quelle forme les quatre corps qui ont un réel intérêt, l'azote, l'acide phosphorique, la potasse, la chaux, sont-ils accessibles aux plantes? En ce qui concerne l'azote, les beaux travaux de M. Boussingault, de MM. Schlœsing et Müntz ont démontré d'une façon irréfutable que la forme soluble seule est assimilable ; en d'autres termes, que l'azote du sol et des engrais doit être préalablement minéralisé, c'est-à-dire transformé en ammoniaque et principalement en acide nitrique, sous l'influence d'un ferment spécial. Quant à l'acide phosphorique, à la potasse et à la chaux, leur assimilation se fait d'autant plus facilement que leur solubilité est plus grande. En effet, d'une part, les solutions nutritives peuvent ainsi circuler dans la terre et offrir aux radicelles des points de contact plus nombreux ; d'autre part, la pénétration à travers la membrane végétale se fait par un appel produit par l'évaporation qui s'exerce à la surface des feuilles.

Examen du sol avant l'emploi d'un engrais. — Il convient d'examiner un point très important, celui de l'application des engrais aux différents sols, suivant leur constitution chimique. On sait, en effet, que c'est dans le sol que la plante doit trouver ses quatre éléments principaux de nutrition; il importe donc que l'agriculteur connaisse bien les ressources de la terre qu'il exploite. Si l'acide phosphorique, par exemple, y existe en abondance, il n'aura point à fournir ce principe sous forme d'engrais phosphaté; si, au contraire, la potasse fait défaut, il est de toute nécessité d'importer des sels potassiques. Dans la connaissance du sol gît pour ainsi dire tout le succès de la fumure, tant au point de vue du rendement brut qu'à celui du résultat économique.

Il y a trois procédés qui peuvent conduire à la détermination de la nature des engrais à employer : 1° l'expérience directe; 2° l'examen géologique; 3° l'analyse chimique. Le premier procédé est lent, il demande de la part de l'agriculteur des soins et des connaissances, un talent d'observation, etc., qui entrent peu dans ses habitudes et qui sont du domaine des hommes spéciaux; il peut cependant rendre les plus grands services.

L'examen géologique donne également des renseignements excellents. Il ressort en effet de l'étude des savants ce grand fait : c'est que les terrains de la même formation ont les mêmes besoins et présentent les mêmes caractères dérivant de ceux des roches constitutives. Ainsi, les terrains granitiques sont tous pauvres en acide phosphorique et en chaux et riches en potasse, qu'on les prenne en Bretagne ou en Limousin; partout où la carte indique un affleurement granitique, on est certain d'obtenir des résultats magnifiques par l'application du phosphate, tandis que, au contraire, les engrais potassiques sont d'un effet nul. Dans les formations calcaires, la plupart du temps on observera des faits absolument opposés; la potasse est indispensable, le phosphate superflu.

Enfin l'analyse chimique a été appliquée avec succès à l'étude de la composition des terres. C'est depuis peu d'années seulement que l'on est arrivé à des résultats pratiques et dignes de confiance. L'intervention de la chimie peut éviter bien des tâtonnements, bien des erreurs, et indiquer *a priori* des améliorations considérables.

Un point relatif aussi aux engrais est celui de leur application aux différentes cultures. L'analyse chimique des récoltes a permis de déterminer ce que chacune d'elles emprunte au sol pour donner un rendement moyen, et, par suite, la proportion des différents engrais capable de répondre à ses besoins. De même que chaque sol réclame une fumure spéciale, de même aussi chaque plante a ses exigences particulières. Chaque récolte, en effet, a ses préférences pour tel ou tel principe à sa *dominante*. Ainsi les engrais qui conviennent plus particulièrement aux *turneps* sont les engrais phosphatés; aux *légumineuses*, les engrais potassiques; aux *céréales*, les engrais azotés, etc.

Amendement et engrais. — On donnait autrefois exclusivement le nom d'engrais aux matières animales et végétales, susceptibles de se convertir en humus par la fermentation putride, et d'engraisser le sol, c'est-à-dire de lui fournir les principes organiques qu'il doit, à son tour, céder aux végétaux. Mais

Fig. 96. — LE TROUPEAU.

la pratique et la théorie ont démontré que ces principes sont loin d'être seuls nécessaires aux plantes, que celles-ci renferment aussi des proportions notables de substances inorganiques, et que, pour préparer convenablement le sol où on les cultive, il est souvent indispensable de modifier sa composition par l'addition d'éléments empruntés au règne minéral. Cette seconde opération a été d'abord considérée comme tout à fait distincte de la première et désignée sous le nom d'*amendement* qui s'est étendu plus tard aux matières mêmes à l'aide desquelles elle s'exécute. Les idées synthétiques et généralisatrices qui président de notre temps aux études scientifiques et industrielles, n'ont pas tardé à atténuer l'importance qu'on attachait d'abord à cette distinction.

Les savants et les agronomes entendent aujourd'hui par *amendement* toute pratique ayant pour but d'amender, c'est-à-dire d'améliorer le sol en vue de telle ou telle culture, que cette amélioration s'obtienne par l'emploi de *substances animales*, *végétales* ou *minérales*. Toutefois, dans le langage commercial et technique, le besoin des subdivisions et des classifications a fait prévaloir l'habitude de désigner sous le nom d'*engrais* les deux premières classes de substances, et la troisième, sous le nom d'*amendement*.

ENGRAIS ORGANIQUES

La classe des engrais organiques est de beaucoup la plus nombreuse. Elle comprend, en effet, une multitude de substances dont l'étude, intéressante au point de vue de la science agricole, ne l'est guère moins au point de vue industriel et commercial. Ces substances sont, en général, des déjections ou des détritus d'animaux ou des végétaux, ou encore des résidus de fabriques qui, loin de pouvoir être utilisés dans l'industrie, sont, dans tous les centres de population, un embarras, une cause d'infection dont on est heureux de se débarrasser. Aussi presque toutes peuvent être recueillies, préparées et transportées à peu de frais; et plusieurs étant, à cause de leur composition, très recherchées des agriculteurs, sont susceptibles de rapporter des bénéfices considérables à qui sait se les procurer à propos.

Fumier de ferme. — L'engrais type, l'engrais complet, qui se produit et s'utilise de tout temps et en toutes régions, c'est le fumier de ferme; aujourd'hui on ne se contente plus de son emploi et l'on cherche par tous les moyens, non pas à le supplanter, mais à lui adjoindre les engrais les plus divers fournis par le commerce et auxquels on a coutume de donner le nom d'« engrais chimiques ». La première raison de ce fait, c'est que le fumier produit par une exploitation est insuffisant pour accroître et même maintenir la fertilité du sol. « Le bétail, en effet, a dit Boussingault, n'est pas producteur, mais destructeur d'engrais. » Le fumier est produit par la consommation des fourrages du domaine; il ne fait retourner au sol qu'une partie des éléments exportés par les récoltes, et l'autre partie s'en va à tout jamais, sous forme de lait, de viande, de laine, etc. Il y a donc un déficit inévitable, et l'exploitation, soutenue seulement par le fumier qu'elle produit, voit d'année en année décroître sa fertilité; le sol s'épuise peu à peu, les rendements élevés sont impossibles à obtenir. Heureusement, les engrais commerciaux sont là pour compenser ces exportations incessantes, pour corriger cette insuffisance du fumier de ferme, et l'agriculteur qui sait s'en servir à propos, laissera loin derrière lui le voisin qui s'abandonne aux vieux errements. On ne saurait trop répéter ce grand principe d'économie rurale, c'est que, pour diminuer les prix de revient, il faut augmenter les rendements, et pour cela avoir largement recours aux matières fertilisantes.

Il est un autre argument qui se joint à celui-ci pour prouver l'insuffisance du fumier de ferme, « tel sol, telle plante, et partant tel fumier » ; c'est-à-dire qu'un sol pauvre en acide phosphorique donnera des fumiers pauvres en acide phosphorique qui, dans aucun cas, ne pourront combler le déficit du sol; le fumier fournira en abondance à la terre les éléments qui déjà y sont en quantité élevée, il la laissera manquer précisément de celui qu'elle exige le plus impérieusement. Dans les terres granitiques, par exemple, une tonne de fumier ne produira pas autant d'effet qu'un hectolitre de phosphate.

L'engrais chimique est donc l'adjuvant du fumier de ferme; mais il faut se garder de tomber dans la théorie contraire, et prétendre que l'engrais chimique peut se substituer complètement à l'engrais de ferme. Ce qui distingue surtout le premier du second, c'est qu'il ne renferme pas de matières organiques. Or, un sol ne recevant que des matières minérales ne tarde pas à s'affaisser, à se tasser, il perd ses propriétés absorbantes et fixatrices, et ses propriétés physiques sont tellement modifiées, qu'il devient insensiblement stérile. Le fumier, au contraire, formé par un mélange de paille à demi décomposée et des résidus de la digestion, divise les sols compacts, facilite l'accès de l'air et de l'eau, donne de la cohésion aux sols très légers, facilite, grâce au dégagement d'acide carbonique produit par sa décomposition, la dissolution des principes minéraux. En résumé, dire « tout par le fumier » constitue une erreur aussi grave que dire « tout par l'engrais chimique ». L'un est l'adjuvant de l'autre et son complément.

La composition du fumier dépend, dans de très larges limites, de la nature de la litière employée, des espèces animales et plus encore du mode de conservation mis en œuvre. Les litières les meilleures sont les pailles des céréales, dont la structure tubulaire est parfaitement propre à l'absorption des liquides. Certains cultivateurs remplacent la litière végétale par de la terre étendue dans les étables. On se prive ainsi des combinaisons qui se produisent avec la litière entre l'ammoniaque et la matière végétale, mais on assure une conservation bien plus complète des urines. Seulement les frais de transport sont considérablement augmentés.

D'après Boussingault, le fumier de ferme renferme pour 100 parties :

Eau.	58,00	à 83,00
Azote.	0,41	0,82
Acide phosphorique.	0,20	0,72
Potasse.	0,09	1,70
Magnésie.	0,13	0,37

Chaux	0,27	à	0,92
Soude	0,02		0,09
Acide sulfurique	0,08		0,23
Oxyde de fer et de manganèse	0,02		0,40
Silice assimilable	0,10		0,30
Sable et argile	0,20		4,00
Matières organiques totales	11,00		29,80
— minérales totales	2,00		11,00

La cause principale de ces énormes variations est la conséquence du peu de

Fig. 97. — Ray-grass (*Lolium perenne*).

soin qui préside, dans beaucoup d'exploitations, à la confection du fumier. Il y aurait grand intérêt, en particulier, à entasser le fumier dans un espace fermé, de façon à le soustraire autant que possible au contact de l'air; on éviterait ainsi une oxydation rapide, de laquelle résulte une élévation de température, qui détermine le départ de la plus grande partie de l'ammoniaque.

Les réactions qui se produisent dans un tas de fumier sont du reste extrêmement complexes, et le nombre des composés qui prennent successivement naissance est très considérable.

MM. Boussingault et Girardin ont résumé ainsi les conditions que doit remplir un bon aménagement du fumier destiné à le convertir en fumier normal :

1° Recueillir tout le purin ou jus de fumier dans un réservoir placé de manière qu'il soit facile de reverser au besoin ce liquide pour arroser le tas de fumier ;

2° Prendre bien soin qu'aucune eau de pluie ou d'égout n'arrive sur le fumier, et le garantir d'une évaporation trop prompte ;

3° Tasser fortement le fumier à sa surface pour que l'ammoniaque produite par la fermentation dans le centre de la masse ne s'en échappe point ; ne toucher ou ne remuer le tas que le moins possible ;

Fig. 98. — Récolte des fruits.

4° Donner à l'emplacement où l'on dépose le fumier une superficie suffisante pour que l'ancien fumier ne se trouve pas toujours enfoui sous le nouveau ;

5° Disposer sa fosse à fumier de telle sorte que les voitures puissent en approcher facilement et qu'il ne faille pas de trop grands efforts pour enlever des charges un peu lourdes.

Le fumier normal convenablement humecté doit peser de 760 à 800 kilogrammes le mètre cube. Le prix de revient de cette quantité varie de 4 à 5 francs.

Il n'est pas avantageux de déposer le fumier sur le sol par petits tas, en raison de l'évaporation qui se produit ; il est préférable de l'*étendre immédiatement* en couche sur la terre et de l'enfouir à bref délai avec la charrue ; on appelle cette méthode *fumer en couverture*.

On ne peut donner de règle fixe pour la quantité du fumier à employer ; cela dépend d'abord de sa qualité, ensuite de la nature des terrains et de l'épuisement où les ont laissés les récoltes précédentes, enfin de l'espèce de plantes que l'on est dans l'intention de cultiver.

En général, le poids du fumier bien préparé nécessaire par hectare, pour une fumure de trois ans, serait de 30,000 kilogrammes.

Engrais humains. — Après le fumier de ferme, l'engrais naturel qui s'en rapproche le plus, ce sont les déjections humaines ou vidanges; l'homme, en effet, peut être considéré comme un producteur d'engrais; comme il se nourrit d'une alimentation en général substantielle et spécialement de grains et de viande, ses déjections sont plus riches en azote et en acide phosphorique que celles des herbivores.

L'analyse de l'engrais humain pur donne :

Eau	950,80
Matières solides	49,11
Azote totale	8,88
Phosphate de chaux	6,85
Potasse	2,07

Cet engrais est, sans contredit, un des meilleurs que l'on connaisse; il est abondant, et, grâce aux procédés de désinfection qu'on met aujourd'hui en pratique dans les villes bien administrées, et dont l'application se propage rapidement, cet engrais est déjà un de ceux dont le commerce peut le plus aisément tirer parti.

L'engrais humain, à l'état primitif et naturel, a reçu le nom d'*engrais flamand*, parce qu'en Flandre il est très estimé et employé avec beaucoup de succès pour activer la végétation des plantes oléagineuses et du tabac. Ce sont des excréments et des urines mélangés, ce que les Flamands appellent *gadoue*. Ils vont chercher dans les villes cette gadoue, provenant des fosses d'aisances, et la transportent dans des citernes établies dans leurs champs, souvent sur le bord des chemins, et construites en briques, de manière à faciliter l'introduction et l'extraction des matières, et à permettre que la fermentation se continue pendant le séjour de la gadoue dans ces réservoirs, dont la capacité varie de 100 à 200 mètres cubes. Les transports s'effectuent de la ville aux citernes, pendant l'hiver, dans des tonneaux jaugeant de 125 à 200 litres, placés au nombre de 10 sur des chariots. La gadoue est achetée aux propriétaires, ou plus souvent aux domestiques, pour qui, la plupart du temps, ce négoce remplace les gages en tout ou en partie. En Alsace, les cultivateurs emploient la gadoue aux mêmes usages que les cultivateurs flamands; mais, comme ils n'ont pas de cavités souterraines pour l'emmagasiner, ils viennent dans les villes, notamment à Strasbourg, au printemps ou en automne, faire la vidange des fosses pour en répandre immédiatement le contenu sur les terres.

Les déjections humaines sont appliquées de même dans le Dauphiné, et donnent lieu à un commerce analogue. Malheureusement, cette manière de les employer a de graves inconvénients en raison de l'odeur infecte et des gaz malsains qui s'en dégagent. Plusieurs moyens de désinfection ont été proposés et sont aujourd'hui concurremment en usage. De là les diverses formes sous lesquelles on trouve l'engrais humain. Le procédé le plus ancien et le plus répandu consiste à convertir le produit des vidanges en une poudre sèche, et à peu près inodore, connue sous le nom de *poudrette*. Pour cela on l'étend et on la fait sécher à l'air dans des endroits éloignés des villes et spécialement affectés à cette opération. C'est ainsi qu'autrefois la voirie de Montfaucon était le grand laboratoire où les matières fécales de Paris étaient converties en poudrette.

Aujourd'hui les tonneaux de vidanges se vident au dépotoir de la Villette, et de là, par une longue conduite, les substances fécales sont repoussées jusqu'aux grands bassins de Bondy. Là, elles s'évaporent et il reste une matière noirâtre que l'on dessèche.

La poudrette. — La poudrette est une substance pulvérulente, d'un brun noirâtre. Elle contient : eau, 52,5; sels ammoniacaux, 3,9; matières organiques azotées, 18,1; matières minérales fixes, 25,5. Sa richesse moyenne en azote n'est guère que de 15/1000. Un hectolitre de cet engrais pèse de 75 à 80 kilogrammes. On le répand ordinairement à la volée, dans la proportion de 2,000 kilogrammes par hectare. Il contient déjà presque toujours de la terre qu'on y ajoute, dit-on, pour hâter la dessiccation. C'est en réalité un engrais médiocre, condamné actuellement, avec raison, par tous les hommes compétents. En effet, la putréfaction et la dessiccation lentes (prolongées pendant plusieurs années) auxquelles sont soumises les matières pour se transformer en poudrette, laissent échapper les 9 dixièmes des principes ammoniacaux, qui sont précisément les plus utiles à l'agriculture et qui, en se dégageant incessamment et en abondance, empoisonnent l'air respiré par les habitants voisins de la voirie.

Le noir animalisé. — Depuis longtemps on a eu l'idée de hâter la dessiccation des déjections solides et d'en atténuer l'odeur méphytique en les mêlant à des substances absorbantes.

Ce mélange a été désigné sous le nom de *noir animalisé ;* son aspect tient le milieu entre celui de la poudrette et celui du noir animal (charbon d'os). Son odeur est fétide, mais faible. Lorsque cet engrais a été bien fabriqué, on en emploie habituellement de 3 à 4 mètres cubes par hectare. Son action, lente et progressive parce que les gaz ne s'échappent que lentement, se prolonge pendant deux ans environ. On le répand comme la poudrette, c'est-à-dire à la volée, ou bien avec les grains dans le sillon. Quelquefois, après le semage, on jette l'engrais sur le sol avant d'y passer la herse qui vient le répartir plus uniformément.

Pour la préparation de la poudrette, ainsi que pour celle des autres engrais dont nous venons de parler, on emploie exclusivement les matières solides. Il y a là une véritable perte pour l'agriculture, car l'urine, convenablement employée, est un excellent engrais.

Boues des villes. — Comme engrais se rapprochant par sa constitution physique et chimique des fumiers, nous citerons les boues des villes ou gadoues, formées par les déchets de ménage, de cuisine, d'ateliers, ainsi que par les balayures des rues, des halles et des marchés. L'amas considérable de ces matières fait, pour les grandes villes, l'objet d'un commerce important avec les agriculteurs voisins de la ville. Utilisés soit à l'état frais, soit à l'état décomposé, leur composition et leur valeur culturale sont voisines de celles du fumier de ferme.

Les eaux d'égout constituent, là où on peut les utiliser à l'arrosage des terres cultivées, une source de richesse considérable. Les questions que se rattachent à leur emploi intéressent autant l'agriculture que l'hygiène.

Débris d'animaux. — Les débris d'animaux ont acquis, grâce au parti qu'on en peut tirer pour améliorer les terres en culture, une importance qui ira en grandissant à mesure que les moyens de les conserver se perfectionneront et se vulgariseront.

La chair desséchée contient 14,25 0/0 d'azote. C'est donc un engrais extrêmement riche.

Le sang convient moins que la chair à la nourriture des porcs, il leur cause même de graves maladies ; aussi est-il préférable de l'employer en agriculture. A l'état liquide, ce serait un mauvais engrais, parce que, sa décomposition ayant lieu très rapidement, les produits azotés qui sont volatils seraient en grande partie perdus. On le soumet donc à la dessiccation comme la chair musculaire ; sa teneur en azote est plus grande, puisqu'elle atteint la proportion de 17 0/0.

Mais la dessiccation pure et simple de ces matières a été reconnue insuffisante pour les rendre imputrescibles pendant le temps qu'on veut les conserver, tout en permettant qu'une fois placées sur le sol elles puissent de nouveau se décomposer et livrer leurs éléments aux plantes. On a essayé un résultat plus avantageux par un procédé des plus simples : il suffirait d'une petite quantité (2 à 4 0/0) d'acide chlorhydrique du commerce pour que la dessiccation de la viande pût s'effectuer sans dégagement sensible d'odeur. Il est certain que l'application judicieuse d'un moyen de conservation économique rendrait à l'agriculture et au commerce un immense service, en permettant de tirer parti des débris et des cadavres d'animaux qui sont aujourd'hui abandonnés aux vers et à la putréfaction, sans profit pour personne et, dans beaucoup de cas, au grand préjudice de la vie et de la santé humaines.

Dans l'Amérique du Sud, on abat annuellement plus de 5,000,000 de bœufs et de vaches pour obtenir leurs peaux ; quant au reste, on ne sait qu'en faire. C'est donc une perte d'au moins 500,000,000 de kilos d'un engrais aussi riche que le meilleur guano. A Terre-Neuve, on rejette à la mer plus de 9,000,000 de kilos de débris de poissons. Sur les côtes de France et notamment celles de Bretagne, on perd aussi des masses considérables de débris de même nature. En résumé, les calculs les plus modérés évaluent à 500,000,000 de kilos la quantité d'engrais animal qu'on a négligé jusqu'à présent d'utiliser, et qui correspondrait, pour les éléments de fécondité qu'elle ajouterait au sol arable, à un excédent de récolte de 80,000,000 d'hectolitres de froment. Heureusement, on peut prévoir dès à présent le jour prochain où cessera un état de choses si contraire aux intérêts de la civilisation et au bien-être des masses.

Déjà des résultats très appréciables ont été obtenus pour la conservation et l'application à l'agriculture des débris d'animaux les plus abondants. Ainsi on livre au commerce, sous le nom de *guanos de viande*, *de poisson*, d'*issues d'animaux*, des engrais dont la richesse en azote est de 8 à 12 0/0, et dont la conservation est assurée, même au contact de l'air, par un mélange chimique.

Fig. 99. — Une faucheuse.

D'après M. Girard, on peut utiliser, par une méthode chimique d'un effet très rapide, les cadavres des animaux que, pour une cause quelconque, on ne peut pas livrer à la consommation. M. Girard dissout dans l'acide sulfurique concentré à 60 degrés les restes des animaux. En quarante-huit heures, au plus, ces restes se transforment en une matière noirâtre qui laisse surnager la graisse ; on recueille celle-ci. Le résidu peut être mélangé avec diverses matières pour en faire un très riche engrais. C'est ainsi qu'avec les cadavres de neuf moutons, M. Girard a pu, en dix jours, à l'aide d'une très faible dépense, obtenir 25 kilos de graisse et une quantité notable d'engrais.

Les os. Le noir animal. — Les os sont un engrais non moins précieux que la viande, bien que d'une application moins universelle. Ils agissent à la fois comme engrais proprement dit, par leur matière organique azotée, et comme amendement, par leur phosphate de chaux. Leur action persiste pendant 4 ou 5 ans. Les os destinés à être utilisés comme engrais doivent être préalablement débarrassés de la graisse qui y est adhérente, sans quoi cette graisse formerait, en réagissant sur le carbonate de chaux du réseau osseux, un savon calcaire qui résisterait à toutes les influences atmosphériques, et rendrait à peu près nulle l'action des os sur le sol.

Les os s'emploient tantôt simplement concassés, tantôt en poudre, tantôt à l'état de *noir animal*, c'est-à-dire carbonisés. Souvent aussi on les mélange avec d'autres substances pour composer des engrais artificiels. En France, il se fait, pour l'agriculture, une grande consommation d'os d'animaux, mais presque exclusivement sous la forme de noir animal. C'est surtout dans l'Ouest, pour le défrichement des Landes, que cet engrais est employé à raison de 4 hectolitres par hectare.

En Angleterre, on prépare, sous le nom impropre de *superphosphate de chaux*, un engrais formé d'os broyés dont on fait une sorte de pâte en y ajoutant une quantité d'acide sulfurique qui varie de 25 à 50 0/0. On s'en sert également pour la culture des turneps et d'autres racines ; on l'emploie aussi dans les prairies, en le mélangeant avec le guano et le sulfate d'ammoniaque. L'Angleterre est loin de suffire à la consommation d'os qu'elle fait, soit pour la préparation de l'engrais dont nous venons de parler, soit pour l'amendement direct des terres. Outre la grande quantité de cette matière qu'on trouve dans le pays, on en importe chaque année une grande quantité. L'agriculture anglaise achète souvent les os tels qu'ils arrivent de France, d'Allemagne et d'Amérique, c'est-à-dire en poudre ou concassés en petits fragments de 2 centimètres. Elle préfère cette matière au noir animal, dont on importe cependant aussi, des mêmes pays, des masses assez considérables. Le noir animal devrait contenir de 70 à 76 0/0 de phosphate de chaux ; mais il est sujet à des falsifications qui le déprécient.

En Allemagne, la poudre d'os pure est employée pour le blé. On en forme souvent une pâte composée de 14 kilos de poudre d'os très fine et de 70 litres d'eau, qui sert au pralinage des grains de semence. On fait d'ailleurs en Allemagne, comme en Angleterre, des pâtes d'os acidifiées. La quantité de ces engrais à employer par hectare est de 300 à 600 kilogrammes.

Arêtes et autres débris de poissons. — Cet engrais est employé dans les pays de pêche, et il serait à désirer que l'usage en fût plus répandu. On peut, avant de s'en servir, le dessécher. Le hareng, à l'état sec, renferme 10,54 0/0 d'azote; la morue, complètement desséchée, en contient environ 10,86 0/0. Cet engrais employé dans les pays voisins de la mer est persistant quoique rapide, il convient bien aux terres sablonneuses; on l'emploie plus fréquemment en automne, sa dose est de 400 à 600 kilogrammes par hectare.

C'est à la présence d'une certaine quantité de ces matières animales que les vases de mer, des fleuves et des rivières, fort employées dans beaucoup de pays, doivent en partie leurs propriétés fertilisantes.

Râpures de cornes. — Les râpures de cornes agissent énergiquement et conviennent à tous les sols. En Angleterre, on en met 36 hectolitres par hectare, en ayant toujours soin de les recouvrir de terre.

Plumes. — Les plumes de volaille qui ne peuvent être utilisées ni comme articles de parure, ni pour la literie, ni pour écrire, se vendent comme engrais. On en fait grand cas pour la culture du chanvre, on peut aussi les employer dans les mêmes cas et de la même manière que les râpures de cornes.

Tendons, rognures de peaux et marc de colles fortes. — Toutes ces matières sont appliquées avec avantage à l'amendement des terrains maigres. On les dessèche au four.

Pain de creton. — C'est le marc des graisses de mouton, de bœuf et de veau, fondues par les fabricants de suif. Il est formé de membranes du tissu adipeux, imprégnées de sang et de graisse, et mélangées de débris d'os et de chair. Le pain de creton sert à nourrir les chiens et les porcs; on en obtient aussi, comme engrais, de bons résultats. On le trouve dans le commerce sous forme de tourteaux épais, très durs, qu'il faut concasser et quelquefois faire détremper dans l'eau, avant de les employer.

Suint. — Le suint provenant du lavage des laines est recueilli dans des fossés remplis de paille. C'est cette paille imbibée de suint qu'on vend comme engrais.

Déchets de laine et de cuir. — On désigne ainsi les vieux chiffons de laine ramassés par les chiffonniers; il s'y trouve souvent mêlé des chiffons de soie. Cette matière est un des plus riches engrais que l'on connaisse; la lenteur avec laquelle la laine se décompose fait durer pendant 7 et 8 ans son action sur la végétation; et comme elle est assez riche en azote, elle constitue un engrais de l'emploi le plus commode. Il suffit de 3,000 kilogrammes de chiffons de laine pour fumer un hectare. Malheureusement, on ne peut recueillir ces résidus que dans les grandes villes, ce qui en restreint nécessairement l'application. On importe du gras de laine de Sicile en Angleterre pour la culture du houblon. En Provence, on s'en sert pour toutes les cultures. Il faut diviser les chiffons le plus possible, pour les répartir également sur le sol. D'après MM. Payen et Boussingault, le gras de laine contient 12 0/0 d'eau. Desséché, il donne 20,26 0/0 d'azote.

On emploie depuis longtemps comme engrais, fait remarquer M. Dehérain, dans diverses régions, particulièrement dans les pays vignobles, les chiffons de laine. Dans l'Hérault, le prix des chiffons varie suivant le prix du vin. Le chiffon de laine se consomme lentement dans le sol; son action dure plusieurs années et on conçoit qu'on ait trouvé avantageux de hâter ses transformations; c'est à quoi on a réussi par la fabrication de la laine dite *dissoute;* on l'obtient en soumettant la laine soit à l'action de l'acide sulfurique, soit à celle de la vapeur surchauffée, puis l'amenant à sec; la laine dissoute forme alors une poudre couleur brun foncé, presque noire, assez hygroscopique, douée d'une odeur caramélée et presque entièrement soluble dans l'eau. Les déchets et rognures de cuirs, ainsi que les vieux cuirs hors d'usage, sont également employés comme engrais, soit directement, soit après désagrégation par l'action de la vapeur, suivie de la dessiccation et de la mouture. Ces engrais sont en général d'une décomposition lente ; ils conviennent surtout aux cultures arbustives, telles que la vigne.

Colombine. Fiente des pigeons et des volailles. — Fiente des pigeons et des volailles. Il s'en fait un commerce assez important en Flandre, où l'on apporte cet engrais de plus de 20 lieues. C'est un engrais chaud, dont l'action est tellement vive qu'on n'en doit user qu'avec prudence et ménagement. Dans le département du Pas-de-Calais, où l'on élève beaucoup de pigeons, on paye 100 francs chaque année les déjections de 700 de ces oiseaux. C'est la charge d'une grande voiture, et la quantité nécessaire pour fumer un hectare de terrain.

On a calculé qu'un pigeon fournissait par an une moyenne de 2^{kg},500 de déjections renfermant 83 0/0 d'azote.

La *pouline* ou fiente des poules, moins riche en azote, contient plus d'acide phosphorique ; la poule donne 5 kilogrammes de déjections par an.

Ces déjections d'oiseaux de basse-cour, se décomposant rapidement, conviennent principalement aux cultures maraîchères.

Excréments de poissons. Boues et vases. — Au fond des étangs très poissonneux, il se forme, dans l'espace d'une année, un dépôt assez abondant qui est un engrais excellent, mais utilisé à peu près exclusivement par les propriétaires de ces étangs.

En parlant des excréments de poissons, nous devons dire quelques mots des vases et boues de rivières.

Cet engrais, dont la fabrication ne demande pas une manipulation compliquée, est intéressant en ce sens que c'est un moyen de donner de la valeur à des matières considérées jusqu'ici comme des embarras.

Le moyen préconisé pour utiliser les vases ou boues d'étang, c'est d'en faire un composé avec de la chaux vive.

On dispose ces vases en couches, puis on place par-dessus de la chaux vive en pierres ; on continue ainsi à stratifier chaux et vases. La proportion de chaux qu'il convient d'employer est environ 1/4 à 1/6 du poids.

La chaux vive absorbe l'humidité, se gonfle, fusionne, et finalement se délite, asséchant ainsi et divisant le mélange.

Quand la chaux est bien délitée, au bout de quelques semaines, on recoupe le tas à la pelle, on le mélange, et lorsqu'il est suffisamment sec et maniable, on le répand sur les champs : c'est une sorte de terreau.

Tous ces produits contiennent des matières fertilisantes qu'il faut se garder de laisser perdre, et elles ont presque toujours une valeur très supérieure à leur prix d'extraction. M. Hervé-Mangon a calculé que le produit des curages des cours d'eau de la France pourrait s'élever à 25,000 mètres cubes par année, et

Fig. 100. — Bergère et troupeau.

pourrait fournir par an à l'agriculture autant d'azote que 200,000 tonnes de fumier de ferme. Les vases et les détritus de toute sorte servent le plus souvent à la confection des composts et des tombes.

Excréments de vers à soie. — Les litières chargées des excréments des vers à soie sont recueillies dans les magnaneries et vendues aux cultivateurs qui s'en servent, soit pour engraisser les moutons, soit pour fumer la terre. D'après les analyses de MM. Boussingault et Payen, les litières du cinquième âge des vers à soie renferment, à l'état sec, 3kg,483 0/0 d'azote ; et celles du sixième âge 3kg,709.

Les guanos. — Cet engrais a fait, il y a une trentaine d'années seulement, son apparition en Europe ; mais il a conquis, dès le début, la première place, et ça a été quelque temps un des principaux objets du commerce maritime des nations civilisées. Depuis longtemps déjà le Pérou et le Chili devaient au guano leur fertilité. L'exemple de ces contrées et la découverte, dans plusieurs îles de la mer du Sud, de dépôts très abondants de guano, ont décidé les négociants européens à fréter des navires pour en amener des chargements dans nos ports. La vente rapide et avantageuse que ces chargements ont trouvée dès leur arrivée, et les incomparables services que le guano a été reconnu susceptible de rendre à l'agriculture, ont donné à ce genre de commerce une importance croissante.

En même temps que, par ses propriétés utiles, il fixait ainsi l'attention des hommes pratiques, le guano était aussi, de la part des savants, l'objet de recherches curieuses et d'un examen approfondi. On fut d'abord incertain sur l'origine de cette singulière substance. On sait aujourd'hui qu'elle est le résultat de l'accumulation, pendant des siècles, des excréments et des débris d'une multitude d'oiseaux qui se réunissent la nuit dans les îles et îlots inhabités de l'océan Pacifique, de la mer du Sud et même de l'océan Atlantique. Ces déjections constituent, dans quelques-unes de ces îles, des dépôts immenses. Cependant, d'après les calculs de M. de Humboldt, en supposant la surface des îles entièrement couverte d'oiseaux, les excréments de ceux-ci ne pourraient, en 300 ans, former une couche de plus de 1 centimètre d'épaisseur. Il faut donc admettre que l'origine des dépôts actuellement exploités remonte à une antiquité dont aucune chronologie, aucune des théories admises relativement à l'âge du monde, ne saurait donner une idée.

Les guanos des diverses provenances ont été étudiés, au point de vue de leur composition, par plusieurs chimistes. Voici les résultats de quelques-unes de ces analyses :

Guano analysé par M. Girardin : 18,4 d'acide urique sec, contenant 6,13 d'azote ; 13,0 d'ammoniaque, renfermant, 10,73 d'azote, ce qui fait, en tout, 16,86 d'azote. M. Payen a trouvé dans un échantillon qu'il a examiné après l'avoir desséché, 15,73 0/0 d'azote. A l'état normal, la proportion de ce gaz dans le même échantillon n'était que de 1,95.

Guano du Pérou : Eau, 15,34 ; matières organiques et sels ammoniacaux, 49,70 ; chlorures et sulfates de potasse et de soude, 4,56 ; phosphate de chaux, 24,48 ; argile et silice, 2,70 ; carbonates de chaux et de magnésie, 3,22.

Guano de Bolivie : Eau, 28,50 ; matières organiques et sels ammoniacaux,

39,76; chlorures et sulfates de potasse et de soude, 4,14; phosphate de chaux, 22,36; argile et silice, 2,14; carbonates de chaux et de magnésie, 3,10.

Guano de même provenance examiné par M. Miran, à Valparaiso : matières organiques, 14; phosphates et cendres d'os, 65; chlorures et phosphates solubles, 6; eau, 8; sable 7.

Les républiques de l'Amérique méridionale (Pérou, Chili, Bolivie, Équateur, République Argentine) ont à peu près exclusivement le privilège de fournir du guano au reste du monde. Parmi ces républiques, le Pérou occupe, sans contredit, le premier rang, et laisse toutes les autres bien loin derrière lui, tant à cause de l'abondance des dépôts qui sont en sa possession, qu'en raison de la qualité supérieure de l'engrais tiré de ces dépôts. Lorqu'un navire chargé de guano du Pérou arrive dans les ports d'Angleterre, de France, d'Allemagne ou de Belgique, la cargaison est aussitôt vendue, et partout les agriculteurs se plaignent de ne pouvoir s'en procurer selon leurs désirs. L'Angleterre seule en consomme chaque année environ 200,000,000 de kilos.

Les principaux gisements du guano péruvien ne sont pas sur la terre ferme, mais dans les îles semées le long des côtes, et surtout dans les îles Chincha. Ces îles, au nombre de trois, ne sont proprement que des îlots ou plutôt des rochers dépourvus de toute végétation, et sans autres habitants que les ouvriers, la plupart esclaves ou forçats, qui y travaillent à l'extraction du guano, et quelques employés sous les ordres d'un inspecteur général nommé par le gouvernement. Ces trois îlots appartiennent sans contestation à la république du Pérou, qui a trouvé dans la vente du guano une des principales sources de ses revenus et la garantie de sa dette nationale et de son crédit en Angleterre. Les îles Chincha sont situées à 13 kilomètres de la côte, près de Pisco, et à 178 kilomètres au sud de Lima.

Les grandes masses de guano qui se trouvent aux îles Chincha sont formées d'une matière très homogène. Cependant elles présentent, sous le rapport de la teinte, de la dureté, de la composition chimique, des différences très marquées.

On pense que les déjections des oiseaux ont subi une décomposition chimique d'où sont résultés les sels que renferme le guano, et qui y forment des masses d'inégale densité.

Les dépôts des îles Chincha ne sont pas les seuls que possède le Pérou. Il en existe un grand nombre d'autres sur la côte et dans les îles voisines. Quelques-uns, comme ceux de l'île d'Ionique, du Pabellon de Pica et de la pointe de Lobos, sont exploités depuis longues années par les habitants pour leur usage. Les îles de Santa-Maria, de Jésus, de la Braba, les côtes de Cocotea et d'Hornillos offrent des dépôts de guano connus depuis longtemps; mais ces dépôts ne peuvent jamais venir en concurrence avec le guano des îles Chincha, puisqu'ils appartiennent tous également à la république péruvienne.

La longue ligne de côtes qui s'étend depuis Coquimbo, et même en deçà, jusqu'à la rivière Guayaquil, est presque entièrement stérile et déserte, et n'a pas été explorée partout avec soin. Elle recèle, sans nul doute, des dépôts de guano que l'on ne connaît pas; mais ce guano, exposé partout à ciel ouvert, ou bien recouvert d'une couche de sable, perd de ses sels solubles, et, par suite, de sa qualité, dans les parages où il tombe des pluies abondantes. Depuis le parallèle de Coquimbo, vers le 30e degré en allant vers le Nord, les pluies diminuent, et à partir des parages de Cobija (côte de Bolivie) jusqu'au delà de Lima, il ne pleut presque jamais. Les recherches de guano ont donc été dirigées principalement entre le 30e degré de latitude et l'équateur, mais principalement sur les côtes du Pérou.

Il nous reste à parler des dépôts de second et de troisième ordre qui se trouvent au Chili, en Bolivie et dans quelques autres contrées.

On exploite au Chili, depuis plusieurs années, plusieurs dépôts de guano, notamment aux îles Pajaros (îles aux Oiseaux), situées entre Coquimbo et Huasco, et sur la partie du littoral qui s'étend au pied de la chaîne des Andes, sur une longueur de plus de 240 kilomètres, et qui comprend le désert d'Atacama. Sur cette ligne, on trouve, dans les anfractuosités des rochers, un guano dur et blanchâtre qui contient encore plus de sels ammoniacaux que celui des îles Chincha, et qui égale, à ce qu'il paraît, la meilleure qualité du guano péruvien. Les poches ou dépôts de guano dans les rochers de la côte sont souvent dissimulés par une couche de la couleur de la roche, en sorte qu'on ne peut les découvrir qu'à l'aide de la sonde ou par le son particulier qui se fait entendre sous les pas.

La Bolivie possède, au nord de Cobija, des dépôts de guano assez abondants, exploités, comme ceux du Pérou et du Chili.

Sur la côte orientale de la Patagonie et sur les côtes de la République Argentine, on exploite du guano qui est loin de valoir ceux du Pérou, du Chili et de la Bolivie. Cet engrais existe aussi, dit-on, en assez grande quantité dans les îles Gallapagos, appartenant à la république de l'Équateur.

Nous avons dit que jusqu'à présent l'Amérique du Sud avait eu à peu près le monopole du guano. Il n'en faudrait pas conclure que ce monopole lui soit définitivement acquis et qu'elle ne puisse trouver un jour ou l'autre, dans plusieurs contrées de notre hémisphère, les éléments d'une très sérieuse concurrence. Déjà l'on a découvert en Afrique et même en Europe plusieurs gisements de guano proprement dit ou de matières analogues, susceptibles de rendre à l'agriculture les mêmes services.

Ainsi la petite île d'Ichahoé, sur la côte occidentale d'Afrique, a été quelque temps célèbre par le guano dont ses rochers étaient couverts.

Des dépôts assez considérables existent au cap de Bonne-Espérance.

Nous devons une mention plus étendue au guano sarde. Ce guano, de couleur brune, avec des points blanchâtres, est composé de fiente et de détritus divers déposés par les chauves-souris dans les grottes de l'île de Sardaigne. Il n'a pas d'odeur sensible à l'état naturel; mais lorsqu'on le mélange et qu'on le broie avec de la chaux, il laisse aussitôt dégager des vapeurs ammoniacales. Sa composition est très variable. Il renferme : Eau, 18,00 à 29,28 ; matières organiques et sels ammoniacaux, 42,74 à 61,74 ; sels solubles de potasse et de soude, 2,86 à 6,00 ; phosphate de soude, 5,62 à 15,64 ; carbonate de chaux, 0,36 à 6,42 ; carbonate de magnésie, 0,40 à 1,66 ; sable et argile, 5,64 à 14,90. La teneur de cet engrais en azote varie donc aussi de 4,05 à 7,350/0. On trouve le guano sarde principalement dans six grottes, dont trois, celles d'Enfer, de Sedini et de Laerru, sont situées dans la province de Sassari ; les trois autres dans la province d'Al-

Fig. 101. — La pomme de terre.

ghero. Il est difficile d'évaluer la quantité que ces grottes en contiennent. Dans les unes, la couche n'a que quelques décimètres d'épaisseur, tandis que dans d'autres elle va jusqu'à 5 et 6 mètres. Quelques grottes ont peu d'étendue, tandis que d'autres sont tellement grandes qu'on ne peut les parcourir en une heure. Il en est même, la grotte d'Enfer, par exemple, dont on n'a pu trouver le fond.

Le guano de chauves-souris trouvé en Sardaigne a appelé l'intention sur celui qui pouvait exister dans les grottes de l'Algérie, d'où l'on voit souvent sortir des milliers de ces animaux. Les échantillons de guano algérien ont été examinés et leur composition a été trouvée tout à fait analogue à celle du guano sarde.

En France même, dans les montagnes du Jura, il existe un grand nombre de grottes où vivent et meurent des milliers de chauves-souris, qui ont dû faire, depuis des siècles, des monceaux de guano. Ainsi à Auxelles, à quelques kilomètres de Besançon, se trouve une grotte qui renferme d'incommensurables dépôts d'excréments et de débris de chauves-souris. Baume-les-Bains, à 8 kilomètres de Lons-le-Saunier, possède aussi une grotte du même genre, signalée autrefois par M. Ph. Druard, et où se trouvent des dépôts nombreux qui pourraient être exploités au profit de l'agriculture. Il est vrai que les abords de ces grottes, en France comme en Algérie, sont difficiles, en raison de l'escarpement et de l'étroitesse de l'orifice par lequel on y pénètre ; mais la dépense à faire pour s'y ouvrir un plus large passage et pour construire un chemin serait peu de chose, comparée à celle qu'exige le transport des guanos du Pérou, du Chili, de la côte d'Afrique, etc.

Guanos artificiels. — On trouve sous ce nom, dans le commerce, plusieurs engrais fabriqués qui sont des imitations plus ou moins approximatives du guano naturel, et dont la composition présente ordinairement des proportions assez fortes de phosphate de chaux et de matières azotées.

Nous avons déjà parlé des guanos de viande, de poissons, etc.

On en prépare aussi avec les résidus de fabrique de fécule, d'amidon, de dextrine, etc., un guano artificiel très riche où la proportion d'azote atteint jusqu'à 8,40 0/0. Le phosphate de chaux y entre pour 13,24 0/0 ; les matières organiques, pour 44,32, etc.

ENGRAIS VÉGÉTAUX

Les matières végétales dont on tire parti pour fournir aux terres cultivées les principes organiques, sont extrêmement nombreuses.

Les débris végétaux, lorsqu'ils se trouvent enfouis dans le sol, lui restituent une partie des éléments qu'ils lui avaient empruntés pendant la croissance; ils lui fournissent en outre des matières empruntées à l'air. Les légumineuses, dont les racines très développées vont puiser leur nourriture à une grande profondeur, donnent aux couches superficielles, si on les enfouit dans le sol, des matières nutritives extraites des couches sous-jacentes. D'après de Gasparin, une luzerne que l'on enterre au complet, feuilles et racines, fournit au sol autant d'azote par hectare que 50 tonnes de fumier de ferme. Dans les pays montagneux, où le transport des engrais est difficile, on cultive certaines plantes, telles que le lupin, dans le seul but de les enfouir en vert. On se sert aussi des fèves, du trèfle, du sarrasin, des pailles de pois, de lentilles, des fanes de colza, d'œillette, des balles de froment, des feuilles de betterave, de carotte, de chêne, de peuplier, des tourteaux de lin, de colza, d'arachide, de sésame, d'olive, des marcs de pommes, de houblon, de raisins, des pulpes de betteraves... Les eaux de rouissage du lin et du chanvre peuvent aussi être utilisées en irrigation.

L'engrais vert. — Le principal type de ces engrais est l'engrais vert que l'on enfouit dans le sol. La décomposition est assez rapide. Lorsque dans une ferme le bétail n'est pas assez nombreux pour donner la quantité de fumier nécessaire, ou bien encore lorsqu'une récolte est trop maigre pour que l'on ait avantage à la rentrer ou, enfin, dans les terres pauvres d'un accès difficile, ce mode d'engrais peut être employé avec fruit.

Les plantes qui sont cultivées dans le but de les enfouir comme engrais doivent être choisies parmi celles dont le développement foliacé est très grand et le système radiculaire très étendu; elles doivent être appropriées au sol et au climat. Les plus communément utilisées sont, parmi les légumineuses, les trèfles rouge et incarnat, les lupins jaune et blanc, la vesce, la fèverole; parmi les autres plantes on emploie encore le seigle, le colza, la navette, la moutarde blanche, la spergule, le sarrasin. On divise les engrais verts en deux groupes : 1° ceux qu'on peut enfouir au printemps pour servir de fumure aux plantes sarclées, et qu'on sème, par conséquent, à l'automne (fèverole, vesce, colza et navette d'hiver, trèfle incarnat, seigle, lupin blanc); 2° ceux qu'on enfouit en été pour servir de fumure aux céréales et qu'on sème au printemps (lupins, sarrasin, moutarde, navette, spergule). Pour chaque nature de sol, on choisit les plantes qui y prospèrent le mieux; la fèverole, le colza, la navette pour les terres argileuses; le lupin pour les terres sableuses; les légumineuses en général pour les sols calcaires.

Pour enfouir ces plantes dans le sol on choisit de préférence l'époque de leur floraison. On fait alors passer un rouleau sur la récolte pour coucher les tiges, puis on les enterre dans les sillons au moyen d'un labour.

Ce système des enfouissements est surtout en usage dans les régions du Midi de la France où il a en outre l'avantage de maintenir le sol dans un état de fraîcheur favorable à la végétation.

L'engrais vert donne à la terre l'azote dont elle a besoin. Les plantes, en effet, sont de véritales réservoirs d'azote qu'elles puisent directement dans l'atmosphère; lorsqu'on enfouit des plantes sous le sol, en se décomposant elles donnent à la terre l'azote qu'elles contiennent.

Habituellement on prélève deux récoltes de trèfle et l'on retourne la troisième coupe. D'après les calculs de Boussingault, les débris et les racines de trèfle desséchés à 110° peuvent être évalués à 1,547 kilogrammes par hectare. La quantité d'azote que contiennent ces débris est, toujours d'après le même savant, de 27 kilogrammes 9 dixièmes; et si l'on employait le fumier de ferme pour obtenir cette même quantité d'azote, il faudrait environ 4,950 kilogrammes de fumier de ferme normal, c'est-à-dire quatre fois plus qu'il n'a fallu de trèfle.

Si au lieu d'enfouir seulement ces débris on eût retourné également la deuxième coupe, l'abondance de l'engrais aurait été bien augmentée; on peut évaluer cette seconde coupe à 2,550 kilogrammes de foin desséché, contenant 42 kilogrammes 3 dixièmes d'azote; ce qui correspondrait, on le voit, à 8,000 kilogrammes de fumier de ferme.

Lorsqu'un sol a reçu des engrais verts, il suffit de lui fournir, pour le fertiliser, de l'acide phosphorique, de la potasse et de la chaux, engrais beaucoup moins coûteux que l'azote dont on n'a plus à se préoccuper.

Dans certaines contrées on emploie à tort les feuilles mortes, en guise de fumier; ces feuilles sont en effet fort peu riches en azote, phosphate et potasse, ces substances ayant été résorbées avant que la feuille ne périsse.

Dans la classe des engrais verts se placent les résidus laissés par les récoltes, tels que racines, feuilles et tiges, etc., qui forment une véritable fumure; on sait,

Fig. 102 et 103. — Luzerne, lupuline minette (*Medicago lupulina*). — Inflorescence. — Le fruit.

par exemple, qu'après un défrichement de luzerne ou de prairie, la terre peut supporter sans fumure une série de récoltes abondantes. MM. de Gasparin, Boussingault, Is. Pierre, Müntz et Girard ont fait sur l'importance de ces résidus d'intéressantes déterminations. Ainsi, une luzerne peut laisser dans le sol jusqu'à 37,000 kilos de débris de racines, le blé peut laisser près de 2,500 kilos de feuilles et racines sèches réunies.

Plantes marines. — On range parmi les engrais verts les plantes marines, qui sont très employées sur les côtes de la mer; mais le plus souvent on les fait dessécher ou même on les brûle à moitié avant de les répandre sur le sol. En Écosse, en Irlande et en Bretagne, on emploie, sous le nom de *goémons*, plusieurs plantes de la famille des algues. On les récolte en raclant avec de grands râteaux la surface des rochers et le fond de la mer. Dans chaque localité, l'époque de la récolte est fixée par des règlements. Cet engrais est riche en sels de soude et de potasse, et il a l'avantage d'être exempt de graines nuisibles.

Les roseaux. — Les *roseaux* aussi sont fauchés dans les rivières et les étangs au moment de leur floraison, et livrés en cet état au commerce pour être employés comme engrais. En Provence, on s'en sert souvent pour fumer les oliviers. On peut citer encore comme végétaux servant d'engrais, les fougères, les bruyères, le buis, les sarments, l'herbe commune des prairies, les lupins, les fèves, les vesces, le seigle, la spergule, le sarrasin, le madia sativa, la navette, es chaumes des différentes céréales, les feuilles des arbres, etc. Toutes ces ma-

Fig. 104. — Cottage dans un jardin anglais.

tières sont, en agriculture, d'une utilité variable, selon les localités et les circonstances.

Débris végétaux. — Au premier rang des engrais de ce genre figure le *terreau*. Le plus riche est celui qui n'a pas été formé sous l'eau. Le terreau, appelé aussi *humus* et *terre végétale*, est le produit naturel de l'accumulation et de la décomposition de matières végétales à la surface du sol. On l'enlève des endroits où il surabonde, pour le transporter là où le sol est maigre et pauvre en principes organiques. On en fait surtout usage en horticulture.

La *tourbe* a beaucoup d'analogie avec le terreau, seulement elle ne contient point de substances solubles dans l'eau. Cette substance est beaucoup plus employée comme combustible que comme engrais ; mais ses cendres ne laissent pas de fournir aussi une matière très propre à l'amendement de certaines terres. Elle est très abondante et à bas prix dans les contrées marécageuses, en Picardie, en Artois, etc.

L'*orge germée* qui a servi à la fabrication de la bière et qu'on connaît sous les noms de *malt*, de *drèche* et de *touraillons*, constitue, dans certains cas, un excellent engrais. En Angleterre, on l'emploie pour la culture de l'orge et du froment La quantité nécessaire pour fumer un hectare est de 35 à 52 hectolitres.

Le *marc de raisin* convient pour la fumure des vignes, et comme les pépins qu'il contient se décomposent lentement, son action est très durable. Séché simplement à l'air, il renferme de 1,71 à 1,83 d'azote. La proportion de cet élément s'élève à 3,50 lorsque le marc a subi une dessiccation complète.

Le *marc des pommes à cidre* est aussi un bon engrais ; mais, à moins que le terrain qui doit le recevoir ne soit lui-même calcaire, il faut le mélanger, soit avec de la chaux, soit avec du fumier ordinaire, pour neutraliser son acide.

Les *pulpes* de pommes de terre et de betteraves provenant des féculeries et des raffineries peuvent être, à volonté, utilisées pour engraisser les bestiaux ou fumer les terres. La pulpe des féculeries renferme les 7/10 de son poids d'eau, et 0,526 0/0 d'azote. Celle de betteraves, en sortant des presses, renferme 0,378 0/0 d'azote ; séchée à l'air, 1,14, et desséchée dans le vide, 1,26.

Le *tan* ayant servi à la préparation des cuirs et peaux peut être employé comme engrais, pourvu qu'on neutralise préalablement son acide tannique, soit par la chaux, soit par l'ammoniaque.

Les *tourteaux* de fruits et de graines, dont on a extrait l'huile (olives, colza, graines de lin, arachides, chènevis, cameline, fèves, pavots, etc.), sont très riches en azote, et, lorsqu'on ne s'en sert pas pour nourrir les bestiaux, ils fournissent un des engrais végétaux les plus riches que l'on connaisse. On les réduit en poudre et on les humecte avant de s'en servir. En Angleterre, on compte en moyenne 1,000 kilos de cette sorte de pâte par hectare ; mais la dose varie selon les cultures. Cet engrais est surtout avantageux dans les terrains secs et sablonneux.

Déchets industriels d'origine végétale. — La plupart des industries extractives laissent des déchets qui font retour à l'agriculture soit comme aliments, soit comme engrais. Les fabriques d'huile, de sucre, d'amidon, d'alcool, de vin, de cidre, etc., traitent les graines, les racines, les tubercules ou les fruits, pour en extraire des principes hydro-carbonés fournis gratuitement par l'atmosphère et donnent des résidus qui renferment tous les éléments minéraux et azotés empruntés au sol; toutes les substances ayant une valeur fertilisante reviennent à la terre, et l'on peut poser en principe que l'exploitation de ces produits n'appauvrit pas le domaine, si l'on a soin d'utiliser intégralement ces sous-produits. L'emploi de ces déchets autrefois encombrants et sans valeur est devenu général, grâce à la grande loi agricole de la restitution, grâce aussi au secours de la chimie, qui, en déterminant la composition chimique, permet d'attribuer à chacune de ces substances leur véritable valeur.

L'agriculture moderne ne doit laisser perdre aucune des matières qui peuvent apporter au sol des principes fertilisants.

Produits de la combustion des végétaux. — Le seul de ces produits que nous puissions ranger dans cette classe est la suie. Les autres, c'est-à-dire les cendres, rentrent dans la catégorie des engrais minéraux ou amendements, dont il va être parlé ci-après.

La *suie* est consommée en grandes quantités par les agriculteurs. Ceux de Flandre y ont recours pour les semis de colza destinés au repiquage. Elle passe pour préserver les jeunes plantes des attaques des insectes. La proportion à employer est de 50 hectolitres par hectare.

PROGRÈS DES SCIENCES AGRICOLES

A PROPOS DES ENGRAIS AZOTÉS

Nous venons de parler des *Engrais;* avant de poursuivre notre étude par les *Amendements*, nous croyons devoir laisser la parole à M. Dehérain, le savant professeur du Muséum d'histoire naturelle, qui a traité, dans une conférence à l'Association pour l'avancement des sciences, des progrès des sciences chimiques et physiologiques appliquées à l'agriculture.

« A la fin du siècle dernier, nos connaissances relatives à la vie végétale étaient singulièrement bornées, et elles ne pouvaient s'étendre, tant que la chimie n'avait pas trouvé les procédés d'analyse qui permettent d'établir la composition des végétaux. Aussitôt que ces méthodes commencèrent à se préciser, Th. de Saussure aborda l'analyse des cendres des plantes, et ce mode de recherches se trouva tellement fécond que, dès 1804, il pouvait écrire : « J'ai trouvé le phosphate de chaux dans les cendres de toutes les plantes que j'ai examinées, et il « n'y a aucune raison de supposer qu'elles peuvent exister sans lui. »

« Il semble que cette idée eût dû être mise en pratique, il n'en a rien été; ce n'est qu'une vingtaine d'années plus tard que, simple empirisme, en répandant sur le sol du noir animal, furent constatés les merveilleux effets des phosphates.

« Le noir d'os était utilisé depuis longtemps dans les raffineries pour la décoloration des mélasses ; le déchet, jeté par hasard sur des champs, fit reconnaître sa précieuse influence sur la végétation. La nouvelle se propagea et les raffineries virent leur noir animal demandé de tous côtés (1822).

« La raison de l'efficacité de l'engrais d'os ne fut établie que longtemps après, vers 1843, par le duc de Bedfort.

« Vers la même époque, Liebig, en traitant les os par l'acide sulfurique, vit l'efficacité de cet engrais accru; on songea alors à traiter de la même façon les phosphates minéraux dont on connaissait quelques gisements.

« On reconnut bientôt que les engrais azotés étaient d'une utilité incontestable, mais on pouvait s'étonner d'ajouter au sol une matière qu'il renferme toujours en quantité considérable. Boussingault résolut ce problème scientifique : la matière organique azotée du sol est insoluble, et cette insolubilité explique à la fois sa persistance et son inertie; pour être saisi par la racine, assimilé par la plante, son azote doit se transformer en ammoniaque, en acide azotique; or, ces transformations ne sont pas, d'ordinaire, assez rapides pour subvenir aux besoins de tous les individus de même espèce évoluant en grand nombre dans un milieu semblable. Il faut que la plante trouve immédiatement dans le sol des combinaisons directement assimilables; de là, la nécessité d'engrais azotés.

« Le mécanisme de la transformation de la matière azotée du sol en matières assimilables, notamment en nitrates, n'est connu que depuis une quinzaine d'années; il ne l'a été qu'à la suite des grandes découvertes de M. Pasteur, démontrant que la matière organique résiste longtemps aux agents atmosphériques, à l'oxygène de l'air humide, tant que son action n'est pas favorisée par les micro-organismes dont il a dévoilé la puissance parfois bienfaisante, souvent redoutable.

« La terre arable renferme une multitude de ferments; c'est sous l'action de l'un d'eux que, la plupart du temps, la matière organique azotée dégage de l'ammoniaque; celle-ci, à son tour, est brûlée par un autre ferment figuré, dont, en 1877, MM. Schlœsing et Muntz ont découvert les fonctions. Ils ont montré, dès cette époque, qu'une faible élévation de température suffit à détruire le ferment nitrique, que la vapeur du chloroforme l'endort, tellement qu'une terre chauffée ou chloroformée cesse de produire des nitrates, mais retrouve ses qualités premières quand les vapeurs de chloroforme disparaissent ou qu'elle est ensemencée d'une terre non chauffée.

« Cette découverte, dit M. Dehérain, a précisé les notions assez confuses que nous avions sur la fertilité; aujourd'hui, une terre fertile nous apparaît, non seulement comme un support pour la plante qui doit y trouver un magasin bien garni, des aliments minéraux, phosphates, sels de potasse, de chaux et de magnésie nécessaires aux végétaux, mais surtout comme un *milieu de culture* du ferment nitrique. »

Or, ce ferment ne fonctionne qu'à certaines conditions ; il lui faut de l'air, de l'humidité, une base comme la chaux pour saturer l'acide azotique qu'il produit; il lui faut de l'air ; de là, la nécessité de diviser le sol par la charrue, de briser les grosses mottes qu'elle soulève par les herses, de les écraser par les rouleaux, de façon que la terre soit ameublie et que l'air la pénètre ; il ne la

Fig. 105. — LA RÉCOLTE DU VARECH A NOIRMOUTIER.

pénètre qu'autant qu'elle n'est pas, pendant l'hiver, gorgée d'eau; de là la nécessité du drainage des terres fortes; le ferment nitrique enfin ne fonctionne que dans un sol humide; dans une terre sèche, il cesse son travail : de là les avantages des irrigations dans les pays du soleil.

La nitrification active du sol est la condition même des grandes récoltes; mais cette nitrification, source de prospérité quand elle se produit en temps utile, au moment où le sol est couvert de plantes qui se saisissent des nitrates aussitôt qu'ils sont formés, occasionne au contraire à l'automne, quand la terre est dégarnie, des pertes sensibles; les nitrates sont solubles, ils ne séjournent pas dans le sol, sont aisément entraînés par les eaux et perdus.

Si les engrais azotés sont la condition même de l'existence de certaines plantes, notamment des céréales ou des betteraves, tellement que lorsqu'on opère dans un sol stérile on voit la récolte croître régulièrement avec la dose de nitrate distribuée, des légumineuses ne les utilisent que très faiblement, et, chose curieuse, non seulement ces plantes très chargées de matières azotées qui leur donnent des qualités nutritives remarquables, n'épuisent pas le sol qui les a portées, mais l'enrichissent, au contraire; aussi ont-elles été désignées sous le nom de *plantes améliorantes*.

Ces propriétés singulières, tellement évidentes qu'elles ont été signalées déjà par les agronomes latins, ont posé aux agronomes un problème resté longtemps sans solution.

Dès 1850, un des professeurs du Muséum, M. Georges Ville, avait reconnu que certaines plantes sont susceptibles de fixer l'azote atmosphérique; ses expériences, toutefois, étaient irrégulières, réussissant, échouant sans qu'on sût à quelles causes attribuer les échecs ou les succès; Boussingault, MM. Lawes et Gilbert avaient essayé en vain de répéter les essais de M. Georges Ville, et l'opinion qu'il défendait était presque abandonnée, quand, en 1884, M. Berthelot découvrit que des sols pauvres en matières azotées s'enrichissent en azote par une simple exposition à l'air, tant qu'ils n'ont pas été stérilisés par l'action du feu; d'où l'idée que la fixation de l'azote serait due à l'action d'un micro-organisme.

Cette mémorable découverte, dit M. Dehérain, même appuyée par le grand nom de son auteur, ne fut pas acceptée sans hésitation. L'azote est tellement inerte, indifférent, il faut le soumettre à des actions si énergiques pour n'en engager que des traces en combinaison, que l'étonnement était profond de le voir obéir à un micro-organisme quand il résiste aux forces puissantes que nous mettons en jeu dans le laboratoire. On était donc encore un peu indécis, quand arriva d'Allemagne la nouvelle que MM. Hellriegel et Wilfarth venaient de trouver dans l'étude des légumineuses un solide appui aux idées de M. Berthelot.

Lorsqu'on arrache avec précaution les racines du trèfle, de la luzerne, des pois, des haricots, des lupins, on y trouve aisément de petits tubercules irrégulièrement distribués. Si l'on écrase l'un de ces tubercules sur une lamelle de verre pour l'examiner au microscope, on voit apparaître de nombreux organismes mobiles, des bactéries, qui sont l'agent actif de la fixation de l'azote atmosphérique.

Si, en effet, on cultive des légumineuses dans un sol privé de germes vivants et simplement additionné de matières minérales, elles y végètent misérablement et leurs racines sont dépourvues de nodosités; mais tout change comme par enchantement, si l'on arrose ce sol stérile avec de l'eau dans laquelle on a délayé de la terre qui a porté des légumineuses ; cette eau renferme des germes qui se développent sur les racines, provoquent la formation des nodosités, leur peuplement, et la plante devient vigoureuse, se couvre de fleurs, puis de fruits, comme si, au lieu d'être enracinée dans un sol stérile, elle végétait sur une terre fertile.

L'eau de lavage qui a déterminé cette transformation ne l'a produite que grâce aux organismes qu'elle renfermait, car, si on la fait bouillir, elle perd toute vertu. Au reste, M. Bréal a donné au Muséum, il y a quelques années, ajoute M. Dehérain, une preuve décisive de l'intervention des micro-organismes dans la fixation de l'azote par les légumineuses ; pour réaliser sa remarquable expérience, il emprunte aux médecins le mode opératoire qu'ils suivent dans la vaccination : il pique, avec une aiguille, une nodosité bien formée sur une racine de luzerne et transporte sur une racine encore indemne les germes qu'il a empruntés au tubercule piqué; cette inoculation réussit merveilleusement, la plante ainsi traitée acquiert un développement normal, tandis qu'un pied voisin, issu d'une graine semblable à celle qui a donné la plante vigoureuse, mais qui n'a pas reçu les bactéries fixatrices d'azote, reste chétif et finit par mourir sans avoir, comme son voisin inoculé, emprunté à l'air une notable quantité d'azote.

Il semblait, pense M. Dehérain, qu'on pût déduire avec certitude de ces expériences que l'azote atmosphérique était bien l'origine des matières azotées des légumineuses inoculées. Pour qu'aucun doute ne fût plus possible, il restait toutefois, une dernière expérience à réaliser : il fallait non seulement voir l'azote augmenter dans les végétaux étudiés, il fallait, en outre, le voir disparaître d'une atmosphère confinée dans laquelle ils étaient maintenus.

Pour réussir dans une semblable tentative, une rare habileté expérimentale était nécessaire. MM. Schlœsing fils et Laurent ont fait vivre l'an dernier des pois inoculés dans une atmosphère rigoureusement mesurée; ils ont constaté que l'azote y diminuait d'une quantité précisément égale à celle qui avait été fixée, engagée en combinaison par la plante; cette mémorable expérience mit fin à une discussion qui avait duré plus de quarante ans et qui méritait, en effet, qu'on s'y arrêtât, car sa solution éclaire l'avenir de l'agriculture européenne.

Tant que nous ne saurons pas engager régulièrement en combinaison l'azote atmosphérique, ajoute M. Dehérain, nous resterons tributaires des gisements d'azote combiné que recèle le globe terrestre; or, ces gisements sont peu nombreux; le seul qui soit exploité est le nitrate de soude du Chili, dont l'épuisement arrivera fatalement; à ce moment, nous serons certainement fort empêchés, mais non condamnés cependant, puisque avec les légumineuses nous pourrons rendre à nos terres une partie de l'azote que leur enlèvent les autres cultures.

AMENDEMENTS

SABLES, ARGILES. — ÉCOBUAGE. — CENDRES. — SEL MARIN. — CHAULAGE. — MARNAGE. — PLATRAGE.

On appelle amendements, dit Mathieu de Dombasle, tout ce qui contribue à rendre la terre fertile, mais sans lui fournir les principes qui forment la nourriture des plantes, principes qui sont contenus dans le fumier et les autres engrais proprement dits. Selon cette définition, qui avait cours avant l'avènement de la doctrine des engrais chimiques, la chaux, principe essentiel de la marne, n'était qu'un stimulant et non un élément de nutrition; on sait aujourd'hui que la chaux fait partie des termes essentiels que les engrais doivent rendre à la terre.

En l'état actuel de la science, on appelle *amendements* les substances capables de changer l'état physique des terres arables, pour les rendre propres à produire ou pour augmenter leur fertilité.

Dans un sens plus restreint, on donne généralement le non d'amendements aux engrais d'origine minérale. « Même dans les exploitations où l'on fait un usage abondant du fumier, dit M. Malaguti, on a besoin de temps en temps d'amender la terre, c'est-à-dire d'y introduire des engrais minéraux. La pratique a devancé la science dans l'application des amendements. C'est déjà un fait reconnu que leur utilité pour raviver la fertilité des terres; aussi la science n'a rien à dire à la pratique sur l'avantage qu'on en retire, mais elle a beaucoup à lui dire sur les manières dont ils agissent. »

La terre végétale est essentiellement constituée par un mélange de *terreau*, de *sable*, d'*argile* et de *calcaire pulvérulent*. Le terreau, provenant des engrais et des débris de plantes que le sol a portées, contient tous les éléments nécessaires à la végétation. Il renferme notamment des quantités énormes de matières azotées, de phosphates, de potasse; il semble par conséquent susceptible de fournir d'abondantes récoltes sans addition d'aucune sorte. Mais ces matières azotées, ces phosphates, ces roches riches en alcalis, sont généralement insolubles et ne peuvent servir à alimenter la végétation qu'à la condition d'être amenés à l'état de nitrates ou de sels ammoniacaux, de phosphates alcalins ou alcalino-terreux, de carbonate de potasse, en un mot, de sels solubles. Cette transformation des composés insolubles en sels solubles assimilables se fait lentement sous l'influence des agents atmosphériques (particulièrement de l'oxygène de l'air) et des éléments minéraux du sol (particulièrement du calcaire pulvérulent). Mais fréquemment la terre ne renferme pas ces divers éléments en proportions convenables, et les transformations ne s'y produisent pas assez rapidement. On y ajoute alors des *amendements*, substances destinées à rendre solubles, et par suite assimilables par les végétaux, les principes contenus dans le terreau.

Fig. 106. — PATURAGE DE MONTAGNE DANS LES BASSES-ALPES.

Certaines opérations agricoles comme le *labourage*, le *drainage*, l'*irrigation*, etc., peuvent être considérées comme jouant le rôle de véritables amendements. Ces *amendements mécaniques* feront dans la suite le sujet d'études spéciales, nous ne voulons nous occuper ici que des *amendements physiques*.

Division des amendements. — On a divisé les amendements en *amendements modifiants* et *amendements assimilables*. Le rôle des premiers est surtout de favoriser l'action de l'air, de l'eau, de la chaleur, et d'établir une juste proportion entre les éléments minéraux dont se composent les terres cultivables. Insolubles ou très peu solubles, ils agissent beaucoup moins sur la plante que sur le sol, dont ils changent la composition et la texture : tels sont le *sable*, l'*argile calcinée*, l'*argile ordinaire* et la *marne*. La marne convient dans les terres où manque le calcaire, le sable dans les terres fortes trop argileuses, l'argile dans les terres sableuses légères.

Les *amendements assimilables* sont des substances minérales solubles qui servent d'aliments aux plantes et dont l'action chimique favorise la décomposition des débris organiques, ou donne naissance dans le sol, par double décomposition, à des produits nouveaux assimilables : tels sont le *plâtre*, la *chaux*, les *cendres* diverses et les divers *sels*. L'emploi rationnel des *amendements* suppose la connaissance de leur composition et de leurs propriétés, celle des éléments et des qualités physiques du sol que l'on veut amender, et celle des principes minéraux des plantes que l'on cultive.

Le sable. — Introduit dans un terrain argileux, le sable agit en divisant l'argile, en tenant ses parties à distance les unes des autres, en s'opposant à ce qu'elle se contracte et se durcisse dans les grandes chaleurs. Il augmente la perméabilité et la faculté absorbante du terrain.

En un mot, le sable est l'amendement pour les terres fortes et compactes.

Cependant il s'emploie rarement comme amendement, tant à cause du prix de transport que par la difficulté de le mélanger intimement au sol par nos moyens ordinaires.

L'argile. — Les argiles sont des combinaisons ou plutôt des mélanges naturels, en proportions très variables, de différents oxydes et sels métalliques; mais les substances qui y dominent sont toujours l'alumine et la silice, auxquelles s'ajoutent du carbonate de chaux, de l'oxyde de fer, etc. Les argiles sont rarement blanches, ordinairement colorées en gris, en jaunâtre ou en rouge. Elles se délayent dans l'eau, où elles forment une pâte plus ou moins onctueuse et longue.

L'argile convient comme amendement dans un terrain siliceux; elle diminue sa légèreté, sa perméabilité, lui permet de mieux retenir l'eau nécessaire à la végétation, et, avec l'eau, les engrais. Comme les espèces de sols où l'argile serait utile manquent aussi le plus souvent de calcaire, on a coutume de les amender avec des marnes argileuses; celles-ci se délitent mieux que l'argile et se mélangent beaucoup mieux avec la terre. On a observé que l'argile chauffée au rouge sombre perd une partie de ses propriétés physiques primitives, elle adhère moins à la langue, absorbe moins d'eau, forme une pâte moins liante, et, quoique desséchée, se montre poreuse, par conséquent perméable; aussi, l'argile calcinée peut-elle suppléer au sable pour diviser et ameublir la terre où on l'introduit. On a employé cet amendement surtout en Angleterre et en Écosse, avec un grand succès. Il est avantageux de calciner l'argile sur le sol même où l'on veut la mélanger, en faisant servir à cette calcination les végétaux qu'on y rencontre. Ce mode d'opération est connu sous le nom d'*écobuage*.

Écobuage. — Cette opération se pratique sur les terres dans lesquelles l'excès de terreau (terres tourbeuses) peut engendrer la putréfaction. Elle consiste en une véritable combustion de la terre. Le gazon est soulevé avec des instruments spéciaux; quand il est sec, on en fait des tas qu'on allume en entretenant le feu avec de la paille ou des broussailles. Les débris végétaux et le terreau brûlent et se réduisent en cendres; la chaleur calcine l'argile mêlée au terreau et la rend meuble comme du sable; l'ensemble forme une terre friable facile à manier à la pelle. Dès qu'elle est refroidie, on la répand dans le champ uniformément et on l'incorpore au sol par un labour superficiel. Dans les terres trop compactes, l'écobuage transforme l'argile imperméable en un sable très actif, riche en silicates alcalins; ce sable friable incorporé au sol en diminue la compacité et en favorise l'aération. De plus l'argile calcinée est attaquée chimiquement par les agents atmosphériques; elle donne des engrais alcalins et de la silice soluble. Enfin, le terreau brûlé fournit en abondance des cendres alcalines, qui sont pour les plantes des engrais puissants, riches en alcalis, en phosphates et en sels végétaux de toute espèce.

L'écobuage cependant est un moyen d'action violent; il détruit le terreau tout entier, la partie bonne en même temps que la partie mauvaise. Il est bon, en conséquence, de ne pas répéter souvent l'opération et, dans tous les cas, de la faire suivre d'une fumure abondante, pour réparer les pertes du sol en engrais organiques.

Cendres. — Les cendres (résidu de la combustion) de tous les végétaux ligneux ou herbacés, terrestres ou aquatiques, ainsi que celles de tourbe et de houille, sont susceptibles d'être employées à l'amendement des terres; mais cette application est peu étendue, parce que la plupart des cendres en reçoivent d'autres plus avantageuses, telles que la fabrication des soudes et des potasses, du savon, etc. Les cendres les plus employées en agriculture sont celles de tourbe et de houille, et les *cendres vitrioliques*. Les cendres de tourbe, appelées souvent *cendres de Picardie*, proviennent de la combustion lente et imparfaite des tourbes pyriteuses exploitées dans le département de l'Aisne pour la fabrication de l'alun et du sulfate de fer. Elles contiennent 1/2 0/0 d'azote et se vendent sur les lieux. Elles conviennent aux prairies à la dose est de 4 à 6 hectolitres par hectare.

Les *cendres vitrioliques* (résidus de la fabrication de la couperose) sont analogues aux précédentes. On les vend surtout à Forges-les-Eaux, et on s'en sert dans les prairies et dans les herbages humides. Leur teneur en azote est de 2,72 0/0.

Les cendres de houille ont à peu près la même composition minérale que celles de tourbe, mais la proportion de sels alcalins y est beaucoup moindre. Leur action, comme amendement, est plutôt mécanique que chimique. Elles ont pour effet de diminuer la ténacité du sol, et, par cela même, conviennent aux terres argileuses.

Les cendres qui ont servi au blanchissage du linge laissent, après la lixiviation, un résidu qui se vend encore, sous le nom de *cendres lavées* ou *charrées*, comme engrais aux cultivateurs.

Les *cendres*, avons-nous dit, sont les parties fixes que laissent les matières organiques après leurs combustion aussi complète que possible au contact de l'air. La proportion de cendres, ainsi que leur composition, varient avec la nature, l'âge et l'état de dessiccation du fragment du végétal soumis à l'incinération. Les cendres sont en effet constituées par les matières minérales, fixes et indécomposables, qui se trouvaient dans le sol, et ces matières varient d'une plante à l'autre, d'un organe à l'autre d'une même plante. Ces matières fixes n'ont pas toutes dans les cendres la composition qu'elles avaient dans le végétal, certaines d'entre elles ayant pu éprouver des modifications sous l'influence de la chaleur du foyer.

Le poids des cendres varie dans de larges limites. On admet que la richesse des bois de chauffage, dans leur état ordinaire de siccité, est à peu près de 1 0/0. Les plantes et les parties des plantes les plus riches en sève donnent en général le plus de cendre, les herbes en fournissent de plus grandes quantités que les arbrisseaux, ces derniers plus que les arbres, les feuilles et l'écorce des arbres plus que le tronc. La quantité de cendres augmente dans les feuilles avec l'âge de ces feuilles. Les quantités de cendres contenues dans les racines sont en général plus faibles que celles fournies par les organes aériens.

La composition chimique des cendres est fort complexe et très variable. Les bases qu'on y rencontre le plus fréquemment sont la *potasse*, la *soude*, la *chaux*, la *magnésie*, le *peroxyde de fer*, l'*oxyde salin de manganèse*. Ces bases sont associées aux acides suivants : *silice*, *acides phosphorique*, *sulfurique*, *carbonique*, *chlorhydrique*. On y trouve aussi, mais moins fréquemment et en proportions moins considérables, d'autres produits.

Parmi ces substances, les unes sont solubles dans l'eau (carbonate de potasse ou de soude, sulfate et phosphate de potasse, silicate de soude...), les autres sont insolubles (carbonate de chaux et de magnésie, chaux et magnésie caustiques, silice, oxyde de fer et de manganèse, charbon divisé ayant échappé à la combustion...) Les rapports de ces matières solubles et insolubles diffèrent suivant les espèces de plantes incinérées. La quantité des éléments minéraux solubles dans la sève et par conséquent la proportion des sels alcalins atteint son maximum dans les parties les plus riches en sève.

Dans le bois de hêtre, les cendres renferment 22 0/0 d'éléments solubles (carbonate de potasse, carbonate de soude, sulfate de potasse, chlorure de sodium) et 78 0/0 d'éléments insolubles.

Les végétaux terrestres contiennent dans leurs cendres des quantités notables de chaux et de magnésie, et des quantités souvent considérables de potasse. Ainsi les bois des végétaux suivants donnent en moyenne, pour 1,000 parties de bois, les quantités suivantes de carbonate de potasse :

Sapin	0,45	Paille de froment	3,90
Peuplier	0,75	Tige de maïs	17,50
Hêtre	1,45	Chardon	35,37
Chêne	2,26	Absinthe	73,00
Orme	3,90	Fumeterre	79,00

Fig. 107. — MUSÉE DU LUXEMBOURG. — La Fenaison en Auvergne, tableau de Mlle Rosa Bonheur.

De ces cendres on retire industriellement la potasse.

Les plantes au contraire qui croissent sur le bord de la mer, dans la mer elle-même, dans les steppes salés, contiennent surtout du carbonate de soude. De leurs cendres on retire industriellement la soude.

La soude, du reste, se trouve fréquemment associée à la potasse dans les végétaux terrestres. Il n'y en a pas dans le blé, dans la pomme de terre, dans le bois de chêne ni dans celui de charme, dans la feuille de tabac... Mais il s'en rencontre dans beaucoup d'autres plantes.

La cendre de betterave contient presque autant de soude que de potasse, et on retire ces deux alcalis du *charbon de vinasse*, résidu de l'extraction du jus de la betterave, dans la fabrication du sucre.

D'une manière générale, la composition des cendres varie beaucoup d'une espèce végétale à une autre, mais elle varie fort peu, au contraire, avec la nature du sol et les engrais qui ont été donnés. Ainsi, en faisant l'analyse de la cendre de la paille de froment, on trouve toujours qu'elle renferme de 65 à 70 0/0 de silice, quelle que soit la nature du sol; en examinant les cendres de la graine de cette même céréale, on les trouve toujours à peu près uniquement formées de phosphates. Il en faut conclure que les plantes de certaines familles ont une préférence marquée pour tel ou tel principe minéral; ainsi les fougères, les bruyères, les graminées renferment beaucoup de silice, les légumineuses contiennent beaucoup de potasse.

Toutefois la nature du terrain n'est pas absolument sans influence. Des pommes de terre arrosées pendant longtemps avec une dissolution faible de carbonate de soude ont donné des cendres renfermant de la soude. Les légumineuses qui poussent dans un terrain calcaire renferment moins de potasse et beaucoup plus de chaux.

Les variations de la composition des cendres sont grandes aussi d'une partie à l'autre d'un même végétal. Les phosphates dominent dans les graines; les cendres des grains de blé et de seigle sont uniquement constituées par des phosphates de potasse, de chaux, de magnésie. Les cendres des haricots, moins riches en phosphates, en contiennent cependant encore 65 0/0 (haricots de Soissons). La tige du blé contient au contraire beaucoup de silice (65 à 70 0/0); la tige du maïs en renferme 33 0/0.

L'analyse des cendres au point de vue qualitatif et quantitatif a une grande importance pratique et on a souvent à l'effectuer dans les laboratoires de chimie agricole. Toutes les matières minérales qui se trouvent dans les plantes, et qu'on retrouve dans les cendres, plus ou moins modifiées sous l'influence de l'incinération, proviennent en effet du sol. Il semble dès lors qu'on puisse, de la composition des cendres d'un végétal, conclure la nature du sol qui convient le mieux à sa culture, la nature des amendements et des engrais qui seront le plus favorables à son développement. Il s'en faut de beaucoup, toutefois, que tous les éléments minéraux qu'on rencontre dans les cendres y présentent une importance égale, et qu'on puisse toujours déduire de la composition des cendres d'une plante la nature des engrais qu'il convient de lui donner. Mais on trouve dans la connaissance de cette composition des indications précieuses. Ce qu'il importe surtout d'examiner, ce sont les cendres des graines, bien plus que celles des tiges et du végétal tout entier; les éléments minéraux que la sève dépose dans les tiges n'ayant fréquemment aucune importance dans le développement de la plante elle-même. Ainsi l'analyse des cendres de betterave y montre la présence d'une grande quantité de potasse. On en avait conclu que des sels de potasse seraient les meilleurs engrais pour la culture de la betterave; l'expérience a montré qu'il n'en était rien.

Les cendres apportent aux plantes des carbonates et des sulfates de potasse et de soude, du chlorure de sodium, du phosphate de chaux, de la silice, des oxydes de fer et de manganèse. Elles ont une action favorable surtout sur les terres fortes tourbeuses, sur les prairies marécageuses, partout où le sol peut contenir des acides et manquer de bases. C'est un excellent amendement dans les prés, dans les pâturages, pour la culture des céréales, des colzas, des navettes, du chanvre. Cependant on n'en fait qu'un usage restreint en agriculture, parce que les applications qu'elles reçoivent dans les arts leur donnent un prix élevé. Elles sont d'autant plus actives qu'elles sont plus riches en sels alcalins : les meilleures sont celles de tabac, de pavots, de fougère, de colza, de maïs, de chêne, de hêtre, de vigne, d'orme, de frêne, d'érable. Dans beaucoup de circonstances, on emploie les cendres *lessivées* ou *charrées*, dont l'action est presque aussi énergique que celle des cendres *neuves*, surtout quand on les a conservées quelque temps en tas après leur lixiviation.

Sel marin et divers sels. — L'utilité du *sel marin* en agriculture a été très controversée. Aujourd'hui les agriculteurs, tout en reconnaissant ses avantages, conviennent qu'au delà de certaines limites, il est nuisible à la végétation, et que, même en s'y renfermant, il peut, sans être nuisible, n'être pas toujours actif. D'après M. Malaguti, l'action du sel marin n'est favorable qu'à la condition d'être indirecte; il faut qu'il puisse se transformer en carbonate de soude; son efficacité est liée à la présence des conditions qui rendent cette transformation possible. Le même chimiste pense que l'efficacité des nitrates, démontrée par l'expérience, vient de ce qu'ils peuvent se réduire en ammoniaque sous des influences oxydantes.

Comme engrais, le sel marin favorise la culture de l'orge, du lin, de la luzerne, du froment. La dose est de 150 à 300 kilogr. par hectare. Le chlorure de calcium, les sulfates de soude et de magnésie ont un effet semblable. Le sel des pêcheries est particulièrement recherché, car il contient de l'huile et des os de poissons, et une certaine quantité d'autres matières organiques; il a donné au dosage 0,8/100 d'azote. C'est donc un véritable engrais. On s'en sert spécialement pour praliner le blé de semence; on le mélange aussi avec du guano pour le répandre sur les prairies. Cet amendement consolide, assure-t-on, les sols légers et fortifie la paille des céréales.

Chaulage. — La chaux se trouve dans la nature à l'état de carbonate (craie, marbre, etc.), à l'état de sulfate (gypre, pierre à plâtre), enfin à l'état de phosphate et de silicate.

On prépare la chaux dans l'industrie en décomposant le carbonate de chaux (craie, pierre à chaux) dans des fours appelés *fours à chaux*.

La chaux est très caustique; quand on verse un peu d'eau sur des fragments de chaux anhydre, le liquide est d'abord absorbé sans aucun autre phénomène apparent; mais bientôt la chaux s'échauffe et réduit en vapeur une partie de l'eau qui avait pénétré dans ses pores; en même temps elle se gonfle, se fendille et tombe en poussière. Cette chaux hydratée est communément appelée *chaux éteinte*, la chaux anhydre est désignée sous le nom de *chaux vive*. En délayant la chaux éteinte avec une petite quantité d'eau, on obtient une bouillie blanche qui a reçu le nom du *lait de chaux*.

La chaux vive, exposée à l'air, en absorbe peu à peu la vapeur d'eau et l'acide carbonique; elle se change alors en hydrate et en carbonate de chaux, elle tombe en poussière; on dit alors qu'elle se *délite*.

Fig. 108. — Pâturage dans les Landes.

Les amendements les plus précieux en agriculture, sont les amendements calcaires : le *chaulage* et le *marnage*. La pratique agricole semble avoir de tout temps et dans toutes les contrées démontré leur efficacité. Dans les terres fortes et argileuses, les amendements calcaires diminuent la ténacité et augmentent la perméabilité aux agents atmosphériques. Comme ils se dessèchent promptement et s'échauffent aisément sous l'action du soleil, ils augmentent la chaleur trop faible et diminuent l'humidité trop forte des terres où l'argile domine. D'un autre côté, les terres légères et sablonneuses manquent de consistance; elles se laissent trop facilement traverser par l'eau et par l'air; elles sont trop meubles. Le calcaire, ajouté à ces terres, leur donne plus de solidité et arrête un peu l'écoulement des eaux.

La *chaux* exerce donc une influence remarquable sur le développement des végétaux.

Les Anglais, qui ont constaté sur toutes les espèces de culture les effets de cette substance, en font une application constante comme amendement depuis plus d'un siècle. Au mois d'octobre, les comtés d'York et d'Oxford présentent l'aspect de campagnes couvertes de neige. On aperçoit des surfaces de plusieurs milles carrés revêtues d'une couche blanche de chaux éteinte ou délitée à l'air, qui, pendant les mois humides de l'hiver, exerce une influence extrêmement

Fig 109. — Les chercheurs de marne (tangue) dans l'anse de Dinard (d'après un tableau du Zuber).

favorable sur le sol compact et argileux de ces contrées. Ces chaulages absorbent de 100 à 160 hectolitres de chaux par hectare chaque année. La chaux fait disparaître les mauvaises herbes et les insectes nuisibles, donne de la consistance à la terre si elle est trop légère, l'ameublit si elle est trop compacte, arrête la carie et la rouille, en donnant aux végétaux la vigueur nécessaire pour résister à ces maladies.

Des opinions diverses ont été émises sur les modifications chimiques qu'elle détermine dans le sol. Thaër croit que les plantes lui enlèvent l'acide carbonique qu'elle a pris à l'atmosphère. M. Boussingault pense qu'elle se transforme promptement en carbonate de chaux, par l'absorption de l'acide carbonique du sol ou de l'air, et qu'ainsi son rôle est de fournir du carbonate de chaux aux plantes. D'après M. Malaguti, ce carbonate de chaux fixe, en la nitrifiant, une partie de l'ammoniaque provenant des fumiers ou des eaux pluviales, ou bien encore contribue à décomposer les sels ammoniacaux minéraux, à les transformer en carbonate d'ammoniaque, et à les préparer ainsi à être absorbés par les spongioles des racines.

Le rôle du calcaire pulvérulent ajouté comme amendement est surtout un rôle chimique. Il résulte en effet des travaux de Boussingault, de P. Thénard, de Dehérain, que le calcaire pulvérulent agit sur les composés azotés insolubles et par suite assimilables; de même il agit sur les phosphates insolubles et principalement sur le phosphate de sesquioxyde de fer, pour donner du phosphate de chaux soluble. Ajoutons que le calcaire fournit aussi aux plantes de véritables engrais, car il est directement absorbé en faibles proportions, et il renferme toujours une quantité plus ou moins grande de phosphate de chaux, de carbonate de chaux, de sulfates. La chaux employée à l'amendement des terres contient en outre les cendres du bois qui a servi à la fabriquer, et par suite des sels alcalins de potasse et de soude.

Le calcaire est fréquemment employé comme amendement à l'état de *chaux vive*. Cette chaux ne reste pas longtemps vive et caustique dans les terres arables; elle s'y change en carbonate de chaux. Ce calcaire se trouve alors complètement à l'état pulvérulent et doué d'une activité chimique énergique. Chauler une terre revient donc à lui donner du calcaire pulvérulent très actif. Les chaux employées communément en agriculture sont presque pures; elles fournissent 136 kilogrammes de calcaire pulvérulent par hectolitre de chaux employée.

Pour chauler un terrain, on amène la chaux en pierres sur le champ et on la distribue en petits tas distants de 5 à 6 mètres. On recouvre les tas avec un peu de terre, et on laisse la chaux se déliter par l'effet des pluies, et tomber en poussière au milieu de la terre qui l'entoure, et on répand le tout aussi uniformément que possible à la surface du sol.

On répand la chaux un mois ou deux avant les semailles de printemps ou d'automne; on laboure un peu avant les semailles, car il ne faut pas que la graine soit enterrée dans la chaux.

La chaux, changée complètement avec le temps en calcaire pulvérulent, produit les effets physiques et chimiques que nous venons d'indiquer, et avec une extrême énergie. Elle active puissamment la décomposition du terreau et des engrais organiques. Les chaulages conviennent dans les terres argileuses compactes et tenaces, surtout dans celles qui sont riches en vieux terreau. La décomposition des engrais, trop lente dans ces terrains froids, y sera avantageusement excitée par la chaux. Mais c'est surtout dans les terres de bruyère où le chaulage fait merveille. Ces sols, en effet, ont un excès de résidus organiques qui engendrent l'acidité et la putréfaction; la chaux détruit l'acidité, met fin à la putréfaction et revivifie le vieux terreau. Dans les terres trop sablonneuses, la marne est préférable à la chaux. Dans la Mayenne, dans les Deux-Sèvres, dans la Vendée, la chaux a transformé en campagnes fertiles les landes les plus incultes.

Les doses de chaux qu'on emploie ordinairement en Sologne sont de 20 hectolitres par hectare. Plus ordinairement on donne de 60 à 100 hectolitres à l'hectare, et, dans les bois défrichés, on pousse jusqu'à 300 hectolitres. En Angleterre on donne pour les terrains légers de 130 à 170 hectolitres; pour les terres fortes 250 hectolitres, et dans les terrains tourbeux il arrive qu'on dépasse 400 hectolitres à l'hectare.

Les terrains qui réclament particulièrement l'élément calcaire sont les terrains granitiques, tels que ceux de la Bretagne et du Limousin; les terrains argileux, tels que les puisages de la Bourgogne, les boulbènes du Midi et les terres blanches de la Bresse; mais surtout les terrains acides provenant des défrichements des landes, des bruyères et des forêts, et enfin les terrains tourbeux. Il existe beaucoup de ces terres où l'analyse chimique décèle des quantités considérables d'azote, qui restent improductives même avec le concours du fumier de ferme. C'est qu'en effet cet azote, principal aliment des récoltes, n'est assimilable qu'autant qu'il a été minéralisé, c'est-à-dire transformé en ammoniaque et finalement en nitrate. Cette nitrification est due à l'intervention d'un ferment spécial qui ne peut exercer son action oxydante en l'absence du calcaire. Pas de calcaire dans le sol, pas de nitrification et partant végétation nulle et languissante. Si l'on chaule ou marne de semblables terres, les transformations ne tardent pas à se produire et la fertilité succède à la stérilité. La productivité de nos terres est en grande partie liée au travail de ce microbe. Le phénomène découvert récemment par MM. Schlœsing et Müntz est certainement une des plus belles applications à l'agriculture des idées de M. Pasteur.

Marnage. — La marne est une roche ou terre calcaire composée essentiellement, en proportions variables, de carbonate de chaux et d'argile, quelquefois de carbonate de chaux et de sable. Elle renferme aussi, mais en très petite quantité, des oxydes de fer et de manganèse, du mica, de la magnésie et quelquefois des débris, surtout de coquillages et de poissons. Ainsi, on trouve beaucoup de squelettes de poissons et de débris d'insectes dans la marne des environs d'Aix, et celle des environs de Paris abonde en coquillages et présente souvent des empreintes de végétaux.

Les marnes sont très communes dans la nature, et se rencontrent à peu près à tous les étages des terrains secondaires, formant toujours des lits ou des bancs plus ou moins épais, lesquels alternent fréquemment avec d'autres calcaires et avec des argiles. Leur couleur est ordinairement jaune grisâtre ou blanchâtre; quelquefois rouge, verte, brune ou tout à fait blanche. Leur structure est tantôt compacte, tantôt schisteuse ou terreuse; elles sont dures et presque polissables dans le premier cas; fragiles dans le second; friables et pulvérulentes dans le troisième. Leur masse, en se desséchant, se fend et se divise quelquefois de manière à présenter un phénomène analogue à celui qu'on remarque dans l'amidon, c'est-à-dire une sorte de retrait qui affecte des formes régulières.

Les marnes appartiennent surtout aux terrains lacustres tertiaires, bien qu'on en trouve aussi dans les terrains de sédiments inférieurs ou alpins, et dans les terrains jurassiques.

Suivant que l'élément crayeux, argileux ou siliceux domine dans cette roche, on l'appelle *marne calcaire* ou *terre blanche*, *argileuse* ou *terre forte*, enfin *marne siliceuse* ou *sablonneuse*. Chacune de ces espèces peut recevoir des applications différentes. Ainsi la marne argileuse est employée, la plupart du temps, pour la fabrication de poteries grossières; la marne verte, qu'on trouve en maint endroit aux environs de Paris, sert à faire des briques et des tuiles; et la marne verdâtre marbrée, qui est soluble dans l'eau et savonneuse, est utilisée comme l'argile smectique ou argile à foulon, pour dégraisser ou détacher les lainages.

La marne calcaire est presque exclusivement consommée par l'agriculture, à qui elle rend d'immenses services comme engrais minéral ou amendement, surtout en France et en Belgique.

La marne sablonneuse reçoit une application semblable, mais il va sans dire qu'on n'y a point recours dans les mêmes cas, et que c'est à l'agronome de voir quelle espèce de marne il convient de mélanger au terrain suivant sa nature et suivant l'espèce de produit qu'on en veut obtenir. Ajoutons, toutefois, que l'emploi de la marne calcaire est incomparablement plus fréquent et plus général que celui de la marne argileuse.

Les départements de la France qui fournissent à l'agriculture les plus grandes quantités de marne sont ceux du Nord, du Pas-de-Calais, de la Somme, de l'Aisne, de l'Oise, de la Seine, de Seine-et-Oise, du Loiret, de la Haute-Garonne, du Tarn, du Puy-de-Dôme, des Deux-Sèvres, etc. Ce produit, non seulement suffit à nos besoins, mais encore est exporté chaque année en quantités considérables, principalement pour la Belgique, tandis que nous n'en recevons point de l'étranger.

Les marnes sont, avons-nous dit, des sédiments riches en calcaires et ont la propriété de se *déliter*, c'est-à-dire de tomber d'eux-mêmes en poudre sous l'influence de l'air, de l'eau et de la chaleur. Grâce à cette propriété, la matière des marnes s'incorpore facilement à la terre ; c'est pour cette raison qu'elles peuvent être employées à l'amendement des terres. Au point de vue agricole, la valeur d'une marne est proportionnelle à la quantité de calcaire pulvérulent qu'elle contient. Les marnes calcaires, ou marnes riches, sont celles qui contiennent plus de 40 0/0 de calcaire pulvérulent ; ce sont les meilleures marnes à employer pour toutes les classes de terre ; ces marnes rendent de grands services surtout dans les terres sablo-humifères. Les marnes sableuses sont celles qui renferment plus de 50 0/0 de sable siliceux ou calcaire (non pulvérulent). Si c'est le sable siliceux qui domine, la marne est *maigre ;* elle se délite bien et convient spécialement aux terres argilo-sableuses, dont elle diminue la compacité excessive. Lorsque le sable calcaire domine, la marne est *sèche, crayeuse ;* elle se délite difficilement ; elle convient spécialement aux terres argilo-humifères, dont elle corrige la compacité et l'humidité excessive, et dont elle neutralise l'acidité. Les *marnes argileuses*, dans lesquelles il y a plus de 20 0/0 d'argile, sont très grasses au toucher ; elles se délayent dans l'eau aisément, et se délitent promptement. Elles conviennent spécialement aux terres sableuses. Les *marnes terreuses*, qui contiennent plus de moitié de leur poids de sable siliceux et d'argile, conviennent aux terres humifères qui manquent à la fois de sable, d'argile et de calcaire.

Pour marner une terre, on conduit, à l'automne autant que possible, la marne sur le terrain ; on l'y dépose en tas régulièrement espacés. Elle passe l'hiver en cet état et se délite sur place, sous l'influence des pluies et surtout des gelées. Au printemps, on la répand uniformément à la surface du champ, on donne un ou deux coups de herse, et on achève de l'incorporer au sol par un labour.

La dose qu'il convient d'employer varie, suivant les circonstances ; en Sologne on met de 40 à 50 mètres cubes de bonnes marnes à l'hectare.

Faluns. — Maërl. — Tangue. — Dans quelques contrées, en Touraine

Fig. 110. — LE LABOURAGE NIVERNAIS, par Rosa Bonheur.

par exemple, on trouve des couches géologiques appelées *faluns*, formées de sables remplis de débris de coquilles. Cette terre est riche en calcaire ; on peut l'employer comme marne.

De même les cultivateurs des côtes de la Manche, en Bretagne et en Normandie, vont chercher, à l'embouchure des rivières, des dépôts de sables marins riches en calcaire, et les emploient pour amender leurs terres argileuses ; tels sont le *maërl* et le *trez* de Brest et de Morlaix ; telle est la *tangue* de la baie du Mont-Saint-Michel. Ces dépôts marins ont pour principal élément le carbonate de chaux ; ses proportions varient de 20 à 80 0/0, suivant les lieux. Ils contiennent en outre des matières organiques qui sont des engrais, et des sels marins qui sont des excitants chimiques. Les doses à employer sont les mêmes que pour le marnage ; l'opération pratique est analogue.

Cet engrais doit être employé peu après son extraction, sans quoi il se désagrège et perd une partie de ses qualités. La dose est de 400 à 2,800 kilogrammes de merl humide par hectare.

La tangue ou *trèz* est le sable des plages des environs de Morlaix ; il faut la laver à l'eau douce et l'employer avant que la putréfaction ait détruit les substances animales dont elle est mélangée.

La tangue de Roscoff desséchée renferme 0,14 p. 100 d'azote : il en faut 40,000 kilogrammes par hectare de terrain.

Plâtrage. — Le sulfate de chaux hydraté ou gypse, très abondant dans la nature, privé d'eau par calcination, donne le *plâtre*.

Le gypse se rencontre en amas considérables dans les roches du trias ou dans les terrains tertiaires. Il cristallise en prismes obliques à base de rhombe, et se présente quelquefois en cristaux groupés, sous la forme de fer de lance ou de lentilles plus ou moins aplaties. Le plus souvent le gypse est en masses compactes, de couleur blanc jaunâtre, à texture saccharoïde formées par l'enchevêtrement de petits cristaux microscopiques. Il constitue alors la *pierre à plâtre*.

Pour préparer le plâtre, on chauffe la pierre à plâtre dans des fours appelés *fours à plâtre*, établis à l'entrée des carrières de gypse.

Les terres pauvres en calcaire sont aussi fréquemment amendées avec du *plâtre*. On peut l'employer à l'état de plâtre cru, c'est-à-dire de pierre à plâtre finement pulvérisée, de plâtre anhydre cuit, ou de plâtre cuit hydraté, provenant des plâtras de démolition des bâtiments. Les plâtras agissent, en outre, par le salpêtre qu'ils renferment fréquemment. La dose la plus convenable pour le plâtrage semble être de 400 à 500 kilogrammes par hectare ; on le répand généralement au printemps à la volée, par un temps humide, sur les jeunes feuilles.

Le plâtre est employé à peu près exclusivement pour les prairies artificielles ; il ne donne pas de résultats appréciables pour les autres cultures.

Les premières observations suivies sur les effets du plâtre en agriculture sont attribuées au pasteur protestant Mayer, de la principauté de Hohenlohe (milieu du XVIIIe siècle). Franklin répandit l'usage du plâtre en Amérique. Pour convaincre les incrédules, il écrivit dans une prairie, avec de la poussière de plâtre, en lettres gigantesques : « *Ceci a été plâtré.* » La prairie poussa si vigoureuse aux points marqués, que pendant toute une saison on put lire, en magnifiques lettres vertes, l'enseignement du grand savant. Depuis cette époque, on emploie en Europe aussi bien qu'en Amérique d'énormes quantités de plâtre pour exciter la végétation des prairies artificielles.

Diverses théories ont été mises successivement en avant pour expliquer le rôle du plâtre, son action sur les légumineuses, et son défaut d'action sur les céréales. On ne peut admettre qu'il est absorbé en nature, comme le croyait H. Davy ; les analyses de Boussingault montrent qu'il n'en est rien. D'après Liebig, le plâtre fixerait le carbonate d'ammoniaque des eaux fluviales en le métamorphosant en sulfate d'ammoniaque, mais précisément les engrais azotés agissent beaucoup plus sur les céréales que sur les légumineuses, et il en est tout autrement pour e plâtre. Pour Kuhlmann aussi, le plâtre favoriserait la nitrification, mais d'une autre manière, en oxydant les matières organiques du terreau. L'explication de Dehérain semble plus satisfaisante. Le carbonate de potasse renfermé dans le sol, bien que soluble dans l'eau, est absorbé par la terre arable de telle manière que l'eau ne puisse le dissoudre et qu'il ne puisse, par conséquent, être absorbé par les racines. Le plâtre le transforme en sulfate de potasse, plus diffusible et échappant davantage aux propriétés absorbantes de la terre. « Il est clair, d'après cela, que, lorsqu'on jette du plâtre sur de la terre arable, il a pour effet d'y mobiliser les alcalis et de leur permettre de s'enfoncer dans les profondeurs de la terre au lieu de rester dans les couches superficielles où ils sont mis en liberté par l'action de l'acide carbonique sur les argiles, et l'on conçoit que, tant qu'on cultivera des plantes comme les céréales, dont les racines restent à la surface du sol, il importe peu que la potasse ou l'ammoniaque soient retenues dans des couches superficielles par les propriétés absorbantes de la terre, mais on comprend en outre qu'il n'en soit plus ainsi pour les légumineuses dont les racines s'enfoncent au-dessous de la couche arable ordinaire. Pour prospérer, ces plantes doivent donc rencontrer de la potasse soluble jusqu'à une profondeur considérable, et le plâtre leur est utile en faisant descendre dans le sous-sol la potasse que les agents atmosphériques ont mise en liberté dans les couches superficielles.»

LES ENGRAIS MINÉRAUX ET CHIMIQUES

SELS AMMONIACAUX. — PHOSPHATES ET SUPERPHOSPHATES. — SELS POTASSIQUES

Caractères des engrais minéraux et chimiques.

Les engrais que nous venons de passer en revue contiennent à la fois, mais en proportions très variables, tous les principes fertilisants (azote, acide phosphorique, potasse, chaux); ce sont des engrais complets, des engrais formés de matières végétales et dont l'application au sol est aussi naturelle que celle du fumier lui-même, qui en est le type. Les engrais chimiques ne contiennent qu'un seul élément; aussi les divise-t-on en engrais azotés, engrais phosphatés et engrais potassiques. Leur emploi, aujourd'hui parfaitement étudié, s'est généralisé avec une rapiditié prodigieuse dans ces dernières années. Nous avons exposé plus haut tous les services qu'il peuvent, en effet, rendre lorsqu'on sait les adjoindre rationnellement au fumier de ferme. Dans un sol qui manque d'acide phosphorique, par exemple, le fumier sera incapable de produire tous ses effets demandés si l'on n'a pas recours aux engrais spéciaux, tels que les phosphates; dans une ferme qui, pour une raison quelconque, ne produit pas assez d'engrais naturels, les rendements élevés ne seront possibles qu'à la condition d'acheter des engrais commerciaux. Ceux-ci renferment sous un très petit volume de grandes quantités de principes fertilisants; ils sont facilement transportables dans les endroits les plus escarpés, où l'apport des fumiers est presque impossible; ils apportent au sol l'élément qui lui convient à l'exclusion de ceux qui existent en très forte proportion; ils sont d'une action très rapide sur les récoltes et manquent rarement leur effet. L'engrais chimique constitue pour l'agriculture une sorte d'outil de précision, dont elle ne peut pas plus se passer que l'industrie ne peut se passer de machines perfectionnées qui abrègent le travail, le simplifient et le rendent plus économique, et, partant, plus rémunérateur.

Le caractère des engrais chimiques et minéraux, c'est l'absence de matière organique; ils fournissent aux plantes l'azote, l'acide phosphorique, la potasse et même la chaux sous une forme plus directement et plus rapidement utilisable; en un mot, ils subissent beaucoup moins de transformations dans le sol que les engrais dont nous avons parlé.

Parmi les engrais chimiques, les uns sont fournis par le règne minéral; les autres, au contraire, constituent des produits de l'industrie : ce sont généralement des sels chimiques dont on utilise soit la base, soit l'acide, soit même l'une et l'autre.

Rôles des engrais azotés. — Les engrais azotés viennent en première ligne par ordre d'importance; l'azote est, en effet, l'élément qu'on paye le plus cher dans les engrais chimiques, parce que c'est le plus rare et le plus difficile à se procurer; c'est aussi celui dont l'absence se fait le plus vivement sentir et dont l'action fertilisante est la plus visible.

L'azote se présente à nous sous trois formes bien distinctes : l'azote nitrique,

Fig. 111. — Labourage à vapeur.

l'azote ammoniacal, l'azote organique; les deux premières formes sont seules directement assimilables, l'azote organique ne peut être absorbé par le végétal qu'autant qu'il a été préalablement ramené à la forme minérale et principalement nitrique. Nous trouverons donc trois groupes d'engrais azotés : les nitrates, les sels ammoniacaux, les engrais organiques.

Le rôle de l'azote dans la végétation n'est pas à mettre en doute; cependant les récoltes en prélèvent plus ou moins selon leur nature : c'est ainsi que les céréales se trouvent fort bien de l'apport des engrais azotés, tandis que les légumineuses s'y montrent beaucoup moins sensibles, par ce fait même que ces plantes puisent la plus grande quantité d'azote qui leur est nécessaire dans l'air atmosphérique.

Voici, d'ailleurs, quelques chiffres qui montrent, pour les principales plantes cultivées, les quantités d'azote enlevées au sol :

Récolte.	Rendement à l'hectare.	Azote.
—	—	—
Blé	15 hectol.	38 kilogr.
	40 —	102 —
Seigle	20 —	40 —
Avoine	25 —	31kg,5
Orge	25 —	38 kilogr.
Colza	30 —	93 —
Pommes de terre	18,000 kilogr.	78kg,5
Vigne (vin)	10 hectol.	31kg,7

Ces chiffres montrent les quantités d'azote qu'on doit apporter au sol pour obtenir de bonnes récoltes. Dans les engrais chimiques, l'azote est contenu sous deux formes : 1° forme nitrique; 2° forme ammoniacale. — Les substances qui livrent l'azote sous ce premier état sont : le nitrate de soude et le nitrate de potasse; l'azote ammoniacal est principalement fourni par le sulfate d'ammoniaque.

SELS AMMONIACAUX

Azotate ou nitrate de soude. — L'azotate de soude existe au Pérou en bancs épais et d'une très grande étendue, sous une mince couche d'argile presque à la surface du sol. Exploité régulièrement, ce sel arrive en Europe sous les noms de salpêtre du Pérou ou du Chili.

Ce produit est formé de cristaux très petits, contenant un peu de sulfate de soude, de sel marin et d'iode. C'est un sel blanc, cristallisé, très soluble et immédiatement assimilable. A l'état de pureté, il renferme 16,49 d'azote. De tous les engrais chimiques azotés, le nitrate de soude est sans contredit le plus important. Il ne subit pas de transformation dans le sol; il est immédiatement assimilable; par cela même aussi ses effets sont-ils de peu de durée; appliqué aux récoltes, il pousse surtout au développement du système foliacé; aussi, sur les céréales, par exemple, doit-il être appliqué avec parcimonie, autrement la paille prend un trop grand développement aux dépens du grain, qui reste maigre et peu nourri de plus, la récolte verse. Les doses à appliquer varient entre 100 et 250 kilogrammes par hectare; il est prudent de ne pas en mettre davantage. On répand le nitrate de soude au printemps, en couverture, c'est-à-dire sur les plantes levées; indépendamment de son action comme matière fertilisante, il agit aussi comme excitant et stimulant de la végétation et convient particulièrement aux blés et aux seigles qui ont eu à souffrir des rigueurs de l'hiver.

L'azotate ou nitrate de potasse. — L'azotate de potasse, appelé aussi *nitre* ou *salpêtre*, existe tout formé dans la nature. Dans les pays chauds, comme aux Indes, en Égypte, etc., il apparaît à la surface du sol, pendant la période de sécheresse qui suit la saison des pluies. La terre, d'abord noire et humide, devient blanche et pulvérulente; elle semble cachée sous la neige. Si on balaye le terrain et que la sécheresse continue, on voit bientôt apparaître une nouvelle récolte. — Dans les régions tempérées, le salpêtre se forme sur le sol et les murs des lieux humides, comme dans les écuries et les étables. Enfin, dans les contrées froides, on détermine la production du nitre en exposant à l'action de l'air des terres poreuses, mêlées avec des cendres et des matières organiques, fumier, etc.

Les procédés que l'on emploie pour extraire le nitre varient avec les conditions dans lesquelles on le rencontre.

On peut extraire une certaine quantité de nitre des plâtres qui proviennent de la démolition des murs, des caves, des cours humides ou des étables et des écuries.

Dans les pays froids, on détermine artificiellement la production du nitre; pour cela, on mêle du fumier avec des terres poreuses, contenant de la chaux et des alcalis, et on forme avec ce mélange des murs disposés perpendiculairement à la direction des vents dominants du pays. Ces murs sont arrosés de temps en temps avec de l'urine, qui fournit des matières azotées, et de l'eau pour remplacer celle qui s'est évaporée. Il se forme des efflorescences de salpêtre sur la partie du mur exposée à l'action du vent.

La nitrification est corrélative de l'existence des ferments organisés (MM. Schlœsing, Müntz et Berthelot), qui déterminent l'oxydation lente de l'ammoniaque et des matières organiques azotées, analogues à l'*humus* et aux acides bruns des terres fertiles et du terreau. On a constaté une connexité constante entre la fertilité et la nitrification. En Amérique, comme sur les bords du Gange, ou en Algérie et en Espagne, les pays les plus fertiles sont les seuls qui donnent du salpêtre. A ces matières humides doivent d'ailleurs être mêlés des détritus de roches feldspathiques, qui apportent la potasse nécessaire à la formation du nitre.

Le terrain doit de plus être très léger, c'est-à-dire tel que l'air puisse y circuler facilement. La nitrification a surtout lieu dans l'obscurité.

L'oxydation des matières organiques intervient non seulement dans les pays chauds, mais encore dans nos contrées, dans les écuries, les étables et les caves. Il est certain qu'à ces causes de production du nitre, vient encore s'ajouter l'action de l'acide azotique et des autres composés oxygénés de l'azote, produits dans les orages si fréquents des pays chauds. Ces corps entraînés par les pluies se combinent avec les bases qu'ils rencontrent dans le sol.

Le nitrate de potasse est peu employé à cause de son prix et aussi à cause de sa faible teneur en azote, qui, dans le sel pur s'élève à 13,86 0/0; par contre, il renferme 46,54 de potasse; c'est donc bien plutôt un engrais potassique qu'un engrais azoté.

Le nitrate de potasse, qui se forme dans le sol aux dépens de l'azote de l'air, est l'un des éléments de la nutrition des plantes. Quand cette formation a lieu au printemps, elle est avantageuse aux récoltes; mais, si elle s'opère en automne, il en est tout autrement ; une grande partie est perdue d'avance, parce que, la terre étant dépouillée de verdure, ces nitrates sont entraînés par les eaux de drainage. M. Dehérain a constaté que la perte d'azote subie par un hectare de terrain représente une dépense de cent francs de nitrate de soude.

On peut prévenir cette perte en semant à l'automne des plantes qui retiennent les nitrates et sont, au printemps suivant, enfouies à la charrue pour servir de fumure verte. M. Dehérain préconise, dans ce but, la vesce, comme absorbant de l'azote de l'air, et le colza pour retenir les nitrates après leur formation. La dépense de semences et de main-d'œuvre n'est pas considérable, et la quantité d'azote introduite après enfouissement de l'engrais vert compense largement les déboursés.

Le sulfate d'ammoniaque et sels ammoniacaux. — Le sulfate d'ammoniaque se présente sous forme de cristaux blanchâtres, solubles dans l'eau; c'est le plus riche des engrais azotés, puisque, à l'état de pureté, il dose 21gr,75 d'azote. Ce n'est pas un produit naturel comme les nitrates de soude de potasse, mais bien un sel produit par l'industrie chimique.

Les sels d'ammoniaque, principalement le sulfate, jouent, en Allemagne, un certain rôle dans la préparation des engrais composés. En Angleterre, l'agriculture en consomme des quantités. Enfin, ils commencent aussi, depuis quelques années, à entrer dans la consommation agricole de la France, ce qui est dû à la notable diminution de prix qu'ils ont éprouvée. On l'extrait à peu de frais des eaux ammoniacales provenant des usines à gaz. Cette fabrication se fait sur une grande échelle dans différentes usines. On utilise aussi, dans les mêmes fabriques, le résidu de l'épuration du gaz d'éclairage par la voie sèche. Cette épuration consiste à faire filtrer le gaz à travers de la sciure de bois blanc mélangée de chlorure de manganèse et de chlorure de calcium, ou bien de sulfate de fer en poudre, le tout légèrement mouillé. Lorsque ce mélange a servi à épurer le gaz, on le lessive pour en extraire les sels ammoniacaux ; mais après cela, après même qu'il a été égoutté, il renferme encore 3 p. 100 d'azote. On le vend à l'agriculture, après y avoir ajouté des quantités déterminées de phosphate de chaux, de sels de soude et de potasse, au prix du commerce. Le sulfate d'ammoniaque, extrait des eaux d'épuration du gaz et de celles qui proviennent de la fabrication de la poudre d'os, est très employé en Angleterre. On le répand en couverture pour le blé, l'avoine et les fourrages, à la dose de 125 kilos par hectare.

On a calculé qu'en recueillant toute l'ammoniaque produite par la fabrication du gaz, on en obtiendrait, en France seulement, plus de 2,500,000 kilos; que les usines de Paris en peuvent produire plus de 1 million de kilos; qu'enfin chaque tonne de houille distillée peut donner 1 kilo de sulfate d'ammoniaque, c'est-à-dire l'azote de près d'un hectolitre de blé.

Le sulfate d'ammoniaque s'emploie à la dose de 100 à 200 kilos par hectare sur l'avoine, l'orge, le blé ; on le répand soit au printemps en couverture, soit en automne lors des labours. Il faut se garder d'employer cet engrais sur des sols très calcaires ou fraîchement chaulés, car l'ammoniaque serait déplacée et se volatiliserait dans l'atmosphère. Dans la culture des céréales, le sulfate d'ammoniaque

Fig. 112. — LES BŒUFS DE LA CAMARGUE. — D'après le tableau de Vayson.

semble donner des grains de meilleure qualité que le nitrate de soude; sur les prairies, il réussit également très bien; pour les plantes-racines, le nitrate paraît préférable.

Le *chlorhydrate d'ammoniaque* est peu employé à cause de son prix élevé.

Les *eaux ammoniacales des usines à gaz* contiennent par litre de 2 à 4 grammes d'ammoniaque, aussi doit-on les étendre d'eau suffisamment pour qu'elles n'en renferment plus qu'un quart de gramme, sans quoi on courrait le risque de brûler les plantes. Si on les emploie en irrigations, leur usage peut devenir avantageux.

D'après M. Girardin, 400 litres d'eau ammoniacale, versée sur prairie naturelle, donnent un supplément de récolte de 2,000 kilogrammes environ.

LES PHOSPHATES

C'est à la suite d'expériences faites en 1843 par le duc de Richmond, que l'attention fut appelée sur l'utilité de l'acide phosphorique dans la végétation. Les diverses plantes cultivées prélèvent de 13 à 60 kilos d'acide phosphorique par hectare, et cet élément est exclusivement pris à la terre, l'atmosphère n'en renfermant pas trace; il est donc essentiel de le restituer au sol par les engrais. Dans les récoltes, l'acide phosphorique se localise surtout dans les graines; les tiges et les feuilles en renferment de moindre quantité; il est également peu abondant dans les racines.

Tous les végétaux renferment des phosphates dans leur constitution. Par là s'expliquent les bons effets des os et du noir animal sur les cultures, bons effets qu'on avait constatés empyriquement dès 1822, sans les expliquer. Quand, en 1840 le duc de Richmond eut démontré que les os et le noir animal agissaient par leur phosphate, on songea à utiliser les phosphates fossiles dont l'existence était connue depuis peu.

L'acide phosphorique forme avec la chaux trois phosphates différents. Le *phosphate tribasique* $PhO^5,3CaO$, insoluble dans l'eau pure, soluble dans les alcalis et dans l'acide carbonique; la présence des sels ammoniacaux le rend sensiblement soluble dans l'eau. Le *phosphate bibasique* $PhO^5,HO,2CaO$, légèrement soluble dans l'eau pure, plus soluble dans l'eau chargée d'acide carbonique. Le *phosphate acide* $Pho^5,2HO,CaO$, entièrement soluble dans l'eau.

Aujourd'hui, sous les noms de *phosphates naturels*, de *phosphates précipités* et de *superphosphates*, l'industrie offre à l'agriculture trois séries d'engrais qui contiennent respectivement des quantités plus ou moins grandes des trois sels précédents. Les uns ont une origine minérale, les autres une origine animale.

Le phosphate tribasique constitue les quatre cinquièmes de la partie minérale des os. Les guanos dépourvus de matières azotées, dont nous avons parlé précédemment, constituent une autre source animale des phosphates.

Mais les phosphates minéraux sont plus nombreux. On les rencontre disséminés dans les masses minérales, ou en filons, ou encore constituant des couches ou des rognons à divers niveaux géologiques. Cristallisé, le phosphate de chaux, uni à divers autres corps, constitue l'*apatite*; amorphe, il constitue la *phosphorite*. On exploite seulement les gisements les plus riches ; les apatites de Norvège, d'Espagne, du Canada. En France on exploite des nodules riches en acide phosphorique dans les départements de la Côte-d'Or, de l'Yonne, du Gard, des Ardennes, de la Meuse, de la Marne, de la Haute-Marne. On peut dire qu'on en rencontre à peu près dans tous les pays du monde. L'origine géologique de tous ces gisements est certainement très diverse. C'est de ces gisements qu'on retire les phosphates destinés à l'agriculture.

Les *phosphates naturels* sont ceux qu'on utilise sans autre préparation qu'une pulvérisation plus ou moins parfaite. Tels sont les *phosphates d'os*, provenant des raffineries et des fabriques de sucre, les *os dégélatinés* et les *phosphates minéraux*, qui sont principalement les nodules du terrain crétacé inférieur. Ces derniers sont lavés, puis réduits en poudre fine sous des meules ; ils agissent dans le sol par suite de leur solubilité lente dans l'eau chargée d'acide carbonique. Dans les Landes, en Bretagne et en Sologne, là où la terre contient un peu d'acide acétique, la solubilité des nodules est plus grande ; aussi donnent-ils de très beaux résultats.

Les *phosphates précipités*, plus rapidement solubles, sont préparés en traitant par les acides les phosphates minéraux pauvres ; les phosphates naturels, coprolithes, noir animal, sont mis en digestion dans des cuves en plomb avec les acides chlorhydrique et azotique faibles provenant des usines. Le phosphate entre peu à peu en dissolution. On traite alors les eaux de lavage par du carbonate de chaux qui produit une effervescence et un précipité blanc de phosphate bibasique, qui est livré à l'agriculture après dessiccation.

Enfin les *superphosphates* sont d'un usage répandu surtout en Angleterre; ils sont en majeure partie constitués par du phosphate acide, immédiatement soluble dans l'eau. On les prépare en réduisant les phosphates naturels en une poudre impalpable, qu'on brasse vivement avec de l'acide sulfurique. Il se produit du sulfate de chaux, insoluble, et du sulfate acide, soluble. Après un assez long repos, le produit se prend en masse, puis se dessèche : on le pulvérise.

Le produit obtenu contient toutes les impuretés des phosphates primitifs, et, en outre, le sulfate de chaux qui a pris naissance. Ces impuretés ont l'inconvénient de constituer un poids mort qui augmente les frais de transport; elles produisent en outre le phénomène fâcheux de la *rétrogradation* en réagissant sur le phosphate soluble formé et le ramenant progressivement à l'état insoluble.

En Angleterre, on ne paye au fabricant que le sulfate soluble dans l'eau ; en France, on paye l'engrais proportionnellement à l'acide phosphorique total, soluble ou insoluble.

Il existe divers procédés perfectionnés de fabrication des superphosphates. L'un de ces procédés consiste à préparer, avec les phosphates pauvres, de l'acide phosphorique que l'on emploie ensuite, à la place de l'acide sulfurique, pour la fabrication des superphosphates. On peut même préparer l'acide phosphorique et le faire réagir directement sur de la chaux pour obtenir des superphosphates renfermant jusqu'à 50 p. 100 d'acide phosphorique.

LES SUPERPHOSPHATES

S'il est une industrie dont les développements prodigieux ont rendu les plus grands services à l'agriculture, malgré les affirmations contraires de quelques-uns, qui, pour la plupart, n'ont pas su faire un emploi judicieux des produits qui leur étaient offerts, c'est l'industrie des engrais chimiques en général, des superphosphates en particulier.

C'est donc des superphosphates que nous allons nous occuper, puisque, en dehors de l'énorme quantité vendue telle quelle, ils entrent dans la composition de presque tous les engrais composés.

Pour traiter cette question si importante, nous nous sommes adressés à M. Ch. Coffignier, le distingué ingénieur chimiste qui s'est occupé beaucoup de l'analyse du phosphate et qui a bien voulu nous donner l'étude originale qu'on va lire.

Rappelons rapidement les considérations théoriques que l'industrie des superphosphates met à profit. Le phosphore, en se combinant à l'oxygène, fournit une série de composés, dont un, l'acide phosphorique anhydre, nous intéresse particulièrement. En se combinant à l'eau, il donne naissance à trois acides parfaitement définis, caractérisés par leurs réactions avec l'albumine et les sels de baryte et d'argent : les acides ortho, méta et pyrophosphorique. L'acide orthophosphorique ou acide phosphorique ordinaire est un acide tribasique et c'est un de ses sels de chaux, le phosphate tricalcique, que l'on rencontre en abondance dans la nature, et appelé simplement phosphate de chaux, qui constitue la matière première pour la fabrication des superphosphates.

Il suffit en effet de traiter le phosphate naturel par l'acide sulfurique pour transformer le phosphate tricalcique insoluble dans l'eau, mais soluble dans l'acide chlorhydrique, en phosphate monocalcique, soluble dans l'eau. Il existe également un phosphate intermédiaire, le phosphate bicalcique, qui est insoluble dans l'eau, mais soluble dans les réactifs faibles et dont on obtient également une certaine quantité dans le traitement du phosphate naturel par l'acide sulfurique.

C'est d'après la teneur en acide phosphorique combiné à la chaux dans les phosphates mono et bicalcique, appelé acide phosphorique assimilable, que se fait la vente des superphosphates.

Superphosphates. — Depuis l'extension de cette industrie, la vente des phosphates naturels est devenue un commerce des plus importants et des plus ucratifs, pour les favorisés du moins : tel cultivateur qui tirait à grand'peine un maigre revenu de ses terrains, a trouvé en eux la source d'une grande fortune en les exploitant, ou, plus généralement, en les vendant comme mines de phosphate.

Tout d'abord, rappelons que les phosphates naturels ne sont pas les seuls produits employés. On emploie également :

1° *Les os*, qui contiennent tous une grande proportion de phosphate de chaux (os de mouton, 60 0/0; os de bœuf, 45 0/0; os humain, intermédiaire, avec 55 0/0

Fig. 113. — LES GLANEUSES, par François Millet.

2° *Les cendres d'os* qui nous viennent d'Amérique en assez grande quantité et qui tiennent de 78 à 80 0/0 en phosphate de chaux;

3° *Les noirs de raffinerie*, dont la composition varie avec la quantité de sang employée pour la clarification. Ces noirs sont toujours riches en matières organiques, tiennent de 2 à 4 0/0 d'azote et de 40 à 75 0/0 de phosphate de chaux;

4° *Les guanos*, qui servent à fabriquer les superphosphates azotés, quand ils n'ont pas été altérés par les eaux de pluie. Dans le cas contraire, ils tiennent alors de 70 à 75 0/0 de phosphate de chaux, et servent à la fabrication des superphosphates courants.

Les phosphates naturels sont exploités depuis environ quarante-cinq ans. Les premiers gisements découverts se trouvent dans le Pas-de-Calais et constituent les *coprolithes*, que l'on a retrouvés depuis dans plus de quarante départements, toujours en couches de 5 à 10 centimètres, jamais en amas : Ce sont les phosphates des Ardennes ; ils ont une teneur très constante de 40 à 45 0/0 en phosphate de chaux, et sont toujours accompagnés d'une certaine quantité de carbonate de chaux, d'oxyde de fer et d'alumine, avec une quantité d'azote insignifiante.

En 1875, on a découvert, aux environs du Lot, un gisement considérable de phosphates naturels, se présentant en grands blocs, et dont la composition est des plus variables. Quelques-uns sont très riches, puisqu'ils atteignent une teneur en phosphate de chaux de 95 0/0.

Les belles qualités tiennent 80 0/0, les ordinaires 60 à 70 0/0 ; ils sont alors ferrugineux et alumineux. On rencontre également des qualités inférieures à 40 ou 45 0/0, avec une forte proportion d'oxyde de fer et d'alumine. Les phosphates du Lot sont caractérisés par la présence d'une quantité notable d'iode ; ils sont très difficiles à broyer.

Plus récemment (il y a environ dix ans), on a trouvé, aux environs de Beauval, un gisement des plus importants et remarquable surtout par l'état physique du phosphate, qui se présente sous l'aspect d'un sable assez fin, ce qui facilite singulièrement l'exploitation. On appelle ces phosphates « phosphates de la Somme » (les filons s'étendent dans les départements voisins) ; on les classe en trois qualités :

Qualité n° 1.	80 à 85 0/0	de phosphate	de chaux.
— n° 2.	60 à 70 0/0	—	—
— n° 3.	45 à 50 0/0	—	—

On exploite aussi en Belgique des phosphates analogues aux phosphates de la Somme, mais bien moins riches. C'est ainsi que les phosphates de la Compagnie de Ciply tiennent de 40 à 45 0/0 de phosphate de chaux et 35 à 40 0/0 de carbonate de chaux ; les phosphates du Hainaut sont également très carbonatés, mais tiennent de 45 à 55 0/0 en phosphate de chaux. Voici, comparativement, les analyses que nous avons faites, d'un phosphate du Hainaut et d'un phosphate de Ciply, dont l'emploi est courant dans la fabrication.

	Phosphate de chaux.	Carbonate de chaux.
Ciply	43,14	36,70
Hainaut.	48,45	31,00

Enfin, citons encore les *apatites espagnoles*, qui tiennent du fluorure de calcium ; celles de Norvège, où le chlorure de calcium remplace le fluorure. Aux États-Unis on rencontre également des apatites faciles à broyer ; aux îles Curaçao, des phosphates purs tenant un peu du plâtre, et en Russie des coprolithes, dont la richesse est insuffisante pour une exploitation.

Fabrication. — Comme nous l'avons dit déjà plus haut, c'est par l'attaque des phosphates naturels, ou des autres matières premières que nous avons indiquées, que l'on obtient les superphosphates.

On a cru pendant longtemps que l'action de deux parties d'acide sulfurique sur une de phosphate fournissait du sulfate de chaux et du phosphate acide soluble dans l'eau. Mais cette réaction, exacte avec de la cendre d'os et de l'acide étendu, ne l'est plus avec les phosphates naturels où la pulvérisation n'est jamais complète et où l'attaque est plus difficile : Millot a montré qu'on laisse toujours du phosphate inattaqué et que l'on fait une certaine quantité d'acide phosphorique libre. Si l'on augmente la quantité d'acide sulfurique pour diminuer celle de phosphate inattaqué, on augmente la quantité d'acide phosphorique libre. Dans certains cas, avec les apatites espagnoles, par exemple, la quantité de phosphate inattaqué est toujours très notable ; car, en ajoutant un excès d'acide sulfurique, on agit surtout sur le phosphate acide pour augmenter la teneur en acide phosphorique libre, sans diminuer sensiblement la quantité de phosphate inattaqué.

Le degré de concentration de l'acide à employer varie avec la matière première ; il doit toujours être tel que la masse soit bien empâtée et l'attaque bonne. Pourtant, le plus généralement, quand on a affaire à des phosphates naturels, on emploie l'acide des chambres (marquant, comme on sait, de 50 à 53° Baumé), que l'on ramène à 50°. Cette richesse de l'acide peut être abaissée jusqu'à 38 ou 40° quand on emploie des phosphates très calcaires. Au contraire, quand on attaque les os crus broyés, il y a intérêt à prendre un acide plus concentré : on se sert généralement dans ce cas d'acide à 60°.

Quant au fabricant, s'il n'est lui-même producteur d'acide, il est bien évident que sa situation géographique le guidera seule : s'il est près d'une usine, il achètera de l'acide à 53° : s'il en est éloigné, l'acide à 66°, d'un prix plus élevé, est tout indiqué dès que le transport entre pour un certain facteur.

L'*attaque* du phosphate se fait dans des appareils appelés *malaxeurs*, et l'opération est continue ou discontinue.

Le malaxeur discontinu se compose d'une espèce de cylindre avec tube de dégagement à la partie supérieure et trappe à la partie inférieure, permettant de faire tomber dans des chambres le produit fabriqué. Sur chaque côté, on dispose, d'une part, une plaque en plomb formant porte et servant au chargement du phosphate ; d'autre part, un conduit pour l'introduction de l'acide. Enfin, à l'intérieur du malaxeur, on place sur un arbre une série d'agitateurs à palettes.

Le phosphate est jeté dans le malaxeur ; puis la quantité d'acide sulfurique nécessaire à son attaque est introduite au moyen d'un flacon jaugé. On brasse le tout et, quand la masse est bien empâtée, on la fait tomber dans les chambres au moyen de la trappe. On laisse refroidir ; puis, lorsque la chambre est pleine, on débite le bloc à la pioche. Le broyage en est très facile et on obtient une matière s'égrenant facilement à la main, qu'il ne reste plus qu'à mettre en sacs.

Le malaxeur continu se compose d'un cylindre incliné, monté sur un arbre muni d'agitateurs disposés en hélice. Le phosphate, amené par une chaîne à godets, est déversé dans un tamis placé à l'extrémité supérieure du cylindre. L'acide est également débité continuellement, soit au moyen d'un flacon, soit au moyen d'une chaîne à godets. On fait une aspiration des gaz dans les chambres où l'on reçoit le produit.

Quel que soit le malaxeur employé, la température des chambres peut s'élever jusqu'à 150° ; dans le cas où les phosphates employés sont riches en fer et en alumine, la teneur en acide phosphorique solube dans le citrate (acide phosphorique assimilable) diminue alors très rapidement. On peut éviter cette perte en recueillant les produits dans des wagonnets dès leur sortie du malaxeur, chaque wagonnet étant vidé sur le sol dès qu'il est rempli.

Malgré le fait que nous venons de signaler, on est arrivé, dans certaines usines, à sécher les superphosphates, à haute température (aux environs de 350°), par un procédé dont aucune communication détaillée n'a jamais été faite. L'opération se fait dans des fours à tablettes chauffés directement; le superphosphate passe successivement sur chacune des tablettes, où il reste dix minutes.

Lorsque la dernière tablette est vidée, un mécanisme la ramenant à sa position première, déclenche en même temps la tablette immédiatement supérieure qui se vide alors sur la dernière tablette. L'avant-dernière tablette produit le même effet, en reprenant sa position, sur la tablette la précédant et ainsi de suite jusqu'à la tablette supérieure, qu'il suffit de charger de superphosphates toutes les dix minutes.

Nous avons réuni, dans les tableaux que nous donnons ci-dessous, une série d'analyses que nous avons eu l'occasion de faire pour suivre une fabrication journalière de 80 à 90,000 kilogrammes de superphosphates, tant sur le produit humide, c'est-à-dire sortant du malaxeur, que sur le produit séché par le procédé dont nous venons de parler.

Dans une première colonne, nous indiquons la composition du mélange attaqué, avec la teneur à 5 0/0 près des phosphates employés : ainsi Ciply 40/45 indique, en même temps que la provenance, la teneur en phosphate de chaux, comprise entre 40 et 45 0/0. Nous indiquons également la quantité d'acide employé pour 100 parties du mélange. Enfin, dans une dernière colonne, nous donnons l'attaque, c'est-à-dire la proportion pour cent d'acide soluble.

I. SUPERPHOSPHATES ORDINAIRES

MÉLANGE ATTAQUÉ		HUMIDE		SÉCHÉ		ATTAQUÉ	
		Acide phosphorique total.	Acide phosphorique assimilable.	Acide phosphorique total.	Acide phosphorique assimilable.	Humide.	Séché.
Malogne 45/50.........	40 0/0						
Ciply 40/45............	40 0/0	11 06	10 20	12 02	11 57	91 30	96 20
Beauval 55/60.........	20 0/0	10 68	9 59	13 17	11 48	90 30	87 10
Acide à 50°...........	117 0/0						
Malogne 45/50.........	40 0/0	11 13	9 75	12 34	10 42	87 50	84 40
Ciply 40/45............	40 0/0	10 42	10 19	11 86	11 51	97 70	97 00
Beauval 55/60.........	20 0/0	10 87	9 75	12 10	11 13	89 70	91 90
Acide à 50°...........	117 0/0	10 64	10 45	12 10	11 83	98 20	97 70
		10 64	9 46	11 92	10 29	88 90	86 00
Malogne 45/40.........	40 0/0	11 44	9 72	11 96	11 10	94 90	92 80
Ciply 40/45...........	50 0/0	11 06	9 97	11 96	10 61	90 10	88 70
Acide à 50°...........	120 0/0	11 00	9 94	11 25	10 10	90 30	89 70
		11 00	9 84	11 80	10 30	89 40	87 30
		9 97	9 42	11 38	9 54	94 50	83 60
		10 55	9 21	11 89	10 93	84 70	83 50
		10 87	9 27	11 96	10 36	87 80	86 70

Fig. 114. — LE DÉPART DE LA FERME, tableau par Troyon.

II. SUPERPHOSPHATES RICHES

MÉLANGE ATTAQUÉ		HUMIDE		SÉCHÉ		ATTAQUE	
		Acide phosphorique total.	Acide phosphorique assimilable.	Acide phosphorique total.	Acide phosphorique assimilable.	Humide.	Séché.
Berthier 65/70.........	20 0/0	13 36	13 11	15 67	14 83	98 10	94 60
Beauval 60/65	30 0/0	14 26	13 71	15 24	14 52	96 10	94 00
Monod-Voisin 60/65....	30 0/0	14 22	13 94	15 12	14 07	98 00	98 00
Hainaut 45/50..........	20 0/0	13 90	13 23	15 34	14 51	95 10	94 50
Acide à 50°............	108 0/0						
Berthier 65/70..........	20 0/0	13 23	12 75	15 54	13 78	96 30	88 00
Monod-Voisin 60/65....	40 0/0	14 10	12 66	14 64	14 07	89 70	96 10
Hainaut 45/50.........	10 0/0	13 84	13 14	14 90	14 07	94 90	94 40
Ciply 40/45	10 0/0	12 91	12 66	14 96	14 00	98 00	93 50
Acide à 50°	108 0/0	13 00	12 85	15 06	14 48	98 80	96 10
Bernard 65/70	20 0/0	13 75	13 11	14 89	14 39	95 30	96 60
— 60/65.........	60 0/0	13 75	13 11	15 09	14 39	95 30	95 30
Hainaut 45/50	20 0/0	13 49	13 04	14 90	14 00	96 60	93 90
Acide à 50°	108 0/0	13 49	13 14	14 86	13 87	97 40	93 30
		13 55	13 36	15 15	14 39	98 50	94 90
Berthier 65/70..........	20 0/0	13 75	13 17	15 47	14 58	95 70	94 20
— 60/65	60 0/0	13 75	13 30	14 83	13 55	96 70	91 30
Hainaut 45/50.........	20 0/0	14 19	12 91	15 41	13 80	90 90	89 60
Acide à 50°	108 0/0						

III. SUPERPHOSPHATES EXTRA-RICHES

MÉLANGE ATTAQUÉ		HUMIDE		SÉCHÉ		ATTAQUE	
		Acide phosphorique total.	Acide phosphorique assimilable.	Acide phosphorique total.	Acide phosphorique assimilable.	Humide.	Séché.
Monod-Voisin 65/70....	50 0/0	16 94	15 15	17 26	16 62	80 40	96 30
Beauval 70/80..........	50 0/0	15 80	15 34	16 63	15 50	97 00	93 00
Acide à 50°............	100 0/0	15 76	14 93	16 50	16 18	94 70	98 00
		15 41	14 90	16 75	16 00	96 70	95 50
		15 30	15 15	17 55	16 53	99 00	94 20

Avant d'examiner ces tableaux disons deux mots de la *rétrogradation*. Au début de l'industrie des superphosphates, la vente se faisait d'après la teneur en phosphate de chaux soluble dans l'eau, les résultats analytiques se donnant en acide phosphorique. Mais il y eut bientôt des contestations entre l'acheteur et le vendeur, le premier ne retrouvant pas le titre qui lui était donné par le second : une partie du phosphate soluble, au moment de la livraison, était devenu insoluble. Les Anglais, les premiers, constatèrent que cette partie du phosphate, primitivement soluble dans l'eau et qui, au bout d'un certain temps ne l'était plus, était soluble dans les réactifs faibles, comme le carbonate de soude et l'oxalate d'ammoniaque, tandis que le phosphate primitivement insoluble ne se dissolvait sensiblement pas dans ces réactifs.

Tout d'abord, on avait pensé que ce phosphate, que les Anglais avaient appelé phosphate réduit et que l'on nomme aujourd'hui phosphate rétrogradé, s'était formé, par l'action du phosphate soluble dans l'eau, monocalcique, sur le phosphate insoluble, tricalcique, pour donner du phosphate dicalcique intermédiaire.

M. Joulie a montré depuis que la rétrogradation était aussi due à la saturation de l'acide phosphorique libre par le carbonate de chaux inattaqué, et à l'action de cet acide sur le phosphate naturel.

Nous renvoyons pour les détails concernant cette importante question aux remarquables travaux de Millot sur le traitement des phosphates naturels. On y verra également la très grande influence de l'oxyde de fer et de l'alumine sur la rétrogradation.

Nous avons d'ailleurs dit, au commencement de cet article, que la vente se fait, actuellement, d'après la teneur en acide phosphorique soluble dans le citrate d'ammoniaque alcalin et froid, appelé acide phosphorique assimilable. Pourtant, mais ce sont là de très rares exceptions, certains acheteurs demandent un titre en acide phosphorique soluble dans l'eau.

Comme on peut s'en rendre compte à l'examen des tableaux que nous venons de donner, la fabrication des superphosphates est loin d'être régulière; c'est ainsi qu'un même mélange attaqué avec la même quantité d'acide, donne des résultats tout à fait différents. Le séchage, surtout, modifie d'une manière très marquée la composition du produit final. Presque toujours, l'attaque du produit séché est moins bonne que celle du produit humide correspondant, et, parfois, avec des écarts très notables (attaque, humide 96,3 ; attaque, séché 88 ; attaque, humide, 94,5 ; attaque, séché 83,6).

Il est aussi à remarquer que si, dans certains cas, l'attaque du produit séché est supérieure à celle du produit humide, c'est parce que l'attaque sur le produit humide est faible et que la première action de la chaleur est de compléter cette attaque. Et si la rétrogradation due à un excès de température est plus faible que le gain, dû à une attaque complémentaire, le résultat final du séchage se traduira, évidemment, par une augmentation d'attaque. Il se pourrait également qu'à la température du séchage (350°), l'acide phosphorique libre subisse des modifications chimiques de nature à venir troubler la constitution primitive du superphosphate.

Il y a là un grand point à éclaircir ; et, le jour où l'on arrivera à sécher les superphosphates sans obtenir des produits contenant en acide phosphorique total de 1 à 2 0/0 en plus qu'en acide phosphorique assimilable, l'industrie trouvera un bénéfice qui est loin d'être négligeable, vu son énorme production.

Engrais composés. A côté du superphosphate, l'industrie livre à l'agriculture des engrais dits composés, contenant, outre de l'acide phosphorique assimilable, soit de l'azote (à un des trois états : organique, ammoniacal ou nitrique), soit de la potasse à l'état de sulfate, soit, enfin, azote et potasse réunies.

Nous donnons ci-dessous la composition de ces engrais :

Engrais potassique	Acide phosphorique assimilable	10 à 12 0/0
	Potasse	7 0/0
Engrais azoté	Acide phosphorique assimilable	11 à 13 0/0
	Azote ammoniacal	3 à 4 0/0

Engrais azotés et potassiques	1°	Acide phosphorique assimilable	9 à 11 0/0
		Azote ammoniacal	3 0/0
		Potasse	5 0/0
	2°	Acide phosphorique assimilable	6 à 8 0/0
		Azote nitrique	5 0/0
		Potasse	12 0/0

Il est bien évident que la composition de ces engrais peut varier à l'infini, puisque ce sont de simples mélanges.

Souhaitons, en terminant, que les prix de ces engrais composés, qui rendent de si réels services à l'agriculture, ne soient pas toujours aussi élevés (le dernier engrais dont nous donnons la composition se vend 22 francs les 100 kilos), de manière à voir leur emploi s'étendre de plus en plus.

L'ORIGINE DES PHOSPHATES DE CHAUX

L'origine des phosphates de chaux et des autres matières si précieuses pour l'agriculture reste encore aujourd'hui en bien des points obscure. Des recherches géologiques, entreprises avec son frère, sur la géologie de la vallée de l'Aude, ont amené M. Armand Gautier à découvrir dans une caverne de la vallée de la Cène (Hérault) un nouveau gisement de phosphate de chaux formé dans des conditions qui jettent un jour très éclatant sur l'origine de cette substance. Cette grotte est, à sa surface, un véritable ossuaire de squelettes d'ursus speleus, d'hyène, de felis spelea, etc. C'est dans ces galeries que M. A. Gautier a découvert, en 1882, une poussière farineuse que l'analyse lui révéla être un phosphate de chaux bibasique cristallisé, substance très rare, qui n'avait été signalée, jusque-là, que dans les guanos des îles des mers des Caraïbes. Cette découverte lui fit entreprendre des recherches nouvelles. Des puits furent forés dans le sol de la grotte ; ces travaux permirent de constater qu'il existe dans cette caverne plus de cinquante mille tonnes de phosphate.

La terre de remplissage de la grotte, la terre superficielle, a été analysée : elle contient une moyenne de 17 à 18 0/0 de phosphate de chaux, et, chose tout à fait inattendue, on trouve à côté de ce phosphate assez répandu, on le sait, le phosphate d'alumine qui est extrêmement rare dans la nature.

Les ossements antédiluviens ont été aussi analysés. On trouve que dans ces os le phosphate de chaux est de 75 0/0 et qu'à côté de lui on constate une quantité très sensible d'oxyde de zinc, corps qui a été certainement introduit durant la vie des animaux, c'est-à-dire résulte de leur alimentation.

Beaucoup de végétaux, le blé, l'orge, les haricots, contiennent souvent du zinc quand ils poussent sur certains sols ; or, depuis ces recherches, on a trouvé la calamine ou silico-carbonate de zinc dans cette région.

M. Armand Gautier qui a étudié la genèse des phosphates et, en particulier, de ceux qui ont emprunté leur phosphore aux êtres organisés, l'explique ainsi.

Lorsque les animaux ou les végétaux se décomposent après leur mort, ils passent par deux phases. Dans l'une agissent les bactéries qui les réduisent et donnent des sels ammoniacaux; dans l'autre, au contraire, les micro-organismes y jouent le rôle de corps oxydants; le soufre passe à l'état de sulfate, l'azote à l'état de nitrate, le phosphore à l'état d'acide phosphorique. Ce phosphore, qui se trouve dans les tissus organiques, dans les produits de l'animal ou du végétal,

Fig. 115. — Une ferme dans les Landes.

le phosphore d'origine organique, en un mot, se transforme en phosphate ammoniacal qui, entraîné par les eaux, attaque la roche calcaire et produit des phosphates de chaux et du carbonate d'ammoniaque qui se résout en nitrate de chaux. Mais le phosphate de chaux formé ne provient pas des os des squelettes. Tous ces faits ont été reproduits, dit M. A. Gautier, au laboratoire synthétiquement, après avoir été observés à la grotte de Minerve (Hérault). Dans cette grotte on voit, en effet, les blocs calcaires tombés de la voûte transformés sur place en phosphates de chaux par les eaux ammoniacales au milieu desquelles ils ont séjourné pendant des siècles, et, souvent aussi, un noyau de calcaire non encore métamorphosé au centre, comme un témoin indiscutable de cette origine.

SELS POTASSIQUES

Engrais potassiques. — La potasse est nécessaire aux plantes pour qu'elles atteignent leur complet développement.

On trouve cette base dans toutes les plantes, mais en plus ou moins grande quantité. Les terres en renferment généralement d'assez fortes proportions, aussi la restitution de la potasse est moins urgente.

Les engrais à base de potasse les plus usités sont les cendres de bois, le *nitrate de potasse* que nous avons déjà étudié à propos des engrais azotés, le *sulfate de potasse*, le *chlorure de potassium* et la *kaynite*.

Sulfate de potasse. Ce sel renferme 50 0/0 environ de potasse ; il a un effet important sur la vigne et augmente considérablement la récolte et la richesse des moûts en sucre. Sur le tabac, la pomme de terre et le houblon, il donne d'excellents résultats.

On l'applique à la dose de 150 à 300 kilos par hectare, généralement en automne ; on l'incorpore par la charrue ou le hersage.

Le sulfate de potasse s'obtient dans le traitement des cendres, du varech et dans l'exploitation des salins de betterave.

Le salin de betterave a une composition variable avec la nature du sol où la betterave a été cultivée, mais qui s'éloigne peu de la suivante :

Sulfate de potasse	4
Chlorure de potassium	20
Carbonate de soude	18
Carbonate de potasse	32
Matières insolubles	26
	100

Le produit de l'incinération des varechs donne l'analyse suivante :

Chlorure de sodium	16.02
Chlorure de potassium	13.48
Sulfate de potasse	10.20
Iode	0.60
Brume et sels solubles divers	2.70
Matières insolubles	57.00
	100.00

Chlorure de potassium. C'est l'engrais potassique le plus communément employé, plus riche en potasse que le précédent, 60 0/0, et meilleur marché, on l'emploie à l'entrée du printemps pour les pommes de terre et les betteraves à la dose de 150 à 200 kilogrammes par hectare.

C'est surtout sur les sols calcaires qu'il donne de bons résultats.

Ce sel se retire des raffineries de mélasse, et des eaux mères des marais salants.

On trouve depuis quelques années le chlorure de potassium à l'état pur et à l'état de chlorure double de potassium et de magnésium, dans les mines de Stassfurt, en Prusse, et dans celles de Kalucz (Galicie orientale).

Dans ces mines, les différentes couches salines, superposées par ordre de solubilité, montrent qu'on se trouve au milieu d'une masse provenant du dessèchement d'un lac salé longtemps alimenté par l'eau de la mer. Au-dessus de dépôts très puissants de sel gemme se trouvent d'abord des lits de sulfate de chaux anhydre qui alternent avec du sel marin; puis viennent des dépôts de sulfate triple de chaux, de magnésie et de potasse (*polyalite*). Le sulfate de magnésie (*kiesérite*) et le chlorure de sodium constituent une troisième couche, et enfin le chlorure double de potassium et de magnésium (*carnallite*) avec du chlorure double de calcium et du magnésium (*tachydrite*) et de la boracite, forment la partie supérieure du dépôt salin. C'est exactement l'ordre dans lequel se déposent les sels des eaux mères des marais salants actuels. Le chlorure double impur (*carnallite*) a la composition suivante :

Chlorure de potassium	16
— magnésium	20
— sodium	25
Sulfate de magnésie	10
Eau et impuretés	29
	100

La masse saline pulvérisée est dissoute dans de grandes cuves en fonte, chauffées par de la vapeur d'eau. Quand toutes les matières solubles sont dissoutes, on laisse reposer, puis on décante et on fait cristalliser. Le chlorure de potassium cristallise, entraînant avec lui un peu de chlorure de sodium et de chlorure de magnésium. On le débarrasse du chlorure de magnésium par des lavages à l'eau froide. Cette exploitation du chlorure de potassium acquiert chaque jour une importance plus considérable.

Kaynite. Ce sel qui, outre la potasse, contient aussi du sulfate de magnésie, du chlorure de magnésium et de sodium, provient des mines de *Stassfurth;* il est à bas prix, la potasse revenant à 0 fr. 21 le kilogramme. Il est toutefois préférable de l'utiliser après calcination pour faire disparaître le chlorure de magnésium qui peut être nuisible. La kaynite ainsi préparée peut être appliquée à la vigne, à la pomme de terre et aux prairies naturelles.

On la répand à la dose de 400 à 600 kilogrammes par hectare.

Ce produit renferme les substances suivantes :

Sulfate de potasse	22 à 24
Chlorure de potassium	2 à 5
Sulfate de magnésie	16 à 18
Chlorure de sodium	30 à 40

LES ENGRAIS CHIMIQUES

On sait aujourd'hui que la fertilité n'est pas proportionnelle à la quantité de matières organiques renfermées dans le sol ; que l'efficacité des *engrais* n'est pas proportionnelle non plus à la quantité de matières organiques qu'ils renferment, mais que la stérilité des terrains tient surtout à ce que les principes azotés de l'atmosphère sont insuffisants. Ce n'est pas toujours en analysant des plantes cultivées que l'on peut arriver à définir leurs besoins. Nous avons d'ailleurs maintenant pour guide sûr les travaux de M. Boussingault et ceux plus récents de M. Georges Ville. Voici les conclusions de ces savants chimistes :

1° Le phosphate de chaux sans matières azotées exerce peu d'influence sur la végétation;

2° L'azotate de potasse sans phosphate de chaux agit un peu plus, quoique faiblement encore;

3° Le phosphate de chaux et l'azotate de potasse réunis exercent une action très grande.

C'est-à-dire qu'un principe favorable à la végétation agit en vertu de deux causes : sa nature propre et les autres principes auxquels on l'associe : « Sans substances organiques, dit le professeur du Muséum, la végétation est si faible que les phosphates de la graine suffisent, tandis qu'avec des matières organiques, la végétation devenant plus active, un phosphate est nécessaire. Les phosphates sont donc très importants. Après eux viennent les alcalis, puis les terres; mais les alcalis et les terres ont une action défavorable lorsqu'ils ne sont pas unis à des phosphates. Ces sels servent donc par eux-mêmes et indirectement à l'assimiliation des phosphates. »

M. Ville ajoute que les éléments constituants du sol doivent être divisés en trois catégories :

1° Éléments mécaniques servant de supports aux racines;

2° Éléments assimilables actifs ou immédiatement assimilables, tels que produits azotés solubles, etc.;

3° Éléments assimilables en réserve, c'est-à-dire capables de devenir assimilables après avoir subi une altération, comme les principes azotés insolubles. Aussi ne suffit-il pas de doser l'azote total pour connaître la valeur d'une terre. Il faut d'abord doser l'azote total pour connaître la somme des éléments azotés actifs ou en réserve, puis épuiser la terre par l'eau et doser l'azote des éléments (nitrate, ammoniaque) pour connaître le rapport des éléments actifs aux éléments en réserve.

Voici du reste le tableau d'une analyse qui fera mieux comprendre le procédé :

Sol.	Éléments mécaniques.		Sable. Calcaire. Argile. Graviers.
	Assimilables actifs.	Organiques.	Humus. Ammoniaque. Acide azotique.
		Minéraux.	Acide phosphorique. Acide sulfurique. Chlore. Silice. Potasse. Soude. Chaux. Magnésie. Oxyde de fer. Oxyde de magnésie.
	Assimilables en réserve.		Détritus organiques. Minéraux indécomposés.

Un mélange de phosphate de chaux et de matière azotée, agissant isolément, est sans l'influence sur la végétation; l'addition de la potasse communique soudain à ce mélange une efficacité incomparable. La potasse est le régulateur des effets produits sur la végétation par le mélange. Cela est si vrai, que les résultats ont été les mêmes quelle que fût la substance azotée employée dans le mélange.

La soude ne peut pas remplacer la potasse, quoique la potasse paraisse pouvoir remplacer la soude. La terre des Landes devient excellente pour le blé avec de la potasse, et, si l'on y met de la soude, le blé y vient mal.

Fig. 116. — BERGER ET SON TROUPEAU, par Troyon.

L'azotate de potasse est supérieur à l'azotate d'ammoniaque à cause de la potasse que ce sel renferme.

Parmi les composés oxygénés du phosphore, les phosphates sont seuls utiles: les phosphites et biphosphites n'agissent pas. En outre: 1° dans un sol pourvu de potasse, de chaux et de magnésie, l'absence des phosphates rend la végétation absolument impossible; 2° à égalité d'azote, le nitrate de potasse produit plus de récolte que le nitrite.

A l'aide de *superphosphates*, des *sels de potasse*, des *sels azotés* et du *sulfate de chaux*, on opère divers mélanges de manière à faire dominer tel ou tel principe ou même à supprimer l'un ou l'autre, suivant les plantes et les terrains cultivés. Ces mélanges, préconisés par M. Ville comme supérieurs à tous les autres engrais, sont désignés sous le nom d'*engrais chimiques*.

Ces engrais sont donc réduits aux quatre principes: *azote*, *phosphate*, *potasse* et *chaux*.

Il est incontestable que les engrais chimiques, employés concurremment avec le fumier, produisent les résultats les plus avantageux; aussi sont-ils entrés depuis longtemps dans la pratique courante. G. Ville va plus loin et affirme que l'adjonction au sol cultivé, d'un sel de potasse, d'un sel azoté et d'un phosphate, qu'elle soit faite avec ou sans le concours du fumier, assure toujours une abondante production végétale, si elle est faite en quantité convenable, et si le sol est suffisamment marné, c'est-à-dire assez riche en chaux. Mais pour conduire à des résultats rémunérateurs, il faut qu'ils soient employés avec convenance, leur quantité totale et leurs proportions relatives devant, comme nous l'avons dit, être déterminées rigoureusement d'après le sol et la plante à faire prospérer.

Remarquons qu'une semblable détermination de la composition et de la quantité de l'engrais présenterait en pratique des difficultés presque insurmontables. Pour cette raison, et à cause des échecs qu'on a eu à enregistrer dans cette voie, il semble actuellement impossible de baser un système de culture régulier sur l'emploi exclusif des engrais chimiques. Mais ils rendent les plus grands services comme engrais auxiliaires.

FORMULES D'ENGRAIS

D'APRÈS LA MÉTHODE DE M. GEORGES VILLE

Froment.

	Quantités à l'hectare.
Engrais complet n° 1.	1,200kg.
Soit :	
Superphosphate de chaux.	400
Nitrate de potasse	200
Sulfate d'ammoniaque	250
Sulfate de chaux.	350
Total égal.	1,200

Orge, Avoine, Seigle. — Prairie naturelle.

Engrais complet n° 1.	600kg.
Soit :	
Superphosphate de chaux.	200
Nitrate de potasse	100
Sulfate d'ammoniaque	125
Sulfate de chaux.	175
Total égal.	600

Pour la prairie on peut employer l'engrais de deux manières différentes. Le répandre en une seule fois à l'automne, ou en deux fois : 300 kilogrammes à l'automne et 300 kilogrammes au printemps après la première coupe.

Chanvre, Colza.

	Quantités à l'hectare.
Engrais complet n° 1	1,200^{kg}.

Si le colza devait être suivi d'un froment :

Engrais intensif n° 1	1,300^{kg}.
Soit :	
Superphosphate de chaux	400
Nitrate de potasse	200
Sulfate d'ammoniaque	350
Sulfate de chaux	350
Total égal	1,300

Betteraves, Carottes, Choux à vache, Houblon, Jardinage.

Engrais complet n° 2	1,200^{kg}.
Soit :	
Superphosphate de chaux	400
Nitrate de potasse	200
Nitrate de soude	300
Sulfate de chaux	300
Total égal	1,200

Lorsqu'on veut pousser le rendement de betteraves à la limite la plus élevée, il faut substituer, à l'engrais complet n° 2, l'engrais complet intensif n° 2.

Engrais intensif n° 2	1,300^{kg}.
Soit :	
Superphosphate de chaux	400
Nitrate de potasse	200
Nitrate de soude	450
Sulfate de chaux	250
Total égal	1,300

Saupoudrer l'engrais à la surface du sol à raison de 6 kilos par 100 mètres carrés, — labourer, — puis répandre de nouveau 6 kilos par 100 mètres carrés à la surface du sol, — et planter ou semer.

Si les plantes sont déjà en place, répandre à la surface du sol 12 kilos par 100 mètres carrés et crocheter légèrement la terre afin de la mélanger avec l'engrais.

Pommes de terre.

Engrais complet n° 3	1,000 kg.
Soit :	
Superphosphate de chaux	400
Nitrate de potasse	300
Sulfate de chaux	300
Total égal	1,000

Sur les terres épuisées, l'engrais complet n° 2 à la dose de 1,200 kilogrammes est préférable.

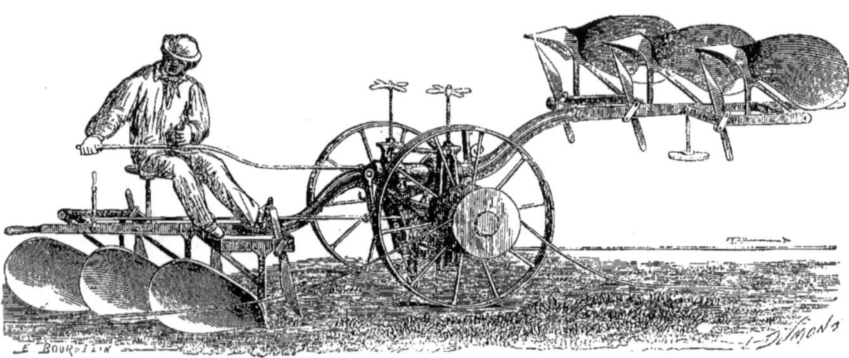

Fig. 117. — Charrue, système Lotz.

Dans le trou où l'on dépose la pomme de terre qui doit servir de semence, répandre environ 25 grammes d'engrais, en saupoudrant, et recouvrir de terre. Cette quantité de 25 grammes est calculée pour quatre trous au mètre carré. Si les trous sont plus ou moins rapprochés, on calculera la quantité d'engrais en divisant 1,000 kilos par le nombre de trous à l'hectare.

Cette formule permet de récolter 30,000 kilos de belles pommes de terre à l'hectare. Dans un terrain sans engrais chimique, la récolte moyenne n'est que de 3,500 kilos et les fruits sont beaucoup moins gros et moins beaux.

L'engrais n° 3 convient aussi aux rosiers. Même mode d'emploi que pour les arbres fruitiers, 100 grammes d'engrais par pied, bien mélanger l'engrais avec la terre, arroser. Ne pas exagérer la dose pour ne pas brûler les rosiers.

Vignes et arbustes.

Engrais complet n° 4	1,500 kg.
Soit :	
Superphosphate de chaux	600
Nitrate de potasse	500
Sulfate de chaux	400
Total égal	1,500

L'engrais complet n° 3 donne aussi de très bons résultats sur la vigne. On peut conseiller même de débuter par lui sur les vignobles dont les produits sont de qualité ordinaire.

Enfin l'engrais incomplet n° 6, dans lequel la potasse est sous la forme de carbonate, ou potasse épurée, donne des résultats encore supérieurs.

Fig. 118. — Locomobile automotrice Lotz, pour labourage à vapeur.

Engrais incomplet n° 6	1,000 kg
Soit :	
Superphosphate de chaux.	400
Carbonate de potasse raffiné à 90°	200
Sulfate de chaux	400
Total égal.	1,000

Pour la vigne on creuse à la bêche, autour de chaque cep, une petite cuvette dans laquelle on répand bien également la quantité d'engrais que l'on a déterminée en divisant 1,000 kilos par le nombre de ceps à l'hectare. Pour mesurer, on peut se servir d'un simple verre à boire qu'on entoure d'une ficelle nouée à la hauteur de la dose d'engrais, puis on recouvre l'engrais avec la terre du déblai, pour combler la cuvette. Il est bon de pratiquer au fond de la cuvette, à l'aide d'une tringle ou d'un pieu, quelques trous que l'on recouvre avec une pierre. La première pluie délaie l'engrais, et par ces trous le fait pénétrer jusqu'aux racines. Il est bon d'arroser, s'il est possible, après l'opération.

La quantité d'engrais pour chaque cep serait donc de 100 grammes, si le mètre carré de terrain contient un cep, ou de 50 grammes, si le mètre carré en contient deux.

Pour les treilles et espaliers, donner de 300 à 400 grammes d'engrais, en faisant autour du cep une cuvette de $1^m,50$ de diamètre et de $0^m,20$ de profondeur. Percer également quelques trous au fond de la cuvette.

3 kilos d'engrais suffisent pour 30 à 40 ceps en vignoble ou 10 ceps en taille ou espalier.

Pour les arbres fruitiers creuser une cuvette de $1^m,50$ de diamètre, répandre 300 grammes d'engrais pour un petit arbre et 500 grammes pour un grand. Percer des trous avec un pieu, combler la cuvette et arroser ; l'engrais, entraîné par l'eau dans les trous, gagnera les racines.

Navets, Turneps, Rutabagas, Topinambours, Sorgho, Canne à sucre, Maïs.

Engrais complet n° 5.	1,200 kg.
Soit :	
Superphosphate de chaux.	600
Nitrate de potasse.	200
Sulfate de chaux	400
Total égal.	1,200

Fèves, Féveroles, Haricots, Pois, Trèfle, Sainfoin, Vesces, Luzerne.

Engrais incomplet n° 6.	1,000 kg.
Soit :	
Superphosphate de chaux	400
Chlorure de potassium à 80°	200
Sulfate de chaux.	400
Total égal.	1,000

Lorsqu'on associe les engrais chimiques au fumier de ferme, on peut réduire de moitié les formules indiquées.

Le fumier ayant été enterré dans les couches profondes, on répand les engrais chimiques à la surface du sol après le dernier labour.

Manière d'employer les engrais chimiques. — L'emploi des engrais chimiques, dit M. G. Ville, demande des précautions exceptionnelles : comme les armes de précision, ils ne donnent la véritable mesure de leur puissance que dans les mains de ceux qui savent s'en servir.

Il faut d'abord les répandre avec le plus d'uniformité possible, immédiatement après le dernier labour, comme s'il s'agissait d'un semis à la volée. Après l'épandage, on herse avec soin pour les mêler à la couche superficielle du sol.

Un temps brumeux et calme est le plus convenable. Il faut ajourner l'épandage lorsqu'il fait un vent trop fort, parce qu'une grande partie de l'engrais serait entraînée et perdue. Quand on opère à la main, pour rendre l'épandage plus uniforme, il est avantageux de mêler l'engrais avec son volume de terre sèche et fine. On le divise au préalable en petits tas qu'on dépose sur les lots de terre auxquels ils sont destinés.

Dans la grande culture, il est préférable de se servir des excellentes machines que l'on possède maintenant pour répandre des engrais pulvérulents.

Un épandage bien fait suffit pour élever le rendement de 2 ou 3 hectolitres par hectare.

Pour la vigne, il faut opérer autrement :

On creuse à la bêche, autour de chaque cep, une petite cuvette, dans laquelle on répand bien également l'engrais que l'on recouvre avec la terre du déblai pour combler la cuvette.

Ou bien l'on répand la moitié de l'engrais sur le sol en traînées de 30 centimètres de large, à 20 centimètres des rangées de ceps, et on l'enterre à la bêche par un labour profond ; le reste de l'engrais est répandu à la surface de la partie labourée.

On peut encore pratiquer à la charrue, toujours à 20 centimètres des ceps, deux tranchées parallèles de 30 centimètres de profondeur, répandre la moitié de l'engrais au fond de la tranchée, la recouvrir de terre et répandre le reste de l'engrais à la surface.

On doit fumer la vigne à l'automne.

Sans revenir sur ce qui a été dit sur l'efficacité des engrais chimiques, on doit insister cependant sur les ressources qu'on peut tirer de leur emploi pour combattre les effets d'une année défavorable.

Lorsque l'hiver a été rigoureux et qu'il s'est prolongé au delà de sa limite ordinaire, les blés, et généralement toutes les graminées, sont souvent fort compromis ; avec 100 à 200 kilogrammes de sulfate d'ammoniaque ou 150 à 250 kilogrammes de nitrate de soude mêlés à 200 kilogrammes de plâtre que l'on répand en couverture au commencement de mars, on peut changer en quelques jours l'état d'une culture et assurer la récolte. L'effet des fumures en couverture a quelque chose d'extraordinaire.

Mais ici encore il y a des précautions à prendre. Il ne faut pas attendre plus tard que la mi-mars. Administrées en avril et en mai, elles impriment à la végétation une activité extraordinaire, et, par suite du développement exagéré que prend la paille, le grain se forme mal, il est peu abondant et maigre.

Lorsque l'automne a été pluvieux et que les ensemencements se font tardivement faute de temps, on peut répandre l'engrais en couverture après l'entière levée du grain. Mais, toutes les fois qu'il s'agit des fumures en couverture, il faut choisir un temps calme. Or, avec le fumier, la ressource de fumures en couverture fait complètement défaut. Au printemps, on n'emploie guère en couverture que le sulfate d'ammoniaque ou le nitrate de soude ; ces deux produits peuvent suffire à la rigueur. Il est préférable cependant de leur associer 200 kilogrammes de superphosphate de chaux mêlés à 200 kilogrammes de plâtre.

Les engrais chimiques sont employés comme auxiliaires du fumier.

— Lorsqu'on emploie les engrais chimiques de concert avec le fumier, il faut considérer celui-ci comme l'équivalent d'un fonds de richesse acquise par le sol, et borner l'engrais chimique à ceux des quatre termes de l'engrais qui conviennent de préférence à la culture de l'année.

Il suit de là qu'il est du plus haut intérêt de connaître la *dominante* de chaque plante : le tableau suivant est destiné à fournir cette première indication indispensable.

NATURE DES CULTURES	DOMINANTES	ENGRAIS CHIMIQUES CORRESPONDANTS
Betteraves. Colza.. Froment. Orge. Avoine.. Seigle. Prairie naturelle	Azote	Sulfate d'ammoniaque. Nitrate de soude. Nitrate de potasse.
Pois. Haricots. Féveroles Trèfle. Sainfoin. Vesces. Luzerne. Lin.. Vigne. Pommes de terre.	Potasse.	Nitrate de potasse. Potasse épurée. Silicate de potasse. Chlorure de potassium.
Turneps. Rutabagas. Topinambours Maïs. Sorgho Canne à sucre	Phosphate..	Noir de raffinerie.. Cendres d'os. Superphosphate..

Il est indispensable, conseille M. G. Ville, pour tout cultivateur qui veut recourir aux engrais chimiques, de constituer un champ d'expériences divisé en parcelles d'un are de superficie. Dans chacune des parcelles il mettra des mélanges variés, par exemple, la parcelle n° 1 recevra l'engrais complet, la parcelle n° 2 aura un engrais sans azote, la parcelle n° 3, sans phosphate, etc.

D'après les récoltes obtenues, on saura ainsi quel engrais il y a lieu d'appliquer pour obtenir le meilleur résultat.

Analyse des engrais. — La valeur commerciale d'un engrais dépend de l'abondance des éléments de fertilisation qu'il renferme. Ces éléments, classés par ordre d'importance, sont l'*azote*, l'*acide phosphorique*, la *potasse*, la *chaux*. C'est relativement à ces éléments que l'on a à faire l'analyse. Il faudra donc doser séparément ces corps par les procédés employés pour chacun d'eux.

Après avoir dosé les substances actives d'un engrais, le chimiste doit rechercher à quel état se trouvent ces substances dans l'engrais, de façon à pouvoir apprécier le degré probable d'assimilation de ces substances, leur solubilité dans

Fig. 119. — Moulin Éclipse actionnant une usine agricole.

l'eau et même leur volatilité. On a aussi à examiner les substances inertes qui accompagnent les éléments fertilisants, soit naturellement, soit par fraude, car un certain nombre d'entre elles peuvent nuire à l'action de l'engrais.

Le dosage des principaux éléments étant fait, on établit le titre de l'engrais en se basant sur les données suivantes:

Azote organique	2f,00	le kilogr.
Azote nitrique	1f,60	—
Azote ammoniacal	1f,55	—
Acide phosphorique soluble	0f,60	—
Acide phosphorique insoluble	0f,20	—
Potasse	0f,45	—

Falsification des engrais. — Nous devons avant tout mettre les cultivateurs en garde contre les falsifications auxquelles n'ont pas craint d'avoir recours les fabricants et marchands d'engrais. Cette manière de faire n'a pas peu contribué à discréditer la méthode nouvelle des engrais chimiques.

La fraude atteignit même de telles proportions, que le législateur, effrayé de l'étendue du mal et de ses funestes conséquences, édicta la loi d'exception du 4 février 1888 pour la *répression des fraudes dans le commerce des engrais.* Aux termes de cette loi, les falsificateurs peuvent être punis d'un mois d'emprisonnement et d'une amende pouvant s'élever jusqu'à 2,000 francs. En cas de récidive, dans les trois, ces deux peines peuvent être doublées.

Malgré la sévérité des condamnations encourues, il y a toujours lieu de redouter la fraude, source de bénéfices importants. Aussi conseillerons-nous aux agriculteurs :

1° De s'adresser pour leurs achats aux grandes maisons, qui ont tout avantage à ne pas compromettre leur situation commerciale ;

2° De faire procéder à l'analyse chimique de l'engrais livré, pour s'assurer qu'il est bien conforme aux engagements pris sur facture par le vendeur. S'adresser pour cette vérification aux stations agronomiques, aux laboratoires agricoles qui existent dans presque tous les départements.

Rôle pratique des engrais chimiques. — Nous venons d'étudier sans parti pris la plupart des engrais industriels ; il nous faut conclure ; nous laisserons pour cela la parole à M. G. Lechartier :

« Les engrais chimiques, dit-il, de même que les autres engrais industriels, doivent être réservés au rôle d'auxiliaire et de complément de fumier. Les conseils pratiques à suivre sont les suivants :

« 1° Continuer à fabriquer le plus de fumier possible ;

« 2° Augmenter les fumures à l'aide des engrais chimiques et industriels en même temps qu'on perfectionne les travaux de la terre ;

« 3° Si l'on a recours aux engrais chimiques, ne pas considérer les formules indiquées comme invariables, mais les modifier au besoin dans la proportion des éléments suivant les besoins du sol, et dans les qualités suivant sa fertilité acquise. »

LES ASSOLEMENTS

Ce qu'est l'assolement. — L'assolement est l'art de faire succéder les récoltes par une culture méthodique.

La science des assolements est la plus importante des branches de l'agriculture; aussi allons-nous nous appesantir un peu sur cet intéressant sujet.

Lorsque, après avoir reconnu la nature d'un terrain et étudié chacun des végétaux propres à la culture, on est arrivé à connaître quelle est la culture qui s'adaptera le mieux aux circonstances dans lesquelles on se trouve, il semble, à première vue, qu'on devrait s'en tenir exclusivement à la culture de cette plante. C'est ainsi, par exemple, que la vigne peut se succéder indéfiniment à elle-même, et ce mode de culture serait le plus naturel et le plus lucratif, mais presque partout il rencontre des obstacles insurmontables qui peuvent se réduire à trois principaux : 1° l'insuffisance des engrais pour réparer les pertes incessantes que les récoltes font éprouver au sol; 2° la propagation toujours croissante des plantes adventices, inutiles ou nuisibles, dont la maturité devance celle des récoltes auxquelles elles se trouvent mêlées; 3° enfin l'impossibilité de nettoyer complètement et d'ameublir le sol dans les conditions de certaines cultures.

Comme on le voit, ce n'est pas sans raison que le système de la permanence a été abandonné dans la plupart des cas et remplacé par l'alternance de culture. C'est de ce dernier système perfectionné qu'est sorti le système connu sous le nom de *théorie des assolements*.

« On entend par *assolement*, dit M. de Gasparin, la division d'un champ, d'un même domaine, en parties ou *soles* égales entre elles et au nombre des années de culture. » Chacune de ces soles est destinée à produire une série de récoltes différentes qui se succèdent sur tout le domaine dans un ordre déterminé. M. André Thouin définit encore l'*assolement* : « L'art de faire alterner les cultures sur le même terrain pour en tirer constamment le plus grand produit, aux moindres frais possibles. »

Assolement et rotation. — On doit bien se garder de confondre l'assolement avec la rotation. « Par le mot *assolement*, on entend la manière dont les plantes sont réparties dans le courant d'une même année, sur les différentes soles d'une ferme. La *rotation* indique combien il s'écoule de temps avant que la même plante revienne sur le même sol. Elle a donc pour but de faire connaître de quelle manière les plantes doivent se succéder sur la terre. Les principes auxquels on doit avoir égard dans la manière de distribuer les plantes sur une terre de quelque étendue sont tout à fait différents de ceux qui s'appliquent à la rotation. La rotation sur une terre peut être bonne et l'assolement mauvais; la rotation peut être mauvaise, quoique l'assolement soit bon. » En un mot, la rotation est réglée par l'agriculture, et l'assolement par l'économie rurale.

Rôles de certaines plantes. — On appelle plantes *épuisantes* celles qui produisent moins d'engrais qu'elles n'en ont consommé, comme le froment, le colza, le tabac, la garance, le houblon, etc.; plantes *moyennes* celles qui consomment juste en engrais ce qu'elles en peuvent produire, comme la pomme de terre, la betterave, les navets, etc.; plantes *améliorantes* celles qui produisent plus d'engrais qu'elles n'en ont consommé, comme les prairies naturelles et artificielles, la luzerne, le sainfoin, le trèfle, etc.; plantes *nettoyantes* celles qui par leur ombrage étouffent toute végétation des mauvaises herbes, comme le sarrasin, les vesces, etc., ou qui par les sarclages qu'elles exigent déterminent la destruction de toutes les plantes adventives qui apparaissent sur le sol, comme la betterave, la carotte, la pomme de terre; plantes *salissantes* celles qui ne peuvent être semées en lignes et dont l'ombrage n'est pas assez étouffant pour détruire les mauvaises herbes; plantes *pivotantes* celles dont les racines s'enfoncent profondément dans le sol, et qui vivent même en partie aux dépens du sous-sol, comme la betterave, la luzerne, le sainfoin, etc.; plantes *traçantes* celles dont les racines fasciculées restent près de la surface du sol sans s'y enfoncer profondément, comme les céréales, les vesces, le tabac, etc. La rotation s'attache à faire alterner ces plantes entre elles, pour ménager l'épuisement et l'effritement du sol; l'assolement les considère à un autre point de vue : l'amélioration définitive du sol et le produit net en argent.

Historique des assolements. — La succession, ou, si l'on veut, l'alternance de cultures, a été pratiquée par tous les peuples de l'antiquité. Les Grecs avaient adopté la succession biennale (blé et jachère), qui est encore suivie chez presque tous les peuples du midi de l'Europe. Les Romains n'eurent pas d'abord des principes autres que ceux des Grecs, et l'on sait que chez eux le fermier ne devait pas semer des céréales sur le même champ deux années de suite. Cette pratique fut longtemps la seule suivie. Plus tard Varron, faisant avancer d'un pas la science agricole, posa en principe qu'il est avantageux d'intercaler après les céréales, dans l'année de jachère, la culture de quelques plantes moins épuisantes. Caton et, après lui, Virgile, allèrent plus loin encore en signalant les qualités améliorantes des légumineuses. Sur tous ces points, la pratique avait depuis longtemps devancé la théorie, et celle-ci ne faisait que constater les résultats déjà obtenus. Enfin, Columelle, résumant les connaissances agricoles des Romains, donna la formule d'un assolement, déjà en vigueur du temps où il écrivait. Voici cet assolement, auquel il ne manquait, pour avoir toute la perfection désirable, que ce que pouvait seul lui communiquer le développement des sciences positives : « Nous ensemençons d'abord, dit Columelle, le champ de vesces ou de navets, l'année suivante de froment, et la troisième de vesces mêlées de fèves. »

Les principes des Romains s'altérèrent plus ou moins dans les diverses partie du monde, suivant qu'elles furent plus ou moins dévastées par les invasions des barbares. Dans quelques contrées, particulièrement dans le centre des Gaules, on suivit la pratique celtique du repos prolongé de la terre après plusieurs récoltes. Dans d'autres contrées situées plus au nord, on chercha de bonne heure à profiter des pluies du printemps pour faire des semis dans cette saison. Tel était à peu près l'état de l'agriculture lorsque le monde romain s'écroula sous les coups des barbares. La situation resta la même pendant plusieurs siècles. On ne voit pas, en effet, que la culture des terres ait fait le moindre progrès pendant la première période du moyen âge. C'est de la Flandre, cette riche et populeuse contrée, que partit le mouvement agricole, qui, malgré bien des lenteurs et des tâtonnements, ne s'est pas arrêté jusqu'à nos jours.

Pendant que l'agriculture flamande poursuivait obscurément, mais utilement, son œuvre, Tarello, en 1566, exposait à Venise une théorie qui, malgré ses défauts, contenait tout le secret des assolements. A cause de ces défauts sans

Fig. 120. — Manège à double tournant pour le battage des céréales.

doute, la théorie de Tarello n'eut pas de succès : il se passa encore plus d'un siècle avant que la réforme, proclamée, définie et systématisée par Arthur Young en Angleterre, Thaër en Prusse, Gilbert, Ivart, Bosc en France, et Pictet à Genève, prît un essor rapide et suivît une marche déterminée. Ce sont ces agronomes éminents qui ont renouvelé la culture et préparé l'adoption de ce grand et fécond principe qui consiste « à faire circuler les produits sur la totalité des terrains, par des rotations plus ou moins variées ».

Le système agronomique de Thaër renferme un grand nombre d'erreurs, mais ce sera la gloire de ce savant agriculteur d'avoir le premier cherché à introduire la précision et le calcul dans les opérations agricoles et à baser la pratique des assolements sur des principes scientifiques.

Après Thaër, M. de Woght exposa une méthode à laquelle on reproche d'être vague, incertaine, et de donner lieu à des calculs arbitraires, mais qui, du moins, témoigne de l'incessante activité des esprits. Dès qu'une science est étudiée avec ardeur par des hommes éminents, il est rare qu'elle ne fasse pas des progrès rapides. On reconnut bientôt que la voie expérimentale était la seule praticable en agriculture. Th. de Saussure, Payen, Boussingault, ajoutèrent aux explorations scientifiques, aux ingénieuses combinaisons de leurs devanciers, les précieux résultats de l'expérience agricole. Aujourd'hui, des agronomes non moins distingués continuent à suivre cette voie.

Théories de l'assolement. — Pour expliquer la nécessité de l'alternance des récoltes, les agronomes du siècle dernier avaient émis diverses hypothèses sans fondement.

La première de ces hypothèses, la plus ancienne, puisqu'elle remonte très haut dans l'antiquité, consiste à faire dépendre la nécessité de la succession des cultures d'une cause occulte de ce qu'on a appelé l'antipathie des plantes pour elles-mêmes ou pour d'autres plantes. En d'autres termes, plusieurs récoltes d'une même plante ne peuvent se succéder sur un terrain sans s'amoindrir graduellement, même lorsqu'on leur fournit les engrais qu'elles exigent. Il en serait de même de certaines plantes à l'égard les unes des autres : ainsi, dit-on, aucune végétation ne peut prospérer si elle succède à une abondante production de plantes de la famille des euphorbiacées. Nous savons aujourd'hui ce qu'il faut penser de ces prétendues antipathies, qui rappellent un peu trop l'horreur que la nature avait pour le vide.

Il est vrai que certaines récoltes, empruntant beaucoup à la terre, épuisent promptement le sol. Si on les réitère plusieurs fois de suite sur le même champ, les produits diminuent progressivement et finissent par devenir tout à fait nuls.

Ce phénomène s'explique soit par l'épuisement du sol, soit par l'absence des circonstances qui avaient favorisé les premiers produits.

Si l'antipathie des plantes de même espèce est un préjugé qui doit disparaître à l'aide d'une observation attentive, en est-il de même de l'antipathie de certaines plantes d'espèces différentes les unes pour les autres? Ici encore l'observation substitue des causes normales, régulières, telles, par exemple, que le défaut de culture ou le manque d'éléments nutritifs, aux prétendues causes occultes qu'on s'étonne de trouver reproduites de nos jours par des esprits sérieux.

Autrefois, la plupart des cultivateurs croyaient, et un grand nombre, même parmi les plus éclairés, croient encore aujourd'hui qu'un suc d'une nature particulière est affecté à chaque végétal, qui seul peut l'absorber par ses racines. Cette hypothèse doit être abandonnée. On sait maintenant que toutes les plantes absorbent à la fois toutes les substances solubles dans l'eau ; seulement il est vrai de dire que les racines ne les admettent pas toutes dans les mêmes proportions. Ainsi certaines plantes consomment plus d'azote, d'autres plus de potasse. Il est évident que, ce caractère une fois bien constaté, il faut s'abstenir de mettre de suite des plantes qui absorbent en grande quantité les mêmes substances, à moins de rendre au sol, par un engrais spécial, tout ce qu'il a perdu. Il faut donc tenir compte, dans un assolement, de la variété des éléments absorbés par les plantes. Mais on voit combien il y a loin de cette conclusion à celle qui ressort de l'hypothèse.

Études modernes sur l'assolement. — Plus récemment, de Candolle essaya de résoudre le problème au moyen des données que pouvait lui fournir la physiologie végétale. Il admit que les racines rejetaient sans cesse dans le sol des matières qui, devenues étrangères à la plante dans laquelle elles étaient produites, constituaient un véritable poison pour elle et ses semblables. Ainsi, d'après cette opinion, les racines du froment, par exemple, imprégneraient le sol de matières qui nuiraient à la végétation du froment, tandis qu'elles seraient inoffensives pour d'autres espèces de plantes. La réalité des excrétions radicellaires fut admise par Humboldt, Macaire, Bouchardat, Chatin; les expériences les plus récentes de Braconnot, Unger, Meyen, Walser, Trinchinetti et Cauvet ont démontré que ces excrétions radicellaires, par laquelle on a voulu expliquer la culture, est contradictoire avec elle. En effet, si les racines de chaque plante rejetaient dans le sol des matières excrémentitielles, nuisibles aux plantes de la même espèce ou d'espèces voisines, comment concevrait-on la possibilité de réunir sur une même terre, et pressées l'une contre l'autre, les végétations de nos champs et de nos jardins. Il ne pourrait évidemment exister ni un champ de blé, ni un carré de fraisiers. On aurait même de la peine à comprendre qu'un arbre isolé ne pérît pas bientôt dans le sol qu'il aurait imprégné de ses excréments.

Rozier est le premier qui ait signalé l'identité de formes et de dimensions des racines comme la cause qui s'oppose au retour d'une même plante sur le même sol. Cette distinction des racines en *fibreuses* et en *pivotantes*, sur laquelle Rozier a basé sa théorie de l'alternance, ne saurait avoir tous les effets qu'il lui attribue; mais, à cette restriction près, il est certain qu'il faut en tenir compte dans la pratique des assolements.

On adopte aujourd'hui une théorie chimique plus rationnelle, et reposant sur des analyses rigoureuses. Les végétaux empruntent au sol sur lequel ils vivent une partie des éléments nécessaires à leur existence; ils puisent dans l'atmosphère, par leurs feuilles et leurs parties vertes, les autres éléments dont ils ont besoin pour se développer. Ainsi toutes les plantes que nous cultivons ont besoin d'alcali et de terres alcalines chacune dans une certaine proportion. Les céréales, en outre, exigent de la silice; elles ne prospèrent pas sur un terrain dépourvu d'acide silicique à l'état soluble; le froment, par exemple, prend à la terre une grande quantité de silice soluble pour la formation de sa paille, et de phosphate de chaux pour celle de son grain. Mais, d'autre part, les pommes de terre et les navets n'enlèvent pas à la couche arable une seule molécule de silice; les pois, les fèves et autres légumineuses sont dans le même cas. En conséquence, si, après une récolte de froment qui a épuisé toute la silice à l'état soluble contenue dans un terrain, et a rendu ce dernier incapable de porter une seconde récolte de céréales, on cultive des navets ou d'autres végétaux n'ayant pas besoin de silice, on obtiendra du sol de nouveaux produits, et néanmoins, pendant ce temps, la terre deviendra capable de produire une quantité de froment, parce que, sous l'influence des agents atmosphériques, une nouvelle portion de silicates contenus dans le sol aura passé à l'état soluble.

Ces faits suffisent pour faire comprendre la cause de la nécessité de l'alternance des cultures et la base de la théorie des assolements. Elle consiste à faire suivre une récolte qui enlève au sol certains éléments minéraux par une récolte qui demande à la terre des éléments minéraux différents, ou bien encore par une récolte qui puise dans l'atmosphère la plus grande partie des matériaux nécessaires à son développement.

Maintenant il est facile de comprendre pourquoi certaines plantes passent pour *épuisantes* : ce sont celles qui dépouillent la terre d'une partie de ses éléments de fertilité, parce qu'elles vivent plus aux dépens de la couche arable qu'aux dépens de l'atmosphère, et parce qu'il faut un certain laps de temps pour que les principes minéraux enlevés au sol s'y reforment en quantité suffisante. D'autres plantes sont au contraire regardées comme *fertilisantes* : ce sont celles qui vivent plus aux dépens de l'air qu'aux dépens de la couche arable. L'alternance de ces deux genres de plantes cultivées peut non seulement maintenir la fermeté naturelle du sol, mais encore accroître et porter à son maximum sa force productive.

Un assolement bien combiné n'a pas d'autre but, et doit avoir ce résultat.

Loi des assolements. — L'ordre dans lequel se succèdent les diverses cultures n'est pas indifférent; les règles qui président aux assolements sont déduites d'un certain nombre d'observations, d'où l'on a tiré les principes suivants :

1° Il faut faire succéder aux plantes qui ne gênent pas le développement des mauvaises herbes d'autres plantes qui couvrent tout le sol ou qui ont besoin de binages répétés pendant leur végétation. Ainsi les céréales favorisent la végétation spontanée qui s'épanouit facilement dans les champs qui leur sont consacrés. (Ce sont des *plantes salissantes.*) Les betteraves, les pommes de terre, sont au contraire des plantes *nettoyantes* ou *sarclées*, parce qu'elles exigent des soins de cultures répétés, binages, buttages, par lesquels on détruit les mauvaises herbes. Enfin le trèfle, la minette, etc., sont des plantes appelées *étouffantes* parce que, couvrant complètement le sol, elles empêchent toute autre végétation de se développer;

2° Combiner les récoltes successives de manière à trouver, entre la récolte de l'une et les semailles de l'autre, le temps de donner au sol les préparations nécessaires. Certaines cultures exigent en effet que le sol ait reçu un aménagement qui ne peut se faire en toute saison ;

3° A une plante d'une espèce faire succéder une plante d'une autre espèce, afin de faire disparaître par la famine les insectes nuisibles, chaque catégorie d'insectes s'attaquant en général à une plante spéciale et ne pouvant vivre sur les autres végétaux;

4° Les plantes ne prenant pas toutes dans le sol les mêmes éléments dans d'égales proportions, faire succéder les unes aux autres des plantes qui n'ont pas les mêmes besoins, afin de ne pas épuiser la fertilité du sol en certains principes.

Les plantes ne fatiguent pas la terre au même degré; les céréales, le colza, le lin, le chanvre, sont les plus épuisantes, car, n'ayant plus que des feuilles desséchées vers l'époque de leur maturité, elles ne peuvent puiser dans l'atmosphère leurs principes nutritifs qui leur sont entièrement fournis par les racines. Les cultures reposantes sont celles qui doivent être fauchées avant l'époque de leur fructification (luzerne, trèfle, sainfoin).

L'agriculteur doit donc choisir les cultures et les engrais de telle sorte, qu'à la fin de la rotation il ait tiré le plus grand produit du sol, non seulement sans l'épuiser, mais encore en en ayant augmenté la fécondité.

A un point de vue essentiellement pratique, l'assolement doit être combiné en vue de l'amélioration du sol, par conséquent de fournir du fourrage à un bétail assez nombreux afin de produire des engrais en suffisante quantité; il doit donc comprendre : 1° des plantes céréales pour fournir des litières; 2° des racines et des prairies naturelles et artificielles pour fournir des fourrages; 3° des plantes industrielles ou commerciales pour fournir de l'argent. C'est à établir l'équilibre entre ces trois classes que doit s'attacher le cultivateur. Mais cette proportion n'est ni fixe ni invariable, et elle doit s'établir d'après les conditions particulières à chaque domaine.

Fig. 121. — LE BOUVIER, par Claude Lorrain.

EXAMEN DE FORMULES D'ASSOLEMENT

Assolement biennal. — L'assolement le plus ancien est l'assolement *biennal* ou de deux ans : 1re année, jachère; 2e année, une céréale. Dans quelques parties de la France, on comprend de la manière suivante l'assolement biennal : 1re année, pommes de terre, betteraves ou maïs, après avoir donné à la terre une grande quantité d'engrais; 2e année, froment ou seigle sans fumier.

L'assolement biennal, quoique souvent employé dans les pays pauvres où la culture a fait encore peu de progrès, présente d'assez graves inconvénients. Il est rare qu'il fasse produire à la terre tout ce qu'elle peut donner, et souvent il hâte, par le retour périodique de certaines plantes, la production d'une foule de mauvaises herbes dont l'extirpation demande ensuite beaucoup de soins et de travaux.

Assolement triennal. — L'assolement *triennal* ou de trois ans comporte trois *soles*. La première année la terre est ordinairement en jachère, la deuxième année elle porte une plante sarclée ou une plante fourragère, la troisième année une céréale. Par exemple :

1re année, jachère; 2e année, blé; 3e année, maïs.
Ou 1re année, jachère; 2e année, blé; 3e année, avoine.
Ou encore 1re année, pommes de terre; 2e année, orge; 3e année, trèfle.

L'assolement triennal, avec ou sans jachères, participe en grande partie aux inconvénients du précédent. Il y a néanmoins des cas où il peut être plus profitable que les assolements à terme plus long. C'est au cultivateur à bien se rendre compte des circonstances dans lesquelles il se trouve, pour voir s'il doit adopter cet assolement plutôt qu'un autre.

Les deux assolements qui précèdent ont prévalu jusqu'ici dans une grande partie du Languedoc et de l'Auvergne, et dans quelques départements de l'Est, de l'Ouest et du Centre.

Assolement quatriennal. — L'assolement *quatriennal* ou de quatre ans comporte une plus grande proportion de plantes fourragères, il convient à presque tous les terrains; aussi est-il adopté généralement :

1re année, pommes de terre ou betteraves (fumées et sarclées);
2e année, avoine avec trèfle au printemps;
3e année, trèfle, plâtré au printemps;
4e année, froment.
Ou encore : 1re année, lin;
2e — trèfle;
3e — chanvre;
4e — froment.

L'assolement quatriennal est le plus souvent supérieur au précédent.

La formule générale le plus souvent employée est celle-ci :

	ENGRAIS à fournir.	ENGRAIS restant.
1° Pommes de terre	310 kil.	168 kil.
2° Avoine	»	35
3° Trèfle	75	101
4° Blé	163	187

Cet *assolement* a surtout le précieux avantage d'opérer une répartition uniforme des engrais sur toute la ferme. Son produit net, évalué en kilogrammes de blé, équivaut à 1,372 kilogrammes par hectare, moins la rente et les frais généraux.

Assolement de cinq et six ans. — Dans les assolements d'un nombre d'années supérieur à quatre, qui sont généralement adoptés par les cultivateurs instruits, le nombre des plantes augmente, mais on retrouve les mêmes combinaisons :

Assolement de cinq ans :

1re année, betteraves ou pommes de terre;
2e — froment;
3e — trèfle;
4e — froment;
5e — avoine.

Assolement de six ans :

1re année, colza, lin, chanvre ou pommes de terre;
2e — froment;
3e — fèves sarclées;
4e — avoine avec trèfle;
5e — trèfle;
6e — froment.

L'assolement quinquennal est moins usité que l'assolement quatriennal. Cela tient à ce qu'on n'y peut faire revenir les céréales plus de deux fois, et que, sauf quelques cas exceptionnels, un seul engrais ne peut lui suffire, à moins qu'on n'ait recours aux parcages ou aux récoltes enfouies. Mais, près des villes, où certaines plantes servant à l'alimentation de l'homme, telles que les choux, les pommes de terre, etc., atteignent des prix très élevés, et où les fumiers sont abondants et à bon marché, cet assolement offre de grands avantages sur un sol fatigué, affaibli par le retour trop fréquent ou trop prolongé des blés. Parmi les diverses formules d'assolement quinquennal, celle-ci, de John Sinclair, est des plus remarquables :

	AZOTE employé.	AZOTE restitué.
1° Vesces (fourrage)	114	168
2° Blé	76	17
3° Trèfle	140	241
4° Fèves consommées	186	225
5° Blé	76	17

Cet *assolement* donne un produit net de 1,146 kilogrammes de blé par hectare.

M. Rieffel a proposé un excellent assolement de six ans, qui pourrait être suivi dans un grand nombre de métairies. Il est connu sous le nom d'*assolement des fermes détachées du Grand-Jouan :*

	Frais.	Produit net.	AZOTE Employé.	AZOTE Restitué.
1° Choux	3380	1387	378,00	459
2° Sarrasin	538	919	61,66	45,92
3° Froment	1331	1892	76,50	17,70
4° Avoine d'hiver	1229	1328	70,75	18,57
5° Trèfle. — Ray-grass	679	1098	140,78	241,34
6° Pâturages	»	681	69,66	129,00

Assolements de sept et huit ans. — Les assolements de sept ou de huit ans ne sont, en général, que la réunion de deux assolements de trois et de quatre ans, dans lesquels on varie quelques-unes des cultures. Quelquefois, cependant, l'assolement de sept ans a un caractère bien spécial. En voici quelques exemples :

1. Vesces d'automne ou de printemps.	1. Pomme de terre fumée.	1. Sarrasin et genêt.
2. Pomme de terre fumée.	2. Avoine.	2, 3, 4. Genêt.
3. Avoine et trèfle.	3. Trèfle.	5. Avoine.
4. Trèfle.	4. Froment ou seigle et sainfoin.	6. Seigle fumé.
5. Froment.	5, 6, 7. Sainfoin.	7. Pommes de terre.
6. Racines fumées.		Cet assolement est souvent suivi en Sologne.
7. Céréales.		

Ces exemples suffisent pour montrer combien on peut varier les assolements, et en même temps l'influence qu'un choix judicieux peut exercer sur la prospérité d'une exploitation.

Fig. 122. — LA CRAU. — Émigration des moutons, précédés de leurs *menons*.

Assolements de sept et huit ans.

Assolements de dix ans. — L'assolement qui suit, dont la durée est de dix ans, est considéré par Schwerz comme un des meilleurs. Son produit net par hectare est de 1,354 kilogrammes de blé :

	AZOTE employé.	AZOTE restitué.
1° Navets	240 00	360 00
2° Avoine	70 75	13 57
3° Trèfle	140 78	241 34
4° Blé	76 50	17 70
— Navets	72 00	108 00
5° Lin	39 76	» »
6° Blé	76 50	17 70
7° Seigle	65 84	15 03

	AZOTE employé.	AZOTE restitué.
— Navets	72 00	108 00
8° Pommes de terre	142 80	142 00
9° Blé	76 50	17 00
10° Gesse et seigle	114 00	168 00
— Navets	72 00	108 00

Dans les diverses formules que nous venons de donner, on suppose que l'étendue de chaque sole est d'un hectare.

Fig. 123. — Le sakief, machine d'arrosement orientale (manège à bœufs).

Diverses formules d'assolements. — L'agriculture alterne admet des rotations de toutes durées, ainsi que le prouvent les exemples précédents.

Nous croyons devoir donner encore quelques formules d'assolements assez souvent employées :

1. Jachère fumée.	1. Betteraves fumées.	1. Vesces fumées.
2. Céréale d'hiver.	2. Froment.	2. Froment.
3. Trèfle.	3. Trèfle.	3. Trèfle.
4. Céréale.	4. Avoine.	4. Froment.
5. Pomme de terre fumée.	5. Colza fumé.	5. Avoine.
6. Céréale.	6. Avoine.	

1. Betteraves fumées.	1. Betteraves fumées.	1. Tabac fumé.
2. Froment.	2. Froment.	2. Betteraves à sucre.
3. Trèfle.	3. Colza fumé.	3. Froment.
4. Betteraves fumées.		4. Trèfle.
5. Froment.		5. Avoine, lin ou colza.
6. Vesces.		

Conclusion. — Nous terminerons en faisant observer que, si le choix d'un bon assolement est la chose la plus importante qui puisse préoccuper un cultivateur, c'est aussi la plus difficile à exécuter. Après bien des tâtonnements, nul ne peut se flatter d'avoir complètement réussi. Aussi n'est-il pas rare de voir des agriculteurs, après avoir longtemps suivi un assolement, se décider tout d'un coup à le changer parce qu'ils en ont enfin reconnu les imperfections et les désavantages. Ce qui rend surtout la pratique plus difficile sur ce point, c'est que le meilleur assolement n'est ordinairement applicable que dans la situation spéciale pour laquelle il a été établi. Il faut donc que chaque cultivateur étudie lui-même son terrain; ce n'est que par l'observation intelligente et assidue, en prenant pour guide les règles générales posées plus haut, qu'il peut espérer d'établir ce chef-d'œuvre de l'art agricole, un bon assolement.

JACHÈRE

La jachère a pour but de laisser à un sol plus ou moins épuisé par les cultures le temps et la possibilité de réparer ses forces, en d'autres termes de recouvrer sa fertilité.

L'institution de la jachère doit remonter aux premiers temps de l'agriculture. Dans le principe, la disproportion existant entre l'étendue des terres cultivables et les moyens de les exploiter avec profit, le peu d'étendue des connaissances agricoles, le petit nombre de végétaux soumis à une culture réglée, d'autres causes encore donnèrent naissance à cette pratique.

L'habitude de tenir une terre en jachère après quelques années de culture fut longtemps une règle pour prévenir l'épuisement du sol ; cet usage peut, dans certains cas, avoir sa raison d'être, mais en général il est contraire aux intérêts bien entendus de l'agriculture.

Suivant les circonstances et le mode d'application, on distingue plusieurs sortes de jachère. Nous les définirons, avec M. Heuzé, de la manière suivante: La *jachère morte*, appelée aussi *jachère nue*, *improductive*, *absolue*, *complète* ou *annuelle*, ne fournit aucun produit ; on donne néanmoins les labours et les hersages nécessaires, on fume la terre et on la marne ou on la chaule s'il y a lieu. La *jachère verte*, dite aussi *jachère vive*, *productive fourragère* ou *incomplète*, consiste à cultiver sur tout ou partie du sol en repos des plantes destinées à nourrir les animaux domestiques ou à être enfouies comme engrais vert. La *demi-jachère* se pratique dans toutes les saisons; mais elle ne dure jamais plus de six mois. La *jachère d'hiver* vient après les céréales et après les plantes sarclées; elle dure quatre à cinq mois au plus. La *jachère d'été* ne dure que quelques mois et précède les plantations de colza ou les semailles des céréales d'automne. Enfin, la *jachère accidentelle* se pratique à un moment donné, et a pour but de délivrer le sol des plantes vivaces et nuisibles.

Ce serait une grande erreur de croire, avec les anciens, que la jachère constitue pour le sol un état de repos absolu ; c'est bien plutôt une préparation, car la nature travaille sans cesse.

Mais quelle action la jachère exerce-t-elle sur le sol ? C'est ce qu'il importe de déterminer. Les labours multipliés qu'elle comporte ameublissent la couche arable et la fertilisent en l'exposant à l'influence des agents atmosphériques qui facilitent les réactions chimiques. De plus, elle détruit les mauvaises herbes qui, enterrées par les labours et se décomposant, augmentent la proportion des matières organiques, et, par suite, la richesse du sol. C'est pourquoi, suivant l'observation de M. Heuzé, une terre soumise à la jachère donne, avec une quantité déterminée de fumier, une récolte plus abondante. En outre, la jachère remplace une culture de plantes sarclées, facilite l'emploi des engrais verts, le parcage des moutons, et donne les moyens d'augmenter l'épaisseur de la couche arable. Elle permet d'utiliser les attelages et d'appliquer la marne ou la chaux durant la belle saison, d'enfouir les fumiers plusieurs mois avant l'époque des semailles d'automne, de répartir plus régulièrement le travail des animaux de trait, de produire, si elle a été convenablement préparée et fumée, des récoltes de céréales d'hiver abondantes et non infestées de mauvaises herbes. Grâce à elle, les plantes s'assimilent plus facilement la fumure enfouie dans le sol par des labours réitérés. Enfin, elle exige moins de capitaux d'exploitation, moins de matériel et d'animaux de travail, etc. Tant d'avantages justifient pleinement cette maxime de Schwerz : « Si la nature pouvait être vaincue, elle le serait par la jachère ! »

Mais, si la jachère est utile, souvent même nécessaire dans les pays pauvres ou arriérés, elle a au contraire de graves inconvénients partout où la richesse du sol, l'abondance des capitaux et des engrais, un nombre d'animaux et un matériel suffisants permettent de lui substituer des cultures fourragères annuelles bien autrement lucratives ; ici, elle ne pourrait qu'amoindrir le revenu périodique du sol et le répartir d'une manière fort inégale sur les diverses années.

En résumé, on ne saurait proscrire la jachère d'une manière absolue ; mais il est permis de désirer le moment où l'emploi de bons assolements, la facilité des voies de communication et l'accroissement des capitaux et des engrais l'auront fait disparaître.

LE DRAINAGE AGRICOLE

Le drainage est le dessèchement, l'écoulement des eaux stagnantes pour assainir les champs.

Le drainage agricole est une opération très anciennement connue et pratiquée ; de tout temps, en effet, les cultivateurs ont cherché à se débarrasser des eaux restant stagnantes dans leurs champs, en pratiquant des fossés présentant une pente suffisante pour assurer l'écoulement continu des eaux, qui, par suite de l'imperméabilité du sous-sol, s'amasseraient de manière à être nuisibles à la végétation. Mais l'assèchement par fossés découverts enlève à la culture de grandes étendues de terrain. Aujourd'hui, on ne pratique plus guère le drainage que par l'emploi des rigoles couvertes, et cette idée de ne point rendre inutile pour la production agricole le terrain occupé par les surfaces de fossés béants n'est pas neuve, il s'en faut. Les Romains connaissaient l'art d'assécher les terres par ce procédé, et peut-être l'avaient-ils appris de peuples plus anciennement civilisés. Cependant, parmi les auteurs agricoles, le premier qui parle des rigoles souterraines est Columelle, vivant sous le règne d'Auguste et sous celui de Tibère. Caton, Varron, Virgile, conseillent uniquement les tranchées ouvertes. Voici comment s'exprime Columelle : « Si le sol est humide, il faudra faire des fossés pour le dessécher et donner de l'écoulement aux eaux. On connaît deux sortes de fossés : ceux qui sont cachés et ceux qui sont larges et ouverts... On fera pour les fossés cachés des tranchées de 3 pieds de profondeur, que l'on remplira jusqu'à moitié de petites pierres ou de gravier pur, et l'on recouvrira le tout avec la terre tirée du fossé. Si l'on n'a ni pierre ni gravier, on formera, au moyen de branches liées ensemble, des fascines auxquelles on donnera la grosseur et la capacité du fond de la tranchée, et qu'on disposera de manière à remplir ce vide. Lorsque les fascines seront bien enfoncées dans le fond du canal, on les recouvrira de feuilles de cyprès, de pin ou de tout autre arbre qu'on comprimera fortement, après avoir couvert le tout avec de la terre tirée des fossés. Aux deux extrémités, on posera en forme de contre forts, comme cela se pratique pour les petits ponts, deux grosses pierres qui en porteront une troisième, le tout pour consolider les bords du fossé et favoriser l'entrée et l'écoulement des eaux. » Palladius, venu assez longtemps après Columelle, décrit les fossés souterrains à peu près dans les mêmes termes que son devancier. Notre illustre Olivier de Serres, dans son immortel ouvrage *Le Théâtre de l'Agriculture*, imprimé en 1600, donne à son tour une description très complète des tranchées souterraines et en recommande l'emploi. Non seulement il s'occupe de la construction des tranchées isolées, comme l'a fait Columelle, mais il va plus loin : il les considère dans leur ensemble, et il a soin de décrire le fossé-mère appelé aujourd'hui collecteur. Olivier de Serres conseille surtout de mettre de la paille au fond des fossés avant de les remplir de terre, et il dit que la paille ainsi employée peut durer certainement cent ans et assurer plus longtemps encore l'écoulement de l'eau. A l'occasion de cet emploi de la paille pour former le fond des tranchées que conseille Olivier de Serres, Victor Yvart ajoute, dans une note de l'édition des œuvres de l'illustre agronome, publiée par la Société d'agriculture du département de la Seine, en 1804 : « Il serait plus prudent et plus économique, dans le cas dont il est question, d'employer des bourrées d'aune, qui se conservent très bien dans l'eau, et, à leur défaut, d'autres branchages qui, placés au fond du fossé, laissent par leur entrelacement, un libre cours à l'eau, et ont tous les avantages de la paille sans avoir aucun de ses inconvénients. »

Les divers procédés anciens qu'on emploie encore assez souvent aujourd'hui dans des vues économiques, consistent principalement en de larges tranchées étroites et profondes, en drains pour arriver par des pentes ménagères à perdre les eaux accumulées soit dans de grands fossés collecteurs, soit dans des puits

absorbants ou boit-tout. Le fond des tranchées peut être garni de pierres perdues par-dessus lesquelles on tasse de la terre. On peut ménager un canal avec des pierres plates disposées de manière à laisser une base sur laquelle s'appuient des pierres inclinées que l'on charge ensuite de pierres concassées. D'autres fois, on met debout des pierres plates schisteuses sur lesquelles on jette de la pierraille, et l'on tasse du gazon avant de remplir avec de la terre. On peut faire, suivant les cas, des combinaisons très diverses.

TRANCHÉES POUR DRAINAGE ET DIVERSES SORTES DE DRAINS.

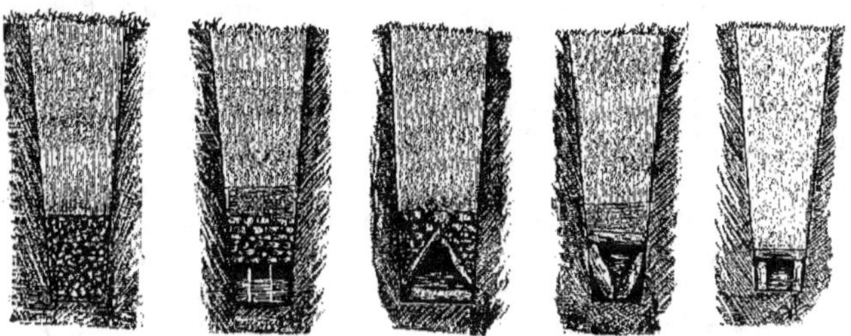

Fig. 124. — Drainage à pierres perdues. Fig. 125, 126, 127. — Drains en pierres plates. Fig. 128. — Drains en pierres ou en briques.

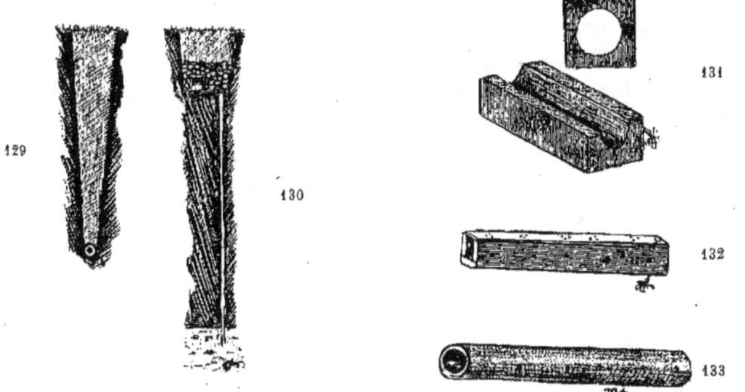

Fig. 129. — Drain perfectionné avec tub rond en terre cuite. — Fig. 130. Eaux de drainage se perdant dans un trou de sonde. — Fig. 131. Briques demi-cylindriques. — Fig. 132. Drains en bois de pin. — Fig. 133. Drain à tuyaux cylindriques en terre cuite.

A la place de pierres, on a parfois recours à des briques ou bien à des fascines et même à du gazon.

Ce n'est que vers 1810 qu'on a songé à remplacer, dans les tranchées souterraines, les divers matériaux que nous venons d'indiquer, par des moyens qui puissent permettre de diminuer le volume des fouilles à effectuer pour atteindre la profondeur reconnue nécessaire à un bon assainissement. On a d'abord recours à des tuiles plates et creuses, une tuile creuse et une tuile plate pour semelles, avec une petite quantité de pierres faisant un drainage simple et économique.

Les travaux de drainage prenant de plus en plus de l'extension, des règles furent posées pour placer régulièrement les rigoles souterraines, suivant la plus grande pente du terrain, à des distances variables selon la nature du sol et du sous-sol. Les petits drains se rendent tous dans un collecteur, aboutissant en fin de compte à un grand fossé d'écoulement ouvert ou bien à des puits absorbants remplis de pierres sèches jusqu'à ce que les pierres vinssent rencontrer un sous-sol perméable. Parfois le puits est remplacé par un forage exécuté avec la sonde à la main, et s'enfonçant jusqu'au terrain absorbant.

Au lieu de tuiles courbes posées sur des semelles, on songea à faire des briques demi-cylindres pouvant être superposées. On imagina aussi de fabriquer des tuyaux de bois de pin, en clouant ensemble quatre planches de façon à faire un canal rectangulaire percé de trous pour permettre l'introduction de l'eau dans le drain.

Enfin, on est arrivé à substituer aux tuiles des tuyaux cylindriques.

Les tuyaux des drains ordinaires ont $0^{m},03$ de diamètre intérieur et $0^{m},01$ en plus pour le diamètre extérieur. Pour les drains collecteurs, le diamètre intérieur varie depuis $0^{m},04$ jusqu'à $0^{m},10$ et au delà, selon le nombre et la longueur des petits drains dont ils doivent recevoir les eaux. On a adopté une longueur telle que trois tuyaux font 1 mètre environ.

L'emploi des tuyaux de drainage a permis d'apporter une grande perfection et une grande économie dans l'exécution des travaux d'assainissement. Non seulement il donne la certitude d'un écoulement bien régulier des eaux excédantes, mais encore il amène la circulation de l'oxygène de l'air dans le sol drainé, circulation nécessaire pour la végétation. En outre, il a l'avantage de donner les moyens d'exécuter à plus bas prix l'ouverture des tranchées, d'assurer la régularité de l'assainissement, et d'en surveiller enfin la perpétuité.

On peut affirmer que tout champ où l'eau séjourne, soit à fleur de terre, soit à une petite profondeur, demande à être drainé ; il en est ainsi de tous les terrains argileux, ainsi que de tous ceux qui reposent sous un sous-sol imperméable. Dans ces deux natures de terrains, les eaux ne peuvent pas s'égoutter peu à peu ; la terre n'est jamais dans l'état de saturation modérée qui convient à une bonne végétation ; la pluie coule ou bien séjourne à la surface sans pénétrer dans le sol et sans y laisser ses principes fécondants. Plus de 12 millions d'hectares en France, c'est-à-dire 23 0/0 de la surface totale du pays, entrent dans ces catégories et ont besoin d'être améliorées par le drainage.

Il est facile de reconnaître par quelques signes extérieurs les terrains qui ont besoin d'être drainés. On peut affirmer que le drainage produira de bons effets partout où quelques heures après une pluie on aperçoit de l'eau qui séjourne dans les sillons ; où la terre forte et grasse s'attache aux souliers ; où le pied, soit des hommes, soit des chevaux, laisse après son passage des cavités dans lesquelles l'eau demeure comme dans de petites mares ; où le bétail ne peut pénétrer après un temps pluvieux sans enfoncer dans une sorte de boue ; où l'action du soleil forme sur la terre une croûte dure, légèrement fendillée, resserrant comme dans un étau les racines des plantes ; ou l'on voit des dépressions de terrain notablement plus humides que le reste des pièces de terre, trois ou quatre jours après les pluies; où un bâton enfoncé dans le sol à une profondeur de 0m,40 à 0m,50 forme un trou qui ressemble à une sorte de puits, au fond duquel l'eau stagnante s'aperçoit; où enfin la tradition a consacré comme avantageux l'usage de la culture en billons. La présence du colchique d'automne, des joncs, des prêles, des renoncules, des laiches, du populage, des oseilles, dans une prairie ou dans un champ, est aussi un signe certain du besoin ou de l'avantage du drainage.

Lorsqu'on a l'intention de faire drainer un champ, on doit procéder préalablement, avant l'exécution de tous travaux, à une étude du terrain. Il faut exécuter un levé de plan et un nivellement complet, en marquant sur un dessin, à l'aide de cotes, toutes les dépressions du terrain. En outre, il est nécessaire de se rendre compte, par quelques fouilles poussées jusqu'à une profondeur de 2 mètres, de la nature du sol et du sous-sol, afin de connaître la nature du terrain. C'est ainsi seulement qu'on peut décider les conditions d'exécution, c'est-à-dire la direction à donner aux différents drains, leur écartement, leur profondeur et arriver à un devis des dépenses.

L'exécution d'un plan de drainage exige qu'on étudie par des fouilles la nature du terrain. Quelques trous de sonde à la main sont très utilement pratiqués à cet effet.

Avec les renseignements que l'on réunit par ce moyen d'investigation, on peut mieux diriger les travaux et se rendre compte du prix de revient. Les travaux de drainage sont d'autant plus coûteux que l'on rencontre plus de pierres dans le sol et le sous-sol.

On dirige en général les drains ordinaires dans le sens de la plus grande pente, c'est-à-dire perpendiculairement aux lignes de niveau que le levé et le nivellement du terrain ont permis d'obtenir avec précision. On espace les drains de 10 à 15 mètres en diminuant ces distances lorsque le terrain est plus fortement argileux. On adopte une profondeur moyenne de 1m,20. Cette profondeur ne doit pas être moindre de 0m,80; elle peut augmenter, pour permettre de donner aux drains une pente suffisante. Cette pente doit être au minimum de 0m,001 par mètre et en moyenne de 0m,003. Si l'on employait pour garnir le fond des drains d'autres matériaux que des tuyaux en poterie cuite, il faudrait une pente moyenne de 0m,006. Quand les lignes de drains ont une grande longueur, il est bon d'augmenter la pente dans les parties basses, de la porter à 0m,004, 0m,005, 0m,006 et même 0m,007 par mètre; mais il ne faut pas aller au delà, de manière à éviter de donner à l'eau une vitesse d'écoulement qui détériorerait la conduite. La plus grande longueur qu'il convient de donner aux drains ordinaires est 250 mètres. Les drains collecteurs sont placés le long des thalwegs des vallées et reçoivent les petits drains obliquement sous un angle aigu ou tout au plus sous un angle voisin d'un angle droit. Jamais on ne doit faire déboucher sous un angle obtus un drain quelconque dans celui qui doit recevoir ses eaux; car il en résulterait un arrêt dans l'écoulement, et il se produirait des obstructions. Lorsqu'on ne peut pas conduire obliquement tout un petit drain vers le collecteur, on lui donne vers l'extrémité une légère courbure sur une longueur de 1 ou 2 mètres avant sa jonction avec le tuyau principal. En général, les drains ordinaires ou collecteurs doivent être rectilignes, parce que les obstructions et les dérangements se produisent plus souvent dans les coudes. Lorsqu'on ne peut, ce qui arrive souvent pour les collecteurs, suivre la ligne droite, on ne doit employer que des courbes d'un rayon minimum de 5 à 6 mètres, ou bien on fait raccorder deux lignes droites sous un angle quelconque à l'aide d'un regard.

Les regards destinés à vérifier le bon fonctionnement de *drainage*, seront faits avec de gros tuyaux de 0m,20 à 0m,30 de diamètre qu'on place verticalement sur une pierre ou sur une tuile plate. On pratique dans un des tuyaux autant d'ouvertures circulaires qu'il doit y avoir de drains communiquant entre eux. On recouvre la partie supérieure d'une tuile plate, puis d'une motte de gazon et enfin de terre. On conserve seulement un point de repère pour en faciliter l'inspection. La partie supérieure du regard est d'ailleurs enterrée à une profondeur de 0m,50 environ, pour ne pas gêner les travaux de labour. On peut aussi laisser l'accès du regard toujours facile, en faisant une petite construction qui s'élève au-dessus du sol.

Les drains collecteurs déversent leurs eaux dans un fossé ou dans un ruisseau, quelquefois dans une rivière ou dans un puits absorbant. Le plus souvent, les petits drains se rendent dans un collecteur sous-principal ; les collecteurs sous-principaux se dégorgent à leur tour dans des collecteurs d'un ordre supérieur, lesquels aboutissent définitivement à une décharge principale dont on fait un petit monument, ainsi que le montre, par exemple, la figure 32. Pour empêcher les animaux des champs, tels que les rats, les souris, les taupes, les grenouilles, les crapauds, etc., de s'introduire dans les drains par les bouches de décharge et d'y causer, en y périssant, des obstacles à l'écoulement de l'eau, et par conséquent des obstructions qui interrompraient le fonctionnement du drainage, on met des grillages ou des petits barreaux entre l'avant-dernier et le dernier tuyau. On peut aussi employer des clapets ou des petites portes à claire-voie, selon l'importance du travail.

C'est par l'emploi de toutes ces précautions que le drainage a rendu de très grands services à tous les agriculteurs qui y ont eu recours dans les terrains où l'eau séjournait par suite de leur nature trop argileuse.

Si le drainage rend d'éminents services pour la mise en valeur des terrains à sous-sol imperméable, il ressort d'expériences exécutées par M. Berthelot à la station de chimie végétale de Meudon que les eaux de drainages enlèvent au sol une dose d'azote combiné supérieure à celle que l'atmosphère et les eaux pluviales peuvent lui apporter. L'azote ainsi éliminé est, dans les terres cultivées, presque décuple de l'azote combiné apporté par la pluie, et sextuple de l'azote combiné fourni par l'atmosphère. La déperdition est moindre dans les terres couvertes de végétaux; l'azote éliminé est alors quintuplé de l'apport dû aux eaux pluviales, et triple des apports atmosphériques. Les expériences de M. Berthelot démontrent donc la nécessité des engrais azotés pour éviter l'appauvrissement continu des prairies et des terres soumises au drainage.

ANALYSE DES TERRES

Considérations générales. — Pendant fort longtemps le sol a été considéré simplement comme le support des plantes ; parmi les matériaux de nutrition que ces dernières pouvaient y trouver, on considérait seulement l'humus, cette sub-

Fig. 134. — Églantier (*Rosa canina*). Port de la plante. — Son fruit.

stance noirâtre provenant de la décomposition des débris organiques. Quant aux matières minérales, on n'y prêtait qu'une attention tout à fait secondaire. L'examen des terres au laboratoire ne portait que sur les quatre éléments constitutifs : sable, argile, calcaire, humus. La classification des sols reposait tout entière sur les proportions relatives de ces quatre principes ; la science n'allait pas au delà. De ces données très sommaires il ne pouvait sortir aucun renseignement nouveau pour le praticien, qui n'a pas, en effet, besoin d'analyse pour savoir si la terre pèche par excès d'argile (terres fortes), ou par excès de sable (terres sèches), ou par excès de calcaire (craies), ou par excès d'humus (tourbes) ; il n'avait à sa disposition que les amendements pour pouvoir, dans certains cas, apporter des modifications aux qualités physiques de son terrain. En résumé, l'*agrologie* ou étude du sol est restée très longtemps à l'état d'enfance, n'apportant aucune idée nouvelle et tout à fait incapable de diriger le cultivateur dans la voie des améliorations ou modifications intimes du sol.

Lorsqu'on fut éclairé sur le mode d'alimentation des végétaux, le progrès commença à se faire. Tout végétal contient du carbone, de l'hydrogène, de l'oxygène, de l'azote, de l'acide phosphorique, de l'acide sulfurique, du chlore, de la silice, de la potasse, de la soude, de la chaux, de la magnésie, du fer, du manganèse. Or, à l'exception du carbone, de l'hydrogène, de l'oxygène, qui sont fournis par l'atmosphère en quantité pour ainsi dire illimitée, tous les autres principes sont puisés par les racines dans le sol. C'est donc au point de vue de leur composition chimique, c'est-à-dire de leur teneur en principes minéraux indispensables à la nutrition végétale, bien plus qu'au point de vue physique, qu'il convient d'examiner les terres arables.

Parmi les différents éléments minéraux cités, les uns existent toujours dans le sol en quantité suffisante pour les besoins limités des récoltes; ce sont : la silice, l'alumine, le fer, le manganèse, la soude; l'acide sulfurique, le chlore, la magnésie, existent dans la majorité des cas en proportion satisfaisante; les principes de beaucoup les plus importants sont : l'azote, l'acide phosphorique, la potasse et la chaux; si la proportion de l'un d'eux est trop faible, il est impossible, malgré les soins culturaux les plus parfaits, d'obtenir des rendements élevés. Fort heureusement l'agriculture dispose d'engrais spéciaux qui permettent de corriger la pauvreté du sol et de lui fournir l'élément ou les éléments qu'il ne renferme pas en quantité suffisante. C'est plutôt au sol qu'au végétal lui-même que doit s'appliquer l'engrais; c'est ce qui a fait dire à Chevreul : « L'engrais est le complément du sol. »

Tant que l'agronomie n'était pas en possession de ces données précises, tout progrès fondamental était impossible; l'analyse du sol portant simplement sur les éléments constitutifs : argile, sable, humus, calcaire, était incapable de tracer les règles générales d'améliorations culturales. C'est seulement lorsque le chimiste pénétra plus avant dans l'étude de la composition du sol qu'on put assister à ces transformations merveilleuses qui portaient la fertilité dans des contrées déshéritées; c'est seulement lorsque l'analyse nous eut appris qu'aux terrains granitiques l'acide phosphorique fait défaut, que dans les terrains crayeux la potasse est en quantité suffisante, que l'agriculteur put, par des engrais complémentaires, établir une fertilité relative dans des sols d'une stérilité presque absolue.

Aujourd'hui, le cultivateur soucieux de ses intérêts doit avant tout connaître les ressources de la terre qu'il exploite, et nous pouvons constater avec le plus grand plaisir que l'habitude de faire analyser les sols s'est depuis quelques années introduite dans la pratique agricole. Les recherches de laboratoire donnent très rapidement au praticien des renseignements précis sur la richesse ou la pauvreté de sa terre en principes fertilisants essentiels, renseignements que ni l'aspect du sol, ni une pratique séculaire ne sauraient lui apporter, et sans lesquels, pourtant, toute amélioration fondamentale reste impossible. Voici, par exemple, un domaine dans lequel l'acide phosphorique fait défaut; la terre cependant contient, en proportion heureuse, sable, argile, calcaire, humus; on y apporte les fumiers de la ferme en grande quantité, les façons culturales ne laissent rien à désirer, et pourtant les rendements ne dépassent jamais une certaine limite. Dès que l'analyse aura découvert le point faible, le fermier, par l'apport de quelques sacs de phosphate ou de superphosphate de chaux, verra ses récoltes s'accroître comme par enchantement. Voici un autre domaine dans lequel le fermier, plus audacieux, applique les engrais du commerce; il obtient de belles récoltes, mais non sans dépenser beaucoup d'argent, car ne sachant pas quels sont les éléments fertilisants qui lui sont réellement utiles, il les applique tous : acide phosphorique, potasse, azote, sous forme d'engrais complet. A celui-là, l'analyse vient apprendre que le sol étant très riche en potasse, l'apport de cet élément constitue une dépense absolument inutile, et lui permet du coup de réaliser sur la fumure une sérieuse économie.

Ces exemples suffisent à montrer quelle est l'importance pratique de l'analyse chimique du sol; nous n'hésitons pas à la considérer comme la base de toute entreprise culturale, et l'agriculture moderne ne saurait avoir trop de reconnaissance pour les savants, tels que MM. Paul de Gasparin et Risler, qui ont les premiers appelé l'attention sur ce point.

L'analyse des terres porte, nous l'avons dit, sur l'azote, la chaux, l'acide phosphorique, la potasse; elle a pour but définitif de dire au praticien quelle est la nature de l'engrais ou des engrais qu'il convient d'employer. Il y a des cas où les résultats de l'analyse sont d'une netteté absolue et ne laissent plus aucun doute : ce sont les cas d'extrême richesse et d'extrême pauvreté. Quand l'analyse d'une terre a montré qu'un élément fertilisant est abondant dans le sol, il est inutile de l'ajouter par les fumures; quand au contraire elle constate que la proportion en est faible, on est certain que son addition produira des résultats avantageux. Mais où les difficultés surviennent, c'est lorsqu'on se trouve dans les cas moyens. MM. de Gasparin et Risler ont pu cependant, à la suite de longues recherches, poser les principes suivants : « Lorsque l'analyse décèle dans le sol moins de 1 pour 1,000 d'acide phosphorique, de 1 pour 1,000 d'azote et de 1 à 1,5 pour 1,000 de potasse, l'agriculteur devra conclure que la terre qu'il exploite sera sensible à l'action des engrais phosphatés, azotés ou potassiques; au-dessus de ce taux, on applique les fumures à simple dose de restitution. » Après avoir posé cette règle, nous devons ajouter qu'il est toujours prudent de contrôler les conclusions tirées de l'analyse par des expériences en plein champ.

L'application de l'analyse chimique des terres à la pratique agricole a déjà rendu d'immenses services; mais il faut dire que la science, sur ce point, n'est pas encore arrivée à un degré de perfection absolue. Si l'analyse du sol nous fixe sur le stock des différents principes minéraux contenus dans la terre, elle est encore impuissante à déterminer leur degré d'assimilabilité, à distinguer la partie immédiatement utilisable par le végétal de celle qui le devient seulement à la longue.

NOTIONS SUR LES ÉLÉMENTS CONSTITUTIFS DES PLANTES

Les éléments constitutifs de la matière animée. — Avant de parler de l'analyse chimique des terres, il nous a paru intéressant de jeter un coup d'œil rapide sur les éléments constitutifs des plantes et d'ajouter à chacun quelques notes sur les composés pouvant jouer un rôle en agriculture.

Tout ce qui vit, plante et animal, comporte quatorze éléments.

Quatre de ces éléments sont représentés par le *Carbone*, l'*Hydrogène*, l'*Azote* et l'*Oxygène;* on peut les appeler les *éléments organiques* de la substance animée; les dix autres corps, les *éléments minéraux*, sont : l'*Acide phosphorique*, le *Soufre*, le *Chlore*, la *Silice*, l'*Oxyde de fer*, le *Manganèse*, la *Chaux*, la *Magnésie*, la *Soude*, la *Potasse*.

Le Carbone. — Ce corps est susceptible d'affecter un grand nombre de modifications et d'aspect; cependant on reconnaîtra toujours le carbone aux caractères suivants :

Tous les carbones sont combustibles, et, en brûlant, donnent de l'acide carbonique si l'oxygène est en excès, et de l'oxyde de carbone si l'oxygène est en quantité insuffisante. On reconnaît qu'une substance est constituée par du carbone pur lorsque 6 grammes de cette substance produisent par leur combustion 22 grammes d'acide carbonique.

Le carbone est extrêmement abondant dans la nature. Le règne minéral le présente à l'état de pureté et à l'état de combinaison dans les carbonates. Il constitue, d'autre part, l'élément le plus général de toutes les matières organiques animales et végétales.

Le carbone forme avec l'oxygène un composé important pour nous, l'acide carbonique.

L'*acide carbonique* est un gaz incolore, d'une odeur piquante, d'une saveur légèrement aigrelette; sa densité est 1,529.

Pour mettre en évidence la grande densité de l'acide carbonique, on remplit de ce gaz une cloche sur la cuve à eau; puis, après en avoir bouché l'ouverture à l'aide d'une lame de verre, on la retourne. Si alors on découvre la cloche pour y faire tomber des bulles de savon gonflées d'air, on voit ces bulles rebondir dans le gaz comme du liège à la surface de l'eau.

L'eau dissout son volume d'acide carbonique à la température de 15°. A 0°, 1 litre d'eau en dissout 1^l,797.

Le gaze acide carbonique est impropre à la combustion; une bougie allumée, plongée dans ce gaz, s'y éteint. Grâce à sa grande densité, on peut faire l'expérience de la manière suivante : une bougie étant placée dans une large éprouvette à pied, on prend une éprouvette ordinaire, pleine d'acide carbonique, et, en l'inclinant, on verse le gaz sur la bougie, comme on verserait de l'eau : la flamme s'éteint immédiatement.

Ce gaz, qui n'est pas comburant, n'est pas davantage combustible. On le reconnaît à cette double propriété, jointe à celle qu'il possède de troubler l'eau

Fig. 135. — LE TRAVAIL DANS LES CHAMPS

de chaux en formant du carbonate de chaux insoluble. Le carbonate de chaux, ainsi précipité, se redissout, quand on l'agite, avec de l'eau et un excès d'acide carbonique.

L'eau, chargée d'acide carbonique, dissout de même le phosphate de chaux et la silice, qui sont insolubles dans l'eau pure.

L'acide carbonique est toxique. La respiration de l'homme est difficile dans une atmosphère quirenferme 1 p. 100 d'acide carbonique; à 10 p. 100, l'asphyxie est rapide. La mort peut arriver non seulement dans les cas où l'acide carbonique est inhalé par les poumons, mais encore lorsqu'il est absorbé par la peau; un animal dont le corps est plongé dans une atmosphère d'acide carbonique, la tête restant dans l'air ordinaire, ne tarde pas à présenter tous les symptômes de l'asphyxie.

L'intoxication accidentelle par l'acide carbonique est très fréquente; on la rencontre surtout chez les ouvriers imprudents, fabricants de chaux, vignerons à l'époque des vendanges, brasseurs auprès de cuves de fermentation.

On devra donc se tenir en garde contre l'asphyxie, quand on pénétrera dans les endroits où s'accumule l'acide carbonique, tels que les caves qui renferment des cuves de vendange en fermentation. On y pénétrera avec une bougie allumée à la main; la bougie cesse de brûler avant que la proportion de gaz soit dangereuse. Lorsque la bougie s'éteint, il est prudent de sortir et de ne rentrer qu'après avoir établi une ventilation puissante, ou, si la ventilation n'est pas possible, après avoir neutralisé l'acide carbonique par un arrosage effectué avec une dissolution d'ammoniaque.

On peut avec raison se demander l'origine de l'acide carbonique dans l'atmosphère : un grand nombre de volcans déversent sans cesse de l'acide carbonique dans l'air; ce gaz se dégage aussi de certaines eaux, des fissures du sol de certaines contrées.

A l'acide carbonique qui se dégage ainsi vient se joindre celui qui résulte de toutes les combustions constituant nos moyens de chauffage et d'éclairage, de toutes les décompositions de matières organiques et de la plupart des fermentations.

La respiration des animaux est encore une source très active de gaz acide carbonique; on le constate en faisant passer les gaz qui sortent des poumons dans un tube de verre plongeant dans de l'eau de chaux; on voit la dissolution se troubler rapidement. La quantité d'acide carbonique produite dans la respiration d'un homme est d'environ 44 grammes par heure, ce qui donne à peu près 22 litres, c'est-à-dire que l'homme dégage plus de 500 litres d'acide carbonique par jour. M. Boussingault, en calculant approximativement la quantité d'acide carbonique qui se produit à Paris, tant par la respiration des hommes et des animaux que par les combustions servant au chauffage ou à l'éclairage, est arrivé à l'énorme chiffre de 3 millions de mètres cubes par vingt-quatre heures.

Malgré les nombreuses causes qui tendent à augmenter la quantité d'acide carbonique de l'atmosphère, nous avons cependant vu, à propos de l'air, que la proportion y reste sensiblement constante et à peu près de 4 à 6 dix millièmes en poids. C'est que, sous l'influence de la lumière solaire, les plantes en se *nour-*

rissant agissent à l'inverse des animaux : leurs parties vertes décomposent l'acide carbonique, s'emparent du carbone et mettent l'oxygène en liberté. On le constate en exposant à la lumière solaire directe une plante bien garnie de feuilles vertes sous une cloche contenant de l'air fortement chargé d'acide carbonique ; l'acide disparaît peu à peu et est remplacé par de l'oxygène : aussi le gaz de la cloche, dans lequel une bougie ne pouvait pas brûler, redevient très propre à la combustion.

Par leur *respiration*, les plantes exhalent de l'acide carbonique ; mais ce dégagement est lent, tandis que le dégagement d'oxygène résultant de la décomposition de l'acide carbonique qui sert à leur nutrition est rapide. Ainsi, grâce aux végétaux, l'atmosphère garde une composition constante qui maintient les conditions nécessaires au développement des êtres animés à la surface de la terre.

Une partie de l'acide carbonique répandu dans l'air en est enlevée par l'eau de pluie. L'eau ainsi chargée d'acide carbonique dissout, dans le sol, de la silice ainsi que du phosphate et du carbonate de chaux, et devient propre à entretenir la vie des végétaux et des animaux.

L'Hydrogène. — L'hydrogène est un gaz incolore, inodore et très léger.

Pour mettre en évidence l'extrême légèreté de l'hydrogène. on peut, après avoir rempli une vessie avec ce gaz, en gonfler des bulles de savon, qui s'élèvent dans l'atmosphère, où elles s'enflamment à l'approche d'une bougie.

L'hydrogène a une grande affinité pour l'oxygène, il brûle au contact de l'air et d'une bougie enflammée, en donnant naissance à de l'eau.

Gaz éminemment combustible, il ne peut entretenir la combustion.

L'hydrogène et l'oxygène sont les éléments de l'eau.

L'eau est en effet formée en poids de 8 grammes d'oxygène pour 1 gramme d'hydrogène. En volumes, elle est formée de 2 volumes d'hydrogène et de 1 volume d'oxygène condensés en 2 volumes de vapeur d'eau.

L'Oxygène. — L'oxygène est un gaz incolore, inodore et sans saveur ; il est éminent propre à la combustion.

C'est à Lavoisier que l'on doit l'explication des phénomènes de la combustion ; c'est lui qui a établi ce fait capital, que l'oxygène est l'agent par excellence des combustions, et que lorsque ce gaz s'unit à un corps qui brûle, le poids du produit de la combustion est égal à la somme des poids du corps combustible et de l'oxygène.

C'est encore Lavoisier qui a démontré (en 1777) que la respiration des animaux est un phénomène de combustion lente : le sang veineux abandonne dans les poumons de l'acide carbonique, et prend en échange de l'oxygène qui, circulant avec le sang jusque dans les vaisseaux capillaires des divers organes, y brûle l'excès de carbone qui doit être expulsé. Cette combustion lente est l'origine de la chaleur animale. Quand la respiration est très active, la température du corps reste constante, et notablement supérieure en général à la température ambiante ; c'est ce qu'on rencontre dans les animaux à sang chaud ; quand la respiration est lente, la température suit les variations de la température des corps environnants, ainsi qu'on l'observe dans les animaux à sang froid.

L'oxygène est de tous les corps le plus répandu dans la nature. Il existe à l'état de mélange avec l'azote dans l'air, dont il forme le cinquième environ. A l'état de combinaison, c'est un des éléments de l'eau, de beaucoup de minéraux, et de la plupart des substances végétales ou animales.

L'Azote. — L'azote est un gaz incolore, inodore, insipide; il n'est pas combustible et n'entretient ni la combustion ni la respiration; les animaux plongés dans une atmosphère d'azote périssent asphyxiés.

L'azote se rencontre à l'état libre dans l'air atmosphérique, il en forme les quatre cinquièmes en volume.

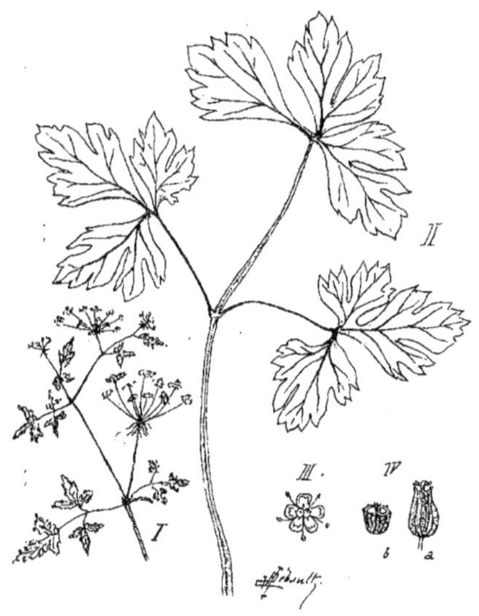

Fig. 136. — Persil (*Petroselinum satunum*). I. Port de la plante. — II. Feuille. — III. Fleur. — IV *a*. Fruit entier. *b*. Fruit coupé.

L'air est formé en poids de

Oxygène	23	100
Azote	77	

ce qui correspond aux volumes :

Oxygène	20,8	100
Azote	79,2	

Ce gaz entre dans la constitution d'un grand nombre de matières organiques végétales, et surtout animales.

Ce métalloïde entre dans la constitution de corps de la plus haute importance. Ce sont d'abord l'*ammoniaque* et l'*acide azotique*. Dans les animaux et dans les végétaux, étant combiné avec l'oxygène, avec l'hydrogène, avec le carbone, et souvent avec quelques autres éléments, il forme des alcaloïdes, des matières colorantes, et les matières dites *albuminoïdes* (albumine, fibrine, caséine, gluten). L'azote, nécessaire à la formation de toutes ces substances, est emprunté par les animaux aux végétaux qui leur servent d'aliments, et les végétaux le puisent dans les engrais et dans l'atmosphère. Et d'abord les deux éléments de l'air se combinent sous l'action de l'électricité atmosphérique pour donner de l'acide azotique. Un autre composé azoté, l'ammoniaque, également

Fig. 137. — La ciguë officinale (*Conium*). — Port de la plante. — Son fruit.

répandu dans l'air, forme avec cet acide azotique de l'azotate d'ammoniaque, qui est entraîné dans le sol par les pluies. Les végétaux l'y puisent par leurs racines. Mais l'azote de l'air fixé par les principes végétaux. Berthelot a montré que, sous l'influence prolongée de l'effluve électrique, beaucoup de matières organiques absorbent ce gaz. Il a prouvé ensuite, par des expériences directes, que les principes immédiats des végétaux se comportent de même, grâce à l'électricité atmosphérique. Il semblerait donc établi que l'azote de l'air n'a pas seulement un rôle modérateur des actions oxydantes de l'oxygène. Il serait lui-même actif; il pourrait être absorbé par les tissus des végétaux, et contribuerait ainsi à leur formation.

Des études récentes prouveraient que les plantes n'absorbaient pas directement l'azote de l'air. Des expériences précises exécutées en France et répétées en Angleterre ont démontré l'exactitude de cette assertion. Si l'azote est emprunté à l'atmosphère, c'est exclusivement sous la forme d'ammoniaque et nitrate d'ammoniaque.

C'est le terreau, l'humus provenant de la décomposition complète des matières organiques animales et végétales contenues dans le sol qui fournissent le plus d'azote aux plantes; ils se décomposent en donnant de l'ammoniaque. De petits êtres (ferments organisés) qu'il est difficile d'apercevoir, même avec les plus puissants microscopes, digèrent cette ammoniaque pour en faire de l'acide nitrique, lequel se combine aux bases du sol, et forme des nitrates absorbés directement par les plantes.

L'*ammoniaque* et les *sels ammoniacaux* jouent donc un rôle important dans les phénomènes de la végétation.

Une source abondante d'ammoniaque est la décomposition spontanée des matières organiques (urines, fumiers, débris organiques, immondices, etc.).

L'eau de l'océan contient de l'ammoniaque libre, qui, se répandant dans l'atmosphère, est entraînée par les vents sur les continents et absorbée par le sol et les végétaux.

Il se forme de l'ammoniaque dans les végétaux.

La découverte des légumineuses ne pouvait manquer de provoquer de laborieuses recherches dans le monde savant et agronomique.

M. Laurent s'est livré à des études spéciales sur la formation et le développement de ces microbes.

Son principal essai a eu lieu sur des pois nains cultivés dans une solution privée d'azote; il y a semé des nodosités récoltées en pleine terre ou dans un mélange aqueux.

Les nodosités se forment lorsqu'on inocule des tubercules peu âgés; elles perdent leur vitalité lorsque se forme la graine; elles paraissent dix à douze jours après l'inoculation opérée sous l'épiderme de la racine; la présence d'un nitrate dans le liquide de culture diminue l'aptitude à former des nodosités. On réussit en inoculant toutes les espèces de légumineuses, quoique leurs microbes soient de formes différentes.

En somme, le résultat de ces essais tend à confirmer ce fait, que les nodosités qui se forment sur les racines des légumineuses assimilent l'azote libre dans le sol, mais leur formation a lieu dans les jeunes plantes; lorsque les plantes arrivent à la floraison, les nodosités se résorbent, les germes restent intacts dans la membrane qui les enveloppe.

Cette étude présente un grand intérêt, bien qu'elle n'ouvre pas une voie nouvelle comme moyen d'enrichir les cultures en azote. On a pensé avec raison qu'il fournit des indications au moyen desquelles des études ultérieures pourront aboutir à ce précieux résultat.

Le Phosphore. — Le phosphore est un corps solide, d'une odeur qui rappelle un peu celle de l'ail ; il est incolore ou légèrement ambré, transparent, flexible quand il vient d'être fondu, facilement rayé par l'ongle.

Le phosphore existe dans la nature à l'état de phosphate; les principaux phosphates sont ceux de fer, de plomb, de chaux et de magnésie. — Du sol et des engrais, le phosphate de chaux, dissous dans l'eau, grâce à la présence de l'acide carbonique, passe dans les plantes, puis par celles-ci dans les animaux herbivores, qui le transmettent aux carnivores. On trouve du phosphore dans le système nerveux, dans l'urine et dans la laitance des poissons.

La combinaison de l'*acide phosphorique* avec une base donne des *phosphates* qui jouent un grand rôle en agriculture.

Grâce à la solubilité du phosphate tribasique dans l'eau chargée d'acide carbonique, les plantes peuvent prendre au phosphate de chaux du sol l'acide phosphorique nécessaire à leur développement. En raison de cette propriété, on emploie en agriculture d'énormes quantités de phosphate de chaux comme amendement. Depuis plusieurs siècles, les agriculteurs connaissent l'influence très favorable des os sur la végétation. Après la découverte d'un grand nombre de gisements de phosphates de chaux en Angleterre, en France (Ardennes, Aisne, Pas-de-Calais), en Russie, en Espagne..., on employa ces phosphates pulvérisés de la même manière que les os. Depuis les travaux du duc de Richemond, président de la Société royale d'agriculture d'Angleterre (1843), on transforme préalablement les phosphates tribasiques naturels en phosphates acides par l'action de l'acide sulfurique, ce qui donne les engrais connus dans le commerce sous le nom de *superphosphates*. Cette transformation rend l'acide phosphorique plus facilement et plus radidement assimilable, soit qu'il puisse être absorbé facilement, à cause de la solubilité du phosphate acide, soit à cause de l'état d'extrême division dans lequel il se trouve. On fabrique aujourd'hui, chaque année, en France et en Angleterre, les superphosphates par centaines de millions de kilogrammes ; on extrait, en France, dans ce but, 100,000 tonnes par an de nodules des terrains crétacés.

Le Soufre. — Le soufre est un corps solide d'une couleur jaune citron, insipide et inodore; il acquiert par le frottement l'odeur particulière des corps électrisés.

Il est très mauvais conducteur de la chaleur et de l'électricité : la chaleur seule de la main suffit pour produire dans le soufre une dilatation des parties superficielles qui occasionne des ruptures intérieures accompagnées de craquements. Ces craquements deviennent bien plus sensibles si on plonge brusquement le soufre dans l'eau chaude.

La densité de ce corps est 2,00. Il est insoluble dans l'eau, peu soluble dans l'alcool et dans l'éther, très soluble dans la benzine, l'essence de térébenthine et les huiles essentielles. Son meilleur dissolvant est le sulfure de carbone.

Il fond à 111° et entre en ébullition à 440°.

La fleur de soufre a, dans ces derniers temps, trouvé une importante application dans les *soufrages* des vignes, destinés à détruire l'oïdium.

Le soufre forme de nombreux composés dont quelques-uns sont précieux pour l'agriculteur :

L'*acide sulfureux* employé pour le blanchiment des tissus végétaux, pour prévenir la fermentation du vin et des boissons alcooliques ;

L'*acide sulfurique*, qui est, de tous les acides, le plus employé dans les laboratoires et dans l'industrie ; ses usages s'accroissent tous les jours ;

L'*hydrogène sulfuré* ou *acide sulfhydrique*, qui est un poison violent, est employé contre les animaux nuisibles à l'agriculture ;

Le *sulfate d'ammoniaque*, employé comme engrais chimique ;

Le *sulfate de chaux* ou *plâtre*, employé pour amendement.

Le soufre est très répandu dans la nature ; on le trouve surtout combiné avec les métaux : les sulfures de fer, de cuivre, de plomb et de mercure, sont très abondants; il existe aussi à l'état *natif*, soit dans des matières bitumeuses, au milieu des couches de gypse et de calcaire de l'étage crétacé ou tertiaire, comme en Sicile, où se trouve son principal gisement; soit disséminé dans des roches qui contiennent du sel gemme, du gypse et du sulfate de strontiane; soit enfin dans le voisinage des anciens volcans, comme à Pouzzoles. Il est quelquefois pur et cristallisé, mais le plus souvent on le trouve mélangé à des matières terreuses.

Le Chlore. — Le chlore est un gaz jaune verdâtre, d'une odeur forte et suffocante. Respiré en petite quantité. Il provoque la toux, il est soluble dans l'eau.

Le chlore se trouve dans la nature, combiné avec les métaux. On le rencontre à l'état de chlorure de sodium que l'on appelle sel gemme, lorsqu'on l'extrait du sein de la terre, et sel marin quand on le retire des eaux de la mer. Celles-ci contiennent en outre du chlorure de potassium et du chlorure de magnésium.

Le chlore est utilisé pour le blanchiment des tissus.

L'*eau de chlore* et le *chlorure de chaux* peuvent être employés indifféremment pour décomposer l'acide sulfhydrique et le sulfhydrate d'ammoniaque des fosses d'aisances.

On l'emploie pour détruire les miasmes des étables et préserver des épidémies.

Le Silicium. — La *silice* est une des substances les plus répandues dans la nature; elle s'y trouve soit libre, soit en combinaison avec les bases alcalines ou terreuses. A l'état de pureté, elle constitue le *quartz* ou *cristal de roche* (prismes hexagonaux terminés par des pyramides à six faces), qui forme souvent des filons d'une grande puissance. Les *pierres meulières*, les *cailloux* ou *silex*, le *grès*, les *sables*, sont de la silice mêlée d'alumine et d'oxyde de fer.

La silice existe dans les eaux courantes ; elle y est dissoute grâce à la présence de l'acide carbonique. On la trouve en grandes proportions dans les jets d'eau chaude qui, sortant des fissures du sol, constituent les *geysers* de l'Islande, analogues aux *suffioni* de la Toscane.

On trouve de la silice dans beaucoup de plantes, et entre autres dans les graminées, auxquelles elle donne une assez grande consistance.

Combinée avec les bases, elle entre dans la constitution d'un très grand nombre de roches.

Le Fer. — Le fer est le métal le plus répandu à la surface de la terre : il entre, soit comme principe essentiel, soit comme accessoire, dans presque toutes les roches; on en trouve également des proportions appréciables dans les organes des végétaux et des animaux.

Il existe à l'état métallique dans les pierres météoriques, où il est allié au nickel, au cobalt et au chrome, et dans certaines roches ignées (basaltes). Les

Fig. 138. — PUITS ARTÉSIEN.

principaux composés du fer que l'on trouve dans la nature sont les oxydes, le sulfure, le carbonate, le sulfate, le phosphate et le silicate de fer.

Un sel de fer, le *sulfate*, est employé dans les maladies de la vigne. Ce même sel entre quelquefois dans les formules d'engrais chimique.

Le Manganèse. — Le manganèse se trouve dans la nature à l'état d'oxyde mélangé avec des sels de fer, de chaux, de baryte, et de la silice.

La Chaux. — La chaux est un corps blanc, amorphe, infusible, indécomposable par la chaleur, très caustique, très avide d'eau. Un peu d'eau, versée sur de la chaux anhydre (ou *chaux vive*) s'y combine en produisant un échauffement progressif qui volatilise une partie du liquide; en même temps la chaux augmente de volume, et tombe en poussière; on a la *chaux éteinte*. La chaux hydratée, la chaux éteinte délayée dans l'eau donne du *lait de chaux* qui se sépare bientôt en un dépôt blanc et une dissolution limpide (*eau de chaux*). La chaux vive à l'air absorbe à la fois l'humidité et l'acide carbonique; elle se *délite*, c'est-à-dire tombe en poussière.

La chaux se prépare en décomposant par la chaleur le carbonate de chaux; le produit obtenu renferme toujours un peu de magnésie, d'alumine, d'oxyde de fer, de potasse, existant dans le carbonate.

Nous avons déjà dit que la chaux sert en agriculture à l'amendement des terres.

On l'emploie aussi au chaulage des grains, pour les préserver de la carie due à une sorte de champignon microscopique.

Le plâtre ou *sulfate de chaux* est aussi employé dans la culture.

Le plâtre en poudre, répandu dans les écuries ou sur les fumiers, fixe l'ammoniaque. Le plâtre et surtout le plâtre cru, qui contient toujours des sels ammoniacaux (M. Boussingault et M. Dieulafait), favorise la pénétration de la chaux, de la potasse et de l'ammoniaque dans les couches profondes du sol, où s'enfoncent les racines des légumineuses : aussi il améliore la culture de ces plantes, mais il n'améliore pas celle des céréales, dont les racines restent superficielles (P.-P. Dehérain).

Les *phosphates de chaux* jouent un grand rôle comme engrais.

La Magnésie. — Le magnésium n'existe pas à l'état libre dans la nature, mais il y est très abondant à l'état de combinaison avec le chlore ou avec l'oxygène. Le chlorure de magnésium existe dans les eaux de la mer, dans les mines de Strassfurt, etc.

Uni à l'oxygène, le magnésium forme la magnésie ; cet oxyde, combiné avec l'acide carbonique, donne un carbonate, qui existe, soit isolé, soit uni à la craie, et constituant alors la *dolomie*.

Un grand nombre de silicates contiennent aussi de la magnésie. La magnésie est une matière blanche infusible, peu soluble.

M. Schlœsing extrait la magnésie du chlorure de magnésium, des eaux mères des marais salants en les traitant par la chaux hydratée. Cette magnésie est ensuite employée avec l'acide phosphorique, tiré des phosphates minéraux, pour fixer l'ammoniaque des eaux vannes et le restituer à l'agriculture.

La magnésie se rencontre dans presque tous les organes végétaux, mais surtout dans les graines où elle se trouve associée avec l'acide phosphorique.

Les terres en sont généralement assez pourvues pour que l'agriculteur n'ait pas, dans la plupart des cas, à s'occuper de leur en fournir ; il n'en est pas moins vrai que, depuis quelques années, on fait entrer le sulfate de magnésie à très petites doses dans bon nombre de formules d'engrais chimiques.

La Soude. — Le sodium existe dans la nature à l'état de chlorure (mines de sel gemme et eaux de la mer), à l'état d'azote (au Chili). Les végétaux marins prennent de la soude que l'on retrouve dans leur tige ou dans leur racine, combinée à l'acide oxalique ou à un autre acide organique. L'incinération des plantes marines a été pendant longtemps le seul procédé employé pour obtenir la soude du commerce.

Les plantes qui, comme les *barilles*, les *salsola*, les *salicors*, etc., croissent au bord de la mer dans les régions chaudes, contiennent une assez grande quantité de soude combinée avec des acides organiques et en particulier avec l'acide oxalique. Ces sels se transforment par l'incinération en carbonate de soude. Les végétaux sont séchés sur le sol ; on allume ensuite, dans une fosse d'un mètre environ de profondeur, un feu que l'on alimente avec des plantes sèches, jusqu'à ce que la fosse soit presque remplie. Les cendres sont à demi fondues ; elles constituent une masse brune, que l'on casse et qu'on enferme dans des barils, pour la livrer au commerce. Les soudes d'Espagne et, entre autres, celles d'Alicante et de Malaga, étaient les plus estimées : elles contenaient de 20 à 25 0/0 de carbonate de soude sec. Celles de Narbonne ne contenaient que 10 à 15 0/0 de ce sel ; les autres sels insolubles étaient surtout le chlorure de sodium et le sulfate de soude ; les composés insolubles étaient la silice, ainsi que le carbonate et le phosphate de chaux.

Aujourd'hui les soudes naturelles sont remplacées par les soudes artificielles.

Nous ne parlerons encore ici que d'un sel de soude, le *chlorure de sodium* ou sel marin : il entre, soit naturellement, soit artificiellement, dans tous les aliments dont se nourrissent l'homme et les animaux. Les peuplades sauvages, éloignées de la mer, entreprennent de longs et pénibles voyages pour se procurer le sel ; et, bien que l'addition du sel au fourrage ne soit pas une condition nécessaire de l'existence des animaux, elle n'en est pas moins une condition essentielle de leur bien-être.

Grâce à l'avidité des bêtes à cornes pour ce corps, on peut, dans l'Amérique du Sud, laisser paître en pleine liberté d'immenses troupeaux, qui reviennent toujours, à jour fixe, pour la distribution du sel.

La Potasse. — La nature nous présente le potassium en combinaison avec des corps très variés. Ce métal existe à l'état de chlorure dans les eaux de la mer ; le chlorure de potassium pur ou combiné avec le chlorure de magnésium forme de vastes gisements dans le sein de la terre.

L'azotate de potasse se produit constamment à la surface des terres arables dans les pays chauds (Inde, Égypte).

Les principaux silicates qui, comme les feldspaths, entrent dans les terrains granitiques, contiennent de la potasse.

L'alcali qui existe ainsi dans le sol est puisé par les végétaux. Les végétaux terrestres absorbent de la potasse, que l'on retrouve, dans leur tige ou dans leurs racines, en combinaison avec un acide organique : aussi y a-t-il dans les cendres de tous les bois du carbonate de potasse résultant de la décomposition du sel organique sous l'influence de la chaleur.

Les animaux eux-mêmes empruntent des sels alcalins au sol et aux végétaux; la présence de ces sels paraît être une condition essentielle de leur développement normal.

Sous le nom très impropre de *potasse*, on désigne le carbonate de potasse impur, que fournit l'incinération des végétaux terrestres. Les plantes qui croissent loin de la mer renferment de grandes quantités de potasse, combinée avec des acides organiques, comme l'acide acétique, l'acide oxalique ou l'acide tartrique. Aussi, quand on les brûle, laissent-elles un résidu grisâtre, appelé cendres, dans lequel la potasse se trouve généralement à l'état de carbonate,

Fig. 139. — Fraisier (*Fragaria vesca*). — Son port. — Sa fleur. — Son fruit.

mêlé avec des chlorures, sulfates, phosphates ou silicates de différentes bases, qu'un lessivage méthodique permet de séparer facilement. Toutes les plantes ne laissent pas la même quantité de cendres; les plantes herbacées en donnent plus que les plantes ligneuses.

Le poids des cendres varie pour une même plante avec la nature du terrain. D'ailleurs, les différentes parties d'une même plante ne fournissent pas la même quantité de cendres. Dans les arbres, l'écorce en donne plus que les feuilles, celle-ci plus que les branches, les branches plus que le tronc.

Ces cendres ont une composition complexe variable; elles contiennent une partie soluble formée de carbonate de potasse, de sulfate de potasse et de chlorure de potassium, avec des traces de silicate de potasse. La partie insoluble est surtout composée de carbonate de chaux, avec un peu de phosphate de chaux, et de la silice.

Nous avons déjà parlé des composés potassiques employés en agriculture.

ANALYSE CHIMIQUE ÉLÉMENTAIRE DES SOLS

Analyse élémentaire. — L'analyse chimique des sols présente de grandes difficultés, et ce n'est qu'à un chimiste expérimenté qu'on peut demander des analyses complètes et précises. Heureusement l'agriculteur n'a pas toujours

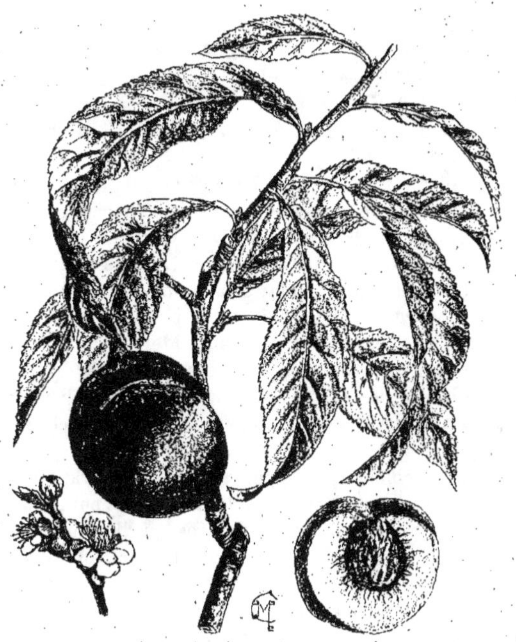

Fig. 140. — Pêcher. — Inflorescence et fruit.

besoin d'une connaissance aussi approfondie de la nature chimique du terrain qu'il cultive; ce qui lui importe surtout, c'est de savoir dans quelle proportion le sable, par exemple, se trouve relativement à l'argile M. Malayuti fait remarquer avec raison que, lorsqu'on dira à un agriculteur : Votre terre est composée de 4/5 de sable, on lui donnera tout de suite l'idée d'une terre sèche, légère, très meuble; et lorsqu'on lui dira : Votre terre renferme 4/5 d'argile, on lui donnera l'idée d'une terre humide, forte et difficile à travailler. Dans ces deux cas, il saura à quoi s'en tenir sur le choix des cultures. Ces simples notions suffiront le plus souvent dans la pratique; mais si, plus versé dans la connaissance des sciences, l'agriculteur désire se rendre un compte parfaitement exact des phénomènes qui se passent sous ses yeux; s'il désire se livrer à des expériences comparatives sur les quantités des grains ou des fourrages produites dans les mêmes conditions par les différents terrains qui composent sa ferme, une anayse détaillée lui deviendra indispensable; s'il veut répandre une marne dans ses champs, il lui sera nécessaire de connaître d'un façon plus précise la composition chimique de cette marne et du sol sur lequel il doit l'appliquer.

Prix d'échantillon. — L'agriculteur, disons-nous, doit être en mesure de faire succinctement l'analyse chimique du sol qu'il cultive, tant pour apprécier les modifications dont il est susceptible que pour lui adapter un système de culture, un assolement, des engrais particuliers. Après avoir pris dans un champ la terre destinée à être analysée, on commence par la faire sécher au bain-marie, opération extrêmement simple. Il suffit, en effet, de mettre la terre dans un vase quelconque, fer-blanc ou faïence, et de la plonger dans une casserole pleine d'eau qu'on apporte à l'ébullition. Quand, après deux pesées consécutives, faites à plusieurs minutes d'intervalle, la terre ne perd plus son poids, elle est complètement desséchée.

Dosage de la chaux. — On prend alors 0^{kg},100 de la terre ainsi desséchée, on la réduit en poudre, on la met dans un verre à expérience et on la traite par l'acide chlorhydrique étendu d'eau qu'on ne verse qu'à mesure que l'effervescence s'est produite. Quand toute la chaux est dissoute, ce qui a lieu quand la liqueur surnageante est acide, on filtre en lavant plusieurs fois le résidu avec l'eau. On fait sécher ce résidu au bain-marie et ce qui a été perdu en son poids indique la quantité de chaux contenue dans la terre.

Dosage du sable. — Ce qui reste sur le filtre après l'opération précédente renferme le sable, l'argile et l'humus. En agitant quelque temps ce mélange dans un matras avec de l'eau, le sable, en raison de sa densité, se précipite au fond, tandis que l'argile et l'humus restent en suspension. On les sépare par décantation. On recommence plusieurs fois cette opération avec de nouvelle eau, jusqu'à ce que le sable reste parfaitement pur et ne trouble plus l'eau. Pour s'assurer qu'on n'a pas entraîné de sable avec l'argile, on promène l'ongle sur le bord du vase qui a reçu l'eau du lavage; si on sentait quelques grains de sable, il faudrait reprendre le dépôt comme précédemment. Quand l'opération est terminée, on dessèche le sable et on le pèse.

Dosage des matières organiques. — Ce qui reste dans les eaux de lavage ne renferme plus que de l'argile et de l'humus. On filtre, on dessèche le résidu au bain-marie, on le pèse, puis on le calcine au rouge dans un creuset, ou plus simplement sur une pelle, en remuant de temps à autre avec une spatule de fer. Quand la terre a perdu sa couleur noire et présente une nuance claire bien homogène, l'opération est terminée. Elle dure généralement une heure. On pèse alors de nouveau; ce qui a été perdu en poids représente la quantité d'humus que renfermait la terre.

Dosage de l'argile. — Ce qui reste en poids après qu'on a séparé l'humus, représente la quantité d'argile contenue dans la terre.

Dosage de la silice et de l'alumine. — L'argile est composée d'alumine et de silice et il peut être utile de savoir dans quelle proportion y entrent ces éléments. Il suffit pour cela de traiter le résidu de la quatrième opération (l'argile calcinée) par l'acide chlorhydrique et faire bouillir dans un ballon. Tout ce qui n'est pas silice est dissous. On la sépare donc par filtration, on la lave à l'eau chaude sur le filtre et on la calcine pour prendre son poids. On a ainsi exactement la quantité de silice renfermée dans la terre, et la quantité d'alumine en déduisant du poids de l'argile la quantité de silice qui y était renfermée.

Dosage de l'azote des terres. — Pour procéder au dosage de l'azote contenu dans le sol, on prend un tube de verre de 0m,012 de diamètre et de 0m,80 à 0m,90 de longueur. Il est fermé et étiré en pointe à une de ses extrémités. On met au fond de ce tube 0m,12 de longueur de bicarbonate de soude, puis 0m,12 de bioxyde de cuivre; on mêle ensuite bien exactement 10 grammes de la terre à analyser avec du bioxyde de cuivre en quantité suffisante pour que ce mélange occupe environ 0m,12 de longueur dans le tube; on le recouvre de 0m,25 du même bioxyde de cuivre, sur lequel on met environ 0m,25 de cuivre plané et bien exempt d'oxyde, en petits morceaux. On recouvre ce tube d'une enveloppe de cuivre laminé pour éviter sa flexion, dans le cas où le verre chauffé entrerait en fusion ou se ramollirait.

On ferme exactement le tube avec un bouchon de liège entrant par force. Ce bouchon est percé d'un trou dans lequel entre à frottement le tube terminal de l'appareil à boules de Liebig, dans lequel on a mis une solution concentrée de potasse caustique; l'autre extrémité de ce petit appareil est mise en communication, à travers un autre bouchon, avec un tube recourbé, dont l'extrémité passe dans la cuve à eau, sous une petite cloche destinée à recevoir le gaz qui s'échappe. Telle est la dernière simplification que l'on a donnée à cet appareil pour lequel on peut ainsi se dispenser d'employer la cuve à mercure sans nuire à la sûreté des résultats. Le tube contenant la matière étant posé sur le fourneau, on place des charbons ardents seulement sur le fond qui contient le bicarbonate de soude.

Il se dégage du gaz acide carbonique qui chasse l'air contenu dans le tube et dans la matière. Quant le bout du tube est bien échauffé, on saisit le moment où il cesse d'arriver de l'air dans la cloche; alors, on la retire, et on lui substitue une nouvelle cloche graduée. On cesse de chauffer la partie du tube qui contient le carbonate de soude, et l'on commence à chauffer la partie antérieure près du bouchon, en allant progressivement vers l'extrémité fermée et en maintenant toujours une chaleur rouge dans la partie antérieure qui contient le cuivre métallique, mais sans atteindre la partie qui contient le bicarbonate de soude. On continue à chauffer le reste du tube tant qu'il passe des gaz. Quand il ne s'en produit plus, on cesse de chauffer la partie qui contient les oxydes de cuivre, on recommence à chauffer faiblement le carbonate de soude, et quand la partie opposée du tube est refroidie, on dégage le bouchon qui le ferme, et l'on termine ainsi l'opération. On mesure alors sur l'échelle de graduation de la cloche le volume de gaz azote recueilli, on observe la température du thermomètre placé dans la cuve, et la hauteur du baromètre, pour ramener le volume de gaz à 0° de température et à la pression de 0m,76.

Dosage de la magnésie. — Si, après l'opération précédente, on voulait connaître la quantité de magnésie qu'on supposerait être enfermée dans la terre, on traiterait la dissolution filtrée par le bicarbonate de potasse, qui précipiterait tout ce qui n'est pas magnésie. Elle resterait donc en dissolution dans la liqueur. On la fait déposer en faisant bouillir, on filtre, on calcine et on pèse.

La magnésie se reconnaît aux caractères suivants : saveur amère, précipité d'hydrate avec la potasse, de même avec l'ammoniaque, à moins que la liqueur ne soit acide. L'ammoniaque ne précipite, du reste. que moitié de magnésie.

Dosage du fer. — Beaucoup de terres renferment du fer en proportions variables et souvent fort utiles à connaître. Voici la manière d'opérer : on prend 0k,100 de la terre où on suppose la présence du fer, on la traite par l'acide chlorhydrique bouillant, on filtre, et, si la liqueur filtrée contient du fer, on observe les réactions suivantes : précipité rouge d'oxyde de fer par l'ammoniaque, précipité bleu de Prusse par le ferrocyanure de potassium (prussiate jaune de potasse). En ajoutant un réactif après repos et éclaircissement, tant qu'il se forme en précipité, on peut facilement séparer tout le fer, qu'on filtre et qu'on pèse après l'avoir fait sécher.

Dosage du phosphate de chaux. — Quand on suppose dans une terre la présence du phosphate de chaux, on en prend 0kg,100, qu'on traite par l'acide chlorydrique à froid, comme nous l'avons dit pour la chaux. Quand il n'y a plus d' effervescence et que la liqueur surnageante est acide, on filtre. La liqueur filtrée est évaporée jusqu'à siccité dans une capsule de porcelaine. Le résidu est repris par l'eau distillée, qui dissout toutes les substances dont il se compose, à l'exception du phosphate de chaux, qui se précipite au fond du vase, d'où il est facile de le séparer par filtration.

Essais pour les chlorures. — Il arrive quelquefois que certaines terres renferment de notables proportions de clorures et notamment de chlorure de sodium ou sel marin. Il est facile de s'assurer de sa présence : on agite quelque temps la terre dans de l'eau distillée, on filtre, et on verse dans la liqueur quelques gouttes de nitrate d'argent. Si la terre contenait du sel, il se formerait immédiatemment un précipité blanc, floconneux, de chlorure d'argent. Il faut avoir bien soin d'employer de l'eau distillée ou tout au moins de l'eau de pluie. Si l'on se servait d'eau ordinaire, on obtiendrait constamment un précipité, quand bien même la terre ne contiendrait pas de chlorure.

A ces manipulations si simples et si simplement décrites, il ne manque que le dosage de l'azote, élément important, il est vrai, mais dont la recherche et la détermination supposent des analyses complètes, des instruments plus nombreux et des connaissance plus étendues. Ne pouvant cependant négliger un sujet si important, c'est à M. de Gasparin que nous demanderons de nous renseigner pratiquement sur cette opératiou chimique.

Sulfates solubles. — Épuiser un poids connu de terre par l'eau distillée et ajouter une solution de chlorure de baryum qui précipite tous les sulfates solubles.

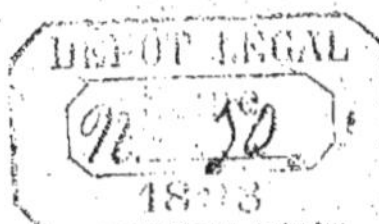

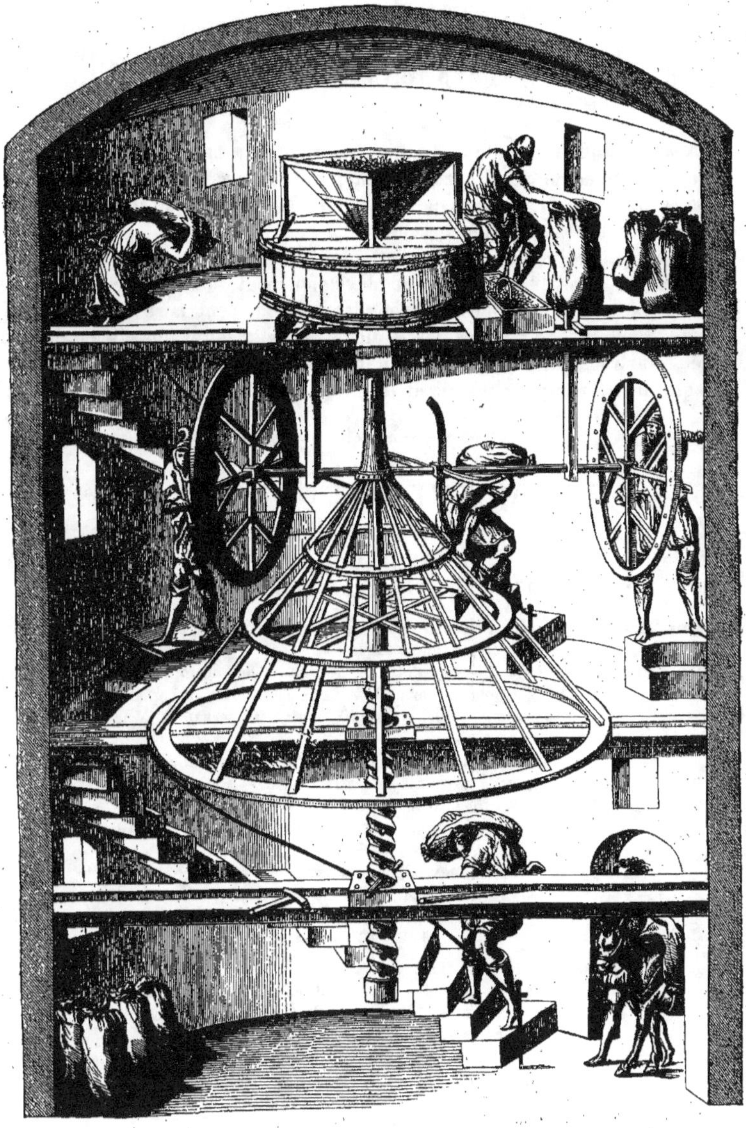

Fig. 141. — INTÉRIEUR D'UN MOULIN.

CLASSIFICATION BOTANIQUE INDUSTRIELLE ET AGRICOLE

Avant d'étudier la culture des plantes, il nous a paru nécessaire d'exposer quelques notions de classification botanique. Cette classification peut être comprise de plusieurs façons : au point de vue de la botanique industrielle et au point de vue de la botanique agricole.

La botanique industrielle a un grand intérêt et prendra certainement, dans un prochain avenir, un plus grand développement; aussi pouvons-nous déjà exposer une rapide classification, dans laquelle on peut faire entrer, sous les grandes divisions botaniques, les matières premières qui fournissent le règne végétal au travail industriel. Nous n'indiquerons, d'après M. Ch. Laboulaye, que quelques types pour chaque division.

BOTANIQUE INDUSTRIELLE

Principaux végétaux utiles obtenus tant par l'action de la végétation (forêts, prairies naturelles) qu'avec l'intervention du travail humain (agriculture).

ACOTYLÉDONÉES.	*Lichens, mousses, etc.* — Premier produit végétal, prépare l'existence à d'autres plantes sur le sol.
MONOCOTYLÉDONÉES.	*Herbes.* — Servant à la nourriture des mammifères, qui élaborent la viande qui forme la base de l'alimentation humaine.
—	*Céréales.* — Blé, seigle, riz, maïs, etc., servant à la nourriture végétale de l'homme.
—	*Plantes sucrées.* — Renfermant le sucre cristallisable. — Canne à sucre.
DICOTYLÉDONÉES.	*Plantes à fibres filamenteuses* — Lin. — Chanvre.
—	— *tinctoriales.* — Garance. — Indigo.
—	— *féculentes.* — Pommes de terre.
—	— *oléagineuses.* — Pavot. — Colza.
—	— *légumineuses.* — Haricot. — Pois. — Lentilles.
—	— *médicinales.* — Aconit. — Tabac.

ARBRES ET ARBUSTES

DICOTYLÉDONÉES.	*Feuilles.* — Thé.
—	*Bois.* — Variétés très nombreuses. — Espèces communes employées comme combustibles. — Espèces résistantes, emplois : construction, menuiserie, charpente. — Chêne. — Orme.
—	*Bois colorés.* — Acajou. — Palissandre. — Thuya, etc., pour ébénisterie.
—	*Bois tinctoriaux.* — Campêche. — Santal.
—	*Ecorces.* — Liège. — Sparterie. — Tan.
—	*Fleurs.* — Fleurs d'oranger. — Rose. — Jasmin, etc.
—	*Fruits.* — Vigne. — Olivier. — Pommier, etc.
—	*Accessoires* filamenteux de certaines graines. — Coton.
—	*Exsudations* et produits de la sève. — Gomme. — Résines. — Caoutchouc. — Gutta-percha.

BOTANIQUE AGRICOLE

Espèce. — Toute classification a pour but de grouper un grand nombre d'espèces, de les réunir en séries distinctes, de façon à ce que l'observateur puisse facilement se retrouver au milieu du nombre immense d'êtres qui habitent le globe terrestre. L'*espèce*, chez les végétaux aussi bien que chez les animaux, est l'ensemble des individus descendus directement d'une paire primitive et semblable à eux en tout ce qui est essentiel.

Variété. — Si l'on considère les différents individus qui font partie d'une espèce, on voit que tous ne reproduisent pas exactement les caractères physiques de leurs parents. Ce sont ces légères différences individuelles qui constituent les *variétés*.

Les variétés héréditaires constituent les *races*.

Une espèce peut renfermer un grand nombre de races, mais elle est toujours invariable et tient à l'essence même des êtres organisés. Deux espèces, même très voisines, ne produisent pas entre elles, ou si elles produisent leurs descendants sont inféconds.

Hybrides. — Chez les végétaux on peut produire des métis aussi bien que chez les animaux; on les désigne sous le nom d'*hybrides*.

On peut assez facilement obtenir des hybrides de plantes faisant partie d'un même genre; pour cela on isole le végétal qui doit produire les graines, on enlève les étamines avant leur formation et on dépose sur le stigmate un peu de pollen pris sur la plante dont on veut avoir des produits croisés. C'est en croisant les races ensemble que les jardiniers obtiennent des variétés si nombreuses de fleurs. L'hybride peut être féconde, mais elle l'est toujours moins que ses parents; abandonnée à elle-même, sa fécondité disparaît, ou elle tend à prendre exclusivement le caractère d'un de ses parents. Aussi ne voit-on jamais se créer d'espèces intermédiaires, et l'espèce étant fondamentale, doit être prise pour base de classification.

Dans le règne végétal nous retrouvons les mêmes lois que dans le règne animal: en réunissant les espèces les plus voisines on constitue les *genres*, des genres on forme les *familles*, des familles les *ordres*, des ordres les *classes*, etc.

Classifications artificielles. — Les premiers essais de classification des végétaux sont des systèmes. Le premier est celui de Tournefort, il commença par diviser le règne végétal en deux sections: les herbes et les arbres, puis il s'appuya sur des caractères secondaires tirés principalement de la disposition des enveloppes florales. Ce système péchait par la base, puisque certaines espèces peuvent, suivant le climat, être arborescentes ou herbacées. Le ricin, par exemple, dans notre pays est une petite plante annuelle, dans le Midi c'est un arbuste persistant pendant des années.

Sytème de Linné. — En 1734, parut le système de Linné, qui remplaça celui de Tournefort; il est basé sur les différences qu'offrent les végétaux sous le rapport des diverses parties essentielles de la fleur, mais surtout des étamines.

Le règne végétal tout entier est ainsi divisé en vingt-quatre classes.

Une de ces classes, placée la dernière, comprend les plantes qui n'ont pas de fleurs visibles, et est désignée pour cette raison sous le nom de *cryptogames*.

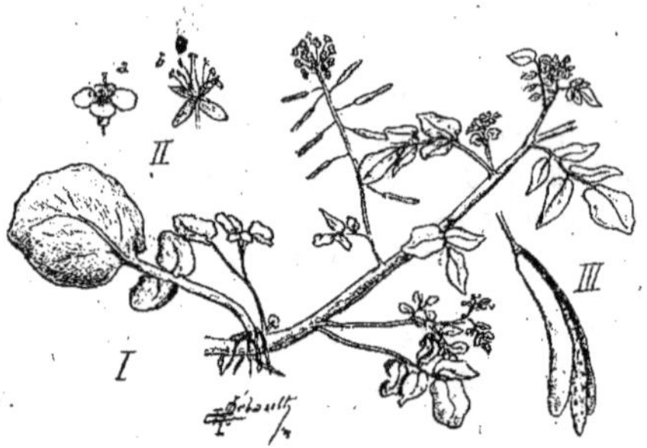

Fig. 142. — Cresson. — Nasturtium officinale. I. Port de la plante. — II. a-b. Fleur. — III. Fruit (*silique*).

Les plantes à fleurs apparentes ou *phanérogames* se divisent en vingt-trois classes, suivant qu'elles renferment dans la même enveloppe florale des étamines et des pistils, ou que ces organes sont portés sur des fleurs différentes.

Linné désignait les premières sous le nom de *monoclines*;

Les deuxièmes sous celui de *diclines*.

Il subdivise ensuite ces deux troupes en se basant sur les caractères des étamines.

Application du sytème de Linné. — Lorsque l'on veut déterminer le nom d'une plante à l'aide de ce système de classification, on examine tour à tour les différentes parties qui ont servi de caractères à la classe, puis à l'ordre, puis au genre; arrivé à cette division, on compare la plante aux espèces du même genre et on arrive ainsi à sa personnification exacte.

Ce système est fondé sur des lois arbitraires; Linné sentit lui-même les défauts de son travail, et il tenta, sous le titre de *Fragments de la méthode naturelle*, un autre essai de classification plus méthodique. Mais il n'indiqua pas par quelles séries d'idées il arrivait aux conclusions qu'il tirait, et il fut plutôt guidé par les inspirations de son génie que par des observations suivies.

Fig. 143. — Chou cultivé (*Brassica oleracea*). Fleur et fruit.

Méthode naturelle. — Les premières bases d'une méthode naturelle ont été posées par Bernard de Jussieu, chargé de diriger les plantations du jardin botanique de Trianon; il ne publia rien, mais fit ranger méthodiquement les plantes dans les parterres.

Vingt-cinq ans après, Antoine-Laurent de Jussieu, neveu de Bernard, publia en 1789 un ouvrage où il exposait les caractères des genres connus, distribués en *familles naturelles*. Pour cela Antoine-Laurent se basait sur l'étude de toutes les parties d'une plante.

Il ne donna pas à tous les caractères une valeur égale, il les mesura d'après leur importance ; c'est ce que l'on a désigné sous le nom de principe de la *Subordination des caractères*, qui, d'après cette méthode, sont pesés et non comptés. Un caractère de premier ordre équivaut à plusieurs du second, et un du second à plusieurs du troisième. L'observation et l'expérience déterminent la valeur des caractères.

Familles naturelles. — Pour arriver aux familles naturelles, de Jussieu examina spécialement quelques familles composées de plantes qui avaient entre elles les plus grands rapports, et qui évidemment devaient rentrer dans un même cadre. Il étudia quels étaient leurs caractères communs, et quels étaient ceux qui les distinguaient des familles voisines ; il arriva ainsi à évaluer l'importance de tel ou tel caractère.

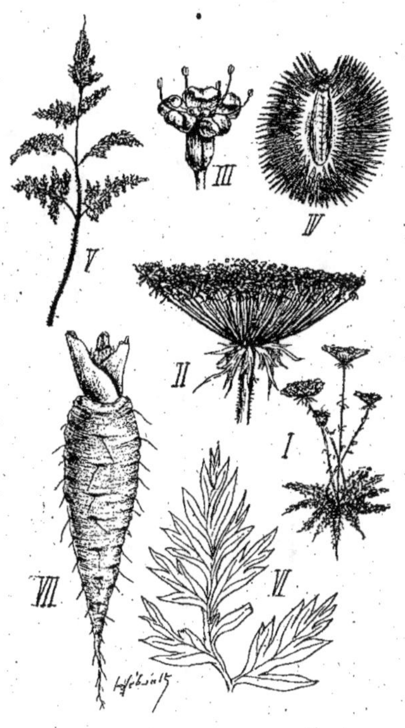

Fig. 144. — Carotte (*Duacus carota*). I. Port de la plante. — II. Ombelle. — III. Fleur isolée. — IV. La graine. — V. Feuille entière. — VI. Foliole. — VII. Racine cultivée.

Le naturaliste se propose deux buts : le premier, de classer les plantes de manière à trouver facilement le nom d'une plante qu'il a sous les yeux. C'est le seul but qu'on s'est d'abord proposé dans tous les systèmes artificiels et dans celui de Linnée en particulier. L'autre but est beaucoup plus élevé : c'est de classer les plantes suivant leurs affinités, de réunir celles qui ont le plus de rapports entre elles, d'éloigner celles qui en ont le moins. La méthode naturelle tend à atteindre ce résultat.

La méthode naturelle est caractérisée par l'établissement général de la vraie hiérarchie organique, d'où résulte par suite la coordination rationnelle la plus utile du genre et des familles.

La méthode naturelle l'a emporté sur les systèmes et c'est elle que l'on emploie dans les classifications.

Nous n'avons pas à discuter les classifications diverses proposées, nous nous servirons de celle le plus généralement employée.

Pour ce qui va suivre, nous avons puisé les *Eléments de botanique* de M. G. Bonnier qui expliquent d'une façon simple les premières notions nécessaires à savoir.

CLASSIFICATION GÉNÉRALE

LES PRINCIPALES FAMILLES DE PLOMBÉS

RÈGNE VÉGÉTAL

- PHANÉROGAMES (Plantes à fleurs.)
  - ANGIOSPERMES (Plantes à ovules renfermés dans un ovaire.)
    - DICOTYLÉDONES (Plantes à deux cotylédons.)
      - *Dialypétales* (pétales séparés.
        - Renonculacées.
        - Papavéracées.
        - Rosacées.
        - Crucifères.
        - Cariophyllées.
        - Ombellifères.
        - Légumineuses.
      - *Gamopétales* (pétales soudés entre eux).
        - Primulacées.
        - Solanées.
        - Borraginées.
        - Scrofularinées.
        - Labiées.
        - Rubiacées.
        - Composées.
      - *Apétales* (pas de pétales).
        - Polygonées.
        - Chenapodiées.
        - Urticées.
        - Euphorbiacées.
        - Amentacées.
    - MONOCOTYLÉDONES (Plantes à un cotylédon.)
      - Liliacées.
      - Amaryllidées.
      - Iridées.
      - Orchidées.
      - Palmiers.
      - Graminées.
      - Cyperacées.
  - GYNOSPERMES (Plantes sans ovaire.)
    - *Conifères.*
    - *Cycadées.*
- CRYPTOGAMES Plantes sans fleurs.
  - Plantes à racines.
    - *Fougères,*
    - *Equiretacées.*
    - *Lycopodiacées.*
  - Plantes sans racines.
    - *Mousses.*
    - *Algues.*
    - *Champignons.*

DICOTYLÉDONES DIALYPÉTALES

Les dialypétales renferment toutes les plantes dicotylédones qui ont les pétales séparés jusqu'à la base, de telle sorte qu'en enlevant l'un des pétales on ne déchire pas les pétales voisins.

Nous allons étudier rapidement quelques généralités sur ce groupe.

Renonculacées. — Les *Renonculacées* dont le type est la *Renoncule*, ont pour caractère d'avoir des fleurs à étamines nombreuses dont les anthères sont tournées en dehors. Pistil ordinairement composé de carpelles libres entre eux à placentation axile.

Les plantes de cette famille sont en général vénéneuses ; les sucs de quelques-unes sont employés en médecine.

Beaucoup sont cultivées dans les jardins, à cause des vives couleurs de leurs pétales ou de leurs sépales.

Les Renoncules, l'*Anémone*, les *Clématites*, l'*Aconit*, l'*Ellébore*, les *Ancolies*, les *Pivoines*, les *Nigelles*, sont de cette famille.

A côté des Renonculacées on peut citer quelques autres familles, les *Malvacées*, qui se reconnaissent surtout à leurs étamines nombreuses à une seule loge, et soudées entre elles par leurs filets. Les *Mauves*, les *Guimauves*, le *Cotonnier* dont les graines sont munies de poils longs qui fournissent le coton ; les *Tilleuls*, arbres des bois et cultivés dans les jardins, appartiennent à cette famille. Les *Nymphéacées*, plantes aquatiques dont les fleurs et les feuilles flottent à la surface de l'eau ; les plus répandues sont le *Nénuphar blanc* et le *Nénuphar jaune*.

Papaveracées. — Les *Papavéracées* dont on peut prendre pour type le *coquelicot*, ont deux sépales qui tombent au moment où le bouton s'ouvre, quatre pétales et des étamines nombreuses à anthères tournées en dedans ; les feuilles sont, en général, alternes et la racine pivotante.

Les Papavéracées renferment des principes vénéneux et contiennent toutes un liquide laiteux souvent coloré.

On peut citer de cette famille le *Pavot* dont le suc donne l'*Opium* ; le *Pavot noir* cultivé pour retirer des graines l'huile comestible contenu dans l'albumen (*huile d'œillette*) ; la *Chelidoine* à liquide orangé et âcre ; la *Sanguinaire* à suc rouge, etc.

Rosacées. — Les Rosacées se distinguent surtout par les caractères suivants : Étamines nombreuses soudées à la base avec le calice ; feuilles dentées munies de stipules. La fleur a le plus souvent ses parties semblables disposées par cinq. Le pistil est composé de carpelles nombreux chez les Rosacées proprement dites, d'un seul carpelle chez les Amygdalées, et l'ovaire est adhérent aux calices chez les Pomacées.

Les fruits de beaucoup de Rosacées sont alimentaires.

On peut diviser en plusieurs cette famille qui renferme des végétaux ayant des aspects différents :

Rosacées	Rosacées proprement dites.	Fruit formé de follicules.	*Spirées.* Reine des prés.
		Fruit formé de nombreuses baies.	*Ronces.* Ronce, framboisier.
		Fruit formé d'akènes.	*Potentilles.* Potentille, fraisier.
			Roses. Églantine.
	Fruit à noyaux.		*Amygdalées.* Amandier, prunier, cerisier, pêcher.
	Fruit à pépins.		*Pomacées.* Pommier, sorbier, cognassier, néflier, aubépine.

Crucifères. — Les Crucifères, dont le type est la *Giroflée*, ont des fleurs en grappe, quatre sépales, quatre pétales, six étamines, dont quatre grandes et deux petites, le fruit est une silique ; les feuilles sont alternes et la racine pivotante.

Ces plantes renferment une substance soufrée qui leur donne des propriétés spéciales, comme celles des graines de la *Moutarde* qui irritent la peau. Les racines pivotantes enflées des *Navets*, qui sont des variétés du Chou, des *Raves* et des *Radis*, sont alimentaires. Les feuilles du *Cresson*, celles du *Chou* servent aussi à la consommation. On mange également, chez certaines variétés de choux, soit les jeunes bourgeons (choux de Bruxelles), soit les jeunes inflorescences tout entières (choux-fleurs). On cultive une autre variété du chou, le *Colza*, pour retirer de ses graines l'huile de colza qui sert surtout à l'éclairage.

Caryophyllées. — Les *Caryophyllées* présentent les caractères suivants : feuilles opposées et tiges renflées aux nœuds. En général, cinq sépales, cinq pétales et dix étamines. Pistil à styles libres et à ovaire sans cloisons, renfermant de nombreux ovules insérés au milieu de l'ovaire. Le fruit est le plus souvent une capsule s'ouvrant par des dents ou des valves.

Dans les Caryophyllées, nous trouvons la *Saponaire*, les *Œillets*, les *Lychnis*, les *Silènes*, la *Nielle des blés*, la *Stellaire*, le *Mouron des oiseaux*.

Les plantes de cette famille n'ont pas de nombreux usages.

La *Nielle des blés* a des graines vénéneuses, et le pain fait avec du blé qui en contient beaucoup peut être dangereux à manger. La *Saponaire* est ainsi nommée, parce que ses racines et ses fleurs contiennent une substance qui fait mousser le savon. On s'en sert pour dégraisser.

On peut citer d'autres familles à côté des Crucifères et des Caryophyllées. Ce sont les *Violariées* qui renferment les *Violettes* et les *Pensées* ; les *Linées* dont le type est le *Lin* qu'on cultive pour en extraire des fibres solides et souples qui servent à faire des étoffes ; les *Géraniées* dont on connaît le *Géranium* et les *Pélargonium* ; les *Ampélidées* qui renferment la *Vigne* et la *Vigne vierge*. Ce sont des

plantes grimpant par des rameaux transformés en vrilles, dont le fruit est une baie contenant beaucoup de sucre. Les fleurs sont petites et peu colorées.

Ombellifères. — La famille des Ombellifères présente les caractères : Fleurs en ombelles, le plus souvent composées; ovaire adhérent, cinq étamines; fruit formé par un double akène, qui se sépare en deux parties à la maturité; feuilles alternes engainantes; racine pivotante.

Fig. 145. — Manège à transmission sous le sol pour l'élevage de l'eau d'irrigation.

Les Ombellifères sont parfois vénéneuses, par exemple la *Ciguë;* plusieurs sont alimentaires : les *Carottes* et les *Panais* le sont par leurs racines; on mange comme condiment les feuilles du *Cerfeuil* et du *Persil* à cause des essences spéciales que contiennent ces plantes. Il en est de même parfois des fruits de l'*Anis* et du *Fenouil*, et de la tige de l'Angélique des jardins.

A côté des Ombellifères, on peut citer les *Grossulariées*, dont le type est le *Groscillier*, qui vient des arbrisseaux à fleurs en grappes cultivés pour leurs fruits en forme de baies; les *Saxifragées*, dont le type est le *Saxifrage*, plantes herbacées cultivées souvent pour l'ornement.

Légumineuses. — Les plantes de nos pays appartenant à la famille des Légumineuses se reconnaissent aux caractères suivants :

Corolle irrégulière papilionacée (étendard, ailes, carène), dix étamines, dont neuf au moins sont soudées par leurs filets, pistil à un carpelle devenant une gousse à la maturité. Feuilles ordinairement composées, munies de stipules.

Beaucoup de Légumineuses, comme leur nom l'indique, servent à l'alimentation. On les cultive surtout pour leurs graines, qui sont presque aussi nourrissantes que la viande (haricot, pois, lentille, fève). D'autres sont employées comme fourrages pour l'alimentation des animaux (trèfle, luzerne, sainfoin). On cultive aussi beaucoup de Légumineuses comme plantes ornementales.

On peut diviser cette famille :

Légumineuses	*Gesses.* Gesse, pois, fève, lentille.
	Trèfles. Trèfle, luzerne, genêt, ajonc, haricot.
	Sainfoin. Sainfoin, coronille.

DICOTYLÉDONES GAMOPÉTALES

Les *Gamopétales* sont des Dicotylédones dont les pétales sont soudés entre eux et ne peuvent être séparés jusqu'à la base sans déchirure. En outre, chez presque toutes les Gamopétales, les étamines sont soudées à la base avec les pétales, de telle sorte qu'elles semblent insérées sur la corolle et que lorsqu'on détache la corolle tout entière on enlève en même temps les étamines.

Solanées. — Les *Solanées* présentent les caractères suivants :

Fleurs régulières à cinq étamines; ovaire libre à deux loges et à nombreux ovules; le fruit est une baie ou une capsule. Les fleurs sont généralement alternes.

Solanées à baies : la *Pomme de terre*, la *Douce-Amère*, la *Tomate*, l'*Aubergine*, la *Belladone.*

Solanées à capsules : *Tabac*, *Jusquiame*, *Stramoine*.

Beaucoup de Solanées sont des plantes vénéneuses (Belladone, Jusquiame, Stramoine, etc.), et plusieurs des substances dangereuses extraites des Solanées sont employées comme remèdes.

C'est aussi à cause du parfum donné par la substance vénéneuse qu'elles renferment qu'on fume les feuilles de tabac desséchées et préparées.

On sait que quelques Solanées sont alimentaires, soit par leurs fruits (Tomate, Aubergine), soit par leurs tiges souterraines renflées en tubercules (Pomme de terre).

On peut rapprocher des Solanées la famile des *Convolvulacées*, dont le *Liseron* est le type et qui comprend aussi les *Volubilis.* Ces plantes se distinguent de la plupart des Solanées par leur tige volubile et leur corolle en forme d'entonnoir.

On peut en rapprocher la *Cuscute,* curieuse plante parasite, sans matière verte et sans feuilles développées, qui s'enroule autour d'autres plantes et y applique ses suçoirs pour y puiser la nourriture qui lui est nécessaire. Beaucoup de champs de Luzerne sont dévastés par l'envahissement de la Cuscute.

Borraginées. — Les *Borraginées* se reconnaissent : Fleurs en général régulières, à cinq étamines, ovaire divisé en quatre parties; fruit formé d'un quadruple akène, fleurs disposées en cyme unipare; feuilles alternes, plantes couvertes de poils souvent rudes et piquants.

La *Bourrache,* la *Consoude,* le *Myosotis,* la *Pulmonaire,* la *Vipérine,* etc., sont de cette famille.

Beaucoup de Borraginées renferment du salpêtre; elles sont à cause de cela employées en médecine.

Scrofularinées. — Les Scrofularinées se reconnaissent aux caractères suivants : Corolle irrégulière, quatre étamines, rarement deux; ovaire à deux loges et à nombreux ovules, fruit en forme de capsule.

La *Linaire,* la *Gueule-de-loup* ou *Muflier,* la *Digitale,* les *Véroniques,* les *Mélampyres,* les *Orobranches,* etc., sont des Scrofularinées.

Quelques plantes de cette famille sont vénéneuses, telles que la digitale; d'autres sont cultivées dans les jardins comme plantes d'ornement.

Les *Mélampyres* sont à moitié parasites, les racines viennent se souder à celles des Graminées pour y puiser une partie de la nourriture qui leur est nécessaire. Elles peuvent nuire beaucoup aux cultures de céréales. Lorsqu'il s'est développé trop de Mélampyres dans un champ de blé, leurs graines donnent au pain un goût très amer.

Les *Orobranches* sont des végétaux tout à fait parasites, dépourvus de matières vertes et sans feuilles développées, comme la Cuscute, et qui, ne pouvant ainsi assimiler, se nourrissent aux dépens d'autres plantes.

Labiées. — Les *Labiées* ont pour caractères : corolle irrégulière, ordinairement deux lèvres; quatre étamines, rarement deux; ovaire divisé en quatre parties renfermant chacune un ovule, fruit formé par quatre akènes. Tige à quatre angles, à feuilles opposées, plantes à fleurs odorantes.

Exemples : le *Lamier blanc,* le *Serpolet,* le *Thym,* la *Mélisse,* les *Menthes,* la *Marjolaine,* la *Lavande,* la *Sauge,* etc.

Les essences retirées des Labiées sont parfois utilisées en médecine. C'est ainsi que l'eau de Mélisse, la Chartreuse et d'autres liqueurs analogues sont surtout fabriquées avec des plantes appartenant à cette famille. C'est aussi à cause des essences contenues dans les feuilles que le Thym et la Sauge des jardins sont employés comme condiments.

Primulacées. — Les Primulacées présentent : fleurs gamopétales régulières; étamines opposées aux pétales; ovaire sans cloisons, à placentation centrale; fruit en forme de capsule.

Exemple : la *Primevère,* les *Cyclamens* qu'on cultive dans les jardins et dans les appartements; les *Lysimaques* à fleurs jaunes; le *Mouron des champs* à fleurs bleues ou rouges qu'il ne faut pas confondre avec le Mouron des oiseaux, etc.

C'est surtout comme plantes d'ornement que les Primulacées sont utilisées.

Rubiacées. — Les Rubiacées sont des Gamopétales à ovaire adhérent, le calice à deux carpelles et deux styles; le fruit est formé par un double akène, les feuilles ont l'apparence verticillée.

Exemple : le *Gaillet*, la *Garance*, le *Caféier*, les *Quinquinas*, etc.

On peut citer à côté des Rubiacées la famille des *Caprifoliacées* (*Chèvrefeuille*, *Sureau*); ce sont des Gamopétales à ovaire adhérent; leur fruit est une baie.

Dans quelques pays on se sert des Gaillets (ou Caille-lait) pour faire cailler le lait, afin de fabriquer des fromages.

La tige souterraine et la racine de la Garance étaient autrefois cultivées pour en extraire une substance colorante rouge (*alizarine*) très employée; mais on sait maintenant extraire l'alizarine de la houille et l'on a abandonné la culture de la Garance.

Parmi les Rubiacées exotiques, les Quinquinas sont des arbres remarquables

Fig. 146. — Pissenlit (*Taraxacum dens leonis*). — Plante entière. — Son capitule. — Fleur isolée. — Graine avec son aigrette.

par leur écorce, qui renferme une substance appelée *quinine*, très efficace contre les fièvres.

La tige souterraine de l'*Ipécacuanha*, Rubiacée du Brésil séchée et réduite en poudre, est un vomitif très employé.

On sait que les graines du Caféier, plante originaire d'Afrique et cultivée dans toutes les régions chaudes, sont grillées et fournissent une liqueur stimulante.

Composées. — Les *Composées*, à quelque sous-famille qu'elles appartiennent, présentent toujours les caractères suivants :

Fleurs disposées en capitules, étamines réunies par leurs anthères autour du style; fruit formé par un akène souvent surmonté d'une aigrette formée par le calice.

On peut diviser les Composées en trois sous-familles :

1° *Composées Tubuliflores*. — Capitules à fleurs tout en tubes; exemple : le *Bleuet*, le *Chardon*, l'*Artichaut*, etc.;

2° *Composées Liguliflores :* Capitules à fleurs tout en languette ; exemple : la *Chicorée*, le *Pissenlit*, le *Salsifis*, la *Laitue*, etc. ;

3° *Composées Radiées :* Capitules à fleurs en tubes au milieu et à fleurs en languette sur le pourtour; exemple : la *Marguerite*, la *Pâquerette*, la *Camomille*, le *Souci*, le *Topinambour*, le *Grand Soleil*, etc.

Dans l'artichaut (Tubuliflore), on consomme la provision de nourriture qui se

Fig. 147. — Iris.

trouve, avant la floraison, dans le receptacle du capitule, alors que les fleurs sont encore en boutons et que les feuilles de l'involucre sont déjà développées, mais non encore étalées.

Beaucoup de Liguliflores sont alimentaires, soit par leurs feuilles, que l'on mange cuites ou en salade (Laitues, Dent-de-lion, Chicorée), soit par leurs racines (*Salsifis*).

On cultive les Laitues ou les Chicorées en maintenant leurs feuilles à l'abri de la lumière, de telle sorte que le liquide blanc que renferment ces plantes se développe en moins grande abondance.

Les Radiées fournissent de nombreuses plantes utilisées en médecine, à cause des essences spéciales qu'elles renferment. Telles sont la Camomille, qui sert à faire des tisanes, et l'Arnica, employé pour guérir les blessures et les coupures.

Ajoutons que les tubercules du Topinambour sont comestibles, et qu'un grand nombre de Composées Radiées sont cultivées dans les jardins comme plantes ornementales (Dahlia, Chrysanthème).

Comme familles voisines des Composées, nous pouvons citer : les *Dipsacées* (Scabieuse, Dipsacus) et les *Valérianées* (Valériane, Valérianelle ou Mâche) sont de petites familles de Dicotylédones gamopétales qui se rapprochent des Composées par leurs fleurs à ovaire adhérent et par leur fruit formé d'un akène que surmonte le calice persistant. Elles diffèrent des Composées par leurs étamines libres entre elles.

DICOTYLÉDONES APÉTALES

Les *Dicotylédones apétales* n'ont qu'une seule enveloppe florale, en général peu développée ou peu visible, et n'ont même quelquefois aucune enveloppe à la fleur. Chez un grand nombre de Dicotylédones apétales, les fleurs sont diclines, c'est-à-dire qu'il y a des fleurs à étamines et des fleurs à ovules.

La famille, parmi les Apétales, qui est de beaucoup la plus importante, est celle des *Amentacées;* nous allons commencer par l'étudier.

Amentacées. — Les *Amentacées* sont des arbres ou arbustes à fleurs de deux sortes : les unes à étamines en chatons, les autres à pistil.

Cette famille renferme presque tous les arbres de nos bois; c'est généralement au printemps que ces arbres sont en fleurs.

Amentacées monoïques : le *Chêne* à fleurs en chaton et à fruit formé par un akène (gland entouré) à la base par une cupule.

Le *Hêtre*, reconnaissable à ses feuilles dont le limbe n'est pas dentelé. Ses fruits sont réunis par deux dans une cupule. L'ensemble se nomme une *faîne* (huile de faîne).

Le *Noisetier*, qui fleurit au premier printemps, a de longs chatons de fleurs à étamines et de petits groupes de fleurs à ovules. Ses feuilles sont arrondies, et l'on sait que ses fruits sont entourés de bractées contournées sur elles-mêmes.

Le *Châtaignier* a des feuilles allongées et dentelées. Ses fruits sont réunis par trois dans une capsule formée par des bractées épineuses en dehors.

Le *Charme* se reconnaît à ses feuilles plissées, dont les nervures secondaires sont parallèles.

L'*Aune*, qu'on trouve sur le bord des eaux, et le *Bouleau* à l'écorce blanche sont aussi des Amentacées à fleurs monoïques. On peut en rapprocher le *Noyer*, dont les fleurs à étamines sont aussi en chaton et les fleurs à pistil en groupes moins nombreux. Le fruit du noyer est une *drupe*.

Amentacées à fleurs dioïques. — Les *Saules*, les *Peupliers*, dont les graines sont munies de longs poils qui leur permettent d'être transportées au loin par le vent.

C'est surtout par leur bois que les Amentacées sont des plantes utiles.

Les bois durs, comme ceux du Chêne et du Hêtre, sont surtout utilisés dans les constructions; les bois blancs, comme celui du Peuplier, servent à faire des caisses légères et résistantes.

L'*osier* est fait avec les branches flexibles de plusieurs espèces de Saules.

Les fruits du Hêtre servent à fabriquer l'huile de faîne, et ceux du noyer l'huile de noix.

Polygonées. — On peut prendre pour type de cette famille le *Sarrasin*, dont les fruits sont des akènes connus sous le nom de *blé noir* et qui servent à faire de la farine.

L'*Oseille* est une plante de cette famille.

Chenopodées. — La *Betterave* est le type de cette famille, le fruit est aussi un akène ; la racine est comestible ; on en extrait du sucre.

Euphorbiacées. — Les *Euphorbes* à suc blanc, la *Mercuriale* (mauvaise herbe), le *Ricin*, etc., sont de cette famille.

Urticées. — L'*Ortie* et la *Pariétaire* sont les plus connues de cette famille. On peut rapprocher des Urticées :

Le *chanvre*, utilisé pour les fibres qu'il contient et qui servent à fabriquer des cordes et des toiles;

Le *Houblon*, plante grimpante; ses fruits et les bractées qui les accompagnent servent à parfumer la bière.

L'*Orme* est un arbre que ses fleurs rapprochent des plantes précédentes.

MONOCOTYLÉDONES

La graine des plantes Monocotylédones ne renferme qu'un seul cotylédon, et c'est là le caractère essentiel, mais on peut ordinairement reconnaître qu'une plante est une Monocotylédone à d'autres signes plus faciles à observer. En général, les Monocotylédones ont les feuilles à nervures non ramifiées, parallèles entre elles. Le plus souvent aussi, les parties semblables de la fleur sont disposées trois par trois chez les Monocotylédones, tandis qu'elles sont ordinairement disposées par quatre ou par cinq chez les Dicotylédones.

En somme : graines à un seul cotylédon, feuilles à nervures ordinairement non ramifiées, parties semblables de la fleur souvent disposées par trois; tels sont les principaux caractères des Monocotylédones.

Liliacées. — Les Liliacées ont *trois sépales pétaloïdes et trois pétales, six étamines*. Le pistil est à ovaire libre et est composé de trois carpelles, entièrement soudés, de façon à former un ovaire à trois loges surmonté d'un style et d'un stigmate.

On distingue deux sortes de Liliacées :

1° Les *Liliacées à capsules* (Lis, Tulipe, Ail, Jacinthe, Colchique);

2° Les *Liliacées à baies* (Asperge, Muguet, Sceau de Salomon).

Un grand nombre de Liliacées sont cultivées dans les jardins ou dans les appartements, à cause des belles couleurs de leurs fleurs.

D'autres sont alimentaires et cultivées dans les potagers; tels sont : l'Oignon, l'Ail, le Poireau, l'Échalote, la Ciboule, dont on mange surtout les bulbes. On sait que l'on consomme aussi les jeunes pousses des Asperges.

La Colchique est une plante vénéneuse.

Amaryllidées. — Les *Perce-neige* qui fleurissent à la fin de l'hiver et les *Narcisses* sont des exemples d'Amaryllidées.

Iridées. — Les Iridées ont trois sépales, trois pétales et *trois étamines à anthères tournées en dehors*. Le pistil est à ovaire adhérent avec le calice et situé sous la fleur; il contient trois loges. Le fruit est une capsule qui s'ouvre par trois valves.

Plusieurs espèces d'Iris ou de Glaïeuls sont cultivées dans les jardins.

Le Safran est cultivé en grand pour ses stigmates jaunes, qui fournissent une matière colorante.

La tige souterraine de l'Iris, desséchée et réduite en poudre, est employée en parfumerie à cause de son odeur de violette.

Orchidées. — Les Orchidées ont des *fleurs irrégulières* et, en général, *une seule étamine soudée avec le stigmate*. L'ovaire est situé au-dessous de la fleur.

Les Orchidées étrangères sont souvent cultivées dans les serres, à cause de leurs fleurs belles ou étranges.

L'une des plus connues, la *Vanille*, a une tige grimpante; ses fruits sont parfumés et sont employés en cuisine sous le nom de gousses de vanille.

Les tubercules de plusieurs Orchidées des pays chauds contiennent une fécule connue sous le nom de salep.

Dans les pays chauds, les Orchidées ont des formes très variées et souvent de très belles fleurs.

On peut signaler à côté des familles précédentes de Monocotylédones quelques groupes de plantes qui ont aussi des fleurs colorées.

Les *Scitaminées* sont de grandes herbes à fleurs irrégulières, très répandues dans les contrées chaudes, comprenant les genres *Bananier* et *Balisier*. Les plantes de cette famille sont remarquables par la forme de leur feuille, dont le limbe a une nervure médiane et des nervures secondaires parallèles qui se fendent çà et là quand la feuille grandit.

Palmiers. — Les *Palmiers* sont des Monocotylédones qu'on reconnaît aux caractères suivants :

Arbres à feuilles ordinairement divisées par des déchirures du limbe : fleurs petites, à pétales non colorés; ordinairement six étamines. Le bruit est une *baie* ou une *drupe*.

Les Palmiers forment une famille très nombreuse. Citons-en seulement quelques exemples, parmi les plus connus :

1° *Palmiers à baies*. — Les Palmistes (*Chamærops*), qu'on cultive souvent dans les appartements, sont des Palmiers dont les feuilles sont également à limbe entier quand elles sont très jeunes, puis se fendent et se découpent en éventail lorsqu'elles sont plus âgées. Le fruit est une baie, comme celui du Dattier. Les fleurs sont les unes à étamine, les autres à pistils et à étamines.

Les *Sagoutiers* des îles Moluques, et les *Palmiers-joncs* qui servent à faire des cannes sont aussi des Palmiers à baies.

Les *Palmiers-joncs* ou Rotangs ont des tiges très grêles, qui sont envoyées en Europe pour fabriquer des meubles, des cannes, etc.

Le *Dattier* est pour nos colonies d'Algérie d'une grande importance.

C'est un arbre dont le tronc ne se ramifie pas et ne s'épaissit pas au delà d'un certain diamètre, de sorte que ce tronc a la même épaisseur en haut qu'en bas.

Fig. 148. — CHADOUF DES ÉGYPTIENS MODERNES. — Élevage de l'eau pour l'arrosement des cultures.

L'arbre porte à son sommet une touffe de feuilles dont les plus anciennes, celles qui sont extérieures, se détachent et meurent de temps en temps, tandis qu'il s'en forme de nouvelles au centre. De telle sorte que l'arbre a toujours à peu près le même aspect à ses différents âges, portant à son sommet le même nombre de feuilles. Chaque feuille de Palmier est d'abord à limbe entier quand elle est très jeune; puis, avec l'âge, le limbe se fend en travers et la feuille a l'air composée de lobes étroits.

Les fleurs du Dattier sont de deux sortes : les unes à étamines, les autres à pistil; elles ont trois sépales et trois pétales verdâtres, peu visibles.

Le fruit, bien connu de tous, est la *datte,* que l'on mange sèche en France, et qu'on mange fraîche en Algérie. C'est une *baie,* car toute l'enveloppe du fruit est charnue. Ce qu'on appelle *noyau* de la datte n'est donc pas comparable à un noyau de cerise ou d'abricot, c'est la graine elle-même, comme le pépin d'une pomme ou d'un grain de raisin.

2° *Palmiers à drupes.* — D'autres Palmiers ont un fruit en forme de drupe.

C'est ainsi que le fruit du *Cocotier* (noix de coco) a une enveloppe molle et fibreuse à l'extérieur et dure et ligneuse à l'intérieur. C'est une drupe contenant une grosse graine.

Les *Palmiers à huile* et les *Palmiers à vin* ont aussi des fruits en forme de drupes.

Presque toutes les espèces de Palmiers sont utilisées. Ce sont les plantes qui servent le plus à l'homme dans les contrées chaudes.

Certains Palmiers contiennent dans leur tige une fécule nourrissante qui sert à faire de la farine (*sagou* du Sagoutier, etc.), d'autres sont utilisés pour leurs fruits comestibles (datte, coco, etc.), d'autres encore ont dans leur graine, leur fruit ou leur tige, une huile très employée (Palmiers à huile). Chez beaucoup de Palmiers, l'ensemble des toutes jeunes feuilles forme un légume recherché (*chou-palmiste*); d'autres, enfin, renferment une matière sucrée qui donne par la fermentation une boisson recherchée (*vin de palme*).

On peut citer le Cocotier comme l'un des Palmiers les plus utiles, car il fournit aux peuplades des contrées chaudes tout ce qui est nécessaire à leur existence : des fruits, du sucre, du vin, du vinaigre, de l'huile, du lait; par ses fibres textiles, des cordes et de la toile; par son bois et ses feuilles, des charpentes pour les constructions, des vases, des toitures.

Graminées. — Les Graminées ont des fleurs à enveloppe verte ou écailleuse sans couleurs voyantes. On les reconnaît à leurs *feuilles engainantes*, dont la gaine est *fendue* du côté opposé au limbe. Les étamines ont deux loges qui s'écartent l'une de l'autre aux deux extrémités en formant un X allongé. Le fruit est un *caryopse*, c'est-à-dire qu'il ne forme qu'une masse avec la graine qu'il contient, et qu'à la maturité on ne peut séparer la graine du fruit.

La famille des Graminées renferme un grand nombre de plantes, et elle est très importante au point de vue de l'alimentation de l'homme et des animaux.

Les *Céréales* sont des Graminées cultivées surtout pour leurs grains ; ce sont des plantes annuelles. Le Blé, cultivé presque partout en France, est une céréale. Le *Seigle*[1] en diffère par ses épillets à deux fleurs. L'*Orge*[2] se distingue à ses épillets réunis par trois à la fois sur l'épi principal. L'*avoine*[3] a des épillets réunis en grappes irrégulières. On la reconnaît aux écailles des fleurs, qui ont des arêtes

1. Le Seigle (*Secale cereale*) se cultive comme le Blé; il peut mûrir dans les montagnes à des altitudes plus élevées que le Blé, car il supporte un climat plus froid.

2. L'Orge (*Hordeum vulgare*) est cultivé comme les céréales précédentes; ses graines germées, puis desséchées, sont employées pour fabriquer la bière. On trouve partout sur le bord des chemins une petite espèce d'Orge (Orge de rats).

3. Le genre Avoine comprend l'Avoine cultivée (*Avena sativa*) et plusieurs autres espèces qu'on trouve dans les prés ou dans les endroits incultes.

insérées au milieu du dos. Le *Maïs*[1] a des fleurs de deux sortes : les unes à étamines, les autres à ovules. Les grains sont réunis à la maturité sur un épis serré.

Les Graminées fourragères sont vivaces, et ce sont surtout ces plantes qui forment ce qu'on appelle ordinairement l'herbe. Citons le *Paturin*, aux petits épillets, à nombreuses fleurs; le *Brome* aux fleurs à longues arêtes.

Les Graminées sont, avec les Palmiers, les Monocotylédones qui ont les usages les plus nombreux et les plus importants.

Les Graminées peuvent être alimentaires pour l'homme ou alimentaires pour les animaux.

Signalons les principales espèces utilisées :

1° *Graminées alimentaires pour l'homme; amidon, gluten, sucre de canne.* — Les grains du Blé, du Seigle, du Maïs, du Riz, de l'Orge, servent à faire de la farine et donnent un pain très nourrissant.

C'est le Blé qui fournit le meilleur pain; on le cultive dans presque toutes les parties de la France. Si l'on coupe un grain de Blé en long, on peut facilement se rendre compte de la manière dont ses diverses parties sont alimentaires. Les enveloppes du grain ne sont pas nourrissantes ; après que le grain a été moulu, la poudre provenant de leurs débris est rejetée et forme le *son*.

L'albumen renferme surtout de l'*amidon* en grande quantité; c'est une partie du grain qui est nutritive, mais ce n'est pas la plus nourrissante; elle ne pourrait suffire pour s'alimenter. C'est la plantule surtout qui fournit une substance aussi nutritive que la viande, appelée *gluten*.

En pétrissant de la farine entre les doigts sous un filet d'eau, on peut séparer ces deux parties; la substance blanche, entraînée par le filet d'eau, c'est l'amidon ; la matière jaunâtre élastique, qui reste entre les doigts, c'est le gluten.

La farine, c'est-à-dire l'amidon et le gluten réunis, forme un aliment des plus nourrissants, rendu léger et digestif par la fabrication du pain.

Une très grande Graminée, cultivée dans les régions chaudes, la *Canne à sucre*[2], sert aussi à l'alimentation. Sa tige n'est pas creuse comme celle de presque toutes les autres Graminées. Elle contient, au moment où la plante va fleurir, un jus sucré qu'on extrait, et avec lequel on fabrique le *sucre de canne ;*

2° *Graminées alimentaires pour les animaux : avoine, fourrages.* Beaucoup de Graminées sont cultivées pour la nourriture des animaux. Certaines d'entre elles, comme l'avoine, le sont pour leurs grains qui servent à la nourriture des chevaux; mais les Graminées sont aussi très indispensables à la nourriture des animaux domestiques herbivores. On nomme d'une manière générale graminées *fourragères* celles qui sont cultivées dans ce but. En ce cas, les tiges et les feuilles de la plante servent à l'alimentation.

Cypéracées. — Les Cypéracées renferment des plantes qui, au premier

1. Le Maïs est cultivé surtout dans le midi de la France; on le sème aussi comme fourrage, sans le laisser mûrir.

2. La Canne à sucre (*Sorghum officinale*) est cultivée dans les régions comprises entre les tropiques.

abord, ressemblent beaucoup aux Graminées, et qu'on confond souvent avec ces dernières dans l'herbe des prairies.

On peut les distinguer facilement à leur tige, qui est à trois angles, tandis que la tige des Graminées est arrondie, et à leurs feuilles, dont la gaine n'est pas fendue, tandis que nous avons vu que la gaine des feuilles des Graminées présente une fente du côté opposé au limbe.

Fig. 149. — Tulipe.

Le genre le plus important de cette famille est le genre *Carex* [1], qui porte des fleurs de deux sortes, disposées en épis: les unes à étamines, les autres à pistil.

Les Carex ont souvent des rhizomes fortement enracinés par des racines adventives, et comme leurs feuilles donnent un très mauvais foin, ce sont des plantes nuisibles à la culture des prairies pour les endroits humides.

Autres familles des Monocotylédones. — Aux précédentes familles nous pouvons ajouter les *Joncées*, qui donnent le genre *Joncs*, qui croissent dans

1. Le genre *Carex* (vulgairement Laîche) renferme un nombre très considérable d'espèces qui croissent dans les bois, dans les prairies, dans les sables, dans les marais ou les rivières.

les endroits humides, et reconnaissables à leurs tiges arrondies, et les *Luzules*, qui ont les feuilles à limbe plat.

Les *Aroïdées*, qui ont les fleurs disposées en épi et renfermées dans une grande bractée; exemple : l'*Arum*.

Les *Potamées*, qui comprennent beaucoup de plantes submergées ou flottant à la surface de l'eau, à petites fleurs en épi.

Les *Lemnacées* ou *lentilles* d'eau, dont les feuilles, confondues avec la tige, forment de petites plaques vertes, arrondies, couvrant la surface des fossés ou des étangs.

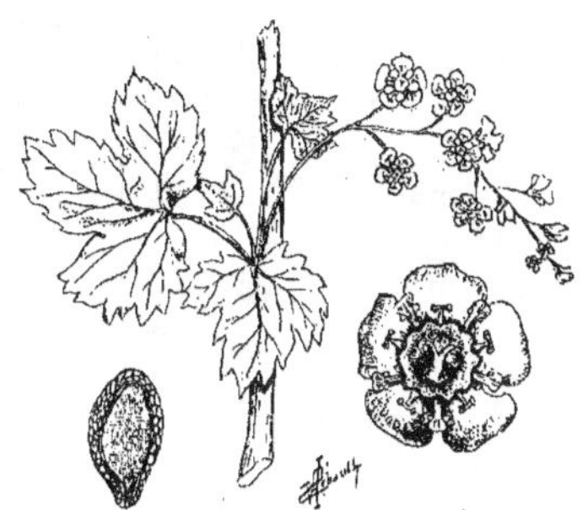

Fig. 150. — Groseillier (*Ribes rubrum*). Port de la plante. — Fleur. — Graine.

Fig. 151. — Groseillier-Ribes. — Fruit.

PLANTES PHANÉROGAMES GYMNOSPERMES

Les plantes dont nous venons de passer en revue les familles sont des *Angiospermes*, c'est-à-dire que leurs ovules sont renfermés dans un ovaire clos; toutes ces plantes ont des fleurs à stigmates pour recueillir le pollen.

Les *Gymnospermes* sont au contraire des plantes dont les ovules ne sont pas renfermés dans un ovaire clos, et dont les fleurs sont dépourvues de stigmates; le pollen vient directement sur l'ovule.

On peut ajouter que, pour la plupart, les Gymnospermes sont des arbres ou des arbustes toujours verts, c'est-à-dire à feuilles persistantes pendant toutes les saisons. Les Gymnospermes ont toujours des fleurs de deux sortes : les unes à étamines, les autres à pistil.

Conifères. — Les Gymnospermes les plus répandues dans nos climats sont les *Conifères*, ainsi nommées parce que l'ensemble du fruit, chez beaucoup d'entre elles, a une forme un peu conique, comme la pomme de pin, par exemple. On reconnaît surtout les Conifères à ce que ce sont des arbres ou des arbustes ordinairement résineux, à branches nombreuses, portant des feuilles le plus souvent petites et allongées.

Les Conifères sont des Gymnospermes qu'on reconnaît aux caractères suivants :

Arbres ou arbustes souvent résineux à rameaux nombreux et à feuilles peu développées, souvent allongées.

On y distingue les groupes suivants :

1° *Abiétinées*, cônes à beaucoup d'écailles, à feuilles très allongées (Pin, Sapin, etc.).

Citons les différentes sortes du genre Pin, dont les feuilles sont le plus souvent groupées deux à deux : le Pin sylvestre, dont nous venons de parler, et le Pin maritime [1] sont les plus répandus.

Les *Sapins* se distinguent des Pins par leurs feuilles insérées isolément et directement sur la tige. Les principales espèces sont le *Sapin proprement dit* [2] à feuilles étalées en lignes sur chaque branche comme les dents d'un peigne, et l'*Épicea* [3], souvent cultivé dans les bois et les jardins, qui se distingue du précédent par ses feuilles insérées régulièrement tout autour des branches ; on le reconnaît aussi à sa cime plus pointue.

Le *Cèdre* à feuilles réunies en rosettes nombreuses, et le *Mélèze*, remarquable par ses feuilles qui tombent en automne.

2° *Cupressinées*, cônes à écailles peu nombreuses (Cyprès, Genévrier, etc.).

On peut citer le *Cyprès*, souvent planté dans le Midi ou dans les cimetières, qu'on reconnaît à son cône arrondi et à ses branches dirigées de bas en haut et rapprochées de la ligne principale ; le *Genévrier*, arbuste dont le cône à fleurs peu nombreuses, devient charnu et forme une fausse baie qui sert à faire une liqueur appelée *genièvre*.

Le *Thuya*, souvent cultivé dans les jardins, est aussi une Cupressinée ; ses feuilles sont, comme celles du Cyprès, petites et appliquées contre la tige ; mais lecône n'a que quelques écailles.

3° *Taxinées*, cônes à une fleur (If).

Ce sont des arbres ou arbustes sans racines. L'espèce la plus importante à citer est l'*If commun* qu'on cultive dans les jardins, où on le taille souvent de diverses façons ; on le reconnaît à ses feuilles aplaties non terminées en points piquants et à ses fruits rouges.

Le bois des Conifères est très employé en menuiserie ou pour faire des charpentes ; il sert aussi à construire les mâts des navires.

La résine s'extrait surtout du Pin maritime, on en retire l'*essence de térébenthine*, très usitée en peinture.

Cycadées. — Les *Cycadées* forment un groupe important de Gymnospermes qui ne croissent que dans les régions tropicales. Les Cycadées se distinguent des Conifères par leur tige *sans rameaux*, portant au sommet un groupe de *feuilles très développées*, comme les Palmiers ; mais la tige s'épaissit et est toujours plus large en bas qu'en haut. Ces plantes ont de grandes feuilles composées qui persistent pendant plusieurs années. Les Cycas, qu'on cultive quelquefois dans les appartements, forment le genre principal de ce groupe.

1. Le Pin maritime (*Pinus maritima*) se trouve dans les bois du midi de la France ; on le plante souvent aussi dans les bois des autres régions et dans les parcs.

2. Le Sapin proprement dit (*Abies pectinata*) est un arbre des montagnes ; on le plante parfois dans les bois.

3. L'Épicea (*Picea excelsa*) est aussi un arbre des montagnes, souvent planté dans les parcs ou les bois.

CRYPTOGAMES A RACINES

Les plantes de toutes les familles qui précèdent sont des plantes à fleurs ou *Phanérogames*. Nous allons examiner maintenant les principaux groupes des plantes sans fleurs ou *Cryptogames*. Étudions d'abord les *Cryptogames à racines*, dont les principales sont les *Fougères*, les *Prêles*, les *Lycopodes*.

Développement des Phanérogames et des Cryptogames à racines. — Chez les *Phanérogames*, le *Pollen* ou *Spore* est porté sur l'*ovule* qui est fécondé; on a alors un *œuf* qui forme une *graine*, laquelle en germant donne une *plante* qui, à son développement, fournira des *spores*, pollen qui fécondera un ovule, etc. On a là un cycle déterminé :

Spores, — *Œuf*, — *Graine*, — *Plante*, — *Spores*.

Chez les *Cryptogames à racines*, le développement est différent : la *spore* donne une *plantule* qui fournit des éléments mâles et femelles qui donneront un *œuf*, lequel en germant donnera une *plante* différente de la plantule, plante qui donnera la spore initiale. On a donc un cycle différent :

Spores, — *Plantule*, — *Œuf*, — *Plante*, — *Spores*.

Il y a alternance des formes entre le prothalle ou plantule issu de la fougère et la fougère issue du prothalle.

Nous ne faisons qu'esquisser le développement ne pouvant développer cette intéressante question qui nous ferait sortir du cadre de cet ouvrage.

Fougères. — Les fougères sont des plantes sans fleurs, où l'on peut distinguer facilement des tiges, des feuilles et des racines; ce sont donc bien des Cryptogames à racines.

On les reconnaît en général à leurs *feuilles très développées*, qui sont enroulées en crosse quand elles sont jeunes.

Les Fougères, comme toutes les plantes Cryptogames, ne produisent pas de graines. On trouve au-dessous de leurs feuilles des masses brunes qui sont des groupes de sporanges, appareils renfermant une poussière brune de tout petits grains nommés *spores*, aussi fins que des grains de pollen.

Les Fougères de nos pays ont toutes une tige souterraine. On peut citer la *Fougère-aigle* qui ne produit qu'une grande feuille au-dessus du sol, la *Capillaire* qu'on voit souvent sur nos murs, etc.

Dans les pays chauds, il existe des Fougères de très grande taille qui ont une tige dressée : ce sont les *Fougères arborescentes*.

Équisétacées. — Les Prêles, qui forment le groupe des *Équisétacées*, sont des Cryptogames à racines qui diffèrent des Fougères par leurs feuilles réduites à des collerettes d'*écailles* entourant la tige. Cette dernière porte dans le sol des racines adventives, et développe dans l'air de nombreux rameaux verticillés (voir fig. 67).

Lycopodiacées. — Les Lycopodiacées forment encore un groupe de Cryptogames à racines. Dans le Lycopode, qu'on trouve parfois dans les forêts, on peut constater que la plante possède tiges, feuilles et racines.

Les feuilles, chez ces plantes, sont petites et nombreuses, insérées tout autour de la tige comme des feuilles de mousse, et non en collerettes comme chez les Prêles.

Les *Selaginelles*, qu'on cultive souvent en bordure dans les serres, sont aussi des Lycopodiacées. On peut remarquer que, dans ce groupe, les tiges et la racine se ramifient ordinairement en formant comme des fourches successives; c'est un caractère des Lycopodiacées.

Aux époques anciennes de l'histoire du globe, il existait de très grands arbres appartenant aux Lycopodiacées, et dont on retrouve les débris dans la houille, tels sont les *Lépidodendrons*.

Les Cryptogames à racines, ou Cryptogames vasculaires, sont utilisées surtout comme ornement dans les serres; la tige des Prêles est douce comme du tripoli, et peut servir à frotter les métaux. Certaines fougères et la poudre de Lycopode (formées par les spores) sont employées en médecine.

CRYPTOGAMES SANS RACINES

LES MOUSSES

Les plantes sans fleurs qui n'ont pas de vraies racines ont en général une organisation inférieure aux précédentes. On les nomme, d'une manière générale, *Cryptogames sans racines*.

Muscinées. — On réunit sous le nom de *Muscinées*, les Cryptogames sans racines chez lesquelles on reconnaît encore nettement dans la plupart des cas une tige portant des feuilles.

On trouve souvent dans les bois la Mousse ordinaire, dont on se sert pour entourer la base des plantes dans les jardinières des appartements. On y reconnaît une tige feuillée; mais en cherchant dans le sol on n'y observe pas de racines; c'est toujours une tige portant des feuilles, qui se trouve dans la terre.

Le développement des Muscinées est différent des groupes précédents : la spore produit la Plante feuillée, et l'œuf qui s'y produit forme simplement le sporange. Ce sporange donne à son tour des spores qui germeront sur le sol, produisant des tiges de Mousses où se formeront des œufs nouveaux produisant des sporanges et ainsi de suite. On a :

Spore, — Plante, — Œuf, — Sporange, — Spore.

Les *Cryptogames à racines* ont des sporanges qui produisent une fine poussière de grains appelés *spores*. Une spore, en germant, donne naissance à un petit corps appelé *prothalle,* sur lequel se forme à son tour l'œuf qui doit, en se développant, former un nouveau végétal donnant des spores, et ainsi de suite.

Les spores des *Mousses* donnent les tiges feuillées sur lesquelles se forment les œufs qui produisent à leur tour des sporanges.

Les sporanges sont recouverts d'une coiffe et d'un couvercle qui tombent l'un après l'autre pour laisser les spores s'échapper; ces spores redonnent des tiges feuillées et ainsi de suite.

Fig. 152. — L'*Angelus* de Millet.

Les *Mousses* proprement dites ont tantôt le pied du sporange sur le prolongement de la tige feuillée, comme la *Funaria* [1], tantôt sur le côté, comme dans la Mousse des jardinières.

On place à côté des Mousses les *Sphaignes* qu'on rencontre en abondance dans les marais tourbeux. On y reconnaît encore nettement des tiges et des feuilles. Ces plantes peuvent mourir par la base et rester vivantes au sommet; l'eau qui leur est nécessaire leur arrive de bas en haut par la tige. Ce sont surtout les Sphaignes qui contribuent à la formation de la tourbe. Elles se décomposent incomplètement dans l'eau et y laissent un dépôt charbonneux qui tombe au fond de l'eau : c'est la tourbe.

Les *Hépatiques* sont de petites Muscinées dont les feuilles sont insérées en travers sur la tige; certaines d'entre elles n'ont même plus de tiges et de feuilles. On les range dans les Muscinées, à cause de leur mode de développement qui est le même.

1. Le *Funaria hygrometrica* se rencontre très souvent sur les ronds de charbonniers, dans les bois.

LES ALGUES

Chez les *Algues*, on ne peut reconnaître ni tiges ni racines. On dit que le corps de la plante est fourni par un *thalle*, c'est-à-dire qu'il n'est pas différencié en organes très nettement déterminés.

Les Algues contiennent toujours la matière verte des feuilles (chlorophylle), et placées dans l'eau au soleil, elles dégagent toujours des bulles de gaz oxygène.

Chez les *Algues vertes*, on voit la chlorophylle au premier aspect; mais d'autres Algues sont *brunes* ou *rouges;* une matière colorante y masque la substance verte. Si l'on chauffe légèrement un morceau d'une Algue brune, on le voit souvent verdir, la matière brune s'est volatilisée, et il reste la chlorophylle. En desséchant une Algue brune ou une Algue jaune, puis en la mettant dans l'eau douce, on voit aussi très souvent réapparaître la teinte verte.

Ainsi, quelle que soit leur couleur, les Algues *contiennent la matière verte des feuilles.*

Ajoutons que les Algues sont des plantes aquatiques qui vivent dans l'eau salée, l'eau douce ou dans l'air très humide ; elles ne peuvent se développer dans l'air sec.

Diverses Algues. — Les Algues qui croissent dans la mer sont de beaucoup les plus nombreuses et les plus importantes. Ce sont presque les seuls végétaux marins; elles peuvent être vertes, rouges ou brunes. Quant aux Algues qui vivent dans les eaux douces ou dans l'air humide, elles sont presque toutes vertes.

1° *Algues vertes.* — On peut citer parmi les Algues vertes les *Protococcus* qui forment sur l'écorce humide des arbres une couche d'un vert uniforme, plus abondante en hiver qu'en été; les *Conferves*, Algues filamenteuses qui forment des masses spongieuses flottant à la surface de l'eau des fossés ou des étangs; parmi les Algues marines, on peut citer les *Ulves*, en lames vertes très minces et qu'on rencontre souvent en fragments sur la coquille des huîtres qui viennent d'arriver de la mer.

2° *Algues brunes.* — Les *Fucus* sont des Algues brunes très abondantes sur les côtes de l'Océan. Les *Laminaires* sont des Algues brunes en lames comme les Ulves. On peut aussi citer les *Sargasses* qui flottent en grandes masses dans l'océan Atlantique entre l'Afrique et l'Amérique dans la région appelée pour cette raison mer des Sargasses. Le corps de la plante y est assez différencié, certaines parties du thalle ont presque la forme de feuilles dentées; d'autres sont renflées en petites boules remplies d'air, qui servent de flotteurs pour soutenir la plante à la surface de l'eau.

3° *Algues rouges.* — Les Algues rouges sont celles qui peuvent se trouver le plus profondément dans la mer. On peut citer les *Porphyra*, qui sont en lames minces, et les *Corallines*, algues filamenteuses dont toutes les parties sont recouvertes d'une croûte calcaire. Ces deux genres sont très abondants sur nos côtes.

Propriétés et usages des Algues. — On extrait de certaines Algues brunes comme les Laminaires une matière sucrée qui peut être alimentaire, et les Esquimaux font une sorte de farine avec certaines Algues rouges.

La Coralline est employée en médecine ainsi que quelques autres Algues, à cause de l'iode qu'elle contient.

Les Algues recueillies en masses sur les côtes constituent un très bon engrais. En Bretagne, on transporte de grandes quantités de Fucus et de Laminaires pour cet usage, jusqu'à une assez grande distance du rivage.

CHAMPIGNONS

Les Champignons, comme les Algues, sont des plantes où l'on ne distingue ni racines, ni tiges, ni feuilles. Ils diffèrent des Algues en ce qu'ils n'ont pas de chlorophylle; placés au soleil, ils ne dégagent pas d'oxygène; ce sont des plantes qui n'assimilent pas le carbone contenu dans l'air. Aussi les Champignons vivent-ils toujours aux dépens des matières organiques; ils se développent sur les animaux ou les végétaux vivants ou morts, ou encore sur les substances en décomposition.

Lorsqu'ils vivent aux dépens d'un être vivant, on dit qu'ils sont parasites.

Les Champignons se reproduisent le plus souvent simplement par spores; quelques-uns forment des œufs.

Les Champignons sont extrêmement nombreux et de formes très variées.

Les *Agarics* ont un chapeau garni en dessous de lamelles; tels sont le *Champignon de couche*, la *Chanterelle*, qui est aussi comestible, etc.; il y en a de nombreuses espèces.

Les *Bolets* ont un pied et un chapeau comme les Agarics, mais les spores sont produites dans de nombreux petits tubes situés au-dessus du chapeau et non dans les lames; le *Cèpe* est un Bolet comestible. Les *Polypores* diffèrent des Bolets en ce qu'ils n'ont pas de pied. Le chapeau se forme sur le côté de la branche que leur mycélium attaque à l'intérieur.

Les *Clavaires* sont des Champignons comestibles, dont l'appareil sporifère est très ramifié.

Les *Pezizes* ont la forme d'une coupe; les *Morilles* ont un appareil à spore porté sur un pied et creusé de cavités où se produisent les spores; ce sont des champignons comestibles.

Les *Truffes* se développent sous le sol et forment les spores à leur intérieur.

Les *Moisissures* qui se développent facilement sur les matières en décomposition, dans l'air humide, sont des Champignons dont le mycélium se voit facilement à l'extérieur.

Les *Levures*, telles que la Levure de bière, sont des Champignons qui se développent sur les fruits sucrés. Lorsqu'un liquide sucré renferme certaines espèces de ces levures, il *fermente*, c'est-à-dire que le sucre se transforme en alcool, en dégageant de l'acide carbonique.

D'autres Champignons attaquent les êtres vivants; tels sont ceux qui produisent certaines maladies des plantes : maladie de la Pomme de terre, oïdium de la Vigne, charbon du Blé, carie du Seigle, etc.

Beaucoup de Champignons des genres Agaric, Bolet, etc., sont très vénéneux ; aussi ne faut-il manger les Champignons comestibles qu'avec la plus grande prudence.

Certains Polypores desséchés et préparés fournissent l'*amadou*.

Les Levures qui font fermenter les liquides sucrés produisent les boissons dites fermentées : vin, cidre, bière, hydromel, etc.

LICHENS

Les *Lichens* peuvent être rapprochés des Champignons, auxquels ils ressemblent beaucoup. Ils n'ont ni feuilles, ni racines, ni tiges distinctes, mais ils contiennent de la chlorophylle. Cependant on ne saurait les confondre avec les

Fig. 153. — Abricotier (*Prunus armeniaca*).

Algues, car, en général, ils peuvent continuer à vivre dans l'air sec. Les Lichens se développent sur le sol, sur les rochers ou sur l'écorce des arbres.

On peut citer, parmi les Lichens qui croissent sur les écorces, les *Parmélies*, dont une espèce à thalle jaunâtre est très répandue partout, et l'*Usnée*, qui se développe sur les branches des Sapins.

D'autres croissent sur le sol comme le *Lichen des rennes*, ainsi nommé parce qu'il est très abondant en Laponie, où il est brouté par les rennes, le *Sticta* ou Lichen pulmonaire, etc.

Les Lichens n'ont presque pas besoin d'avoir une autre nourriture que celle qu'ils puisent dans l'eau et l'air; ils se développent très bien sur des roches qui ne sont recouvertes d'aucune terre. Aussi les Lichens sont-ils très importants pour la formation de la terre végétale. Leurs débris, mêlés aux fragments des pierres sur lesquels ils croissent, produisent la première couche de terre, sur laquelle peuvent ensuite se développer des végétaux plus élevés en organisation.

La teinture d'orseille s'extrait d'un Lichen appelé *Roccella*.

La *Manne* d'Afrique est produite par des Lichens, qui restent desséchés et qui, transportés par le vent, peuvent s'attacher de nouveau au sol et se développer quand l'air est humide.

LE TRAVAIL DE LA TERRE

Les végétaux puisent dans le milieu ambiant, c'est-à-dire dans la terre et dans l'air, les éléments des substances qui constituent leurs tissus et de celles qu'ils élaborent. Il est évident que, si certaines plantes prospèrent dans certains sols, c'est qu'elles y trouvent réunis les différentes matières qui sont nécessaires à leur

Fig. 154. — Pommier (*Pirus malus*). — Branche avec son fruit. — Bourgeon. — Fleur. — Fruit ouvert. — Coupe de la graine.

parfait développement. On serait dès lors tenté de croire qu'il faut absolument abandonner à la nature seule le soin de faire croître les végétaux dans les lieux où elle a rassemblé les éléments particuliers à la composition de chacun d'eux; mais si l'on réfléchit que, parmi la quantité innombrable de végétaux qui couvrent la terre, un très petit nombre seulement est utile à la nourriture de l'homme et des animaux qu'il élève, on arrive rapidement à cette conclusion, qu'il est indispensable d'aider leur développement par des travaux appropriés, afin de produire ces matières alimentaires en plus grande quantité dans les lieux où se trouvent réunies des populations nombreuses.

Ces travaux sont d'autant plus nécessaires que, lors même que le sol eût possédé naturellement des éléments suffisants de végétation, il est obligatoire de les lui restituer au fur et à mesure qu'ils sont absorbés par la production des récoltes.

Tel est le but de l'agriculture, qui a pour objet de restituer au sol les principes actifs nécessaires à l'accroissement des végétaux, et de faciliter l'absorption par ces derniers des matières que l'industrie humaine incorpore au sol, de celles que la nature y verse à son tour. Nous entendons ici parler de l'air, de l'eau et de la chaleur solaire qui sont indispensables à toute végétation.

Rôle de l'humus dans la végétation. — Aujourd'hui il est généralement reconnu qu'une terre dépourvue d'humus est stérile. La terre arable, en effet, provient de la désagrégation des roches terrestres; leurs éléments constituants mélangés à une certaine quantité de terreau donnent le type de la terre arable. La substance hydrocarbonée, soluble dans les alcalis, se trouve à la portée des spongioles des racines; comme elle est soluble dans l'eau, elle peut être absorbée par ces spongioles et servir à la nutrition de la plante. Mais ce n'est là qu'un point accessoire dans l'action de l'humus. Le terreau contient une substance noire soluble dans l'eau et dans les alcalis; cette substance noire ne doit pas être confondue avec l'acide ulmique : c'est elle qui donne sa couleur à l'humus. Cette substance, placée dans le sol, s'échauffe rapidement; elle absorbe l'eau et s'approprie les éléments de l'air et ceux des engrais. De tout cela résultent des composés ammoniacaux facilement absorbables par les plantes ; enfin, il se produit de l'acide carbonique qui se dissout dans l'eau. La présence de cet acide carbonique dans le sol est de la plus haute importance pour la végétation, car c'est lui qui favorise le premier développement des plantes, alors que, dépourvues de feuilles, elles ne pourraient puiser dans l'atmosphère la quantité d'acide carbonique, d'ailleurs si faible, qui y est contenue.

L'acide carbonique détermine encore la dissolution des phosphates insolubles; il convertit en bicarbonates solubles les carbonates insolubles de chaux, de magnésie, etc. C'est donc, en grande partie, grâce à cet acide carbonique que les plantes peuvent s'assimiler les éléments calcaires et magnésiens qui leur sont indispensables. De ces faits, le rôle de l'extrait de terreau ressort bien évident; il sert d'intermédiaire entre les plantes et les substances insolubles dont elles ont besoin; par lui ses composés subissent de nouvelles transformations, et bientôt ils passent du monde inorganique dans le règne organique.

MM. Boussingault et Lévy se sont occupés de l'acide carbonique contenu dans les terres arables; il l'ont dosé et ont tiré les conséquences pratiques de leurs recherches. Voici leurs conclusions :

1° L'air renfermé dans un hectare de terre arable de 35 centimètres d'épaisseur varie de 300 à 1,500 mètres cubes;

2° L'air renfermé dans un hectare de terre fumée depuis près d'un an contient autant d'acide carbonique qu'il s'en trouve dans 18,000 mètres cubes d'air atmosphérique;

3° Si la terre est récemment fumée, l'acide carbonique peut représenter celui qui est contenu dans 200,000 mètres cubes d'air normal;

4° Dans le *loam*, sous-sol de la forêt, il y a pour une couche de 35 centimètres d'épaisseur autant d'acide carbonique que dans 5,000 mètres cubes d'air atmosphérique.

D'après ce que nous venons de dire, on comprend qu'il peut être d'une certaine importance de doser la quantité d'humus contenue dans une terre arable. Longtemps on a dosé l'humus en calcinant un poids connu de terre végétale; la matière organique disparaissait, mais avec elle une certaine quantité d'eau cédée par l'argile. Les résultats obtenus pas la pesée devaient donc être un peu trop forts. Aussi a-t-on aujourd'hui renoncé à ce mode primitif de dosage. Un procédé plus scientifique et plus exact est souvent mis en usage. Il consiste à doser la quantité d'azote contenue dans un certain poids de terre arable ; on en conclut alors le poids d'humus contenu dans ce sol. C'est par ce procédé que l'on a déterminé la quantité d'humus contenue dans les terres de la vallée du Nil. On l'a évaluée à 6,9 pour 100 (GIRARDIN et DU BREUIL). D'après les mêmes auteurs, les terres de la vallée d'Auge contiendraient 2,5 pour 100 seulement d'humus, et celles de Clamart 0,5 pour 100.

Préparation du sol. — Plus le sol est meuble, c'est-à-dire plus les molécules sont disjointes, éloignées les unes des autres, et plus la chaleur, l'air et la lumière y pénètrent facilement, enfin certains principes du sol jouissent de la propriété d'absorber et de fixer l'ammoniaque ou l'azote de l'air. Il n'est donc pas difficile de s'expliquer l'influence que peuvent avoir les façons culturales sur le sol. La chaleur rend les sols légers plus précoces au printemps; c'est le moment où la végétation y atteint son maximum d'activité; l'été venu, le soleil dessèche tout : la sève des plantes et la fraîcheur du sol; les plantes languissent, s'arrêtent et meurent parfois. La chaleur, au printemps, est utile aux sols forts pour évaporer la grande quantité d'eau qu'elles retiennent, et cette évaporation produit un abaissement plus sensible de température; les façons culturales, en désagrégeant les molécules, en rompant leur cohésion permettent à l'air de s'introduire plus ou moins profondément, aux vapeurs humides, à la rosée d'y pénétrer; elles s'opposent à la formation de cette croûte dure qui s'y formerait à la surface après les pluies. Les façons culturales ont pour but de mélanger les molécules du sol et de l'engrais, elles les mettent en contact direct les unes avec les autres, puis avec l'eau et l'air; la fermentation s'accomplit insensiblement, les principes solubles se dissolvent, les gaz sont absorbés et entrent dans la composition de certains sols plus ou moins fixes; la marche et le fonctionnement des racines s'opèrent sans gêne, régulièrement, et la plante végète d'une manière normale. Les instruments qui servent à donner les façons culturales jouent différents rôles, remplissent différents buts selon leur forme et la manière dont on les emploie; les uns, ce sont les charrues, les herses, les scarificateurs, les extirpateurs, les rouleaux, etc., servent à ameublir le sol, en le divisant, en écrasant les mottes; les autres servent à plomber le sol, comme les butteurs; ceux-ci ne remuent que la surface, ce sont les herses ou les extirpateurs; ceux-là séparent les racines des plantes nuisibles du sol et les ramènent à la surface, se sont les scarificateurs; la houe à cheval détruit les mauvaises herbes du sol qu'elle ameublit et rend, en outre, plus perméable à la pluie et à la rosée; les fouilleuses ou défonceuses approfondissent l'épaisseur du sol pour donner plus de profondeur aux racines et un écoulement plus complet des eaux.

LE LABOURAGE

Le labourage. — Les opérations spéciales par lesquelles on introduit dans le sol les matières azotées nommées engrais, par lesquelles on le divise, on l'ameublit de façon que l'eau, l'air et la chaleur solaire le pénètrent plus facilement, se nomment *labourage*. Le labourage est l'opération capitale de l'agriculture. Toutes les autres opérations sont secondaires, et sont des accessoires du labour. Ce dernier prend d'ailleurs divers noms, suivant les circonstances diverses dans lesquelles il s'exécute, suivant les instruments avec lesquels on opère, suivant le but spécial que l'on se propose. Le labourage doit, en même temps qu'il prépare le sol à recevoir la semence ou les plantations, faire disparaître de sa surface les plantes inutiles qui poussent naturellement lorsqu'on abandonne la terre à elle-même, et les restes de récoltes précédentes, les chaumes de céréales, par exemple.

Les meilleurs labours sont évidemment ceux qui brisent et mélangent le mieux la terre, qui enfouissent le mieux le fumier et les herbes.

La qualité du labour dépend essentiellement de l'instrument employé pour l'effectuer. Cet instrument lui-même dépend, quant à la forme et au mode d'action du système moteur qui lui est appliqué. Dès la plus haute antiquité, l'homme posséda deux moteurs, et régla sur eux la forme et la puissance de ses engins : le premier était sa propre force musculaire; le second, plus puissant, consistait dans l'emploi des bêtes de somme.

Quand l'accroissement de la population donna plus d'importance et plus d'extension aux travaux agricoles, l'intelligence humaine dut perfectionner les instruments de labour, afin de produire plus de travail dans le même temps, et de mieux utiliser la force motrice. Enfin, dans ces derniers temps, où la force musculaire de l'homme a atteint un prix très élevé, les progrès de la mécanique sont venus mettre à la disposition de l'agriculture la force motrice à bas prix qui résulte de l'action de la vapeur.

Le meilleur de tous les labours est, sans contredit, celui qui s'effectue à l'aide de la bêche. Il demande à être fait avec le plus grand soin, en brisant les mottes en petits fragments, ce qui exige beaucoup de temps. De plus, il faut que la terre ne soit ni trop humide ni trop sèche. Ces conditions rendent ce procédé lent et coûteux; aussi ne le met-on guère en pratique que dans les jardins. Il faut en dire à peu près autant de l'usage de la houe et du crochet, dont on se sert pour les vignes ou les champs de peu d'étendue. Les binages sont des labours superficiels, destinés à briser l'écorce du sol et à enlever les herbes parasites. En somme, les labours à bras d'homme ne doivent être employés que pour des travaux de jardinage minutieux ou très spéciaux, ou bien encore lorsque l'exiguïté des pièces de terrain ne permet pas d'en employer d'autres avec avantage.

Les instruments employés sous l'action des animaux domestiques sont les charrues, les herses, les rouleaux, etc. Les charrues diffèrent de forme et de maniement suivant le sol dans lequel elles doivent fonctionner et le but qu'elles doivent remplir. La première opération à exécuter est le défrichement, qui peut s'opérer au moyen de la charrue, et plus spécialement des charrues en fer. Après le passage de la charrue, il est bon de faire usage de la herse à couperets, qui divise les gazons et les racines sans les ramener à la surface du sol, tout en produisant un tassement régulier du terrain. Les labours qui atteignent le sous-sol à une certaine profondeur prennent le nom de défonçage. On peut défoncer à l'aide de charrues. On a fait aussi des machines spéciales à défoncer, qui ont en général l'avantage de ne pas ramener la terre à la surface. Par contre, les

Fig. 155. — Une vigne en Californie.

charrues sont préférables lorsque le défonçage a pour but spécial de mélanger la terre de la surface avec celle du sous-sol.

Quoique l'on puisse labourer la terre en tout temps, il est préférable de faire les labours en automne, aussitôt après l'enlèvement de la récolte, lorsque le sol n'est pas trop durci par la sécheresse. Au printemps, on commence par les terres légères, et on termine par les terres argileuses, ou par celles qui sont à une exposition froide.

Les labours doivent être légers, quand le sol est bien nettoyé et le temps humide et pluvieux. On les fait profonds dans les temps secs, lorsque le sol est léger et couvert d'herbes. Plus le labour est profond, plus il faut d'engrais. Les terres argileuses ne doivent pas être attaquées dans les temps trop secs ou trop humides. Les labours d'été sont souvent préjudiciables, parce que le sol se dessèche profondément, et qu'une grande partie des principes volatils de l'engrais se perd dans l'atmosphère. Ils ne sont utiles que lorsqu'on les fait succéder immédiatement à une récolte, pour ensemencer tout de suite.

Il est fort utile de faire succéder le rouleau et la herse à la charrue, pour briser les mottes et rendre le sol aussi uni que possible. Cela est nécessaire, pour que l'eau du ciel agisse partout avec égalité, et pour faciliter la récolte.

Labourage à vapeur. — Le labourage à la vapeur, bien qu'il soit peu connu en France, à cause de la grande division de la propriété, n'est pas d'invention absolument récente.

Ce mode de culture a eu à lutter à son origine, comme toutes les inventions nouvelles qui renversent un ordre de choses établi, contre les préventions de la routine, et aussi, on doit le dire, contre les insuccès résultant de ses propres imperfections. Mais, grâce aux perfectionnements imaginés par les constructeurs dans ces dernières années, le labourage à la vapeur a surmonté les préventions. Les appareils doivent réunir dans leur construction, à la modicité du prix d'achat, une grande simplicité d'agencement, afin de faciliter autant que possible la manœuvre et les réparations. Les charrues, piocheuses, herses, etc., à vapeur, présentent des avantages incontestables et multiples sur ceux de ces appareils qui sont conduits par des chevaux : économie de force pour les labours difficiles, culture plus profonde et plus efficace; facilité d'opérer plus rapidement, et, par suite, dans la saison la plus avantageuse, économie d'engrais, à cause de la perfection du labour, etc. De tout cela il résulte une importante diminution dans le nombre d'hommes et de bêtes de somme employés dans la ferme. Malheureusement, les dépenses qu'exigent l'achat, l'entretien et l'emploi des machines agricoles à vapeur les excluent presque complètement de la petite culture, et la grande culture disparaît peu à peu de chez nous, la division de la propriété tendant à morceler de plus en plus les grands domaines.

Raison du labourage. — Les labours, avons-nous dit, ont pour effet de diviser la terre de façon à la rendre plus poreuse et plus perméable, d'en exposer successivement les diverses parties au contact de l'air, qui pénètre d'autant mieux la terre qu'elle est mieux remuée, d'aider à l'égale répartition de la chaleur atmosphérique et de l'humidité des pluies, de favoriser le développement des racines dans une terre ameublie, de mélanger avec toute la couche de terre végétale les engrais déposés à la surface, enfin de détruire les mauvaises herbes.

Les labours s'exécutent à bras d'hommes, avec la bêche, la fourche ou la houe, ou bien au moyen de la charrue. Les premiers ne sont employés que dans la petite culture, car, si les labours à bras d'hommes sont supérieurs à tous les autres pour ouvrir, retourner et ameublir le sol, ils sont aussi trop lents et trop coûteux.

Époque des labours. — L'époque comme le temps favorable aux labours varient suivant les usages des pays et la nature des sols. Un terrain sablonneux peut être labouré sans inconvénient en tout temps ; au contraire, une terre argileuse doit l'être après quelques pluies qui ont diminué sa dureté, mais avant une grande humidité qui ferait adhérer les bandes de terre soulevées aux différentes parties de la charrue.

En général, il faut choisir pour labourer une terre le moment où elle vient d'être dépouillée de ses récoltes ; on enfouit ainsi les mauvaises herbes avant la maturité de leurs graines.

Profondeur des labours. — La profondeur des labours doit varier suivant la quantité de fumier dont on peut disposer, et surtout suivant la nature du sol. Des laboureurs sans expérience ont eu plus d'une fois à se repentir d'avoir enfoui la terre végétale et ramené à la surface une terre stérile qui compromettait leurs récoltes. Lorsqu'on veut approfondir les labours, il faut donc faire des essais d'abord et n'attaquer le sous-sol, même de bonne nature, que peu à peu.

La profondeur du sillon est ordinairement en rapport avec la largeur de la bande enlevée par la charrue; cette bande de terre a le plus souvent une largeur égale aux deux tiers de la profondeur.

Un labour léger présente des sillons de 10 à 20 centimètres de profondeur, un labour moyen des sillons de 20 à 30 centimètres et un labour profond de 30 à 50 centimètres.

Direction des labours. — Selon la manière dont on procède aux labours, le terrain, après l'opération, offre un aspect fort différent. On distingue trois formes de labours : le *labour en billons*, le *labour en planches*, le *labour à plat*.

Par le *labour en billons*, le sol arable se trouve disposé en longues bandes ou planches parallèles, bombées, larges de 1 à 2 mètres habituellement et séparées par des rigoles profondes. Pour former les billons, il faut donner au sol trois labours au moins. Ce genre de labour peut être avantageux pour les terrains très humides et d'une faible pente, et pour ceux dans lesquels la couche arable manque de profondeur. En rejetant sur l'ados du billon la terre enlevée dans la raie d'écoulement, on augmente en effet superficiellement la couche végétale et on assure un bon écoulement des eaux.

Cependant, il est préférable, dans la plupart des terrains, d'employer le labour à plat ou le labour en planches.

Le *labour en planches* laisse la surface du champ plate et divisée seulement en parallélogrammes plus ou moins larges que sépare une rigole peu profonde.

Le *labour à plat* donne au champ une surface unie, sans le diviser en planches par des rigoles. Mais il faut employer pour cette forme de labour une charrue *tourne-oreille* qui, en allant et en revenant, jette toujours la terre du même côté de l'horizon.

Défoncement. — Les labours profonds, judicieusement employés, augmentent considérablement la fertilité du sol; les plantes poussent, en effet, beaucoup mieux lorsque leurs racines ont la faculté de pénétrer profondément d'accroître l'étendue de leurs ressources nutritives ; de plus, la sécheresse, ne pouvant atteindre les couches profondes, nuit dans ce cas beaucoup moins à la végétation. Ce sont les plantes à racines pivotantes (navets, betteraves, carottes) qui exigent surtout des labours profonds, car leurs racines s'enfoncent à 30, 40 et même 60 centimètres.

Mais, ainsi que nous l'avons déjà dit, ce n'est que lorsque le sous-sol est de bonne qualité qu'on doit le mêler à la terre végétale, et encore faut-il le faire avec précautions. Lorsque le sous-sol est de qualité inférieure, après avoir labouré profondément la terre végétale, on fait passer dans la même raie une charrue spéciale appelée *fouilleuse* ou *défonceuse* qui ameublit le sous-sol sans le mêler à la couche de terre superficielle.

Sarclages. — Le *sarclage* a pour but de détruire les mauvaises herbes qui épuiseraient le sol au détriment des plantes cultivées. Il se donne à bras, avec une houe à fer plus ou moins large, ou avec une râtissoire que l'ouvrier pousse devant lui dans l'intervalle des lignes mêmes ou dans les plantes semées à la volée.

Les binages. — Les *binages* ont pour but de rompre la croûte superficielle du sol et, par conséquent, de le rendre plus perméable à l'air, à la pluie, aux rosées. Ils s'exécutent à la main (avec la binette, la serfouette, la houe, etc.) ou à l'aide d'instruments, c'est-à-dire avec la houe à cheval à dents de herse ou avec les bineuses mécaniques. Du reste le binage et le sarclage sont presque toujours simultanés, même lorsqu'on arrache l'herbe brin à brin avec la main.

Fig. 156. — Amandier *Prunus amygdalusi syn. Amygdalus communis.* — Port.

Les hersages. — Après le labour, il est souvent utile de pratiquer le hersage afin de pulvériser et d'ameublir complètement le sol. Cette opération est surtout nécessaire pour les terres argileuses. On fait le hersage en long dans le sens des sillons, ou perpendiculairement aux sillons ; un hersage croisé est très énergique.

Les *hersages* des pommes de terre, celui des céréales, tout en détruisant l'herbe, rompent la croûte du sol et font de la miette ; de même celui des prairies naturelles et artificielles. Après eux, il faut avoir soin de ramasser à la fourche ou au râteau les racines traçantes ou stolonifères, pour les enlever, les faire sécher et les brûler, sans quoi on n'aurait fait que les multiplier en les divisant.

Buttages. — Les *buttages* consistent à amasser la terre au pied des plantes, tantôt pour augmenter l'épaisseur dans laquelle peuvent puiser leurs racines, tantôt pour appuyer les tiges, les garantir contre le vent et donner prise aux racines adventives qui se développent au-dessus du collet (maïs); d'autres fois, afin de recouvrir les tubercules (pommes de terre) qui, sans cela, durcissent en verdissant au contact de l'air; enfin pour augmenter dans certaines racines (betteraves) la proportion du sucre de la partie voisine du collet. Ils doivent se donner assez à temps pour que la plante puisse encore pousser des bourgeons de tiges souterraines, pour que les tubercules n'en soient pas dérangés ou atteints. Le plus souvent on l'opère en deux ou trois fois, en remaniant davantage de terre à chaque buttage.

Roulage. — Les *roulages* servent tantôt à ameublir le terrain en pulvérisant les mottes par le poids de l'instrument, tantôt à tasser le sol, à comprimer les molécules, qui donnant moins accès à l'air et à la chaleur, conservent plus de fraîcheur que de cohésion. C'est pourquoi on en fait un fréquent usage sur les terres légères, après chaque semaille de printemps surtout, et pourquoi on renouvelle de temps en temps cette façon jusqu'à ce que les tiges soient devenues trop hautes pour les supporter. On emploie aussi le rouleau pour retarder la végétation des céréales dont le développement prématuré fait redouter la verse ; en pliant les tiges à angle droit sur le sol, l'instrument forme en ce point une

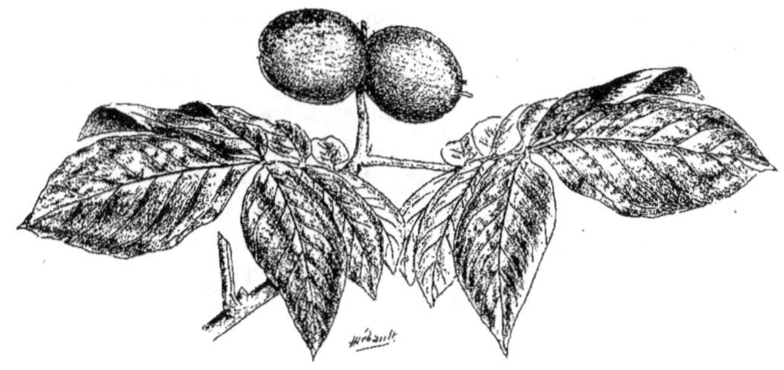

Fig. 157. — Noyer (*Juglans regia*).

cicatrice qui interrompt mécaniquement et physiologiquement pour un temps variable la circulation de la sève et la refoule dans le collet; les tiges, par la suite, deviennent plus rigides, plus grosses, et l'épi mieux nourri.

De la variation ou de la succession des cultures. — Chaque espèce de plante enlève au sol des éléments variables en nature et en quantité, suivant sa puissance élective et ses besoins.

Dans les forêts où l'influence de l'homme est nulle, on voit, après une certaine période, le chêne se substituer au bouleau, le hêtre au châtaignier, les arbres à feuilles caduques aux arbres à feuilles persistantes; dans les pâturages alpestres, on voit les différentes familles naturelles des plantes se succéder alternativement, les graminées aux ombellifères, les légumineuses aux graminées, etc... L'alternat consiste à faire succéder les plantes à racines pivotantes à celles à racines traçantes; les plantes étouffantes ou nettoyantes à celles salissantes; celles améliorantes à celles épuisantes : les légumineuses aux graminées, les ombellifères aux crucifères; les plantes-racines aux céréales; les plantes fourragères aux plantes industrielles, etc.

DU SEMIS

Le semis. — Le travail du semis ou de la semaille consiste à mettre les bourgeons latents renfermés en la semence dans des circonstances favorables à leur germination, puis à leur développement. Le fruit, la graine, la semence, sont le produit de la floraison, l'organe destiné à assurer la reproduction. La fécondation des étamines ayant eu lieu, l'*ovule* devient la *graine* et l'ovaire devient le *péricarpe*, l'enveloppe du fruit. Si le péricarpe doit conserver jusqu'à la maturité sa consistance foliacée, il respire comme les feuilles et se nourrit comme elles ; les tissus mous et riches en sucs se solidifient petit à petit, puis, arrivés à une certaine période, commencent à se dessécher, à prendre une teinte jaunâtre ; dès ce moment, ils ont commencé à dégager de moins en moins d'oxygène et finissent par ne plus exhaler que de l'acide carbonique; quelques-uns, arrivés à cette période, se détachent de la plante et tombent sur le sol : c'est la maturité.

Dès que le germe de cette graine se trouve placé dans des conditions favorables, la vie jusque-là latente s'éveille et la plante commence à se développer.

Les graines peuvent garder un certain temps leur faculté germinative. Le tableau ci-dessous indique le maximum de temps pendant lequel les semences de quelques plantes peuvent être utilisées :

Ail	2 ans	Épinard	3 ans
Artichaut	5	Estragon	1
Asperge	3 à 4	Fève	3
Betterave	3	Haricot	1
Brocolis	5	Laitue	4
Capucine	4	Mâche ordinaire	6
Cardon	3	Mâche d'Italie	4
Carotte	3 à 4	Melon	7
Céleri	3	Navet	4
Cerfeuil	3	Oignon	3
Chervis	1	Oseille	3
Chicorée	6 à 7	Panais	1 à 2
Chou	3	Persil	4
Ciboule	2	Poireau	3
Citrouille	6	Radis	4
Concombre	7 à 8	Raiponce	3
Cresson alénois	2	Salsifis	2
Endive	6 à 7	Tomate	3

Pour la semaison, il est de toute évidence que plus le sol est riche, moins il faut y répandre de semence et que, par contre, plus il est pauvre, moins il faut la ménager; cependant, dans chaque cas la quantité de semence employée variera selon la richesse du sol et sa convenance par rapport à la plante.

Les semailles s'effectuent de plusieurs manières, mais qui toutes peuvent se rapprocher de ces deux primitives, semis à la volée, semis en ligne.

Pour faire le semis à la volée, on doit s'attacher à deux conditions essentielles ; 1° répartir également la semence dans toutes les parties du champ; 2° semer sur une étendue donnée une quantité déterminée de grains. Nous allons analyser brièvement, sur ces deux points, un mémoire sur les semailles, de M. Pichat, ancien professeur à Grignon et ancien directeur de l'école de la Saussaie : « 1° Le semeur sème ou d'une seule main, ou alternativement des deux mains, de la droite en allant, par exemple, et de la gauche en revenant, ou de toutes deux alternativement pendant la progression dans le même sens. Le second procédé donne le semis le plus régulier ; le dernier n'est guère usité que dans le Midi. Le mouvement du bras qui lance la semence doit toujours et dans toutes les méthodes coïncider avec l'appui sur le sol de la jambe du même côté. On fait glisser la semence entre les doigts, l'index étant étendu, afin de diviser et de disperser plus régulièrement la semence. Les graines fines (trèfle, luzerne, colza, etc.) se projettent par pincées seulement avec deux, trois ou même quatre doigts, suivant la quantité à répandre sur une surface donnée. La semence doit décrire une parabole sur le côté du semeur qui ne commence à ouvrir la main, c'est-à-dire à lâcher la graine, que lorsque celle-ci se trouve en face de lui. Les jets doivent être bien égaux, et le pas bien régulier ; le rayage de chaque aller et retour doit être indiqué par des jalons qu'on place et déplace à chaque rayage, en tenant compte, autant que possible, de la direction des planches ou billons, et de celle du vent. On suit, en général, la direction des tracés par les instruments; le semeur marche, autant que possible, perpendiculairement à la direction du vent, de manière à répandre la semence suivant cette direction même.

Pour perdre moins de temps, et lorsque rien ne s'y oppose, on marche suivant la plus grande dimension du champ. La force des jets de semence doit être calculée d'après la force du vent qui dissémine la graine plus ou moins loin du semeur. Après avoir semé de la main droite en allant, le semeur revient en semant de la main gauche, de manière à croiser les jets sur chacun de ses trains. Il puise la semence dans un grand tablier de toile attaché à son cou et dont il replie l'extrémité autour du bras tenu au repos, formant de la partie médiane une sorte de cavité où il puise la main en action. Pour semer des deux mains à la fois, on emploie un linge de toile, serviette roulée et passée autour du cou, formant une sorte de sac à deux ouvertures où pénètrent facilement les mains, et qui contient le grain nécessaire à l'ensemencement d'un train complet. Des sacs de semence sont disposés à l'avance sur la surface du champ, afin que le semeur y puisse renouveler ses provisions en remplissant son semoir; il est facile de déterminer à l'avance l'emplacement de ces dépôts, connaissant l'étendue du champ et la quantité de semence à employer.

2° Pour semer sur un espace de terrain déterminé une quantité donnée de semence, il faut tenir compte de trois éléments : la largeur du train, la poignée de grain et le volume de la graine. La largeur du train pour les grosses graines, comme le froment, qui doivent se répandre à la dose de 250 litres par hectare, devra être en moyenne de 9^{m},60; pour les graines fines dont on ne répand que 18 à 20 kilogr., soit 25 à 30 litres, la largeur du train sera de 3^{m},50 à 4 mètres seulement. La poignée de grain égale en moyenne de 10 à 12 centilitres pour les grosses graines; pour les petites semences, la poignée sera en moyenne de 1 décilitre ou environ 5,5 grammes. Un bon semeur, habitué à croiser son jet des deux mains, selon que le champ est plan ou en pente, que le sol est sec ou humide, motteux ou hersé, que le temps est calme ou le vent violent, etc., peut emblaver de deux à cinq hectares dans une journée moyenne de dix heures de travail, accomplissant un trajet total de 12 à 25 kilomètres. On sème en ligne les végétaux qui doivent recevoir des façons culturales, et cette disposition a pour but, à la fois, de donner à la plante l'air, la lumière et le soleil dont elle a besoin pour son complet développement, et aussi de permettre dans les façons l'emploi d'instruments attelés, plus économiques que les bras de l'homme.

Pour les semailles en lignes, on sème à la main ou au semoir. Le semis à la main suppose le rayonnage du terrain au cordeau, à la binette, au rayonneur, ou sa disposition en billons, et peut s'exécuter de diverses façons. Tantôt comme pour les grosses graines comme le blé, les haricots, les féveroles, le maïs, le semeur tient à la main gauche un petit sac qui contient la semence, et de la main droite, sur les lignes indiquées et aux intervalles voulus, il dépose la semence d'une manière continue; tantôt pour les graines fines, comme pour la carotte, le tabac, etc., il emploie une bouteille de verre d'où les graines s'échappent par un tuyau de plume de diamètre variable qui traverse le bouchon. C'est là un travail très fatigant, et qui exige une grande surveillance sans donner jamais une grande régularité; la semence est le plus souvent distribuée avec trop de prodigalité ou trop de parcimonie, et dans l'un et l'autre cas la récolte en peut être sensiblement diminuée. Le semis en lignes au semoir est généralement plus régulier; il économise le rayonnage et épargne du tiers au cinquième de la semence; mais les instruments qui portent ce nom sont le plus souvent compliqués, délicats, demandent de fréquentes réparations, et exposent à des pertes de temps; d'un autre côté, leur prix, assez élevé, ne permet leur emploi que dans la grande culture. Si, dans ces circonstances économiques, l'opportunité de leur emploi est mise hors de doute pour les plantes dites sarclées, il n'en est pas tout à fait de même pour les céréales.

M. de Gasparin, après avoir exposé les arguments pour et contre le semis en lignes, conclut ainsi : « Mais il règne un si grand vague sur les conditions de terrain, de climat et d'engrais au moyen desquels on a opéré, qu'on ne pourra regarder la question comme vidée que quand on aura fait côte à côte, et sur les mêmes sols, des expériences comparatives, et surtout qu'on aura mis en ligne de compte les faits et les produits de la culture par chacun de ces procédés. Tant qu'on n'aura pas fait ces expériences et qu'elles n'auront pas été répétées dans les différents climats, nous devrons nous méfier des raisonnements apportés de part et d'autres. » Il paraît cependant aujourd'hui hors de conteste que le semis en lignes des céréales convient exclusivement aux terres très riches sur lesquelles elles seraient exposées à la verse; qu'il ne peut avoir lieu que sur les sols exempts d'humidité, de pierres, d'herbes et de mottes, c'est-à-dire sur ceux qui ont pu recevoir la préparation la plus parfaite. Le semis en paquets consiste à creuser, sur les lignes tracées à l'avance, une petite cavité dans la terre, soit au moyen d'une palette en fer, soit de la serfouette ou de la houe, et à y déposer un certain nombre de graines; le plus ordinairement, le semeur recouvre immédiatement la graine avec le pied ou avec l'instrument dont il se sert. On sème ainsi, le plus ordinairement, les haricots et le maïs. Quelquefois on emploie pour cette opération un homme qui manie la houe dont il se sert pour soulever un certain cube de terre, le laissant retomber à sa place après qu'une femme ou un enfant a jeté dans la petite cavité le nombre de grains voulu.

Fig. 158. — Inflorescence du fraisier.

On enterre les semences par divers procédés : tantôt elles sont répandues à la surface du sol, convenablement préparé, et il faut dès lors les y enfouir par une opération subséquente, tantôt elles sont immédiatement recouvertes après le semis. Il en résulte deux systèmes, deux pratiques, qu'on appelle semailles sur raies et semailles sous raies.

DE LA PLANTATION

La plantation est une des opérations les plus importantes de l'agriculture; de la manière dont elle est conduite dépendent les résultats qu'elle produit. On ne saurait donc y apporter trop de soins, car il ne s'agit plus ici d'une de ces pratiques qui se renouvellent tous les ans, comme les semis de la plupart des plantes agicoles, et qui, si elles sont mal faites, n'influent défavorablement que sur une année ou sur une récolte, Il s'agit, au contraire, de végétaux ligneux qui doivent rester en place pendant une série d'années qui dépend de leur longévité; or, celle-ci peut être augmentée si la plantation a été faite d'une manière convenable, et les dépenses que l'on ferait à cette occasion diminueraient, en se répartissant sur un plus grand nombre d'années. Le premier objet qu'on doit avoir en vue, c'est de se procurer des plants de bonne qualité.

A la rigueur et avec les soins convenables, on peut planter toute l'année; mais il est bien préférable de choisir l'époque du repos de la végétation, c'est-à-dire le temps qui s'écoule depuis la chute des feuilles jusqu'au moment où les bourgeons commencent à s'ouvrir. On comprend, en effet, que si l'on plantait en plein été, quand les arbres sont couverts de feuilles, les lésions qui se produisent presque nécessairement dans les plantations causeraient un retard, souvent même un insuccès. D'un autre côté, dans le fort de l'hiver, la terre est souvent couverte de neige, durcie par la gelée ou détrempée par un excès d'humidité; d'ailleurs, les jours sont courts et les ouvriers moins bien disposés au travail.

Il reste donc deux époques favorables pour la plantation, l'une correspondant au cœur de l'automne, l'autre à la fin de l'hiver et au commencement du printemps. Chacune de ces deux époques présente des conditions spéciales; chacune a des avantages et des inconvénients qui varient suivant le climat, la nature du sol ou celle des essences à planter. Celles-ci ont, en effet, leurs exigences particulières, suivant qu'il s'agit d'arbres ou d'arbrisseaux, d'espèces fruitières, forestières ou d'ornement, à feuilles caduques ou persistantes, à racines pivotantes ou traçantes, à graines volumineuses, etc.

« Quand on plante en automne, disent Lorentz et Parade, les arbres, lors de l'extraction, souffrent moins de se trouver quelque temps hors de terre, parce que l'évaporation est moindre dans cette saison qu'en toute autre; en second lieu, la terre, par l'humidi'é dont elle s'imbibe et par les gelées, se tasse mieux autour des racines; enfin, il paraît constant que, dans certains cas, des sujets plantés en automne peuvent être pourvus, dès le printemps, de nouvelles racines; on peut donc, en général, considérer l'automne comme la meilleure saison pour les plantations à faire en grand. Cependant il existe aussi des cas où le printemps est préférable; ainsi, on doit choisir cette saison pour les essences qui peuvent avoir à souffrir des fortes gelées d'hiver, et, à cet égard, il faut nécessairement tenir compte du climat local; elle est encore la plus convenable pour les bois résineux qui, généralement, reprennent moins bien quand ils sont plantés en automne. Dans les terrains trop humides, la plantation du printemps mérite souvent aussi la préférence. »

Ce qui précède concerne surtout les arbres forestiers; mais on peut aussi l'appliquer aux arbres fruitiers, ainsi qu'aux arbres et arbrisseaux d'ornement à feuilles caduques. En thèse générale, on ne saurait trop le répéter, ces plantations doivent toujours, autant que possible, se faire en automne, et le résultat sera même d'autant meilleur qu'on aura planté plus tôt. Cependant on peut planter des arbres fruitiers au printemps et même à la fin de l'été. Dans ce cas, on supprime les feuilles en les coupant avec des ciseaux, de manière à conserver seulement le pétiole. Pour les arbres très précieux, on retranche l'extrémité des bourgeons trop herbacés et on recouvre les plaies avec un peu de cire à greffer.

Quant aux arbres et arbrisseaux à feuilles persistantes, qui sont constamment en végétation, il est bon de choisir un moment où la température soit assez élevée pour activer cette végétation. Suivant M. Carrière, l'époque la plus favorable est du 15 avril au 15 mai, ou mieux encore la fin de l'été, quand la chaleur est encore assez forte pour permettre aux plants de reprendre et de pousser avant l'hiver. Seulement, si les racines ont été mutilées, il sera convenable et même nécessaire de supprimer un nombre proportionné de feuilles, comme nous l'avons dit plus haut. Pour toutes les plantations en général, et cette règle est sans exception, on fera bien de choisir une journée où le temps soit couvert ou bien la pluie imminente.

Avant de procéder à la plantation, il importe de bien déterminer la place que doivent occuper les plants, et par conséquent la distance qui doit exister entre ceux-ci. Cet espacement varie dans les limites les plus étendues, suivant qu'il s'agit de hautes ou de basses tiges, ou bien encore d'arbres fruitiers, d'essences forestières destinées à former des massifs, d'arbres de ligne ou d'avenue, enfin de végétaux d'ornement. Il est impossible, surtout pour ces derniers, de donner des règles fixes et invariables. On devra prendre en considération la nature et la richesse du sol, l'âge et la force des plants et aussi le but qu'on se propose. Les arbres forestiers, par exemple, doivent être plantés plus serrés que les têtards ou les arbres de vergers, qui doivent laisser entre eux un espace assez grand pour ne pas nuire aux cultures destinées à utiliser leurs intervalles. Pour les plantations de ligne, on aura égard à la largeur des routes ou des chemins; ici, les arbres seront disposés en lignes droites et parallèles et placés en face l'un de l'autre, du moins pour l'allée principale, et sauf à les faire alterner dans les contre-allées. Les arbres forestiers, quand le sol le permet, sont disposés en carrés, en quinconces ou en triangles équilatéraux. Quant aux arbres d'ornement, dans les parcs et les jardins, on évite en général l'excès de régularité, et c'est surtout ici que souvent un beau désordre est un effet de l'art.

Pour assurer le succès d'une plantation, la meilleure préparation à donner au sol serait de le défoncer profondément dans toute son étendue; mais, comme un pareil défoncement serait fort coûteux si l'on avait à opérer sur de grandes surfaces, on se contente de creuser, à la place que doit occuper chaque sujet, un trou d'une surface et d'une profondeur proportionnées à la force du plant et au développement des racines. La nature du sol doit encore ici entrer en ligne de compte. Ainsi, dans les terres très compactes, on fera les trous très grands, afin de donner au sujet la plus grande masse possible de terre meuble ; on leur donnera au contraire peu de profondeur dans les sols humides. Dans tous les cas, il est bon de mettre à part, en trois tas distincts sur les bords du trou, les couches de terre enlevées, savoir : la couche superficielle gazonnée ou herbue ; puis la couche immédiatement inférieure, qui est ordinairement la plus riche en humus ; enfin, la couche inférieure, moins fertile ou même tout à fait inerte.

Fig. 159. — Inflorescence de la pensée.

Nous verrons plus loin les motifs de cette façon d'agir. « Lorsque le sol est de bonne qualité, ajoute Lorentz, les trous ne doivent être ouverts que peu de temps avant de planter ; non seulement pour que la terre reste plus fraîche, mais encore pour que l'humus qu'elle renferme ne perde pas ses propriétés nutritives par l'action de l'air et de la pluie. Ce n'est que dans les sols très compacts qu'il devient nécessaire de faire les trous quelque temps à l'avance, afin que la terre se divise ; ainsi, pour planter au printemps, les trous peuvent être faits en automne. »

Si toutes ces précautions préliminaires ont été bien prises, la plantation définitive ou la mise en terre des plants n'offre plus aucune difficulté, et la réussite est à peu près assurée. Les sujets, ayant été choisis, sont rendus à l'endroit où ils doivent être mis à demeure. On procède alors à leur habillage; c'est une sorte de taille qui a pour but principal de rafraîchir les racines, qui sont presque toujours lésées, meurtries ou rompues lors de l'extraction; on les coupe net avec un instrument bien tranchant; mais on a soin de conserver autant que possible le pivot, qui sert à fixer plus solidement les végétaux au sol et à les garantir contre les coups de vents. Par la même occasion, on supprime une quantité de rameaux proportionnée; mais on conserve la cime, sauf dans des cas exceptionnels. Quelquefois on recèpe le plant, à quelques centimètres du collet, au moment de le mettre en terre. Cette opération convient quand on veut créer des massifs forestiers, surtout des taillis, ou bien encore lorsque, dans les jardins et les parcs d'agrément, on plante des arbrisseaux destinés à former des touffes. Mais on doit l'éviter pour les arbres d'avenue, et il est à peine besoin de dire qu'il faut la proscrire complètement pour les arbres résineux.

Fig. 160. — Flouve odorante (*Anthoxanthum odoratum*). — Port. — Épi.

Quant on met enfin le plant en terre, on commence par répandre au fond du trou une épaisseur de quelques centimètres de la terre gazonnée qu'on a mise à part. On place le plant bien droit et au milieu du trou, en ayant soin de bien étaler les racines avec la main. Quelques auteurs recommandent d'orienter le plant dans la position qu'il avait dans la pépinière; mais il n'est pas toujours facile de remplir cette condition, heureusement superflue. Ce qui est plus aisé et plus important, du moins dans les plantations d'avenues, c'est de placer l'arbre de telle sorte que ses ramifications principales soient dans le plan de l'allée. Le plant ainsi posé, on achève de répandre la terre dont nous avons parlé, ou, quand on le peut, de bonnes terres neuves et riches, comme par exemple celles qui proviennent du curage des fossés et des étangs. On imprime de temps en temps de légères secousses verticales à l'arbre, afin que la terre s'introduise entre les racines et qu'il n'y ait pas d'interstices. On répand en même temps la terre de couche moyenne et enfin on achève de remplir le trou avec la couche inférieure. Il faut encore avoir soin de raffermir de temps en temps la terre, soit avec la main, soit avec le pied, d'abord légèrement, puis de plus en plus fortement. Si l'on plante en motte

Fig. 161. — Dactyle pelotonné (*Dactylus glomerata*). — Port. — Épi. — Épillet.

ou en panier, on doit aussi remplir de bonne terre les interstices qui pourraient se trouver entre la motte et la paroi du trou.

La plantation proprement dite se trouve ainsi terminée; mais, pour mieux en assurer le succès, il est certaines précautions qu'on fera bien de prendre toutes les fois que ce sera possible sans trop de frais. D'abord, dès que le trou est comblé, il faut donner un arrosement copieux; il est bon même, dans les terrains secs, de creuser autour du pied de l'arbre une sorte de petite cuvette où les eaux de pluie ou autres puissent s'amasser et se conserver; un paillis répandu sur le sol concourra encore à empêcher la trop prompte évaporation de l'humidité. Dans les sols trop humides, au contraire, on élèvera la terre de manière à former une petite butte. Dans les avenues, on peut creuser des fossés ou des rigoles longitudinales pour renouveler de temps en temps l'arrosage, ou mieux encore établir un système d'irrigation par rigoles souterraines, comme cela se pratique dans le midi de la France.

Si les arbres risquent d'être ébranlés par le vent ou par le choc des voitures ou des animaux, on leur donnera des tuteurs, auxquels on les fixera de distance en distance par des liens de paille, afin d'éviter les frottements. Si les sujets sont très exposés, on les protège par des armures de paille longue, de lattes ou mieux d'épines. Comme ce moyen ne serait pas applicable en grand, on peut y suppléer par des fossés, des clôtures ou des défenses de ce genre. Si l'on craint que des arbrisseaux délicats ne reprennent pas bien, on peut enduire leurs tiges d'une bouillie d'argile, pour s'opposer à l'évaporation produite par la jeune écorce. Quant aux arbres déjà grands et précieux, on les entoure de paille. Si, malgré tout cela, les plantations ne réussissent pas, on a recours au recépage, excepté toutefois pour les arbres résineux. Les soins à donner ultérieurement consistent en labours, ébourgeonnement et élagage, sujets sur lesquels nous reviendrons plus tard.

Lorsqu'on veut transplanter de très grands arbres, il faut, un an ou deux à l'avance, cerner le sujet, en creusant tout autour une tranchée circulaire, dont la distance et la profondeur soient en raison de la force du sujet et de la masse des racines, et qui se dirige obliquement vers le pivot de l'arbre. La motte ainsi obtenue a la forme d'un cône renversé. Cela fait, on remplit de terre la tranchée; quand le moment de la plantation est venu, on la creuse de nouveau, en tenant l'arbre assujetti avec des cordes. On entoure la motte de claies ou de paillassons; puis on soulève l'arbre à l'aide d'une chèvre et on le laisse descendre sur un camion, qu'on a préalablement fait avancer au-dessous. On le transporte ainsi à la place qu'il doit occuper et où un trou est creusé; on l'y fait descendre avec les mêmes précautions; on débarrasse la motte de son entourage et l'on achève de combler le trou, en foulant fortement la terre.

PLANTES FOURRAGÈRES

On désigne sous le nom de *fourrages* ou de *plantes fourragères*, les plantes qui, par leurs feuilles, leurs tiges, leurs graines ou leurs racines, servent à la nourriture des animaux.

Les plantes fourragères sont l'âme de tout progrès agricole : avec les fourrages on nourrit les bestiaux, avec les bestiaux on a de l'argent et du fumier, avec le fumier il n'y a pas de mauvaises terres. Le développement de la culture fourragère est le signe certain de l'agriculture améliorante; c'est la condition indispensable pour obtenir du sol de riches produits.

A mesure que la science agricole s'est perfectionnée, que les assolements rationnels ont été substitués aux traditions de la routine, et que la jachère fatale a disparu de la rotation des cultures, le nombre des plantes fourragères est devenu de plus en plus considérable. Du temps d'Olivier de Serres, elles se bornaient à la luzerne, au sainfoin, à la vesce, au pois gris et à la jarosse, plantes que les Romains cultivaient aussi. C'est à l'Angleterre que nous devons la première et vigoureuse impulsion donnée, vers le milieu du XVIIe siècle, à la recherche et à la culture des nouvelles plantes fourragères.

Depuis cette époque, le nombre s'en est prodigieusement accru, et l'on en compte plus de 300 variétés.

Le mot *fourrage* se prend, en agriculture, dans des acceptions assez variées. Dans le sens le plus large, il sert à désigner toutes les substances végétales, à l'exception des grains, qu'on donne aux animaux à l'écurie. Dans un sens plus restreint, il s'applique aux produits des prairies artificielles, et on réserve le nom de *foin* pour ceux des prairies naturelles. Enfin, le mot fourrage se prend assez souvent comme synonyme de plantes fourragères. Ces plantes sont fournies par un certain nombre de familles, mais surtout par celles des graminées et des légumineuses. Abstraction faite des herbes des prairies naturelles, on divise les plantes fourragères, au point de vue pratique, en plusieurs groupes. Les plantes annuelles terminent leur végétation dans le courant de l'année où elles ont été semées; telles sont le trèfle incarnat, la vesce, la gesse cultivée, la jarosse, le pois gris, la féverole, les lentilles, la serradelle, le maïs, le moha, le sorgho sucré, le seigle, l'avoine, l'escourgeon, l'alpiste, le sarrasin, la spergule, la moutarde blanche, le colza, la navette. Les fourrages bisannuels occupent le sol pendant deux ans; les plus répandus sont le trèfle rouge, la lupuline, les choux, le pastel. Ces plantes, comme celles du groupe suivant, donnent plusieurs coupes, c'est-à-dire qu'elles peuvent être fauchées plusieurs fois pendant le cours de leur existence. Les fourrages vivaces persistent pendant trois ans ou plus; on doit citer ici la luzerne, le sainfoin, le ray-grass, l'ajonc, le vulpin, la fléole, le fromental, la chicorée. A ces trois groupes principaux, il faut en ajouter un quatrième, comprenant les plantes cultivées pour leurs racines (ou plus exactement pour leurs parties souterraines), et qu'on appelle *fourrages racines* ou *racines fourragères;* ce sont : la betterave, la carotte, le panais, la rave, le navet, le rutabaga, le chou-rave, le chou-navet, la pomme de terre, le topinambour, la patate et l'igname. On range encore dans la catégorie des plantes fourragères les variétés de choux et de citrouilles dont les feuilles ou les fruits servent à nourrir les animaux. Enfin on désigne sous le nom de *feuillards* les feuilles de certains arbres, qui servent au même usage; tels sont l'orme, les peupliers, l'aune, le charme, les saules, le chêne, le bouleau, l'érable, le frêne, le tilleul, le pin, le robinier et la vigne. On mélange quelquefois les fourrages, en semant ensemble les graines de plusieurs espèces; ces mélanges sont appelés *dragées* ou *dravières*. Il n'est pas besoin de définir les *fourrages* verts et secs. Dans plusieurs circonstances, on donne au bétail des fourrages fermentés ou salés. Il serait superflu d'insister sur le rôle que les fourrages jouent en agriculture et de chercher à démontrer leur nécessité. Un cultivateur ne saurait trop s'attacher à avoir des fourrages en abondance et de bonne qualité; il doit aussi en avoir de plusieurs sortes, afin de varier la nourriture des animaux.

Fig 102. — Ray-Grass d'Italie (*Lolium Italicum*). — Port. — Épi.

PRAIRIES

Sous le terme général de *prairie* on range toutes les terres qui produisent des plantes destinées à servir d'aliment au bétail, soit qu'on les lui fasse consommer sur place, soit qu'on les fauche à certaines époques pour les convertir en foin.

Par *prairies* nous entendons aussi les mots *herbages*, *pacage*, *pâturage*, *pâture*, *pré*, etc.

La nature et la composition des prairies sont suceptibles de varier beaucoup, suivant le climat, le sol et les circonstances économiques de la localité.

On peut être conduit à établir certaines divisions parmi les terres de ce genre : ainsi on appelle *herbage* ou *pâturage* celles dont le produit est consommé sur place, et on réserve le nom de *prairie* ou celui de *pré* pour celles dont l'herbe est fauchée.

On doit distinguer les *prairies* en *naturelles* ou *artificielles*. Les premières sont des terres assez fertiles pour s'engazonner naturellement de plantes très nombreuses et très diverses, qui ne sont généralement récoltées qu'après avoir répandu leurs graines. Il en résulte que leur durée est à peu près illimitée, si on ne les *rompt* pas pour les convertir en terres arables. Les *prairies artificielles*, au contraire, toujours établies par la main de l'homme, ne renferment jamais qu'un petit nombre d'espèces de plantes, souvent une seule, au plus deux ou trois ; leur durée est bornée à un petit nombre d'années, quelquefois même à une, et les terres qu'elles occupent rentrent à leur tour dans l'assolement ou les rotations.

On doit dire, toutefois, que, par suite de progrès de la culture, les caractères distinctifs de ces deux sortes de prairies tendent sinon à se confondre, du moins à se rapprocher de plus en plus.

Prairies naturelles. — Les prairies naturelles exigent moins de main-

Fig. 163. — Inflorescence du pommier.

d'œuvre et un capital d'exploitation moins élevé que les prairies artificielles; par contre, elles ne donnent pas une aussi grande production fourragère; néanmoins, cette production serait susceptible de s'augmenter, si on ne les laissait pas, dans beaucoup de localités, abandonnées à peu près exclusivement aux soins de la nature. Il s'établit ainsi quelquefois une sorte d'assolement dans lequel le cultivateur n'est pour rien. Certaines plantes diminuent peu à peu et finissent par disparaître complètement, à mesure que le sol s'épuise des matières minérales qui lui sont nécessaires; puis elles reparaissent quand ces substances se sont reformées.

Les prairies naturelles conviennent : pour les domaines qui n'ont pas un capital d'exploitation suffisant; dans les climats chauds et secs, où les fourrages artificiels ne peuvent pas toujours bien réussir; sur les terres placées en pente rapide, ou exposées aux inondations périodiques, ou trop basses pour pouvoir être bien égouttées, enfin, sur certains sols qui, par leur composition, leur fraîcheur ou la facilité de les irriguer, sont éminemment propres à ce genre de culture. Toutefois, avant de les établir, il faut bien étudier les conditions du sol et surtout du climat; une chaleur modérée dans l'atmosphère et une certaine dose de fraîcheur ou d'humidité dans le sol sont indispensables pour faire espérer des produits satisfaisants.

Du reste, les conditions du sol, d'humidité et de climat varient d'une localité à l'autre et influent puissamment sur la végétation; il s'ensuit que la flore des prairies est loin d'être partout la même et que nous trouvons ici de nouvelles distinctions à établir. Si l'on s'en tient d'abord aux considérations orographiques et botaniques, on est conduit à admettre trois classes :

1° Les *prairies hautes*, ou les pâturages sur les montagnes;

2° Les *prairies moyennes* ou celles des vallons élevés et des coteaux;

3° Enfin, *les prairies basses* ou celles des plaines et des vallées peu élevées.

Les premières, par l'air vif et pur qu'on y respire, par la quantité de plantes aromatiques qui y croissent, semblent être exclusivement destinées aux chèvres et aux bêtes à laine.

Les secondes, moins sèches et plus abondantes que les précédentes, offrent déjà une nourriture suffisante aux races chevalines. Enfin, les dernières, pourvu toutefois qu'elles ne soient pas marécageuses ou *aigres*, peuvent seules fournir des pâturages assez gras pour les bêtes à cornes.

Nous ne pouvons ici énumérer les plantes utiles ou nuisibles qui caractérisent ces sortes de prairies; nous nous contenterons de reproduire, d'après d'Ourches, le résumé suivant :

« Les botanistes qui ont analysé les prairies naturelles ont reconnu : 1° que, sur quarante-deux espèces de plantes que contenaient quelques prairies moyennes, il y en avait dix-sept de convenables à la nourriture des animaux et que les vingt-cinq autres étaient inutiles ou nuisibles; 2° que dans les hauts pâturages, sur trente-huit espèces, il ne s'en trouvait que huit d'utiles; 3° enfin, que, dans les prairies basses, il n'y en avait que quatre sur vingt-neuf. Il résulte de ces expériences, qui ont été faites avec le plus grand soin en Bretagne, que, sur le foin des prairies moyennes, il doit y avoir quatre septièmes de perte, plus de trois quarts sur celui des hauts pâturages, et six septièmes sur celui des prairies basses, si l'animal rejette tout ce qui lui est insipide ou nuisible, ou qu'il est exposé à quantité de maladies lorsque, à la suite de son travail, attaché à un râtelier, la faim le force de manger tout ce qu'on lui donne. »

Toutefois, la distinction scientifique que nous venons d'établir ne serait pas suffisante dans la pratique, où il faut tenir compte à la fois de la nature, de la quantité et de la qualité du produit. La composition et la profondeur du sol, le degré d'humidité, l'exposition, d'autres causes encore, peuvent modifier puissamment la végétation. On est donc conduit à adopter une autre division, plus spécialement agricole, et à établir quatre groupes principaux, pouvant à leur tour se subdiviser. Ce sont :

1° Les *prairies maigres*, pâtis ou pâturages secs, dont l'herbe est trop courte ou trop rare pour pouvoir être fauchée et qui, ne pouvant être que pâturées sur place, n'offrent que de bien faibles ressources pour la multiplication du bétail ;

2° Les *prairies sèches*, et dites aussi *prés à une herbe*, comprenant les prés-pâtures ou prés-gazons, dont l'herbe est assez élevée et assez fournie pour être fauchée et donner un bon fourrage, peu abondant ;

3° Les *prairies fraîches*, appelés aussi *prés à deux herbes* ou *prés à regains*, basses mais non marécageuses, situées près des cours d'eau ou susceptibles d'être soumises à des irrigations régulières et donnant ainsi un fourrage remarquable en quantité et en qualité ;

4° Les *prairies humides* ou *marécageuses*, retenant toujours, même en été, un excès d'humidité et souvent même une eau stagnante à la surface, et donnant un foin peu abondant et médiocre.

Toute terre, d'abord cultivée, puis abandonnée à elle-même, finirait par se transformer en prairie ; mais il faudrait un temps assez long, plusieurs années, pour qu'elle fût bien garnie de plantes fourragères et donner un produit de quelque importance ; d'ailleurs, elle renfermerait ainsi de bonnes et de mauvaises herbes. Dans tout herbage naturel, en effet, on trouve des plantes utiles, c'est-à-dire qui conviennent parfaitement à la nourriture des animaux ; d'autres inutiles, en ce que, dédaignées par le bétail ou trop courtes pour être broutées ou fauchées, ou bien enfin voraces ou étouffantes, elles occupent le sol sans profit et au détriment des bonnes herbes ; d'autres enfin, nuisibles ou malfaisantes. Le plus grand soin du cultivateur doit être de faire prédominer les premières lorsqu'il crée artificiellement une prairie naturelle.

Les végétaux qui entrent dans la composition d'une bonne prairie sont très nombreux, mais quelques-uns ne se rencontrent qu'accidentellement ; les espèces dominantes se divisent en trois groupes, qui appartiennent aux graminées, aux légumineuses ou à d'autres familles. Voici les principales et les plus importantes de ces espèces :

I. *Graminées :* agrostides vulgaire, traçante, d'Amérique ; avoines élevée, jaunâtre, pubescente, des prés ; brize moyenne ; brome des prés ; canche flexueuse ; chiendent ; crételle ; dactyle pelotonné ; fétuques des prés, élevée, loliacée, ovine, traçante ; fléole des prés ; flouve odorante ; glycéries aquatique, flottante ; houlques laineuse, molle ; ivraies vivace et d'Italie (*ray-grass*) ; paturins commun, des prés, des bois, maritime ; phalaride roseau ; vulpins des prés, des champs, géniculé.

II. *Légumineuses :* gesses des prés, des marais ; lotiers corniculé, velu, maritime ; luzernes cultivée, lupuline, falquée ; sainfoin commun ; trèfles blanc, rouge, moyen, hybride ; fraisier, maritime, élégant, des champs ; vesces cultivée, multiflore, des haies, des buissons, etc.

III. *Diverses :* achillée millefeuille ; berce brancursine ; centaurée jacée ; chicorée sauvage ; cumin des prés ; pastel ; pimprenelle ; jonc de Bothnie ; moutarde sauvage ; sanguisorbe officinale, etc.

Le choix et le mélange des graines étant faits convenablement, on procède au semis, suivi d'un hersage et d'un roulage. Il faut ensuite donner aux prairies les soins d'entretien nécessaires ; tels sont : l'irrigation, le drainage, les engrais et amendements, la destruction et l'épandage des taupinières, l'épierrement, etc. Il faut surtout extirper les mauvaises herbes et les remplacer par des graines de bonnes plantes, détruire les animaux nuisibles, etc. La récolte comprend : la *fauchaison*, la *fanaison*, le *mise en meules* du foin ou du fourrage, etc.

Fig. 164. — Inflorescence du pavot.

Prairies artificielles. — Ce nom se trouve mentionné pour la première fois vers la fin du XVIe siècle, dans les écrits d'Olivier de Serres. Mais si notre illustre agronome a su apprécier tous les avantages de ce genre de culture et établir sur ce point, comme sur tant d'autres, des règles scientifiques et pratiques, en réalité l'invention des prairies artificielles paraît devoir être reportée un demi-siècle plus haut et attribuée à l'Italien Camille Tarello, vers 1566. Ces dates suffisent pour montrer combien peu est fondée la prétention des Anglais, qui accordent cet honneur à Hartlib, un de leurs compatriotes, né au commencement du XVIIe siècle. Mais c'est à une époque beaucoup plus récente que ces prairies ont été appelées à jouer un rôle en agriculture.

Les prairies artificielles, comme nous l'avons vu, se composent d'un petit nombre de plantes, souvent d'une seule, destinées à être fauchées, plus rarement pâturées sur place ; mais toujours elles font partie intégrante de l'assolement et n'occupent le sol que pendant un laps de temps plus ou moins restreint. On ne peut donc pas donner ce nom à un pré permanent que l'on formerait artificiellement en semant de la graine de foin. Les plantes employées pour former les prairies artificielles sont, pour la plupart du moins, des espèces améliorantes ou fertilisantes ; elles viennent donc parfaitement à leur place après les récoltes épuisantes et peuvent même, dans les sols peu riches ou qu'on n'a pas les moyens de bien fumer, servir de tête d'assolement. Le produit est facile à recueillir, à emmagasiner ou à faire consommer aux bestiaux.

Fig. 165. — Mélique élevée (*Melica altissima*). — Port. — Épi.

Mais ce ne sont pas là les seuls avantages qu'elles présentent. « Comparées avec les prairies naturelles, les prairies artificielles, disent MM. Girardin et Du Breuil, donnent, sur la même étendue de terrain, une plus grande quantité de nourriture pour les bestiaux. On obtient immédiatement un maximum de produit, que les prairies naturelles ne donnent qu'après plusieurs années de création. L'excédent d'engrais, prélevé par les fourrages dans l'atmosphere et accumulé dans le sol, est utilisé au moyen de récoltes intercalaires, tandis que cette accumulation d'éléments de fertilité reste improductive sous le gazon des prairies naturelles. Pour les prairies artificielles, on choisit la plante dont on veut les composer, et l'on peut ainsi employer certaines espèces précoces, qui fournissent aux bestiaux une nourriture verte avant l'époque où les prairies naturelles pourraient en donner. »

Fig. 166. — Brome de Schrader (*Bromus schraderi syn. ceratochloa australis*). — Port. — Épi.

Est-ce à dire que l'on doive abandonner complètement ces dernières ? Evidemment non, car elles peuvent toujours être associées aux prairies artificielles et même, dans certains cas, leur être entièrement substituées, par exemple dans les climats secs et chauds, mais où l'irrigation est possible. Il ne faut pas oublier, d'ailleurs, que certaines plantes, telles que le trèfle, en revenant trop souvent à la même place, effritent le sol ou l'épuisent de ses principes minéraux; que les prairies artificielles ne sauraient, en outre, détruire complètement les mauvaises herbes, comme le font les prairies naturelles, et surtout les racines

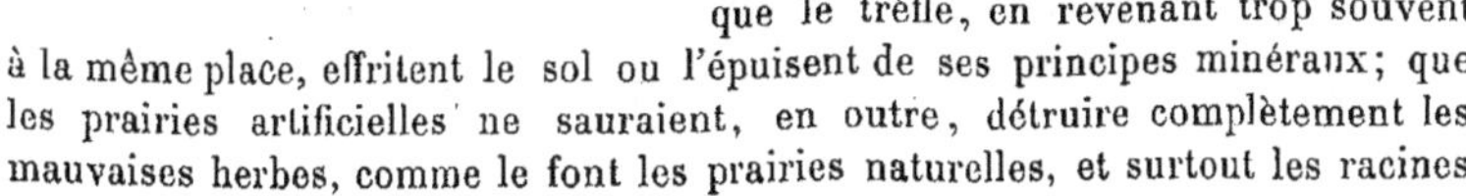

fourragères sarclées. Enfin, nous ferons remarquer que les plantes qui les composent, pour mériter de rester classées parmi les espèces améliorantes, doivent être récoltées avant la production de la graine. Ces réserves faites, on peut dire que les prairies artificielles sont la base de toute culture progressive et améliorante.

« S'il est une question qu'il soit intéressant d'éclairer, dit Gilbert, c'est celle, si souvent soulevée, si vivement débattue et encore si indécise, sur la proportion dans laquelle les prairies artificielles doivent entrer dans une exploitation : les uns, sans cesse occupés des grains qui servent à la nourriture de l'homme, ont prétendu qu'il fallait resserrer les prairies artificielles dans les bornes les plus étroites et n'ont pas senti que les productions des terres n'étaient pas en raison de leur étendue, mais de leur culture; d'autres, oubliant qu'il existait des hommes et que la véritable destination des animaux était de concourir à leur subsistance, oubliant encore qu'il ne suffit pas que les animaux aient un aliment abondant, mais qu'il leur faut encore des litières pour se coucher et pour entretenir la fécondité des terres, n'ont pas craint de les employer presque toutes à la culture des prairies artificielles. Quelques-uns, plus sages, ont tâché de garder un juste milieu entre ces deux extrêmes et ont fixé, les uns au quart, les autres au tiers, d'autres à la moitié de l'exploitation le terrain qu'elles doivent occuper. Il n'est pas bien difficile de rendre raison des différences qui se trouvent dans cette fixation; elle est subordonnée à des circonstances qui ne permettent pas qu'elle soit générale; les terrains très riches, n'ayant pas besoin de la même quantité d'engrais que ceux qui sont pauvres, n'ont pas besoin de la même quantité de bestiaux et, par une suite nécessaire, de prairies naturelles ou artificielles. On peut donc établir, comme règle générale, que la proportion des herbages dans une exploitation doit toujours être en raison inverse de la richesse du fonds et des autres ressources locales qui servent à la subsistance des animaux. »

On pourrait cultiver en prairie artificielle toutes les plantes qui empruntent leurs aliments surtout à l'atmosphère, et presque tous les végétaux sont dans ce cas, du moins jusqu'à l'époque de la floraison ; mais il faut aussi que les espèces choisies satisfassent à certaines conditions, notamment de pouvoir être employées avec avantage à la nourriture du bétail.

Voici les plantes généralement adoptées et que l'on s'accorde à diviser en deux groupes :

1° *Légumineuses :* trèfles rouge, blanc, incarnat, hybride, élégant; luzernes cultivée, lupuline, falquée, moyenne; sainfoins commun et d'Espagne ; vesces ; pois gris; gesses; lentilles ; ornithope ou serradelle ; lupins ; ajonc;

2° *Graminées et diverses :* ivraies vivace, multiflore et d'Italie ; moha de Hongrie; millet; sorgho; maïs; chicorée sauvage; spergule; pastel; moutarde blanche; navettes d'hiver et d'été; choux cultivé, colza, de Chine, etc.

En général, on se trouve très bien de mélanger, dans les semis, des plantes de même durée, mais de familles diverses.

Voici un tableau, d'après M. de Saint-Félix, des plantes les plus propres à former les prairies naturelles:

TERRAIN BAS, FRAIS, FORT ET LIMONEUX

1er Ordre.	*Vulpin des prés*, abondant, fin, précoce. *Paturin des prés*, haut, fin, délicat, abondant. *Paturin commun*, moins abondant, bon.
2e Ordre.	*Avoine élevée*, foin haut, un peu grossier. *Fétuque élevée*, haut, grossier, abondant. *Paturin annuel*, très bas, bon. *Mélique bleue*, haut, abondant, médiocre. *Houlque laineuse*, haut, productif, bon. *Vulpin des champs*, bas, précoce, bon.
3e Ordre.	*Ivraie vivace*, sec, haut, très grossier. *Fléole des prés*, élevé, abondant, grossier. *Flouve odorante*, fortement aromatisé, presque rampant, médiocre. *Dactyle pelotonné*, haut, grossier et rude, productif.

TERRAIN FORT, ARGILO-SILICEUX, SEC, ÉLEVÉ

1er Ordre.	*Paturin des prés*, excellent. *Paturin commun*, excellent. *Paturin annuel*, ici presque rampant, bon. *Avoine dorée*, dite *foin fin*, médiocre, bon.
2e Ordre.	*Avoine élevée*, médiocre. *Houlque laineuse*, médiocre, productif, bon. *Fétuque ovine, coquible*, peu productif, bas, excellent. *Paturin des Alpes*, grêle, médiocre, peu productif, fin, délicat. *Canche flexueuse*, médiocre, bon. *Mélique élevée*, haut, dur, abondant, bon néanmoins. *Brize tremblante*, médiocre ou rampant, fin, excellent. *Fléole des Alpes*, bas, peu abondant, bon. *Phalaris fléau*, médiocre, peu abondant, bon. *Fétuque des prés*, bas, médiocre, bon.
3e Ordre.	*Flouve odorante*, trop aromatisé, rampant. *Dactyle pelotonné*, médiocre, rude.

LE FOIN

On donne particulièrement le nom de *foin* à l'herbe des prairies naturelles convenablement desséchée, tandis que celle des prairies artificielles est plutôt désignée sous la dénomination de *fourrages*. Le foin, en toute saison, est une nourriture meilleure que l'herbe fraîche, en ce qu'il renferme sous le même volume plus de matière nutritive. Il devient d'ailleurs indispensable en hiver, alors que les fourrages verts manquent en général, et qu'on serait réduit aux racines pour l'alimentation du bétail; d'ailleurs, il donne plus de force aux animaux destinés à de rudes travaux. Le meilleur foin est, à cet égard, celui qui provient des prairies sèches, parce que les plantes qui le composent sont plus substantielles, plus aromatiques, et beaucoup moins mélangées de plantes nuisibles. Aussi les chevaux et les moutons en sont-ils avides. Les foins des prairies basses, fraîches ou soumises à l'irrigation, sont plus doux et moins parfumés; leur usage est moins échauffant et convient mieux aux bœufs, et même aux moutons. Le foin des prairies basses, très humides ou marécageuses, est le plus mauvais de tous, et souvent même il est nuisible à la santé des bestiaux, à moins qu'on ne l'ait corrigé par des mélanges. Le foin de regain est généralement moins avantageux que ceux des premières coupes; la dessiccation présente plus de difficultés; toutefois, quand il a été bien préparé, il fournit une très bonne nourriture aux veaux d'élève et aux jeunes poulains.

Fig. 167. — Houlque laineuse (*Holcus lanatus*). — Port. — Épi. — Épillet.

Les herbes qui forment les prairies naturelles, et qui, par conséquent, entrent dans la composition du *foin*, sont très nombreuses et appartiennent à des familles très diverses; mais toutes ne sont pas également avantageuses. Voici celles que l'usage et la pratique ont fait reconnaître comme les meilleures; on les classe ordinairement en trois groupes :

1° *Graminées :* agrostides vulgaire et stolonifère; avoines élevée ou fromental, jaunâtre, des prés et pubescente; brize moyenne ou amourette; brome des prés; canche flexueuse; chiendent; crételle; dactyle pelotonné; fétuque des prés, élevée, fausse ivraie, ovine et traçante; fléole des prés; flouve odorante; houlques laineuse et molle; ivraies vivace et d'Italie; glycéries flottante et aquatique; paturins commun, des prés, des bois, maritime et fausse-canche; phalaride roseau; vulpins des prés, des champs et genouillé.

2° *Légumineuses :* gesses des prés et des marais; lotiers corniculé, velu et maritime; luzernes cultivée, lupuline et en faucille; sainfoin commun; trèfles blanc, rouge, intermédiaire, maritime, fraisier, hybride, élégant et des champs; vesces multiflore des haies et des buissons.

3° *Familles diverses :* millefeuille; berce branc-ursine; chicorée sauvage; cumin des prés: centaurée jacée; pastel; grande et petite pimprenelle; plantain lancéolé.

La qualité du foin dépend de la nature des plantes qui le composent et des soins qui ont présidé à sa récolte, à sa dessiccation et à sa conservation; en d'autres termes, de la fenaison. On ne doit le donner aux animaux que lorsque sa fermentation est complètement terminée. Dans plusieurs pays, on emploie la méthode Klappmeyer, qui consiste à entasser le foin encore humide et à le comprimer fortement. La meule fermente alors rapidement, dégage une grande quantité de vapeurs et s'affaisse beaucoup; puis le foin se dessèche et se convertit et une masse compacte, très dure et d'une couleur caractéristique, qui lui a fait donner le nom de foin brun. Ce foin est beaucoup plus appétissant et plus profitable à l'engraissement du bétail. Dans plusieurs contrées du Nord, on a l'habitude de saler le foin; c'est une opération excellente surtout quand il est moisi ou envasé, par suite des pluies abondantes qui arrivent souvent à l'époque de la récolte. On conserve le foin en meules ou dans des greniers ou fenils.

Fig. 108. — Rose.

Le foin convient bien aux animaux obligés de déployer des forces musculaires considérables et dont on n'exige pas des allures rapides; mais cet aliment doit être associé à une certaine quantité de grain. Il peut être donné à tous les bestiaux qui exécutent des travaux agricoles, aux animaux à l'engrais et aux vaches laitières, mais on peut avec avantage supprimer cet aliment aux chevaux de manège, de course, de cavalerie légère, et le remplacer par l'avoine qui, tout en procurant de l'énergie, s'oppose au développement exagéré et difforme du ventre. Depuis longtemps, on sait que l'usage du foin prédispose à la pousse et la détermine quelquefois. Les intestins distendus par cet aliment pressent sur le diaphragme, pendant les allures vives notamment, amènent la déchirure des vésicules pulmonaires et la pousse en est la conséquence. Dans tous les cas, l'usage du foin rend les chevaux lourds, gros mangeurs, et augmente considérablement le volume du ventre.

MM. Delafond, Sanson, Aubry et d'autres encore ont attribué le développement de certaines maladies à l'alimentation exclusive avec le foin des prairies artificielles. M. Langlois, membre de la commission d'hygiène hippique, a cherché à démontrer, au contraire, que le foin des prairies artificielles constitue pour les chevaux un excellent aliment, et que son introduction dans la ration journalière des animaux, concurremment avec le foin naturel, la paille et l'avoine, doit être considérée comme un véritable progrès. La dissidence est donc des plus complètes; toutefois il est parfaitement établi en hygiène hippique : 1° que plus les aliments sont variés, mieux se font la nutrition et la réparation des tissus; 2° que l'usage exclusif d'une substance, même très nutritive, peut non seulement produire des maladies, mais encore amener la mort. C'est donc de l'association intelligente des différentes espèces fourragères que dépendent les qualités des fourrages. Si les fourrages naturels, quoique moins riches en principes solubles et nutritifs, conviennent quelquefois mieux pour l'alimentation que les fourrages artificiels, cela dépend de la très grande variété des plantes qui les composent.

Quant à ses caractères extérieurs, le foin des prairies naturelles, s'il a été convenablement récolté, doit avoir d'abord une couleur d'un vert tendre. Lorsqu'il a été fauché trop tard ou qu'il est resté trop longtemps sur le terrain, il a une couleur d'un vert jaunâtre. S'il est étiolé, pâle, c'est qu'il a été récolté dans les prairies ombragées. Le foin a une couleur d'autant plus foncée que les plantes sont plus nouvelles, qu'il a été récolté dans de meilleures conditions et provient de terrains plus fertiles. Le foin des prairies élevées est toujours d'un vert jaunâtre, celui des prairies basses, qui contient beaucoup de plantes aquatiques, reflète une teinte glauque. Le bon foin jaunit en veillissant, se dessèche et se réduit en poussière sous la moindre pression.

L'odeur qui résulte de l'évaporation des huiles essentielles renfermées dans les plantes doit être légèrement aromatique; c'est une condition du bon foin. Cette odeur est d'autant plus pénétrante que le foin est plus nouvellement récolté et provient de prairies élevées.

Les plantes des coteaux, celles du Midi notamment, sont plus odorantes que celles du centre et du nord de la France. Les fourrages qui renferment de la camomille, de la tanaisie, diverses espèces de menthe, de l'hyèble, de l'armoise, de la sauge des prés, du laurier pourpre, des colchiques d'automne, etc., répandent une odeur fortement aromatique, quelquefois nauséeuse, qui répugne aux animaux. Quant au poids du foin, il est plus grand quand il a été récolté dans de bonnes conditions.

La saveur des plantes fanées et séchées est douce, sucrée, agréable, quelquefois même légèrement amère et piquante. Les plantes des prairies basses qui ont vieilli dans les magasins sont aigres, acerbes et ont un arrière-goût désagréable. Le foin brun, qui ressemble à de la tourbe et qu'on prépare en Allemagne, a été vanté par plusieurs agronomes ; il est formé d'une espèce de pâte végétale, résultant d'une altération particulière des plantes qui a dû modifier considérablement leurs principes immédiats.

La composition chimique des plantes varie selon l'époque à laquelle elles ont été coupées. Ainsi la matière sucrée prédomine pendant le commencement de la floraison; le mucilage, pendant la maturation des graines, et les principes albumineux, salins et amers se font remarquer de préférence dans les regains, ce qui indique que, plus la maturation est avancée, plus les herbes contiennent de principes nutritifs. D'après M. Boussingault, le foin de prairies naturelles est composé pour 100 de :

Eau	13
Matières azotées	7,20
Sucre et amidon	44,20
Ligneux et cellulose	24,20
Corps gras	3,80
Cendres	7,60

Ces derniers contiennent :

Silice	2,56
Chaux	1,55
Soude et potasse	1,31
Magnésie	0,46
Acide phosphorique	0,40
Soufre, fer, alumine, chlore et charbon	1,32

Les analyses comparatives faites par M. Langlois sur les *foins* anciens et les *foins* nouveaux tendent à démontrer que les fibres ligneuses sont en plus forte proportion dans le foin ancien que dans le foin nouveau, ce qui résulte probablement d'une perte de substances solubles que le foin ancien éprouve par la fermentation qu'il subit. S'il en est ainsi, le foin nouveau serait un peu plus nutritif que le foin ancien, toutes choses égales. Il résulte des expériences provoquées par la commission d'hygiène hippique que l'on peut sans inconvénient substituer le foin nouveau à l'ancien : les animaux gagnent en embonpoint sans perdre leur vigueur.

Au point de vue de leur composition botanique, les foins des divers points de la France diffèrent considérablement, sous le rapport de l'habitat des plantes et de leurs propriétés fourragères. Dans le Midi, le foin est plus fin, plus aromatique, plus tonique ; dans le Centre, il est abondant, nutritif et odorant; dans le Nord, il est grossier, aqueux, peu aromatique et peu excitant. Ce sont les graminées et les légumineuses qui forment la base des bons foins ; elles dominent dans les prairies moyennes; les joncées, les cypéracées, les ombellifères, dans les prairies basses; les labiées, les graminées, les papilionacées composent en grande partie les foins des prairies élevées. En outre, les propriétés des herbes varient suivant leur âge, la nature du sol, et la manière dont elles ont été arrosées et fumées.

Altérations du foin des prairies naturelles. — Le foin bien récolté, bien emmagasiné, se conserve très bien d'une année à l'autre ; mais, au bout de dix-huit mois, il devient sec, sans arome, sans goût, et constitue une mauvaise alimentation. Le foin passé, brûlé, est celui qui a été récolté trop tard ; il est jaunâtre, insipide et de faible qualité. Le foin lavé est celui qui a été rentré pendant les pluies ; il est pâle, peu aromatique et de mauvaise qualité. Le foin rouillé, qui résulte de l'envahissement des plantes par des cryptogames, détermine, chez les

Fig. 169. — Pivoine.

animaux qui en font un usage habituel, des maladies avec altération du sang ; aussi, dans aucun cas, ne doit-on faire consommer ces fourrages. Le foin moisi prend d'abord une teinte blanchâtre, puis noirâtre, répand une odeur de moisi caractéristique, possède une saveur âcre et est d'un usage dangereux. C'est aussi à un cryptogame microscopique qu'est due cette altération.

Lorsque le foin a été chargé de limons par une eau vaseuse, on dit qu'il est vasé, maré ou marné. Ces foins, ainsi que le foin trop gras, doivent être rejetés de la nourriture des animaux.

La ration d'un cheval est d'environ 15 kilogrammes de foin par jour ; pour un bœuf, elle est, par jour, de 10 kilogrammes, et pour un mouton, de 2 kilogrammes. On compte en moyenne que trois bœufs ou quinze moutons consomment le fourrage nécessaire à deux chevaux.

1,000 quintaux métriques de foin occupent : non bottelés, 430 mètres cubes, et bottelés, 860 mètres cubes. Le foin soumis à l'action de la presse hydraulique peut être réduit à un dixième de son volume; une balle de 1 mètre de longueur, 0m,60 de largeur et 0m,47 de hauteur pèse 105 kilogrammes.

LA FENAISON

La fenaison comprend toutes les opérations de la récolte des foins; mais on restreint souvent le sens de ce mot, et on le fait synonyme de *fanage*. C'est le sens que nous adopterons ici.

La fenaison doit être faite promptement, ce qui exige un temps sec et chaud, et un nombre de bras suffisant pour retourner les foins le plus rapidement possible. Comme les travaux qu'elle comporte ne sont pas très fatigants, on y fait souvent concourir les femmes. La fenaison doit suivre de près le fauchage. On doit y procéder dès que la surface des andains a été desséchée par le soleil. Si, lorsqu'on a fauché, le temps menace de se mettre à la pluie, il faut laisser l'herbe en andains; elle peut rester plusieurs jours en cet état sans se détériorer. Mais, dès que le beau temps apparaît, on éparpille l'herbe, soit avec des fourches, soit avec les faneuses mécaniques employées depuis quelques années. On la retourne ainsi plusieurs fois, et, avant que la rosée retombe, on la met en petits tas ou *chevrottes*. Ce qui est fauché depuis quatre heures reste en andains. Le lendemain, dès que la rosée est dissipée, on éparpille les chevrottes et les andains du soir précédent. Il faut éviter surtout de laisser le foin éparpillé sur le gazon à la rosée ou à la pluie. Le soir, on le met en *meules*, de plus en plus volumineuses, à mesure que la dessiccation s'avance. Quand celle-ci est complètement terminée, le foin mis en meules peut rester plusieurs jours dans cet état, sans inconvénient, même exposé à la pluie. Mais si le temps est favorable, il peut être rentré dès le troisième jour. S'il est mis en meules avant d'être parfaitement sec, il prend une teinte brune et un goût particulier qui le rend plus appétissant pour les bestiaux et plus favorable à leur engraissement. La fenaison est beaucoup moins facile, même par un temps sec, dans les prés humides ou marécageux; c'est alors surtout qu'il convient d'employer ce der-

Fig. 170. — Vulpin des prés. (*Alopecurus pratensis*). — Port. — Epi. — Epillet.

nier procédé. Quand les foins ont été envasés, on les fane comme à l'ordinaire; mais il faut de plus, avant de les donner aux bestiaux, les battre au fléau ou à la machine, pour les débarrasser de la terre qui les couvre. Le fanage des regains présente plus de difficulté, parce que, d'une part, l'herbe est plus aqueuse, de l'autre, l'atmosphère moins chaude et plus humide. Aussi vaut-il mieux faire pâturer ces regains.

Afin de donner une idée de la diversité des procédés employés pour la récolte des fourrages, nous citerons l'article suivant de M. Brassart : « Il est opportun, surtout par un temps pluvieux, de ne pas laisser le foin sur le sol et de le placer sur une pyramide mobile dont la hauteur est de $1^m,50$, et qui est composée de trois piquets réunis par le haut, espacés par le bas et formant trois pans. A l'angle de chaque pan, il y a des chevilles de 50 en 50 centimètres, pour y poser des barres transversales. On peut, au lieu de cette pyramide mobile, se servir d'un anneau en fer ou en osier, du diamètre d'environ 40 centimètres, et, ce qui serait mieux, d'une chaîne avec crochet qui permette d'agrandir ou de rétrécir l'anneau à volonté. On y passe cinq à six bâtons d'une longueur de près de $1^m,50$, qu'on écarte ensuite en faisceau en forme d'X, en tous sens, pour les fixer. L'anneau se place au milieu ou vers le haut des bâtons, au gré des faneurs. C'est une base solide sur laquelle on pose le meulon de foin, qui séchera rapidement sans que les couches inférieures pourrissent au contact de la terre. C'est simple, ingénieux et à la portée de tous les cultivateurs; c'est surtout utile pour les trèfles, qui ne doivent être remués que le moins possible, pour ne pas perdre leurs feuilles, qui constituent le principal mérite de cette sorte de foin, et pour ne pas étouffer la seconde coupe à l'endroit des ramées.

« Dans le Tyrol, on se sert de perches de 15 à 20 centimètres de circonférence et de $1^m,50$ environ de longueur, qui portent vers leur extrémité supérieure trois ou quatre petites traverses en croix. On fiche ces perches dans la prairie; dès que l'herbe est coupée, on la réunit sur les perches en assez gros tas sans qu'elle touche à terre. La forme convexe que prend l'herbe la soutient et sert à rejeter la pluie; l'air circule de tous côtés et le foin peut ainsi rester plusieurs jours et même plusieurs semaines sans danger. Cette méthode n'exige qu'une minime dépense, qui, une fois faite, ne se renouvellera même plus.

« Lorsque le temps est pluvieux ou humide, il est difficile de faire sécher le trèfle convenablement pour le conserver. On peut se servir alors d'un moyen très simple que nous avons vu employer avec succès : on alterne, lors de la rentrée de cette récolte, des couches de trèfle et des couches de paille très sèche; cette paille absorbe une grande partie de l'humidité du trèfle, dont elle prend le goût et l'odeur. C'est, en outre, un moyen d'augmenter une nourriture très saine et fort recherchée par les bestiaux. Si l'on ne peut rentrer bien secs les foins des prairies naturelles, le meilleur moyen de les employer avantageusement est de se servir de la même méthode que celle indiquée pour récolter les trèfles humides, de les saler par aspersion avec 1 kilogramme de sel par 100 kilogrammes de foin pour les empêcher de fermenter et pour qu'ils deviennent une nourriture savoureuse et recherchée par les bestiaux. Quand le temps est beau, il est inutile de se presser, car les foins en grosses ramées complètent leur maturité, et sont alors de bonne garde. Le fanage des regains est, à cause de la saison où les nuits sont déjà longues et les rosées du matin abondantes, plus difficile que celui des foins. On emploie avec succès de la longue paille qu'on éparpille sur le pré entre les andains; le regain est jeté dessus aussitôt qu'il commence à subir un premier degré de dessiccation. Le même jour, et sans attendre les rosées de la nuit suivante, le regain, mélangé avec de la paille, est mis en petites ramées. Ainsi préparé, il ne subit pas, comme celui mis en ramées sans mélange, une prompte fermentation, parce que la paille sèche absorbe une grande partie de son eau de végétation. La paille, en favorisant la dessiccation du regain et en empêchant sa fermentation, se sature de l'odeur des plantes, et les bestiaux mangent ce fourrage avec plus d'avidité. »

CONSERVATION DES FOURRAGES

Au point de vue cultural, il n'y a rien à ajouter à ce qui a été dit précédemment sur les *fourrages*, si ce n'est que les prairies artificielles ou naturelles ont pris dans les exploitations agricoles une extension de plus en grande; ce qui permet d'augmenter le bétail et, par suite, d'obtenir une plus grande quantité d'engrais. C'est surtout sur les perfectionnements apportés à la conservation des fourrages dans ces derniers temps qu'il y a lieu d'insister. Une dessiccation parfaite est la condition indispensable; on a donc cherché des procédés qui permissent de parer, dans la mesure du possible, aux inconvénients de la dessiccation à l'air libre, contrariée trop souvent par les accidents climatériques.

La méthode dite du *foin brun* est une des plus anciennes; elle consiste à rassembler l'herbe, deux ou trois heures après le fauchage, par couches fortement pressées, et à en former une meule qu'on abandonne à la fermentation; celle-ci se déclare au bout de douze à trente-six heures avec plus ou moins de violence; on la modère dès que la chaleur n'est plus supportable à la main, en écartant les couches d'herbes. Cette élévation de température détermine le départ d'une partie de l'eau, il suffit ensuite d'exposer pendant quelques heures le foin au soleil pour qu'on puisse l'engranger; il possède alors, lorsqu'il est bien fabriqué, une grande souplesse, une couleur brune et une odeur agréable qui le fait appéter des animaux. Cette opération est difficile à conduire, et, lorsqu'elle est mal dirigée ou que le temps n'est pas propice, elle peut entraîner la pourriture et produire du fumier plutôt que du foin.

Le procédé des *moyettes*, employé depuis longtemps pour les céréales, a été également appliqué par quelques agriculteurs à la dessiccation des fourrages naturels ou artificiels. L'herbe après fauchage est dressée en petites meules ou moyettes fermées de deux grosses brassées appuyées l'une sur l'autre et reliées au sommet par un lien; elle achève de mûrir, puis se dessèche. Ce procédé peut rendre de bons services dans certaines conditions, mais ne paraît pas appelé à prendre une grande extension.

Depuis 1879, on a préconisé en Angleterre d'abord, puis en France, sous le nom de *procédé Neilson*, une méthode de dessiccation assez ingénieuse. Après avoir subi un commencement de fenaison, le foin est entassé en meules circulaires ou carrées. Une sorte de cheminée cylindrique ménagée au centre de chaque meule correspond à l'orifice d'un tuyau aboutissant à un ventilateur actionné par un moteur quelconque. Aussitôt que la température de la masse dépasse 30°, on fait fonctionner le ventilateur qui aspire l'air chaud à l'intérieur de la meule. L'air extérieur passant alors entre les tiges du foin pour établir l'équilibre, abaisse sa température et le dessèche. On arrête l'aspiration quand le thermomètre est descendu à 15° ou 20°, pour la réitérer dès que l'ascension de la colonne mercurielle recommence. Le ventilateur dessert un certain nombre de meules qu'on peut isoler en fermant les tuyaux par une vanne. Il suffit en général, pour dessécher une meule, d'opérer pendant huit ou quinze jours une aspiration quotidienne de deux heures.

Fig. 171. — Fétuque élevée (*Festuca elatior*). Port. — Epi.

Ces procédés de dessiccation sont loin d'avoir l'importance pratique qu'a prise la méthode dite de l'*ensilage*, autrefois exclusivement réservée à la conservation des graines et particulièrement des céréales. Elle consiste, en principe, à soustraire la masse de fourrages verts à l'action de l'oxygène de l'air, pour éviter ainsi les phénomènes de combustion et de fermentation vive qui se produisent infailliblement dans un tas de matières végétales humides; elle épargne les frais et les aléas de la dessiccation à l'air libre et permet de donner aux animaux pendant l'hiver une nourriture verte. Cette méthode, extrêmement précieuse pour les climats humides et pluvieux et dans tous les cas où la fenaison est rendue impossible, est d'un usage courant en Angleterre et s'est considérablement répandue en France pendant ces dernières années. Les premiers essais sérieux ont été faits en 1852 dans la Sologne, par M. Goffard; ils s'appliquaient au maïs fourrage; puis on généralisa et on ensila tous les fourrages verts: trèfles rouge et incarnat, luzerne, vesces, herbes de prairies naturelles, seigle, sorgho, choux, pulpes, betteraves, etc.

Le fourrage, après la coupe, est emmagasiné dans des fosses dont les dimensions varient suivant l'importance de la récolte; ces fosses sont maçonnées, quelquefois simplement creusées dans la terre en un lieu sec et élevé, à sous-sol perméable. On dépose les herbes par couches successives qu'on fait presser fortement et régulièrement par des hommes ou même des animaux. Lorsque le tas est arrivé à la hauteur voulue, on le recouvre de tous côtés de paille ou de planches, puis d'une couche de terre qu'on tasse fortement, de façon à préserver la masse du contact de l'air et à établir une charge d'environ 500 kilogrammes par mètre carré. Quelquefois on établit directement la meule sur le sol sans creuser de silo ; mais dans tous les cas on doit veiller attentivement à ce que les parois de terre restent étanches et sans fissures.

Dans la masse ensilée on constate au bout de peu de temps une élévation de température ; c'est l'indice de la fermentation alcoolique, qui n'est autre chose

Fig. 172. — Églantine.

qu'une combustion des matières sucrées, accompagnée d'un dégagement d'acide carbonique. En effet, l'analyse montre la disparition du sucre, la présence de l'alcool qui communique au produit son goût et son odeur caractéristiques très appréciés des animaux. L'oxygène disparaît peu à peu de l'atmosphère du silo et se trouve remplacé par de l'acide carbonique qui, dès lors, entrave toute fermentation ultérieure.

Les phénomènes chimiques ne portent pas seulement sur les matières sucrées, ils intéressent aussi dans une large mesure les matières azotées albuminoïdes; ces dernières qui constituent dans le fourrage la partie essentielle, la partie la plus nutritive, la plus chère, subissent une transformation dont le résultat est très fâcheux, puisque de l'état albuminoïde assimilable elles passent à l'état d'ammoniaques composées de valeur alimentaire absolument nulle. Ce fait, passé longtemps inaperçu et mis récemment en relief par de savants expérimentateurs et notamment par M. Vœlcker, mérite de retenir l'attention et de modérer un peu l'enthousiasme de ceux qui sont trop portés à considérer l'ensilage comme une méthode générale devant se substituer dans tous les cas à la fenaison, alors qu'à notre avis on doit surtout l'envisager comme un procédé appelé à rendre de grands services dans les circonstances climatériques qui ne permettent pas la dessiccation naturelle.

Quoi qu'il en soit, on distingue dans l'ensilage deux catégories de produits très distinctes : l'ensilage doux et l'ensilage acide.

Dans le premier système, portant, en Allemagne, la dénomination *d'ensilage brun*, le remplissage du silo s'opère lentement en trois, quatre ou cinq jours et même plus; l'herbe n'est pas tassée, on la laisse sans couverture et sans charge jusqu'à ce que la température s'élève jusqu'à 50° ou 60°. On détruit ainsi les ferments lactique et butyrique, et le fourrage, au lieu de prendre de l'acidité, conserve son goût et sa sapidité. On s'accorde généralement pour trouver les produits de ce système préférables à ceux de l'ensilage acide.

Dans le second procédé, le silo est rempli en aussi peu de temps qu'il est possible; chaque couche est fortement tassée, puis on charge de terre ou de pierres, de façon à empêcher la température de s'élever au-dessus de 30° environ.

Les fourrages ensilés acides qu'on obtient en couvrant le tas immédiatement se conservent bien à l'air libre pendant l'ouverture du sol, tandis que les foins doux se couvrent très rapidement de moisissures; il ne faudra donc, dans le second cas, ouvrir les silos qu'au fur et à mesure des besoins de l'exploitation et éviter de laisser le contact de l'air se prolonger.

De perfectionnement en perfectionnement, on est arrivé en Belgique, il y a quelques années, à ensiler ou plutôt à *emmeuler* à l'air libre, c'est-à-dire à supprimer les parois en terre ou en maçonnerie qui, jusqu'ici, semblaient absolument indispensables à la bonne conservation. Le fourrage est placé sur un plancher, et, lorsque la hauteur voulue est atteinte, le tas est recouvert d'une sorte de plafond également en planches; plancher et plafond sont entourés de chaînes en fer qu'on peut au moyen de leviers resserrer fortement. C'est le système de conservation le plus simple et le plus économique qu'on puisse imaginer.

Le foin pressé. — Le pressage du foin, employé depuis longtemps dans les ports, où l'on fait habituellement des envois de chevaux et de bestiaux, pour les besoins des armées ou ceux du commerce, a pour but de réduire le volume de cette matière encombrante et de former des balles qui permettent le transport, en grande masse, par mer ou par les chemins de fer. Le pressage permet de diminuer à peu près des trois quarts la capacité des magasins destinés à la conservation des foins, et par suite, dans une proportion correspondante, les dépenses de constructions.

A l'aide de la presse hydraulique, les foins gros peuvent être condensés au point de peser, hors de presse, 350 kilogrammes le mètre cube, et le foin tendre 440 kilogrammes, au lieu de 80 à 90 kilogrammes lorsqu'ils sont à l'état de bottes ordinaires empilées dans les greniers.

« A la facilité et à l'économie des transports, dit M. le général Morin, s'ajoutent d'autres avantages importants qu'il est utile de signaler. Le foin comprimé ne se charge pas de poussière et conserve sa graine; exposé à la pluie, il ne se mouille qu'à l'extérieur, et par conséquent se sèche facilement. La grande densité qu'il acquiert le rend moins combustible, et l'on peut essayer d'arrêter les progrès d'un incendie dans les magasins aux fourrages, ce que l'on ne songeait pas à tenter autrefois. On le coupe facilement avec de grands couteaux à main pour le diviser et le donner aux chevaux. De plus, la réduction de son volume à un septième de celui qu'il occupe dans les magasins a pour conséquence de faciliter beaucoup la formation des approvisionnements des armées aussi bien que ceux des particuliers, puisqu'il suffit de 5 à 6 mètres cubes de capacité pour contenir la ration d'un cheval pendant une année, au lieu de 40 à 50 qu'il fallait autrefois. »

ANALYSE DES FOURRAGES

Dosage de l'azote des fourrages verts. — Dans une masse de 100 kilogrammes de fourrage, on prend en divers points dix échantillons partiels de poids à peu près égaux et représentant un poids total de 2 kilogrammes; on a ainsi un échantillon moyen de fourrage. Les pesées s'exécutent avec la balance-pendule. L'échantillon est alors étalé sur une toile de grandeur convenable et exposé au soleil jusqu'à ce que le fourrage présente un degré de dessiccation comparable à celui d'un fourrage fané ordinaire. On hâte, du reste, cette dessiccation en retournant à plusieurs reprises le fourrage sur la toile, on achève ensuite la dessiccation en employant l'un des procédés suivants: 1° on place le fourrage dans une étuve dont la température ne dépasse pas 100 degrés; 2° on soumet le fourrage à la température du bain-marie, comme il a été dit pour la dessiccation de la terre.

Pour opérer la dessiccation au bain-marie, on commence par couper en morceaux, avec un couteau ou des ciseaux, le fourrage fané, puis on en introduit dans un vase une quantité convenable pour que la dessiccation puisse s'opérer dans de bonnes conditions. Au fur et à mesure de la dessiccation, on remplace le fourrage sec par une égale quantité de fourrage fané. Enfin, quand toute la matière a été desséchée à 100 degrés, on procède à sa mouture, après avoir préalablement déterminé la perte totale en eau des 2 kilogrammes de fourrage qui formaient l'échantillon moyen. Cette perte est ordinairement de 75 à 85 0/0 d'eau.

La mouture du fourrage desséché à 100 degrés peut s'effectuer avec un petit moulin. Le fourrage, préalablement froissé entre les doigts, s'il n'est pas suffisamment divisé, est introduit, par parties successives, dans la trémie de l'égrugette et soumis à la mouture. Il est bon de faire passer plusieurs fois dans le moulin les matières qui se divisent le plus difficilement et que l'on sépare des parties fines à l'aide d'un tamis de crin. A chaque repassage on serre un peu la vis. Quand toute la matière est suffisamment divisée, on en mêle intimement toutes les parties et on introduit la poudre grossière obtenue dans un flacon bien sec, à large ouverture et bouchant à l'émeri. Comme, dans ces diverses opérations de mouture, le fourrage reprend toujours un peu d'eau, il est bon, avant de procéder à l'analyse de l'azote, d'en mettre 10 grammes dans une capsule que l'on

Fig. 173. — Aubépine.

chauffe pendant une heure à 100 degrés. De cette façon, on est sûr d'opérer sur le fourrage desséché à une température parfaitement déterminée.

On procède alors au dosage de l'azote, en opérant dans un tube de verre dit tube à combustion. Ce tube est en verre très peu fusible (verre vert) ; il a $0^m,50$ à $0^m,60$ de longueur environ, 15 millimètres de diamètre et 1 millimètre 1/2 à 2 d'épaisseur. Une des extrémités de ce tube est étirée en pointe et recourbée, l'autre extrémité est ouverte.

Si le verre était bien infusible, on pourrait placer immédiatement le tube sur une grille à combustion, mais il est plus prudent de l'entourer d'une bande de feuille de laiton recuit. Cette bande contournée en spirale a pour objet de prévenir la déformation du tube pendant la calcination de la matière : on la fixe à l'aide de deux ou trois fils de fer ou de laiton. Le poids de fourrage sec à brûler dans le tube à combustion est de 1gr,5 à 2 grammes. On rapporte ensuite le résultat trouvé à 100 kilogrammes de fourrage vert.

L'opération se conduit comme pour l'analyse de l'azote des terres.

Laboratoire d'essai de denrées fourragères. — L'intendance militaire a créé dernièrement à Paris un laboratoire d'analyses de denrées fourragères pour réaliser, sous le rapport de la quantité de la nourriture, des progrès indispensables au bon entretien de notre cavalerie.

Les premières expériences ont été faites sous la direction de MM. Müntz, Girard et Garnier, professeurs à l'Institut agronomique, ainsi que de M. Balland, pharmacien principal de l'armée.

Avant les premières analyses, les officiers chargés d'accepter ou de refuser les livraisons d'avoine et de fourrages n'avaient pour se guider dans leurs appréciations que les moyens empiriques fort connus, tels que la lourdeur du grain, l'état à l'œil et au toucher des foins, leur poids, etc., etc. Ces moyens ne sont pas malheureusement sans être trompeurs et bien des fois il est arrivé, au cours des expériences, de constater que des échantillons de denrées qui eussent été acceptés par suite de l'emploi de ces moyens, donnaient à l'analyse des moyennes médiocres ou mauvaises. Renversez l'hypothèse : le cas contraire s'est aussi présenté.

Cette constatation indique bien la nécessité de la création de ce nouveau laboratoire et prouve les grands services qu'on est en droit d'en attendre.

Fig. 174. — Brome des prés (*Bromus pratensis*). — Port. — Épi. — Épillet.

Voici comment l'on opère pour l'analyse des foins.

On hache le plus fin possible les échantillons que l'on fait ensuite sécher dans des étuves à 100 degrés, puis on les fait passer dans un moulin qui broie ce qui reste des tiges.

L'opérateur obtient alors une poudre fine qui se prête à toutes les analyses. Celles-ci portent : sur les matières azotées, les matières grasses, la quantité d'eau, les matières minérales et enfin la cellulose.

Les densités obtenues permettent de juger de la qualité des fourrages.

Les bons foins doivent avoir de 8, 9 à 10 0/0 de matières azotées.

Quant à l'avoine, en général on croit que la lourdeur du grain indique la bonté du grain. Dans nombre de cas, l'analyse a détruit cette légende.

Voici un moyen pratique de distinguer la bonne avoine de la médiocre.

Il n'y a qu'à séparer l'*amande de la balle*, puis peser séparément ces deux parties.

La balle est sans valeur nutritive. Donc, si son poids est exagéré, l'amande est de qualité inférieure.

Le poids des balles ne devrait jamais dépasser 35 0/0.

Dans une avoine ordinaire, il entre 10 0/0 de matières azotées, 5 0/0 de matières grasses.

PLANTES FOURRAGÈRES

LES TRÈFLES

Les Trèfles (*Trifolium*) sont des plantes herbacées, annuelles, bisannuelles ou vivaces, souvent gazonnantes, à feuilles composées de trois folioles, d'où le nom du genre, et à fleurs blanches, roses, rouges, purpurines ou violacées, plus rarement jaunes réunies en capitules ou en épis terminaux; le fruit est une petite gousse, renfermant une à quatre graines. Ce genre comprend aujourd'hui plus de cent cinquante espèces, dont soixante environ habitent la France. La plupart d'entre elles croissent dans les pâturages, les friches et autres lieux incultes et fournissent aux animaux herbivores un aliment excellent et qu'ils aiment beaucoup; plusieurs présentent même à cet égard un tel avantage, que depuis longtemps déjà elles sont cultivées comme fourrage vert ou sec, propre d'ailleurs à améliorer le sol. Il en est qui ont assez d'élégance pour trouver place dans les jardins d'agrément.

Le *trèfle des prés* ou *trèfle rouge* est une plante vivace, gazonnante, haute de $0^m,50$ en moyenne, à fleurs roses. Il croît spontanément dans presque toute l'Europe et présente plusieurs variétés, dues surtout au sol et au climat. Il y a deux siècles qu'il a été introduit dans la culture. De la Flandre, où on en fit d'abord des prairies artificielles, il s'est répandu en Angleterre, en France, sur les bords du Rhin, en Allemagne, etc. Un cultivateur de la Saxe, nommé Schubart, pour avoir propagé cette plante, obtint de l'empereur Joseph II des lettres de noblesse, avec l'autorisation d'ajouter à son nom celui de *Kleefeld* (de l'allemand *klee*, trèfle). Cette culture a permis aux contrées du nord de l'Europe de régénérer leur système agricole.

Le trèfle rouge préfère les climats tempérés, plutôt brumeux que secs; il ne craint pas la rigueur des hivers, pourvu que le sol ne soit pas trop humide. Il végète beaucoup mieux dans les terres dites à froment et où le calcaire est assez abondant; toutefois, la présence de cet élément ne lui est pas indispensable. La couche arable doit être profonde et perméable. Le sol doit être bien préparé par des labours, soit à plat, soit en planches convexes, soit en billons, suivant son humidité et celle du climat. Cette plante ne croît avec vigueur que dans les terres naturellement riches ou fertilisées par des engrais abondants. Elle est, en effet, épuisante dans les premiers temps de sa végétation ; mais, plus tard, elle améliore le sol par les débris de ses feuilles et de ses racines.

On sème le trèfle au printemps, à l'automne ou même en hiver, rarement sur un sol nu ; on répand les graines à la volée, et jamais en lignes, à raison de 15 kilogrammes par hectare ; suivant les contrées, on estime de 5,000 à 8,000 kilogrammes le rendement du trèfle sec par hectare.

« En général, dit M. G. Heuzé, les semis doivent être plutôt épais sur les terres légères et peu fertiles et quand on les pratique en automne ou sur des sols mal préparés et infestés de mauvaises herbes, et clairs sur les terres argilo-calcaires, sur lesquelles le trèfle a plus d'aptitude, ou lorsqu'on les exécute au printemps sur des sols riches et propres. » Suivant que le sol est sec ou humide, on recouvre la graine à l'aide du rouleau, de la herse, du râteau ou même d'un simple fagot d'épines. Souvent on associe au trèfle le ray-grass. Les soins d'entretien sont l'épierrement, les fumures en couverture, le plâtrage, les cendrages, le chaulage, enfin la destruction des plantes et des animaux nuisibles.

Le trèfle fournit ordinairement deux coupes dans l'année, la première en mai ou juin, la seconde en août ou septembre, et le regain en octobre. On procède à la récolte quand les bourgeons apparaissent ou qu'ils commencent à s'épanouir ; cela est vrai du moins pour la première coupe. Quant à la seconde, si elle doit être convertie en foin, elle a lieu quand les plantes sont en pleine floraison. On coupe le trèfle à la faux ou à la sape, en ayant soin de suspendre l'opération dans le milieu du jour si la chaleur est très forte et que les plantes soient bien fleuries. On procède ensuite au fanage et enfin au bottelage. Cette légumineuse, surtout sa dernière coupe, est souvent pâturée en vert par les animaux, ce qui exige une surveillance très attentive.

Souvent la seconde pousse du trèfle est réservée pour la production de la graine, mais il faut éviter de récolter celle-ci dans les tréflières envahies par les plantes parasites, notamment par la cuscute. On coupe les tiges quand les pieds sont entièrement défleuris et que les capitules ont pris une teinte brune, et on les laisse sur le sol jusqu'à ce qu'elles soient sèches. Quelquefois, on récolte les capitules à la main ou à l'aide d'un instrument spécial appelé *cueilloir ;* on les fait sécher pour les emmagasiner, à moins qu'on ne procède immédiatement au battage des gousses. Toutes ces opérations doivent être faites par un beau temps. On bat les capitules ou têtes au fléau ou au rouleau en pierre ou en bois. Quand les gousses sont sèches, on les égrène au moyen de machines spéciales ou d'une meule verticale, et on les nettoie.

Une tréflière dure, suivant les circonstances, de dix-huit mois à trois ans. Quand on la défriche, il importe de laisser s'écouler quelques semaines avant de semer la céréale qui doit la suivre. Quelquefois on la fait pâturer par les bêtes à cornes pendant la troisième année. Le trèfle apporte au sol une amélioration réelle, mais bien inférieure à celle que produit la luzerne. Cette légumineuse prépare très bien le sol à la culture du froment, si ce n'est toutefois quand elle a duré trois ans ; alors il est préférable de la faire suivre d'un seigle ou d'une avoine. Ainsi le trèfle entre-t-il avec avantage dans les assolements à céréales.

Quelques cultivateurs, au lieu de faire pâturer la dernière pousse, l'enterrent par un labour; c'est un très bon engrais vert, qui contribue à maintenir la fraîcheur dans le sol.

Le trèfle, en vert ou en sec, constitue un excellent fourrage; sa valeur alimentaire est presque égale à celle de la luzerne; elle égale celle du foin des prairies naturelles. Le regain est un peu plus nutritif. Le trèfle rouge est d'ailleurs un des fourrages les plus hâtifs fournis par les prairies artificielles. Les chevaux le préfèrent à tout autre. Il en est de même des cochons, qu'il tient en bon état de santé et qu'il dispose à l'engrais. Ses racines atteignent le même but, Il procure aux vaches, aux cavales et aux brebis un lait très abondant et de bonne qualité. Les bœufs et les moutons peuvent difficilement être engraissés par l'emploi exclusif de cette légumineuse, mais elle agit sur eux, dans ce cas, d'une manière utile, lorsqu'on leur en donne avec d'autres aliments. Toutefois, il faut bien se garder de donner du trèfle vert en excès aux bêtes à cornes, qui pourraient être alors sujettes à la *tympanite* ou *météorisation* produisant une espèce de gonflement du ventre et qui peut occasionner la mort par asphyxie.

Fig. 175 — Canche flexueuse (*Aira flexuosa*). — Port. — Épi. — Épillet.

Le *trèfle rampant* se distingue du précédent par sa taille plus petite, ses tiges rampantes, ses feuilles longuement pétiolées et ses fleurs blanches. C'est une des espèces les plus communes dans les prés, les pâturages frais et au bord des chemins. On l'appelle vulgairement *petit trèfle de Hollande* ou *triolet*. Il est peu délicat sur la nature du sol, bien que sa présence soit, en général, l'indice d'une terre de bonne qualité. Dans quelques pays, on le cultive en grand pour le pâturage des moutons; les cochons et tous les autres bestiaux l'aiment aussi beaucoup.

Un des grands avantages de ce trèfle, c'est de pousser dès les premiers jours du printemps et de fournir ainsi un fourrage vert à l'époque où ils sont rares; son produit, à la vérité, est peu considérable. Cette précocité est encore plus considérable dans les terres qui sont sèches, sablonneuses ou crayeuses; aussi est-ce surtout dans ces sortes de terres qu'il faudrait le propager, et cela avec d'autant plus d'empressement qu'elles sont souvent peu propres à d'autres cultures et qu'elles deviennent improductives pendant l'été. Il réussit encore, néanmoins, dans les terrains humides et même dans les prairies assez inondées pour que la fétuque flottante s'y trouve en abondance. Il y a avantage à le mélanger à l'ivraie vivace ou ray-grass et aux autres graminées employées pour faire des pelouses et des gazons, parce qu'il garnit bien, donne une belle verdure, ne craint pas d'être piétiné par les promeneurs et ne redoute ni les chaleurs de l'été ni les froids de l'hiver.

La difficulté est d'avoir de la graine; comme il en faut jusque bien avant dans l'automne, les abeilles font sur cette plante, dans les pays de plaines, leur dernière récolte de miel.

Les enfants eux-mêmes recherchent beaucoup le nectar ou liquide sucré réuni au fond de ses corolles.

Le *trèfle incarnat*, appelé aussi *trèfle du Roussillon* ou *farouch*, est une plante annuelle, à tiges dressées, à fleurs d'un rouge vif, disposées en épis terminaux, allongés et compacts.

Originaire du midi de l'Europe, il a été cultivé pour la première fois dans les Pyrénées-Orientales, il y a un siècle environ; de là, il a été plus tard introduit dans le Nord. Il résiste parfaitement à nos hivers ordinaires, mais il redoute les

Fig 176. — Campanule bleue.

alternatives de gelée et de dégel, à moins qu'il ne soit dans un sol perméable et à peu près exempt d'humidité en automne et en hiver. Il demande à peu près les mêmes natures de terre que le *trèfle des prés*, mais il lui faut surtout un sol dur, ferme, battu, préparé par un labour très ancien, en tout cas fort peu ameubli, d'ailleurs d'une fertilité raisonnable.

On sème ce trèfle du 15 août au 15 septembre; les semailles hâtives sont celles qui donnent les meilleurs résultats. Aussi, dans quelques départements du Midi, commencent-elles vers la mi-juillet. Les plus tardives se prolongent jusqu'à la fin de septembre. On doit choisir autant que possible un temps pluvieux.

Dans le Roussillon, on est souvent forcé de rafraîchir le sol par des irrigations. On enterre la graine au moyen d'un roulage ou d'un hersage; quelquefois même, on la répand simplement sur les chaumes, sans la recouvrir. On associe maintes fois le *trèfle* incarnat avec le ray-grass, l'avoine, la vesce d'hiver, le seigle, les navets, etc. La plante ne demande pas de soins particuliers, autres que ceux dont nous avons parlé pour le *trèfle* des prés.

La culture de ce trèfle est très avantageuse; il ne donne qu'une seule coupe, mais elle est précoce et abondante; puis il occupe peu de temps le sol et peut entrer avec beaucoup plus de facilité dans les assolements.

Comme fourrage sec, il est inférieur en qualité au trèfle des prés; mais, en vert, il est préférable, en ce qu'il n'a pas l'inconvénient d'occasionner la tympanite aux animaux; aussi n'est-ce guère qu'à cet état qu'on l'emploie; mais on doit le faucher de bonne heure; si on tarde trop, il devient dur et peu savoureux. On regarnit facilement une pièce de trèfle manquée, en jetant dans les clairières quelques graines ou mieux des gousses de cette espèce. La culture des porte-graines ne présente rien de particulier; mais les tiges qui restent après le battage ne peuvent être utilisées que comme litière.

Le *trèfle hybride* est-il réellement une espèce distincte, ou simplement un hybride des deux premières dont nous avons parlé? Cette dernière opinion paraît probable; car le trèfle en question est intermédiaire aux deux autres par tous ses caractères, notamment par ses fleurs mi-parties de blanc et de rose. On en cultive beaucoup en Suède, et il a l'avantage de bien végéter sur les sols froids et humides.

Le *trèfle élégant* a des fleurs d'un rose rougeâtre; il dure quatre ans, vient bien sur les terrains pauvres et donne un bon fourrage.

Le *trèfle des montagnes* végète naturellement sur les coteaux et les lieux secs; on le cultive en Prusse, et il pourrait rendre des services dans plusieurs de nos provinces.

Le *petit trèfle des champs*, vulgairement nommé *pied-de-lièvre*, est une plante annuelle, à tige droite, velue, très rameuse et à fleurs rouge pâle, disposées en épis cylindriques.

Il croît, quelquefois très abondamment, dans les lieux les plus arides; les chèvres et les moutons sont les seuls animaux qui le mangent. Le meilleur parti qu'on puisse en tirer, c'est de l'enterrer comme engrais vert, quand il est en fleur. Il a une saveur astringente et a été vanté autrefois contre les maux de gorge, le dévoiement, la dysenterie et les hernies. D'après Lémery, sa graine, mêlée au blé et écrasée au moulin, rend le pain rougeâtre. A. de Jussieu raconte qu'il a failli autrefois en résulter des émeutes à Paris, le peuple s'imaginant que les boulangers avaient mis du sang dans le pain.

Le *trèfle rouge*, qu'il ne faut pas confondre avec le trèfle des prés, désigné aussi sous le premier de ces noms, est vivace et se fait remarquer par ses épis de fleurs d'un rouge vif. Il croît dans les prés et les bois montagneux de l'Europe méridionale. On le cultive peu, bien qu'il donne un fourrage presque égal en qualité à celui du trèfle des prés. Mais on en tire parti pour l'ornementation des jardins, tant du type que de sa variété à fleurs blanches. C'est une plante très rustique, qui vient à peu près partout, n'exige pas de soins et sert à décorer les rocailles et les terrains en pente. Il en est de même de la variété à fleurs pourpres du *trèfle rampant*, et aussi du *trèfle orangé*, à fleurs petites, mais d'un jaune orangé vif, originaire de la Grèce ; ce dernier convient surtout pour bordures.

Le *trèfle fraisier* se fait remarquer par ses calices renflés, vésiculeux, persistants, rougeâtres, et dont la réunion simule assez bien une fraise ou mieux une framboise ; il croît abondamment dans les pâturages et les lieux incultes, et tous les bestiaux le recherchent.

On peut citer encore le *trèfle des Alpes* à fleurs rouges, disposées en capitules globuleux de près de $0^m,1$ de tour ;

Le *trèfle de Hongrie* ou de *Pannonie*, espèce très productive à capitules deux fois plus gros ;

Le *trèfle à feuilles étroites*, originaire du midi de l'Europe, et dont la culture est encore assez avantageuse.

Graines de trèfle (*Trifolium*). — Dans le commerce, il y a deux variétés principales de graine de trèfle : le *trèfle rouge*, qui est une plante bisannuelle de la famille des légumineuses, et le *trèfle incarnat*, qui est une plante annuelle de la même famille que la précédente, originaire du midi de la France, et que l'on appelle aussi *farouch* ou *trèfle du Roussillon*.

Trèfle rouge. — La graine du trèfle rouge ou trèfle violet est encore plus petite que celle de luzerne. Elle est ovoïde et présente une dépression due à ce que l'un des bouts se rétrécit tout à coup et présente dès lors un développement bien moins considérable que l'autre extrémité. La couleur de cette graine n'est pas uniforme. Elle est jaunâtre, jaune verdâtre, violette, violet verdâtre, violet jaunâtre. La couleur violette enveloppe toujours le gros bout de la graine et permet de la distinguer *a priori* des graines de lupuline, de trèfle incarnat ou de luzerne. Lorsque la partie la plus développée de la graine est violette, l'autre extrémité, le petit bout, est rouge clair ou bien jaunâtre.

La graine de trèfle nouvelle est toujours luisante, et, quand elle a pu arriver à maturité, elle est lourde et parfaitement nourrie.

Si sa nuance est brunâtre, si elle est terne, cela indique qu'elle n'est pas bien mûre. En vieillissant, cette graine perd son aspect brillant et ses nuances claires ; au bout d'une année, elle devient un peu terne et prend une légère teinte rougeâtre ; au bout de deux et souvent de trois ans, elle est peu luisante et prend une teinte rougeâtre plus ou moins foncée, selon la couleur primitive des graines. La couleur violette est aussi beaucoup moins vive.

De toutes les graines fourragères, la graine du trèfle est celle que l'on cherche la plus souvent à frauder. Dans les années humides, lorsque les graines ont de la difficulté à se détacher des gousses, on soumet les gousses, détachées des tiges et nettoyées, à la chaleur d'un four après qu'on en a retiré le pain. Après qu'elles y ont séjourné huit ou dix heures, on les retire et on les soumet au battage. Ce procédé de dessiccation enlève généralement aux graines leurs facultés germinatives.

On rend aux graines de trèfle vieilles leur éclat brillant, en les couvrant d'une légère couche d'huile d'olive.

Les agriculteurs ne doivent pas se laisser prendre à ces ruses. Ils doivent aussi veiller à ce que la graine ne soit pas mélangée à d'autres graines, telles que celles de minette, de serpentin, de plantain et à des capsules de cuscute.

La graine de trèfle de bonne qualité pèse autant que la graine de luzerne, c'est-à-dire de 78 à 80 kilogrammes l'hectolitre.

Trèfle incarnat. — La graine du trèfle incarnat ou farouch s'emploie, soit

Fig. 177. — Géranium.

enveloppée de son calice, c'est-à-dire en *bourre*, soit mondée. On met à 20 à 25 kilogrammes de graines mondées par hectare, tandis qu'il faut de 45 à 50 kilogrammes et jusqu'à 100 kilogrammes de graine en bourre ; mais on la vend ordinairement dépouillée de son enveloppe.

La graine nouvelle a une couleur jaune clair ; âgée d'un an à deux, elle devient un peu rougeâtre. Les graines de deux ans lèvent rarement bien.

La graine de trèfle incarnat bien mûre et bien nettoyée est un peu plus lourde que la graine de trèfle rouge et pèse de 80 à 82 kilogrammes l'hectolitre, dépouillée de son calice.

LES LUZERNES

Les luzernes, par leur port, leur feuillage et leurs fleurs, ressemblent beaucoup aux trèfles ; elles s'en distinguent aisément par leurs fruits (gousses), qui sont arqués, recourbés en faucille et même le plus souvent contournés en spirale.

Ce genre comprend une centaine d'espèces, dont plusieurs sont cultivées en grand dans nos champs.

La *luzerne cultivée* ou *commune* (*medicago sativa*) est la plus abondamment répandue sous ce rapport ; c'est toujours de cette espèce qu'on entend parler quand on dit simplement la *luzerne*. C'est une plante vivace, rameuse, à feuilles trifoliées, à fleurs d'un bleu violacé. On la regarde généralement comme originaire de la Médie, d'où son nom scientifique *medicago*. Elle fut importée en Grèce, environ cinq cents ans avant Jésus-Christ. De là, elle se répandit en Italie, en Espagne et dans la Gaule romaine. Varron, Caton, Palladius, Columelle en parlent avec enthousiasme et décrivent soigneusement sa culture. Olivier de Serres la recommande, sous le nom impropre de *sainfoin*, comme une plante de grande valeur ; il l'appelle la *merveille du ménage* et lui consacre un long article rempli de sages préceptes. Depuis lors, la culture de cette plante s'est beaucoup étendue, moins cependant que ne semblerait l'exiger l'intérêt bien entendu de la production agricole.

Fig. 178. — Avoine faumatre (*Avena flavescens*). — Port. — Epi.

La luzerne est une plante des contrées méridionales ; on la cultive néanmoins assez avant dans le Nord ; souvent elle s'est naturalisée dans les vallées, les alluvions, au bord des eaux, etc. Elle végète encore très bien aux environs de Paris, bien qu'elle souffre quelquefois des froids tardifs qui surviennent au printemps ; mais, dès qu'on dépasse cette latitude, on ne doit plus la cultiver que dans les lieux secs et chauds.

Quant au terrain qui lui convient, voici ce que dit Gilbert : « Non seulement la luzerne ne vient pas sur tous les sols, mais ceux qui lui conviennent le mieux ne sont nulle part les plus communs. Les terrains légers et substantiels, ni trop secs ni trop humides, d'une température moyenne, dont les molécules ont entre elles peu d'agrégation, qui, par conséquent, sont faciles à diviser ; une couche végétale profonde ou portant sur un lit assez ferme pour retenir les principes fertilisants, et pourtant assez perméable pour laisser échapper l'eau superflue, voilà les caractères généraux de la terre dans laquelle elle se plaît. La luzerne languit et ne subsiste pas longtemps dans les sables arides, dans les terres froides, argileuses, où ses racines ne peuvent pénétrer que très difficilement et trouvent une humidité permanente qui les tue. Les craies, les marnes, les tufs, ne lui sont pas plus favorables. Quelquefois la luzerne paraît prospérer dans ces sortes de terrains pendant les premières années, parce que la couche supérieure est de bonne nature ; mais, lorsque ses racines sont parvenues à la mauvaise terre, elle dépérit avec rapidité. »

Dans tous les cas, il n'est avantageux de semer la luzerne que dans une bonne terre profonde, mouillée et substantielle ; c'est là seulement que cette plante pourra vivre longtemps et donner de bons produits.

La durée d'une luzernière varie, suivant les sols, de trois à vingt ans.

La durée moyenne étant de dix à douze ans, il importe que le sol soit largement fumé en commençant ; il doit aussi être ameubli à la plus grande profondeur possible, afin que la racine, s'enfonçant davantage, trouve plus d'aliment et échappe mieux à la sécheresse. Ordinairement on sème sur trois labours ; mais deux peuvent suffire s'ils sont bien exécutés. Après le dernier, on fait passer la herse, puis le rouleau, et même le rouleau brise-mottes ou la houe à cheval, si la terre est forte et les mottes compactes ; il faut, en effet, pour une plante destinée à être fauchée, que le sol soit bien nivelé.

Le choix de la graine a une grande importance ; il doit se faire dans de jeunes luzernières, et sur la première pousse d'une année, qu'on laisse à cet effet monter en graine, sans la faucher. Ordinairement, on ne recueille la graine que sur les vieilles luzernières destinées à être prochainement détruites : c'est une pratique vicieuse ; non seulement la graine ainsi cueillie est de moins bonne qualité, mais encore elle est mélangée des graines des mauvaises herbes qui se sont d'autant mieux développées que la luzernière était sur son déclin. Dans tous les cas, elle doit être bien nettoyée avant d'être employée. Dans le Midi, on sème indifféremment en septembre ou en mars ; dans le Nord, c'est cette dernière époque qu'il convient de choisir, afin d'éviter les fâcheux effets de la gelée sur les jeunes plantes.

En général, il vaut mieux semer un peu clair que trop épais. On sème à la volée, avec de l'avoine ou de l'orge qui abriteront les plantes naissantes ; la graine doit être un peu recouverte ; on l'enterre simplement avec la herse légère armée de fagots d'épine. Quand la terre est humide et que le temps est un peu chaud, le semis ne tarde pas à lever.

Il faut de 20 à 25 kilogrammes de graines par hectare.

Lorsque la luzerne est dans toute sa force, elle peut donner trois ou quatre coupes avec un rendement moyen de 6,000 à 8,000 kilogrammes par hectare.

La luzerne ne demande que les soins ordinaires. On enlèvera les pierres trop grosses qui se trouvent à la surface du champ ; on arrachera à la binette ou à la houe les plantes adventices trop encombrantes, comme la bardane. On veillera à ce que, dans les premières coupes, la faux ne prenne pas trop bas. Les jeunes semis sont sujets à être ravagés par les larves des hannetons et de l'oryctès nasicorne ; plus tard, les luzernières sont quelquefois envahies par les rhizoctonies, champignons parasites qui croissent sur les racines, ou infestées par la cuscute ; elles sont exposées encore aux dégâts de certains insectes, tels que l'eumolpe obscur. Il est bon, surtout quand la luzernière commence à décliner, de la rajeunir ou de ranimer sa végétation, soit par un hersage, soit par des arrosements, ou en y répandant du plâtre, de la chaux, des cendres, de la marne, des terres végétales ou des fumiers.

Le meilleur moment pour faucher la luzerne est quand elle commence à fleurir. Il est bon de la couper, non pas immédiatement après la pluie, car elle perdrait alors beaucoup de ses qualités, mais quelque temps après, lorsque la terre est encore assez imprégnée d'humidité pour favoriser la repousse. Une bonne luzernière donne jusqu'à huit coupes par an : en réduisant même ce chiffre à moitié, la luzerne n'en est pas moins la plante fourragère qui donne les produits les plus abondants. Après le fauchage, on laisse la plante au soleil pendant quelque temps, en évitant toutefois que la dessiccation soit portée assez loin pour détacher une partie des feuilles; enfin, on a soin de ne l'entasser dans un grenier que lorsqu'elle est suffisamment sèche, afin d'éviter que la masse ne fermente, ce qui causerait la perte totale du fourrage.

Une bonne méthode consiste à la faire sécher par couches alternes avec de la paille, qui absobe l'excès d'humidité.

C'est aussi à cet état de mélange qu'il convient de l'administrer aux bestiaux. Donnée seule, et surtout en grande quantité, elle amène fréquemment diverses maladies, l'échauffement, l'hématurie, le relâchement, l'affaiblissement et surtout la météorisation; aussi ne faut-il jamais, au printemps, laisser les animaux paître librement dans les luzernières. Sous la réserve des précautions que nécessite son emploi, la plante justifie les éloges que lui donne Rosier : « Les qualités alimentaires de la luzerne, dit cet auteur, diminuent à mesure qu'elle s'éloigne du midi ; mais, malgré cela, aucun fourrage ne peut lui être comparé pour la qualité ; aucun n'entretient les animaux dans une aussi bonne graisse, n'augmente autant l'abondance du lait dans les vaches et autres femelles qui nourrissent.

Mais, quelque avantageuse que soit la culture de la luzerne par elle-même, cette culture produit des résultats qui le sont peut-être encore davantage. C'est, en effet, une des meilleures plantes qu'on puisse employer dans les assolements, parce qu'elle emprunte son azote à l'air et que, occupant longtemps le sol, elle y accumule, par ses détritus, des éléments de fertilité.

La *luzerne faucille* ressemble beaucoup à la précédente ; elle s'en distingue surtout par ses tiges moins élevées, par ses gousses moins longues et moins contournées et par ses fleurs d'un jaune pâle ou rougeâtre, mélangé de bleu ou de violet. Elle croît dans les prés secs et montueux, le long des haies et des buissons, au bord des chemins, et s'avance davantage vers le Nord. Elle plaît beaucoup aux bestiaux et, si son produit est inférieur à celui de la luzerne cultivée, elle a l'avantage de prospérer dans des sols et sous des climats où celle-ci ne peut croître ; aussi la cultive-t-on de préférence dans plusieurs contrées du Nord.

La *luzerne lupuline*, vulgairement nommée *trèfle jaune* ou *minette dorée*, est une plante bisannuelle, à fleurs petites, d'un beau jaune d'or, réunies en élégants bouquets ; assez commune dans les contrées du Nord, elle croît dans les champs, les prés, au bord des chemins, etc. Son fourrage, inférieur en qualité à ceux du trèfle et des luzernes ordinaires, est plus précoce et d'excellente qualité ; tous les bestiaux, et surtout les moutons, le recherchent avec avidité.

Cette plante réussit fort bien dans les terres sèches et arides, et on peut la faire durer plusieurs années, si l'on a soin de la faucher avant la floraison.

On la sème souvent sur les gazons et les pelouses des jardins paysagers, dont elle garnit les vides et qu'elle orne de ses jolies fleurs.

Graines de luzerne (*Medicago sativa*). — La graine de luzerne est fort menue, reniforme, c'est-à-dire présentant à sa partie médiane une courbure et une échancrure semblables à celles que l'on remarque dans la semence du haricot de Soissons. Lorsqu'elle est nouvelle, elle est un peu luisante et sa couleur est jaune verdâtre. En vieillissant, elle devient terne et prend une teinte rougeâtre plus ou moins foncée.

Fig. 179. — Fétuque des prés (*Festuca pratensis*). — Port. — Épi.

Les meilleures graines de luzerne sont récoltées dans les provinces méridionales de la France, et on les désigne, dans le commerce, sous le nom de *graines de Provence*. Ces graines sont bien nourries et remarquables par leur couleur uniforme. Les graines de qualité secondaire sont connues sous le nom de *graines du Poitou* ou *du pays;* elles sont toujours plus petites, plus maigres; les graines mal nourries ou retraites ont presque toujours une couleur un peu brune.

Le commerce se livre quelquefois à des fraudes qui ont pour but de rajeunir la graine déjà ancienne et de lui donner cette teinte brillante qui est particulière aux graines nouvelles. On couvre pour cela la graine d'une légère couche d'huile blanche ou d'œillette. Lorsque la graine n'est pas très ancienne, qu'elle offre encore une nuance un peu claire, et qu'elle a été parfaitement nettoyée et complètement débarrassée des graines chétives, mal nourries ou desséchées, la fraude est assez difficile à reconnaître.

Lorsqu'on doute de la qualité des graines de luzerne ou autres, ce qu'il y a de mieux à faire, c'est de semer un échantillon composé d'un nombre de graines déterminé dans un pot ou en pleine terre, et de s'assurer de la quantité proportionnelle des graines qui ont levé ; on peut aussi jeter un certain nombre de graines dans un vase rempli d'eau et placé dans une chambre dont la température varie entre 16 et 18 degrés ; après trente et trente-six heures, les germes de bonnes graines sont très apparents, tout le tégument de la graine ayant été rompu par le fait de l'accroissement de l'embryon.

La graine de luzerne est parfois mélangée à des fruits de *cuscute* [1]. Ces fruits

1. La *cuscute* est une plante grimpante annuelle qui enlace les tiges des luzernes et les fait périr. Le moyen le plus simple de s'en débarrasser est de faire pâturer toute l'année la luzernière par des moutons, ou de la faucher toutes les fois que les plantes ont $0^m,06$ ou $0^m,07$ de hauteur. Par ces moyens, la cuscute ne peut monter en graine et ne se reproduit pas l'année suivante. La graine de cuscute ne se sépare point par le criblage de celle de la luzerne, mais, en frottant entre les toiles rudes le mélange des deux graines et criblant ensuite, celle de la cuscute est facilement séparée.

sont capsulaires, ternes, arrondis et d'un volume égal à celui des semences de luzerne. Ils renferment des graines fort petites. Pour séparer les fruits de cuscute des graines de luzerne, il faut frotter les graines et les nettoyer ensuite à l'aide d'un tarare ou d'un crible. Le frottement brise les capsules de cuscute et rend libres les petites graines qu'elles renferment. On peut aussi opérer cette séparation

Fig. 180. — Tulipe panachée.

en jetant les graines dans un vase rempli d'eau. Les fruits de cuscute surnageront et il sera facile de les enlever, puis de faire sécher les graines de luzerne, afin d'empêcher la germination.

La graine de luzerne, lorsqu'elle est de bonne qualité, est aussi lourde que le froment, c'est-à-dire qu'elle pèse de 76, 78 à 80 kilogrammes.

On augmente quelquefois le poids des graines inférieures en y ajoutant un peu de sable fin, mais cette fraude est facile à apercevoir.

Graine de minette (*Medicago lupulina*). — La *minette, minette dorée, trèfle jaune* ou *lupulina* est une légumineuse très rustique qui végète très bien dans le nord comme dans le midi de la France. Sa graine est plus aplatie que la graine de trèfle et moins allongée que celle de la luzerne; sa couleur est uniforme : elle est jaune verdâtre. Un hectolitre de cette graine pèse 80 à 81 kilogrammes.

LES SAINFOINS

Le genre *sainfoin Onobrychis* renferme des plantes herbacées ou sous-frutescentes, à feuilles imparipennées et munies de stipules. Les fleurs sont groupées en épis terminaux; le fruit est une gousse formée d'un ou plusieurs articles, dont chacun renferme une graine presque réniforme. Ce genre, malgré les démembrements qu'il a subis, comprend encore un grand nombre d'espèces, réparties en deux sections : les *onobrychis* à gousse consistant en un seul article, et les *hédysarums*, à gousse formée de plusieurs articles monospermes, à la suite l'un de l'autre.

Le *sainfoin* commun, vulgairement nommé *esparcette* ou *bourgogne*, appartient à la première section. C'est une plante vivace, à racine pivotante, très longue; à tige dressée, rameuse, pubescente, portant des feuilles alternes, qui offrent six à neuf paires de folioles et se terminent par une foliole impaire; les fleurs, roses ou purpurines, presque sessiles, sont réunies en un long épi conique; les gousses consistent en un seul article arrondi, marqué de fossettes, à faces et à bords épineux. Cette espèce présente une variété plus élevée, plus vigoureuse, d'une végétation plus active, appelée *sainfoin chaud* ou *sainfoin à deux coupes;* elle est plus productive et convient aux terres de bonne qualité.

Le sainfoin croît spontanément dans les régions montagneuses et calcaires du centre et du midi de l'Europe. C'est vers le XVIe siècle qu'il a été introduit dans la culture, où il n'a pas tardé à conquérir une place importante. Il supporte parfaitement les froids de nos hivers et résiste à la sécheresse mieux que toute autre légumineuse; toutefois, dans les localités où l'été est trop sec, il reste stationnaire durant cette saison et ne recommence à végéter qu'après les pluies d'automne. L'excès d'humidité lui est, au contraire, très nuisible; aussi vient-il très mal dans les terres argileuses froides et compactes ou dans les terrains tourbeux, ainsi que sur les sols granitiques ou sur les terres de bruyère, tandis qu'il réussit très bien dans les fonds calcaires, sablonneux, graveleux, argilo-calcaires ou calcaréo-siliceux, secs, profonds et à sous-sol perméable; ses racines s'enfoncent très bas et dépassent souvent la longueur de 1 mètre.

On prépare la terre pour le sainfoin comme pour la luzerne; toutefois, il n'exige ni une grande fertilité ni d'abondantes fumures; mais il est à peine besoin de faire observer que l'abondance et la qualité de ses produits sont en raison directe de la richesse du sol.

Le sainfoin se sème d'ordinaire au printemps dans le Nord et à l'automne dans le Midi. On doit choisir, autant que possible, des graines de la dernière récolte.

Le semis se fait toujours à la volée. On enterre la semence par un ou deux hersages, qu'on fait suivre d'un roulage dans les terres légères et sèches.

L'ensemencement exige de 6 à 7 hectolitres de graines par hectare; le rendement est de 3,000 kilogrammes environ de bon fourrage sec. La durée de la prairie artificielle est de cinq à six ans; il est prudent de ne pas la faire pâturer ni faucher la première année.

Quelquefois, on mélange au sainfoin, soit du trèfle rouge, soit de la pimprenelle ou ray-grass. Sauf quelques hersages modérés, cette plante exige les mêmes soins de culture que la luzerne. Parmi les plantes adventices qui lui nuisent le plus, on doit citer les bromes doux et stérile et, surtout, le chiendent.

On fauche le *sainfoin* lorsque les fleurs de la base des épis se fanent et que leurs gousses commencent à se former, ce qui a lieu, suivant le climat, depuis les premiers jours de mai jusque vers la mi-juin; si l'on attendait que tout l'épi fût défleuri, les tiges seraient trop sèches et donneraient un foin dur et de qualité inférieure. La seconde pousse se récolte en septembre, quelquefois en octobre seulement. La plante est facile à faner; dans le Midi, on se contente souvent de réunir les tiges en bottes, qu'on appuie les unes contre les autres; au bout de quelques jours, le foin est suffisamment sec. Si l'on poussait le fanage trop loin, la plante perdrait, avec sa couleur et son odeur, la majeure partie de ses feuilles. Quand on fane par un temps un peu brumeux, le foin est plus vert et plus aromatique; les pluies, au contraire, nuisent beaucoup à cette opération et font noircir les tiges et les feuilles, ce qui arrive parfois dans le Nord.

Presque toujours, la seconde pousse du sainfoin ordinaire est pâturée sur place, mais seulement par les bêtes à cornes. On ne doit conduire les moutons que sur les sainfoins destinés à être prochainement défrichés, ce qui a lieu au bout d'un nombre d'années qui varie suivant la fertilité du sol et le système de culture. Quand la plante entre dans une rotation ordinaire, on ne la laisse durer que deux ou trois ans; si, au contraire, elle est placée hors d'assolement, sa durée varie de quatre à six ans. Le sainfoin contribue beaucoup à améliorer le sol et à le rendre propre à la culture du froment. « L'esparcette, dit Olivier de Serres, vient gaiement en terre maigre et y laisse certaine vertu engraissante, à l'utilité des bleds qui ensuite y sont semés. »

Le sainfoin n'est pas ordinairement donné en vert aux animaux soumis au régime de la stabulation; mais on le regarde avec raison comme le meilleur et le plus sain de tous les fourrages secs; il l'emporte à cet égard sur la luzerne et le trèfle, auxquels il est, d'ailleurs, inférieur comme rendement.

Consommé en vert, il n'expose pas les animaux à la météorisation. Il augmente la quantité et la qualité du lait des vaches. Ses fleurs sont recherchées par les abeilles. Ses graines, beaucoup plus nutritives que l'avoine, conviennent beaucoup aux oiseaux de basse-cour, qu'elles excitent à pondre.

Graines de sainfoin. — Le sainfoin est cultivé dans toute l'Europe; aussi le commerce de cette graine est-il assez généralement répandu. La graine de sainfoin est bonne lorsqu'elle est bien pleine et d'une couleur roux jaunâtre. On doit acheter autant que possible les graines de la dernière récolte; celles qui ont plus de deux ans germent presque toujours mal. Un hectolitre de bonne graine de sainfoin pèse de 31 à 32 kilogrammes. Lorsqu'il ne pèse que 27 à 28 kilogrammes, comme cela arrive assez fréquemment, c'est un indice que la graine n'est pas arrivée à maturité.

Fig. 181. — Rose trémière.

LES GESSES

Les *gesses* (*Lathyrus*) sont des plantes herbacées, annuelles ou vivaces, à tige ordinairement anguleuse, grimpantes, à feuilles alternes, munies de deux grandes stipules, et composées d'une à trois folioles opposées, portées sur des pétioles qui se terminent en vrilles simple ou rameuse. Les fleurs ordinairement peu nombreuses sont portées sur de larges pédoncules axillaires; le fruit est une gousse oblongue, renfermant un assez petit nombre de graines rondes ou anguleuses. Ce genre comprend une quarantaine d'espèces, dont la plupart croissent spontanément en Europe, et quelques-unes dans le nord de l'Asie ou en Amérique. Plusieurs d'entre elles jouent un rôle considérable en agriculture, comme servant à la nourriture de l'homme et surtout des animaux domestiques; d'autres sont recherchées dans les jardins d'agrément.

Fig. 182. — Avoine élevée de Fromental (*Avena elatior*). — Port. — Épi.

La *gesse commune* ou *cultivée* est une plante annuelle, à fleurs bleues, qui croît spontanément dans les moissons du midi de l'Europe; on possède une variété à fleurs blanches, qui est plus estimée. On la cultive en grand, pour sa fane et pour ses graines, et elle donne, du moins dans les régions méridionales, des produits plus avantageux que ceux de la vesce ou du pois gris. Elle est aussi apte que ces deux dernières plantes à améliorer et à nettoyer le sol, parce qu'elle étouffe les mauvaises herbes; elle a, en outre, l'avantage de croître dans des terrains médiocres, où la vesce et le pois ne sauraient prospérer. On la sème, dans le Midi, à l'automne, et dans le Nord, après les dernières gelées, sur un sol préparé par deux labours; le semis ne doit être ni trop clair ni trop épais; en Angleterre, on l'opère par lignes, afin de pouvoir biner au besoin et obtenir ainsi de meilleurs résultats. Quand la terre est humide ou qu'il pleut après le semis, la gesse lève promptement et foisonne beaucoup.

Quelques auteurs recommandent de la faucher avant la floraison, ce qui permet, disent-ils, d'obtenir une autre récolte l'année suivante. En général, on la fauche quand les fleurs sont à moitié passées, si on veut l'employer comme fourrage. La fane de cette plante, verte ou sèche, convient à tous les bestiaux, et surtout aux moutons. Elle les tient en chair et même les engraisse.

La graine de la gesse est très sucrée; fraîche ou sèche, elle entre dans l'alimentation de l'homme. Difficile à digérer pour les estomacs délicats, à cause de la dureté et de l'épaisseur de sa peau, elle est bien meilleure et plus agréable au goût surtout verte quand elle est réduite en purée. On la mange aussi grillée comme les châtaignes. Les populations pauvres du midi de l'Europe s'en nourrissent pendant une grande partie de l'année. Torréfiée et réduite en poudre, elle fournit un succédané du café. Bouillie et réduite en farine grossière, elle est excellente pour les animaux domestiques, et surtout pour les cochons, qu'elle engraisse promptement. On en nourrit aussi les oiseaux de basse-cour. Cette graine est connue sous les noms vulgaires de *pois gesse*, *pois breton*, *lentille d'Espagne*, etc. Son rendement et sa qualité alimentaire vont en augmentant à mesure qu'on s'avance vers le Midi. La même observation peut s'appliquer à la fane, qui, de plus, fournit un très bon engrais vert quand on l'enterre à la charrue au moment de la floraison. Dans tous les cas, cette plante convient surtout aux climats et aux terrains secs, car elle craint beaucoup l'humidité surabondante.

La *gesse anguleuse* doit son nom à la forme caractéristique de ses tiges; ses folioles sont linéaires et très aiguës, ses fleurs rouges et solitaires. C'est encore une espèce annuelle et méridionale. Ses tiges sont presque dressées et forment de grosses touffes. Elle végète très bien dans les fonds médiocres, même granitiques et schisteux, et produit un fourrage fort goûté des bestiaux.

La *gesse sans feuilles* a des fleurs jaunes et solitaires; ses folioles avortent complètement, mais elle a des stipules très développées et qui simulent de véritables feuilles.

Elle est annuelle et croît dans les moissons des terrains secs, auxquelles elle nuit beaucoup quand elle est trop abondante. Ce qui compense un peu cet inconvénient, c'est qu'elle améliore, comme fourrage, la paille à laquelle elle reste attachée. Mais, bien qu'elle soit fort recherchée par le bétail, son produit est si faible qu'il n'y aurait aucun avantage à la cultiver pour cet objet.

La *gesse odorante*, plus connue sous les noms de *pois d'odeur* ou *pois de senteur*, est annuelle et s'élève à 1 mètre et plus. On la croit originaire de l'Inde. Elle est depuis un temps immémorial cultivée dans les jardins d'agrément, où elle a produit de nombreuses variétés à fleurs d'une odeur suave et présentant toutes les nuances du violet, du rouge et du blanc. On la place ordinairement entre les murs et les treillages, et on la propage très facilement de graines semées en place, mais après qu'on a eu soin de garnir le trou de terreau bien consommé. On la cultive aussi en pots, pour orner les gradins ou les fenêtres. En échelonnant les semis à diverses époques, on peut obtenir des fleurs jusqu'aux gelées, et même en hiver, si on a la précaution de rentrer les pots en orangerie. La fane de cette espèce plaît beaucoup aux bestiaux et la graine aux volailles; mais on ne cultive pas cette belle plante pour ces divers usages.

La *gesse tubéreuse* est vivace et croît dans les moissons de l'Europe centrale et méridionale. Elle a de jolies fleurs roses, réunies par cinq ou six à l'extrémité du même pédoncule; aussi la cultive-t-on avec avantage dans les terrains paysagers. Sa fane est un très bon fourrage; mais, ce qui la distingue surtout, ce sont ses racines, ou plutôt ses tubercules farineux, ovoïdes, de la grosseur du pouce et dont la chair blanche et tendre a une saveur qui rappelle celle de la châtaigne. On leur donne les noms de *macjon*, *méguzon*, *gland de terre*, etc. Ils sont riches en amidon, en sucre et en gluten. On les récolte à la suite des labours d'automne et d'hiver, et on peut les garder, en jauge ou à la cave, jusque vers le milieu du printemps. On les mange cuits dans l'eau ou sous la cendre, et ils constituent un très bon aliment. On les emploie aussi pour nourrir les cochons. Cette plante, fréquemment cultivée autrefois, a été complètement détrônée par la pomme de terre.

La *gesse des prés* est vivace et a des pédoncules terminées par six ou huit fleurs jaunes; tous les bestiaux l'aiment beaucoup. Elle est fort commune dans les prairies; mais nulle part on ne la cultive en grand. On peut en dire autant de la *gesse des marais*, espèce à fleurs bleues, qui croît dans les lieux humides, et de la *gesse des bois*, qui dépasse la hauteur de 1 mètre, et que ses jolies fleurs roses ont souvent fait admettre dans les jardins paysagers.

La *gesse à larges feuilles* habite les bois montueux; ses fleurs rouges sont au nombre de 10 à 12 sur chaque pédoncule. Elle dépasse souvent 2 mètres de hauteur. Ses tiges sont trop grosses et trop dures pour être mangées par les bestiaux, et l'on ne peut guère les employer qu'à faire de la litière ou à chauffer le four. Les feuilles donnent un bon et abondant fourrage, et ses graines servent à nourrir les oiseaux de basse-cour. On appelle vulgairement cette plante *pois vivace*, *pois éternel*, *pois à bouquets*. Elle est fréquemment cultivée dans les parterres et les jardins paysagers, comme plante grimpante. Elle se propage facilement de graines semées en place, au printemps ou à l'automne; quelquefois on sème en pépinière, pour repiquer et planter à demeure au plus tard l'année suivante. Elle ne fleurit guère que la troisième année, et alors elle est si bien enracinée qu'il est très difficile de l'arracher.

La *gesse hétérophylle* est vivace et dépasse la hauteur de 1 mètre. Elle croît dans les terrains arides de l'Europe centrale et méridionale. Cultivée dans les jardin d'agrément, elle est aussi utilisée par l'agriculture; on a essayé avec succès d'en former des prairies artificielles. Elle est très rustique, très productive et fournit aux animaux un aliment aussi sain et aussi agréable que nutritif, facile à dessé-s cher et conservant sa couleur verte d'une année à l'autre, mais un peu dur lorsqu'on a laissé la plante mûrir ses semences. La racine est légèrement sucrée et peut servir à l'alimentation. Les graines, malheureusement sujettes aux atteintes des bruches, donnent un produit abondant et sont assez recherchées pour la nourriture de la volaille.

LE LUPIN

Bien que le lupin soit un végétal d'apparence assez modeste, peu de plantes ont une histoire aussi intéressante que la sienne. Sa réputation remonte très haut, et on le trouve fréquemment mentionné chez les auteurs de l'antiquité. Les Grecs, qui l'avaient reçu des Égyptiens, le cultivaient en grand pour donner aux bestiaux, mélangé avec de la paille hachée. Théophraste le recommande pour cet usage. Les graines servaient aussi à la nourriture de l'homme.

Cette graine parut sur les tables les plus somptueuses, pour être plus tard convertie en pain, offerte aux mânes, reléguée chez les pauvres, et enfin employée à nourrir les animaux domestiques. En Asie et en Égypte, les graines de lupin formaient l'étalon d'un poids qui portait leur nom, et qui valait sept grains de France.

Chez les Romains, le lupin n'était pas moins estimé. « De tous les légumes, dit Columelle, le lupin est celui qui mérite le plus d'attention, parce qu'il emploie moins de journées, coûte très peu et fournit un excellent engrais pour les terres maigres. » Tous les auteurs géoponiques venus après en parlent dans le même sens. Le lupin se vendait tout cuit sur les marchés de Rome ; il servait de nourriture habituelle ; après lui avoir fait perdre sa saveur amère, on le mangeait au sel et au vinaigre, ou bien assaisonné au garum ou aux herbes fines, etc. Les généraux à qui l'on accordait les honneurs du triomphe, les citoyens qui aspiraient au pouvoir, faisaient distribuer au peuple des graines de lupin ; de semblables distributions avaient lieu par les soins des édiles, à l'occasion des fêtes publiques. Dans les représentations théâtrales, ces graines tenaient lieu d'argent monnayé ; de là l'expression proverbiale : *nummus lupinus*, qui, comme *aurum comicum*, servait à désigner une monnaie fictive et par conséquent de peu de valeur. Pour empêcher que ces graines ne fussent attaquées par les larves d'insectes, on les faisait sécher à la fumée. Enfin, les cultivateurs faisaient beaucoup de cas de la plante comme engrais vert.

Fig. 183. — Agrostis d'Amérique (*Agrostis dispar*). — Port. — Épi.

Les lupins se distinguent facilement des autres genres de légumineuses par leurs feuilles digitées, ordinairement à cinq folioles ; leurs fleurs assez grandes sont réunies en grappes terminales ; la gousse est coriace, oblongue, comprimée, et renferme deux ou plusieurs graines. Ce genre comprend un grand nombre d'espèces, arbrisseaux, sous-arbrisseaux ou plantes herbacées, qui croissent pour la plupart dans les régions tempérées du globe, notamment de l'Amérique du Nord.

Le lupin blanc est l'espèce la plus intéressante. Sa tige droite, qui atteint $0^m,50$ de hauteur, porte des feuilles digitées à cinq ou sept folioles ovales, glabres en dessus, soyeuses en dessous, et se termine par une grappe terminale de fleurs blanches. Il est annuel ; on le regarde comme originaire du Levant ; il est aujourd'hui cultivé dans la plus grande partie de l'Europe méridionale. Il réussit surtout dans les terrains légers, chauds et secs, et n'exige que des labours peu profonds ; mais il craint l'humidité autant que la gelée.

Le lupin, outre les produits qu'il donne dans les pays chauds, a plusieurs avantages : il permet de remplacer les jachères par des récoltes dérobées ou par une fumure verte ; on le substitue aux raves que la sécheresse ne permettrait pas toujours d'y cultiver avec succès. D'un autre côté, par la rapidité de sa croissance et par l'ampleur de son feuillage, il surmonte et étouffe les mauvaises herbes. Enfin, sa graine se conserve sur pied dans sa gousse, sans se perdre, aussi longtemps qu'on le désire, après sa maturité achevée, de sorte qu'on peut toujours choisir un moment opportun pour la récolter.

« Si l'on était curieux, dit Bosc, de faire la comparaison de la somme nécessaire pour l'achat des engrais animaux capables de fumer un champ, et de ce que coûtent la graine et les petits frais de culture excédant la culture ordinaire, on verrait du premier coup d'œil que tout l'avantage est pour le lupin. On objectera que l'engrais animal sera plus actif et durera plus; soit : mais quel est le particulier assez riche en engrais, dans les pays méridionaux, pour fumer tous ses champs? Combien en est-il que les frais de transport empêchent de fumer ceux qui sont

Fig. 184. — Capucine.

éloignés de leur maison? Il n'en est pas moins vrai que l'emploi du lupin est excellent. Je ne connais aucune plante dont la culture soit moins coûteuse et plus avantageuse dans les pays pauvres, même dans les bons fonds qu'on est forcé de laisser en jachère. »

Ceci s'applique à la culture du lupin comme engrais vert, mais on le cultive aussi comme fourrage, soit pour sa fane, soit pour sa graine. Dans le premier cas, on le sème après la moisson et par-dessus les chaumes que celle-ci a laissés en terre. Enterré par un labour à la charrue, au moment de sa floraison il forme un excellent moyen de fertiliser économiquement les terres sèches et légères, destinées à recevoir des céréales, ou plantées en vignes, surtout quand elles sont situées à une grande élévation. Il redoute les compacts, limoneux, marécageux, crayeux ou argileux. La rapidité de sa végétation et le peu de soins qu'il exige le rendent très propre à entrer dans presque tous les bons assolements.

Dans plusieurs provinces de la France et de l'Italie, le lupin est employé à faire des prairies artificielles et fournit un fourrage vert excellent, recherché des bœufs, des vaches, et surtout des moutons, et très propre à les fortifier et à les engraisser. On le sème souvent mêlé au trèfle, et ce mélange convient mieux que tout autre fourrage pour donner de l'embonpoint et de la vigueur aux bœufs et aux vaches, qui l'aiment beaucoup, tandis qu'il est dédaigné par le menu bétail, bien que celui-ci soit avide des jeunes tiges du lupin. Un des principaux avantages de cette plante est de prospérer dans les terrains maigres, pierreux et sablonneux, qu'elle améliore en y formant de bons pâturages pour les moutons.

« La tige desséchée du lupin, dit L. Millot, est très dure, peu appétissante et peu propre à servir d'aliment aux bestiaux; mais elle peut être utilisée comme litière. Dans les Vosges, on la brûle pour chauffer les fours ou pour obtenir, soit des cendres employées à faire des lessives, soit de la potasse. Lorsqu'on la soumet en vaisseau clos à l'action du feu, elle fournit un charbon supérieur en qualité à celui du fusain et à tous ceux que l'on peut faire entrer dans la composition de la poudre à tirer. Les fibres corticales de cette tige sont susceptibles d'être employées, comme celles du chanvre, à la fabrication de bons cordages. On en fait aussi de la toile à emballage, et même de la toile ordinaire fort belle, et la filasse a pu être convertie en un papier à dessiner aussi beau et aussi bon que celui de Hollande. »

La graine du lupin diffère de celle des autres légumineuses en ce qu'elle ne renferme ni sucre, ni amidon, mais une grande proportion d'une matière azotée ou végéto-animale, analogue au gluten, et qui lui donne une grande valeur nutritive; on y trouve aussi une huile vert jaunâtre, âcre, se rapprochant des huiles fixes par ses propriétés, une proportion considérable de phosphate de chaux et de magnésie, et quelques traces de phosphates de potasse et de fer. La bonne graine de lupin est blanchâtre, arrondie, aplatie, un peu anguleuse. Pour la rendre mangeable, il faut lui enlever son amertume par la macération dans l'eau douce ou, mieux, salée, mieux encore dans une eau alcaline ou une lessive de cendres. Comme l'amertume réside surtout dans le test ou enveloppe, on a proposé d'enlever celle-ci par une mouture à meules fort écartées, comme on le fait en Angleterre pour les pois. Dans tous les cas, il est avantageux de moudre grossièrement ces graines.

En résumé, le lupin est un aliment inférieur aux pois, aux lentilles, aux fèves ou aux haricots; mais, s'il est peu agréable, il n'est ni indigeste ni malfaisant, comme on l'a prétendu; il peut souvent fournir aux classes pauvres une précieuse ressource. En Égypte, le lupin sert encore à la nourriture du peuple; on le vend cuit sur les marchés, et on fait quelquefois entrer sa farine dans le pain. On le mange aussi dans le midi de l'Europe; on fait de sa farine une sorte de pâtisserie ou une purée, qui, mélangée d'huile et de sel, fournit un aliment peu recherché, mais assez nourrissant, à la condition d'être bien préparé; sinon il est venteux est difficile à digérer. Les anciens avaient fini par le réserver pour la nourriture des esclaves. Aujourd'hui, dans les contrées pauvres, on s'en sert pour engraisser les bœufs, les moutons et les cochons; on le leur donne généralement bouilli dans l'eau, et on en obtient d'assez bons résultats. On a essayé, mais sans succès, cette graine comme succédané du café. Enfin, sa farine est employée, dans certaines contrées, pour laver et adoucir les mains.

On trouve quelquefois cette plante dans les parterres, mais elle est inférieure en beauté à d'autres espèces du même genre, bien plus recherchées sous ce rapport. Le lupin est une sorte d'horloge naturelle; cette plante montre en quelque façon l'heure au laboureur, car elle est toujours tournée vers le soleil, dont elle suit le mouvement, lors même que cet astre ne se montre pas ou qu'il est momentanément caché par les nuages. De plus, tous les soirs, lorsque le soleil est à l'horizon, les folioles se plient en deux dans le sens de la longueur, de manière à rapprocher leurs bords l'un contre l'autre; en même temps, elles s'infléchissent sur leur pétiole, et s'inclinent vers la terre.

Le *lupin termis* est très voisin du précédent, dont il n'est peut-être qu'une simple variété; il jouit d'ailleurs des mêmes propriétés, comme la plupart des espèces du même genre. Originaire de l'Abyssinie et de l'Égypte, il est cultivé en grand aux environs de Naples, et forme un excellent fourrage vert pour les chevaux. Le miel sécrété par les abeilles qui vont butiner sur les fleurs de ces deux plantes en contracte une légère amertume qui le fait rechercher pour les préparations pharmaceutiques. La décoction des graines a été préconisée contre les dartres, la teigne, la gale et autres maladies de peau.

Le *lupin jaune* est une des plus brillantes du genre; il croît abondamment sur les bords du bassin méditerranéen.

LES VESCES

Le genre *vesce* (*vicia*), envisagé dans son acception la plus large, comprend des plantes herbacées, annuelles ou vivaces, généralement grimpantes, à feuilles paripennées, munies de stipules et terminées en vrille simple ou rameuse. Les fleurs sont axillaires, solitaires, géminées ou en grappes multiflores; le fruit est une gousse bivalve, ordinairement tronquée obliquement au sommet, à une seule loge, renfermant des graines le plus souvent globuleuses, rarement lenticulaires.

Les genres vesces, proprement dites, renferment de nombreuses espèces répandues surtout dans les contrées tempérées de l'hémisphère nord et dont quelques-unes sont cultivées comme plantes fourragères. La plus connue sous ce rapport est la *vesce commune* ou cultivée; c'est une plante annuelle, quelquefois bisannuelle, pouvant atteindre la hauteur de 1 mètre, à feuilles paripennées, munies de stipules aiguës et marquées ordinairement d'une tache brune; les fleurs sont purpurines, géminées ou solitaires. Cette plante, qui croît spontanément dans presque toute l'Europe, est cultivée dès la plus haute antiquité; aussi a-t-elle produit un certain nombre de variétés, parmi lesquelles on remarque les suivantes : la *vesce d'hiver*, appelée quelquefois *jarosse*, très rustique sur les sols bien assainis ou drainés; la *vesce de printemps*, répandue surtout dans le Nord; la *vesce blanche*, appelée aussi *vesce d'Amérique* ou *lentille du Canada*, plus rustique et plus productive que la précédente.

La vesce peut croître à peu près partout. Elle végète mieux néanmoins sous les climats qu'on pourrait appeler moyens, au double point de vue de la température et de l'humidité. La vesce d'hiver est un peu difficile sur la nature du sol; comme elle craint l'humidité, il faut la réserver pour les terres légères, plutôt siliceuses qu'argileuses et à sous-sol perméable. La vesce de printemps exige un peu plus d'humidité. Le sol destiné à ces plantes ne demande pas une préparation complète, surtout quand elles succèdent à une céréale; l'essentiel est qu'il soit débarrassé des mauvaises herbes, notamment des espèces à racines vivaces. Les vesces sont assez exigeantes et, à moins que le sol ne soit riche, doivent recevoir une bonne fumure qui, du reste, ne sera jamais entièrement absorbée par elles et profitera en grande partie aux récoltes qui les suivront.

Les vesces, suivant les variétés, se sèment à l'automne ou au printemps; la quantité de graine à employer varie, suivant le climat et la nature du sol, de 180 à 300 litres par hectare. Les semis doivent être parfaitement enterrés avec la charrue, la herse à dents de fer suivie ou non du rouleau ou le scarificateur, suivant que le sol est meuble ou compact, humide ou sujet à souffrir de la sécheresse. Ces légumineuses ne demandent aucun soin d'entretien pendant leur végétation : ce sont, en effet, des plantes étouffantes, qui arrêtent toujours le développement des mauvaises herbes. Toutefois, dans certains pays, on répand un peu de plâtre sur elles avant la floraison.

Les vesces, étant généralement des plantes débiles et traînantes, sont souvent exposées à se coucher sur le sol, où elles pourrissent; aussi est-on généralement dans l'usage de les semer concurremment avec d'autres plantes à tiges fermes et dressées, notamment des graminées, avoine d'hiver ou escourgeon, autour desquelles elles s'enroulent; on augmente ainsi la quantité et la qualité du produit. A ce sujet, nous reproduirons littéralement, dans leur naïve concision, quelques passages d'Olivier de Serres : « La vesce, dit-il, fournit de bonne pasture si, estant semée en terre fertile, elle est fauchée en herbe et sans en espérer le grain; mais en plus grande abondance donne-t-elle de la mangeaille au bestail si on la mesle par esgale portion avec de l'avoine, pour ensemble semer ces deux grains...

« Deux saisons y a-t-il, l'automne et le printemps ; toutefois, les primeraines de ces semences-ci sont toujours les plus fructueuses, comme aussi abondent plus en herbage les grasses que les maigres terres. Si estes en pays où l'avoine résiste à l'hyver (car quant à la vesce n'en faut faire doubte, sous quelque aer que ce soit), ne délayés ce mesnage plus avant que la fin d'octobre; mais votre climat estant par trop froid, attendez la fin de l'hyver. Quant à la terre, il est bien fascheux d'employer le meilleur fonds, veu que le moyen satisfaict raisonnablement à ces choses... Et bien que cest herbage couste plus à moissonner qu'à faucher, pour cela ne faut laisser de s'en pourvoir... De l'arroser ne vous mettés en peine; toutefois, ayant l'eau à commandement, donnés-leur-en en la sécheresse, car cela fera plus abonder l'herbage que si le laissés avoir soif.

« Grande commodité cause ces herbagés-ci aux pays diseteux de foins et pastis... Et ce qui augmente le mesnage est que la vesce engraisse plutôt qu'emmaigrit le terroir, aprés laquelle et l'avoine ensemble meslée, peut-on utilement semer du froment, du seigle et autres blés hyvernaux, pourveu que le fonds en ait été bien et diligemment labouré. Par ainsi, selon la disposition de vostre labourage, ferès de ceste pasture par-ci par-là, és lieux où mieux se rencontrera, la qualité requise pour vostre nourriture. Au recueillir de ceste pasture faut soigneusement observer, commun ceci à tous autres foins, que de la serre estant sèche, pour le danger de tout perdre, estant humide, portée au grenier. »

Fig. 185. — Moha de Hongrie (*Panicum* (*syn. Setaria*) *germinacum*).

La récolte de ces plantes varie suivant le climat, la variété cultivée ou la nature du produit qu'on veut obtenir. Les vesces d'hiver sont fauchées au commencement de mai dans le Midi, et de juin dans le Nord, ordinairement entre la première et la seconde pousse du trèfle ou de la luzerne. Les vesces de printemps se fauchent dans le courant de l'été; l'époque précise varie en raison de celle du semis. Toute les variétés doivent être fauchées en pleine floraison, surtout si elles sont destinées aux bêtes à cornes; elles sont alors plus nutritives et favorisent la production du lait chez les vaches. Si l'on attend que toute les fleurs soient passées et que les graines commencent à mûrir, les bêtes bovines consomment ces plantes plus lentement et souvent même ne mangent que les sommités des tiges. Si les gousses sont très développées, les chevaux et les moutons seuls mangent avidement les vesces. Dans tous les cas, il faut opérer de très bonne heure, si l'on veut obtenir une seconde pousse; mais ceci n'est guère avantageux que lorsque la vesce est fortement mélangée d'avoine d'hiver; le plus souvent même, cette seconde production n'est pas susceptible d'être fauchée et doit être pâturée sur place.

Quand tout le produit d'une coupe de vesce ne peut être consommé en vert, soit qu'il dépasse les besoins du moment, soit que les plantes aient déjà séché sur pied, il est bon de convertir le reste en foin. Pour que celui-ci possède la meilleure qualité possible, il faut choisir le moment où les tiges passent à une teinte jaunâtre et où la majeure partie des gousses commence à grossir, ces dernières étant surtout recherchées par les animaux. Le fanage exige du temps et n'est pas sans présenter quelque difficulté; il doit s'opérer lentement et par un beau temps, surtout quand les plantes sont couchées sur le sol. Si la température est humide, malgré toutes les précautions, les tiges et les feuilles prennent une teinte brune et perdent de leur qualité nutritive. Avant de procéder au fanage, il est bon que les vesces restent sur la terre pendant un jour ou deux ; on a soin de les retourner de temps en temps, sans quoi elles blanchissent ou jaunissent, ce qui diminue la valeur du foin. On réunit la récolte en gros andains, que l'on soulève et retourne à plusieurs reprises ; quand la dessiccation est assez avancée, on en fait de petites meules. Enfin, quand elle est complète, on lie le foin en bottes, que l'on rentre dans un endroit sain.

« Dans un grand nombre de fermes de la région du nord de la France, dit M. Heuzé, les vesces, à l'époque de leur floraison, sont consommées sur place par les troupeaux. Ce pâturage ne doit avoir lieu ni trop tôt ni trop tard ; dans le premier cas, on perd en quantité et on fait consommer un fourrage qui peut nuire aux animaux ; dans le second, les tiges, à cause de leur dureté, sont délaissées par les bêtes à laine et il en résulte une perte souvent considérable. La consommation sur place des vesces en fleur a beaucoup contribué, dans la Beauce et dans la Brie, à la propagation de la race mérinos et à l'amélioration des troupeaux. » Pour récolter la semence, il faut laisser plus longtemps la plante sur pied, sans attendre néanmoins que toutes les gousses soient parfaitement mûres ; la maturité s'achève pendant le javelage. Quand elles sont parfaitement sèches, on les bat légèrement au fléau ; puis on recueille la graine comme à l'ordinaire.

La vesce, à l'état frais ou sec, est un excellent fourrage, surtout pour les moutons. Mais il y a quelque inconvénient à la donner aux animaux en trop grande abondance ou quand elle est trop humide ; elle produit alors les mêmes résultats fâcheux que le trèfle ou la luzerne. Souvent elle fait d'abord maigrir les vaches et les chevaux. Il semble qu'elle convienne mieux aux vieux sujets qu'aux jeunes. « Dans tous les cas, dit Bosc, il faut ne leur en donner qu'en petite quantité, mêlée avec d'autre fourrage, non couverte de rosée quand elle est verte, et même, dans ce cas, la saupoudrer d'un peu de sel. » On emploie les semences pour nourrir les oiseaux de basse-cour, notamment les pigeons ; on les donne aussi aux moutons et aux cochons, qui en sont très friands. Toutefois, ces derniers ne doivent les consommer que de loin en loin ou mélangées avec d'autres graines ; l'usage abusif de cet aliment leur devient nuisible. Les graines de certaines variétés, réduites en purée, servent à la nourriture des paysans dans plusieurs pays. On a même essayé, dans les années de disette, de mélanger leur farine à celle du froment ; mais on n'a obtenu ainsi qu'un pain de mauvais goût et difficile à digérer. Enfin, cette plante constitue un excellent engrais vert, mais il est bon de la faucher ou de la rouler un jour ou deux avant l'enfouissement, afin de ne pas gêner l'action de la charrue.

La *vesce lathyroïde* est une plante annuelle, à tiges couchées, à feuilles ailées, à fleurs bleuâtres ou rougeâtres, solitaires ou géminées. Elle croît dans les lieux secs ou sablonneux et fleurit de très bonne heure au printemps. C'est souvent une ressource dans les pâturages, où il y aurait avantage à la propager. Sa petite taille fait que dès le mois d'avril elle est cachée dans les herbes de telle sorte que ses graines échappent à la voracité des oiseaux domestiques ou sauvages. C'est à elle que les cultivateurs de la Sologne, souvent exposés à manquer de fourrage à la fin de l'hiver, doivent en grande partie la conservation de leurs moutons.

La *vesce à feuilles de lin*, assez semblable à la précédente, mais beaucoup plus grande, croît dans les cantons granitiques de la Bourgogne et donne un excellent fourrage; malheureusement, elle abonde quelquefois dans les champs de seigle, au point de nuire à la récolte de cette céréale.

La *vesce jaune* est annuelle; ses tiges, hautes de $0^{m},50$ en moyenne, très rameuses, portent des fleurs jaunes, solitaires à l'aisselle des feuilles supérieures. Elle croît dans les champs et les buissons et paraît affectionner surtout les sols pierreux. Il y aurait quelque avantage à la cultiver, car elle pourrait donner dans le courant de l'été deux ou trois coupes aussi abondantes que celle de la *vesce* ordinaire et fournir encore aux troupeaux un bon pâturage pendant la mauvaise saison.

La *vesce bisannuelle* se distingue des précédentes, surtout par le caractère que rappelle son nom spécifique; ses tiges dépassent quelquefois la hauteur de 1 mètre; originaire de la Sibérie, elle a été proposée comme plante fourragère.

Passons maintenant aux espèces vivaces. La *vesce à épis* a des tiges grêles, qui atteignent près de 1 mètre de longueur, et portent de longs épis de fleurs bleues. Elle croît très abondamment en France, dans les champs, le long des haies, sur la lisière des bois, et fleurit pendant une partie de l'été. Dans quelques pays, on la désigne sous les noms vulgaires de *vesceron* ou de *jardeau*. En se mélangeant naturellement avec la paille des céréales, elle rend celle-ci meilleure pour les bestiaux; mais, si elle devient trop abondante, elle épuise le sol et diminue la récolte du grain. Il n'est pas toujours facile d'en débarrasser les champs; le meilleur moyen d'obtenir ce résultat, c'est de cultiver des plantes étouffantes, telles que le trèffe ou la luzerne, ou bien d'autres plantes qui exigent des binages d'été, comme les fèves, le maïs, les pommes de terre, etc. Malgré les conseils de Thouin, on n'a pas fait jusqu'à ce jour entrer cette plante dans les cultures, ce qui tient sans doute à la disposition traînante de ses tiges; on pourrait obvier à cet inconvénient en semant, comme nous l'avons dit pour la vesce commune, cette plante en mélange avec du seigle, de l'avoine ou de l'escourgeon.

La *vesce des buissons* atteint la taille de la précédente, dont elle se distingue surtout par ses fleurs rouges disposées en épis pendants; elle croît dans les bois et les haies des pays montagneux, mais elle est en général peu abondante. La *vesce des haies* se caractérise par ses fleurs bleues, groupées par quatre à l'aisselle des feuilles supérieures; c'est une des premières qui poussent au printemps; malheureusement, les bruches en détruisent la graine avant qu'elle soit parvenue à maturité; il faudrait donc, si on la cultivait, la faucher pendant sa première floraison et ne récolter la graine que sur la seconde pousse, alors que les femelles des bruches sont mortes. La *vesce pisiforme*, vulgairement nommée *vesce blanche* ou *lentille du Canada*, a des fleurs jaunâtres, groupées en épis courts; c'est une des meilleures espèces à cultiver comme fourrage; elle est rustique et s'accommode des sols les plus légers; ses graines peuvent se manger comme les lentilles ou entrer dans la panification.

Parmi les autres espèces moins importantes, nous citerons : la *vesce à feuilles velues*, espèce vivace, qui croît dans les bois; la *vesce uniflore*, vulgairement *jarosse d'Auvergne*, croissant dans les lieux cultivés; la *vesce de Narbonne*, propre au midi de la France, etc.

GRAINES DE VESCE (*Vicia sativa*). — On vend généralement trois variétés de vesces : 1° la *vesce d'hiver*, appelés dans l'Ouest *jarosse;* 2° la *vesce du printemps*. Ces deux légumineuses sont aussi connues sous le nom de *vesces noires*; 3° la *vesce blanche* ou *vesce d'Amérique*, ou *lentille du Canada*.

Les deux premières variétés ont des graines brunes. La dernière a des graines blanches : ces graines, brunes ou blanches, sont lisses et globuleuses. Le poids d'un hectolitre de vesce bien nourrie est de 80 kilos.

AVOINE

Le genre *avoine* (*avena*) appartient à la famille des graminées, où il forme le type d'une tribu, celle des avenacées ou avenées. Cette plante est probablement indigène de l'Europe occidentale. Suivant M. Pictet, l'avoine n'était pas cultivée chez les anciens, ni chez les Hébreux, ni chez les Égyptiens, et elle est inconnue dans l'Inde. D'après Galenus, on la trouvait en abondance dans la Mysie, au-dessus de Pergame.

Espèces et variétés. Le genre avoine renferme environ cinquante espèces, dont la plupart se trouvent en Europe. Ces espèces peuvent se diviser en deux classes : 1° celles qui sont cultivées pour leurs graines; 2° celles qui ne sont cultivées que comme fourrage.

Parmi les premières, on remarque surtout l'*avoine commune*, introduite de temps immémorial dans la grande culture. C'est une plante annuelle dont les tiges ou chaumes articulés s'élèvent en moyenne à 80 centimètres. La panicule est diffuse et lâche, les épillets sont inclinés ou pendants sur leur pédoncule et ont leur glume composée de deux valves lisses, striées, verdâtres, blanches sur le bord, pointues et plus longues que les fleurs. Cette espèce a donné naissance à de nombreuses variétés que l'on peut grouper en cinq sections : 1° *avoine noire* (avoine de Brie, de Soissons, de Beauce, d'Orléans, de Chenailles, de Russie); 2° *avoine d'hiver;* 3° *avoine blanche* (avoine de Géorgie, patate, de Hopetown, impériale, de Roville, de Saint-Lô, de Wiatka, etc.); 4° *avoine à trois grains;* 5° *avoine orientale ou de Hongrie*. Parmi les autres espèces cultivées pour leurs graines, on remarque : 1° l'*avoine courte* ou *avoine à deux barbes*. Son grain est petit et court, peu abondant en substances nutritives, mais plus échauffant que les autres; ses feuilles sont courtes, très érigées, d'un vert blond; la panicule est unilatérale; les arêtes sont persistantes, fortement genouillées et plus courtes que celles des autres variétés. Cette espèce, cultivée principalement dans les montagnes d'Auvergne, s'élève très haut dans les bons terrains; coupée en vert, elle produit un excellent fourrage ; 2° l'*avoine nue* ou *avoine à gruau*, à épillets de quatre ou cinq fleurs réunies en petites grappes. Son grain ne conserve pas sa balle, mais il est petit et d'un faible produit.

Les avoines qui ne sont pas cultivées pour leurs graines comprennent un grand nombre d'espèces dont quelques-unes sont des plantes fourragères très estimées. Nous citerons particulièrement :

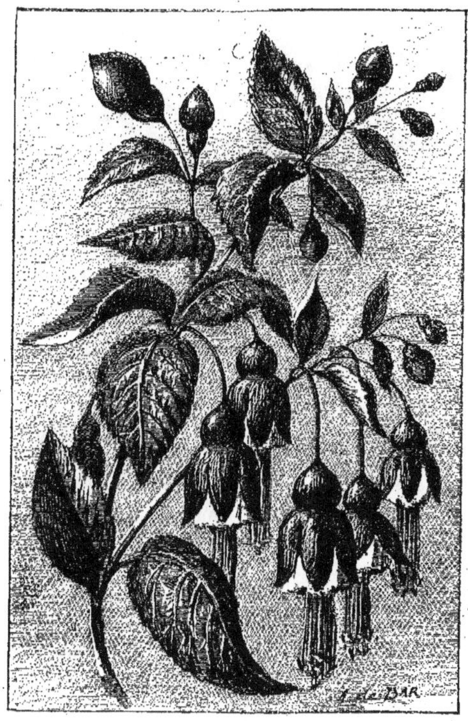

Fig. 186. — Fuchsia.

1° *L'avoine élevée* ou *fromental*. C'est une plante à racines vivaces, fibreuses et rampantes dont la tige s'élève à 1 mètre de haut; feuilles glabres; panicule longue, étroite et pointue; épillets composés de deux fleurs, dont une, fertile, est chargée d'une barbe courte, et l'autre, imparfaite ou stérile, en porte ordinairement une fort longue; la glume est lisse, presque luisante, verdâtre ou quelquefois violâtre.

Le froment croît naturellement dans les lieux incultes, les prés, sur la lisière des bois, etc. Sa végétation est très précoce, et il constitue un des fourrages les plus abondants et les plus recherchés par tous les bestiaux. Cette espèce contribue pour beaucoup à la supériorité des pâturages de la Hollande et de la Normandie. On en fait aussi des prairies artificielles. On peut la semer au printemps ou en automne; elle croît dans les bons et les mauvais terrains, mais de préférence dans ceux qui ne sont ni trop humides ni trop secs. La récolte des graines est pénible et coûteuse, parce qu'elles ne mûrissent pas en même temps. Aussi arrive-t-il souvent que la plus grande partie de la semence qu'on prend chez les grainetiers n'est pas mûre, et, par conséquent, ne lève pas.

2° *L'avoine jaunâtre* ou *dorée*. Cette espèce, à racines vivaces, est moins haute que le fromental. Sa panicule est oblongue, d'un jaune plus ou moins vif, brillante, composée d'épillets petits et nombreux. Les glumes sont inégales, et renferment de deux à cinq fleurs; les valves externes des balles ont le sommet divisé en deux pointes très acérées. L'avoine dorée est une des meilleures graminées de nos prairies; elle compose ce qu'on appelle, dans les environs de Paris, le *fin foin*.

D'autres espèces du genre *avoine*, quoique pouvant fournir un fourrage utile, sont considérées par le cultivateur comme des plantes nuisibles, parce qu'il est extrêmement difficile de les extirper d'un champ qu'elles ont envahi. Parmi ces espèces, on distingue surtout la *folle avoine* et l'*avoine à chapelet*.

La *folle avoine* est une plante annuelle, à feuilles longues et minces, à épillets composés de deux ou trois fleurs garnies de barbes fort longues, à balles couvertes inférieurement par des poils roux très abondants. Elle vient naturellement dans les champs; on la trouve partout, mais principalement dans le Midi. Vigoureuse, très rustique et plus précoce qu'aucune des céréales cultivées, elle est souvent un fléau pour celles-ci, et même pour les luzernes. Il est très difficile de la détruire. Le meilleur moyen d'en débarrasser le sol est d'y semer des plantes étouffantes vivaces ou annuelles.

L'*avoine à chapelet* est vivace et très nuisible aux céréales. Elle tire son nom des renflements bulbeux que présentent ses racines et qui sont en quelque sorte enfilés comme les grains d'un chapelet.

Usages de l'avoine. L'avoine est employée, dans quelques contrées, à la nourriture de l'homme. En Écosse, la bouillie faite avec sa farine entre pour une large part dans l'alimentation, et les habitants de ce pays sont persuadés qu'ils lui doivent en grande partie le développement et la force physique qui caractérisent leur race. Dans quelques cantons de la Bretagne, on fait du pain assez savoureux avec la farine d'avoine mélangée avec celles du seigle et du froment. Dans d'autres localités, on consomme l'avoine à l'état ou sous forme de gruau. En Allemagne, elle entre dans la fabrication d'une sorte de bière blanche, légère, et d'un goût agréable. Mais la plus grande consommation de l'avoine se fait pour la nourriture des animaux. Le grain sert principalement à nourrir les chevaux, auxquels il convient très bien, du moins dans nos climats froids et humides, à cause de son action excitante. Il n'en est pas de même dans les climats chauds, où cette propriété pourrait produire des effets fâcheux, et où l'avoine est généralement remplacée par l'orge et le maïs. On explique cette action excitante par la présence dans les grains d'avoine d'un corps gras signalé par Vogel.

Tout le monde admet que l'avoine a des propriétés excitantes qui communiquent aux chevaux plus d'ardeur et plus de vivacité. Le principe excitant du grain d'avoine a une influence favorable sur la manière dont le cheval utilise la force qu'il puise dans les éléments nutritifs des fourrages; on lui donne le nom d'*avenine*.

L'avoine fauchée en vert est l'un des meilleurs fourrages que l'on connaisse. Sèche et séparée du gruau, elle n'est plus aussi nourrissante; cependant, les bœufs la préfèrent à toutes les autres pailles, et les chevaux la mangent avec plaisir, surtout lorsqu'elle a été entassée de manière à s'échauffer un peu. Les balles trempées et mélangées à des pommes de terre constituent une bonne nourriture pour les ruminants. Ces balles, douces, souples, peu susceptibles de prendre l'humidité, sont excellentes pour garnir les paillasses des enfants au berceau.

Parties constituantes de l'avoine. Le poids moyen de l'hectolitre d'avoine commune est de 44 kilogrammes, variant de 28 kilogrammes (Haute-Vienne) à 56 kilogrammes (Loire-Inférieure). Les proportions de matières nutritives varient également suivant les lieux. Ainsi, dans quelques endroits, on a trouvé que 100 kilogrammes d'avoine nourrissent autant que 250 kilogrammes de foin; dans d'autres, au contraire, 100 kilogrammes d'avoine ne représentent que la valeur nutritive de 116 kilogrammes de foin. D'après les expériences de M. Royer, l'*avoine* que l'on consomme dans les environs de Paris équivaut à 175 kilogrammes de foin.

Les rapports de la paille au grain présentent aussi de nombreuses variations; en moyenne, ils sont dans la proportion de 100 à 61,6.

L'*avoine* cultivée à Bechelbronn par M. Boussingault a présenté les résultats suivants :

100 kilogrammes de grain sec contenaient 2 kilogr. 21 d'azote.

100 kilogrammes de paille sèche contenaient 0 kilogr. 55 d'azote.

100 parties d'*avoine* desséchée donnaient 78 de farine et 22 de son.

Gluten, albumine (parties azotée)	13 7
Amidon	46 1
Matières grasses	6 7
Sucre	6 »
Gomme	3 8
Ligneux, cendres, pertes	23 7
	100 0

Culture de l'avoine. Ce qui vient d'être dit de la composition élémentaire de l'avoine indique assez combien elle nécessite d'engrais alcalins, et combien elle a besoin du marnage ou du chaulage dans les terrains qui manquent de l'élément calcaire. C'est pour l'avoine surtout qu'il est vrai de dire que la récolte est en raison ce qu'elle a coûté. Tandis que dans les plaines de la Flandre où elle est cultivée avec autant de soin que le froment elle produit 48 hectolitres par hectare, elle n'en donne en moyenne que 21 dans les contrées où on la traite comme un accessoire, comme un expédient propre à remplir les vides d'une rotation. Ainsi, tous les sols, sauf le sable pur et l'argile plastique, conviennent à l'avoine, elle s'accommode même des terrains appauvris par les récoltes précédentes, ou qui ne contiennent que des substances impropres à l'alimentation des autres végétaux; aussi entre-t-elle fréquemment dans les divers assolements.

L'avoine craint les grands froids : aussi ne doit-on la semer en automne que dans les pays où l'on n'a pas à redouter une continuité de température descendant à 12° au-dessous de zéro. Elle ne mûrit que successivement sur la plante; néanmoins on la coupe dès qu'une partie des graines est mûre; les autres mûrissent très bien dans les javelles et dans les gerbes.

Pour les semis d'avoine, il est très important de choisir les plus beaux grains; comme un grand nombre sont stériles, on fera très bien de plonger la semence dans un bassin rempli d'eau : on devra rejeter les grains qui surnagent, et ne semer que ceux qui tombent au fond. Cette opération aura pour effet une notable économie dans la semence et même l'amélioration progressive de l'espèce.

AGROSTIDE

L'*agrostide* (*agrostis*) est un genre de plantes de la famille des graminées. Ce sont en général des plantes vivaces, qui croissent soit dans les bois, soit dans les champs. L'*agrostide traçante*, connue vulgairement sous le nom de traînasse, est, comme le chiendent, un fléau pour les cultivateurs. Quelques autres espèces donnent un assez bon fourrage.

BROME

Cette graminée (*bromus*) compte de nombreuses espèces répandues sur presque tout le globe, principalement en dehors des tropiques; la plupart donnent un foin dur, qui se dessèche promptement, et n'est guère propre par conséquent à servir de nourriture aux bestiaux. Quelques-unes cependant font exception, surtout dans leur jeune âge; elles ont d'ailleurs l'avantage de réussir parfaitement sur les sols calcaires et sablonneux, où les autres plantes fourragères ne donnent que peu ou point de produits. Parmi ces espèces, nous signalerons les suivantes :

1° *Le brome des prés*. C'est un fourrage passable, excellent pour les terres médiocres, où il s'établit vigoureusement, de manière à subsister presque sans culture pendant une vingtaine d'années. Sa feuille étroite, douce, ressemblant au ray-grass, peut donner de beaux gazons d'agrément sur les terres les plus ingrates, où la plupart des plantes de nos prairies ne peuvent vivre. On emploie généralement de 45 à 50 kilogrammes de graines par hectare.

2° *Le brome des seigles*. Il croît abondamment dans nos champs, au milieu des moissons et comme ses graines tombent avant la maturité de celles des céréales, il est difficile d'en purger le sol autrement que par la culture des plantes vivaces étouffantes ou des récoltes sarclées. Cultivé comme plante fourragère, le brome des seigles peut donner une bonne pâture, même dans les sols les plus médiocres.

3°. *Le brome de Schrader*. On a beaucoup vanté depuis quelque temps les propriétés de cette graminée. « Le *brome de Schrader*, dit M. Barral, paraît devoir ajouter à la luzerne et au sainfoin, pour augmenter les cultures fourragères vivaces. C'est une plante originaire de l'Orégon, au pied des montagnes Rocheuses. Elle est très rustique, d'une végétation vigoureuse; elle peut donner quatre ou cinq coupes en vert d'un excellent fourrage, particulièrement propre aux vaches laitières, mais qu'aiment d'ailleurs tous les animaux domestiques. Le froid ne paraît pas arrêter sa végétation, et elle pousse même sous la neige. Le sol qui semble lui convenir le mieux est un sol frais, un peu ombragé, mais elle a réussi aussi dans les terrains secs et très pauvres. Elle vient très bien le long des bois et talle d'une manière vraiment remarquable. Après une sécheresse prolongée, qui semble au premier abord avoir détruit le champ, elle reparaît à l'automne et peut donner du fourrage vert, alors que tous les autres herbages sont arrêtés. Le brome de Schrader n'exige que peu de frais de culture; il s'accommode de presque tous les sols qui ne sont pas absolument secs, et peut subsister cinq ans au moins sur le même terrain, sans que son rendement en soit amoindri. Sous le climat de Paris, la meilleure époque pour semer est mars ou avril. Le semis lève au bout de quinze jours; deux mois après, on peut faire la première coupe. Il faut, en moyenne, 50 kilogrammes de graine par hectare.

Fig. 187. — Ajonc d'Europe (*Ulex europeus*)

Nous pourrions citer encore le *brome dressé*, le *brome rude* et le *brome mollet*, qui sont recommandés comme plantes fourragères; le *brome stérile*, le *brome des toits*, etc.

LA CANCHE

Le genre canche (*aira*), de la famille des graminées, renferme une vingtaine d'espèces, qui jouent un certain rôle en agriculture. La *canche flexeuse* (*aira flexuosa*) croît dans les lieux arides et sablonneux et constitue souvent une espèce dominante dans les prairies hautes. Elle est vivace et forme des touffes épaisses. Les animaux domestiques, et particulièrement les moutons, en sont très friands.

La *canche gazonnante (aira cospitona)*, vivace aussi, habite les prés et les bois humides; elle forme souvent des touffes élevées, qu'on est obligé de détruire dans les prairies quand on veut égaliser le sol. Les bestiaux la mangent au printemps; mais à l'automne ils la trouvent trop dure et n'y touchent pas. Les autres espèces se rapprochent plus ou moins des précédentes par leurs propriétés.

LE CHIENDENT

On confond sous le nom de *chiendent* (*agropyrum*) plusieurs graminées, deux entre autres qui fixent plus spécialement l'attention, savoir : le *chiendent ordinaire* ou *froment rampant* (*triticum repens*) et le *chiendent pied-de-poule* (*cynodon dactylon*). Ces plantes, bien qu'appartenant à des genres très éloignés, se ressemblent beaucoup par leurs propriétés et par le dommage qu'elles causent à l'agriculture. On peut dire que ces graminées sont le fléau du cultivateur. Partout où elles dominent, on ne saurait espérer de belles récoltes. Leur végétation rapide fait qu'un seul pied a bientôt envahi un espace considérable. Comme d'ailleurs la plante est vivace, le moindre tronçon de rhizome suffit pour la propager. Les labours multipliés qu'on donne à la terre ne peuvent même que favoriser l'invasion du chiendent, si l'on n'a pas soin d'enlever minutieusement tous les débris. Toutefois, il est des localités où l'on ne cherche pas à s'en débarrasser, parce qu'il fournit aux bestiaux une pâture après la récolte. Mais, en général, la présence, ou du moins la trop grande abondance du chiendent au milieu des champs et des vignes est l'indice certain d'une culture mauvaise ou négligée. Tous les efforts du cultivateur doivent donc tendre à détruire ces dangereux parasites, qui infestent même les jardins, d'où il semble pourtant qu'il serait plus facile de les extirper. « Il n'y a, dit Bosc, qu'un seul moyen de détruire radicalement le chiendent, c'est le système des assolements. Lorsque, après avoir été très tourmenté pendant une année par une culture qui demande de fréquents binages, celle des pommes de terre, par exemple, on sème des plantes étouffantes, comme de la vesce, des pois gris, etc., et qu'on fait succéder ensuite une prairie artificielle, telle que la luzerne ou le sainfoin, on peut être certain que le chiendent disparaîtra du sol pour bien des années, car ses graines ne sont point emportées par les vents à de grandes distances, et perpétuité des retours de culture qui lui sont contraires s'oppose à ce qu'il fasse de nouveau de grands progrès. Aussi ne voit-on pas de chiendent dans les champs des environs de Lille, dans la plupart de ceux de l'Angleterre et autres pays où la culture par assolement est en faveur. » Mais il faut pour cela que le chiendent soit d'abord en partie détruit par des binages répétés, ou par tout autre moyen analogue. Dans les labours donnés à cet effet, on doit avoir soin de fourcher la terre, c'est-à-dire de la fouiller avec une fourche à trois ou quatre dents écartées de $0^m,05$ au plus, de la soulever et même de la faire sauter en l'air pour mettre au jour toutes les racines de chiendent qui s'y trouvent cachées.

Cette plante, qui est la *mauvaise herbe* par excellence, n'est cependant pas sans utilité. Les agriculteurs la brûlent pour fumer leurs terres. Les vergettiers en font des brosses bien connues; dans les contrées du Nord, on en fait du pain, car la racine contient un principe sacchariné et de l'amidon. Toutefois, ce n'est là qu'une ressource en cas de disette, et en temps ordinaire on laisse le chiendent aux bestiaux pendant l'hiver.

LA CRÉTELLE

Ce genre de graminées (*cynosurus*) renfermait un assez grand nombre d'espèces; mais plusieurs de celles-ci, par suite d'un examen plus attentif, ont été rapportées à d'autres types, soit nouveaux, soit déjà existants. La plus importante est la *crételle commune* ou *des prés* (*cynosurus cristatus*); son nom vulgaire, donné par extension à tout le genre, lui vient des petites crêtes très élégantes que forment les glumes, et qui permettent de distinguer aisément ces plantes de toutes les autres graminées. La *crételle commune* est une plante vivace, qui s'élève à la hauteur de deux pieds environ; elle forme de petites touffes d'un aspect assez agréable. On peut en toute confiance acheter le foin où elle se trouve, parce qu'elle indique qu'il vient de hauts prés, et ne contient par conséquent que de bonnes plantes. Tous les bestiaux, mais particulièrement les moutons, la mangent avec plaisir, surtout lorsqu'elle est jeune, mais elle foisonne peu et ne trace pas, si bien que les prés où elle domine ressemblent souvent à des friches; il n'y aurait donc aucun avantage à la cultiver seule. On en emploie la paille pour faire de petits ouvrages très élégants. La *crételle hérissée* (*cynosurus echinatus* est surtout abondante dans les régions méridionales, où elle croît dans les lieux incultes et sur les bords des champs. La *crételle dure* (*cynosurus durus*) s'élève peu, mais elle forme des touffes gazonnantes et bien fournies. Elle est également propre au Midi, et croît de préférence sur les sols arides ou pierreux.

LE DACTYLE

Le genre *dactyle* (*dactylis*) est aisé à reconnaître, dans toute la famille des graminées, à ses fleurs qui sont ordinairement réunies en panicule lâche ou en épi, ramassées comme par pelotons et dirigées d'un même côté. Les espèces en sont assez nombreuses; mais presque toutes sont exotiques. Le *dactyle pelotonné* (*dactylis glomerata*) est abondamment répandu en Europe. C'est une grande plante vivace, que les anciens botanistes ont appelée *gramen asperum* (gramen âpre ou rude); à cause de la rudesse de ses feuilles et même de ses fleurs. Elle est extrêmement commune dans les champs, les prés, les lieux incultes, au bord des chemins, et fleurit durant tout l'été. Le dactyle pelotonné a une croissance rapide; il prospère sur les sols et à des expositions qui conviennent peu aux autres graminées; il végète même très bien à l'ombre des grands arbres; enfin, il engazonne promptement les terres en pente. On peut l'employer pour faire des pelouses dans les endroits ombragés; mais il faut le semer seul et très épais, car il formerait des touffes isolées, dont la vigoureuse végétation nuirait aux plantes voisines. Il est excellent pour les pâturages, car les bestiaux l'aiment beaucoup à l'état frais, et il donne d'ailleurs un produit abondant. Mais, par la dessiccation, il perd toutes ses qualités, devient dur et insipide. et alors le bétail le recherche peu; aussi cette plante ne doit-elle pas entrer dans la composition des prairies destinées à être fauchées. Cependant, tous les agriculteurs ne sont pas de cette opinion; plusieurs ont recommandé le dactyle, et en ont formé des prairies, qui peuvent être fauchées trois fois dans le cours de l'été. On dit encore qu'il excite l'appétit des animaux. C'est enfin une des graminées que les chiens recherchent pour se faire vomir. Le *dactyle d'Espagne* (*dactylis hispanica*) qui croît dans le midi de l'Europe, est plus grêle et moins rude que le précédent, dont il paraît être une simple variété. Le *dactylis rampant* (*dactylis repens*) croît dans les sables, sur les côtes de la Barbarie et même dans l'intérieur des terres. Ses longues racines, rampantes et rameuses, le rendent propre à fixer et à mettre en valeur les sables mouvants et stériles.

FÉTUQUES

Les *fétuques* (*fertuca*) sont voisins des bromes et de pâturins; ce genre renferme des plantes généralement vivaces, formant des touffes cespiteuses, à feuilles radicales très fines, à tige presque nue, terminée par une pénicule étalée de petites fleurs verdâtres. Étudié dans son acception la plus large, il comprend une centaine d'espèces disséminées dans toutes les régions du globe, et surtout dans les prairies basses ou au bord des eaux.

Les *fétuques* jouent un rôle considérable en agriculture; elles forment, en quelque sorte, la base des pâturages naturels, et quelques-unes servent, mélangées, il est vrai, à d'autres plantes, à établir des prairies artificielles.

La *fétuque ovine* habite de préférence les montagnes, les lieux arides, secs et découverts; elle devient de plus en plus abondante à mesure qu'on s'avance vers le nord. C'est presque la seule espèce de ce genre qui croisse en Scandinavie, où on la trouve jusque sur les toits. On rencontre dans les montagnes une variété vivipare, c'est-à-dire se reproduisant par graines qui germent sur la plante même. Elle végète, d'ailleurs, toute l'année, excepté dans la saison des neiges. Ses touffes, peu élevées, mais bien fournies, produisent en abondance un foin succulent, quoiqu'un peu dur. Dans les bons terrains, elle pousse d'abord avec vigueur ; mais, plus tard, elle est étouffée par les autres herbes. Trop courte pour être fauchée avec avantage, elle est surtout bonne à être pâturée sur place. Les

Fig. 188. — Iris germanique.

moutons recherchent beaucoup cette espèce, qui les nourrit bien et les maintient en bonne santé. Il serait utile de la semer dans les sols arides, sablonneux, privés d'eau, ou dans les terres à seigle qu'on laisse en jachère pendant plusieurs années.

On a essayé d'en faire des gazons, car elle est à feuillage très fin et d'un beau vert, mais elle a l'inconvénient de produire des vides, par sa disposition à se mettre en touffes, qui, d'ailleurs, sont toujours salies par les feuilles mortes de l'année précédente ; aussi ne la plante-t-on guère qu'en bordure et dans les jardins paysagers situés sur un sol aride.

La *fétuque glauque*, qui n'est peut-être qu'une variété de la précédente, possède les mêmes propriétés; on en fait aussi des bordures dans les jardins. La *fétuque bleue* ou *améthyste* s'en rapproche aussi beaucoup; sa couleur caractéristique est bien plus intense dans les régions méridionales; ses touffes produisent un charmant effet dans les jardins paysagers; du reste, elle est excellente comme fourrage. La *fétuque durette* ou *duriuscule* abonde surtout dans le Midi, où elle croît dans les lieux arides et sablonneux et dans les prés secs des montagnes; comme valeur alimentaire, elle est un peu inférieure aux précédentes. La *fétuque rouge* ou *traçante* affecte des stations analogues, bien qu'on la trouve aussi dans les prairies humides. La *fétuque à feuilles variables* préfère les bois, les lieux couverts et ombragés. La *fétuque des prés*, haute d'environ 1 mètre, un peu tardive, mais donnant un produit abondant et de bonne qualité, est une des meilleures que l'on puisse employer pour ensemencer les prairies basses. La *fétuque élevée* ou *gigantesque* est plus élevée, plus vivace, mais aussi plus tardive que la précédente. Ces deux espèces, dont l'aspect rappelle un peu celui des bromes, contribuent beaucoup à la bonté des pâturages, et l'on recherche ceux où elles sont abondantes; il y aurait avantage à les multiplier. La *fétuque à feuilles menues*, qui réussit très bien dans les sables secs et arides, est pâturée en vert par les vaches, et fournit pendant l'hiver aux animaux un bon fourrage sec. La *fétuque queue-de-rat* croît aussi dans les terrains secs, et habite surtout les contrées tempérées ou chaudes, où elle couvre, parfois, des espaces considérables; sa fane est bonne, mais si dure et si piquante que les bestiaux ne la broutent que dans sa première jeunesse. La *fétuque inclinée*, que plusieurs auteurs rapportent aux pâturins, et dont on a fait aussi le type du nouveau genre *danthonie*, est une plante vivace, à tiges couchées, qui végète dans les sols les plus ingrats. Elle a aussi l'avantage de croître sous les arbres, dans les grands bois sablonneux, et, par conséquent, de rendre pâturables des lieux qui ne le seraient pas sans elle.

Il y aurait avantage à la multiplier, mais non à former des prairies avec cette seule espèce. Son fourrage est bon, mais peu productif; les feuilles étant très courtes et peu nombreuses, les tiges seules servent à la nourriture du bétail. On peut citer encore : la *fétuque pennée*, qui croît dans les bois et au bord des chemins; la *fétuque dorée*, propre aux régions montagneuses; la *fétuque ciliée*, du midi de la France, etc. Toutes ces plantes fournissent aux animaux domestiques une herbe délicate et très succulente. Les *fétuques flottantes* et *aquatiques* appartiennent aujourd'hui au genre glycérie.

FLÉOLE

Ce genre de graminées (*phleum*) renferme quelques espèces intéressantes pour l'agriculture. La première est la *fléole des prés*, *timothygrass* des Anglais, appelée aussi *fléau des prés*, sans doute à cause de la forme de son épi, qui rappelle un fléau à battre, car cette plante n'est nullement nuisible aux prairies. Elle atteint jusqu'à 1m,50 de hauteur et se distingue facilement à son long épi compact et cylindrique. Elle abonde surtout dans les prés bas et humides. On a proposé de faire des prairies artificielles, car elle dure jusqu'à douze ans. Elle est très tardive et peut rendre ainsi des services quand est passée la saison des fourrages verts. Elle donne un foin abondant, un peu gros, mais de bonne qualité, et que tous les bestiaux mangent avec plaisir. Dans les bonnes années, on peut en faire trois coupes, et, après la dernière, la laisser pâturer par les animaux. Cette plante est très estimée en Angleterre et en Amérique. La *fléole noueuse* est aussi commune que la précédente et se trouve surtout dans les endroits marécageux. Ses tiges, couchantes à la base, émettent à chacun des nœuds des racines adventives qui produisent des nouveaux individus; aussi la plante se propage-t-elle beaucoup. Mais, par contre, cette circonstance rend le fauchage très difficile, presque impossible, ce qui, joint à l'habitat ordinaire de cette plante, ne permet pas de la faire entrer dans les prairies artificielles. On se contente de la faire pâturer sur pied. Tous les bestiaux en sont avides. Les cochons recherchent beaucoup sa racine et bouleversent le sol pour s'en nourrir.

FLOUVE

Le genre *flouve* (*anthoxanthum*) est très facile à distinguer de toutes les autres graminées, en ce que ses fleurs n'ont que deux étamines au lieu de trois. L'espèce la plus remarquable est la *flouve odorante*, plante vivace qui croît abondamment et par touffes dans les bois et surtout dans les prairies; on la reconnaît sans peine à la teinte jaune que présentent ses épis à la maturité. Bien qu'elle pousse à peu près partout, elle habite de préférence les localités ni trop sèches ni trop humides. Elle est très précoce, mais elle durcit de bonne heure par cela même. Toutefois, dans un bon terrain, elle peut donner trois ou quatre coupes par an; elle peut servir avantageusement à mettre en valeur des terrains sablonneux et médiocres. Cette plante exhale, surtout quand elle est sèche, une odeur agréable, qui se communique au foin et le rend plus appétissant pour les bestiaux. La flouve, d'ailleurs, est recherchée par tous les animaux domestiques. Les pâturages dans lesquels elle abonde augmentent de valeur, non pas tant pour la plante en elle-même que parce qu'elle joue dans les fourrages le rôle d'une sorte de condiment. On peut même la mélanger avec de la paille. Le principe odorant de cette espèce est la coumarine, le même qui se trouve dans la fève de tonka, dont on se sert pour aromatiser le tabac à priser; aussi a-t-on remplacé quelquefois cette graine par les racines de la flouve, dont le parfum est, d'ailleurs, d'autant plus intense que la plante a crû dans un lieu plus élevé. Dans la Bresse, bien des persones croient encore que la flouve infecte l'air en été et cause ces fièvres qui attaquent une grande partie de la population; c'est là, il faut dire, un préjugé que rien ne justifie.

GLYCÉRIE

Ce genre de graminées (*glyceria*) formé aux dépens des fétuques et des paturins, renferme des plantes vivaces à feuilles planes, à fleurs groupées en panicules terminales, simples ou rameuses. Les glycéries sont aquatiques et croissent dans les régions tempérées des deux hémisphères.

La *glycérie flottante*, appelée aussi *fétuque flottante*, *paturin flottant*, *manne de Pologne* ou *de Prusse*, etc., est une grande et belle espèce dont les tiges dépassent souvent la hauteur de 1 mètre. Elle croît en abondance dans les eaux douces, courantes ou stagnantes de toute l'Europe. Elle se propage avec la plus grande facilité, soit par ses graines, soit par les coulants ou stolons qui naissent de ses nœuds inférieurs. Il y aurait avantage à la multiplier dans les endroits marécageux, impropres à toute autre culture. Il suffirait pour cela d'y jeter, au printemps, la graine de cette plante, qu'on aurait recueillie à l'automne. Une fois en possession d'un sol, la *glycérie* s'y propage ensuite d'elle-même, au point que, dans le cours de l'été, un seul pied peut arriver à couvrir un espace considérable.

Les feuilles et les tiges de cette plante constituent un fourrage abondant, tendre et succulent; on peut le faucher en vert et en obtenir plusieurs coupes dans une année. Tous les bestiaux l'aiment beaucoup; les chevaux eux-mêmes le recherchent avec avidité. Les cochons en sont très friands, au point qu'en Suède on l'appelle *fétuque des pourceaux*. Cette plante était bien connue des anciens; il est aisé de la reconnaître dans la *typhé* des Grecs et dans l'*ulva* des Latins. Ovide nous peint des villageois lyciens occupés à faucher l'ulve sous l'eau, à la dégager du limon et à la faire sécher. Pline dit que les bœufs, pour la brouter enfoncent la tête sous l'eau jusqu'à suffocation. Le même auteur, ainsi que Caton, recommande de l'employer comme litière pour augmenter la masse des fumiers. La *glycérie* servait aussi aux usages domestiques; elle composait les lits grossiers des soldats et des classes pauvres. Aujourd'hui encore, dans plusieurs contrées, on s'en sert, en guise de crin, pour garnir les matelas, les canapés, les fauteuils et autres meubles analogues. Les Grecs faisaient avec ses tiges desséchées des liens pour la vigne, et Columelle la recommande pour cet objet.

La *glycérie flottante* plaît beaucoup aux canards et aux autres oiseaux aquatiques. Les grenouilles viennent très bien dans les eaux dont les rives en sont fournies. Elle facilite la propagation et le développement des carpes, des truites, et des autres poissons. Enfin, on fait avec ses tiges des nattes, des cordes, des paniers, des mannequins et des paillassons.

Aux jours les plus chauds de l'été, vers midi, les épillets de cette glycérie se couvrent assez souvent d'une substance brune et sucrée assez analogue à la manne, ce qui explique les noms vulgaires d'*herbe à la manne*, *manne de Pologne* ou *de Prusse*, etc. La graine de cette graminée constitue un produit très important, et, dans des temps très anciens, elle servait à la nourriture de l'homme, usage qui s'est conservé jusqu'à nos jours dans certains pays. Cette graine est très petite, mais très abondante; elle contient, d'ailleurs, surtout quand elle est cueillie avant sa complète maturité, une substance amylacée d'un goût très agréable.

En France, où la plante est très abondante, on fait peu ou point usage de la graine, ce qui tient sans doute aux difficultés que présente sa récolte; mais, dans le nord de l'Europe, elle donne lieu à un certain commerce d'exportation.

La *glycérie aquatique* est aussi vivace, mais beaucoup plus grande que la précédente; ses tiges dépassent souvent la hauteur de 2 mètres, et produisent de grandes panicules diffuses et penchées. On la trouve dans les eaux pures et peu profondes, sur le bord des marais, des étangs, des ruisseaux, etc. C'est une plante d'un très bel aspect, qui peut servir à orner les pièces d'eau des jardins paysagers; mais il faut la surveiller, car elle trace et se multiplie au point de devenir envahissante et incommode. Toutefois, il y a avantage à la multiplier dans les eaux de source, qui, ayant une température plus élevée, favorisent son développement à une époque où le froid ne lui permettrait pas de se développer ailleurs, ainsi que dans les lieux bas et sujets aux inondations, où l'eau séjourne pendant quelque temps, parce qu'elle contribue beaucoup à exhausser le sol, soit par le détritus de ses fanes et de ses racines, soit en arrêtant les terres ou les sables entraînés par les eaux. Il serait facile de la propager, soit en éclatant ses touffes, soit en semant ses graines, qu'on aurait soin de garantir contre les oiseaux, qui en sont très friands. En Angleterre, on en fait des prairies. Elle fournit tous les ans deux ou trois coupes d'un fourrage excellent, que les bestiaux aiment beaucoup, surtout à l'état frais. Indépendamment de cet usage, elle fournit une très bonne litière. On a tout lieu de croire que sa graine, non utilisée sous ce rapport, peut servir à la nourriture de l'homme. Enfin, cette plante concourt à la formation de la tourbe.

Fig. 189. — Crételle des prés (*Cynosurus pratensis*). — Port. — Épi. — Épillet.

HOULQUE

Les houlques (*holcus. orge sauvage*) sont d'assez belles graminées, de moyenne ou de petite taille, dont les fleurs sont groupées en panicules terminales très élégantes. Plusieurs d'entre elles sont abondamment répandues en Europe, et cultivées quelquefois comme plantes fourragères. La *houlque molle* a de 0m,35 à 0m,65 de hauteur; elle est vivace; ses tiges fermes portent des feuilles velues et se terminent par des fleurs en panicules d'un blanc grisâtre, à glumes aiguës, presque glabres, à arêtes longuement saillantes. Elle croît dans les prés secs et les bois de presque toute l'Europe. Les bestiaux la recherchent avidement; il y aurait avantage pour les cultivateurs à la multiplier.

La *houlque laineuse* est aussi vivace; ses tiges ne dépassent guère 0m,65 de hauteur; ses feuilles sont molles, très velues et blanchâtres; ses panicules florales blanches, teintées de violet. Elle croît dans les lieux sablonneux et arides de toute l'Europe, et fleurit dès le commencement du printemps. C'est une des graminées les plus hâtives. Elle réussit dans les landes les plus stériles, pourvu qu'elles aient un peu de fond et d'humidité. On pourrait la faucher deux fois par an. Les bestiaux, et surtout les moutons, en sont fort avides. Ce serait une des plantes les plus avantageuses à cultiver en prairie artificielle, si sa nature et son mode de végétation lui permettaient de s'y prêter. « En effet, dit M. Bosc, il suffit de l'avoir observée dans un sol qui lui est propre pour juger que ses pieds, qui forment de grosses trochées, veulent être isolés. C'est pour n'avoir pas fait cette remarque, que quelques cultivateurs, qui l'ont semée sur parole, en ont été pour leurs frais. La manière de tirer de cette plante tout le parti possible, c'est d'en cultiver quelques touffes dans un lieu défendu contre les bestiaux, pour en récolter la graine et la semer très clair, à la fin de l'automne, sur un simple binage ou ratissage, dans les parties des pâturages qui sont le plus dégarnies d'herbe. La précocité de sa pousse fournira aux moutons une nourriture abondante. On peut aussi s'en servir utilement pour remplir les places vides des sainfoins et des luzernes qui commencent à se détériorer. Cette plante ne subsiste pas plus de trois ou quatre ans dans la même place, parce qu'elle épuise le terrain plus que la plupart des graminées. »

La *houlque odorante* est une plante à tiges grêles, à feuilles longues et étroites, à panicules luisantes, d'un jaunâtre mêlé de brun ou de violet. Elle croît dans le Nord et sur les montagnes du centre de l'Europe; on la recherche pour sa bonne odeur; les habitants des campagnes en font de petits paquets, qu'ils viennent vendre dans les villes. Elle donne une odeur agréable au foin, et le fait ainsi plus vivement rechercher par les bestiaux.

IVRAIE

Les caractères du genre *ivraie* (*lolium*) sont les suivants : fleurs disposées en faux épi; épillets solitaires sur chaque dent du rachis. Les épillets sont multiflores; leur glume est bivalve; la foliole extérieure grande, l'intérieure petite, souvent rudimentaire ou avortée; la glumelle est à 2 paillettes, l'interne ciliée.

L'*ivraie enivrante* croît avec le blé. Elle est annuelle; son chaume, rude au toucher, atteint jusqu'à 1 mètre et plus de hauteur. Cette espèce est connue depuis fort longtemps, à cause de l'action nuisible de ses caryopses, connus eux-mêmes sous le nom d'*ivraie*. On leur a donné ce nom à cause de leur action narcotique sur l'économie. Les caryopses sont acides, âcres et déterminent des nausées, le vertige, le coma, des convulsions. Ils doivent leurs propriétés malfaisantes à la présence d'une substance appelée coliine. Il est à remarquer que, si l'ivraie agit sur l'homme, le chien, le mouton, elle est sans effets physiologiques sur les oiseaux, le cochon, le bœuf. L'ivraie croissant parmi les moissons, ses semences se mêlent à celles des céréales; de là les accidents qu'occasionne quelquefois le pain.

La farine d'ivraie a souvent causé de véritables épidémies dont on ignorait la cause. Il est probable que ces effets tiennent surtout à l'eau de végétation, car ils sont d'autant plus graves que la graine est plus éloignée de l'époque de la maturité. Parmentier assure même qu'en la faisant sécher au four on rend son action presque nulle. « Au reste, dit Bosc, pour peu qu'on ait de l'habitude, on distingue à la première bouchée, même à l'inspection, le pain qui contient de l'ivraie; il est âcre et amer; son odeur est nauséabonde et sa couleur noirâtre. Il est encore en France des cantons, surtout dans les pays de montagnes, où les cultivateurs ne purgent pas leurs grains d'ivraie, par un absurde principe d'économie, et mangent, par conséquent, toujours du pain qui en contient. J'ai cru remarquer dans un de ces cantons (la haute Bourgogne) que l'habitude leur rendait l'usage de ce pain moins dangereux, car ces cultivateurs paraissaient bien portants, tandis qu'un seul déjeuner, pris chez un d'eux, me troubla la tête et m'affaiblit pendant plusieurs jours. » Les remèdes à employer contre l'empoisonnement par l'ivraie sont le vomissement d'abord, puis l'eau vinaigrée comme boisson. L'ivraie nuit encore à l'agriculture en infestant et épuisant les sols ensemencés en céréales. On ne saurait donc trop soigneusement l'extirper, ce qui, du reste, est très facile. Avant tout, il faut, pour cela, cribler les graines destinées aux semailles, pour les débarrasser de l'ivraie comme des autres plantes adventices. D'un autre côté, on évitera de répandre sur les champs de céréales les fumiers qu'on saurait contenir des graines de cette mauvaise herbe.

Malgré tout cela, il peut arriver que l'ivraie s'introduise dans les cultures; dans ce cas, on l'extirpera par des sarclages, et mieux par la culture de plantes étouffantes, telles que la luzerne ou les vesces, qui doivent entrer dans tout assolement naturel.

L'ivraie vivace est commune le long des chemins, dans les pâturages secs et les pelouses naturelles. On la connaît aussi sous le nom de ray-grass.

L'*ivraie multiflore*, fourragère comme l'*ivraie d'Italie*, est regardée par quelques-uns comme une simple variété de l'ivraie vivace.

RAY-GRASS

On a désigné sous le nom de *ray-grass* (*lolium*) ou sous d'autres noms analogues plusieurs graminées dont les feuilles ou les graines servent à nourrir les animaux domestiques ou les oiseaux de basse-cour, mais particulièrement une ou deux espèces du genre *ivraie*. La plante qui mérite surtout le nom de ray-grass est celle que l'on emploie dans les jardins pour faire des pelouses ou des tapis de verdure, et qu'on appelle aussi quelquefois *gazon anglais*. C'est en effet en Angleterre qu'on a commencé à la cultiver dans le cours du XVIIe siècle ; elle convient particulièrement au climat humide et brumeux de ce pays, où elle donne un fourrage abondant et presque continuel, fort goûté par les bestiaux. En Provence et surtout dans la Creuse, les bêtes à laine se nourrissent uniquement de ses touffes, qu'ils vont chercher jusque sous la pierre.

GRAINES DE RAY-GRASS (*colinus*). — On cultive deux sortes de ray-grass connues sous le nom de *gazon anglais* ou *ivraie vivace* et du *ray-grass d'Italie*. Les graines de ces graminées sont oblongues, à dos convexe et à face creusée en gouttières. On fait un grand commerce du premier dans le nord, dans le centre et dans l'ouest de la France. Les meilleures graines sont tirées d'Angleterre. L'hectolitre pèse de 40 à 42 kilogrammes. Le second convient surtout aux terrains calcaires et produit, par l'arrosage et par l'emploi des engrais liquides, des résultats merveilleux. Un hectolitre pèse 26 kilogrammes.

PATURIN

Les *pâturins* (*poa*) sont des herbes annuelles ou vivaces, qui comprennent environ 300 espèces répandues dans toutes les contrées du globe, mais plus particulièrement dans les régions tempérées. Elles sont disséminées dans des stations très diverses. Quelques-unes fournissent à l'homme des graines alimentaires , mais la plupart se recommandent surtout comme d'excellents fourrages. Nous dirons quelques mots des plus importants.

Le *pâturin annuel* est une plante gazonnante, qui a un chaume oblique, comprimé à la base, ainsi que les gaines ; les feuilles carénées, relativement courtes et larges ; la panicule presque unilatérale, à rameaux étalés, lisses ; les épillets verdâtres, ovales-oblongs, comprenant trois à cinq fleurs presque glabres. Il est répandu partout et fleurit toute l'année ; on le trouve particulièrement dans les lieux habités et fréquentés, les villages, les villes même, où il forme souvent de grosses touffes ; il pullule dans les allées des jardins, dans les cours, même dans celles qui sont pavées à chaux et à ciment. On dirait que plus on l'arrache, plus on le foule aux pieds, plus aussi il se multiplie et végète avec vigueur ; d'un autre côté, ses graines peuvent rester plusieurs années en terre sans germer, pour peu qu'elles soient enfouies profondément ; aussi fait-il le désespoir des horticulteurs, par la difficulté qu'ils trouvent à l'extirper. Toutefois, cette plante a aussi son bon côté ; tous les bestiaux l'aiment passionnément, et ce serait certainement la meilleure espèce fourragère à cultiver si elle était plus élevée et plus productive. Elle offre également une ressource pour regarnir les parties nues des gazons dans les jardins, car elle pousse très vite et ses feuilles sont étalées comme celles du ray-grass, dont elles se distinguent néanmoins par un vert beaucoup plus clair.

Le *pâturin des bois* est vivace ; sa couche est gazonnante et même un peu traçante, et ses chaumes atteignent près de 1 mètre de hauteur ; c'est une graminée des plus hâtives. Dès le mois de mars, il présente une masse de verdure bien fournie, alors que la plupart des autres plantes commencent à peine

Fig. 190. — Églantier.

à végéter. Il croît naturellement dans les bois et végète très bien à l'ombre des taillis ; il réussit également dans les lieux découverts ; il est très rustique et s'accommode de tous les terrains secs ; il peut fournir une coupe assez abondante, même dans les sols médiocres et sablonneux ; son foin est très fin.

Le *pâturin maritime*, aussi bon que les autres espèces, mais plus tardif, est précieux pour les prés et les pâturages des terrains imprégnés de sel.

Le *pâturin commun* est, en effet, le plus commun des pâturins ; il abonde dans les prés, dans les bois, le long des chemins, dans les jardins et jusque dans les rues peu fréquentées. Il se distingue par une racine fibreuse, des feuilles engainantes, rudes au toucher et une panicule florale pyramidale, diffuse.

Ce pâturin fournit du foin de bonne qualité, mais il faut le faucher assez tôt pour qu'il ne sèche pas sur pied. On en fait des prairies artificielles, en semant 18 kilogrammes de graine par hectare.

Le *pâturin des prés* se distingue par sa racine traçante, son chaume et ses feuilles lisses, sa panicule diffuse formée d'épillets ovales à trois ou quatre fleurs et à glumes aiguës. Cette espèce, aussi commune que la précédente, fournit un foin d'aussi bonne qualité, mais encore plus précoce, de telle sorte que, mêlée à d'autres graminées, elle sèche avant que celles-ci soient en état d'être fauchées. La qualité de graine employée pour le semis est la même que pour la précédente espèce. D'autres pâturins sont cultivés encore comme plantes fourragères.

PHALARIDE

Les *phalarides* sont des plantes herbacées, vivaces, à feuilles planes, linéaires; les fleurs sont groupées en épis compacts ou en panicules rameuses; le fruit est un caryopse. Les espèces assez nombreuses de ce genre sont répandues dans les diverses régions du globe et quelques-unes sont indigènes, naturalisées ou cultivées dans nos contrées. En général, tant qu'elles sont jeunes, elles constituent un assez bon fourrage; plus tard, elles deviennent dures et sèches; les graines de quelques espèces sont alimentaires.

La *phalaride des Canaries*, vulgairement appelée *alpiste*, est une plante annuelle, à panicule compacte, ovoïde, en forme d'épi; originaire des îles Canaries, elle est aujourd'hui naturalisée dans le midi de la France, en Espagne et en Italie. Elle se contente des sols sablonneux et médiocrement fertiles; toutefois elle donne de meilleurs produits dans les terres substantielles. Sa culture ne diffère guère de celle de l'orge ou de l'avoine; on sème fort clair et sur un seul labour, depuis avril jusqu'en juin. Comme cette plante est très précoce, on la cultive souvent comme fourrage vert; mais il faut la faucher au moment où l'épi commence à se former: si l'on attendait plus tard, on obtiendrait un fourrage un peu plus dur et un foin médiocre et grossier. Cette circonstance explique les jugements contradictoires qu'on a portés sur l'alpiste des Canaries, regardé comme un fourrage fin et appétissant suivant les uns, grossier et peu nutritif suivant les autres.

Cette espèce a l'avantage de végéter rapidement, mais elle est quelquefois détruite par les gelées tardives. On la cultive aussi pour sa graine, dont la farine est moins blanche que celle du froment, mais qui, sous forme de gruau ou de bouillie, peut servir à la nourriture de l'homme. Toutefois, on l'emploie peu pour cet usage; mais la consommation qui s'en fait pour nourrir les oiseaux de basse-cour ou de volière, notamment les serins, donne lieu à des cultures assez étendues; malheureusement ces cultures sont peu productives.

La *phalaride roseau*, vulgairement appelée *alpiste coloré* ou rubané, est une grande et belle plante vivace à souche traçante à feuilles larges, scabrées sur les bords, à fleurs groupées en une ample panicule panachée de violet. Elle croît abondamment dans les lieux humides et au bord des eaux, et il y aurait souvent avantage à la propager dans ces localités. Ses tiges, tendres et succulentes malgré leur dimension, et ses longues et larges feuilles donnent un fourrage très productif et d'assez bonne qualité quand il n'est pas fauché trop tard ; tous les animaux domestiques, à l'exception des cochons, le mangent volontiers. Cette plante a produit une variété à feuilles panachées de blanc rosé et de jaunâtre, très répandue aujourd'hui dans les jardins. Elle est rustique et vient à peu près dans tous les sols et à toute exposition, mais réussit mieux dans les terrains humides à l'ombre et au bord. On le propage très facilement d'éclats de pied ou de drageons, plantés à l'automne ou au printemps. Elle sert à faire des bordures autour des pelouses et des massifs, dans les jardins paysagers, à décorer les grottes, les rocailles, le bord des eaux, etc. On emploie ses tiges feuillées pour orner les vases d'appartements ou pour entourer les bouquets.

Nous citerons encore les *phalarides bulbeuse* et *aquatique*, qui croissent au pourtour du bassin méditerranéen et ressemblent beaucoup, pour les caractères et les propriétés, à l'alpiste des Canaries; la *phalaride paradoxale*, qui habite les mêmes localités et dont les épis ont des plumes tronquées et semblent avoir été rongés par les insectes.

VULPIN

Les *Vulpins* (*Alopecurus*) sont des plantes généralement vivaces à épi compacte, cylindrique, effilé, que sa forme a fait comparer à une queue de renard, d'où le nom français et latin (*Alopecurus*) du genre. Il renferme un assez grand nombre d'espèces, dont plusieurs intéressent l'agriculteur, parce qu'elles fournissent un excellent aliment aux bestiaux et qu'elles prospèrent dans des endroits où la plupart des autres plantes fourragères ne pourraient croître. La plus remarquable est le *vulpin des prés*, c'est une plante vivace haute de $0^{m},50$ à $0^{m},70$, à racines fibreuses, à fleurs disposées en long épi dressé. Cette plante croît dans toute l'Europe; elle est très répandue dans les prairies, les pâturages et tous les lieux humides et herbeux.

On le cultive en prairies artificielles, comme le ray-grass, auquel on l'associe parfois. Il convient surtout aux terres fertiles et fraîches; toutefois, il y aurait avantage à le propager dans les sols pauvres et marécageux, dans les prairies basses. Son fourrage, précoce et abondant, se conserve vert et tendre assez longtemps après la floraison. Quoiqu'un peu gros, il est de bonne qualité, odorant, appétissant et nutritif. Tous les animaux domestiques, les chevaux surtout, l'aiment avec passion. Il bonifie beaucoup la paille à laquelle on le mêle. Dans les bonnes terres, il peut donner deux coupes par année, et ses touffes bien fournies présentent jusqu'à une dizaine d'épis. En Angleterre, on confond souvent cette plante avec la fléole ou *timothy*, à laquelle elle ressemble assez.

Le *vulpin géniculé* a les tiges coudées et couchées à la base ; il se plaît dans les sols tourbeux, les marais, au bord des étangs, des fossés ; quelquefois ses feuilles flottent à la surface des eaux peu profondes. Il peut servir à exhausser et fixer les sols marécageux. C'est encore un fourrage très précoce et que les bestiaux aiment beaucoup, au point même de s'exposer à des dangers pour aller le brouter dans les fondrières. Le *vulpin bulbeux* se reconnaît aux renflements bulbiformes de ses racines. Il habite l'Europe centrale et méridionale et croît surtout dans les marais et les prés bas ; sa fane partage les qualités de celle des autres espèces, et ses racines sont fort recherchées par les cochons. Le *vulpin des champs* ressemble beaucoup au précédent, mais il croît dans les lieux secs.

MAUVAISES HERBES

On comprend sons le nom collectif de *mauvaises herbes*, les plantes qui croissent naturellement dans les champs, les jardins, les prairies, les vignes, etc., et qui nuisent aux cultures d'une manière ou d'une autre.

Prise à la rigueur, cette expression est très impropre, car les plantes qu'elle désigne fournissent au sol, par leur décomposition, une certaine quantité d'engrais; néanmoins, l'agriculteur est intéressé à les détruire, car si elles n'épuisent pas toujours le sol, elles contrarient, ne fût-ce que par leur ombrage, la végétation des plantes cultivées. Toutefois, une plante n'est pas réputée *mauvaise herbe* par cela seul qu'elle n'est d'aucune utilité, mais bien parce qu'elle croît spontanément dans un endroit et dans un temps où sa présence n'est nullement demandée. Ainsi, des plantes cultivées, éminemment utiles, peuvent, dans certains cas, devenir *mauvaises herbes*. Le colza, par exemple, laissant après la moisson un grand nombre de ses graines dans le champ qui l'a produit, celles-ci germent et infestent les récoltes suivantes.

Les *mauvaises herbes*, qu'il vaudrait mieux nommer *herbes adventices*, sont assurément une des plaies de l'agriculture. On se plaint souvent, et trop justement, hélas ! des ravages des insectes, mais ceux de certaines plantes ne sont pas moins redoutables, et ces plantes sont nombreuses. Chaque sol, chaque climat a les siennes. Pour ne parler que des contrées tempérées de notre hémisphère, telles que la France, l'Angleterre, l'Allemagne, les sols argileux produisent l'agrostis traçante, qui se reproduit par ses graines et par ses stolons; l'avoine à chapelets, qui se multiplie à la fois de ses graines et de ses racines bulbeuses; l'avoine élevée ou fromental, la folle avoine, l'ivraie vivace ; les terres calcaires se couvrent de chardons, de séneçon, d'arrête-bœuf, de bluets, de coquelicots, de pavots ; les terres siliceuses sont en proie au chiendent ; les sols tourbeux ont l'oseille sauvage, les renoncules, le bugle rampant, la persicaire ; les terres de bruyère présentent la petite oseille sauvage, des fougères, des genêts. Et que d'espèces non comprises dans cette énumération! L'ortie dioïque fournit par pied environ 100,000 graines; le coquelicot, 50,000 ; la marguerite, de 5,000 à 6,000 ; le mouron et la moutarde sauvage, 4,000; la matricaire, 45,000; l'orobranche, la cuscute et le chardon des champs, 20,000 ; le séneçon, 19,000; la ravenelle, 6,000; la nielle, le pissenlit, de 2,000 à 3,000.

Comparez cette étrange fécondité à celle de la plupart des plantes utiles, et calculez quelle somme de patience, de soins persévérants, l'homme sera tenu d'employer pour résister à l'envahissement de certaines espèces. Contre tant d'ennemis la lutte doit durer toujours.

Fig. 191. — Agrostis vulgaire (*Agrostis vulgaris*). — Port. — Épi. — Épillet.

Suivant Thaër, il pousse quelquefois dans les marais de l'Oder une quantité surprenante de moutarde, lorsque ayant mis en culture un terrain qui, de tout temps, a été un marais, on l'ameublit de manière que, la seconde année, le gazon soit détruit et divisé. Cette semence ne peut avoir été amenée là que dans les temps les plus reculés, et après avoir été déposée par les eaux dans les limons qu'elles charriaient avec elles. Souvent aussi l'on a vu pousser de nouvelles herbes sur ces terres de plus de 1 mètre de profondeur, et même sur le sol d'anciennes forêts. « On a trouvé, ajoute le savant agronome, sous un bâtiment qui sûrement avait existé deux cents ans, une terre noire qui fut transportée avec des plâtras dans un jardin ; bientôt il poussa à cette place une quantité de marguerites dorées, quoique auparavant on n'y en eût jamais vu. Le nombre de ces petites semences qui peuvent exister dans le sol dépasse toute idée. Lorsqu'on a divisé soigneusement la terre et qu'on l'a réduite en poudre, elle est bientôt couverte d'une masse épaisse de mauvaises herbes que le labour ne tarde pas à détruire complètement. Mais alors le terrain inférieur, ramené à la surface, se couvre bientôt d'une quantité de mauvaises herbes tout aussi grande que la première. J'ai vu cela se répéter jusqu'à six fois dans un été, sans que je remarquasse de diminution dans cette pousse de mauvaises herbes et sans que l'espèce en fût détruite pour l'année suivante. On a renouvelé ces observations jusqu'à la troisième année, sans pouvoir débarrasser entièrement le terrain de la semence de la marguerite dorée. »

Pour parvenir à détruire les mauvaises herbes, il est indispensable de connaître le mode de vice et de reproduction de chaque espèce. Sans cette connaissance préalable, tous les efforts pourraient être inutiles; en tout cas, on agirait au hasard et l'on s'exposerait à dépenser en pure perte beaucoup de temps et beaucoup d'argent. Certaines plantes comme le chiendent, ont besoin à la fois d'air et d'humidité, d'autres germent à une certaine profondeur; mais en deçà comme au delà, pour elles, c'est la mort ou tout au moins la stérilité. Il y a dans ces observations des indices précieux qu'il est nécessaire de ne pas négliger, et qui doivent servir de règle de conduite.

Voici ce qu'il disait à propos du chiendent, ce fléau toujours renaissant de certains sols, M. Matthieu de Dombasle : « Dans les terres infestées de chiendent ou d'autres plantes à racines traçantes et vivaces, le sol doit rester à l'état où l'a mis le labour (c'est-à-dire qu'on ne doit point le herser), parce qu'alors il se dessèche beaucoup plus promptement, ce qui contribue infiniment à détruire le chiendent ; le hersage doit être alors donné immédiatement avant le labour qui suit. Au moyen de plusieurs labours donnés en temps sec, avec les précautions que je viens d'indiquer, on détruit le chiendent de manière qu'il n'en reste pas de traces ; et les racines de cette plante qui restent dans le sol y pourrissent et y servent d'engrais. On doit donner un nouveau labour aussitôt que l'on voit les nouvelles pousses de chiendent apparaître à la surface, et l'on continue ainsi jusqu'à ce que la destruction soit complète. » On pourrait encore enfouir le chiendent à une grande profondeur dans la terre, où il ne tarderait pas à pourrir ; ou bien l'extirper entièrement, l'enlever du champ et le faire brûler. Mais ces deux méthodes, toujours fort coûteuses, sont bien moins sûres. L'avoine à chapelets, qui n'est pas moins nuisible que le chiendent, vit et se reproduit de la même manière, c'est-à-dire que les moyens de destruction dont nous avons parlé plus haut lui sont applicables. Le procédé suivant, employé avec succès par Antoine de Roville, n'en diffère pas essentiellement ; du moins repose-t-il sur les mêmes principes. « On donne, dit-il, un labour aussi profond qu'il est nécessaire pour que toutes les souches de tubercules soient remuées et retournées. Mais si l'on en restait là, les tubercules reprendraient bientôt une nouvelle vie, parce que la terre qui adhère à leur surface leur permettrait de végéter. C'est à enlever cette terre qu'il faut tourner toute son attention. Aussitôt que la sécheresse a rendu le sol meuble et friable, on fait passer plusieurs fois de suite le rouleau suivi d'une herse à dents rapprochées ; la terre qui adhérait aux tubercules tombe à la suite des secousses multipliées que reçoivent ceux-ci, et l'on peut être assuré de leur destruction si la sécheresse dure encore quelques jours après l'opération. »

Parmi les moyens propres à la destruction des mauvaises herbes, il faut aussi, après les labours répétés, compter les sarclages. Ces derniers, toutefois, excellents dans les jardins, deviennent inefficaces, nuisibles même dans la grande culture, à cause de la dépense et des dégâts qu'ils occasionnent.

Dans le Nord on les pratique rarement, et pourtant les champs sont toujours propres ; cela tient à deux causes : 1° au soin qu'on prend de ne semer que des graines choisies et bien nettoyées ; 2° à la perfection de l'assolement.

« En effet, dit Bosc, l'expérience prouve que les plantes annuelles les plus communes dans les champs ne peuvent végéter dans les terres qui ne sont pas labourées, et que les plantes vivaces de la même catégorie sont tuées par les binages d'été ou étouffées par des plantes plus grandes ou plus feuillues. Ainsi, en transformant un champ en prairie artificielle, on est sûr de faire disparaître la plupart des premières et même quelques-unes des secondes, telles que le chardon des champs, l'hièble, etc. En cultivant du maïs, des pommes de terre, des fèves, des haricots, et autres plantes qui demandent plusieurs binages d'été, ou en semant de la vesce, des pois et autres plantes qui étouffent tout ce qui veut croître sous elles, on se débarrasse des secondes et de plusieurs des premières. Le chiendent, cette peste de l'agriculture, disparaît dans ces deux cas, pour plusieurs années. Une bonne luzerne n'en montre pas, et une mauvaise en est presque toujours infestée par la même cause. »

Lorsqu'on a recours au sarclage, il faut toujours le faire avant la floraison, ou, du moins, avant la maturation des semences des mauvaises herbes, afin que celles-ci ne puissent pas se perpétuer par leurs graines. Les prairies sont souvent envahies par des *berces*, des *populages*, des *renoncules*, des *salicaires*, des *plantains* et autres herbes auxquelles le bétail ne touche point; elles nuisent à la production du foin, soit pas leur mauvaise qualité, soit parce qu'elles étouffent les bonnes herbes sous leurs larges feuillages; on s'en débarrasse également par le sarclage.

Une distinction importante à faire est celle des plantes qui se reproduisent seulement par leurs graines, et des plantes qui se reproduisent à la fois par leurs graines et par leurs racines. Ces dernières sont assurément les plus difficiles à extirper; les autres, pourtant, ne sont guère moins redoutables. L'essentiel est de ne pas les laisser fructifier; mais cette condition est souvent difficile à remplir. On sait que toute récolte manquée donne lieu à une abondante production de mauvaises herbes. Il serait quelquefois préférable, dans ce cas, de sacrifier cette récolte; mais quel est celui de nos paysans qui voudrait adopter ce parti extrême? La pauvreté, d'une part, et la routine, de l'autre, leur font préférer s'exposer à voir leurs champs salis et dévorés par les herbes parasites pendant une longue suite d'années, plutôt que de perdre la plus chétive récolte. De tous côtés, on le voit, le mal est grand; hâtons-nous d'ajouter pourtant qu'il n'est pas sans remède. Le génie de l'homme a toujours su se procurer les armes que la nature lui refusait. Moins que jamais le cultivateur aurait aujourd'hui le droit de se plaindre. Il a là, sous la main, des instruments parfaits : herses, scarificateurs, rateaux à cheval, qui ne demandent que peu de temps pour suppléer au manque de bras dont on se plaint tant.

Mais le meilleur moyen qu'il ait à sa disposition est un bon système de culture, un assolement approprié au sol et au climat. Sans cela, les meilleurs instruments, avec la meilleure volonté du monde, ne feront qu'atténuer le mal sans en prévenir le retour. Il faut éviter, en outre, tout ce qui pourrait favoriser l'introduction ou la propagation des espèces qu'il faut détruire à tout prix. Ainsi les semences devront être bien nettoyées; les résidus des basses-cours, les fonds de granges seront mis à part, et le fumier qui en résultera ne sera employé qu'après avoir subi une fermentation suffisante; les bords des haies seront purgés des herbes qui s'y réfugient pour se répandre de là sur toute l'étendue du champ. On sait que les anciens avaient l'habitude de brûler leurs chaumes après la moisson. Ce procédé peut être utile dans quelques cas et on pourra en faire usage au besoin. Par-dessus tout, il faudra éviter de favoriser la multiplication des mauvaises herbes par des labours à contre-temps. Les cultivateurs du Midi connaissent par expérience ce qu'il en coûte d'agir ainsi, et ils appellent *terres gâtées* celles qui ont été traitées de la sorte. « La terre gâtée, dit M. de Gasparin, se couvre rapidement d'une foule de mauvaises plantes très avides d'engrais, telles que les pavots, les camomilles, les crucifères.

Plusieurs générations de ces plantes se succèdent même dans le courant de l'année, et, les années qui suivent, ces plantes se montrent encore jusqu'à ce que des labours actifs les aient fait disparaître. Mais alors l'épuisement de la terre est manifeste, et les céréales, qui y poussent bien en herbe, manquent de force pour monter en épi, soit à cause du voisinage de ces plantes épuisantes, soit à cause des pertes que le terrain a faites en nourrissant plusieurs de leurs générations. » On voit que les terres gâtées sont bien nommées. Les mauvaises herbes ne sauraient se localiser. On ne peut les laisser prospérer dans un lieu sans qu'aussitôt elles envahissent tout de proche en proche. Tout concourt à leur multiplication, leur nature propre, les animaux et les phénomènes atmosphériques; il semble que la nature ait pris des précautions toutes particulières en leur faveur. D'où l'on peut voir qu'il ne suffit pas qu'un cultivateur se montre soigneux, si ses voisins n'imitent pas son exemple. Leurs champs mal tenus infesteront les siens à toute heure, et, pour lui, ce sera toujours à recommencer. Il ne faut pas qu'il en soit ainsi. L'importance de la destruction des mauvaises herbes pour les particuliers et pour le public est telle, a-t-on dit depuis longtemps, que les lois devraient l'imposer à tous. A défaut des lois, un règlement de police qui punirait ceux qui favorisent la multiplication des plantes nuisibles, dont les semences se répandent sur les terres de leurs voisins, serait fondé sur un principe d'équité. En Angleterre, la loi oblige tout possesseur du sol à détruire les plantes nuisibles, non seulement sur ses champs, mais encore au bord des routes et des chemins qui les côtoient.

En Allemagne, au dire de M. Gasparin, les propriétaires imposent aux fermiers une amende de 15 à 30 centimes pour chaque pied de chrysanthème trouvé sur leurs terres.

La France ne présente rien de semblable, on ne songe pas assez à ce qui intéresse l'agriculture, c'est-à-dire la vie et l'avenir du pays. On se plaint de la pénurie des récoltes et on ne fait pas le nécessaire pour obtenir un sol sain donnant la prospérité à qui lui donne des soins trop souvent ignorants malheureusement.

FORMATION DES PRAIRIES

Lorsqu'il s'agit de former une prairie sur un terrain déjà gazonné, on doit utiliser ce commencement de végétation et se borner à le favoriser, en enlevant les plantes nuisibles, en aplanissant les taupinières, et de plus, surtout dans les bons terrains, en répandant quelques engrais et de la graine des espèces d'herbes qui conviennent le mieux au sol, et qui manquent, ou sont trop peu nombreuses, dans le gazon.

Pour former une prairie sur un terrain non herbé, on procède habituellement par semis. A cet effet, on prépare la terre comme pour un ensemencement de

Fig. 192. —Auprès de la ferme, paysage par Paul Potter.

blé; on sème sur le sol bien fumé et bien ameubli le mélange de graine qui paraît le plus convenable et on le recouvre avec une herse légère, ou même avec un râteau, quand il s'agit d'ados irrigués. On peut semer avec la graine du gazon, du sarrasin, qui, par son feuillage, protège les herbes contre la sécheresse; mais cette précaution n'est pas nécessaire. On arrache ce sarrasin, soit lorsqu'il est mûr, soit lorsqu'il est seulement en fleur, si la saison ne doit pas lui permettre d'arriver à maturité. On ne doit faucher, ni faire pâturer les semis de gazon, l'année de leur formation. Les semis se font en automne dans le Midi et au printemps dans le Nord.

Les graminées et les légumineuses, avons-nous dit, sont les deux familles prépondérantes dans les prairies; toutes les autres plantes n'ont qu'une utilité secondaire, et pourraient en général en être bannies.

Nous terminerons cette étude des plantes fourragères en donnant d'après M. de Gasparin l'énumération des meilleures variétés, leur classification, l'époque de leur floraison dans le climat de Paris, la perte que chacune d'elles éprouve par la dessiccation, et, enfin, la teneur en azote du foin qu'elle fournit.

Ces renseignements suffiront pour aider dans le choix que l'on pourrait avoir à faire, pour la création de prairies, dans des conditions déterminées.

1° PLANTES DES TERRAINS HUMIDES	Fleurit à Paris	L'herbe perd par la fenaison.	Azote pour 100 de foin normal.
Poa fluitans. Bord des ruisseaux et des étangs, fourrage tendre et excellent	20 juillet	0,70	1,95
Poa aquatica. Fourrage assez grossier, très dur si on le coupe tard, racines fortes et traçantes	20 juillet	0,80	1,27
Phleum pratense. Terres tourbeuses et humides, très répandu dans les prairies humides; beau regain, fourrage excellent	16 juillet	0,56	1,00
Phalaris arundinacea. Glaise sableuse, près des amas d'eau. Fourrage d'apparence grossière, mais assez bon quand il a été fauché avant les floraisons	16 juillet	0,50	1,49
Alopecurus pratensis. Bonne récolte dans les terrains humides et frais.	20 mai	0,70	0,67
Fertuca elatior. — Pratensis. — Gigantea. Il faut choisir la grande variété quand on recueille la graine. Terres riches et humides	12 juillet	0,60 0,54 0,66	1,53 1,58 1,71
Fertuca arundinacea. Fourrage abondant, mais grossier	10 juillet	0,50	0,54
Agrostis stolonifera. Prairies sablonneuses et humides	» »	0,55	1,33
Arundo phragmites. Terrains inondés et humides. Son foin doit être coupé de bonne heure	10 août	0,50	0,75
Lathyrus pratensis. Excellente plante, fourrage abondant; terrains riches et humides	15 juin	0,68	2,36

2° PLANTES DES TERRAINS FRAIS			
Festuca elatior. La variété *gigantea* atteint dans ce terrain son plus grand développement	12 juillet	0,66	1,71
Avena elatior. Repousse toute l'année; fourrage amer, qu'il ne faut pas donner seul aux bestiaux	24 juin	0,60	0,85
Lolium perenne. Repousse constamment, aime à être fauché; fourrage médiocre	1er juillet	0,58	0,98
Alopecurus pratensis. Vulpin des prés, précoce; regain abondant	20 mai	0,70	0,67
Phleum pratense. Pousse constamment; excellente graminée	16 juillet	0,56	1,02
Dactylis glomerata. Excellente plante	24 juin	0,59	0,85
Holcus lanatus. Excellente plante. On ne peut pas la semer seule	14 juillet	0,53	1,92
Poa pratensis. Doit être coupée en fleur; résiste bien à la sécheresse.	30 mai	0,70	1,03
Poa trivialis. Doit être fauchée tard	13 juin	0,70	1,60

	Fleurit à Paris	L'herbe perd par la fenaison.	Azote pour 100 de foin normal.
Poa nemoralis. Ne craint pas l'ombre; ne gazonne pas	28 juin	0,55	1,64
Bromus pratensis. Fourrage abondant, mais médiocre	» »	0,58	0,58
Trifolium perenne. C'est la base essentielle d'une prairie dont elle garnit le fond	» »	0,78	1,54

3° PLANTES DES TERRAINS SECS

Lolium perenne	1er juillet	»	0,98
Poa trivialis	13 juin	»	1,60
Festuca glauca	13 juin	»	0,99
Agrostis vulgaris	24 juillet	»	1,53
Triticum repens. C'est une des bonnes plantes des prairies sèches, mais elle demande du fumier	10 août	»	1,35
Holcus mollis. C'est la plante spéciale à ces terrains	24 juillet	»	2,60
Avena pratensis	18 juin	»	1,37
Lotus corniculatus	»	»	»

Voici la proportion de graines que M. de Gasparin conseille d'employer, par hectare, pour la formation des prairies :

1° TERRAINS HUMIDES

Festuca arundinacea	5 kg. 0
Festuca elatior	5 — 0
Poa serotina	2 — 5
Poa aquatica	2 — 5
Phleum pratense	1 — 0
Agrostis stolonifera	1 — 0
Medicago maculata	2 — 0
Lathyrus pratensis	1 — 5
Vicia sepium	1 — 5
Trifolium pratense	2 — 0
	24 kg. 0

2° TERRAINS FRAIS

Dactylis glomerata	4 kg. 0
Poa nemoralis	1 — 4
Festuca loliacea	4 — 0
Agrostis vulgaris	4 — 6
Festuca elatior	4 — 0
Festuca sylvatica	4 — 0
Holcus lanatus	2 — 3
Phleum pratense	0 — 8
Trifolium pratense	2 — 0
Trifolium repens	4 — 0
Lathyrus palustris	1 — 0
Vicia sepiun	1 — 0
Trifolium pratense	1 — 0
	34 kg. 1

Dans les terrains secs destinés à être fauchés, on sème un mélange de *luzerne*, de *sainfoin*, de *festuca rubra* ou *glauca*, de *trifolium repens* et de *holcus mollis*.

Pour les pâturages de ces mêmes terrains, on emploie :

Festuca rubra	5 kg. 0
— glauca	5 — 0
— duriuscula	5 — 0
Bromus secalinus	5 — 0
Holcus lanatus	3 — 0
Holcus mollis	3 — 0
Paspalum dactylum	3 — 0
Triticum repens	3 — 0
Hedysarum onobrychis	30 — 0
Trifolium repens	4 — 0
Lotus corniculatus	2 — 0
	68 kg. 0

Dans les prairies irriguées de la Campine, l'un des mélanges les plus convenables paraît être le suivant :

Ray-grass	19 kg. 0
Thimothy	5 — 0
Vulpin des prés	5 — 0
Cretelle des prés	4 — 0
Brome des prés	5 — 0
Flouve odorante	3 — 0
Lupuline	3 — 0
	44 kg. 0

Les soins d'entretien à donner aux prairies permanentes de bonne qualité se bornent à arracher les mauvaises herbes, à aplanir la taupinière et à fumer les prairies fauchées, et, au besoin, les prairies pâturées, quand le répandage des excréments des bestiaux qui s'y nourrissent ne produit pas une fumure suffisante.

Le produit des prairies, dit M. Hervé-Mangon, est extrêmement variable. Certains prés ne donnent pas par hectare 250 kilos de foin par an, ou leur équivalent en herbe pâturée, et l'on en cite des prés marcites, aux environs du Milan, où l'on obtient 68,618 kilos d'herbe ou 19,202 kilos de foin. Mais il faut, pour obtenir de tels résultats, arroser les prairies avec des eaux extrêmement fertilisantes, ou bien leur fournir, quand elles sont arrivées à toute leur valeur, un poids de fumier contenant la moitié ou les deux tiers de la quantité d'azote enlevée par le foin lui-même.

Nous répéterons que dans l'entretien des prairies il faut avoir soin de détruire ou d'éloigner les animaux nuisibles, tels que la *taupe*, la *fourmi*, le *hanneton*, le *criquet*, la *courtilière* si cela est possible ; par des sarclages, des arrachements, on débarrasse les prés des herbes nuisibles, inutiles et parasites. Cette opération n'est pas facile, mais, en s'en occupant à intervalles, elle rend la prairie bien meilleure. Ces plantes sont en grand nombre.

Celles que l'on appelle *mauvaises herbes* sont, en général : dans les cryptogames, les familles des *mousses*, des *fougères*. Dans les phanerogames, les *naïades* dans les terrains humides, les *laiches*, les *scirpes*, les *joncs*, le *butome* ou *jonc fleuri*, le *plantain d'eau*, les *colchiques*, la *verâtre*. Toutes ces plantes répugnent plus ou moins aux animaux et leur sont nuisibles. Les *orchis* étouffent les bonnes plantes par leur force et l'ampleur de leurs fleurs. Les *liliacées*, surtout la *fritillaire* et les diverses espèces d'*ail* donnent un mauvais goût au lait.

On doit se défaire de la *patience* ou *oseille sauvage* (*rumex*) qui est repoussée par les animaux et qui occupe une place très inutilement, et du *poivre d'eau* (*polygonum hydropipes*) considéré comme dangereux. Dans les *aristoloches*, la *clématite* trace beaucoup dans les lieux humides et doit être détruite avec soin, quoiqu'elle ne soit pas malfaisante.

Dans les *lysimachies* (*primulaceæ*), on doit proscrire la *lysimachie commune* (*primulacea vulgaris*), la *primevère* qui envahissent beaucoup de terrain, et le *globulaire* (*primulacea globularia*) qui déplaît aux animaux.

Fig. 193. — Mousse (*Funaria hygrometrica*).

Dans les *pediculaires* ou *rhinanthacées*, la *pediculaire* est nuisible aux moutons, et la *crochète* (*rinanthus*) fait de très mauvais foin.

Dans les *labiées*, les *sauges* (*salvia*), la *germandrée* (*teucrium*), les *menthes* (*mentha*), les *mélisses* (*melissa*), sont généralement repoussées par le gros bétail, donnent un mauvais goût au beurre et empêchent parfois sa prise ; dans les *personées*, la *scrophulaire* (*scrophularia*) et la *linaire* (*linaria*) doivent être détruites dans les terres sèches, où elles abondent sans fin; les *solanées* en vert sont assez souvent vénéneuses et indigestes et donnent souvent au foin une odeur nauséabonde, comme dans les *bouillons*, la *molène* (*verbascum nigrum* ou *album*) que, heureusement, le bétail ne touche jamais, la *douce amère* (*solanum dulcamara*), dont la propagation est rapide ; les *jusquiames*, la *pature* ou *pomme épineuse* (*datura stramonium*), la *mandragore* (*mandragora*), la *belladone* (*atropa*), seraient très nuisibles aux animaux si, poussés par la faim, ils y touchaient.

Dans les *borraginées* ou *bourraches*, il faut aussi rejeter comme malfaisantes la *vipérine* et la *consoude*. Il en est de même de la *noix vomique* (*strychus*).

On doit surtout détruire, si on le peut, dans les prairies naturelles et surtout dans les prairies artificielles, une sorte de liseron connu sous le nom de *cuscute* parasite qui fait quelquefois d'affreux ravages.

On sait que toute la famille des *bruyères* est déplacée dans les prairies.

Les *ombellifères*, lorsqu'elles croissent dans un terrain humide, sont toujours inutiles et trop souvent dangereuses, ne font pas de vrai foin ou en font un mauvais. Les espèces vénéneuses sont les *myrrhes* ou *cerfeuils*, les *berles* (*sium*), les *ciguës*, la *ciguë aquatique* (*phellandrum*) ; les espèces inutiles et que les animaux dédaignent, sont les *œnanthes*, les *sisons*, les *percefeuilles* (*buplevrum*), les *panicault* (*eryngium*).

La *joubarbe vermiculaire* (*sedum acre*), et les *euphorbes* gâtent le foin et sont malsaines ; les *ronces* déshonorent les prairies ; les *mauves* (*malva*), les *guimauves* (*althea*), les *millepertuis*, sont au moins inutiles.

Enfin, la famille des *renonculacées* présente comme herbes inutiles, surtout fâcheuses, âcres, et produisant de très mauvais foin, les *renoncules* (*renuncula*), les *anémones* (*pusatilla*), les *adonides* (*adonis*), les *aconits* (*aconitis*), qui sont très malfaisants ; les *chrystophorianes* ou *actées*.

Les terres converties en prairies peuvent admettre les plantations, qui ne nuisent pas à la récolte ; elles favorisent parfois la reproduction de l'herbe, abritent les bestiaux lors du pâturage, accroissent le revenu et embellissent la propriété.

L'*ajonc* et le *genêt* rendent quelques services comme fourrages. Ces deux plantes, mieux connues, permettraient d'utiliser de vastes terrains pour ainsi dire abandonnés aujourd'hui.

CÉRÉALES

Le mot CÉRÉALES désigne les plantes de la famille des graminées, dont les graines farineuses servent à la nourriture de l'homme; tels sont le *blé* ou froment, le *seigle*, l'*orge*, l'*avoine*, le *maïs*, le *riz*, le *sorgho* et quelques autres. Les agriculteurs s'accordent généralement à ranger aussi dans le groupe des céréales le *sarrasin* (vulgairement *blé noir*), qui appartient à la famille des polygonées.

Les céréales jouent un grand rôle dans la culture des terres, dans l'économie domestique; on peut dire que, chez les peuples civilisés, elles font, sous forme de pain ou de substances analogues, la base de l'alimentation. « C'est à la culture des céréales, dit M. Duchartre, que plusieurs philosophes attribuent la civilisation ; les hommes n'ont pu, en effet, se livrer à l'agriculture sans se réunir en société. Aussi est-ce dans la Babylonie, où le blé croissait spontanément, d'après Hérodote et Diodore de Sicile, qu'il faut placer le berceau de la civilisation. » Il est à remarquer que, sous les régions tropicales, habitées en grande partie par des peuplades sauvages ou barbares, les céréales ont peu d'importance, soit que la chaleur du climat empêche de leur donner les soins qu'elles exigent, soit plutôt par suite de l'abondance des végétaux à racines, à tige ou à fruits féculents, tels que le manioc, les aroïdées, l'arbre à pain, etc. En s'avançant vers le pôle, on trouve quelques graminées alimentaires, le sorgho ou dourra, l'éleusine ou coracan (*eleusine coracana*), le teff (*poa abyssinica*). Viennent ensuite le maïs, le riz, le premier dans les pays secs, le second dans les contrées marécageuses. A ces grains succède le blé, qui est lui-même suivi du seigle ; enfin, l'orge et l'avoine sont aux dernières limites. Par une loi de géographie botanique, en s'élevant de la base au sommet des montagnes, on observe la même succession de cultures qu'en allant de l'équateur vers le pôle. Il s'en faut de beaucoup, du reste, que les limites respectives des céréales concordent exactement avec les parallèles de l'équateur. Ainsi leur extrême limite se trouve à environ 70° en Laponie, tandis qu'elle dépasse à peine 50° au Kamtschatka; elle remonte à 56° sur la côte occidentale de l'Amérique, pour redescendre à 51° sur la côte orientale. On comprend, du reste, que des influences locales de climat, que l'état plus ou moins avancé de la culture, la manière de vivre des peuples, leurs relations à l'extérieur, modifient les lois naturelles, et rendent moins régulière la distribution géographique des végétaux cultivés.

Les graines des céréales renferment, dans des proportions qui varient beaucoup de l'une à l'autre : 1° des substances azotées comparables aux substances azotées d'origine animale : *albumine, fibrine, caséine, glutine;* 2° des substances ternaires, *amidon, dextrine, glucose, cellulose;* 3° d'autres substances ternaires très riches en hydrogène et en carbone : *huile grasse, huile fluide, graisse plus consistante, huile essentielle odorante;* 4° des matières minérales : *phosphates de chaux et de magnésie, sel de potasse et de soude, silice et soufre.*

Ce qui rend les céréales si précieuses pour la panification, c'est qu'elles renferment à la fois, en plus ou moins grande abondance, la matière amylacée (fécule ou amidon) et le ferment ou levain : la première de ces substances réside dans l'albumen ou périsperme, qui forme la partie farineuse du grain; la seconde, dans l'embryon ou germe. Lorsque celle-ci n'est pas en proportion suffisante, on est forcé d'ajouter du levain pour faire *lever* ou fermenter la pâte; c'est ce qui arriverait, par exemple, si l'on voulait faire du pain avec le riz du commerce ou l'orge mondé, le premier presque entièrement, le second complètement dépouillé de germe, et, par suite, de matière muqueuse fermentescible. D'un autre côté, la composition chimique des grains des céréales est telle qu'elle renferme tous les principes nutritifs nécessaires à l'alimentation de l'homme, et cela dans les proportions et à l'état qui permettent d'en tirer le meilleur parti et de les assimiler facilement. La plupart de ces graines n'ont pas d'ailleurs de saveur marquée, ce qui fait qu'on ne se fatigue pas de leur usage. Enfin, comme le fait remarquer M. Moll, les céréales sont d'une culture facile; il n'est pas de sol et presque pas de climat qui ne puisse convenir à une ou à plusieurs d'entre elles. Elles se prêtent également aux cultures les plus simples et les plus compliquées, en donnant toutefois des produits différents; un ou deux labours, quelques hersages, une semaille à la volée suffisent pour donner une assez bonne récolte, si la terre est bien nettoyée. Enfin les céréales sont au nombre des produits agricoles les plus faciles à emmagasiner, à conserver pendant un certain temps, à apprécier en quantité et en qualité; nul autre n'est d'une vente plus aisée et plus courante, vu que c'est partout et toujours un article de première nécessité. Aussi a-t-on pu dire avec raison : « Avoir du blé dans son grenier, c'est avoir des écus dans sa caisse. » La production annuelle moyenne de France, en céréales de toute sorte, approche de 200 millions d'hectolitres.

Toutes les céréales sont annuelles; néanmoins, on a obtenu des variétés dont la végétation est répartie sur deux années; semées à l'automne, elles poussent des feuilles et des racines, prennent en quelque sorte possession du sol, passent ainsi l'hiver et ne montent qu'au printemps. On peut même, dans les terrains riches et meubles, en coupant les chaumes à mesure qu'ils poussent, faire gazonner les céréales et les conserver ainsi plusieurs années. En général, celles de ces plantes que l'on sème en automne donnent des produits plus précoces, plus assurés et plus abondants. Aussi sont-elles ordinairement préférées aux céréales de mars ou du printemps. Il est des cas néanmoins où ces dernières ont leur raison d'être : par exemple, quand la rigueur du climat ne permet pas aux céréales bisannuelles de braver les froids de l'hiver, ou quand, après certaines récoltes, il ne reste plus assez de temps pour préparer le sol avant la mauvaise saison, ou bien encore quand les semis des céréales d'hiver ont été détruits par une cause quelconque, telle que la gelée, les animaux, etc.

La récolte des céréales porte le nom de *moisson;* elle est suivie de l'*égrenage,* qui a pour but de séparer le grain de la paille.

D'après tous les avantages que présentent les céréales, on comprend la faveur, disons mieux, l'espèce de culte dont elles sont l'objet en agriculture : il semble qu'on ne saurait trop les cultiver. Mais ces plantes, qui tirent peu d'éléments de l'atmosphère, épuisent beaucoup le sol, au-dessous duquel elles se nourrissent principalement. On sait d'ailleurs jusqu'à quel point elles favorisent la venue des mauvaises herbes et combien elles durcissent la surface des champs où on les cultive. Il suit de là que, dans les circonstances ordinaires, il doit y avoir un inconvénient notable à faire succéder deux récoltes de céréales de suite.

Ceci est une vérité passée aujourd'hui à l'état d'axiome parmi les cultivateurs, et pourtant la plus grande partie de la France est encore livrée à la culture triennale qui fait succéder, depuis des siècles, les céréales d'automne aux céréales du printemps, en intercalant seulement une année du jachère après chaque rotation. C'est là un fait déplorable, qui sera longtemps encore un obstacle sérieux aux progrès de notre agriculture. La culture triennale est, en effet, quant à présent du moins, imposée par les circonstances extérieures. Ici c'est le morcellement et l'enchevêtrement des propriétés, qui forcent chaque agriculteur à suivre l'assolement de ses voisins; là c'est un bail qui défend de dessoler; ailleurs, le manque des bâtiments nécessaires pour loger le bétail qu'il faudrait tenir pour consommer le fourrage fait à la place d'une partie des céréales, partout enfin, c'est l'absence d'un capital d'exploitation suffisant, qui s'oppose à l'introduction de la culture alterne. Il faut donc en prendre son parti : le système triennal, c'est-à-dire la culture exagérée des céréales, ne disparaîtra que peu à peu et très lentement.

LE FROMENT

Dans le langage populaire, le mot *froment*, bien qu'ayant un sens moins étendu que celui du *blé,* s'applique encore à des plantes assez diverses de la famille des graminées, offrant ce caractère commun de fournir des grains qui servent à la nourriture de l'homme. Dans son acceptation rationnelle et scientifique, il est l'équivalent du mot latin *triticum*, et sert à désigner un genre particulier et très important de cette famille. Ce genre comprend des plantes annuelles, bisannuelles ou vivaces, à feuilles planes, à fleurs réunies, au nombre de trois au moins, en épillets distiques, sessiles sur un axe flexueux et alternativement creusé des deux côtés, et constituant par leur ensemble un épi allongé, ou plus rarement une panicule serrée. Les épillets regardent l'axe par un de leurs côtés, ce qui distingue ce genre des ivraies, où c'est le dos des épillets qui s'appuie sur cet axe. Le genre *froment* se divise en trois sections assez naturelles pour que plusieurs auteurs les aient élevées au rang de types génériques distincts ; ce sont les *froments* proprement dits, les *épeautres* et les *agropyrons* ou *chiendents*. Nous n'avons à nous occuper ici que des premiers.

Fig. 194. — Genre Orchis.

Les vrais *froments* sont faciles à distinguer, en ce que leurs grains sont moins étroitement renfermés dans la balle et s'en séparent aisément par le battage. Ils se réduisent à un petit nombre d'espèces ; mais celles-ci, par l'effet de la culture, ont varié, pour ainsi dire, à l'infini. Chaque contrée aujourd'hui a les siennes, et elles ne sont pas toujours faciles à caractériser. Toutes ces variétés sont réunies par les agriculteurs sous le nom collectif de *blé* ou de *froment*.

L'histoire du froment est pleine d'obscurités ; on ignore même la vraie patrie de cette précieuse céréale. On s'accorde généralement à reconnaître qu'elle est originaire de l'Orient ; mais on diffère d'opinion sur la contrée qui lui a donné naissance. Pour les uns, c'est l'Éthiopie ; pour d'autres, la Palestine, la Perse, la

Tartarie, etc. On a voulu retrouver le froment dans certains grains dont parlent la Bible et Homère; mais, à cet égard, on en est réduit à des conjectures. Il est certain que la culture de cette céréale fut de bonne heure très florissante en Égypte. La vierge des zodiaques égyptiens est représentée tenant dans ses mains un épi de blé. On sait, d'ailleurs, que ce pays fut, dans la haute antiquité, le grenier de la Syrie, de l'Arabie et de tout l'Orient, comme plus tard la Sicile et la Mauritanie furent les greniers de Rome. On trouve fréquemment des grains de blé dans le cercueil des momies; on assure même que ce blé a assez conservé sa faculté germinative pour lever quand on le met en terre; mais ce dernier fait est au moins fort douteux. De l'Égypte, le froment passa en Grèce, et de là à Rome; mais pendant longtemps on se contenta de manger ses grains concassés ou réduits en bouillie; ce n'est que plus tard que l'on connut l'art de faire le pain. Les Romains introduisirent la culture du froment dans tous les pays qu'ils ajoutèrent successivement à leur vaste empire. Enfin, de nos jours, cette culture s'est étendue avec la civilisation, et le froment forme aujourd'hui la base de l'agriculture et de l'alimentation dans toutes les contrées civilisées, dont le climat se prête à la production de cette céréale.

L'incertitude qui règne sur l'origine du froment a fait penser à plusieurs auteurs que le type primitif de cette espèce était perdu ; à d'autres, que le froment provenait des transformations successives d'une autre graminée, opérées par la culture et par l'action de l'homme. Chez les Romains, c'était l'ivraie qui passait pour la souche primitive du blé. Pline regardait le froment comme le produit des dégénérations successives d'autres céréales. De nos jours, l'idée énoncée par Buffon a été reprise et étayée de quelques expériences peu probantes. Buffon pensait que le froment était une céréale créée, pour ainsi dire, de toutes pièces par la main de l'homme, qui aurait métamorphosé par la culture, au point de la rendre méconnaissable, une graminée aujourd'hui inconnue. MM. Dunal et E. Fabre ont cru trouver cette graminée dans l'*ægilops*. Pour eux, l'ægilops, soumis à la culture, se transformerait, au bout de plusieurs générations, en un véritable *froment*. Cette idée, assez ingénieuse, n'a pas été admise par les botanistes. Il est résulté cependant de ces expériences un fait qui paraît incontestable : c'est que les ægilops, dont on avait fait un genre particulier, semblent devoir être réunis génériquement aux *triticum*.

Le nombre des variétés de blé, avons-nous dit, est considérable ; il se chiffre par centaines. Les froments, en effet, peuvent avoir la tige (paille) pleine ou creuse, la balle barbue ou imberbe, le grain dur ou tendre, une végétation bisannuelle (blés d'hiver) ou annuelle (blés de printemps ou de mars). Ces caractères, joints à la couleur du grain, à la rapidité ou à la lenteur de la végétation, à la qualité et à la quantité de la farine, etc., servent à déterminer les variétés, dont plusieurs ne sont guère que des races locales ; de là ces groupes connus, suivant les pays, sous les noms de richelle, touzelle, saisette, poulard, épaule, pétanielle, nonette, grossaille, aubaine, trémois, etc. Nous n'entreprendrons pas la longue énumération de ces variétés; nous rappellerons seulement que chaque cultivateur doit choisir celles qui conviennent le mieux au climat et aux besoins de sa localité. Nous devons toutefois résumer sommairement les caractères des principaux groupes.

Les blés tendres sont ceux dont la cassure présente un aspect farineux; dans les blés durs, au contraire, cette cassure offre l'apparence de la corne. Les premiers donnent plus de farine et un pain plus blanc; les seconds se conservent mieux; le pain qu'on en fait est plus savoureux, plus nutritif et se durcit moins vite. En général, les blés tendres conviennent mieux aux climats froids, les blés durs aux pays chauds.

Les blés d'automne ou d'hiver sont ceux qu'on sème à l'automne; les blés de mars ou de printemps sont ceux que l'on sème dans cette dernière saison. Ceux-ci, bien inférieurs aux autres pour la qualité, sont par cela même moins cultivés; toutefois, ils sont d'une grande ressource dans certaines circonstances, par exemple lorsque les semailles d'automne ont été contrariées par les pluies ou détruites par une cause quelconque.

Parmi les blés nus ou sans barbe, on distingue, dit M. Queyriaux, le froment ordinaire, à épi allongé, long, étroit, à quatre côtés inégaux, dont deux plus larges et deux plus étroits; c'est le plus répandu en France et le plus estimé sous le rapport de la qualité du grain, ce qui le fait désigner sous le nom de blé fin, par opposition aux gros blés, appelés poulards. On remarque encore le froment commun d'hiver, à épi allongé, jaunâtre, et à grain rougeâtre, cultivé en Beauce et en Brie; le froment blanc de mars; le froment de Hongrie; le froment rouge ordinaire; le froment blanzé de Lille; enfin le blé d'Odessa. Les blés barbus, qui appartiennent aussi aux blés fins, ont la balle terminée par une arête roide et plus ou moins longue; la réunion de toutes ces arêtes constitue pour l'épi une sorte de barbe. Les variétés les plus répandues sont : le froment barbu d'hiver, à épi dressé et comprimé, à grains jaunâtres ou rougeâtres, à barbe divergente, rustique et productif; le blé barbu de mars ordinaire; les blés de Toscane, de Sainte-Hélène, de Smyrne, etc. Les froments renflés ou poulards, moins sujets à la verse que les blés à paille creuse, ont la paille haute, forte et résistante; l'épi barbu, carré, compact, à quatre faces égales; ils sont rustiques, vigoureux et les plus productifs de tous les blés; mais leur grain est d'une qualité inférieure à celle des froments ordinaires.

Le froment réussit surtout dans les terrains calcaires ou argileux; mais il redoute les sols compacts ou légers à l'excès. Néanmoins, presque toutes les terres soumises à un bon assolement peuvent devenir propres à cette culture. Ordinairement on le fait succéder à une plante sarclée, au sarrasin, à l'avoine ou à un fourrage. Il donne les meilleurs produits quand il vient après un trèfle d'un an, non envahi par le chiendent et labouré immédiatement avant la semaille.

Le froment s'accommode très bien d'un sol dont le fond présente une certaine consistance; il ne faut donc pas labourer trop profondément. D'un autre côté, les petites mottes dont la surface du sol est parsemée ne sont pas un inconvénient; car, en s'effritant par l'action des gelées, elles rehaussent d'elles-mêmes la plante récemment germée. Quant au nombre des labours, il varie suivant la nature et l'état du sol : après un trèfle, un sarrasin, une récolte sarclée ou binée, un seul labour suffit ordinairement, tandis que sur une jachère il en faut trois ou quatre, ou même davantage. Le temps qui doit s'écouler entre le labour et la semaille est court dans les terres légères et plus long dans les terres fortes. En général, l'époque la plus convenable pour semer le blé est le mois d'octobre. Mais quelquefois le mauvais temps force à continuer les semailles en novembre, et alors il faut augmenter la quantité de semence. Presque toujours, il vaut mieux semer trop tôt que trop tard. Le choix des grains destinés au semis est d'une haute importance. On doit choisir, autant que possible, de la graine de l'année, bien mûre et bien nettoyée, par le criblage ou autrement, des graines de mauvaises herbes. Cependant l'expérience a démontré que les graines de deux ou trois ans donnent aussi de très bons résultats. Les cultivateurs renouvellent ordinairement leur semence tous les deux ou trois ans, et, dans ce but, ceux du même canton échangent leur graine entre eux; souvent même on fait venir la graine de pays éloignés; les cultivateurs anglais et belges en ont quelquefois tiré de la Sicile. Enfin, pour préserver le blé de la carie, il faut soumettre la semence à un chaulage ou à un sulfatage. On emploie, en général, de 2 à 3 hectolitres par hectare; mais il faut d'autant plus de grain que l'on sème plus tard. Le semis se fait à la volée ou en lignes. Quand la semence est répandue sur le sol, on l'enterre, à l'aide de la charrue, de la herse ou de l'extirpateur. Le premier moyen s'appelle semer sous raie, et convient surtout aux terrains légers. Dans les semailles de printemps, la terre qui recouvre la graine doit être bien pulvérisée. Il n'en est pas de même pour les semailles d'automne; ici, au contraire, les mottes peuvent servir à rehausser les racines des plantes et à les garantir contre l'action du hâle.

Parmi les soins d'entretien à donner au froment pendant sa végétation, nous citerons d'abord les roulages. Cette opération consiste à passer le rouleau sur les terres ensemencées, pour unir les sillons ou pour raffermir les plants déchaussés par les gelées. Elle est indispensable dans les terres légères, calcaires et humides. C'est surtout au printemps qu'elle a lieu, quelquefois aussi au moment des semailles. Le sarclage, qui consiste à arracher les mauvaises herbes à l'aide d'un sarcloir, est ordinairement exécuté par des femmes et des enfants. Excellent sur les sols légers, il peut produire de mauvais résultats si on ne l'opère pas au moment convenable, c'est-à-dire lorsque le sol n'est ni assez dur pour contrarier l'arrachage des mauvaises herbes, ni assez humide pour se tasser sous les pieds des travailleurs. Les sarclages, ainsi que les binages, peuvent être remplacés économiquement par un hersage donné à propos, c'est-à-dire dans le courant de mars, lorsque la terre est suffisamment ressuyée. Le hersage a pour effet de faire *taller* le blé, c'est-à-dire de provoquer le développement d'un plus grand nombre de tiges. On le renouvelle jusqu'à ce que le champ soit partout couvert d'une couche de terre meuble.

Il arrive quelquefois que le blé végète trop rapidement; on retarde sa croissance au moyen de l'effanage, c'est-à-dire en faisant passer dans le champ un troupeau de moutons qui broutent l'extrémité des fanes. Dans le mois de mai, on procède à l'échardonnage; à l'aide d'une pince en bois, on arrache les chardons qui nuisent au développement de la céréale. Le moment de la floraison est le plus critique pour le froment; s'il survient des pluies à cette époque, la fécondation s'opère mal ou pas du tout, la fleur coule et les grains avortent en tout ou en partie. Pour achever la maturité du grain, il ne faut plus que de la chaleur. Le blé est sujet à plusieurs maladies, qui sont la carie, le charbon, l'ergot et la rouille. Il redoute aussi les attaques des lombrics, ainsi que celles de plusieurs insectes et de leurs larves, tels que les vers blancs ou larves du hanneton, le taupin des moissons, le céphus ou porte-scie, les cécidomyes, les oscines ou chlorops, les courtilières, qui coupent les racines, rongent le collet ou dévorent l'intérieur des tiges et des épis. On n'a pas malheureusement de moyens pratiques et susceptibles de s'appliquer en grand à la destruction de ces insectes.

La maturité du blé arrive à une époque d'autant plus précoce que le climat est plus chaud. Dans le midi de l'Europe, c'est le mois de juin; pour la France, c'est le mois de juillet; dans le nord de l'Europe, août seulement. Mais la maturité parfaite n'est nécessaire que pour le blé destiné à servir de semence. Pour celui qui doit entrer dans la consommation, on se trouve bien de devancer ce terme de

Fig. 195. — Datura.

huit jours; on obtiendra ainsi une farine plus abondante et de meilleure qualité. On se sert, pour couper le blé, de la faucille, du volant, de la serpe, de la faux ou des machines à moissonner récemment introduites en agriculture. A mesure que l'on coupe les tiges, on les met en javelles, qu'on étend sur le sol, et on a soin de placer les épis dans la direction vers laquelle ils penchaient quand ils étaient sur pied. On laisse ces javelles sécher ainsi pendant une journée environ; puis on les lie en gerbes avec un lien de paille de seigle, pour les porter à la grange ou à l'endroit choisi pour les mettre en meule. Si le temps devient pluvieux avant qu'on ait pu lier les gerbes, on met le blé, aussitôt qu'il est coupé, en meulons ou moyettes. Si la pluie survient après qu'on a lié les gerbes, on les met en dizeaux. Pour cela, on dispose quatre gerbes en croix, de telle sorte que les épis se touchent au centre; par-dessus, on met un autre rang de gerbes disposées de la même manière, et l'on recouvre le tout d'une gerbe placée en forme de chapeau sur les autres et dont les épis sont tournés vers la terre. Grâce à ces précautions, on est sûr que les gerbes se conserveront parfaitement.

Pour conserver le blé jusqu'au moment du battage, on emploie deux moyens, suivant les localités. On le met en meules en plein air, ou bien on l'enferme dans les granges ; ce dernier procédé est plus dispendieux, car il faut souvent des bâtiments très vastes, et les rats dévorent une grande partie du grain. Le battage du blé se fait de diverses manières : au fléau, par les pieds des chevaux (c'est le dépiquage ou la dépiquaison), au rouleau ou bien avec la machine à battre ou batteuse mécanique. Quand cette opération est terminée, on met la paille en faisceaux ; le grain est vanné et criblé, puis mis en sacs, en vases clos, en silos, etc. On le conserve ainsi jusqu'au moment où on le porte au moulin. Enfin, par l'action de la mouture, on produit la farine, qu'on sépare du son.

Les usages du *froment* sont trop connus pour qu'il soit nécessaire d'insister longuement sur ce sujet. Sa farine, riche en amidon et en gluten, fournit le pain le plus léger, le plus salubre et le plus nourrissant. L'amidon est plus abondant dans les blés tendres que dans les blés durs ; ceux-ci, au contraire, sont riches en gluten. Il en résulte que le pain fait avec les blés blancs ou tendres est plus blanc, tandis que le pain fait avec des blés rouges ou durs est plus savoureux et plus nutritif. Aussi ces derniers sont-ils préférés par les cultivateurs, les autres par les meuniers et les boulangers. En mélangeant les farines de ces deux catégories de froment, on obtiendrait une excellente combinaison. La farine du blé sert encore à faire des pâtisseries, des bouillies, des vermicelles, des macaronis, des semoules, des pâtes dites d'Italie, etc. Ce grain, en nature, concassé ou en bouillie, serait excellent pour la nourriture des animaux ; mais on comprend sans peine qu'il est trop précieux pour que l'homme s'en prive. Aussi ne donne-t-on guère au bétail ou aux animaux de basse-cour que le son, qui doit surtout ses qualités nutritives à la petite quantité de farine qui y reste adhérente. On donne aussi aux bestiaux la paille, qui est encore employée comme litière pour être convertie en engrais. Le froment, fauché en vert, fournit un excellent fourrage, et, dans certains pays, il est cultivé pour ce seul usage.

Cette plante est employée en médecine ; la farine est émolliente et résolutive ; le pain séché au feu et bouilli dans l'eau fournit une boisson, l'eau panée, qui convient dans les maladies aiguës. A l'extérieur, on applique la mie de pain en cataplasmes sur les tumeurs inflammatoires, et on emploie le levain pour accélérer la suppuration. Le son passe pour adoucissant, laxatif et détersif ; il calme la toux. On se sert de sa décoction pour humecter la poitrine ; on le mêle aussi à l'eau des bains et aux lavements. En médecine vétérinaire, on emploie cette décoction pour rafraîchir les vaches et les chevaux.

Le froment sert, dans l'industrie, à préparer l'amidon ; on cultive dans ce but une variété particulière, et on utilise aussi les recoupettes, c'est-à-dire les produits résultant d'une mouture imparfaite, qui n'a pas bien séparé la farine et le son. Aujourd'hui, les progrès de la chimie permettent de convertir l'amidon en sucre et d'obtenir de celui-ci de l'alcool et du vinaigre. Le froment peut encore servir à la fabrication de la bière et de l'eau-de-vie de grains. Enfin la farine sert à faire la colle blanche.

La paille, qui renferme une grande proportion de silice, se conserve longtemps ; on l'emploie pour garnir les chaises, confectionner les paillasses ; on en fait des nattes, des ruches d'abeilles, des paniers et autres ouvrages de vannerie. Celle du blé barbu de Toscane, qui est l'objet d'une culture spéciale, sert à préparer ces chapeaux si connus sous le nom de chapeaux de paille d'Italie. On peut facilement teindre la paille, de diverses couleurs. Enfin on la fait servir, dans bien des pays, à couvrir les chaumières et les granges, et on utilise pour le même usage les étaules, c'est-à-dire les bases des chaumes qui restent sur le sol après la moisson.

VARIÉTÉS DU FROMENT

Il existe, avons-nous dit, un très grand nombre de variétés de froment et on en annonce tous les jours de nouvelles. Les essais d'acclimatation du froment doivent être tentés avec beaucoup de réserve; car il est rare qu'une variété donnée conserve, dans une contrée nouvelle, les qualités qu'elle possédait dans le climat où elle s'était primitivement développée.

La classification la plus pratique des diverses variétés de froment est celle adoptée par M. Vilmorin, que nous reproduisons ici :

1° Grains tendres.

a. — TOUSSELLES, épis sans barbes ou à barbes très courtes et peu nombreuses; paille creuse. Les principales variétés sont les suivantes :

Blé d'hiver commun. Cette variété est la plus répandue dans le centre et le nord de la France. L'épi est jaunâtre, pyramidal; le grain est roussâtre et long.

Le blé dit *anglais*, ou froment rouge, se rapproche beaucoup de celui-ci; les épis, de forme quadrangulaire, sont plus forts et plus longs.

Blé de mars commun. C'est le trémois du nord et du centre de le France. Le grain est presque dur, l'épi est plus court que celui du précédent.

Blé blanc de Flandre, connu sous le nom de blé blanc-zée, blé blazé de Lille, blé de Fellenberg, etc. Cette variété est une des plus productives; elle convient surtout aux terres de bonne qualité et un peu fraîches.

Blé de Hongrie, appelé blé anglais aux environs de Blois. L'épi est blanc, ramassé, presque carré. Son poids est supérieur à celui du précédent, sa paille est moins longue.

Tousselle blanche de Provence. Épi très blanc, à épillets écartés; grain blanc jaunâtre, très long. Il convient parfaitement dans le midi de la France; le climat du Nord et même celui de l'Ouest sont trop rigoureux pour lui.

Blé richelle blanche de Naples. Épi blanc, quelques arêtes courtes. Cette variété est très belle, mais elle craint le froid.

Blé d'Odessa, tousselle rousse de Provence, blé meunier du Comtat. Cette variété redoute un peu le froid, mais elle résiste bien à la sécheresse, et vient même dans la terre à seigle. L'épi est rougeâtre ou cuivré, un peu irrégulier; épillets inégaux. Le grain est plus étroit que celui de la richelle.

Blé de Saumur. Gros grain bien plein, paille très blanche; redoute l'humidité.

Blé des haies. Épi carré, épais, régulier, couvert d'un duvet blanc velouté; grain court, blanc jaunâtre; très précoce.

Blé Lama. Épi rouge clair ou doré; grain petit, de très bonne qualité. Cette variété s'accommode de tous les terrains, mais redoute les hivers rigoureux. On doit la recueillir un peu avant la maturité, parce qu'elle est sujette à s'égrener.

Blé du Caucase. Épi d'un rouge obscur, long, à épillets écartés, grain allongé, rougeâtre, assez dur et pesant. Sa paille est faible et sujette à verser. Il craint les hivers du nord de la France. Il y a une sous-variété à épis blanchâtres.

Blé carré de Sicile. C'est un blé de mars, épi rouge brun, court carré, à grains rayés, presque dur, de bonne qualité. Variété hâtive, paille assez haute, et grosse dans la partie supérieure.

b. — Seisettes. — Épis barbus, paille creuse, plus ferme que celle des tournelles, et moins recherchée pour la nourriture des bestiaux. Plusieurs variétés tendent à disparaître de nos cultures; les principales sont les suivantes :

Blé barbu de printemps. Épi blanchâtre, à barbes très développées, grain gros, demi-tendu, de couleur grisâtre.

Seisette de Provence. Cette variété craint le froid du nord de la France; elle est assez répandue dans le Midi.

On distingue encore le *blé barbu d'hiver*, presque entièrement abandonné; le *blé à chapeau de Toscane*, sous-variété appauvrie de blé barbu de printemps; le *blé Victoria* et le *blé hérisson*, garni de barbes divariquées, à grain court, petit, rougeâtre; espèce très productive, qu'il convient de semer au printemps.

c. — Poulards. — Épis barbus, carrés, paille pleine vers le sommet, et peu estimée à cause de sa dureté. Cette espèce se développe dans les sols humides et riches en matières organiques, où toutes les autres verseraient ou se rouilleraient. Elle produit beaucoup dans les terres qui lui conviennent, mais le grain est toujours moins cher que celui des autres natures de blé. On distingne principalement les variétés suivantes :

Le *poulard carré velu*, désigné aussi sous le nom de gros blé du Midi, gros turquet, etc. Ce blé est très répandu dans le Midi, dans l'Ouest, en Espagne, etc.; son épi est blanc ou rougeâtre. Il supporte bien l'hiver, mais mûrit un peu lentement.

Poulard carré à barbes noires, ou *garagnon du Languedoc*. Épi blanc, lisse, barbes blanches ou noires. Ses arêtes tombent à la maturité; paille forte.

Blé miracle. Épi rameux, très productif dans les terres riches. La farine est grossière; sa paille est très dure. Il est sujet à dégénérer.

2° Grain durs.

d. — Aubaines. — Épi à barbes longues et raides; grain long et glacé. La paille, pleine vers le sommet, est très ferme, et verse difficilement; la farine est riche en gluten, et convient pour la fabrication des pâtes d'Italie. Les aubaines sont sensibles au froid, et mûrissent difficilement; leur culture ne s'étend pas avec avantage au delà de la région des oliviers.

Aubaine de Tanganrock. Épi allongé, lâche à quatre faces égales. Les sous variétés ont les barbes noires, rousses ou blanches.

Aubaine à épi comprimés. Les articles de l'épi sont très courts, l'épi, aplati, très large et lancéolé, est couvert de gros poils nombreux.

e. — Blé de Pologne. — Il a bien réussi dans le midi de la France; mais son

PALMIERS.

grain, très allongé, très dur, et son aspect particulier l'ayant fait repousser des marchés, on a abandonné sa culture.

Au point de vue chimique, le froment est la céréale la plus riche en substances azotées, et par suite la plus nourrissante : c'est aussi la farine de blé qui se purifie le mieux. On rencontre dans certaines variétés jusqu'à 22 0/0 de principes azotés : gluten et albumine. Les blés durs sont plus riches en gluten que les blés tendres ou blancs ; ceux-ci fournissent une farine plus blanche, mais moins nourrissante. Les variétés de blé peuvent être réparties en trois grandes classes.

1° Les *blés durs*, lourds, cassants, d'aspect corné, renfermant de 18 à 22 0/0 de matières azotées. Ils croissent surtout dans les pays chauds : Amérique méridionale, Asie, Afrique, Sicile...

2° Les *blés demi-durs* ou *blés mitadins*, dont les grains sont blancs, opaques, ayant au centre l'apparence farineuse ; moins lourds que les précédents, et donnant un moindre rendement de farine ; ils contiennent seulement de 15 à 18 0/0 de matières azotées. On les cultive beaucoup en France, surtout dans le Midi et la Champagne.

3° Les *blés tendres* ou *blancs*, plus farineux, plus blancs, plus légers, plus faciles à moudre, mais donnant un moindre rendement. Ils renferment de 10 à 13,5 0/0 de matières azotées. Ce sont les plus cultivés dans la partie septentrionale de la France, en Angleterre, en Russie.

L'examen microscopique de la farine du blé est le moyen le plus simple pour reconnaître si elle est pure, ou mélangée avec d'autres farines. La fécule de froment est formée de grains, les uns petits (arrondis avec un hile central), les autres beaucoup plus gros, moins réguliers, de petite épaisseur ; très peu de grains offrent des dimensions intermédiaires.

CULTURE DU FROMENT

La partie moyenne de la zone tempérée est le climat où le blé vient le mieux ; cependant il s'étend au delà de cette limite, et on le rencontre dans presque tous les points du globe où l'homme a pu s'établir sans trop grandes difficultés.

Le froment redoute également un excès de sécheresse ou d'humidité. Toutes les terres qui renferment plus de 20 0/0 d'eau, ou qui, quinze jours avant la moisson, n'en contiennent plus 10 0/0 à $0^m,33$ de profondeur, sont incapables de fournir de bonnes récoltes de cette plante. On conçoit dès lors pourquoi, dans les pays humides, les terres argileuses sont impropres à la culture du froment, tandis que ce sont celles que l'on recherche pour cet objet dans les pays chauds. Dans la plus grande partie de la France, ce sont les terrains de consistance moyenne qui conviennent le mieux au blé.

Pour déterminer la nature et la proportion des engrais ou des amendements que nécessite la culture du blé, il aut comparer la composition de cette récolte à celle du sol. Or, d'après M. Boussingault, les 200 parties de paille et les 100 parties du grain qui composent une récolte de froment supposée sèche contiennent :

	GRAIN	PAILLE	TOTAL
Carbone	46,10	96,96	143,06
Oxygène	5,80	10,68	16,48
Hydrogène	43,40	76,58	119,98
Azote	2,29	0,70	2,99
Acide sulfurique	0,02	0,14	0,16
Acide phosphorique	1,14	0,44	1,58
Chlore	traces	0,08	0,08
Chaux	0,07	1,18	1,25
Magnésie	1,39	0,68	1,07
Potasse	0,72	1,28	2,00
Soude	traces	0,04	0,04
Silice	0,03	9,42	9,45
Fer et alumine	»	0,14	0,14
Perte	»	»	1,72
			300,00

On voit que les principes minéraux les plus abondants sont les silicates et les phosphates alcalins et terreux. Le fumier de ferme renferme tous les éléments nécessaires, mais quelques-uns en trop faible quantité, notamment les phosphates, qui sont exportés du domaine avec les grains et le laitage, où se concentrent particulièrement les sels de cette espèce. On conçoit, par conséquent, la nécessité d'ajouter aux engrais des os, du guano ou autres matières riches en phosphates, si le sol n'en contient pas naturellement une forte proportion. Les céréales entraînent aussi une notable quantité de chaux, qu'il faut restituer aux sols qui n'en renferment pas assez. On peut employer utilement les engrais chimiques.

La quantité d'engrais à employer varie avec la richesse acquise du sol et la nature même de l'engrais. L'analyse exacte du terrain, de la récolte à obtenir et du fumier dont on dispose peut seule conduire à une conclusion logique à cet égard. On peut admettre, comme résultat moyen, que le froment s'assimile de 0,20 à 0,35 de la quantité d'azote existant dans le sol et dans les fumiers qu'on y ajoute. On peut, d'après cette donnée, calculer approximativement la quantité d'un engrais donné qu'il faut ajouter à un terrain d'une fertilité connue, pour obtenir une récolte déterminée de grain et de paille de froment.

Avant de semer le blé, il faut donner au sol quelques façons préparatoires qui varient suivant la dernière culture qui a précédé le blé. Après une jachère, le sol doit recevoir trois labours et le fumier sera incorporé au second. Un seul labour au scarificateur est nécessaire après une plante récoltée en juillet. Les blés de printemps exigent une terre soigneusement préparée et beaucoup mieux divisée que les blés d'hiver. Si le sol a été occupé par des pommes de terre ou des betteraves, il faut le labourer aussitôt que les semailles d'automne sont terminées, et vers le mois de mars faire passer le scarificateur et ensuite la herse.

Le blé réussit bien après le trèfle, au contraire il vient mal après une céréale.

Semailles. — C'est vers le 20 septembre que l'on commence les semailles du froment dans le nord de la France, on les continue en octobre et en novembre, et même quelquefois en décembre. Dans le centre, octobre est la meilleure époque. Il est préférable en général de semer tôt, car ainsi le blé a plus de vigueur pour résister au froid.

Le choix du blé destiné à l'ensemencement est une opération importante. Les blés très pleins et très beaux ne sont pas toujours ceux qui donnent de meilleures récoltes; il faut choisir un blé de bonne espèce, mais dont le grain est plutôt nerveux que très plein; règle générale, on doit aller chercher les semences dans une terre moindre, mais jamais meilleure que celle où elles doivent être déposées. Le blé de l'année est préférable.

Afin de préserver le blé de certaines affections cryptogamiques, de la *carie* ou *charbon*, en particulier, qui remplace la farine par une poussière noire, on fait subir aux grains une préparation appelée *chaulage des blés*. Cette opération s'accomplit de bien des manières : on trempe quelquefois le blé dans une solution de 1 kilogramme de sulfate de cuivre (vitriol bleu) pour 400 d'eau. Ce sel est très efficace, mais c'est un poison dangereux; aussi son emploi doit-il être surveillé attentivement. Un procédé employé plus fréquemment est celui de Mathieu de Dombasle. Le grain est placé dans un baquet, on l'arrose en le remuant avec une solution de 600 grammes de sulfate de soude dans 8 à 9 litres d'eau chaude par hectolitre de grain. On répand ensuite sur la masse de blé de la poudre de chaux éteinte (2 kilog.), en continuant toujours à remuer jusqu'à ce que tous les grains soient exactement couverts de chaux.

On sème le blé à la *volée* ou en *lignes* à l'aide du semoir. Ce dernier procédé a plusieurs avantages : économie de semences, meilleure végétation, netteté du sol après la récolte, travail du sarclage plus facile; cependant lorsque la terre n'est pas bien ameublie, lorsqu'il reste dans le sol des chiendents ou autres plantes vivaces, il est préférable de semer à la volée.

A la volée il faut de 200 à 230 litres de grains par hectare; en lignes on en met de 100 à 150. Ces chiffres ne sont pas absolus, ils varient avec la nature et l'état du sol, avec l'époque des semailles. Un blé, semé par le beau temps dans une terre riche et bien préparée, lève mieux ; aussi doit-il être semé plus clair.

Le blé n'exige aucun soin jusqu'au printemps, mais à cette époque un hersage et quelquefois un roulage sont nécessaires pour l'aérer et favoriser le tallage (développement des tiges latérales). En avril on bine, au moyen de la houe, les blés semés en lignes.

Moisson.[1] — Il est en général préférable de couper le froment sept à huit jours avant sa complète maturité, on évite ainsi une perte, souvent considérable, produite par l'égrenage, et l'on prétend que le blé récolté prématurément est de meilleure qualité pour la mouture. Le grain destiné aux semences doit au contraire être bien mûr.

On coupe le blé à la faucille ou à la faux. La faux, qui est maintenant préférée, permet de faire la récolte beaucoup plus rapidement, un ouvrier pouvant couper, à la faux, une superficie de 60 à 70 ares par jour, et seulement 25 ares au moyen de la faucille. La faux a encore l'avantage de couper la paille beaucoup plus près du sol, et de fatiguer moins l'ouvrier qui n'est pas obligé de se courber; cependant elle a l'inconvénient d'imprimer aux blés une secousse qui quelquefois les fait égrener; un ouvrier expérimenté peut, il est vrai, éviter cette secousse. Dans les grandes exploitations, on se sert aussi des moissonneuses.

Le moissonneur, après avoir coupé à la faucille une poignée pleine, la dépose à sa gauche, il réunit un certain nombre de ces poignées à côté les unes des autres et forme ainsi une *javelle*. Les céréales, coupées de bonne heure et disposées en javelles, qu'on retourne tous les deux ou trois jours, achèvent de mûrir et sont battues très facilement. Le blé coupé à la faux est ramassé et étendu en javelles par une personne qui suit le moissonneur. Lorsque les javelles sont assez sèches, on en lie plusieurs ensemble pour former des *gerbes*.

Si le temps est humide, on dispose le blé en *moyettes :* on réunit la valeur de quatre ou cinq gerbes par un lien serré au-dessous des épis ; on ouvre ce faisceau par le bas pour lui donner de la solidité et aussi pour laisser passer l'air, puis on recouvre cette forte gerbe d'une sorte de chapeau formé par deux ou trois brassées de tiges liées le plus bas possible.

Lorsque le cultivateur ne peut rentrer toutes ses gerbes, il forme des meules dans ses champs.

Battage. — Le battage est l'opération qui consiste à extraire de leurs enveloppes ou épis les graines de céréales. Dans le nord de la France, le battage ne s'exécutait guère autrefois qu'au moyen du fléau, instrument composé de deux morceaux de bois, de longueur inégale, réunis par un système de courroies qui leur donne une grande mobilité l'un sur l'autre ; le plus court est destiné à frapper sur le grain, le plus long est manœuvré par le batteur. Ce procédé est très lent et assez imparfait.

Dans le midi de la France et de l'Europe, on fait fouler les grains par les pieds des animaux. La paille est ainsi bien brisée, mais, comme dans le battage au fléau, il reste souvent des grains dans l'épi ; de plus, ce procédé coûte un prix très élevé.

Aujourd'hui, les machines à battre, dont le travail est beaucoup plus parfait, sont préférées, et leur emploi, conservé jusqu'à présent seulement dans les grandes exploitations, commence à se généraliser.

Rendement. — La culture du blé donne deux produits : le blé et la paille.

D'après les calculs de la statistique, on récolte maintenant en France une moyenne de 16 hectolitres de blé par hectare. Dans les terres bien aménagées, la récolte doit atteindre de 25 à 35 hectolitres. Dans le nord de la France, il n'est pas rare de voir des rendements de 40 à 50 hectolitres. Un hectolitre de froment pèse environ 75 kilogrammes. Le poids de la paille est un peu plus du double de celui du grain.

Le poids de l'hectolitre de froment varie de 75 à 85 kilogrammes. On adopte habituellement 77 ou 80 kilogrammes pour le poids moyen. Un hectolitre contient 1,000,000 environ de gros grains, et jusqu'à 1,700,000 grains de petit blé. D'après un grand nombre d'expériences, 100 parties des récoltes du froment se décomposent de la manière suivante :

Grain	22,8
Balle	4,0
Paille	57,7
Chaume	15,5
	100,0

Du reste, le rapport du poids de la paille à celui du grain est extrêmement variable.

La composition d'un grain de blé est en moyenne :

Eau	14,00
Matières azotées	14,00
Amidon	59,70
Dextrine et sucre	7,20
Matières grasses	1,20
Cellulose	1,70
Matières minérales	1,60

GRAINES DE BLÉ

La prudence est une condition essentielle du commerce des grains, car il est soumis à de nombreuses incertitudes.

Le cultivateur doit pouvoir, à la main, distinguer la qualité du blé et en apprécier le poids.

Les blés se classent ordinairement en blés de choix, et blés de 1re, 2e et 3e qualité.

Le blé de choix est celui qui réunit le poids, la sécheresse, la netteté, la finesse et la régularité du grain. Ces blés doivent en général peser 80 kilos l'hectolitre. Ils dépassent quelquefois ce poids, notamment dans les provinces du midi de la France.

La première qualité est celle qui réunit, mais à un degré moins grand, les qualités que nous venons d'énumérer. Son poids varie de 75 à 79 kilos l'hectolitre.

La deuxième qualité, dite généralement *blé marchand*, pèse 1 ou 2 kilos de moins par hectolitre ; ces blés ont moins de finesse que les précédents.

Enfin, la troisième qualité comprend les blés dont la couleur est terne et qui laissent à désirer sous le rapport de la netteté, de la sécheresse et du poids.

La forme du blé n'est pas, non plus, indifférente ; les blés de bonne qualité ne sont en général ni courts ni longs ; leur grosseur est moyenne ; la raie, qui d'un côté partage le grain dans sa longueur, doit être bien faite et avoir ses bords bien relevés. La forme allongée est un indice d'infériorité tant pour le poids du grain que pour le rendement et la qualité de la farine.

Le poids du blé est une qualité essentielle ; plus ce poids est fort, relativement à une capacité donnée, moins le blé contient d'eau, et plus il rend de farine. Un acheteur habile doit, en mettant la main dans un sac et même dans un échantillon de blé, pouvoir en estimer le poids. Il y a bien quelques petits instruments qui permettent de vérifier le poids du blé, au moyen d'un demi-litre ou même d'un quart de litre, mais on conçoit qu'un instrument de cette nature ne peut être employé sur un marché public. Ce sont là de petits appareils de cabinet avec lesquels on peut faire des vérifications, en prenant toutes les précautions que réclament ces sortes d'opérations et la précision de ces instruments. Pour l'acheteur sur les marchés publics, l'instrument le plus sûr et le plus expéditif, c'est la main.

La *sécheresse* se reconnaît aussi à la main. Quand le blé est sec, la main ou le bras entrent avec facilité dans le sac ou dans le tas : on dit alors que le blé est *coulant;* quand il est humide, au contraire, il cesse d'être coulant, la main pénètre difficilement : on dit alors que le blé est *gourd;* il est rude au toucher et ne sonne pas dans la main comme le blé parfaitement sec, lorsqu'on l'y fait sauter.

Il est arrivé quelquefois que, pour donner aux blés ce *coulant* qui indique la sécheresse et la qualité, on les huile. C'est une fraude qui se pratique en mettant dans le crible une très faible partie d'un corps gras. Le blé alors devient clair et luisant; mais il suffit de le sentir pour s'apercevoir de la tromperie. Lorsque ces fraudes sont signalées, elles donnent lieu à l'application de la loi qui punit la tromperie sur la nature de la chose vendue.

Quand on s'aperçoit à la main que le blé est peu *coulant*, on doit avoir soin de le sentir pour s'assurer s'il a du *goût*. Ce goût, qui se rapproche de l'odeur du moisi, est un indice que le blé a été mal soigné, et qu'il a subi un commencement de fermentation. C'est dans les temps de chaleur surtout, ou quand les blés ont été récoltés humides, qu'il faut se méfier de cette fermentation et du mauvais goût qui en est la conséquence. Ces blés ne peuvent produire qu'une farine ayant elle-même du goût et fournissant de mauvais pain.

Le meunier attache aussi la plus grande importance à la *netteté* du grain. Pour que cette netteté existe, il faut que le blé ne contienne autant que possible que des grains égaux, qu'on n'y trouve aucune graine étrangère, et qu'il soit bien purgé de la poussière ou des corps grossiers qu'il pouvait contenir au sortir du battage.

Nous avons des contrées (ce sont les plus mal cultivées) où les blés sont *engagés* naturellement de graines noires, *pois gras, vescerons, ivraie*, etc.

Il y a d'autres pays où le battage se fait encore sur le sol même. Dans les blés ainsi traités, on trouve de petites mottes de terre, de petites pierres.

Ces blés doivent être fortement criblés et subir un assez fort déchet pour être ramenés à la qualité marchande. Heureusement, depuis quelques années, une culture plus soignée et l'emploi des machines à battre tendent à faire disparaître les blés défectueux.

CONSIDÉRATIONS SUR LA CULTURE RATIONNELLE DES BLÉS

Le blé est un de nos principaux produits agricoles ; sur 33 millions d'hectares cultivés actuellement en France, près de 7 millions sont consacrés à cette céréale. La production totale est d'environ 100 millions d'hectolitres par année.

La culture du blé a longtemps été considérée comme une des plus rémunératrices; mais, depuis quelques années, nos cultivateurs ont éprouvé bien des déceptions, aussi beaucoup d'entre eux parlaient d'y renoncer, ou tout au moins de la restreindre grandement.

D'où vient cet état de choses?

Nos agriculteurs, habitués à vendre le blé à raison de 22 à 23 francs l'hectolitre, ont vu depuis 1883 le prix s'abaisser jusqu'à 16 francs, et pourtant les frais de culture ne diminuaient pas.

La cause de l'avilissement des prix est parfaitement connue, elle tient essentiellement à la concurrence étrangère.

Le prix du blé en France se trouve déterminé bien plus par la production de l'Amérique et des Indes que par celle de la France même. Nous nous trouvons donc en concurrence avec des pays neufs, cultivant sans engrais et presque sans frais (culture extensive) de vastes territoires doués d'une fertilité très grande, où le prix d'achat et de location des terrains est très minime et dont la population est encore trop restreinte pour consommer ses produits qui, grâce à des tarifs de transport très réduits, peuvent inonder nos marchés d'Europe. De là une baisse inévitable; depuis quelques années, le prix du blé oscille de 16 à 17 francs l'hectolitre, alors que l'agriculteur était habitué à le vendre 20 francs en moyenne.

L'Amérique exportait en blé et en maïs :

En 1850	2,594,000	hectolitres.
— 1860	2,689,000	—
— 1870	35,271,400	—
— 1880	90,512,200	—
— 1884	41,614,700	—

Depuis 1875, un nouveau concurrent est apparu sur les marchés de l'Europe, c'est le *blé indien*. Grâce aux chemins de fer que l'on a construits dans le pays et dont on augmente chaque jour l'importance, et grâce au canal de Suez, ce blé, dont la production dépasse de beaucoup les besoins de la consommation locale, arrive dans nos ports à meilleur marché encore que le blé américain. Les frais de transport, de chargement et de déchargement s'élèvent à environ 3 fr. 10 les 100 kilos; le droit d'entrée, à 3 francs; le prix d'achat sur les marchés de Calcutta est d'environ 11 fr. 40. Par conséquent, 100 kilos de blé indien peuvent venir chez nous au prix de 17 fr. 50, soit 14 francs l'hectolitre. C'est une situation vraiment pénible.

Outre les blés indiens, ceux de la Nouvelle-Zélande et ceux de l'Australie sont déjà entrés dans les ports européens, mais leur prix de revient est encore trop élevé pour que nous ayons des craintes sérieuses à avoir.

Actuellement l'Europe, afin de suffire à sa consommation, est obligée d'importer en moyenne par an 80 à 85 millions d'hectolitres de blé; 40 à 45 millions sont fournis par l'Amérique du Nord, 25 à 30 millions par les Indes anglaises; le reste est fourni par l'Australie, le Chili, l'Égypte. La France est tributaire de 15 à 20 millions d'hectolitres de blé vis-à-vis de l'étranger.

Il y a lutte à soutenir.

On peut prévoir que la période de la crise agricole touche à sa fin. Tous ces pays neufs battent monnaie depuis longtemps, sur la fertilité de sols vierges; ils exportent sans cesse, sans rien restituer. Mais déjà les terres s'épuisent. On pourrait citer des exemples nombreux d'États américains où les rendements vont sans cesse en décroissant. En un mot, le moment n'est pas éloigné où le nouveau continent se trouvera dans la même situation que notre vieille Europe. Il faut, de

EUCALYPTUS.

plus, considérer que ces vastes territoires se peuplent de plus en plus; que, par suite, le prix de la terre augmente; que, pour étendre la culture du blé, on est obligé de s'éloigner de plus en plus des voies ferrées; et qu'enfin la consommation locale absorbe des quantités de plus en plus importantes. Toutes ces considérations font que les économistes les plus autorisés s'accordent à penser que la limite minima est atteinte et que la période de dépression des prix touche à sa fin. Il résulte des documents officiels les plus récents que les prix de revient du blé en Amérique et aux Indes sont très supérieurs à ceux fréquemment cités.

Des hommes de progrès, des agronomes autorisés, tels que MM. Risler, Vilmorin, Grandeau, Lecouteux, etc., sont venus relever le courage des cultivateurs, en leur montrant que, même aux cours actuels, la culture du blé peut être encore rémunératrice, mais à la condition d'augmenter les rendements.

Il est en effet évident que, plus on produit d'hectolitres ou de kilogrammes à l'hectare, plus aussi on diminue le prix de revient de l'hectolitre ou du kilogramme. « Augmenter les rendements par les procédés économiques », tout le secret de la culture rémunératrice du blé est là.

Si nous jetons un coup d'œil sur les statistiques officielles qui donnent les rendements moyens, par hectare, du blé dans les différents pays de l'Europe, nous trouvons les chiffres suivants :

	Hectolitres.
Hesse-Darmstadt	35,2
Grande-Bretagne	27,7
Bavière	26,5
Saxe-Altenberg	25,8
Belgique	25,1
Saxe royale	24,4
Hollande	22,2
Norvège	20,8
Irlande	20,8
Danemark	17,4
Prusse	15,8
Saxe-Weimar	15,4
France	15,4
Autriche	15,0
Espagne	14,2
Duché de Bade	14,0

La France, avec son heureux climat, ses terres généralement fertiles, l'intelligence de sa population, occupe presque le dernier rang. Ce qui fait baisser sa moyenne, ce sont surtout les départements méridionaux; ce sont les régions comme la Champagne pouilleuse, la Sologne, les Landes granitiques ou sableuses, où le cultivateur s'obstine à produire de maigres récoltes de blé, qui certes ne sont pas rémunératrices. On constate que sur 87 départements français :

		Hectolitres par hectare.
14	produisent de	20 à 30
7	—	18 — 20
23	—	15 — 18
15	—	13 — 15
14	—	10 — 13
14	—	moins de 10

Voici, à titre de document, le tableau complet par région et département des récoltes moyennes en céréales :

	Hect. ensemencés.	Production en hectol.
	—	—
Nord-Ouest	685.600	10.317.300
Nord	1.173.500	23.546.400
Nord-Est	532.100	6.787.100
Ouest	1.100.600	13.952.000
Centre	734.600	11.157.200
Est	742.900	10.306.900
Sud-Ouest	744.500	9.118.500
Sud	450.000	5.414.700
Sud-Est	473.800	6.319.500
Corse	10.600	159.000
	6.648.200	97.078.600

Le rendement moyen de l'hectare est satisfaisant, on le voit. Sa moyenne est de 12 ou de 13. Elle descend à 10 dans la Vienne, dans les Landes, dans la Lozère, en Corse. C'est dans le nord qu'on obtient le plus haut rendement à l'hectare, avec 28 dans le département du Nord, 25 dans le Pas-de-Calais et Seine-et-Oise, 22 dans l'Eure.

Voici maintenant le tableau des récoltes en Europe et dans le monde entier. Ce petit tableau offre en outre l'intérêt de mettre sous les yeux de ceux qui le liront un état des moissons chez les différents peuples. Il s'agit d'hectolitres de blé produits.

		Exportation possible.
		—
EUROPE	Allemagne	34.000.000
	Angleterre	20.500.000
	Autriche	19.800.000
	Belgique	6.300.000
	Bulgarie	10.000.000
	Danemark	1.400.000
	Espagne	21.700.000
	France	97.100.000
	Grèce	2.100.000
	Hollande	2.000.000
	Hongrie	53.000.000
	Italie	39.000.000
	Norvège	275.000
	Portugal	1.900.000
	Roumanie	23.000.000
	Russie	108.500.000
	Serbie	3.400.000
	Suède	1.100.000
	Suisse	650.000
	Turquie	14.000.000
		468.725.000

L'Amérique fait 640,225,000 hectolitres de blé ; l'Asie 751,825,000 ; l'Afrique (Algérie, Tunisie, Égypte, Syrie, etc.) fait 781,725,000 hectolitres de blé. L'Afrique mérite d'être ce que César voulait qu'elle fût : le grenier du monde.

M. Risler, directeur de l'Institut national agronomique, a exposé d'une façon simple la culture rationnelle du blé :

Le premier souci de l'agriculteur doit être de choisir comme semences les variétés les mieux appropriées au climat, celles qui peuvent donner les rendements les plus élevés. Le major Hallet à Brighton, dans le comté de Sussex, Patrick Shireff en Écosse, les Vilmorin en France, ont tracé les règles de la sélection des semences et créé par des procédés divers des variétés très perfectionnées dont l'adoption est aujourd'hui généralisée dans les pays de bonne culture. Il faudrait que dans chaque département on fît des études sérieuses sur les meilleures variétés de blé; c'est par voie d'expérimentation qu'il faut procéder. Nous ajoutons avec plaisir qu'un grand mouvement dans ce sens se propage depuis quelques années.

Parmi les récentes introductions, nous citerons le *blé Schireff* ou *square head*, ou *blé à épi carré,* qui est d'une productivité prodigieuse et capable de fournir jusqu'à 50 hectolitres à l'hectare dans les sols riches et bien fumés.

Les agronomes ont pensé aussi que l'on pourrait augmenter le produit net non seulement par l'emploi de variétés plus prolifiques que celle qu'on sème d'ordinaire, mais encore par un changement dans la place qu'occupe le blé dans la rotation et enfin par l'emploi d'une fumure plus énergique.

Malheureusement, il arrive souvent que les fortes fumures, dans les cas de la culture du blé, déterminent la verse; lorsqu'il est couché, le blé mûrit mal, et, si la pluie survient, la récolte peut être compromise. Les cultivateurs sont donc soumis à ces deux alternatives : fumer peu dans la crainte de la verse et n'obtenir que de faibles récoltes, ou bien fumer plus abondamment dans l'espoir d'un produit élevé, en risquant de tout perdre.

Il est clair que ces difficultés disparaîtraient avec la semaille d'espèces résistant à la verse; aussi s'est-on efforcé, depuis longtemps, de découvrir ces variétés.

C'est dans ce but également que, pendant l'automne de 1884, MM. Dehérain et Porion ont semé, à Grignon, diverses variétés de blé et leur ont distribué des fumures excessives, de façon à les soumettre à une épreuve décisive et à obtenir les plus forts rendements. Ces expériences, de première importance, les ont conduits aux résultats suivants :

L'emploi des variétés : blé rouge d'Écosse, blé Browich, blé de Bordeaux et particulièrement blé *Schireff à épi carré,* qui résiste admirablement à la verse et fournit des produits très abondants. M. Déhérain croit aussi savoir que, non seulement aux environs de Paris où il a opéré, mais aussi sur d'autres points de la région septentrionale, les cultivateurs qui ont semé le blé à épi carré ont obtenu des rendements très supérieurs. Il engage donc les cultivateurs à semer ces variétés, car il pense que, même aux prix de vente actuels, la culture du blé est encore rémunératrice.

Voici les chiffres qui résument le rendement par hectare. Pour la région méridionale : en 1887, 21 hectolitres; en 1888, 29.1. Pour la région moyenne, en 1887, 33. 5; en 1888, 36. 6. Pour la région septentrionale, en 1887, 49. 3; pn 1888, 47. 4.

En comparant ces chiffres à la moyenne de 15 hectolitres qui représente la eroduction de la France, on voit quels progrès il reste à accomplir.

Les auteurs ajoutent qu'il ne suffit pas, pour obtenir de bonnes récoltes, de choisir une variété prolifique, il faut encore la placer dans des conditions favorables ; l'épi carré présentant une remarquable résistance à la verse, on peut impunément lui donner de fortes fumures de fumier de ferme (20 à 30,000 kilos à l'hectare), à l'automne, qu'il est bon de fortifier au printemps par une addition de 200 kilogrammes de nitrate de soude.

M. Vilmorin, dans une étude sur les meilleurs blés, recommande également à l'agriculteur de choisir les variétés, d'étudier leurs qualités, leurs défauts, leurs exigences vis-à-vis du sol et du climat.

L'époque, la densité, la profondeur des semis, les soins culturaux, obéissent aujourd'hui à des règles parfaitement déterminées et dont il ne faut pas s'écarter si l'on veut arriver à de bons résultats. Enfin, pour la moisson et le battage, on est en possession de machines dont l'emploi procure des économies sérieuses et une diminution sensible des prix de revient.

Mais c'est surtout l'engrais qu'on doit considérer comme le facteur le plus important de la production du blé. Il a été admis jusqu'ici que la céréale ne doit pas être fumée ; c'est là une croyance qui tend à disparaître ; en Allemagne, par exemple, le froment vient en tête de rotation, c'est-à-dire que la sole de céréales reçoit la fumure qu'il est d'usage d'appliquer aux plantes sarclées. On obtient ainsi des rendements beaucoup plus élevés, mais à la condition de choisir des variétés de blé à paille rigide et résistant à la verse, comme le *square head.*

L'emploi des engrais chimiques joue dans la production du blé un rôle considérable; on peut, par une application judicieuse de ces matières, d'un emploi facile, doubler et tripler les rendements à très peu de frais. Il suffit de donner à la terre l'élément qui lui fait défaut pour qu'elle se couvre de riches récoltes. Dans les terrains granitiques, c'est l'acide phosphorique qui fait défaut : phosphates et superphosphates produisent alors merveille; dans les terrains crétacés, ce seront les sels potassiques. Voilà les faits qui aujourd'hui se vulgarisent, et dont la connaissance est destinée à amener dans notre agriculture nationale les transformations les plus heureuses.

Enfin, pour terminer, nous croyons utile d'indiquer les variations du prix du blé depuis quinze ans, ainsi que la production totale:

Années	Prix moyen de l'hectol.	Récolte totale.
1876	20.59	95.439.832
1877	23.44	100.145.651
1878	23.00	95.270.698
1879	21.92	79.355.866
1880	22.90	99.471.559
1881	22.28	96.810.356
1882	21.51	122.153.524
1883	19.21	104.772.587
1884	18.00	103.753.426
1885	17.00	114.230.977
1886	16.00	110.000.000

Ces derniers chiffres se maintiennent ou varient peu les années suivantes.

On voit, d'une part, que la production totale a augmenté sensiblement et, d'autre part, que le prix de l'hectolitre a suivi une marche descendante.

Résumons-nous : l'augmentation de rendement est liée à l'usage des engrais, au choix des semences et à la parfaite exécution des façons culturales. En présence de la situation qui est faite aux producteurs européens, le salut de l'agriculture se trouve dans l'obtention de grosses récoltes. Il faut abandonner la culture du blé, là où on ne peut obtenir que des rendements de 12 à 13 hectolitres, et concentrer tous ses moyens d'action sur les terres de valeurs où les rendements atteindront 25 à 30 hectolitres; dans ces conditions, le producteur de blé ne sera plus en perte et luttera victorieusement contre les blés américains et indiens.

ÉPEAUTRES

On désigne sous ce nom les espèces de blé dont le grain reste adhérent à la balle après la maturité et dont l'axe se désarticule à chaque article. On distingue le grand et le petit épeautre. Le premier a un épi long, grêle, à barbes peu développées ; les épillets sont écartés et laissent l'axe à nu dans leurs intervalles. Il est peu cultivé en France. Le petit épeautre présente un épi barbu très aplati, composé de deux rangs d'épillets très écartés et a un seul grain. On cultive cette variété dans le Berri et le Gâtinais, comme semence d'automne ; elle est très peu productive, mais elle peut se développer dans les terres les plus pauvres, ce qui lui donne un certain intérêt.

SEIGLE

Le seigle (*secale*) est une graminée à feuilles planes, indigène du sud-est de l'Europe et des parties adjacentes de l'Asie; il a des épis simples, dans lesquels les épillets sont portés sur un rachis ordinairement articulé; ces épillets sont solitaires et renferment deux fleurs normales avec rudiment d'une troisième ; leurs deux glumes sont presque égales, carénées, aristées. Chaque fleur, en particulier, présente une glumelle à deux paillettes, dont l'inférieure est carénée, aristée, équilatérale, son côté extérieur étant plus large et plus épais, dont la supérieure est plus courte, bicarénée ; la glumellule est formée de deux petites écailles ciliées. Pendant la floraison, ces fleurs s'ouvrent assez pour laisser voir presque en entier leurs étamines, qui sont pendantes.

Les seigles se distinguent aisément parmi nos céréales par leurs épillets biflores et solitaire sur chaque dent du rachis; tandis qu'ils sont groupés par trois et uniflores dans les orges et solitaires, mais multiflores, dans les froments.

Il existe plusieurs espèces de seigle, mais la seule pour nous intéressante est le *seigle cultivé*. Cette précieuse céréale se trouve encore à l'état spontané dans la

Crimée, ainsi que dans les contrées qui s'étendent autour du Caucase et de la mer Caspienne; elle y croît principalement dans les endroits sablonneux, ce qui explique la facilité avec laquelle elle réussit dans les sables et les sols secs et presque arides, entièrement impropres à la culture du froment. Son chaume mince, ferme et flexible à la fois, s'élève de 1 mètre à $1^m,50$, quelquefois davantage; il porte des feuilles aiguës et étroites, surtout comparativement à celles de l'orge, qui sont deux fois plus larges, et il se termine par un épi assez resserré, long de $0^m,10$ à $0^m,15$; les glumes ont leur carène relevée de petites dents qui la rendent rude au toucher; les paillettes dépassent les glumes; l'inférieure a la carène ciliée de poils roides, le sommet aigu et prolongé en une arête droite et scabre.

Les agronomes distinguent plusieurs variétés de *seigle;* mais cette distinction ne repose, en général, que sur des particularités de végétation déterminées surtout par l'époque des semis. Ainsi, ils nomment *seigle d'automne* ou *d'hiver* celui qui a été semé en automne et dont on récolte le grain l'année suivante; *seigle de mars* ou *de printemps*, celui qui est semé en mars pour être récolté la même année et qui se distingue d'ordinaire par un chaume plus court et plus grêle; enfin, ils appellent *seigle de la Saint-Jean, seigle multicaule, seigle du Nord*, celui qu'on sème au mois de juin, vers la Saint-Jean, qu'on coupe en fourrage vert pendant l'automne ou qu'on fait brouter par le bétail jusqu'au printemps suivant, pour le laisser ensuite monter et donner son grain après une année entière de végétation. Le seigle multicaule, que l'on a tant vanté et qui se distingue par la multiplicité de ses chaumes, doit ce caractère à ce que la dent du bétail ou la faux l'ont déterminé à produire des jets latéraux qui sont devenus autant de chaumes. Au point de vue botanique, les variétés du *seigle* sont peu nombreuses; on n'en signale que trois : 1° *seigle à épi simple* ou *seigle ordinaire;* 2° *seigle de Vierland*, à épi très ramassé, compact, à grain renflé, jaunâtre, à feuilles d'un vert tendre; 3° *seigle à épi rameux* par la base.

Le seigle se recommande par plusieurs qualités. L'une des plus précieuses est de réussir dans presque toutes les terres, même dans celle dont l'infertilité est presque complète et qui se refuseraient à la plupart des autres cultures, sinon à toutes. De plus, sa rusticité est assez grande pour qu'il résiste à des froids rigoureux; aussi le cultive-t-on très avant dans le Nord et très haut dans les montagnes. Il n'est dépassé dans l'un et l'autre sens que par l'orge, qu'il suit même d'assez près. Il produit environ 1/6 de plus que le blé, et, à poids égal, son grain donne plus de farine que celui de ce dernier. Enfin, coupé vert, il fournit un bon fourrage et il est d'autant plus avantageux sous ce rapport que cette première récolte ne nuit en rien à celle du grain et la rend même plus abondante, en même temps qu'elle augmente la quantité de paille produite.

Tout le monde connaît l'importance du seigle pour l'alimentation de l'homme; on fait du pain avec sa farine, soit seule, soit mélangée.

Le pain de seigle seul est inférieur à celui de froment sous plusieurs rapports; il est lourd, la pâte de farine de seigle ne levant pas ou presque pas; sa couleur est brune; il est médiocrement nourrissant, à cause de la faible proportion de gluten qui s'y trouve. De plus, la panification du seigle exige beaucoup de levain et une cuisson prolongée; néanmoins, ce pain forme dans beaucoup de parties de l'ancien monde l'aliment principal des habitants des campagnes. Ses inconvénients sont fortement atténués par le mélange de la farine de seigle avec un tiers ou moitié de farine de froment. Le mélange de ces deux céréales est connu sous le nom de *méteil*.

Le grain de seigle est assez souvent utilisé dans les brasseries à la place de celui d'orge pour la fabrication de la bière. Dans le nord de la France, on prépare une liqueur rafraîchissante avec de la farine de seigle délayée dans de l'eau et fermentée. Dans le nord de l'Europe, on en obtient de l'eau-de-vie, et cette industrie en absorbe de grandes quantités. Enfin, la farine de seigle est employée pour faire des cataplasmes. En général, la volaille et les oiseaux refusent de manger le grain de cette graminée. La paille du seigle est d'une grande utilité; sa ténacité et sa flexibilité la rendent plus propre que toutes les autres à servir comme lien; elle sert aussi pour litière, pour couvrir les habitations rustiques; enfin, on en tresse pour faire des chapeaux de paille, dont le tissu est résistant et la couleur plus terne que celle des chapeaux faits avec la paille de froment.

Le seigle entre, avons-nous dit, comme le blé dans la fabrication du pain; il est donc utile d'indiquer sommairement la composition de cette graine :

NOM DES COMPOSANTS	GRAINS	FARINE FINE	FARINE GRISE
Eau	17,94	13,62	11,40
Cellulose	3,41	0,94	1,56
Cendres	2,02	0,96	1,46
Matière azotée	9,53	8,06	11,88
Matière amylacée et sucrée. Dextrine et graisse	67,10	76,59	73,40

D'après M. Boussingault, la farine de seigle contient :

Gluten et albumine	10,5
Amidon	64,0
Sucre	3,0
Gomme	11,0
Cellulose	6,0
Graisse	3,5

Et, suivant le même chimiste, le son de seigle renferme :

Eau	14,55
Cendres	3,35
Graisses	1,86
Gluten et albumine	14,50
Gomme	7,79
Matières amylacées	38,19
Cellulose	21,35

1,000 parties de graines contiennent, en moyenne, 21 parties de sels minéraux, renfermant eux-mêmes 5,65 d'acide phosphorique. 1,000 parties de farine de seigle ne contiennent que 13,33 parties de sels minéraux, renfermant 3 + 1/3 d'acide phosphorique. 1,000 parties de son de seigle contiennent 51 parties de phosphates.

Fig. 198. — Roue de côté actionnant un moulin.

Le grain de seigle tend à perdre de son importance, du moins pour la confection du pain. En Angleterre, il n'est appliqué qu'à la distillation. En France, nous avons encore quelques provinces où on le panifie, mais l'usage du pain de seigle pur diminue tous les jours. C'est principalement à l'état de *méteil*, mélange naturel d'environ 2/3 de froment et 1/3 de seigle, qu'il est employé à la panification.

L'administration de la guerre interdit tout mélange de farine de seigle dans les farines qui servent à confectionner le pain du soldat.

La production du seigle était autrefois en France à peu près la moitié de celle du froment ; aujourd'hui elle n'en forme pas le tiers et tend chaque jour à diminuer. Partout où l'on peut donner à la terre les engrais nécessaires, la culture du seigle disparaît et fait place à celle du froment.

Le prix du seigle est toujours de 40 à 50 0/0 au-dessous de celui du blé.

De grandes quantités de seigle sont employées dans le Nord à la fabrication de l'eau-de-vie, principalement de celle dite *genièvre*.

Quelquefois, quand les fourrages et surtout quand les avoines sont à des prix très élevés, le seigle est donné en aliment au bétail ; mais il faut, dans ce cas, prendre quelques précautions, qui consistent soit à faire cuire le seigle, soit à le faire tremper vingt-quatre heures dans l'eau avant de le donner aux animaux.

Dans le nord de l'Europe, on distille aussi beaucoup de seigle ; mais ce grain forme encore la base de la nourriture des populations en Prusse, dans une grande partie de l'Allemagne, en Suède et en Russie.

La graine de seigle est plus allongée, divisée dans le sens de la longueur par un sillon assez prononcé, sa texture est aussi moins compacte que celle du blé.

A l'examen microscopique, la fécule du seigle diffère de celle du blé en ce que les grains les plus ténus sont plus petits, que les gros grains ont un hile à trois ou quatre branches.

Méteil. — On appelle souvent *méteil* un mélange en proportions différentes de seigle et de froment, et quelquefois d'orge et de froment. Il faut choisir un blé hâtif pour qu'il soit à peu près mûr au moment où il convient de couper le seigle ou l'orge. A l'automne, on sème les mélanges de seigle et de froment, et au printemps ceux d'orge et de froment.

La culture du méteil offre certains avantages ; mais ce produit se vend désavantageusement sur les marchés ; il convient dès lors de le consommer sur place.

La culture du seigle n'est point aussi ancienne que celle du froment. On n'en trouve pas dans les tombeaux d'Égypte, et il n'en est pas question dans les auteurs d'une haute antiquité. On le cultivait en grand dans l'Auvergne et le Forez dès le xve siècle.

Le seigle d'hiver est la variété la plus généralement cultivée. Le seigle de printemps a le grain plus petit, et produit beaucoup moins. Le seigle d'hiver se sème à l'automne ou à la fin de juin. Dans ce dernier cas, on peut obtenir une récolte de fourrage vert à l'automne et une récolte de grain l'année suivante. Le seigle est moins sensible au froid que le froment ; il mûrit plus vite et prospère dans des sols légers et secs où le blé ne viendrait pas bien. Enfin, on peut obtenir du seigle plusieurs années de suite du même terrain sans l'épuiser. Les préparations à donner au sol pour le seigle sont à peu près les mêmes que pour le froment. Le seigle se sème toujours à la volée. Il doit être enfoui à une profondeur moitié moins considérable que celle qui convient pour le froment. On emploie 2 hectolitres 82 de semence par hectare dans le Doubs, et 1 hectolitre 15 seulement dans la Gironde. L'ensemencement du seigle consomme annuellement, en France, 5,139,422 hectolitres de cette espèce de grain.

L'hectolitre de seigle pèse, en moyenne, 72 kilogrammes. On obtient, en général, une partie de grains pour deux parties de paille. Dans de bonnes conditions, l'hectare fournit 18 à 25 hectolitres de seigle.

On admet qu'il faut dépenser environ 200 kilogrammes de fumier pour 100 kilogrammes de grain et de paille produits.

Le seigle est sujet à une maladie connue sous le nom d'*ergot*. L'*ergot de seigle* est le second état de développement d'un champignon, le *claviceps purpurea*. C'est un corps allongé, ayant 2 à 4 millimètres de diamètre, sur 2 à 3 centimètres de longueur. Il est d'un brun violacé et exhale une odeur qui rappelle celle des champignons. Le développement de ce champignon détermine dans le grain du seigle une modification profonde ; le seigle ergoté ne contient plus ni gluten, ni amidon, ni dextrine; on y trouve de l'huile, quelquefois un peu d'ammoniaque libre, et enfin une substance particulière, l'*ergotine*.

La présence du seigle ergoté dans la farine de seigle se reconnaît en mêlant la farine avec son volume d'éther acétique, et en y ajoutant de l'acide oxalique; on chauffe pendant quelques minutes jusqu'à l'ébullition, et le liquide en se refroidissant prend une couleur rouge.

La poudre d'ergot de seigle est d'un usage fréquent en médecine comme obstétrical et hémostatique.

Le seigle ergoté est très dangereux, il cause dans l'économie des troubles sérieux pouvant aller jusqu'à l'empoisonnement.

L'ORGE

L'orge (*hordeum*) présente les caractères suivants : feuilles planes, fleurs en épi simple, à axe dentelé, chaque dentelure portant trois épillets biflores ; trois étamines, un ovaire sessile armé d'un poil au sommet; deux stigmates plumeux ; caryopse velu au sommet, restant souvent enveloppé par la glumelle.

La culture de l'orge remonte à la plus haute antiquité. On en trouve dans les tombeaux égyptiens et les plus anciens auteurs chinois en font mention. La croissance rapide et la vigueur de cette céréale permettent de la cultiver dans les climats les plus opposés, au nord et au midi; on la rencontre, en Suisse, à près de 2,000 mètres de hauteur au-dessus du niveau de la mer. L'orge ne produit que du pain de mauvaise qualité, mais elle fournit dans le nord le principal élément de la bière, et constitue, sous différentes formes, une excellente nourriture pour les bestiaux.

Les espèces et variétés d'orge cultivées sont extrêmement nombreuses. Nous mentionnerons seulement les plus répandues :

Orge commune. — Les grains sont distribués sur six rangs irréguliers, et restent couverts de leurs balles; l'épi est long et aigu. Cette variété talle beaucoup, mais elle exige une forte fumure et ne peut être semée qu'au printemps.

L'*orge escourgeon ou à six rangs* est la variété la plus répandue en France, comme orge d'hiver; l'épi est court, régulier et s'égrène facilement.

L'*orge à deux rangs* mûrit très vite. On la sème au printemps; l'épi est long, comprimé, à crêtes parallèles; elle demande des terres fertiles, mais fournit des grains de bonne qualité.

L'*orge céleste*, souvent confondue avec l'orge commune, s'en distingue surtout par la grosseur de ses grains, qui offrent l'inconvénient de s'égrener avec une extrême facilité. Cette espèce comprend trois variétés.

L'*orge éventail* (*zeocriton commune*) a un épi lancéolé, des fleurs pourvues de longues arêtes étalées en éventail.

L'*orge pamelle* diffère de l'espèce précédente par des arêtes presque parallèles au lieu d'être divergentes. Elle comprend quatre variétés, dont une, propre à l'Abyssinie, est connue depuis peu en Europe.

L'*orge à café* a un épi aplati, lâche, flexible, hérissé. On l'appelle aussi *orge à deux rangs*, *orge nue*, *orge d'Espagne*, *orge du Pérou.*

L'orge peut végéter à peu près dans tous les terrains, pourvu qu'ils ne soient pas trop humides; cependant les terres de consistance moyenne lui conviennent particulièrement. Elle demande un sol parfaitement ameubli et très soigneusement préparé. Les semailles se font généralement à la volée ; mais on pourrait parfaitement employer le semoir, on les fait en août ou septembre, pour les orges d'hiver, et en février, mars ou avril, pour les orges de printemps, suivant le degré d'humidité de la terre et la température de la saison. On emploie, par hectare, dans les Hautes-Alpes, 3 hectolitres 30 de semence, et 1 hectol. 26 seulement dans le département de Vaucluse. Cette dernière quantité paraît beaucoup trop faible. L'orge doit être un peu plus enfouie que le blé.

La proportion de la paille au grain varie beaucoup. Cependant, en moyenne, on récolte 2 parties de l'une pour une partie de l'autre. L'hectare, en orge d'hiver, produit moyennement 35 à 40 hectolitres de grain, et 24 à 30 hectolitres en orge de printemps. L'hectolitre ne pèse que 64 kilogrammes environ.

Le grain d'orge séché à l'air contient encore 10 à 17 p. 100 d'eau, et 14 p. 100 en moyenne. Voici sa composition d'après Frésénius :

	Séché à l'air.	Desséché.
Gluten	12.88	14.96
Albumine	0.30	0.35
Fécule	48.06	55.80
Gomme	3.87	4.50
Sucre	3.75	4,36
Matières grasses	0.34	0.40
Ligneux	13.34	15.50
Cendres	3.56	4.13
Eaux	13.90	»
	100.00	100.00

Les cendres contiennent en moyenne :

	Grains.	Paille.
Potasse	15.61	22.17
Soude	5.03	0.84
Chaux	3.06	7.59
Magnésie	8.04	3.55
Oxyde de fer et perte	1.94	4.35
Acide phosphorique	35.68	3.22
Acide sulfurique	1.22	2.61
Silice	28.97	46.30
Chlorure de sodium	0.45	9.37
	100.00	100.00

L'orge enlève donc au sol une forte proportion de potasse, de chaux et d'acide phosphorique. On estime que cette récolte consomme 220 kilos de fumier par 100 kilos de paille et de grain, soit 10 à 12,000 kilos de fumier par hectare pour une récolte ordinaire. Les engrais riches en phosphates et en sels alcalins conviennent parfaitement à cette plante. On se trouve bien d'un mélange formé par hectare, de

Guano du Pérou	123	kilos.
Nitrate de soude	63	—
Sulfate de magnésie	63	—
Chlorure de sodium	250	—

On répand le guano en même temps que la semence et les sels quand la plante est sortie de terre.

La culture de l'orge est importante, car les usages de cette plante sont nombreux. Fauchée en vert, l'orge donne un bon fourrage. Son grain fournit une farine alimentaire que les anciens paraissent avoir jugée comme nous. On sait que la grossièreté du pain d'orge est proverbiale. Cette plante était cultivée sur une grande échelle par les Égyptiens et les Hébreux, et servait principalement à la nourriture des chevaux et aussi à celle des classes pauvres. Chez les Romains, c'était une punition de donner à un soldat une ration d'orge au lieu d'une ration de froment pour faire son pain. Cependant, à une époque fort reculée, l'orge était une des substances alimentaires le plus fréquemment employées par l'homme, et aujourd'hui encore les Arabes du Maroc font leur régal d'un pain d'orge non salé. Du reste, la plupart des auteurs anciens considéraient l'orge comme un aliment très sain et très nourissant. Les Hébreux et plusieurs peuples de l'antiquité connaissaient un moyen d'obtenir avec les grains d'orge une boisson tout à fait analogue à la bière germanique.

La fabrication de cette boisson est aujourd'hui un des principaux usages de l'orge et la raison presque exclusive pour laquelle on cultive cette plante.

Toutefois la médecine fait un emploi notable de la tisane d'orge, sous forme d'*orge perlé* et d'*orge mondé*. Ces deux préparations s'obtiennent de la même manière, en faisant passer le grain entre deux meules placées horizontalement à distance. Pour l'orge mondé, la distance est telle que le grain roulé entre les meules perd seulement sa glume et sa glumelle ; pour l'orge perlé, un travail plus long et une distance diminuée graduellement font que l'orge se trouve réduite à sa partie blanche et farineuse. Dans ce dernier état, l'orge fournit un potage assez estimé.

L'orge réussit dans les terrains pauvres et stériles, mais préfère une terre profonde, un peu humide et bien labourée. On la sème en automne et au printemps, mais plutôt en automne, pour éviter la surprise des premières chaleurs. La quantité convenable de semence paraît être de 2 hectolitres par hectare. Les espèces préférées pour la culture sont : l'orge commune, l'escourgeon et l'orge en éventail. L'orge céleste, recommandée par certains spécialistes, est presque entièrement négligée par les agriculteurs.

Le grain d'orge est d'un jaune paille, un peu anguleux et marqué d'un sillon longitudinal. La farine d'orge donne une pâte courte, peu élastique, et un pain grossier de digestion difficile. Aussi en France l'orge n'est-il que très peu employé à la préparation du pain, et seulement mélangé avec le blé ou le seigle. Il est d'un usage plus général en Allemagne, en Espagne et en Norvège.

La farine d'orge, qui se rapproche par son aspect et sa structure de celle du blé, est composée surtout de grains gros et petits, avec un petit nombre d'intermédiaires. Les petits grains sont trois ou quatre fois plus petits que ceux du blé ; les gros offrent fréquemment des couches concentriques et présentent plus souvent que ceux du blé le sillon longitudinal. La grande différence entre la farine d'orge et celle de blé consiste dans l'action de l'eau bouillante, qui laisse indissoute, même après une ébullition prolongée, une matière nommée *hordéine*.

Quand on laisse germer le grain d'orge, il s'y développe la *diastase*, susceptible de transformer l'amidon en dextrine et en glucose. L'orge germée est employée dans la fabrication de la bière.

La production de l'orge en France est encore inférieure à celle du seigle : elle ne s'élève guère qu'au cinquième de celle du froment.

Comme aliment sous forme de pain, l'orge ne s'emploie en France que dans les périodes d'extrême cherté, et seulement dans les campagnes. Il n'y a guère aujourd'hui que les Hollandais qui font entrer la farine d'orge dans la confection du pain du matelot, sous prétexte que ce pain a la propriété de préserver du scorbut.

Nous croyons que c'est là un préjugé, et que la grande raison des armateurs hollandais est l'économie.

L'orge, en France comme en Angleterre, ne s'emploie généralement qu'à la distillation ou à la fabrication de la bière.

Les orges qui viennent à Paris pour ce dernier emploi proviennent presque toutes de la Champagne, d'où elles descendent par l'Aube et la Seine. Celles que les brasseurs parisiens estiment le plus sont expédiées de Nogent-sur-Seine.

La Champagne expédie aussi beaucoup d'orge dans l'est de la France, à Dijon et à Lyon, pour la confection des bières.

L'Alsace et la Lorraine en récoltent également d'assez grandes quantités qui sont destinées à la brasserie.

Quand ce débouché n'existe pas, les orges qui ne passent pas à la distillerie ou à la brasserie sont employées, soit sous forme de farines, soit après un simple concassage, à la nourriture des animaux, notamment à ceux qui sont engraissés pour la boucherie.

MAÏS

Le maïs (*zea maïs*) ne comprend qu'une seule espèce, le *maïs cultivé*, vulgairement connu sous les noms de *blé de Turquie*, *blé d'Espagne*, *blé d'Inde*, et même du *gros millet*. C'est une des plus belles et des plus utiles graminées ; aussi a-t-elle été l'objet d'études spéciales.

La question relative à la véritable patrie du maïs a donné lieu à de longues discussions dont le dernier mot n'a peut-être pas encore été dit. Ainsi, suivant d'importantes autorités et d'après des faits qui paraissent irréfutables, ce serait à l'Amérique que nous serions redevables de l'importante graminée dont il s'agit; et cependant des affirmations non moins imposantes viennent s'opposer à ce qu'on s'arrête à une semblable conclusion. « S'il est certain, dit M. Bonafous, qui primitivement avait admis l'origine américaine du maïs et qui a été amené par de nouvelles recherches à une conviction opposée, s'il est certain que le maïs était cultivé en Amérique lorsque les Européens y arrivèrent à la fin du XVe siècle, il paraît également vrai que cette céréale était en pleine culture dans l'Inde à une époque antérieure; d'autre part, le maïs trouvé dans le cercueil d'une momie après trente ou quarante siècles prouve qu'il existait en Afrique dès les temps les plus reculés. On peut donc conclure que le maïs était connu dans l'ancien continent avant la découverte du nouveau, et rien n'empêche de supposer que les Arabes ou les Croisés l'ont introduit les premiers en Europe sans que cela puisse infirmer en rien les témoignages qui nous affirment qu'une nouvelle introduction de cette graminée a été faite chez nous après la découverte de l'Amérique, introduction qui aurait donné une plus grande importance à la culture de cette plante, imparfaitement appréciée jusqu'alors. »

Quoi qu'il en soit, le maïs se trouve aujourd'hui cultivé à peu près sur tout le globe et paraît même plus répandu que le blé lui-même, occupant de vastes étendues de terrains, non seulement dans les parties chaudes de la zone tempérée, mais encore dans la zone torride.

Le maïs réussit donc bien sous les latitudes et les climats les plus divers. Bien que préférant les sols humides et riches et les températures élevées, il réussit néanmoins dans les terres pauvres, médiocrement arrosées ou peu exposées au soleil. Les plus chaudes régions de la zone tropicale donnent du maïs en abondance; les courts étés du Canada en produisent d'excellentes récoltes. On le cultive jusqu'en Patagonie et dans les mers du Sud. A Java et dans les îles de l'océan Indien, il forme un excellent produit. Il est connu et apprécié dans l'Asie orientale, ainsi qu'en Australie et dans les îles de l'Océan. Le blé de Turquie est cultivé en Afrique, sur le littoral de la Méditerranée, et au cap de Bonne-Espérance. Il l'est aussi en Europe, en Hongrie, en Lombardie, en France dans les départements du Midi, et en Espagne.

Cette culture atteint son maximum du développement en Amérique, où elle s'étend des bords de l'Océan jusqu'à une hauteur de 2,400 mètres. En Europe, et plus particulièrement en France, la ligne septentrionale qu'elle ne dépasse guère part de l'embouchure de la Gironde, traverse le Berry, le Nivernais, la Champagne, la Lorraine, et viendrait aboutir au Rhin, près de Landau. Cette ligne, indiquée par de Candolle, doit être çà et là rectifiée, par la raison que la culture du maïs s'élève dans plusieurs départements au-dessus des bornes indiquées. Il faut reconnaître aussi qu'il existe des régions assez avancées vers le Nord où le maïs est cultivé comme simple fourrage ; mais il n'y mûrit pas.

Les avantages que présente le maïs comme céréale sont nombreux et d'une grande importance. Outre qu'il fournit une nourriture abondante aux hommes et aux animaux (son rendement est d'environ 40 hectolitres de grain par hectare), il procure encore des produits variés. Ainsi, les extrémités fleuries de la plante peuvent, après la fécondation, constituer un fourrage utile pour les bestiaux. De plus, les larges feuilles coriaces qui entourent les épis remplacent avantageusement la paille pour garnir les lits. De ces enveloppes, convenablement triturées, on peut même confectionner un papier grossier, mais excellent pour divers usages. Les épis encore tendres se confisent au vinaigre, comme des cornichons. Les rafles qui restent après que les grains en ont été enlevés fournissent un excellent combustible. Un dernier produit, enfin, que peut fournir le maïs est une notable quantité de sucre qu'on extrait de la matière parenchymateuse qui remplit la tige et dont il est facile d'augmenter la quantité par un procédé de culture qui consiste à enlever les inflorescences avant tout développement floral.

Les graines de maïs sont généralement employées pour la nourriture des animaux et surtout pour l'engraissement de la volaille à la chair de laquelle elles communiquent la teinte jaune plus ou moins foncée dont elles sont elles-mêmes colorées. Il faut avoir soin de les faire macérer pour les ramollir et les rendre d'une mastication plus facile. Ces graines fournissent quand elles sont moulues une farine plus ou moins jaunâtre que l'on mange soit en bouillie appelée *gaudes* soit même sous forme de pain. Pour ce dernier usage, on la mêle ordinairement à un quart ou une moitié de farine de froment. Il est vrai de dire que le maïs a été reconnu occasionner, chez les populations qui en font leur alimentation exclusive, certaine maladie. Des observations plus récentes tendent à prouver que ce n'est pas le maïs à l'état sain qui occasionne la pellagre, mais une plante cryptogame parasite, plus ou moins analogue à l'ergot du seigle, dont il est facile de purger le grain par certains procédés de lavage.

Le maïs est une plante naturellement robuste; il est toutefois sensible au froid, beaucoup plus que le froment, puisqu'il s'avance moins vers le Nord. Il est cependant une variété, le maïs quarantin, dont la végétation rapide (quarante jours, d'où le nom de quarantin) permet un ensemencement plus tardif et donne ainsi l'avantage d'opérer la culture pendant les mois les plus chauds de l'année. Le maïs aime les terrains profonds et un peu humides, qu'il faut préalablement

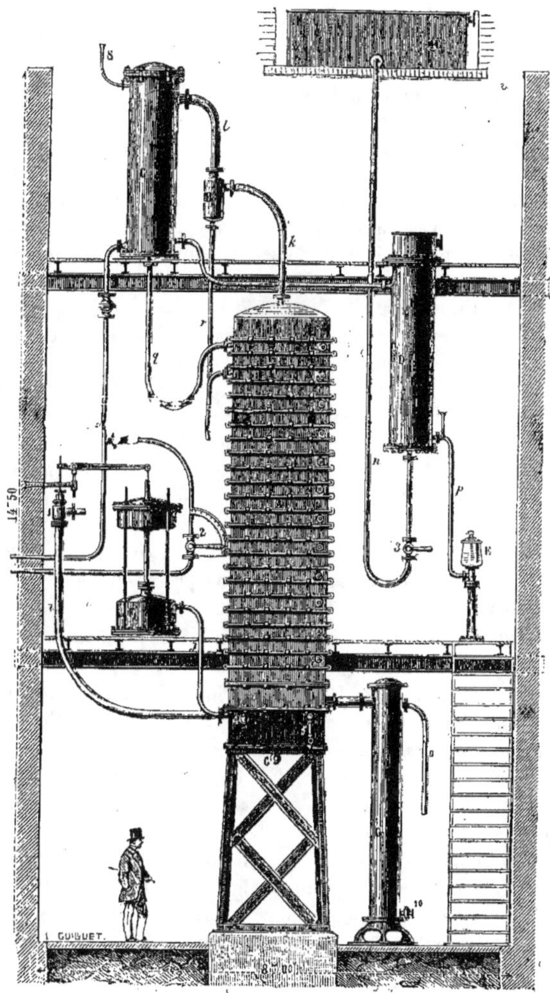

Fig. 199. — Appareil pour la distillation des grains.

travailler et engraisser par de fortes fumures. Lorsque la fécondation a été opérée, ce qu'indique suffisamment le dessèchement de la houppe soyeuse des épis, on retranche du pied l'inflorescence mâle qui se trouve au-dessus des épis. Ceux-ci sont cueillis et égrenés quand la maturation est complète.

Parmi les variétés du maïs développées par la culture, on peut citer : le *maïs quarantin*, dont nous avons déjà parlé; le *maïs d'été*, le *maïs d'automne*, le *maïs à poulet*, dont les grains sont très petits, plus quelques autres variétés que caractérise la couleur des grains, qui varie du blanc au jaune doré, au brun, au rouge et même à des teintes panachées. Une variété du Paraguay est remarquable par l'enveloppe glumacée qui entoure les grains. Deux autres enfin, l'une de la Californie et l'autre des rives du Missouri, ont reçu les noms de *maïs velu*, à feuilles et à glumes hérissées, et de *maïs à écailles rouges*, dont les grains aplatis sont colorés en rouge.

La culture du maïs est loin d'être aussi répandue qu'elle devrait l'être. Elle peut dépasser de beaucoup les limites du climat qu'on lui attribuait exclusivement autrefois. Les départements où on rencontre le plus abondamment cette belle céréale appartiennent au midi occidental. Rien ne s'opposerait à ce qu'elle prît le même développement dans le midi oriental.

Il existe un grand nombre de variétés de maïs; nous venons d'en indiquer quelques-unes, nous allons compléter avec plus de détails par les suivantes, le plus généralement cultivées :

Maïs d'été. Grain jaune orangé, épi de 12 à 40 rangées de 38 à 34 grains. L'hectolitre pèse 78 kilogrammes. Cent épis produisent de 7 à 9 kilogrammes de grains. Les épis s'élèvent à $1^m,20$ environ.

Maïs d'automne. Grain jaune, plus tardif que le précédent; les épis sont plus forts. La tige s'élève à 2 mètres. Il y a une variété à épis blancs.

Maïs quarantain. Dans le Midi, on le sème vers le 20 juin pour le récolter à la fin d'octobre. Sa tige n'a que $0^m,60$ à $0^m,70$ de hauteur. Cent épis ne rendent que 6 à 7 kilogrammes de grains.

Maïs nain. La tige n'a que $0^m,40$ à $0^m,50$ de hauteur. Cent épis ne rendent que 3 à 4 kilogrammes au plus de grains. Il y a des sous-variétés à grains jaune, blanc ou rouge.

Maïs de Pensylvanie. Les grains sont jaune-clair, aplatis et très gros. Cent épis donnent jusqu'à 28 kilogrammes de grains. La tige s'élève à 2 mètres ou $2^m,50$. Cette variété est beaucoup plus tardive que la précédente et ne convient qu'à nos départements méridionaux. Le maïs de Virginie est à grains blancs et se rapproche de celui-ci.

Maïs à bec. Le grain de cette variété se termine en forme de bec. Il est aussi hâtif que le quarantain, mais plus productif.

Les nombreuses façons que réclame le maïs pendant sa végétation lui font jouer dans le Midi, comme assolement, le rôle que les racines sarclées jouent dans le Nord. En général, on applique à cette plante la fumure de la rotation, et on la fait précéder les autres récoltes.

Dans les terres fortes, on donnera avant l'hiver un labour profond, puis, au printemps, on fume et on recouvre l'engrais par un labour. Enfin, on nettoie la terre une ou deux fois avec l'extirpateur avant l'ensemencement. Dans les terres légères, il suffit de deux labours au printemps.

Le maïs exige de fortes fumures. Quand on est obligé d'économiser le fumier, on le dépose au fond des raies, on le recouvre d'un peu de terre, on sème sur ces lignes et on enterre légèrement la graine. Les semailles se font à la volée et en lignes. Le premier procédé est tout à fait défectueux, le second s'exécute à la main ou au semoir. Les lignes sont espacées de 0m,60 à 0m,80 les unes des autres, et les plantes, de 0m,30 à 0m,50, selon l'espèce de maïs et la qualité du sol. Pour les petites variétés, ces écartements peuvent être réduits de moitié. On emploie de 35 à 45 litres de grains par hectare. Le produit est, en moyenne, de 45 à 1 de semence dans les Hautes-Pyrénées, de 68 à 1 dans la Vendée, ce qui fait environ 60 hectolitres par hectare dans les bons terrains, et 30 à peu près dans ceux qui sont moins propres à cette culture. 100 kilogrammes de grains de maïs répondent à environ :

200 kilogrammes de paille,
28 de spaltes,
48 de raffes.

Le maïs a besoin d'engrais riches en sels alcalins et terreux. On estime que la consommation de fumier est environ de 333 kilogrammes par 100 kilogrammes de paille et de grains recueillis. En Piémont, on donne, tous les quatre ans, 24,342 kilogrammes de fumier par hectare et l'on sème le maïs sur cette fumure.

On doit donner au maïs, pendant ses développements, des façons assez nombreuses. On bine aussitôt que les plantes montrent leur troisième ou quatrième feuille. On arrache les tiges trop rapprochées et l'on resserre, avec une variété un peu plus hâtive que la première, les espaces vides ; quinze à vingt jours après, on donne un buttage. Lorsque les plantes atteignent 0m,30 à 0m,40 de hauteur, on donnera un second binage suivi d'un buttage. Au moment de la floraison, on enlèvera les ramifications qui nouent aux nœuds inférieurs, et, après la fécondation, on peut supprimer les épis mâles, qui forment un très bon fourrage. L'espacement des pieds de maïs permet de donner avec les instruments la plupart des façons dont on vient de parler.

On associe quelquefois au maïs un certain nombre d'autres plantes, telles que le chanvre, la betterave, les haricots sans rames, les citrouilles, etc. Ces mélanges de différentes plantes sur le même terrain entraînent à beaucoup de soins, et ne sont généralement avantageux que dans la petite culture.

Les grains de maïs sont irréguliers, globuleux, lisses, luisants, jaune doré. Ils renferment beaucoup de fécule. La farine de maïs n'est pas susceptible d'être panifiée comme la farine des céréales proprement dites ; elle ne peut lever que si on la mélange à une proportion suffisante de farine de froment ou de seigle. Dans bien des régions on en fait des gâteaux plats plus ou moins nourrissants, mais qui ne peuvent remplacer le pain.

La farine de maïs est jaune paille. A l'examen microscopique, elle montre une fécule ressemblant beaucoup à celle de l'avoine, mais à grains plus gros et ne formant pas d'agglutinations.

Voici la composition des grains de maïs :

Eau	17.70
Matières azotées	12.80
Amidon	58.40
Dextrine et sucre	1.50
Matières grasses	7.00
Celluloses	1.50
Matières minérales	1.10

Parmi les différents mets que l'on prépare avec le maïs, il convient de mentionner la *polenta*, qui n'est autre chose que de la farine de maïs bouillie dans de l'eau, et qui, en Italie, pour les classes inférieures, remplace en quelque sorte le pain. Au moyen de la fermentation, on tire du maïs une bonne bière ; tout récemment, on en a extrait de l'eau-de-vie et d'autres spiritueux. Avec le liquide sirupeux que l'on exprime des tiges du maïs, on prépare, au Mexique, une boisson enivrante qui porte le nom de *pulque de Tlacili* ou de *clais*.

Les tiges desséchées du maïs peuvent servir à couvrir les habitations de la campagne. En Amérique, avec les tiges fendues et desséchées on fabrique des paniers. Les feuilles qui enveloppent la paume peuvent être employées pour garnir des matelas et des coussins, et fabriquer du papier.

Le maïs a pris dans ces dernières années, comme plante agricole et industrielle, une importance sur laquelle il convient d'attirer l'attentioa.

Le grain de maïs était autrefois exclusivement réservé à l'alimentation humaine, et une grande partie de la population du sud-ouest de la France en faisait la base de sa nourriture sous forme de pain, de farine ou de bouillie. Le blé a peu à peu gagné la place de cette céréale, dont la culture semble aller décroissant chaque année. C'est dans les Etats-Unis de l'Amérique du Nord que le maïs est produit sur d'immenses étendues de terrain, dans certains districts dont le climat et le sol sont particuiièrement favorables à sa production. Les grains de cette provenance arrivent sur les marchés européens, où ils sont achetés pour deux usages principaux, l'alimentation des chevaux et la fabrication de l'amidon et de l'alcool.

On a pensé longtemps que l'avoine était, parmi les grains, le seul qui pût convenir au cheval; des expériences ont montré qu'à l'avoine on pouvait substituer d'autres grains, mais en pratiquant cette substitution suivant des principes rigoureux.

L'animal, pour produire travail, viande et lait, a besoin de digérer un certain quantum de matières azotées, grasses, hydrocarbonées ; on doit s'attacher à donner ces éléments, sous la forme la plus économique, en les empruntant aux denrées d'un prix peu élevé.

En étudiant la composition moyenne de l'avoine et du maïs et la digestibilité de leurs éléments constitutifs, on peut établir le tableau suivant :

	AVOINE.		MAÏS.	
	Composition.	Digestibilité.	Composition.	Digestibilité.
Matières azotées	9	80	10	80
— grasses	4	75	2	80
— hydrocarbonées	50		65	

On voit donc qu'à poids égal le maïs contient une plus forte somme d'éléments digestibles, et, comme son prix est moins élevé, on en peut conclure que son introduction comme succédané de l'avoine produira une économie notable sans que cependant l'animal perde en santé ou en vigueur.

Le grain du maïs est entré désormais dans les usages industriels; il est devenu une matière première importante de la fabrication de l'amidon, du glucose et de l'alcool. Il contient en effet environ 60 0/0 de matière amylacée. L'amidon s'extrait en nature en traitant le grain par les alcalis, qui le désagrègent et le séparent des matières azotées. En soumettant le maïs à l'action des acides, on transforme son amidon en glucose, et, en concentrant le liquide sucré préalablement saturé, on obtient le glucose, dont l'usage est devenu considérable comme succédané du sucre. Enfin, la matière amylacée du maïs, comme celle des grains en général, après avoir subi la transformation par les acides ou bien par la diastase de l'orge germée, peut fournir un alcool très apprécié.

Les sous-produits de ces diverses industries retiennent les matières azotées et minérales; ils sont livrés à l'agriculture sous le nom de *tourteaux* ou de *drèches;* les uns sont employés comme aliments, les autres comme engrais.

Au point de vue purement agricole, le maïs nous intéresse en tant que plante fourragère: nous parlons ici des variétés d'origine américaine (*maïs caragua, dent de cheval, dent de mouton kinhs-philipp*, etc.). Le maïs forme surtout un excellent fourrage pour les bestiaux. Toutes les parties de la plante, l'écorce verte, les tiges desséchées, les têtes égrenées, servent pour cet usage. Elle acquiert par là une très grande importance dans beaucoup de pays, particulièrement dans les États occidentaux du Nord-Amérique, où elle sert à nourrir l'immense quantité de porcs que l'on y élève. Cultivées sur des terrains favorables et avec une fumure abondante, ces variétés géantes peuvent atteindre plus de 3 mètres de hauteur et donner des masses énormes de fourrages verts; elles ne mûrissent pas leurs grains sous notre climat et forment à peine leurs épis. Le fourrage qu'elles produisent est succulent. Récolté vers la fin de septembre, il peut être ensilé. M. Goffart a, le premier, montré en Sologne tout le parti qu'on pouvait tirer de cette culture combinée avec la pratique de l'ensilage, qui permet de conserver pour l'hiver une masse de fourrage très appété par les animaux de la ferme.

MILLET

Sous le nom de *millet*, on désigne souvent plusieurs plantes appartenant à des genres très divers.

Nous ne parlerons ici que de la graminée (*milium*). Les millets sont caractérisés par des tiges fermes, des épillets en panicule lâche; la glume à deux valves ventrues et presque égales; la glumelle également bivalve et plus courte que la glume; le stigmate en pinceau; les fruits ou caryopses (vulgairement graines) en général globuleux ou ovoïdes. Ce genre renferme un certain nombre d'espèces, dont plusieurs sont abondamment répandues dans nos contrées. Elles croissent dans les bois, les lieux pierreux et les moissons; la plupart fournissent un excellent fourrage vert ou sec, bien que leurs tiges et leurs feuilles soient plus dures que celles des agrostides. Trois ou quatre espèces sont, en outre, remarquables par leurs graines, qui, réduites en farine, font d'excellentes bouillies, et qui servent aussi à la nourriture des oiseaux de basse-cour ou de volière.

Le *millet épars* atteint la hauteur de 1 mètre; sa tige porte des feuilles larges et se termine par une grande panicule, lâche et étalée à épillets d'un blanc verdâtre. Il croît en Europe, et se trouve surtout dans les bois. Ses fleurs s'épanouissent en juillet. Cette plante répand une odeur assez agréable, mais pénétrante; les jeunes Laponnes, en conduisant les rennes au pâturage, font des paquets de ce millet, qu'elles mélangent avec du tabac et portent partout avec elles. On s'en sert aussi pour écarter les teignes des étoffes de laine. Les bestiaux aiment beaucoup cette plante tant qu'elle est jeune; plus tard, ils la dédaignent; on en fait de la litière pour les brebis.

On cultive ce millet dans quelques contrées; il préfère une terre douce et légère, et vient assez bien même dans les sols sablonneux. On le sème fort clair et seulement au printemps, parce qu'il est sensible à la gelée. Dans certains pays, on fait alterner sa culture avec celle du seigle. Ce sont les femmes qu'on emploie à la récolte du millet; elles coupent les panicules tout près du dernier nœud. On lie ces panicules par paquets, et on les suspend à des perches pendant quelques jours pour les faire sécher. Puis on les bat sur l'aire au fléau, et le grain est renfermé dans les greniers; il se conserve très bien lors même qu'on le remue rarement, et il est à peine attaqué par les charançons. Plus tard, on fauche les tiges, pour les brûler ou en faire de l'engrais. Les racines restent en terre; on assure que le froment semé après cette céréale n'a rien à craindre des vers, ceux-ci se jetant de préférence sur les racines du millet.

Le *millet compact*, qui croît dans les forêts des Alpes, est généralement regardé comme une simple variété du précédent; il s'en distingue par ses feuilles un peu plus larges et plus molles, ses pédoncules moins longs, ses panicules plus courtes, plus serrées et plus fournies. Il est plus succulent que le *millet épars;* aussi est-il plus recherché par les bœufs et les moutons.

Le *millet ventru* doit son nom vulgaire à la grosseur de ses grains, qui produisent un renflement à la base de la glumelle; il croît dans les champs des contrées méridionales de l'Europe, et se trouve souvent parmi les moissons.

Le *millet paradoxal* est une grande plante, à panicule très ample, à épillets volumineux, à grains noirs et luisants; il croît aussi, dans le midi, dans les haies et au bord des chemins.

Le *millet bleuâtre*, auquel il faut sans doute réunir le *millet pourpre* comme variété, se trouve dans le midi de la France, et dans le nord de l'Afrique, où il croît jusque sur les rochers de l'Atlas; il diffère du précédent par ses feuilles glauques et plus étroites, ses panicules moins étalées, ses grains petits et d'un brun bleuâtre.

Toutes ces plantes partagent les propriétés de l'espèce que nous avons décrites en premier et se cultivent de même. Les oiseaux sont très friands des graines de millet; on parvient jusqu'à un certain point à les écarter par des épouvantails. En Afrique, on fait une grande consommation de bouillie de millet.

Le grain de millet contient 11 pour 100 environ de matières azotées.

Les millets exigent à peu près le même climat que le maïs. Ils demandent comme le maïs de nombreuses façons, qui rendent avantageuses les semailles en ligne.

L'hectolitre de millet pèse 70 kilogrammes. On obtient par hectare 32 hectolitres environ de grains et 3,900 kilogrammes de paille.

Nous ne nous étendrons pas davantage sur la culture du millet, qui n'offre en France qu'un très médiocre intérêt. Nous en dirons autant du *sorgho*, que l'on cultive pour faire des balais, et obtenir une graine propre à la nourriture de la volaille.

LE RIZ

Le riz cultivé (*oryza sativa*) est une graminée annuelle, à tige (chaume) cylindrique, glabre, haute de 1 mètre et plus; ses feuilles sont linéaires lancéolées, allongées, glabres, mais rudes au toucher; ses fleurs sont groupées en panicule serrée, à rameaux grêles et rudes; les glumelles sont pubescentes ou glabres, mutiques ou munies d'une arête. Le riz met environ cinq mois à croître; il aime les lieux humides, marécageux et chauds; il ne réussit même que s'il a sa racine dans un terrain couvert d'eau, ainsi qu'il sera expliqué plus loin.

La véritable patrie de cette plante n'est pas bien connue; toutefois, on s'accorde en général à la regarder comme originaire de l'Inde; introduite depuis longtemps dans la culture et propagée dans des contrées fort diverses, elle a donné naissance à de nombreuses variétés, qui sont encotre peu connues pour la plupart et que Desvaux a classées en six races principales. I. *Riz barbus* ou *munis d'ailes :* 1° *riz pubescent*, à glumelles pubescentes, munies d'une arête de médiocre longueur; 2° *riz à barbe rouge*, à glumelles lancéolées, pubescentes, à arête rouge; 3° *riz bordé*, à glumelles presque glabres, légèrement poilues sur le dos, à arête de longueur médiocre; 4° *riz allongé*, à glumelles glabres ou linéaires. — II. *Riz mutiques* ou *sans arêtes :* 5° *riz dénudé*, à glumelles mutiques, presque velues, oblongues, mucronées; 6° *riz sorgho*, à glumelles très courtes, presque lenticulaires, un peu poilues.

« La culture du riz se fait toujours, dit M. Duchartre, dans des champs marécageux qu'on maintient recouverts d'une couche d'eau assez épaisse pour que la plante y soit plongée en partie, sans jamais être submergée. De là résulte généralement pour les pays de rizières, c'est ainsi qu'on nomme les terrains aménagés pour la culture du riz, une insalubrité telle qu'elle agit fortement sur les populations et que plusieurs gouvernements ont cru devoir éloigner des villes cette culture. D'un autre côté et par une compensation à ce mal, la culture du riz permet d'utiliser des terres marécageuses, qui, sans cela, resteraient entièrement perdues pour l'agriculture. Cependant, on a beaucoup parlé en Europe de variétés de cette plante, auxquelles on a donné le nom de *riz sec, riz de montagne*, qui, semées à l'époque des pluies, réussissent dans les terres ordinaires avec une culture analogue à celles des autres céréales, ou tout au plus avec de simples arrosements. Il paraît, en effet, que quelques résultats obtenus en Italie avec ce riz sec ont été très avantageux. Mais il convient d'attendre que des expériences sérieuses et réitérées aient eu lieu avant de se prononcer sur la valeur de cette culture, qui n'a point été entreprise sur une assez vaste échelle. Les méthodes de culture du riz varient d'un pays à un autre, sinon quant à leur marche générale, du moins quant à leurs détails. En Chine, où la culture de cette graminée se fait sur une grande échelle, le grain destiné aux semis est mis à tremper pendant plusieurs jours. Cette opération préliminaire a pour résultat d'en hâter la germination. La terre qui doit être ensemencée est surabondamment arrosée, au point d'être réduite presque en consistance de vase; après quoi elle est retournée au moyen d'une charrue légère traînée par un buffle. On passe ensuite une sorte de claie grossière, dans le but de briser les mottes et d'unir la surface du sol. On enlève soigneusement les pierres et on arrache les mauvaises herbes autant que possible. On ramène alors l'eau dans le champ ; après quoi on passe une herse à plusieurs dents de fer pour compléter la préparation de la terre. Le semis se fait uniquement avec les grains qui ont commencé à germer dans l'eau et seulement dans une portion du champ. Vingt-quatre heures suffisent pour que les jeunes plantes commencent à montrer le sommet de leur première feuille à la surface du sol; bientôt après on les arrose d'eau de chaux, afin de détruire et d'éloigner les insectes. Les Chinois attachent une grande importance à cette opération. Le semis ayant été fait fort drus, il est bientôt nécessaire d'éclaircir la plantation; pour cela, on arrache les pieds surabondants avec beaucoup de soin et on les plante sans retard, en quinconce, dans la portion du champ jusqu'alors inoccupée. Aussitôt que cette opération est terminée, on ramène l'eau sur la terre, en ayant le soin d'en élever graduellement le niveau à mesure que les plantes grandissent, sans que cependant elles soient jamais submergées. Pour obtenir ce résultat, on a préalablement disposé des levées de terre qui font de chaque champ ou de chaque portion de champ un véritable bassin. On conçoit aisément que cette culture ne peut avoir lieu que le long ou dans le voisinage des cours d'eau et des canaux. Lorsque le niveau des champs est inférieur à celui des canaux ou des cours d'eau, il suffit d'avoir une vanne pour inonder la terre; dans le cas contraire, les Chinois emploient des machines hydrauliques grossières ou de simples seaux, ce qui rend la culture du riz très fatigante. Pendant tout le temps que le riz reste en pied, on arrache avec soin les mauvaises herbes; cette opération est très pénible pour les cultivateurs, qui, pour la faire, restent constamment enfoncés jusqu'au genou dans l'eau et la vase.

Il suit de cet exposé que la partie la plus importante et aussi la plus difficile dans la culture du riz est celle des abondantes irrigations nécessaires au développement de la plante. Aussi a-t-on dû établir pour cela en Chine, dans l'Inde, etc., de nombreux canaux et des levées considérables. Cette difficulté n'existerait pas, ou du moins serait considérablement réduite, dans la culture

Fig. 200. — PATURAGE EN MARAIS.

des riz secs ou riz de montagne. Mais, par compensation, le produit de ces variétés est moins avantageux sous plusieurs rapports.

« On sait, dit M. Duchartre, que la culture du riz dans l'Amérique septentrionale, quoique ne remontant qu'à la fin du XVIIe siècle ou au commencement du XVIIIe, a pris une extension considérable, particulièrement dans la Caroline, et que le grain qui en provient est regardé en Europe comme de qualité supérieure. La méthode de culture de cette céréale dans ces contrées diffère notablement de celle que nous avons rapportée comme habituelle dans la Chine et, avec quelques modifications peu importantes, dans l'Inde, à Java. Dans la Caroline, vers le milieu de mars, on divise la terre en rigoles espacées d'environ $0^m,50$, au fond desquelles des femmes sèment le grain à la main et non à la volée. On couvre ensuite de quelques centimètres d'eau, que l'on fait écouler après cinq jours, de manière à laisser la terre découverte jusqu'à ce que les jeunes pousses aient $0^m,10$ de hauteur, ce qui a lieu un mois environ après les semailles. Alors on inonde encore les champs et l'on y laisse l'eau pendant quinze jours, dans le but de faire périr les mauvaises herbes et de favoriser en même temps la végétation du riz. La terre reste ensuite découverte pendant deux mois, et pendant ce temps on donne des binages multipliés. Ensuite on ramène encore l'eau et on la laisse sur le champ jusqu'au moment de la récolte, c'est-à-dire depuis la fin d'août jusqu'en octobre. Ce mode de culture, laissant la terre alternativement inondée et découverte, amène une insalubrité telle que les nègres qui y sont exclusivement employés sont plus que décimés annuellement par les maladies.

« En Espagne et dans le nord de l'Italie, où la culture du riz a pris de grands développements, on est dans l'usage de laisser constamment l'eau dans les champs jusqu'au moment de la récolte. Dans la province de Valence, la moisson même se fait dans l'eau, et les moissonneurs y sont constamment enfoncés jusqu'aux genoux.

« Il y a quelques années, la culture du riz a été introduite avec succès dans la Camargue et dans les terres salées et marécageuses qui s'étendent sur une surface considérable le long de la Méditerranée. Un double avantage paraît devoir résulter de ces tentatives, celui de retirer des récoltes abondantes de terres jusqu'ici entièrement ou presque entièrement improductives, et, en second lieu, celui de les convertir, après quelques années, en terres arables propres à recevoir nos céréales ordinaires.

« Le temps qui s'écoule entre les semis et la récolte du riz est de quatre à six mois; quelques variétés exigent jusqu'à huit mois pour leur développement complet, tandis qu'il suffit à d'autres de trois mois et quelquefois moins. Mais ces dernières variétés ne donnent que des qualités de grain inférieures. »

On récolte le riz à la faucille; on en fait des gerbes que l'on transporte sous des hangars, où on les bat au fléau.

Avant de traiter dans cet article des préparations que subit le riz récolté avant d'être mis dans le commerce, nous allons dire quelques mots des rizières.

Les rizières sont des champs de riz disposés en espèces de canaux, parce que cette plante, qui est en quelque sorte aquatique, a besoin d'inondations pour produire d'abondantes récoltes. On construit ces canaux de façon à pouvoir les emplir et les vider à volonté, car il ne faut pas laisser croupir l'eau que l'on y a introduite. Dans les pays situés sur les bords d'un fleuve à débordements périodiques, il n'est point besoin de tant de travaux; dans les autres, le cultivateur est forcé de construire un certain nombre de rigoles suivant l'urgence et de ménager des digues pour conduire l'eau à volonté. Les rizières sont presque toujours, cela se comprend, situées dans des pays bas et sur le bord des cours d'eau; cependant, nos soldats en ont trouvé en Cochinchine qui sont situées sur des hauteurs. Cela provient de ce que les plateaux où elles se trouvent sont, pendant l'été, exposés à des pluies journalières qui remplacent les irrigations.

Les plus belles rizières d'Europe, celles qui passent pour être établies avec le plus d'habileté, se trouvent en Italie.

Les plus grandes et les plus ingénieuses rizières du monde se trouvent dans la Chine, le long des vallées et sur les deltas de ses grands fleuves où elles ressemblent à d'immenses parcs à huîtres, dont les canaux seraient, selon les saisons, tantôt pleins de terres labourées, tantôt semblables à des lacs, tantôt verdoyants, tantôt enfin garnis de moissons jaunissantes; des vannes, merveilleusement organisées selon les accidents des terrains, les remplissent et les vident tour à tour, à la volonté de l'homme, suivant les besoins de la végétation qui s'y développe avec une incroyable exubérance. Il est une époque où on les fume; la litière de cheval est très convenable pour beaucoup de ces terroirs; il est une autre époque de l'année, avril pour les nouvelles rizières, mai pour les anciennes, où on les ensemence; et, durant les mois qui suivent, on y distribue l'eau, en plus ou moins grande abondance, selon l'âge et le développement du *riz* dont elles se couvrent. Les digues qui les séparent, et qui sont coupées de vannes convenables, ne sont point à demeure; chaque année, après la récolte, on les détruit pour les labourages qui se font à la charrue, pendant l'hiver, dans toute la longueur des rizières, et chaque année on les reconstruit au printemps. Tel est le système adopté en Italie et dans quelques parties du midi de la France, à l'imitation des Chinois, sauf des modifications qui varient beaucoup selon les climats et les terrains. Dans certains pays, on sème à la volée; dans d'autres, on sème à la main, par rayons.

Le riz est attaqué par divers fléaux : les dégagements d'hydrogène sulfuré après d'intenses chaleurs arrêtent le développement; certaines maladies, certains insectes et des vers, c'est-à-dire des larves, attaquent les racines.

Mais le plus grand fléau des pays à rizières, c'est l'insalubrité atmosphérique engendrée par les miasmes qui s'y développent. Dans la saison où les eaux s'évaporent, si la température s'élève, il s'échappe des végétations et des matières animales qui se sont produites dans les eaux durant leur séjour prolongé, et que ces eaux ont amollies, des miasmes putrides qui déterminent des épidémies souvent fatales à des populations entières. Aussi les rizières ne doivent-elles être établies qu'à distance convenable des villes, et les gouvernements ont, en effet, porté sur ce point des règlements. Quant à ceux qui pratiquent la culture du riz, bien que leur habitation constante au milieu des rizières les rende moins sensibles aux fièvres et aux maladies paludéennes, ils n'en sont pas moins, en général, d'une constitution chétive; leur pâleur, leur maigreur et souvent leur débilité indiquent un tempérament lymphatique. Leurs membres sont mous, leurs chairs flasques; leur jeunesse est vite épuisée, et ils sont sujets, beaucoup plus que d'autres, aux hydropisies, au scorbut, aux fièvres intermittentes et aux affections d'entrailles.

Le problème est ici, pour la science, difficile à résoudre, car il ne s'agit pas d'assainir un pays de marais, en desséchant le marais, mais de l'assainir tout en le laissant marais, puisque la culture du précieux végétal exige cette condition. Cependant, nous ne croyons à l'impossibilité d'une solution de ce genre pour le progrès scientifique; et si l'on a trouvé la quinine, par exemple, remède incontestable contre la fièvre, pourquoi ne trouverait-on point de moyens préventifs ou neutralisateurs, qui mettraient l'homme à couvert de telles influences? Déjà, dans les Indes et dans la Chine, la science pratique est beaucoup plus avancée que chez nous sous ce rapport; ces vastes contrées, ne sont point, disent les voyageurs, désolées par les maladies paludéennes comme le sont nos populations rurales du Piémont et du Milanais, comme le sont aussi celles de la Caroline, où les hygiénistes demandent que les rizières ne soient établies qu'à 2 kilomètres des centres d'habitation, avec beaucoup d'autres précautions qui rendraient presque impraticable la culture du riz. Dans ces pays, il a suffi, paraît-il, d'une précaution très simple pour obvier à l'insalubrité; les canaux y sont aménagés de manière qu'on puisse en retirer l'eau en toute saison, et l'on a soin de vider progressivement la rizière dès que le riz a terminé sa floraison, au moment où la panicule commence à jaunir. On en ramène ensuite de nouvelle quand le grain est formé, et l'on fait encore écouler celle-ci de jour en jour, de manière qu'avant que la plante soit entièrement desséchée il n'y ait plus du tout de ces eaux stagnantes dans lesquelles le chaume se corrompt et qui corrompent l'air ambiant.

Comparés à ceux du froment, les produits du riz sont considérables; quand le grain du riz est beau, bien nourri, bien plein, 100 kilogrammes en gerbes donnent jusqu'à 75 kilogrammes de riz blanc ou pelé; mais le plus communément on n'obtient pas plus de 40 à 50 kilogrammes. Dans les Carolines, on compte que le produit de l'acre est de 50 à 80 boisseaux de riz, selon la qualité du sol; 20 de ces boisseaux pèsent environ 250 kilogrammes, ce qui donne 12 kilogrammes 500 pour le boisseau. Si la graine est dépouillée de son enveloppe, les 20 boisseaux peuvent se réduire à 8, mais le poids total est toujours à peu près le même; la balle augmente considérablement le volume, mais elle pèse fort peu.

La récolte du riz a lieu quand la couleur jaune foncé de la paille et de l'épi annonce une complète maturité; cette récolte a lieu ordinairement cinq mois après les semailles, et vers la fin de septembre. Elle se fait à l'aide de la faucille en sciant à moitié la paille; on fait sur le champ de petites gerbes liées avec des liens de paille de blé ou d'osier.

Le battage s'opère généralement en Piémont par des procédés de *dépiquage*, c'est-à-dire au moyen du piétinement des chevaux; à l'île Maurice, on bat le riz en frappant de fortes poignées sur deux morceaux de bois de 12 à 15 centimètres de diamètre. Dans plusieurs pays, on a même simplifié l'opération; on se contente de frapper les épis contre une muraille ou contre des planches. Comme on ne récolte le grain que lorsqu'il est bien mûr, ces procédés tout à fait simples et primitifs sont toujours suffisants. On pourrait aussi battre le riz au fléau, mais nous ne connaissons pas de pays où l'on se serve de cet instrument.

Après avoir séparé le grain de la paille, on met le riz en tas et on le vanne. Ensuite on le met sécher sous des hangars ou directement aux rayons du soleil. Là des ouvriers le remuent avec des râteaux jusqu'à ce qu'il soit parfaitement sec, ce que l'on reconnaît en mettant le grain sous la dent : il doit être dur et cassant comme les grains livrés à la consommation. On le passe ensuite par trois cribles différents pour l'épurer parfaitement.

Cependant le travail n'est pas encore terminé; le riz reste enveloppé dans sa balle jaunâtre, qui est très adhérente. Dans cet état, il porte le nom de *riz en paille*, en Piémont *rizon;* on réserve le nom de *riz* au grain entièrement préparé ou blanchi. Voici comment on pratique généralement ces opérations. En Italie, on débarrasse le grain de sa balle au moyen de mortiers et de pilons en bois dur mis en action par un manège à cheval ou par une machine hydraulique ; en Espagne, on se sert de moulins analogues à nos moulins à farine, avec cette différence que la partie active des meules est garnie de semelles en liège, car il faut rouler légèrement le grain sans l'écraser. On se sert aussi d'une machine composée d'un cône en bois, immobile, cannelé horizontalement et obliquement sur toute sa surface. Le cône est recouvert d'une cape mobile également conique, également entaillée de cannelures semblables à celles du noyau, mais inclinées en sens inverse, c'est-à-dire de haut en bas. Une trémie attachée au cône plein laisse tomber les grains entre le noyau et la cape. La cape est mise en mouvement circulaire alternatif de droite à gauche au moyen de deux bras de leviers, mus par deux hommes. Ce mouvement de demi-rotation saisit le grain, qui glisse entre le noyau et la cape, et le dépouille de sa capsule. Avec cette machine, deux hommes nettoient 400 kilogrammes de riz par jour. Le grain, au sortir du moulin, passe encore au crible une fois. C'est la dernière opération à laquelle il soit soumis sur les rizières.

Les marchands achèvent l'épuration du riz lorsqu'ils le trient en diverses qualités. La qualité la plus inférieure, appelée *rizot*, sert à la nourriture des classes pauvres de la population qui le produit; on l'emploie aussi à l'engraissement de la volaille et à la fabrication d'un amidon grossier.

Mais il nous paraît utile d'entrer dans de plus amples détails sur les diverses préparations par lesquelles on traite le riz avant de le livrer au commerce, surtout que les procédés que nous venons d'indiquer se trouvent modifiés par les nouveaux appareils mécaniques. Ces préparations, avons-nous dit, sont de trois espèces : le nettoyage, le décorticage et le polissage, et les procédés employés au nombre de deux : 1° partout où le riz est exposé à une température constante, sans alternative sensible d'humidité ou de sécheresse, un système de cardes, aidé parfois d'une nettoyeuse, est suffisant; 2° quand le riz a reçu l'action d'un soleil ardent, succédant à de longues pluies, ce qui a lieu dans les contrées voisines de l'équateur, et qu'il est atteint de taches noires, piqûres des insectes engendrés lors de la cessation des pluies, on fait usage d'un système de pilons. La première opération que l'on fait subir au riz est le nettoyage, qui a pour objet d'enlever les pailles légères, la poussière et autres matières étrangères. A cet effet, le riz, monté dans les étages supérieurs de l'usine, est versé dans une grande trémie, à la poche inférieure de laquelle il est pris et relevé par une chaîne à godets jusque sur un émotteur qui lui enlève la paille et la terre. De ce dernier il tombe dans la partie supérieure d'un tarare vertical, accompagné d'un cribleur, qui sépare les petites graines. Après cette première opération, le riz tombe dans une seconde trémie destinée à alimenter les meules qui doivent le décortiquer, c'est-à-dire user la paille ou enveloppe de la balle et respecter le grain dans sa forme, car le riz doit sortir entier, tout grain brisé étant un déchet considérable que l'on doit éviter. Au sortir des meules, le riz non brisé reçoit l'action d'un ventilateur, qui en détache la poudre ou la farine provenant des grains broyés, et passe soit aux pilons, soit aux cardes. Le riz ainsi ventilé est élevé dans une petite trémie dont les soupapes inférieures permettent l'admission intermittente du grain dans des mortiers à forme sphéroïdale. Les pilons frappent alors le riz, non pas pour l'écraser, mais uniquement pour faire subir au grain un frottement énergique de l'un à l'autre et de l'un par l'autre; le grain sain résiste seul à ce frottement; celui qui est avarié est brisé par le choc. Lorsque l'opération du pilonnage est suffisamment avancée, le riz s'écoule, par un conduit incliné, dans une noria qui l'élève jusqu'au dernier étage dans une espèce de ventilateur, et, de ce dernier, il se rend directement dans les nettoyeuses, où un système de brosses le froisse en le mettant en contact avec la tôle piquée dont elles sont composées. Cette opération a pour but d'user le reste de l'épiderme du grain, qui a échappé aux frottements successifs précédents, et que cet appareil seul arrive à détruire complètement. C'est ainsi que se complète le décorticage. Au sortir des nettoyeuses, le grain passe dans des polissoirs qui ont pour but de lui donner le lustre et le poli si recherchés dans le commerce. Ces appareils se composent d'un cône tronqué fixe, garni d'une toile métallique montée sur des baguettes et des cercles en bois. Dans ce tronc de cône se meut un tambour, également conique, en bois mince, garni sur toute sa surface extérieure d'une peau de daim et muni d'une vitesse de rotation très considérable, pour agir avec énergie et très rapidement. Ainsi se fait le polissage. Des polissoirs, le riz tombe par un conduit incliné dans une sorte d'auge, ou distributeur, et passe enfin au séparateur ou au trieur, qui a pour but de séparer les grains brisés de ceux qui se sont conservés en entier. Après cette dernière opération, le riz est mis en sac pour être expédié.

Dans les usines où l'on fait usage de cardes, au sortir des meules, le riz, à mesure qu'il tombe dans l'auge à ventilateur, est remonté par une noria dans un réservoir, d'où il se dirige sous les cardes. Celles-ci se composent de deux plateaux en bois, garnis de pointes obliques ou coudées que l'on fixe sur des cuirs. L'un des plateaux, celui d'en bas, est immobile, tandis que celui d'en haut est mobile; le riz qui passe entre leurs dents est fortement froissé et sa pellicule est enlevée comme dans les nettoyeuses. Après cette opération du cardage, le grain reçoit l'action d'un ventilateur, et de là tombe dans un polissoir où le travail est le même que précédemment.

Telles sont les opérations qui composent le travail ou le traitement du riz.

On estime que la puissance nécessaire pour faire marcher une rizerie de deux paires de meules doit être de 15 à 16 chevaux ; cela suppose quatre pilons, deux nettoyeurs, un tarare ventilateur, deux polissoirs et un trieur; et pour l'application des cardes, deux de ces dernières, autant de polissoirs, un tarare ventilateur et un trieur. Il va sans dire que, pour le premier nettoyage, il faut un émotteur, un cylindre vertical et un cribleur.

C'est ainsi que le riz prend cet aspect si beau que nous lui voyons chez les marchands.

Il semble inutile d'insister, dit M. d'Orbigny, sur l'importance du riz comme matière alimentaire. Dans l'immense étendue de pays où il est cultivé, il forme la base principale de l'alimentation; quelquefois même on peut dire qu'il nourrit à lui seul les classes inférieures de la société. Ainsi le peuple, en Chine et dans l'Inde, ne connaît pas d'autre aliment que le riz cuit à l'eau et mélangé de quelques condiments. En Europe, le riz joue un rôle important, mais beaucoup moins exclusif dans l'alimentation, et dans les régions un peu septentrionales de cette partie du monde il ne sert plus qu'à faire des potages, des gâteaux, etc. Dans ces dernières contrées, la culture du froment fournit une matière beaucoup plus nutritive. En effet, l'analyse chimique a démontré que, si le riz est la plus riche en fécule parmi les céréales, il est en revanche à peu près, si ce n'est entièrement, dépourvu de gluten ou de matière azotée. En effet, Vogel y a trouvé sur 100 parties :

Fécule	96
Sucre	1
Albumine	0,20
Huile grasse	1,50
Perte	1,30

De là pas de panification possible avec la farine de riz. A part son usage pour l'alimentation, le riz sert encore, en Chine, à fabriquer des boissons alcooliques et diverses préparations alimentaires. La pâte qu'on obtient en faisant une décoction très chargée prend assez de consistance en séchant pour que les habitants de ces contrées en confectionnent des objets d'art et d'utilité. La paille de cette graminée sert à faire une grande partie de ces tissus recherchés comme objets de toilette, connus vulgairement sous le nom de *pailles d'Italie*.

Le riz se conserve longtemps et très facilement, ce qui le rend précieux pour les longs voyages maritimes et pour l'approvisionnement des villes fortifiées en temps de guerre. Au reste, les usages du riz sont nombreux et variés. On se borne, pour l'alimentation, à le ramollir au moyen de l'eau chaude ou de la vapeur d'eau, ce qu'on appelle *crever*. Dans les pays où le riz forme la base de la nourriture, c'est-à-dire parmi les peuples de l'Asie, de l'Afrique et de l'Amérique et aussi dans le midi de l'Europe, on le mange à peine crevé; il constitue alors un mets plus délicat que s'il était trop cuit.

L'analyse chimique a aussi démontré que le riz cultivé en Europe, s'il est moins beau que le riz des autres parties du monde, est plus savoureux et contient plus de principes nutritifs.

Les orientaux mangent le riz en *pilau*. C'est du riz gonflé (à peine crevé), préparé avec de la volaille ou de la viande de boucherie et diverses épices. En

Europe, le riz est spécialement destiné à faire des potages, des gâteaux et des mets sucrés ; on le mange aussi accommodé avec des viandes et de la volaille ; la décoction de graine de riz forme une tisane. Dans certains pays, ce grain, soumis à la fermentation et distillé, fournit une très forte eau-de-vie connue généralement sous le nom de *rack ;* en Chine, on en fait une liqueur spiritueuse qui s'appelle *arack*, et au Japon, une boisson vineuse nommée *facki*. Les Chinois, avons-nous dit, composent avec le riz une pâte qui se moule comme le plâtre, acquiert une grande dureté et avec laquelle ils modèlent divers petits ouvrages d'ornementation.

La balle de riz, que les Piémontais appellent *bulla*, se donne aux chevaux après avoir été légèrement humectée, mais elle constitue une médiocre nourriture. Quant à la longue paille, on n'en peut faire que de la litière pour les bestiaux. On en laisse une grande partie sur place pour être enterrée dans le sol.

La France et le nord de l'Europe tirent le riz qu'ils consomment de l'Italie, de l'Égypte, de la Caroline et des autres parties méridionales des États-Unis. La consommation de la France particulièrement vient surtout des bords du Pô, en Piémont, de l'Inde et des États-Unis. On a fait quelques essais en France qui sont un peu délaissés à cause de l'insalubrité des rizières. Une ancienne ordonnance, qui n'a jamais été rapportée, interdit même, sous des peines sévères, la culture du riz. Vers 1822, on avait espéré pouvoir introduire la culture d'une variété envoyée de Cochinchine, sous le nom de *riz sec de montagne ;* on pensait qu'elle pourrait être cultivée sans inondations dans les terrains frais. Ces essais ne réussirent pas. Les variétés de riz sec de montagne ne prospèrent, sans être inondées, que dans les pays où les moussons amènent, à certaines époques, des pluies continuelles et abondantes.

On connaît principalement dans le commerce les espèces suivantes de riz :

Riz de la Caroline. Cette espèce, très estimée, a un grain d'un blanc mat et quelquefois glacé, transparent, anguleux, allongé, sans odeur, d'une saveur farineuse franche ; quelques grains sont sillonnés longitudinalement par de petits filets rouges ; d'autres sont encore cachés dans leur enveloppe.

Riz de Savannah. Ce riz ne diffère de celui de la Caroline que par son grain, plus petit, plus cassé et présentant une teinte rougeâtre.

Riz de Piémont. Les grains sont d'un blanc grisâtre, sans transparence, plus courts, plus arrondis et plus gros que ceux des autres espèces. Ce riz est chargé d'une petite graine semblable au millet. Celui qui est connu sous le nom de *rizon* ne contient pas cette graine. Le riz de Piémont est plus nutritif, plus savoureux que les autres variétés.

Riz de l'Inde. On l'appelle aussi *benafouli* et *gouondoli*. Ce riz est petit, allongé, d'un blanc mat et souvent jaunâtre, sans transparence et d'une saveur douce et franche. Les grains sont rarement entiers.

Le riz, comme toutes les plantes cultivées depuis un temps immémorial, a produit un grand nombre de variétés. Outre les variétés d'Europe, d'Amérique et d'Afrique, il y a celles de la Chine, parmi lesquelles on distingue le riz impérial, qui paraît être d'un tiers plus précoce que les autres variétés connues, et qui pourrait réussir dans le nord de l'Europe ; il y a aussi le riz du Japon, dont le grain est fort petit, très blanc et le meilleur qu'on connaisse, mais les Japonais, qui sont très protectionnistes, n'en laissent presque pas sortir. Les variétés qui

Fig. 201. — CUEILLETTE DES CERISES (d'après une ancienne gravure).

font l'objet d'un commerce régulier et important sont surtout celles de la Caroline et du Piémont.

On cultive en Europe deux variétés de riz : le *riz commun*, dont le grain décortiqué est parfaitement blanc et le *riz sans barbe*, plus hâtif et plus fécond que le premier, mais dont le grain grisâtre est moins recherché du commerce. La première variété exige pour arriver à maturité 3,600° à 3,700° de chaleur solaire, et dans le climat d'Italie 2,700° environ de chaleur moyenne à l'ombre. La seconde variété n'exige, dans les mêmes circonstances, que 2,000° de chaleur moyenne. Le riz ne peut donc prospérer que dans les pays chauds ; il ne réussit en France, à moins de circonstances particulières, que dans les départements les plus méridionaux. Tous les terrains conviennent à la culture du riz, pourvu qu'on y amène en quantité suffisante des eaux de bonne qualité ; car il ne peut se développer que dans l'eau, ou sur les sols extrêmement humides.

Quand le terrain est naturellement sec, on peut établir la rizière temporairement et la faire alterner avec d'autres cultures. Dans les terrains marécageux ont fait des rizières permanentes.

On sème les rizières après un soigneux labour en avril ou en mai.

La semaille est faite à la volée à raison de 2 hectolitres à $2^{hl},8$ par hectare.

Le riz n'a besoin que de très peu de fumier. En Italie, on fume tous les trois ans avec 7,600 kilogrammes de fumier par hectare.

Le rendement moyen des rizières est de 40 hectolitres de *rizon* pesant chacun 75 kilogrammes, c'est-à-dire de grain garni de sa balle. Par la décortication, le volume se réduit de 39 0/0 environ, et le poids de moitié. La paille est au grain, au moment de la récolte, dans le rapport de 13 à 10 environ.

L'assolement des rizières alternes varie beaucoup. On sème le riz trois années de suite, puis on dessèche le terrain, on le fume, et on cultive du maïs, de l'orge et du seigle, ou bien on sème du froment, puis du trèfle, et l'on revient au riz.

SARRASIN

Le sarrasin n'appartient pas, comme les plantes précédentes, à la famille des graminées, mais son rôle, en agriculture, le rapproche trop des céréales pour que nous ne le placions pas à leur suite.

Le genre sarrasin se compose d'un petit nombre d'espèces, en général originaires d'Orient ; quelques-unes sont cultivées en France, et l'une d'elles surtout occupe depuis longtemps une large place dans l'agriculture de certaines provinces.

Le *sarrasin commun* (*fagopyrum esculentum*), vulgairement nommé *blé noir*, *bucail*, *bouquette*, *carabin*, et anciennement *blé turchique*, est une plante annuelle, dont la tige, haute de $0^{m},40$ à $0^{m},80$, porte des feuilles ovales ou triangulaires, acuminées, hastées ou sagittées, échancrées en cœur à la base et longuement pétiolées; les fleurs, blanches ou rosées, sont disposées en grappes courtes longuement pédonculées, les terminales formant par leur réunion un corymbe; le fruit est un akène brun, lisse, trigone, à angles aigus entiers. On ignore la vraie patrie de cette plante. On croit généralement qu'elle a été introduite au XIe siècle par les croisés, ou peut-être à une époque antérieure par les Sarrasins ou les Maures d'Espagne. Quelques érudits la regardent comme indigène et pensent que son nom vulgaire de sarrasin serait une corruption de l'expression celtique *had razin*, qui signifie *blé rouge*. Mais, d'après quelques autres, ces derniers mots seraient plutôt slaves ou scandinaves et la plante nous serait venue, au XVIe siècle, de la haute Asie, en passant par la Pologne.

Quoi qu'il en soit, le sarrasin est aujourd'hui cultivé en grand et plus ou moins naturalisé dans l'Europe occidentale. En France, on le trouve très répandu dans les provinces de l'Ouest, notamment en Bretagne. L'aire de cette culture serait même beaucoup plus étendue, mais le principal obstacle à cette extension est le tempérament même de la plante, qui est très sensible aux variations atmosphériques, ce qui ne permet pas de compter toujours sur des récoltes certaines. Par contre, la végétation du sarrasin est très prompte. Peu exigeant d'ailleurs sur la nature et la richesse du sol, redoutant même les terrains trop abondamment fumés, il convient particulièrement aux sols légers, argilo-siliceux, aux landes récemment défrichées, aux terres qui contiennent beaucoup de magnésie. La seule condition est que le sol soit bien labouré, à moins qu'il ne soit naturellement très meuble ou qu'on ne veuille cultiver le sarrasin que comme fourrage ou engrais vert. Les terres sujettes à retenir l'eau doivent être cultivées en billons.

On sème ordinairement le sarrasin du 15 mai au 15 juillet, suivant le climat. Le semis doit être clair, si la culture a surtout pour but la récolte de la graine, et épais si l'on se propose d'obtenir du fourrage ou de l'engrais vert, ou bien encore de débarrasser un champ des mauvaises herbes par une culture étouffante. On sème généralement à la volée; toutefois, le sarrasin ne pouvant que gagner à être bien biné et butté, il y aurait avantage à semer en ligne ou au semoir. Dans tous les cas, il est bon de faire suivre le semis d'un hersage et d'un roulage. Dans les pays froids et quand le sarrasin est cultivé comme récolte principale, ce qui a lieu surtout dans les terrains pauvres, on sème au printemps, dès que les gelées ne sont plus à craindre; mais dans les pays chauds, et quand on ne veut obtenir de cette plante qu'une récolte secondaire, le semis a lieu en été, sur les terres qui ont déjà porté du froment, du seigle ou d'autres récoltes. Cette dernière méthode est, du moins dans bien des cas, la plus avantageuse.

La place du sarrasin dans l'assolement n'est pas indifférente; après une jachère, après les pois, il végète beaucoup mieux et produit plus que lorsqu'il succède à une céréale. En général, il vient bien après les récoltes abondamment fumées et qui ont reçu des binages d'été. D'après Arthur Young, il y a tout avantage à le substituer à l'orge et surtout à l'avoine, quand on veut prolonger la durée de l'assolement dans les terres sèches, légères ou fortes, ou bien quand des circonstances quelconques ont empêché le semis des céréales au temps voulu, puisqu'on peut le semer tout l'été.

Le sarrasin épuise beaucoup moins le sol que beaucoup d'autres plantes cultivées. Il forme d'ailleurs un excellent engrais vert. Dans les contrées du Midi, où il conviendrait beaucoup pour cet objet, on pourrait semer dans la seconde quinzaine de février et, grâce à la végétation rapide de la plante, l'enfouir dans le courant d'avril, pour semer de nouveau quelques jours après et enterrer ce second semis en juin. Au mois de septembre, d'après Rozier, la terre serait ainsi bien préparée à recevoir du froment. Mais, dans le Nord, il faudrait semer beaucoup plus tard, la plante étant très sensible au froid, et par conséquent s'en tenir à un seul semis. Ajoutons que cet emploi du sarrasin ne se borne pas à enrichir le sol, mais qu'il l'ameublit, le divise, lui procure plus de fraîcheur et le débarrasse parfaitement des mauvaises herbes.

Le sarrasin lui-même se défend très bien contre l'envahissement de ces dernières et, par conséquent, exige peu de soins de culture; tout se borne la plupart du temps à un nouveau sarclage, quand le champ est infesté par la ravenelle. Malheureusement, comme nous l'avons dit, il arrive maintes fois que cette plante est fortement atteinte par les gelées printanières. Les grands vents la couchent ou la renversent. La plus petite grêle lui fait un tort irréparable si elle tombe pendant qu'il est en pleine végétation. Ses tiges, qui sont tendres et charnues, sont exposées à être écrasées par les hommes et les animaux qui les foulent aux pieds; aussi les chasseurs en détruisent-ils beaucoup à l'automne. Enfin, ses graines sont sujettes à être attaquées par divers oiseaux gallinacés et autres.

La récolte de la graine de sarrasin a lieu à l'automne; mais, comme sa maturité ne s'effectue que successivement et se prolonge pendant un mois et demi environ, il arrive que les premières graines mûrissent et tombent alors que les dernières ne sont pas encore formées. L'agriculteur doit donc se résigner à perdre le commencement et la fin de la récolte, et c'est à lui de choisir le moment opportun pour en sauver la plus grande partie, qui, à vrai dire, donne encore un produit très satisfaisant. Il doit encore prendre quelques soins, que Bosc résume comme il suit : couper ou arracher les tiges le matin seulement; les mettre aussitôt en bottes de moyenne grosseur et réunir celles-ci par douzaines, la base posant à terre; couvrir les cimes de paille ou de toute autre matière semblable, pour soustraire les graines à la voracité des oiseaux; les laisser sur le champ jusqu'à ce que les fanes soient bien sèches; les relever doucement pour les mettre dans une charrette garnie de toile; enfin les déposer en grange, dans un endroit abrité contre les rats et les volailles.

On doit battre le sarrasin le plus tôt possible après sa rentrée, chaque jour de retard pouvant causer des pertes. Cette opération se fait très facilement au fléau. Le vannage se fait en deux fois; on rejette d'abord les débris de tiges et de feuilles, ainsi que les graines complètement vides, puis celles qui sont de qualité inférieure et qui, ne pouvant servir aux semis ni donner de la farine, sont utilisées seulement pour la basse-cour. La bonne graine est mise au grenier, étendue sur le plancher, pelletée tous les huit jours dans les premiers temps et enfin mise en sac, où elle peut se conserver pendant deux ou trois ans.

La graine du sarrasin se sépare facilement de son enveloppe par l'action du moulin; elle donne environ moitié de son poids d'une farine blanche, assez pauvre en fécule, mais riche en gluten et d'une saveur qui plaît aux personnes qui y sont habituées. Elle est très nourrissante, mais impropre à la panification; mélangée à d'autres farines, elle ne donne jamais qu'un pain lourd et que les estomacs robustes peuvent seuls digérer. Le plus souvent, on la consomme sous forme de galettes, de gâteaux, de crêpes ou de bouillies très épaisses, que l'on mange chaudes ou que l'on laisse refroidir pour les couper par tranches et les faire frire dans le beurre. Il paraît qu'elle est bien plus savoureuse dans les contrées à sol granitique. On en fait une grande consommation en Bretagne, en Normandie, en Auvergne, en Bourgogne, dans le Limousin, les Cévennes, etc.; toutefois, son importance a notablement diminué par suite de l'extension qu'a prise la culture de la pomme de terre. Les jambons secs de Maurs, près d'Aurillac, sont recouverts de cette farine, ce qui contribue, dit-on, à les rendre plus délicats.

Voici la composition des graines de sarrasin :

Eau	18,00
Matières azotées	6,84
Amidon	»
Dextrie et sucre	»
Matières grasses	1,51
Cellulose	»
Matières minérales	1,75

Dans certains pays, la graine de sarrasin est avantageusement associée ou même complètement subtituée à l'avoine pour la nourriture des chevaux. On en tire aussi un très bon parti pour engraisser promptement les cochons, les bœufs et les moutons, surtout quand elle est réduite en gruau et donnée sous forme de bouillie chaude et un peu salée. Elle est encore excellente pour les pigeons et les oiseaux de basse-cour, qui en sont très friands; elle les excite à pondre et augmente la quantité, la finesse et la saveur de leur chair et de leur graisse. La farine de sarrasin a été quelquefois employée en médecine pour faire des cataplasmes émollients. Le son est usité par quelques jardiniers pour conserver, en les isolant, les plantes qu'ils veulent garantir de l'humidité de l'hiver.

Comme fourrage vert, le sarrasin est peu recherché par les bestiaux; tous le mangent néanmoins; il convient assez aux bœufs et surtout aux vaches, chez lesquelles il augmente la quantité et la qualité du lait. Mais il faut le leur donner à doses modérées; absorbé en trop grande quantité, il peut causer la météorisation et aussi, dit-on, des vertiges. Quelquefois on sème le sarrasin en mélange avec d'autres plantes, telles que les pois gris, les vesces, le maïs, l'alpiste ou le moha. Il fournit alors un fourrage meilleur et plus abondant. Mais, si on cultive cette plante pour ses fanes, il faut la faucher quand les premières graines sont formées; plus on attend ensuite, plus il perd de ses propriétés alimentaires; d'un autre côté, si l'on devançait cette époque, on n'obtiendrait qu'un produit de médiocre qualité.

La fane sèche est également donnée aux bestiaux, soit seule, soit mélangée avec de la paille ou du foin; alors elle ne peut causer aucun accident, à moins qu'elle ne soit altérée, et dans ce cas on peut en tirer parti pour faire de la litière, de l'engrais, ou bien encore pour en extraire de la potasse ou de la magnésie.

Les abeilles aiment beaucoup les fleurs du sarrasin ; c'est pour elles une pâture abondante et qui se prolonge très longtemps, car ces fleurs se succèdent presque jusqu'aux gelées ; aussi, dans certaines contrées, les cultivateurs ont-ils soin de semer du sarrasin dans le voisinage de leurs ruches. Toutefois, si les abeilles butinent trop sur cette plante, le miel en contracte une couleur jaune et une saveur un peu âcre ; c'est ce qui arrive naturellement aux miels de Bretagne et de Normandie, et quelquefois aussi à ceux du Gâtinais, qui d'ordinaire sont très blancs. Bosc signale à ce sujet l'ignorance ou la méchanceté de certains cultivateurs qui, attribuant la coulure des fleurs du sarrasin aux abeilles, cherchent à les faire périr en mettant autour de leur champ des assiettes de miel empoisonné.

Le *sarrasin de Tartarie,* appelé aussi dans quelques localités *sarrasin de Sibérie* ou *sarrasin galeux,* se distingue du précédent par sa tige jaunâtre, ses fleurs plus petites, en grappes plus lâches, d'un blanc verdâtre, et par ses akènes plus petits, à angles sinués et dentés. Au point de vue de la culture, il est plus rustique, moins sujet aux gelées de printemps ou d'automne, moins sensible aux chaleurs et aux sécheresses; il réussit mieux sur les sols pauvres, peut être semé plus tôt et plus tard et fournit un fourrage vert plus abondant et plus nutritif; enfin, la production de la graine est plus abondante et plus précoce. Sa culture est la même; mais il faut un peu moins de graines pour le semis. Aussi a-t-il été fortement préconisé; mais si, à beaucoup d'égards, il l'emporte sur le sarrasin commun, sous d'autres rapports il lui est bien inférieur. Il se perd encore plus de graines dans cette espèce lors de la maturité ; il contient plus de son, moins de farine, et celle-ci est moins blanche, plus amère, absolument impropre à la panification et aux autres emplois alimentaires; elle plaît moins aux bestiaux et aux volailles. Ce sarrasin ne doit donc être préféré à l'autre que comme fourrage ou engrais vert.

Le *sarrasin à cymes* ou *sarrasin vivace* se distingue surtout des précédents par le caractère que rappelle ce dernier nom; ses tiges atteignent la hauteur de 2 mètres et portent de grandes feuilles sagittées ou presque hastées, acuminées, glauques en dessous; ses fleurs sont blanches, petites, en grappes serrées, grêles et recourbées; ses graines ont leurs angles bordés. Cette espèce, originaire du Népaul, est très rustique et ne redoute que les hivers exceptionnels. Sa végétation vigoureuse et abondante peut être comparée à celle du roseau à quenouilles. Il peut donc produire une très grande quantité de fourrage, et, si celui-ci était du goût des bestiaux, l'introduction de cette plante dans nos cultures serait une excellente acquisition; les essais tentés à cet égard sont encore trop peu nombreux pour qu'on puisse en déduire des résultats concluants. En tout cas, elle fournirait toujours une bonne matière à engrais. On ne doit pas compter beaucoup sur la production de la graine; celle-ci est très sujette à la coulure, et la petite quantité qui mûrit se détache de la tige au moindre choc.

Les semailles du sarrasin se font à la volée en enterrant le grain peu profondément. On emploie, en général, 1 hectolitre de semence par hectare; quelquefois 0^{hl},50 seulement, et, au contraire, jusqu'à 1^{hl},50 dans les terres médiocres, où on le sème pour être enfoui en vert.

Le sarrasin vient bien dans les terres légères et calcaires; les sols tenaces ou trop riches en fumiers ne lui conviennent pas. Il se débarrasse lui-même des mauvaises herbes, et n'exige aucun soin pendant la durée de sa végétation. On peut le cultiver sur des défrichements de landes; il donne à la terre le temps de se rasseoir, et profite des premiers fumiers que le froment trouve enfin bien consommés.

Le grain du sarrasin renferme de 2,20 à 2,56 0/0 de cendres. Les cendres du grain, analysées par Bichou, et celles de la paille essayées par Sprengel, ont fourni les résultats suivants :

	GRAIN	PAILLE
Potasse	8,74	10,36
Soude	20,10	»
Chaux	6,66	21,98
Magnésie	10,38	10,34
Alumine	»	0,81
Silice	0,69	4,37
Peroxyde de fer	1,05	0,47
Protoxyde de maganèse	»	1,00
Chlorure de sodium	»	4,90
Acide sulfurique	2,16	6,77
Acide phosphorique	50,07	9,00

Les feuilles abondantes du sarrasin lui permettent d'absorber, dans l'atmosphère, une forte proportion d'azote et de carbone, mais il faut qu'il trouve dans le sol une assez grande quantité de potasse et de sels calcaires et magnésiens; aussi se plaît-il dans les sols feldspathiques; il consomme environ 116 kilogrammes de fumier par 100 kilogrammes de paille et de grain obtenu. Il épuise donc beaucoup moins la terre que les plantes précédentes.

Le poids moyen de l'hectolitre de sarrasin est de 57 à 60 kilogrammes. Le poids des fanes sèches est assez variable; il est à peu près égal à celui du grain. Le rendement du sarrasin est on ne peut plus variable. En Bretagne, en moyenne, il est de 15 hectolitres; en Flandre, il s'élève quelquefois jusqu'à 50 hectolitres.

PLANTES CULTIVÉES POUR LEURS RACINES ALIMENTAIRES

POMME DE TERRE

Les racines entrent maintenant en forte proportion dans le régime alimentaire de l'homme et des animaux. Elles rendent à l'agriculture, par leurs qualités spéciales, des services signalés, et leur introduction dans certaines localités a transformé l'état du sol et son mode d'exploitation. On ne doit pas cependant, dit M. Hervé Mangon, se laisser aller à trop d'admiration pour les produits de cette culture. Ils ont, il est vrai, un poids très considérable, mais ils ne contiennent relativement qu'une faible quantités de matières nutritives, et l'exemple terrible de l'Islande montre le danger de laisser prédominer dans un pays la culture d'aliments d'un ordre aussi inférieur.

La culture de la pomme de terre est, en France, de date relativement récente. En 1789, quatre mille hectares à peine portaient cette plante, et dans le récit de son voyage Arthur Young déclare *que les quatre-vingt-dix-neuf centièmes de l'espèce humaine ne voudraient pas toucher à ce tubercule.* Les choses ont bien changé : la culture de la pomme de terre, dit M. Grandeau, occupe, actuellement, près de quinze cent mille hectares, soit 3 0/0 de la surface totale de notre territoire agricole, et 17 0/0 du territoire cultivé.

La pomme de terre (*solanum tuberosum*) est l'un des végétaux les plus interressants à étudier au point de vue des services qu'il rend à l'homme.

C'est une plante herbacée annuelle, mais à racines vivaces. Sa tige, qui atteint une hauteur de $0^m,55$ à $0^m,60$, produit des feuilles d'un vert foncé, profondément divisées, à folioles ovalaires. Ses fleurs sont blanches, souvent lavées de violet. Ses fruits sont globuleux, comme ceux d'un grand nombre de morelles et atteignent la grosseur d'une cerise. Mais, ce qui constitue le principal caractère de cette solanée, ce sont des tubercules souterrains, formant des masses plus ou moins irrégulières, de forme très variable suivant les espèces. Ces précieux tubercules, dont la véritable nature a été longtemps méconnue, sont considérés aujourd'hui comme des expansions de l'extrémité des branches souterraines, et des études attentives y ont fait reconnaître de véritables tiges ligneuses, dans lesquelles on a successivement retrouvé l'écorce, la moelle, les vaisseaux et toutes les parties qui constituent une tige aérienne. Ces diverses parties y sont seulement disposées dans un ordre moins régulier, moins symétrique, et là

Fig 202. — ÉPOUVANTAIL DANS LES BLÉS.

partie celluleuse, riche en fécule, y domine d'une façon presque exclusive. Quant aux bourgeons, l'un des caractères essentiels des tiges aériennes, on les reconnaît très facilement sur le tubercule, où ils portent le nom d'yeux, et leur faculté germinative, outre qu'elle est bien supérieure à celle des bourgeons extérieurs, a de plus la propriété de se conserver très longtemps. C'est à cette circonstance qu'on a emprunté le principal mode de multiplication du tubercule, et chacun sait que les yeux jouissent à un tel point de la propriété de germer, qu'ils se passent même de la présence de leur élément propre, la terre végétale, et végètent fréquemment quand ils sont conservés dans un lieu sombre et humide. C'est même dans ce fait que réside la principale difficulté qui s'oppose à la conservation des tubercules. Il est donc impossible de douter que ces tubercules soient des renflements des tiges souterraines. Quant aux causes qui en déterminent la formation, elles paraissent se confondre avec toutes celles qui peuvent amener dans ces tiges un ralentissement de la circulation. La situation des tubercules à l'extrémité des tiges semble en être une preuve manifeste. Un autre fait non moins probant, c'est que la tige externe elle-même est susceptible de se renfler en véritable tubercule, toutes les fois qu'une blessure, une constriction, une cause quelconque y détermine un ralentissement dans la marche de la sève. Ces renflements, composés en grande partie, comme les tubercules souterrains, de substances amylacées, s'en distinguent par leur couleur verte, due à l'influence de la lumière; mais ce fait même n'est réellement pas un caractère distinctif entre les deux espèces de tubercules, car les tubercules souterrains ne tardent pas à verdir quand ils sont accidentellement exposés à la lumière.

La vraie nature du tubercule de la pomme de terre (*Solanum tuberosum*) a longtemps, disions-nous, été méconnue par les botanistes qui le regardaient comme un produit ou une dépendance de la racine.

Pour reconnaître la nature des tubercules de la pomme de terre, si l'on suit le développement d'un jeune pied venu de graine, on voit que, comme tout embryon dicotylédoné, celui du solanum tuberosum allonge d'abord son extrémité radiculaire en un pivot qui bientôt se ramifie, mais cette racine tout entière ne présente ni alors ni plus tard rien qui ressemble à un tubercule. De son côté, la tigelle s'allonge, dégage du tégument séminal les deux cotylédons hypogés, et ensuite la gemmule se développant donne une tige dont les entre-nœuds inférieurs restent courts. Bientôt les bourgeons situés à l'aisselle, soit des cotylédons, soit des feuilles inférieures se développent en rameaux, qui s'étendent horizontalement dans le sol et qui portent plusieurs feuilles réduites à l'état des petites écailles, à moins qu'un accident, les amenant au jour et à l'air, ne leur permette de prendre l'état de feuilles ordinaires. L'extrémité de ces rameaux et quelquefois des ramules nées à l'aisselle de leurs écailles ne tardent pas à subir la tubérisation sur la longueur de plusieurs entre-nœuds; elle devient ainsi un tubercule à la surface duquel se montrent de très petites écailles, feuilles fort réduites, et dont le sommet offre un bourgeon terminal.

Il est donc clair que chaque tubercule ainsi produit est ou un rameau axillaire entier, ou plus ordinairement la portion terminale d'un rameau axillaire plus ou moins allongé. C'est dans le sol que s'est opérée sa tubérisation, mais cette modification peut aussi s'opérer hors du sol, comme on le voit assez fréquemment sur les tiges dans lesquelles un accident quelconque, tel qu'une incision profonde, une demi-fracture, etc., a déterminé un arrêt de sève.

Ces notions expliquent diverses circonstances de la culture de la pomme de terre : 1° chaque tubercule étant une portion de rameau tubérisé aura une forme variable selon le nombre, la longueur des entre-nœuds qu'il comprendra, et aussi selon que la tubérisation aura plus ou moins hypertrophié son parenchyme. De là résulte la différence de forme entre, d'un côté, les vitelottes étroites et allongées, à cause de leurs nombreux entre-nœuds peu renflés de l'autre, les Patraques, les Rohan, la Chardon, etc., qui sont renflées ovoïdes, ou même arrondies, parce que leurs entre-nœuds se trouvent dans des conditions inverses; 2° le rameau devenu tubercule a non seulement un bourgeon terminal, mais encore autant de bourgeons axillaires qu'il portait d'abord de feuilles rudimentaires. Même à chaque place occupée primitivement par une écaille et que désigne un enfoncement appelé vulgairement œil, se trouvent souvent groupés deux ou trois bourgeons. Quand ceux-ci se développent en terre, ils pourront donner chacun une tige dont la portion enterrée mettra des racines adventives, et, à l'aisselle de ces feuilles, des rameaux tubérifères. Si, comme on le fait le plus souvent, on coupe des tubercules en morceaux portant chacun un ou plusieurs yeux, chaque morceau planté donnera un nouveau pied; 3° pendant le premier développement des pousses, la fécule dont était gorgé le tubercule-semence nourrit la nouvelle plante; aussi ce tubercule ne tardera-t-il pas à être épuisé et se montre-t-il bientôt ridé, flétri et vide; 4° la situation en terre est la condition principale de la tubérisation, aussi a-t-on soin de *butter* les pieds de la pomme de terre, c'est-à-dire d'amonceler de la terre à leur pied, en vue d'augmenter le rendement en tubercules; 5° le développement des tubercules du solanum tuberosum en terre est par conséquent à l'obscurité, ce qui explique l'absence de couleur verte qui les caractérise habituellement; mais cette couleur s'y produit lorsque, par une cause quelconque, ils restent exposés à la lumière; il faut savoir que les tubercules verdis, excellents pour la plantation, sont un aliment dangereux parce que, en même temps que la chlorophylle, il s'y est produit de la solanine, substance vénéneuse.

Les variétés de pommes de terre, dont quelques-unes sont peut-être naturelles, mais dont l'immense majorité a été produite par la culture, sont véritablement innombrables. Beaucoup, il est vrai, se distinguent à peine par la forme, la couleur ou le volume, mais un très grand nombre sont parfaitement caractérisées. La couleur varie du gris pâle au jaune, au rouge, au violet et même au noir; la grosseur va de celle d'une noix à celle d'un petit melon, et les poids s'échelonnent entre quelques grammes et kilogrammes. Quant à la forme, les unes sont plus ou moins cylindriques, les autres sphériques ou à peu près, mais en général elles sont assez irrégulières, offrant une peau assez lisse, dans certaines variétés, très rugueuse dans certaines autres. Nous ne saurions avoir la prétention de donner ici une nomenclature un peu complète et nous devons nous contenter de citer les plus remarquables variétés. En 1856, M. Vilmorin avait compté plus de cinq cents variétés et M. Joigneaux croyait pouvoir affirmer que ce nombre devait être doublé. Or, il faut ajouter que la culture crée pour ainsi dire chaque jour des variétés nouvelles.

Sur les halles et marchés on classe généralement ainsi les pommes de terre :

1° La *truffe d'août*, de la halle de Paris, est une des plus recommandables par sa précocité et par ses qualites comestibles. 2° La *grosse grise*, ou *hâtive*, est d'un bon produit ; elle est bonne en automne et au printemps et médiocre en hiver. 3° La *schaw* ou *chave* est une pomme de terre jaune, ronde, excellente, plus productive que la précédente et plus hâtive d'environ quinze jours. 4° Les *patraques*, qui ont des tubercules fort gros, sont surtout propres aux terres humides. Cette espèce se subdivise en plusieurs variétés : la *patraque blanche* ou *grosse blanche*, tubercule énorme, variété très productive, mais saveur médiocre; elle est blanchâtre rayée de rose ; la *patraque jaune* de la halle de Paris est très grosse, jaune, irrégulière, un peu meilleure que la précédente ; la *patraque rouge*, encore plus grosse que la précédente, est aussi médiocre ; ces deux dernières réussissent surtout dans les terrains humides. 5° La *brugeoise*, ou *pomme de terre de Bruges*, est belle et fort belle et fort bonne ; c'est peut-être la plus productive de toutes. 6° La *hollande jaune* ou *cornichon jaune*, peau fine, tubercule allongé, aplatie, lisse, est excellente et hâtive ; on la vend à la halle de Paris ; la *hollande rouge* ou *cornichon rouge*, de la halle de Paris, ne diffère guère de la précédente que par la couleur et en a toutes les qualités ; elle est surtout très farineuse. 7° La *vitelotte*, de la halle de Paris, est allongée, cylindrique, inégale et très estimée. 8° La *tardive d'Irlande* est peu productive, mais peut se garder très longtemps, jusqu'à l'instant où celles plantées dans l'année peuvent se récolter. 9° La *pomme de terre de Rohan* produit énormément, mais ses tubercules, très aqueux, sont de mauvaise qnalité ; sa culture demande des soins particuliers. On connaît encore la *champion*, l'*ox noble* et la *cantorbéry*, espèces anglaises ; nous pourrions citer aussi les variétés moins répandues et connues sous les noms de la *grosse pomme*, la *faîne*, la *corne bleue*, la *jaune d'août*, la *block jaune*, la *neuf-semaines*, la *bocine*, la *descroizille*, la *châtaigne Sainville*. etc., etc.

On peut classer plus simplement les pommes de terre en *patraques*, *parmentières* et *vitelottes*.

1° *Patraques* ou *rondes*. — Tubercules arrondis, yeux nombreux et apparents. Les principales sont :

Blanchard, rouge-ronde de Strasbourg, violette, jaune hâtive, fine peau, renommée, neuf-semaines, truffe d'août, Fernande, patraque blanche, patraque jaune, Segonzac, Chardon, Shaw ou Chave ; la patraque rose de Rohan, jaune première Wellington, jaune première Champions, rose Descroizilles, etc. ;

2° *Parmentières*, *cylindriques aplaties* à tubercules allongés ou ovoïdes, yeux peu nombreux et peu apparents, comprenant, entre autres : la parmentière Marjolin, la parmentière rose ou cornichon français, la parmentière violette ou précieuse rouge, coquette, Godefroy de Bouillon, etc ;

3° *Vitelottes*, *cylindriques*, tubercules violets, allongés, yeux très nombreux, très apparents et profondément enchâssés ; les variétés les plus connues sont : la vitelotte jaune Pigry, la vitelotte rouge longue de l'Indre, Kidney ou quarantaine, ananas, vitelotte de Paris, Hollande jaune, Hollande rouge, etc.

L'introduction de la pomme de terre dans l'alimentation humaine a produit sur la terre une immense révolution économique. Les famines, qui désolaient périodiquement le globe, sont devenues beaucoup plus rares, depuis que la culture de la morelle tubéreuse s'est étendue sur une grande partie de sa surface. L'histoire de la pomme de terre forme donc un chapitre très intéressant de l'histoire de l'humanité; mais elle est plus difficile à faire que ne pourrait le faire soupçonner l'importation récente de cette plante alimentaire. En France, la pomme de terre fait songer tout d'abord à Parmentier, dont elle a longtemps porté le nom chez nous, et nous croirions volontiers que cet homme à jamais illustre est le véritable importateur du tubercule péruvien. Il est plus que certain cependant que Parmentier n'a joué, dans son introduction, qu'un rôle tout à fait secondaire et que la pomme de terre était connue et cultivée en Europe et même en France très longtemps avant lui. Plusieurs pensent aujourd'hui que le tubercule décrit par Olivier de Serres (1536-1619) sous le nom de cartoufle, et qu'on a pris longtemps pour le topinambour, n'était autre que la pomme de terre. D'autre part, on est porté à penser que le tubercule importé par John Hawkins en 1567 était la patate, non de la pomme de terre, et l'on a cru pouvoir fixer la première introduction de cette plante à l'année 1586, époque où elle fut apportée en Europe par Thomas Harriot et William Raleigh. Il est probable, cependant, qu'elle était connue auparavant. Deux ans plus tard, un légat du pape apporta quelques tubercules à Philipe de Sivry, gouverneur de Mons, et Ch. de L'Ecluse, à qui ils furent communiqués, en donna la description. Mais déjà alors la pomme de terre était cultivée en Italie assez abondamment pour servir de nourriture aux cochons. Elle passait pour avoir été apportée du Pérou ou du Chili par des moines espagnols. Du reste, les discussions sur le fait de sa première introduction n'offrent pas un bien grand intérêt; le véritable bienfaiteur de l'humanité n'est pas celui qui a fait connaître à l'Europe un terbercule qui n'avait alors aucun emploi, mais celui qui a décidé l'Europe à chercher dans ce tubercule une des plus précieuses ressources alimentaires. La véritable histoire de la pomme de terre n'est donc pas le récit de ses migrations à travers l'Océan, mais celui du développement de sa culture.

La pomme de terre, que l'on rencontre encore au Pérou à l'état sauvage, était cultivée dans ce pays avant l'arrivée des Européens et servait dès lors à l'alimentation. En Europe, elle ne fut d'abord cultivée qu'à titre de curiosité, en Espagne d'abord, puis en Italie, en Allemagne et dans la Franche-Comté. Les Irlandais, qui trouvent encore aujourd'hui une si grande ressource dans ce tubercule, paraissent avoir été les premiers, en Europe, à le faire servir à l'alimentation. Leur exemple fut bientôt suivi en Angleterre, puis en Allemagne; mais dans ce dernier pays la pomme de terre, considérée comme un aliment vil, sinon nuisible, était réservée aux gens de peu et aux prisonniers. En France, la répugnance pour cet aliment allait plus loin encore, fondée qu'elle était sur cette opinion que la pomme de terre donnait la lèpre à ceux qui en mangeaient. Les efforts de Turgot pour vaincre ce préjugé populaire n'amenèrent aucun résultat. Parmentier, qui, prisonnier en Allemagne, avait eu occasion de se nourrir de cet aliment si injustement méprisé, conçut le projet de doter son pays de cette utile substance alimentaire.

L'histoire originale de cette importation en France est connue de tout le monde et peint admirablement un travers de l'esprit; on fut obligé d'entourer le premier champ de pommes de terre de gardes qui avaient secrètement reçu l'ordre de laisser dérober par le public la semence jusqu'alors dédaignée.

Le préjugé une fois détruit, l'utilité de la pomme de terre devint tout à coup si évidente que sa culture prit presque subitement une prodigieuse extension. Parmentier[1] ne pouvait suffire aux demandes de graines et de tubercules. La passion avec laquelle on se livra en France à la nouvelle culture ressemblait à une véritable fureur. Par une étonnante réaction, de ce tubercule si dédaigné on allait jusqu'à exagérer les mérites, déjà si grands, et l'on se croyait en mesure de lui demander, outre l'aliment direct que fournit sa fécule, du pain, du sucre, de l'eau-de-vie. Nous verrons plus loin ce qu'il y a de vrai dans ces exagérations. Mais alors la prévention favorable ne connaissait plus de bornes, et Parmentier put donner un repas dont le menu fourni par la seule pomme de terre fut trouvé incomparable.

La production et le commerce de la pomme de terre devinrent considérables dans toute l'Europe. On comprend facilement la propagation rapide de ce tubercule, à propos duquel Parmentier écrivait ceci en 1789 : « Dans la multitude des plantes innombrables qui couvrent la surface sèche et la surface humide du globe, il n'en est point, en effet, après le froment, le seigle, l'orge et le riz, de plus digne de nos soins et de nos hommages, sous quelque point de vue qu'on l'envisage. Elle prospère dans les deux continents ; sa récolte ne manque presque jamais ; elle ne craint ni la gelée, ni la coulure, ni les autres accidents qui anéantissent en un clin d'œil le produit de nos moissons ; enfin c'est bien, de toutes les productions des deux Indes, celle dont l'Europe doit le plus bénir l'acquisition, puisqu'elle n'a coûté ni crimes, ni larmes à l'humanité. »

La pomme de terre a perdu nécessairement une partie de cette vogue insensée ; mais elle est restée ce qu'elle devait être : l'aliment populaire par excellence non complètement banni de la table des riches, mais n'y apparaissant que pour en accroître la variété. On a calculé que la pomme de terre, dont la culture n'a cessé de s'accroître, entrait pour un sixième dans l'alimentation de la race humaine. En France, la pomme de terre occupe plus d'un million d'hectares, et

1. Parmentier (Antoine-Auguste), naquit à Montdidier en 1737, fut orphelin de bonne heure, et forcé, par la médiocrité de sa fortune, d'entrer chez un pharmacien, avant d'avoir fait les études des collèges. Il vint ensuite à Paris, et en partit en 1757, pour se rendre, en qualité de pharmacien militaire, à l'armée de Hanovre. De retour à Paris, en 1763, il y reprit ses études, et, trois ans après, il obtint au concours la place de pharmacien de l'Hôtel des Invalides. Ce fut alors qu'il étudia spécialement les propriétés de la pomme de terre, et qu'il eut la gloire de dissiper les préventions aveugles qui s'opposaient chez nous à l'emploi général de cette plante utile. Le maïs et la châtaigne ne furent point non plus négligés par lui, et il épuisa tout ce qu'on pouvait dire en faveur de ces deux produits si précieux pour quelques-unes de nos provinces. Non content d'augmenter les ressources alimentaires, il travailla aussi à perfectionner la boulangerie, et proposa la mouture économique, dont l'emploi augmente d'un sixième le produit de la farine. Chargé pendant la Révolution de surveiller les salaisons destinées à la marine, il s'occupa en même temps de la préparation du biscuit de mer, devint membre de l'Institut, en 1795, remplit ensuite les fonctions d'inspecteur général du service de santé et d'administrateur des hôpitaux ; améliora le pain des troupes, et rédigea un code pharmaceutique, qui fut généralement adopté pour les hôpitaux civils, les secours à domicile et les infirmeries des maisons d'arrêt. Il indiqua le moyen de rendre les soupes économiques aussi saines qu'agréables au goût ; pendant le blocus continental, il reconnut et proclama les avantages du sirop de raisin ; en un mot, les découvertes utiles trouvèrent en lui un zélé propagateur. Il mourut en 1813.

certains départements consacrent à sa culture jusqu'à 30,000 hectares. Le rendement général de la France peut être évalué à 100 ou 120 millions d'hectolitres, dont 10 ou 12 millions sont employés à la reproduction, 818 millions réduits en fécule, et le reste consacré à l'alimentation des hommes ou des animaux. Paris seul consomme un demi-million d'hectolitres. L'exportation enlève à la France 46,000 hectolitres de pomme de terre, destinés à l'Amérique et aux colonies, mais l'importation lui rend 23,000 hectolitres.

Les contrées de France où elle a acquis le plus d'importance sont la Lorraine, l'Anjou, le Périgord et certaines parties de la Bretagne, du Maine de l'Auvergne et du Vivarais. Dans les départements où la culture de la pomme de terre est le plus répandue, le nombre d'hectares consacrés ce tubercule varie depuis 21,000 jusqu'à 30,000 ; ce sont : les Vosges, la Meurthe-et-Moselle, le Maine et-Loire, la Dordogne, les Côtes-du- Nord, le Finistère, la Sartre, le Puy-de-Dôme et l'Ardèche, Dans 28 départements, le nombre d'hectares plantés en pomme de terre varie depuis 10,000 jusqu'à 26,000 ; ce sont : le Nord, le Pas-de-Calais, la Somme, l'Oise, Seine-et-Oise, Indre-et-Loire, la Charente-Inférieure, la Charente, la Haute-Vienne, l'Allier, la Côte-d'Or, la Haute-Saône, Saône-et-Loire, la Loire, l'Aisne, l'Isère, la Gironde la Haute-Garonne, l'Ariège, la Corrèze, le Lot, l'Aveyron, le Tarn, l'Hérault, la Haute-Loire, la Drôme et les Basses-Alpes. Les départements qui cultivent le moins de pommes de terre sont la Corse, les Hautes-Alpes, la Lozère et les Landes, où l'étendue plantée varie de 1,200 à 1,700 hectares.

LAngleterre, qui ne cultive la pomme de terre que pour l'alimentation de l'homme, en exporte d'assez grandes quantités, mais en importe au moins autant. L'Allemagne, au contraire, a un grand excédent de production, qu'elle déverse surtout en France et en Angleterre. La production en Irlande est considérable, mais la consommation y est énorme, ce pays faisant de la pomme de terre sa nourriture presque exclusive.

La culture de la pomme de terre est très répandue en Europe : on la trouve dans toutes les contrées.

En Angleterre, avons-nous dit, on ne cultive que les pommes de terre destinées à l'alimentation humaine. Le turneps est la racine exclusivement adoptée dans l'assolement alterne, tandis qu'en Allemagne il en est tout autrement : la pomme de terre y joue, dans l'assolement alterne, le rôle dévolu au turneps en Angleterre.

L'Angleterre exporte des pommes de terre en France et en Allemagne ; ces pommes de terre sont destinées à l'alimentation, mais elle en importe aussi en grande quantité. L'Allemagne, et surtout la Prusse et les villes hanséatiques, exportent chaque année en France un million et demi à deux millions de kilos de pommes de terre ; après l'Angleterre et l'Allemagne, viennent la Belgique, la Hollande, la Suisse, la Sardaigne, l'Espagne, le Portugal, etc.

La France exporte principalement à la Martinique, à la Guadeloupe, à Alger, à Saint-Pierre et Miquelon, aux États-Unis, au Brésil, en Belgique, en Suisse, à Cayenne, à l'île Maurice, à Bourbon, au Sénégal, à Cuba, à Porto-Rico, à Rio-de-la-Plata, etc. Ses exportations vont jusqu'à 3 millions de kilos, tandis que ses importations ne dépassent guère 1 million et demi de kilos. Paris consomme à lui seul environ 500,000 hectolitres de pommes de terre, du poids de 69 kilos l'hectolitre. Ces pommes de terre proviennent particulièrement de Neuilly, Bonneuil, la Celle, Gonesse, Quincy-en-Brie, la Sologne, Lyon, etc.

On évalue la production de la France à 100 millions d'hectolitres et plus, selon les années. Un dixième est employé aux semences; le reste est consommé ainsi qu'il suit : 10 millions d'hectolitres environ par la féculerie et distillerie, et les 80 millions restants, moitié par les hommes, moitié par les animaux.

La pomme de terre réussit sous tous les climats, puisqu'on la cultive depuis l'équateur jusqu'à Arkangel. Toutefois, elle préfère les climats tempérés et craint plus les grandes chaleurs que les grands froids, si l'on prend les précautions nécessaires pour la soustraire aux grandes gelées, par exemple, si l'on évite, dans les climats froids, de lui faire passer l'hiver en terre. Dans les pays chauds, mais suffisamment humides, la pomme de terre végète très bien, mais donne des produits inférieurs au point de vue de l'alimentation. L'humidité excessive ne nuit pas au développement des fanes, mais diminue d'une façon très notable le rendement en tubercules. Il faut encore considérer, dans le choix des expositions et des climats, qu'il est toujours nécessaire de différer la récolte jusqu'à la parfaite maturité des tubercules, si l'on se propose de les conserver, et que, par conséquent, si la durée de la belle saison est très courte, on doit borner la culture aux variétés les plus hâtives. D'une manière générale, et tout en s'accommodant des sols les plus divers, la pomme de terre préfère les terrains plutôt frais qu'humides et les terres légères, sablonneuses, schisteuses, granitiques ou calcaires. Les sols argileux lui conviennent peu, excepté dans les climats très secs.

On connaît, pour la pomme de terre, trois modes de propagation : plantation de tubercules, semis et bouturage. Le troisième mode est abandonné; les semis sont encore usités, mais exceptionnellement et dans le seul but d'obtenir des variétés nouvelles. La plantation des tubercules est donc seule pratiquée d'une façon régulière et habituelle.

La saison de la plantation varie suivant les pays et la manière de voir des agronomes. Cette question importante a donné lieu à de nombreuses discussions. Il paraît aujourd'hui certain que la plantation en automne est préférable à tous les points de vue. Seule elle permet au tubercule de prendre, avant la récolte, le développement si nécessaire à sa conservation. Malheureusement, la plantation en automne n'est pas toujours possible. De plus, la grande culture n'a généralement pas eu, en automne, le temps suffisant pour préparer le sol.

A défaut de l'automne, on exécutera les plantations au printemps, et le plus tôt possible. Les gelées tardives sont à craindre, mais moins peut-être qu'on ne le croit généralement. On plantera généralement en février, et certains agronomes conseillent de choisir la première quinzaine plutôt que la seconde. Il est certain qu'on perd beaucoup moins de tubercules par l'effet des gelées tardives que par les détériorations qui résultent d'une maturité insuffisante.

Convient-il de fumer le sol qu'on destine à la culture des pommes de terre? La question a été diversement résolue, et la pratique est différente selon les pays. Il serait peut-être téméraire de lui chercher une solution unique. L'engrais ne convient pas à tous les terrains et, en tout cas, ne doit pas être pour tous ni de même nature, ni en même quantité. D'une manière générale, on peut dire que

Fig. 203. — LES PREMIÈRES VIOLETTES.

l'engrais doit être employé avec mesure, tant sous le rapport de sa quantité que sous celui de son énergie. Le fumier trop abondant ou trop puissant produit des tubercules d'une forte taille, mais de qualité tout à fait médiocre. Quand on emploie le fumier, on l'enterre généralement en même temps que les tubercules. Du reste, si le fumier n'est pas fourni au sol au moment de la plantation des pommes de terre, il est presque toujours indispensable de lui en donner après, car cette culture est l'une des plus épuisantes. Les fanes, qu'on se contente parfois d'enterrer, constituent un très pauvre engrais.

Les pommes de terre demandent des engrais d'une décomposition facile, fournissant beaucoup d'acide carbonique et riches en sels alcalins. Le fumier ordinaire leur convient très bien; selon Schewerz, il faut en employer 19,000 à 20,000 kilogrammes par hectare, pour obtenir 17,700 kilogrammes de récolte, ce qui répond assez bien aux indications de la théorie.

Une autre question non moins controversée est celle de savoir si l'on doit planter des tubercules entiers ou des fragments de tubercule, et encore, dans la première hypothèse, s'il faut choisir des sujets gros, moyens ou petits. Pendant un certain temps, on a professé l'opinion absurde que la fécule n'est pas nécessaire au développement des bourgeons. Il est vrai qu'on a obtenu des reproductions au moyen des pelures de pomme de terre, mais ces reproductions, rares, chétives, incertaines, n'avaient évidemment lieu que grâce à la petite quantité de fécule restée adhérente aux pelures. On a conseillé pendant quelque temps d'évider les tubercules destinés à la semence et d'utiliser pour la fabrication de la fécule la partie extraite ; c'est une économie déraisonnable et qui ne peut que nuire à la récolte ; le fait est avéré aujourd'hui, et cette pratique est absolument abandonnée. Une question sur laquelle on ne s'est pas mis d'accord est celle de la division des gros tubercules et des dimensions à préférer pour le choix de la semence. Un agronome distingué, M. F. Villeroy, a fait à ce sujet des expériences intéressantes et que nous croyons utile de signaler. Il a pris 300 pommes de terre de même grosseur et de même poids, en a planté 100 entières dans une raie en les espaçant de $0^m,33$; 100 coupées en deux dans une autre raie, en les espaçant de $0^m,16$; 100 coupées en quatre dans la troisième raie, en les espaçant de $0^m,08$. Il cultivait ainsi, sur des espaces égaux de terrain, une même quantité de pommes de terre, traitées de trois manières différentes. Les meilleurs résultats ont été fournis par la troisième catégorie, c'est-à-dire par les tubercules divisés en quatre ; les pommes de terre entières ont donné le plus faible rendement. Néanmoins, beaucoup d'agriculteurs persistent à planter des tubercules entiers, soit parce qu'ils contestent les résultats fournis par l'expérience précédente, soit parce qu'ils pensent que la division des tubercules, tout en augmentant le rendement, nuit à la qualité de la récolte.

Quant à la grosseur des tubercules qu'il faut préférer, elle n'est pas non plus nettement déterminée. Des expériences de M. Villeroy il résulterait que les plus petites pommes de terre donnent, pour un même poids, le meilleur rendement, ce qui est parfaitement d'accord avec ses autres expériences sur les pommes de terre employées entières ou divisées. La pratique la plus générale, cependant, est d'employer des tubercules de moyenne grosseur. Nous croyons que, pour obtenir des résultats certains et réguliers, il faudra combiner les méthodes, c'est-à-dire choisir un type moyen et y ramener tous les autres tubercules employés, en divisant les plus gros et en réunissant les plus petits.

Dans la série des assolements, la pomme de terre succède généralement aux céréales. C'est une des rares plantes qui peuvent, sans grand inconvénient, se succéder à elles-mêmes, et l'on a pu faire, sur un même terrain, jusqu'à trente-deux récoltes successives de pommes de terre. Il est bon d'ajouter que dans un cas pareil, la grosseur des tubercules diminue progressivement, et, en somme, il n'est pas bon de demander à un même sol deux récoltes de suite de n'importe quel légume.

Après qu'on a divisé les tubercules et qu'on a donné à la plaie le temps de se cicatriser, ce à quoi l'exposition au soleil est fort utile, on ouvre le sol auquel on veut les confier. Ce travail peut se faire soit à la charrue, soit à la bêche ou à la houe. Si l'on opère à la charrue, la plantation est faite par deux femmes ou deux enfants, dont chacun plante une moitié du sillon ; on laisse généralement entre les tubercules une distance de 0m,30 à 0m,40, et on laisse entre deux raies plantées une ou deux autres raies, de façon à obtenir à peu près la même distance en largeur. Certains cultivateurs ne donnent que 0m,20 de distance aux tubercules d'une même raie, mais 0m,70 à deux raies successives. Tout le monde ne herse pas après le travail de la charrue, mais il est bon de le faire lorsqu'on a lieu de craindre la sécheresse.

Le travail à la houe ou à la bêche, moins économique pour la main-d'œuvre et par conséquent peu usité dans la grande culture, donne de bien meilleurs résultats. On ouvre d'abord une fosse d'une profondeur qui varie, suivant le sol et le climat, de 0m,15 à 0m,20. Les terrains secs et légers, les climats chauds exigent les plus grandes profondeurs. Une femme ou un enfant dépose les tubercules dans la fosse, à une distance de 0m,30 à 0m,40; mais certains praticiens trouvent une pareille culture trop condensée et conseillent d'espacer les tubercules de 0m,50. Quand la première fosse est complètement plantée, on la recouvre en en pratiquant une seconde qui servira à une seconde plantation. Par ce procédé, il faut 30 ou 40 hectolitres de tubercules pour ensemencer un hectare de terrain.

Au bout de quinze jours environ, quand les pommes de terre sont toutes levées, on détruit les mauvaises herbes par un ou deux hersages très énergiques. Le scarificateur pourra servir à cette opération, qui simplifie beaucoup les sarclages ultérieurs. Dans la petite culture, on laboure avec la houe, quelques jours avant la levée. Ce système, qui n'a que l'inconvénient d'être très coûteux, offre l'avantage de ménager les jeunes plantes.

Dans le courant de juin, on bine les pommes de terre. Ce binage doit être suffisamment profond, car plus la terre sera remuée, plus les tubercules prospéreront. En même temps que l'on bine, on butte, avec la houe dans la petite culture, avec le buttoir ou la charrue à deux versoirs dans la grande. Le principal avantage des buttes est de couvrir et d'étouffer les quelques plantes nuisibles qui s'épaississent et empêchent les autres plantes de se faire jour. Le buttage n'est cependant pas du goût de tous les agriculteurs.

Il fut de mode, pendant un certain temps, de conseiller la suppression des fleurs de la pomme de terre, pour reporter sur les tubercules le travail de la végétation. Il est certain que la suppression des fleurs, sur les arbres à fruit, provoque un déplacement dans la végétation; mais il est moins sûr que ce travail puisse se reporter sur les parties souterraines. Des expériences répétées paraissent même avoir démontré que, dans le cas actuel, la suppression des organes floraux est absolument sans effet; aussi cette pratique est-elle universellement abandonnée.

Il importe beaucoup, nous ne cesserons de le répéter, que la récolte des pommes de terre ne soit pas faite d'une manière prématurée, si elles ne sont destinées à la consommation immédiate. La maturité, du reste, se reconnaît aisément à l'état de la fane, qui se flétrit et se dessèche lorsque les tubercules sont bons à être levés. On peut sans inconvénient différer l'arrachage aussi longtemps qu'on voudra, pourvu qu'on ait soin de le pratiquer avant les gelées qui compromettraient la récolte et augmenteraient les difficultés d'un travail très pénible en lui-même. Il faut, autant que possible, arracher les pommes de terre par un temps sec, après l'évaporation de la rosée, et ne pas poursuivre l'opération après quatre heures de l'après-midi. Voici comment on procède le plus souvent : un homme, armé d'une fourche ou d'un crochet de fer, enlève chaque touffe et la jette au loin; des enfants ou des femmes, trois fois plus nombreux que les arracheurs, ramassent les tubercules. Ces quatre personnes peuvent, dans une journée, mettre en tas le produit de 15 hectares, en supposant que la récolte soit de 250 à 300 hectolitres par hectare. Pour rendre le travail plus économique, on se sert de la charrue dans la grande culture. Par ce procédé, on perd une assez grande quantité de tubercules, mais on économise le temps et la main-d'œuvre.

Au fur et à mesure de l'arrachage, on jette les pommes de terre sur le terrain et on les y laisse le temps de se bien ressuyer; puis on les rentre sous un hangar ou sous une grange et on ne les met en cave ou en silos qu'au bout d'une quinzaine de jours.

Si, se proposant d'obtenir des variétés nouvelles, on a réservé des pieds pour en recueillir la graine, on ne doit faire cette récolte que lorsque les baies sont tombées spontanément sur le sol, après le desséchement des fanes. Beaucoup d'agriculteurs mettent simplement ces baies en terre, au mois de novembre, comme ils feraient des tubercules; d'autres préfèrent les écraser dans l'eau, décanter le liquide et recueillir les graines au fond du vase. Ils les étendent ensuite sur du papier non collé et les font sécher au soleil ou à un feu doux, en ayant soin de changer plusieurs fois le papier. Elles ne conservent pas longtemps leur faculté germinative et doivent être jetées en terre le plus tôt possible.

La question de la conservation des pommes de terre est une des plus importantes de l'économie agricole. Il s'agit, après la récolte, de préserver les tubercules contre deux causes également puissantes de destruction : la pourriture et la germination. Les causes les plus ordinaires de la pourriture sont toutes celles qui produisent la fermentation, notamment la chaleur, l'humidité et le défaut d'air. D'autre part, la germination se produit dans des conditions analogues à celles que le tubercule rencontrerait dans la terre, c'est-à-dire l'obscurité, une chaleur douce et humide et le défaut d'air. La plupart des cultivateurs se contentent de jeter leurs pommes de terre sur un lit de paille, au fond de leur cave. Les gens soigneux ont soin de les disposer par couches séparées entre elles par des lits de paille, ce qui offre le double avantage d'établir dans le tas la circulation de l'air et d'en chasser l'humidité, double condition nécessaire pour empêcher la germination. Quelques-uns couvrent le tas d'un lit de terre et l'entrecoupent de petites fascines. Il est, en outre, indispensable d'établir aux expositions du nord, de l'est et de l'ouest, des soupiraux qu'on ouvre lorsque l'air est sec et qu'on ferme soigneusement dès qu'il devient humide. Quelque méthode qu'on adopte, on devra se proposer deux choses : introduire l'air et exclure l'humidité autant que possible. En tous cas, on évitera l'emploi des silos, invention fort utile en Afrique, mais qui ne saurait avoir dans nos climats humides aucune application.

Les pommes de terre se conservent bien quand on peut les mettre à l'abri de la lumière et des gelées, et surtout des dégels trop rapides. Des caves bien sèches, et assez profondes pour qu'il n'y gèle pas, seraient le meilleur emplacement pour conserver cette récolte; mais il est rare que l'on dispose de pareilles caves; on y supplée au moyen de silos en maçonnerie ou en terre. Ces derniers se construisent en creusant dans le sol une fosse de 0m,40 à 0m,50 de profondeur; on garnit de paille le fond et les bords de cette fosse, et on la remplit de pommes de terre que l'on dispose en tas conique ou prismatique, et que l'on recouvre d'une couche de terre de 0m,30 d'épaisseur. Quand le terrain est humide et le climat pluvieux, il convient d'entourer le silo d'une tranchée plus profonde que lui, et de le recouvrir d'un toit en chaume.

Quand les pommes de terre poussent leurs germes, il est difficile de les conserver plus longtemps pour la consommation.

M. Schribaux, professeur à l'Institut agronomique, a tout dernièrement indiqué un moyen très simple et peu coûteux de les conserver saines et de bonne qualité pendant plus d'une année. Il suffit de les tremper pendant 10 heures dans l'eau acidulée par 2 0/0 d'acide sulfurique du commerce; l'acide détruit les germes, sans altérer aucunement la pomme de terre elle-même.

On peut procéder ainsi :

Dans une demi-barrique de 100 litres environ, on verse d'abord 50 litres d'eau, puis ensuite on y introduit avec précaution 1 litre d'acide sulfurique. Dans cette eau ainsi acidulée, on dépose les pommes de terre, environ 1 hectolitre; 10 heures après on les retire et on les fait sécher avant de les remettre en tas.

Un hectolitre ras de pommes de terre pèse de 62 à 65 kilogrammes. Il contient 300 tubercules s'ils sont très gros, 900 s'ils sont moyens, et jusqu'à 2,000 s'ils sont très petits. On obtient, dans les bonnes cultures, 25,000 et jusqu'à 30,000 kilogrammes de pommes de terre par hectare. Mais, dans les terres médiocres mal soignées, ou dans une mauvaise année, la récolte tombe quelquefois à 10,000 kilogrammes. On estime qu'elle est, en moyenne, de 17,000 kilogrammes contenant 64 kilogrammes d'azote et représentant, par conséquent, une masse de nourriture égale à celle que fourniraient 49 hectolitres de blé, c'est-à-dire le produit de 4 hectares consacrés à cette plante.

A plusieurs reprises différentes, la récolte des pommes de terre, devenue si nécessaire à l'alimentation publique, a été compromise, presque supprimée par une maladie particulière, ou mieux par deux maladies différentes, car aujourd'hui on s'accorde généralement à dire que l'épiphytie de 1830 n'était pas de la même nature que celle qui sévit en 1845. Le premier de ces fléaux, qui se manifesta d'abord en Allemagne, se manifestait tout d'abord par des taches livides, qui se montraient sur l'épiderme du tubercule. La chair elle-même prenait bientôt après une teinte noirâtre. Le tubercule contractait ensuite une dureté qui le faisait ressembler à du bois et le rendait absolument impropre à l'alimentation. Quant à la cause de cette affection, qu'on désigna sous le nom de gangrène sèche, elle n'est pas bien connue. Certains micrographes l'ont attribuée à la présence d'un champignon microscopique, auquel ils ont donné le nom de *fusiporium solani*. Quant aux remèdes proposés, ils furent innombrables ; mais aucun ne fut efficacement appliqué, et la maladie disparut spontanément, sans s'être complètement généralisée.

La seconde maladie, au contraire, fit craindre longtemps la destruction complète de l'espèce. Elle apparut pour la première fois en Belgique et en Hollande, envahit successivement la France, l'Allemagne et l'Angleterre. Elle se manifestait par des taches brunes sur les feuilles ; après quoi, le tubercule entrait rapidement en décomposition. Mais cette décomposition ne s'étendait généralement pas à la masse entière du tubercule, et il a été reconnu que, contrairement à quelques préjugés, les parties restées saines pouvaient impunément être employées dans l'alimentation. Les parties atteintes elles-mêmes ont servi sans inconvénient à la nourriture des bestiaux. En tout cas, les tubercules malades ne sont pas complètement perdus, et l'on en tire une fécule grise utilisée dans l'industrie pour la fabrication des alcools. On a voulu également assigner pour cause à cette maladie les ravages d'un champignon, mais il a été impossible jusqu'ici de saisir cette végétation microscopique, cause présumée du mal. Chaque agronome a proposé, comme toujours, des remèdes infaillibles contre le fléau ; des gens chagrins l'ont attribué à une dégénérescence irrémédiable du tubercule, destiné, selon eux, à périr dans un avenir prochain. Le temps a fait justice des craintes des uns et de la confiance des autres : la *maladie*, rebelle à tous les moyens curatifs, s'est affaiblie d'elle-même et se trouve réduite actuellement à des proportions insignifiantes.

La *frisolée*, autre maladie des pommes de terre, mais qui n'a pas un caractère épiphytique, ne s'attaque pas directement aux tubercules. Elle dessèche les feuilles, finit par faire périr les tiges, et les tubercules, arrêtés dans leur développement, restent petits et de mauvaise qualité. Cette maladie, qui serait redoutable si elle se généralisait, a le grave inconvénient de se propager par l'hérédité. Le cultivateur doit donc avoir bien soin de ne planter que des tubercules bien sains et parfaitement développés.

La gelée est un autre fléau également redoutable à la pomme de terre, mais auquel, heureusement, il est possible de la soustraire en prenant certaines précautions. Les effets de la gelée sur les tubercules sont désastreux : ils prennent, au dégel, une consistance molle, une odeur désagréable et deviennent également impropres à la germination et à l'alimentation. M. Payen a proposé de laver à grande eau les tubercules dégelés et de les faire sécher ensuite, ce qui suffit, selon lui, pour leur rendre leur goût naturel. Il ne paraît pas que ce moyen ait réussi.

Enfin, il faut citer parmi les ennemis de la pomme de terre un certain nombre d'insectes, notamment le ver blanc ou larve du hanneton, qui ravage les racines et fait périr la plante; un puceron particulier, qui s'attache aux tiges. On a surtout signalé, en 1874, les ravages de la doryphore decemponctuée, connue en Amérique, mais qui, après s'être bornée à infester les pommes de terre sauvages des montagnes Rocheuses, a envahi les cultures. Elle s'est montrée dans le Nebraska en 1859, dans l'Iowa en 1861, dans le Missouri en 1865, après avoir traversé le Mississipi, on ignore par quels moyens. En 1870, elle avait déjà envahi l'Indiana, l'Ohio, la Pensylvanie, l'État de New-York, la Massachusetts. En 1871, elle passa le lac Erié et commença à ravager la contrée située entre le Saint-Clair et le Niagara. Ces redoutables insectes produisent chaque année trois générations de larves qui se nourrissent des feuilles de la pomme de terre, qu'elles font ainsi périr, et s'enfoncent sous terre pour y subir leur métamorphose. Il y a lieu de craindre que ces terribles ravages, qu'aucun obstacle ne semble pouvoir arrêter, ne finissent par envahir les cultures de l'ancien monde.

Nous devons également dire quelques mots des recherches faites en vue de soustraire la pomme de terre à la maladie cryptogamique qui lui est si funeste, le *peronospora infestans*. Un savant danois, M. Jenksens, partant de cette observation que le champignon qui attaque le tubercule et en provoque la pourriture se développe d'abord sur les feuilles et descend de là sur le sol pour pénétrer jusqu'au pied, a proposé de faire le buttage d'un seul côté en inclinant toute la partie aérienne; de cette façon, les spores entraînées par la pluie tombent en dehors de la partie du sol que les tubercules occupent et ne peuvent ainsi se propager. Ce procédé a donné de bons résultats, mais il a été supplanté par un nouveau procédé plus facile et aussi efficace; il consiste à pulvériser sur les feuilles du sulfate de cuivre ou de la bouillie bordelaise, qui exerce sur ce champignon la même action destructive que sur le mildew de la vigne.

Longtemps cultivée uniquement pour servir à l'alimentation, la pomme de terre a reçu de nos jours divers emplois industriels, mais c'est toujours pour servir à la nourriture de l'homme et des animaux domestiques qu'elle est principalement cultivée. Nous ne disserterons pas sur le goût de cet aliment, que les uns dénigrent et que les autres vantent à l'excès, mais que tout le monde connaît. Disons seulement que, bien que la pomme de terre consommée un peu abondamment produise un certain sentiment de replétion, elle est en réalité d'une digestion très facile. Ce phénomène, d'ailleurs, lui est commun avec d'autres substances féculentes, notamment avec la châtaigne cuite à l'eau. Quant aux qualités nutritives de la pomme de terre, il ne convient ni de les exagérer, comme on a fait plus d'une fois, ni de les déprécier outre mesure. Certains enthousiastes ont placé cet aliment au-dessus du pain lui-même, tandis que ses ennemis en ont fait une substance presque inerte, propre seulement à remplir l'estomac, sans rien fournir à l'assimilation. Ces dénigreurs, qui prétendent s'appuyer sur l'analyse chimique, expliqueraient difficilement l'engraissement incontestable des bestiaux par la pomme de terre. La vérité est que la pomme de terre est peu riche en matière assimilable, mais qu'elle en contient autant que certaines autres matières féculentes fort estimées et qu'en tout cas, si sa consommation exclusive ne constitue pas une excellente nourriture, elle est parfaite pour fournir l'appoint que la science déclare nécessaire à la consommation de la viande. Les Anglais, gens pratiques, sont tout à fait dans le droit chemin quand ils composent le menu ordinaire de viande rôtie accompagnée de pommes de terre. On ne saurait se nourrir d'une façon plus rationnelle. On aura, du reste, une idée exacte des propriétés nutritives de la pomme de terre par l'analyse de ce tubercule, que nous empruntons à MM. Barreswil :

Eau	75
Fécule	20
Pellicule	1,50
Substances diverses	3,50
	100,00

Il est bon, toutefois, d'observer que la fécule ne se trouve pas en même quantité dans toutes les variétés; le même auteur a dressé le tableau suivant du rendement en fécule :

Patraque jaune	23,00 pour 100.
Shaw d'Ecosse	22,00
Tardive d'Irlande	12,04
Petite américaine	17,80
Rouge de Lanarkshire	14,08
Forfarshire	20,71
Sibérie	14,00
Ségonzac	20,08
Noire d'Irlande	16,05
Vitelotte	14,09

Chaque année, l'Allemagne produit 4 millions d'hectolitres d'alcool, dont les trois quarts environ, soit près de 3,000,000 d'hectolitres, proviennent de la pomme de terre. En France, les distilleries traitent surtout la betterave, les mélasses et les grains; la pomme de terre n'est qu'exceptionnellement travaillée en vue de la production de l'alcool. C'est qu'en effet elle fournit des rendements en tubercules et en fécule peu avantageux. En Allemagne, les rendements de 20 à 25,000 kilogrammes à l'hectare, avec une richesse de 16 à 17 pour 100 de fécule, sont habituels; en France, au contraire, les rendements oscillent en moyenne de 10 à 12,000 kilogrammes avec des teneurs de 13 à 14 pour 100. Notre infériorité est donc manifeste, et il y aurait grand intérêt à améliorer la culture de la pomme de terre industrielle pour nous soustraire à l'importation des grains exotiques, pour laisser les betteraves aux sucreries, et enfin pour introduire dans nos fermes un nouvel élément de prospérité.

C'est à la solution de ce problème qu'un savant français, M. Aimé Girard, s'est attaché pendant plusieurs années, et ses belles recherches l'ont conduit à affirmer que nous pouvions, tout aussi bien que les cultivateurs allemands, arriver aux gros rendements et à la richesse en fécule. Certaines variétés, le *Richters imperator*, par exemple, donnent jusqu'à 33,000 kilogrammes à l'hectare avec 18 pour 100 de fécule et permettent ainsi d'arriver à un produit de 800 à 900 francs par hectare.

Fig. 204. — RAMASSEURS DE BOIS MORT DANS LES CAMPAGNES.

La pomme de terre peut être envisagée sous deux aspects différents, suivant l'emploi qu'elle reçoit : considérée comme aliment de l'homme, elle présente des qualités spéciales; employée comme matière première de la féculerie et de la distillerie, elle tire presque exclusivement sa valeur de sa richesse en fécule. L'industrie la payera d'autant plus cher qu'elle sera plus riche en ce principe immédiat, puisqu'elle fournira, à poids égal de tubercules, un poids plus considérable de fécule ou d'alcool, suivant qu'on la destine à l'une ou à l'autre de ces productions. Actuellement, d'après les très nombreuses analyses que nous possédons, on constate qu'il est rare de rencontrer dans la pomme de terre cultivée en grand plus de 13 à 14 0/0 de fécule. M. Aimé Girard, professeur à l'Institut national agronomique, avait engagé les agriculteurs à substituer dans leurs cultures de pommes de terre industrielles, c'est-à-dire destinées à la distillerie et à la féculerie, une variété prolifique, la *Richter's imperator*, cultivée depuis un certain nombre d'années en Allemagne, avec grand succès. Les essais faits depuis 1883, dans les champs d'expériences de l'école Mathieu de Dombasle, par M. Thiry, avaient appelé l'attention sur les qualités de cette variété, tant au point de vue du rendement en tubercules que de la richesse de ces derniers en fécule et même de ses qualités pour l'usage de la table.

Pour montrer l'importance de la variété *Richter's imperator*, nous ne pouvons mieux faire que de nous appuyer sur le rapport de M. Aimé Girard.

De même que toutes les récoltes et peut-être plus que beaucoup d'entre elles, en raison du rôle capital de la lumière solaire sur le développement des organes foliacés où s'élabore le sucre, matière première de la fécule du tubercule, comme l'ont montré les belles recherches de M. Aimé Girard, la pomme de terre fournit des rendements variables d'une année à l'autre.

En 1885, 1,437,263 hectares plantés en pommes de terre ont donné une récolte totale, pour les 87 départements, de 112,458,541 quintaux, valant 581,298,784 francs, soit un rendement moyen, à l'hectare, de 7,824 kilogrammes de tubercules, au prix moyen de 5 fr. 16 le quintal, soit un revenu *brut* de 403 fr. 72 à l'hectare.

Les départements où cette culture occupe la plus grande surface sont ceux de la Dordogne (50,000 hectares) et de Saône-et-Loire (48,517 hectares). La Corse ne compte que 860 hectares; après elle viennent les Basses-Pyrénées, avec 3,000 hectares; tous les autres départements sont répartis inégalement pour cette production, entre les limites extrêmes que nous venons d'indiquer.

Sous le rapport des rendements, le Calvados occupait le premier rang avec 140 quintaux métriques à l'hectare; après lui venaient l'Ardèche avec 128 quintaux métriques, les Hautes-Alpes et les Ardennes avec 116 quintaux métriques. Les Landes ont donné 9 quintaux seulement, l'Ariège 30, les Alpes-Maritimes 37, les Basses-Alpes 48, la Nièvre 45 quintaux. Tous les autres départements ont fourni des rendements supérieurs à 50 quintaux à l'hectare.

Au point de vue du prix, on constate les écarts suivants : le quintal, dont la valeur moyenne a été pour toute la France de 5 fr. 16, s'est vendu 15 francs dans les Landes, 11 fr. 98 dans les Basses-Pyrénées, tandis qu'il a valu 3 fr. 40 seulement dans la Meuse et 3 fr. 48 en Meurthe-et-Moselle.

L'année 1889, comparable à 1885 par son caractère général, est venue confirmer pleinement, et sur les points les plus divers du territoire français, les faits constatés de 1885 à 1888 par M. Aimé Girard dans ses expériences de Joinville-le-Pont.

Dans le champ d'expériences de l'Institut agronomique de Joinville-le-Pont, M. A. Girard a cultivé, en 1889, sur un hectare, la *Richter's imperator;* il a récolté, sur cette surface, 39,000 kilos de tubercules riches à 20, 4 0/0 de fécule, représentant, par conséquent, 7,956 kilos de fécule anhydre (absolument sèche), c'est-à-dire un poids de matière amylacée supérieur à la moyenne générale du poids de tubercules récoltés, en France, à l'hectare.

D'autre part, le ministre de l'agriculture avait autorisé M. A. Girard à prélever sur la récolte de la ferme 6,000 kilos de plant sélectionné par ses soins, pour en confier la culture à une quarantaine d'agriculteurs répartis sur divers points de la France.

Les résultats obtenus par les cultivateurs qui ont suivi exactement les indications de M. Girard ont confirmé et parfois dépassé ceux qu'il a lui-même constatés dans son champ d'expériences : les rendements fournis par la variété *Richter* ayant varié entre 32,000 kilos et 14,000 kilos à l'hectare, avec des richesses de 20 à 24 pour cent en fécule anhydre, soit en moyenne un rendement à l'hectare de 36,000 kilos de tubercules et de 7,900 kilos de fécule anhydre.

Pour faire toucher du doigt l'importance considérable des résultats acquis désormais sur la valeur culturale de la variété *Richter's imperator*, voici, d'après les documents officiels, les éléments principaux de la campagne de 1885 dans les Vosges, en ce qui concerne la pomme de terre.

La surface consacrée à cette culture était de 36,010 hectares, soit 6,56 0/0 de la surface totale du territoire. Les Vosges, par rapport à leur étendue, occupent le premier rang des départements agricoles pour la culture de la pomme de terre.

Ces 36,010 hectares ont produit 3,972,263 quintaux de tubercules, ce qui correspond à 110 quintaux, 31 à l'hectare; la valeur vénale de la récolte a été de 16,087,665 francs, à raison de 4 fr. 05 le quintal, soit un produit brut en argent de 446 fr. 75 à l'hectare.

La variété *Richter's imperator* cultivée en 1889, aux environs de Saint-Dié, a donné un rendement de 321 quintaux 25 à l'hectare, qui, comptés au prix de 4 fr. 05 (cours de 1885), représentaient un produit brut de 1,301 fr. 06 à l'hectare, soit une plus-value, en faveur de cette variété, de 854 fr. 31. Supposons un instant que les 36,010 hectares cultivés en pomme de terre dans les Vosges soient plantés en *Ritcher's imperator*, la production totale s'élèverait à 11,568,212 quintaux, valant, au prix de 4 fr. 05 le quintal, 56,831,259 francs, résultat en excédent de plus de 7 millions 1/2 de quintaux et de près de 31 millions de francs sur l'état actuel.

Cette hypothèse montre quelle marge énorme les améliorations signalées et rendues possibles par les travaux de M. A. Girard laissent à l'agriculture vosgienne pour l'une des branches principales de son domaine.

Mais là ne s'arrêtent pas les comparaisons à établir. M. Girard dit qu'en admettant une richesse de 15 0/0 de fécule dans la récolte moyenne de la pomme de terre on restait certainement au-dessus de la réalité. A ce taux, la récolte de 1885 correspondrait à un poids de 595,839 quintaux de fécule, chiffre assurément trop fort. Or, la variété *Richter's imperator* a donné, en 1889, dans les Vosges, 21 6 0/0 de fécule, soit 6,939 kil. de fécule par hectare, contre 1,654 kil. 6, chiffre maximum récolté, en 1885, sur la même surface.

Dans l'hypothèse d'une récolte, dans tout le département, identique à celle obtenue, en 1889, à Saint-Dié, la production totale de fécule se serait élevée à 2,498,734 kil., en excédent de près de 2 millions de quintaux sur la récolte de 1885.

Le poids des tubercules aurait donc augmenté dans le rapport de 4 à 11 1/2, c'est-à-dire presque triplé, et celui de la fécule dans le rapport de 6 à 25, c'est-à-dire plus que quadruplé.

L'un des buts principaux que M. Aimé Girard a eus en vue, dans ses études expérimentales sur la culture de la pomme de terre, a été de convaincre les agriculteurs français de la possibilité pour eux de fournir à la distillerie des produits indigènes remplaçant les grains exotiques, et notamment le maïs, à l'instar de ce qui se passe en Allemagne. Ce but est des plus faciles à atteindre, comme on va le voir si l'on envisage la culture de tout le territoire français. Mais, sans sortir des Vosges pour l'instant, continuons le développement de l'hypothèse d'une culture de la variété Richter sur les 36,000 hectares de ce département. La distillerie et la féculerie consomment ensemble annuellement, au maximum, 2,300,000 quintaux de maïs exotique ; cette céréale renfermant 64 0/0 de son poids de fécule, la quantité totale de fécule employée à la fabrication de l'alcool s'élève à 1,472,000 quintaux.

Les Vosges, arrivant à produire en nombre rond 2 millions 1/2 de quintaux de fécule de pomme de terre, c'est-à-dire une quantité de fécule égale à celle que fournissent 3,700,000 quintaux de maïs, quantité égale à 160,000 quintaux près à celle de l'importation totale du maïs exotique, pourrait donc non seulement suffire à l'alimentation de toutes les distilleries et féculeries françaises de maïs, mais, de plus, le département disposerait encore de plus d'un million de quintaux de fécule, c'est-à-dire de près du double de la quantité contenue actuellement dans toute sa récolte.

Quelles seraient, pour le cultivateur, les conséquences économiques de la substitution de la pomme de terre, riche en fécule, au maïs dans la fabrication de l'alcool, c'est le dernier point qui reste à examiner. 1,000 kil. de maïs renferment 640 kil. de fécule ; pour lui substituer la pomme de terre à 21 quintaux 6 0/0 de fécule, il faut sensiblement 3,000 kil. de ce tubercule (exactement 2,963 kil.).

Un hectare de pommes de terre *Richter's imperator* a produit à Saint-Dié, en 1889, 321 quintaux 25 de tubercules corespondant à 6,939 kil. de fécule anhydre pouvant remplacer, dans la distillerie, 108 quintaux 42 de maïs exotique, dont le prix minimum est de 13 francs le quintal. La valeur équivalente de la pomme de terre est donc, dans ce cas, égale à 108 quintaux 42 à 13 francs, l'un, soit 1,409 fr. 46. Le cultivateur ayant récolté 321 quintaux à l'hectare aurait donc réalisé sur le produit brut de l'hectare une plus-value de 962,71 par rapport à la récolte de 1885.

A plusieurs reprises M. Aimé Girard a de nouveau préconisé la culture en France des pommes de terre à grand rendement et il a recommandé cette variété. Pendant ces trois dernières années 1889, 1890 et 1891, la culture de cette variété s'est rapidement propagée en France; mais en 1891 les progrès de sa culture ont été tout à fait remarquables. Cette année, c'est sur des étendues immenses de terrain et non plus sur des champs restreints que l'on se prépare à cultiver la pomme de terre améliorée et qui, sous l'action d'engrais intensifs, donne des récoltes atteignant au double de celles que l'on obtenait avec les anciennes espèces et les modes ordinaires de culture.

Cette substitution aux espèces anciennes de pommes de terre d'une variété à grand rendement est éminemment favorable non seulement au développement des féculeries et des distilleries, mais encore à celui de l'élevage du bétail, et sera un des éléments qui nous permettront de chasser de notre territoire les alcools non ou mal rectifiés des étrangers, notamment de l'Allemagne. Cette modification dans la culture des pommes de terre constitue un progrès agricole réel, et un progrès bien plus rapide qu'on n'eût osé l'espérer il y a quelques années, quand, pour la première fois, M. Girard recommandait la *Richter's imperator*.

Ce n'est donc ni notre sol, ni notre climat qui s'opposent à l'obtention des grosses récoltes; il y a seulement un ensemble de conditions bien déterminées par l'expérimentateur que l'agriculteur doit chercher à réaliser pour obtenir le maximum de récolte. La profondeur du labour influe considérablement sur la quantité et la qualité des produits, et joue dans la culture de la pomme de terre un rôle aussi considérable que dans la culture de la betterave. L'influence des engrais et particulièrement des sels potassiques est importante sur le rendement brut, mais surtout sur le rendement en fécule. La régularité de la plantation, c'est-à-dire l'espacement égal des plants, permet d'obtenir des résultats bien supérieurs à ceux qu'on obtient dans la pratique ordinaire, où on plante sans ordre ni régularité. L'époque la plus favorable de la plantation est comprise entre le 5 et le 20 avril pour le climat du nord de la France. Le nombre de plants à adopter par hectare est de 33,000; l'on doit choisir comme semences les tubercules représentant comme grosseur la moyenne de la variété (à l'exclusion des petits et des gros) et provenant des sujets qui eux-mêmes fournissent un rendement élevé; ceux-ci se distinguent par une végétation aérienne plus luxuriante.

En résumé, d'après les recherches de M. Aimé Girard, il est possible, par des transformations culturales, de faire en France, comme en Allemagne, de la pomme de terre une plante industrielle. Pour substituer aux maïs étrangers une quantité proportionnelle de pommes de terre, il suffirait d'amener sur notre sol 25 à 30,000 hectares à une production de 25,000 kilogrammes de tubercules riches à 16 ou 17 pour 100.

LA BETTERAVE

La culture de la betterave est, croit-on, très ancienne ; elle aurait existé déjà du temps des Grecs et des Romains. Théophraste, Martial, semblent faire mention de la *betterave rouge foncé* et de la *betterave blanche*. D'après M. Joigneaux, on ne doit pas croire à une telle ancienneté ; il semble que les auteurs précédents ont eu en vue la *bette ordinaire* ou *commune*, la *bette-poirée* dans les passages indiqués plus haut, mais qu'ils n'ont rien dit de la *betterave*.

La Bette-poirée ou Bette commune (*beta vulgaris*) croît naturellement sur les bords de la mer, dans le midi de l'Europe. C'est une plante bisannuelle à racine pivotante. Sa tige droite, anguleuse, glabre et rameuse, s'élève souvent à plus d'un mètre. Elle est garnie de grandes feuilles alternes, ovales, molles et lisses, portées sur des pétioles épais. La côte médiane de ces feuilles est blanche et très grosse ; on la désigne vulgairement sous le nom de *corde de poirée*. La bette commune porte de petites fleurs sessiles, en longs épis grêles, auxquelles succèdent des capsules uniloculaires, renfermant une capsule réniforme. Cette plante se sème en bordure ou en planche, depuis mai jusqu'en août : toute la culture qu'elle exige consiste à l'arroser au besoin. On la cultive en grand dans quelques pays pour la nourriture des bestiaux. Pour l'homme même, elle constitue un légume agréable. On en fait aussi des décoctions émollientes et rafraîchissantes.

La betterave racine potagère nous a été apportée de l'Italie, sans qu'on puisse dire depuis quelle époque elle y était cultivée : vers 1595, suivant Olivier de Serres.

Pour nous, son histoire commence avec le XVIIe siècle. « Une espèce de pastenade (panais), écrivait Olivier de Serres, est la *betterave*, laquelle est venue d'Italie, n'a pas longtemps. C'est une racine fort rouge, assez grosse, dont les feuilles sont des bettes, et tout cela bon à manger appareillé en cuisine : voire la racine est rangée entre les viandes délicates, dont le jus qu'elle rend en cuisant, semblable à sirop au sucre, est très beau à voir pour sa vermeille couleur. » On voit, par ce passage, qu'au temps d'Olivier de Serres, on ne connaissait que la variété désignée aujourd'hui sous le nom de *grosse rouge ordinaire*.

Cette variété a été introduite en Angleterre vers l'année 1548 ; la *blanche* n'y fut connue qu'en 1570. Au XVIIIe siècle, on ne cultivait, en France, que deux sous-variétés, la *petite rouge de Castelnaudary* et la *blanche*, qui, peut-être, n'était autre que notre *betterave* à sucre de Silésie. C'est à Vilmorin et à l'abbé Commerel que nous devons l'introduction en France et la propagation de la *betterave disette*, que l'on croit être originaire de l'Amérique, et que Parkins importa quelques années après en Angleterre (1786). Cette variété excellente, qui peut suppléer avec avantage à la pénurie des fourrages, précéda de quelques années seulement la *betterave à sucre* importée de la Silésie, au commencement de ce siècle.

La betterave est à racine fusiforme ou globuleuse, charnue et sucrée. Sa tige est anguleuse et rameuse ; ses feuilles sont pétiolées et entières ; ses fruits globuleux, rugueux, disposés en épi simple, renferment deux ou quatre graines d'un rouge foncé, déprimées et aplaties. Nulle plante peut-être n'a produit un plus grand nombre de variétés; il y a cinquante ans à peine qu'elle est admise dans la grande comme dans la petite culture, et déjà on les compte par milliers. Ces variétés peuvent se diviser en trois catégories : 1° *Betteraves de potager*; 2° *betteraves fourragères*; 3° *betteraves industrielles*.

Betterave de potager. — La betterave occupe une place importante parmi nos légumes-racines. Autrefois, on en mangeait les feuilles comme celles de la poirée, avec de l'oseille et en guise d'épinards. On les utilise encore de cette façon dans certaines parties du Brabant belge, mais aujourd'hui on n'en mange ordinairement que la racine. Cette racine, que l'on fait d'abord cuire dans l'eau bouillante et mieux au four sous la braise, est mise plus tard en salade ou préparée au blanc et servie avec un filet de vinaigre. En Allemagne, on la fait cuire à demi et on la coupe en rondelles, qui se mettent ensuite dans le vinaigre. Au bout de trois jours, on sert ces morceaux à la manière des cornichons. Cette conserve n'est bonne que pendant une semaine, tout au plus.

On cultive la betterave dans tous nos potagers, au midi de la France comme au nord. Elle demande un terrain riche en vieux fumier, assez frais, profondément défoncé et bien divisé. L'époque des semis varie avec les climats. On peut semer à la volée ou en lignes, mais le second procédé semble préférable. Les semis en ligne se font commodément au moyen d'une perche couchée sur la planche et que l'on foule de façon à creuser une rigole de 0 m. 02 à 0 m. 03 de profondeur. On y dépose les graines une à une à 0 m. 07 ou 0 m. 08 d'intervalle. Le dos du râteau de fer sert à recouvrir la semence; on *trépigne* ensuite la planche entière, selon l'expression des maraîchers; autrement dit, on la tasse, on la foule avec les pieds, d'autant plus énergiquement que la terre est plus légère, d'autant moins qu'elle est plus compacte et plus argileuse.

Pendant le cours de leur végétation, les betteraves de potager doivent être sarclées avec soin, binées légèrement et arrosées en temps de sécheresse avec le goulot de l'arrosoir. Le *cassement* des feuilles supérieures exécuté en juillet, dans le midi, et au commencement d'août, dans le nord, paraît être très favorable au développement de la racine. Cette opération consiste à rompre sans la détacher l'extrémité des feuilles les plus vigoureuses, sur une longueur de 0 m. 03 à 0 m. 04, et à renouveler ce *cassement* huit ou dix jours plus tard, sur une longueur double. La récolte doit avoir lieu en septembre ou en octobre au plus tard. Les racines que l'on a rentrées les premières sont toujours celles qui se conservent le mieux; les dernières récoltées seront donc les premières consommées. Placées dans une cave bien saine, ou dans la serre spéciale aux légumes, les betteraves peuvent se conserver fraîches jusqu'en avril ou en mai.

Les principales espèces de betteraves potagères cultivées aujourd'hui sont la *petite rouge* et la *jaune de Castelnaudary*, la *rouge naine* d'Amérique, la *betterave écorce* ou *crapaudine* d'un rouge vif, et dont la peau est rugueuse et striée comme certaines écorces d'arbres; la *betterave rouge* de Whyte, qui nous vient de l'Angleterre et dont la chair est d'un rouge noirâtre; la *betterave turneps rouge hâtive* des États-Unis; enfin, la *betterave rouge plate* de Bassano, qui est très précoce et prend beaucoup de développement.

Betterave fourragère. — La betterave fournit une excellente récolte fourragère. Elle augmente la production du lait sans altérer en rien ses qualités. Sous le rapport de la faculté nutritive, les bonnes variétés sont peu inférieures, à poids égal, aux pommes de terres, et très supérieures aux carottes et aux navets. De plus, la betterave se conserve facilement, elle s'accommode, avec quelques soins, de presque tous les terrains, et sa culture est bien moins coûteuse que celle de la plupart des plantes qui pourraient la remplacer dans un assolement.

De toutes les racines que l'on cultive pour la nourriture du bétail, il n'en est aucune, dit M. de Dombasle, dont la culture puisse se généraliser avec plus d'avantages dans les exploitations rurales que la betterave. Certains agriculteurs pensent que c'est une nourriture peu convenable pour les vaches laitières, parce qu'elle les engraisse au détriment de la production du lait. Si cette observation est fondée, et nous en doutons, il est facile de remédier à cet inconvénient en mélangeant les betteraves avec des carottes ou des pommes de terre crues.

Les feuilles de betteraves sont aussi employées pour la nourriture des bestiaux; leur usage n'a présenté jusqu'ici rien de bien particulier; tout porte à croire, néanmoins, qu'elles sont un aliment salubre, lequel, bien qu'inférieur aux racines, n'est point à dédaigner. Ajoutons, toutefois, que la récolte de ces feuilles longtemps avant la maturité ne doit pas être faite sans discernement. On peut enlever les feuilles inférieures qui, ayant acquis tout leur développement, commencent à tomber vers la terre ; mais on ne doit jamais prendre les plus hautes sur celles qui n'ont pas acquis tout le développement, car cette opération a toujours lieu au préjudice des racines. Le plus souvent même, les fabricants de sucre, en achetant une récolte encore sur pied, stipulent qu'on n'effeuillera pas les betteraves avant l'arrachage. Aux propriétaires qui se trouveraient dans ce cas M. Poiteau donne un conseil utile à suivre : « Comme la quantité de feuilles qui se trouve alors disponible au moment de l'arrachage est trop considérable pour être consommée sur-le-champ, on pourrait, dit-il, en faire un fourrage vert salé, très succulent, en entassant les feuilles de betteraves dans des tonneaux, par couches alternatives avec du sel. Quand on ne les conserve pas de la sorte, on les répand sur le sol même, qu'elles contribuent à engraisser. »

On distingue six variétés principales de betteraves fourragères :

1° La *betterave champêtre* ou *betterave disette*, dont la racine très développée, fusiforme, obtuse au sommet, plus ou moins effilée à sa base, sort à moitié hors de terre. Sa peau est rouge, violacée sur la portion enterrée et d'un rouge brun sur la partie hors de terre. La chair est blanche et veinée de rose ou de rouge ;

2° La *betterave disette blanche* ou *betterave de Puilboreau*, variété de la betterave champêtre, dont la peau est verte sur la partie exposée à l'air, et blanche sur la partie enterrée. La chair est également blanche ;

3° La *betterave jaune grosse*, dont la racine cylindrique est munie, dans sa partie inférieure, de racines adventices assez fortes. Sa peau est jaune orangé ; la chair jaune pâle, zonée de blanc, sucrée et un peu cassante. Les feuilles sont d'un vert blond à pétioles et nervures jaunes ;

4° La *betterave jaune* d'Allemagne, à racine cylindrique, longue, très grosse

Fig. 205. — TAUREAU EXCITÉ DANS UN CHAMP.

et sortant à moitié hors de terre. La peau est d'un jaune citron sur la partie enterrée, et d'un brun verdâtre sur la partie qui sort hors de terre. La chair est blanche, quelquefois veinée de jaune. Les feuilles, les pétioles et les nervures sont d'un vert pâle ;

5° La *betterave globe jaune*, dont la racine, presque sphérique et très volumineuse, sort à moitié hors de terre. Sa peau est jaune ou jaune orange sur la partie enterrée, et d'un brun jaunâtre sur tout le reste. Sa chair est blanche, serrée et très sucrée ;

6° La *betterave globe rouge*, variétés dont les formes sont à peu près les mêmes que celles de la précédente, et qui est généralement peu estimée. Sa peau est d'un rouge violacé sur la partie souterraine, et d'un brun foncé sur la partie supérieure. Sa chair est blanche veinée ou zonée de rouge.

Betteraves saccharines ou industrielles. — La culture de la betterave comme plante industrielle pour la fabrication du sucre ne date que du commencement du siècle et l'on peut dire que c'est là une industrie toute française. Dès l'année 1745, le chimiste Margraff, de Berlin, avait retiré de la betterave du sucre parfaitement cristallisable ; ayant coupé des betteraves en tranches minces, il les fit sécher et les réduisit en poudre; sur cette poudre il versa de l'alcool, et, après avoir soumis le mélange à l'ébullition, il le retira du feu, le filtra et le renferma dans un flacon. Quelques semaines plus tard, il s'était formé des cristaux présentant tous les caractères physiques du sucre de canne. Tel fut le premier procédé employé par Margraff. En 1787, dans le domaine royal de Kunern, en Silésie, Achard, un autre Prussien d'origine française, s'occupa de l'extraction en grand et obtint des succès qui, quoique incomplets, étaient cependant suffisants pour ouvrir la voie et donner de belles espérances.

Malgré ces résultats, la fabrication du sucre indigène demeura stationnaire, et elle aurait probablement disparu entièrement sans l'intervention de la France. C'était à l'époque du blocus continental, le sucre de canne était hors de prix ; les industriels et les savants, encouragés, du reste, par Napoléon, se livrèrent avec ardeur à la recherche d'une plante indigène qui pût remplacer la canne à sucre. Tout naturellement, la découverte de Margraff attira l'attention; néanmoins, les débuts furent laborieux. En 1809, Bosc, parlant des expériences du chimiste Achard et du bruit que faisaient les journaux à propos des résultats qu'il avait obtenus, ajoutait qu'une commission de l'Institut avait été chargée de vérifier les faits, et qu'elle avait prouvé, dans son rapport, qu'on ne pouvait jamais espérer tirer, en France, avec utilité pour le commerce, du sucre de la racine de betterave. La commission s'était trop hâtée de conclure, et les événements ne tardèrent pas à lui donner un éclatant démenti.

L'arrêt était à peine prononcé que deux savants, le professeur Gottling et Fouques, le cassaient à demi, en attendant que Benjamin Delessert le cassât tout à fait. Ce dernier, qui avait fondé, en 1806, à Passy, la première filature de coton, fut le véritable créateur de la fabrication du sucre de betterave. Ce ne fut qu'après six années de recherches incessantes et de tentatives souvent malheureuses, que le succès vint couronner les efforts persévérants de l'habile manufacturier. « On ne se figure plus aujourd'hui, dit M. Flourens, à cinquante ans de distance, et quand d'ailleurs toutes les circonstances ont tellement changé, l'intérêt passionné qui s'attachait alors à ces grands travaux. » Le 2 janvier de l'année 1812, Delessert annonça son succès à Chaptal. Celui-ci en parla aussitôt à l'empereur, qui se rendit à Passy, dans la raffinerie, et, après avoir félicité l'inventeur, il détacha la croix d'honneur qu'il portait sur sa poitrine et la remit à Delessert.

Le lendemain, le *Moniteur* annonçait « qu'une grande révolution dans le commerce français était consommée ». La science venait en effet de créer une richesse nouvelle. Bientôt, Chaptal, Mathieu de Dombasle et Crespel fondèrent des usines pour la fabrication des sucres de betterave, et quoique la paix de 1815 eût porté un coup terrible à cette industrie naissante, ils ne désespérèrent pas du succès, et, à force de soins, de recherches et de sacrifices, ils purent sauver leurs usines de la ruine générale. Néanmoins et malgré leurs efforts, la fabrication du sucre indigène resta stationnaire jusqu'en 1823, époque à laquelle on commença à substituer le charbon animalisé au lait et au sang, qui avaient servi jusque-là à clarifier les sirops. Lowitz, de Saint-Pétersbourg, Guillon, Desrones, expérimentèrent ce nouveau procédé, et ils en obtinrent de si grands avantages, que, dans l'espace de quelques années, on vit s'ouvrir en France plus de 250 fabriques de sucre indigène, représentant ensemble un capital d'environ 60 millions. Aujourd'hui, cette industrie est en pleine prospérité, et le sucre de *betterave* lutte avantageusement avec le sucre colonial.

Parmi les produits de la betterave, à côté du sucre, il faut aujourd'hui placer l'alcool. « Autrefois, dit M. Joigneaux, la fabrication de ces deux produits se faisait sur une petite échelle, et la moyenne culture pouvait y consacrer avec profit quelques milliers de francs; de nos jours, cette industrie a pris des proportions qui en changent le caractère primitif; ce n'est plus une simple annexe de la ferme, un simple détail au milieu des autres détails de l'exploitation; c'est quelque chose de plus, c'est une industrie maîtresse qui commande à la ferme, qui lève tribut sur les cultivateurs, qui ruse avec eux et les met dans l'embarras quand elle peut. »

La production du sucre de betterave a pris aujourd'hui le plus grand développement, presque dans tous les départements on compte plusieurs usines.

A quelque bas prix que soient les betteraves, si elles ne marquent pas au densimètre de la régie un degré supérieur à 3°,5, le fabricant aura des pertes à supporter, tandis qu'une densité de 4° à 5°,5 annonce au cultivateur une rémunération suffisante de ses travaux, et au fabricant un assez grand bénéfice. Il est donc important d'obtenir des betteraves contenant la plus grande quantité possible de matière saccharine. Cette substance est toujours en raison du choix des graines, du mode de culture et des influences climatologiques.

Les variétés de betteraves qui se distinguent par la quantité de sucre qu'elles contiennent peuvent se réduire aux suivantes :

1° La *grosse rouge* ou *betterave écarlate*, à racine longue, cylindrique, régulière, sortant aux deux tiers hors de terre. Sa peau est rouge, noire ou violacée. Sa chair est ferme, sucrée et d'un rouge foncé. Ses feuilles sont d'un rouge brun. Elle contient 9 ou 10 pour 100 de sucre.

2° La *betterave blanche à sucre* ou *betterave de Silésie*, à racine fusiforme, régulière, presque enterrée ou offrant seulement un petit collet vert. La peau est d'un blanc jaunâtre, la chair est blanche. Elle contient de 10 à 12 pour 100 de sucre.

3° La *betterave blanche à collet rose*, dont la racine, un peu plus petite que celle de la betterave de Silésie, est colorée de rose à la partie supérieure. Cette variété contient de 11 à 13 pour 100 de sucre.

4° La *betterave blanche de Magdebourg*, à racine petite, élargie au sommet et très effilée. Elle est souvent ramifiée et, par suite, difficile à nettoyer; cependant, elle est très estimée en Prusse, où on la regarde comme plus sucrée que toutes les autres variétés blanches.

5° La *betterave boutoire*, cultivée surtout dans le département du Nord, et qui n'est autre qu'une betterave de Silésie dégénérée, ou tout au moins très modifiée. Elle contient seulement de 8 à 10 pour 100 de sucre.

On connaît sous le nom de betteraves acclimatées des betteraves allemandes auxquelles la culture a fait prendre plus de volume sans trop en abaisser la richesse; on peut obtenir le résultat inverse avec la race française par sélection et en augmenter la richesse sucrière sans en diminuer le volume. C'est ce qui résulte, d'ailleurs, des observations et des expériences de M. Vilmorin.

En ce qui concerne la structure anatomique de la betterave, il est utile de savoir que cette plante est d'autant plus riche en sucre qu'elle est plus abondante en zones concentriques vasculaires, très reconnaissables à leur coloration blanche; que la portion supérieure des racines, qui a crû hors de terre, que le collet renferme très peu de sucre et beaucoup plus de sels que les autres portions; mais il ne semble pas que l'importance attribuée par les Allemands à la configuration des feuilles puisse être l'objet d'une observation sérieuse.

Le poids spécifique des betteraves est généralement supérieur à celui de l'eau; quant à leur composition, elle est très variable. Ainsi les racines peuvent contenir pour cent :

Eau, 78 à 82.

Azote, 0,178 à 0,416.

La betterave à sucre aime une terre franche, plutôt sablonneuse, perméable, pauvre en matières minérales et riche en humus, et aussi profonde que possible. On doit repousser les terres salpêtrées, riches en matières salines et surtout en chlorures alcalins.

Le sol doit être préparé aussitôt après la moisson par un labour préliminaire; puis, avant l'hiver, par un second labour plus profond; enfin par un labour de printemps suivi d'un hersage.

Avant tout, la terre à betterave doit être assainie, être très perméable et riche en humus. L'expérience a montré les bons effets de l'acide phosphorique et des phosphates employés comme amendement, mais les véritables observateurs sont unanimes pour rejeter les chlorures et les alcalis, qui sont toujours plus nuisibles qu'utiles.

La betterave doit être cultivée sur vieille fumure, et l'engrais auquel on doit donner la préférence est le fumier de ferme, à la dose de 50,000 kilogr. par rotation de quatre ans. Les engrais verts sont utiles à la betterave, mais le guano doit être rejeté de sa culture de la manière la plus absolue.

La terre ayant été bien préparée, on procède à l'ensemencement du 15 avril au 15 mai, et même un peu plus tôt, si la température le permet, si l'on n'a pas à craindre les dernières gelées du printemps.

Le choix des graines a une importance très considérable sur le rendement et la qualité des betteraves. Il serait bon de récolter soi-même les graines dont on doit faire usage, autrement, on ne sait jamais ce que l'on sème, et la récolte est médiocre, alors même que le terrain est excellent et la fumure abondante. La manière de produire les graines est des plus faciles et n'exige que peu de soins. Voici comment M. Joigneaux s'exprime à l'égard de celles de la betterave : « On prend, à l'automne, de belles racines d'une grosseur moyenne, que l'on conserve en silos, en cave ou en cellier; dans le courant de février, si elles commençaient à pousser, on les transporterait dans une pièce sèche, un peu froide et bien éclairée. Aussitôt que les gelées ne sont plus à craindre, on les plante, on les arrose au besoin, mais modérément. Pendant la végétation, on supprime les pousses tardives et l'on pince les rameaux principaux, ainsi que l'extrémité de la tige. On se trouverait bien de palisser cette tige et ces rameaux à la manière des espaliers, afin de ralentir à volonté la végétation, par les courbes et la pression des ligatures. On récolte la graine le plus tard possible; on achève la dessiccation à l'ombre, au grenier ou sous un hangar, et l'on ne conserve ensuite que les graines de la partie moyenne de ces sortes d'épis, car celles du haut et du bas ont été moins bien nourries que celles du milieu. »

On se procure donc de la semence provenant d'une bonne espèce sucrière, on la débarrasse par le frottement ou par une opération mécanique des aspérités, et après l'avoir fait tremper quarante-huit heures, dans de l'eau ou du jus de fumier étendu, ou de l'eau de chaux, ou de la dissolution de salpêtre (5 0/0) dans un mélange d'eau et d'urine, ou une dissolution de phosphate acide de chaux, on la praline avec de la chaux éteinte ou des phosphates en poudre. Puis on sème, soit à la volée, soit en rayons, à demeure ou en pépinière. Le semis sur place en rayons est préférable pour la fabrication sucrière, et les rayons sont écartés de 45 à 50 centimètres pendant que les graines sont placées de 25 à 35 centimètres l'une de l'autre. Cette opération peut s'exécuter à la main derrière le rayonneur, ou au semoir. Il vaut mieux employer une quantité de graine un peu plus considérable pour éviter les manquements. Le semis à la main, en lignes, demande 3 kilogr., l'ensemencement au semoir 6 kilogr., et le semis à la volée 12 kilogr. au moins.

Quand on sème en pépinière pour replanter ensuite, on emploie de 30 à 40 kilogr. par le semis à la volée pour un hectare, et il faut compter un hectare de pépinière pour 12 ou 15 hectares de transplantation.

La profondeur la plus utile pour l'ensemencement est d'environ 13 millimètres.

Dans le cas de semis en pépinière, les jeunes racines seront transplantées dans un terrain bien préparé et bien meuble, vers la fin de mai, lorsqu'elles ont acquis la grosseur du petit doigt. On a soin de conserver autant que possible le pivot et de couper les feuilles à 10 centimètres du collet. La plantation se fait à une distance de 25 à 30 centimètres dans tous les sens. On peut faire cette opération au plantoir, à la bêche ou à la charrue.

Plusieurs agronomes ont conseillé de semer la betterave en janvier, sur couches ou sur châssis. Cette méthode a ses avantages, mais elle n'est applicable que lorsqu'on cultive cette plante sur une petite surface et dans des terrains frais et très riches. Dans les régions de l'Ouest, où les terres se tassent très souvent par les pluies du printemps, et se durcissent ensuite superficiellement sous l'influence des hâles d'avril, les semis en place ne réussissent pas toujours. Dans ces contrées, on doit semer d'abord en pépinière et replanter ensuite à demeure, lorsque les racines sont assez fortes. Cette méthode coûteuse, et qu'il ne convient pas d'étendre à toute la culture, est la seule qui, dans des conditions semblables, puisse faire espérer une bonne récolte.

Le tassement du sol après les semailles est indispensable. Ce tassement doit avoir lieu à l'aide des rouleaux les plus énergiques que l'on puisse trouver; cependant, il ne doit jamais être bien régulier ; si le sol était trop uni il se formerait à la moindre averse une croûte solide, qui, en se desséchant, étoufferait la plante.

Douze à quinze jours après le semis, les graines germent, quand la température se maintient de 10° à 12°. Lorsque les betteraves sont toutes levées et qu'elles ont une ou deux feuilles, on bine les intervalles des lignes, afin d'ameublir le sol et de le débarrasser en partie des plantes indigènes qui l'ont envahi. Lorsque les plants ont trois à cinq feuilles bien développées, on opère un second binage, suivi, en mai ou en juin, de l'éclaircissage. Les binages se continuent jusqu'au mois d'août, tantôt à la main, tantôt au moyen de la herse à cheval.

La mise en place des betteraves semées en pépinière peut avoir lieu en mai ou en juin, mais il est bon qu'elle soit terminée à la Saint-Jean. Dans le midi et le nord de la France, on butte légèrement les betteraves pendant les mois de juillet ou d'août. Cette opération donne de bons résultats, et on devrait partout la mettre en pratique.

La betterave est une des plantes qui exigent le plus de façons et de binages. Les betteraves semées sur place doivent être sarclées aussitôt qu'elles ont trois ou quatre feuilles, et l'on laisse le plant repiqué aussitôt qu'il est bien repris. Il faut à la betterave au minimum une surface de 6 décimètres carrés, et le maximum correspond à 18 décimètres carrés. La moyenne entre ces deux chiffres est extrêmement convenable pour les races françaises. On exécute un second binage lorsqu'on a éclairci les plants pour les mettre à distance convenable, puis on en fait un troisième vers la fin de juillet. Il a été reconnu d'ailleurs que le buttage est très avantageux aux betteraves destinées à la sucrerie, mais que ces racines ne doivent pas être effeuillées, sinon huit ou dix jours avant l'arrachage. On comprend que ces cultures puissent être exécutées à la charrue dans la culture en lignes, et, parmi les engins usités, la houe à cheval est un des plus convenables et des plus commodes.

On a observé que la quantité de chaleur nécessaire à la betterave, depuis l'ensemencement jusqu'à la maturité, est de 3,000° à 3,150°. La température moyenne du climat de Paris, d'après Bouvard, fournit 3,239° du 10 avril au 31 octobre. Il a été constaté que les betteraves sont moins riches dans les années qui n'atteignent pas le chiffre normal de 3,000°.

En général, la richesse saccharine des betteraves est en raison inverse de leur grosseur. D'autre part, il a été reconnu, par les observations de M. Peligot, par celles de Scheibler, que la proportion du sucre s'élève avec la durée du séjour de la racine en terre.

On doit arracher les betteraves aussitôt qu'elles sont mûres, c'est-à-dire lorsque leur richesse sucrière cesse de s'accroître, et que la végétation s'arrête, ce qui est indiqué par les feuilles, qui jaunissent et se fanent. On enlève la fane en la tordant, puis on extrait les racines soit à la main, soit à l'instrument, à la charrue suivant les cas ; on évite de les froisser en détachant la terre, et on les laisse pendant quelques jours sur le sol, si la gelée n'est pas à craindre, afin de les faire sécher. Dans le cas contraire, on les transporte sous un hangar, où on opère le triage pour séparer les racines altérées ou meurtries.

L'arrachage s'exécute depuis le 15 septembre jusqu'à la fin d'octobre. Les *betteraves* industrielles sont récoltées les premières, afin de les soustraire à l'action des grandes pluies ou des premiers froids. Cette importante opération se fait au *louchet*, à la *houe fourchue* ou à la *fourche*.

On conserve la *betterave* dans des caves, des selliers, des silos à demeure ou des silos temporaires. Ces divers locaux, quand ils sont bien disposés, suffisent pour conserver les racines jusqu'en avril ou en mai ; on a remarqué, toutefois, que la *betterave* perd ainsi une partie de son poids primitif, d'où il suit que les fabricants de sucre et d'alcool doivent se hâter d'utiliser la récolte dans leurs fabriques.

L'usage général en France est de conserver les betteraves en silos, mais la règle fondamentale est de les maintenir à une température moyenne de + 6° à + 7° en les soustrayant à l'humidité, et en les aérant d'une manière convenable. En somme, les moyens de conservation applicables suivant les cas sont la dessiccation en fossettes, la congélation, vers — 4° ou — 5°, dans les pays où elle est possible, la mise en tas, la conservation en magasins, en caves, hangars ou celliers, et l'ensilage. N. Basset a indiqué il y a fort longtemps l'interposition du poussier de charbon comme un excellent moyen de conservations des racines. Th. de Saussure et M. Stenhouse l'ont également préconisée.

En Russie, à cause de l'âpreté de l'hiver, on préfère conserver les racines dans des caves installées spécialement pour cet usage. En France, on emploie de préférence la mise en tas, ou l'ensilage. La première de ces deux méthodes est assez peu avantageuse, l'action des gelées se faisant sentir plus aisément dans cette condition, et les betteraves étant exposées à subir la putréfaction.

L'ensilage des betteraves se pratique de la manière suivante :

A la partie la plus élevée du champ, inaccessible aux eaux provenant des pentes voisines, on creuse un fossé de 1m,50 de largeur moyenne sur 1m,20 environ de profondeur, et une longueur arbitraire. Dans le fond on pratique un fossé plus petit ou une rigole qui règne dans toute la longueur, et à laquelle on donne environ 30 centimètres de largeur et de profondeur. Cette rigole sert pour l'écoulement des gaz et des eaux qui pourraient pénétrer accidentellement dans le silo. On le remplit de fascines, dont on dispose également une couche de 10 centimètres dans le fond même du silo.

Cela fait on place les betteraves dans le silo, avec le plus de régularité possible, en mettant les plus grosses en dessous : on a soin de dresser à chaque extrémité, et de 2 mètres en 2 mètres, une fascine ou un clayonnage vertical, qui repose sur la fascine de la rigole et s'élève jusqu'au sommet du tas. Cette fascine est destinée à servir de cheminée d'aération. Lorsque les racines sont placées jusqu'au niveau du sol, on continue le tas au-dessus de ce niveau, mais en le disposant en forme de toit.

Lorsque les choses sont ainsi exécutées, on recouvre la partie hors de terre formant toit, à l'aide de 30 centimètres de terre que l'on bat fortement avec le dos de la pelle en commençant par le bas. On établit alors de chaque côté une rigole parallèle au silo et qui est destinée à l'écoulement des eaux. Un orifice doit rester découvert au-dessus de chaque cheminée d'aération. Ces orifices, ainsi que les deux extrémités de la rigole correspondant aux cheminées d'aération, sont bouchés pendant les froids à l'aide d'un tampon de paille, appliqué avec soin, mais on a soin d'enlever ces bouchons toutes les fois que le temps le permet.

Ce mode de conservation serait le plus convenable et le plus parfait, si l'on avait soin d'interposer entre les betteraves du poussier de charbon de bois ou de Paris. Il est indispensable de laisser les betteraves découvertes ou très peu couverte, jusqu'à ce que les tas soient refroidis et bien ressuées; c'est alors seulement que l'on procède à la couverture à l'aide de la couche de terre indiquée.

La betterave doit être assolée, et une des plus grandes fautes que l'on ait commises a consisté à la cultiver un grand nombre d'années de suite sur le même sol. Sa véritable place dans une rotation est après un blé fumé, ou avant un blé et après un chanvre ou un colza fortement fumés. Elle succède également très bien aux féverolles fumées et à toutes les plantes qui exigent un engrais considérable. La betterave est une des meilleures préparations pour le froment.

Le rendement de la betterave par hectare pourrait être considérable, en admettant les moyens d'une culture rationnelle et sérieuse : on a obtenu plus de 80,000 kilogrammes en Silésie. Aujourd'hui le rendement ne paraît pas dépasser la moyenne pratique de 45,000 kilogrammes.

Les expériences de M. Vilmorin ont démontré que la betterave est extrêmement docile aux améliorations qu'on veut lui faire atteindre, mais la réciproque est vraie, et il est peu de plantes qui soient aussi sensibles à l'influence de la culture et des engrais.

Il est certain que la culture de la betterave bien dirigée est une des plus lucratives que l'on connaisse ; mais aussi, on ne doit pas se dissimuler que, mal conduite, elle est pour le cultivateur une source de misère, et pour le fabricant la cause de bien des mécomptes. Sous ce rapport, on ne peut pas dire que nous soyons en progrès. Il y a vingt-cinq ans, un hectare de terre médiocre produisait environ 20,000 kilogrammes de racines, dont le prix de revient était de 16 francs, et le prix de vente 20 ou 24 francs. Depuis cette époque, les prix de revient se sont élevés et les prix de vente se sont abaissés. Obligé de subir des conditions si défavorables, le cultivateur a dû chercher à augmenter le rendement en forçant la fumure. Ce calcul a réussi, et l'on récolte aujourd'hui, dans les bonnes terres de la Belgique et du nord de la France, jusqu'à 100,000 kilogrammes de racines par hectare. Malheureusement, ce rendement extraordinaire s'opère toujours aux dépens de la qualité des produits. En résumé, les directeurs des sucreries et des distilleries ont plutôt perdu que gagné le jour où ils ont abaissé les prix d'achat ; d'un autre côté, on a, par là, rendu impossible pour le petit cultivateur

Fig. 206. — LA CAMPAGNE EN HIVER.

la culture de la betterave industrielle, et créé, entre les mains des grands propriétaires, un véritable monopole, qui tôt ou tard sera funeste aux industriels.

Considérations générales sur la culture de la betterave. — Toutes les variétés de betterave dérivent d'une même espèce qui, d'après des recherches récentes, serait la *betta maritima*, plante annuelle et spontanée. Nous trouvons là un exemple très frappant et très intéressant du parti qu'on peut tirer de la sélection appliquée aux végétaux. On a, en effet, transformé par la culture la betterave sauvage, qui accomplit sa végétation en une année, en une plante bisannuelle, qui ne mûrit ses graines que l'année d'après le semis. Si, parfois, dans un champ on constate, et le fait n'est pas rare, des individus qui montent à graine dès la première année, c'est, à coup sûr, un phénomène d'atavisme qui se produit, c'est le tempérament de la betterave primitive qui persiste et se manifeste.

En reproduisant les betteraves par graines, on a récolté des racines qui toutes n'avaient pas les mêmes qualités ; les unes avaient une chair succulente, généralement colorée en jaune ou en rouge, et pouvaient servir à l'alimentation humaine : ce sont les premières connues et cultivées ; d'autres prenaient un développement considérable et semblaient destinées à fournir au bétail une nourriture saine et copieuse : ce sont les betteraves fourragères introduites dans la grande culture il y a deux siècles ; enfin il s'en est présenté qui se caractérisaient par leur saveur sucrée et leur richesse en saccharose : signalées par Margraff en 1747, elles ont donné naissance, au commencement du siècle, à deux industries considérables : la fabrication de l'alcool et celle du sucre. Ces trois types ont été fixés par sélection et perfectionnés.

La différenciation des variétés sucrières et des variétés fourragères est aujourd'hui parfaitement établie ; un caractère très saillant se présente, qui rend leur distinction facile au premier abord. La betterave à sucre, en effet, ne sort pas de terre, elle est tout entière enfoncée dans le sol ; l'autre, au contraire, présente un collet plus ou moins volumineux.

Pourquoi ces modes de végétation si différents ? La chimie nous en donne l'explication. Si, en effet, on analyse la partie aérienne de la racine, le collet, on y constate de grandes quantités de matières azotées et minérales ; la partie souterraine est plus sucrée. Dans la betterave fourragère, on recherche précisément la matière azotée, qui concourt le plus activement à l'alimentation animale ; c'est pourquoi il est rationnel de cultiver les variétés à collet extérieur. Dans la betterave sucrière, au contraire, on recherche la saccharose et on évite les matière azotées et minérales qui entravent la fabrication de l'alcool et du sucre ; c'est pourquoi les variétés industrielles offrent des racines enfoncées.

Partant de cette donnée précise, on a recherché qu'elles étaient, parmi les betteraves sucrières dont la *betterave de Silésie, blanche à collet vert* est le type, celles qui contenaient le plus de sucre. A la suite des études patientes d'observateurs sagaces, on est arrivé à constater que les types les plus riches en saccharose ont un poids moyen de 750 grammes. Les grosses racines, qui dépassent plus de 1 kilogramme, sont pauvres relativement.

La bonne betterave à sucre doit en outre être régulière, parfaitement conique et fusiforme ; toutes les racines fourchues sont moins bonnes.

On est arrivé à fixer tous ces caractères, et c'est aux Vilmorin qu'appartient en grande partie l'honneur d'avoir créé ces variétés si justement appréciées, dites *betteraves améliorées*.

On apporte aujourd'hui un soin extrême au choix des semences, et nous devons signaler la méthode élégante et précise qui est mise en œuvre par les grands agriculteurs du Nord pour obtenir à coup sûr des racines riches. A l'arrachage des betteraves on met soigneusement de côté celles qui présentent les caractères extérieurs que nous avons signalés. Dans chacune des racines qui constituent le lot sélectionné, on prélève, au moyen d'une sonde spéciale, un échantillon dans lequel on dose le sucre et on ne conserve finalement comme porte-graines que les betteraves qui ont fourni à l'analyse des résultats supérieurs à 16 0/0. Cette manière de procéder, cette sélection à 2 degrés, a conduit à la création de variétés extrêmement saccharifères.

Mais la meilleure betterave ne tarderait pas à dégénérer si les pratiques culturales n'obéissaient pas à certaines règles que nous résumons en quelques mots. Pour conserver à la betterave une grosseur de 500 à 700 grammes, il convient de ne pas laisser entre les plantes une distance trop grande ; de nombreuses expériences ont fixé comme dimensions les meilleures celles qui réunissent dix betteraves sur 1 mètre carré.

Dans un sol fumé au fumier frais, la racine devient fourchue ; il convient donc de fumer avant l'hiver. Il faut en outre user très modérément des engrais azotés, qui poussent aux grands rendements, mais au détriment de la richesse saccharine, et qui de plus ont l'immense inconvénient d'accumuler dans la racine un stock de matières azotées et de matières salines qui entravent la cristallisation du sucre. Ces considérations ont conduit les Allemands à supprimer la fumure directe des betteraves ; contrairement aux règles de l'assolement, c'est la sole du blé qui reçoit la fumure et non la sole des betteraves.

M. Aimé Girard, dans un travail des plus importants, a dévoilé, pour ainsi dire, les mystères de la formation du sucre dans la betterave et son accumulation dans la racine. On savait simplement que la matière hydrocarbonée est produite par l'absorption et l'élaboration des éléments de l'air : carbone, hydrogène, oxygène. D'ingénieuses recherches ont montré que le jour la feuille de betterave est riche en sucre et que pendant la nuit elle se vide dans un réservoir qui est la racine, c'est-à-dire que, grâce à la lumière solaire, les limbes des feuilles fabriquent, avec l'acide carbonique et l'eau, de la saccharose. Ce sucre pendant la nuit, à l'obscurité, émigre à travers les pétioles dans la racine, où il s'emmagasine et d'où on l'extrait plus tard. C'est pourquoi aux années lumineuses correspondent les riches récoltes de sucre ; aux années sombres correspondent les récoltes misérables.

LE NAVET

Le navet n'est qu'une espèce du genre chou de la famille des crucifères, don le caractère principal consiste en ce que la fleur porte quatre pétales disposés en croix et six étamines.

Cette plante existe dans toute l'Europe à l'état spontané; elle a premièrement été cultivée sur le continent, et c'est de Hollande qu'elle a été introduite dans l'assolement de l'Angleterre au xviie siècle.

C'est la racine du navet qui lui donne presque toute sa valeur agricole. Cette racine est fusiforme, allongée ou ovoïde, d'une saveur douce, agréable, sucrée, dont le tissu épidermique a un goût piquant. Les feuilles sont radicales, oblongues, lyrées, couvertes de poils qui les rendent rudes au toucher. Les fleurs, jaunes ou blanchâtres, sont disposées en grappes lâches et terminales. Le fruit est une silique d'un pouce de longueur environ, contenant des graines petites, arrondies, brunâtres, d'une saveur âcre et piquante.

Nous avons dit qu'on cultivait le navet surtout pour sa racine; cependant les jeunes pousses, préparées à la façon des épinards, passent chez les Anglais pour un excellent manger. Ils les apprécient surtout quand on a eu soin de les faire blanchir à la cave ou dans une serre à légumes; il est nécessaire de jeter la première eau pour leur ôter leur amertume naturelle.

La racine du navet est un aliment sain et plus léger que les autres légumes du genre chou. Les plus grosses espèces sont employées avec avantage à la nourriture et à l'engraissement des bestiaux. Les porcs et les bêtes à cornes mangent avidement les navets, si l'on a eu soin de les leur couper en grosses tranches. On peut les leur donner crus ou cuits. Dans ce dernier cas, on ajoute un peu de sel.

La racine du navet sauvage est dure, sèche, impropre à servir de nourriture. Les qualités des navets cultivés varient d'ailleurs beaucoup, selon la nature du terrain où ils végètent. Le terrain qui fournit les meilleurs produits est un sol léger, sablonneux et profond. On peut ranger les nombreuses variétés de navets et de raves en deux classes principales. La première comprend les navets aplatis, parmi lesquels nous distinguerons en première ligne le turneps des Anglais, ensuite la rave aplatie globe vert, le navet jaune d'Ecosse, le navet de Suède jaune doré, le navet blanc plus hâtif, le navet de Norfolk rouge, le navet globe ou de Poméranie. La seconde contient les navets oblongs ou fusiformes. On distingue dans cette catégorie la rave limousine, le navet gros long d'Alsace, le navet des Vertus, le navet du Palatinat.

Le navet croît spontanément dans toute la région occidentale de la France, le long des côtes de l'Océan. Il est connu depuis plusieurs siècles, mais sa culture n'a pris de l'extension que depuis le commencement du siècle dernier. Aujourd'hui cette culture, qui a largement contribué à la propriété agricole de l'Angleterre et de plusieurs États du nord de l'Europe, est celle à laquelle les Anglais accordent le plus de soins. Dans leur pays, elle a pris une telle extension, qu'elle occupe une superficie égale au dixième des terres cultivées en céréales.

En Angleterre, on sème les navets quelquefois au mois de mai, le plus ordinairement en juin, ou, au plus tard, dans la première quinzaine de juillet. En France, où le climat est moins brumeux et par conséquent plus sec, on ne fait les semailles que fin juillet ou au commencement d'août. Quand les semis sont faits trop tôt, les navets poussent en feuilles, et les racines ne grossissent pas.

Dans les terres légères, on peut semer jusqu'en septembre, et, si le temps est humide, on peut commencer les semailles en mai. Les semis se font ordinairement à la volée (mais il est préférable de les faire en ligne) dans une terre fraîchement remuée, et en choisissant, autant que possible, un temps pluvieux pour cette opération. Dans les jardins, on sème les navets pour en jouir en toute saison.

L'époque de la récolte des navets qui doivent être conservés pendant l'hiver a lieu en novembre ou décembre, avant que la température soit descendue à la gelée ; on peut commencer en octobre la récolte de ceux que l'on doit manger tout de suite.

La variété la plus répandue dans la grande culture a une forme ronde aplatie; on la désigne sous les noms de *rave du Limousin* ou rabioule. On cultive aussi le navet à tête rose ou *grande rave*.

La culture du navet est très avantageuse dans les climats doux et humides, comme ceux de l'Angleterre et d'une partie de nos côtes; mais elle ne donne, en général, dans le Centre et le Midi, que d'assez médiocres résultats, qui font nier, par certains agriculteurs, les avantages incontestables de cette plante dans les pays qui lui conviennent.

Fig. 207. — Betterave (*Beta vulgaris*). Port et inflorescence.

Les terrains, avons-nous dit, les plus convenables aux navets sont peu compacts et frais sans être humides. Cependant ils peuvent venir dans presque tous les terrains, et les argiles fortes elles-mêmes, qui ne leur conviennent pas du tout dans leur état naturel, en fournissent de belles récoltes quand elles ont été drainées. Les navets commencent en général la rotation ; on les fait suivre de céréales d'automne, si leur récolte a été assez hâtive, et, dans le cas contraire, de céréales du printemps.

La préparation du sol destinée à recevoir les navets doit être très soignée. Il faut que la terre soit profondément remuée et parfaitement pulvérisée ; à cet effet, on emploie successivement la charrue, la herse, le scarificateur et le rouleau.

On sème les navets depuis le commencement de mai jusqu'à la fin de juin. L'ensemencement se fait en lignes, soit à la main, soit au semoir. En général, avant de semer les navets, on dépose le fumier au fond des sillons, on le recouvre par un second passage de la charrue, et on sème au-dessus des lignes de fumier qui se trouve ainsi plus à proximité de la jeune plante. On doit entretenir, par des sarclages répétés, la propreté des champs de navets. Les premiers sarclages peuvent se donner à la herse; mais, dans les cultures soignées, faites sur des lignes de fumier, on emploie la houe à cheval entre les lignes, et la houe à main pour éclaircir le plant et le débarrasser des mauvaises herbes. Après le hersage, on donne encore quelquefois deux façons au buttoir pour recouvrir de terre le collet de la racine; mais elles ne sont pas indispensables. On espace les plantes de $0^{m},25$ à $0^{m},50$ les unes des autres. L'emploi de la houe à cheval oblige à écarter les lignes beaucoup plus qu'on ne le ferait dans une culture à la main.

Ce que l'on vient de dire s'applique à la culture des navets considérée comme récolte principale; mais en France, et surtout aux environs de Paris, le navet est une récolte dérobée que l'on obtient après les céréales. A cet effet, on enterre le chaume par un ou deux labours, on sème le navet à la volée, et aussitôt que les plantes ont leurs premières feuilles, on donne un sarclage à la main. Les plantes sont espacées, en moyenne, de $0^{m},15$ à $0^{m},25$ les unes des autres.

On peut arracher les navets et les conserver à peu près comme les pommes de terre, ou les faire manger sur place par les bestiaux.

Les navets produisent, par hectare, de 25,000 à 65,000 kilogrammes. Les feuilles forment, en outre, un fourrage vert que les animaux mangent avec plaisir.

On a cherché naturellement à assurer, pendant l'hiver, la conservation de cette précieuse racine. Plusieurs moyens ont été indiqués; nous mentionnerons les plus usités. La récolte des navets que l'on veut conserver doit avoir lieu dès les premières gelées, et l'on doit choisir pour cette opération un temps sec. Les navets sont transportés dans un lieu aéré, un grenier par exemple, et là, sur un léger lit de paille, on les couche horizontalement, en prenant garde que les navets soient bien sains et la paille bien sèche, sans quoi la pourriture gagnerait bientôt de proche en proche et détruirait infailliblement toute la récolte. Sur cette couche, on étale un nouveau lit de paille, puis une couche de navets, etc. Dans l'ouest de la France, on ménage souvent une cavité au milieu des meules de paille pour y placer les navets. En Alsace, en Belgique et dans un grand nombre d'autres pays, on les conserve en silos. Souvent aussi on les fait consommer sur place par les moutons, qui les mangent presque entièrement; on les arrache ensuite pour que les animaux finissent de les consommer sur la terre.

Lorsqu'on veut récolter des semences de navets, on choisit les plus beaux, on enlève leurs feuilles sans toucher au collet des racines, et on les met en cave dans du sable sec, le collet complètement dégagé; on les remet en terre en mars ou avril; les graines mûrissent en juillet; on coupe alors les tiges, que l'on suspend dans des greniers après les avoir réunies en paquets. Les graines conservent leur faculté germinative pendant six ou sept ans, mais on ne doit pas les garder plus de deux ans; passé ce laps de temps, elles sont sujettes à rancir ou à être attaquées par les mites. Le navet lui-même, pendant sa croissance, est attaqué par plusieurs insectes. Les plus nuisibles sont l'altise potagère et la tenthrède ou mouche à dents de scie. Le meilleur moyen d'arrêter le ravage de ces insectes consiste à répandre de la chaux en poudre et des cendres sur les feuilles, par un temps pluvieux.

LA CAROTTE

La *carotte* (*Daucus carota*) est une racine perfectionnée par la culture, elle constitue un des genres de la famille des ombellifères.

On en connaît une quinzaine d'espèces presque toutes originaires des contrées voisines de la Méditerranée :

La *carotte proprement dite*, vulgairement appelée *carotte sauvage*, est une espèce que l'on trouve partout en France, mais principalement dans les terrains calcaires et marneux, et qui est regardée par les botanistes comme le type de toutes les variétés cultivées.

La carotte est un de nos meilleurs légumes-racines; non seulement, comme plante potagère, elle occupe une très large place dans les préparations culinaires, mais encore, comme plante fourragère, elle sert à nourrir les bestiaux qui la recherchent avidement.

Toutes les carottes cultivées peuvent se diviser en quatre groupes : les *carottes blanches*, les *jaunes*, les *rouges*, les *violettes*.

Parmi les *carottes blanches*, on distingue la *blanche à collet vert*, très allongée, très productive, croissant à moitié hors de terre, dont l'odeur et la saveur rappellent tout à fait celles du panais; la *blanche des Vosges*, plus courte et moins productive.

Parmi les *carottes jaunes*, on trouve la *jaune d'Achicourt*, allongée, volumineuse et sortant très peu hors de terre; la *jaune à collet vert*, longue aussi, mais moins volumineuse et moins enterrée que la précédente.

Parmi les *carottes rouges*, on doit signaler la *grosse rouge à collet vert des Flandres*, conique, profondément enterrée, très productive et de bonne qualité; la variété d'*Altringham*, de moindre diamètre, mais plus longue et plus conique.

Les *carottes violettes*, d'origine espagnole, sont très belles et très curieuses, mais rien ne prouve, du moins quant à présent, qu'on doive les classer parmi les variétés de choix.

Parmi ces variétés, les unes ne conviennent réellement qu'au bétail, tandis que les autres servent en même temps aux préparations culinaires. Ces dernières, dit M. Joigneaux, plus savoureuses, plus riches que les premières, doivent leur être préférées, même pour la nourriture des animaux. Ce sont, par ordre de qualité : la carotte d'Altringham, d'origine anglaise, et déjà répandue dans les exploitations du Brabant; la carotte jaune d'Achicourt; la carotte de Nonceveux, carotte rouge que l'on désigne communément sous l'appellation vague de *carotte du pays*, et la rouge à collet vert des Flandres.

Les carottes exclusivement potagères se recommandent en général par un goût plus relevé, mais elles sont peu productives. Parmi elles, nous signalerons seulement la *rouge courte de Hollande* et la *demi-courte* du même pays, qui est la *carotte de Croissy* ou de *Crécy* des Parisiens.

Il faut remarquer cependant que la qualité des carottes ne dépend pas exclusivement de la variété, elle dépend autant et plus encore de la nature du terrain où on les cultive. Un sable gras et profond, ou une terre franche, douce, est le sol qui convient le mieux à cette racine. Du reste, toutes les terres, pourvu qu'elles soient riches naturellement ou enrichies par des fumures profondes, bien ameublies et assez fraîches, lui conviennent parfaitement. Comme la carotte craint la sécheresse au plus haut degré, on ne doit la cultiver en grand que dans les régions du Nord et de l'Ouest. Du reste, bien moins exigeante que la betterave, elle ne demande ni la présence du calcaire ni une très grande richesse en sels azotés et phosphorés. Dans les assolements, cette plante peut être placée après une récolte sarclée, les pommes de terre par exemple. Quelquefois on la sème avec de l'avoine, de l'orge, du lin ou d'autres graines de printemps, ou même sur les froments et les seigles en herbe, après un hersage. Il est bon de ne la ramener sur elle-même que tous les quatre ou cinq ans. On estime que la carotte exige pour se former une quantité de fumier au moins égale à la moitié de son poids en feuilles et en racines.

Les engrais qu'elle préfère sont : le fumier de vache consumé, le purin mêlé de matières fécales et le sel de cuisine.

L'époque des semailles pour la grande culture commence à la fin de l'hiver et finit vers les premiers jours de mai. En récolte dérobée, on ne peut semer qu'à la volée, à raison de 5 kilogrammes de graines par hectare ; mais, en récolte principale, il y a de l'avantage à semer en lignes distantes de 40 à 50 centimètres. Avant d'employer la graine, on l'exposera au soleil ou dans un local chauffé, et on la frottera entre les mains avec de la cendre ou du sable, afin de briser les aspérités qui la hérissent. Sans cette précaution, il serait difficile d'exécuter un semis régulier, parce que les graines s'accrochent et se pelotonnent.

Le choix des semences n'est pas non plus sans importance. On doit se servir, autant que possible, de celles qui proviennent de plantes bien conformées, d'un volume moyen, et ayant parcouru toutes les phases de leur développement. On aura donc soin de rejeter les graines des carottes qui filent ou s'emportent la première année. On s'accorde généralement à reconnaître que la graine récoltée dans un jardin ne vaut pas, à beaucoup près, pour les semis de la grande culture, celle que l'on récolte dans les bonnes terres.

La carotte est très lente à sortir ; elle reste quelquefois trente et quarante jours en terre avant de se montrer, et le terrain se couvre de mauvaises herbes avant qu'on puisse tenter de le nettoyer. Quand elle a poussé hors de terre, elle reste longtemps petite, à peine visible, et c'est avec les plus grandes précautions qu'il faut procéder à son nettoiement ; elle ne souffre pas la transplantation ; on ne peut donc la traiter comme la betterave, en supprimant les premiers binages. Après ces premiers soins, qui sont les plus importants, il ne reste plus qu'à sarcler de temps à autre et à éclaircir. Quand les carottes sont associées à une récolte principale, on se contente de herser ou sarcler après que cette dernière a été enlevée. On procède à l'arrachage, vers la fin de septembre ou dans la première quinzaine d'octobre. Les feuilles ou *fanes*, qui sont aromatiques, procurent alors un fourrage abondant et de bonne qualité qu'il importe d'utiliser, soit en le faisant manger tout de suite, soit en l'empilant avec du sel par masses très serrées et couvertes de terre, dans des fosses mises préalablement à l'abri de la pluie et de l'humidité.

Fig. 208. — MATINÉE D'HIVER.

Les racines sont rangées en silos ou en cave; mais comme elles pourrissent facilement, on ne doit pas les accumuler en grandes masses ni les réserver pour la fin de l'hiver.

Appliquée à l'alimentation des animaux, la carotte est l'une des plantes les plus utiles que l'on connaisse. Elle est recherchée avidement par toute espèce de bétail; elle convient particulièrement aux chevaux. Coupée par tranches, puis mélangée avec de la paille hachée, elle forme une excellente nourriture pour les moutons. La carotte fournit aussi un excellent aliment pour les vaches, mais il faut la leur donner avec mesure et mélangée avec d'autres substances, car, consommée seule et en trop grande abondance, elle paraît communiquer au lait une saveur désagréable.

La carotte contient 9 à 10 0/0 d'un sucre signalé par divers chimistes comme cristallisable, mais que l'on n'a pas encore tenté d'extraire en grand; elle renferme en outre des phosphates, des sels alcalins et une huile volatile qui lui communique ses propriétés excitantes et son odeur.

Dans le nord de la France, mais principalement en Belgique, on fabrique avec les carottes un sirop désigné quelquefois sous le nom de *poiré*. Le jus de ces racines est aussi employé à colorer artificiellement le beurre.

LE TOPINAMBOUR

Le *topinambour* (*Hélianthus tuberosus*) est une plante du genre hélianthe, originaire du Brésil ou du Mexique, qui fut introduite en Europe vers 1517.

Olivier de Serres la vantait et discutait le point de savoir si *truffe*, *patate* et *cartouf* (c'était alors le nom du topinambour) avaient de l'analogie entre eux.

On cultivait déjà le topinambour en Angleterre en 1617, et Lœber en fit mention en 1669 dans son *Anchora sanitatis*. Duhamel le proposa, en France, comme plante alimentaire. Cependant sa culture ne s'y répandit que vers 1809, lorsque Yvart le recommanda pour ses qualités de plante fourragère.

Le *topinambour*, que les botanistes appellent *hélianthe tubéreux*, est une plante vivace des plus intéressantes et au sujet de laquelle tous les agronomes se sont longuement étendus.

La tige de cette plante, ordinairement simple, s'élève de 1 à 2 mètres. Ses feuilles sont triplinervées, rudes au toucher, acuminées, à forme ovale ou en cœur, suivant qu'elles se trouvent en haut ou en bas de la tige. Ses capitules sont plus petits que ceux de la plupart de ses congénères; la bractée de leur involucre est cilié ; rhizomes tubéreux et féculants ; tubercules alimentaires.

On ne connaît, en Europe du moins, qu'une seule espèce de topinambour qui se divise en deux variétés : l'une à tubercules rouges, l'autre à tubercules jaunes, ne se distinguant absolument que par leur couleur.

Au commencement de notre siècle, cette plante ne se cultivait que sur une bien petite échelle.

« Il n'y a pas plus d'une quinzaine d'années, dit Joigneaux (1862), on découvrait encore de loin en loin, dans quelques villages de la Côte-d'Or, des morceaux de terrain couverts de topinambours : on n'en faisait point de cas; on ne récoltait pas toujours les tubercules; on respectait la plantation par habitude, parce qu'elle datait de loin et aussi parce que, située dans le jardin ou dans le très proche voisinage des habitations, elle servait de refuge aux poules de la ferme pendant les journées brûlantes de l'été. »

Au commencement du XIXe siècle, les écrivains de l'*Encyclopédie méthodique* firent ressortir les avantages de la culture du topinambour. « Le *topinambour* est peu difficile sur la qualité du sol, dit Dujonchay (juillet 1845), non qu'il ne donne des produits bien plus abondants si le terrain où on le cultive est de bonne nature, mais il en donnera de très passables dans un sol fort médiocre, pourvu qu'il n'ait point à y redouter une humidité constante, qu'on ne lui épargne pas quelques cultures faciles et peu coûteuses et qu'on lui accorde quelques engrais, qu'il sera bien de varier si on le cultive longtemps à la même place.

« Il peut y reparaître huit ou dix ans de suite et même davantage, si le sol est labouré et planté chaque année. Je n'hésite pas à dire que le topinambour est un trésor pour les contrées trop nombreuses où la population est rare, où les cultures perfectionnées n'existent pas encore, et probablement n'existeront de longtemps... Chaque plant de topinambour, dans les terrains de qualité médiocre, a produit 20 ou 30 tubercules, pesant une moyenne de 1 kilogr. 250 ; l'hectare, qui contient environ 23,000 pieds, m'a rendu constamment de 27,000 à 28,000 kilogrammes de tubercules, équivalant à 12,000 kilogrammes au moins d'un fourrage sec de bonne nature. Comme aliment des bêtes à cornes et des moutons, qui en sont tous avides, le topinambour n'est point inférieur à la pomme de terre sous le rapport de la faculté nutritive et n'offre pas le même danger que cette solanée, qui renferme dans son eau de végétation un principe vireux, la solanine, cause assez fréquente de diarrhées et parfois de funestes météorisations. J'ai perdu un bœuf auquel on avait donné, par inadvertance, une ration double de pommes de terre. A poids égal, le topinambour l'emportera sur la betterave comme renfermant un tiers de substances nutritives de plus que celle-ci. Mes porcs ont refusé constamment de manger le topinambour cru, et même cuit, et mélangé avec d'autres substances, et je suis loin de considérer cette circonstance comme un désavantage. Lorsque les tiges du topinambour ont atteint une certaine élévation, le champ a l'aspect d'un taillis épais, admirable remise pour le gibier, qui s'y plaît singulièrement. Je ne parle pas de l'emploi des feuilles du topinambour comme fourrage, quoiqu'elles soient appétées par le bétail; il est incontestable que l'enlèvement des feuilles vertes n'a lieu qu'au détriment du produit en tubercules.

« Jusqu'à présent, les rations de topinambours distribuées à mes bêtes ont été faibles. Il serait convenable de donner par jour à un veau 5 à 6 kilogrammes de ces tubercules, 10 à 12 à une vache, 15 à 18 à un bœuf, en ayant soin d'associer toujours cet aliment à un fourrage sec. Mes chevaux, auxquels j'en ai fait distribuer quelquefois pour essai, n'ont jamais paru leur préférer les carottes. Ces racines sont moins riches en substances nutritives, et leur culture jette dans de grands frais. Je les remplacerai à l'avenir par le topinambour, dont la récolte est toujours assurée et la culture bien moins coûteuse. En résumé, peu difficile sur la qualité du sol, le topinambour donnera un produit satisfaisant là où la pomme de terre serait cultivée sans profit et où l'on n'obtiendrait ni carottes ni betteraves.

« Nulle plante ne résiste mieux que lui à une sécheresse prolongée, et n'a plus tôt retrouvé une végétation active dès que la pluie ou une forte rosée a rafraîchi le sol. Aucun insecte ne l'attaque; il n'est sujet à aucune maladie; nulle autre culture n'est plus facile et n'entraîne moins de frais, considération de si haute importance pour toutes les exploitations agricoles, dont les frais de main-d'œuvre sont une plaie ruineuse. Résistant au froid le plus intense, ce tubercule n'exige pour sa conservation ni constructions ni silos.

« On peut ne l'extraire qu'au moment des besoins, et quand tous les autres travaux des champs sont terminés. Enfin, aliment du goût de tous les ruminants et des chevaux, il ne leur fait jamais de mal et semble même trouver sa place dans un régime hygiénique. »

Dujonchay ne fait, pour ainsi dire, que résumer les opinions émises depuis une quarantaine d'années par les agronomes les plus distingués, qui, avec la plus grande unanimité, se prononçaient en faveur de la culture du topinambour sans pouvoir la populariser beaucoup.

Pourquoi, après avoir été préconisée de toutes les façons par les hommes les plus influents, la culture du topinambour ne se répand-elle pas plus rapidement? Pourquoi s'en est-on tenu à des essais que l'on n'a pas poursuivis? C'est que la pomme de terre sera toujours préférable pour la nourriture, qu'elle croît dans les plus mauvais terrains et demande moins d'engrais. D'ailleurs la propriété que possède le topinambour de se multiplier par ses plus petites racines et de tracer avec la plus grande rapidité lui donne la réputation d'être à peu près indestructible et de salir les champs à perpétuité.

D'un autre côté, les cultivateurs sont un peu routiniers et n'admettent que difficilement les innovations; il a fallu les famines de la Révolution pour introduire la culture de la pomme de terre dans la petite culture; espérons qu'un pareil fléau ne popularisera pas le topinambour.

On cultive le topinambour sur une grande échelle dans la Lorraine et en Alsace. Il est si rustique qu'on peut le cultiver sous tous les climats. Ses tubercules cuits sont mangés par l'homme, leur saveur rappelle un peu celle de l'artichaut; ils sont aussi appliqués avec succès à l'alimentation du bétail et à la production de l'alcool. On a appelé avec raison le topinambour la betterave des terrains pauvres.

On cultive généralement deux variétés de topinambour : 1° le *topinambour commun*, dont les tubercules sont rougeâtres ou blanc rosé, un peu allongés, de forme irrégulière et parfois assez bizarre : la chair a une couleur jaunâtre; 2° le *topinambour jaune :* tubercules jaunâtres, plus petits et beaucoup plus irréguliers que les rhizomes tubéreux du topinambour commun. La première variété est la plus répandue.

L'azote contenu dans le tubercule du topinambour est évalué par M. Boussingault à 0,33 0/0.

Dans la distillation, M. Bazin obtient 77 litres de jus sucré pour 100 kilogrammes de tubercules, 5l,20 d'alcool à 90°, et 23 kilogrammes de pulpe.

On emploie aussi les fanes sèches et les tiges vertes pour nourrir les animaux; mais en coupant les tiges vertes on nuit considérablement au développement du tubercule.

Un hectolitre de topinambour, mesuré ras, pèse de 66 à 68 kilogrammes; mesure comble, de 78 à 80 kilogrammes.

Les terrains frais et gras paraissent les plus favorables au topinambour, mais il végète très bien aussi dans les terres sèches et légères; il ne repousse que les argiles sèches et les sols sans profondeur. Le peu de succès qu'on a obtenu jusqu'ici en cultivant cet hélianthe provient très probablement des mauvais terrains qu'on lui a consacrés.

Quant au climat, il est plus difficile que la pomme de terre, puisqu'il ne mûrit que difficilement ses graines en Europe, et ne fleurit même pas toujours dans le nord de l'Europe.

Lorsqu'on veut cultiver régulièrement le topinambour, on laboure profondément le terrain avant l'hiver, et moins profondément avant la plantation. Comme cette plante ne se sème pas, on doit avoir recours à la plantation de la racine. Les gros tubercules et les tubercules moyens méritent la préférence; ils n'exigent aucune préparation; on les sort de la terre au moment de les replanter. La plantation a lieu à la sortie de l'hiver, en même temps que celle des pommes de terre, par les mêmes moyens, mais un peu plus profondément et à une distance un peu plus grande. Quelques cultivateurs croient qu'il n'est pas nécessaire de replanter le topinambour chaque année, attendu qu'il en reste toujours assez en terre après l'arrachage, pour en assurer la reproduction; mais des essais infructueux ont montré combien est fausse cette théorie.

Les soins à donner au topinambour pendant sa végétation se réduisent à un sarclage avant la levée, c'est-à-dire quinze jours environ après la plantation; un autre sarclage quand toutes les plantes sont sorties de terre; un binage profond et un buttage quand elles ont 0m,40 à 0m,50 de profondeur.

Le topinambour ne doit s'arracher qu'à la fin de l'hiver, au fur et à mesure que les autres provisions baissent. Les tubercules se ramollissant et se pourrissant facilement dans les caves, il est préférable de les laisser dans le sol, où ils se conservent très bien, en dépit des gelées et des froids de 15° à 20°; d'ailleurs, les campagnols et les autres animaux destructeurs ne les attaquent que faiblement. On a dit qu'en arrachant les topinambours au bout de deux années seulement, on obtenait un rendement plus considérable qu'avec l'arrachage annuel; mais une expérience de Joigneaux a prouvé qu'il y a intérêt évident à laisser de côté la culture bisannuelle.

Ainsi que nous l'avons déjà dit, les feuilles du topinambour sont employées comme fourrage; on les hache avant de les donner au bétail, mais les tubercules sont bien autrement précieux; on les administre cuits ou crus et alors coupés par morceaux; on a même proposé de faire jouer à ce tubercule le même rôle qu'à la pomme de terre dans l'alimentation humaine, mais une grande famine seule pourra faire adopter ce mets aux habitants de notre riche France. Il paraît que quelques Belges s'en contentent parce qu'ils y sont forcés par le besoin.

Le topinambour produit par la distillation un alcool abondant et de bonne qualité; mais il est préférable d'employer la betterave, parce que les résidus de cette dernière peuvent encore être utilisés, tandis que ceux du topinambour ont une odeur des plus désagréables.

LE CHOU

Le genre *chou* (*brassica*) renferme des plantes herbacées, ordinairement bisannuelles, à feuilles alternes, à fleurs jaunes disposées en grappe terminale et présentant les caractères généraux des fleurs des crucifères; le fruit est une silique bivalve, allongée, presque cylindrique, renfermant des graines lisses et arrondies. Ce genre comprend une vingtaine d'espèces, qui croissent sur les bords de la Méditerranée ou de l'Océan, dans l'Inde et les régions australes de l'Amérique. Six d'entre elles sont cultivées en grand dans les jardins potagers et dans les champs, comme plantes alimentaires, fourragères ou oléagineuses, quelquefois même comme végétaux d'ornement. Ce sont : le *chou commun* (*brassica oleracea*); le colza (*brassica campestris*); le *chou-rave* (*brassica rapa*); le navet (*brassica napus*); la navette (*brassica præcox*); le *chou chinois* (*brassica Sinensis*). Nous n'avons à nous occuper dans cet article que de la première, de la troisième et de la dernière de ces espèces.

1° Le *chou commun* (*brassica oleracea*) est indigène en Europe. Le type sauvage ou primitif de l'espèce (*brassica oleracea sylvestris*) est une plante bisannuelle, à tige assez élevée, rameuse, portant des feuilles glauques, lobées et un peu charnues. Il croît sur les bords de la mer, en France, en Angleterre et dans le nord de l'Europe. Souvent on voit ses feuilles passer au rouge, ou des rameaux stériles former au haut de la tige une espèce de rosette.

Soumis à la culture de temps immémorial, il a produit de nombreuses variétés, qui se peuvent rapporter aux races suivantes: *chou pommé*, *chou de Milan*, *chou vert et non pommé*, *chou-rave*, *chou-fleur*, *chou brocoli*. Quelques auteurs y ajoutent le *chou-navet*, que d'autres regardent comme dérivant du colza. Il ne faut pas confondre les races appelées *chou-navet* et *chou-rave* avec les espèces distinctes qui portent le même nom, et dont nous avons parlé plus haut.

Le *chou pommé* (*brassica oleracea capitata*) est caractérisé par ses feuilles très serrées les unes contre les autres, et formant une sorte de tête ou pomme arrondie, ovoïde ou aplatie; les feuilles plus jaunes et étiolées qui se trouvent à l'intérieur de cette pomme sont plus blanches et de digestion plus facile. On l'appelle aussi *chou cabus*. Il était, dès le XVe siècle, très estimé dans nos contrées, et, pour prévenir sa dégénérescence, on faisait venir la graine de l'Italie et de l'Espagne, notamment des villes de Savone et de Tortose. Dans le siècle suivant, les énormes *choux* des environs de Senlis étaient très renommés. Le *chou* cabus figure dans les armes d'une ancienne famille, surmonté de ces mots : *Tout n'est,* qui, avec la pièce principale de l'écu, complètent la devise et forment un rébus héraldique et un jeu de mots : *Tout n'est cabus* (qu'abus). Parmi les nombreuses variétés de *choux* pommés, on distingue le *chou d'York,* de forme ovoïde ou conique, et l'un des plus précoces ; les *choux cœur de bœuf, bacalan, de Poméranie, pain de sucre, pointu de Winnigstadt, de Battersea;* le *chou femelle* ou *de Fumel,* le plus précoce de tous ; les *choux Joannet, de Hollande, de Saint-Denis;* le *chou de Vaugirard,* qui est tardif et résiste bien au froid ; les *choux d'Alsace* et *tête de mort ;* le *chou quintal,* très tardif et le plus gros des chôux pommés ; les *choux rouges, petit* et *gros,* ce dernier le plus tardif des choux pommés et le meilleur à manger en salade. Les choux pommés sont les plus savoureux de tous les choux ; aussi, malgré l'odeur musquée qu'ils possèdent quelquefois, sont-ils recherchés surtout pour la nourriture de l'homme. Le *chou quintal,* ainsi nommé à cause du poids considérable qu'il acquiert dans les bons terrains, forme la base de la nourriture chez les populations du nord de l'Europe, et, converti en choucroute, sert de provision d'hiver.

Les choux pommés sont cultivés aussi comme plantes fourragères. En France, c'est à partir de 1761 que cette culture s'est répandue. Le chou quintal est préféré pour cet usage, bien qu'on lui ait reproché de communiquer une odeur et une saveur désagréables au lait et au beurre des vaches qui s'en nourrissent.

Le *chou de Milan* ou *chou cloqué ou frisé* (*brassica oleracea bullata*) présente cette particularité d'avoir ses feuilles cloquées sur toute leur surface ; cela tient, d'après de Candolle, à ce que leur parenchyme, se développant plus vite que les nervures, ne peut être contenu dans l'espace qui existe entre celles-ci. Ces feuilles, d'un vert foncé, forment une pomme moins serrée que dans les choux pommés proprement dits, plus tendre et moins sujette au goût de musc. Les principales variétés sont : les *choux de Milan court hâtif, d'Ulm, ordinaire, pancalier de Touraine, des Vertus, du Cap, de Victoria, doré, à tête longue, de Russie, vert glacé d'Amérique.* On rapporte encore à ce groupe le *chou de Bruxelles,* dont les feuilles inférieures portent chacune dans leur aisselle un bourgeon de la grosseur d'une noix, très serré, tendre et semblable à un petit choux pommé.

Les choux de cette catégorie sont surtout des choux d'été ; les variétés les plus précoces sont bonnes à récolter en juin, les plus tardives au commencement de l'hiver ; celles-ci se conservent jusqu'en mars.

Le chou vert ou non pommé (*brassica oleracea acephala*) se reconnaît à ses feuilles pétiolées, presque toujours très allongées, ne formant pas de pomme ; la tige, dans quelques variétés, dépasse 2 mètres de hauteur. C'est ce qu'on remarque surtout dans le *chou cavalier (chou à vache* ou *chou en arbre);* ses feuilles unies, d'un beau vert, longues de $0^{m},60$ à $0^{m},80$, sont assez tendres et bonnes à manger ; toutefois, cette variété est ordinairement cultivée pour la nourriture des bestiaux. Si on a soin de cueillir, au fur et à mesure de leur développement, les feuilles de la base, la tige s'allonge et en produit de nouvelles.

Le *chou caulet de Flandre* ou *cavalier rouge* est une sous-variété du précédent, qui a les tiges, les pétioles et les nervures de ses feuilles colorés de violet.

Le *chou branchu du Poitou* offre un aspect buissonneux; plus petit et moins rustique que le chou cavalier, il est aussi productif; sa culture est très répandue dans les provinces de l'Ouest, où il sert à la nourriture des bestiaux.

Le *chou moellier* est remarquable par la grosseur de sa tige, remplie d'une moelle abondante, succulente, et dont les bestiaux sont très friands; on le cultive surtout en Bretagne. Il présente une sous-variété à tige rouge ou violette.

Le *chou de Lannilis* se distingue à peine du précédent.

Le *chou vivace de Daubenton* est appelé vivace à cause de ses pétioles longs et flexibles qui se couchent sur la terre et s'y enracinent quelquefois.

Le *chou à grosses côtes* est plus recherché pour la nourriture de l'homme.

Il n'en est pas de même du *chou à faucher*, ainsi nommé parce qu'il forme une touffe que l'on peut faucher plusieurs fois comme fourrage; plusieurs auteurs rapportent cette variété au type du colza, sous le nom de *brassica campestris pabularia*.

On trouve encore, dans cette catégorie, plusieurs variétés de choux, qui, par l'élégance ou la coloration de leur feuillage, ont mérité d'être admises dans les jardins d'agrément. Nous citerons entre autres : les *choux frisé vert*, *rouge*, *panaché*, *prolifère*, le *chou frisé de Naples*, et enfin le *chou palmier*, dont la tige, haute de 2 mètres, se termine par un élégant bouquet de feuilles qui rappelle un peu l'aspect d'un palmier ; c'est une des plantes qui servent à la décoration des parterres.

Le *chou-rave* ou *chou de Siam* (*brassica oleracea caulo-rapa*) se reconnaît à sa tige renflée immédiatement au-dessus du sol, et formant une sorte de boule que l'on mange avant qu'elle ait acquis son entier développement; elle est alors tendre et sa saveur participe de celles du chou et du navet.

On distingue les *choux-raves blanc* et *violet* et leurs sous-variétés hâtives, et le *chou-rave à feuilles d'artichaut*.

Le *chou-rave* ou *col-rave* est originaire des pays chauds; on pense que c'était la plante appelé *gastoris* chez les Grecs, qui l'estimaient comme un manger délicieux. Introduit en France depuis plusieurs siècles, il est surtout cultivé dans le Midi; ses feuilles, souvent même la plante entière, servent à la nourriture des bestiaux, et dans ce cas on le conserve comme provision d'hiver. Il ne faut pas le confondre avec l'espèce distincte appelée *chou-rave* (*brassica rapa*), dont il sera question plus loin.

Parmi les nombreuses races ou variétés issues du chou ordinaire, il n'en est pas de plus remarquable, on peut dire même de plus bizarre que celle qui porte dans le langage usuel le nom de *chou-fleur*, et en botanique celui de *brassica oleracea botrytis*. Le *chou-fleur*, auquel se rattache le BROCOLI, a des feuilles entières, allongées, un peu ondulées, renversées en dehors à l'extrémité, d'un vert glauque à pétiole épais et à nervures blanchâtres. Mais ce qui le distingue surtout, c'est la disposition de ses fleurs, ou, en termes scientifiques, de son inflorescence. « Les rameaux florifères, dit de Candole, au lieu d'être disposés en pyramides, comme un panicule, sont serrés à partir de leur base et forment une espèce de corymbe régulier. A ce caractère il faut en ajouter un autre, qui est la conséquence naturelle du premier : les pédicelles, étant étroitement serrés les uns contre

Fig. 209. — RUSSIE MÉRIDIONALE. — Les semailles.

les autres avant la floraison, perdent leur forme, deviennent charnus et adhérents entre eux, et, en général, ne produisent que des rudiments de fleurs avortées. » — « Ce corymbe ou *tête de chou-fleur*, ajoutent MM. Vilmorin, est blanc jaunâtre, atteint des dimensions différentes, est plus ou moins serré, a le grain plus ou moins fin suivant les variétés; cependant, une partie des fleurs se développent en se désagrégeant et sont supportées par une tige rameuse, qui s'élève à 1 mètre ou un peu plus. »

Le *chou-fleur* est originaire du Levant, et fut apporté en France dans les premières années du XVIIe siècle. Il a produit, par la culture, des variétés nombreuses, dont voici les principales : le *chou-fleur tendre*, ou *petit salomon*, à une tête de moyenne grandeur, se formant assez vite et se divisant de même ; le *chou-fleur demi-dur*, ou *gros salomon*, à la pomme très volumineuse, à grain blanc et serré, assez lente à se désagréger et à monter; le *chou-fleur dur de Paris* se distingue du précédent surtout en ce qu'il est plus tardif; le *chou-fleur dur de Hollande* a une grosse pomme à grain blanc et très fin; il est au moins aussi tardif que le *chou-fleur* dur de Paris; plus tardif encore est le *chou-fleur dur d'Angleterre*; quant au *chou-fleur noir de Sicile*, il paraît former le passage des *choux-fleurs* proprement dits aux *brocolis;* sa pomme, large, régulière, d'un violet foncé, a le grain assez gros, mais passablement serré ; c'est une variété précoce. On distingue encore les *choux-fleurs de Malte, de Chypre, d'Erfurth, de Lyon*, etc.

Le chou-fleur exige une terre fertile et de fréquents arrosements. Les choux-fleurs tendres sont les plus hâtifs et ceux qui prospèrent le mieux dans les sols légers. Les choux-fleurs demi-durs viennent à peu près partout également bien. Les choux-fleurs durs sont les plus tardifs et s'accommodent mieux des terres fortes. On sème le chou-fleur hâtif dans la première quinzaine de septembre ; quand le plant a deux feuilles, on le repique en pépinière, à l'exposition du midi. Sous le climat de Paris, il faut, à l'approche des gelées, le recouvrir de châssis vitrés, auxquels on ajoute au besoin des paillassons, ou une couche de feuillles ou de fumier, en ayant soin de donner de l'air au plant toutes les fois que la température le permet. Dans le courant de mars, on laboure le terrain destiné à la culture, puis on y repique le plant et on donne des arrosements. Dans les terres fortes, on peut semer le chou-fleur à une bonne exposition, à la fin d'avril ou au commencement de mai. On le met immédiatement en place, et il n'exige guère plus ensuite d'autres soins que ceux qu'on donne au chou-fleur planté en mars, c'est-à-dire de fréquents arrosements, car il faut que le sol soit constamment frais. On doit même le recouvrir d'un bon paillis de fumier consommé, afin de conserver le plus longtemps possible l'humidité provenant des arrosages. Pour que la pomme du chou-fleur soit plus tendre et plus blanche, il faut, dès qu'elle a atteint le volume d'un œuf de poule, la recouvrir avec quelques-unes des feuilles de l'intérieur, afin de la soustraire au contact de l'air et de la lumière. Les choux-fleurs cultivés ainsi sont bons à récolter en juillet et août.

En semant dans la première quinzaine de juin, et opérant ensuite comme nous venons de le dire, mais avec des arrosages beaucoup plus copieux, on peut récolter des choux-fleurs, sous le climat de Paris, en octobre et novembre. Si l'on veut les conserver pendant l'hiver, on les coupe le plus tard possible et par un temps bien sec, puis on les suspend à mesure, la tête en bas, dans un local où ils soient à l'abri de la gelée. On peut ainsi les conserver jusqu'en février et même en avril. Sans doute ils se dessèchent un peu et diminuent de grosseur; mais il reprennent leur volume primitif, sans perdre de leur qualité, si, à la veille de les livrer à la consommation, on trempe le pied, après l'avoir nettement coupé, dans de l'eau fraîche, en évitant soigneusement de mouiller la pomme. Le chou-fleur est un aliment sain et agréable, qu'on prépare de diverses manières.

Le *chou-navet*, appelé aussi *rutabaga*, et, en botanique, *brassica campestris napo-brassica*, est une varité de *chou* caractérisée par sa racine renflée, à chair compacte, analogue au véritable navet (*brassica napus*) pour l'aspect extérieur et au *chou-rave* pour la saveur. Quelques auteurs le regardent comme une variété du chou commun, mais en général on le rapporte au chou champêtre (*brassica campestris*), dont les variétés oléifères sont connues sous les noms de *colza* et de *navette*. Le chou-navet présente plusieurs variétés, dont les plus importantes sont les *choux-navets blanc*, *blanc à collet rouge*, *de Suède* ou *rutabaga* proprement dit, qui a produit plusieurs sous-variétés, entre autres le *chou rutabaga à collet vert*.

On sème le chou-navet depuis mars jusqu'en mai, suivant que la variété est plus ou moins hâtive. Le semis se fait en pépinière ou sur place, en lignes ou à la volée. Il n'exige plus ensuite que les soins ordinaires, notamment les binages. A moins que l'hiver ne soit d'une rigueur exceptionnelle, il résiste bien aux gelées; il peut, par conséquent, rester en pleine terre, où il se conserve en bon état jusqu'au printemps. Le chou-navet est un excellent légume; on mange sa racine, qui a la saveur du *chou-rave*. Le rutabaga est encore meilleur, et on le préfère surtout parce que sa racine est plus nette et plus prompte à se faire. Cette dernière variété est aussi cultivée en grand dans les champs, pour la nourriture du bétail. Elle devient souvent énorme. On la connaît aussi sous les noms de *chou turneps* ou *chou de Laponie*.

2° Le *chou-rave* est appelé par les botanistes *brassica rapa*, et porte les noms vulgaires de *chou-rave*, *grosse rave*, *rabioule*, *rave plate*, *turneps*, etc. On ne doit pas le confondre avec une variété du chou commun appelée aussi *chou-rave* ou *col-rave*. Il s'en distingue par sa racine ou par sa partie renflée entièrement souterraine, ses feuilles hérissées de poils et son calice étalé. Le chou-rave est depuis longtemps cultivé en grand pour la nourriture du bétail. On extrait de ses grains une huile connue sous le nom de *rabette*. D'après MM. Vilmorin, les choux-raves ne différeraient pas spécifiquement des navets, car on trouverait des variétés intermédiaires.

3° Le *chou chinois* ou *pé-tsaï* (*brassica sinensis*) était connu depuis assez longtemps dans les jardins botaniques; il y a trente ans environ que les Pères des Missions étrangères l'ont importé en assez grande abondance pour qu'il se soit répandu dans les cultures maraîchères. Avec ses feuilles bien plus minces que celles de nos choux, d'un vert clair tirant sur le blond et à nervures blanches et élargies, il ressemble, à première vue, bien plus à une laitue romaine qu'à un chou. Du reste, il est très variable dans ses caractères. On doit probablement rapporter à ce type la *pak-choï*, dont quelques auteurs font une espèce distincte, et qui présente à peu près l'aspect d'une carde poirée. Le chou de Chine a été indiqué par Linné comme bisannuel; sous nos climats, il s'est comporté, jusqu'à ce jour, comme plante annuelle. Sa végétation est si rapide que, semé au milieu de l'été, il monte et quelquefois même mûrit sa graine dans le cours de la même saison. Cette disposition à monter, la difficulté de l'obtenir bien pommé, sont un obstacle à sa culture. Il ne pomme cependant pas mieux dans le sud de la Chine, où son emploi est fort répandu; il fournit toujours, en effet, à quelque degré de développement qu'on le cueille, un légume sain, agréable et bien plus facile à digérer que nos choux d'Europe. On assure que, dans le nord du Céleste-Empire, il atteint parfois le poids de 10 kilogrammes.

Il nous reste à dire quelques mots de la grande culture fourragère. Dans le nord et l'est de la France, on cultive le chou pommé, qui sert à faire la choucroute; dans l'ouest, grâce à un climat plus favorable, on cultive les diverses variétés de choux verts, pour leurs tiges et leurs feuilles élancées qui ne pomment pas. Du reste, les labours préparatoires et les soins de la culture sont absolument les mêmes, quelle que soit l'espèce ou la variété cultivée. Avant tout, il est indispensable de former une pépinière de la plus haute fertilité, afin d'avoir de bons plants en temps convenable. Les semis se feront, dans cette pépinière, dès le mois de février, si le temps le permet. Immédiatement après, on fera étendre sur le sol de la menue paille, des balles de céréales ou des poussières de sarrasin. Pour faciliter les travaux, on forme des planches d'environ 1 mètre de large. Le plant est à peine levé que déjà surgissent des myriades de pucerons qui peuvent tout anéantir; le soufre, la suie, la chaux, le plâtre, l'urine, le goudron, l'huile de baleine, la décoction de plantes âcres et fétides, ont été souvent préconisés contre ces terribles ennemis; ces divers moyens peuvent être utiles pour éloigner ou détruire les pucerons, mais leur action est loin d'avoir toute l'efficacité qu'on a voulu lui prêter; le plus souvent même, les succès obtenus ont plutôt été le fait de certaines circonstances atmosphériques que celui de la méthode employée.

D'après M. Jules Rieffel, de l'établissement agricole de Grand-Jouan, la machine de guerre la plus avantageuse contre les pucerons, ce sont les cendres non lessivées. On se sert de ces cendres comme moyen mécanique pour protéger la jeune plante contre les insectes. Chaque matin, au point du jour, au moment où les cotylédons sont encore couverts de rosée, on saupoudre de ces cendres toutes les feuilles. Il ne suffit pas de répandre les cendres à la volée : c'est une à une et par pincées que les feuilles doivent les recevoir. Pour obtenir une réussite complète, il faut que la plante soit constamment couverte de cendres jusqu'à ce qu'elle ait atteint sa quatrième feuille; un seul jour de négligence peut tout compromettre. En temps de pluie, les pucerons ne sont pas à craindre, mais aussitôt qu'elle a cessé, au premier rayon de soleil, il faut répandre de nouveau des cendres, si on ne veut pas voir la pépinière saccagée en quelques instants.

Les choux demandent un sol profondément ameubli; trois ou quatre labours d'une profondeur moyenne de 0m,25 sont nécessaires, dans la plupart des cas, avant que le sol soit suffisamment préparé. Les choux demandent, en outre, les terres les plus saines et les plus exemptes d'humidité. L'excès d'engrais n'est pas à craindre : plus les choux sont fumés, meilleure est la récolte. C'est, du reste, une des cultures qui préparent le mieux la terre, en tête d'un assolement. Au moment de la transplantation, les choux doivent avoir au moins la grosseur d'une forte plume à écrire. La transplantation doit être faite, autant que possible, sur labour récent. Les pieds doivent être à environ 0m,80 les uns des autres. Dans les temps de sécheresse, il convient de faire un ou deux arrosages à chaque pied, le lendemain ou le surlendemain de la plantation. Lorsque le sol a été considérablement piétiné pendant le repiquage, on doit donner immédiatement un premier binage. Trois semaines ou un mois plus tard, suivant la crue des mauvaises herbes, on donnera un second binage, léger pour les choux pommés, mais énergique pour les choux feuillus.

On peut commencer la récolte des choux lorsque les feuilles inférieures viennent à jaunir. Les choux verts se cueillent au fur et à mesure des besoins, mais les choux pommés doivent toujours être récoltés avant l'hiver. Ces derniers se conservent mal. Il est cependant un moyen qui, sans offrir une garantie de longue durée, permet de les garder pendant un ou deux mois après la récolte. Pour cela, dit M. Jules Rieffel, on choisit une plate-bande de jardin bien nivelée, adossée à un mur, et on la couvre de paille. Au fur et à mesure qu'arrivent les voitures chargées, plusieurs ouvriers arrachent toutes les feuilles extérieures bonnes ou mauvaises; ils écartent aussi toutes les têtes défectueuses, et on fait de tout cela un tas pour la consommation des bestiaux. Les plus beaux plants sont rangés avec soin, la tête renversée, la racine en l'air, par huit ou dix de file, le long de la plate-bande. Le tout est ensuite recouvert avec de la paille et des feuilles, que l'on consolide avec quelques planches mises par-dessus. Cette couche, très peu épaisse, est dépassée par la plupart des racines qui restent à l'air; on cherche seulement à cacher complètement les feuilles, de manière à les préserver de la neige et des gelées blanches.

Le rendement des choux ainsi cultivés peut être évalué à 40,000 kilogrammes par hectare.

LA RAVE

La *rave brassica rapa* est une variété de chou qui a la plus grande analogie avec le navet. Ces deux races ont de nombreux caractères communs.

Les raves se distinguent cependant des navets par leur racine aplatie dans le sens de la longueur, atteignant communément 0m,10 de diamètre et souvent bien davantage, moins ferme, moins savoureuse, mais aussi moins sujette à prendre le goût âcre, amer et désagréable qu'on remarque souvent dans les navets. Cette racine est charnue, ordinairement blanche et d'une saveur caractéristique; mais, lorsque la plante commence à monter en graine, cette chair devient sèche, comme membraneuse, puis filandreuse, enfin se creuse et finit par perdre toute sa saveur.

La culture des raves remonte à une haute antiquité; elle était pratiquée chez les Grecs et les Romains. Olivier de Serres dit que depuis un temps immémorial on les cultivait en grand dans le Limousin, l'Auvergne et la Savoie. Cette observation pourrait s'appliquer aussi à l'Allemagne, à la Suisse et à l'Espagne. Toutefois, c'est seulement dans le cours du siècle dernier que la rave a été appréciée suivant son mérite, et que sa culture s'est répandue dans la majeure partie de l'Europe, notamment en Angleterre.

Il n'est pas étonnant qu'une plante cultivée aussi anciennement ait donné naissance à de nombreuse variétés. Nous citerons seulement les principales : *commune*, dont la couleur est d'un blanc sale ; à *collet vert*, à *collet rougeâtre*, *large plate*, *grosse ronde*, *petite ronde*, *turbinée* aplatie en dessus et allongée en dessous; *jaune*, *noirâtre*, dite aussi de Mende ou des Cévennes, et que Rozier regarde comme la meilleure; *hâtive*, *jaune de Hollande*, *rouge de Hollande*, *turneps*, etc.

Les raves préfèrent une terre légère et fraîche ; toutefois, elles viennent assez bien dans les terres fortes; mais les sols granitiques sont ceux qui leur conviennent par-dessus tout. Quand la terre est très fertile ou trop fumée, elles produisent beaucoup de feuilles, ou détruisent de la racine, qui d'ailleurs prend facilement la mauvaise odeur de certains engrais. Elles craignent également l'excès de sécheresse et d'humidité, et si, dans le premier cas, elles ont une saveur trop forte, dans l'autre, elles en ont trop peu.

Dans les jardins, les semis de raves se succèdent pendant toute l'année; au commencement de mars, ce sont les variétés hâtives destinées à être consommées dans le cours de l'été; c'est vers la fin de cette saison que l'on sème les raves qui doivent rester en terre pendant l'hiver. En général, toutes les variétés se sèment à la volée et fort claire, et la graine est couverte aussi peu que possible par un coup de râteau. Cette opération, dans la petite culture, doit être suivie d'un arrosage qu'on réitère plus tard s'il y a lieu.

Dès que les raves ont levé et qu'elles ont échappé aux ravages des nombreux insectes qui les attaquent, quand les jeunes plants ont quatre ou cinq feuilles, on donne un sarclage, on éclaircit là où les plants sont trop rapprochés, et on utilise ceux qu'on arrache, en les repiquant aux places où il en manque; quinze jours après, on donne un léger binage qu'on réitère un mois plus tard en même temps qu'on arrache les pieds échappés à la première éclaircie et ceux qui font mine de monter. Lorsque les raves sont destinées à la consommation journalière, on peut les récolter dès qu'elles ont atteint la grosseur du doigt, mais celles que l'on veut conserver pour l'hiver ne seront arrachées qu'aux approches des froids, quand les pluies persistantes feront craindre la pourriture. Pour empêcher qu'elles ne montent en graine, on enlève de temps en temps quelques feuilles à la base, mais l'effeuillage ne doit avoir lieu qu'à la veille de la récolte. Celle-ci se fait à la pioche ou à la charrue, quand les racines ont été enlevées; on les laisse pendant deux ou trois jours, si le temps est beau, étalées sur le sol, pour les faire ressuyer un peu; puis on les porte à la grange, pour les conserver en cave, en cellier, en fosse ou en silo. La culture et la récolte des porte-graines se fait dans un endroit rapproché de l'habitation et d'après le mode ordinaire.

Les raves, surtout dans certaines contrées, jouent un rôle assez important dans l'alimentation de l'homme; elles sont peu nutritives, mais de digestion facile. On les mange cuites avec de la viande ou assaisonnées à la graisse ou au beurre. Quelques variétés peuvent avantageusement soutenir la comparaison avec les meilleurs navets. On les cultive beaucoup dans certains pays pour la nourriture et l'engraissement du bœuf, des moutons et des cochons; mais il est bon de les faire cuire, ou de les mélanger avec des fourrages secs ou des graines farineuses. On les donne aussi aux oiseaux dans les basses-cours. Les graines conviennent beaucoup pour ce dernier usage; quelquefois on cultive les raves comme plantes oléagineuses. Les feuilles se mangent en salade ou comme les épinards.

TURNEPS

Le turneps, appelé aussi rabioule ou grosse rave, est une variété de chou, navet, à racine renflée, charnue, déprimée, en partie hors de terre, couverte d'une peau blanche, légèrement colorée en vert au collet; sa chair est blanche, tendre, peu compacte, comme spongieuse, sucrée. Cette plante a des feuilles assez volumineuses. Elle est rustique, résiste très bien au froid, et sa maturité est assez hâtive, aussi convient-elle particulièrement pour les semis tardifs en culture dérobée. Son produit est d'ailleurs abondant et de bonne qualité. Elle demande une terre bien préparée, bien nettoyée des mauvaises herbes et surtout bien fumée. On la cultive beaucoup dans les contrées du nord, surtout en Angleterre, où elle sert à la nourriture de l'homme et des animaux domestiques. Il n'est pas rare d'en voir qui atteignent deux pieds de tour et le poids de 10 kilogrammes.

La culture du turneps est très peu dispendieuse et a un double avantage, en ce que cette plante sert à nourrir le bétail non seulement par sa racine, mais encore par ses feuilles, qui suppléent au fourrage pendant l'hiver. Elle se plaît dans les terres légères qu'elle divise et qu'elle prépare très bien pour la culture du froment. On la sème ordinairement en juin; on arrache les racines au mois d'octobre et on les garde pour l'hiver, saison où la pénurie d'herbe force de mettre les bestiaux au sec. Si l'on sème en août, les feuilles et les racines sont bonnes pour la fin de l'hiver; ces dernières sont même plus grosses et meilleures que celles qui proviennent des semis hâtifs. Enfin, le turneps est aussi très nourrissant pour l'homme.

En Angleterre, tout le monde cultive le turneps et on réserve pour cette culture la majeure partie du fumier recueilli dans la ferme. On sème à la volée. Cette culture n'a pas seulement pour but le profit direct; elle épargne les frais d'une jachère, permet de nourrir plus de bestiaux, d'obtenir plus de fumier, d'engraisser et d'amender le sol par les fragments de racines qui y restent et par les binages d'été qu'on lui donne.

Comme les frais de transport sont très élevés, il y a tout avantage à faire pâturer les turneps sur place par les moutons, et c'est ce qu'on fait surtout dans les terrains secs, mais, dans les sols humides, il est bon de les arracher. Cette cherté du transport empêche l'exportation du turneps et fait que son prix de vente est toujours inférieur à sa valeur réelle.

LE RUTABAGA OU NAVET DE SUÈDE

Le *rutabaga,* variété de navet appelée aussi *navet de Suède* à cause de son origine, est une plante bisannuelle, à racine ronde ou oblongue, renflée, à chair compacte et jaunâtre. La tige et les feuilles ont à peu près l'apparence du colza.

Le rutabaga a été introduit en France par de Lasteyrie; ce sont les trappistes de la Meilleraye qui l'ont fait connaître en Bretagne, où on le cultive aujourd'hui sur une grande échelle.

Il en existe trois variétés :

Le *rutabaga à collet vert,* caractérisé par la couleur verte de son collet et la forme arrondie de sa racine;

Le *rutabaga de Skirving,* également à collet vert, mais plus aplati que le précédent, presque hémisphérique, à racine très compacte et sortant généralement de terre;

Le *rutabaga de Laing,* à collet violet, à racine sphérique et très volumineuse, à feuilles horizontales.

Les rutabagas sont des végétaux très robustes, qui peuvent sans inconvénient être soumis à un froid de plusieurs degrés au-dessous de zéro. Ils continuent même à végéter et à s'accroître pendant l'hiver. Ils peuvent être cultivés dans des terres assez pauvres et réussissent très bien dans les sols à bruyères et ajoncs nouvellement défrichés. C'est là la cause du succès de leur culture en Bretagne.

La préparation du sol dans lequel on veut cultiver cette plante nécessite cependant beaucoup de soins. On doit faire à l'automne un premier labour très profond, puis un second après les gelées, puis un troisième et même, quand le terrain est compact, un quatrième. On termine par un roulage ou un hersage, suivant les cas. Cette préparation du sol est fort importante pour le succès de cette culture, qui ne réussit que dans des terrains bien ameublis. En revanche, cette variété de navet donne dans des terres peu fertiles un rendement bien supérieur à celui des autres variétés. En général, pour obtenir une récolte d'un certain poids de rutabagas, on n'ajoute au sol qu'une quantité de fumier ou d'engrais qui n'est que la moitié de la quantité nécessaire pour récolter le même poids de navets ordinaires.

Le rutabaga peut être semé sur place ou en pépinière. La coutume, en France, est de suivre cette dernière méthode. Pour semer sur place, on se sert d'un semoir et on espace de $0^{m},60$ environ; l'ensemencement se fait pendant le mois de juin et au commencement de juillet. En pépinière on sème beaucoup plus tôt, vers février ou mars; le plant est éclairci et sarclé à plusieurs reprises, enfin, la transplantation est faite pendant le mois de juin, autant que possible dans un terrain très récemment façonné; les jeunes plants sont tenus espacés de telle manière qu'un hectare en renferme de 35,000 à 40,000. En septembre, les racines sont déjà grosses; on les butte avec une charrue à deux versoirs; cette opération facilite l'écoulement des eaux en même temps qu'elle rend meilleures les conditions de la racine et favorise le développement de celle-ci. En octobre,

Fig. 210. — UNE FERME EN RUSSIE.

on pratique un premier effeuillage, que l'on borne aux deux où trois premières feuilles. La récolte de la racine se fait à des époques différentes dans les pays tempérés et dans les pays très froids; dans les premiers, la racine peut sans inconvénient passer l'hiver en terre, où, comme nous l'avons dit, elle continue à s'accroître; dans les seconds, l'arrachage a lieu en novembre. On le fait précéder d'un effeuillage complet. Les racines sont conservées en meules, ou dans des caves très aérées.

Cette culture est très productive, beaucoup plus encore que celle des autres navets; elle fournit de 40,000 à 50,000 kilogrammes par hectare de racines; quant aux effeuillages, on admet d'ordinaire qu'ils donnent en feuilles un poids qui est à peu près le tiers du précédent, ce qui porte la récolte à 60,000 kilogrammes environ. Or, ces produits sont très riches en parties nutritives.

D'après M. Boussingault, la racine renferme environ 0gr,15 0/0 d'azote et 90 grammes 0/0 d'eau. D'après M. de Gasparin, les feuilles renferment 2gr,8 0/0 d'azote. En admettant ces chiffres, on trouve pour la récolte de 60,000 kilogrammes précédemment indiquée un rendement de 109kg,500 d'azote, rendement supérieur à celui du navet ou du turneps. Les praticiens admettent que, si on représente par le coefficient 550 la valeur nutritive de la plante qui nous occupe, celle des navets et des turneps sera représentée par 450 seulement. En résumé, en ne prenant que les racines, une récolte de *navets* qui est en moyenne de 30,000 kilogrammes correspond à une récolte de 6,666 kilogrammes de foin fané, tandis que la récolte de *rutabagas* obtenue sur le même terrain s'élève à 45,000 kilogrammes, correspondant à 8,181 kilogrammes de foin fané. Si on ajoute que les feuilles sont aussi nutritives que celles du chou, beaucoup plus nutritives, par conséquent, que celles du navet, on est amené à conclure que la culture du rutabaga doit être plus profitable que celle de ce dernier.

Une particularité qui n'est pas indifférente est que les animaux recherchent avec avidité les feuilles de rutabaga; de plus, cette nourriture paraît contribuer spécialement au développement des muscles et augmenter par conséquent la production en viande.

Il est donc à désirer que la culture du rutabaga se répande de plus en plus. Cette plante robuste et productive peut être fort avantageuse pour les cultivateurs; cultivée avec les navets et les turneps, elle résistera dans beaucoup de cas à des influences climatériques qui compromettraient au contraire la récolte de ceux-ci.

L'ennemi acharné du rutabaga est l'*altise*, petit insecte coléoptère qui a la singulière propriété de sauter comme les puces et qui, d'ailleurs, s'attaque à toutes les crucifères. L'altise attaque la plante dès que ses cotylédons commencent à sortir de terre; ses ravages peuvent compromettre gravement le sort de la récolte. On a indiqué pour s'en débarrasser l'usage des cendres. Voici comment on opère. Le matin, lorsque le jeune plant est couvert de rosée, on saupoudre les feuilles de cendres non lessivées, de telle manière que les feuilles soient aussi exactement couvertes que possible. A la faveur de l'eau, la poussière adhère à la plante, qui dès lors cesse d'être attaquée par les pucerons. On ne tardera pas à voir ceux-ci disparaître.

BROCOLI

Le brocoli, dont le nom est italien, sert à désigner une variété particulière de chou-fleur originaire d'Italie nommée par les botanistes *brossica botrytis cymosa.*

Cette variété se distingue du chou-fleur proprement dit par ses feuilles plus nombreuses, plus courtes, ondulées et comme frisées, du moins celles qui avoisinent la pomme. Celle-ci est fine et serrée, et dans les bonnes variétés blanches elle ne se distingue pas de celle des choux-fleurs ; dans les variétés violettes, elle est ordinairement petite, et le grain (boutons de la fleur) en est gros et un peu serré. Le brocoli est fréquemment cultivé en Italie, où on en fait une grande consommation ; il a été importé en France dans le XVIIe siècle. Ses variétés sont très nombreuses ; il en est trois qui méritent une mention spéciale.

Le *brocoli blanc hâtif* a une pomme blanche, semblable à celle du chou-fleur, grosse et bien faite ; elle se forme vite et se conserve longtemps sans se désagréger. On en distingue plusieurs sous-variétés.

Le *brocoli blanc Mammouth* est une plante naine, trapue, rustique, tardive, à pomme blanche et très grosse, paraissant trois semaines après celle du précédent. Il nous vient d'Angleterre, où l'on cultive aussi, disent MM. Vilmorin, un très grand nombre de variétés à pommes blanches, jaunâtres ou vertes, dont aucune ne parait préférable, du moins sous notre climat, au brocoli blanc hâtif.

Le *brocoli violet* a le pied très haut, le pétiole des feuilles violet rougeâtre, ainsi que la côte médiane, la pomme violette ou violet verdâtre, le plus souvent mamelonnée ou divisée, le grain très gros. Cette variété est très précoce.

Le brocoli se cultive comme le chou-fleur ; on le sème ordinairement en mai et en juin. Aux approches du froid, on butte les brocolis dans le nord, comme on fait pour les cardons ou les céleris. On obtient ainsi des pommes bonnes à manger à la fin de l'hiver ou au commencement du printemps.

Le brocoli violet nain, semé en mai ou juin, pomme dès l'automne suivant ; semé sur couche et sous cloche en février et mars, il donne sa pomme au milieu de l'été.

En général, la pomme du brocoli est tendre, bien parfumée, et constitue un manger délicat.

Cette plante donne encore un grand nombre de jets latéraux, charnus, que l'on a soin de recueillir, et qui sont estimés comme aliment.

LE PANAIS

Les panais *pastinaca*, de la famille des ombellifères, sont des plantes herbacées vivaces ou bisannuelles, dont les feuilles alternes sont simples ou ailées, dentées incisées ; les fleurs sont petites, jaunes, disposées en ombelles composées, à involucre uni ou formé de quelques folioles caduques; la racine est charnue et fusiforme.

Le *panais cultivé*, vulgairement *pastenade, pastenaille blanche, grand chervi*, est une plante bisannuelle dont la racine blanchâtre ou jaunâtre a une saveur à la fois aromatique et sucrée; la tige, haute de 1 mètre, est rameuse, cannelée, fistuleuse et munie de feuilles ailées pubescentes; la plante, qui à l'état sauvage a ses feuilles velues, devient glabre par la culture; la racine se développe davantage et devient tendre; ainsi améliorée, elle donne un aliment très nutritif et prend rang parmi les bonnes plantes potagères.

Le panais donne 12 0/0 de sucre; les bestiaux et surtout les cochons s'en nourrissent avec plaisir et on le leur donne cru ou cuit; l'usage de sa racine augmente la sécrétion lactée chez les vaches laitières; le lait est plus savoureux, la crème est épaisse, le beurre est jaune et d'un goût exquis.

Dans quelques contrées et notamment en Bretagne, dans les arrondissements de Morlaix et de Brest, on a mis à profit cette observation et on cultive le panais comme plante fourragère d'autant plus utile que, l'hiver, elle peut braver le froid et rester sur place.

Le panais croît naturellement dans les parties moyennes de l'Europe, dans la région méditerranéenne, le Caucase, l'Asie moyenne et méridionale. On en connaît trois variétés : le long, le rond et le sauvage. Dans les champs, on ne cultive que le long; les deux autres le sont dans les jardins, et c'est le rond qui a la préférence, étant hâtif et s'enfonçant peu; il pourrait convenir dans les terres dont la couche est peu arabe, plus elles sont sèches et profondes, plus les produits sont beaux et abondants; il aime un terrain frais, substantiel et ferme

On cultive le panais comme la carotte ; la terre doit être remuée profondément et convenablement ameublie. Sa graine, qui n'est bonne que pendant un an, se sème à l'automne et plus souvent au printemps, plutôt à la volée qu'en rayons ; la quantité de semence par hectare varie suivant qu'on veut obtenir des racines grosses ou moyennes; dans le premier cas on sème clair, dans le second plus épais, et alors la récolte est plus abondante; on enterre les graines avec le râteau, et, si on le peut, sous une légère couche de terreau. Quant le plan est levé, on procède à l'éclaircie et à un premier sarclage; on fait des arrosements utiles suivant que le temps est plus ou moins sec, puis deux ou trois autres sarclages s'il en est besoin. La graine doit être choisie parmi celles qui sont arrivées à maturité complète, ce qu'on reconnaît à leur vilain aspect; elles sont ridées et dures.

En France, en Allemagne, en Angleterre, on cultive le panais en grand, comme plante fourragère, et on en retire de bons profits; le rendement moyen d'un semis de panais est de 13,500 kilogrammes de racines par hectare.

On peut commencer à arracher les racines en juin et juillet, mais ce n'est qu'en septembre qu'elles ont acquis toute leur qualité ; on conserve pour graines une certaine quantité de pieds qu'on choisit parmi les plus beaux.

Dans le Nord, c'est vers la fin de novembre que se fait la récolte des racines ; on fait d'abord consommer les feuilles. L'usage des panais crus, surtout l'hiver, quand ils sont gelés, cause parfois aux bestiaux des indigestions mortelles. Chez le cheval, auquel il sert d'avoine à cause de ses propriétés un peu excitantes, il peut causer des ophthalmies assez aiguës, qui réclament des collyres adoucissants et calmants ; quand cet animal s'en dégoûte, on lui donne les panais cuits, et alors il s'en accommode bien.

En Orient, surtout près d'Alger, on cultive comme plante fourragère le *panais sekakul*, plante bisannuelle à tige rameuse, à feuilles ailées et pubescentes, qui n'a que des involucres à deux folioles et dont les fruits sont ovales.

La consommation de sa racine est considérable ; pour les Orientaux, c'est un aliment très apprécié.

LES RADIS

Le mot radis est le nom vulgaire de quelques espèces de crucifères à racines comestibles.

Les radis *raphanus* sont des plantes annuelles ou bisannuelles, en général plus ou moins velues ou hispides, à feuilles inférieures très découpées, pennatifides, les supérieures presque entières, oblongues, incisées ou dentées. Les fleurs blanches, jaunâtres ou violettes, marquées de veines plus foncées, sont réunies en grappes terminales et présentent les caractères généraux des crucifères. Le fruit est une silique indéhiscente, oblongue ou linéaire, renflée ou moniliforme, spongieuse, charnue, partagée transversalement en plusieurs articles arrondis, dont chacun renferme une graine globuleuse. Les espèces peu nombreuses de ce genre habitent pour la plupart les régions tempérées de l'ancien continent, et plusieurs d'entre elles nous intéressent à des titres divers.

Le *radis commun* ou *radis cultivé*, appelé aussi quelquefois *raifort* ou *rave* est une plante annuelle ou bisannuelle, à tige haute de 0m,40 à 0,m80, dressée, rameuse, glabre ou plus ou moins hérissée, ainsi que les feuilles, et à fleurs blanches ou violettes, veinées de violet foncé; la silique est ventrue, presque vésiculeuse, glabre, terminée en bec conique. La racine, renflée et charnue, varie beaucoup pour le volume, la forme, la couleur, la consistance et la saveur de la chair.

On reconnaît à cet égard deux types principaux : le *radis ordinaire* et le *radis noir*, que plusieurs auteurs ont élevés au rang d'espèces distinctes.

Le radis proprement dit, appelé aussi *ravette* ou *petite rave*, est caractérisé par sa racine petite, à chair blanche, tendre, de saveur piquante, à peau blanche, jaune, rose ou violette, et par sa graine d'un jaune gris rougeâtre. Il présente d'assez nombreuses variétés, dont les principales sont : le radis rond, rose ou saumoné, presque sphérique, hâtif, rond rose hâtif, plus précoce que le précédent, bon pour les semis sur couche, mais difficile à botteler; demi-long rose, cylindrique ou allongé en forme d'olive, très hâtif, préféré par les jardiniers de Paris pour les semis sur couche; demi-long rose de Vaugirard, plus mince, et plus allongé que le précédent, précoce, très tendre, d'excellente qualité, très estimé sur le marché de Paris; demi-long écarlate, fusiforme, hâtif, moins sujet à se creuser que les précédents et préférable pour les semis d'été; demi-long blanc, cylindrique, hâtif; rond blanc, un peu plus doux, mais plus tardif que le rond rose; rond blanc hâtif, plus petit et moins précoce que le rond rose hâtif; rond violet, un peu plus tardif que le rond rose, rond violet hâtif, moins précoce que le rond rose hâtif; jaune hâtif, presque sphérique; à peau fine, à chair compacte et assez piquante, plus tardif que le rond rose; jaune d'été ou roux, assez semblable au précédent; gris d'été rond, presque sphérique à peau un peu rugueuse, à chair piquante, demi-tardif; gris d'été oblond, un peu plus allongé, etc.

Ces dernières variétés forment le passage à un groupe qu'on a désigné sous le nom impropre de *raves*, bien qu'elles n'aient rien de commun avec les véritables raves qui appartiennent au genre *brassica* (*chou*). Nous noterons ici la rave rose ou saumonée, très longue, assez tendre et cassante, un peu tardive, moins piquante que le radis rond rose; rose à collet court, meilleure et plus précoce; violette, même qualité que la rose; violette hâtive, un peu plus petite; blanche à collet vert, blanche à collet violet, ne différant de la rose que par la couleur; tortillée du Mans, très allongée, presque cylindrique, ordinairement contournée irrégulièrement ou en tire-bouchon, à peau blanche, lisse, à chair peu serrée, piquante.

Le *radis noir*, vulgairement nommé *raifort*, est caractérisé par sa racine volumineuse, ordinairement noire, à chair très ferme, de saveur très piquante et même âcre. Il présente les variétés suivantes : radis noir hâtif, presque sphérique, à peau rugueuse, d'un noir foncé, terne, à chair serrée et de saveur piquante; noir d'hiver rond (raifort d'hiver ou de Strasbourg), allongé, presque cylindrique, plus piquant que le précédent, très tardif; noir d'hiver, long, plus allongé, en forme de carotte; violet d'hiver, presque sphérique, à peau légèrement rugueuse, noir violacé, à chair serrée et piquante, très tardif; blanc d'Augsbourg ou d'automne, cylindro-conique, à peau légèrement rugueuse, blanche, à chair très piquante, très tardif. On peut encore rattacher à ce type le radis rose d'hiver, de Chine, à saveur moins piquante, ainsi que ses variétés violette et blanche.

Tous ces radis sont plus ou moins cultivés dans nos jadins potagers. On les sème en pleine terre, à la volée en échelonnant les semis depuis mars jusqu'en août. A mesure que la température s'élève, les bassinages doivent être de plus en plus fréquents. Ainsi traités, ils végètent rapidement et on peut les récolter vingt-cinq jours après le semis, ce qui permet d'utiliser les planches momentanément sans emploi. On peut même faire un dernier semis en septembre, sur ados, sauf à la recouvrir avec des paillassons s'il survient des nuits froides, et on récolte en novembre ou au commencement de décembre. Les radis noirs et autres variétés à grosses racines se sèment depuis la fin d'avril jusqu'au commencement de juillet; on éclaircit et on arrose par les grandes chaleurs. On arrache avant les gelées ceux qu'on destine aux provisions d'hiver et on les met en jauge après en avoir supprimé les feuilles. Pour la culture forcée, on sème en décembre, sous châssis, sur des couches déjà occupées par d'autres légumes; on peut encore semer en février, non plus sous châssis, mais sur couches abritées par de simples paillassons La culture des porte-graines n'offre rien de particulier.

Les usages culinaires des radis sont connus; c'est un hors-d'œuvre apprécié quand ils sont jeunes et tendres; les feuilles développées se consomment crues en salade dans certains pays, d'autres fois on les fait cuire, en guise d'épinards.

On extrait des racines de ces plantes et surtout de celles du radis noir, une fécule analogue à celle du manioc, et de leurs graines une huile grasse, de très bonne qualité, tandis que les racines renferment une huile essentiellement âcre et piquante; mais ces derniers produits sont peu usités.

Nous devons dire ici quelques mots d'une espèce ou d'une variété dont on a beaucoup parlé dans ces derniers temps.

Le *radis de Madras*, appelé aussi *radis à queue* ou *à silique comestible*, est une plante annuelle, qui par son port et son aspect rappelle beaucoup nos radis ordinaires. Elle a été signalée par M. Courtois-Gérard au jardin botanique d'Edimbourg, où on la regardait comme le *radis à queue* de Linné. Néanmoins, quelques botanistes la regardent comme une simple variété du radis commun, très voisine du radis noir. Elle se cultive de la même manière; sa racine est comestible. Mais, ce qui caractérise surtout cette plante, c'est la dimension considérable et la saveur piquante des siliques, qui, récoltées à un certain âge, peuvent remplacer les radis comme hors-d'œuvre ou bien encore être confites au sel ou au vinaigre, comme les cornichons; on les désigne quelquefois sous le nom de *mougris*.

Le *radis* sauvage, ou ravenelle, est une plante annuelle à racine grêle, à tige dressée, haute de $0^{m},30$ à $0^{m},60$ velue, hérissée, ainsi que les feuilles, à fleurs blanches ou jaunâtres, veinées de violet. Il est très commun dans les moissons, les lieux cultivés, les décombres, au voisinage des habitations, etc. Il devient souvent nuisible par son abondance et on fait bien de le détruire dans les cultures. Les moutons et les vaches le broutent, mais sans le rechercher. Quand ses graines sont mélangées au pain en trop grande abondance, elles produisent une cruelle maladie, assez analogue à l'ergotisme ou à la pellagre et qui consiste en contractions des muscles, convulsions et douleurs violentes périodiques.

M. Carrière a cherché à tirer parti de cette plante, en l'améliorant par des semis successifs, et il assure avoir obtenu, au bout de quelques générations de ces sélections, des racines grosses, charnues, comestibles, assez analogues à celles du radis noir et qu'il a nommées *raphanodes*.

Il existe encore d'autres espèces de radis dont la culture ne s'est pas encore emparée.

LES OIGNONS

L'oignon (*allium cepa*) est une plante de la famille des liliacées et a pour caractère : bulbe arrondie en ovale, très variable de forme, de grosseur et de couleur à tuniques internes charnues, à tuniques externes membraneuses rouges ou blanches; feuilles simples, cylindriques, creuses et pointues, au centre desquelles s'élève la tige ou hampe; cette hampe, également fistuleuse, haute d'environ

1 mètre, nue, renflée au milieu et terminée par une grosse houppe ou ombelle sphérique de fleurs blanches, verdâtres ou rosées.

L'oignon est sans contredit la plus importante des espèces d'ail, dont le nombre s'élève à environ 160. Il fait partie de la section à feuilles cylindriques creuses, avec l'échalote, la ciboule, la civette ou ciboulette, section qui a pour parallèle celle des aulx à feuilles planes, dont l'ail commun est le type et dont le poireau et la rocambole sont les principales espèces. On le dit originaire d'Égypte, mais il est probable que cette assertion n'est basée que sur la célébrité dont il a joui, dès la plus haute antiquité, dans ce pays, car il a toujours réussi dans tous les climats chauds et tempérés, et même dans les pays froids. On peut même attribuer aux diversités de culture auxquelles il a été soumis si longtemps, et aux diversités de climats et de terrains où on l'a fait prospérer, le grand nombre de ses variétés comme forme, grosseur, couleur, saveur, odeur, etc. C'est une plante vivace, en réalité bisannuelle dans nos potagers et connue de temps immémorial, dont les espèces cultivées de nos jours sont à peu près les mêmes que celles du temps passé.

L'oignon jouait autrefois un bien plus grand rôle qu'aujourd'hui dans l'alimentation; aussi a-t-il une histoire. En Égypte, où il était très abondant, il constituait, avec le pain, toute la nourriture des travailleurs, et on le distribuait comme salaire aux milliers d'esclaves ou de captifs que les pharaons employaient à leurs constructions colossales. Les Hébreux, réduits en captivité par les Égyptiens et condamnés aux plus rudes travaux, recevaient, eux aussi, des distributions d'oignons. Un humoriste, M. Fulbert Dumonteil, dit à ce propos : « Connaissez-vous la légende de l'oignon? Savez-vous pourquoi l'oignon qu'on épluche fait pleurer? On raconte que pendant leur captivité les Hébreux se rappelant les moutons de Judas, les chevreaux d'Israël et les belles génisses de la Galilée, arrosaient des larmes de l'exil l'invariable oignon d'Égypte dont les pharaons les nourrissaient. C'est depuis ce temps-là que l'oignon qu'on dépouille rend les larmes dont il fut abreuvé par les Juifs. » Cependant ceux-ci regrettèrent l'oignon lorsqu'ils se trouvèrent dans le désert et n'eurent pour nourriture que la manne. De là vient la locution proverbiale « regretter les oignons d'Égypte ».

Nous venons de dire qu'on ignore la patrie de ce légume, que les anciens faisaient entrer, comme nous, dans leurs préparations culinaires, et qui constitue une nourriture des plus saines; nous savons seulement que, dans les contrées méridionales, il acquiert beaucoup plus de développement que dans celles du Nord, et que sa saveur y est beaucoup plus douce, en sorte qu'on peut beaucoup mieux l'y manger cru.

Disons immédiatement que les variétés les plus remarquables de l'oignon sont les suivantes :

1° L'*oignon d'Espagne :* bulbe très grosse et aplatie, d'un jaune soufre, à saveur douce;

2° L'*oignon rouge foncé,* à bulbe large de médiocre grosseur, très âcre, connu dans le Nord et en Belgique;

3° L'*oignon de mort* ou *rouge pâle,* l'un des plus répandus en France et des plus gros;

4° L'*oignon blanc de Nocéra* ou *de Florence*, commun en Italie, très hâtif, petit;

Fig. 211. — PAYSANS RUSSES.

5° L'*oignon d'Egypte*, qu'on appelle aussi l'*oignon vivipare* ou encore l'*oignon bulbifère*, dont l'ombelle produit de petites bulbes et dont la bulbe du pied est souvent énorme.

Culture. — Les climats et terrains humides sont défavorables à l'oignon. Ce légume demande un sol riche et bien ameubli; mais il n'est pas d'usage de le fumer directement; le plus souvent, on le sème dans une terre qui vient de produire un autre légume pour lequel on l'avait fortement fumée; tout le monde sait, par exemple, que les oignons se plaisent à la suite des choux, des pois, des haricots ou d'autres plantes potagères. Dans le cas cependant où on leur consacre une fumure, on s'y prend dès l'automne afin que l'engrais ait le temps de se consommer. Au printemps, la culture des oignons n'admet que le terreau en couverture sur le semis. Après la levée, on peut répandre sur les planches quelques poignées de colombine sèche en poudre, ou du guano, ou de la poudrette, ou de l'engrais de poisson, ou un mélange de cendres et de suie; l'essentiel, c'est de ne jamais se servir de fumier frais.

La terre destinée à l'oignon sera labourée profondément avant l'hiver et ne recevra plus ensuite qu'un coup de bêche superficiel, huit ou quinze jours avant l'époque du semis. On ne doit jamais semer sur labour frais, ni sur fumure fraîche; l'oignon hait le fumier et il *graisse*, disent les jardiniers, lorsque la terre en contient qui n'est pas très bien consommé. Le sol naturel à l'oignon paraît être un sable gras et humide, ou des terres légères et fraîches. Dans des terres de ce genre, situées sous un climat très chaud, l'oignon atteint des dimensions colossales. En Egypte, on en rencontre fréquemment qui ne mesurent pas moins de 1 pied de diamètre. Les terres argileuses trop peu ou trop humides, les terrains caillouteux, les sables purs ne conviennent pas à l'oignon; le fumier lui communique un goût âcre et désagréable.

Le semis de l'oignon n'a pas d'époque fixe; autrefois, à Paris, les maraîchers se rendaient esclaves d'une date et faisaient leurs premiers semis d'oignons à la Saint-Antoine, le 17 janvier. Dans le nord de la France et en Belgique, les horticulteurs s'assujettissent également à une date, qui varie selon la contrée, disant qu'à cette date il faut semer l'oignon, lors même qu'on devrait faire le semis sur la neige. Quoi de plus absurde? Cette date doit varier suivant les climats, les terrains, les années, et il est naturel qu'elle varie aussi suivant les habitudes. En France, quand le temps le permet, il faut commencer les semis vers le milieu de février, les continuer jusqu'au 15 mars dans les environs de Paris, et les prolonger jusqu'à la première quinzaine d'avril plus au Nord. Dans l'est et le sud-est de la France, on est dans l'habitude de semer en pépinières et de repiquer ensuite, procédé qui donne d'excellents résultats, surtout dans les terres fortes. Dans le nord, au contraire, on sème en place ou à demeure. Dans les Ardennes, à diverses reprises, on a essayé de transplanter les petits oignons de printemps; mais on a dû y renoncer, les produits étant constamment chétifs.

Avant de semer, on gratte la surface des planches ou des carrés avec le râteau de fer, on sème à la volée et on enterre avec le râteau de bois. Si la terre semble trop meuble, on enterre la graine en piétinant, et l'on recouvre avec du terreau et de la bonne terre bien divisée. Quelquefois, on sème en lignes, pour faciliter les sarclages et les binages; alors, les lignes sont tracées au cordeau, à $0^m,15$

l'une de l'autre; on ouvre des rigoles avec des perchettes de la grosseur d'un manche à balai, que l'on couche à terre, aux places marquées, et sur lesquelles on marche. On répand la graine dans les rigoles ainsi obtenues, et on la recouvre à l'aide d'un dos de râteau. Au bout de trois semaines environ, les oignons lèvent et il ne reste plus qu'à les sarcler et à les mouiller en temps sec, et plus tard à les éclaircir, de façon à laisser entre eux des intervalles de 0m,08 à 0m,09. A moins d'une forte sécheresse, on n'arrose plus les oignons dès qu'ils commencent à tourner. Dans les climats humides et dans les terrains frais, beaucoup de personnes ne les arrosent jamais et font bien; les produits ne s'en conservent que mieux.

Quand les oignons ont presque atteint leur grosseur ordinaire, il est d'usage d'abattre leurs fanes avec le dos du râteau, ou en les tordant avec la main, ou bien encore en roulant sur les planches une petite futaille vide. Le changement de couleur des feuilles et la sortie de la bulbe de terre annoncent la prochaine maturité; la dessiccation de la feuille et du pied est le signe que cette maturité est complète. Alors, vers la fin d'août ou en septembre, on arrache les bulbes, on coupe les fanes à 0m,05 ou à 0m,06, et on laisse les oignons éparpillés sur place pendant huit ou dix jours, exposés au soleil, pour les faire un peu sécher. Ensuite on les nettoie des restes de leurs racines, des pellicules inutiles et on les porte au grenier sur un lit de paille sèche. On les remue tous les quinze jours ou tous les mois afin de les aérer et d'enlever les bulbes qui peuvent s'être gâtés. On ne doit jamais toucher aux oignons gelés, sous peine de les voir pourrir; ils se rétablissent d'eux-mêmes.

Pendant les grands froids, on recouvre ordinairement le tas d'oignons avec de la paille ou une couverture de laine. Les cultivateurs les plus industrieux forment, par le moyen des fanes et des brins de paille, des chaînes d'oignons qu'ils suspendent en lieu sec, et principalement aux poutrelles des cuisines; ils s'y conservent mieux que partout ailleurs. Les petits oignons et ceux que l'on doit consommer les premiers s'étendent sur le plancher ou, mieux, sur des claies. On ne mélange pas ordinairement les oignons de différentes récoltes, parce que ceux de la première se gardent mieux que ceux de la seconde. Ceux de la troisième doivent être consommés les premiers, comme se conservant le moins.

Pour faire de la graine d'oignon, on prend, aussitôt que les fortes gelées ne sont plus à craindre, quelques belles bulbes et on les plante à bonne exposition. Bientôt les tiges s'élèvent; on les soutient délicatement à l'aide de tuteurs; puis, la graine étant mûre, ce qui arrive en août ou septembre et ce que l'on constate à l'inspection des capsules qui s'ouvrent, on coupe les têtes florales, on les réunit en bottes et on les fait sécher soit à l'ombre, soit au soleil. Enfin, on les égraine entre les mains. Il se trouve toujours une partie de la graine qui est mauvaise; on la reconnaît à sa couleur pâle et à sa légèreté. La graine d'oignon se conserve deux ans et très difficilement trois.

Les ennemis de l'oignon sont : 1° le petit ver blanc qui attaque la racine des choux et que les maraîchers de Paris appellent *guillot;* 2° la teigne de l'oignon, dont la chenille se montre en septembre et octobre et nuit aux semis et aux repiquages d'arrière-saison; elle attaque la feuille des oignons comme celle des poireaux.

Les principes que l'analyse chimique a trouvés dans l'oignon sont les suivants :

Huile blanche, âcre, volatile et odorante.

Soufre qui, uni à l'huile, la rend fétide.

Sucre incristallisable en très grande quantité.

Mucilage analogue à la gomme arabique.

Matière végéto-animale, coagulable par la chaleur, analogue au gluten.

Acide phosphorique, en partie libre, en partie combiné avec de la chaux.

Chaux.

Acide acétique.

Nitrate calcaire, en petite quantité.

Matière fibreuse très tendre.

Principales variétés d'oignons. — Il nous reste à passer en revue les principales variétés de l'oignon. En donner la nomenclature complète serait impossible; nous nous bornerons à celles qui sont cultivées dans nos contrées, après avoir fait observer, en général, que si les oignons du Midi sont plus beaux que ceux du Nord, ils sont aussi plus aqueux, se gardent moins bien, et que les graines méridionales, semées dans le climat de Paris, sont sujettes à produire des bulbes molles, sans solidité et qui se gâtent avant qu'on puisse même les utiliser.

Oignon rouge. C'est une excellente variété. Sa nuance varie jusqu'au violet; sa forme est un peu oblongue; il est d'un goût fort et de bonne garde; c'est celui qui réussit le mieux dans les terres fortes. On le sème en même temps que le *pâle*, dont nous allons parler. Quelques écrivains le considèrent comme type de l'espèce oignon. On le trouve dans le nord de la France et en Belgique, plus que partout ailleurs.

Oignon pâle. C'est le plus répandu, le plus avantageux et le plus utile. Il se reconnaît à sa teinte rouge pâle, tirant sur le jaune; il est de bonne grosseur, aplati, très ferme et se conserve mieux que tout autre; sa rusticité le fait réussir en tout terrain. On le nomme aussi *oignon de Niort*.

Oignon petit rouge foncé. Il est assez sphérique, recherché, comme le *rouge*, dans le Nord et en Belgique, et de très longue garde.

Oignon jaune. Il est encore plus pâle que l'*oignon pâle;* il en diffère peu pour les qualités, est très estimé et se conserve bien; il est encore connu sous les noms d'*oignon blond*, *des Vertus*, d'*oignon jaune paille*. Il est gros, large et aplati.

Oignon blanc ordinaire ou *grosse espèce*. Il se sème ordinairement en automne, parce qu'il supporte mieux le froid que les autres. C'est un gros oignon, de forme aplatie, de moyenne garde et craignant peu les gelées. La saveur en est moins piquante que celle de l'*oignon rouge*.

Oignon blanc hâtif de Paris. Variété du précédent, plus précoce et d'un moindre volume, bon pour les conserves au vinaigre. Il se sème ordinairement à la fin d'août ou en septembre, ou encore de la fin de janvier au commencement de février. On obtient, au reste, de petits oignons hâtifs avec toutes les autres espèces, en semant très dru et n'arrosant presque pas. Les petits oignons ronds et fermes qui se trouvent en quantité sur les marchés de Paris proviennent presque tous des *grosses espèces* que l'on a traitées de cette manière. Mais la meilleure des espèces, comme précocité, est celle de *Danvers*, qui sera nommée plus loin.

Oignon blanc de Florence ou *de Nocera.* Le plus petit et le plus précoce de tous les *oignons.* Il se conserve peu, mais il est d'une douceur agréable. Comme il est délicat, on ne le sème que depuis février jusqu'en juillet, en renouvelant le semis, pour l'avoir toujours bon. Il dégénère promptement sous notre climat; aussi figure-t-il plus souvent dans les catalogues des grainetiers que dans les jardins.

Oignon blanc d'Espagne. Il est très gros et aplati; on le sème en février et en mars, en ayant soin de renouveler souvent les semences, que l'on fait venir d'Espagne, parce que, chez nous, il dégénère avec une grande rapidité et perd sa douceur. C'est celui que les méridionaux mangent cru. La variété rouge ne diffère de la blanche que par la couleur et par un peu moins de douceur. L'*oignon soufre d'Espagne* diffère peu de la variété blanche.

Oignon de Danvers. Il est originaire d'Amérique, jaunâtre, formant un peu la boule, très hâtif et méritant d'être répandu plus qu'il ne l'est.

Oignon piriforme ou *en forme de poire allongée.* C'est une race excellente et de très bonne garde, dont on a tiré des sous-variétés et de simples variantes, sous les noms d'*oignon James* et d'*oignon globe.*

Oignon de Madère ou *de Bellegarde.* C'est le plus gros des oignons connus, et il est très cultivé dans le Midi.

Oignon d'Égypte. Il est de qualité médiocre chez nous et de conservation difficile. On l'appelle aussi improprement l'*oignon rocambole.* On le reproduit si l'on veut avec les bulbilles de sa tige.

Fig. 212. — Poireau (*Allium porum*).

Oignon bulbifère. Il porte de petits oignons au lieu de fleurs, et ces petits oignons, mis en terre, en donnent plus promptement de gros que les semences. Cette variété a longtemps joui d'une grande réputation; mais elle n'est plus guère cultivée.

Oignons tapés. Ce sont ceux qui n'excèdent pas la grosseur d'une noix et dont on fait certains ragoûts, des matelotes par exemple. Ces petits oignons se vendent à la mesure; on les sème en avril, on les arrose fortement pendant le premier mois de leur naissance et on les abandonne ensuite à la sécheresse, qui les saisit brusquement et les empêche de se développer.

Le département du Tarn est celui de tous nos départements qui passe pour produire le plus d'oignons et les meilleurs. Les oignons de Lescure ont, dans tout le Midi, une réputation méritée.

AIL

L'ail forme, dans la famille des liliacées, un genre qui renferme un grand nombre d'espèces, parmi lesquelles on remarque l'oignon, le poireau, l'échalote, la ciboule, la rocambole, etc.

Les plantes comprises dans le genre ail sont herbacées, vivaces, rarement bisannuelles. Leur souche est bulbeuse, à bulbes simples ou multiples; leur tige dressée, ordinairement cylindrique, quelquefois fistuleuse; leurs feuilles sont le plus souvent engainantes à la base, tantôt planes, tantôt cylindriques ou demi-cylindriques et fistuleuses; leurs fleurs verdâtres, blanches, rosées, purpurines, bleuâtres ou violettes, sont disposées en ombelle simple terminale et toujours enveloppées d'une spathe qui commence avant l'épanouissement.

L'*ail commun* (*allium sativum* des botanistes) est une plante vivace, dont les bulbes produisent des bulbilles ou caïeux, connus sous le nom vulgaire de *goùsses d'ail*. Ce sont ces bulbilles qui servent à la reproduction de la plante.

L'ail est cultivé dans tous les potagers. Il croît dans tous les sols, mais de préférence dans les terres meubles et dans les sables des dunes, où ses bulbes arrivent à une grosseur considérable.

Sa culture est très facile et n'exige presque d'autre soin que le sarclage.

L'ail est fréquemment employé dans les perforations culinaires comme condiment et même comme aliment, surtout dans les régions voisines de la Méditerranée, où il a une odeur moins forte et une saveur moins âcre. Les jeunes feuilles se mangent quelquefois en salades. Sur les bords de la Loire, on hache ces feuilles, mais surtout les bulbes, pour les mêler au fromage frais. En Orient, l'ail séché et pulvérisé est employé aux mêmes usages que le poivre, qu'il remplace souvent.

Dans le Nord, l'ail excite une répugnance assez générale, tandis qu'il fait les délices des peuples méridionaux.

Quelques espèces du genre ail ont des fleurs d'une belle couleur ou d'une odeur agréable qui les ont fait admettre dans les jardins d'ornement, telles sont l'*ail doré* ou *moly*, l'*ail blanc*, l'*ail odorant* et l'*ail superbe* ou *très odorant*.

L'ÉCHALOTE

Le nom échalote est le nom vulgaire d'une espèce d'ail cultivée pour ses bulbes qui ont une saveur analogue à celles de l'oignon.

L'échalote (*allium ascalonicum*) est originaire de l'Orient d'où elle a été rapportée à l'époque des croisades.

On la cultive depuis longtemps dans nos jardins potagers où elle a produit plusieurs variétés. Le semis, faisant attendre trois ans la première récolte, n'est employé que pour obtenir des variétés nouvelles.

On propage toujours l'échalote par ses bulbes ou oignons, composés de plusieurs bulbilles réunies, comme celles de l'ail, sous une enveloppe commune. Après avoir enlevé celle-ci et mis à part les grosses bulbilles pour l'usage, on sème les plus petites à une exposition chaude, dans une terre bien labourée et bien fumée; souvent on les place en bordure. On donne un ou deux binages et quelques arrosements pendant les grandes chaleurs. Au commencement d'août, les tiges se dessèchent; on procède alors à la récolte; après avoir arraché les bulbes, on les laisse étalées sur le sol pendant quelques jours, puis on les renferme, pour les conserver, dans un lieu bien sec et aéré.

L'échalote a une saveur plus douce que celle de l'ail; aussi est-elle généralement préférée. On emploie ses bulbes et ses feuilles en assaisonnement et comme fourniture de salade.

POIREAU OU PORREAU

Le Poireau (*Allium porrum*) est une plante potagère du genre ail. Cette plante se distingue des autres espèces du genre par son bulbe oblong, tuniqué; ses feuilles toutes radicales, longues et glabres, engainantes, lancéolées et creusées en gouttière; sa hampe unique, cylindrique, solide, haute de 65 centimètres; ses fleurs rougeâtres, disposées en ombelles au sommet de la hampe.

Originaire du midi de l'Europe, le poireau est, de temps immémorial, cultivé dans tous les potagers pour les usages culinaires. Il est bisannuel et fleurit au milieu du printemps.

On en distingue plusieurs variétés, qui se ramènent à deux principales : l'une dite *courte*, parce qu'elle a seulement quelques centimètres de partie blanche; l'autre appelée *longue*, dont le bulbe est plus développé, plus enfoncé en terre, plus âcre et plus sensible aux gelées.

Une terre substantielle, ni trop forte, ni trop légère, est celle qui convient le mieux au poireau; si elle n'est pas naturellement fraîche, il faut l'arroser fréquemment, au moins pendant les chaleurs. On sème la graine à la volée, à une exposition chaude, soit avant, soit après l'hiver. Quelquefois on sème en planche, et alors on repique le plant quand il a environ 15 centimètres de hauteur. Assez souvent, surtout quand on a du plant très nombreux et très fort ou qu'on manque d'eau pour arroser, on rogne les racines et les feuilles, afin de faciliter le repiquage: quelquefois on raccourcit seulement ces dernières dans un but de faire grossir la bulbe; mais on arrive plus sûrement au même résultat par des binages fréquents et exécutés dans le temps de pluie. Sous les climats plus froids que celui de Paris, on est obligé de recourir aux procédés divers, employés pour les préserver de la froidure.

Quant à la culture des porte-graines, elle se fait suivant les règles ordinaires

LE SALSIFIS

Les salsifis (*Trogopodon*), de la famille des composées, sont des plantes herbacées à feuilles alternes, entières, lancéolées ou linéaires; les fleurs sont groupées en capitules solitaires terminaux, sur un réceptacle nu, entouré d'un involucre à folioles égales, soudées à la base et disposées sur un seul rang; les fruits sont des akènes munis de côtes longitudinales et terminés en bec long et grêle que surmonte une aigrette de longues soies plumeuses, à barbes entrecroisées.

Les espèces peu nombreuses de ce genre habitent surtout les régions tempérées de l'ancien continent, et l'une d'elles est fréquemment cultivée dans les jardins maraîchers; d'autres sont abondamment répandues dans les prés, les bois, les lieux incultes, au bord des chemins, etc.

Le *salsifis blanc*, appelé aussi *salsifis des jardins* ou *à fleurs de poireau*, est une plante bisannuelle, à racine longuement fusiforme, d'un blanc jaunâtre; sa tige, haute de 1 mètre environ, porte des feuilles lancéolées linéaires, aiguës, d'un vert glauque; ses fleurs violettes sont en grands capitules entourés d'un involucre à folioles très longues, portées sur des pédoncules renflés en massue.

Originaire des régions montagneuses du midi de l'Europe, il est depuis fort longtemps cultivé dans les jardins potagers, bien qu'il soit aujourd'hui en grande partie remplacé par la scorsonère, qui a même usurpé son nom dans le langage populaire. Il présente quelques variétés peu caractérisées.

Le salsifis préfère une terre légère, très profonde, un peu fraîche; bien labourée, amendée par du terreau bien consommé autant que possible, car il contracte facilement l'odeur du fumier; on le sème quelquefois à la volée, et le plus souvent en rayons espacés d'environ $0^m,25$. Les produits sont d'autant plus beaux que le semis a été plus précoce. Il est bon néanmoins d'attendre qu'on n'ait plus à craindre les gelées, et, par prudence, autant que pour prolonger la production, on échelonne les semis de dix en dix jours. On éclaircit les jeunes plants de manière qu'ils soient espacés de $0^m,05$ entre eux; on donne deux ou trois binages dans le cours de l'été, et on arrose copieusement par les temps secs.

C'est une mauvaise pratique que de couper les fanes pour les donner au bétail, car la racine en souffre; mais on doit arracher les pieds qui montent trop vite en fleur.

On peut commencer à récolter le salsifis vers la fin de septembre, mais il vaut mieux ne le faire que dans le courant d'octobre, car c'est alors seulement qu'il est arrivé à son maximum de volume et de saveur. Dans les pays froids, on stratifie les racines, avec du sable ou de la terre, dans une fosse profonde ou dans la serre aux légumes. Sous les climats plus doux, on peut laisser les salsifis en terre durant tout l'hiver, les fanes seules en souffrent.

On agirait de même, dans tous les cas, pour les pieds destinés à produire de la graine, en les protégeant par une couche épaisse de feuilles sèches, de fougère ou de litière.

Fig. 213. — LA MOISSON EN RUSSIE.

La graine est mûre et bonne à cueillir vers le milieu de l'été. Mais les racines des pieds qui sont montés en fleur sont creuses, insipides et bonnes seulement pour les bestiaux.

Les racines du salsifis, récoltées en temps convenable, ont une consistance charnue, une saveur mucilagineuse et sucrée et renferment beaucoup d'*inuline*. Elles constituent un aliment excellent, nourrissant et facile à digérer. Tous les animaux domestiques, notamment les cochons, les mangent avec plaisir. On les a employées autrefois en médecine, comme apéritives, diurétiques et pectorales; mais elles sont aujourd'hui à peu près abandonnées sous ce rapport. On mange également les feuilles et les jeunes pousses de cette plante en salade, en potages, en beignets, etc.

Le *salsifis des prés*, vulgairement *cercifis*, *sersifis* ou *barbe de bouc*, est aussi bisannuel. Il se distingue du précédent surtout par sa racine brunâtre, les folioles de son involucre plus courtes et par ses fleurs jaunes. Il croît dans les prairies grasses et humides et sa présence est un indice de la fertilité du sol. On mange également ses feuilles et les jeunes pousses en salade.

La racine possède des propriétés analogues à celles de la racine de chicorée, mais plus faibles; on lui a attribué des propriétés médicales, mais elle est rarement employée aujourd'hui. Sa plus grande utilité est de servir à la nourriture des bestiaux.

Le *grand salsifis* a des feuilles plus larges, embarrassantes à la base ; ses capitules, très larges, à fleurs jaunes, sont portés sur un pédoncule fortement renflé en massue ; il croît dans les prés secs et sur les coteaux pierreux.

Le *salsifis austral* est annuel ou bisannuel, à fleurs violettes, et habite les contrées méridionales.

Ces derniers ne sont point usités dans la culture.

L'ASPERGE

L'asperge (*Asparagus*), de la famille des liliacées, est définie ainsi en botanique :

Un périanthe à six divisions soudées inférieurement en un tube grêle et filiforme ; six étamines insérées à la base de ce tube; un style indivis; un stigmate trilobé, un ovaire à trois loges biovulées, qui devient une baie : tels sont les principaux caractères du genre asperge.

Ce genre renferme une cinquantaine d'espèces, les unes herbacées, les autres sarmenteuses et grimpantes, toutes propre à l'ancien continent, et dont la plupart habitent le cap de Bonne-Espérance. On en trouve huit à dix dans le midi de l'Europe. Ces plantes, peu remarquables par leur aspect, sont assez bien connues, grâce aux usages alimentaires ou médicinaux de plusieurs espèces.

La plus intéressante est l'*asperge commune* ou *officinale* (*asparagus officinalis*). C'est une plante herbacée vivace, originaire du midi de l'Europe. Sa tige, ou plutôt ses tiges, dressées, cylindriques, hautes de 8 à 10 décimètres, s'élèvent d'une souche épaisse, horizontale, charnue, qui donne naissance à un grand nombre de fibres appelées *griffes* par les jardiniers. Ses feuilles, réduites à l'état d'écailles, portent à leur aisselle un faisceau de filaments menus qui ne sont que des ramuscules avortés. Ses jeunes pousses, terminées par un bourgeon verdâtre, ont reçu le nom de *turions*. Ses fruits sont des baies globuleuses d'un beau rouge à la maturité. Elle fleurit de juin à juillet.

L'asperge officinale croît spontanément dans plusieurs contrées de la France, notamment dans les îles du Rhône et de la Loire. Cultivée de temps immémorial dans les jardins, elle constitue un aliment sain et de facile digestion. Tout le monde connaît l'odeur fétide qu'elle communique à l'urine et qu'on change en odeur de violette par l'addition de quelques gouttes de térébenthine. Elle a donné par la culture un assez grand nombre de variétés, dont les plus importantes sont les *asperges de Hollande* et *d'Allemagne*, et l'*asperge verte* ou *commune*, appelée *asperge* d'*Aubervilliers*.

Chacune de ces variétés présente à son tour plusieurs races; mais, en somme, l'asperge verte, blanche, rose, grosse, moyenne, petite, paraît n'être que la même asperge rendue plus ou moins savoureuse, plus ou moins belle, plus ou moins colorée, par les soins que l'on apporte à la cultiver, et la nature des terrains où elle croît.

L'asperge n'est pas seulement une des plantes les plus répandues dans les jardins maraîchers; on la cultive aussi en grand dans les champs, au voisinage des grandes villes.

Les environs de Paris présentent des localités (Argenteuil, Aubervilliers, etc.) où les aspergeries ont pris un développement considérable pour fournir aux besoins de la consommation. La culture des asperges a bien moins d'importance dans les régions méridionales, où l'on trouve en abondance des asperges sauvages, moins grosses, mais plus savoureuses.

L'asperge, que le printemps apporte généreusement sur nos tables au mois d'avril, alors que nous sommes fatigués des légumes secs, et que les nouveaux sont à peine en germe, est un des mets les plus recherchés que la nature ait donnés à l'homme. Les petits pois ne sont bons qu'en primeur, et les cerises qu'en arrière-saison, ce qui a fait dire excellemment à un gourmet qu'il fallait manger les premiers avec les riches et les autres avec les pauvres. Il n'en est point ainsi des asperges. Elles sont délicieuses en toute saison, mais surtout en mars, à l'époque du carême, où elles trouvent des palais toujours disposés à les bien accueillir.

Si l'on en croit Théophraste, les Grecs considéraient déjà l'asperge comme une friandise. Les Romains la recherchaient avec une sorte de passion; ils estimaient surtout celles de Ravenne, dont trois suffisaient, d'après Pline, pour faire le poids d'une livre.

C'est le célèbre La Quintinie, jardinier en chef du potager de Versailles, sous Louis XIV, qui a imaginé le moyen de faire pousser l'asperge sur couche en toute saison. Ainsi Le Nôtre dessinait les plates-bandes, mais c'est La Quintinie qui en faisait sortir les asperges.

L'asperge exige deux qualités : grosseur de taille, excellence de parfum. Pour cela, il faut que la terre possède une double propriété, qu'elle soit tout à la fois riche et légère; riche, elle donne de belles asperges; légère, elle les produit bonnes. Or, la richesse d'un sol s'acquiert au moyen des engrais, qui sont à la portée de tout le monde, tandis que la légèreté est, à l'égard du sol, une question purement géologique, un don naturel. Toutes les terres peuvent donc donner de grosses asperges; cela dépend de l'entretien du sol, et du choix des griffes; mais toutes ne peuvent donner des asperges excellentes. Beaucoup de sols en France remplissent ces deux conditions; aussi les asperges y sont douces, parfumées, extrêmement savoureuses. Ces plantes de printemps s'y trouvent tellement chez elles, qu'elles poussent dans certains endroits parfois même au milieu des prairies.

L'asperge se reproduit au moyen de semis. On prépare soigneusement et on fume largement la terre; puis on sème au printemps en lignes, et mieux à la volée. Ici, comme en toute autre chose, on ne doit pas épargner sur la semence, si l'on ne veut pas avoir à se repentir sur la récolte.

« Pour obtenir cinq cents bonnes griffes d'asperges, dit M. Loisel, semez pour en avoir le double, afin de pouvoir faire un bon choix. » Au bout de quarante jours, la semence lève, et c'est alors qu'une surveillance de tous les instants est nécessaire. L'ennemi est là : ce sont les plantes parasites, c'est une foule d'insectes très avides et très friands de l'asperge, les petites limaces de terre, surtout le terrible criocère, imperceptible coléoptère. Aussitôt que le jeune plant a acquis une hauteur de 4 à 5 centimètres, on arrache impitoyablement tout ce qui paraît le plus grêle et le plus faible en ne conservant que les brins de la plus belle venue. Il faut que les jeunes plants qui restent, placés à une distance de 10 à 12 centimètres les uns des autres, puissent se développer sans se nuire et donner des griffes de premier choix. Au mois d'octobre, les jeunes tiges ont acquis une hauteur de 60 centimètres; alors on les coupe, non pas à ras de terre, mais à 2 ou 3 centimètres au-dessus du sol, pour que la griffe enfouie sous terre reste en communication avec l'air, avec le soleil; autrement elle s'étiole, se dessèche et meurt.

Au printemps suivant, on a une terre soigneusement préparée, à 1 mètre de profondeur : c'est le lit où devront désormais reposer les griffes qui ont grandi depuis une année. C'est ici surtout que le choix est important; les turions les plus gros sont les meilleurs. Le choix fait, les griffes sont placées en terre, d'abord à une profondeur de 3 à 4 centimètres ; chaque année, on ajoute à cette couche 5 à 6 centimètres de fumier et de terre franche, et la quatrième année seulement on récolte les asperges. Trop se hâter serait ici manger son blé en herbe et imiter le sauvage qui coupe l'arbre pour avoir le fruit. La période de production dure quinze ou vingt ans, si la culture est conduite avec intelligence et si le sol est bien fumé. Au bout de ce terme, on détruit la plantation et on la refait sur un autre point.

Certaines aspergeries soigneusement entretenues peuvent rapporter pendant vingt-cinq et même trente ans.

Dans les grandes cultures, afin de ne pas laisser chômer la production, on divise le terrain en planches de manière à pouvoir tous les ans en renouveler une partie.

L'asperge est d'une nature frêle et délicate; il faut, en général, la manger fraîche cueillie; coupée, elle peut cependant conserver son parfum pendant plusieurs jours, et l'on aide à cette conservation en plaçant les bottes dans un lieu légèrement humide, le pied plongé dans le sable et la tête toujours à l'air. Les moyens de longue conservation qui sont indiqués dans la plupart des ouvrages sur l'art culinaire sont presque toujours insuffisants, car l'asperge est essentiellement sensible et délicate.

CULTURE DE L'ASPERGE

Nous venons d'étudier l'asperge d'une façon générale, il nous paraît utile de nous appesantir davantage sur sa culture, qui, bien comprise, peut donner de beaux résultats à l'agriculteur. Dans l'étude qui va suivre nous nous sommes appuyés sur les travaux de M. Émile Rodigas qui nous paraît avoir bien étudié la question.

L'asperge ne demande qu'une bonne terre franche, bien meuble, plutôt sablonneuse qu'argileuse. La crainte de devoir employer pour la préparation du sol une immense quantité de fumier met encore aujourd'hui obstacle à la culture plus générale d'un végétal excellent et productif. C'est une erreur. On peut très bien commencer cette culture sans emploi d'une grande masse d'engrais, pourvu que la terre où l'on veut établir les planches d'asperges soit meuble et qu'elle ait antérieurement servi à d'autres cultures.

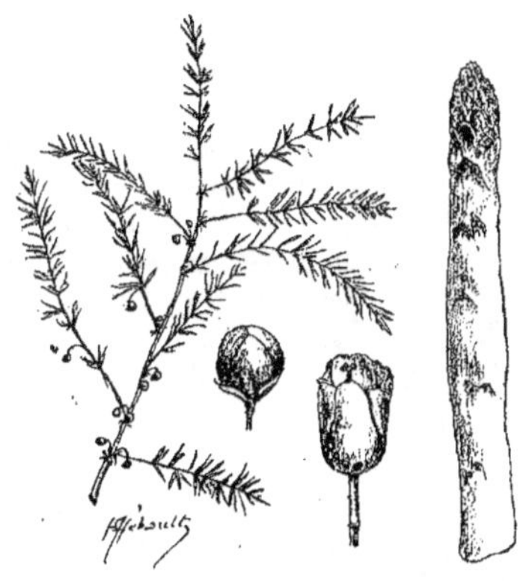

Fig. 214. — Asperge (*Asparagus officinalis*). Le port de la plante. — Tige souterraine comestible (asperge). Fleur. — Fruit.

Engrais. — On dit que, sans le fumier de vache, la culture de l'asperge est impossible. C'est là un autre préjugé. Certes, quand on peut en disposer librement, ce fumier mérite la préférence, mais ne pas en avoir n'est point un obstacle à la culture de cette plante. Le jardinier soigneux et intelligent peut former un compost ou mélange qui remplace très bien un engrais qu'il faut acheter à un prix trop élevé, ou dont on a besoin pour les champs. Ce compost peut se faire de feuilles, de bois en décomposition et de gazons, que l'on aura stratifiés, c'est-à-dire arrangés par lits alternatifs et que l'on aura eu soin de remuer tous les trois ou quatre mois. A défaut de ces substances, on pourra se procurer à vil prix, dans certaines localités, la tannée, qui est estimée à peu près à rien dans quelques villes. Eh bien, la tannée mise en tas, et à laquelle on peut mêler du sang de boucherie et de la chaux, constitue, au bout de dix-huit mois, un excellent engrais, assez substantiel.

Le purin et, mieux encore, les matières fécales de l'homme délayées avec de l'eau, si elles ne le sont pas assez par l'urine, conviennent surtout pour arroser les tas de substances que nous venons d'énumérer. Grâce aux efforts des comices et des sociétés agricoles, la gadoue commence à être appréciée partout dans les provinces. Il est encore bien des lieux où cet engrais est trop rarement usité; mais on constate quand même, sous ce rapport, un notable progrès.

Semis. — On sème l'asperge en mars, dans un sol sableux, terreauté, bien meuble. Il faut éviter de semer trop dru, surtout si les jeunes griffes sont destinées à la vente, car tout doigt meurtri est perdu. La disposition des racines de cette plante est telle qu'elles s'entrelacent les unes dans les autres au point qu'il devient difficile de les séparer sans en briser un grand nombre. On sème les graines en lignes distantes de 0m,25; cet espace donne de la facilité pour sarcler et biner les jeunes plantes. Les graines ne doivent être recouvertes que de 6 à 10 millimètres. Les semis ne demandent d'autres soins que les sarclages et binages ordinaires.

Plantation. — Ici plusieurs procédés sont en présence; ils sont subordonnés surtout à la nature du sol. Nous les passons en revue avec les soins particuliers auxquels ils donnent lieu. Ce sont en quelque sorte des modes de culture tout à fait différents.

Plantation en sillons ou planches creuses. *Préparation du terrain.* — Pour ce procédé de culture, la nature du sol doit être légère, plutôt sableuse qu'argileuse. Il doit être bien perméable ou drainé au-dessous du fond des planches. On le divise, au moyen du cordeau, en bandes de 0m,80 de largeur et l'on creuse alternativement l'une d'elles à la profondeur de 0m,70. Il faut éviter de passer la terre au tamis ou crible, ainsi que quelques auteurs le recommandent; c'est une faute dont on se repent presque toujours, car la terre se tasse trop fortement après, et, au lieu d'être plus meuble, elle n'est que plus compacte et devient ainsi en quelque sorte impénétrable à la bienfaisante influence de l'atmosphère, et par cela même on rend le sol impropre à cette culture. Si le terrain est pierreux, on enlève les pierres à la main pendant le bêchage.

Formation des planches. — La terre qui provient du défoncement des bandes est disposée à droite et à gauche sur les divisions qui par là deviennent des buttes qu'on nomme encore ados. On peut y cultiver des plantes basses, telles que haricots nains, salades, radis, fèves de marais, etc., qui ne puissent pas ombrager les jeunes asperges. Ensuite on égalise parfaitement le fond des planches, et l'on y arrange une couche de tessons, de tuiles, de pots à fleurs cassés ou de gravier entremêlés de branches d'arbres de peu de longueur, pour la facilité de l'arrangement.

On place sur cette première couche de tessons et de branches un lit de fumier d'étable ou d'écurie à moitié consommé, ou l'un des mélanges consommés que nous avons indiqués plus haut. Si l'on dispose de fumier en abondance, ce lit pourra avoir une épaisseur de 0m,20 à 0m,30, mais il suffit amplement d'une couche bien tassée de 0m,15. Ceci, du reste, est facile à comprendre. Les planches d'asperges doivent produire durant une série d'années; ce n'est donc pas l'engrais mis une seule fois au fond des planches, qui pourrait, fût-il même beaucoup plus considérable, donner ou conserver, pendant tout ce temps, une belle végétation à l'asperge. C'est le fumier qu'on donne chaque année qui doit nourrir ces végétaux.

La couche de fumier étant affermie et bien égalisée, on y arrange un lit de terre meuble et, s'il est possible, substantielle, c'est-à-dire mêlée avec du terreau. Ce lit doit avoir une épaisseur de $0^m,18$ à $0^m,20$, parce que les racines fibreuses de l'asperge, qui terminent inférieurement les griffes, pénètrent assez avant dans la terre. C'est par ces racines que la plante puise les sucs nécessaires à sa nutrition, et non par les grosses souches qui sont presque horizontales et qui se trouvent entre les racines fibreuses et le collet ou la couronne. Ces rhizomes sont nommés doigts ou pattes, à cause de leur ressemblance avec ces organes.

Mise en terre. — On place ensuite les plantes d'asperge par trois lignes parallèles au fond des planches, dont la largeur n'est pour le moment que de $0^m,80$. Ces plants sont mis en échiquier et rangés à $0^m,30$ les uns des autres dans les lignes.

Les lignes latérales sont placées tout contre les parois des buttes, de sorte que la distance de trois rangs entre eux est de $0^m,40$.

Si pour l'établissement de l'aspergerie on fait usage des plants de deux ans, on marque d'abord les points où les plants doivent se trouver, puis on forme à chacun de ces points une petite motte de terreau sur laquelle on pose les racines obliquement en les fixant avec un peu de terre qu'on applique sur elles à droite et à gauche. Sans la première précaution, elles se briseraient par le chargement de terre, car elles sont très fragiles et doivent être maniées avec prudence; sans la seconde précaution, elles seraient renversées des mottes, et la plantation serait irrégulière. Après cela, on recouvre les jeunes griffes de $0^m,10$ de terre.

L'époque de cette plantation n'est pas bien déterminée. Sous notre climat variable, tantôt c'est le printemps et tantôt l'automne. Nous préférons le printemps, le mois de mars, et le commencement du mois, s'il est possible : alors la reprise est plus prompte et plus certaine. En automne elle est par trop chanceuse et beaucoup de griffes sont sujettes à pourrir.

Soins particuliers. Première année. — Pendant l'été, on n'a d'autres soins à donner à l'asperge que de sarcler, biner et arroser dans les sécheresses. Il est inutile de dire que les arrosages doivent se faire le soir.

Dans le mois de novembre de la première année, on coupe les tiges au niveau du sol, et l'on donne une fumure avec l'un des engrais que nous avons indiqués. Si cette fumure se fait avec du fumier d'étable ou d'écurie, on en couvre les planches d'une couche de $0^m,05$ environ; si l'on se sert de poudrette ou de gadoue, cette couche doit être de $0^m,02$ à peu près; si l'on emploie le fumier de mouton, elle doit être de $0^m,02$ à $0^m,03$; si l'on emploie le purin, on arrose les planches dans la proportion d'environ 5 hectolitres par planche de 15 mètres de long sur $1^m,30$ de large.

On peut se servir aussi de la boue des rues; alors la couche doit avoir de $0^m,07$ à $0^m,08$ d'épaisseur.

Sur ce lit d'engrais on étend $0^m,08$ de terre à prendre sur les parois latérales des buttes.

Deuxième année. — Au printemps de la deuxième année, il faut donner un labour aux planches et couvrir de nouveau le plant de 0m,10 de terre. Ensuite, on donne à la culture les mêmes soins qu'après la plantation. En novembre, on fournit une fumure double de celle de la première année et l'on étend sur les planches 0m,10 de terre; les plants seront couverts alors de 0m,30 de terre. De cette façon, les buttes ou ados, entamés successivement et coupés latéralement et au-dessus, finissent par disparaître, et les planches, d'abord de 0m,80, atteignent bientôt 1m,25 à 1m,30, et les buttes de 0m,80 de large sont remplacées par des sentiers de 0m,35.

Troisième année. — Après la deuxième année, il ne reste plus de soins particuliers à donner à cette culture ; il ne s'agit que de l'entretenir le mieux possible. Chaque année, en novembre, on coupe les tiges au niveau du sol et l'on donne une fumure égale à celle de la seconde année. En été, on débarrasse les planches des mauvaises herbes, à mesure qu'elles paraissent ; les asperges doivent être binées et sarclées chaque fois que la terre est durcie par des pluies battantes. Pour prévenir cet inconvénient, qui est toujours funeste à la végétation, il est bon d'étendre sur les planches une légère couche de fumier consommé, ou, à défaut de celui-ci, une couche de vieille tannée. Ces substances protègent la surface du sol et fournissent en même temps une bonne nourriture à la plante.

Plantation à plat. *Préparation du terrain.* — Ce procédé est applicable aux aspergeries qu'on veut établir dans les terres fortes, c'est-à-dire celles où domine l'argile. Le sol, profondément bêché, est, avant l'hiver, mis en sillons larges de 1 mètre, séparés par des sillons de 0m,40 à 0m,45 de profondeur, sur 0m,40 de largeur en haut et 0m,30 de largeur dans le fond. Ces sillons sont tracés et faits au cordeau et à la bêche. Les gelées et les dégels ameublissent la terre et la préparent à l'établissement des fosses en février ou en mars. Ces fosses doivent avoir 0m,50 de profondeur et 1m,30 de largeur : il y est mis une légère couche de menu branchage, sans addition de pierres ni tessons, ensuite, une couche de fumier consommé de vache ou de brebis, de l'épaisseur de 0m,25 à 0m,30. On comble les fosses jusqu'au niveau du sol.

Mise en terre. — A ce niveau, conséquemment sur un sol à plat, les griffes sont plantées en échiquier sur trois lignes équidistantes dont les deux extérieures se trouvent à 0m,25 au bord de la planche. Le plant est placé dans les rangs à 0m,50 de distance. Il y a des personnes qui se servent de plants de trois ans et par là commencent déjà à récolter dès la deuxième année. Le plant de trois ans est fort bon quand il est relevé avec précaution et qu'il ne doit pas être transporté au loin. Dans le cas contraire, le plant de deux ans est préférable.

Soins particuliers. — Au mois d'octobre, on y met une couche de fumier et l'on creuse, entre les planches, des rigoles également éloignées des deux bords ; elles doivent être façonnées en talus d'une largeur de 0m,40 en haut et d'une égale profondeur. De la terre qui sort de cette tranchée, on recouvre le fumier qui se trouve sur les planches. Ces tranchées servent en même temps de sentiers de service.

Les choses ainsi disposées, on ne fait pas mal de jeter dans ces rigoles des feuilles qui se consomment à demi en hiver, préservent les plantes de trop fortes gelées, et servent à couvrir les planches, lorsque la récolte cesse de se faire. Les

Fig. 215. — PATURAGE EN MONTAGNE (d'après Farbach).

asperges cultivées en terre forte sont belles et durent environ dix ans. Inutile d'ajouter que les autres soins, sarclages, binages, serfouissages, sont identiques; seulement ici ils pourront être plus fréquents.

Semis à demeure. — Les praticiens prétendent avec raison que le semis en place vaut mieux, car il donne des pieds plus francs et d'une production plus durable, et, en effet le terrain occupé par la jeune aspergerie reste déjà assez longtemps peu productif sans qu'il faille encore ajouter une couple d'années.

Sol et semis. — L'arrangement du terrain sera, suivant la nature du sol, conforme à l'une des deux méthodes que nous venons de décrire; il en sera de même pour l'engrais. On recouvre celui-ci de terreau mêlé à du sable et à de la terre franche. On place les graines trois par trois, sur les lignes, à des points distants comme ceux des griffes. On recouvre les graines de 22 centimètres de terre. Le semis se fait en février. Quand les plantes sont un peu développées, on ne laisse à chaque point que la plus forte, et l'on arrache les autres avec précaution. Pour le reste, on observe ce que nous avons dit au premier procédé.

Soins particuliers. — En novembre vient le moment de mettre de l'engrais : les quantités doivent être telles que nous les avons établies pour la plantation par griffes. Si l'on emploie le purin, on le mêle avec moitié d'eau, et l'on arrose les planches tous les huit jours pendant quatre semaines.

Cette fumure est très active. La poudrette ou le fumier des fosses d'aisances mêlé à de l'eau, et même, quand le plant est devenu plus fort, sans addition de ce liquide, est encore préférable. La fumure de gadoue ne se fait qu'une fois, en novembre de chaque année. En été, il est bon d'arroser avec l'eau de lessive ; l'asperge s'en trouve fort bien.

Asperges vertes. — Les procédés que nous avons exposés se rapportent à la production plus spéciale des *asperges blanches*, telles qu'on les préfère généralement dans notre pays. Mais les goûts diffèrent et ne se discutent pas, dit le proverbe, et les *asperges vertes*, qui ont une saveur beaucoup plus prononcée, comptent les gourmets parmi leurs amateurs. La culture en est plus facile que celle des autres.

Sol et plantation. — Une bonne terre franche, bien entretenue par les cultures antérieures, un sol régulièrement fumé et labouré depuis quelques années consécutives et d'une nature plutôt sableuse qu'argileuse, c'est tout ce qu'il faut pour ce procédé. On ne creuse pas de fosses; seulement on donne aux planches une fumure et un labour ordinaires comme pour des choux. Sur ces planches, larges de 1m,30 et d'une longueur indéterminée, on plante des griffes de deux ans, au niveau du sol, en observant les distances prescrites plus haut. Entre ces planches on creuse les tranchées, et la terre qui en provient sert à recouvrir la plantation par des enterrages annuels proportionnés.

Soins particuliers. — On ne fume ces asperges qu'à l'automne tous les trois ans; on continue en été les autres soins, tels que sarclages et binages, et l'on est sûr d'obtenir d'excellentes asperges. Si les planches se trouvaient exposées au froid, on en couvrirait les bords avec des feuilles ou de la litière.

Culture en grand. — Ce mode de plantation s'appliquerait avantageusement à la culture en grand. Autour des villes importantes, un seul jardinier consacre quelquefois un grand nombre d'hectares à la culture de cette plante. Comment donc ferait-il pour l'achat du fumier? Il faudrait des avances considérables pour mettre plusieurs hectares en culture, suivant l'ancien procédé, qui demanderait, en outre, des frais immenses de main-d'œuvre.

Nature de l'asperge. — La culture de l'asperge se base sur une propriété inhérente à sa nature. A quelque profondeur que soient enterrées les griffes, elles tendent toujours à se rapprocher de la surface du sol. Si l'on considère attentivement cette particularité, on en découvre bientôt la source : elle dépend du renouvellement des doigts de la griffe. Ces doigts périssent partiellement tous les ans; ils se vident et ne laissent subsister qu'une pellicule mince, semblable à une membrane d'intestins, espèce de sac qui ne tarde pas à se détruire. Les doigts vides sont remplacés chaque année par des jeunes doigts partant du bas des tiges, immédiatement au-dessus de ceux qui viennent de mourir, et formant ainsi de nouvelles couronnes. Ce fait explique assez pourquoi l'aspergerie doit être rechargée annuellement de terre et de fumier; les griffes, sans ce soin, sortiraient de terre. D'après le nombre des couronnes, on connaît l'âge des plants. Des personnes de mauvaise foi vendent du plant faible de quatre ans qui ne vaut rien, et quelquefois, pour mieux réussir, elles coupent les vestiges de la couronne inférieure, ce dont on s'aperçoit en y regardant de près.

Cueillette. — Un point important, qu'il ne faut pas perdre de vue, c'est que pendant la récolte de l'asperge, qui commence en avril, on doit avoir bien soin de ne pas endommager les couronnes des plantes. On sait que la coupe des pousses se fait avec un couteau destiné à cet usage.

Il est de rigueur de cesser totalement la récolte vers la fin de juin, sinon les couches s'affaibliraient, et la récolte suivante en serait diminuée considérablement.

Les asperges vertes ne sont coupées que lorsqu'elles sont à une dizaine de centimètres du sol; les asperges blanches, au contraire, doivent être recueillies dès qu'elles sortent de terre ou même quand leur tête commence à se soulever. Alors, on les dégage avec les doigts et on les suit en terre jusqu'à la longueur à laquelle on puisse les couper sans blesser ni la couronne ni les pousses naissantes.

Après la cueillette, on les lie en bottes.

Dans certaines localités, ces bottes se font par nombre déterminé de pousses; mais, d'ordinaire, pour le marché, la botte se mesure dans un petit bac, comme le bois dans le stère.

Conservation. — Les asperges vertes se conservent réunies en bottes, le bout inférieur placé dans du sable légèrement humide, en un lieu abrité et à une température moyenne. Les asperges blanches se conservent le mieux et le plus facilement dans un baquet rempli d'eau, que l'on couvre pour intercepter la lumière et qu'on laisse à la cave. On donne chaque jour de l'eau fraîche. De cette manière, l'asperge se conserve pendant huit jours au moins.

On peut encore la tenir, plongée entièrement dans du sable presque sec.

Graines. — Pour la semence d'asperge, on réservera, sur les griffes d'une aspergerie en plein rapport, deux ou trois pousses des premières et des plus grosses, en enlevant par la cueillette les pousses moindres. On coupera les tiges quand les baies seront devenues rouges, et parmi celles-ci on choisira encore les plus pleines, celles qui sont le mieux formées, pour les faire mûrir à l'air durant une quinzaine de jours; ensuite on les frotte dans de l'eau, puis on les sèche et on les conserve en magasin.

La faculté germinative leur reste pendant deux ou trois ans.

PLANTES CULTIVÉES POUR LEURS GRAINES

LES HARICOTS

Après le blé, le haricot est la semence qui peut être considérée comme la plus utile, au point de vue de l'alimentation.

On le cultive partout où le climat le permet, soit en plein champ, soit dans les jardins.

Le genre *haricot* (*Phaseolus*) peut être considéré comme le type d'un groupe assez important de la famille des légumineuses.

Les haricots sont des plantes herbacées, à tiges le plus souvent volubiles, à feuilles trifoliolées, articulées à fleurs en grappes terminant des pédoncules opposés aux feuilles. Le calice, campanulé, à deux lèvres, dont la supérieure porte deux dents, et l'inférieure trois divisions. La corolle a l'étendard réfléchi en arrière. La carène est contournée en spirale avec les organes sexuels. La gousse, tantôt comprimée, tantôt arrondie, est très longue, droite ou craquée et polysperme.

Bentham compte quatre-vingt-cinq espèces, qui ont chacune leurs variétés; la plupart de ces espèces sont annuelles, et cultivées, dans presque tous les pays de l'Europe, comme plantes alimentaires. Quelques-unes, telles que le haricot multiflore et le haricot d'Espagne ou écarlate, sont surtout cultivées comme plantes d'ornement, bien que leurs graines soient aussi alimentaires.

Les différentes espèces de haricots cultivées en Europe ont été divisées en trois groupes. Le premier comprend le haricot caracolle, vivace, cultivé seulement pour ses belles fleurs blanches, teintées de rose ou de lilas. Le second renferme le haricot d'Espagne, écarlate et sa variété à fleurs blanches. Le haricot écarlate, bien que cultivé en Belgique dans les provinces de Namur et de Luxembourg, pour l'alimentation de l'homme et des animaux, n'est guère propre à être introduit dans les potagers. La variété à fleurs blanches, au contraire, est assez estimée en grains secs ou tendres; en vert, elle ne vaut guère plus que le haricot écarlate. Le haricot vulgaire ou commun, le haricot renflé, le haricot comprimé, le haricot tacheté et le haricot sphérique forment le troisième groupe.

C'est à ces quelques espèces que se rapportent toutes les variétés cultivées dans nos potagers.

Le haricot vulgaire comprend toutes les variétés à feuilles presque lisses, à cosses droites, pendantes, très peu renflées par places, allongées en pointes par le bas, à graines ovales, à peine aplaties sur les côtés. Parmi ces variétés, nous allons décrire succinctement les suivantes, dont la culture est la plus répandue.

Le haricot blanc commun mérite la première place, non à cause de ses qualités, mais parce qu'il paraît être le type le mieux caractérisé. Il est fécond, robuste, mais de qualité médiocre. Sa tige reste basse à l'état de nature; cependant, quelques-unes de ses sous-variétés sont devenues grimpantes par la culture.

Le haricot blanc des vignes de Bourgogne est plus petit et d'un blanc moins clair que le précédent. Il est peu cultivé, quoique divers auteurs le disent supérieur au soissons.

Le haricot suisse, ventre de biche, est une variété très petite, à fleurs lilas, à grains saillants sous la cosse, couleur ventre de biche. Il est très recherché à l'état sec.

Le haricot renflé a produit le haricot prédomme ou prud'homme, à graine blanche, ronde et petite; c'est un mange-tout; sa cosse est absolument sans parchemin, et encore bonne étant presque sèche. Les graines sèches sont très estimées. Il y a une sous-variété à graine jaune.

Le haricot de Soissons, le haricot sabre, le suisse gris de Bagnolet, le flageolet de Laon, le haricot à l'aigle, sont les principales variétés issues du haricot comprimé ou à grains aplatis sur les côtés. Le haricot de Soissons, ou nain, ou gros pied, a la tige haute de $0^m,50$ à $0^m,70$, les feuilles larges, les fleurs blanches. Les cosses très droites, légèrement marquées par la saillie des grains, longues de $0^m,13$ à $0^m,14$, larges de $0^m,015$ à $0^m,016$, épaisses de $0^m,010$ à $0^m,011$, contenant chacune cinq à six grains, se trouvent réunies au nombre de 15 à 25 sur le même pied. Les grains sont blancs, avec une tache jaunâtre sur le côté contigu à l'ombilic, réniformes, légèrement contournés et irréguliers, longs de $0^m,016$, larges de $0^m,010$, épais de $0^m,007$. Cette variété, très productive, est excellente à manger en grains secs; elle jouit en France d'une réputation méritée.

Le haricot sabre est une excellente variété, très productive. Ses cosses sont remarquables par leurs grandes dimensions; jeunes, elles font d'excellents haricots verts; même presque parvenues à leur maturité, elles sont encore tendres et charnues, et peuvent être consommées en cet état, soit fraîches, étant coupées en morceaux, soit en hiver, après avoir été divisées en lanières et confites au sel. Le grain est au moins aussi bon que celui du haricot de Soissons. Cette variété est de très haute taille, et demande, par conséquent, à être ramée très haut.

Le haricot suisse gris, plus connu, aux environs de Paris, sous le nom de haricot de Bagnolet, a des fleurs d'une belle couleur lilas foncé des cosses longues, vertes et marquées de violet, des grains d'un brun violacé, avec des taches fauves. Il est très productif, ne file pas et est très recherché à Paris pour la consommation en vert.

Le haricot flageolet de Laon est une variété naine, très hâtive et bonne à toutes fins, en cosses, en grains fins et en grains secs. Ses cosses sont assez longues et très tendres en vert; son grain, allongé, d'un blanc sale, est un peu dur, mais de bon goût. C'est une des variétés les plus cultivées aux environs de Paris. Elle fournit longtemps, lorsqu'on l'arrose ou qu'il survient des pluies au commencement de l'été.

Le haricot à l'aigle, connu aussi sous les noms de haricot de Saint-Esprit ou haricot à la religieuse, est un peu moins haut que celui de Soissons. Sa cosse, droite, verte ou jaunâtre, présente des panachures violettes, affectant la forme d'un aigle ou d'une colombe. Ses grains sont réniformes, réguliers, d'un blanc terne. Il est assez productif. Une sous-variété de seconde saison fournit des grains excellents pour être consommés secs.

L'espèce tachetée a donné naissance à des variétés de haute taille, à gousse droite, bossuée, pointue et tachetée de rouge avant la maturité. Ces variétés, cultivées communément dans nos campagnes, entrent plus rarement dans les potagers bien tenus. Elles sont généralement très rustiques. Nous n'en ferons pas une mention spéciale. Le haricot sphérique a produit des variétés de haute taille, comme les précédentes, à fleurs d'un violet pâle, à grains en forme de boules et toujours colorés. Les principales sont : le haricot d'Orléans et celui de Prague. Le premier, bien que classé parmi les nains, a une taille assez élevée, des fleurs blanches et des grains d'un rouge brun, carrés aux extrémités. Il est très cultivé dans le centre de la France; on l'estime particulièrement pour être consommé sec. Le haricot de Prague ou pois rouge a un grain rond, d'un rouge violet. Il est fort tardif, mais extrêmement productif dans les automnes favorables. On doit le ramer très haut. La cosse est sans parchemin, et, par conséquent, bonne à manger tendre. Le grain, quand il est sec, a la peau un peu épaisse, mais il est très farineux, d'une bonne saveur et d'une pâte sèche, analogue à celle de la châtaigne. On rencontre une sous-variété bicolore.

La division qui précède appartient aux botanistes; elle n'est pas parfaite, cela va sans dire. Les jardiniers en ont une autre, qui l'est encore moins, mais qui a le mérite tout spécial de répondre mieux aux besoins de la culture. Ils divisent les haricots en deux grandes sections, comprenant, l'une, les haricots grimpants ou à rames, l'autre, les haricots nains. Chacune de ces sections renferme des variétés à parchemin et sans parchemin. La première compte les haricots les plus estimés, parmi lesquels nous citerons : le soissons à rames, le haricot sabre, le predomme, le beurre d'Alger et le haricot de Prague marbré.

Les variétés comprises dans la seconde section sont très nombreuses ; les plus recommandables sont : le soissons nain, le hâtif de Hollande, le flageolet, le suisse gris ou bagnolet.

Le haricot, originaire de l'Inde, craint les gelées dans nos climats. C'est tout au plus si, dans le nord de la France, il trouve le temps de croître et de mûrir entre les dernières gelées du printemps et les premiers froids de l'automne. Il lui faut une terre fraîche, légère, substantielle et une exposition chaude. Il préfère cependant un sol aride à un sol marécageux. La rouille l'attaque souvent lorsqu'il est placé à l'ombre. Les vents violents lui sont contraires, et cependant il lui faut beaucoup d'air. La sécheresse et les pluies trop prolongées lui sont également défavorables. La culture du haricot est très productive, puisque dans les bons terrains le rendement ne saurait être évalué à moins de 25 hectolitres par hectare; malheureusement, elle exige beaucoup de soins; aussi est-elle relativement peu répandue. Dans les campagnes, on le cultive dans les jardins, mais seulement pour les besoins du ménage. Sous le climat de Paris, on peut semer dès les premiers jours de mai, dans un sol léger, perméable, facile à s'échauffer; dans un sol froid, compact, il est bon de ne faire les semailles qu'une quinzaine de jours ou même trois semaines plus tard. Le terrain, quelle que soit d'ailleurs sa nature, doit être bien ameubli. La graine sera enterrée seulement à 0m,02, ou 0m,03. Le semis peut se faire par touffes, mais il réussit mieux en rayons. Ce dernier mode, d'ailleurs plus expéditif, convient également pour le potager et pour la culture en grand. En général, il y a avantage à ne pas planter trop serré. Peu de temps après la levée, on bine, en ayant soin de ramener un peu de terre autour des jeunes plants. On éclaircit. S'il y a lieu, on donne un second binage lorsque la plante est un peu plus forte. Pour récolter en vert, on peut semer jusque vers la mi-août. A la maturité, on arrache les pieds, autant que possible le matin, à la rosée, afin d'empêcher que les cosses ne s'ouvrent, et on les dépose sur le sol en petits tas. Il est essentiel que les grains soient parfaitement secs avant d'être rentrés. Si l'on veut conserver la récolte quelque temps avant de la battre, il sera bon de la placer dans un endroit bien aéré. Les grains destinés à servir de semence se conservent mieux dans leurs cosses; on ne les bat d'ordinaire qu'au moment de s'en servir.

La place des haricots, dans un assolement, varie suivant la composition des terrains. Dans certaines contrées de la France, on ne les ramène à la même place que tous les sept ou huit ans. Dans le midi, on les regarde comme épuisants; les cultivateurs du nord de la France sont d'un avis tout opposé. En général, on se trouve bien de les placer avant le froment ou après l'avoine. Les engrais qui contiennent beaucoup de potasse sont très favorables à cette culture. Néanmoins, il faut aussi tenir compte de la nature du sol. Le fumier de vache, par exemple, produit un très bon effet dans les terrains sableux des environs de Paris. Dans le nord, où les fumiers chauds ne sont pas à craindre, on pourra employer avec avantage les tourteaux, la courte-graisse et le fumier de ferme. Malgré la valeur des produits qu'elle donne, la culture des haricots sera longtemps encore essentiellement restreinte dans notre pays. La raison de ce fait consiste en ce que cette légumineuse exige un terrain parvenu à un assez grand degré de fertilité, et que, de plus, elle demande, pour réussir convenablement, la réunion de circonstances particulières difficiles à obtenir. Du reste, elle ne redoute d'autres maladies que la pourriture et les taches rousses sur les cosses. Ces deux affections ont la même cause, l'humidité trop prolongée et les brusques variations de température.

La culture potagère des haricots est bien plus répandue que la culture en plein champ, mais, comme elle ne diffère pas sensiblement de cette dernière, les règles établies plus haut lui sont généralement applicables. Nous dirons seulement quelques mots de la culture forcée. On ne force guère que le haricot nain hâtif de Hollande, sous-variété du flageolet de Laon, caractérisée par un grain un peu plus court et par sa précocité.

Le forçage des haricots ne commence guère qu'à la fin de janvier. On les sème, assez épais, sur une couche de printemps terreautée et d'une épaisseur d'environ 0m,12. Après le coup de feu, on répand un peu de terreau, et on recouvre de panneaux et de paillassons. Quand les cotylédons sont bien ouverts, ce qui a lieu, d'ordinaire, une semaine après le semis, on transplante à demeure sur une couche encaissée à $0^m,45$, épaisse de $0^m,60$ et chargée de $0^m,15$ de terre fine un peu échauffée. On plante, à la main, deux pieds dans chaque trou, pour former touffe. Jusqu'à la floraison, on se contente de donner le plus qu'on peut d'air et de lumière; mais, à cette époque, les soins les plus minutieux sont nécessaires. On enlève les feuilles sèches et quelquefois même les vertes, lorsqu'elles gênent la circulation de l'air et l'accès de la lumière. On fait la cueillette tous les trois jours; une seule couche produit ordinairement pendant deux mois. Vers la fin d'avril, la seconde couche peut être remplacée par la pleine terre convenablement terreautée. Cette pratique est particulièrement en usage chez les maraîchers des environs de Paris.

Plusieurs chimistes se sont occupés de l'analyse des haricots, 100 grammes donnent pour résultat :

Enveloppes séminales	7 gr. 00
Amidon	42 gr. 34
Eau	23 gr. 00
Légumine	18 gr. 20
Matière animalisée soluble dans l'eau, insoluble dans l'alcool	5 gr. 36
Acide pectique	1 gr. 50
Matière grasse	0 gr. 70
Squelette pulpeux	0 gr. 70
Sucre incristallisable	0 gr. 20
Phosphate et carbonate de chaux	1 gr. 00
Total :	100 gr. 00

Le haricot contient donc une proportion considérable de principes nutritifs.

Le haricot, légume sec. — On recherche dans les haricots diverses qualités : la réunion de toutes ces qualités constitue les variétés placées au premier rang. Il faut que les haricots cuisent promptement, qu'ils soient moelleux, d'un très bon goût et d'une digestion facile.

Les haricots les plus recherchés à Paris et dans les provinces voisines viennent des environs de Soissons. Les territoires qui produisent les meilleurs haricots de Soissons sont ceux de Ciry-Salsogne, Vasseny, Chasseny, Sermaise et Angy.

Les haricots placés en seconde ligne sont ceux de Liancourt et de quelques autres contrées du département de l'Oise, ceux de Chartres, et enfin ceux que l'on désigne sous la dénomination de *haricots du pays*, parce qu'ils proviennent du département de la Seine, du département de Seine-et-Oise et de quelques parties du département de Seine-et-Marne, les plus rapprochées de Paris.

En somme, on cultive principalement le haricot en grand pour le commerce, dans les terres légères du département de l'Aisne et de l'Oise, dans une partie de l'Orléanais et particulièrement aux environs de Soissons, de Laon, de Noyon, de Montlhéry, de Liancourt, de Chartres, de Gallardon, de Nogent-le-Rotrou, de Montfort-Amaury, de Saintes, de Bordeaux, de Warnhem et Pecquencourt dans le département du Nord, etc., etc.

Fig. 216. — LE CHÊNE AUX VENDEURS (forêt de Coulon).

Nous allons reprendre en détail les variétés de haricots les plus connues, considérées comme légumes secs.

Haricot blanc commun. — Il a des grains courts, aplatis, d'un blanc sale. On le désigne, en plusieurs pays, sous le nom de *mougette*.

Haricot de Soissons. — On le nomme aussi haricot de Noyon ou de Picardie; il a l'écorce très fine; c'est un des plus larges et des plus délicats. On le considère comme une sous-variété locale du précédent. Cultivé hors des terrains dans lesquels il a acquis sa réputation, il dégénère plus ou moins promptement. Les meilleurs haricots de Soissons proviennent des localités voisines de Soissons, que nous avons indiquées plus haut.

Haricot de Liancourt. — C'est aussi sans doute une variété du haricot blanc commun. Ses grains sont un peu gros, moins plats, et la peau est un peu plus dure; quoique très bon, il est moins estimé.

Haricot rouge de Prague ou *pois rouge.* — Ses grains sont d'un rouge violet et presque ronds; la peau est un peu épaisse; ils sont très farineux et d'un excellent goût.

L'Orléanais et le département d'Eure-et-Loir en produisent beaucoup. Les autres espèces de haricots colorés n'entrent guère dans le commerce que pour être vendus comme semence.

Toutes ces variétés de haricots feront partie de l'espèce volubile que l'on est obligé de ramer, c'est-à-dire de soutenir, avec des appuis ou *rames*, si on veut obtenir le plus grand produit possible de cette culture.

Outre le haricot à rames, on trouve aussi dans le commerce des légumes secs une autre espèce de haricot, que l'on appelle le *haricot nain*, qui n'a pas besoin d'être ramé, et qui se subdivise en un assez grand nombre de variétés, dont les principales sont :

Haricot de Soissons nain ou *gros pied.* — Il ressemble beaucoup, par ses graines et ses cosses, au haricot de Soissons dont nous avons parlé plus haut; il est hâtif et assez productif. Les grains écossés avant sa complète maturité sont très bons.

Haricot hâtif de Laon ou *Fasolet.* — Il est très nain, fort hâtif et excellent en vert aussi bien qu'en sec. C'est une des variétés les plus recherchées, et par conséquent les plus cultivées aux environs de Paris.

Haricot de Chine. — Les grains sont assez gros, arrondis, de couleur jaune pâle, excellents, soit lorsqu'ils sont fraîchement écossés, soit en sec.

Haricot suisse rouge. — Grains allongés; on en vend peu en sec.

Haricot gris de Bagnolet. — C'est un des haricots suisses les plus cultivés pour l'approvisionnement de Paris. On le consomme surtout en vert.

Haricot suisse ventre de biche. — C'est le plus recherché de tous les haricots suisses et celui dont on vend à Paris la plus grande quantité; il est surtout excellent en sec.

Paris consomme chaque année des quantités considérables de haricots. On évalue à plus de 60,000 hectolitres, du poids de 80 kilogrammes l'hectolitre, la consommation annuelle moyenne de la ville de Paris, ce qui accuse une consommation de cinq litres et demi environ par habitant.

Les haricots secs les plus estimés à Paris sont les haricots de Soissons et de Liancourt; les haricots de Montlhéry et d'Arpajon et ceux de la Bourgogne viennent ensuite; puis ceux de Noyon, de Lille, de Dunkerque, d'Orléans, Tours, Nantes, Moulins, Nevers, Châlons et Troyes. Mais les provenances de Liancourt et de Noyon forment à elles seules la moitié des arrivages.

Le poids de l'hectolitre de haricot varie de 75 à 80 kilogrammes. Une opinion assez générale attribuait aux haricots la même valeur en argent qu'au froment, poids pour poids.

C'est sur cette donnée qu'on a proposé pour les haricots le même équivalent nutritif que pour le froment. Cependant cette opinion serait en contradiction manifeste avec les chiffres admis pour la consommation de Paris, et qui attribuent aux haricots le double de la valeur du froment.

D'un autre côté, M. Boussingault, par l'analyse et le raisonnement théorique, est arrivé à un résultat qui contredit l'opinion générale. Selon le savant chimiste, les haricots, poids pour poids, seraient au froment : : 49 : 25, ce qui exprime presque le double.

Le haricot fait partie de beaucoup d'assolements dans nos départements méridionaux. Dans la Bourgogne et la Franche-Comté, on sème souvent les haricots entre les rangées de maïs, et on obtient ainsi deux récoltes au lieu d'une.

Culture en grand des haricots. — Les haricots s'accommodent de climats assez différents; cependant on est obligé, dans le Nord, de choisir les variétés les plus hâtives et de les mettre dans les terres sèches et légères; dans le Midi, au contraire, il convient de choisir les sols substantiels et frais.

La culture des haricots exige trois labours. On donne le premier, qui doit être très profond, avant l'hiver; le second, moins profond, au printemps, suivi de deux hersages, et enfin le troisième au moment des semailles. On prend, en général, pour semence, des graines de deux ans, aussi bien choisies et conformées que possible. On sème en juin dans le Centre, et beaucoup plus tôt dans le Midi; il faut de 1 à 5 hectolitres par hectare, selon le développement des touffes de l'espèce employée.

Les lignes sont espacées de 0m,30 à 0m,40, et les pieds de 0m,15 à 0m,20, dans chaque ligne. L'espace réservé entre les lignes ne permet pas l'usage de la houe à cheval; toutes les façons se donnent à la main. Voici en quoi elles consistent : quand les plantes atteignent une hauteur de 0m,6 à 0m,8, on donne un léger binage; on en donne un second en butant un peu, quand les fleurs apparaissent, et trois semaines après on en donne un dernier. On place les rames de mètre en mètre, en les réunissant au sommet aussitôt que les tiges tendent à s'entrelacer.

Dans le Midi, on arrose les haricots par infiltration, en introduisant l'eau dans les rigoles formées par les binages toutes les fois que le sol est desséché à plus de 0m,5 de profondeur. La récolte des haricots se fait en arrachant les plantes lorsque la plupart des gousses sont mûres.

On laisse sécher quelques jours en javelles, et on engrange ensuite. Le battage se fait ultérieurement au fléau.

Les haricots consomment une forte proportion de fumier. On admet que 100 kilogrammes de grain et de paille récoltés consomment 367 kilogrammes d'engrais normal, ce qui ferait 16,000 kilogrammes par hectare environ.

L'hectolitre de haricots pesant 77 kilogrammes, on obtient, en moyenne, 29 hectolitres de grain et 2,200 à 2,300 kilogrammes de paille.

Cette plante est très répandue en France ; elle joue surtout un rôle important dans le Sud-Est. Les animaux ne mangent cette graine que concassée; les moutons et les bêtes à cornes acceptent sa paille sèche.

LES FÈVES

On distingue plusieurs variétés de fèves, dont les principales sont cultivées en grand : 1° la *fève dite de cheval* ou *féverole*, qui est la véritable fève des champs, fournit un excellent aliment pour les chevaux; 2° la *fève ordinaire*, dite *fève de marais*, parce qu'elle est ordinairement cultivée dans les jardins qui portent ce nom, vient aussi souvent en plein champ.

La première est plus rustique et plus productive, mais ses produits sont moins délicats et ne sont guère employés qu'à la nourriture des animaux. Le commerce de cette fève, qui est l'objet d'une culture en grand, se borne à peu près à la vente des semences. Les produits de la seconde espèce, moins nombreux, mais plus volumineux et plus agréables, sont ordinairement affectés à la nourriture des hommes.

La fève est cultivée dans toutes les parties tempérées de l'Europe, et peut réussir dans les argiles compactes, qui ne conviennent qu'à un très petit nombre de plantes.

Étudions d'abord la fève.

La fève (*faba*), que plusieurs auteurs réunissent comme simple section au genre vesce, est une plante de la grande famille des légumineuses. Linné la considérait comme faisant partie du genre *vicia* et l'appelait *vicia sativa*, mais les botanistes modernes en font un genre à part : c'est le *faba vulgaris* de Candolle, *faba major*, *faba sativa* d'autres botanistes. C'est une plante herbacée, d'une couleur générale un peu glauque et s'élevant à 0m,80 et même à 1 mètre du sol. Elle a des feuilles composées, à quatre ou six folioles glauques, entières et munies de stipules dentelées. Ses fleurs, groupées en très petit nombre sur un court pédoncule, blanches, tachées de noir à chaque aile et douées d'une odeur assez suave, ont un calice à cinq divisions, une corolle dans laquelle l'étendard est plus long que la carène et les ailes, et dix étamines, dont neuf soudées. Ses fruits sont des gousses, grosses, coriaces, renfermant des semences oblongues qui présentent cette particularité que leur ombilic est placé à une de leurs extrémités. On en connaît un grand nombre de variétés, parmi lesquelles la plus importante est la *grosse fève des marais*, qui est celle que l'on cultive le plus ordinairement. La *fève des champs*, que l'on nomme aussi *fève de cheval*, *gourgane-féverole* (*faba vulgaris equina*), se cultive également sur une grande échelle, mais elle est exclusivement réservée à la nourriture des bestiaux. La *fève de Windsor* ou *fève ronde d'Angleterre* est assez répandue dans le midi de la France; elle donne des semences rondes et très nombreuses dans chaque gousse; elle n'est pas d'une culture très productive, aussi sert-elle souvent de plante fourragère. La *fève naine rouge* et la *fève naine hâtive* ou *fève à châssis*, dont la hauteur dépasse rarement $0^{m},30$, produisent des fruits abondants. On connaît encore la *fève à longues gousses*, la *fève Julienne* ou *petite fève du Portugal*, et la *fève verte*, variété importée de la Chine et dont les gousses restent vertes à la maturité.

La culture des fèves demande une terre de bonne qualité, fraîche et un peu abritée. On les sème, en général, trois fois par an, au printemps, en été et en hiver. Les semis d'été sont souvent attaqués par les insectes, par les pucerons notamment; aussi ne réussissent-ils que lorsque la saison est un peu froide et pluvieuse. Les semis d'hiver sont destinés à donner une récolte hâtive. On sème les fèves en lignes ou en touffes espacées de $0^{m},30$ environ, en déposant de deux à quatre semences dans le même trou. Dès qu'elles sont levées, on bine le plant, en rapprochant la terre des pieds, et, pour attendre la récolte, il ne reste plus qu'à façonner deux ou trois fois le sol, à des espaces de temps déterminés, pour en arracher les mauvaises herbes, en ayant soin chaque fois de butter un peu le pied de chaque plante. Quelques cultivateurs pincent le haut des tiges, après la floraison, pour donner de la force au fruit.

Les fèves semées au printemps donnent seules des fruits capables de mûrir et de se conserver; celles qui proviennent des autres semis sont toujours mangées vertes. On parvient quelquefois à faire produire à un même carré de fèves deux récoltes, en semant tôt, coupant les gousses avant maturité et rasant la plante à une certaine distance du sol; on obtient alors une nouvelle pousse qui donne plus tard une seconde récolte. Les tiges coupées sont utilisées comme fourrage pour les bestiaux.

Les fèves sont une ressource précieuse pour l'alimentation; on doit même regretter que leur usage ne soit pas plus répandu; il pourrait être par moments d'un grand secours pour les classes peu aisées. Les fèves sont très nourrissantes; de même que les haricots et les lentilles, elles renferment une proportion assez considérable d'une matière azotée, la *légumine*, qui a une grande analogie avec la *caséine animale* et qui contribue beaucoup à leur qualité nutritive.

D'après M. Payen, 100 parties de fèves renferment 24,40 de légumine, 1,50 de matières grasses, 51,50 d'amidon, de dextrine et de sucre, 3 de cellulose, 3,60 de sels minéraux et 16 d'eau.

Lorsqu'on les récolte avant leur complète maturité, alors qu'elles sont encore vertes, et qu'on les fait sécher, on a un produit moins abondant, mais plus nourrissant encore; il renferme, sur 100 parties, 25,05 de légumine, 2 de matières grasses, 55,85 d'amidon, de dextrine et de sucre, 1,05 de cellulose, 3,65 de sels minéraux et 8,40 d'eau. A l'exception des féveroles, qui renferment 30,80 pour 100 de légumine, et qui, à vrai dire, sont des fèves, il n'est pas de semence de légumineuse qui soit plus riche en principe azoté.

La farine de fèves est quelquefois, pendant les disettes, ajoutée à la farine de blé. Cette fabrication est, à cause des propriétés nutritives de ce légume, une de celles qui présentent le moins d'inconvénients. Cependant, lorsque cette addition dépasse une certaine proportion, la panification devient impossible, le gluten n'étant plus en proportion suffisante pour lier la pâte.

Les fèves sèches sont fort employées par la marine. Décortiquées lorsqu'elles sont vertes, puis séchées, elles sont vendues dans le commerce sous le nom de *fèves dérobées* et constituent un aliment facile à digérer.

Les fèves sèches mises en farine sont parfois employées en médecine pour faire des cataplasmes ; mélangées avec des poids égaux de lupin, de vesce et d'orobe, et pulvérisées, elles constituent les quatre farines résolutives, très usitées autrefois.

Dans l'ancien département du Bas-Rhin, les fèves sont surtout employées à l'alimentation des chevaux et remplacent l'avoine. L'analyse chimique prouve que 1 hectolitre de fèves équivaut, en richesse nutritive, à 2 hectolitres d'avoine. On les donne aussi mélangées à de l'avoine ou à des fourrages hachés, sans nulle autre préparation. Quant à la farine de fèves, elle peut faire partie des breuvages des animaux et être employée avec avantage pour engraisser tous les ruminants, les porcs et les animaux de basse-cour. M. Caujac dit avoir nourri ses chevaux, ses bœufs, ses veaux, ses porcs et surtout ses brebis pleines et nourrices avec des fèves concassées, ou en purée, ou en eau blanche un peu tiède.

« Lorsque les veaux ont tété pendant une douzaine de jours, dit-il, on ne leur donne qu'une partie du lait de leur mère, mêlée avec trois parties de fèves délayées dans 2 ou 3 litres d'eau tiède, et cette boisson, qu'on leur distribue trois fois par jour, à des doses convenables, leur procure une excellente nourriture et un engrais suffisant pour être livrés à six semaines au boucher, à un prix élevé. Un veau engraissé suivant cette méthode ne coûte que le quart du prix de la vente, et on conserve pendant longtemps le lait des vaches, qui couvre infiniment au delà de ce qu'il en a coûté en farine de fèves. »

Cette plante est aussi cultivée comme fourrage vert. Le fanage en est long, mais les feuilles tiennent solidement aux tiges. Ce fourrage, surtout lorsqu'il a été récolté en pleine fleur, est très recherché par les vaches et les chevaux. Enfin, suivant de Dombasle, la paille de féveroles, bien récoltée, forme un excellent fourrage pour les chevaux, les vaches et les moutons. « Quand la récolte est épaisse, dit-il, le bétail mange presque toutes les tiges ; si elle est plus claire, il laisse les plus fortes, et n'y trouve pas moins une nourriture abondante et égale en qualité au foin des prairies naturelles. »

En Alsace, on ignore encore malheureusement la propriété nutritive de la tige de féveroles, et elle est employée à chauffer le four ou à faire de la litière. Mais en Belgique on est plus avancé sur ce point ; on fane les féveroles dans ces contrées, où l'on ne saurait toujours compter sur leur maturité, et on emploie les pailles comme fourrage partout où la maturité a lieu.

En somme, les fèves exigent à peu près les mêmes soins que les haricots ; seulement on peut assez espacer les plants pour donner les façons avec les instruments à cheval. La récolte se fait à la faux ou à la faucille. Les amendements les plus convenables pour les fèves doivent contenir une forte proportion de sels alcalins et de phosphates. Les fèves reçoivent habituellement la rotation et la fumure, qu'elles ne consomment pas, augmentant même la fertilité par les racines et les pailles qu'elles abandonnent. La propriété des fèves, de puiser dans l'atmosphère une forte proportion de produits ammoniacaux, en fait une des plantes les plus utiles à cultiver comme engrais vert.

On recueille, en moyenne, par hectare, 26 hectolitres de fèves pesant 88 kilogrammes chacun, et un poids de fanes à peu près égal à celui du grain.

La fève, originaire de la haute Asie, est connue de toute antiquité. Isidore de Séville prétend que c'est le premier légume dont les hommes aient fait usage. Les Égyptiens l'ont cultivée de très bonne heure; ils paraissent l'avoir reçue des colonies éthiopiennes. Aux heures des repas, on vendait chez eux des fèves bouillies et chaudes sur les marchés et dans les rues des villes. On mêlait la farine de fèves au pain dans les temps de disette, et l'on mangeait aussi les gousses vertes de cette plante. Il paraît, toutefois, que cet usage n'était pas général. Dans certaines provinces, on s'abstenait de semer des fèves, et même de manger celles qui croissaient naturellement.

L'usage alimentaire des fèves passa d'Égypte en Grèce et de là en Italie. Les Romains en faisaient une assez grande consommation et leur assignaient un rang distingué parmi les légumes. On les offrait quelquefois en sacrifice aux dieux, et elles n'étaient point oubliées dans les distributions de vivres que faisaient au peuple ceux qui briguaient ses suffrages. On cultivait aussi la plante pour la donner aux bestiaux, comme fourrage vert ou sec. Caton la regarde comme très propre à engraisser les bœufs et à amender les terres.

Le nom de fève a été appliqué à un grand nombre de produits naturels d'origine végétale, très différents de ceux que fournissent les plantes du genre *faba*. On l'a donné également à des matières d'origine animale. Dans le plus grand nombre de cas, la cause de cette dénomination n'est autre qu'une similitude de forme plus ou moins marquée qui s'observe entre ces produits et la fève ordinaire.

La fève, légume sec. — Voici les principales variétés de fèves, connues dans le commerce :

Féverole proprement dite. — Elle est assez tardive, donne des grains presque cylindriques, âpres et à robe coriace, qui ne sont guère propres qu'à la nourriture des bestiaux. Réduite en farine grossière, cette fève peut faire partie de leur breuvage, et servir avec beaucoup d'efficacité à engraisser rapidement les ruminants, les porcs et les animaux de basse-cour.

Fève Julienne. — Elle est plus grosse que la variété précédente ; on la cultive assez souvent dans les jardins, dans le voisinage des villes, à cause de sa précocité. Le commerce comme légume sec en est très restreint.

Grosse fève ordinaire. — C'est celle que l'on nomme *fève de marais*. Son volume est énorme. Elle est plus spécialement consacrée à l'alimentation des hommes.

Le poids de l'hectolitre de féveroles est de 88 à 90 kilogrammes; celui de l'hectolitre de fèves est seulement de 78 à 80 kilogrammes.

On cultive des fèves et des féveroles dans un grand nombre de localités, et l'on peut, sans exagération, donner le chiffre de 20,000 hectares pour représenter le total de ces cultures en France.

On emploie la farine de fève, en minime proportion, dans la fabrication du pain des villes. On ne croit pas que cet usage soit nuisible à la santé des consommateurs.

FÉVEROLE

Parmi les différents modes de semailles en lignes, celui que l'on recommande pour la féverole n'exige aucun luxe d'instruments ; on ne herse pas après le labour de semailles; un ouvrier, muni d'un plantoir, fait au fond de la première raie, à $0^{m},1$ de distance les uns des autres, des trous profonds de $0^{m},03$ au plus. Un autre qui le suit dépose une seule fève dans chaque trou. On plante ainsi deux raies de suite, on laisse vide la troisième, et on continue de la sorte à planter deux raies séparées par un intervalle d'une seule. On enterre ensuite la semence par un seul coup de herse donné en long. Ce mode de semailles ou plutôt de plantation des féveroles n'exige pas plus de 120 litres de semence par hectare.

Les féveroles se plaisent dans les terres fortes. Leur place est entre deux céréales. Leur plantation est précédée de trois labours, dont deux profonds ; tous les trois doivent être exécutés à l'automne. La fumure abondante donnée aux champs est destinée non seulement aux féveroles, qui en profitent largement, mais encore au froment qui doit succéder invariablement.

Comme le but de la culture des féveroles en lignes est de remplacer la jachère et de préparer la terre pour une céréale hivernale, on ne saurait jamais semer trop tôt cette précieuse légumineuse; car, mise tardivement au printemps, elle n'arriverait à maturité qu'en septembre, ce qui est un inconvénient, si l'on veut faire suivre du blé.

Dans le Midi, on sème en automne la fève de printemps, et elle traverse sans avarie la plupart des hivers de ce climat; mais, dans le Nord, on ne peut la semer que lorsque les grands froids sont passés. Heureusement, on peut cultiver une variété plus rustique, la féverole d'hiver, qui, semée en septembre, a le grand avantage de donner ses produits en juillet. Sauf l'époque de la semaille, les procédés de la culture sont les mêmes que pour la féverole de printemps.

Les féveroles d'automne se binent dès le mois de mars; mais celles que l'on a semées en février ne reçoivent de binage qu'à la fin d'avril, si elles ont eu en mars un deuxième hersage énergique, qui équivaut à un binage, alors qu'elles ont atteint une hauteur de $0^{m},3$ et qu'elles marquent leur race. Si l'herbe ne se montre pas encore, on peut même retarder ce binage jusqu'aux premiers jours de mai. Lorsque les fèves ont été semées en lignes doubles, telles que nous les avons décrites, la houe à cheval fait le plus fort de ce travail, qu'il n'y a plus qu'à compléter en passant avec la binette à bras dans le double rang des fèves. La maturité des féveroles se reconnaît à la teinte noirâtre que prennent les tiges et les gousses. La récolte s'en fait plutôt à la faux. On les laisse quelques jours en javelle, et on les lie ensuite en petites gerbes avec des liens que l'on fait d'une seule longueur de paille. On réunit les gerbes en les adossant debout par dizaines, et on ne les rentre que lorsque leurs tiges sont parfaitement séchées. Le produit moyen d'un hectare de fèves d'hiver bien fumées est de 26 hectolitres, du poids de 80 kilogrammes; c'est un des grains des plus lourds. La paille, d'un poids égal à celle du grain, n'est guère moins estimée comme four-

Fig. 217. — L'AUTOMNE.

rage qu'une égale quantité de foin. Le rendement, dans des conditions favorables, peut s'élever jusqu'à 45 hectolitres. La féverole de printemps est un peu moins productive, mais sa paille est préférée par les bestiaux. Sa récolte, par suite des pluies d'automne, est plus chanceuse que celle de la fève d'hiver.

On cultive beaucoup la féverole sur les terres argileuses, rendues, par leur trop grande ténacité, impropres à la végétation des plantes que l'on doit intercaler aux récoltes de blé. Comme plante fourragère, elle est le meilleur des fourrages pour les chevaux qui supportent de rudes fatigues, et qui deviendraient promptement poussifs s'ils mangeaient trop de foin. On la fauche au moment où les sommités sont encore fleuries et où les cosses du bas de la tige sont déjà remplies de petites fèves à demi formées. On la lie en bottes qu'on laisse sécher debout, en moyettes, sur le champ qui les a produites, avant de les mettre en meules ou en grange pour les conserver. C'est un fourrage très nourrissant, qu'il faut distribuer avec précaution aux bestiaux, en l'associant à d'autres moins substantiels. Il y a avantage à couper à la faucille le haut des tiges lorsque les fleurs sont passées : on a ainsi une nourriture verte très riche, et les féveroles ont un plus grand nombre de belles gousses et des grains mieux nourris.

Les graines ont une très haute valeur nutritive; ils entrent pour une grande proportion dans l'alimentation ; réduits en farine, ils entrent dans la composition du pain, qu'ils améliorent. Entiers, secs ou cuits, plus souvent concassés ou germés, ils sont donnés à tous les animaux domestiques, particulièrement aux chevaux.

La féverole n'est pas une plante épuisante pour le sol; cette légumineuse emprunte beaucoup à l'atmosphère et consomme peu de fumier. Bien binée, tenue proprement, c'est une des meilleures récoltes préparatoires des céréales. La féverole d'hiver est souvent compromise par le froid. Cependant, M. Isidore Pierre en a fait connaître une belle variété, nommée *fève de Novaë*, qui, dans le funeste hiver de 1860, a su résister au froid et à l'inondation en Normandie.

LENTILLE

Le genre lentille (*Ervum lens*) offre pour caractères : calice divisé en lanières étroites, pointues, profondes, presque égales à la corolle; corolle papilionacée, dont l'étendard dépasse les ailes, qui sont courtes, et la carène plus courte encore. Étamines diadelphes, au nombre de six; style simple, stigmate, gousse oblongue, renfermant deux à quatre semences. Les espèces de ce genre sont des plantes à tige grêle, faible, à feuilles pinnées, à fleurs petites, portées sur des pédoncules axillaires.

Les graines de la lentille commune sont employées à la nourriture de l'homme et des animaux. Cette lentille réussit mal dans les terres argileuses, humides, tenaces; elle veut un sol léger et même médiocre, pourvu que la couche inférieure laisse facilement écouler les eaux de pluie.

La lentille est une plante propre aux assolements des terres légères. Elle redoute plus la trop grande humidité que la chaleur. Les sols sablonneux, quartzeux, volcaniques, les terrains sablo-calcaires lui conviennent parfaitement.

C'est en plein champ qu'il faut la cultiver; dans les jardins, elle pousse en herbe et donne des graines pâteuses, sans goût. On la sème à la volée quand on ne craint plus les gelées tardives. Pour la récolter, il faut saisir à point le moment de la maturité; un jour de retard fait éprouver des pertes considérables par l'effet de l'élasticité des gousses et par suite des ravages des mulots, des pigeons et autres animaux, très friands de la graine. Il vaut mieux enlever la plante quelques jours auparavant et l'étendre en un lieu favorable; la lentille y gagne, elle est meilleure, d'un plus bel aspect et ne se ride point. On connaît deux principales variétés de lentille commune. La première, la *grosse lentille*, est particulièrement cultivée à Gaillardon (Eure-et-Loir), à Bonnoc (Ariège) et aux environs du Puy (Haute-Loire) ; ses graines sont d'une couleur jaunâtre.

La seconde, appelée *lentille rouge ou lentillon*, demande des terres bien légères, qu'elle épuise vite. On est dans l'habitude de la semer avec du seigle ou du blé, pour l'abriter sans doute contre les vents; elle donne ainsi une récolte peu considérable, mais riche en principes nutritifs. La graine est de moitié plus petite que celle de la grosse lentille, plus bombée, plus délicate. Ces deux variétés sont annuelles.

Dans plusieurs départements, le fourrage que l'on appelle *dragée* est constitué par les feuilles et les tiges des vesces, des pois, des fèves, de l'orge, des lentilles, de l'avoine semés ensemble. Il paraît qu'aucun autre fourrage ne peut lui être comparé. Dans d'autres cantons, on attend que la lentille soit en pleine floraison pour l'enterrer à la charrue : un pareil sacrifice est payé par des récoltes abondantes et de qualité supérieure.

La lentille est une ressource précieuse lorsque les pluies ont empêché les semailles des blés d'hiver, ou lorsqu'ils ont péri par les gelées ou ont été détruits par les insectes. Elle fournit une nourriture substantielle, de digestion facile, de saveur agréable; on la mange cuite en grain ou en purée, jamais en vert. Les Anglais lui enlèvent son épiderme par une demi-monture. Quelquefois on la fait entrer dans la farine de froment, mais le pain qu'on obtient ainsi est de mauvaise qualité.

Nous avons dit que cette plante prospère dans les terres légères et graveleuses ; les terres compactes ne lui conviennent pas ; on emploie 1 hectolitre à 1 hectolitre et demi de semence par hectare ; le produit varie de 10 à 21 hectolitres du poids de 85 kilogrammes.

La *lentille ervilier* ou *ers* donne des tiges très grêles, un peu plus élevées que celles de la précédente ; elle a des fleurs blanchâtres, légèrement rayées de violet. On la cultive fréquemment comme fourrage, bien qu'elle passe pour échauffante. Ses graines, plus arrondies que celles de la lentille commune, sont données comme nourriture aux pigeons, mais cet emploi demande de la discrétion. La farine de cette espèce est également résolutive. Mêlée au pain, elle lui donne des propriétés qui passent pour malfaisantes. La lentille ervilier se sème, soit en automne, soit au printemps, selon les climats. Enfouie en vert, elle constitue un excellent engrais.

La lentille légume sec. — On ne cultive en grand, pour le commerce, de légumes secs que deux espèces et trois variétés de lentilles : la *grande lentille*, la *lentille d'Auvergne*, et la *petite lentille*.

Grande lentille. — C'est une des plus cultivées, et c'est celle dont la consommation est la plus étendue sur le marché de Paris. Elle vient dans les sables quartzeux des environs de Rambouillet et sur les terres calcaires et légères du Soissonnais. Le grain de cette lentille est de couleur blonde, fortement comprimé et large d'environ $0^m,007$.

Lentille d'Auvergne. — Cette lentille diffère essentiellement de l'espèce dite grande lentille ou grosse lentille, dont elle est une variété. Elle est petite, convexe et piquetée de noir sur un fond vert. Elle prospère dans les environs du Puy et principalement dans les communes de Polignac, Blanzac et Saint-Paulien, dont l'élévation au-dessus du niveau de la mer est de 600 à 800 mètres. Le sol de ces communes est volcanique, quelquefois tertiaire, mais alors plus ou moins mélangé de détritus volcaniques. Dans ces conditions, la lentille réussit à peu près partout, pourvu que le sol ne soit ni trop fort, ni trop léger. La culture de la lentille occupe 1,221 hectares dans le seul département de la Haute-Loire.

Petite lentille, lentille à la reine, lentille rouge ou lentillon. — Cette lentille est plus petite de près de moitié que la grande lentille. Ses graines, plus bombées et plus colorées, sont très délicates. Cependant, comme, en raison de sa petitesse, l'enveloppe de la lentille qui n'est pas digestible est en forte proportion avec sa pulpe, on en consomme généralement assez peu. Cette variété est surtout cultivée sous le nom de lentillon, afin de donner un fourrage.

On consomme annuellement à Paris environ 30,000 hectolitres de lentille de diverses provenances, du poids moyen de 80 kilogrammes l'hectolitre ; ce qui fait à peu près 2 litres et demi par habitant chaque année.

LES POIS

Les pois (*pisum*) sont des plantes herbacées, ordinairement annuelles et grimpantes, à feuilles paripennées, munies de grandes stipules, à pétiole commun terminé en vrille rameuse. Les fleurs, groupées en petit nombre à l'extrémité de pédoncules axillaires, présentent un calice campanulé, à cinq divisions foliacées, inégales, allongées ; une corolle papilionacée à étendard ample et muni à sa base de deux bosses calleuses; dix étamines diadelphes, un pistil à style caniculé en dessous. Le fruit est une gousse oblongue, comprimée, renfermant plusieurs graines ordinairement globuleuses.

Ce genre renferme un petit nombre d'espèces, presque toutes originaires des contrées orientales du bassin méditerranéen. La France en possède quatre, cultivées ou indigènes. Les premières sont de beaucoup les plus importantes et méritent d'être étudiées avec quelque détail.

Le *pois cultivé* est une plante à racines annuelles, pivotantes, fibreuses, à tige anguleuse, volubile, variant en longueur de $0^m,15$ à 2 mètres, à feuilles alternes, munies de deux stipules arrondies, beaucoup plus grandes que les folioles, qui sont ovales et au nombre de deux ou trois paires; les fleurs sont grandes, blanches, roses ou violacées; elles se succèdent depuis juin jusqu'à septembre. Les gousses glabres, oblongues, pendantes, coriaces ou charnues renferment de six à douze graines de forme, de grosseur et de couleur variables.

Cette plante, dont la patrie est inconnue, est cultivée de temps immémorial en France et dans beaucoup d'autres pays. Elle a produit des variétés très nombreuses qui se rangent sous deux groupes principaux : les *pois à parchemin* ou *à écosser*, dont la gousse dure et coriace (vulgairement parchemin) ne peut servir, même étant jeune et fraîche, à la nourriture de l'homme, et dont on mange seulement les graines écossées, et les *pois sans parchemin* ou *mange-tout*, dont le fruit vert a une enveloppe tendre et charnue, et peut être consommé en entier.

Chacun des deux groupes se subdivise à son tour en deux : les *pois à ramer*, dont la tige élevée a besoin d'un support, d'une rame, pour pouvoir s'enrouler et ne pas traîner sur le sol, et les *pois nains*, dont la tige est assez courte pour pouvoir se soutenir d'elle-même et sans appui. On pourrait subdiviser encore les pois en hâtifs et tardifs, suivant l'époque de leur maturité.

Pois à écosser, à rames (*pisum saccharatum*). — Les meilleures variétés sont : *prince Albert*, le plus hâtif, un peu délicat, demande une terre riche et convient surtout pour la culture sans châssis; grain fin et de bonne qualité; *empereur hâtif*, bon, productif, assez précoce, craint un peu la gelée et ne réussit bien qu'en très bonne terre; *michaux de Hollande*, très hâtif, de bonne qualité, peu difficile sur le sol, propre à la pleine terre et à la culture forcée; *michaux de Ruelle*, très précoce, rustique, peu exigeant sur le sol; *michaux ordinaire* (*petit pois de Paris*), rustique très productif, l'un des meilleurs sous tous les rapports; d'*Auvergne*, très productif, grain fin; *doigt de dame*, de bonne qualité, mais peu productif, exigeant pour le sol et craignant la sécheresse; de *Gouvigny*, très beau, mais exigeant des rames très hautes dans les terres riches; de *Marly*, beau et productif, demande une bonne terre et des rames très hautes; *pois fève*, rustique, se ramifie dans les bonnes terres et donne un grain très gros; de *Clamart*, productif, peu délicat, de très bonne qualité en vert; *carré blanc*, rustique et de bonne qualité; *carré vert* (*gros pois vert normand*), très productif, grain très beau, employé surtout comme pois cassé ou en purée; *ridé de Knight*, sucré, tendre, très bon en vert, peu exigeant pour le sol; *à la moelle* ou *de Victoria*, rustique et de bonne qualité; *grand vert mammoth*, beau, productif, bon, peu difficile sur le terrain; *ridé vert*, rustique et de bonne qualité; *géant*, assez rustique et productif, mais de qualité médiocre; *à cosse violette*, délicat et peu productif; *doré*, productif, de bonne qualité, peu délicat; *turc à fleur blanche*, délicat et peu productif; *turc à fleur rouge*, etc.

Pois à écosser, nains (*pisum humile*). — Variétés recommandables : *pois nain*, très hâtif à châssis, précoce, de petite taille assez rustique, bon également pour la pleine terre; *nain hâtif*, précoce, de petite taille, de bonne qualité, un peu sensible à la gelée; *nain ordinaire*, le meilleur de tous les pois nains, productif, de bonne qualité, peu délicat sur le terrain; de *Bishop à longue cosse*, très beau, bon et rustique; *nain gros sucré*, assez bon et productif en bonne terre, craint un peu la sécheresse; *très nain de Bretagne*, bon, mais tardif et peu productif, assez petit pour être cultivé en bordure; *ridé nain*, un peu délicat, assez sujet à la gelée, aime les bonnes terres et donne des graines sucrées; *champion d'Ecosse*, robuste, productif, très bon, se ramifie beaucoup, doit être semé un peu clair; *ridé nain vert*, délicat et très tardif; *nain vert gros*, rustique et de bonne qualité; *nain vert impérial ou à la reine*, d'assez bonne qualité, mais un peu exigeant pour le sol; *nain vert petit*, de bonne qualité, mais un peu délicat.

Pois sans parchemin, à rames, dits aussi *mange-tout ou goulus*. (*Pisum macro carpum*). — On peut citer surtout les suivants : *pois sans parchemins à demi-rame*, précoce, productif, peu exigeant pour le sol; *grand à fleur blanche ou corne de bélier*, rustique, productif, le meilleur des pois de cette catégorie; *à fleurs rouges* rustique et productif, mais d'une saveur qui ne plait pas généralement; *géant à cosse très grande*, mais peu productif et de saveur peu délicate; *à cosse blanche*, peu rustique, d'un faible rendement et d'une saveur peu agréable; *à cosse jaune*, de bonne qualité, mais délicat et peu productif.

Pois sans parchemin, nains. — Nous n'avons guère à recommander que deux variétés : *pois sans parchemin nain ordinaire*, de bonne qualité et peu exigeant pour le sol; *nain hâtif de Hollande*, plus précoce, de bonne qualité, mais ne réussit pas très bien en terre légère.

Parmi les variétés récemment introduites et moins connues, nous citerons, d'après M. Vilmorin, les suivantes : *pois de Lorraine*, très tardif; *rothschild*, très hâtif, mais très délicat et peu productif; *michaux de Nanterre*, moins précoce, plus rustique et plus productif que le michaux ordinaire; *british-queen*, grain ridé, très beau, un peu tardif, sujet à se fendre; *great-britain*, grain blanc, ridé, voisin du précédent; de *Castrowa*, très tardif, à cosse petite, convient peu à la culture maraîchère, etc.

Les pois, sans être généralement difficiles sur la qualité du sol, préfèrent néanmoins une terre légère et bien saine, ils prospèrent mieux dans un sol qui n'a pas porté ce légume depuis plusieurs années et donnent leur maximum de production dans une terre neuve. Les terrains secs et sablonneux qui longent les murs exposés au midi conviennent quand on veut obtenir des produits précoces; on sème alors en touffes ou en rayons, souvent sur les plates-bandes; les rayons se font à $0^{m},22$ environ les uns des autres, et on y pratique à la houe, à $0^{m},32$ de distance, des trous dans lesquels on jette les cinq ou six grains qui doivent former la touffe.

On doit se dispenser de fumer les terres naturellement fertiles; un excès d'engrais rendrait les plantes trop vigoureuses, mais au détriment de la production du fruit.

On sème de cette manière en novembre et décembre, les variétés les plus hâtives; puis on échelonne les semis, en passant aux pois de deuxième et de troisième saison, jusqu'à la fin de juillet, où on sème les variétés les plus tardives. Les soins de culture se réduisent à biner, à sarcler, à pincer les pois hâtifs à la troisième ou quatrième fleur et à donner des rames aux plantes qui en exigent. Tout ceci concerne les pois à manger au vert; pour récolter en sec, on sème ordinairement en mars et avril, et même jusqu'au commencement de juin, pour les variétés précoces.

Pour les primeurs, lorsqu'on a des bâches, on établit une couche que l'on recouvre de 0m,25 à 0m,30 de terre. On sème en place en novembre, décembre et janvier, et l'on pince à trois ou quatre fleurs. A défaut de bâches, on force sur couches et sous châssis. On sème en décembre et janvier, quelquefois en place, plus ordinairement en pépinière et dès lors plus épais, pour replanter lorsque le plant aura 0m,10. Cela se fait sur une nouvelle couche peu forte et seulement tiède. On met deux plants ensemble, à 0m,10 d'intervalle sur la ligne et 0m,16 entre les lignes. On donne de l'air toutes les fois que le temps le permet. Quand les pois plantés ou semés sous châssis ont 0m,25, on les couche vers le fond du châssis en mettant des lattes sur leurs tiges; leurs têtes se relèvent et continuent de pousser; quatre ou cinq jours après, on ôte les lattes et le bas des tiges reste couché. Cette opération, très importante, les fait ramifier davantage et augmente, par conséquent, le nombre des cosses.

On a remarqué que les pois plantés sont plus précoces que ceux qu'on a semés en place; il est donc avantageux, même pour ceux de seconde primeur, de semer au commencement de janvier, sous bâche ou sous cloche, pour planter en février à une exposition abritée et quelquefois même en plein air.

Les graines des pois, surtout ceux de primeur, sont sujettes à être attaquées par les larves de bruche; les pois tardifs sont beaucoup moins exposés; on pourrait donc ne semer qu'en avril les pois destinés au semis ou à faire des purées.

La récolte des pois verts ne présente rien de particulier; on recueille les gousses quand elles sont arrivées au point convenable; puis on écosse celles des variétés à parchemin. Pour les pois secs, on arrache les tiges quand elles sont jaunes et sèches, et on les bat au fléau comme le blé.

Les graines de pois, si on les laisse dans leurs cosses, peuvent conserver pendant trois à cinq ans leur faculté germinative.

Les pois jouent un certain rôle dans l'alimentation de l'homme et des animaux domestiques. Nous avons vu qu'on les mange verts, avec ou sans cosse. Les pois secs sont très usités dans les campagnes, et, bien qu'ils aient quelques inconvénients, on doit sous tous les rapports les préférer aux haricots, parce qu'ils sont plus digestibles et moins flatueux; ces inconvénients disparaissent d'ailleurs presque complètement quand les pois ont été débarrassés de leur pellicule: on les vend alors chez les marchands de comestibles sous le nom de pois cassés, et ils servent à préparer d'excellentes purées. On accuse quelquefois les pois de cuire mal; mais c'est seulement quand ils ont végété sur une terre compacte et argileuse.

Les cosses des variétés à parchemin, quand on en a ôté le grain et qu'elles sont encore assez fraîches, peuvent servir à la nourriture des animaux; il serait peut-être préférable de ne les leur donner que lorsqu'elles ont perdu toute leur eau de végétation.

Les pois secs peuvent aussi remplacer l'avoine pour les bestiaux, et on les utilise aussi quand ils sont trop abondants pour entrer dans la consommation ou le commerce, ou bien encore quand ils sont avariés.

Les pois étaient autrefois employés en médecine, comme apéritifs et diurétiques, et dans quelques pays on se sert encore de ces graines réduites en farine pour faire des cataplasmes émollients.

On conserve les pois verts de diverses manières. Enfin, les racines, les tiges, les feuilles et les cosses sèches peuvent fournir de la potasse.

« Les cosses des pois verts, dit T. de Berneaud, contiennent une si grande quantité de substances sucrées qu'elles offrent, lorsqu'on les met à cuire dans de l'eau, une liqueur parfaitement semblable au moût de la bière tant pour le goût que pour l'odeur. En mêlant à ce produit un peu de sauge verveine ou de houblon et en les faisant fermenter, on obtient une boisson saine et agréable. Le procédé en est très simple : jetez une certaine quantité de cosses dans un chaudron, recouvrez-les de 14 millimètres d'eau, exposez au feu durant trois heures, filtrez, puis ajoutez quantité suffisante de sauge ou de houblon, livrez ensuite à la fermentation comme on fait pour la bière. Vous donnerez plus de force à votre liqueur en lui additionnant une nouvelle quantité de cosses avant qu'elle soit entièrement refroidie. »

Le *pois des champs*, appelé aussi *pois gris*, *pois d'agneau* ou *de brebis*, *pois à pigeon*, *pisaille*, *bisaille*, etc., est une plante annuelle, plus petite dans toutes ses parties que l'espèce précédente; ses tiges faibles, flexibles, rameuses, portent des feuilles à stipules ovales, dentées, plus grandes que les folioles, qui sont ordinairement au nombre de deux; les pédoncules portent une ou deux fleurs blanches, roses, violacées ou bleuâtres; les gousses, comprimées et réticulées renferment des graines presque cubiques, verdâtres ou jaune rougeâtre. Cette espèce est indigène et croît spontanément dans les moissons; depuis le milieu du siècle dernier, elle est cultivée en grand comme plante fourragère, surtout dans le nord de la France, où elle réussit mieux que dans le midi, grâce à l'humidité du climat et aux chaleurs moins fortes de l'été.

Le pois des champs présente plusieurs variétés : le *pois gris hâtif de printemps*, que l'on sème en mars et avril; le *pois gris tardif de printemps*, qu'on sème en mai et juin; le *pois gros d'hiver*, variété rustique et précieuse pour les terrains secs et graveleux et qui se sème à l'automne; le *pois perdrix*, plus productif que les précédents, ayant les tiges plus fortes et plus élevées, les cosses et les graines plus grosses, résistant très bien à la gelée et pouvant être semé à l'automne ou au printemps. Quelques variétés du pois cultivé peuvent, en outre, servir comme fourrage.

Le pois des champs préfère les terres un peu argileuses et fraîches, mais il réussit très bien sur les terres à froment chaulées ou marnées. Les tiges étant sujettes à ramper sur le sol, il est bon de le semer en mélange avec du seigle ou de l'avoine, dont les chaumes solides lui fournissent un appui ou des rames naturelles. Le fourrage résultant de ce mélange est connu sous le nom de *dragée*. Dans quelques localités, on le cultive communément avec les féveroles. On sème ordinairement à la volée et on recouvre la graine au moyen d'un hersage, suivi d'un roulage. Les pois des champs ne demandent aucun soin de culture, si ce n'est un hersage quand la surface du sol se prend en croûte par suite de la sécheresse. La récolte a lieu quand les plantes sont presque défleuries et les gousses inférieures parfaitement formées.

Le pois des champs fournit un fourrage vert très nutritif et fort recherché par les bêtes bovines et ovines; beaucoup de cultivateurs le regardent comme préférable aux vesces fauchées en fleur. Le foin sec, bien qu'un peu dur et gros-

Fig. 218. — L'HIVER

sier, est excellent s'il a été bien récolté; les animaux dont nous venons de parler le mangent avec plaisir. Quant aux graines, elles viennent immédiatement après le maïs pour l'engraissement des animaux; on les considère comme plus nourrissantes pour le cheval que l'avoine et les féveroles. On les emploie avec non moins de succès pour engraisser les oiseaux de basse-cour. Enfin, cette plante est un des meilleurs engrais verts.

Le *pois maritime* est une plante vivace, à tige anguleuse et rameuse, portant des feuilles ailées, à stipules sagittées, à pétiole plan en dessus et muni de trois à six paires de folioles ovales, entières; les fleurs, disposées en grappes à l'extrémité de pédoncules axillaires, sont bleues, parfois mélangées de blanc et de rouge, et s'épanouissent en juillet. Cette plante habite les côtes maritimes de l'hémisphère nord; ses graines, quoique très amères, ont été parfois utilisées par les classes pauvres dans les temps de disette. Le *pois à bouquets* s'en distingue par sa tige droite et élevée, ses fleurs en ombelles terminales, ses graines brunes, complètement impropres à l'alimentation. Ces deux espèces sont quelquefois cultivées comme plantes d'ornement.

Résumons ce que nous venons de dire sur la culture du pois.

Le pois, qui semble originaire des contrées méridionales de l'Europe, où on le rencontre à l'état sauvage, a été transformé, par la culture, en un grand nombre de variétés et sous-variétés.

La paille et le grain des pois fournissent une nourriture également recherchée par les animaux. On cultive plusieurs espèces de pois; nous distinguerons les plus usités :

Pois des champs ou *pois gris*. — Les fleurs sont roses, violacées; sa graine est grisâtre; elle sert particulièrement à la nourriture des animaux. Il y a des pois gris de printemps et d'hiver; cette dernière variété ne peut être cultivée que dans le midi.

Pois cultivé. — Les fleurs sont généralement blanches; son grain est jaunâtre ou verdâtre; destiné à l'alimentation, ses variétés sont nombreuses. On peut citer, parmi les meilleures espèces, les pois de Marly, de Clamart, gros vert normand, les pois anglais, etc.

Le pois doit, en général, être placé à la fin des assolements et ne jamais se succéder à lui-même; si on le semait après la fumure, on obtiendrait, au détriment du grain, un trop grand développement herbacé.

Le nombre de labours nécessaire au sol qui doit fournir des pois varie avec la place de cette récolte dans la rotation. Les pois se plaisent dans un sol profondément ameubli, mais qui ne soit pas trop finement pulvérisé; il convient donc d'éviter, ou de n'employer qu'avec réserve, la herse et le rouleau. Dans le midi, on sème à l'automne; dans le nord, on préfère généralement attendre le printemps. Les semis se font à la volée ou en ligne. Quand les pois ont atteint 0m,05 à 0m,06 de hauteur, on donne un léger coup de herse pour ameublir la couche superficielle du sol durcie par les eaux. Les pois cultivés exigent un binage et un fort buttage, pour diminuer leur tendance à s'élever, au point d'exiger des rames, qu'on ne peut leur fournir dans la grande culture.

Le rendement des pois est très variable; le rapport du grain à la paille est surtout extrêmement différent d'une année ou d'un terrain à l'autre. En moyenne, on obtient, par hectare, 13 hectolitres de graine pesant 79 kilogrammes chacun.

Les pois, légumes secs. —Le pois est souvent cultivé pour être employé comme légume sec; aussi devons-nous dire quelques mots sur plusieurs variétés parmi lesquelles nous choisirons.

Pois des champs proprement dit. — Il paraît être le type de l'espèce. On le désigne sous le nom de pois gris ou bisaille, à cause de sa couleur, et de pois de mouton, parce qu'il est une des premières nourritures pour les bêtes à laine, qui en sont singulièrement avides. Son grain un peu aplati sur le côté, de couleur le plus souvent grisâtre, et quelquefois brunâtre, rougeâtre ou bleuâtre, est ordinairement moins gros que les principales variétés désignées sous la dénomination de pois commun.

On subdivise cette variété en pois d'hiver ou pois de printemps; sa graine n'est guère répandue dans le commerce que comme semence.

Pois commun. — On l'appelle aussi pois ordinaire. C'est, comme le précédent, un pois de grande culture et dont on consomme de grandes quantités à sec. Ses grains sont plus forts que ceux du précédent.

Pois michaux. — On l'appelle aussi petit pois de Paris. Il est très précoce; son grain, blanc, rond et uni, est assez gros.

Pois cassé vert. — Il diffère essentiellement du précédent par la couleur, et est excellent en purée; il s'en fait un commerce assez étendu à Noyon, département de l'Oise, à Pontoise, département de Seine-et-Oise, à Dreux, département d'Eure-et-Loir, etc. On le débarrasse de son écorce qui en rend la cuisson et la digestion difficiles; on le nomme alors pois cassé.

Pois normand. — On le connaît aussi sous la désignation de gros vert normand, et on le confond quelquefois avec le cassé vert, auquel il ressemble par la forme et par la couleur. Il a de plus le mérite d'avoir la peau fort mince; il est préférable au précédent pour la confection des purées.

Dans le commerce de Paris, on distingue aussi les pois secs sous trois dénominations plus générales : en *pois verts*, *pois cassés* (dépouillés de leur écorce et plus spécialement destinés à faire de la purée) et *pois blancs*. Les pois cassés sont toujours plus chers, quelle que soit leur provenance.

On consomme annuellement, à Paris, environ 30,000 hectolitres de pois secs de toutes les variétés, ce qui fait un peu plus de 2 litres par habitant.

Les pois qui arrivent à Paris proviennent principalement de Noyon, du Poitou, des environs de Lille, d'Isigny, de Lorraine, de Dunkerque, de Saint-Brieuc, etc.

L'hectolitre de pois pèse autant que celui de froment, environ 79 kilogrammes. Schwerz lui attribue la même valeur nutritive. Meyer l'a trouvé un peu plus faible : : 90 : 94. Quant à M. Boussingault, il attribue au pois une supériorité sur le froment, et établit entre eux le rapport : :49 : 31.

Pois chiche. — Le pois chiche ainsi nommé à cause de sa très petite quantité de farine de fève qu'il renferme, est une légumineuse voisine des lentilles qui se distingue surtout par la forme arrondie de ses graines, parfois raboteuse, sur laquelle la place occupée par la radicule est plus ou moins proéminente. Ce pois est cultivé en grand dans le midi de la France et dans l'Europe méridionale.

En Asie et en Afrique, il se fait une consommation considérable des grains de pois chiche, soit rôtis et encore chauds, soit bouillis et préparés de diverses façons. Dans plusieurs de nos départements méridionaux, on les mange en purée. On les utilise chez les restaurateurs et dans les bonnes maisons bourgeoises pour préparer les potages aux croûtons si appréciés par les consommateurs pour leur délicatesse.

On récolte le pois chiche dès que les gousses vésiculeuses, renflées, de forme ovoïde et renfermant deux graines arrondies, prennent une teinte jaunâtre; on bat les gousses au fléau lorsqu'elles sont sèches. Le pois chiche, outre son emploi dans les purées, sert aussi à imiter le café, après avoir été torréfié et moulu.

Gesse cultivée. — On l'appelle aussi lentille d'Espagne. Elle est cultivée pour son fourrage et aussi pour sa graine, que l'on mange, tantôt en vert, comme les petits pois, tantôt sèche, transformée en purée. Dans plusieurs cantons du midi de la France, les cultivateurs pauvres s'en nourrissent pendant une partie de l'année. Les enfants la mangent grillée. On la réduit aussi en poudre, quand elle a été torréfiée, et on en fait une espèce de café.

Le commerce de cette graine, autrement que pour la semence, est presque nul.

Dolic. — On cultive le dolic dans le midi de la France, et notamment en Provence, où il est plus connu sous le nom de *mongette*. Le dolic diffère fort peu du haricot. Voici ses principales variétés :

Dolic à ongles. — Il est appelé aussi mongette ou banette. C'est le plus répandu en Europe. Ses gousses sont fort allongées, les grains ont un ombilic noir; il est assez productif et fort bon en purée.

Dolic lablad. — Il est très estimé en Egypte, où sa culture est assez développée. Les grains sont noirs, bordés de blanc, et quelquefois tout à fait blancs. Il est trop délicat pour devenir, dans notre climat, l'objet d'une culture importante.

Dolic soya. — Les graines sont d'un brun foncé et presque mat. On le cultive dans quelques parties du département de l'Ariège. Il a réussi à merveille dans le département de Maine-et-Loire. La plante a la propriété de résister aux sécheresses continues; elle est très productive, mais le grain a le défaut d'être très difficile à cuire, et d'avoir un goût assez désagréable.

Le prix moyen attribué par la statistique aux légumes secs, en général, comprenant les haricots, lentilles, pois, fèves, etc., est d'une vingtaine de francs par hectolitre pour toute la France; il varie cependant par région; en somme, la valeur de l'hectolitre se rapproche sensiblement de celle du froment. La valeur économique varie avec chaque espèce de légumes secs, comme on l'a vu plus haut, et dans presque chaque variété d'une même espèce; aussi ne faut-il accepter les évaluations qui précèdent qu'avec beaucoup de discrétion.

L'étendue du sol consacré, en France, à la culture des légumes destinés à être consommés secs, était évaluée, il y a vingt ans, par les économistes, à 245,000 hectares. La statistique publiée récemment par le gouvernement, a rectifié ce chiffre et le porte à 500,000 hectares environ.

Les départements qui cultivent le plus de ces légumineuses sont : le Pas-de-Calais, le Nord, le Gers et la Dordogne. Ceux qui en cultivent le moins sont : la Lozère, le Morbihan, la Mayenne et la Creuse.

PLANTES CULTIVÉES POUR LEURS FRUITS

CONCOMBRE

Les concombres sont des plantes annuelles à tiges couchées et munies de vrilles, à feuilles alternes, échancrées à la base et divisées en cinq ou sept lobes plus ou moins profonds. Les fleurs, assez grandes, jaunes, portées sur des pédoncules axilliaires, sont monoïques ou polygames. Elles présentent un calice à cinq sépales, soudés avec le tube de la corolle dans une étendue variable; une corolle à cinq divisions. Les fleurs mâles ont cinq étamines triadelphes, à anthères conniventes. Les femelles ont un ovaire infère, à trois loges multiovulées, surmonté d'un style à trois divisions, terminées chacune par un stigmate bifide. Le fruit est une *péponide* plus ou moins volumineuse, charnue, à écorce plus ou moins épaisse, renfermant de nombreuses graines obovales et comprimées.

Les espèces assez nombreuses que renferme ce genre sont, pour la plupart, originaires des régions chaudes et tempérées de l'Asie.

La plus intéressante est le *concombre melon* (*cucumis melo*), connu sous le nom de melon. La plante qui porte plus spécialement chez nous le nom de concombre est celle que les botanistes nomment *cucumis sativus*. Elle est annuelle et a des tiges rampantes, anguleuses, pleines, rameuses, munies de vrilles; des feuilles larges, découpées, rudes au toucher, d'un vert foncé; des fleurs jaunes, monoïques; un fruit cylindrique, le plus souvent allongé, légèrement anguleux à écorce mince, lisse ou parsemée de verrues épineuses, à chair plus ou moins blanche, transparente, divisée au centre en trois cloisons pulpeuses, sur lesquelles sont fixées des graines jaunâtres.

Originaire des Indes, le concombre est cultivé de temps immémorial dans les jardins potagers.

Il a produit plusieurs variétés, entre autres : le *concombre blanc hâtif*, à fruit blanc verdâtre; le *concombre blanc long*, un peu plus tardif que le précédent, un peu plus anguleux et à écorce moins lisse; le *concombre blanc de Bonneuil*, plus tardif encore, préféré par les parfumeurs pour faire la pommade; le *concombre hâtif de Hollande*, à fruit jaune pâle, plus précoce que les précédents; le *concombre jaune gros*, à fruit d'un jaune vif et couvert de mamelons épineux; le *concombre vert long*, devenant jaune brun à sa maturité complète; le *concombre à cornichon*, vert foncé et rugueux à l'âge où on l'emploie, plus tard jaune foncé et presque lisse; le *concombre de Russie*, le plus précoce de tous, jaune brun à la maturité.

Dans le nord de la France, le concombre se cultive sur couche, comme les melons, mais dans le centre, et à plus forte raison dans le midi, il réussit en pleine terre.

On sème en place au mois de mai; on creuse des trous qu'on remplit de fumier, et dans chacun desquels on met trois graines. Après que celles-ci ont bien levé, on conserve le plus vigoureux des jeunes plants, et on supprime les deux autres. Quand la plante a quatre ou cinq feuilles, on pince sa tige au-dessus de la seconde. Les deux rameaux latéraux qui en résultent sont à leur tour, quand ils ont acquis un développement suffisant, taillés au-dessus de la quatrième ou cinquième feuille, et on continue à traiter de même les rameaux qui naissent ultérieurement.

Les fruits noués étant en nombre plus que suffisant, on conserve les plus beaux et le mieux placés, et l'on supprime le reste.

Si le sol est naturellement humide, il sera bon de donner des rames pour support aux concombres, comme on en donne aux haricots et aux pois, afin que le fruit ne pose pas sur la terre. On peut aussi cultiver ces plantes en espalier, au pied d'un mur, à l'exposition du midi.

Quand on cultive le concombre dans le but d'avoir des cornichons, on évite de tailler la plante; il importe, en effet, que les rameaux s'allongent de manière à produire le plus grand nombre possible de fruits, ceux-ci devant être cueillis très jeunes et presque aussitôt après qu'ils sont noués.

Le concombre est depuis longtemps employé comme aliment. Sa chair est blanche, peu sapide et peu nutritive, et ne convient qu'aux estomacs robustes; on en fait surtout une grande consommation dans les pays chauds, à cause de ses propriétés rafraîchissantes, mais un peu laxatives; on le mange cru en salade, fortement assaisonné, ou bien cuit au gras ou au maigre et associé aux viandes rôties.

Les jeunes fruits, cueillis avant leur maturité et confits dans le vinaigre avec divers aromates, sont connus sous le nom de *cornichons*, et fréquemment servis sur les tables pour exciter l'appétit.

La pulpe du concombre est usitée en médecine. On l'emploie comme topique. Elle entre dans la composition de la pommade de concombre, cosmétique qui passe pour avoir la propriété d'adoucir la peau et de faire disparaître en peu de temps les éruptions qui s'y forment.

Les graines font partie des quatre semences froides majeures; on les associe aux amandes douces pour faire des émulsions calmantes et rafraîchissantes.

Le *concombre serpent* (*cucumis flexuosus*) doit son nom à la forme de ses fruits, longs quelquefois d'un mètre et bizarrement contournés. On le cultive surtout comme curiosité. Néanmoins, il est comestible, et on peut en faire des cornichons. Le *concombre papengaïe* ou *paponge* (*cucumis acutangulus*) se trouve dans toutes les régions chaudes et tempérées de l'Asie. On le cultive rarement en Europe. Il se reconnaît sans peine à ses fruits allongés et marqués de dix angles tranchants. Encore vertes et arrivées seulement à la moitié de leur grosseur normale, les papengaïes ont la pulpe blanche, juteuse, très appétissante; on les mange cuites sur la braise, ou bien avec le riz, ou mieux encore assaisonnées en salade.

Lors de la maturité parfaite, la pulpe se dessèche, devient fibreuse, tandis que l'écorce durcit et permet d'en faire de petits vases.

Le *concombre arada* (*cucumis anguria*) est cultivé et très estimé à la Jamaïque.

Le *concombre délicieux* (*cucumis deliciosus*), dont la patrie primitive est inconnue, se cultive beaucoup en Portugal. Sa chair est blanche, fort odorante, d'une saveur très délicate et agréablement parfumée, elle est recouverte d'une écorce panachée d'un jaune plus ou moins foncé. Le fruit, ovoïde arrondi, est de la grosseur d'une pomme de reinette, il se distingue du melon par les poils courts de son enveloppe.

Le *concombre d'Arabie* (*cucumis prophetarum*) a un fruit globuleux, à pulpe amère, mais très rafraîchissant et fort recherché par les Orientaux.

Le *concombre de Perse* (*cucumis Dudaïm*) a, au contraire, une chair blanchâtre, molle et un peu fade, mais dont l'odeur est fort agréable.

Plusieurs concombres sont cultivés comme plantes grimpantes d'ornements; nous citerons, entre autres, le *concombre metulifère* (*cucumis metuliferus*), dont les fruits, d'un beau rouge écarlate, produisent un charmant effet. A ce genre appartiennent encore le *chaté* et la *coloquinte*.

MELON

Le melon est une plante annuelle, à tige rampante, sarmenteuse, munie de vrilles, couverte de poils rudes, ainsi que les feuilles, qui sont alternes palmées, à lobes arrondis et dentelés; les fleurs, peu nombreuses, situées à l'aisselle des feuilles, d'un beau jaune nuancé d'orangé, sont monoïques : les mâles ont cinq étamines, les femelles un ovaire infère surmonté d'un style cylindrique, terminé par trois stigmates épais, bifides. Le fruit est une *péponide* ordinairement très volumineuse, sphérique ou ovoïde, lisse ou rugueuse à l'extérieur, souvent marquée de grosses côtes; l'intérieur renferme une pulpe charnue, juteuse, parfumée, de couleur variable, renfermant de nombreuses graines ovales, aplaties, luisantes, blanc jaunâtre. Cette plante a, du reste, produit par la culture un grand nombre de variétés, comme nous le verrons plus loin.

On ne connaît pas bien la vraie patrie du melon, que l'opinion la plus répandue fait venir d'Asie, mais qui, d'après quelques auteurs, serait originaire d'Afrique. Il est certain que cette plante provient des pays chauds, et qu'elle a été introduite en Grèce de temps immémorial. On a cru la reconnaître dans le *sicyon* de Théophraste. Les Latins ont beaucoup connu le melon.

Les auteurs anciens croyaient que ce fruit provenait d'une modification ou d'un perfectionnement du concombre. Dioclès Caristius, dans son livre : *Des choses salubres*, dit que le melon est de facile digestion et qu'il plaît merveilleusement au cœur, mais qu'il ne nourrit pas beaucoup. Diphile est du même avis sur cette dernière propriété, mais il regarde ce fruit comme indigeste. Phenias conseille de ne manger crus que les melons qui sont dépourvus de graines. D'après Galien, le melon refroidit et remplit d'humeur, mais il a la propriété de nettoyer la peau et d'en faire disparaître les taches. Pline nous apprend que Tibère aimait beaucoup les melons. Pour en avoir en toute saison, il en faisait croître dans de grandes caisses portées sur des roues, afin de pouvoir les rentrer facilement en serre pendant l'hiver ; on recouvrait ces caisses de vitrages, afin de les exposer sans danger au soleil, durant les froids. Calumelle, Palladius, Florentin et autres entrent dans des détails assez précis sur la culture de cette cucurbitacée, dont l'introduction dans la Gaule est due probablement aux Romains.

On n'est pas d'accord sur l'époque à laquelle nous est venu le *melon cantaloup*, ainsi nommé parce qu'il fut d'abord cultivé à Cantalupo, maison de campagne des papes, à quelques lieues de Rome. On pense généralement qu'il a été introduit en 1495, au retour de l'expédition de Charles VIII en Italie ; toutefois, nous ne le trouvons positivement mentionné qu'en 1586. Quelques années avant cette dernière époque, Jacques de Pons, dans son *Traité des melons*, publié en 1580, dit qu'on trouve en Syrie et à Constantinople une variété de melons que l'on suspend au plancher et qu'on mange en hiver.

La culture des melons ne tarda pas à se répandre dans notre pays. A. Mizauld, qui écrivait vers la fin du XIVe siècle, s'étend assez sur la culture et les propriétés de ces fruits ; mais, suivant son habitude, il mêle à quelques faits exacts beaucoup d'erreurs.

Au commencement du XVIIe siècle, on savait activer et favoriser la végétation des melons en les recouvrant d'une cloche. Plus tard, Claude Mollet, premier jardinier de Louis XIII, dans son théâtre du jardinage, a fort bien traité la manière de les cultiver sur couche. La Quintinie, qui avoue loyalement avoir appris son art dans ses entretiens avec d'habiles maraîchers, obtenait des melons en juin ; plus tard, Noisette en donnait, à Brunoy, dans les premiers jours de mai.

Le goût très prononcé de Louis XV pour les primeurs, et surtout pour le melon, excita l'émulation des jardiniers et des amateurs, qui étaient jaloux de lui en présenter le jeudi saint. Gondoin, jardinier au château royal de Choisy-le-Roi, se distinguait sous ce rapport.

Aujourd'hui le melon est cultivé avec succès dans plusieurs localités, notamment à Cavaillon, à Pézenas et surtout aux environs de Paris. Tous les ans, un jury de jardiniers se rassemble à Livry pour décerner un prix à l'obtenteur du plus beau et du meilleur melon.

Une plante potagère cultivée depuis si longtemps et dans toutes sortes de conditions a dû produire un nombre considérable de variétés plus ou moins estimées ; d'un autre côté, c'est une opinion généralement répandue que deux melons différents cultivés à côté l'un de l'autre jouent entre eux, c'est-à-dire s'hybrident ; il en résulte qu'il n'est pas toujours facile de ramener une variété à son type primitif. On adopte, pour classer ces nombreuses races, un caractère assez peu important, mais qui a l'avantage d'être facile à saisir ; c'est l'aspect de l'*épicarpe*, ou, comme on dit vulgairement, de l'*écorce de melons*. On établit, d'après ce caractère, trois groupes assez bien définis et que nous allons étudier.

Melons brodés. — On les appelle aussi melons communs ; mais on comprend que cette dernière épithète n'est pas partout exacte. Ils présentent des fruits de volume très variable, de formes assez régulières, marqués de côtes peu profondes ; l'écorce, peu épaisse, est couverte de broderies. La chair, pleine, rouge, jaune, blanche ou verte, est juteuse et sucrée, mais un peu grossière et filan-

Fig. 219. — LE PRINTEMPS (premier berceau).

dreuse. Ces melons sont les plus productifs et les plus faciles à cultiver; mais leur qualité laisse souvent à désirer.

Parmi ces variétés, on remarque; le *melon maraîcher*, globuleux, à chair très épaisse et très juteuse, mais de saveur médiocre, et même peu saine à l'arrière-saison; le *sucrin de Tours*, d'un vert foncé, peu chargé de broderies, à chair ferme, rouge et très sucrée; *le sucrin à petites graines*, petit, à chair rouge, pleine, très précoce, bon pour la culture sous châssis; le *sucrin de Langeais*, ovoïde, à côtes peu saillantes, à chair rouge, sucrée et vineuse; le *sucrin de Honfleur*, très gros, allongé, à côtes larges, à chair un peu grossière, mais juteuse et de bonne qualité; le *sucrin à chair blanche*, de culture facile, à chair fondante et très parfumée; l'*ananas à chair verte*, petit, rond, peu brodé, d'une qualité parfaite.

Melons cantaloups. — Le fruit, de volume et de forme variables, est ordinairement globuleux ou un peu déprimé, marqué de côtes profondes, sans broderies ou à peine brodé, mais le plus souvent couvert de gales ou de protubérances, à surface assez luisante. La chair est fine, compacte, souvent un peu cassante, très juteuse médiocrement épaisse, d'une saveur relevée.

Ce sont les variétés les plus estimées. Nous citerons ici : le *cantaloup orange*, petit, rond, à côtes marquées à fond vert clair ou brun, à chair rouge, un peu trop ferme, mais assez bonne, du reste le plus hâtif des melons et par suite préféré pour la culture des primeurs; le *cantaloup fin hâtif*, plus petit et un peu plus aplati que le précédent, à côtes plus marquées, un peu galeux ou brodé, à chair rouge, très fine et bonne, très précoce; le *cantaloup noir des Carmes*, à fruit rond, vert noirâtre, non galeux, à côtes bien prononcées, mais peu relevées, à chair rouge, vineuse, fondante, de très bonne qualité, très hâtif et venant fort bien sous châssis; le *cantaloup Prescott*, à fruit gros, à côtes très relevées, vert ou vert grisâtre, jaunâtre à la maturité, ordinairement très galeux, à écorce très épaisse, à chair orangée, très fondante et sucrée; cette variété, une des meilleures, est la plus estimée et la plus généralement cultivée à Paris; le *petit Prescott*, à fruit brun ou noirâtre, à chair peu fondante, mais sucrée, bon pour le châssis.

Melons lisses. — Ces melons sont ovoïdes, allongés et dépourvus de côtes, à écorce mince et unie, vert clair ou blanchâtre, souvent inodores, à chair très fondante, d'une saveur douce et peu relevée, à graines larges et aplaties. Ils sont cultivés surtout dans les régions méridionales, mais à peu près inconnus à Paris et dans le Nord, où l'on en trouve quelquefois un pied comme objet de curiosité.

Nous signalerons particulièrement : le *melon de Malte à chair blanche*, fruit hâtif, de grosseur moyenne, allongé, fondant et sucré; le *melon de Malte à chair rouge*, plus hâtif que le précédent et de saveur plus parfumée; le *melon muscade des États-Unis*, petit, oblong, à fond vert, un peu brodé, à chair verte, fondante et de bonne qualité; le *melon d'hiver à chair blanche*, à écorce lisse, ou à chair blanc verdâtre, un peu cassante, juteuse, d'une saveur fine et assez relevée, pouvant se conserver jusqu'en février, très cultivé et estimé en Italie, à Malte et en Provence, d'où on l'envoie à Paris; le *melon d'hiver à chair rouge*, ayant les qualités du précédent, mais plus difficile à cultiver et se conservant moins longtemps; le *melon de Perse ou d'Odessa*, très allongé, vert rayé de jaune, à chair verte, fondante, variété d'hiver.

Le melon demande une température élevée et une atmosphère humide. On ne peut le cultiver en pleine terre que dans les régions méridionales ou dans quelques localités privilégiées du centre, par exemple en Touraine. Partout ailleurs, la culture devient plus ou moins sujette à l'emploi des abris ou moyens artificiels. D'ailleurs, à mesure qu'on avance vers le Nord, on doit avoir soin de choisir des variétés de plus en plus rustiques.

Il faut toujours préférer un terrain bien exposé au midi, frais et pouvant être facilement arrosé à volonté. On sème en pleine terre, sur couche ou en pots, sous cloche ou sous châssis, suivant les conditions climatériques dans lesquelles on se trouve et le dégré de précocité que doivent présenter les produits.

La graine peut conserver pendant cinq ans ses facultés germinatives ; mais le plus souvent on emploie celle de l'année précédente. Par suite d'un préjugé assez répandu, les maraîchers des environs de Paris regardent comme étant la meilleure la graine qu'ils ont portée pendant un an dans le gousset du pantalon. Souvent on met cinq ou six graines dans le même trou, pour ne conserver que les deux plus beaux plants.

La culture du melon est très différente suivant les localités. Dans le Midi, elle se réduit à maintenir le sol en bon état de propreté à l'aide de binages, à arroser de temps en temps et à élaguer ou nettoyer légèrement les plants ; le climat chaud du pays fait le reste. Il n'en est pas de même dans le Nord, où le melon est soumis à une taille minutieuse et assez compliquée. Nous nous contenterons d'en donner ici une idée sommaire.

Quand les graines ont levé et que les jeunes plants sont chacun munis de deux feuilles, on choisit le plus beau et on coupe les autres au ras de terre. Le plant conservé est couvert d'une cloche dans les premiers temps. Dès que les jeunes plants ont quatre feuilles (non compris les cotylédons ou feuilles séminales), on coupe avec précaution la tige au-dessus de la quatrième. Quelques jours après, il naît à l'aisselle des cotylédons deux boutons, que l'on pince dès qu'ils ont atteint le volume d'un gros pois. Il s'en développe, à l'aisselle des premières feuilles, deux autres que l'on conserve, parce qu'ils doivent former les branches mères. C'est alors qu'on transplante les jeunes pieds.

Dès que les branches mères ont six ou sept boutons, on les coupe au-dessous du dernier. Ces boutons produisent des branches latérales ou secondaires, qui donneront les fruits. Une fois que ceux-ci sont formés, on choisit sur chaque branche mère une branche secondaire dont le melon présente les meilleures chances de réussite, et on supprime celles qui se trouvent entre elle et le pied; quatre ou cinq jours après on arrête les branches secondaires supérieures en leur coupant la pointe ou le dernier bouton.

A partir de ce moment, on enlève sur toutes les branches les petits melons qui naissent en abondance, et qui, absorbant une partie de la sève, nuiraient à celui qu'on a choisi. Si les autres branches poussent de nouveau avec vigueur, on les arrête encore. La plante n'a plus besoin alors que d'être sarclée, binée et arrosée : le melon grossit à vue d'œil, et, si on n'en a conservé qu'un sur chaque pied, il devient d'une grosseur exceptionnelle qui ne nuit en rien à sa qualité. Dans ce cas, on arrête tous les rameaux de la branche mère que l'on a réservée, et on retranche aussi tous les petits fruits à mesure qu'ils se forment.

Dès que le melon conservé a atteint à peu près la moitié de sa grosseur, on le fixe sur une planche.

Ce mode de culture, qui varie dans ses détails, consiste surtout à concentrer la sève sur un petit nombre de branches et de fruits.

Nous n'avons parlé que de la propagation du melon par semis ; on peut aussi le multiplier de marcottes, en mettant à profit la propriété que possèdent les branches de s'enraciner; les points d'où sortent les vrilles servent à indiquer la partie qu'il faut enterrer.

Quant aux boutures, qui sont plus souvent employées, on les fait au commencement de mai ou même plus tard, suivant que la végétation est précoce ou tardive, mais jamais quand la plante est en pleine sève, car les boutures très vigoureuses reprennent toujours moins facilement que les autres. Il faut aussi, dit T. de Berneaud, que la couche sur laquelle on les place ait jeté son feu et qu'elle soit couverte au moins de $0^m,32$ de bonne terre bien meuble. Le terreau d'ancienne couche, mêlé à cette terre, produit de superbes résultats. Une fois plantées, les boutures ne doivent prendre l'air qu'au bout de quelques jours; c'est alors qu'on arrose celles dont le pied paraît sec. Lorsque les jeunes pousses se développent, on arrose plus souvent, et, lorsqu'elles ont de bonnes racines, on les lève séparément et on les met en place.

Dans le Nord, le marcottage a l'inconvénient de faire perdre une récolte; les boutures sont donc préférables, car elles s'étendent peu et leurs fruits paraissent et mûrissent bientôt.

Comme les melons mûrissent successivement, il importe de connaître le point précis de leur maturité ; mais on n'attend pas toujours ce moment pour les cueillir. Il suffit qu'un melon soit frappé, c'est-à-dire qu'il commence à changer de couleur ou de teinte. Lorsqu'il est arrivé à ce point, dit M. Courtois-Gérard, on peut le cueillir, le déposer dans un lieu frais, où il achève de mûrir sans rien perdre de sa qualité. Bien qu'il ne soit pas toujours facile de constater la maturité du melon, nous disons qu'on le juge arrivé au point d'être mangé lorsqu'il prend une coloration jaune, qui devient assez intense dans les espèces de couleur claire, lorsque la queue est cernée à son point d'insertion comme si elle allait se détacher; enfin, lorsque le fruit répand une odeur agréable, et qu'en pressant doucement l'ombilic (le point opposé à la queue) on le sent fléchir sous le doigt. La maturité des espèces à écorce mince est plus facile à constater; celle des cantaloups présente plus d'incertitude. Quant aux melons d'hiver, ils se récoltent toujours bien avant l'époque de complète maturité.

La chair du melon donne à l'analyse : Eau, albumine, mucilage, sucre, acide libre, matière grasse, matière azotée facilement altérable, substance colorante, principe aromatique, amidon, acide pectique, sels. Dans les pays chauds, la proportion de sucre est beaucoup plus forte. Ce fruit est à peu près exclusivement réservé pour l'usage alimentaire. Par son parfum comme par sa saveur, il fait les délices de toutes les tables, quand il est bien mûr; il fournit un bon aliment, surtout en été et dans les pays chauds et secs; aussi les populations méridionales en font-elles une grande consommation. Il est au plus haut degré adoucissant et rafraîchissant; toutefois, quand il n'est pas assez mûr ou assez parfumé, il est bon d'en relever la saveur avec du sel, du poivre, de la cannelle ou d'autres aromates, ou bien encore de boire par-dessus un peu de vin pur. Les personnes d'un tempérament faible et délicat, les convalescents, les vieillards doivent en manger très modérément; pris en trop grande quantité, il peut leur procurer des indigestions, des coliques, des diarrhées et même, dans certains cas, donner la fièvre.

Le melon sert aussi à diverses préparations culinaires; les jeunes fruits peuvent être confits dans le vinaigre, en guise de cornichons. Le melon, pris un peu avant sa complète maturité, dépouillé de son écorce et associé au sucre, au vinaigre ou au girofle, sert à faire de très bonnes compotes. Les confiseurs en font, avec du sucre et des aromates, des bonbons et autres friandises d'excellent goût. Les graines du melon sont employées quelquefois en médecine.

Les anciens ont émis au sujet du melon une foule d'idées très singulières, et dont nous nous contenterons de citer un spécimen.

D'après A. Mizauler, les concombres se changent en poupons et en melons; or, les poupons et melons, ajoute-t-il, ne diffèrent, sinon en qualité; quand ils sont grands, on les appelle poupons; mais quand ils sont ronds comme une pomme, on les appelle mélopoupons, comme qui dirait pomme de poupons. Si on trempe la graine de melon pendant trois jours dans du vin miellé ou du lait, et qu'après l'avoir laissée sécher on la mette en terre, on obtiendra des fruits d'une saveur bien plus agréable. « Ils seront de bonne senteur, dit encore Mizauler, si on tient pendant plusieurs jours les semences parmi des roses, et qu'on les plante étant mêlées parmi, ou bien si, étant trempées en eau de rose, ou quelque autre senteur, on les met en terre, comme dit est. »

On croyait encore que l'écorce de melon appliquée sur le front guérissait les luxions chaudes des yeux. Les médecins de l'antiquité attribuaient à ce fruit la propriété d'amortir les amoureuses chaleurs. Si l'on met un morceau de melon dans un pot avec de la viande, celle-ci cuira bien plus vite.

« Je ne veux pas oublier, ajoute l'auteur cité, que les semences de melon nettoyées de leur écorce et confites au sucre soient de grande efficacité pour apaiser la douleur de reins. J'avais omis, par mégarde, de dire que les raclures de melon, mises sur le devant de la tête, soulagent grandement l'ardeur que les petits enfants ont au cerveau, qu'on appelle communément siriasis. »

COURGE

Le genre courge (*cucurbita*), type de la famille des cucurbitacées, renferme plusieurs espèces dont la détermination scientifique laisse beaucoup à désirer.

La facilité avec laquelle elles se fécondent entre elles et produisent des hybrides fertiles, le nombre considérable de variétés issues du type ou des types primitifs, contribuent à augmenter la confusion. En attendant que des observations sérieuses viennent mettre de l'ordre et répandre de la lumière dans ce chaos, nous nous rangerons à la manière de voir de M. Vilmorin, la plus rationnelle, à notre avis.

D'après ce savant botaniste-horticulteur, toutes les variétés confondues dans le langage ordinaire sous le nom collectif de *courge* ne sont que des variétés, des races plus ou moins permanentes d'un même type spécifique primitif, que nous nous contenterons de désigner par son nom générique (*cucurbita*).

La courge, en prenant ce terme dans le sens le plus large, est une plante annuelle, à tiges anguleuses, rudes ou épineuses, creuses, rampantes, très longues dans la plupart des variétés; les feuilles sont alternes, longuement pétiolées, rudes au toucher, ordinairement très grandes; les fleurs, monoïques, campanulées, jaunes de diverses nuances; les fruits, plus ou moins volumineux, ordinairement creux, offrant de trois à cinq loges qui renferment de nombreuses graines ovales, aplaties, munies d'un bourrelet.

On ignore la vraie patrie de la courge; on pense néanmoins avec quelque raison que cette plante est originaire de l'Inde; soumise depuis longtemps à la culture, elle a produit de nombreuses variétés réparties en plusieurs groupes secondaires : *courge proprement dite*, *citrouille*, *potiron*, *giraumon*, *patisson*, *coloquinte*, *gourde* ou *calebasse*, etc.

Nous ne parlerons ici que des courges proprement dites.

La *courge à la moelle* donne un fruit ovoïde d'environ $0^m,27$ de longueur sur $0^m,11$ de diamètre, à côtes légèrement arquées, renfermant, sous une écorce d'un jaune brillant, une chair d'un blanc jaunâtre, épaisse de $0^m,02$ à $0^m,03$. Quand le fruit est complètement formé, la chair en est dure et sèche; aussi n'attend-on pas qu'il soit arrivé à cet état; on le consomme quand il est à demi en maturité; alors il est tendre et moelleux et se mange farci ou en sauce blanche.

La *courge sucrière* du Brésil a un fruit plus arrondi, à écorce jaune orange lisse, à chair de même couleur et très sucrée à sa complète maturité, de bonne qualité et se conservant bien.

La *courge de Virginie* ou *courge blanche* non coureuse se distingue par ses tiges à rameaux courts et non traînants comme dans les autres variétés; chaque plante ne porte ordinairement que deux fruits, à chair blanc jaunâtre, épaisse, de bonne qualité dans le jeune âge, dure et coriace à complète maturité.

La *courge d'Italie* ou *coucourzelle* ressemble beaucoup, sous tous les rapports, à la précédente.

La *courge de Barbarie* porte aussi les noms de *concombre de Barbarie* ou de *Malte*, de *citrouille iroquoise*, *giraumon à bandes*, etc.; son fruit, long de $0^m,45$, a une chair jaune pâle, de qualité médiocre.

La *courge des Patagons* en diffère peu.

La *courge pleine de Naples*, appelée aussi *courge valise* ou *porte-manteau*, doit ces derniers noms à la forme de son fruit, renflé vers ses extrémités et courbé comme un porte-manteau sur le dos d'un cheval; sa chair, qui remplit toute la cavité, est d'un jaune vif et de bonne qualité.

La *courge de l'Ohio*, à chair jaune orange foncé, très féculente, est une des meilleures; aussi est-elle répandue et fort estimée aux États-Unis.

La *courge de Valparaiso* est aussi une excellente variété, à chair jaune orange très sucrée et délicate.

La *courge de Chypre* n'a rien de bien remarquable.

La *courge marron* ressemble beaucoup, à tous égards, à celle de l'Ohio.

La *courge melonnée, courge musquée de Marseille* ou *à la violette*, présente beaucoup de diversité dans la couleur extérieure de son fruit; la chair en est épaisse, d'un jaune verdâtre. Cette courge ne peut être recommandée que dans le Midi; elle est trop tardive dans les climats du Nord.

La *courge crochue* ou *coutors* est estimée aux États-Unis, mais on doit la manger avant qu'elle ait atteint toute sa grosseur; on en distingue deux sous-variétés, l'une à tiges coureuses, l'autre à tiges non coureuses.

Nous citerons encore la *courge de Genève* ou *courgeron*, la *courge de Castille* et la *courge de Lima*.

La culture des courges est fort ancienne; on la trouve répandue chez les Égyptiens, puis chez les Juifs, et c'est sans doute par eux qu'elle s'est propagée dans nos contrées.

Elle se fait dans les jardins et dans les champs, pour la nourriture de l'homme et des animaux domestiques; c'est surtout dans la Touraine, le Maine et l'Anjou qu'elle est bien entendue.

Les courges se mangent ordinairement cuites et assaisonnées de diverses manières; elles s'allient surtout très bien avec le lait. On en fait des confitures et des marmelades. En les traitant comme les choux d'Alsace, on prépare une conserve analogue à la choucroute, qui peut se garder longtemps et fournir de bonnes provisions d'hiver. On les hache pour les donner, crues ou cuites, aux bestiaux, notamment aux vaches, chez lesquelles elles augmentent la sécrétion du lait, et aux cochons, qu'elles engraissent. On peut utiliser de la même manière les feuilles de la plante. On obtient des pépins des courges une huile de qualité diverse, suivant qu'elle a été extraite à froid ou à chaud. Dans le premier cas, elle a une couleur verdâtre, mais une saveur très supportable; aussi l'emploie-t-on dans les usages culinaires. On pourrait l'obtenir très blanche en enlevant le tégument vert intérieur de l'amande; mais ce procédé fort lent ne pourrait s'appliquer à de grandes quantités. Dans le second cas, elle n'est bonne que pour l'éclairage; elle brûle bien, dure longtemps, répand une lumière vive et peu de fumée.

On tire parti des tourteaux en les donnant aux bêtes bovines ou porcines. Enfin, les fanes servent à faire de la litière, ou bien elles sont brûlées sur place et fournissent ainsi au sol un bon amendement.

Citrouille. — La dénomination *citrouille*, un peu vague, s'applique à certaines variétés de courges, mais plus particulièrement à la citrouille de Touraine, dont les fruits atteignent environ le diamètre de 0 m. 40 et le poids moyen de 3 kilos. Leur chair est d'un blanc rosé un peu jaunâtre. Le rendement considérable de cette variété la fait surtout rechercher pour la grande culture. La citrouille de Touraine, appelée aussi *palourde*, peut servir à la nourriture de l'homme ; mais, en général, on la réserve pour l'alimentation des animaux domestiques. Sa valeur nutritive est considérée comme égale à celle de la betterave. Elle convient surtout aux vaches laitières et aux cochons.

Culture des courges. — Les courges et toutes les cucurbitacées en général, étant originaires des régions chaudes, demandent une température assez élevée, alliée à une humidité constante, pour déployer leur belle et rapide végétation. Largement cultivées sous des climats plus doux, où leur emploi est journalier, ces plantes constituent chez nous, le plus souvent, de simples curiosités. Excellentes en potage, en friture ou en confiture, elles sont cependant d'une grande utilité dans l'économie domestique. Si on ne les aimait pas pour soi, on pourrait du moins les employer pour la nourriture du bétail.

Une terre argilo-sableuse, fertile, poreuse, meuble et bien terreautée, convient aux courges. Il leur faut une exposition chaude et abritée. Par une propriété inhérente à leur constitution, ces plantes ne craignent pas le fumier en pleine fermentation; au contraire, elles y croissent et se développent avec une force luxuriante, indice de leur bien-être et de l'abondante nouriture qu'elles y trouvent. Quelques amateurs mettent à profit cette particularité pour les cultiver sur les tas de fumier qui ne doit pas être employé durant le cours de la végétation des courges; elles y atteignent un développement énorme.

En mai, on fait dans la terre des fosses larges de 1 mètre et profondes de 0m,50. On les remplit de fumier fortement tassé que l'on recouvre de 0m,08 à 0m,10 de terreau; puis on y dépose trois graines, on les couvre de 0m,09 de ce terreau et on ne laisse subsister que le plus fort plant, en supprimant les deux autres dès leur troisième feuille.

Mais si l'on tient à gagner beaucoup de temps et à produire une végétation non moins belle, on fera mieux de forcer d'abord le jeune plant de courge en le plaçant dans une bâche ou une serre, ou de préférence sur couche tiède. A cet effet, on sème dès le mois de mars les graines dans de petits pots remplis de terreau; on enterre les pots jusqu'aux bords. On donne de l'air chaque fois que la température le permet, afin d'y habituer les plantes.

Il ne saurait être question de repiquage pour les courges, mais on conçoit que les semis faits en pots peuvent fort bien être déposés avec leur motte de terre sans que les plantes en éprouvent du mal. Cette plantation se fait sur un sol préparé comme il est dit ci-dessus. Il est bon que le terrain soit un peu incliné.

Aux premiers jours, on garantit ces plants contre les rayons solaires; vers le soir, on les découvre, à moins qu'on ne prévoie une nuit froide ou du vent. S'il fait doux et pluvieux pendant le jour, on enlève aussi les abris. On ne taille pas les courges; on pourrait cependant le faire aussi bien que pour le melon, mais on se contente de supprimer les jets superflus naissant sur la tige principale. Quand celle-ci a atteint la longueur de 2 mètres à 3 mètres, on creuse une fossette de 0m,08 à 0m,09 de profondeur; on y fixe la tige au moyen d'un crochet, à une articulation ou nœud qu'on recouvre de terreau, afin de provoquer l'émission de racines aux articulations. Il faut répéter cette sorte de marcottage à deux ou trois reprises, suivant les races, à un mètre environ de distance. Par ces nouvelles racines la plante puise dans le sol une plus forte dose de sucs nourriciers. Dès qu'un fruit est noué, afin de forcer la sève à s'y porter, on supprime la partie supérieure de chaque tige à 0m,40 ou 0m,50 au-dessus de chaque fruit, de manière à laisser subsister au moins deux feuilles. D'ordinaire, chaque pied

Fig. 220. — L'AURORE.

porte deux tiges et des fruits en nombre proportionné au volume de la variété. Mais, si l'on veut obtenir des fruits d'une extrême grosseur, on ne laisse qu'une seule tige et un seul fruit. Les courges demandent de fréquents et copieux arrosages; de là dépendent en partie la vigueur de la végétation et la grosseur de leurs fruits, qui mûrissent en septembre. On ne cueille pas ceux-ci à leur parfaite maturité, mais un peu avant; si l'on prend cette précaution, ils se conservent mieux en hiver. C'est de ces derniers qu'on garde les graines; elles possèdent durant cinq à six ans leur faculté germinative. Les espèces restent assez franches, mais les variétés, malgré tous les soins, se reproduisent difficilement.

Pour ce qui est du giraumon à moelle, dont on peut recommander la culture, on le traitera comme les autres courges. On pourra le semer sous cloche dès le milieu d'avril ou bien en petits pots, sur couche tiède, et puis le mettre en place sur du terreau en l'abritant. Chaque pied peut produire une douzaine de fruits, qu'on utilise avant qu'ils commencent à jaunir.

ARTICHAUT

Le genre artichaut (*cynara*) présente les caractères suivants : capitules volumineux ; involucres à folioles imbriquées, plus ou moins charnues à leur base, terminées en épine ; réceptacle plus ou moins charnu, garni de soies nombreuses ; fleurons égaux tous hermaphrodites ; anthères prolongées supérieurement en un appendice obtus ; akènes un peu comprimés, lisses, couronnés par une aigrette caduque, à poils longs, plumeux, disposés sur plusieurs rangs et soudés en anneau à la base.

Les deux principales espèces sont l'*artichaut cardon*, et l'*artichaut proprement dit* ou *artichaut commun*.

L'*artichaut commun*, considéré par quelques auteurs comme une simple variété de cardon produite à la longue par la culture, est une herbe vivace, glabre ; à tige dressée, très épaisse, rameuse, anguleuse, cannelée, haute de 8 à 12 centimètres ; à feuilles très amples, d'un vert pâle en dessus, blanchâtres en dessous, la plupart pinnatipartites ; à capitules très volumineux, solitaires à l'extrémité des rameaux, à réceptacle concave, charnu, très épais (vulgairement *cul d'artichaut*) ; à involucre formé de bractées charnues à la base, à fleurons d'un bleu violet. Il fleurit de juillet à septembre.

L'artichaut commun paraît originaire de l'Orient, et sa culture a été introduite en France probablement au XVe siècle.

On en connaît six variétés. Les plus estimées sont : l'*artichaut vert* cultivé surtout dans les départements du nord de la France, et auquel on peut rapporter comme sous-variétés l'*artichaut de Laon* et l'*artichaut de Bretagne* ou *artichaut camus* ; l'*artichaut violet*, dont la tête est plus allongée et dont les écailles ont une teinte violette à la pointe ; l'*artichaut rouge*, moins gros que le précédent et dont les écailles extérieures sont colorées en rouge pourpre ; l'*artichaut blanc* qui vient dans le midi.

L'artichaut commun croît à peu près partout, mais il préfère une terre fraîche, substantielle, plutôt forte que légère. On le multiplie par la séparation des œilletons ou rejetons, qui s'opère ordinairement au printemps. On plante ces œilletons à la distance d'un mètre environ en tous sens ; on arrose pendant les chaleurs, et on bine pour détruire les mauvaises herbes. Aux approches de l'hiver, on butte les touffes pour les préserver des gelées. Une plantation d'artichauts peut durer plusieurs années ; mais, dès la fin de la deuxième, les produits commencent à décroître sensiblement.

Les procédés de culture varient, du reste, suivant les localités, notamment dans le midi de la France, où la production acquiert un grand développement.

L'artichaut est un aliment sain, recherché, de saveur agréable et de facile digestion ; on recueille la tête avant l'épanouissement, et l'on mange le réceptacle ainsi que la partie charnue des bractées composant l'involucre. Là ne se borne pas l'utilité de cette plante. Ses fleurs sèches (vulgairement foin) sont employées pour faire cailler le lait. Toutes ses parties sont riches en tanin. La décoction des capitules est usitée dans la tannerie, et celle des feuilles en teinture. La racine passe pour diurétique et apéritive. Avant la découverte du quinquina, l'artichaut était employé comme fébrifuge, et les paysans du Berry en font encore un fréquent usage contre les fièvres intermittentes de saison.

Culture de l'artichaut. — Le terrain destiné aux artichauts doit être gras, meuble et frais, sans être trop humide; il doit être défoncé à une profondeur de 50 à 60 centimètres, car les racines de cette plante, comme de presque toutes celles de la même famille, pénètrent très avant dans le sol.

Les plantes devant se trouver à 80 centimètres de distance l'une de l'autre en tous sens, il s'ensuit que le fumier peut être économisé. Pour cela, on marque sur des lignes croisées l'emplacement destiné aux plantes et l'on enfouit l'engrais à chacun de ces points. Ce moyen favorise la végétation, puisque les plantes trouvent dans leur contact immédiat avec tout l'engrais une plus grande quantité de sucs nourriciers. L'emploi du fumier d'étable doit être ici préféré ; viennent ensuite le purin et la gadoue.

Les planches doivent avoir une largeur de 0 ^{m}, 80, pour porter une rangée de plantes au milieu, et elles seront légèrement inclinées au midi, de façon que les eaux s'écoulent sans stagner. Sujet à la pourriture dans les saisons froides et humides, l'artichaut redoute surtout la fonte des neiges.

L'artichaut se multiplie plus convenablement de drageons, que les jardiniers sont dans l'habitude de nommer œilletons; ce mode donne le produit le plus prompt et garantit la conservation des bonnes variétés. Toutefois, on est souvent obligé d'avoir recours aux semis, après des hivers rigoureux qui détruisent, malgré les meilleurs soins, tous les vieux plants.

Les semis se font en pépinière ou à demeure, à la fin d'avril ou au commencement de mai. Il vaut mieux semer à demeure et déposer trois ou quatre graines en triangle ou en carré à 0 ^{m}, 08 de distance. Les semis ne réussissent que dans une terre substantielle et douce. On couvre les graines de cinq centimètres de erre; on les arrose s'il fait sec. Elles mettent de vingt à trente jours à lever. Dès que les feuilles ont 8 à 20 centimètres de longueur, on arrache les jeunes plantes qui tournent au chardon, c'est-à-dire les individus qui présentent des feuilles épineuses.

Il est d'une bonne pratique de semer en février ou en mars sur couche et sous châssis, afin d'avoir du jeune plant plus fort.

La multiplication des artichauts par œilletons se fait à la mi-mars ou au commencement d'avril et de la manière suivante :

On choisit les plus beaux œilletons; on ne leur laisse que les jeunes feuilles, et l'on coupe de 9 à 12 centimètres toutes les feuilles extérieures ; on retranche la partie ligneuse par laquelle l'œilleton était attaché à la base de la tige, ne lui laissant que la partie tendre, parce qu'elle est la plus apte à produire de nouvelles racines. Il faut, en plantant ces œilletons, avoir soin de ne pas couvrir le cœur de la bouture : cela, du reste, doit être observé pour les boutures de toutes les plantes en général; sans cette précaution, on les perd infailliblement. Si la plantation des œilletons se fait par un temps sec, il est bon de les couvrir, pendant dix ou quinze jours, avec des pots renversés et sans fond. On a soin d'enlever ces pots tous les soirs et de les remettre chaque matin; même lorsque le temps est sombre, on ne doit pas négliger de le faire.

Cette mesure n'est pas moins utile dans la mise en pépinière des œilletons sans racines à replanter à demeure au mois d'août.

Au lieu de planter les œilletons au printemps, on peut le faire dès l'automne. On s'expose, il est vrai, à en perdre pendant l'hiver, mais aussi ceux qui restent donnent, dès la première année, des produits supérieurs.

Si l'on soigne bien les œilletons plantés au printemps, surtout si l'on arrose de temps à autre avec de l'eau de fumier (purin) le plant en pleine végétation, on peut espérer d'avoir des fruits au commencement de l'automne. Deux ou trois arrosages de purin, donnés à un mois d'intervalle, suffisent pour tout l'été : cette pratique assure de très beaux produits.

L'artichaut fournit une seconde récolte à la fin de l'automne, quand on a eu soin de lui donner un nouveau battage et de couper, après la première récolte, les tiges et les rejetons superflus.

Plantations. — Le terrain se prépare avant l'hiver par une fumure et un labour très profond. A la fin de mars ou au commencement d'avril, on donne un second labour et on façonne les planches. Les points étant marqués en échiquier et à 80 centimètres de distance, on creuse à chacun d'eux une fosse circulaire de 30 centimètres de largeur et de $0^{m},15$ de profondeur, puis on la remplit de fumier consommé ou de vieille tannée, qu'on mêle à du sable et à de la terre. On y plante deux œilletons à une dizaine de centimètres l'un de l'autre. Aussitôt après la plantation, on donne une abondante mouillure, qu'on répète les premiers jours jusqu'à la parfaite reprise du plant, ce que l'on reconnaît au développement, au vert gui et à la croissance des jeunes feuilles. C'est le moment d'ôter une des plantes, de sacrifier la plus faible. Il est de mauvaise pratique de laisser les deux plantes à la fois : ce que l'on gagne sur l'une, on le perd sur l'autre. On ne peut rationnellement cultiver sur un même point deux ou plusieurs végétaux. C'est sur cette théorie que se fonde la culture en lignes, qui finira par éclipser les autres modes de culture.

Première année. — Il convient de donner aux artichauts de fréquents arrosages pendant l'été; on est bien récompensé de cette peine en automne par du fruit plus gros et plus beau. Il est aussi très avantageux de mettre du fumier consommé autour des pieds de ces végétaux : par les arrosages consécutifs, les sels contenus dans le fumier se dissolvent et viennent directement servir de nourriture aux plantes.

Dans nos régions, les artichauts exigent une couverture en hiver, sinon on les perd infailliblement, à moins que la saison ne soit par exception tout à fait favorable. Il est nécessaire de couvrir le pied surtout latéralement et peu au-dessus. Vers le milieu de novembre, époque où, sous le climat de Belgique, arrivent les premières gelées, on retranche toutes les feuilles sèches ou pourries: on ne laisse aux autres qu'une longueur de 25 à 30 centimètres. On butte ensuite les pieds de 17 à 20 centimètres de terre : à cette fin, il faut tirer au cordeau, entre les rangs, deux lignes distantes de 25 centimètres. Au moyen de la bêche, tout en suivant le cordeau, on coupe ces lignes à la profondeur de cet instrument, 30 centimètres, et l'on dépose autour des pieds la terre qui sort de la tranchée. Cet ouvrage sert en même temps à l'écoulement des eaux. Lorsque les gelées continuent, on met autour des artichauts trois ou quatre branches d'arbre ou rames à pois, et l'on couvre toute la plante avec des feuilles ou de la litière sèche. Les feuilles sont toutefois préférables à la litière.

Il est nécessaire de découvrir les artichauts quand la température s'adoucit; sans cette précaution, l'humidité pénètre jusqu'au cœur de la plante et la fait périr.

Au printemps de la deuxième année, à la mi-mars ou au commencement d'avril, lorsque les froids intenses ne sont plus à craindre, on ôte buttes et feuilles, mais non pas tout d'un coup, car les plantes, après avoir été privées d'air et de lumière, se trouvent mal d'être mises brusquement en contact avec ces deux agents. Il faut donc les découvrir graduellement, aux premiers jours, du côté du sud, le cœur seulement, et ensuite la totalité des tiges. On laisse les plantes vivre dans cet état une quinzaine de jours. Après ce temps, on déchausse les tiges jusqu'au dessous de l'insertion des œilletons, dont on ne conserve que deux ou trois des plus beaux. On coupe tous les autres sans laisser aucun reste du talon, qui pourrait bientôt produire d'autres jets. Les plus beaux des œilletons coupés servent à la multiplication par boutures. En ce temps, on coupe aussi les vieilles tiges, on nettoie la plante, on regarnit les pieds de terre meuble et l'on arrose souvent si la saison est sèche. Trois ou quatre semaines plus tard, les tiges montent et forment leur tête; il faut retrancher des tiges les rameaux superflus et n'en réserver que trois ou quatre, car, sans cela, la plante aurait à nourrir trop de branches à la fois et les fruits ne pourraient guère atteindre une grosseur suffisante.

La conservation des artichauts en hiver sous le climat du nord de la France est peut-être le plus grand obstacle à l'extension de leur culture; cependant, avec quelques soins, on vient à bout de surmonter cette difficulté. L'expérience a démontré qu'on les perd dans les terrains secs aussi bien que dans les sols humides, surtout si l'automne est pluvieux; on fait donc bien de les hiverner en un lieu à l'abri des gelées et de l'humidité. Sitôt qu'en automne la gelée menace de commencer, on coupe les feuilles de la plante à dix centimètres au-dessus du sol;

cela fait, on ôte les souches de la terre sans blesser les racines, et on les transporte dans une cave où le jour pénètre suffisamment. On les rapproche sans qu'elles se touchent, et on les place dans du sable plutôt sec qu'humide, à la profondeur qu'elles occupaient en pleine terre, ou même un peu plus profondément. Dès que le temps le permet, on donne de l'air. De cette manière, les plantes se conservent extrêmement bien.

Cette méthode présente encore un double avantage, celui de fournir du produit pendant l'hiver et de meilleurs œilletons se détachant mieux des souches, pour la plantation du printemps. Pour obtenir de la sorte du produit en hiver, il faut supprimer en automne la tête la plus développée de la plante; les fruits secondaires acquièrent par cela plus de force et continuent de végéter, dans les lieux abrités, jusque vers le printemps.

On ne remettra pas de trop bonne heure en pleine terre les souches hivernées à l'intérieur; on le fera du milieu à la fin d'avril en se réglant d'après la température.

Dégénérescence. — A la fin de la troisième année ou au printemps de la quatrième, il faut renouveler les plantations. Ce n'est pas que l'artichaut soit une plante trisannuelle, comme le disent les jardiniers, mais, après trois ou quatre ans, les plants déclinent considérablement. Aussi, quoiqu'on leur donne encore des engrais, ils ne se plaisent plus à la même place; il leur faut un nouveau terrain.

Dans les semis, on rejette les plants qui tournent au chardon, ceux qui, par dégénérescence, présentent des feuilles épineuses.

Graines. — Pour obtenir de bonnes graines, on laisse mûrir les plus belles têtes en supprimant les autres; on les incline vers le sol afin d'écarter l'eau des réceptacles et de préserver les graines des chardonnerets, qui en sont avides. Elles se conservent bonnes pendant cinq ou six ans.

LE CARDON

Le cardon est une plante bisannuelle, originaire des côtes de Barbarie, et qui, depuis longtemps introduite dans les jardins, est devenue plus grande, plus agréable au goût et moins épineuse. C'est la plus volumineuse de nos plantes potagères; elle atteint facilement 2 mètres à $2^{m},50$ de haut, et les feuilles ont généralement plus de 1 mètre. Ces feuilles d'un vert tendre, larges et découpées, couvertes d'un duvet blanchâtre, et quelquefois épineuses, comme dans la variété de Tours. Les côtes ou nervures de ces feuilles sont caniculées, larges, épaisses et charnues; la tige est cannelée, cotonneuse, pleine et légèrement rameuse; au sommet de chaque rameau est une tête aplatie à sa base, à peu près semblable au réceptacle d'un artichaut. Cette tête s'ouvre et s'élargit peu à peu, et enfin laisse voir dans son milieu un groupe de fleurs bleuâtres qui sont composées chacune de cinq parties. La graine, oblongue, lisse, verdâtre et garnie d'aigrettes, a la forme et la grosseur d'un grain de froment.

Le cardon existe encore en diverses contrées à l'état sauvage. Transporté, il y a quelques années, aux environs de Montevideo, il s'y est tellement multiplié qu'il occupe maintenant à lui seul des plaines immenses, et infeste, dit-on, les campagnes du rio de la Plata et de l'Uruguay.

Cultivée dans nos jardins, cette plante a produit plusieurs variétés, parmi lesquelles nous signalerons les suivantes :

1° Le *cardon de Tours*, ainsi nommé parce que la culture en était autrefois limitée aux environs de cette ville, où elle était célèbre dès le XVIe siècle ; la côte en est pleine, légèrement concave, un peu rougeâtre, tendre et délicate. On cultiverait sans doute bien davantage cette excellente variété, si ses aiguillons nombreux n'en rendaient la récolte pénible.

2° Le *cardon d'Espagne* atteint quelquefois la hauteur de 3 ou 4 mètres : les côtes en sont larges, épaisses, charnues, mais filandreuses et d'une saveur moins délicate que dans le précédent.

3° Le *cardon plein, énorme*, tout à fait dépourvu d'épines, à côtes plus épaisses encore que le cardon d'Espagne, réunit les qualités des deux autres.

4° Le *cardon à côtes rouges* est une belle variété, à côtes très larges, très pleines, et à feuilles extrêmement douces.

5° Enfin, le *cardon Paris* est remarquable entre tous par son costume et la largeur de ses côtes.

La principale utilité du cardon consiste dans ses feuilles, ou plutôt dans leurs côtes ou nervures médianes, qu'on mange sous le nom de *carves*, préparées de diverses manières; c'est un mets très délicat. Il en est de même de la racine de la plante. Les fleurs ont, comme celle de l'artichaut, la faculté de faire cailler le lait.

Le cardon se multiplie par ses graines. Sous le climat de Paris, les semis ont lieu sur couche en avril, et en pleine terre dans le mois de mai. On peut semer à demeure ou en pépinière. Les pieds doivent être espacés d'un mètre dans tous les sens. On doit sarcler et arroser fréquemment jusqu'au moment où les cardes sont bien formées. On lie alors les feuilles de chaque plante avec de la paille ou de l'osier, puis on dispose par-dessus une couverture de paille sèche et longue, qu'on maintient avec des liens ; enfin on rapproche la terre en butte autour de la plante pour maintenir le bas de la couverture.

Au bout de trois semaines environ, les cardes sont devenues parfaitement blanches, et dès lors on peut les livrer à la consommation. Laissées plus longtemps dans cet état, elles pourriraient ; il ne faut donc empailler que successivement, au fur et à mesure des besoins. Avant les fortes gelées, on arrache en motte, par un temps sec, et on replante dans une cave ou dans la serre à légumes les pieds que l'on destine à la provision d'hiver. Ils y blanchissent lentement et peuvent se garder jusqu'à la fin de l'hiver, si l'on a eu la précaution de les lier huit ou quinze jours avant de les arracher.

Dans le Midi, la culture du cardon est beaucoup plus simple : il suffit de sarcler et d'arroser de temps en temps. Quelques amateurs, au contraire, suivent un mode de culture très savant et très compliqué, que nous allons exposer. Dans cette méthode, les semis se font en place, tantôt dans le mois de septembre, tantôt seulement en mars ou en avril, sur une terre meuble, profonde, très légère et bien fumée, avec un engrais déjà consumé en partie. On sarcle et on arrose comme à l'ordinaire, en ayant soin d'éclaircir les pieds trop rapprochés. Vers la fin de juin, on cesse d'arroser et on laisse agir l'ardeur du soleil pendant tout le mois de juillet, puis on arrache tout le plant pour le mettre en place. Dès ce moment, on sarcle et on arrose avec le plus grand soin jusqu'au milieu de l'automne. A cette époque, on met à nu les racines supérieures et on les recouvre immédiatement avec du fumier, que l'on rend plus actif en l'arrosant avec de l'urine. Lorsque les plantes ont acquis une grosseur convenable, ce qui arrive ordinairement dès le mois de décembre, on fait lier et on butte comme dans les cas précédents. Nous avons décrit plus haut la méthode ordinairement employée pour faire blanchir les cardes ; en voici une autre encore peu usitée, bien qu'elle soit plus facile et tout aussi efficace.

Elle consiste à lier les cardes de façon à pouvoir les introduire dans un tuyau de poterie du genre de ceux qui servent à la conduite des eaux de fontaine.

TOMATE

La tomate (*lycopersicum*) est une plante annuelle, à tige charnue, rameuse, couverte de poils rudes, portant des feuilles alternes, irrégulièrement pennées, d'un vert sombre, velues ; les fleurs sont jaunes et disposées en grappes axillaires. Le fruit est une baie glabre, déprimée à la base et au sommet, à peau résistante, de grosseur variable, souvent assez volumineuse, lobée et de forme très irrégulière, qui, d'abord verte, prend, lors de la maturité, une belle teinte jaune ou rouge. Cette baie est divisée en plusieurs loges, gorgées de suc, au milieu duquel nagent des semences velues, de couleur jaune et de forme lenticulaire.

Toutes les parties de la plante, à l'exception des fruits, exhalent une odeur forte, pénétrante et peu agréable. Quoique appartenant à la terrible famille des solanées, elle n'est pas dangereuse.

Le genre *tomate* renferme plusieurs espèces, en dehors des variétés qu'en a obtenues la culture ; on ne cite guère dans les traités d'histoire naturelle que la *tomate comestible*, dont nous allons parler.

Originaire des régions chaudes de l'Amérique, la tomate est depuis longtemps cultivée dans nos jardins, mais elle est beaucoup plus répandue dans le midi que dans le nord, où sa culture exige souvent des soins assez minutieux.

Elle a produit un certain nombre de variétés quant à la taille de la plante, quant à la forme, au volume et à la couleur du fruit, quant à l'époque de la maturité, etc.

La tomate demande une bonne terre franche, fumée de préférence avec de l'engrais bien consommé, du noir animal ou du guano et une exposition abritée contre les vents froids.

Fig. 221. — LA FIN DE LA JOURNÉE. — L'abreuvoir.

Dans le Midi, on sème en pleine terre, et on échelonne les semis depuis janvier jusqu'à mai, afin d'avoir des fruits durant toute la belle saison.

Dans le Nord, on sème en février, sur couche tiède et sous châssis, on repique les jeunes plants en avril, sur une plate-bande bien terreautée et exposée au midi. On arrose, et quinze jours après on donne un léger labour, suivi des sarclages, binages et éclaircies nécessaires. Quand les plants sont assez grands, on les ébourgeonne et on les palisse à l'aide d'échalas ou d'un treillage. Quand les fruits sont arrivés à peu près à moitié de leur grosseur normale, on effeuille progressivement la plante, afin de l'exposer de plus en plus à l'action des rayons solaires.

Il nous suffira de dire, sans entrer dans les détails de l'opération, que l'on cultive aussi cette espèce pour primeurs. On récolte les fruits à mesure qu'ils mûrissent; mais, dans le Nord, il faut attendre que la maturité soit complète.

Certaines variétés, entre autres la *tomate poire* et la *tomate cerise*, ont des fruits jaunes ou rouges, assez élégants pour servir à l'ornement des massifs. Une expérience curieuse est celle qui consiste à greffer la tomate sur la pomme de terre; on obtient ainsi une double récolte de fruits sur la tige, de tubercules aux racines.

Les tomates sont très succulentes; elles ont une saveur acerbe et aigrelette due surtout à l'acide malique qu'elles contiennent. Quand on en mange beaucoup, elles font éprouver une sensation un peu âcre et brûlante; mais cette saveur est bien modifiée par le climat. En Italie, on les récolte souvent avant leur maturité, pour les manger en salade, comme des concombres. On les consomme aussi cuites et assaisonnées de diverses manières.

La tomate est un aliment et un assaisonnement précieux dans les contrées du Midi; on en mange presque avec tout. Du reste, l'art gastronomique en a tiré bon parti, et, sous certaines formes, la *pomme d'amour* constitue un véritable régal. Mais elle n'est pas seulement agréable au goût; elle constitue un aliment sain, rafraîchissant, nutritif.

La *tomate* fut longtemps, dans le nord de la France, l'objet de préjugés qui persistent encore en certains villages. On la tenait pour un poison, et ce fut la Révolution de 1793 qui la réhabilita. Quand les Marseillais vinrent à Paris, ils demandèrent partout, dans les hôtels et dans les auberges, des tomates, et ils le firent avec un tel ensemble et avec une telle persistance qu'on s'en procura; mais on les faisait payer fort cher. Quelques cuisiniers marseillais firent même rapidement fortune en se rendant célèbres par leurs manières diverses de préparer les tomates; ils transmirent leurs procédés à des élèves qui les perfectionnèrent encore. La tomate fut bientôt tant demandée que les maraîcher de Paris la cultivèrent. On renonça, il est vrai, à la salade de tomates à l'italienne, parce que celles de nos climats sont très inférieures pour cet usage à celles du Midi, mais on l'adopta comme un condiment propre à faired'excellentes sauces pour toutes sortes de viandes rôties ou bouillies.

Culture de la tomate. — La tomate est d'une culture très facile. En semant aux premiers jours de mai, en bonne terre franche, meubleet grasse, à exposition chaude, au pied d'un mur, on aura des fruits à maturité, si l'été n'est pas trop défavorable. Pour voir les fruits mûrir au mois d'août, il faut semer sur couche tiède dès février ou mars, repiquer le jeune plant en pots dans un mélange de terre forte ou de terreau, le tenir sous châssis en aérant le jour et le mettre en pleine terre avec motte vers le milieu de mai. La plante, à cause de son origine, est très sensible au froid : une nuit fraîche, sans même que le thermomètre descende à 0°, la fait quelquefois périr. Il importe donc qu'on garantisse contre le rayonnement nocturne les sujets des cultures hâtives et des cultures retardées.

On plante les tomates à 0m,40 de distance, auprès d'abris auxquels on puisse les attacher. Si on les met sur des planches en dos d'âne, on doit leur donner des rames. Pour hâter la maturation des fruits, il faut, lorsqu'ils commencent à rougir, pincer les extrémités des rameaux et les dégarnir de quelques feuilles. Si les tomates étaient surprises par les premiers froids de l'automne, il faudrait les rentrer en orangerie ou en lieu sec exposé au soleil. Les fruits à peu près formés, mais non encore colorés, y achèvent de mûrir.

Pour le semis, on doit extraire les graines des plus beaux fruits, les laver et les sécher. Elles se conservent trois ou quatre ans.

LE FRAISIER

Ce genre de rosacées est trop connu pour qu'il soit besoin de le décrire. Nous rappellerons seulement qu'il est surtout caractérisé par son fruit, composé d'un réceptacle charnu pulpeux et parfumé, sur lequel sont insérées des carpelles dures, crustacées, qu'on appelle vulgairement des graines, et qui sont les véritables fruits.

Le fraisier (*Fragaria*) est connu depuis la plus haute antiquité; toutefois, comme il était peu répandu dans les jardins, les auteurs anciens, Virgile et Pline, entre autres, n'en parlent qu'en passant. A l'époque même de la Renaissance, le fraisier n'est guère mentionné que comme espèce botanique. Il faut arriver au XVIIe siècle pour trouver des études sérieuses à ce sujet. Tournefort donne la liste des espèces et variétés indigènes ou exotiques cultivées de son temps; mais le genre fraisier était alors si mal déterminé qu'on y comprenait des potentilles. Il omet d'ailleurs des variétés importantes, entre autres le *fraisier buisson* ou *sans coulants*, que Furetière a mentionné en 1690, dans son *Dictionnaire*. Quelque temps après, un voyageur qui, par une singulière coïncidence, se nommait Frezier, introduisit en Bretagne le *fraisier du Chili*.

En 1766, Duchesne publiait son *Histoire naturelle des fraisiers*, qui est encore consultée avec avantage; c'est un des meilleurs ouvrages qui aient paru sur ce sujet. Les fraisiers commençaient alors à se répandre dans les jardins et les champs. Mais c'est de nos jours que leur culture, et surtout leur culture forcée, est arrivée à un haut degré de perfection.

Le nombre des espèces de fraisiers n'est pas très grand; il y en a même plusieurs qui ne sont pas admises comme espèces distinctes par tous les botanistes;

mais celui des variétés cultivées est considérable et s'accroît tous les jours. Comme on compte beaucoup de variétés hybrides, il n'est pas toujours facile de déterminer le type spécifique d'où elles sont sorties.

Nous nous contenterons d'indiquer ici les plus importantes, que nous rangerons en six groupes, d'après Poiteau. Cette classification, fondée sur le port des plantes, la grandeur et la structure des fleurs, la forme, le volume et la qualité des fruits, n'est certainement pas parfaite; mais elle est du moins la plus commode dans la pratique.

Fraisier commun. — Le feuillage est blond, petit ou de moyenne grandeur; les fleurs petites; le fruit rond ou oblong et très savoureux, surtout lorsqu'il a crû au soleil. Le type de ce groupe et de l'espèce la plus répandue est le *fraisier des bois*, que tout le monde connaît. Il n'y a pas encore un siècle que ce fraisier était le seul qui fût cultivé en grand dans les jardins; on allait en chercher le plant dans les bois. Aujourd'hui, il est presque entièrement abandonné; toutefois, aux environs de Paris, on en cultive encore une variété, qui a le mérite d'être très hâtive. Le *fraisier buisson* ou *sans filets* a l'avantage de ne pas produire de coulants; aussi est-il cultivé surtout en bordures, parce qu'il ne s'étend pas dans les allées. Son fruit est bon. Comme le précédent, ce fraisier a une sous-variété à fruit blanc. La variété la plus productive issue du fraisier des bois, celle aussi qui donne les plus gros fruits, est le *fraisier de Montreuil*, très répandu jusqu'au commencement de ce siècle; il a été détrôné par d'autres races plus fertiles. Le *fraisier des Alpes*, appelé aussi des *quatre saisons* ou *de tous les mois*, plus gros et presque aussi bon que le fraisier des bois, a l'avantage de donner des fruits en pleine terre, depuis avril jusqu'aux gelées, et, sous châssis ou en serre chaude, pendant tout l'hiver. Il a produit une race sans filets, appelée *fraisier de Gaillon*.

Fraisier étoilé ou Craquelin. — Le feuillage est petit, d'un vert sombre ou bleuâtre; la fleur petite, le calice rabattu et formant une étoile sur le fruit, qui est rond, petit, et fait entendre un léger craquement quand on le détache. Nous nous contenterons de mentionner les *fraisiers de Barzemont*, de *Champagne*, *hétérophylle* ou *à petites feuilles*; les variétés de ce groupe ont peu d'importance dans la culture.

Fraisier caperon ou caperonnier. — Le feuillage est grand, velu et d'un vert blond; les fleurs sont moyennes; le calice relevé; le fruit gros, arrondi, rouge foncé, d'une saveur particulière, souvent musquée. Le volume, le parfum et les qualités de ces fruits dépendent beaucoup du sol; aussi le produit de ces fraisiers est-il très variable.

Fraisier écarlate. — Le feuillage est très grand et d'un vert bleuâtre; les fleurs sont petites ou moyennes; le calice rabattu sur le fruit, qui a les graines enfoncées dans de grandes avéoles. Ce fruit est de petite ou de moyenne dimension, écarlate, en général plus hâtif que dans les autres races. On remarque surtout : le *fraisier écarlate de Virginie*, à fruit petit, le plus précoce de tous mais très variable en qualité; le *fraisier Roseberg*, à fruits moyens très nombreux et précoces, et qui fleurit souvent une seconde fois; le *fraisier Grimstone*, à fruit gros, tardif et très sucré, et le *fraisier écarlate américain*, très productif et tardif, à fruit oblong, rouge foncé, à chair rose, un des meilleurs de ce groupe.

Fraisier ananas. — Le feuillage est très grand, ainsi que les fleurs; le calice est rabattu sur le fruit, qui est gros, arrondi ou allongé, rouge, rose ou blanc, très succulent et d'un parfum très prononcé. Dans le fraisier ananas proprement dit, le pédoncule grossit et se renfle en massue; son fruit est gros et d'un écarlate vif. On distingue encore : le *fraisier de Bath*, à fruit rouge, rose ou blanc, succulent mais peu parfumé; le *fraisier de la Caroline*, qui produit les fruits les plus pesants; les *fraisiers Quen's seedling*, *Princesse royale*, et *Comte de Paris*, à produits excellents et très abondants, et qu'on recherche surtout pour les cultures forcées; les *fraisiers Myatt* et *Elisa Myatt*, à fruits peu abondants, mais très délicats, d'un parfum exquis, les meilleurs pour faire des conserves et des confitures; le *fraisier Elton*, très juteux et très parfumé, mais un peu acide, en somme une des variétés qui méritent le plus d'être cultivées; le *fraisier Swaintone's seedling*, à gros fruits blancs, juteux et sucrés, et qui donne dans la même année une seconde récolte; le *fraisier May-Queen*, la plus précoce de toutes les variétés à gros fruits; enfin les *fraisier Crystal palace*, *Duc de Malakoff* et *Docteur Nicaise*, à fruits de grosseur prodigieuse.

Fraisier chilien. — Le feuillage est soyeux, les fleurs sont grandes; les fruits se redressent pour mûrir, caractère exclusivement propre à ce groupe. Le *fraisier du Chili* proprement dit n'a, sous nos climats, que des fleurs femelles; son fruit, gros comme un petit œuf de poule, à fond blanc jaunâtre lavé de vermillon, est peu savoureux sous la latitude de Paris; on conseille de le cultiver à proximité de variétés du groupe précédent.

Le *fraisier Queen Victoria* est bien plus estimé; son fruit, gros, rouge foncé, comme vernissé, à graine fortement saillante, a une chair légère et parfumée. Enfin le *fraisier superbe de Wilmot* tient à la fois des chiliens et des ananas; ses fruits dépassent quelquefois 2 centimètres de tour. Les fraisiers de ce groupe sont connus aussi sous le nom de *frutilliers*.

Telles sont les principales variétés sur lesquelles le cultivateur peut fixer son choix.

Culture du fraisier. — Le fraisier préfère les terres douces et substantielles, mélangées d'engrais bien consommés, exposées au midi ou au levant. Ces terres, labourées et fumées avant de recevoir la petite plante, sont divisées en planches séparées par de petits sentiers, lesquelles planches doivent être assez peu larges pour que des bords on puisse atteindre au milieu avec les mains, de façon à pouvoir cultiver et récolter sans mettre les pieds sur les planches.

Le fraisier se propage par graines; mais les fraisiers des bois, et des quatre saisons, sont les seuls qui se reproduisent franchement de cette manière; les autres, surtout les écarlates et les ananas, varient beaucoup par le semis. Aussi emploie-t-on surtout ce procédé pour obtenir des variétés nouvelles.

Pour récolter la graine, on choisit les plus beaux fruits, qu'on laisse bien mûrir; puis on les écrase dans l'eau, on les lave à plusieurs reprises, on retire la graine, qu'on laisse sécher légèrement, et on la mélange avec de la terre très fine et sèche.

On sème dans la terre convenable, bien divisée et égalisée, puis mouillée avec un arrosoir à pomme, et l'on recouvre le tout du terreau le plus fin.

Les Anglais emploient pour ce semis un procédé aussi expéditif qu'ingénieux;

ils frottent avec des fraises bien mûres de vieilles cordes qu'ils enfouissent dans le sol; la corde achève de pourrir, et la graine se trouve ainsi semée à la distance convenable.

Le fraisier craint la sécheresse; c'est pourquoi, dans les pays chauds, il est bon de semer à l'ombre et à l'exposition du nord. Mais sous des climats plus septentrionaux, on retarderait ainsi la germination; il vaut donc mieux faire le semis à l'exposition la plus chaude, sauf à l'abriter par des paillassons et à l'arroser, ou mieux à le bassiner souvent. Le plant lève ordinairement au bout de quinze jours; on attend encore six semaines ou deux mois pour le repiquer en place ou en pépinière.

La multiplication par *exhalants*, moyen employé par la nature plus encore que par les cultivateurs, reproduit invariablement les types sans amélioration comme sans dégénérescence. A chaque nœud du coulant se trouve un bourgeon qui se développe ou avorte selon les circonstances; ces bourgeons vivent aux dépens du pied mère, qu'ils épuisent jusqu'à ce qu'ils soient enracinés. On détruit généralement les coulants pendant la période de végétation et de fructification, afin de réserver une nourriture abondante aux feuilles et aux fraises; mais, en août et septembre, on permet aux coulants de se développer; un œillet se forme, prend racine, développe des feuilles et peu à peu ne tire plus de sève du pied mère; le coulant s'oblitère, durcit, s'atrophie et disparaît de lui-même, lorsqu'il est devenu inutile et qu'il a terminé ses fonctions. Le premier bourgeon du coulant avorte généralement, parce que ce coulant, dont l'un des principaux rôles est de transporter les bourgeons loin du pied mère, s'arque et fait avorter l'œillet terminal qui ne touche pas à la terre; mais le coulant se continue et forme un nouveau bourgeon qui ne tarde pas à prendre pied, pour peu que la terre soit fraîche.

« Cette naissance d'un petit fraisier, dit Joigneaux, doit ralentir un peu la pousse de prolongement du coulant et réduire l'étendue des entre-nœuds qui se produiront ultérieurement. Plus il y a de nourrissons, moins la part de lait est copieuse... Les fraisiers des coulants les plus rapprochés de la souche sont les plus vigoureux. Plus on retranche de coulants pendant la première période de végétation (et c'est toujours cette époque que l'on choisit pour leur suppression), plus il en repousse, en sorte que nous aggravons le martyre en multipliant les amputations. C'est comme si nous renouvelions la taille en vert sur nos arbres pendant tout le temps qui s'écoule entre la floraison et le développement complet des fruits, sous prétexte de ménager la santé des sujets. Ne vaudrait-il pas mieux modérer la reproduction, la limiter à deux ou trois jeunes pieds de coulant pour chaque forte souche, par exemple, pincer le bourgeon terminal, en vue de ralentir le développement de ce rameau, et supprimer également et peu à peu les jeunes feuilles des nœuds que l'on ne voudrait pas réserver? Ces suppressions graduelles diminueraient la prise de sève et n'auraient pas l'inconvénient de ces suppressions complètes et brutales qui aboutissent toujours à de nouvelles émissions de coulants. Peut-être arriverait-on, par ces moyens, à prévenir les réactions de la sève et à obtenir du même coup de beaux fruits et des pieds reproducteurs préférables à ceux des mois d'août et de septembre. »

Les fraisiers que l'on ne cultive pas en planches se mettent en bordures autour des carrés destinés à d'autres cultures. On les place aussi sur des a dos, contre un mur exposé au midi, et l'on obtient des fraises en primeur.

Les pieds reproduits par coulants ou marcottes sont levés au commencement d'octobre ou au printemps suivant. On les met en place à 0m,35 ou 0m,40 de distance, ou en quinconces, quand la plantation se fait par planches.

Avant l'opération, la terre a été recouverte d'un paillis ; on arrose aussitôt après le repiquage ; on remplace, au printemps, les quelques pieds qui ont pu mourir, et on entretient les fraisiers par des sarclages, des binages, des pincements et des arrosements.

Le fraisier des quatre saisons rapporte en abondance dès la première année ; les autres ne rapportent que fort peu. Au printemps de la deuxième année, on enlève les feuilles mortes avec un râteau, on remue la terre avec une serfouette, on glisse partout du terreau ou un mélange de fumier de vache très consommé et de cendres, on *paille*.

Les jardiniers soigneux placent sous les fraises qui se forment une couche de paille non brisée, qui empêche ce petit fruit de se salir en mûrissant, précaution qui dispense des lavages et conserve à la fraise la saveur et le parfum qu'elle perd lorsqu'on la trempe dans l'eau.

Le fraisier des quatre saisons, qui produit dès la première année, n'est plus bon à rien à la fin de la deuxième; les autres variétés ne se remplacent que tous les quatre ans, mais on en peut prolonger la durée en rehaussant avec de la bonne terre.

Les arrosements des fraisiers doivent être nombreux et abondants, car ils sont plus avantageux que les pluies et surtout que les pluies d'orage, qui sont nuisibles. On se trouve bien d'arroser en plein soleil.

La culture forcée du fraisier est bien moins importante que la culture ordinaire.

« La fraise étant du goût de tout le monde, disent MM. Moreau et Daverne, la culture du fraisier s'est considérablement étendue aux environs de Paris, et les jardiniers *intra muros* où la terre est si chère, ne peuvent plus soutenir la concurrence dans cette culture, qui est devenue une spécialité. Sur les 2,000 maraîchers de Paris, on n'en compte pas une demi-douzaine qui cultivent aujourd'hui le fraisier en culture naturelle, et ceux qui le cultivent en culture forcée, la seule où l'on puisse obtenir quelque bénéfice, sont encore en plus petit nombre.

« Il y a plusieurs variétés de fraisiers dont les fruits sont plus gros, plus séduisants que ceux du fraisier des Alpes. Mais le fruit de ce dernier a plus de saveur; c'est la seule espèce que les maraîchers puissent cultiver en culture forcée. On renouvelle le plant tous les ans, par semis ou par coulants. Le premier étant le plus avantageux, a été adopté de préférence. On laboure à la fin de juin un petit coin de terre, non pas à l'ombre, mais que l'on puisse ombrer avec un paillasson ou deux, et quand le dessus de la terre est très divisé et nivelé au râteau, on y sème la graine, sur laquelle on répand seulement 0m,002 de terre très fine ou du terreau, et on donne un léger bassinage, que l'on répète deux ou trois fois par jour, si on n'ombre pas avec les paillassons, car il ne faut pas que le dessus de la terre sèche tant que les graines ne sont pas levées, si on veut qu'elles lèventtotues promptement. En moins de quinze jours, toutes seront levées; six semaines après le levage, le plant sera bon à être repiqué en pépinière, où il refleurira et produira des coulants, mais on supprimera fleurs et coulants à mesure qu'ils se présenteront. A la fin de novembre, on labourera autant de planches que l'on voudra, on y plantera les fraisiers à $0^m,28$ de distance, et, sitôt que les gelées commenceront, on couvrira les planches de coffres et de châssis, afin que les fraisiers continuent de végéter un peu.

C'est ordinairement en février que l'on commence à forcer les fraisiers. Alors on enlève toute la terre des sentiers jusqu'à $0^m,54$ de profondeur, et on les remplit, jusqu'au sommet des coffres, de bon fumier neuf de cheval; on se préserve de la gelée par tous les moyens connus, on donne de l'air à propos, on remanie et rechange les réchauds quand on s'aperçoit qu'ils ne fournissent plus assez de chaleur aux fraisiers, qu'il faut tenir propres et auxquels il faut ôter une partie des vieilles feuilles pour que la lumière pénètre partout, surtout lorsque les fruits commencent à paraître. Enfin, aux premiers jours d'avril au plus tard, la récolte des fraises pourra commencer et durer jusqu'à ce que les fraisiers de pleine terre donnent. Il y a encore d'autres manières de forcer le fraisier, en pot, en serre, etc.

Mais la culture que nous venons d'indiquer est la plus simple et la seule praticable par les maraîchers.

L'ennemi le plus redoutable du fraisier est le *hanneton* ou du moins sa larve, vulgairement appelée *man*, *turc* ou *ver blanc*. Ce ver s'attache aux racines du fraisier, et on en voit alors les feuilles se faner; le meilleur remède consiste à fouiller le sol au pied de la plante, ou mieux à enlever celle-ci pour tuer le ver, puis à la replanter, si elle n'est pas trop endommagée, et à l'arroser immédiatement. La *courtillière* et le *ver gris* nuisent aussi au fraisier, mais beaucoup moins.

PLANTES CULTIVÉES PRINCIPALEMENT POUR LEURS FEUILLES

ÉPINARD

Les fleurs de l'épinard, *spinacia*, sont dioïques; le périgone des fleurs mâles est à cinq divisions; celui des femelles, à trois ou quatre divisions. Les fruits sont monospermes et recouverts par le périgone, qui persiste et grandit après la floraison.

Tout le monde connaît cette plante, cultivée depuis plusieurs siècles dans nos jardins potagers.

On en cultive deux espèces, regardées cependant par quelques auteurs comme des variétés; ce sont:

Fig. 222. — LA VENDANGEUSE.

1° L'*épinard coruse* ou *commun* (*spinacia spinosa*) a tige droite, rameuse, glabre, blanchâtre, cannelée, haute d'un à deux pieds, à feuilles molles, d'un beau vert, taillées en fer de flèche et souvent incisées vers la base; à fleurs petites, nombreuses, verdâtres, agglomérées sous les aisselles des feuilles supérieures. Par la culture, on a produit une sous-variété à graines piquantes et à larges feuilles, c'est une sorte d'épinard plus succulent que le précédent et qui supporte mieux l'hiver.

2° L'*épinard inerme* (*spinacia inermis*), ou *gros épinard*, ou *épinard de Hollande*, qui diffère du précédent par ses feuilles plus grandes, plus épaisses, et surtout par ses fruits ovoïdes entièrement dépourvus de cornes, disposés par paquets axillaires. Cette espèce supporte moins bien le froid que l'épinard connu.

Dans la culture, on connaît plusieurs autres sous-variétés, telles que l'*épinard de Flandres*, l'*épinard* d'*Esquermes*, ou à *feuilles de laitue*, ou de *Gaudry*.

L'origine de cette plante est douteuse. Olivier assure l'avoir trouvée en Perse à l'état sauvage. D'après Casiri, elle viendrait de l'Asie-Mineure et aurait été cultivée par les Arabes, auxquels on devrait son introduction en Europe. Il ne paraît pas qu'elle ait été connue des Grecs ni des Romains, bien que plusieurs érudits aient cru la reconnaître dans le *chrysolachanon* des Grecs. Pierre de Crescence prétend que l'espèce à fruits épineux a été cultivée la première, ce qui expliquerait le nom d'épinard donné au genre; l'espèce à fruits lisses ne serait venue que plus tard. Quoi qu'il en soit, l'épinard est généralement cultivé en Europe depuis environ deux siècles.

L'Angleterre, la Belgique, la Hollande et le nord de la France sont les pays où ce légume donne ses plus magnifiques produits, circonstance qui paraît étrange au premier abord, lorsque l'on songe que l'épinard est une plante d'origine méridionale. Mais le climat semble jouer, en cette circonstance, un rôle moindre que le terrain; car, si l'épinard s'accommode très bien d'un climat chaud, il réclame, en revanche, un terrain frais, humide, une exposition ombragée en été, beaucoup d'eau pendant les jours de sécheresse: c'est pourquoi dans les terrains secs des pays chauds de l'Europe, il vient mal, tandis que dans les vallées, chaudes, mais montagneuses, ombragées, humides de l'Asie, il réussit parfaitement. Dans le nord de l'Europe, on sème l'épinard depuis le mois de mars jusqu'à la fin d'août; dans les pays chauds, on peut aller jusqu'en octobre; il faut choisir une bonne terre à jardin, profonde, meuble, fraîche et bien engraissée. On préfère la graine nouvelle, bien que cette graine conserve ses qualités germinatives pendant deux ou trois ans.

On sème en rayons, à $0^m,15$ ou $0^m,18$ d'intervalle; ou bien, si le terrain n'est pas sujet à produire beaucoup de mauvaises herbes, on sème la graine à la volée et assez clair, puis on enterre avec le râteau de bois. La levée ne se fait guère attendre, surtout si l'on a eu soin de mettre cette graine dans l'eau quatre à cinq heures avant de semer. Dès que les jeunes plants ont pris un développement convenable, on les éclaircit de façon à laisser entre eux des vides de $0^m,08$ à 0,10 et on les sarcle.

La récolte ne doit pas se faire au couteau, dans les pays du Nord, elle a lieu à la main, moyen plus long, mais qui a l'avantage de ne pas maltraiter la souche.

Pour la graine, on mélange une partie de la planche ou du carré, et l'on ne touche pas aux pieds réservés. Les semis du printemps ou de juillet sont rarement d'un bon rapport, parce que les plants souffrent de la chaleur, s'enracinent mal et montent rapidement en graine; les semis d'août et de septembre sont préférables; ils s'enracinent profondément avant l'hiver, et, au printemps suivant, fournissent d'abondantes récoltes.

L'épinard n'a, dans le potager, d'autres ennemis que la *noctuelle* et le *ver gris;* mais ces ennemis, lorsqu'ils attaquent un carré, y produisent des ravages tels, que le cultivateur ne doit négliger aucun moyen pour éloigner ces hôtes terribles.

Un des inconvénients de la culture de l'épinard est la rapidité avec laquelle il monte en graine, c'est pourquoi on lui a substitué des plantes dont les feuilles peuvent également être mangées cuites et qui durent plus longtemps. Nous citerons la *tétragone étalée*, qui le remplace complètement, la *caselle* ou *épinard de Malabar*, la *morelle noire* ou *épinard de Chine*, le *quinoa*, etc., etc.

CÉLERI

Le *céleri apium graveolus* appelé aussi *ache douce* ou *éprault*, appartient au genre ache (*apium*), de la famille des ombellifères; mais il ne constitue pas une espèce distincte; c'est une race particulièrede l'*achedes marais (apium graveolus)*, améliorée par la culture et dépouillée des propriétés dangereuses que possède le type sauvage de l'espèce.

Cette plante est bisannuelle, à racines fibreuses ou renflées, à grandes feuilles pennées et très découpées, à gros pétioles charnus et creusés en gouttière, à fleurs petites, d'un blanc jaunâtre, groupées en ombelles.

Le céleri a produit un certain nombre de variétés; les plus répandues dans les jardins sont : le *céleri plein blanc*, le *céleri nain frisé*, le *céleri turc*, le *céleri plein violet*, le *céleri plein rose*, toutes variétés à côtes pleines. Vient ensuite le *céleri creux* ou *à couper*, dont les côtes sont creuses, et qui est moins estimé que les autres, mais que l'on cultive néanmoins aux environs de Paris, dans le but d'obtenir des feuilles pour les potages.

Mais la variété la plus curieuse est le *céleri-rave*, ainsi nommé à cause de sa racine renflée, arrondie, à chair blanche et compacte, et qui atteint $0^m,10$ de diamètre; on distingue les *céleris-raves ordinaire frisé* et d'*Erfurth*.

Les céleris proprement dits se sèment depuis la fin de février jusqu'en mai, d'abord sur couches, puis en pleine terre. Le semis, à peine couvert, est arrosé fréquemment, mais peu à la fois. Quand les plantes ont atteint la hauteur de $0^m,10$ environ, on les repique en planches et en lignes; on les arrose abondamment pendant toute la durée de leur végétation, jusqu'au moment de les faire blanchir.

« Cette opération, dit M. A. Hardy, a lieu de diverses manières. Si le céleri est destiné à être livré tout de suite à la consommation, il suffit d'attacher chaque pied avec des liens de paille, puis d'introduire entre les rangs de la grande litière qu'on mouille fortement. Au bout de quelques jours, le céleri est blanc. Si, au contraire, le céleri doit être conservé, les pieds sont enlevés en motte, plantés droits et rapprochés dans une tranchée de $0^m,20$ environ de profondeur; on les rechaussé de terre à la moitié de leur hauteur; on arrose. Quand le céleri commence à pousser de nouvelles feuilles, on achève de remplir avec de la terre les intervalles laissés entre les rangs; il est alors presque entièrement enterré; l'extrémité seule des feuilles reste découverte. Le céleri ainsi traité met à peu près six semaines pour blanchir. Ce mode est le plus généralement suivi; cependant il en est un qui est préférable. Il consiste à laisser en place les pieds, à prendre de la terre dans les planches à côté, et à butter chaque rang, comme nous venons de le dire. De cette manière, le céleri se conserve beaucoup mieux. »

La culture du céleri creux a lieu de la même manière, mais il n'est pas besoin de faire blanchir cette variété. Quant au céleri-rave, il se sème sur couche, en février. Vers la fin d'avril ou au commencement de mai, on repique en pépinière sur couche; et, dans la seconde quinzaine de juin, on plante en lignes. On arrose abondamment durant l'été, et l'on a soin de retrancher les plus grandes feuilles et les racines latérales, afin de favoriser le développement de la racine principale. En Alsace, on butte le céleri-rave à plusieurs reprises, afin de le faire grossir. En septembre, on commence la récolte, qui se continue durant tout l'automne. On peut facilement conserver ce céleri jusqu'au printemps, à la condition de le préserver de la gelée.

Le céleri joue un grand rôle dans l'art culinaire; on le met dans les potages, les ragoûts, les pâtes, etc.; on le mange aussi cru en salade. On fait avec ses tiges et sa racine des conserves très bonnes, préconisées dans certaines maladies.

La graine renferme un principe aromatique qu'on en sépare par l'alcool, mais contient peu d'huile essentielle; en médecine, on la range parmi les quatre semences chaudes. Les issues et résidus du céleri sont mangés avidement par les bestiaux.

LAITUE

Le genre laitue (*lactuca*) a pour principaux caractères : des capitules à fleurs nombreuses, ligulées; un involucre cylindrique formé de deux à quatre rangs d'écailles imbriquées, les écailles extérieures plus courtes; un réceptacle plan et nu; le fruit, comme dans toutes les composées, est un akène comprimé, strié longitudinalement, surmonté d'un col filiforme terminé par une aigrette. Les laitues sont au nombre d'une vingtaine d'espèces, originaires des climats tempérés; plusieurs d'entre elles sont d'un usage important, au point de vue alimentaire et médical.

La *laitue cultivée* (*lactuca sativa*) est une plante herbacée annuelle, à tige dressée, cylindrique, épaisse, simple à la base, ramifiée au sommet. Ses feuilles inférieures sont sessiles, embrassantes, obovales, oblongues, arrondies au sommet, ondulées sur les bords; les supérieures sont graduellement plus petites, cordiformes et denticulées. Les fleurs sont d'un jaune pâle, petites; nombreux capitules.

Cette espèce n'a encore été nulle part rencontrée à l'état sauvage. Quelques botanistes pensent qu'elle est le résultat de la culture de certaines espèces qui, de vénéneuses et narcotiques, sont devenues, à la longue, douces et salubres, surtout dans leurs parties qui ne contiennent point de suc laiteux, où semble résider le principe vireux.

Cette opinion est vraisemblable, car les variétés que la culture a fait naître sont extrêmement nombreuses, et prouvent combien cette plante est sujette aux transformations, et combien il est difficile de reconnaître son véritable type.

Les 150 variétés de laitues cultivées peuvent être rapportées à trois races principales, qui se perpétuent par leurs graines.

1° *Laitue pommée*. Les feuilles inférieures sont très nombreuses, pressées les unes contre les autres, et forment une tête arrondie comme le chou; celles qui occupent l'intérieur, étant étiolées, sont blanches ou légèrement jaunâtres, tendres et très aqueuses.

2° *Laitue frisée*. Elle a des feuilles découpées, crépues sur les bords et ne formant pas une tête arrondie comme dans les variétés de la première race. On regarde comme une variété de la laitue frisée la plante cultivée aux environs du Mans sous le nom de *laitue épinard* ou *laitue chicorée*.

3° *Laitue romaine*. Elle se reconnaît facilement à ses feuilles allongées, non bosselées ni ondulées, dressées, et formant un assemblage oblong peu compact.

Les usages culinaires des laitues sont si vulgaires qu'il serait oiseux de les indiquer. C'est un aliment rafraîchissant. Quoique étiolée, la laitue jouit cependant de propriétés narcotiques assez marquées. C'est elle qui sert à préparer l'hydrolat de laitue, employé comme base des potions calmantes.

Les anciens ne mangeaient la laitue qu'à la fin du repas, le soir, pour se procurer le sommeil; mais, à l'époque de Domitien, on changea cet ordre, et elle servait d'entrée aux Romains dans leurs festins.

Nous citerons, à titre de curiosité, ce passage d'un article de Valmont de Bomare sur les laitues :

« Quelques-uns ont dit que l'usage des laitues rend les hommes impuissants et les femmes stériles. Il est bien vrai, disent les auteurs de la matière médicale, que ces sortes de plantes n'excitent pas les feux de l'amour, qu'elles les tempèrent, mais sans les détruire entièrement; ainsi, disent-ils, quoiqu'on les conseille beaucoup, pour réprimer le désir de la concupiscence, à ceux qui vivent dans le célibat, néanmoins, les gens mariés qui désirent d'avoir des enfants n'en doivent pas craindre l'effet. »

Il faut avouer que notre siècle est devenu depuis bien incrédule à ce sujet.

La culture des laitues demande quelques soins. Elles craignent le froid et veulent une terre meuble, chaude et amendée avec du terrain de couche. Afin de retarder le développement de la tige, et pour favoriser l'étiolement des feuilles intérieures, les jardiniers les serrent avec un lien de paille. Leur semis se fait en tout temps dans les serres, et au printemps dans les jardins potagers; lorsqu'elles ont quelques feuilles, on les transplante.

Toutes les espèces de laitues ne se multiplient que par graines. Les jardiniers nomment celle à coquille ou à feuille ronde *laitue d'hiver.* Le raffinement sur cette espèce d'aliment a été jusqu'à forcer la nature à satisfaire notre goût dans la saison la plus rigoureuse. Pour les faire lever promptement, on fait tremper la graine pendant vingt-quatre heures, et on la laisse sécher ensuite dans un lieu chaud, puis, en février et en mars, on la sème fort dru sur une couche et dans des rayons qu'on a faits avec un bâton. On la couvre légèrement de terreau et on y met aussitôt des cloches. Au bout de dix à douze jours, ces laitues peuvent être mangées en salade. Si l'on en avait un besoin plus pressant, on pourrait les faire croître de même en deux fois vingt-quatre heures dans des serres chaudes. Il faudrait faire pour cela tremper la graine dans de l'eau alcoolisée faiblement et mêler dans le terreau un peu de fumier de pigeon avec un peu de poudre de chaux éteinte, mais cette sorte de laitue ne dure que huit jours sur couche. Les crêpes blondes sont des laitues de primeur; elles se sèment à la fin de janvier.

La *laitue vivace* (*lactuca perennis*) atteint jusqu'à un mètre de hauteur; ses feuilles sont pennatifides, à découpures linéaires et dentées; ses fleurs bleues, groupées en capitules, dont la réunion constitue un vaste corymbe. Elle croît dans les champs humides et pierreux, de préférence aux expositions chaudes. Elle abonde quelquefois au point de constituer une mauvaise herbe, qui ne peut être détruite que par un défoncement profond.

La *laitue sauvage* (*lactuca sylvestris*), de la taille de la précédente, s'en distingue par ses feuilles engainantes, sagittées, aiguës, un peu épineuses, et surtout par ses fleurs jaunes. Elle croît dans les sols argileux, humides et annonce toujours un bon fonds. Ces deux espèces sont peu recherchées par les bestiaux. Jeunes, elles peuvent être mangées en salade.

Au point de vue pharmaceutique, la laitue est non moins remarquable, relativement aux substances médicamenteuses qu'elle fournit. La tige présente, dans son écorce fibreuse, un grand nombre de vaisseaux remplis d'un suc laiteux, blanc, d'une saveur très amère et d'une odeur vireuse, analogue à celle de l'opium, ce qui a conduit le Dr Coxe, de Philadelphie, André Duncan, d'Edimbourg, et le Dr Bidault de Villiers, à Paris, à la proposer comme succédané de l'opium. Ce suc, obtenu par des incisions transversales faites à la tige, a reçu le nom de *lactucarium.* Il est la base d'un sirop et d'une pâte de ce nom.

Indépendamment de cette matière complexe, la laitue fournit encore un extrait que l'on prépare avec le suc de l'essence de la tige. Il est connu dans les officines sous le nom de *thridace.* L'extrait de laitue ordinaire diffère du précédent en ce que c'est l'extrait du suc de la plante entière. Les semences de laitue faisaient également partie autrefois des quatre petites semences froides.

Laitue vireuse (*lactuca virosa*), plante annuelle ou bisannuelle, très analogue à la précédente, dont elle diffère, cependant, par ses feuilles moins découpées, obtuses au sommet; les inférieures, non lobées et seulement sinuées et dentelées, conservent toujours la position horizontale. Elle habite les endroits humides, sombres, le long des haies et même dans les champs. Quand elle est en fleur, le suc de sa tige est très âcre, très amer, d'une odeur fortement vireuse. Elle est légèrement narcotique. Il résulte des expériences entreprises par Orfila qu'il faut des doses énormes de l'extrait de ce suc pour produire une action toxique. Scholinger, de Francfort, a préconisé le suc de cette laitue dans les maladies de poitrine. Toel l'employait dans les maladies du cœur.

CHICORÉE

Le genre chicorée (*cichorium*) renferme des plantes bisannuelles ou vivaces, rameuses, à feuilles roncinées ou irrégulièrement dentées. Leurs fleurs sont disposées en capitules axillaires, entourées d'un involucre à folioles nombreuses, disposées en deux rangs. Par une exception remarquable dans une tribu qui n'a guère que des fleurs jaunes, celle du genre type sont ordinairement bleues, quelquefois blanches.

Deux espèces attirent plus particulièrement l'attention : l'une est la chicorée des jardins ou *endive*, l'autre est la *chicorée sauvage* (*cichorium intybus*), plante vivace, très commune dans nos campagnes et fréquemment cultivée aussi dans les jardins. Elle a produit des variétés à feuilles panachées ou à grosse racine.

La chicorée sauvage, avons-nous dit, est une plante vivace; sa racine est fusiforme et pivotante; sa tige s'élève à un mètre et plus. Elle croît abondamment le long des chemins, dans les pâturages, les champs en friche, etc. Dans les jardins, elle acquiert des dimensions beaucoup plus grandes; sa tige dépasse souvent deux mètres et ses feuilles deviennent encore bien plus amples. Peu difficile sur la nature du sol, cette plante préfère néanmoins les terrains frais et ombragés. Sa culture est des plus simples : on la sème ordinairement au printemps, tantôt en planches, tantôt et plus souvent en bordures. Elle n'exige plus ensuite que les arrosements, les binages et les sarclages ordinaires.

Ce sont ses feuilles vertes que l'on emploie d'ordinaire en médecine et en économie domestique; dès lors il faut avoir soin de couper de temps en temps ces feuilles, pour en faire repousser de nouvelles et de plus tendres, et ses tiges, pour retarder autant que possible l'époque de la floraison. Dès que celle-ci est arrivée, les feuilles ne sont plus mangeables. D'autres fois, on ne mange la chicorée que blanche et étiolée. « C'est avec cette espèce, dit Millot, qu'on obtient ces feuilles étiolées, longues et étroites, connues sous les noms de *barbe de capucin* ou *cheveux de paysan*, et servant de salade en hiver. On y parvient en formant, dans une cave ou dans un cellier chaud et privé de lumière, une couche de terre légère et sablonneuse ou de fumier bien consommé, de l'épaisseur de deux ou trois pouces, sur une largeur de deux pieds et la longueur que l'on veut, en plaçant horizontalement sur cette couche la tête d'un semis de l'année, en couvrant celle-ci d'une couche de terre ou de fumier, s'il en est besoin. Ces lits alternatifs de terre et de racines devront être disposés de telle façon que le dernier soit de terre. On mouille le tout de temps en temps, si cela est nécessaire, et, sous la double influence de la température douce et constante du lieu et de l'obscurité qui y règne, les racines végètent et poussent de longs jets incolores, que l'on récolte, soit en les coupant lorsqu'ils sont parvenus à des dimensions convenables, soit en arrachant les racines pour les mettre en bottes et les vendre. » Quelquefois on établit ces couches alternatives dans un tonneau placé debout, défoncé par en haut et percé sur les côtés d'ouvertures devant lesquelles on a soin de placer les collets de racines, de telle sorte que, lorsque la plante végète, les feuilles passent en dehors du tonneau.

La chicorée sauvage est aussi une excellente plante fourragère; ce qui la rend surtout précieuse, c'est la propriété qu'elle possède de croître dans les plus mauvais terrains, même sur les sols arides et crayeux ou argileux. Grâce à ses racines longuement pivotantes, elle peut braver la sécheresse dans les terres légères, mais elle préfère les sols profonds, riches en calcaire et de consistance moyenne. La plante, durant plusieurs années, n'est guère susceptible d'entrer dans un assolement régulier; on lui consacre ordinairement, comme à la luzerne, une place spéciale. Le sol étant bien ameubli, on sème à la volée, au printemps. Si l'on a donné les soins convenables, on peut faire une première récolte en automne. La chicorée donne ensuite ordinairement trois coupes chaque année. Bien que cette plante puisse être pâturée sur place, on préfère en général la faucher et la faire consommer à l'étable, ce qui permet de la mélanger avec d'autres fourrages et de remédier ainsi à l'inconvénient reproché à la chicorée de communiquer au lait et au beurre des vaches une saveur amère. Du reste, presque tous les bestiaux recherchent avidement cette plante, les vaches, qui d'abord la repoussent, ne tardent pas à s'y habituer. Elle a encore ce précieux avantage d'agir, par son amertume, comme tonique, et de rendre les animaux qui s'en nourrissent moins exposées aux maladies cutanées. Les cochons surtout sont très friands de ses parties souterraines, et sous ce rapport la variété à grosses racines leur conviendrait très bien, si elle n'était réservée pour une application industrielle.

Cette variété est connue sous le nom de *chicorée à café.* Ses racines, séchées, torréfiées et moulues, donnent une poudre qui est bien loin de posséder le parfum et les propriétés excitantes du café, mais dont l'infusion amère est ajoutée au lait dans une grande partie de l'Europe centrale. Le café de chicorée paraît avoir pris naissance en Hollande; c'est vers le commencement de ce siècle qu'il a été introduit en Belgique et dans le nord de la France. Cette industrie est devenue aujourd'hui une importante branche de commerce et une source de prospérité pour quelques communes du département du Nord. Chez nous, on mélange la poudre de chicorée en plus ou moins grande proportion, au café ordinaire, pour faire des mélanges économiques, souvent aussi de véritables sophistications.

Graines. — Parmi les racines conservées à l'abri de la gelée et qui n'auront pas été soumises à l'étiolement, on choisit les plus parfaites, les plus volumineuses, si l'on veut reproduire pour la grande culture, et celles au collet le plus large, s'il s'agit des produits du jardin. La fructification étant irrégulière et lente, on aura soin de récolter les graines à mesure qu'elles mûrissent Elles gardent neuf à dix ans leur faculté germinative.

Fig. 228. — VÉGÉTATION TROPICALE. (Cierge géant.)

CERFEUIL

Sous le nom de cerfeuil, on comprend plusieurs plantes appartenant à des genres de la famille des ombellifères, très voisins les uns des autres, et qui se ressemblent par leurs feuilles très découpées, par leur odeur forte, mais agréable, enfin par leur saveur toute particulière, qui les fait employer comme condiment.

Le *cerfeuil commun* (*Scandix cerefolium*) est une plante annuelle, à racine pivotante; sa tige haute de 0 m. 50, et plus fistuleuse, cannelée, rameuse, porte des feuilles alternes, trois fois ailées, et se termine par des ombelles de fleurs blanches, auxquelles succèdent des fruits lisses, noirâtres à la maturité.

Originaire des régions méridionales de l'Europe, le cerfeuil est depuis longtemps cultivé dans les jardins potagers. Il demande une terre meuble, peu fumée, ni trop sèche ni trop humide. Sa culture ne présente aucune difficulté, toutefois, comme la graine est un peu lente à lever, on la fait tremper dans l'eau pendant deux ou trois jours avant le semis; on la sème clair et en rayons, et on a soin de l'enterrer très peu.

Comme le cerfeuil est d'autant plus agréable qu'il est plus jeune, on est dans l'usage de renouveler les semis tous les quinze jours, afin d'avoir de jeunes pieds durant toute la belle saison. On peut même en semer sur couche, si l'on veut prolonger le temps de la production. Dans quelques pays, on fait sécher le cerfeuil en le suspendant au plancher, et, bien qu'il perde alors une partie de son odeur et de sa saveur, il rend encore des services en économie domestique. Toutes les parties de cette plante sont aromatiques et agréables au goût; on emploie surtout ses feuilles, qu'on met dans les sauces et dans les salades. En médecine, elles sont réputées apéritives, diurétiques, incisives et rafraîchissantes.

Le *cerfeuil tubéreux et bubeux* est bisannuel et a les racines renflées, tubéreuses. Il croît dans les bois et dans les haies des régions méridionales de l'Europe. Extérieurement, il ressemble beaucoup au précédent.

Cette plante a depuis quelques années, acquis une certaine importance en culture maraîchère, à cause de ses racines, vulgairement tubercules, dont la chair ferme et parfumée a une saveur intermédiaire entre celle de la pomme de terre et de la châtaigne, mais se rapproche davantage de cette dernière. C'est un aliment très délicat qu'on recherche beaucoup en Asie. Dans quelques pays où la plante est abondante, on se sert de racines pour nourrir et engraisser les cochons, qui en sont très friands.

Ce qu'on appelle le *cerfeuil frisé* n'est pas une espèce distincte, mais une simple variété de cerfeuil commun, dont les feuilles sont employées surtout pour orner les plats. Le *cerfeuil musqué* (myrrhis odorata) est vivace et a une racine fusiforme; sa tige haute de 1 mètre et plus, porte de grandes feuilles ailées très découpées, souvent maculées de blanc; ses fruits oblongs, relativement volumineux, profondément sillonnés, sont d'un brun noir luisant à la maturité.

Toutes ses parties exhalent une odeur musquée très agréable. Il croît dans les régions montueuses du midi de l'Europe, et on le cultive fréquemment dans les jardins, mais moins aujourd'hui qu'autrefois.

On estime surtout celui qui a crû dans une terre légère et sèche. On le multiplie de graines, et mieux d'éclats de pieds, replanté à l'automne ou au printemps. On le mange comme le cerfeuil commun, mais sa saveur forte et aromatique ne plaît pas à tout le monde. Les Asiatiques s'en nourrissent et préparent une liqueur avec ses graines.

Le *cerfeuil sauvage* (*chærephyllum temulum*) est une plante vivace, à tige renflée aux nœuds et maculée de brun, à feuilles très découpées et velues, qui croît dans les lieux cultivés et incultes de toute l'Europe.

Contrairement aux précédents, il a une odeur vireuse, une saveur âcre et amère, et passe même pour vénéneux. On l'appelle communément persil d'âne, parce qu'il plaît beaucoup à ces animaux. Les chevaux et les vaches répugnent d'abord à le manger; mais ils s'y accoutument facilement, et finissent par s'en trouver très bien.

Il influe heureusement sur la quantité et sur la qualité du produit chez les vaches laitières; aussi a-t-on conseillé de le cultiver comme plante fourragère.

« En effet, dit Reynier, cette plante présente l'avantage inappréciable de pousser de si bonne heure et si rapidement, qu'on peut en faire deux récoltes avant celle du trèfle, c'est-à-dire à une époque où les nourritures fraîches sont généralement fort rares.

« Elle fournit d'ailleurs un fourrage qui ne cède qu'à peu d'autres en qualité, ayant 2 à 3 pieds de haut et formant des touffes de plus de 1 pied de diamètre. Elle demande une terre de bonne nature et ombragée; mais elle vient au milieu des pierres, des buissons les plus épais; enfin, dans les lieux où toute autre plante refuse de croître. »

Malgré ces avantages, le *cerfeuil sauvage* n'est nulle part cultivé; mais dans beaucoup de pays, on fauche dans sa jeunesse celui qui croît naturellement pour le donner à manger aux vaches.

Le *cerfeuil aiguille*, vulgairement *peigne de Vénus* (*scandix pexten Veneris*), est une petite plante annuelle, qui doit ses noms à la forme de ses fruits. Il croît abondamment dans les blés de l'Europe centrale et méridionale. Les bestiaux refusent d'abord à le manger, vu son amertume; ils finissent néanmoins par s'y accoutumer, sans jamais le rechercher beaucoup. C'est, en définitive, une mauvaise herbe qu'il est à peu près impossible de détruire par le sarclage ou par le labour sur jachères. On y parvient que par la culture, prolongée pendant plusieurs années, des prairies artificielles, auxquelles on fait succéder des plantes sarclées, qui nécessitent plusieurs binages dans l'année, ou des récoltes étouffantes, telles que les vesces, les pois, etc., etc.

Culture du cerfeuil commun. — Depuis le commencement du printemps jusqu'en octobre, on sème tous les mois du cerfeuil commun, en planches ou en bordures, à la volée et de préférence en rayons. Les semences ne doivent être que peu recouvertes ; elles lèvent en quelques jours.

Les premiers semis se font en février, au pied d'un mur ou d'une haie et au midi; en juin et pendant l'été, on sème au nord, à l'ombre, et à toute opposition dans les autres temps. La graine mûrit dans l'année et se conserve deux ans; celle de première année est la meilleure.

Le cerfeuil frisé demande la même culture.

Quant au cerfeuil musqué, les graines doivent en être semées dès leur maturité; semées au printemps, elles ne lèvent qu'au printemps de l'année suivante.

Quoique le cerfeuil puisse croître en tout terrain, la végétation n'en est réellement belle que dans une terre grasse et terreautée. Il faut avoir soin de bien sarcler en tout temps les planches de cerfeuil : c'est le moyen de se prémunir contre les plantes vénéneuses qui s'y mêlent parfois. Le cerfeuil frisé a l'avantage de prévenir toute confusion dangereuse.

Plantes vénéneuses. — Nous indiquons ici d'après M. E. Rodigas à qui nous empruntons cette étude, les caractères de ces plantes de manière à les faire distinguer facilement.

La *ciguë* (*Conium maculatum*). Poison très subtil. Les tiges sont maculées; les feuilles sont d'un vert foncé, et toute la plante exhale une odeur vireuse, quand on la froisse. — La *petite ciguë* (*Æthusa Cynapium*) a les tiges cannelées. — Le *cerfeuil enivrant* ou *malfaisant* (*Chœrophyllum temulum*) a les tiges rudes au toucher et renflées aux articulations; ses feuilles sont velues sur les deux faces.

Culture du cerfeuil tubéreux. — Depuis quelque temps, l'attention de ceux qui suivent les progrès des cultures potagères a été appelée sur deux espèces très vivaces du genre cerfeuil, toutes deux à racine comestible, le *cerfeuil bulbeux* et le *cerfeuil de Prescott.*

Le *cerfeuil bulbeux* ou mieux *tubéreux* (*Cærophyllum bulbosum*), — étend son ère géographique, d'après Linné, depuis l'Alsace, à travers l'Allemagne et la Russie, jusqu'en Sibérie et en Perse; il y croît spontanément dans les lieux boisés et humides. Sa racine, de la forme de celle d'une petite carotte, grisjaunâtre à l'extérieur, blanc pur en dedans, est charnue, féculente et sucrée, crue, elle a une saveur assez agréable et est intermédiaire, pour le goût, entre la châtaigne et le panais, participant légèrement de celui de la pomme de terre. Sa tige, qui dépasse souvent $1^m,50$ de hauteur, est munie de poils redressés à sa base et glabre à sa partie supérieure; ses feuilles sont ailées, à folioles multifides, les laciniuses supérieures très étroites. Les ombelles sont composées de nombreuses ombellules, de petites fleurs blanches. La graine est allongée, brunâtre et un peu concave d'un côté, et de l'autre blanchâtre, sillonnée de trois rides longitudinaires.

Le *cerfeuil de Prescott* (*chœrophyllum Prescottu*) touche de bien près à l'espèce précédente. Il est indigène de la Sibérie altaïque et ouralienne. Sa racine ordinairement simple, parfois fasciculée, de forme turbinée, jaune citron à l'extérieur, blanche en dedans, est charnue, mais moins riche en fécule et nullement sucrée. La tige ne dépasse guère $1^m,15$. Les feuilles sont surdécomposées, glabres, à folioles multifides et laciniures linéaires. De Candolle insiste sur ce caractère que les styles sont à peine divergents et que les fruits sont plus minces et presque deux fois plus longs que ceux du cerfeuil tubéreux.

Les premiers essais de culture du cerfeuil tubéreux, comme plante alimentaire, furent tentés en 1846, au domaine de Neuilly, sous la direction de M. Jacques. L'idée d'utiliser de même le cerfeuil de Prescott fut émise à la fin de 1852 par M. Müller, jardinier en chef du jardin botanique d'Upsal. Comme M. Prescott, à Berne, il avait reçu la plante du jardin botanique de Saint-Pétersbourg. Ces essais, poursuivis avec persévérance par d'autres savants agriculteurs eurent des résultats divers, mais toujours assez concluants pour oser espérer le succès. En effet, si l'on considère que les racines de cerfeuil tubéreux plantées par ce dernier, en 1850, pour porte-graines, n'avait que le volume d'une noisette, que les racines obtenues cinq années plus tard pesaient en moyenne 41 grammes et que celles de 1857 atteignaient le poids considérable de 169 grammes, on conçoit qu'il y a lieu d'être satisfait; aussi, nous avouons ne pas comprendre comment on peut conseiller de s'arrêter là. En outre, nous ignorons pourquoi il faut exiger de ce légume-racine un rendement plus grand que d'autres légumes. On dit qu'il produit moins que la carotte, moins que la pomme de terre; et n'est-ce donc rien que sa qualité supérieure, sa saveur fine, sa chaire délicate? Et l'analyse chimique démontrant que la racine contient la quantité considérable de 28 0/0 de fécule et de 5 0/0 de sucre, ne compte-t-elle pas? M. Payen, qui l'a analysée, déclare que le cerfeuil tubéreux est, à poids égal, de tous les tubercules de nos cultures, le plus riche et le plus substantiel aliment. Or, une racine provenant des cultures faites en 1862 à l'établissement van Houtte, pesait à elle seule 227 grammes. Un tel résultat devait suffire, ce nous semble, à inspirer plus de confiance.

On dit aussi que la culture est difficile ; nous ne sommes pas de cet avis. En effet, la plante n'est pas exigeante quant au sol ; elle croît en tout terrain, et le mieux dans une terre ou l'élément argileux domine, mais sans excès, et qui ne renferme point de fumier nouveau. Dans une terre sableuse, légère et riche en engrais, elle donne un brillant feuillage, mais de petite racines. Il convient que le terrain soit bien labouré, comme pour toutes les racines, et situé à une exposition fraîche. Il importe de savoir qu'il faut semer endéans les deux trois mois qui suivent la maturité des graines, laquelle a lieu en juillet. Confiées à la terre en octobre au plus tard, elles ne lèvent qu'à l'automne de la seconde année. Si le terrain est occupé encore par d'autres cultures, ou si l'on ne veut pas consacrer à cette plante un espace longtemps improductif, on fera bien de les stratifier jusqu'au premier printemps. Pour cela on les étend par lits alternatifs dans des pots et en terre légère et fine qu'on peut tamiser par dessus elles ; puis les pots sont enterrés de 0^{m},20 à 0^{m},30 de profondeur, ou moins profondément, pourvu qu'on les recouvre bien durant les fortes gelées. Dans ces conditions, les graines seront en germination au premier printemps, et on pourra les semer un beau jour de fin-février ou de mars, en ayant soin de ne pas froisser inutilement les semences et de leur conserver autant que possible un degré de chaleur et d'humidité au moins aussi grand que celui du milieu qu'elles viennent de quitter.

Quant au *cerfeuil de Prescott*, il aime une terre franche, douce, où l'argile ne domine point, qui ne soit ni forte ni compacte. Dans un sol riche en terreau de feuilles, il donne des tubercules qui dépassent en volume ceux de l'autre espèce. Aucune des deux ne viendra bien dans une terre récemment occupée par des plantes de la même famille : carottes, panais, persil, céleri, etc. On peut semer en automne ou au printemps, en février, mars. D'aucuns n'admettent que cette dernière époque et déconseillent de semer en automne, parce que les plantes fructifient en ce cas trop promptement. Toutefois si l'on tient compte de ce que l'on plante peut fort bien fructifier sans dommage aucun pour les tubercules, comme il arrive ailleurs, ceux-ci continuant à se développer sans qu'il se forme à leur centre un pivot ligneux ou coriace, on comprendra aisément qu'il vaut mieux semer à la fin de l'été, au mois d'août.

Nous conseillons de semer en lignes distantes de $0^m,30$ et de recouvrir les graines de terreau. On arrose légèrement s'il est nécessaire, et on sarcle, on éclaircit, on bine comme pour la carotte.

Les racines des deux espèces ont leur parfait développement en juillet-août, quoique des arrosages répétés et modérés puissent prolonger la croissance. On les récolte après leur maturité pour les conserver à l'instar des carottes dans un lieu sec et froid, ou dans du sable sec. Les tubercules du cerfeuil tubéreux peuvent être utilisés de suite; ceux du Prescott deviennent meilleurs après. On les conserve tous deux jusqu'en mai.

Graines. — Ce que nous avons dit des porte-graines en général trouve encore ici son application. Les racines destinées à fructifier seront replantées au mois de septembre en lignes distantes de $0^m,50$. Il importe de choisir les racines les plus unies, les plus volumineuses, et, parmi elles de donner la préférence à celles qui sous un même volume pèsent le plus. Ensuite, lors de la maturité des graines on ne récoltera que celles provenant des ombelles centrales, mûres les premières. C'est en suivant ces procédés simples, mais utiles qu'on parviendra à donner à ces plantes un plus haut degré de perfection : dès lors, elles occuperont dans nos cultures, la place que leur mérite comme aliment, ne manquerait pas de leur obtenir.

CRESSON

Le nom de cresson, a été donné dans le langage populaire, à un grand nombre de plantes très diverses, et n'offrant entre elles qu'une analogie, fort remarquable à la vérité, dans la saveur des feuilles.

Pris dans son acception rigoureuse, il doit s'appliquer au genre crucifère que les botanistes appellent *nasturtium.*

L'espèce la plus importante de ce genre est le *cresson officinal* (*nasturtium officinale*), plus connu sous les noms vulgaires de *cresson de fontaine* et de *santé du corps,* que lui donnent les Parisiens. Lorsqu'on dit simplement cresson, c'est toujours de cette plante que l'on veut parler; c'est en effet le type des plantes analogues.

Le *cresson de fontaine* est une plante vivace, abondamment répandue dans les régions tempérées de l'hémisphère septentrional; elle s'avance même vers le nord jusqu'à des latitudes froides, et croît dans les lieux très humides ou inondés.

On connaît plusieurs variétés de cresson, qui paraissent être surtout le résultat de la culture. On préfère généralement la variété dite *cresson charnu* ou *de Gonesse*, comme donnant un produit plus abondant, plus haut en couleur et en saveur, enfin susceptible de se conserver frais pendant plus longtemps.

Le cresson est, depuis bien des siècles, employé en médecine et en économie domestique. Les Romains en firent usage et il était très estimé chez les Arabes. On cite des cressonnières, au commencement du XIVe siècle, dans les provinces qui forment aujourd'hui les départements de l'Oise, du Nord et du Pas-de-Calais. Mais pendant longtemps on se contenta de recueillir le cresson qui se trouvait à l'état sauvage; on finit ainsi par en dépeupler les localités voisines des grands centres de consommation, ce qui força à étendre de plus en plus le cercle des recherches. « Il n'y a pas longtemps, dit Loiseleur-Deslonchamps, que l'on voyait de pauvres femmes aller en recueillir jusqu'à quarante lieues de Paris, pour en charger des voitures et le vendre dans les rues de cette capitale. »

C'est, paraît-il, en Allemagne, aux environs de Dresle et d'Erfurth, que l'on a eu pour la première fois l'idée de mettre le cresson en culture réglée. Un officier d'administration de la grande armée, M. Cardon, eut occasion, en 1810, de voir cette culture; on était alors en plein hiver. Voici comment Héricart de Thury rapporte cette découverte. « En se promenant aux environs d'Erfurth, et la terre étant couverte de neige, il fut étonné de voir de longs fossés, de 3 à 4 mètres de largeur, présentant la plus brillante verdure. Il se dirigea vers ces fossés, curieux de connaître la cause de cette espèce de phénomène qui lui semblait étrange pour la saison, et il reconnut, avec le plus grand étonnement, que ces fossés étaient une immense culture de cresson de fontaine, présentant l'aspect des plus beaux tapis de verdure sur une terre alors toute blanche de neige. M. Cardon apprit que cette culture était établie depuis plusieurs années sur des sources d'eaux jaillissantes. »

De retour en France, M. Cardon s'empressa d'établir aux environs de Senlis des cultures pareilles à celles qu'il avait vues, et son exemple fut suivi de proche en proche. Aujourd'hui, c'est par mille qu'il faut compter les fosses de cresson servant à l'approvisionnement de Paris et de ses environs. On comprendra facilement que la culture en grand, la culture commerciale du cresson, n'est possible qu'au voisinage des grands centres de consommation, si l'on tient compte des frais de transport et de la facilité avec laquelle le produit s'altère et perd sa valeur marchande durant le trajet. Mais l'amateur qui ne veut cultiver qu'un peu de cresson pour les besoins de son ménage, peut facilement le faire, s'il possède seulement quelques mètres de terrain et un filet d'eau convenable. Les terres argilo-siliceuses, qui sont les meilleures terres à blé, sont ausi les plus favorables à la culture du cresson. Mais ce qui importe surtout, c'est la nature et la qualité de l'eau; le volume, la température, la composition chimique de ce liquide, doivent être pris en sérieuse considération. Ne pouvant entrer dans de longs détails à ce sujet, nous dirons seulement que l'on doit préférer les eaux légèrement ferrugineuses, dont le volume et la température soient aussi peu variables que possible.

Le cresson se propage très facilement par graines ou par éclats; il suffit même d'une feuille plantée dans un sol humide pour reproduire la plante. « Le cresson est, dit M. Chatin, une des plantes dont la multiplication s'obtient avec la facilité la plus merveilleuse par le bouturage. Qu'on divise la plante en fragments, et qu'on jette ceux-ci à la surface de l'eau, on verra bientôt chacun des fragments, comme et mieux encore que ceux du polype d'eau douce, régénérer un individu tout entier. » Il est inutile d'ajouter après cela que chacun peut aisément établir chez soi une petite cressonnière en plaçant dans un bassin, ayant quelques pouces d'eau, les épluchures de la botte de cresson dont on lui a servi les feuilles et les sommités.

La récolte du cresson est une opération très fatigante, l'ouvrier étant obligé de se tenir à genoux sur une planche placée en travers de la fosse. Après cette récolte, on fume, de préférence avec du fumier de vache bien consommé, puis on procède au *schuëlage*. Cette opération consiste à presser ou à refouler le fumier avec la *schuële*, instrument formé d'une planche épaisse, large de $0^m,10$, au plus, ayant en longueur la moitié de la largeur de la fosse, et fixée obliquement à un long manche. Enfin vient le roulage, qui achève d'enfoncer le fumier et de rempiéter ou enraciner le cresson qui avait été soulevé. Une bonne cressonnière peut durer plusieurs années; mais il vaut mieux, en général, renouveler les fosses tous les ans.

La composition chimique du cresson, et par suite ses propriétés, varient suivant le mode de culture, la saison de la récolte, l'âge de la plante et surtout la nature des eaux. Le cresson renferme une huile essentielle, un extrait amer, du fer, de l'iode, etc.

Le cresson joue un rôle assez important dans l'art culinaire. Sa saveur est fraîche, piquante, très agréable. On le mange ordinairement cru, soit seul, soit surtout comme assaisonnement des viandes grillées ou rôties; à cet état il est de digestion facile. On consomme également le cresson cuit, en guise d'épinards, et on en prépare aussi de fort bonnes purées.

En médecine, on l'administre sous des formes médicamenteuses très variées.

Comme la plupart des plantes médicinales, le cresson a joui d'une réputation exagérée; il a eu même sa légende : « On raconte, dit M. Eugène Noël, qu'un jeune poitrinaire, abandonné de ses médecins, s'en alla habiter au village. Un ruisseau coulait près de son ermitage, et ce ruisseau était recouvert, ici et là, d'une jolie verdure, luisante au soleil et qui réjouissait la vue par la vigueur de sa végétation. Le malade ignorait le nom de cette belle plante; il s'avisa d'en mâcher quelques feuilles; leur vivifiante saveur le mit en appétit; il continua de mâcher, finit même par en croquer les tiges avec le feuillage, et bientôt il en fit sa seule nourriture. En quelques mois le voilà remis en santé parfaite... L'herbe salutaire dont il s'était nourri n'était autre que le cresson. » Le miracle ne paraît pas s'être renouvelé; mais le cresson est bien loin encore d'avoir perdu toute sa réputation.

Nous avons dit déjà que le nom vulgaire de cresson ne s'applique pas à un groupe de plantes scientifiquement défini; plusieurs même des végétaux qui portent ce nom n'appartiennent pas à la famille des crucifères. Parmi eux, il convient de citer le *cresson de Para*, plante annuelle, herbacée, originaire du Brésil, qu'on commence à cultiver en France dans quelques jardins. Elle appartient à la famille des synanthérées et au genre spilanthe; c'est le *spilanthes oleracea* de Linné. Cette plante atteint rarement plus de $0^m,30$ de hauteur; ses feuilles sont opposées, petites, cordiformes, pétiolées; ses fleurs, coniques, disposées

Fig. 224. — MATINÉE D'AUTOMNE, par Kestler.

en capitules solitaires à l'extrémité des pédicelles, sont presque toutes hermaphrodites. Ses fruits sont des achènes comprimés, surmontés de deux arêtes nues et bordées de cils. Presque toutes les parties de cette plante possèdent une saveur âcre, très énergique dans les capitules, où elle devient même brûlante et caustique; aussi ces derniers sont-ils utilisés en médecine.

On sait que le cresson était l'aliment favori des anciens Perses, et ce souvenir est resté aussi populaire que le couscoussou des Arabes, le caviar des Russes, la choucroute des Allemands, etc.

LA MACHE

La mâche (*valerianella olitoria*) plus connue sous le nom de *doucette*, *blanchette*, *oreillette*, *oreille de lièvre*, *salade de blé*, etc., est une plante annuelle à feuilles opposées, spatulées, assez épaisses, molles, glabres, d'un vert foncé, et à fleurs petites, blanches ou bleuâtres, disposées en ombelles, terminales. Cette plante croît dans toute l'Europe, dans les champs et les vignes assez abondamment pour que dans les campagnes on se contente de recueillir celle qui croît naturellement; mais au voisinage des grandes villes on la cultive dans les jardins afin de pouvoir en fournir à la consommation qui a une certaine importance.

On en a obtenu plusieurs variétés, qui toutes ont les feuilles plus larges et plus tendres que le type sauvage. On la multiplie de graines, que l'on sème depuis la fin de l'été jusqu'au commencement de l'hiver, en échelonnant les semis de quinzaine en quinzaine, afin d'en avoir le plus longtemps possible. Ordinairement, au lieu de lui assigner une place particulière dans le potager on se contente de la répandre à la volée dans les intervalles des gros légumes. Les feuilles de cette plante ont une saveur douce et des propriétés rafraîchissantes.

On les mange généralement en salade depuis la fin de l'automne jusqu'au commencement du printemps, avant qu'elle soit montée en fleur. La mâche passe encore pour adoucissante, pectorale et décisive; on l'ajoute quelquefois aux bouillons et aux tisanes. Cette plante convient beaucoup aux bestiaux, notamment aux bêtes ovines et surtout aux jeunes agneaux.

La mâche se sème depuis le mois d'août jusqu'en octobre, en terre bien labourée et bien amendée. Dans un sol maigre, la plante est moins tendre et quelquefois coriace.

Les semis des mois d'août, septembre et octobre donnent successivement des produits à recueillir durant tout l'hiver et le printemps.

La mâche ne demande aucun soin particulier.

Pour en récolter les graines, on éclaircit le plant au printemps et on l'arrose d'un engrais liquide : les graines seront d'autant plus parfaites. Quand elles sont à peu près mûres, on arrache les plantes et on les met en un lieu frais et à l'ombre. Après quelques jours, on les secoue sur un papier ou une toile. La graine se conserve trois ans.

LA RAIPONCE

La raiponce est une plante du genre campanule.

Les campanules sont des herbes à feuilles alternes croissant en général dans les parties tempérées de l'ancien continent et affectionnant surtout les contrées montagneuses. Les fleurs diversement disposées ont un calice ovoïde à cinq lobes, une corolle en cloche également à cinq lobes, cinq étamines, un ovaire surmonté d'un style garni de plusieurs rangées longitudinales de poils.

Le genre campanule, tel qu'il a été circonscrit par de Candolle comprend plus de cent quatre-vingts espèces ; nous en mentionnerons que les principales, soit comme plantes utiles, soit comme plantes d'ornement.

La *campanule raiponce* (*campanulas rapunculus*). C'est une plante potagère dont on mange les racines et les feuilles en salade. On la sème à la fin de juin et en juillet sur la terre préalablement bien labourée et ameublie. On recouvre légèrement avec du terreau fin, puis on bassine régulièrement tous les jours. Souvent on sème la raiponce parmi des radis, de l'oignon, de la salade, etc., il y a deux variétés, l'une glabre, l'autre velue, on ne les cultive pas séparément.

La *campanule à feuilles de pêcher* (*campanula persifolia*). C'est une jolie plante vivace et rustique qui croît dans nos bois et que les chèvres et les chevaux mangent avec plaisir. On la cultive comme plante d'ornement, et on la mange en salade de même que la précédente. Les fleurs grandes, blanches ou bleues, font un très bel effet dans les plates-bandes. On remarque une variété dans laquelle le calice se transforme en une sorte de corolle.

La *campanule gantée* (*campanula trachelium*) connu vulgairement sous le nom de *gant de Notre-Dame*. Elle a une racine grosse, blanche, et fibreuse qui se mange en salade. Ses fleurs blanches, violettes ou bleues, germinées ou ternées, étalées ou pendantes, forment une grappe de $0^{m},30$ à $0^{m},40$ de long.

On mange aussi en salade la racine de la *campanule doucette* ou *miroir de Vénus*, jolie plante annuelle donnant en août des fleurs d'une belle couleur pourpre un peu violacée.

La *campanule pyramidale*. Cette plante originaire des provinces algériennes, est bisannuelle et rustique. Sa tige droite, sa belle pyramide de $1^{m},30$ à $1^{m},50$ porte des fleurs bleues disposées en très longues grappes et en bouquets.

La *campanule violette marine ou mariette*. Elle était connue au XVe siècle, sous le nom de *viola marina*, d'où, par erreur, l'épithète de *violette marine*, qu'on lui donne aujourd'hui. Les feuilles sont lancéolées, disposées en rosette; les fleurs très nombreuses, grandes et allongées sont blanches ou d'un bleu violet, toujours un peu pâle.

La *campanule noble*. Cette espèce originaire de la Chine présente un rhizome rampant, de feuilles cordiformes, couvertes de poils ainsi que leurs tiges, des feuilles très grandes, tubuleuses, d'un rouge vineux, parsemé de points plus foncés.

On obtient toutes les campanules de pleine terre, par leur semées peu de temps après leur maturité. La plupart ne lèvent pas si on attend le retour du printemps.

Les semis doivent être faits dans une terre légère et substantielle.

POURPIER

Le genre *pourpier* (*portulaca*) est formé de petites plantes herbacées, charnues, qui abondent dans l'Amérique intertropicale.

Leurs feuilles alternes ou opposées, sont épaisses, cylindracées ou plantes entières. Les fleurs situées au sommet des rameaux sont toujours entourées d'un involucre. On trouve dans chaque fleur un calice persistant divisé à son sommet en deux parties ; une corolle à cinq pétales unis et obtus douze à quinze étamines de moitié moins longues que les pétales, en ovaire arrondi. Son fruit est une pyxide, c'est-à-dire une sorte de capoule, s'ouvrant par le milieu en boîte à savonnette, et contient plusieurs petites semences.

On distingue plusieurs espèces de pourpiers.

Pourpier cultivé, (*portulaca oleracea*). Il croît spontanément dans presque toutes les terres cultivées de la France et de plus, il est cultivé dans les jardins potagers. Sa tige longue de 0m,20 ou 0m,30 est glabre, rameuse et couchée. Les fleurs sont jaunes, sessiles, et ne restent ouvertes qu'une ou deux heures de l'après-midi. Cette plante est annuelle, on la croit originaire de l'Inde.

Parmi cette espèce, il faut distinguer un sous-genre, le *pourpier doré* dont les feuilles sont recouvertes d'une teinte dorée, aussi est-il plus agréable à la vue et préféré dans nos jardins. Mais cette espèce se décolore souvent, redevient verte, pour rentrer dans la classe ordinaire.

Le *pourpier de Gillies* cette plante vivace a été dédiée au docteur Gillies qui l'a rapportée du Chili en Europe. Sa tige est rameuse, rouge, avec des tiges transversales blanchâtres ; ses fleurs grandes, d'un très beau rouge pourpre, sur lesquelles se détachent les anthères d'un jaune doré, se succèdent pendant longtemps. Cette plante demande peu d'eau et se multiplie facilement par semis.

Le *pourpier à grandes feuilles* (*portuluca gladiora*) est plus brillant encore de couleurs que le précédent, il est annuel mais se reproduit facilement par semis et par boutures. On le cultive dans du terreau et souvent dans les serres. Ses fleurs d'un rouge pourpre très brillant, sont marqués au centre d'un large pentagone blanc, elles sont groupées par trois ou quatre au sommet des rameaux.

Le pourpier craint la moindre gelée et ne peut être semé en pleine terre qu'à partir du mois de mai. Pour en avoir de primeur on est obligé de le semer par couche. La graine qui est fine se répand à la volée.

Le pourpier est une plante potagère aqueuse et fade, ses jeunes feuilles se mangent en salade, elles sont très rafraîchissantes. On confit encore ses tiges dans du vinaigre. En médecine on le regarde comme rafraîchissant, diurétique, antiscorbutique, mais on n'en fait plus guère usage.

On mêle quelquefois ses graines dans les émulsions avec celles de laitue et de chicorée. Autrefois on regardait le pourpier comme apaisant les chaleurs du corps et de l'urine; très vanté dans les fièvres ardentes et bilieuses, il était considéré comme une des quatre semences froides.

PERSIL

Le genre persil (*Apium petrosilinum*) renferme des plantes herbacées, ordinairement annuelles ou bisannuelles, à feuilles alternes, très découpées. Les fleurs, blanches ou d'un jaune verdâtre, sont groupées en ombelles entourées d'un involucre formé d'un petit nombre de folioles, tandis que les involucelles ont des folioles plus nombreuses. Elles présentent un calice à limbe oblitéré, une corolle à cinq pétales arrondis, courbés en dedans, à peine échancrés, amincis en lanière infléchie. Le fruit, composé de deux carpelles à cinq côtes filiformes, égales, est oval, comprimé latéralement ou presque didyme, couronné par un stylopode court, conique, et par les deux styles divergents. Chaque carpelle renferme une graine gibbeuse ou convexe en dehors et plane à la surface interne. Ce genre ne comprend qu'un petit nombre d'espèces, dont une présente beaucoup d'intérêt.

Le *persil commun* est une plante bisannuelle, quelquefois annuelle, à racine conique assez forte, un peu ramifiée, blanchâtre, la tige haute de 1 mètre, souvent moins cylindrique, striée, un peu fistuleuse, glabre, rameuse au sommet, porte des feuilles alternes à pétioles canaliculés, élargis et un peu embrassants à la base, à limbe divisé en folioles qui sont elles-mêmes incisées en lobes aigus mais de moins en moins découpées à mesure qu'on s'élève sur la tige, en sorte que les feuilles supérieures sont presque entières et lancéolées; ces feuilles sont glabres et d'un beau vert. Les fleurs, petites, jaunâtres, sont groupées en ombelle terminale entourée d'un involucre de six à huit folioles linéaires simples et divisée en ombellules à involucelles de huit à dix folioles semblables.

Cette plante croît spontanément dans tout le pourtour du bassin méditerranéen; elle était bien connue des anciens, mais les auteurs qui en ont parlé sous les noms de *selinou* ou d'*apium*, paraissent souvent l'avoir confondue avec l'*ache*. Cultivée de temps immémorial dans les jardins, elle a produit plusieurs variétés :

Persil commun, type de l'espèce décrit ci-dessus.

Persil à grosses racines, à feuilles larges, à racine très grosse et charnue, ayant une saveur analogue à celle du céleri-rave et employée de la même manière.

Persil grand de Naples ou à *feuille de céleri*, plante très grande à côtes très grosses, employée comme céleri après avoir été blanchie, mais convenant peu pour fournitures.

Persil frisé à folioles légèrement crispées qu'elles ressemblent à de la mousse; ayant, du reste, tous les caractères du persil commun.

Le *persil nain très frisé,* plante très petite, lente à monter, à feuilles tellement crispées qu'elles ressemblent à de la mousse.

Persil de Smith ou de *Windsor,* à feuilles élargies en palme comme bullées ou cloquées, blanchâtres en dessous, plus vigoureux mais moins agréable que le précédent.

Persil fin à feuilles radicales découpées en folioles linéaires.

Persil panaché, variété plus curieuse qu'utile, assez ornementale mais trop sujette à être détruite par les gelées.

Le persil s'accommode au besoin de toutes espèces de terres pourvu qu'elles soient labourées profondément, toutefois, un sol frais et léger est celui qui convient le mieux. L'engrais doit être donné modérément, même parcimonieusement; un fumier trop gras augmenterait la quantité de la récolte, mais aux dépens de la qualité. Cette plante ne craint que les froids trop rigoureux. On a remarqué néanmoins qu'elle se conserve mieux à l'exposition nord qu'à celle du midi, on devra donc choisir la première pour avoir du persil pendant l'hiver et la seconde pour en obtenir de bonne heure au printemps. Le semis peut avoir lieu en toute saison, hors le temps des gelées; toutefois il s'opère de préférence au printemps. On répand la graine à la volée ou en rayons et on la recouvre d'environ $0^m,01$ de terre. Elle reste un mois à lever et souvent davantage, surtout si la terre est sèche. Dès que les jeunes plantes sont un peu développées, on sarcle suivant le besoin et on arrose si le temps est trop chaud.

Pour avoir du persil en hiver, on le couvre de grands paillassons durant les grands froids, ou mieux encore on fait en juillet et août un semis spécial sur lequel on met des châssis à l'approche des gelées. Dans les petits jardins, on sème presque toujours le persil en bordure, parce qu'il tient peu de place, indique très bien par sa couleur foncée les limites des planches et retient les terres par ses fortes racines. Le persil de Naples doit être semé très clair ou mieux repiqué à la distance de $0^m,30$ environ en tout sens.

Dès que le persil a cinq ou six feuilles, on peut commencer à en récolter; on les coupe ordinairement et plus commodément avec un couteau, mais il vaut mieux le faire avec l'ongle, surtout quand la plante est jeune, et avoir soin de ne pas endommager le collet des racines. Cette récolte dure jusqu'aux gelées et recommence depuis avril jusqu'en juin. Si l'on a le soin de renouveler souvent la cueillette et surtout de couper les tiges avant la floraison, on peut prolonger jusqu'à trois ans l'existence de la plante.

On n'emploie guère que les feuilles fraîches; néanmoins, on les fait sécher quelquefois et on les conserve dans des sacs de papier comme provision d'hiver; lorsqu'on veut s'en servir, on les met d'abord tremper dans l'eau pendant quelques instants; il est à peine besoin de dire que ces feuilles conservées sont beaucoup moins aromatiques.

La racine doit être récoltée à l'automne, si on la laissait passer l'hiver en place, elle deviendrait ligneuse et perdrait de sa valeur alimentaire; il est vrai que celle qu'on arrache la première année atteint rarement la grosseur du petit doigt. Aussi donne-t-on sous ce rapport la préférence au persil à grosses racines; on arrache celles-ci à l'approche des gelées pour les stratifier dans de la terre ou du sable avec les betteraves et autres racines sensibles au froid. On les consomme pendant l'hiver. Quant à celles que l'on destine aux usages médicaux, on les lave pour en enlever la terre ; on supprime les radicelles, puis on divise le corps de la racine par fragments longs de 0m,01 environ, on fend longitudinalement ceux qui sont trop gros, enfin on commence la dessiccation au soleil pour la terminer à l'étuve. Les fruits doivent être récoltés dès qu'ils ont atteint leur complète maturité, ceux qui sont destinés aux semis seront pris sur les ombelles les mieux nourries, comme le sont en général celles qui se sont développées les premières. Après les avoir laissés un jour ou deux étendus en couches minces pour leur faire perdre leur excès d'eau, on les renferme dans un endroit sec; la graine ne conserve que deux ans, trois ans au plus, ses propriétés germinatives.

Le persil a une très grande importance dans l'art culinaire, sinon comme aliment, du moins comme condiment. Il sert surtout à relever la saveur des mets un peu fades, telles que les viandes bouillies, les légumes verts, certaines salades, etc. Les maîtres en l'art d'Apicius ont raison de dire : « Si le persil n'existait pas, il faudrait l'inventer. »

Les racines forment un très bon aliment qu'on mange surtout en friture, mais qui devient échauffant si on en abuse.

Cette plante étant d'un usage fréquent dans les campagnes, il importe de ne pas la confondre avec la *grande ciguë*, méprise qui pourrait produire de graves accidents; on reconnaîtra facilement cette dernière plante à ses tiges fistuleuses et à ses feuilles d'un vert sombre, les unes et les autres marquées de taches d'un brun noirâtre, et plus aisément encore à l'odeur fétide que toutes ses parties exhalent, surtout quand on les froisse entre les doigts.

Les racines du persil peuvent servir à nourrir les vaches et les cochons; les feuilles plaisent beaucoup aux moutons qu'elles contribuent à maintenir dans un bon état de santé, et surtout aux lapins, chez lesquels elles augmentent la qualité, le fumet et la saveur de la chair.

Elles sont au contraire un poison pour les oiseaux de basse-cour et de volière, notamment pour les poules et les perroquets.

Avec la plante fraîche, on prépare par contusion, expression et filtration à froid, un suc assez usité.

Le persil, avons-nous dit, croît dans tout sol léger et bien drainé; mais pour donner une belle végétation, il lui faut un terrain gras, meuble, profondément labouré. Quoique toute exposition lui convienne, il aime mieux, à cause de son origine méridionale, l'exposition du sud.

On le sème, depuis le mois de mars jusqu'à la fin de l'été, en planches, en bordure ou en rayons. Les semences doivent être recouvertes de 0m,002 de terre seulement : elles sont assez fines, et l'on sait que toute graine fine, si elle est trop couverte, ne lève pas. Elles doivent être mouillées dès les premiers jours de leur ensemencement et jusqu'à ce que les jeunes plantes aient acquis une certaine vigueur. Les graines mettent quelquefois trente jours et plus encore à germer; pour les faire lever plus tôt, on n'a qu'à les stratifier dans un lieu chaud et humide ou bien à leur faire subir une macération.

L'ESTRAGON

L'estragon appartient à la famille des composées. On l'appelle aussi vulgairement *dragone, herbe dragon, serpentine, fargon,* etc. Son nom scientifique est *artemisia dracunculus.*

Il doit ces différentes dénominations à la ressemblance qu'on a voulu trouver entre sa racine et le corps d'un serpent ou dragon plusieurs fois replié sur lui-même.

L'estragon est une plante vivace, haute d'environ un mètre, à feuilles étroites, lancéolées et un peu charnues, à fleurs jaunâtres, groupées en petits capitules globuleux, disposés eux-mêmes en épis axillaires, dont la réunion constitue une sorte de panicule allongée. Cette plante habite les régions froides et montagneuses de l'est de l'Europe, les bords de la mer Caspienne, la Tartarie, la Sibérie, la Mongolie chinoise. Elle est aujourd'hui cultivée dans tous nos jardins.

L'estragon demande une terre franche, légère, fraîche et surtout bien meuble. Il ne réussit pas dans des terrains trop compactes ou trop humides. On le propage de graines semées en mars, ou d'éclats de pieds faits au printemps ou à l'automne. On arrose pendant les grandes sécheresses, et à l'entrée de l'hiver, après avoir coupé les tiges, on étend sur les souches une couche de terreau, que l'on recouvre même de litière, si les gelées sont vigoureuses. Au printemps, on enlève cette couverture. Il se développe alors des pousses vigoureuses que l'on peut cueillir tous les quinze jours, mais en procédant avec précaution, de manière à ne pas arracher la plante.

L'estragon a une très longue durée, si l'on en prend quelque soin; on ne l'arrache que lorsque ses racines gênent les végétaux voisins. Toutes les parties de ce végétal, mais surtout les feuilles, ont une odeur agréable, une saveur aromatique fraîche et piquante. C'est un condiment très usité pour relever la saveur de certains mets fades ou aqueux; on l'emploie particulièrement comme fourniture pour les salades. On s'en sert aussi pour préparer la moutarde et le vinaigre dits à l'estragon; ce dernier est employé en pharmacie et dans l'art culinaire.

L'estragon est employé en médecine comme stimulant, apéritif, stomachique, incisif, antiscorbutique. On en extrait une eau distillée dont on a préconisé l'usage dans les maladies contagieuses. Toutefois, ces diverses propriétés sont d'autant plus développées que la plante a crû dans des climats plus chauds, l'estragon récolté dans les contrées septentrionales est presque entièrement dépourvu de saveur.

Pour tous soins, la plante doit être coupée de temps à autre, dans le cours de l'été, afin qu'elle se rajeunisse. Elle se multiplie d'éclats.

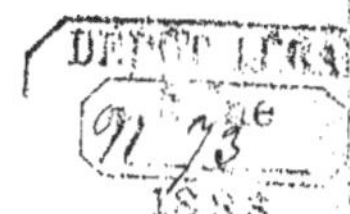

Fig. 225. — LE JARDINIER GALANT, par Baudouin.

LE THYM

Le genre thym (*thymus*), de la famille des labiées, renferme des sous-arbrisseaux à tige ligneuse ou sous-ligneuse, portant des feuilles opposées, petites, entières, veinées; les fleurs blanches, rosées ou purpurines, groupées en glomérules pauciflores, tantôt écartées, tantôt rapprochées en tête ou comme en épi, présentent un calice ovoïde urcéolé à deux lèvres, la supérieure étalée, tridentée; l'inférieure bifide, ciliée, à gorge velue à l'intérieur; une corolle également à deux lèvres, la supérieure droite, presque plane, échancrée; l'inférieure étalée, à trois lobes; quatre étamines presque égales ou didynames, dressées, distantes; un ovaire libre surmonté d'un style bifide au sommet; le fruit se compose de quatre akènes lisses, ovoïdes, arrondis.

Ce genre comprend un grand nombre d'espèces, presque toutes propres aux régions méridionales, mais dont plusieurs peuvent être cultivées en pleine terre sous le climat de Paris.

Le *thym commun* est un sous arbrisseau qui atteint tout au plus 0m,25 de hauteur; ses racines sont ligneuses, dures, ramifiées, tortueuses; ses tiges, ligneuses à la base, herbacées au sommet, à quatre angles à peine marqués, rameuses, diffuses, portent des feuilles opposées, sessiles, très petites, blanchâtres en dessous; ses fleurs roses, rarement blanchâtres, sont réunies en petits bouquets axillaires, dont l'ensemble constitue des grappes terminales feuillées. Il est très répandu dans les régions méridionales de l'Europe et croît dans les localités montueuses, sèches, rocailleuses, exposées au soleil. On ne le cultive guère qu'en bordure, dans les jardins maraîchers. Il lui faut, surtout dans le Nord, une exposition méridionale, une terre légère et chaude.

On le propage de graines semées à l'exposition du levant quand les gelées ne sont plus à craindre, et plus souvent par la division des touffes, opérée vers la fin de l'hiver. On a soin de tondre les bordures après la floraison et de les renouveler, en les changeant de place, tous les trois à cinq ans.

On emploie en médecine et en économie domestique les feuilles et les sommités fleuries de cette plante; on doit les récolter à l'époque de la pleine floraison, c'est-à-dire depuis le mois de mai jusqu'en août, du moins quand on veut les faire sécher pour les conserver; mais on peut, au besoin, en tirer parti toute l'année, car les feuilles sont persistantes. On lie les rameaux en petits paquets et on en fait des sortes de guirlandes, que l'on suspend au séchoir ou à l'air libre; ils perdent très peu de leurs propriétés par la dessiccation.

Le thym a une odeur aromatique, forte, pénétrante, mais agréable; sa saveur est amère, chaude, un peu piquante, même dans les fleurs, et aromatique. Il renferme un principe amer, un peu astringent, formé de tanin et d'une matière extractive et d'un autre principe aromatique, dû à la présence d'une huile essentielle possédant une odeur de thym très agréable.

Cette plante est employée dans la parfumerie; mais c'est surtout dans l'art culinaire qu'on en tire parti comme assaisonnement.

Le thym est brouté par les lièvres et les lapins, et ses fleurs sont recherchées par les abeilles.

A ce genre appartient aussi le serpolet (*thymus serpyllum*).

LA SARRIETTE

Les sarriettes (*saturcia*) sont des plantes herbacées ou sous-frutescentes, de la famille des labiées à feuilles opposées, souvent fasciculées. Les fleurs, assez petites, blanches, rosées ou rougeâtres, disposées par deux ou trois à l'extrémité de pédoncules axillaires parfois groupées en glomérules ou en épis, à bractées plus ou moins développées, présentent un calice tubuleux, campanulé, à cinq dents presque égales ou à deux lèvres peu marquées; une corolle à deux lèvres, la supérieure entière ou échancrée, l'inférieure trilobée; quatre étamines didynames, plus ou moins conniventes. Les espèces assez nombreuses de ce genre sont répandues surtout au pourtour du bassin méditerranéen.

La *sarriette des jardins* est une plante annuelle, haute de $0^m,25$ environ, à feuilles étroites, pubescentes, d'un vert terne, à fleurs lilacées ou blanchâtres, ponctuées de rouge. Originaire du midi de l'Europe, où elle croît surtout dans les localités arides, découvertes et pierreuses, elle est fréquemment cultivée dans les jardins du Nord, où elle fleurit au milieu de l'été. Sa culture est des plus faciles : il suffit de répandre, au printemps, ses graines sur place dans une terre bien préparée, de telle sorte qu'elles forment à volonté des touffes isolées, des bordures ou des massifs; la plante se ressème ensuite d'elle-même et ne craint ni le chaud ni le froid, mais seulement l'excès d'humidité.

Cette plante possède les propriétés générales de la famille des labiées; elle a une odeur agréable, moins forte que celle du thym, dont elle se rapproche beaucoup, une saveur âcre, chaude et aromatique. On en retire, par la distillation, une huile essentielle âcre chaude, très odorante, peu soluble dans l'eau, mais très soluble dans l'alcool; c'est à cette huile que la plante doit ses propriétés excitantes.

La sarriette est surtout employée comme condiment; elle sert à relever la saveur des fèves, des salades, du boudin et autres aliments fades; les Allemands en mettent dans leur choucroute pour qu'elle se conserve mieux.

La sarriette est encore employée en médecine, mais bien moins qu'autrefois. On récolte ses feuilles et ses sommités au moment de la floraison; c'est alors que leur arome est le plus développé. On les fait sécher à une douce chaleur, au grenier et à l'ombre; elles ne perdent pas sensiblement leurs propriétés ni leurs formes, pourvu que l'opération ait été bien conduite.

Dans les campagnes, on emploie encore comme remède populaire l'infusion de ses feuilles contre les vers intestinaux, et la décoction aqueuse ou vineuse contre les maladies de la peau.

D'après quelques auteurs, cette plante renferme dans ses feuilles du camphre identique à celui que l'on retire des laurinées. En résumé, elle fortifie l'estomac et agit comme échauffante à l'intérieur et fondante à l'extérieure: elle est si bonne, dit V. de Bomare, qu'on l'appelle la sauce aux pauvres; sa décoction injectée dans les oreilles est bonne pour les affections soporeuses; elle est utile en gargarisme pour le relâchement de la luette, et pour l'inflammation et le gonflement des amygdales. La poudre de ses feuilles, séchée et bue dans le vin, soulage les maux de poitrine. La sarriette est encore employée comme diurétique, et elle est assez souvent cultivée dans les jardins d'agrément pour sa bonne odeur.

La *sarriette de montagne* est un sous-arbrisseau, à tiges basses, diffuses, très rameuses, à feuilles glabres et à fleurs blanches ou rosées, souvent ponctuées de rouge. Elle habite le midi de la France, mais on l'a trouvée aussi naturalisée sur les coteaux des environs de Fontainebleau. Son odeur est aromatique et pénétrante; ses feuilles et ses jeunes pousses sont employées comme aromatiques et stimulantes. On en retire aussi du camphre. Elle peut remplacer la sarriette commune, et quelques auteurs la regardent comme étant beaucoup plus active.

La *sarriette capitée* ou *en tête* croît en Espagne, on la reconnaît à ses fleurs purpurines réunies en bouquets terminaux; ses propriétés sont analogues à celles des précédentes, mais beaucoup plus énergiques. On l'emploie dans ce pays aux mêmes usages, ainsi que la sarriette obovale.

La *sarriette verticillée*, à grandes fleurs d'un rouge vif, croît en Grèce et dans l'île de Crète; elle était bien connue des anciens sous le nom de *thymbra;* on recommandait de la propager au voisinage des ruches comme chère aux abeilles.

Chez nous, elle remplace quelquefois le thym dans les préparations pharmaceutiques, mais elle est rarement employée.

On cite encore la *sarriette d'Amérique* et la *sarriette osier* ou *viminale*, répandues dans cette dernière région.

LE PISSENLIT

Le pissenlit (*taraxacum dens leonis*), de la famille des composées, est une plante herbacée et vivace. Les feuilles, toutes radicales, s'étalent en rosette; elles sont oblongues, roncinées ou lancéolées. Les fleurs, jaunes, forment des capitules et sont portées par une hampe simple, nue, souvent fistuleuse.

Le pissenlit est peut-être la plante la plus généralement répandue sur le globe. On la trouve abondamment dans les cinq parties du monde, elle croît également dans les plaines et sur les montagnes, au milieu des marais et sur les rochers les plus arides. Elle fleurit pendant la plus grande partie de l'année et varie si prodigieusement qu'on pourrait en faire des centaines d'espèces.

Tout le monde la connaît et il n'est personne qui, dans son enfance, ne se soit amusé à livrer au vent ses semences en forme de volant.

Le pissenlit est, nous venons de le dire, une plante essentiellement polymorphe; aussi de Candolle avait-il cherché, dans son *Prodromus*, à classer toutes les espèces; mais aujourd'hui les botanistes s'accordent à n'en regarder les variétés que comme des séries d'une espèce type, qui est le *pissenlit officinal*. Cette espèce, très répandue dans nos campagnes, est remplie d'un suc laiteux, d'une odeur forte et vireuse. C'est un bon fourrage pour les animaux et un aliment fort sain pour les hommes. Au printemps, on recueille les jeunes pousses et les cœurs de pissenlit pour en faire une salade très rafraîchissante. Plus tard, les feuilles durcissent, se colorent d'un vert foncé et sont peu digestives.

Plusieurs horticulteurs ont songé à cultiver le pissenlit à l'égal de la chicorée, pour le faire entrer d'une manière régulière dans l'alimentation. Cette culture se multiplie par des semis que l'on fait sur un terrain bien préparé, puis la plante se repique.

La pharmacie utilise la racine de pissenlit pour la préparation d'extraits employés en médecine. Cette plante est laxative et diurétique, propriétés auxquelles elle doit son nom latin et français.

On récolte quelquefois le pissenlit dans les prairies qui ont été inondées et convertes de quelques centimètres de sable, cette cueillette du pissenlit se fait au moment où le sommet de ses feuilles se montre. On le trouve également dans les taupinières de nos pâturages. Ces feuilles attendries sont alors moins amères que la chicorée barbe de capucin. En ragoût, elles se distinguent difficilement de nos meilleures endives; dans les potages, elles donnent absolument la saveur des scorsonères. La plante mérite bien une culture spéciale.

Culture du pissenlit. — Voici un procédé que l'on peut recommander. Aussitôt après la récolte des graines, en mai ou juin, on sème en tout terrain. En septembre, on repique des plants très près les uns des autres dans les planches à creux, profondes de $0^m,08$ à $0^m,10$ et séparées par des sentiers d'une trentaine de centimètres. On entre-plante des endives ou d'autres végétaux dont les produits sont donnés à la fin d'octobre. Alors, en octobre-novembre, on recouvre les plantes en fermant les rigoles avec la terre des sentiers. Dès le mois de mars, les feuilles, bien blanchies, sont coupées entre deux terres et utilisées. Pour échelonner les cueillettes, il ne faut recouvrir qu'une partie à la fois. Si l'on a soin d'étaler du fumier ou de répandre des feuilles sur le sol pour l'empêcher de geler, on récolte déjà en janvier et février. Si l'on veut cultiver à plat, on peut se servir avec avantage de tannée décomposée, provenant des couches. On en recouvre les plantes d'un lit de 20 à 25 centimètres.

On ne récoltera des graines que sur les plantes cultivées ayant des feuilles plus larges que celles qui croissent à l'état sauvage.

L'OSEILLE

L'oseille (*rumex*) est une plante vivace, à rhizome rampant, brun noirâtre, muni de racines fibreuses jaunâtres ; la tige, haute de 0m,50 à 1 mètre, porte des feuilles alternes, ovales ou oblongues, sagittées, un peu glauques en dessous. Les fleurs, dioïques, verdâtres, petites et peu apparentes, sont disposées en faux verticilles; le fruit est un akène trigone, brun, luisant, renfermé dans le calice persistant.

Cette plante (*rumex acetosa*) est commune en Europe; elle croît dans les bois et les prés; on la cultive dans les jardins potagers, pour suffire à la consommation considérable qui s'en fait en économie domestique, en médecine ou dans les arts industriels. Elle doit ses propriétés surtout à la présence du bioxalate de potasse ou sel d'oseille; elle renferme encore du mucilage, de la fécule et peut-être aussi de l'acide tartrique.

Deux variétés sont préférées par les cultivateurs : l'*oseille de Belleville* et l'*oseille vierge;* cette dernière se multiplie par éclats.

Sans être bien difficile quant au choix des terrains, l'oseille affectionne, entre tous, ceux qui sont fertiles et légers; elle aime les climats humides plutôt que les climats secs.

Avant de semer de l'oseille, on doit ameublir le terrain au printemps, semer à la volée, piétiner le semis, recouvrir de quelques millimètres de terreau ou d'une légère couche de fumier de vache très pourri et très menu, que l'on arrose jusqu'à la levée. Vers la fin de juin ou en juillet, on arrache le plant; on coupe en partie le limbe des principales feuilles en épargnant les feuilles du cœur; ensuite on repique en bordure ou en contrebordure, en ayant soin surtout d'aroser pendant trois ou quatre jours, si le temps est sec. Il est rare que la reprise ne s'effectue pas heureusement. Si l'ont veut multiplier l'oseille par le moyen des éclats, on doit opérer en octobre ou en mars.

Les vieilles souches, divisées avec la main ou avec un couteau, produisent les éclats, que l'on plante de 0m,08 à 0m,10 les uns des autres, dans une terre copieusement fumée; on arrose, pour faciliter l'enracinement.

La reproduction par semis est préférable, parce que la feuille de l'oseille semée se développe mieux ; le plant en est plus vigoureux et de meilleure qualité. L'oseille d'éclat demande à être remplacée tous les trois ou quatre ans.

Chaque fois que l'on remplace une bordure d'oseille, il faut soigneusement enlever la vieille terre et la remplacer.

La récolte des feuilles a lieu au couteau ou à la main : par la première manière, on dépouille entièrement les souches d'un seul coup, on affaiblit, on fatigue le pied; à la main, on détache les feuilles une à une.

La graine se récolte sur l'oseille de semis, la première ou la seconde année après le repiquage. Celle qui se détache la première est la meilleure.

On doit sarcler et biner de temps en temps l'oseille, l'arroser quand il fait chaud et sec, la couvrir de terreau en hiver, ou de raclure de fumier, ou de cendres.

On veille à ce que le plant soit propre, à ce qu'il ne soit pas attaqué par le petit puceron de l'oseille, et surtout par la *noctuelle fiancée*, dont la grosse chenille, d'un vert sale, se montre la nuit et dévore les feuilles, par la *noctuelle potagère*, dont la chenille n'est pas moins redoutable, et par la *mouche de l'oseille*, dont la larve mine les feuilles et fait apparaître à leur surface les taches roussâtres connues sous le nom de rouille.

Les feuilles de l'oseille sont employées dans nos cuisines pour la préparation de toutes les soupes vertes; elles relèvent la saveur fade des épinards, de l'arroche belle-dame, de la poirée, du quinoa, etc., elles s'associent à diverses viandes; on en fait des conserves pour l'hiver, en les passant dans de l'eau bouillante, en les égouttant, en les foulant dans des vases et en les recouvrant de graisse fondue. On peut mettre son oseille cuite dans des bouteilles à large goulot et, après les avoir bouchées, on leur fait éprouver pendant un quart d'heure la chaleur de l'eau bouillante. Les feuilles conservent ainsi leurs qualités et peuvent servir dans l'art culinaire.

Une poignée d'oseille, bouillie dans un litre d'eau avec un peu de beurre et quelques grains de sel, constitue l'indispensable *bouillon aux herbes* qui vient si commodément en aide aux purgatifs. Quelques feuilles de laitue, d'épinard et de cerfeuil ne nuisent pas à ce bouillon.

Employée comme assaisonnement, l'oseille est très salutaire, surtout pendant les chaleurs de l'été; elle rafraîchit, donne de l'appétit, réveille le jeu des parties relâchées par la chaleur.

Culture de l'oseille. — Nous compléterons ce que nous avons dit sur l'oseille par les bonnes notes suivantes.

L'oseille se contente de tout terrain et de toute exposition; elle préfère néanmoins une terre grasse, légèrement humide, et une exposition un peu chaude : au nord et à l'ombre, son acidité est moins prononcée. On la plante presque toujours en bordure. Elle se multiplie de graines, qu'on peut semer durant tout l'été, en rayons ou à la volée, pour repiquer le plant à demeure dès qu'il est assez fort, ou bien, et c'est le plus souvent le cas, on sépare les drageons des vieux pieds et on les replante isolément à $0^m,25$ ou $0^m,30$ de distance.

Pendant l'été, l'oseille ne réclame d'autres soins que d'être sarclée et d'avoir les tiges coupées lorsqu'elles montrent de la disposition à s'élever en graines. Afin de prolonger la cueillette, on enlève les feuilles à la main et tout autour, en laissant celles du cœur, qui seront prises à leur développement presque complet. Vers novembre, on coupe le tout ras terre et l'on recouvre les plantes d'un peu de terre. En hiver, on donne une fumure de crottin de cheval ou de terreau, sur le sol et entre les pieds. Les feuilles ne gèlent pas vite; cependant cela arrive quelquefois. Pour en avoir en hiver, on n'a qu'à les couvrir de litière et à les découvrir aux dégels. On peut aussi relever quelques touffes et les planter avec leur motte sous châssis.

L'oseille peut, pendant douze à quinze ans, demeurer en place; toutefois, nous ne conseillons pas de la laisser au delà de cinq ou six ans sans la changer de terrain.

On peut recommander aussi de jeter de la paille sèche sur les jeunes feuilles qui se montrent au premier printemps. Cela les préserve de la gelée.

LES CHAMPIGNONS

Pendant longtemps, on a considéré les champignons comme formant simplement une famille, qui se subdivisait en plusieurs tribus ; mais le nombre considérable de genres qu'elle renferme, les différences caractéristiques qu'ils présentent entre eux ont fait élever cette famille au rang de classe, et chacune de ses tribus est devenue une famille distincte. De là deux manières d'envisager le groupe des champignons, ou plutôt, deux acceptions, l'une plus large, l'autre plus restreinte, qui s'applique à ce mot, et que nous allons examiner successivement.

Les champignons, considérés dans le sens le plus large de ce mot, sont des végétaux aussi simples dans leur organisation que variés dans leur forme. On aurait peine à croire, à première vue, que le charbon, et la rouille du blé, que les moisissures dont se couvrent les corps en décomposition, que la truffe elle-même appartient au même groupe que les agarics, les amanites et les bolets.

« Un champignon, dit A. Richard, se compose en général de deux parties bien distinctes : l'une végétative, l'autre en reproduction. La première appelée *mycelium*, qui paraît être l'origine de tout champignon, est formée de filaments grêles, simples ou ramifiés, nus ou engagés dans la substance même du corps sur lequel le champignon vit en parasite ; quand ces filaments se condensent en convergeant vers un même point, ils forment une sorte de membrane (*stroma*). La seconde, qui naît de la première, dont elle est en quelque sorte une dépendance, se compose de spores rarement nues, plus souvent contenues dans un réceptacle de forme et de grandeur très variées, nommé *péridium* dans les champignons de forme arrondie ; c'est quelquefois la seule partie visible à l'extérieur, et elle est communément regardée comme le champignon proprement dit. Les spores sont souvent réunies, en nombre variable, dans une enveloppe commune nommé *capsule*, *sporidie*, *thèque*, etc. La position de ces spores, sporidies ou thèques, varie beaucoup aussi : tantôt elles sont éparses sur les filaments du mycélium, tantôt elles terminent ces filaments, tantôt elles sont réunies dans un péridium, ou placées sur la surface d'une membrane proligère nommée *hymenium*. Cette membrane, dont la position varie, est formée d'utricules ; à sa surface elle présente : 1° les paraphyses, cellules allongées, placées parallèlement les unes aux autres, et formant des espèces de villosités ; 2° les *basidies* ou *sporofores*, placées entre les paraphyses, plus longues qu'elles, et qui sont des utricules renflées, terminées à leur sommet par quatre tubes portant chacun une spore ovoïde ou globuleuse ; 3° les *cystidies* ou *anthéridies*, qu'on observe dans l'hyménium de quelques champignons, sont des utricules grêles, transparentes, cylindracées, ordinairement remplies d'un suc limpide ou coloré par des corpuscules organiques.

Ainsi les champignons se composent essentiellement d'un réseau de filaments blanchâtres (*mycelium*) cachés ou apparents, d'où surgissent à l'extérieur des *spores* ou corps reproducteurs, ordinairement portés par un réceptacle de forme

Fig. 226. — LA LISIÈRE D'UN BOIS, par Karl Bodmer.

variable. Quelquefois même le champignon est entièrement constitué par les spores.

Placés presque au plus bas degré de la série végétale, les champignons sont dépourvus de feuilles, de fleurs et d'organes sexuels; ils présentent toutes les couleurs, mais très rarement la verte. Ils sont généralement terrestres ou parasites, mais jamais aquatiques.

Tantôt leur accroissement est rapide, et leur durée très courte; tantôt, au contraire, ils végètent lentement, mais leur existence se prolonge pendant plusieurs années. Ces cryptogames sont répandus sur tout le globe. Ils croissent abondamment partout où ils trouvent une chaleur et une humidité convenables, ce qui a lieu surtout dans les régions tempérées et dans la zone moyenne des montagnes; les espèces parasites ne peuvent se développer que là où croissent les végétaux sur lesquels elles vivent.

Champignons proprement dits. — Les champignons proprement dits, auxquels on donne particulièrement ce nom dans le langage ordinaire, sont des végétaux cryptogames, à réceptacle charnu, spongieux, subéreux ou gélatineux, de forme variable; tantôt globuleux, campanulé ou rameux, tantôt pourvu d'un chapeau formé de fibres solides ou vésiculeuses; recouvert diversement par une membrane (*hymenium*), formée en grande partie par les sporidies, nues ou contenues dans une capsule membraneuses (*thèque*); quelquefois enveloppé dans un sac ou tégument qui s'attache au rebord du chapeau (*velum*) ou qui le contient tout entier (*volva*), sessile ou porté sur un pied ou pédicule (*stipes*).

Entrons dans quelques détails, pour expliquer à ceux de nos lecteurs qui sont peu familiarisés avec la botanique cryptogamique ce que peut présenter d'obscur la caractéristique ci-dessus.

Prenons pour type, pour terme de comparaison, un exemple bien familier, le *champignon de couche ou agaric comestible.*

Tout champignon se compose de deux parties, l'une souterraine, l'autre aérienne. La première, *mycélium* ou *blanc de champignon*, est une sorte de moisissure formée de filaments blanchâtres, rampants, qui se divisent, se croisent en tous sens et finissent par former un tissu plus ou moins serré. Elle est produite par la germination d'une spore, et peut être considérée comme une tige souterraine, annuelle ou vivace, qui apporte au jour les organes de la fructification, comme les végétaux ordinaires donnent naissance à des fleurs et à des fruits.

Quand le temps de la fructification est passé, le mycélium, comme les tiges souterraines des plantes vivaces, rentre dans le repos et attend une saison et des circonstances favorables pour produire de nouveau.

Tous les champignons commencent par un mycélium, et sans lui ils cesseraient d'exister. Ce mycélium s'étend dans tous les sens; de là, la disposition circulaire que présentent souvent les champignons; en général, tous ceux que nous voyons naître à côté l'un de l'autre appartiennent à un seul et même individu. La partie aérienne, à laquelle on donne communément le nom de *champignon*, n'est donc pas un individu, une plante proprement dite, mais une sorte de fruit, composé généralement d'un pied, *stipe* ou *pédicule*, et d'un *chapeau*

Le pédicule supporte les autres organes; il manque quelquefois, et alors le chapeau est dit *sessile*. Quand il existe, il occupe le centre, le côté ou un point intermédaire du chapeau; il est, en d'autres termes, central, latéral ou excentrique. Tantôt plein, tantôt creux, il varie dans sa forme, sa dimension, sa consistance, l'aspect de sa surface. Il porte quelquefois à sa partie moyenne un *anneau* ou *collier*; c'est le reste d'un voile membraneux, qui, dans le premier âge du champignon, s'insère à l'autre côté au pourtour du chapeau, en recouvrant la membrane fructifère, mais qui s'en sépare lorque le champignon se développe, pour rester attaché au pédicule.

Le chapeau est, en général, la partie la plus importante du champignon. Sa forme est le plus souvent convexe, d'autres fois plane, concave ou diversement contournée; ses bords sont entiers ou divisés. Sa face supérieure présente les couleurs les plus variées, et son épiderme est tantôt adhérent, tantôt facilement séparable; elle présente quelquefois des taches ou des zones diversement colorées.

Le chapeau se compose d'une partie charnue, supérieure, et, au-dessous, de l'*hyménium* ou *membrane fructifère*. Celle-ci forme des lames dans les agarics et les amanites, des veines ou des replis saillants dans les chanterelles, des tubes ou spores dans les bolets, des aiguilles ou pointes dans les hydnes, etc.

Sa couleur est souvent différente de celle du champignon et devient plus foncée à la maturité des spores ou corps reproducteurs que l'on trouve à sa surface.

Les spores sont de petits corpuscules qui reproduisent des champignons, comme le feraient des graines. Leur couleur, qui varie beaucoup, peut être souvent très utile pour distinguer les espèces. On la reconnaît par un procédé bien simple : on pose le chapeau des champignons, les lames en bas, sur une glace ou sur une feuille de papier, qui, au bout de quelques heures, se trouve colorée par l'accumulation des spores.

Telles sont les parties que l'on observe dans le champignon de couche et dans beaucoup d'autres espèces. Les amanites telles que l'oronge, présentent de plus une *volva* ou une *bourse*, dans laquelle elles sont complètement renfermées dans les premiers temps, en sorte que le champignon ressemble assez alors à un œuf de poule ; mais quand le cryptogame se développe, la volva se rompt comme la coquille de l'œuf, et reste, complète ou incomplète, à la base du pédicule. Le plus souvent, la partie supérieure laisse sur le chapeau des débris formant des taches blanches ou des sortes de pustules, qu'il ne faut pas confondre avec les écailles produites par l'épiderme.

On a cru pendant longtemps, et bien des personnes croient encore, que les champignons naissent spontanément, qu'il sont produits par les sucs de la terre ou par la décomposition des matières organiques. Tout ce qu'on peut dire, c'est que ces substances favorisent la végétation des champignons, mais n'en prennent ni la forme ni la nature. Tout champignon provient d'une spore comme toute plante phanérogame d'une graine. Quelques espèces croissent avec une rapidité qui a donné lieu à la locution proverbiale : *Pousser comme un champignon*. Le plus grand nombre de ces végétaux se développent quelquefois en une nuit. Ces espèces sont annuelles, et durent souvent très peu. D'autres, au contraire, comme les amadouviers, sont vivaces, croissent plus lentement et durent un assez grand nombre d'années.

Les champignons, comme toutes les autres plantes, sont vivement influencés par l'air et par la lumière.

Une température assez élevée, jointe à l'humidité, favorise beaucoup leur développement; aussi est-ce dans la saison chaude, et surtout pendant les pluies d'automne, qu'ils apparaissent en plus grande abondance.

Lorsque les champignons sont surpris par le froid, ils conservent leur forme tant que l'état de la température ne change pas ; mais, en général, ils pourrissent quand vient le dégel. Un assez grand nombre d'espèces font toutefois exception : elles gèlent, et continuent de croître aussitôt que la bonne saison arrive.

L'électricité accélère la végétation des champignons, comme celle des autres plantes ; c'est après les pluies orageuses qu'on les trouve en plus grand nombre. Cependant si l'on en croit les maraîchers de Paris, le tonnerre tue les champignons de couche en plein air.

Les champignons sont des végétaux très aqueux ; aussi diminuent-ils considérablement de poids par la dessiccation. Ils contiennent de l'azote, et, sous ce rapport, ils surpassent quelques autres plantes. Cette matière azotée en fait des substances assez nourrissantes, mais indigestes. Quant aux principes vénéneux d'un grand nombre d'espèces, il n'est pas bien connu, l'analyse chimique ne l'ayant pas encore isolé.

La plupart des champignons ont une odeur caractéristique ; les uns exhalent un parfum des plus suaves, les autres sont d'une fétidité repoussante. Leur saveur varie également : tantôt elle est agréable, tantôt âcre, caustique, acide, styptique, nauséeuse, etc. Quelques-uns sont fades et insipides. Ces végétaux peuvent offrir à l'homme et aux animaux un aliment aussi agréable que substantiel ; ils constituent même, dans les années de disette, une ressource précieuse pour les classes pauvres de certains pays.

Malheureusement, à côté d'aliments délicieux, les champignons renferment des poisons violents. Il importe donc de bien connaître les uns et les autres, mais ils sont si irrégulièrement distribués dans ce groupe, les caractères qui séparent les espèces sont souvent si difficiles à saisir, qu'un petit nombre de personnes, celles seulement qui en ont fait une étude spéciale, peuvent distinguer avec certitude les bons champignons des mauvais.

Il n'y a pas de signe général qui permette d'établir clairement cette distinction ; néanmoins, les caractères et les propriétés diverses de ces végétaux peuvent fournir d'assez bonnes données, mais auxquelles, nous le répétons, il faut se garder d'attribuer une rigoureuse exactitude.

Les bons champignons ont généralement un parfum agréable ; toutefois, si ce parfum est trop prononcé, l'individu doit être suspecté. Quant aux espèces dont l'odeur est désagréable, vireuse ou nauséabonde, elles sont certainement mauvaises. Il en est de même de celles qui ont une saveur âcre, brûlante, acide, poivrée, etc., ou un arrière-goût désagréable, astringent, styptique. La couleur donne des indications beaucoup moins certaines ; les teintes jaunes pâles ou soufre, rouges vif ou sanguin et verdâtres sont généralement regardées comme appartenant à des espèces malfaisantes.

On rejette aussi tous les champignons qui ont des couleurs tristes, éclatantes ou bigarrées, ainsi que ceux dont les lames sont colorées en bleu, en brun ou en jaune clair, et surtout ceux dont la chair fraîchement coupée change de couleur. Il ne faut pas oublier que les nuances présentent souvent, avec l'âge, des variations qui peuvent faire commettre des erreurs funestes.

Quant à la consistance, on peut dire que les bonnes espèces se distinguent le plus souvent par une chair ferme, compacte et peu cassante. On doit regarder comme mauvaises toutes celles dont la chair est aqueuse, molle, ou, au contraire, filandreuse, pesante et coriace. Il faut proscrire absolument tout individu trop avancé en âge ou qui subit un commencement de décomposition.

Enfin, on doit rejeter tous les champignons qui sécrètent un suc laiteux et âcre.

La difficulté de se procurer des champignons dont les qualités alimentaires fussent parfaitement connues a dû suggérer de bonne heure l'idée d'en cultiver quelques espèces ; mais on n'a réussi que pour un petit nombre ; une seule même est cultivée assez en grand pour donner des résultats avantageux : nous voulons parler de l'*agaric champêtre* ou *comestible*, plus connu sous le nom vulgaire de champignon de couche, que l'on trouve en si grande abondance sur le marché de Paris. Sa culture, très étendue dans cette ville et aux environs, se fait surtout dans les caves, les catacombes et les carrières abandonnées. On la fait aussi en plein air, mais en automne et en hiver seulement. Le point essentiel de cette culture est la préparation du fumier. En toute saison, mieux au printemps et en automne, on prend du fumier de cheval bien imprégné d'urine et mélangé de beaucoup de crottin. On choisit un terrain uni et ferme, sur lequel on dispose le fumier en plancher de 1^{m},20 d'épaisseur. On marche bien sur le bas ; puis si le temps est chaud et très sec, on mouille abondamment ; dans le cas contraire, on n'arrose pas du tout. Au bout de huit à dix jours, quand la fermentation a eu lieu, tout le plancher est défait. On le reconstruit sur-le-champ au même endroit, mais on a soin de mettre dans l'intérieur le fumier qui était sur les côtés ou à la superficie. Le plancher étant rétabli, on le laisse reposer encore sept à huit jours, au bout desquels on le remanie de la même manière ; cinq ou six jours après cette dernière opération, le fumier doit avoir acquis le degré de douceur nécessaire pour être employé. S'il en est ainsi, c'est-à-dire si ce fumier a une couleur brunâtre, s'il n'a plus d'odeur, s'il est bien lié, moelleux sans être trop humide, on peut de suite établir la meule ; si, au contraire, il était sec et peu lié, ou gâcheux, ou mouillé, on ne devrait pas l'employer. Dans le premier cas, on peut le ramener au point convenable en l'humectant légèrement ; mais, dans le second, il y a peu d'espoir, et le plus sûr est de recommencer. Les meules à champignons ont ordinairement de 0^{m},50 à 0^{m},65 de largeur à la base. On les élève à la même hauteur en les rétrécissant de manière qu'elles se terminent en dos d'âne. On bat doucement les côtés avec une pelle, puis on les peigne, c'est-à-dire qu'avec les doigts ou la fourche on les ratisse légèrement pour les approprier et les consolider. Si l'emplacement est situé en plein air, on dispose par-dessus la meule une couverture en litière appelée *chemise*, et on bassine de temps à autre, quand la température est sèche et très chaude. Aussitôt que la meule a acquis une chaleur de 30° à 32° centigrades, on la *barde*, c'est-à-dire qu'on la garnit de *blanc de champignons*.

Voici en quoi consiste cette opération : « A $0^m,05$ du sol, dit M. Joigneaux, et sur une seule ligne, tout autour de la meule, on pratique dans le fumier, à $0^m,33$ l'une de l'autre, des ouvertures de la largeur de la main, et dans chacune de ces ouvertures, on introduit un fragment de blanc de champignon.

Ce morceau de blanc ou *mise* est ordinairement large de trois doigts et long de $0^m,08$ à $0^m,10$. Dès qu'il est à sa place, on rabat le fumier par-dessus pour le bien cacher. Quelques cultivateurs ne se contentent pas d'une ligne de blanc, ils en font un second rang de $0^m,18$ au-dessus du premier. » Cela fait, on remet la chemise s'il en est besoin. On laisse les meules en repos pendant dix ou douze jours; après ce temps, on les visite pour voir si le blanc a pris, ce qui se reconnaît aux filaments blanchâtres qui s'étendent autour de chaque mise. Là où il n'y a pas de filaments, le blanc ne valait rien; on l'ôte et on le remplace.

Lorsque le blanc a pénétré jusqu'au sommet de chaque meule, c'est le moment de procéder au *gobetage* ou *gopetage*. Cette opération consiste à répandre sur la couche environ $0^m,01$ de terre meuble, tamisée très fin, que l'on bat ensuite avec le dos d'une pelle, ce qui constitue le *talochage*.

Dans les expositions en plein air, la chemise ne doit jamais être enlevée, son but étant de procurer aux champignons les deux conditions que présentent les caves, l'obscurité et la fraîcheur. La récolte commence dès que les champignons ont atteint la grosseur d'un œuf de pigeon ; elle se continue tous les deux jours et dure deux ou trois mois, quelquefois davantage. On a soin, chaque fois qu'on fait la cueille, de mettre un peu de terre tamisée dans le trou laissé par les champignons. Dans les caves, les meules se conservent plus longtemps qu'à l'air libre; mais les produits sont moins savoureux et se vendent moins cher.

La culture artificielle des champignons, telle que nous venons de la décrire, est celle que pratiquent les maraîchers et les champignonnistes de Paris. On s'accorde généralement à la regarder comme la plus parfaite. Il existe cependant d'autres méthodes, dont quelques-unes ne sont pas à dédaigner: nous citerons particulièrement la culture de Philippe Miller, botaniste et horticulteur anglais, et celle de Hooghvorts. Nous devons aussi une mention spéciale à M. le docteur La Bordette, auteur d'un procédé qui donne des résultats inconnus jusqu'à ce jour. Ce procédé consiste à remplacer le fumier qui sert à former les couches ordinaires par du sulfate de chaux (pierre à plâtre) fortement tassé, auquel on ajoute une certaine quantité de nitrate de potasse, connu vulgairement sous le nom de *sel de nitre*. M. La Bordette a ainsi obtenu des agarics dont le poids moyen atteignait 600 grammes, tandis que celui des champignons obtenus par la méthode ordinaire ne dépasse guère 100 grammes.

Les anciens, qui connaissaient l'usage des couches, avaient encore trois autres procédés de culture. Le premier consistait à arroser souvent une souche de figuier couverte de fumier, ou un amas de cendres de végétaux; le second, à abreuver d'un mélange de vin et d'eau une souche de peuplier noir; le troisième à arroser fréquemment le sol avec de l'eau dans laquelle on avait fait bouillir des baies de laurier.

Il est évident que ces procédés ne pouvaient à eux seuls propager les champignons, mais du moins ils facilitaient leur propagation en réalisant les circonstances favorables. Il en est de même du moyen qu'emploient les Chinois pour se procurer plusieurs espèces de comestibles, en mettant dans un bon sol et à une exposition convenable des morceaux d'écorces et de bois pourris de peuplier, d'orme, de châtaignier, de mûrier ou d'autres essences. Il faut citer, dans le même ordre de faits, la manière dont on obtient à Naples l'agaric napolitain. Cette espèce croît sur le marc de café pourri et gardé dans un endroit humide pendant huit à dix mois.

Cette découverte, comme tant d'autres, est due au hasard; mais on a su la mettre à profit, et aujourd'hui le marc de café est soigneusement recueilli dans la ville de Naples. On retrouve quelque chose d'analogue dans ce qui se passe à Amboine et aux îles voisines; là, on rassemble le brou des noix muscades ou les détritus du sagoutier et on en forme des tas, sur lesquels se développent deux agarics d'une espèce particulière. Mais, en général, les procédés de culture des champignons sont fondés, comme ceux des plantes phanérogames, sur l'emploi des organes de la végétation ou de reproduction, en d'autres termes sur le semis ou le bouturage; le premier de ces modes a son analogue dans la germination des spores, le second dans la division du blanc ou mycélium. Ainsi on a obtenu des agarics en répandant leur poussière séminale sur un tas de feuilles de chêne en décomposition. Un horticulteur anglais assure même avoir obtenu des morilles de semence. Dans les Landes, on arrose la terre d'un bosquet planté de chênes avec de l'eau dans laquelle on a fait bouillir l'agaric palomet ou le bolet comestible, et l'on propage ainsi ces espèces; d'autres fois on enterre dans le sol des rondelles de peuplier de quelques centimètres d'épaisseur, préalablement frottées avec les lames de divers agarics, qui y déposent ainsi leurs spores. On peut aussi transplanter les champignons avec la motte de terre qui les contient, ou simplement repiquer leur mycélium. On propage ainsi des agarics, et même, assure-t-on, les morilles et les truffes; mais le fait le plus curieux est le suivant: on vend en Italie des blocs de pierre appelés *pietra fugaja* (pierre à champignons); ils ont souvent plus d'un pied de diamètre. En les examinant avec soin, on voit qu'ils se composent de terre durcie, mélangée avec des ramifications noires, qu'on a reconnues être le mycélium d'une espèce de bolet fort recherché à Naples et dans d'autres pays, le *boletus taberaster*. Ces pierres, mises dans une cave et arrosées, donnent, quand on le désire, du jour au lendemain, une récolte de champignons. Ces blocs se vendent fort cher, et sont exportés jusque dans le Nord; mais là ils dégénèrent souvent, et, dans la plus grande partie de la France, une serre serait indispensable pour ce genre de culture.

Nos lecteurs nous sauront gré, en terminant cet exposé des méthodes de culture des champignons, de leur indiquer un procédé très simple pour se faire à eux-mêmes une couche à champignons.

Il faut se procurer : 1° une brouettée de bouse de vache sans paille; 2° une bourriche de blanc de champignon; 3° du salpêtre ou nitre; 4° une espèce de boîte de bois sans couvercle, longue de 1 mètre ou $1^m,20$, large de 50 à 60 centimètres. Aux environs de Paris, la bouse coûte 60 centimes; le blanc, qui se trouve chez tous les grainetiers, de 2 à 3 francs; le salpêtre, 40 centimes. On laisse sécher la bouse à l'ombre une quinzaine de jours, puis on l'entasse dans la caisse en un tas long de 1 mètre environ et un peu moins large que le fond de la caisse. On étale la bouse par couches, à la main, en la mêlant de bonne terre fine et en jetant un peu d'eau dans laquelle on a pulvérisé le salpêtre. La meule terminée aura environ partout 10 centimètres de hauteur, et contiendra tout le salpêtre. Elle doit être tassée fortement. On étale alors le blanc, sans briser trop, et on le recouvre de bouse, puis de 3 centimètres de terre. On foule le tout, on le place à l'obscurité, dans une cave, sous un escalier, n'importe où; on le couvre d'une chemise de paille, et tout est fini. Six semaines après, la couche est couverte de champignons, qui se renouvellent sans cesse pendant deux ans environ, après quoi on la démolit, et, avec le blanc qui a envahi la bouse, on en refait une nouvelle. Lorsque la couche est trop sèche, on arrose légèrement; mais un excès d'humidité est très mauvais. Par ce procédé on aura assez de champignons pour satisfaire aux besoins d'une famille entière, ressource bien précieuse à la campagne, où l'on ne peut jamais se procurer l'excellent cryptogame.

On doit récolter les champignons peu de temps avant de les consommer, choisir un temps sec, couper le pédicule près du sol, et ne pas les arracher, car la terre pourrait s'introduire entre les lames, ou dans les tubes ou les alvéoles. On choisira des champignons peu avancés, sans attendre que le chapeau soit entièrement développé. Après les avoir bien triés, on enlève les lames et les tubes, appelés *foin* par les cuisiniers, et même le pédicule, lorsque celui-ci est dur ou filandreux ; on les fait blanchir dans de l'eau froide ou tiède, à laquelle on ajoute un peu de vinaigre, et que l'on a soin de rejeter ensuite. Plusieurs espèces peuvent se manger crues et sans aucun apprêt ; tels sont le champignon de couche, le cèpe, la couleuvrée, la calvaire. Pour d'autres, au contraire, si l'on veut les manger avec plaisir et sans danger, la cuisson devient indispensable ; mais elle ne doit pas être trop prolongée. Nous citerons, dans cette catégorie, l'agaric âcre, le bolet hépatique, la chanterelle, les hydnes, etc. Cependant on est dans l'usage de soumettre toutes les espèces à certaines préparations culinaires qui les font trouver meilleures, mais que nous ne pouvons songer à décrire ici.

On conserve les champignons pendant un temps plus ou moins long, soit en les faisant sécher, soit dans l'huile d'olive, l'eau salée ou le vinaigre, qu'on aromatise comme pour les conserves ordinaires. Ainsi préparés, ils perdent plus ou moins de leur parfum et sont bien inférieurs aux champignons frais. Ils n'en constituent pas moins une excellente provision de ménage; aussi, dans certains pays, s'en fait-il depuis quelques années un assez grand commerce.

Il nous reste à parler maintenant des champignons vénéneux, de ceux qui exercent sur l'économie animale une action plus ou moins nuisible. Les exemples d'empoisonnement par les champignons ne sont que trop fréquents : c'est donc une erreur de prétendre, avec plusieurs auteurs, qu'on peut manger indistinctement toutes les espèces. Sans doute il n'y a pas de ligne de démarcation bien tranchée entre ce qu'on appelle les *bons* et les *mauvais* champignons ; quelques-uns sont sur la limite, et on les qualifie de suspects. L'âge, le tempérament des personnes, le degré de développement des champignons, le milieu dans lequel ils ont crû, le mode de préparation, le temps depuis lequel ils ont été apprêtés, la quantité ingérée, etc., influent puissamment sur leurs propriétés. « L'imagination, dit encore M. A. Dupuis, joue quelquefois aussi un très grand rôle. On cite des cas nombreux de personnes ayant éprouvé des symptômes d'empoisonnement pour avoir mangé de très petites quantités de champignons que d'autres personnes avaient consommés en abondance sans rien éprouver. Dans la plupart des cas, la peur seule a causé tout le mal... Certaines espèces, mangées même en quantité considérable, déterminent seulement du malaise, de la pesanteur, du gonflement; d'autres produisent de la faiblesse, de la stupeur et un délire passager. Mais il en est malheureusement un trop grand nombre qui sont des

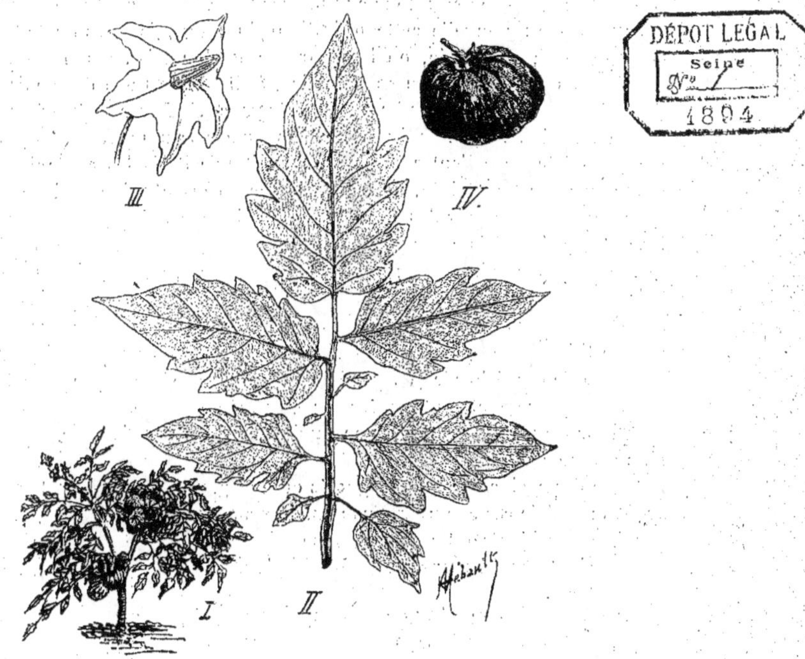

Fig. 227. — LA TOMATE. (*Lycopersicum*.) I. Port de la plante. — II. Feuille. — III. Fleur. — IV. Fruit.

poisons subtils... Nausées et vomissements, défaillances, anxiété et état de stupeur, enfin convulsions et mort, tels sont, en résumé, les symptômes de l'empoisonnement par les champignons. » Dès que ces symptômes se manifestent, il faut faire appeler un médecin, mais, en attendant son arrivée, on doit administrer en toute hâte un vomitif ou mieux un vomi-purgatif. Si les secours convenables n'ont pas été donnés à temps, ou si les accidents ne se sont manifestés que quelques heures après l'ingestion, on doit recourir aux purgatifs, par exemple à une potion faite avec de l'huile de ricin et le sirop de nerprun ou de fleur de pêcher; aux lavements faits avec la casse, le séné et le sulfate de magnésie, ou, à défaut, avec une forte décoction de tabac. On doit se garder de donner du vinaigre, de l'éther ou de l'eau salée, qui ne pourraient que contribuer à répandre le poison dans toute l'économie. « On peut dit M. Dupuis, au moyen de certaines préparations, enlever aux champignons leur principe vénéneux, sinon en totalité, du moins en assez forte proportion pour qu'ils ne soient plus mortels. On les fait, pour cela, macérer longtemps dans l'eau pure, et mieux dans l'eau salée, le vinaigre, l'alcool, l'éther ou l'huile. On peut encore les plonger dans de l'eau bouillante. Ces liquides dissolvent en entier le principe vénéneux sans le neutraliser ou le dénaturer ; ils deviennent donc eux-mêmes très vénéneux, et l'on doit les rejeter avec soin. On renouvelle cette opération plusieurs fois, puis on fait sécher les champignons ; en Russie, on les conserve quelquefois dans l'eau salée. Les procédés au moyen de l'eau sont simples, faciles et fort peu dispendieux. »

Les champignons vénéneux. — Moyens de les rendre inoffensifs.

La question des champignons vénéneux a toujours vivement préoccupé les amateurs de cet excellent condiment. On sait qu'à Paris les champignons frais, dont la vente est autorisée, sont exclusivement ceux que l'on cultive sur couches dans des caves ou dans des carrières, champignons qui passent sous l'œil des inspecteurs. Mais à la campagne, en province se rencontrent beaucoup d'amateurs de champignons qui, connaissant les espèces saines, vont les chercher dans les bois et en régalent leurs hôtes. Bon nombre de ceux-ci n'abordent jamais un plat de champignons ainsi présentés qu'en pensant aux fameuses momies de l'église Saint-Michel, de Bordeaux. Dans les caveaux de cette église, qui ont la propriété de dessécher les corps, on montre aux curieux toute une famille de momies affreusement contournées sur elles-mêmes et l'on vous indique que vous avez sous les yeux les restes d'une famille morte d'empoisonnement à la suite d'un repas de champignons.

Bien des accidents ont été signalés qui ont pour résultat la mort de personnes ayant mangé de ces champignons recueillis au hasard des chemins, et quelques-uns de ces accidents ont eu lieu par ce fait que les amateurs de champignons prétendaient posséder une recette infaillible de distinguer les bons champignons des mauvais.

Cette question a tout récemment été agité dans une des séances de la Société nationale et centrale d'horticulture, et M. Duchartre a relevé l'erreur d'un membre qui avait déposé sur le bureau une note rédigée par lui et ayant pour titre : *Moyen facile de reconnaître les bons champignons d'avec les mauvais.* « Bien que ce titre, dit M. Duchartre, soit des plus séduisants et promette la solution commode d'un problème qui a la plus haute importance, le rédacteur du procès-verbal n'a pas cru devoir l'y consigner dans la crainte d'induire sérieusement en erreur. »

Ce moyen si simple, selon l'auteur, et très sûr à ses yeux pour distinguer les bons champignons des mauvais, est le suivant : « On prend la moitié d'un oignon blanc ordinaire, dépouillé de sa membrane externe, et on le met cuire avec les champignons. Si la couleur de l'oignon s'altère et devient bleuâtre, en tirant sur le brun, c'est un signe évident que, parmi ces champignons, il y en a de vénéneux ; si au contraire, après l'ébullition, l'oignon conserve sa couleur blanche c'est une preuve qu'ils sont tous bons et qu'on n'a rien à craindre en les mangeant. » Eh bien ! ce moyen, qui a été indiqué, il y a longtemps, par le botaniste allemand Necker, sans expériences démonstratives à l'appui, est une simple vue de l'esprit, dont l'expérience a démontré la complète inanité. Il y aurait donc un grand danger à faire croire qu'il existe et qu'il a même une valeur réelle. Cordier, savant mycologue, qui, toute sa vie, s'est tout autant préoccupé de la détermination des propriétés soit alimentaires, soit vénéneuses des champignons que de leur étude botanique, déclare catégoriquement que les assertions relatives à l'épreuve au moyen d'un oignon « ne sont pas confirmées par l'expérience ».

Il en est de même relativement à d'autres croyances populaires qui sont cependant fort répandues et que l'expérience n'a jamais justifiées. Telle est notamment l'idée que la moelle des joncs noircit au contact des champignons vénéneux qu'on fait cuire; telle est surtout celle qu'une cuillère d'argent, une bague d'or, noircissent dans les mêmes circonstances. En somme, on ne connaît aucun moyen empirique pour distinguer les champignons vénéneux de ceux qui constituent un aliment inoffensif, et il faut absolument apprendre à reconnaître les uns et les autres, par une étude scientifique ou tout au moins en les voyant assez fréquemment, pour devenir capable de les distinguer avec sûreté.

Est-ce donc à dire que, lorsqu'on n'a pas été à même d'acquérir cette connaissance, on ne puisse manger des champignons sans s'exposer au danger d'un empoisonnement presque toujours mortel? Heureusement non, car il est une méthode dont l'expérience a démontré la sûreté et qui permet d'enlever aux champignons vénéreux leur principe nuisible, de telle sorte qu'ils puissent être préparés pour la table sans amener la moindre incommodité. Cette méthode, qui avait été indiquée depuis longtemps, mais qui a surtout été remise en lumière, à la date d'un certain nombre d'années, par Frédéric Gérard, est basée sur ce que le principe vénéneux des champignons, principe dont la nature n'est point parfaitement connu, que Letellier a nommé *Æmanitine,* et relativement auquel on ignore s'il est le même chez toutes les espèces dangereuses, est enlevé par l'eau salée ou vinaigrée. Se basant sur la connaissance de ce fait, Frédéric Gérard a conseillé de procéder de la manière suivante, quand on veut changer en un aliment inoffensif, mais encore agréable, les champignons les plus vénéneux. On les coupe en quatre morceaux s'ils sont de dimensions moyennes, en huit morceaux s'ils sont très gros. On en met 500 grammes dans un litre d'eau additionnée d'une cuillerée de bon et fort vinaigre ou de deux cuillerées de sel marin. On les laisse macérer dans ce liquide pendant au moins deux heures; après quoi, on les lave à grande eau. On les met ensuite dans un vase rempli d'eau froide que l'on met sur le feu. Après un quart d'heure à une demi-heure d'ébullition, les champignons ont perdu tout leur principe nuisible; on les lave encore, et ils sont dès lors en état d'être préparés pour la table sans que l'on ait rien à redouter de leur ingestion. L'expérience a parfaitement démontré la sûreté de cette méthode. En effet, devant une commission de trois membres désignés par le conseil de salubrité de Paris, à laquelle avait été prié de s'adjoindre le médecin et mycologue Cordier, Frédéric Gérard et sa famille ont fait un repas de champignons parmi lesquels se trouvaient la fausse oronge et l'agaric bulbeux, deux espèces des plus vénéneuses; les commissaires eux-mêmes ont goûté au plat ainsi préparé, et personne n'a éprouvé la moindre incommodité. Au besoin, la simple ébullition dans l'eau peut enlever aux champignons la totalité ou au moins la plus grande partie de leur principe délétère, car, dans ses expériences, Pouchet a vu des chiens manger, sans en être incommodés, des champignons très vénéneux qu'il avait soumis à l'ébullition, tandis que l'eau dans laquelle ces champignons avaient bouilli a fait mourir d'autres chiens auxquels on l'avait donnée à boire.

Nous ajouterons que les champignons ne sont pas les seules plantes vénéneuses devenues comestibles après une préparation. La pomme de terre crue est, jusqu'à un certain point, vénéneuse : la cuisson détruit son principe corrosif. Le sajou, ou tapioca, n'est que la racine d'une plante vénéneuse, le manioc, dont on extrait le suc par la pression et par la chaleur.

Récolte des champignons. — Voici, pour les douze mois de l'année, les espèces à récolter et à utiliser comme conserves :

En janvier, la truffe noire du Périgord.

En février, la pratelle ou agaric de couche, objet, à Paris, d'une importante industrie maraîchère.

En mars, la morille, l'un de nos meilleurs champignons, que l'on a tenté de cultiver récemment en répandant sur des plants d'artichauts ou de topinambours, du marc de pommes et des feuilles sèches.

En avril, le mousseron blanc.

En mai, la pholiote cylindracée, connue sous le nom de champignon du saule ou du peuplier.

En juin, l'amanite blanc de neige, dite columelle, assez commune dans les prés montueux et sur la lisière des bois.

En juillet, l'oronge vrai ou amanite des empereurs, le plus délicat des champignons, commun dans le midi et le centre de la France.

En août, la chanterelle ou jaunet, commune dans les châtaigneraies et dans les sols siliceux.

En septembre, l'agaric délicieux, dit briquette ou vache rouge. Cet excellent champignon au suc de couleur orangée, passant après la cassure au verdâtre.

En octobre, l'oreille de chat blanche, que l'on récolte sur la lisière des bois.

En novembre, le bolet domestique ou *cèpe de Bordeaux* et une espèce voisine et plus estimée encore, le *cèpe bronze* ou *tête de nègre* ; on fait un grand commerce de ces cèpes conservés.

En décembre, l'hydne sinué et la truffe de Bourgogne.

Valeur nutritive des champignons. — On s'extasie souvent, avec un enthousiasme que nous qualifierons d'exagéré, sur la valeur nutritive des champignons. Comestible très azoté, le champignon est, en effet, fort nutritif, et les gourmets peuvent se procurer, avec son précieux concours, des indigestions homériques. Mais, de là, à « valoir la viande », suivant le préjugé populaire, il y a un grand pas. Un chimiste allemand, C.-Th. Morner, s'est proposé d'étudier ce problème : il a fait digérer des champignons dans des bocaux avec du suc gastrique, et est arrivé aux résultats suivants :

Pour remplacer un *œuf de poule*, à alimentation égale, il faudrait :

Agaric champêtre	0 k. 280
Lactarius deliciosus	0 730

Chanterelle	1 k.	300
Polyporus ovinus	2	050

Pour équivaloir à *un kilogramme de bonne viande*, il faudrait :

Agaric champêtre	9 k.	300
Morille	15	200
Lactarius deliciosus	24	290
Chanterelle	31	600
Polyporus	67	000

Ces chiffres deviennent inquiétants. Revenons au bifteck ! Oui, revenons au bifteck, car l'audacieux consommateur qui voudra se nourrir exclusivement de champignons (non vénéneux) devrait, pour y trouver les 150 grammes d'albuminoïde nécessaires à la conservation de son précieux organisme, consommer par jour :

	Agaric champêtre	5 k.	700
Ou bien :	Bolet	9	900
—	Lactarius deliciosus	14	700
—	Chanterelle	26	300
—	Polyporus ovinus	41	600

Entre un bon coup de pistolet ou huit jours d'une bonne cure de polyporus ovinus, il n'y a pas à hésiter, cela saute aux yeux et à la cervelle. Il serait déjà fastidieux de choisir l'agaric, et quant au lactarius (pas si *deliciosus* que cela), il entre de plein droit dans la catégorie des indigestes. (*Journal d'hygiène.*)

LA TRUFFE

Nous venons de parler des champignons, il nous faut maintenant dire quelques mots de la *truffe*, qui est aussi une sorte de champignon.

La truffe est le réceptacle fructifère d'un mycélium peu connu. Ce réceptacle se présente sous l'aspect d'une masse irrégulièrement arrondie, mamelonnée et couverte de petits tubercules. Il est dense, noirâtre à l'extérieur, veiné de raies blanches, sur un fond noir, à l'intérieur. Son tissu est formé de filaments entremêlés, plus ou moins serrés. Au niveau de la périphérie, les filaments forment une sorte de pseudo-parenchyme très résistant et bosselé, désigné sous le nom de *péridium*.

Les raies blanches sont formées de filaments assez lâches qui s'avancent jusqu'à la face externe du péridium. Les parties noires sont formées par la réunion de gros filaments pressés, entre lesquels il n'existe pas d'air. Au niveau de leur extrémité, ces filaments se renflent pour former des asques. Ces filaments partent de la face interne du péridium.

Les asques formées par le renflement de l'extrémité interne de ces filaments sont dispersées dans la masse filamenteuse du réceptacle où elles se présentent sous l'aspect de petits sacs ovoïdes, contenant chacun quatre spores ovales couvertes de petites pointes saillantes.

Les truffes viennent particulièrement dans le voisinage des racines des chênes et des châtaigniers. On ne connaît pas leur mode de développement.

La production des truffes a donné lieu à une multitude d'hypothèses. Les anciens voyaient tout simplement, dans le développement de ce champignon souterrain, un des nombreux effets de la foudre. Disons tout de suite que les hommes instruits riaient d'une idée aussi ridicule. Athénée hasardait déjà l'opinion, admise plus tard par les modernes, que la truffe était une production spontanée de la terre, naissant surtout et se développant dans les terrains sablonneux.

Pour les botanistes modernes, la truffe a formé jusqu'ici un genre de champignon, qui a pris le nom scientifique de *tuber*. Ce genre comprend trois espèces : la *truffe noire*, qui est la plus connue et la plus estimée; la *truffe à l'ail*, commune en Piémont; la *truffe blanc de neige*, dite aussi *terfez* et *fécule de terre*, qu'on trouve dans le Levant et dans le nord de l'Afrique. Quant à la truffe blanche ou truffe d'été, elle n'est, paraît-il, que la truffe noire récoltée avant sa maturité.

Tel serait le genre *tuber* ou *truffe*.

Une opinion émise depuis peu a cherché à rejeter complètement l'existence de ce genre et à ne voir plus dans la truffe qu'une extravasion morbide de sucs végétaux, analogue, sous quelques rapports, à la noix de galle et due à une cause tout à fait semblable, la piqûre d'un insecte. « Au mois de juillet et d'août, dit M. J. Valserres, une petite mouche, aux ailes azurées et au corps très effilé, pénètre dans le sol pour y chercher les radicelles du chêne et de diverses autres essences qu'elle paraît affectionner. Avec son dard, elle pique la radicelle, y fait une blessure; il s'échappe une matière visqueuse qui forme un petit tubercule. Pour que son développement puisse s'accomplir, il faut qu'il reste attaché à la racine, car c'est dans la sève qu'il puise les principaux éléments dont il se compose. Les œufs déposés par la mouche restent à l'état d'incubation jusqu'à ce que la truffe commence à mûrir, alors ils éclosent et dévorent leur prison. La larve, lorsqu'elle est complètement développée, s'enferme dans une coque et reste à l'état de chrysalide jusqu'aux premiers beaux jours. » Elle se transforme alors en mouche.

Nous voudrions croire qu'on a souvent surpris la mouche en question au-dessus des truffières; nous dirons même que les chasseurs de truffes prétendent se guider sur la présence de cet insecte pour la découverte du précieux tubercule; mais ces insectes sont-ils attirés par le besoin de pondre leurs œufs, ou plutôt ne le seraient-ils point par l'odeur des truffes, qui attire si bien le chien, le cochon... et les gourmets?

A-t-on surpris des larves de ces mouches dans les truffes blanches, comme des larves de cynips dans les noix de galle vertes?

L'existence du genre tuber n'est pas douteuse par la présence de sporules reproductrices connues. Les truffes blanches sont parsemées de quelques petits points roux; les truffes noires en contiennent une quantité innombrable, et ils y sont beaucoup plus gros, selon M. Lebœuf, plus renflés, plus colorés. Ces points, examinés séparément, offrent l'aspect de corps organisés; ce sont des spores qui, en se gonflant, en se développant sans le secours de racines, vivant par absorption, produisent de nouveaux tubercules.

Il est facile de comprendre qu'on soit divisé sur la nature des truffes; mais pourquoi l'est-on aussi sur les lieux où on les rencontre? Les uns prétendent qu'on les trouve exclusivement sous les charmes; les autres les placent au pied de certains chênes qu'ils ont décorés du nom de chênes truffiers, variété du *quercus esculentus*, oubliée par les botanistes; d'autres les font naître dans les touffes de *chêne kermès*. La vérité est que la truffe végète un peu partout. Elle paraît préférer les bois, mais on la trouve assez communément au milieu de la plaine aride de la Crau, et on en rencontre quelques-unes dans des prés découverts et bien exposés au soleil. Elle aime surtout les terrains maigres, argilo-calcaires, un peu humides. Celles que l'on récolte dans ces conditions sont les plus estimées. Il paraît d'ailleurs que les conditions de température lui sont assez indifférentes, car on en récolte depuis les tropiques jusqu'aux côtes de la mer Glaciale. L'Amérique en possède certaines espèces d'une grosseur démesurée; quelques-uns de ces tubercules gigantesques atteignent le poids de 20 kilogrammes; mais ils sont peu savoureux et ne valent pas notre truffe périgourdine. D'un autre côté, on rencontre dans les sables des déserts arabes une truffe, le *terfez*, à surface lisse, d'une forme arrondie et d'un blanc de neige, tant à l'intérieur qu'à l'extérieur; c'est une excellente variété, qui était connue dans l'antiquité, selon Pline, Avicenne et Léon l'Africain. On la fait cuire sous la braise, dans l'eau, dans le lait ou dans le bouillon.

En France, les environs d'Angoulême et de Périgueux ont la réputation de fournir les meilleures truffes. On en rencontre d'excellentes dans l'Est et le Midi. Celles du Quercy sont anguleuses, d'une forme irrégulière et à veines roussâtres. La variété grise croît sur la chaîne calcaire qui, partant du département de l'Aube, traverse celui de la Haute-Marne et pénètre jusque dans la Côte-d'Or. Cette variété se rapproche beaucoup de la truffe à l'ail, qu'on rencontre dans le Piémont. La truffe noire charentaise et périgourdine se trouve également dans le Gard, la Drôme, l'Isère, le Vaucluse, l'Hérault, le Tarn, et dans quelques cantons de l'Ardèche, du Jura et de la Lozère. Il y a peu de bois, en somme, en France, qui ne possèdent des truffes.

On distingue les truffes de Romans, de Crest, de Tain, à leur forme régulière, à leurs veinules déliées et blanchâtres, à leur tissu ferme, à leur goût agréable. Dans plusieurs cantons de l'Isère et du Gard, il y en a qui exhalent une forte odeur de musc et qui sont reconnaissables à un tissu moins ferme et à des veines plus prononcées. On les trie soigneusement, parce que leur parfum n'est pas du goût de tout le monde. Les truffes de Bourgogne sentent quelque peu la résine; celles de Naples ont un goût de soufre désagréable.

La récolte des truffes se fait presque au hasard : on fouille la terre dans les lieux où l'on sait qu'il s'en trouve ordinairement, ou mieux on amène dans le champ qu'on suppose en contenir, soit un porc, soit un chien dressé à cet effet; quelques paysans se flattent de découvrir les truffières en examinant en automne les masses mouvantes que forment au-dessus d'elles les mouches ou tipules auxquelles quelques-uns attribuent la formation des tubercules. D'autres ont soin de conduire leurs porcs ou leurs chiens dans les endroits où nulle plante n'a poussé, car ils assurent avoir remarqué que rien ne pousse immédiatement au-dessus de la truffière.

La passion des porcs pour les truffes est irrésistible et ne le cède pas même à celle des gourmets. Il suffit d'avoir fait manger à un cochon une ou deux truffes pour que, s'il s'en trouve sous terre à quelques pas de lui, il les sente aussitôt avec une délicatesse d'odorat dont l'homme ne se fait pas d'idée. Il se hâte de fouiller la terre avec son groin et il dévorera, séance tenante, sa précieuse découverte, si l'on n'a eu la précaution de lui lier les mâchoires, ou si l'on ne se hâte de le détourner à coups de bâton. On a soin de le dédommager en lui jetant une poignée de glands. Mais les porcs sont difficiles à conduire, et c'est toujours une opération pénible que de s'en servir pour la recherche des truffes. Il serait plus commode d'y employer des chiens, si ces derniers n'étaient pas très difficiles à dresser. Il faut d'abord leur donner de la pâtée de truffes, puis leur faire chercher, à jeun, cette pâtée dans la terre; enfin, les conduire dans une truffière et leur donner un morceau de cette pâtée chaque fois qu'ils trouvent une truffe. Au bout d'un mois, on ne leur donne plus qu'une ou deux fois de la pâtée pendant la recherche, et après deux ou trois mois on peut se dispenser de leur en donner; ils sont dressés. Le chien est un aide moins habile peut-être que le porc, mais plus docile et plus sociable. Quelques chiens s'adonnent d'eux-mêmes à cette recherche, sans avoir reçu aucune instruction préalable; les barbets y réussissent mieux que les autres quand ils ont bon nez et qu'ils sont mauvais chasseurs, car un chien qui s'acharne après le gibier ne consent jamais à déterrer la truffe.

Dans beaucoup de cantons, la recherche des truffes est devenue un véritable braconnage; les propriétaires aisés de la Charente et surtout de la Charente saintongeaise, ne s'y livrent que rarement, car ils apportent toute leur attention à la culture de la vigne et à la préparation de ses produits; mais dans chaque localité se trouve un paysan rusé qui, par des signes plus ou moins certains, sait reconnaître la présence d'une truffière. La nuit, sans bruit, clandestinement, il s'approche du lieu qu'il a remarqué et met son porc à l'œuvre. Le ravage commence : rien n'est épargné; on arrachera, s'il le faut, dix ceps de vigne, et souvent en pure perte, car la truffière n'existait pas. Disons toutefois que les cas où le tubercule recherché se trouve dans un champ cultivé sont tout à fait exceptionnels. Dans les bois, la dévastation a des résultats moins funestes.

Rien de plus aléatoire, d'ailleurs, que la recherches des truffes. Une truffière peut disparaître au bout d'une année; elle peut se perpétuer longtemps, puis disparaître pour reparaître plus tard, sans qu'il soit possible de déterminer les lois qui régissent l'apparition et la disparition du tubercule.

Cependant, en règle générale, un bois, un champ qui a contenu des truffes continuera à en produire si le genre de culture auquel il est soumis ne change pas. En somme, la recherche des truffes est un travail hasardeux, qui ne réussit pas toujours, même aux hommes spéciaux. Ceux qui ont acquis quelque habileté dans cet art sont de véritables braconniers, auxquels on est forcé d'avoir recours en partageant le butin avec eux; et encore faut-il les surveiller de près, car une truffière, dans un champ, est souvent accompagnée de plusieurs autres ; le truffier vient plus d'une fois, au milieu de la nuit, commencer ou terminer le travail ostensible, le seul dont il partage avec le propriétaire le maigre produit. Enfin, beaucoup de propriétaires cachent soigneusement la possession d'une truffière, ou cherchent même à la détruire, pour échapper à de graves dégâts.

Chercher les truffes au hasard, les rencontrer par accident, est un rôle précaire auquel l'homme ne pouvait guère se résigner. Aussi ses efforts ont-ils tendu, depuis longtemps, à soumettre la truffe à une culture régulière. Citons quelques essais.

Un naturaliste allemand, Alexandre Bornholz, transplante les truffes ; il les transporte d'un lieu à un autre, en les laissant environnées de leur terre natale, et il les replante dans un terrain de composition identique et situé de la même manière ; il affirme avoir réussi à créer ainsi des truffières.

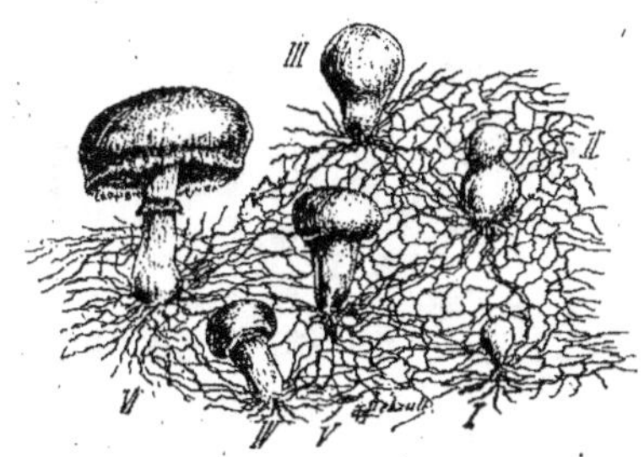

Fig. 228. — Champignons de couche. — (*Agaricus campestris*). — Les différents stades.

Le comte de Noé, ancien pair de France, a semé dans son parc des pelures et des débris de truffes, au pied de charmes et de chênes, sous du terreau et des feuilles mortes ; deux ans après, il récoltait un certain nombre de ces tubercules, bien que le pays n'en produise pas naturellement. Cette expérience, mille fois répétée par d'autres, n'a jamais réussi. Une fois même, M. Rousseau, dont nous allons parler, n'a réussi, par la même méthode, qu'à détruire des truffières déjà existantes.

M. Rousseau a découvert le chêne truffier, ou plutôt deux chênes truffiers, un chêne blanc et un chêne vert ; il en sème les glands et récolte... des truffes. Nous avons énuméré plus haut les raisons qui nous font douter de l'existence du fameux chêne truffier. Il semble exister, et par conséquent l'efficacité de la méthode Rousseau est vraisemblable. Cet inventeur prétend avoir obtenu, par sa méthode, de magnifiques produits exposés et même récompensés en 1855 et en 1867. Il a positivement récolté des truffes là où il avait semé des glands. Le système de M. Rousseau a eu de nombreux partisans, et même des imitateurs dans le département de Vaucluse, qui est le sien. Des collines arides, où l'on a essayé de produire des truffes, commencent à se couvrir de bois de chênes. 3,567 hectares de forêts sont le résultat de cette opération.

Ces truffes sont aujourd'hui une source de revenus considérables. Il est vrai que cinquante-trois départements y sont intéressés et que la quantité de tubercules recueillis en France dépasse 2,600,000 kilos. Le Vaucluse marche en tête avec une production annuelle de 380,000 kilos, puis viennent les Basses-Alpes et le Lot, avec 300,000 kilos, la Dordogne et la Drôme, avec 130,000 kilos.

L'exportation annuelle, qui atteignait à peine, il y a trente ans, 50,000 kilos, est arrivée, en 1883, à 205,000 kilos et se maintient, depuis quelques années, à 150 ou 160,000 kilos, provoquant un mouvement de fonds considérable.

C'est surtout en Angleterre et en Belgique qu'elles vont. Bien peu prennent la route de l'Amérique ; il paraît que nos amis d'au delà l'Océan les dédaignent, heureusement pour nous.

LES ARBRES A FRUITS

LE POMMIER

Le pommier *(pirus malus)* est l'un des arbres les plus répandus en Europe, surtout dans les contrées où l'on ne peut cultiver la vigne et où le cidre constitue la principale boisson des habitants.

Dans les autres pays tempérés de l'Europe, la culture en grand de la vigne ne fait point abandonner celle du pommier, car cet arbre, pour n'y être pas indispensable, n'en est pas moins utile aux habitants, auxquels il fournit un fruit de table aussi estimé qu'abondant.

Le pommier est un arbre dont la taille varie depuis un mètre à peine jusqu'à dix mètres et au delà. Ses fleurs ont pour caractères un calice persistant à cinq divisions, cinq pétales, étamines nombreuses, ovaires infères, cinq styles soudés à leur base. Le fruit ou pomme est une mélonide renfermant dans une pulpe très épaisse une capsule cartilagineuse à cinq loges, à semences ou pépins cartilagineux.

L'arbre est généralement plus large que haut ; la tige en est courte, la tête garnie d'une grande quantité de rameaux horizontaux, qui se courbent sous le poids des feuilles et des fruits et finissent souvent par retomber jusqu'à terre. Son écorce se renouvelle et tombe par morceaux. Les feuilles sont alternes, simples, dentées ou incisées. C'est un des arbres les plus communs et les plus connus dans toute l'Europe et dans l'Amérique du Nord.

Il est assez difficile d'assigner une origine au pommier, qui croît naturellement à l'état sauvage dans nos bois ; tout porterait à croire qu'il a existé de tout temps en France ; mais la légende normande veut que ce soit un fruit du Midi, et il semble avéré que l'on faisait du cidre sur les bords du Rhône à une époque où cette liqueur était inconnue sur les rivages de la Seine. Ce qu'il y a de certain, c'est que les Anglais attribuent à la pomme une origine gauloise ou du moins continentale; ils ne la croient pas originaire de leur pays, où elle croît pourtant aussi spontanément que chez nous.

Il existe dans la nomenclature des pommiers une confusion due à plusieurs causes; l'une des principales est le grand nombre de variétés cultivées en Europe comme en Amérique, où elles reçoivent des noms différents et où elles ne tardent pas à produire de nombreuses sous-variétés qui reçoivent aussitôt des noms locaux.

D'autre part, les feuilles, les fruits et le bois du pommier ont entre eux une telle ressemblance que plusieurs variétés portent souvent le même nom, tandis que la même variété en porte plusieurs.

Il ne faut pas oublier que le sol, le climat, la culture, influent beaucoup plus sur la qualité de ce fruit que sur la plupart des autres; l'arboriculteur ne devra donc pas s'étonner si, après avoir cultivé une variété réputée supérieure, il ne récolte que des fruits médiocres; il devra étudier la cause de cette dégénérescence et chercher à en atténuer les effets.

Nous distinguerons les pommiers en deux grandes catégories : les *pommiers à cidre* et les *pommiers à fruits de table*. En botanique, on reconnaît onze ou douze espèces de pommes reliées entre elles par les centaines de variétés connues des cultivateurs; citons-en quelques-unes :

Pommier sauvage. Ce pommier, que quelques-uns considèrent comme le type de nos variétés cultivées, tandis que d'autres le croient dégénéré d'une espèce introduite chez nous à une époque inconnue, se rencontre dans tous nos bois situés sur un terrain un peu humide, dans les pays un peu montagneux et fertiles; ainsi on le trouve en abondance dans les vallées des Vosges et du Jura, où il atteint de dix à treize mètres de hauteur et une grosseur d'environ 0m,33 de diamètre. Le fruit qu'il produit est gros comme le pouce et tellement âpre qu'il est impossible de le manger, soit cru, soit cuit.

Il sert, dans les bois, de nourriture aux animaux sauvages, et les porcs s'en accommodent quelquefois ainsi que les vaches. Dans les années de grande disette, on a essayé d'en faire une boisson, de mauvaise qualité, à laquelle on a donné le nom de *piquette*. Mais le bois, bien plus utile que le fruit, est excellent pour le feu, et, quoique inférieur à celui du poirier pour la menuiserie, l'ébénisterie et les travaux d'art, on l'emploie cependant à défaut de celui-ci. La couleur en est grise et le grain fin.

Le pommier sauvage produit des haies solides et bien résistantes.

On distingue deux sortes de pommier sauvage : le *pommier commun*, qui, cultivé, devient un peu plus fort et un peu plus grand qu'à l'état libre ; les feuilles en sont ovales, aiguës, dentées, plus ou moins cotonneuses à leur face inférieure ; et le *pommier acerbe*, regardé par les uns comme une espèce distincte du précédent. Il s'en distingue par ses feuilles glabres, par les pédoncules de ses fleurs, deux ou trois fois plus longs que les calices, et par ses styles glabres, soudés entre eux à leur base seulement.

Pommier franc, arbre obtenu au moyen du semis des pépins d'une variété cultivée. C'est le plus vigoureux, le moins difficile à élever, le plus durable, celui qu'on choisit exclusivement pour former les arbres à haute tige de verger et pour les bordures de chemin.

Le plant s'obtient ordinairement par le semis du marc de pommes après l'extraction du cidre ; on brasse le marc dans l'eau afin de lui enlever un peu de matière gluante qui agglomère les pépins, et afin de les diviser ; après quoi, on étend le résidu sur des claies, afin de l'essorer un peu sans le faire trop dessécher. On sème le tout aussitôt sur des terrains sableux, exempt de pierres et de mau-

Fig. 229. — Oronge. Fig. 230. — Cèpe.

vaises herbes ; les grains seront assez distancés pour que les jeunes plants ne se gênent pas entre eux ; on sarcle et on arrose au besoin.

Pommier doucin, variété intermédiaire du *franc* au *paradis ;* on l'obtient la première fois par des semis, et on la multiplie dans les pépinières au moyen des boutures et du marcottage. Moins vigoureux que le franc, le doucin vient plus promptement à fruit ; il sert à greffer, dans tous les terrains, les arbres destinés à former des pyramides, des vases ou des espaliers. Dans les terrains secs, il produit par la greffe des pommiers nains. L'écussonnage se fait autant que possible la première année ; on y entera de préférence les variétés à gros fruits que l'on hésiterait à planter à haute tige, et celles qui forment un arbre chancreux au verger, comme le calville blanc ou la reinette franche.

En pépinière, on place les jeunes plants à une distance de 0m,40 ou de 0m,25 ; dans ce dernier cas, on peut enlever un sujet sur deux lorsque le greffage a produit des scions d'un an.

Pommier paradis ou *pommier de Saint-Jean.* Il doit cette dernière dénomination à la précocité de ses fruits, qui mûrissent dès le mois de juillet. Il croît spontanément et en abondance dans la Russie méridionale, où il se présente sous forme de buisson de 12 à 15 pieds de hauteur. Comme sa racine est rampante, et qu'elle émet un grand nombre de rejets, on en profite pour le multiplier. Les fleurs en sont roses et le fruit, petit, arrondi, déprimé, est fade, douceâtre et cotonneux. Cet arbre serait repoussé par les arboriculteurs s'il n'était excellent pour la greffe des variétés destinées à rester naines. Les arbres que l'on y a greffés ne dépassent guère 6 pieds de hauteur et produisent les plus beaux fruits; mais ils sont faibles.

Le paradis demande un sol plus gras et plus frais que le doucin. Sa plantation s'effectue à une distance de $0^m,20$ sur $0^m,40$. On le rabat à $0^m,20$ du sol. Il ne faut pas l'écussonner trop haut, parce qu'il se forme un bourrelet à la jonction et que le tronc pullule de rameaux. La greffe devra se trouver à $0^m,01$ ou $0^m,02$

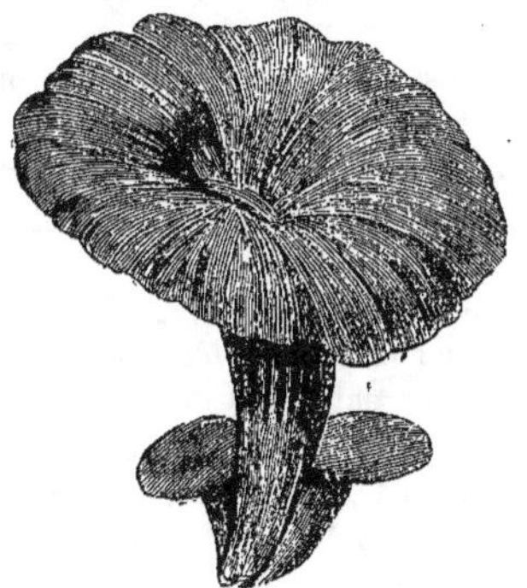

Fig. 231. — Girole ou Chanterelle.

Fig. 232. — Morille.

au-dessus du sol. Les sujets destinés à former des cordons seront transplantés à un an de greffe, on s'abstiendra de toute culture autour du sujet, parce que ses racines sont à la surface du sol et qu'on pourrait les blesser.

— *Greffage.* Après avoir étudié les quatre espèces de pommiers dont le cultivateur peut se servir pour y enter de bonnes espèces, disons quelques mots sur le greffage. Presque tous les procédés du greffage peuvent être appliqués au pommier; mais on préférera les plus simples et les plus faciles à exécuter, tels que l'écussonnage et les greffages en fente et en couronne. On greffe généralement le pommier sur lui-même aux environs de Paris; mais si l'on désire obtenir des plein-vent vigoureux, on doit greffer sur franc ou mieux sur sauvageons provenant de pépins de pomme sauvage.

La greffe sur des sujets provenant de pépins des plus excellentes espèces est généralement préférée, quoiqu'elle fournisse des arbres plus faibles, car les fruits sont de meilleure qualité. Le cultivateur préfère avoir des fruits meilleurs et des arbres un peu plus faibles.

Dans les pays à cidre, on prend généralement un terme moyen et on greffe toutes les espèces sur des sujets provenant de pommes à cidre, parce que les pépins abondants de ces fruits coûtent beaucoup moins cher que les autres, et les propriétaires ne se plaignent pas des produits qui proviennent de cette greffe.

Mais les arbres nains, ceux que l'on veut cultiver à basse tige ou en espalier, se grefferont sur doucin ou sur paradis produit par des marcottes. Les arbres ainsi entés vivront moins que les autres, mais, en revanche, ils seront moins rebelles aux formes que l'on désirera leur donner, supporteront mieux la taille, viendront plus vite à fruit, et ce fruit sera meilleur et plus beau.

— *Terrains et situations.* Le pommier réclame des terrains composés d'éléments variés et mélangés entre eux, tels que ceux où le calcaire s'associe à la silice et à l'argile. Les terres à base granitique, l'humus tourbeux ne lui déplaisent pas, non plus qu'une fraîcheur modérée lorsque le sous-sol est poreux et perméable.

On a remarqué que plus le terrain est ba s, mou et froid, plus les fruits sont volumineux; mais, en revanche, moins ils sont savoureux et moins ils se conservent. Il faut éviter de placer les pommiers dans des terrains très secs, à des expositions très chaudes; mais on choisira un lieu qui ne soit ni aride, ni trop humide, et qui soit bien aéré.

— *Formes.* S'il est un arbre indépendant, amoureux de sa liberté, c'est le pommier, qui se prête toujours difficilement aux caprices de l'homme, dès que celui-ci combat trop brutalement les tendances naturelles du sujet et en exige une régularité géométrique. Une taille courte, qui a pour but de développer les rameaux dont on a besoin, produit souvent sur les parties fortes de l'arbre une émission de gourmands qui détruisent la régularité de la forme; d'ailleurs, la sève ne prend presque jamais la direction que l'on espère lui imprimer par des pincements réitérés. Aussi, dans le verger, ne doit-on le cultiver qu'en haute tige et réserver les cordons, les palmettes et les autres formes pour le jardin fruitier.

— *Pommier à haute tige.* Le pommier à haute tige est exclusivement greffé sur franc. Cet arbre est tellement utile que chaque fermier devrait en posséder une pépinière.

« Établissez dans votre clos, dit Ernest Baltet, une petite pépinière de pommiers afin d'en avoir toujours sous la main pour remplacer, dans votre verger ou dans vos champs, le long des chemins, les sujets qui s'épuisent ou qui meurent. Les soins à donner à cette petite pépinière sont plutôt pour vous une distraction, un délassement, qu'un surcroît de besogne. Choisissez donc une place, pas très grande, mais bien aérée et ne portant pas de vieux arbres. Défoncez-la jusqu'à 0^m,70 de profondeur. Amendez-la s'il en est besoin et plantez-y de bons plants de pommiers francs, âgés d'un an ou de deux ans, pas davantage, mais ayant à leur base au moins la grosseur d'un porte-plume. N'allez pas en chercher dans les bois, parce que, le plus souvent, ils n'ont qu'un pivot dégarni de chevelu, conséquemment, ils réussissent mal; puis ils sont généralement trop âgés lorsqu'ils ont atteint au bois le volume que nous venons d'indiquer, et leur écorce, durcie, épaissie, n'est pas favorable à la reprise de l'écusson; vous trouverez de bons plants dans le commerce; ou vous pourrez les obtenir vous-même par le semis, soit avec des pépins recueillis au fur et à mesure de la consommation des fruits de table, soit avec le marc du cidre.

« Vous prenez donc des plants venus dans les meilleures conditions, vous rabattez la partie aérienne à 0m,25 du collet et vous raccourcissez les racines si elles sont pivotantes ou dégarnies de chevelu. Vous les plantez à l'aide d'une cheville et en pressant bien la terre autour d'eux, à 0m,50 d'intervalle sur des lignes espacées de 0m,60. Habituellement, ils se développent assez vigoureusement pour être écussonnés au commencement d'août de la même année; exceptionnellement, on attend à l'année suivante.

« On étête les plants greffés pendant l'hiver qui suit leur écussonnage, à 0m,20 au-dessus du rameau écusson, sans avoir à redouter l'effet des gelées, comme pour le arbres fruitiers à noyau.

« Les opérations en vert consistent ; 1° dans l'ébourgeonnage du porte-greffe; 2° le palissage de la greffe sur l'onglet qu'on a ménagé. On de doit pas pincer les écussons, puisqu'ils sont destinés à la forme à haute tige. A l'automne suivant on supprime l'onglet.

« Les scions vigoureux seront conservés dans toute leur longueur. Vous pourrez coursonner les branches de la base aux variétés qui se ramifient, et seulement sur les sujets trapus ; vous aurez le soin de mettre un tuteur à ceux qui seront courbés, trop élancés ou tourmentés par les vents... Pendant l'été qui fait développer leur seconde feuille, on pince successivement les rameaux gourmands qui poussent le long de la tige et surtout ceux qui avoisinent la flèche, pour engager la sève à se porter abondamment dans celle-ci.

« A la fin de cette seconde période de végétation, la plupart des greffes auront dépassé la taille où devra se former leur tête ; vous les rabattez au printemps, à une hauteur variant entre 1m,80 et 2m,50 du sol, selon la destination que vous leur réserverez. Les branches latérales seront supprimées au niveau de la tige, dans sa partie inférieure, tandis que vous devrez vous contenter de tailler les plus fortes de la partie supérieure, en laissant intacts les rameaux faibles; vous en laisserez d'autant plus que le sujet sera plus mince et plus haut ; car ces ramifications appellent la sève en même temps que leurs feuilles aspirent dans l'air les gaz qui leur sont propices. Leur suppression formerait de nombreuses plaies qu'il importe d'éviter.

« Les rameaux supérieurs de la flèche taillée pousseront avec vigueur. Vous laisserez se développer librement les trois ou quatre rameaux placés le plus avantageusement, et les inférieurs seront traités de la manière que nous venons d'indiquer pour les autres branches latérales. L'année suivante, à moins que la tige ne soit trop faible, vous supprimerez sur leur empâtement toutes les ramifications restantes, tandis que les branches de la tête seront distancées également et rabattues à environ 0m,30. De tous les rameaux qui se développeront dans la tête de l'arbre, vous conserverez seulement ceux qui ne feront pas confusion, en affaiblissant de préférence ceux qui, par une position plus favorable, attireraient toute la sève au détriment des autres.

« C'est alors que votre pommier sera dans les meilleures conditions pour être mis à demeure.

« Vous le déplanterez avec soin, de manière à lui conserver le plus de racines possible, et le mettrez sans retard à sa place définitive, après y avoir fait un défoncement suffisant pour que le pied se trouve dans un milieu cultivé d'environ 4 mètres cubes, 2 mètres de côté sur 1 mètre de profondeur.

« Vous surveillerez encore quelques années les branches de la tête, qui sera arrondie dans son ensemble, et ses branches principales, de force égale autant que possible, formeront le vase entonnoir.

« Après trois ou quatre ans, on abandonne à la nature la formation de l'arbre et l'on se contente d'enlever les branches trop confuses. C'est alors que la fructification arrive. »

Pommier à basse tige. — Les espèces que l'on veut cultiver en basse tige seront greffées sur paradis ou sur doucin, excepté sur les terrains très secs, où l'on préférera les enter sur franc.

Les pommiers en cordon servent de bordure aux allées; on laisse ordinai-

Fig. 233. — Mousseron.

Fig. 234. — Agaric comestible.

rement entre eux un intervalle de 1m,50 pour les paradis et 2m,50 pour les doucins; plus ou moins, suivant la qualité du terrain. Le cordon est unilatéral ou bilatéral. Dans le premier cas, chaque arbre ne possède qu'un seul bras; tous les bras de ces pommiers se dirigent horizontalement dans la même direction, le long d'un fil de fer galvanisé, placé à 0m,30 ou 0m,40 du sol. On a choisi des pommiers d'un an de greffe, on les a plantés en une seule ligne, on a supprimé un tiers de la longueur des jeunes tiges; l'année suivante, on établit son fil de fer en le fixant aux extrémités et en le roidissant à l'aide d'un tendeur. Tous les 8 mètres, un petit poteau soutient l'appareil. On abaisse horizontalement chaque tige sans la briser, et on l'attache au fil. La tige, au-dessous du fil de fer, est verticale et débarrassée de tout rameau. On taille les rameaux de la partie horizontale à deux yeux de leur base. Lorsqu'une tige, en s'allongeant, dépasse la naissance de la tige suivante de plus de 0m,30, en greffe par approche, en mars, l'extrémité de cette tige au point de départ du cordon suivant; il en résulte que la sève surabondante d'un arbre passe au profit de l'arbre suivant et que tous les pommiers sont également vigoureux. Quand un arbre ne peut atteindre son voisin, on le fait joindre au moyen d'une greffe par raccord.

Le cordon bilatéral se compose d'arbres dont on fait courir horizontalement les branches le long d'un fil de fer; on le nomme bilatéral parce que chaque arbre, au lieu d'une seule branche, en possède deux qui vont, l'une à droite, l'autre à gauche. On réunit les bras des arbres voisins quand, à leur point de contact, ils sont assez fortement constitués pour supporter la greffe en approche augmentée d'une encoche réciproque qui la consolide en agrafant ensemble les deux arbres.

Le pommier en buisson sert d'ornement au jardin d'agrément sans cesser de

Fig. 235. — LE TAUREAU, par Paul Potter.

produire d'excellents fruits. On choisit des sujets d'un an de greffe, exclusivement sur paradis, et on les plante à 0m,80 et 1m,30 ; on recèpe à 0m,15 en ne conservant que les trois rameaux les mieux placés et d'égale force. L'année suivante, on coupe ces trois rameaux à 0m,10 ou 0m,15 de leur empâtement, sur des yeux de côté destinés à fournir des branches.

« La charpente, dit Joigneaux, se trouvera ainsi formée de six branches, dont on pourra se contenter si la vigueur du sujet est modérée. Dans le cas où elle serait trop forte, on taillerait de nouveau chaque ramification et l'on obtiendrait douze branches. Ce nombre est souvent trop élevé, parce que la sève fournie par les racines n'est pas assez abondante pour alimenter tant de conduits. »

Le pommier en vase est un buisson de grande dimension. On le place au milieu d'une corbeille ; il est alors isolé ; ou bien on le place en groupe, dans un carré du jardin fruitier.

Le vase entonnoir, préférable à tout autre, est plus facile à obtenir ; on ne conserve à chaque tronc que trois branches, que l'on distance également en maintenant leur inclinaison naturelle, puis on les taille à 0^{m},10 de leur base sur deux yeux latéraux destinés à fournir les branches circulaires qui devront former le vase ; on peut doubler d'année en année le nombre de ces branches.

Pour le gobelet, on taille les trois branches mères à 0^{m}, 20 sur deux bourgeons latéraux. On augmente le nombre de ces branches au fur et à mesure que le diamètre de la tête augmente.

Le pommier en pyramide vient rarement avec régularité ; il en est de même du pommier en palmette.

En terminant ce que nous avons à dire des basses tiges, nous remarquerons qu'on ne les connaissait pas autrefois pour le pommier, et que la meilleure manière de cultiver cet arbre est encore de le laisser vivre en liberté.

Taille. — On taille le pommier dans le but d'équilibrer sa charpente aussi bien que dans celui de lui faire produire des boutons à fruit. On le taille pour faire bifurquer les branches et rétablir un équilibre qu'une cause quelconque avait détruit. Lorsqu'il s'agit de mise à fruit, on fait subir à l'arbre un pincement réitéré, ou un cassement en vert ; enfin, les brindilles ou branches chiffonnes, rameaux faibles qui n'ont pas été pincés, seront détruites en partie ; on ne laissera que celles qui sont bien placées et qui remplissent des vides.

Maladies. — La *jaunisse* et le *chancre* sont les maladies les plus communes et les plus graves. La première, à laquelle on donne aussi le nom de *chlorose*, ne s'attaque pas au pommier seulement ; ele est ennemie de tous les arbres fruitiers plantés sur un sol pauvre ; on y remédie en découvrant le pied de l'arbre sur toute la largeur occupée par les racines et de manière à atteindre les plus superficielles ; puis on les recouvre de quelques centimètres de bonne terre nouvelle, bien fumée ; on arrose trois fois en quinze jours avec une dissolution de sulfate de fer (couperose verte) dans la proportion de 10 grammes de sulfate par litre d'eau.

Le chancre est dû au froid et à l'humidité ou au manque d'aération, enfin à une gêne apportée au cours de la sève ; il est souvent déterminé par la suppression des grosses branches pendant la végétation, par un abaissement subit de la température, par une plaie résultant de la chute d'un grêlon, par un coup de pierre, une meurtrissure, une piqûre d'insecte, etc. Pour détruire le chancre, on enlève tout le bord attaqué, on cautérise la plaie avec des feuilles d'oseille que l'on y frotte vigoureusement et on recouvre quelques jours après de mastic onctueux, de plâtre ou de chaux.

Parasites. — Le *gui* est un des principaux parasites du pommier, sur lequel il est transporté par les grives qui en mangent les graines sans en altérer les organes germinatifs et les déposent avec leurs excréments sur les grands pommiers. Comme la graine est enveloppée d'une matière gluante, elle se colle où l'oiseau la dépose et ne tarde pas à y germer sous l'influence de la chaleur et de l'humidité. Le gui enfonce ses racines sous l'écorce et se nourrit de la sève de l'arbre, qui perd de sa vigueur. On doit arracher le gui avec la partie d'écorce qu'il a percée et recouvrir ensuite la plaie d'onguent. Il est rare que le parasite ne repousse pas et ne force pas à renouveler l'opération plusieurs fois.

Les *mousses*, *lichens* et *champignons* obstruent les pores de l'écorce et en hâtent la décomposition; les mousses et les lichens sont favorisés par la stagnation de l'eau dans le sol, ou par l'humidité retenue entre les vieilles écorces de l'arbre; on doit donc drainer les terrains trop compactes, racler les écorces écailleuses et même badigeonner l'arbre avec de l'eau de chaux. Les champignons, ordinairement produits par l'âge avancé de l'arbre ou l'aridité du sol, doivent être enlevés aussitôt qu'on les aperçoit.

Insectes. — Nul arbre n'a à souffrir des insectes plus que le pommier, car ils s'y multiplient en nombre considérable, et il n'est pas facile de l'en débarasser.

Les plus à craindre sont, sans contredit, la chenille, appelée *bombyx disparate* et l'*yponomente du pommier*. Elles sont généralement par paquets et s'entourent d'une espèce de tissu gris ou blanchâtre; lorsqu'elles ont rongé une partie de l'arbre, elles se transportent sur un autre point. On les combat par l'échenillage et on les détruit par le moyen primitif, qui consiste à les écraser; quelquefois on les saupoudre de tabac, de poudre de pyrèthre, de chaux vive, ou bien on asperge les grands arbres avec de l'eau de savon ou de l'huile de noix.

Les pucerons du pommier, presque aussi à craindre, sont des insectes noirs ou verts qui s'attachent en dessous des feuilles et les font se recroqueviller; on lavera toutes les parties attaquées avec une dissolution de 1 kilogramme de savon gras dans 20 litres d'eau.

Le *puceron lanigère*, plus terrible encore que les précédents, parce que les effets en sont mortels et qu'il se multiplie avec une vitesse effrayante, est un insecte qu'il semble impossible de détruire radicalement. On le reconnaît à son épais duvet blanc, il s'attache à la face inférieure des branches, dans les cavités, sous les vieilles écorces, sur le tronc et même sur les racines. Sa piqûre produit des duretés dans le bois et obstrue, par ce moyen, le passage de la sève. Par suite, la branche meurt bientôt si on ne la débarrasse pas promptement de l'insecte et du mal qu'il a produit; malheureusement, cela n'est pas facile; on a essayé plus de cent remèdes qui ne paraissent pas avoir bien réussi; le plus simple est d'écraser l'insecte en frottant l'arbre à l'aide d'un chiffon ou en le grattant avec une brosse ou un pinceau à poils rudes. Les insectes qui auraient échappé à ce moyen mécanique seront asphyxiés par un liquide gras dont on frottera l'arbre. On aura soin que le liquide ne soit pas pâteux, parce qu'il obstruerait les organes respiratoires de l'arbre.

Dans ces huiles, on fera bien d'ajouter de la fleur de soufre.

L'eau chaude produit de bons résultats; on lave deux ou trois fois dans la journée les parties attaquées, à l'aide d'une petite éponge fixée au bout d'un bâton. On presse l'éponge, en donnant de légers coups pour bien faire pénétrer l'eau dans les cavités.

On emploie aussi d'autres liquides, tels qu'un lait de chaux un peu épais, dans lequel on ajoute un peu de potasse; l'infusion de tabac, l'urine, le coaltar, etc.

La pyrale des pommes est une chenille qui s'attaque au fruit lorsqu'il commence à croître, s'enfonce dans son intérieur, le ronge et le fait tomber; elle ne tarde pas à en sortir pour aller se mettre à l'abri sous les vieilles écorces ou sous des débris de végétaux. Les fruits tombés doivent donc être donnés immédiatement à manger aux pourceaux ou bien on les détruit d'une autre façon, sans aucun retard.

Le *charançon* perce les fleurs du pommier pour y introduire un œuf; on ne connaît pas de moyen de destruction pour ces insectes.

Pommier d'ornement. — Outre les pommiers à fruit, on cultive quelquefois, mais très rarement, des pommiers d'ornement.

La pomme. — Le fruit du pommier se distingue de la poire, d'abord en ce qu'il est ombiliqué aux deux extrémités, puis en ce que son suc passe, immédiatement après la maturité, à la fermentation acide.

Les pommes jouent un grand rôle dans l'alimentation. Le nombre considérable de variétés qu'elles présentent, leurs époques diverses de maturité, la facilité de leur conservation permettent d'en avoir toute l'année. Elles sont une ressource pour les classes populaires, et, quoique moins estimées que les poires, elles figurent souvent sur les tables des riches. On en fait des compotes, des marmelades, des confitures diverses, du raisiné, des pommes tapées, etc. L'art culinaire en fait aussi des beignets ou les apprête sous d'autres formes qui constituent des desserts ou des entremets fort délicats.

La saveur et les propriétés des pommes présentent quelques différences suivant les variétés : les pommes douces sont laxatives, les pommes âcres sont astringentes; la pomme reinette et quelques autres présentent une acidité agréable ; la fenouillette plaît surtout par son parfum anisé.

Le cidre possède d'ailleurs des propriétés diurétiques et quelquefois laxatives.

On reproche aux pommes d'être venteuses; mais, si ces fruits présentent quelquefois de mauvaises qualités, on les corrige par la cuisson.

On sait enfin que ce fruit sert à faire du cidre; le marc qui en résulte est employé comme engrais ou pour nourrir le bétail.

La composition chimique de la pomme présente quelques différences suivant la variété, l'âge du fruit, le climat, la nature du sol, etc. Mais on y trouve toujours en assez grande abondance du sucre, du tanin, de l'acide pectique, de l'acide malique, de la pectine et des sels. Lorsqu'on veut consacrer ce fruit aux usages culinaires, il faut le cueillir un peu avant sa maturité; c'est au fruitier que s'achève la maturation. Mais pour la fabrication il faut des fruits parfaitement mûrs.

Les semences ou pépins de pomme, par la trituration et l'expression, fournissent une huile fine bonne pour la table; le tourteau délayé dans l'eau et distillé donne de l'acide cyanhydrique et une essence identique à celle des amandes amères.

Les anciens, aussi bien que les modernes, considéraient la pomme comme le type des fruits à pépins; la culture des vergers était attribuée à Pomone dans la mythologie païenne, et de nos jours l'art de cultiver les arbres fruitiers porte le nom de pomologie. La pomme est, en effet, le plus simple des fruits à pépins, le plus répandu, le premier que l'homme se plût à cultiver. En donner une longue description nous semble inutile : qui ne connaît ce fruit rond ou oblong, déprimé à ses deux extrémités et qui se rencontre en quantités extraordinaires sur presque tous les points de notre hémisphère boréal? On en distingue un nombre presque incalculable de variétés, nombre autrefois doublé par celui des poires que l'on confondait avec les pommes ; ces dernières portaient le nom de pommes femelles; les autres étaient les mâles, parce que l'arbre qui les produit présente une végétation plus vigoureuse, un port plus élevé et des feuilles plus résistantes. Les pommes se divisent aujourd'hui en trois grandes catégories, sous le rapport de leur saveur : 1° les pommes douces, qui se mangent crues; 2° les pommes acides, qui se font cuire; 3° les pommes acerbes, dont on obtient le cidre.

Il est bien entendu que ces divisions n'ont pas un caractère bien tranché et qu'elles sont reliées les unes aux autres par des variétés demi-douces, demi-

Fig. 236. — Inflorescence du poirier. (*Pirus communis.*)

Fig. 237. — Bourgeon de poirier. (*Pirus communis.*)

acides, demi-acerbes. Les pommes ont de tout temps été considérées comme un bienfait de la nature, parce que c'est un fruit qui se conserve pendant toute l'année et qui peut servir à une infinité d'usages. Crues, elles ne paraissent guère sur les tables opulentes que comme objets de décoration, et il est rare que l'on attaque les pyramides pittoresques qu'elles forment aux angles des beaux desserts d'hiver; desserts imposants, pour lesquels on choisit les fruits les plus gros et les plus sains. Il n'en est pas de même chez les gens moins favorisés de la fortune, pour lesquels les pommes constituent souvent tout le dessert, en y joignant le fromage; la pomme, dans ce cas, remplace la poire, plus délicate, mais aussi plus coûteuse; les meilleures sont les demi-sucrées légèrement aigrelettes, telles que la reinette et le calville blanc.

La pomme d'api, que beaucoup de personnes recherchent pour sa beauté, est dure et indigeste; c'est un fruit d'apparat. D'ailleurs, aucune pomme ne peut rivaliser avec la poire pour la finesse de la chair, la délicatesse du parfum et l'abondance de l'eau.

Bien qu'on ait souvent reproché aux pommes d'être venteuses, elles constituent, en réalité, un traitement sain, pourvu qu'on ne boive que de l'eau, car alors elles se digèrent beaucoup mieux que si l'on faisait usage du vin; singularité remarquable et particulière aux pommes et aux figues, deux fruits qui conviennent admirablement aux buveurs d'eau.

Les pommes de bonne espèce et bien mûres sont regardées avec raison comme rafraîchissantes, laxatives, nourrissantes, mais il est essentiel de les bien mâcher avant de les avaler et surtout d'avoir des sucs digestifs bien actifs.

Cuites, elles acquièrent plus de goût et sont beaucoup plus faciles à digérer. A peine se trouve-t-il quelques estomacs difficiles auxquels elles donnent des aigreurs; ils sont en si petit nombre, que la pomme cuite est considérée comme un aliment de convalescent; elles empêchent quelquefois la digestion du laitage, mais elles ont cela de commun avec beaucoup de fruits.

Conservation des pommes. — Les pommes se conservent mieux que tous les autres fruits; on les place dans le fruitier comme les poires, on bien on les enferme dans des boîtes. Les pommes de dessert demandent une surveillance assidue. S'il arrive qu'elles aient gelé pendant l'hiver, il ne faudra point les toucher jusqu'à ce qu'elles se dégèlent naturellement par le changement de température; elles se conserveront tout aussi bien que si elles n'avaient pas souffert et deviendront plus douces et plus sucrées. Les dégeler devant le feu, c'est les gâter; mais, si l'on était pressé de les employer, on pourrait les jeter dans de l'eau très froide, où elles se dégèlent doucement sans que leur qualité ait à souffrir.

Dans les pays où l'on fabrique du cidre, les pommes qui y sont destinées se mettent séparément dans des cuves en bois, suivant leur qualité; on les couvre de paille pour les préserver du froid. Dans quelques cantons de la Normandie, on les place dans des tonneaux dressés verticalement, avec du sable fin, bien séché, au soleil ou au four, on remplit tous les vides avec ce sable et on fonce les tonneaux.

LE POIRIER

Le genre poirier *Pirus*, envisagé dans son acception la plus large, renferme des arbres et des arbrisseaux, à feuilles simples, entières ou diversement découpées, munies de stipules caduques. Les fleurs, solitaires ou groupées en corymbes, présentent un calice à cinq divisions foliacées; une corolle à cinq pétales arrondis; des étamines nombreuses, libres, insérées sur le calice; un ovaire infère, à cinq loges (rarement moins) biovulées, surmonté d'un nombre égal de styles.

Le fruit est globuleux ou piriforme, charnu, à cinq loges (rarement moins), renfermant chacune deux graines (rarement une ou trois), surmonté par les lobes persistant du calice.

Ce genre, sur la circonscription duquel les auteurs ne sont pas d'accord, se divise en plusieurs sections, dont les principales sont les *poiriers* proprement dits, les *pommiers*, les *aliziers* et les *sorbiers*, les *cognassiers*, etc.

Ainsi restreint, le genre poirier se caractérise et se distingue des autres, surtout par son fruit allongé, piriforme, rarement arrondi, ombiliqué au sommet seulement, à endocarpe membraneux, à cinq loges renfermant chacune deux graines, plus rarement une seule.

Ce fruit, après la maturité, ne passe pas immédiatement à la fermentation acide, comme ceux des pommiers et des cognassiers; il subit d'abord un premier degré de fermentation, pendant lequel il se ramollit de l'intérieur à l'extérieur en conservant une saveur sucrée; c'est ce phénomène que l'on désigne ordinairement sous le nom de *blettissure*.

On ne connaît qu'un petit nombre d'espèces de poirier, et une seule présente une certaine importance: c'est le poirier commun, type du genre dont nous reparlerons tout à l'heure.

Le *poirier à feuilles de saule*, originaire de la Sibérie, produit un bel effet par ses feuilles longues, soyeuses, blanchâtres. Le *poirier de Sinaï* lui ressemble beaucoup.

Le *poirier de Chine* ressemble beaucoup au poirier commun, il en diffère toutefois par ses feuilles plus grandes, qui tombent seulement aux premiers froids, et par ses fleurs très larges, d'un effet agréable. On peut citer encore le *poirier à feuilles de sauge*. Quelques-unes de ces espèces présentent des variétés pleureuses ou à rameaux pendants.

Le *poirier cotonneux* ou *pollweria* a les rameaux ou le feuillage entièrement couverts d'un duvet blanc, soyeux et argenté; c'est un hybride de poirier et d'alizier.

Le *poirier commun*, à l'état sauvage, est un arbre à rameaux épineux, glabres, ainsi que les bourgeons et les feuilles, qui sont ovales et dentelées; le fruit présente vers le cœur des granules pierreux, appelés *carrière* ou *rocher;* ce fruit est petit, acide, âpre, à peine mangeable; on s'en sert pour nourrir les bestiaux ou pour fabriquer une médiocre boisson fermentée. Il est indigène et se trouve assez fréquemment dans nos forêts. Son bois, dur, assez lourd, d'un grain fin et uni, rougeâtre, d'une structure homogène, est très estimé pour le tour, l'ébénisterie, la marqueterie, la fabrication des règles et des équerres, la lutherie et même pour la gravure, bien qu'il soit sous ce rapport inférieur au cormier et surtout au buis; il prend bien la teinture noire et présente alors l'aspect de l'ébène. Soumis à la culture, il a perdu ses épines et produit un nombre considérable de variétés dans la forme, le volume, la qualité et l'époque de maturité des fruits.

Ces variétés se comptent aujourd'hui par milliers : les unes sont cultivées dans les jardins et les vergers, et fournissent des fruits alimentaires justement estimés; les autres entrent dans la grande culture et servent à la fabrication du *poiré*.

Le marc ou résidu de cette fabrication est utilisé de diverses manières en agriculture. S'il contient beaucoup de pépins intacts, il peut servir à créer, à peu de frais, une pépinière de poiriers. On l'emploie aussi pour l'alimentation des animaux domestiques; enfin, on l'utilise souvent comme engrais et, quand il est sec, comme combustible.

C'est surtout dans l'est de la France que le poirier est cultivé en grand ; il préfère les sols calcaires et modérément humides. On le multiplie de diverses manières.

Multiplication. — Le semis des pépins d'une poire ne produit que des poiriers inférieurs, se rapprochant plus ou moins de l'état sauvage ; ce sont des *poiriers francs* ou *sauvageons*. Lors donc que l'on désire obtenir des variétés supérieures, il faut recourir à la greffe, au bouturage ou au marcottage.

La greffe a lieu sur franc, sur cognassier, sur aubépine, sur sorbier sauvage ou néflier sauvage. Mais, comme le poirier ne vit longtemps et convenablement que sur franc, sur cognassier et sur aubépine, arbres qui sont assez répandus pour ne jamais faire défaut au cultivateur, on s'en tient à ces trois sortes de greffes.

Greffe de franc. — Le *franc* ou *sauvageon* est le sujet provenant d'une graine de poirier cultivé; il lui faut une profonde couche de terre végétale, afin que l'arbre puisse y enfoncer ses racines pivotantes; on préférera un terrain ferme, sinon qu'il soit frais et que le sous-sol en soit perméable et d'assez bonne composition; on emploiera tel ou tel engrais suivant la nature du terrain. On sème le franc avec les pépins de bonnes poires; ces pépins sont mis de côté de façon qu'ils ne se dessèchent pas; le meilleur système est de les conserver dans leur trognon, mais on peut les placer dans un vase fermé ou dans une boîte, sans les laver ni les essuyer. La boîte contient un peu de sable que l'on remue à chaque fois que l'on y jette quelque graine; le tout doit être conservé dans un lieu abrité contre la gelée, jusqu'au mois de mars, époque de la germination. Ordinairement on ne sème qu'en mars.

On répand la graine sur une terre bien préparée, on la recouvre de $0^{m},01$ de terre meuble; une terre douce et fine, projetée avec la graine, engage la racine à rester vers la surface au lieu de s'enfoncer verticalement.

On stratifie quelquefois les graines; ce n'est pas un soin inutile, parce que la stratification empêche les pépins de se perdre par le dessèchement ou la fermentation; on sème après le renflement, mais avant que les cotylédons aient brisé leur enveloppe.

Après une année de végétation, le plant est bon pour la replantation; plus âgé, le plant exige le repiquage.

Lors de la mise en place, on écime à $0^{m},25$ du collet; on plante en bonne terre qui ne soit pas trop ameublie, afin que le hâle soit moins à craindre et parce que le poirier, dans sa jeunesse, redoute la porosité du sol; on tassera donc la terre légèrement autour du plant.

Quand on opère sur une grande échelle, on repique les sujets assez près l'un de l'autre pour les transplanter successivement.

Quelquefois on ne se donne pas la peine de semer le franc; on va le chercher dans les forêts, dans les haies, dans les bois, moyens défectueux qui fait perdre beaucoup de temps et ne produit presque jamais de plants bien vivaces ni bien faciles à cultiver; on ne doit donc pas y avoir recours, malgré les résultats satisfaisants que l'on en obtient de loin en loin.

Greffe sur cognassier. — Cette greffe présente des avantages et des désavantages. Le poirier sur cognassier est plus promptement fertile; les fruits en sont plus gros, plus colorés, plus savoureux que s'il eût été greffé sur franc;

mais l'arbre est toujours moins vigoureux ; sa vie est moins longue et présente un caractère d'irrégularité qu'il est bon de prendre en considération; ainsi un poirier sur cognassier arrive généralement à la décrépitude en quelques années et, d'autres fois, il vit un siècle, bizarrerie que l'on n'a pu expliquer.

Nous ne nous occuperons pas ici de la manière d'obtenir des cognassiers, mais quelques mots sont indispensables sur les opérations préparatoires qu'ils doivent subir avant le greffage.

En opérant sur un riche terrain avec un plant fort, jeune, bien raciné, on

Fig. 238. — PAYSAGE DE LA BASSE-ÉGYPTE, par Marilhat.

l'écimera à $0^m,25$ et il devra pousser assez pour être écussonné l'année suivante pendant l'été ; si le terrain ne présente pas les qualités désirables, on retardera le greffage d'une année et, au printemps intermédiaire, on élaguera les branches latérales du sujet et on taillera court celles de la tête ; on évitera de greffer sur tiges à écorce dure. Comme il existe plusieurs sortes de cognassiers et que tous ne sont pas également bons pour la greffe, nous recommanderons la race ordinaire, d'une vigueur modérée, robuste au froid et ne possédant pas, dans sa jeunesse, de racines trop grosses ; la race dite cognassier d'Angers, qui a ce dernier défaut, est propre aux élevages faits sur place et non soumis aux replantations de la pépinière.

Le cognassier destiné à la greffe sera placé de préférence dans un endroit frais, sur un sol plutôt gras que compact, comme les sables d'alluvion, les terres noires ou rouges ; le calcaire ou l'argile seront améliorés par la terre franche, l'humus, la silice ou le sable ; on amendera le sol avec des boues, des curures d'étang, des gazons pourris, du fumier de vache, des débris d'animaux ou de végétaux consumés ; on évitera avec soin les terrains en inclinaison rapide, ceux qui sont battus par de grands vents ; le poirier sur cognassier prospérera mieux au nord d'un mur qu'en plein midi.

Le cognassier ne convient d'ailleurs qu'aux variétés peu fertiles ou qui mûrissent tardivement ; toutes les variétés n'y réussissent pas ; quelques-unes y sont languissantes et, après deux ou trois années d'une végétation langoureuse, produisent quelques fruits pour mourir ensuite. Pour obvier à cet inconvénient, on a recours à un double greffage consistant à greffer d'abord sur le cognassier une variété qui lui est très sympathique, comme le *monseigneur des Hons*, et à greffer, sur la variété sympathique, la variété rétive qui ne serait pas venue directement.

Quant à la manière de greffer, on préfère l'écussonnage à œil dormant. « Parmi les greffes en scion, dit Joigneaux, nous ne voyons que la greffe anglaise et la greffe de rameau inoculé qui ne manquent guère entre des mains habiles. Les greffes en fente et en couronne réussissent volontiers avec certaines variétés qui s'y prêtent particulièrement, par exemple celles qui ont le bois d'apparence rude et les tissus bien corsés. L'inoculation avec rameau peut encore se faire au printemps, à titre de greffe forcée, à œil poussant. »

La végétation du cognassier se maintient assez longtemps pour que l'époque de l'écussonnage soit plutôt tardive que précoce aux trois cinquièmes environ de la saison affectée à ce travail. Deux mois avant l'opération, on supprime les ramifications latérales jusqu'à $0^m,15$ du sol et, dans les huit jours qui précèdent le greffage, on réunit les branches restantes avec un lien.

Le greffage du cognassier se fait toujours à basse tige, à $0^m,10$ du sol. En opérant, le greffeur a soin de conserver assez longue la plaque d'écorce qui accompagne le bourgeon à inoculer et il évite de laisser à son revers interne des lamelles d'aubier inutiles ; par là, il diminue les risques de la décollation trop fréquente du poirier sur le cognassier.

Greffe sur aubépine. — Cette sorte de greffe n'a qu'une importance médiocre, parce que l'alliance des deux espèces étant rarement intime, les arbres manquent de vigueur, mais elle est avantageuse lorsqu'il s'agit de faire venir un poirier dans les terrains brûlants, dans les sols stériles, où le franc et le cognassier ne réussiraient pas ; tels sont les Landes, dans les plaines arides desquelles on ne peut obtenir de poirier que greffé sur aubépine ou épine blanche ; on emploie des variétés vigoureuses, telles que beurré d'Amanlis, beurré Diel, beurré d'Hardenpont, doyenné d'hiver, martin-sec, etc., etc. « Avec un bon plant, dit Joigneaux, et sur un bon sol, l'écussonnage serait praticable dès la première année. Un beau sujet de force moyenne est le meilleur. S'il est faible, le poirier en souffrira ; s'il est trop gros, la soudure sera imparfaite. Plus un plant est âgé et plus le terrain est sec, plus tôt en saison aura lieu l'écussonnage. Et comme, dans ces deux cas, l'époque en est assez hâtive, on se précautionnera de greffons aoûtés par un pincement préalable. On place l'écusson à quelques centimètres au-dessus du sol, de façon que le bourrelet de la greffe affleure la terre.

« Que le sujet soit destiné à s'élever en haute tige ou à rester basse tige, que le greffage soit fait par œil ou par rameau, l'arbre n'en doit pas moins être greffé rez de terre. Greffé plus haut, l'exiguïté de la tige et le volume du bourrelet nuiraient à la santé de l'individu. On comprend alors que, pour obtenir un poirier sur aubépine à haute tige, la première condition indispensable sera la vigueur de la variété. Cependant, pour avoir également en haute tige une variété de vigueur modérée, on aurait encore recours au greffage intermédiaire d'une tige plus vigoureuse et sympathique, remplissant les fonctions de père nourricier. »

Formes. — On appelle forme d'un poirier la tournure qui lui est imposée, le dessin figuré par l'ensemble de sa charpente; il n'existe, à proprement parler, que deux formes : les formes arrondies, où le branchage rayonne autour de l'axe du sujet, qui sont spécialement destinées aux arbres en plein air; elles se disposent en cône, en boule, en entonnoir, en pyramide, en vase; on les abandonne le plus souvent à elles-mêmes; et les formes aplaties, pour espaliers et contre-espaliers; elles se divisent en cordons, en palmettes, en éventails,

On distingue aussi les poiriers en *poiriers à haute tige*, arbres dont la tige est nue jusqu'à la hauteur de $1^{m},60$; *poiriers à basse tige*, arbres sur lesquels l'embranchement débute à une distance du sol moindre que $0^{m},50$, et *poiriers à tige moyenne*, pour les sujets dont la hauteur de nudité de la tige tient le milieu entre les deux autres.

Poirier en cordon. — Le cordon est un sujet composé tout simplement d'une tige verticale, oblique ou en serpenteau, sans aucune branche latérale de charpente; c'est l'arbre réduit à sa plus simple expression; si on le dirige sur deux tiges semblables au lieu d'une seule, on obtient le double cordon. Les arbres plantés à $0^{m},30$ ou $0^{m},35$ établissent promptement des espaliers, des contre-espaliers, des rideaux; mais ils souffrent à être ainsi tyrannisés, languissent ou jettent une végétation folle; on doit donc choisir des sujets peu vigoureux, entés sur cognassier ou sur aubépine; on les plante tellement serrés que leurs racines s'enchevêtrent et amoindrissent leurs fonctions, en ralentissant la végétation. Le cordon offre l'avantage de permettre la réunion dans un espace restreint d'un grand nombre de variétés différentes, et le désavantage de torturer des plants qui se révoltent souvent et produisent alors à regret de fort maigres fruits.

Le cordon horizontal, propre au pommier, ne s'applique qu'à quelques rares variétés de poiriers, telles que baronne de Mello, beurré Clergeau, bonne-louise d'Avranches, etc.

Poirier en palmette. — Tous les poiriers peuvent être cultivés sous cette forme, qui réunit à la régularité le mérite d'une fructification bien répartie; elle comprend une tige verticale et des ailes à droite et à gauche de cette tige, branches parallèles et régulièrement distancées; s'il y a deux tiges verticales, la forme est appelée palmette double.

Les ailes ou branches sont conduites obliquement ou horizontalement; l'étage est la série des deux branches obtenues de chaque côté du sujet, à peu près à la même hauteur. « La série s'obtient par la taille de la tige sur son rameau de prolongement; on a soin de le couper contre un œil posé de façon à continuer cette tige médiane; et en même temps, les deux bourgeons, situés immédiatement au-dessus, l'un à droite, l'autre à gauche, forment l'étage de la même année. Avec une bonne végétation, il est facile d'obtenir un étage par année; mais, pour assurer celui de la base contre les risques de l'étiolement, on le laisse se fortifier pendant au moins deux années avant de chercher à obtenir le second étage. Deux moyens sont employés pour forcer le développement des membres latéraux : 1° le cran au dessus de leur empâtement pratiqué au moment de la taille; 2° le pincement opéré sur la tige médiane dans l'été précédent. Le nombre d'étages est subordonné d'abord à l'emplacement reservé au sujet, puis à sa vigueur, à sa fécondité. » (Joigneaux.)

La palmette horizontale est souvent funeste, parce que le cours de la sève est peu naturel; trop souvent les branches inférieures maigrissent et les branches supérieures absorbent toute la sève. La *palmette candélabre* a pour but de parer à tous ces inconvénients. L'extrémité de la branche est redressée verticalement, la sève s'y porte et la partie horizontale est fortifiée par son passage.

Le poirier traité de cette manière a droit à une étendue considérable. « La *palmette double*, dit Joigneaux, diffère des précédentes par ses deux tiges verticales éloignées de 0m,30 l'une de l'autre, au lieu d'une seule tige médiane. On les crée par le recepage de la tige simple à 0m,30 du sol, ou par le greffage, à cette hauteur, de deux bourgeons opposés. Dans une palmette double, l'équilibre général est assez difficile à maintenir. »

Poirier en éventail. — Cette forme convient aux poiriers à végétation tourmentée, irrégulière, à ceux dont les rameaux arqués ou infléchis se couvrent d'écailles, de mousses et sont sujets à s'énerver; tels sont le beurré gris, bon-chrétien, colmar, crassane, passe-colmar, etc. On taille d'abord la tige à 0m,30 du sol pour lui faire développer deux rameaux qui, par l'effet du palissage, feront un V l'année suivante; on les taille à quatre yeux et on favorise à chacun la sortie de deux rameaux, ce qui donne un nouveau V de chaque côté. Les quatre bras sont équidistancés; on les taille à 0m,35; l'œil terminal forme le prolongement; en continuant l'embranchement de chaque membre nouveau, on obtient une carcasse en éventail, en patte d'oie, en queue de paon; on pince chaque année les jets inutiles.

Telles sont les différentes formes plates, auxquelles il faut ajouter les lignes de poiriers en *treille* ou *ombrelle de pépinière;* les sujets, distancés de 1 mètre à peu près, dirigent leurs branches de droite et de gauche vers leurs voisins, régulièrement ou sans ordre. On tond les rameaux qui s'échappent en avant ou en arrière de la ligne.

Poirier en cône, en pyramide, etc. — Le cône se compose d'une tige verticale garnie sur toute son étendue de branches dont l'ensemble forme un cône ou une pyramide et qui, étant émoussées, représentent un pain de sucre ou une borne; c'est une forme qui convient à toutes les variétés, quelques-unes même l'adoptent naturellement. Le *fuseau* ou *pyramide-fuseau* diffère de la pyramide proprement dite en ce qu'il est moins large; c'est la forme qui convient aux espèces : nouveau poiteau, suzette de Bavay, passe-crassane, etc.

Poirier en vase. — La forme en vase est très peu employée aujourd'hui; on l'a abandonnée à cause de l'ennui du dressage; elle avait pourtant le mérite de résister aux coups de vent.

Poirier à haute tige naturelle ou négligée. — C'est l'arbre qui pousse en toute liberté; les branches grandissent; les plus fortes dominent les autres et deviennent membres de charpente en attendant qu'elles soient remplacées par de nouveaux gourmands; on donne cette forme aux variétés très vigoureuses ou médiocrement fertiles, aux variétés faibles et délicates que les mutilations de la taille peuvent énerver.

Les seuls soins à donner à l'arbre consistent à bien charpenter sa couronne et à équilibrer l'ensemble, en pinçant ou taillant pendant les premières années. Tous les deux ans, on supprime les rameaux inutiles; on abat les extrémités des branches qui s'emportent.

Poirier à haute tige, pyramidal ou conique. — On abandonne

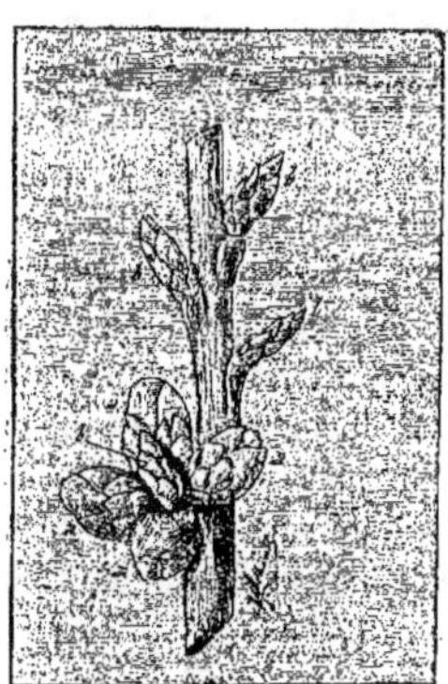

Fig. 239. — Cerisier. (*Prunus cerasus.*) Bourgeon à bois, sa fleur.

Fig. 240. — Cerisier. (*Prunus cerasus.*) Fleur.

l'arbre à lui-même un peu moins que le précédent. Presque toutes les variétés se soumettent à cette forme; mais on préfère celles qui la prennent naturellement. On écime ordinairement la tige de l'arbre qui n'est pas assez trapu, afin de développer les rameaux immédiatement inférieurs. Pour les variétés à rameaux très divergentes, on rectifie la courbure des premières années à l'aide d'une perche autour de laquelle rayonnent quelques baguettes qui servent à palisser les membres latéraux. On taille pendant deux années et l'on ébourgeonne; on casse ou l'on pince ensuite la cime ou les rameaux qui dérangent l'aspect pyramidal de la tête ou qui tendent à se dénuder; on retranche en tout temps les ramifications intérieures qui se changent en gourmands au lieu de devenir brindilles fruitières.

Poirier à haute tige en vase. — Cette forme est propre aux variétés dont les branches s'élèvent d'elles-mêmes en se ramifiant sans se contourner; à celles qui se couvrent confusément de petites branches inutiles, susceptibles d'obstruer la circulation de l'air et de la lumière dans la tête du sujet; à celles qui sont très fertiles et qui réclament un retranchement partiel des rameaux, pour en ranimer la végétation; aux sujets que l'on place dans des lieux froids et ombragés où les rameaux à fruits demandent à être éclairés.

On commence cette forme en taillant la tige de l'arbre à la hauteur désignée pour la couronne; plusieurs yeux se développent en rameaux; on n'en conserve que trois ou quatre, les mieux placés à la même hauteur, et on palisse sur des baguettes décrivant le cintre. A la première taille, on égalise la force des rameaux en les recepant sur le talon ou bien à deux ou trois yeux; à la seconde taille, on coupe les branches à 0m,45 pour les faire bifurquer; on peut encore faire bifurquer plusieurs fois si l'on veut augmenter le diamètre du vase, qui a ordinairement la forme d'un entonnoir.

Taille du poirier. — On doit tailler en automne, de manière que les vaisseaux puissent encore se cicatriser avant les froids et produire, au printemps prochain, une végétation vigoureuse. La taille printanière favorise davantage la mise à fruit, mais elle fatigue le sujet; quelques praticiens taillent en deux fois et nous ne pouvons que les approuver : en automne, la branche à bois; au printemps, là branche à fruits. Si l'on taille en une seule fois, on est forcé d'alterner d'une année à l'autre la taille longue avec la taille courte. La taille a donc pour but : 1° l'équilibre de la charpente, 2° la fructification.

Pour l'équilibre, en règle générale, un rameau sera taillé à moitié de sa longueur s'il doit pousser verticalement; aux deux tiers, si sa direction est oblique; non taillé, s'il reste horizontal. On coupe rarement les rameaux gros, trapus, à bourgeons saillants, lorsqu'ils sont entourés de voisins susceptibles de les imiter. Un rameau faible sera conservé en entier et fortifié par un cran au-dessus de son empâtement et par une incision longitudinale au côté sud de son écorce.

En général, on taille long les parties faibles et court les parties fortes; on taille plus court dans la jeunesse de l'arbre pour mieux en obtenir la forme. Avec le poirier, on peut sans crainte tailler des branches âgées de plusieurs années ou sur des gorges cachant des yeux non apparents; de nouveaux rameaux perceront les écorces durcies ou bourrelées. A la place des extrémités des branches charpentières ou même des tiges qui poussent mal, on dresse de beaux jets choisis en dessous; si ces jets font défaut, on inoculera un œil ou une sommité de rameau à l'endroit coudé ou faible qui demande à être prolongé, et, au printemps suivant, on taillera le membre à 0m,005 au-dessus de la greffe.

Les limites de la charpente se calculent sur l'emplacement où se trouve l'arbre et ensuite sur la vigueur du sujet; les charpentes étendues conservent difficilement leur équilibre, les formes restreintes sont moins productives.

La taille pour la fructification repose sur les principes généraux qui dirigent la mise à fruit des poiriers. Il est bon de savoir que, tout en fructifiant, le bourgeon à fruits produit d'autres bourgeons qui s'éteignent ou qui deviennent fructifères et multiplient encore. Cela dépend de la branche fruitière qui possède à sa base un talon de bois vif à écorce lisse, ou bien un talon de bois bourrelé à écorce ridée. Dans le premier cas, la branche sera de longue durée; dans le second, elle sera vite exténuée; il faudra donc, sur la branche charpentière, des ramifications à écorces vives à la base, et, au sommet, une écorce bourrelée avec des boutons à fruits.

Le bourgeon à fruits porte le nom de dard quand il s'agit de poiriers cultivés, et d'épine quand il s'agit de poiriers sauvages.

On confond souvent dard et brindille; le dard est une brindille courte; la coursonne est une brindille ramifiée.

Il y a plusieurs moyens d'obtenir des brindilles ayant déjà une disposition fructifère :

1° L'absence de taille pour les sujets trapus, réguliers, d'une ramification facile;

2° La taille longue des membres de charpente si les ramifications latérales sortent librement et partout. L'alternance des tailles longues et courtes est recommandée aux mains inhabiles;

3° La taille printanière des brindilles de la branche fruitière;

4° L'arcure des rameaux chez les arbres d'une vigueur excessive et trop longtemps stériles; pendant le repos de la sève, on arque ces rameaux dans une direction infléchie et d'une façon assez régulière; on ne taille que les brins superflus et difficiles à abaisser;

5° La déplantation du sujet rebelle à la production fruitière; elle renouvelle le terrain qui entoure les racines, soit qu'on le change de lieu, soit qu'on mette de nouvelle terre dans le trou où on le replace;

6° Le greffage des boutons à fruits. On choisit les boutons superflus des arbres qui en sont surchargés et on les greffe sur ceux qui n'en portent pas. On opère par le procédé de la greffe, par inoculation de bourgeon ou de rameau. Quand l'occasion se présente, on opère comme pour l'écussonnage ordinaire;

7° L'incision annulaire. En enlevant un anneau d'écorce autour d'une branche, la partie restante au-dessus de la bague grossit au lieu de s'allonger; les yeux tournent à fruits, qui sont plus beaux que les autres, plus précoces et plus savoureux; on opère aux premières évolutions de la sève ou immédiatement avant l'épanouissement des boutons floraux placés au delà. Comme les bouts de branches incisées sont considérés comme sacrifiés, on n'opère que sur ceux qui sont superflus, trop longs ou destinés à la destruction;

8° Le pincement des brindilles, afin de retenir sous sa tunique écailleuse le bouton destiné à fructifier et de ne pas le laisser échapper en tissu ligneux.

Pincement de la fleur. — Ce procédé aide à la fécondation de l'ovule et au grossissement du fruit; il consiste dans la suppression, au moment de l'épanouissement, des deux ou trois fleurs placées au centre de chaque bouquet, à l'aide de ciseaux ou avec les doigts.

Fructification. — On restreindra le nombre des fruits suivant la force des arbres, en supprimant les fruits surabondants, que l'on coupe sur leurs pédoncules, dans les groupes compactes, sur les branches malingres, au sommet des membres de charpente; suppression obligatoire chez les variétés à gros fruits et presque inutile chez les variétés à petits fruits. On surveille les fruits adultes pour détruire les vers qui viennent les attaquer; on soutient les branches trop chargées à l'aide de supports ou de liens; on effeuille autour du fruit et, pour empêcher celui-ci de se détériorer en tombant, on le retient à l'avance à l'aide d'un fil qui le suspendra lors de sa chute.

Récolte. — La cueillette est successive ; les poires d'été demandent à être récoltées plusieurs jours avant leur maturité complète.

Insectes et maladies du poirier. — Le nombre des insectes qui tourmentent le poirier est incalculable ; on doit donc leur faire la guerre par tous les moyens possibles; on échenillera, on détruira les larves et les chrysalides; on broiera et on jettera au feu toutes les poires véreuses qui tombent avant le terme, parce qu'elles contiennent des larves; on détruira l'extrémité des jeunes scions qui auront été attaqués par le pique-bourgeon (*cephus compressus*) et on les jettera au feu; on détruira le kermès par des frictions d'eau additionnée de savon noir; on détruira les larves du tigre par la friction hivernale des branches. Les larves qui vivent à l'intérieur du bois seront asphyxiées par la fleur de soufre, brûlées à l'orifice ou percées avec un fil de métal.

Les maladies du poirier sont assez faciles à éviter par les moyens préventifs, mais ces moyens ne réussissent pas toujours. On reconnaît la jaunisse à la nuance du feuillage; les racines manquent de terre ; ajoutez-en ou déplantez pour replanter ailleurs. La brûle ou dessèchement des sommités des rameaux demande un renouvellement de nourriture et une taille longue à l'appareil radiculaire qui renouvellera ses suçoirs. Le chancre sera cerné et râclé au vif, puis recouvert d'un onguent.

LE PRUNIER

Ce genre *Prunus* est formé d'arbres et d'arbrisseaux propres aux climats tempérés. On en trouve cependant en Amérique et en Asie. Il est originaire de la Dalmatie et de l'Arménie.

La fleur présente un calice découpé en cinq parties, une corolle à cinq pétales, larges, ronds, étendus et insérés sur le calice; vingt à trente étamines, un ovaire simple, rond libre, surmonté d'un style couronné par un stigmate orbiculaire.

Le fruit est un drupe ovoïde ou oblong, charnu, très glabre, couvert d'une poussière blanchâtre, à noyau déprimé. Les jeunes feuilles sont convolutées et paraissent généralement après les fleurs.

On distingue deux grandes espèces de pruniers : le *prunier sauvage* et le *prunier cultivé*, celui-ci présentant beaucoup d'espèces différentes.

Prunier sauvage ou épineux. — C'est un arbrisseau d'Europe croissant dans les haies des lieux arides et dont les tiges sont recouvertes d'épines et d'une sorte de lichen foliacé (*lichen prunastri*).

Le fruit de cet arbrisseau, nommé prunelle, est rond, de grosseur médiocre, d'une couleur bleuâtre ou violet foncé, d'un goût âpre.

Cet arbrisseau est propre à faire des haies; il s'élève quelquefois jusqu'à 4 ou 5 mètres de hauteur. Le bois est dur et ressemble pour la couleur à celui du pêcher. Il est susceptible de recevoir un assez beau poli, mais il se

Fig. 241. — FIN D'ÉTÉ, tableau de R. Collin (pour la nouvelle Sorbonne).

fend avec facilité. On l'utilise surtout à faire des cannes. On a essayé de faire du vinaigre avec les prunelles, avant leur maturité. Autrefois on l'employait en Allemagne pour la préparation d'un extrait nommé *acacia nostras*. L'écorce de cet arbrisseau est amère, astringente; elle renferme même assez de tannin pour qu'on ait cherché à l'utiliser dans la tannerie. Enfin, ses feuilles infusées rappellent assez l'infusion du thé. Aussi les mêlait-on souvent à cette dernière substance à l'époque où son prix élevé rendait cette fraude profitable.

Prunier cultivé. — Cet arbre, qui atteint des proportions moyennes, a une écorce remplie de gerçures; une racine ligneuse, traçante et rameuse; des feuilles pétiolées, alternes, simples, ovales, lancéolées, finement dentées et pubescentes en dessous. Ses fleurs sont blanches et solitaires.

Il donne des fruits de forme, de grosseur et de couleur diverses, selon ses variétés, qui sont très nombreuses. On peut compter environ deux cent cinquante espèces différentes.

Le bois du prunier est dur, serré, bien veiné, susceptible de recevoir un beau poli. Il se coupe nettement, sans baver, sous l'outil. Ses veines sont variées, chatoyantes, ondées de brun et de jaune rougeâtre. Plus l'arbre vieillit, plus les teintes sont prononcées; on s'en sert souvent dans les campagnes pour la confection des meubles.

Le tronc du prunier laisse exsuder une gomme assez semblable à la gomme arabique, quoique plus foncée; on l'emploie d'ailleurs aux mêmes usages; elle est connue sous le nom de gomme du pays (*gummi nostras* des officines).

Le prunier n'est pas difficile sur la qualité du terrain. Il vient partout, pourvu que le sol ne soit ni glaiseux, ni marécageux. La terre franche et légère lui convient parfaitement; dans une terre trop forte, il donne peu de fruits et trop de bois. L'exposition du levant ou du couchant est la plus favorable. Le prunier n'aime pas à être trop rapproché des bâtiments et des grands arbres. Il se reproduit soit par semis, soit par rejetons.

Dans le cas du semis, les jeunes plants ont une pousse lente pendant les deux premières années; aussi les pépiniéristes préfèrent-ils les rejetons, qui poussent très vite et sont souvent bons à greffer dans l'année même de leur plantation.

Mais il se présente là un inconvénient grave, c'est que le prunier par rejeton est moins robuste que les sujets par semis, qu'il s'épuise plus facilement et ne peut guère être employé que pour les espaliers.

La greffe la plus usitée pour le prunier est la greffe en écusson. Il faut être très attentif à cette opération, car, en été, dès que la terre se dessèche, l'écorce se colle à l'aubier, et les écussons qu'on place avec plus de peine réussissent rarement.

Le prunier est presque aussi rebelle à la taille que l'abricotier. Aussi la difficulté que l'on éprouve à le conduire est telle, que l'on s'attache moins à lui donner une forme régulière et définie qu'à garnir le mur avec les branches qui veulent bien s'y prêter. La forme de taille qui paraît le mieux lui convenir est celle de la palmette.

Nous devons signaler en finissant quelques espèces de pruniers : le *prunier de Briançon* croît dans les Alpes, son fruit est d'une qualité médiocre; c'est de son amande qu'on retire l'huile de marmotte. Le *prunier mirobolant* (*prunus cera-*

sifera) est originaire du Canada; on le cultive dans nos jardins, où il se fait remarquer par la précocité de ses fleurs et de ses fruits. Le *prunier de Chine*, qui paraît intermédiaire entre le prunier et le cerisier, est un charmant arbrisseau d'ornement, qui ne se multiplie que par marcottes et par greffe, attendu que nous ne possédons dans nos jardins que la variété à fleurs doubles. Le *prunier cauchi* (*prunus prostata*) est originaire du mont Liban et ne craint pas les gelées du climat de Paris. Il offre, lorsqu'il est en fleur, une boule d'un très agréable effet.

Prunier maritime. Le long de la côte américaine qui s'étend du Maine au golfe du Mexique pousse une espèce particulière de prunier dont les arboriculteurs ne paraissent pas avoir, jusqu'à ce jour, tenu compte. C'est le *prunus maritima*, prunier de rivage ou prunier de sable, comme on l'appelle dans le pays. On le rencontre tout près de la mer, au milieu des sables mouvants et quelquefois aussi jusqu'à une distance d'une trentaine de kilomètres dans l'intérieur des terres. En s'éloignant de la mer, il prend, selon les sols, des aspects variés qui lui ont fait donner par les botanistes des noms différents. C'est plutôt un arbrisseau qu'un arbre: il ne s'élève guère à plus de 2 mètres, le plus souvent il n'atteint pas 1 mètre. Ses branches, nombreuses et fortes, sont ordinairement couchées et plus ou moins recouvertes par les sables mouvants. L'écorce du tronc est rouge foncé, presque noire. Les jeunes pousses sont brunes, mouchetées de taches orange. La feuille, qui a beaucoup d'analogie avec celle du prunier commun, est lisse à la surface supérieure et légèrement duveteuse en dessous. Le feuillage est beaucoup plus beau sur l'arbre qui pousse au bord de la mer que sur celui de l'intérieur des terres. Le fruit, globuleux, variant en couleur du pourpre au rouge sombre, a de 12 à 25 millimètres de diamètre. Il varie d'ailleurs beaucoup de dimension et de qualité. La floraison, fort belle, du reste, a lieu en mai et juin. Les fruits sont mûrs en septembre. Certains sont très agréables au goût, d'autres sont très acides. Les habitants en font des confitures, qu'on trouve parfois à acheter dans les ports.

Comme, à l'état sauvage, ce fruit a de grandes tendances à varier, il est regrettable qu'on n'ait pas essayé de l'améliorer par la culture et la greffe. L'arbrisseau couvert de ses fleurs ou de ses fruits est d'un fort joli aspect comme massif d'agrément. L'*American Agriculturist*, qui nous fournit ces détails, est d'avis que le prunier maritime pousserait et prospérerait dans les sols les plus pauvres, tout en restant à l'état de buisson ou d'arbre nain.

La prune. — Le fruit du prunier est arrondi ou ovoïde, charnu, glabre, couvert d'une poussière glauque appelée pruine. Le noyau en est comprimé, au sommet, sillonné et anguleux sur les bords.

La pulpe de ce fruit, acerbe à l'état sauvage, devient douce et sucrée dans les variétés cultivées. L'amande renfermée dans le noyau est toujours amère.

Les prunes mûrissent à différentes époques de la saison des fruits; nous avons les prunes hâtives, les prunes d'été, les prunes d'automne; elles sont rouges, jaunes, violacées, mais rarement blanches, généralement teintées du côté du soleil.

Il existe tant d'espèces de prunes que la nomenclature demanderait un travail spécial; ce que nous devons dire ici, c'est que les plus estimées sont les reines-

Claude, fruit savoureux de nos climats, les mirabelles, les prunes de Monsieur et celles de Sainte-Catherine. Ces quatre espèces sont les seules qui puissent figurer honorablement sur les tables un peu recherchées.

Les anciens avaient comme nous plusieurs sortes de prunes. On fait avec les prunes des compotes, de la marmelade, des confitures sèches ou liquides; on confit à l'eau-de-vie celles de mirabelle et surtout les reines-Claude, le meilleur fruit que l'on puisse manger de cette façon.

En plusieurs pays, on fait dessécher au soleil ou au four diverses espèces de prunes qui prennent alors le nom de pruneaux et deviennent l'objet d'un grand commerce. La Touraine est depuis longtemps réputée pour la préparation de ses pruneaux, les meilleurs que l'on connaisse en France; on peut les manger crus ou en compote; ils sont d'une grande ressource pour les desserts de mars et d'avril.

Nous citerons, pour le même usage, les prunes d'ente, les quetsch de Lorraine, les brignoles, les mirabelles de Metz.

On peut retirer de plusieurs espèces de prunes un sucre très blanc, cristallisé et fort agréable au goût.

On fait, avec les fruits acerbes du prunier épineux, une sorte d'extrait ou de rob très astringent, mais assez peu usité aujourd'hui. Les mêmes fruits, appelés prunelles, écrasés et mêlés à une suffisante quantité d'eau, donnent, après quelques jours de fermentation, une liqueur vineuse dont on fait usage dans quelques cantons. Ces prunelles ne sont guère mangeables que lorsque les premières gelées les ont dépouillées de leur saveur âpre.

En Pologne, en Hongrie, en Allemagne, en Suisse, et dans les Vosges, on retire des prunes, par la distillation, une liqueur alcoolique dont il se fait une grande consommation dans ces pays. Cette liqueur imite le kirsch-wasser ou esprit de cerises; mais elle n'a ni son arome, ni son goût, ni sa délicatesse. Dans le commerce, on confond ces deux liqueurs, et, dans le monde, certaines gens, qui veulent passer pour gourmets, n'y trouvent pas de différence : « Voici de l'excellent kirsch, leur dit-on, il vient de la Forêt-Noire. » Ils le goûtent et le trouvent délicieux. C'est pourtant de la mauvaise eau-de-vie de prunes, telle qu'on la vend dans les cabarets des Vosges.

Les meilleures espèces de prunes font les meilleurs pruneaux. Toutefois, dans les pays où se fait le commerce des pruneaux, certaines espèces sont préférées. Au premier rang, sont la prune d'Agen, le gros damas de Tours, la Sainte-Catherine, la prune de Brignoles, l'impératrice. On prépare avec la prune Saint-Julien et les petites espèces de damas les petits pruneaux à médecine, qui sont assez laxatifs. On assure que les Arméniens, pour rendre leurs pruneaux plus purgatifs, avaient coutume de percer le tronc des pruniers en deux ou trois endroits et d'y introduire de la scammonée ou toute autre résine drastique; ils couvraient ensuite ces ouvertures d'une terre grasse ou argileuse, et la cicatrisation ne tardait pas à s'effectuer. Nous croyons que cette pratique aurait besoin d'être répétée pour acquérir quelque crédit. Il est fort douteux, en effet, qu'un suc végétal épaissi, si dilué qu'il soit, puisse, par une sorte de transfusion, communiquer ses propriétés à un organe aussi complexe que le fruit.

On fait avec les pruneaux diverses préparations.

Les *prunes sèches* ou *pruneaux* ont de tout temps joui d'une grande faveur; si la prune fraîche fut accusée de produire quelques indispositions, les pruneaux, au contraire, ont été considérés, malgré leur vertu légèrement laxative, peut-être même à cause de cette vertu, comme un aliment léger et salutaire, que l'on donne avec succès aux convalescents.

Il y a quelques siècles, Tours jouissait du privilège exclusif de vendre ses pruneaux dans le nord de la France; les pruneaux du Sud-Ouest s'expédiaient, par Bordeaux, dans les colonies et en Angleterre; quant aux pruneaux de Provence, ils se dirigeaient sur l'Allemagne, par la Suisse. Les pruneaux de Tours jouissaient donc à Paris d'une faveur exclusive.

Mais la création des routes et des chemins de fer a porté un coup fatal à leur réputation en les mettant en concurrence avec les produits d'Agen et de Brignoles.

Le pruneau d'Agen, qui provient de la prune d'ente, est fourni par les départements du Lot, du Tarn et principalement de Lot-et-Garonne. Les villes d'Agen, de Marmande, de Tonneins et de Clairac sont les centres commerciaux d'où partent ces pruneaux pour se répandre dans le Nord.

Pour préparer ces pruneaux, on étend les prunes sur la paille au soleil pendant quarante-huit heures environ, en ayant soin de les retourner; cinq ou six heures d'un four assez doux suffisent ensuite pour réduire la prune en pruneau susceptible d'être livré au commerce.

La France ne consomme pas plus de la moitié de ces pruneaux; l'autre moitié est expédiée, par Bordeaux, en Angleterre, en Russie, en Hollande et surtout en Amérique.

Les pruneaux communs sont produits par la même région de la France.

Le nord de notre pays et de l'Europe consomme une grande quantité de ces pruneaux communs, appelés souvent dans le commerce pruneaux de Bordeaux.

Les pruneaux de Tours, qui nous viennent de Châtellerault et de Saumur beaucoup plus que de Tours, ont perdu de leur ancienne renommée. Bien qu'on les fasse sécher de la même façon qu'en Languedoc et en Gascogne, ils ne valent pas ceux du Midi, et la vente en diminue sensiblement.

Les Flamands consomment, en outre, en grande quantité, une sorte de pruneaux de Tours que l'on n'a jamais vus à Paris; nous voulons parler des pruneaux rouges, qui sont secs, durs et détestables à manger.

Les petits pruneaux noirs, autre production de la Touraine, ne s'emploient que dans les pharmacies et les hôpitaux.

Les environs de Metz et de Nancy produisent le gros pruneau appelé quetsch, fruit dont la qualité ne répond pas à la beauté; il vient rarement à Paris et y est peu estimé; il se consomme en Lorraine.

C'est aux environs de Digne (Basses-Alpes) que se récoltent les pruneaux de Provence, dont il existe plusieurs qualités, quoiqu'ils soient tous produits par la même prune, le *perdigon blanc*.

Les pruneaux de Provence portent divers noms suivant leur qualité ou la manière dont ils sont préparés. Ainsi, la pistole est plate et ronde comme une pièce de monnaie; on l'a débarrassée de son noyau. On considère les pistoles comme de véritables bonbons. Les colonies et les Anglais les payent fort cher. Paris en consomme moins.

Les brignoles sont des pistoles d'une qualité un peu inférieure. Lorsqu'on fait le choix des pistoles, on en élague les morceaux qui gênent pour la forme ronde et plate du pruneau. Ces morceaux irréguliers sont ensuite tassés les uns sur les autres jusqu'à la grosseur d'une prune ordinaire et deviennent des brignoles. Digne fournit aussi des pruneaux à noyau, semblables aux pruneaux d'Agen, mais qui ont été séchés entièrement au soleil, et non au four. Ces pruneaux passent, à juste titre, pour les meilleurs que produise la France.

Le *pruneau fleuri*, peu connu à Paris, est un des pruneaux les plus délicats. Marseille en fait un commerce considérable et l'expédie dans les contrées les plus lointaines. Son nom lui vient de ce que la fleur blanche de la prune fraîche s'y trouve parfaitement conservée. Il provient des Basses-Alpes. Ce département ne le produit qu'en petite quantité. Ce fruit atteint des prix fort élevés.

LE CERISIER

Ce genre a été regardé par plusieurs auteurs comme une simple section du genre prunier; il paraît néanmoins devoir former un type générique distinct, caractérisé par des fleurs blanches disposées en corymbes ou en grappes, par des pédicelles fructifères toujours plus longs que le fruit, qui est une drupe globuleuse, jamais couverte de cette effervescence glauque que l'on remarque sur les prunes; enfin par un noyau lisse et presque globuleux.

Ce genre, très nombreux en espèces, joue un rôle important dans les jardins fruitiers et d'agrément et a même sa place dans les vergers et les forêts.

Tous les cerisiers sont des arbres ou des arbrisseaux à écorce lisse, à feuilles ovales lancéolées, dentées et à pétiole glanduleux; les fleurs paraissent souvent avant les feuilles.

Étudions d'abord les espèces fruitières les plus répandues, mais non les plus connues.

Deux types principaux se présentent : l'un est le *merisier*, ou *cerisier des bois* (*cerasus avium*), l'autre le *cerisier cultivé*, ou *griottier* (*cerasus vulgaris*).

Le premier est indigène dans les forêts de l'Europe; le second a été rapporté de Cérasonte, en Asie Mineure, par Lucullus.

Ces deux espèces ont donné naissance aux nombreuses races et variétés de cerises cultivées dans les jardins et dans les vergers, et que nous allons répartir par groupes, après avoir rappelé d'abord que les mots cerise, cerisier, termes collectifs qui s'appliquent à tout le genre, sont employés aussi dans une acception plus restreinte pour désigner une race particulière : 1° le *merisier* a produit les variétés à fruit cordiforme, à chair douce et ferme, savoir : les *guignes*, appelées *cerises* dans le Midi de la France, et les *bigarreaux;* 2° le *griottier* est l'origine des variétés à fruits globuleux, à chair plus ou moins acide et molle, qu'on appelle *cerises* dans le Nord et *griottes* dans le Midi; 3° on regarde comme résultat d'une hybridation entre les deux espèces précédentes les *heaumiers* du Midi, dont le fruit, un peu moins arrondi que les cerises proprement dites, a la chair douce, plus ferme que celle des griottes, mais moins compacte que celle des guignes.

Ces quatre grands types, guignier, bigarreautier, griottier, heaumier, étant ainsi définis, passons rapidement en revue les variétés les plus importantes qu'ils renferment.

Guignier. — Le guignier est un arbre très élevé, à cime pyramidale, à branches étalées, fruit assez gros, cordiforme, à chair molle et très douce; noyau allongé, assez gros.

Il donne : guigne grosse noire luisante, la meilleure de toutes; guigne grosse ambrée; guigne grosse noire; guigne cœur de poule; guigne petite noire; guigne hâtive; guigne grosse blanche; guigne rouge tardive, appelée aussi guigne de fer ou de Saint-Gilles; guigne de quatre à la livre ou à feuilles de tabac, rouge vif, très grosse, mais peu recommandable.

Cette variété, importée de Hollande et remarquable surtout par l'énorme développement de ses feuilles, a plutôt sa place marquée dans le jardin paysager. Il en est de même du guignier à rameaux pendants, qui forme le passage de ce groupe au suivant.

Bigarreautier. — Le bigarreautier est un arbre plus grand que le précédent, à cime plus arrondie, à branches pendantes; fruit gros, oblong, à chair ferme et croquante. Il fournit : bigarreau gros cœuret, le meilleur de tous; bigarreau belle de Rochemart ou commun; bigarreau gros blanc; bigarreau gros rouge; bigarreau petit blanc hâtif; bigarreau petit rouge hâtif; bigarreau couleur de chair.

Griottier. — Le griottier est un arbre moins développé que les précédents, à cime arrondie, à jeunes rameaux minces et flexibles; fruit globuleux à chair acidule sucrée; noyau petit; il donne : griotte ou cerise de Montmorency; griotte à courte queue ou gros gobet; griotte belle de Châtenay; griotte rouge pâle; griotte de Hollande.

Heaumier ou cerisier à fruit doux. — Le heaumier est un arbre moins développé encore que le griottier, à rameaux gros, à cime plus ou moins pyramidale; feuilles amples, plus arrondies que dans le griottier; fruit plus cordiforme et moins acide. Ce groupe renferme les variétés les plus estimées : cerise anglaise, cerise belle de Choisy, cerise de la reine Hortense, cerise Lemercier, cerise royale.

Le cerisier croît dans toute l'étendue du territoire français; mais il réussit moins bien dans les parties les plus chaudes du Sud-Est. Peu difficile sur la nature du sol, il prospère dans tous les terrains assez profonds, même secs, calcaires ou siliceux, et ne craint que les sols argileux, compacts et humides.

La plupart des cerisiers se propagent par le semis des noyaux.

On a soin de choisir ceux-ci sur les arbres les plus vigoureux, d'attendre que le fruit soit parfaitement mûr et de s'assurer, en ouvrant quelques noyaux, que l'amande est en bon état et arrivée au degré convenable de développement.

Il faut semer aussitôt que possible après la récolte, l'amande étant sujette à rancir, et, par suite, à perdre sa faculté germinative.

Si, pour une cause ou pour une autre, on ne peut semer avant l'hiver, on doit stratifier les noyaux dans du sable.

Le sol étant bien labouré, on sème à la volée ou en rayons. Le plant lève ordinairement à la fin du printemps; on le laisse en pépinière pendant un temps plus ou moins long, suivant l'emploi auquel on destine les jeunes sujets.

Un mode de multiplication plus expéditif consiste dans le transplantage de rejetons que le cerisier produit abondamment, surtout dans les terrains légers; mais il présente cet inconvénient que les arbres obtenus de cette manière s'épuisent eux-mêmes en rejetons, et sont plus sujets à la gomme.

La greffe est fréquemment employée pour cette essence fruitière; on a, pour cette opération, le choix entre trois sortes de sujets: le merisier est le plus vigoureux et sert exclusivement pour former des arbres à haute tige; le cerisier de Sainte-Lucie, moins vigoureux, mais plus rustique, est préféré pour les arbres à basse tige; enfin le franc, qu'on obtient par semis de noyaux, est intermédiaire entre les deux autres, mais on l'emploie rarement.

Quant au genre de greffe, il varie suivant les circonstances et l'époque.

Vers la fin d'août on greffe en écusson à œil dormant; au printemps suivant, si quelques-unes de ces greffes n'ont pas réussi, on emploie la greffe en couronne perfectionnée ou la greffe en fente à l'anglaise; on se sert encore quelquefois des greffes en écusson de Vitry, de Lemet, en fente double, etc. Du reste, toutes les greffes peuvent réussir pour cette essence.

La plupart des cerisiers sont cultivés en plein vent.

La taille doit être faite très modérément et avec beaucoup de précautions, à cause des écoulements de gomme auxquels ces arbres sont sujets, et qui sont la plus dangereuse de leurs maladies.

On cultive aussi les cerisiers, surtout les variétés hâtives, en espaliers exposés au midi, et on taille sur deux branches principales, comme pour le pêcher. Enfin on fait des quenouilles ou mieux des pyramides de cerisiers.

La cerise est un fruit des plus délicats; aussi s'en fait-il une prodigieuse consommation.

« On regarde ces fruits, dit Bosc, comme rafraîchissants, et principalement la griotte, qui s'ordonne même dans les fièvres où il y a tendance à la putridité. »

Les bigarreaux seuls sont indigestes et ne doivent être mangés qu'en petite quantité.

On sèche les guignes et les griottes pour l'hiver, en les exposant sur des planches à l'ardeur du soleil, ou en les mettant dans un four peu chauffé; on les conserve dans l'eau-de-vie pure; on en fait des confitures, des marmelades, des pâtes sèches; elles entrent dans la composition de plusieurs liqueurs de table, de quelques pâtisseries, etc. Elles se mangent cuites de diverses manières; on peut tirer une très bonne huile de leurs amandes, qui servent à faire des émulsions, des crèmes, des dragées, etc.

La gomme que sécrète le tronc du cerisier est connue dans la matière médicale sous le nom de gomme du pays. Elle se gonfle dans l'eau et ne s'y dissout

Fig. 212. — A LA SOURCE, par Feyen Perrin.

pas comme la gomme arabique; on l'emploie néanmoins à défaut de cette dernière.

L'écorce, tenace et persistante, sert à quelques usages économiques. Le bois est bon pour l'ébénisterie et pour le chauffage; mais les beaux échantillons sont rares.

LE PÊCHER

Les pêchers, regardés par plusieurs auteurs comme devant former un genre distinct, constituent, pour les autres, un simple sous-genre, qui doit être réuni aux amandiers.

Ce sont, comme ces derniers, des arbres de taille moyenne ou petite, à feuilles alternes, simples, lancéolées, dentées, souvent glanduleuses à leur base; à fleurs axillaires, solitaires ou géminées, courtement pédonculées, présentant un calice à cinq divisions, une corolle à cinq pétales, des étamines nombreuses et périgynes et un ovaire libre, à une seule loge biovulée, surmonté d'un style simple terminé par un stigmate en tête.

Le fruit est un drupe globuleux ou ovoïde, renfermant un noyau le plus souvent monosperme par avortement.

Jusque-là, les pêchers ressemblent aux amandiers proprement dits; mais ils s'en distinguent par leurs fruits, à péricarpe charnu, succulent et à noyau (endocarpe) marqué d'anfractuosités profondes.

Les espèces sont très peu nombreuses, et peut-être doivent-elles se réduire à une seule, qui présente, il est vrai, des variétés presque innombrables.

Le *pêcher commun* est un arbre de moyenne grandeur, dont la tige, couverte d'une écorce brune et lisse, se divise en rameaux allongés, dressés, d'un vert clair, portant des feuilles alternes, pétiolées, lancéolées, étroites, aiguës, dentées en scie, le plus souvent glanduleuses à la base, d'un vert glauque sur leurs deux faces; les fleurs, d'un beau rose pâle, rapprochées et presque sessiles vers le sommet des rameaux, paraissent au premier printemps, avant les feuilles; le fruit est un drupe globuleux, à peau velue ou lisse, à chair épaisse, charnue et succulente, à noyau ligneux ou presque osseux, arrondi, pointu, profondément sillonné, renfermant une amande à cotylédons charnus, volumineux, d'une saveur amère.

Ce végétal a produit de très nombreuses variétés dans la taille, les appendices glanduleux des feuilles, la grandeur, la forme et la couleur des fleurs et surtout dans les caractères, la qualité et l'époque de maturité des fruits.

C'est l'Extrême-Orient qui est la patrie du pêcher; il a été, à une époque très reculée, introduit en Perse, d'où on l'a cru longtemps originaire, ce qui explique son nom scientifique (persica). On ne sait encore si ce sont les Grecs ou les Romains qui l'ont importé dans le midi de l'Europe. Mais son fruit est resté petit et de qualité inférieure dans son pays natal; on lui a même attribué, mais à tort, des propriétés vénéneuses.

Dans nos contrées les plus méridionales, ce fruit ne paraît pas s'être beaucoup amélioré; toutefois, l'époque de la maturation a été avancée.

La culture du pêcher a fait plus de progrès dans la Gaule et, surtout à une époque plus rapprochée de nous, dans le centre de la France et aux environs de Paris.

Introduit en Amérique dans le courant du XVIe siècle, il s'y est rapidement propagé, et il y est aujourd'hui l'objet de cultures très importantes, faites surtout dans le but d'en retirer de l'eau-de-vie.

Le pêcher étant un arbre des pays chauds, sa culture devient de plus en plus difficile à mesure qu'on s'avance vers le nord. En Orient, en Grèce, en Italie, en Espagne, dans le midi de la France, il est généralement cultivé en plein vent, rarement greffé et presque complètement abandonné à lui-même; son fruit y est moins savoureux, moins juteux, moins fondant, mais plus coloré et plus parfumé que dans nos régions du Nord. C'est vers le 47e degré que cette culture s'arrête; au delà, et surtout quand on dépasse la latitude de Paris, le pêcher, sauf dans quelques circonstances exceptionnelles ou dans des situations privilégiées, exige des abris et ne peut guère être cultivé qu'en espalier.

En Amérique, où l'on recherche peu la qualité du fruit, cet arbre forme de vastes plantations ou des vergers rustiques.

Dans le nord de l'Europe, il est fréquemment soumis à la culture forcée ou artificielle, dans des serres spéciales; c'est à ces conditions qu'on en obtient de bons produits.

Le pêcher, sous les climats tempérés ou froids, exige une exposition chaude et abritée, au midi, ou du moins s'en rapprochant le plus possible. Un terrain sec et léger est celui qui lui convient le mieux; dans une terre grasse et humide, sa végétation est plus vigoureuse, mais il produit surtout beaucoup de bois et de feuilles tandis que ses fruits sont moins abondants et de qualité inférieure. Toutefois, la sécheresse ou l'humidité du sol peuvent être compensées par des qualités inverses dans le climat.

Le pêcher se multiplie facilement par ses graines ou noyaux, qu'on a soin de séparer de la pulpe dès que la maturité est achevée et de stratifier dans du sable ou de la terre pour les semer au printemps. Malgré l'épaisseur de l'enveloppe ligneuse, la levée est assez prompte et, dans un sol convenable, on obtient souvent, dès la première année, des jets de $0^{m},50$ et plus, munis d'un pivot presque aussi long. A l'hiver, on rabat à deux ou trois yeux les rameaux inférieurs et on réitère cette opération l'année suivante, en s'élevant un peu plus haut. La troisième ou la quatrième année, après la première sève, on coupe rez tronc tous ces chicots.

La tige présente alors une hauteur de $1^{m},30$ à 2 mètres; l'arbre est formé; il ne s'agit plus ensuite que de retrancher, tous les hivers, les branches mortes ou malades, d'empêcher les gourmands de prendre le dessus, et quelquefois même de les utiliser.

Sous le climat de Paris, on propage le plus souvent cet arbre par la greffe; on peut choisir pour sujet, soit le pêcher de semis, soit l'amandier, le prunier ou l'abricotier, suivant les conditions dans lesquelles on se trouve placé.

Le pêcher greffé sur lui-même, convient surtout aux terrains granitiques et schisteux du midi et de l'ouest de la France. Dans les sols calcaires et argileux, il est d'une végétation tardive et peu satisfaisante, est sujet à la gomme et se dégarnit facilement.

L'amandier est le meilleur sujet pour les sols calcaires ou sablonneux, profonds, plutôt secs qu'humides, surtout pour les sols rapportés et formés en partie de décombres et de plâtras ; c'est à peu près le seul qu'on emploie dans les environs de Paris; il ne réussit pas dans les terres argileuses, humides, à sous-sol imperméable, où ses racines seraient exposées à la pourriture.

Le pêcher sur prunier convient pour ces derniers sols, comme pour ceux qui sont peu profonds; un peu moins vigoureux que sur amandier, il est fertile et donne des fruits excellents et bien colorés. « Seulement, dit M. E. Forney, les variétés tardives sur prunier ont le grave inconvénient de laisser tomber leurs fruits avant la maturité; ceci provient de l'inégalité d'époque de végétation entre le pêcher et le prunier; celui-ci cesse de végéter et perd son feuillage quand le pêcher est encore en pleine végétation ; il arrive alors que les racines du prunier ne fournissent plus, à l'automne, une quantité suffisante de sève au pêcher encore en pleine végétation.

On greffe quelquefois aussi avec succès sur le prunier myrobolan, et même sur le prunellier; ce dernier donne des résultats assez curieux, mais peu durables.

Quant à la greffe sur abricotier, la lenteur de la végétation du sujet ne permet guère d'opérer avant la troisième ou même la quatrième année ; mais par contre, les arbres obtenus de cette manière sont moins exposés à la gomme et donnent, au bout de deux ans, des fruits d'excellente qualité.

En général, on greffe en écusson à œil dormant ; l'époque varie un peu suivant le choix du sujet, et la hauteur suivant les formes qu'on veut donner à l'arbre ; ce sont : en plein vent, la tige, le gobelet ou le buisson ; en espalier, la palmette, le candélabre, la lyre, la forme carrée, l'éventail, l'U, le V, l'Y et d'autres encore ; les amateurs, pressés de jouir, choisissent avec raison le cordon oblique.

La plantation ne présente rien de particulier ; en même temps qu'on forme la charpente de l'arbre par le choix et la direction des rameaux, on favorise sa végétation et sa fertilité par les opérations ordinaires, telles que le pincement, l'ébourgeonnage, l'arcure, la taille en vert ou en sec, le palissage, l'éclaircissage, l'effeuillaison, etc.

Le pêcher en plein vent, toutes choses égales d'ailleurs, croît beaucoup plus vite, mais dure moins longtemps qu'en espalier.

Quel que soit, du reste, le mode de culture auquel on le soumet, cet arbre est sujet à un assez grand nombre de maladies et d'accidents; nous citerons particulièrement la *cloque*, qui fait recoquiller et tomber les feuilles avant le temps ; la *gomme* commune à la plupart des espèces du groupe des amygdalées, et dont la sécrétion exagérée ne peut qu'affaiblir le sujet ; le *durcissement de l'écorce* qui nuit à la végétation ; la *brûlure*, qui a le plus souvent pour cause l'action trop directe des rayons solaires ; le *blanc*, des feuilles, des fruits, des racines ; le *meu-*

nier, la *lèpre*, le *rouge*, la *fumagine*, la *rouille*, etc., dus à l'invasion de champignons microscopiques; la *jaunisse*, résultat d'une végétation languissante; les attaques de divers articulés ou mollusques tels que les pucerons, les vers blancs, les guêpes, les acarus, les limaces, etc.

Le bois des pêchers, surtout des sujets qui ont crû en plein vent, est d'un beau rouge brun, veiné de brun clair, qui s'avive au contact de l'air; son grain est fin, et il peut recevoir un beau poli; aussi est-ce un des plus beaux bois indigènes qu'on puisse employer pour l'ébénisterie et le placage; mais comme il est sujet à se gercer, il faut le débiter en feuilles pendant qu'il est vert, et ne l'employer que très sec pour le tour.

On retire des jeunes branches une nuance cannelle claire, excellente pour teindre la laine. Ce bois est, d'ailleurs, très bon pour le chauffage.

Les bourgeons et les feuilles, comme toutes les parties de cet arbre (à l'exception de la chair du fruit), renferment un principe analogue à l'essence de laurier-cerise ou d'amandes amères ou à l'acide prussique.

On a vanté autrefois les feuilles en médecine, contre les fièvres. On les administrait sous forme d'infusion et on en faisait un sirop. Fraîches, elles passaient pour un succédané du séné; contusées, elles servaient en applications à l'extérieur pour calmer les douleurs locales. Elles sont peu usitées aujourd'hui, mais on emploie assez souvent le sirop ou l'infusion des fleurs.

Le principal produit de cet arbre est son fruit connu sous le nom de pêche. L'amande participe aux propriétés médicinales des feuilles et des fleurs.

Le pêcher est justement recherché comme arbre d'ornement; on a obtenu des variétés naines, d'autres à fleurs doubles ou semi-doubles, blanches, roses ou panachées. On remarque aussi les pêchers de Chine et d'Ispahan. Toutes ces variétés produisent un bel effet, soit dans les massifs, soit isolées au milieu des pelouses.

L'ABRICOTIER

On pense que cet arbre est originaire de l'Arménie, comme semble l'indiquer son nom latin *armeniaca*.

Il croît naturellement en Perse et dans les régions voisines, s'est introduit à Rome, de là dans le midi de la France, et plus tard dans le Nord.

L'abricotier est un arbre peu élevé, à rameaux étalés ou redressés, couverts de feuilles ovales, arrondies, un peu cordiformes; ses fleurs, blanches et assez grandes, paraissent de bonne heure et avant les feuilles. Son fruit est gros, jaune rougeâtre, à chair sucrée et aromatique.

Cultivé quelquefois comme arbre d'ornement, l'abricotier est surtout recherché pour ses fruits, qu'on mange crus, ou dont on fait des confitures et des pâtes très estimées.

On le cultive en grand dans plusieurs localités, notamment aux environs de

Paris, de Clermont-Ferrand, d'Agen et de principales villes du midi de la France.

Il a produit un grand nombre de variétés; l'*abricot-pêche* est celui que l'on estime le plus pour être mangé cru; les *abricots gros commun* et *royal* sont, au contraire, les plus recherchés pour la confection des pâtes, conserves et confitures.

On cultive l'abricotier de deux manières : en plein vent, dans le centre et le midi de la France; en espalier, au nord de Paris. Ce n'est qu'à des latitudes plus septentrionales que ses fruits peuvent mûrir; mais les fleurs, qui sont très précoces, sont fréquemment détruites par les gelées printanières. La culture de l'abricotier cesse alors d'être avantageuse; car, en espalier, il donne des fruits moins savoureux qu'en plein vent.

Comme la plupart des arbres fruitiers, l'abricotier peut être à basse tige ou à haute tige. L'abricotier préfère les terrains calcaires de consistance moyenne. On propage ses diverses variétés par la greffe, soit sur la variété commune, soit sur le prunier ou l'amandier. Plusieurs se multiplient aussi par semis, principalement l'abricotier et l'abricot-pêche; les sujets francs de pied sont plus vigoureux et vivent plus longtemps que les sujets greffés.

Le bois de l'abricotier n'est pas susceptible d'un assez beau poli pour être employé en ébénisterie; on ne l'utilise guère que pour les ouvrages de tour.

L'abricot. — Le fruit de l'abricotier est un drupe, arrondi, marqué sur un des côtés d'un sillon assez profond, et recouvert d'une enveloppe légèrement veloutée. Cette enveloppe présente, au moment de la maturité, une teinte rosée ou jaune-rouge plus ou moins foncée, mouchetée le plus souvent de taches brunes. La chair de l'abricot est succulente, sa saveur douce et parfumée; l'amande que contient son noyau est tantôt double, tantôt simple et d'un goût très agréable.

L'abricot cru est très recherché; il occupe, avec la pêche et un petit nombre d'autres fruits, la place d'honneur au dessert sur les tables les mieux servies. Un grand nombre de jardiniers le cultivent avec soin aux environs de Paris et dans les départements du Centre. Son prix varie suivant l'abondance de la récolte, abondance fort inégale d'une année à l'autre, et suivant la qualité du fruit. Le confiseur, le liquoriste, le pâtissier font subir à l'abricot diverses préparations; la plus renommée est celle qu'on connaît sous le nom de pâte d'Auvergne, et qui se fabrique spécialement à Clermont-Ferrand (Puy-de-Dôme), d'où elle s'expédie dans toute la France et jusque dans les pays étrangers; la pâte d'abricots est en petites rondelles simulant des tranches du fruit lui-même, et rangées symétriquement dans des boîtes.

Les abricots à l'eau-de-vie constituent aussi pour la distillerie française un article important de commerce, tant à l'intérieur qu'à l'extérieur.

L'OLIVIER

Les caractères de ce genre sont : arbres et arbrisseaux à feuilles toujours vertes, opposées, ovales, luisantes et d'un vert foncé en dessus, d'un vert blanchâtre en dessous ; à fleurs monopétales, petites, peu apparentes, d'un blanc verdâtre, disposées en grappes et ayant un calice à cinq divisions, une corolle campanulée quadrilobée, deux étamines, un ovaire supère, un style simple et court ; à fruit charnu, drupacé, renfermant un noyau à deux loges monospermes, à semences endospermées.

Le genre olivier renferme neuf espèces, parmi lesquelles trois seulement présentent de l'intérêt par les applications naturelles auxquelles elles donnent lieu.

L'*olivier commun* (*olea europœa*) est l'un des arbres les plus précieux de l'Europe méridionale. Il est originaire d'Asie, d'où, suivant quelques auteurs, il s'est propagé naturellement en Grèce, en Afrique, en Espagne, en Italie et en Provence. Suivant d'autres auteurs, il a été transplanté par les peuples qui ont émigré de l'Orient dans ces contrées ; ainsi, il aurait été introduit en Provence six cents ans avant Jésus-Christ par les Phocéens, fondateurs de Marseille.

Ce qui est certain, c'est que depuis un temps très reculé il abonde sur tout le littoral de la Méditerranée. Il acquiert un développement d'autant plus considérable qu'il croît dans un pays plus chaud. En Provence, sa hauteur totale dépasse rarement 10 mètres ; dans le Languedoc, il n'atteint jamais cette taille ; en Algérie, au contraire, c'est un arbre de très grande taille. Dans le midi de la France, sa tige a de 4 à 5 mètres de hauteur et une circonférence de 2 mètres au maximum.

Cet arbre croît d'ailleurs avec une grande lenteur ; mais il vit fort longtemps, cinq ou six siècles, dit-on. Il est sensible aux grand froids, surtout lorsqu'il est jeune ; aussi ne le rencontre-t-on que dans les contrées où les gelées ne se font pas fortement sentir.

Il a des feuilles opposées, persistantes, coriaces, longues, étroites et entières, vertes en dessus, blanches en dessous ; ses fleurs ont un calice à quatre dents, une corolle infundibuliforme à quatre divisions planes, deux étamines insérées à la partie inférieure de l'ovaire, un ovaire arrondi, portant un style épais et terminé par un stigmate à deux lobes très peu marqués ; cet ovaire est à deux loges, dont chacune contient deux ovules pendants.

Le fruit est un drupe à noyau uniloculaire et monosperme par avortement. Ce fruit, qui porte le nom d'*olive*, constitue le produit utile de la plante.

Le bois du tronc qui est jaunâtre, dur, compact, marbré de veines brunes, est susceptible de prendre un beau poli ; on l'a utilisé pour la marqueterie et l'ébénisterie de luxe ; son usage est cependant peu répandu ; dans le midi de la France, on s'en sert pour le chauffage ou pour fabriquer de menus objets de tabletterie.

Les feuilles et les écorces passent pour fébrifuges ; mais on ne connaît aucun fait bien établie qui justifie cette réputation.

Le tronc des vieux oliviers laisse exsuder une matière particulière, d'un brun rougâtre, nommé *gomme d'olivier* ou *résine d'olivier;* cette matière a été employée en médecine.

L'olivier d'Europe présente un grand nombre de variétés parmi lesquelles nous citerons :

L'*olivier bouquetier*, qu'on nomme *bouteillon* en Languedoc, *aglandau, rapugan, laïon* en Provence, dont les rameaux sont droits et le feuillage vert sombre; parmi ses fruits, qui sont allongés et aplatis, il y en a beaucoup qui avortent et n'atteignent que la grosseur de grains de poivre; on le trouve dans l'Hérault et les Bouches-du-Rhône.

L'*olivier à petit fruit panaché* du Languedoc, qui est connu sous le nom de *nigaou*. Il est gros; ses rameaux droits portent un épais feuillage; ses fruits sont tardifs, ovales et d'un violet noir; ils sont excellents à confire et donnent de bonne huile.

L'*olivier à fruit blanc*, à rameaux pendants, à feuilles grandes, luisantes, d'un vert foncé, porte des fruits petits et peu nombreux qui deviennent noirâtres.

L'*olivier à fruit odorant*, plus répandu en Languedoc qu'en Provence, a des fruits allongés, odorants, bons à confire.

L'*olivier à petit fruit long* offre de larges feuilles vert foncé sur des rameaux inclinés; son olive, d'un noir rougeâtre, se confit avant la maturité.

L'*olivier saule pleureur, olivier de Grasse, corniavu*, à rameaux longs et pendants, est d'une culture avantageuse; il donne des récoltes abondantes d'olives noires, dont l'huile est de qualité supérieure.

L'*olivier à bec* est un arbre moyen, qu'on nomme en Provence *aulivo béco*. Ses feuilles sont larges et portées sur des rameaux droits; son fruit, terminé en bec, peut se manger sans préparation. Son huile est fine.

L'*olivier caillet blanc*, dont les rameaux sont redressés et les fruits pulpeux colorés, donne une récolte annuelle.

L'*olivier royal de Provence* est un arbre moyen qui porte des feuilles petites et d'un vert foncé sur des rameaux inclinés; ses olives sont grosses, rondes et raboteuses.

L'*olivier à fruit arrondi, aulivo redouno* en Provence, se nomme en Languedoc *ampoulaou*, il est peu élevé, son feuillage est épais et d'un beau vert, ses fruits gros, arrondis et noirâtres, sont bons à confire.

L'*olivier à fruit doux*, qui se trouve à 10 lieues de Naples, à Piedimonte d'Alife, donne des olives douces qu'on mange en octobre et dont les oiseaux sont très friands.

L'*olivier des deux saisons* produit deux floraisons et deux sortes d'olives; les premières sont grosses, longues et d'un vert clair qui passe au rouge obscur à la maturité; les secondes ne sont plus que de la grosseur des baies de genévrier, il est originaire des environs de Venasso (royaume de Naples).

L'*olivier salanais* a des rameaux inclinés vers la terre; sa tige est basse; sa récolte est productive, mais intermittente; ses fruits sont arrondis.

L'*olivier verdale, verdaou*, a des feuilles longues d'un vert clair; l'olive, grosse, ovoïde et verte, est bonne à confire.

Fig. 243. — MARCHANDE DE FRUITS, par Murillo.

L'*olivier dit de tous les mois* offre cette singularité de donner des fruits cinq fois l'an.

L'*olivier amandier* (*amygdalin, amellingue*) a des feuilles larges, un fruit gros pulpeux et noir; on le trouve dans les terrains caillouteux des environs de Draguignan.

Il y a encore d'autres espèces, telles que l'*olivier burraguet*, l'*olivier de chien*, l'*olivier à long poil*, le *moureau*, le *petit noir*, le *petit vermilleau*, le *gros vermilleau*.

Notons encore deux types principaux, le *grec* et le *romain*.

Le *grec* est feuillu et donne peu de bois; ses fruits sont charnus et rougeâtres, il en donne en petite quantité, mais sa production est annuelle; son huile est verdâtre. Il s'accommode mieux de l'émondage que de la taille, sa sève abondante fait souvent couler le fruit; il affecte des formes très bizarres et se plaît dans les terrains calcaires. On le trouve dans le Var, à Ollioules et à Toulon.

Le type *romain* est peu feuillu, mais fort de bois; il est d'une belle taille et irrégulièrement fructifié; la manière de le tailler influe beaucoup sur ses récoltes, il donne d'autant plus de fruits qu'on lui ôte plus de bois; il s'acclimate bien dans les terrains granitiques et schisteux du Var; il offre un fruit noir; l'huile, de couleur jaune d'or, est lampante, plus que grasse.

Ces deux types doivent être écartés des plaines et rassemblés sur les coteaux élevés; dans les plaines, ils donnent du bois et de mauvaise huile, ils épuisent les sucs nourriciers du sol.

L'*olivier sauvage* se trouve en Provence, où on le nomme *olivastre;* on le rencontre aussi en Languedoc; il existe également en Roussillon, et, dans ces trois provinces, il offre de nombreuses variétés. Les feuilles sont petites, raides et à piquants; les jets sont vigoureux; l'olive est petite, sèche, luisante, et donne une huile légère, parfumée et fine, peu abondante; d'amère qu'elle est tout d'abord, elle devient douce.

Parmi les variétés, on en distingue une à feuilles de myrte dont les branches, disposées horizontalement, s'entrecroisent.

On trouve l'olivier sauvage dans les terrains agrestes, les bois et les haies, sur des sols secs et pierreux, dans le Languedoc et la Provence, ainsi que dans d'autres contrées méridionales de l'Europe. On peut le greffer.

L'*olivier cultivé* d'Europe ne porte guère que deux fruits à chaque grappe, les autres avortent; dans l'olivier sauvage, il y en a six. Il fleurit en mai et en juin; ses fruits sont mûrs en novembre. Il est très modifié par les climats, les sels, les expositions, les cultures, c'est ce qui explique ses nombreuses variétés.

Il faut à l'olivier un climat tempéré, plus chaud que froid; il craint les transitions brusques de température; il ne résiste pas à la température de 12°, surtout s'il est jeune; beaucoup d'oliviers périssent dans les rigoureux hivers.

Il se plaît dans les terrains calcaires sablonneux; il faut l'éloigner des sols marécageux. En France, c'est l'exposition sud qui lui convient; dans les pays chauds, c'est sur la pente des montagnes et des collines et avec l'exposition nord qu'on le voit prospérer.

Le terrain qui lui est le plus profitable est celui de consistance moyenne, ni trop frais ni trop sec. Dans les terres légères et caillouteuses, ses fruits sont moins gros, mais l'huile en est délicieuse; dans les terres argileuses, sa vie est courte, ses fruits sont peu abondants.

Sa croissance est lente et sa longévité est très grande; il peut atteindre des dimensions énormes. En voici quelques exemples. On dit qu'à Linterna (États Romains) il existait, au xe siècle, des oliviers plantés par Scipion l'Africain deux cent cinquante ans avant l'ère chrétienne. A Tarascon, il y a un olivier dont les rameaux s'étendent à dix pas du tronc; son intérieur est sain, ses branches sont vigoureuses; c'est un olivier pleureur qui peut avoir six cents ans.

L'Italie méridionale, la Palestine, la Syrie, la province de Fayoum offrent des types de 6 à 7 mètres de circonférence; ces arbres sont constamment chargés de feuilles, de fleurs et de fruits.

Près de Marseille, il y a trois oliviers célèbres : le premier, celui de Ceyreste, peut donner dans son tronc asile à vingt personnes; on le croit âgé de mille ans; le second est appelé le doyen du pays; le troisième est placé au sommet d'une colline; il étend ses rameaux à 16m,50 du tronc. Il y en a un au quartier de Beaulieu dont le tronc, à la base, mesurait déjà, en 1556, 12m,50 de circonférence et, à 1 mètre au-dessus, 6m,25; il résista à un terrible ouragan en 1516; son produit en huile était autrefois de 150 kilogrammes; il n'est plus aujourd'hui que de 100 kilogrammes.

L'olivier est sujet à divers accidents et maladies plus ou moins graves qui résultent des froids tardifs, quand la sève commence à circuler; du verglas et de la neige, qui rompent ses branches; des brouillards et des rosées de mai et de juin. La *mouffe* (mousse) est un chancre qui ronge les racines à partir du collet; parfois la carie résulte d'amputations et de plaies négligées; la *morphée* ou *noir des oliviers* est une affection grave qui a pour cause un cryptogame dont se couvrent l'écorce et la partie supérieure des feuilles.

Plusieurs insectes sont très nuisibles à l'olivier; ce sont : la *chenille adonide*, la *chenille mineuse*, la *psylle*, la *mouche de l'olivier* et la *bostriche*.

L'adénide s'attache aux feuilles et aux pousses tendres; elle produit l'extravasation de la sève. Pour détruire les chenilles et insectes, il faut brûler les branches attaquées.

La culture des oliviers consiste en labours qui ont lieu en hiver, au printemps et en automne, le second après la taille, le troisième après l'ébourgeonnement; ces deux derniers ont pour but d'enlever les plantes parasites; il faut éviter avec soin de blesser les racines. Il y a avantage à faire ces labours après la pluie, qui favorise l'absorption des sucs nutritifs du sol; à la floraison, il faut bien se garder de remuer la terre, dont les exhalaisons empêcheraient la fécondation parfaite et, conséquemment, la production des fruits.

Pour la multiplication par graines, rejetons et boutures, il faut défoncer profondément le sol, briser les mottes, unir le sol et enlever les pierres.

La méthode des boutures est la plus employée; on place les boutures dans un trou de un mètre carré et on arrose, selon le besoin, jusqu'à la reprise.

Pour la pépinière, on laisse croître de souche des arbres morts et abattus par terre, les rejets des vieilles racines, on ne garde que les bons brins, qu'on sépare de la souche mère; quand ils sont vigoureux, on les plante dans une terre défoncée et labourée; après les pluies, on remue la terre à la bêche, on enlève les mauvaises herbes, on arrose convenablement l'été; la seconde année, on pratique l'élagage; la troisième, on fume.

Les meilleurs terrains qu'on puisse choisir sont en pente, bien aérés et de nature graveleuse.

Quand les rejets de pied donnent bonne espérance, on les greffe en écusson ou par les autres modes.

La plantation se fait à une distance qui varie suivant le climat et la fertilité du sol; on plante à 30 pieds dans les bons pays et à 20 pieds dans ceux qui le sont moins. Arrivée à un certain état de vigueur, la plantation peut se passer de soins.

On peut cultiver les céréales sur la pépinière sans que les deux cultures se nuisent sensiblement.

En Corse, à Naples, en Sicile, en Afrique, on abandonne complètement les plantations à la nature, sans labourer, ni fumer, ni tailler. Dans les pays froids, en Provence, dans le Languedoc, le Comtat-Venaissin et le Roussillon, on laboure parfois, on fertilise le terrain par des engrais et on pratique la taille. Dans les Bouches-du-Rhône on cultive les oliviers en vergers.

La production de l'olivier arrivé à de fortes dimensions diminue notablement. Dans une grande partie du département du Var, l'olivier, abandonné à lui-même, forme des massifs dont l'entretien est peu coûteux mais dont le produit est peu élevé.

Bosc disait, il y a cinquante ans, que le meilleur mode de multiplication, le semis par noyaux, se pratique peu, et il est parfaitement reconnu que Bosc avait raison. Ce qui rend le semis rare, c'est la difficulté qu'ont les germes à se débarrasser du noyau; pour faciliter cette germination, on fait macérer les olives dans de l'eau de lessive ou bien on brise le noyau et on en tire l'amande.

Le semis doit se faire avec des olives mûres de belle apparence; on sème en rigoles, dans des lieux abrités, sur des terrains défoncés, amendés et engraissés; on arrose au printemps et l'été on enlève les mauvaises herbes; entre les rangées du semis, on plante des arbres verts, le pin, le lentisque, l'yeuse, le chêne; ils constituent un abri contre les gelées de l'hiver; on couvre, au besoin, de feuilles sèches, de paille et de litière.

Au second printemps, on arrache les plus faibles sujets pour les replanter ailleurs. A la troisième année, ils ont $1^m,70$ de hauteur, leur circonférence est de $0^m,50$; leurs pivot est long, leurs racines latérales sont nombreuses, la tige est droite et lisse. Ces oliviers durent plus que ceux qu'on obtient par drageons, ils résistent mieux à l'action des gelées. A la sixième année, on les transplante avec branches, racines et pivots.

En Provence, on cherche dans les bois des plants venus de semence et, pour pratiquer le bouturage, on en détache de petites et de grandes branches, qui prospèrent bien. Le mode de bouturage toscan consiste à enlever la protubérance du collet de la racine, à l'envelopper de bouse de vache et à la planter. Quand elle a émis des rameaux, on choisit les plus vigoureux. On en obtient également des tronçons des racines.

Quand on veut employer le marcottage, on couche en terre de petites branches ou bien on plante des rejets ou drageons détachés du pied des arbres et provenant des racines ; il ne faut pas que ce soit un arbre greffé qui les fournisse, car, dans ce cas, on obtiendrait des oliviers sauvages.

On fait la greffe de l'olivier sur lui-même, et, quand on la pratique sur un arbre de faible rapport, on en augmente la production. Tous les procédés conviennent à l'olivier, néanmoins on préfère l'écussonnage. Les individus qu'on greffe à trois ans ne doivent être transplantés qu'à sept.

On pratique soit la taille annuelle, soit la bisannuelle ; on préfère généralement la première ; elle a lieu en avril et, par elle, on obtient une récolte chaque année, tandis qu'avec la seconde on n'obtient de fruits que sur le bois de deux ans. On supprime tous les rameaux qui ne sont pas vigoureux, tous ceux qui sont trop diffus et trop rapprochés des branches. La taille était rare chez les anciens ; on ne la pratiquait, selon Columelle, que tous les huit ans.

Fig. 244. — LES FEUX DE LA SAINT-JEAN, par Jules Breton.

Lorsqu'on veut fumer, on se sert de fiente de bœuf et de cochon bien pourrie, on la mêle à de la terre à quantité égale et, après la récolte, lors du premier labour, on étend ce mélange ; on butte les souches avec de la terre riche en humus. On emploie également les engrais chauds, les excréments de l'homme, la fiente de pigeon, les crottins de brebis. C'est sur les sols sablonneux et caillouteux qu'ils conviennent surtout. On emploie aussi le marc d'olives, les cendres de bois, les boues, les marnes, les feuilles de châtaignier, les fumures de ferme.

Les oliviers les plus vigoureux, bien taillés et bien fumés, sont ceux qui ont le plus à craindre des excès de chaleur et des hivers rigoureux. Il en est de même pour ceux qui portent beaucoup de fruits. Dans le sud-est, il y a un proverbe qui dit : *Pauvre de bos et riche d'oli.*

C'est après douze ans que les arbres venus de noyaux commencent à rapporter; ce n'est qu'à vingt-cinq ou trente qu'on peut dire que cette récolte est satisfaisante Virgile dit :

Et prolem tarde crescentis olivæ.

Hésiode exagère et est en dehors de la vérité quand il dit que jamais homme ne vit le fruit d'un olivier par lui planté. Cette lenteur a donné lieu au proverbe languedocien : *Oulivié de toun gran, castagne de toun païre, amourié tiouné;* ce qui veut dire qu'on ne jouit que de l'olivier de son grand-père, du châtaignier de son père; que du mûrier seul on peut tirer bénéfice après l'avoir planté.

Il est vrai que les bénéfices de l'olivier sont tardifs; mais il faut dire aussi que, par sa présence, le produit du terrain est peu diminué : il donne à peu près des récoltes ordinaires et n'exige guère de soins.

On retire du tronc de l'olivier un suc concret, ou gomme, qui fournit un principe immédiat, l'olivite, une résine et une petite proportion d'acide benzoïque. L'olivite était employée par les anciens contre les maux d'yeux, les maux de dents et les blessures.

La gomme se dissout facilement dans un excès d'alcool quand elle ne contient pas de corps étrangers; on la connaît en Italie sous le nom de gomme *lecca*.

Le bois de l'olivier est jaunâtre, veiné, nuancé; il est d'une grande pesanteur spécifique; sa fibre est dure et serrée; il est susceptible d'un très beau poli et n'est pas sujet à se fendre. On peut en faire de beaux meubles bien nuancés. C'est surtout sa racine qui offre des nuances magnifiques. En France, néanmoins, il est peu employé par les ébénistes; on en fait seulement de petits ouvrages de tabletterie, des nécessaires, des boîtes diverses, des manches de couteaux, etc. Sur la côte occidentale de Gênes, on en fait de gros meubles, des lits, des commodes, des tables; les Grecs l'ont employé pour faire les statues des dieux. Homère raconte qu'Ulysse avait utilisé d'une façon fort originale le tronc d'un olivier situé sur l'emplacement de son palais : il avait laissé ce tronc en terre, l'avait façonné de ses mains et en avait fait un support pour sa couche. Par ses belles nuances, le bois d'olivier peut rivaliser avec les bois exotiques.

L'olivier fut très vénéré dans l'antiquité, et cependant il ne se recommande ni par la beauté de son feuillage, ni par une taille très élevée, ni par la noblesse de son port, ni par l'éclat ou le parfum de ses fleurs; ce qu'il y a en lui de remarquable, c'est sa fécondité. Il est le premier nommé dans la Genèse.

On a dit que l'olivier fut transporté de l'Atlas dans l'Attique, mais l'opinion la plus probable est que ce fut du littoral de la Syrie. C'est vers l'an 170 de la fondation de Rome que, sans doute, il fut apporté à Carthage par les Phéniciens. Aujourd'hui, il croît naturellement dans les montagnes de l'Atlas, où il se multiplie de lui-même. On a prétendu qu'il ne pouvait pas vivre très loin de la mer; c'est, en effet, sur le littoral qu'il semble le plus répandu; mais on en trouve, dit-on, de tout aussi beaux dans l'intérieur de l'Afrique.

On peut dire d'une façon certaine que l'olivier a été introduit dans la Gaule méridionale par les Phocéens d'abord, et, plus tard, par les Romains, qui protégèrent et firent connaître sa culture, dont l'Italie tirait alors un grand profit.

L'*olivier d'Amérique*, *olea americana*, est assez répandu aux États-Unis, surtout dans les États du Sud, où il croît spontanément. Il produit un bois d'une dureté extrême qui, pour cette raison, porte le nom de bois du diable. C'est un arbre à feuillage persistant, très beau ; on le cultive assez fréquemment, comme plante d'ornement.

L'*olivier odorant*, *olea fragrans*, est commun en Chine et au Japon. Ses feuilles sont chargées d'une huile volatile très odorante et très estimée des Chinois qui s'en servent pour aromatiser le thé. On ne rencontre guère cette plante en Europe que dans quelques serres où on la cultive comme plante d'ornement.

LA GREFFE

L'art de la greffe remonte à une haute antiquité ; les premiers arboriculteurs qui l'ont pratiquée n'ont fait qu'imiter une opération naturelle qui se produit assez fréquemment. Il n'est pas rare de voir des arbres qui se touchent et finissent par se souder en un seul corps. D'un autre côté, certains végétaux parasites, notamment le gui, s'implantent sur divers arbres, finissent par contracter avec ceux-ci une union intime et par vivre de leur sève.

On a dû croire d'abord, d'après ce phénomène, que tous les végétaux pouvaient se greffer l'un sur l'autre, et il reste encore bien des traces de cette croyance erronée ; nous verrons plus loin à quoi il faut s'en tenir à cet égard. Quoi qu'il en soit, on pense que l'opération de la greffe a pris naissance chez les Phéniciens, qui l'ont transmise aux Carthaginois. Elle était connue et pratiquée chez les Grecs, d'après ce que dit Théophraste dans son histoire des plantes. Elle est souvent mentionnée dans Virgile et chez les auteurs géoponiques latins.

A des époques plus rapprochées, on trouve cette opération décrite et même figurée dans les manuscrits du moyen âge. Olivier de Serres, La Quintinie, Agricola, Miller, Du Hamel, Cabanis, Rozier et Thouin, Du Breuil et d'autres encore ont multiplié, perfectionné ou simplifié de diverses manières les procédés connus.

La greffe, dans son acception la plus générale, consiste en une partie vivante d'un végétal qui, transportée, introduite en quelque sorte dans les tissus d'un autre végétal de nature analogue, appelé sujet, continue à y croître et finit par s'identifier avec lui.

« Cette voie de multiplication, dit Thouin, est la plus attrayante pour le cultivateur instruit, parce qu'elle fournit un grand nombre de combinaisons qui, en exerçant l'esprit, donnent des résultats utiles et agréables. Elle est aussi la plus abondante pour propager rapidement un très grand nombre de végétaux des plus intéressants. » Les variétés d'arbres fruitiers résultant des semis ne peuvent pas toujours se propager de la même manière; en d'autres termes, un arbre fruitier provenant d'une graine, ne reproduit pas toujours franchement les caractères de l'arbre qui a fourni cette graine. Cette observation, du reste, s'applique aux essences forestières d'utilité ou d'agrément.

La greffe donne le moyen de propager les variétés franches; souvent aussi c'est le moyen de propagation le plus facile et le plus prompt. Les arbres greffés fructifient en général de meilleure heure ou à un âge moins avancé, et donnent des produits plus beaux, plus savoureux et plus abondants. Les espèces ornementales donnent les fleurs plus belles et plus nombreuses.

Pour qu'une greffe réussisse, il faut qu'elle s'exerce sur deux individus offrant entre eux la plus grande analogie possible. On réussit presque toujours à faire vivre l'un sur l'autre deux variétés de la même espèce, et, dans la grande majorité des cas, deux espèces d'un même genre; l'opération est plus difficile et le succès beaucoup plus rare entre deux genres d'une même famille; ainsi on ne peut greffer entre eux le pommier et le poirier, le chêne et le châtaignier. Enfin, la greffe devient tout à fait impossible entre des arbres appartenant à deux familles différentes.

Il faut de plus, pour bien réussir, observer l'analogie des arbres dans les époques du mouvement de leur sève, dans la nature de leurs feuilles caduques ou persistantes, enfin dans les qualités de leurs sucs propres.

On doit choisir les époques de végétation qui présentent les conditions les plus favorables. Il est essentiel de faire coïncider, autant que possible, les tissus analogues du sujet et de la greffe, afin de favoriser le libre cours de la sève. Enfin, on doit employer dans l'opération toute la célérité, l'attention, l'intelligence et la dextérité qui permettent de profiter des conditions propices et de neutraliser celles qui peuvent compromettre le succès. Le nombre des sortes de greffes aujourd'hui connues dépasse une centaine; mais elles peuvent se ramener à quelques catégories, qui se rangent elles-mêmes sous trois groupes principaux; nous allons les passer sommairement en revue, d'après la classification de Thouin.

Greffe par approche. — Le caractère essentiel de ces greffes consiste en ce que les parties qui y concourent ne sont point séparées de leurs pieds enracinés et vivent par leurs propres organes jusqu'à ce qu'elles soient soudées ensemble; alors la communauté de sève est établie entre les deux individus. C'est alors aussi que la greffe, identifiée avec son nouveau sujet, peut être séparée de celui qui la portait.

Les greffes par approche ont été ingénieusement comparées aux marcottes, que l'on sèvre quand elles sont enracinées. Ces sortes de greffes s'opèrent souvent dans la nature, entre les diverses parties des végétaux. Dans la culture, elles servent surtout à la multiplication des arbres jeunes et à leur transformation. On s'en sert aussi pour rendre plus solides les haies de clôtures formées de végétaux vivants entrelacés, pour rajeunir les sujets décrépits, pour produire des effets pittoresques dans les jardins paysagers; mais on est loin de les employer aussi souvent qu'il y aurait avantage à le faire, parce que leurs résultats peuvent se faire attendre longtemps. Elles peuvent s'effectuer partout et dans toutes les saisons de l'année, excepté par les temps de gelées ou de fortes chaleurs; mais, en général, il vaut mieux opérer à l'époque où la sève est en mouvement. Pou bien réussir, il faut, d'après Thouin : « 1° Faire aux parties qu'on veut greffer les unes sur les autres des plaies bien nettes et proportionnées à leur grosseur, depuis l'épiderme jusqu'à l'aubier, souvent dans l'épaisseur du bois, et quelquefois jusque dans l'étui médullaire, suivant l'exigence des cas; 2° réunir ces plaies de manière qu'elles ne laissent entre elles que le moins de vide possible, et que surtout les feuillets du liber soient joints ensemble exactement dans un très grand nombre de points ; 3° fixer ces parties au moyen de ligatures et de tuteurs solides,

Fig. 245. — LE MOULIN, par Hobbema.

pour empêcher tout dérangement ; 4° abriter ces plaies de la lumière, de l'eau, de l'air, au moyen d'emplâtres durables ; 5° surveiller le grossissement des parties pour prévenir toutes nodosités difformes à la circulation de la sève, et surtout empêcher que les branches ne soient coupées par les ligatures; 6° enfin, ne sevrer les greffes de leurs pieds naturels que lorsque la soudure ou l'union des parties est complètement effectuée. »

Les greffes par approche sont assez nombreuses; on peut les diviser en cinq séries; mais beaucoup d'entre elles se pratiquent rarement et ne sont guère que des sujets de curiosité.

1. Greffes par approche sur tiges. — Elles s'effectuent sur des tiges de différents âges, et même sur des troncs de différentes grosseurs. On les emploie pour

placer des branches là où elles sont nécessaires, changer les sauvageons en arbres à bons fruits, remplacer des troncs viciés, donner plus de vigueur aux sujets faibles, rétablir l'équilibre de la sève entre les diverses parties d'un arbre, propager les essences à bois dur, etc.

Les cultivateurs normands en font fréquemment usage pour rétablir les pommiers à cidre qui ont été rompus par le vent au-dessous de la greffe. On l'applique aux arbres forestiers pour se procurer des pièces courbes propres à la marine et à l'industrie. On en tire un très bon parti pour former des haies, des tonnelles et des berceaux très solides.

Enfin, on en obtient des arbres fruitiers plus gros et plus productifs, et des arbres d'ornement de formes plus variées et d'un effet plus pittoresque.

2. Greffes par approche sur branches. — Elles diffèrent des précédentes, en ce que les arbres sont réunis, non par leurs tiges, mais par leurs branches latérales ou leurs rameaux, au moins pour l'un des deux individus.

Elles sont d'un usage assez fréquent dans les pépinières, pour multiplier les arbres qui se montrent rebelles aux autres moyens. On les emploie encore avec avantage pour établir les haies de défense, et pour former, dans les jardins, des espaliers d'arbres fruitiers d'une seule pièce et d'un très grand produit. On les a vantées aussi pour faire grossir les arbres, pour varier la forme, la couleur ou la saveur des fruits; mais le résultat est loin de répondre toujours aux espérances.

3. Greffes par approche sur racines. — Ici, c'est par les racines tenant encore à leur souche que les arbres sont réunis. Ces greffes servent surtout à augmenter la vigueur des arbres languissants; mais jusqu'à ce jour elles sont peu usitées dans la pratique. La nature en offre quelquefois des exemples, quand elle soude entre elles les racines des arbres résineux.

4. Greffes par approche de fruits. — Ces greffes s'effectuent quelquefois accidentellement, mais on ne les pratique pas dans la culture ordinaire; elles sont en effet plus curieuses qu'utiles; on peut toutefois en tirer parti pour obtenir des fruits très gros et de forme bizarre.

5. Greffes par approche de feuilles et de fleurs. — On peut appliquer à ces greffes la même observation qu'à celles de la série précédente.

Ce sont des accidents qui peuvent servir pour les démonstrations de physiologie végétale. Pour la réussite de toutes les greffes dont nous venons de parler, il importe que les plaies soient bien nettes et solidement appliquées l'une contre l'autre.

6. Greffes par scions. — Ces greffes consistent surtout en ce qu'on emploie, pour les effectuer, de jeunes pousses ordinairement ligneuses, telles que petites branches, rameaux, bourgeons, ou racines, qu'on sépare de l'individu mère, pour les porter sur un autre, et qui continuent à vivre sur celui-ci et à croître à ses dépens. Elles réussissent, comme toutes les greffes, d'autant mieux qu'il y a entre les deux individus une analogie plus rapprochée. On les a comparées avec raison aux boutures, qui, séparées de leur pied d'origine et mises en terre, produisent des racines et de nouvelles pousses.

Plus faciles à effectuer que celles du groupe précédent, elles sont, par cela même, plus fréquemment employées. On les applique aux arbres et aux branches de tous âges, soit pour améliorer des sujets médiocres et hâter leur mise à fruit, soit pour multiplier des espèces ou des variétés qu'on ne peut, pour une cause ou pour une autre, propager par la semence. Elles provoquent toujours, sur les sujets qui les ont fournies et sur ceux qui les reçoivent, des incisions, des entailles ou des plaies plus ou moins profondes, qui peuvent souvent causer la mort des sujets. Ces greffes sont très nombreuses et se répartissent en cinq séries.

1. Greffes en fente. — Elles se font avec de jeunes pousses de l'année précédente, munies de plusieurs yeux ou boutons.

La greffe en fente est employée pour la majeure partie des fruits comestibles et des arbres d'ornement. Les sujets qui n'ont pas réussi à l'écussonnage ou qui ont été transplantés dans l'année y sont généralement soumis. Les arbres qu'on veut greffer en fente doivent être tronçonnés au moment de l'opération. La greffe est un fragment muni de deux ou trois yeux, et d'une longueur de 0m,08 à 0m,10. Lorsque la tige est de grosseur moyenne on ne lui applique qu'une greffe, qui est taillée en biseau presque triangulaire immédiatement au-dessous d'un bourgeon. Lorsqu'on peut laisser un autre bourgeon sur le dos du biseau, cela n'en vaut que mieux, le scion qui en résulte étant moins exposé à l'action du vent. Dans le but de mieux asseoir le rameau, on fait souvent, au sommet du biseau, en tête de chaque paroi amincie, une légère entaille horizontale ou oblique dans le sens de la coupe de la tige. Dans tous les cas, cette entaille doit être fort légère; autrement elle nuirait à la solidité de la greffe.

La taille du biseau doit être faite vivement, de manière à laisser une surface parfaitement lisse; la moindre inégalité s'opposerait à l'application exacte de la greffe sur les parois de la fente. La taille du sujet peut être faite à la scie ou au sécateur, mais il faut ensuite avoir soin de la rendre bien nette et d'en effacer les déchirures. Lorsqu'on ne pose qu'une greffe, on établit l'aire de la coupe dans un sens légèrement oblique; on ne taille horizontalement que la partie destinée à recevoir le rameau. Quand le sujet réclame deux greffes, on établit la coupe entièrement horizontale. La ligature est alors indispensable.

Dans tous les cas, il est indispensable d'engluer les parties opérées. Aujourd'hui, le commerce livre à bas prix des mastics poisseux que l'on applique à froid.

Ces produits sont bien préférables aux compositions de poix noire, de poix blanche, de cire, de suif, de résine, d'ocre, de cendres, que l'on pourrait faire soi-même, et qui, s'appliquant à chaud, peuvent brûler les organes qui les reçoivent. Dans les campagnes, la plupart des cultivateurs emploient encore le fameux onguent de Saint-Fiacre qui est un mélange de bouse de vache et d'argile, ou simplement de la boue grasse et de l'argile pure qu'on recouvre d'un linge pour les soustraire à l'action du soleil et de la pluie. Lorsque la tige du sujet est très forte deux greffes peuvent être insuffisantes. On pratique alors deux ou trois fentes de côté, qui ont l'avantage d'augmenter le nombre des scions à greffer tout en laissant intact le cœur de l'arbre.

Deux fentes croisées transversales affaibliraient trop le tronc. Parmi les arbres propres à être greffés en fente, certaines espèces, entre autres le noyer, le marronnier à fleurs, l'érable, le houx, recherchent une greffe à œil terminal. D'autres, comme le néflier du Japon, exigent un bourgeon terminal et un rameau âgé de deux ans.

D'autres encore, et parmi elles le févier, demandent le bois de deux ans seulement pour la partie taillée en biseau. La greffe en fente se pratique surtout au printemps, dans les mois de mars et d'avril. Les rameaux à greffer sont coupés en hiver, et conservés à la cave dans du sable terreux. On ne les sort qu'au moment de s'en servir, ou bien on les met dehors quelques jours avant le greffage, en ayant soin de les placer dans un endroit ombragé.

Il est indispensable qu'il y ait égalité de sève entre le sujet et la greffe. Si la chose n'était pas possible, il vaudrait mieux que la greffe fût en retard.

Pour défendre la greffe contre le hâle et les frimas, si capricieux en cette saison, on aura soin de l'entourer d'une feuille de papier gris. La greffe en fente se pratique aussi en automne et pendant l'été.

Le prunier et cerisier-merisier sont les arbres qu'on soumet le plus ordinairement à la greffe d'automne. Cette opération se pratique dans les mois de septembre et d'octobre, sans qu'il soit néanmoins possible d'assigner une époque fixe pour une espèce ni même pour variété.

Tout dépend de l'Etat de la végétation du sujet. Deux arbres voisins et de la même espèce peuvent réclamer le greffage à plusieurs semaines d'intervalle. Il faut saisir le moment où la sève touche à son déclin, où les rameaux, ayant leurs tissus formés, sont sur le point de perdre leurs feuilles. L'essentiel est que les rameaux greffés puissent atteindre le printemps suivant sans se dessécher ni bourgeonner.

Les conifères sont à peu près les seuls arbres qui se greffent en pente pendant l'été.

Les mois de mai et de juin sont l'époque la plus favorable pour cette opération. Elle se pratique comme à l'ordinaire, seulement on n'enlève les feuilles du rameau à greffe que sur l'espace taillé en biseau. On laisse subsister celles du sommet, afin d'y appeler la sève. On greffe en pente, au printemps, sur tubercule et sur tronçon de racine, la bignone, la pivoine en arbre, etc., avec un rameau ligneux taillé à la manière ordinaire. On ligature avec soin; mais on se dispense de l'engluement, attendu que les parties tranchées sont destinées à être recouvertes de terre. L'opération terminée, on met le tout en pot et sous cloche, à l'étouffée. On soulève peu à peu la cloche, à mesure que la végétation devient plus active; mais l'exposition en plein air ne doit être complète que lorsque les sujets sont présumés n'avoir plus rien à craindre. On les rempote ensuite et on les met à l'abri, en attendant qu'ils soient assez forts pour supporter la pleine terre. Le biseau ne doit pas être inséré complètement : de cette manière, la greffe produira assez de chevelu pour former à elle seule un végétal complet, indépendant du sujet sur lequel jusque-là il avait puisé la vie. On greffe de même les clématites en terre, avec des rameaux coupés sur des sujets en serre, lorsque le bourgeon se gonfle pour végéter, ou mieux avec des greffes herbacées, en sève, non effeuillées et coupées en serre. L'althéa, la rose trémière, le dahlia s'accommodent parfaitement de ce genre de greffage. Il n'est pas douteux que ce procédé, aujourd'hui encore peu connu, ne soit expérimenté sur un grand nombre d'autres plantes avec un plein succès.

Dans les pays sujets aux vents violents, il est nécessaire d'assujettir les greffes par des tuteurs. Il est nécessaire de visiter de temps en temps ces greffes, pendant l'année qui suit leur confection, pour supprimer les gourmands qui pourraient nuire à leur réussite et pour relâcher les ligatures qui paraîtraient disposées à produire des bourrelets ou des étranglements. Aux approches de l'hiver, dans les pays froids, il est bon d'entourer de mousse ou de menu foin

Fig. 249. — LA PETITE FERMIÈRE, par Loutherbourg.

les greffes des essences exotiques délicates. Enfin, au printemps suivant, on peut enlever les ligatures et les poupées de la plupart de ces greffes, et tailler les bourgeons suivant la nature des arbres et l'usage auquel on les destine.

On rapporte à ce groupe la greffe anglaise ou en bec de flûte, une des plus sûres à la reprise. Souvent on pose plusieurs greffes en fente sur le même sujet, dont la tête se trouve ainsi refaite ou régularisée. On peut aussi par ce moyen greffer sur le même pied les deux sexes des arbres dioïques, ou bien des variétés différentes de fleurs ou de fruits. Une de ces sortes de greffes s'emploie fréquemment pour la vigne.

« Constantin César indique, dit A. Thouin, la greffe à laquelle nous avons donné son nom, comme propre, après qu'on a substitué à la moelle du sujet des liqueurs sucrées ou des poudres aromatiques, à procurer des fruits qui auront la saveur et l'odeur de ces liqueurs ou de ces poudres; mais jusqu'à présent ce fait n'a pu être constaté. »

2° Greffes par scions en tête ou en couronne. — Elles se distinguent des autres en ce qu'on les choisit sur les rameaux de l'avant-dernière sève, quelquefois sur ceux de l'âge de dix-huit mois, et qu'on les pose sur des sujets sans prendre le cœur du bois. Elles conviennent surtout aux sujets à bois très dur et à vaisseaux séveux de très petit diamètre, et aux gros arbres fruitiers à pépins dont les troncs ou branches à greffe ont plus d'un centimètre d'épaisseur. Ici se place la greffe dite en couronne, que Pline a mentionnée dans ses ouvrages. «On l'exécute, dit Thouin, en coupant la tige ou les branches du sujet, en écartant à différentes places de leur pourtour l'écorce de l'aubier, au moyen du ciseau étroit, pour y introduire les greffes. Ces greffes doivent être amincies d'un côté, conserver le quart au moins de la largeur de leur écorce, être dégarnies de bois dans le dernier tiers de leur partie inférieure, et pourvues à leur partie supérieure d'une retraite à angle droit. On préfère cette sorte de greffe principalement quand on veut greffer des sujets qui ont la grosseur de la jambe. Elle réussit mieux sur les arbres à fruits à pépins que sur ceux à fruits à noyau. On met depuis cinq jusqu'à douze greffes sur la même branche.

3° Greffes par scions en ramilles. — Elles s'effectuent avec des petites branches garnies de rameaux, de ramilles, de feuilles, souvent de boutons de fleurs et quelquefois même de fruits naissants. Elles se font en pleine sève, et exigent plus de soins que les précédents; mais ce sont aussi les plus propres à accélérer la mise à fruit. Ces greffes paraissent avoir été inconnues des anciens, et aujourd'hui même elles sont rarement pratiquées.

On les applique surtout aux arbres en pots, que l'on place sur couche et sous châssis.

4° Greffe de coté. — Elles se font sur les côtés de la tige des arbres, et par conséquent n'exigent pas l'amputation de la tête du sujet. On opère à la première sève et avant le développement des bourgeons.

Elles sont d'une exécution assez facile, mais d'une réussite moins assurée. Elles servent surtout à remplacer les branches manquantes sur les arbres soumis à une taille régulière; les anciens en faisaient souvent usage pour les oliviers.

5. Greffes sur racines et par racines. — Elles fournissent le moyen de donner aux végétations les parties aériennes ou souterraines qui leur manquent, de former en quelque sorte un végétal de pièces rapportées, de multiplier des espèces rares et précieuses, etc.

III. Greffes en bourgeons. — Ces greffes qu'on appelle aussi greffes par inoculation, consistent à prendre un bourgeon, ou pour mieux dire un œil ou bouton, accompagné d'une plaque ou d'un anneau d'écorce de forme et de grandeur variables, et à le transporter à une autre place, soit sur le même individu, soit sur un autre. Ce sont les greffes les plus expéditives en général, et celles que l'on emploie le plus souvent pour la grande culture des arbres fruitiers. Elles s'appliquent surtout avec avantage aux espèces et aux variétés exotiques et aux végétaux ligneux dont on ne possède pas de bonnes graines. Elles ont encore cet avantage, qu'elles n'exigent pas la mutilation du sujet, et que si elles n'ont pas réussi, on peut recommencer l'opération au bout de six mois ou un an; tout se réduit à une perte de temps. Aussi sont-elles presque les seules dont on fasse usage dans les grandes pépinières. On peut les comparer aux semis dans la multiplication de végétaux. Elles sont assez nombreuses et se divisent naturellement en deux séries.

I. Greffes en écusson. — « On donne, dit Thouin, le nom d'écusson à une plaque d'écorce où se trouve un bouton ou gemma. Ce nom lui vient de sa figure, qui a quelque ressemblance avec celle d'un écusson d'armoirie. Cette greffe est plus particulièrement affectée aux jeunes plants de sauvageon de l'âge d'un an jusqu'à cinq au plus, lorsqu'ils ont l'écorce saine tendre et lisse.

On se sert pour cela d'un greffoir qu'on a soin d'entretenir toujours dans le meilleur état possible, afin qu'il coupe bien nettement l'écorce. On opère au printemps ou à l'automne; dans le premier cas, la greffe est dite à l'œil poussant; dans le second, à œil dormant. V. écussons.

2. Greffes en flute. — Pour faire ces sortes de greffes en sifflet, en chalumeau, en tuyau, en flûteau, en anneau, en canuchet, etc., on choisit, d'un côté, un sujet plein de sève, et on lui enlève un anneau d'écorce large d'environ $0^m,03$, et long de $0^m,05$; de l'autre, un rameau de la même année ou de l'année précédente, également bien en sève, qui ait exactement le diamètre au sujet, et muni d'un ou plusieurs yeux. Sur ce dernier, on enlève un anneau d'écorce, on le met immédiatement à la place de celui qu'on a enlevé au sujet, et on le fixe par une ligature; cette opération exige un grand soin. On doit éviter de la faire par la pluie, par un hâle dessèchant ou par un soleil trop ardent. On recouvre la plaie comme nous l'avons déjà dit. On emploie surtout cette greffe pour les arbres de bois dur, notamment les noyers et les châtaigniers. Plus solide que les greffes en fente et en écusson, mais exigeant plus de temps et de précaution, elle est par cela même moins pratiquée.

Quelquefois on opère en grand la greffe en flûte dans l'intérieur des habitations, où l'on a transporté les jeunes plants ; de là les noms de greffe sur genou ou au coin du feu.

Quant à l'action réciproque du sujet et de la greffe, c'est une question encore fort obscure et dont l'examen nous conduirait trop loin. On doit se rappeler, au surplus, que la greffe ne fait que continuer un végétal déjà existant.

GROSEILLIER

Le genre *groseillier* renferme des arbrisseaux à feuilles alternes, pétiolées, palmées et diversement découpées; les fleurs, solitaires ou réunies en grappes, axillaires ou terminales, présentent un calice adhérent; ordinairement à six divisions égales; une corolle à quatre ou cinq pétales petits, insérés sur la gorge du calice; des étamines incluses, en nombre égal à celui des pétales et alternant avec eux; un ovaire infère, à une seule loge pluriovulée, surmonté de deux styles terminés chacun par un stigmate simple; le fruit est une baie, à une loge polysperme.

Ce genre comprend plus de trente espèces, répandues dans les diverses régions de l'Europe, de l'Asie et des deux Amérique. Les fruits de ces arbrisseaux, acidules et rafraîchissants, ont une assez grande importance en économie domestique et en médecine; aussi plusieurs espèces sont-elles l'objet de cultures assez étendues.

Le *groseillier épineux* ou *à maquereaux* atteint 1 mètre à $1^m,50$ de hauteur. Ses tiges, robustes et épineuses, portent des feuilles larges et de petites fleurs verdâtres, auxquelles succèdent des fruits grobuleux ou ovoïdes, les plus gros du genre.

Cet arbrisseau est répandu dans presque toute l'Europe; il croît surtout dans les lieux arides et pierreux. Transporté dans les jardins, il a donné naissance à de nombreuses variétés. Dans quelques localités, il est connu sous le nom vulgaire d'*embresaille*. Il peut croître dans tous les sols et à toutes les expositions; néanmoins il préfère, comme nous venons de le dire, un terrain pierreux et sec et une exposition chaude.

On le multiplie de marcottes ou d'éclats de souches. Il sert à faire de bonnes haies, à cause tant de ses épines que de la disposition de ses racines à émettre de nouvelles pousses, et par suite à se fortifier tous les ans par la base.

Pour les former, on plante, en automne, à la distance de $0^m,15$ et dans une tranchée d'environ $0^m,25$ de profondeur, des boutures prises sur le bois de l'année précédente; au printemps suivant on remplace par des plants enracinés les boutures qui ont manqué. La seconde année, on rabat la haie rez terre; il se produit alors un grand nombre de jets qui garnissent l'intervalle des pieds, et on les arrête tous les deux ans, par une taille à $0^m,15$, jusqu'à ce que la haie soit parvenue à la hauteur de 1 mètre à $1^m,50$, qu'on lui donne ordinairement. Les pieds qui viendraient à succomber sont remplacés par des marcottes, ou bien par la greffe en approche des rameaux voisins. Ces haies sont excellentes, pourvu qu'elles soient bien entretenues.

On emploie aussi avec avantage le groseillier épineux pour remplir les vides dans les haies d'aubépine. Le fruit de cette espèce a une certaine importance.

Le *groseillier à grappes*, souvent appelé groseillier rouge, bien qu'il y ait des variétés à fruits blancs, forme un buisson de 1 à 2 mètres de hauteur, portant des

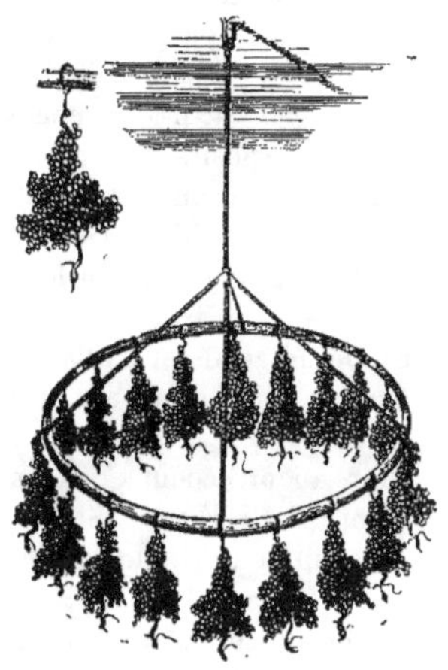

Fig. 247. — Cercle.

Fig. 248. — Chaudière à conserves.

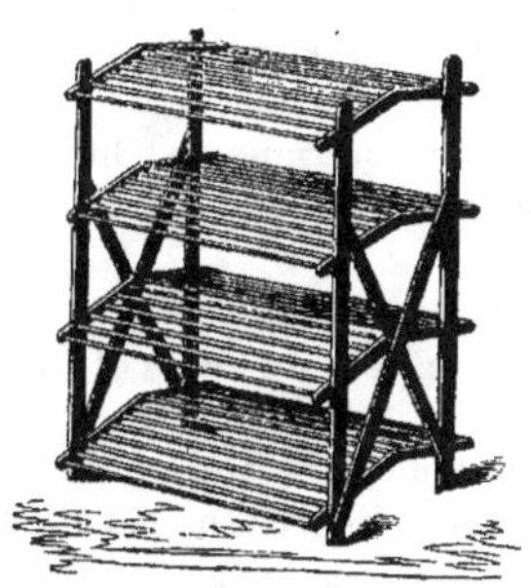

Fig. 249. — Fruitier portatif.

Fig. 250. — Fruitier.

feuilles larges, pubescentes, à cinq lobes dentés, et des fleurs d'un jaune verdâtre, en grappes plus ou moins longues; ses baies globuleuses varient du blanc au rouge. Cette espèce est aussi originaire d'Europe, et l'on pense qu'elle était cultivée par les Gaulois. Elle croît dans les vallées des Alpes et du Jura, et on la retrouve jusqu'en Laponie. Le groseillier à grappes est fréquemment cultivé dans les jardins et croît dans tous les sols et à toute exposition ; il préfère néanmoins un terrain frais et consistant et une exposition demi-ombragée, abritée contre les grands vents. Les climats tempérés sont ceux qui lui conviennent le mieux; aussi, dans le midi, n'en obtient-on de bons produits qu'en le plaçant à l'exposition du nord.

On le multiplie de marcottes, de boutures, de drageons et d'éclats. Le plus souvent on le taille en buisson, aussi évasé que possible, large sans être touffu, quelquefois aussi en cordon horizontal.

Le *groseillier des roches* ressemble beaucoup au précédent; originaire des montagnes d'Auvergne, il est cultivé dans le nord de la France. Son fruit, très acerbe, non comestible, remplace cependant le raisin de Corinthe dans les plum-puddings.

Le *groseillier doré* vient des États-Unis; il est surtout cultivé comme arbrisseau d'ornement, pour ses fleurs d'un beau jaune d'or; son fruit, noirâtre, aromatique, est assez bon à manger, bien qu'il possède une certaine amertume.

Enfin nous rappellerons pour mémoire le *groseillier noir*, plus connu sous le nom de cassis.

La groseille. — La groseille est une baie charnue, plus ou moins volumineuse, formée de deux carpelles, et couronnée par les restes du calice. L'intérieur présente une seule loge, renfermant un petit nombre de graines.

Ce fruit présente des caractères et des propriétés qui diffèrent suivant les espèces.

La *groseille à maquereau* atteint quelquefois la grosseur d'une prune ordinaire; à l'état sauvage, elle ne dépasse guère celle d'un grain de raisin. Quand elle est bien mûre, elle est jaunâtre et a une saveur douce, fade et vineuse. Verte elle est plus ou moins acide. On l'emploie dans les ragoûts, en guise de verjus; on s'en sert surtout pour assaisonner le poisson, d'où son nom vulgaire. On fait peu de cas de cette espèce pour l'alimentation. En médecine elle est considérée comme rafraîchissante et astringente.

On en emploie beaucoup en Angleterre et en Hollande. Son suc devient vineux par la fermentation. En Angleterre, on fait du vin avec ces fruits mûrs en les mettant dans un tonneau et jetant de l'eau bouillante par-dessus. On bouche le tonneau et on laisse pendant vingt à trente jours dans un endroit d'une température constante et modérée, jusqu'à ce que la liqueur soit bien imprégnée du suc des fruits. Puis on verse cette liqueur dans des bouteilles, on y met du sucre, et on bouche exactement. Au bout de quelque temps, la fermentation a opéré la combinaison intime du sucre, et on obtient une boisson agréable, pénétrante et assez analogue au vin. Les pâtissiers et les confiseurs emploient aussi la groseille à maquereau pour faire des tartes et autres friandises.

La *groseille ordinaire* présente un grand nombre de variétés, qui peuvent se rapporter à deux espèces principales, les unes à *fruit rouge*, les autres à *fruit blanc*. Ce fruit bien connu a une saveur plus ou moins acide, mais très agréable : on en fait une grande consommation pendant l'été. On mange les groseilles fraîches, seules ou avec du sucre. Le jus de groseilles, mélangé avec du sucre et de l'eau, forme une boisson agréable, rafraîchissante et excellente.

En médecine, cette groseille est considérée comme astringente, calmante, tonique, rafraîchissante, etc. L'acidité des groseilles, plus intense dans les variétés rouges, résulte de l'abondance des acides malique et citrique.

D'une manière générale, on peut dire que la groseille est un aliment médicamenteux qui nourrit et rafraîchit beaucoup. Elle convient dans le régime des maladies choniques et dans la convalescence des maladies aiguës. Mais il faut se rappeler que certaines personnes supportent difficilement les acides; à celles-là il ne faut donner qu'une eau de groseilles très peu chargée de suc, ou même simplement la gelée ou le sirop. On ne doit les administrer qu'avec beaucoup de circonspection. Enfin, on ne doit pas permettre une trop grande consommation de groseilles aux personnes dont la digestion est paresseuse ou qui ne font pas d'exercice.

LE CASSIS

Le *cassis* ou groseillier noir (*ribes nigrum*) a dans le port beaucoup d'analogie avec le groseillier ordinaire. C'est un petit arbrisseau très rameux, dont les feuilles ressemblent en petit à celles de la vigne. Ses fleurs sont réunies en petit nombre et en grappes simples; elles sont pubescentes, presque globuleuses. blanc jaunâtre, écartées entre elles. Le fruit est une baie globuleuse, d'un noir foncé et terne. Cet arbrisseau se rencontre assez fréquemment dans nos bois; il est commun surtout dans les régions montagneuses de l'est de l'Europe. On le cultive dans les jardins, et même, dans certaines localités, notamment aux environs de Paris, il est l'objet de cultures assez étendues dans les champs, où on le plante en rangées régulières, comme la vigne, afin de pouvoir donner plus facilement les labours nécessaires. La pulpe de ses fruits est légèrement aigrelette, tandis que la peau a une odeur aromatique. Du reste, la saveur et l'odeur en sont peu agréables; aussi les consomme-t-on rarement en nature; mais on en fait une liqueur très estimée, une sorte de ratafia, appelé, comme la plante, *cassis*.

En médecine, ils sont considérés comme légèrement excitants, et passent aussi pour être stomachiques et diurétiques.

Les feuilles et l'écorce de cet arbrisseau prises en infusion chaude et sucrée est un remède populaire.

LA VIGNE

Avant de parler de la culture de la vigne, il nous a paru intéressant de dire quelques mots du vin en général et de ses qualités.

On comprend sous le nom générique de vin, dans la langue des savants, toute boisson fermentée pouvant donner de l'alcool.

Nous n'avons à nous occuper ici que de la liqueur fournie par le fruit de la vigne, et encore ne devons-nous le faire qu'au point de vue des intérêts industriels et commerciaux, qui sont d'ailleurs très considérables. Rappelons cependant en quelques lignes l'origine, la nature, les éléments constitutifs et les effets du vin.

On s'accorde à penser que la vigne est originaire de l'Asie, où elle croît naturellement; mais il y a peu d'analogie entre les produits des époques primitives et ceux que les siècles civilisés ont su approprier à leurs besoins.

La nature du vin est essentiellement tonique et légèrement stimulante; cette boisson, qui joue un si grand rôle dans l'hygiène publique, exerce sur l'économie humaine une influence éminemment bienfaisante : ce n'est pas seulement un aliment, c'est un véritable médicament.

Combien donc sont coupables ceux qui osent en altérer la pureté; combien sont insensés ceux qui, par l'abus, convertissent en effets pernicieux son action si salutaire.

Le vin contient de 86 à 90 parties d'eau dans lesquelles on trouve, en plus ou moins grande quantité, diverses substances, dont les principales sont la glucose ou sucre de raisin, la fécule, l'albumine, le tanin, la matière colorante, la matière extractive, l'acide malique,divers sels. C'est la glucose qui est la base de la vinosité; en se convertissant en alcool, elle s'empare du tanin, de la matière extractive et colorante, et donne au liquide la saveur astringente qui lui est propre.

Il ne faut pas croire que les vins les plus recherchés et les plus généralement estimés soient ceux chez lesquels l'alcool domine. La première qualité d'un vin réside dans cet arome caractéristique qui ne trompe jamais le connaisseur, et qu'on appelle *bouquet*.

Mais le vin n'est pas seulement une boisson éminemment hygiénique et alimentaire, regardée comme indispensable aux sociétés civilisées, c'est aussi un élément commercial des plus importants, pour la France surtout, qui est essentiellement, nous pourrions dire merveilleurement vitifère.

Ce produit, répandu dans toutes les contrées du monde, deviendrait pour ce pays la source d'une fortune incalculable si de lourdes charges n'écrasaient pas cette industrie si féconde et souvent n'en paralysaient pas le développement.

Presque dans tous les départements français on cultive la vigne, le terrain couvert représente des millions et plus d'hectares, chiffre qui sera considérablement augmenté avant dix ans, si la culture de la vigne poursuit sa marche progressive.

Depuis quelques années, en effet, on a donné à cette culture un développement considérable et, disons-le, très intelligent. Outre que la quantité du produit s'augmente à l'aide de méthodes progressives et de pratiques plus éclairées, la qualité se perfectionne grâce à un choix sévère de meilleurs cépages, grâce aussi à des travaux de vinification mieux entendus. Enfin, les débouchés nouveaux ouverts à l'étranger dans ces temps derniers et sur lesquels nous aurons à revenir, garantissent aux viticulteurs un encouragement à leurs efforts et la récompense de leurs rudes et persévérants efforts.

On peut dire, en thèse générale, qu'il y a autant de sortes de vins que d'espèces de raisins. Seulement l'industrie vinicole, à l'aide de manipulations souvent habiles, mais parfois répréhensibles jusqu'à un certain point, parvient à changer si complètement la nature d'un vin, que le dégustateur le plus expérimenté serait en peine d'affirmer sa provenance et son origine.

Nous ne parlons pas, bien entendu, des mélanges frauduleux, des falsifications qui altèrent le produit au point d'en faire une boisson dangereuse. Dans ce cas, la vue, l'odorat et le goût, ces trois éléments d'une bonne dégustation, suffisent presque toujours pour faire reconnaître la fraude; d'ailleurs un dernier contrôle qui ne trompe jamais, c'est l'emploi des réactifs chimiques.

Quoi qu'il en soit, nous n'en devons pas moins tracer les règles qui servent à déterminer, à l'aide d'une certaine classification, la nature d'un vin, ses propriétés, son emploi, enfin ses altérations et ses adultérations.

Il convient d'abord de reconnaître deux ordres de vins; les vins secs et les vins liquoreux; à ces deux ordres on pourrait en ajouter un troisième : les vins ordinaires ou petits vins.

Dans les vins secs l'élément vineux domine l'élément sucré, le goût est légèrement astringent, le bouquet délicat, par conséquent léger, et la couleur très claire, tournant souvent au pâle; ce sont les vins de garde, ceux que le temps ne fait qu'améliorer.

Les vins liquoreux, faits avec des raisins à demi séchés au soleil, ne contiennent presque pas d'eau, peu de tanin, et dans leur ensemble compacte et sirupeux renferment une finesse d'arome dont les amateurs connaissent tout le prix.

Quant aux petits vins ils n'entrent dans la consommation générale le plus souvent que comme apport, remontés ou fortifiés par l'addition de produits plus corsés.

Les diverses qualités et altérations des vins se trouvent parfaitement indiquées par les dénominations suivantes, qu'il importe de vulgariser dans l'intérêt du commerce, autant que dans celui de la consommation.

Un vin *acerbe* est celui qui provient de raisins incomplètement mûris;

Vin qui a du *corps*, remplit la bouche et la chauffe à première dégustation;

Vin qui a du *bouquet*, qualité de tous les vins fins, exhale un parfum que l'odorat perçoit, et que le palais apprécie;

Vin ayant *goût de terroir*, celui qui emporte en l'exagérant la senteur communiquée à la sève par le sol; exemple : les vins qui ont le goût de pierre à fusil;

Vin *moelleux*, celui qui tient le milieu entre le vin sec et le vin liquoreux; la Gironde et la Côte-d'Or en produisent quelques espèces;

Vin *faible*, peu d'accool et peu de couleur;

Vin *fait*, celui qui est arrivé à l'époque précise où il doit être bu, car il est des vins qui demandent trois ou cinq ans, d'autres six et dix, pour être consommés avec agrément;

Vin *fin*; on indique sous cette désignation les produits qui se recommandent par la délicatesse de leur bouquet, la netteté de leur couleur et la perfection de leur ensemble;

Vin *généreux*, riche en éléments alcooliques;

Vin *plat*, qui, énervé par l'âge, a perdu toutes ses qualités, et ne présente plus qu'une liqueur décomposée, chargée de tartre desséché;

Vin *sec*, blanc ou rouge, contenant des principes excitants; il chauffe la langue quand on le déguste, d'où son nom, et agit vivement sur le système nerveux;

Vin *vert*, qui provient de vendanges non parvenues à complète maturité; il est presque synonyme de vin acerbe.

Pour définir le vin doué des qualités requises pour être boisson ordinaire, hygiénique, alimentaire, celui enfin qui intéresse particulièrement le commerce, nous ne pouvons mieux faire que d'emprunter au docteur Guyot, déjà cité, les conditions qu'il lui assigne dans les lignes suivantes :

« Le bon vin ordinaire, le vin alimentaire, car le vin est un aliment positif, excellent, n'est point un vin fort en esprit, ce n'est pas même un vin de grande année : c'est un vin de fins cépages, ne dépassant pas 10 p. 100 d'esprit et pouvant même n'en contenir que 6 p. 100. Ces vins sont parfaits comme boisson hygiénique dès la seconde année et peuvent durer quatre ou cinq ans. On trouvera des débouchés infinis pour les vins légers, naturels et vivants, si la lumière se fait à l'égard des véritables qualités sensuelles et hygiéniques des vins, et surtout si les producteurs et les marchands cessent de faire consister la qualité dans la richesse alcoolique. Ils se trompent eux-mêmes en établissant et en propageant cette fausse opinion, car les instincts organiques ne restent pas longtemps dupes : on se laisse d'abord persuader, on achète ces vins forts une première fois, mais leur pesanteur et leurs tristes effets organiques éveillent bientôt de justes défiances, et l'on cherche ailleurs les qualités que ces mêmes vins auraient eues s'ils étaient restés à l'état naturel.

« Le vin qui contient de l'alcool au delà de ses forces ne s'assimile pas; il enivre brutalement, à la façon des eaux-de-vie, mais des eaux-de-vie noyées dans une masse de liquides, et par conséquent privées de la puissante stimulation qui les fait digérer par une réaction des organes digestifs proportionnée à leur force. Avec les voies de communications actuelles, les bons vins d'ordinaire peuvent être consommés dans l'univers entier, et, dans vingt ans d'ici, 8 millions d'hectares de vignes, ajoutés aux 2 millions qui existent déjà en France, ne feront pas descendre ces vins au-dessous de 50 francs l'hectolitre, prix qui assure aux planteurs de vignes de notre fortuné pays un présent et un avenir magnifiques; mais ce prix rémunérateur ne sera atteint et maintenu qu'à la condition qu'ils cultiveront les meilleurs et les plus fins cépages. »

Les altérations des vins dégénèrent en maladies connues sous les dénominations suivantes :

Vins *aigres*, qui manquent d'alcool et tournent à l'acescence ;

Vins *gras*, qui sont huileux et filent quand on les verse dans le verre ;

Vins *amers*, qui ont perdu avec le temps leurs principes constitutifs (les vins de Bourgogne présentent souvent cette défectuosité) ;

Vins ayant *le goût de moisi* ou *pourri*, ceux qui sont envaisselés dans de vieux bois mal soignés, et dans lesquels l'air extérieur a pu pénétrer ;

Vins *passés*, ceux qui sont restés trop longtemps en futaille.

Nous pensons devoir nous borner ici à indiquer sommairement les remèdes que réclament les maladies que nous venons d'énumérer.

On guérit les vins *aigres* en les passant sur de bonnes lies fraîches, après les avoir préalablement soufrés avec la mèche, ou en les coupant avec des vins très corsés ;

Les vins *gras*, en les additionnant de tanin quand ils sont en fût ; en les transvasant de haut, pour les aérer, quand ils sont en bouteilles ;

Les vins *amers* se rétablissent à l'aide d'un collage et d'un coupage avec des vins plus jeunes ;

Les vins qui ont *le goût de moisi* ou *de pourri* le perdent si on jette dans le fût un litre ou deux (1 litre par hect.) de bonne huile d'olive ; on fouette le liquide comme pour un collage, et l'huile absorbe tout le mauvais goût ; on soutire ensuite.

Les vins *passés* peuvent redevenir potables si on les enserre dans des fûts largement *vinés* (alcoolisés), on devra toujours y ajouter un cinquième de bon vin pour les relever.

Quant à l'usage et à l'emploi des différents vins, pour ne parler en ce moment que des produits français, ils varient suivant la constitution des liquides. Les vins complètement faibles (ceux du Gâtinais, des petits vignobles de la Marne, de Seine-et-Marne, de la Seine, de Seine-et-Oise, etc.) se consomme dans le pays ; ceux qui avec plus de valeur ne sont encore compris que dans la catégorie des vins d'ordinaire se placent dans les rayons voisins (les vins de la Meurthe, de la Moselle, de la Haute-Marne, de Saône-et-Loire, du Loiret, ceux de la basse Bourgogne) ; enfin les produits de qualité supérieure (Bordelais, Mâconnais, Côte-d'Or, etc.) constituent ce que l'on appelle les vins de garde, et une grande partie est destinée à l'exportation. Quant aux vins du Midi, ils ne peuvent, pour la plupart, se consommer en nature ; une partie, ceux du Roussillon surtout, servent aux coupages, pour remonter les vins faibles de l'intérieur ; le reste est jeté à la chaudière pour la fabrication des alcools de vin.

Les moyens de reconnaître les qualités des vins ne sont guère, comme nous l'avons déjà dit, que la vue, l'odorat et le goût, instruments à peu près infaillibles chez le dégustateur consommé.

Parmi les nombreuses falsifications dont le vin est l'objet, les plus communes et les plus connues sont celles qui se pratiquent avec de l'eau étendue d'alcool et jetée sur des lies, la même eau rougie avec du bois de Campêche, des baies de sureau, de l'oseille, etc. ; mais il en est de beaucoup plus coupables, car elles sont un danger pour la santé publique : au nombre de ces dernières, citons celles qui pour base la litharge, l'alun, etc.

Mais il ne faut pas considérer comme falsification les mélanges ou coupages des vins, puisque ces traitements ont pour objet leur conservation et leur amélioration, non plus que le plâtrage qui se fabrique dans le Midi pour donner aux liquides du coloris et une certaine astringence qui assure leur durée. Il y a eu dans le cours de ces dernières années de nombreux jugements et arrêts rendus sur la matière et consacrant l'innocuité du vin additionné de plâtre. Nous devons dire toutefois que des œnologues, dont l'opinion fait autorité, proscrivent le plâtre et conseillent de le remplacer par le sel qui produit les mêmes effets, sans les inconvénients, dont le plus grave est d'exposer les vins à se charger d'alun.

Les vins de l'étranger sont loin sans doute d'avoir tous la même importance commerciale que ceux de la France; nous n'en devons pas moins faire connaître la place qu'ils occupent sur les marchés, et les débouchés qu'ils trouvent.

Les vignobles réputés pour produire des vins dignes d'être cités sont, en Europe, après les vins de France, ceux de l'Espagne, du Portugal, de l'Allemagne, de l'Autriche, de l'Italie, de la Grèce, de la Suisse, puis, hors de l'Europe, ceux de l'Asie, de l'Afrique et enfin de l'Amérique, dont certains états sont appelés à un grand avenir viticole.

La vigne. — Le genre *vigne* se compose d'arbrisseaux sarmenteux qui croissent spontanément dans la partie moyenne de l'Asie et dans l'Amérique septentrionale. Les feuilles de ces végétaux sont alternes, simples, entières ou lobées en cœur, quelquefois incisées.

Leurs fleurs sont hermaphrodites dans les espèces de l'ancien continent, dioïques polygames dans celles du nouveau monde. Elles forment des panicules opposées aux feuilles, parmi lesquelles un grand nombre restent d'ordinaire entièrement ou presque entièrement stériles et dégénèrent alors en vrilles.

Elles présentent les caractères suivants : calice ibre très court à cinq angles et à cinq dents rudimentaires; corolle de cinq pétales, insérés à l'intérieur d'un disque hypogyne concave et se soudant entre eux par leur sommet infléchi, de manière à former une seule pièce qui se détache tout entière au moment de l'épanouissement en une sorte d'étoile à cinq rayons tronqués; cinq étamines insérées de même que les pétales; ovaire libre, entouré à sa base d'un disque à cinq lobes; cet ovaire porte un stigmate sessile déprimé et presque pelté.

A ces fleurs succède une baie globuleuse, biloculaire, à loges dispermes ou monospermes par avortement. Le test des graines est dur et osseux; leur embryon est très petit, logé dans un albumen charnu, mais d'un tissu dense.

Les tiges de vignes sont propres, comme les bois les plus durs, à recevoir au tour, toutes les formes qu'on veut leur donner, surtout lorsqu'elles sont vieilles. Elles atteignent quelquefois une grosseur extraordinaire. Un cep de vigne abandonné à la nature, placé dans un terrain et un climat qui lui conviendrait, acquiert un volume énorme et parvient à une étonnante longévité. Il en est tout autrement de la vigne qu'on taille et dont on retranche tous les sarments.

Les anciens naturalistes et les voyageurs modernes sont tous d'accord sur

Fig. 251. — Machine à boucher.

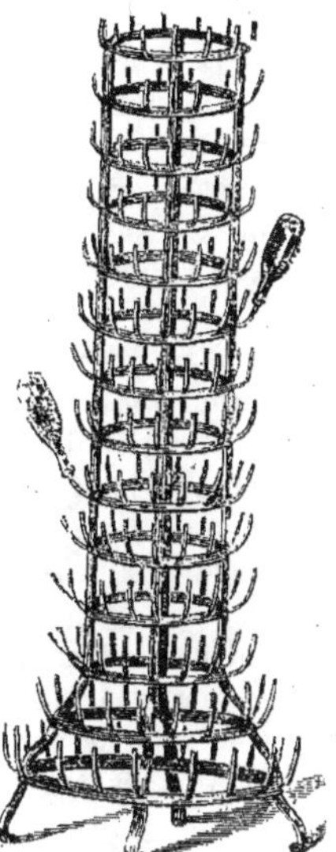

Fig. 252. — Égouttoir.

Fig. 253. — Panier à bouteilles.

Fig. 254. — Chantier en fonte.

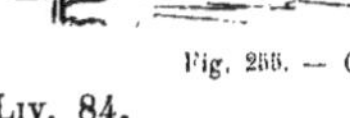

Fig. 255. — Casier.

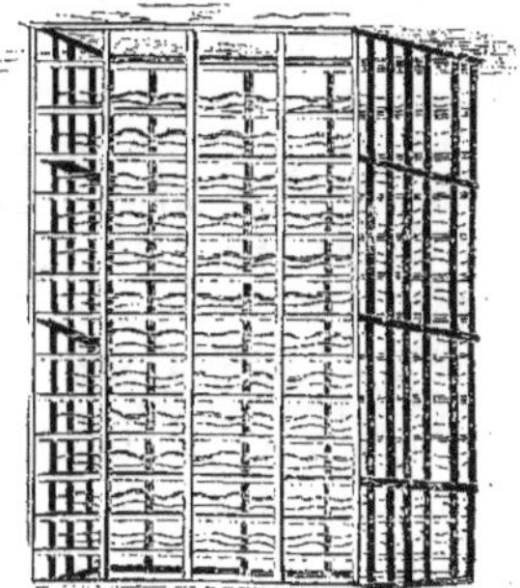

Fig. 256. — Casier fermé.

les étonnantes proportions que prend la vigne dans son état agreste. Strabon rapporte qu'on voyait dans la Margiane des ceps d'une telle grosseur que deux hommes pouvaient à peine embrasser la tige. Pline nous dit que les anciens l'avaient classée parmi les arbres, à cause du volume auquel elle est susceptible de parvenir. On sait que les grandes portes de la cathédrale de Ravenne sont construites en bois de vigne dont les planches ont environ 3 mètres de hauteur sur $0^m,06$ ou $0^m,07$ d'épaisseur. On voyait autrefois aux châteaux de Versailles et d'Ecouen d'assez grandes tables formées d'une seule planche de vigne.

La culture de la vigne, dont les légendes hébraïques attribuent l'invention à Noé, constituait en Palestine et dans les pays environnants, une des principales branches de production. La nature du sol, couvert de collines et de petites montagnes, était excessivement favorable et le climat donnait au raisin une douceur singulière. Aussi est-il souvent parlé de la vigne et du vin dans la Bible.

Les principaux vignobles de la Palestine étaient : la montagne d'Engedi, les environs d'Hébron, le territoire de Sichem, le Carmel, le Liban, les districts situés au delà du Jourdain, les bords du lac de Génésareth et une foule d'autres endroits mentionnés dans le Talmud et dans la Bible.

Beaucoup de villes tiraient leurs noms de leurs vignes (Abelcheramim, Bethcherem, etc.). Les vignobles étaient entourés de haies ou de murs en pierres sèches destinés à les préserver de la voracité des renards, des chèvres, des bestiaux, des lièvres. Les ceps de vigne de la Palestine étaient renommés pour leur grosseur et leur hauteur. De nos jours même, Schulz a trouvé sur le versant méridional du Liban un ceps qui mesurait 30 pieds de hauteur, et Belon évalue à une moyenne de 4 pieds la hauteur des ceps ordinaires de la Cœlésyrie. La plupart des raisins étaient noirs et les grappes d'une grosseur considérable.

Aujourd'hui encore les grains des raisins de Syrie atteignent souvent la grosseur d'une prune.

La méthode romaine et grecque qui consistait à *marier la vigne (maritare vitem)*, c'est-à-dire à l'enlacer autour d'un échalas ou d'un arbre, paraît avoir été peu pratiquée en Égypte, en Syrie et en Asie en général; on préférait laisser ramper la vigne à terre.

Ce sont les Phéniciens qui les premiers tirèrent la vigne des bords de la mer Noire et en introduisirent la culture en Grèce, en Sicile, dans les îles de l'Archipel, enfin en Italie et dans le territoire de Marseille. Cette culture, une fois parvenue en Provence, s'étendit bientôt sur les coteaux du Rhône, de la Saône, de la Garonne, de la Dordogne, dans les contrées voisines de Dijon et même jusque sur les bords de la Moselle.

La vigne devint bientôt une source de richesse et d'orgueil pour certains pays, car on voit dans les premières ordonnances des ducs de Bourgogne combien ils se flattaient d'être qualifiés « seigneurs immédiats des meilleurs vins de la chrétienté, à cause de leur bon pays de Bourgogne plus famé et renommé que tout autre en croît de bons vins ». Les princes de l'Europe, au rapport de Paradin, désignaient souvent le duc de Bourgogne sous le titre de « prince des bons vins ». Il ne tarda pas à s'élever une certaine rivalité d'industrie et de renommée entre les vins de Bourgogne et ceux de Champagne, rivalité qui dégénéra bientôt en lutte assez ridicule, puisqu'elle fut le sujet d'une thèse sérieusement soutenue et gravement écoutée aux Écoles de médecine de Paris en 1652.

Quatre ans après, la Bourgogne produisit un nouveau champion, c'est-à-dire un nouveau crû. Le gant est jeté une seconde fois aux Rémois. Ceux-ci le relèvent, font à leur tour soutenir une thèse dans les écoles de leur Faculté, où le champion rétorque contre la Bourgogne toutes les injures que l'agresseur avait prodiguées à la Champagne.

Le docteur Salius, doyen des médecins de Beaune, fut chargé de la réplique, et son ouvrage eut un tel succès qu'il fut imprimé cinq fois dans l'espace de quatre ans.

Les vignobles des environs de Paris avaient aussi des prétentions à la renommée; ce genre de culture y était d'autant plus multiplié que les rois de France l'avaient introduit dans leur domaine. Les capitulaires de Charlemagne fournissent la preuve qu'il y avait des vignobles attachés à chacun des palais qu'ils habitaient, avec un pressoir et tous les instruments nécessaires à la fabrication des vins.

On y voit le souverain lui-même, sur cette espèce d'administration, entrer dans les plus grands détails avec ses économes.

L'enclos du Louvre, comme les autres maisons royales, a renfermé des vignes, puisqu'en 1160 Louis le Jeune assigna annuellement sur leur produit six muids de vin au curé de Saint-Nicolas.

Les vignes du Bordelais avaient aussi leur réputation, car Ausone, qui vivait au IVe siècle, leur donne des éloges dans plusieurs de ses écrits. Mathieu Pâris, parlant des dispositions de mécontentement et d'aigreur où était la Gascogne en 1251 contre les Anglais, ses dominateurs, dit que cette province se serait soustraite dès lors à l'obéissance de Henri III si elle n'eût eu besoin de l'Angleterre pour le débit de ses vins. Il est constaté par un registre des droits de douane de Bordeaux que, dans les cours de l'année 1350, il sortit du port de cette ville cent quarante et un navires chargés de vins qui avaient produit 5.104 livres 16 sous de droit, monnaie bordelaise. En 1372, dit Froissard, on vit arriver à Bordeaux « toute une flotte, bien deux cents voiles et nefs de marchands qui allaient aux vins. »

En consultant les plus sages calculs faits avant la Révolution sur le produit territorial des vignes en France, on remarque que 800,000 hectares étaient consacrés à leur culture à cette époque.

La première question à étudier pour la vigne est certainement le climat propre à sa culture. Voici à cet égard ce que dit M. Chaptal : « Tous les climats ne sont pas propres à la culture de la vigne. C'est entre le 35e et le 50e degré de latitude qu'on peut se permettre une culture avantageuse de cette production végétale ; c'est aussi entre ces deux termes que se trouvent les vignobles les plus renommés et les pays les plus riches en vins, tels que l'Espagne, le Portugal, la France, l'Italie, l'Autriche, la Styrie, la Hongrie et la Grèce. De tous les pays, celui qui sans doute offre la situation la plus heureuse est la France; aucun autre ne présente une aussi grande étendue de vignobles ni des expositions plus variées. Depuis les rives du Rhin jusqu'au pied des Pyrénées, on cultive la vigne dans tous les cantons où le sol est favorable, et nous trouvons, sur cette vaste étendue, les vins les plus agréables comme les plus spiritueux de l'Europe...

Nulle part on ne trouve l'influence du climat d'une manière mieux marquée qu'en observant les changements qu'éprouvent les plants de vigne lorsqu'on les transporte dans des pays éloignés. Le sol et la culture pourraient y être semblables au sol et à la culture du pays natal de la vigne sans que les fruits eussent presque aucun rapport entre eux. On convient assez généralement que les vignes du Cap proviennent de plants de Bourgogne qui y ont été apportés par des vignerons de cette province pour les y cultiver et y faire le vin à leur manière. On sait que la plupart des vins qu'on boit à Madrid proviennent de plants bourguignons. L'histoire nous apprend enfin que les plants des vignes de la Grèce tranportés en Italie n'y ont plus produit les mêmes vins et que les fameuses vignes de Falerne cultivées au pied du Vésuve ont changé de nature.

Voici pour la France quelle est la ligne de culture qu'on admet généralement. Partant de Vannes en Bretagne, elle se dirige sur Mézières en passant par Alençon et Beauvais. Au nord de cette ligne, la vigne végète parfaitement bien, mais n'y mûrit généralement pas, à moins qu'elle ne se trouve dans des conditions tout à fait exceptionnelles de soins et d'exposition.

Les sols calcaires, siliceux, alumineux et magnésiens; les terrains primitifs de transition, secondaires, tertiaires, volcaniques, conviennent tous parfaitement à la vigne, pourvu qu'ils n'occupent pas des fonds où les brouillards s'abattent et séjournent. L'excès d'humidité dans le sol et dans l'atmosphère est également et en tout lieu désagréable à la vigne. La vigne s'accommode très bien de terrains maigres, arides, perméables à l'air et à l'eau, dans lesquels tout autre végétal aurait peine à prospérer. D'ailleurs, l'exposition de la vigne doit varier suivant les circonstances locales. Un sol sec et caillouteux exige une exposition moins méridionale qu'un sol gras et substantiel.

Avant qu'une longue expérience eût fait connaître la richesse de la vigne et motivé son extension aux sols de grande fécondité, elle était considérée comme propre à occuper seulement les espaces délaissés, et nos meilleurs vignobles, les plus anciens d'ailleurs, sont encore assis sur des terres dont l'agriculture proprement dite ne pourrait tirer aucun parti. La vigne est tellement vivace et puissante dans sa végétation qu'en tout climat elle lance ses rameaux à des distances prodigieuses. Depuis la treille gigantesque d'Hampton-Court jusqu'aux ceps qui traversent les fleuves en Afrique, partout on peut voir la vigne couvrir d'une seule tige des espaces considérables et vivre des siècles. Partout on peut la voir aussi, sous la serpette du vigneron, se maintenir quoique à regret dans quelques centimètres carrés. Sur les rochers, sur les arbres, contre les murs, la vigne vit partout et résiste à tout, pourvu qu'elle ait la part de sol, de nourriture, d'air et de soleil qui lui est strictement nécessaire. Mais il ne suffit pas que la vigne vive, il faut qu'elle donne des fruits abondants et de bonne qualité. C'est pour résoudre ce dernier problème que l'on doit s'attacher au choix du plant.

Le choix d'un plant approprié au sol et au climat est l'acte le plus important de la culture de la vigne; il est rare cependant qu'on y apporte tous les soins nécessaires. Presque toujours on choisit le plant dans le voisinage, sans examiner si les espèces qu'on y cultive sont les plus convenables au sol et à l'exposition qu'on destine à la nouvelle vigne. On doit toujours songer, quand on veut tirer des plants d'un vignoble renommé, non seulement à l'analogie du sol et de l'exposition, mais aussi à celle du climat, et par ce mot climat il faut entendre, non seulement le degré de latitude, mais toutes les circonstances locales qui peuvent modifier la température d'une manière puissante. Il faut aussi prendre en considération la facilité de maturation des espèces. On doit choisir le plant sur les ceps les plus fertiles et ne prendre sur chacun que les sarments qui ont le plus produit. On doit éviter de planter des vignes à la suite de mauvaises années. Le cultivateur, après avoir fixé son choix sur le plant qui paraît le mieux approprié à son sol, doit s'occuper de la plantation de la vigne. Un simple défrichement ne suffit pas. Le sol destiné à recevoir la vigne doit toujours être défoncé à $0^m,50$ de profondeur au moins. Le docteur J. Guyot conseille un second défonçage, à la charrue, de façon que ces nouveaux sillons soient perpendiculaires aux premiers. Si le sol à fouiller est nu ou n'est recouvert que de quelques herbes rares et minces, comme en Champagne, l'opération du défonçage peut être faite sans aucune préparation. Si le sol à défoncer est au contraire couvert de bruyères, de fougères, de genêts et d'arbrisseaux, il faut raser ces végétaux et les hacher à la serpe, de façon à pouvoir les disposer au fond des raies.

Quand le terrain qu'on se propose de mettre en vigne est déjà en rapport, la meilleure préparation qu'on puisse lui donner, c'est d'y cultiver pendant deux ou trois ans des plantes potagères, et de préférence, parmi celles-ci, les haricots et les pommes de terre. Dans les terres légères, on plante dès le mois de novembre et jusqu'aux gelées; dans les terres fortes, on choisira de préférence les mois de février ou de mars. Voici maintenant comment on procède. On ouvre des fosses qui, dans les terres légères, ont $0^m,33$ de profondeur et $0^m,30$ seulement dans les terres fortes. Ces fosses sont séparées entre elles par un intervalle de $1^m,60$. Faisons remarquer en passant que dans les terres fortes on obtient de très bons résultats en ouvrant les fosses trois mois avant la plantation. Une fois ce travail terminé, on amène encore avec soin sur le terrain les boutures ou chapons, mais au fur et à mesure des besoins du travailleur. Si l'on emploie des boutures, elle devront avoir été mises huit jours à l'avance dans une eau courante. Si on a des plants enracinés à sa disposition, on devra prêter la plus grande attention à leur arrachage, parce que souvent une grande partie du chevelu se déchire et reste adhérent au sol. On évitera avec le plus grand soin cette fausse manœuvre, qui ôte au plan racineux toute chance de reprise. Les plants sont placés dans la fosse à $0^m,50$ les uns des autres et on les couche de façon que le jeune sujet soit appuyé contre la paroi qui a la meilleure exposition; puis on recouvre le pied de $0^m,15$ environ de terre végétale. On ne fume généralement pas directement dans la fosse, mais les cultivateurs qui ont cette coutume mettent un peu de fumier au pied de la tige nouvellement plantée, dans la proportion de 12 kilogrammes par hectare.

Il est des terrains riches de fond et de nature où la vigne peut végéter utilement sans le secours d'aucun engrais ni même d'aucun amendement, surtout lorsque les ceps sont suffisamment éloignés les uns des autres. Mais ces terrains privilégiés sont rares, et d'ailleurs on les couvre aujourd'hui d'une si grande quantité de ceps et on leur demande tant de produits, que la généralité des vignes a besoin d'un supplément de nourriture à des époques assez rapprochées.

On forme avec les marcs de raisin, de la terre et de la chaux un excellent compost pour la vigne. Le fumier d'étable donne des résultats plus immédiats et son action doit être considérée comme plus sûre et plus régulière. Les vignerons qui tiennent plus à la quantité qu'à la qualité de leurs produits admettent les engrais azotés dans leur culture. On se sert aussi de tourteaux de colza. C'est un engrais durable et moitié moins cher que le fumier; 250 grammes sur chaque pied suffisent largement, et on a employé avec succès cet engrais qui a de plus l'avantage, paraît-il, de combattre les ravages que l'écrivain ou gribouri fait dans les vignobles. Il est certain que beaucoup de substances peuvent être substituées aux fumiers de litière. Ainsi, les urines, la poudre d'os, les chiffons de laine, les débris de corne paraissent influer très puissamment sur la fructification. Le sang de bœuf et de mouton, additionné de dix fois son volume d'eau et employé dans la proportion de 10 litres par cep de treille, a souvent donné d'excellents résultats. Un demi-kilogramme de purin étendu d'eau suffit à la fumure d'un cep. Enfin, le guano employé dans les vignes sur un sol argilo-siliceux, dans la proportion de 35 à 40 grammes par cep, a singulièrement favorisé le développement du plant.

En tout pays et dans tous les vignobles, le marnage et l'emploi de la craie ajoutent à la fertilité de la vigne et surtout à la finesse des vins. Le calcaire crayeux est celui qui donne les jus les plus francs et les plus exempts de goût de terroir.

Le marnage des vignes peut être appliqué aux plus fins vignobles à silex, tels que ceux du Médoc, avec la certitude d'augmenter et de perfectionner les produits; enfin, il est bon de joindre aux amendements des apports de terre prise dans les vallées où les eaux pluviales l'ont entraînée.

Passons maintenant à la taille de la vigne dans les vignobles, laissant à dessein tout ce qui concerne sa culture en treille.

La taille est une opération des plus importantes de la culture de la vigne. La taille ne devrait commencer que vers le 20 février; mais, comme la taille d'un domaine de vignes demande un certain temps, les vignerons commencent souvent cette opération dès les premiers jours de février. Il existe pourtant en Bourgogne deux vieux proverbes bien précis à cet égard :

Si tu tailles en feuvreuille,
Tu mets le raisin dans ton peneuille,

(Si tu tailles en février,
Tu mets le raisin dans ton panier.)

Taille le jô d'la Saint-Aubin
Po avoi de gros raisins.

(Taille le jour de Saint-Aubin (1er mars),
Pour avoir de gros raisins.)

La taille doit être exécutée sur la branche la plus élevée du cep et, en général, sur le rameau qui a fructifié. La taille sera faite en sifflet de bas en haut et à l'opposé de la bourse, qui se trouvera ainsi protégée contre l'humidité produite par la sève.

C'est généralement avec la serpe que les vignerons opèrent cette taille; toutefois le sécateur est aujourd'hui très employé. Outre la taille, on a encore recours à une autre opération du même genre dite pinçage.

Le pinçage, quoique inventé depuis cinquante ans, n'a été bien étudié dans ses effets que depuis une vingtaine d'années, et son application est même encore aujourd'hui loin d'être générale.

Le pinçage est une opération qui consiste à arrêter l'expansion d'une pousse de l'année en supprimant son sommet au moyen des ongles. Le pinçage a pour objet d'empêcher les sucs végétaux de s'appliquer à la création et au développement exubérant d'un rameau inutile ou nuisible.

Nous n'avons fait jusqu'à présent que décrire les opérations importantes dans la culture et surtout dans la plantation d'une vigne. Mais cette vigne une fois plantée exige chaque année, et surtout jusqu'à la septième, des soins incessants et qui varient un peu suivant que la vigne est plus ou moins avancée en âge. Nous allons maintenant donner, le plus sommairement possible, les règles à suivre et les opérations à exécuter pour faire fructifier et conserver en bon état la plantation.

La deuxième année est la moins dispendieuse de toutes pour les soins à donner à la vigne et pour son entretien. La vigne ne doit point encore recevoir d'échalas, et le peu de force et de développement de ses racines ne permettrait pas de profiter des engrais qu'on enfouirait à côté des ceps. La première occupation du vigneron, dès le 1er novembre, c'est de remplacer les pieds qui n'auraient pas réussi; en général, ces manques, comme on les appelle, ne s'élèvent pas à plus de 1 ou 2 pour 100.

De mars en mai, on procède à la taille, que tout le monde peut pratiquer. La seule indication à suivre, c'est de couper au ras de la petite souche tous les sarments, à l'exception d'un seul, qu'on choisit le plus vigoureux, en ayant soin de le tailler lui-même en ne laissant qu'un œil à cette petite branche. Le binage doit suivre de près la taille; il faut, autant que possible, le pratiquer par un temps très sec. La dépense par hectare pour la seconde année est évaluée à 500 francs environ.

La troisième année est beaucoup plus coûteuse que la précédente, parce qu'il faut acheter des échalas, qui coûtent 300 francs pour 1 hectare. Puis, entre chaque rangée de vignes, on ouvre un large sillon dans lequel on enfouit le fumier. Cette opération faite, la vigne doit être abandonnée jusqu'à la fin de l'hiver, après l'époque des gelées, où il convient de procéder à une nouvelle taille. Elle consiste à couper tous les sarments à l'aide d'un sécateur, moins un sarment, le plus fort, en lui laissant deux yeux francs, suivant l'expression vigneronne. La taille et le sarmentage doivent être suivis d'un binage complet, mais toujours superficiel, avec soufrage si on a lieu de craindre l'oïdium. Il reste alors à enfoncer solidement les échalas près de chaque pied de vigne et à lier ce dernier à l'échalas. Les opérations de culture sont, comme on le voit, plus nombreuses; aussi le prix de revient d'un hectare pendant la troisième année s'élève-t-il à 855 francs.

La quatrième année, pour les vignes ordinaires, les opérations sont les mêmes que pour la troisième année. Mais quand il s'agit de vignes de grands crus, pour lesquelles on prend des soins infinis, une foule de précautions sont nécessaires. Des deux sarments que nous avons laissés sur la souche, l'un devient la branche à bois; l'autre que l'on fait courir horizontalement, est la branche à fruits. Vers le milieu de cette branche, on place un petit échalas qui sert de soutien, et chaque échalas, dans toute la rangée, est relié aux autres par un fil de fer qui assure la solidité du tout, en permettant aux pampres de la vigne de s'accrocher à ces fils de fer. De plus, on doit disposer, tout le long de la rangée de ceps, des paillassons que l'on abaisse ou que l'on relève suivant l'état de l'atmosphère.

Toutes les opérations indiquées à la quatrième année sont répétées à la cinquième, à la sixième et à la septième, dans le même ordre et avec le même soin. La seule différence à observer, c'est de laisser, suivant la force de la végétation, de quatre à huit grappes à la cinquième année, de huit à douze à la sixième, de douze à seize à la septième et de seize à vingt grappes à la huitième année. Vingt grappes de raisin, qui peuvent peser de 1 kilogr. 500 à 2 kilogrammes, constituent le produit maximum d'un cep de vigne adulte et bien entretenu d'engrais et de moyens préservateurs. Si l'on s'abstient des moyens préservateurs, le produit de chaque cep ne s'élève pas à plus d'un demi-kilogramme.

La huitième année, la vigne est arrivée à son état de perfection et de production. Pendant vingt ans, la vigne, si on lui donne les amendements et les engrais nécessaires, maintient sa vigueur et sa fertilité.

Cépage. — Par suite de l'apparition, dans nos vignobles, du phylloxera d'abord et des maladies cryptogamiques ensuite, les propriétaires ont été forcés de changer la nature de leurs cépages et de modifier leurs systèmes de culture de la vigne. Ce n'est rien moins qu'une révolution qui a dû se faire en France. Comme la propriété y est très morcelée et que le paysan est routinier et rebelle à tout ce qui est nouveau, la transformation ne s'est pas faite sans difficulté, et dans bien des régions elle ne s'opère encore que lentement. Les plants français meurent et souvent ne sont pas remplacés; il est vrai que dans les départements essentiellement vinicoles, comme l'Hérault, le fait contraire s'est produit : on a marché trop vite et l'on a éprouvé de nombreux mécomptes. S'il est absurde de ne rien faire, il ne serait pas moins imprudent de négliger l'étude d'une question aussi importante.

Or, un fait se dégage en présence de l'invasion continue du phylloxera et de la difficulté, parfois de l'impuissance, de la combattre, c'est qu'il est de toute nécessité de planter des cépages résistants, et, par suite, d'étudier les plants venus de l'Asie, de l'Afrique et de l'Amérique, pour voir s'ils sont en mesure de nous rendre les services que nous leur demandons. Mais en même temps se pose une autre question : quels sont les meilleurs greffons à donner à celles de ces vignes qui ne produisaient pas de bons vins, et c'est la presque totalité? Il y a quelques années, la réponse à cette question aurait été facile; mais aujourd'hui, en présence des nombreuses maladies cryptogamiques qui sont venues s'abattre sur nos vignes, il faut trouver des cépages non seulement vigoureux et fertiles, mais encore pouvant résister, sans traitement dispendieux, au mildew, à l'anthracnose, au black-rot, etc.

Nous allons donc rechercher, dans cet article, en donnant au mot « cépage »

Fig. 257. — LE REPOS DES VENDANGEURS, par Giacomelli.

son sens le plus étendu, les diverses espèces et variétés de vignes pouvant servir de greffons; nous les classerons sous trois rubriques :

1° Cépages français; 2° cépages américains; 3° cépages exotiques divers.

1° Cépages français. — Il n'existe pas de plants français réfractaires au phylloxera; certaines variétés, comme l'étraire de l'Adhuï, peuvent offrir une résistance relative; mais elle est, en somme, de peu de durée. C'est là un desideratum considérable dans notre viticulture française. On arrivera sans doute, par des semis et des hybridations, à trouver ce phénix; mais jusqu'ici il nous a fait défaut.

Nous sommes plus heureux en ce qui concerne les maladies cryptogamiques; nous avons des plants indemnes ou à peu près du mildew : grapput, étraire de l'Adhuï, castets, sauvignon, sémillon, portugais bleu, ugni blanc et quelques hybrides Bouschet; pour les régions comme la Bourgogne et le Bordelais, qui ont des crus classés, ce serait folie d'aller chercher des cépages nouveaux, qui ne produiraient que des vins de second ordre; mais en dehors de ces pays privilégiés, le viticulteur a aujourd'hui intérêt d'un côté à réduire ses frais généraux en cultivant des plants résistant aux maladies aériennes, et de l'autre, à augmenter sa production en recherchant les cépages les plus fertiles.

A ces deux points de vue on peut prôner le portugais bleu, à la fois vigoureux et productif, donnant un vin alcoolique et d'une belle couleur; il résiste parfaitement au mildew, mais moins bien à l'anthracnose dans les fonds bas et humides.

Un autre plant recommandable est le castet, cépage déjà ancien, mais dont on ne parlait pas avant que l'invasion du mildew n'eût attiré sur lui l'attention des viticulteurs, à cause de sa résistance à cette maladie.

Enfin, sans nous étendre sur quelques autres plants déjà anciens et connus, arrivons tout de suite aux hybrides Bouschet, qui ont en ce moment la faveur du public.

C'est dans le but d'avoir des plants joignant à une bonne vigueur un jus alcoolique et coloré, que M. Louis Bouschet de Bernard commença, en 1829, ses hybridations en fécondant l'aramon par le teinturier du Cher. Les vignes issues de ce croisement commencèrent à fructifier en 1836, et c'est de l'une d'elles que sortit le petit-bouschet, cépage aujourd'hui bien connu. M. Henri Bouschet poursuivit les recherches de son père de 1855 à 1870, en hybridant le petit-bouschet avec d'autres cépages du Midi : grenache, carignane, morastel, aramon, etc. De ces croisements sont sortis les cépages de valeur différente dont nous allons nous occuper.

Alicante-Bouschet. — D'après M. Viala, qui a publié sur les hybrides Bouschet une intéressante monographie, l'alicante-bouschet n'existe pas à l'état de variété distincte; d'après lui, ce qu'on appelle alicante-bouschet ne serait autre chose que l'alicante-bouschet n° 1 ou alicante-bouschet extra fertile. Il est certain que tous ces alicante-bouschet se ressemblent beaucoup comme port et comme feuille; d'ailleurs ils ont tous de la vigueur, avec un jus coloré et alcoolique; mais ils résistent mal au mildew. M. Viala recommande pour les coteaux la variété à sarments érigés. D'une manière générale, on doit donner la préférence à l'alicante Henri-Bouschet, comme répondant le mieux aux exigences des viticulteurs. Cette variété a une grappe grosse, une vigueur remarquable et une ructification soutenue; son vin est accolique et d'une richesse intense; son débourrement tardif, sa matière précoce, sa résistance au mildew moyenne.

Petit-Bouschet. — Cépage vigoureux et fertile, à jus coloré, mais peu alcoolique, bon surtout pour les coupages; grains petits, maturité précoce, résistance au mildew moyenne.

Aramons-Bouschet. — Il y en a un certain nombre parmi lesquels on peut citer l'aramon teinturier bouschet, très atteint par le mildew, et l'aramon-bouschet nº 1, assez résistant à ce cryptogame, mais sujet à la coulure. Grand-noir de la Calmette issu de l'aramon et du petit-bouschet; cépage extrêmement vigoureux et fertile, grappes fortes; débourrement tardif; vin alcoolique et coloré, indemne d'anthracnose. Aspiran-bouschet : le plus fertile des hybrides Bouschet; se met très vite à fruit; grappes grosses; débourrement et maturité un peu tardifs; vin assez coloré et peu alcoolique; attaqué par le mildew et l'anthracnose. Enfin viennent les morastel-bouschet, muscat-bouschet, carignan piquepoul, œillade-bouschet, et autres; mais ces cépages sont encore trop peu cultivés pour qu'on puisse porter sur eux une appréciation raisonnée; ils paraissent d'ailleurs inférieurs aux précédents. En somme, les hybrides Bouschet ont généralement des qualités de coloration, de vigueur et de fertilité dignes de l'attention des viticulteurs; malheureusement, ils ne sont pas absolument réfractaires aux maladies cryptogamiques; quelques-uns d'entre eux y sont même assez sujets, ainsi qu'on vient de le voir.

2° **Cépages américains.** — La culture et l'acclimatation des cépages américains résistant au phylloxera est une des premières nécessités de l'heure présente; malheureusement, la difficulté d'adapter des plants nouveaux dans des conditions nouvelles du sol, du climat, ont souvent découragé le propriétaire, déjà craintif par nature; il y a eu des déboires, comme il y en a dans toutes les entreprises nouvelles, d'où une suspicion très compréhensible pour l'habitant des campagnes. Tous les cépages américains ne sont pas réfractaires au phylloxera et la résistance de la plupart d'entre eux n'est que relative. De là des controverses, des discussions sans fin sur la valeur des cépages américains, et l'on a pu voir dans les congrès agricoles tenus dans ces dernières années deux groupes distincts: les américanistes et les anti américanistes. Nous n'avons, quant à nous, à prendre parti ni pour les uns ni pour les autres. Nous nous contenterons de faire connaître les cépages américains, en indiquant les défauts et les qualités de ces plants, d'après l'expérience des viticulteurs compétents.

Les cépages américains existaient déjà en Europe avant l'apparition du phylloxera.

Ils étaient cultivés chez le marquis de Kridolfi, près de Florence, dès 1861, et chez M. Laliman, dans la Gironde, en 1866. A la suite des révélations de ce dernier au congrès de Beaune, en 1869, sur la résistance de ces plants à l'insecte dévastateur, un élan d'enthousiasme s'empara des esprits, et l'on fit venir d'Amérique des pépins et des boutures d'un grand nombre d'espèces et variétés de ces plants; il y en a aujourd'hui 275 cultivées à l'école d'agriculture de Montpellier.

Les principaux cépages américains cultivés en Europe se classent sous quatre espèces différentes, ayant chacune des caractères distincts : les *labruscas*, *æstivalis*, *riparias* et *rupestris*.

Voici, d'après le docteur Engelmann, les caractères et l'habitat de chacun d'eux :

1° *Labruscas*. — Plantes de vigueur moyenne, grimpant sur les buissons et les petits arbres, atteignant parfois des cimes élevées ; vrilles continues; stipules de moyenne grandeur; feuilles grandes, épaisses, très légèrement dentées, revêtues, quand elles sont jeunes, d'un épais duvet plus ou moins blanchâtre ; grappes moyennes; grains gros, ayant deux, trois ou quatre pépins; originaire des monts Alleghanys et de leur revers oriental jusqu'à la côte; se trouve depuis la Nouvelle-Angleterre jusqu'à la Caroline du Sud, dans les fourrés humides et les sols granitiques. Les principaux cépages de cette espèce sont : *concord*, *catawba*, *isabelle;* ils sont peu résistants au phylloxera et ont un vin forcé.

2° *Æstivalis*. — Plantes de vigueur moyenne, grimpant sur les buissons et les petits arbres à l'aide de vrilles crochues discontinues; sarments à écorce rouge le plus souvent; feuilles grandes, habituellement à trois ou cinq lobes, avec dents courtes et larges, dans leur jeune âge laineuses et souvent rouge vif ou couleur de rouille; adultes, elles deviennent pâles ou glauques en dessous, jamais luisantes; stipules très courtes et arrondies; grains moyens noirs, en grappes compactes, à surface pruineuse ; graines assez grosses, à raison de deux ou trois dans le même grain, arrondies au sommet; raphé proéminent, à bec court et obtus. Cette espèce se trouve communément dans les États du centre et du sud de l'Amérique du Nord; les principales variétés en sont : le *jacquez*, l'*herbemont*, le *cynthiana*, le *black-july*, le *cunningham*. Tous ces cépages reprennent difficilement de boutures.

3° *Riparias*. — Plantes d'une grande vigueur, grimpant sur les arbres ou se traînant sur les rochers au bord des rivières, leur lieu de prédilection. Rameaux grêles, longs, arrondis, ramifications nombreuses; stipules grandes et très minces; feuilles vert clair, luisantes, glabres ou souvent tomenteuses en dessous, avec un sinus large, arrondi ou même tronqué, plus ou moins trilobées et bordées de grandes dents se terminant en pointes effilées; grappes petites et compactes ; grains petits, noirs, doux et juteux, graines obtuses ou déprimées, à raphé indistinct et très mince.

La distribution géographique de cette espèce dans le continent nord américain est très étendue. Elle s'étend jusqu'au lac Saint-Jean, au nord de Québec, d'un côté, et jusqu'aux rives du Mississipi supérieur, dans le Minnesota, et aux bords du lac Supérieur; dans le sud, elle est commune sur les bords de l'Ohio et dans le Kentucky, l'Illinois, le Missouri, l'Arkansas et dans le territoire indien. C'est de ce groupe que sortent nos porte-greffes les meilleurs et les plus répandus : *solonis*, *riparias*, *clinton*, etc.

4° *Rupestris*. — Espèce grimpante des bords du Missouri et du Mississipi au Texas; cépages à l'aspect tout particulier; sarments longs et étalés; feuilles petites en entonnoir.

En dehors de ces quatre espèces, les plus connues en France jusqu'ici, il en existe plusieurs autres dont nous avons à parler, car certaines pourraient être appelées à jouer un rôle dans la reconstitution de nos vignobles, aujourd'hu que M. Viala a appelé l'attention sur elles, à son retour d'Amérique, où il était allé en mission, à la recherche de plants ayant le double mérite de résister au phylloxera et de végéter sur les terrains pauvres et crayeux, tels que ceux des Charentes et de la Champagne.

Cordifolia. — Espèce sauvage de l'Amérique du Nord, commune surtout dans la région du centre est des États-Unis et notamment dans le Texas, où elle végète dans les terres pauvres et sèches de cette région dont le sol et le sous-sol sont formés de calcaire blanc effrité. Vigoureuse et rustique, elle dépasse en

Fig. 258. — Cerisier à fruit aigre. (*Cerasus caproniana.*)

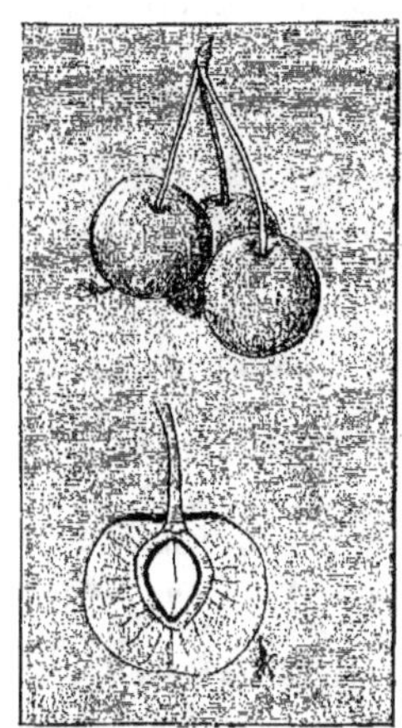

Fig. 259. — Cerisier (*Prunus cerasus*). Fruit.

puissance de végétation le riparia, lorsque le terrain est fertile. Très résistante au phylloxera, elle porte très bien la greffe et serait une ressource précieuse pour nos contrées à sol calcaire, si la reprise par bouturage n'était pas si difficile.

Cinerea. — Espèce sauvage de l'Amérique du Nord.

Les mêmes observations que nous avons faites pour le cordifolia s'appliquent à cette espèce; on les trouve dans les mêmes contrées et elles ont les mêmes qualités de rusticité et de résistance au phylloxera; mais, comme la précédente, le cinerea reprend difficilement de bouture.

Berlandieri. — Espèce sauvage de l'Amérique du Nord. Le berlandieri est la troisième espèce de vigne que M. Viala a reconnu pouvant végéter sur nos terrains calcaires pauvres et arides; il est très commun au Texas et descend jusque dans le Mexique, dans une région sèche où les deux espèces précédentes ne se trouvent plus.

Le berlandieri végète dans les sols les plus maigres où croissent seulement quelques rares plantes. Il est très résistant au phylloxera et porte très bien la greffe. Le berlandieri est généralement confondu avec le monticola, mais à tort, au dire de M. Viala.

Les espèces suivantes sont moins importantes pour nous.

Arizonica. — Espèce sauvage de l'Arizona et du Nouveau-Mexique; vigoureuse et rustique; elle résiste bien au phylloxera.

Californica. — Espèce sauvage de la Californie, d'une puissance de végétation prodigieuse; demande des terres riches et fraîches; n'est pas indemne du phylloxera.

Candicans. — Espèce regardée comme la plus vigoureuse des vignes américaines; le candicans ou mustang croît dans l'Arkansas, le Texas et le Nouveau-Mexique, sur le bord des fleuves, de préférence; toutefois, on le trouve aussi sur les coteaux crétacés, mais il y est beaucoup moins vigoureux.

Caribea. — Espèce des régions tropicales de l'Amérique du Centre et du Sud; ne se trouve dans le continent nord américain que dans la Floride; il y a donc peu d'espoir de le voir réussir en France.

Lincecumii. — Espèce croissante surtout sur les bords du Missouri et dans les riches vallées, où elle atteint un grand développement; fruits âpres et sans saveur; production assez faible malgré des grains relativement gros mais ayant peu de jus.

Monticola. — Espèce trouvée par Buckley dans le sud-Ouest du Texas, qui ne sera autre que le Texanas de Munson et le foeveana de Planchon; paraît devoir être un mauvais porte-greffe à cause de sa faible végétation et ne vaut rien comme producteur direct.

Novo-Mexicana. — Espèce du Nouveau-Mexique, assez rare; croît surtout dans les terrains d'alluvion où elle acquiert une belle végétation.

Rubra. — Le rubra ou palmata se trouve sur quelques points des rives du Mississipi et paraît rechercher les terres très fertiles; il n'aurait donc aucune valeur en France comme porte-greffe.

Telles sont classées, au point de vue botanique, les principales espèces de vignes américaines à signaler; mais au point de vue de la viticulture, nous allons diviser les cépages que la culture a vulgarisés en deux catégories : les porte-greffes et les producteurs directs.

1° Porte-greffes : *Riparia.* — Quand, en viticulture, on parle de riparia, on entend certaines variétés sélectionnées de l'espèce de ce nom, aujourd'hui admises couramment dans la culture, par exemple « Gloire de Montpellier ». C'est donc dans ce sens que nous prendrons le mot « riparia », qui, autrement, dirait trop ou trop peu, puisqu'il comprend des variétés très distinctes et très différentes à bien des points de vue. Ceci entendu, nous reconnaissons que, par l'ensemble de ses qualités, par l'ampleur de sa végétation, par sa résistance aux attaques du phylloxera, le riparia mérite le titre de « roi des porte-greffes » qu'on lui a donné. C'est lui qui a servi, en grande partie, à la reconstitution du vignoble français. Les variétés sélectionnées de riparia dont nous parlons ont donné lieu, dans ces derniers temps, à de nombreuses déceptions. Un certain nombre de plantations ont dépéri et ont dû être arrachées. Les viticulteurs se sont émus avec raison, d'autant que, si le riparia a été un des cépages américains les plus éprouvés, il n'a pas été le seul. Il y a là un ensemble de faits qui ressortissent presque tous d'une question imparfaitement élucidée encore, mais autour de laquelle la lumière se fait tous les jours un peu : la question d'adaptation. Tel plant est réfractaire à tel terrain et végète admirablement dans tel autre. Or, le riparia ne vient pas indistinctement partout. Il ne supporte pas les terres blanches, marneuses et crayeuses, ou trop argileuses; il n'accepte les autres sols que lorsqu'ils ont une profondeur suffisante pour qu'il puisse y plonger à l'aise ses racines, à moins que le sous-sol ne soit de bonne qualité, sans quoi il se chlorose au bout de quelques années. L'expérience du passé doit servir sur ces divers points et il ne faut plus renouveler les fautes commises.

Les riparias se divisent en deux types principaux : les glabres et les pubescents ou tomenteux. Il est difficile de se prononcer sur le mérite respectif de ces plants, car dans une région on préfère les premiers et dans d'autres les seconds; les riparias glabres paraissent exiger un sol plus frais que les autres, mais peut-être sont-ils plus vigoureux; les variétés de ce type, Fabre, Martin des Pallières et baron Perrier, sont les plus demandées. La sélection des riparias doit porter non seulement sur des variétés destinées aux terrains de premier ordre, mais aussi à des sols de qualité médiocre. Il serait très important pour la viticulture de trouver une variété propre aux terres blanches et caillouteuses, comme il y en a tant dans une bonne partie de la France. Or, il résulte de récentes expériences faites par M. de l'Écluse, professeur départemental d'agriculture, que l'on serait en bonne voie pour trouver ce desideratum. M. de l'Écluse a, en effet, planté en 1882, en 1883, dans les calcaires blancs de la Dordogne, une collection assez complète de riparias et d'autres plants américains. Or, tous ces cépages ont à peu près succombé, sauf deux variétés de riparias que M. de l'Écluse va multiplier et soumettre aux épreuves du greffage.

Il semble donc résulter de ces expériences que certaines variétés de riparias choisis et sélectionnés peuvent supporter des sols réfractaires à d'autres cépages. Il y a là des études intéressantes à continuer. Quoique la plus grande partie des riparias soit infertile, quelques-uns cependant portent de petites grappes et l'on a pu tenter quelques semis.

Dans ces derniers, nous citerons les résultats obtenus à l'école de Grignon. Un semis en fut fait en 1877; quatre pieds se sont fait remarquer depuis cette époque par une fructification constante et continue.

En 1886, la récolte a été pour ces quatre pieds de 35 kilogr., soit une moyenne de 8 kil. 500 par pied; ils ont donné 9 litres et demi de vin, ce qui correspond à 100 hectolitres environ par hectare. Ce vin était d'une coloration rouge pourpre très vive, dépassant celle du jacquez. Il avait un reflet brillant, très agréable à l'œil; son goût légèrement foxé au début a perdu assez vite ce caractère. Il s'est bien conservé en vieillissant. Ce riparia de Grignon a tous les caractères du riparia sauvage et n'en diffère que par ses qualités fructifères. Si nous considérons maintenant le riparia au point de vue de sa faculté de soudure avec nos plants français, nous pouvons le compter comme un de nos meilleurs porte-greffes. L'aramon surtout, enté sur riparia, donne de magnifiques récoltes. On peut en dire autant de la carignane, du portugais bleu et généralement de tous les plants vigoureux.

Solonis. — Classé dans l'espèce riparia, le solonis est un cépage très apprécié dans certaines régions de la France, notamment dans l'ouest et le sud-ouest; mais il paraît craindre le climat trop sec des régions méditerranéennes où il fléchit souvent sans cause apparente. Il aime au reste les terrains un peu humides et ne redoute pas trop les sols argileux que le riparia ne peut supporter; il accepte aussi les sols calcaires, pourvu que la chaux ne soit pas en excès.

On comprend dès lors que certains viticulteurs le classent au premier rang tandis que d'autres contestent sa valeur; cela dépend du sol et du climat où il est cultivé. Le solonis se soude très bien à nos vignes françaises, et comme son bois est plus gros que celui du riparia, le greffage en est plus facile. Le solonis n'est pas aussi réfractaire que le riparia aux piqûres du phylloxera, néanmoins sa résistance est suffisante, au moins dans les bons terrains, pour ne pas inspirer de craintes; ses racines portent bien quelques nodosités, mais en réalité il ne succombe que dans les sols de qualité inférieure.

Rupestris. — Espèce distincte du Texas. Il existe plusieurs variétés de rupestris : les unes sont à sarments érigés, les autres à sarments étalés, d'autres encore à feuilles plus ou moins larges. Le rupestris est un des plants américains les plus résistants au phylloxera; on en trouve très rarement sur ses racines. Il accepte assez bien les terrains secs, pourvu qu'ils ne soient pas de mauvaise qualité et qu'ils contiennent peu de calcaire; ses racines sont grosses et pénètrent profondément dans la terre; ses feuilles ressemblent à celles de l'abricotier.

Il prend bien la greffe. Une variété sélectionnée, le rupestris Ganzin, doit être recommandée de préférence.

Cette variété, dit M. Millardet dans une lettre adressée à M. Ganzin, continue à végéter d'une manière tout à fait remarquable.

Elle possède une faculté d'adaptation très étendue et supporte bien et nourrit de même sa greffe. Un fait qui se dégage nettement de mes dernières observations, c'est la supériorité, à tous les points de vue, des greffages sur rupestris en coteaux ou même en plateaux un peu secs. Les greffes sur riparias, et solonis, york, de même âge et placés à côté des premiers, leur sont toujours inférieures à partir de la troisième ou quatrième année.

M. Ganzin a obtenu par hybridation entre le rupestris et l'aramon des variétés se rapprochant beaucoup plus du premier que du second et qui peuvent devenir le point de départ de porte-greffes hors ligne.

Il a particulièrement remarqué deux variétés auxquelles il a donné le nom d'aramon-rupestris n°s 1 et 2. Leurs qualités principales sont : immunité à peu près complète aux piqûres du phylloxera; végétation radiculaire très étendue, grande vigueur et aptitude spéciale au greffage, ce qui s'explique par leur filiation avec un cépage français. Comme le rupestris sauvage donne des raisins à grappes nombreuses, mais à grains petits, courts, arrondis, peu juteux, avec de très gros pépins, il est impossible de compter sur cette espèce pour faire du vin; elle ne peut servir que comme porte-greffe.

York madeira (hybride de labrusca et d'œstivalis). — Un des meilleurs plants américains que l'on puisse cultiver, car il joint à une résistance presque absolue au phylloxera des qualités de premier ordre ; il accepte les terrains les plus secs ; s'adapte bien aux cépages français et est indemne de toutes maladies cryptogamiques. Son seul défaut est de végéter avec peu de vigueur les premières années, de sorte qu'il est difficile de la greffer avant la troisième ou quatrième pousse ;

en revanche il peut être cultivé comme producteur direct et donne en abondance de petites grappes noires qui fournissent un vin alcoolisé, mais un peu foxé ; il ne doit être accepté comme producteur direct que dans les sols où les autres plants américains à production directe ne viendraient pas.

Fig. 260. — LE CABARET RUSTIQUE, par David Teniers.

Viala (hybride de riparia et de labrusca). — Mis au commerce par M. Laliman, de Bordeaux. Un des meilleurs porte-greffes pour sa facilité à accepter les plants français; il réussit bien dans les sols profonds et de bonne qualité moyenne. Le vialla a eu pendant quelque temps une certaine vogue, mais est un peu délaissé aujourd'hui, comme n'offrant pas partout une résistance suffisante au phylloxera.

Clinton (*riparia*). — Le clinton a eu comme le vialla son heure de vogue; c'est un des premiers cépages américains propagés en France; il souffre des atteintes du phylloxera dans les terrains qui ne lui conviennent pas parfaitement; ce fait semble démontrer que, quoique classé dans les riparias, il n'est pas une variété absolument pure de cette espèce.

On a voulu l'essayer comme producteur direct, mais son vin a un goût désagréable.

Taylor (*hybride de riparia*). — Cépage d'une vigueur remarquable, mais qui a dû être abandonné à cause de sa sensibilité aux piqûres du phylloxera; ses racines sont, en effet, pleines de nodosités; il résiste assez bien cependant dans les bons terrains de la région du Sud-Ouest dont le climat lui est favorable, et alors il devient un porte-greffe de premier ordre, à cause de sa puissante végétation et de la fertilité des plants qui y sont greffés.

Le taylor a été aussi cultivé comme producteur direct et donne dans ce cas un vin rosé très alcoolique et d'un goût de fraise légèrement parfumé.

2° Producteurs directs : *Jacquez* (*æstivalis*). — Le jacquez a été regardé longtemps comme le meilleur des producteurs directs et est, à ce point de vue, un des plus répandus, surtout dans les départements du Midi; mais sa facilité à être atteint par les maladies cryptogamiques, notamment par l'anthracnose et le mildew, ont arrêté l'élan des viticulteurs pour ce cépage. En beaucoup d'endroits, on a été forcé de le greffer. Il n'est pas difficile pour le terrain; il vient bien dans la plupart des sols, mais craint l'excès de sécheresse comme l'excès d'humidité, il se plaît surtout sur les coteaux où la terre est de bonne qualité moyenne. Quoi qu'il soit plus spécialement le cépage des contrées méridionales, il vient assez bien dans les contrées méridionales, moins chaudes, telles que le Lyonnais, le Beaujolais ou le bassin de la Loire. Le jacquez donne une fructification assez abondante; son vin, très foncé et alcoolique, est surtout propre aux coupages; dégusté seul, il paraît pâteux à la bouche; il se conserve, au reste, difficilement.

Quelque propriétaires ont pris la bonne habitude d'égrapper la vendange du jacquez; le vin perd ainsi une partie de son amertume et acquiert une finesse de goût relative.

Pour en fixer la couleur, on y ajoute souvent du tartrate de chaux. Des semis de jacquez ont amélioré le type. M. Gaston Bazile, ancien sénateur de l'Hérault, a trouvé par ce moyen une variété, le saint-sauveur, sensiblement supérieur au jacquez type et qu'il croit résistante au phylloxera, ce que l'avenir ne tardera pas à nous apprendre.

On a essayé aussi du jacquez comme porte-greffe; on y a été souvent forcé par les circonstances; les maladies cryptogamiques, surtout le mildew, ne permettant pas aux raisins de cette variété de mûrir.

Le jacquez est par lui-même assez bon porte-greffe et les soudures prennent bien, mais il ne faut pas oublier que le jacquez faiblit souvent comme producteur direct sous les atteintes du phylloxera; à plus forte raison doit-il y être sensible lorsqu'il a été greffé, car, selon de très bons viticulteurs, le greffage diminue la résistance d'un plant aux piqûres de l'insecte. Il est donc prudent de choisir un autre porte-greffe plus résistant.

Herbemont (æstivalis). — L'herbemont est un plant d'une vigueur et d'une production considérable partout où le sol lui convient. On a obtenu des résultats bien encourageants de ce cépage, qui ne redoute ni coulure, ni oïdium, ni autre maladie cryptogamique, sauf peut-être le black-rot, encore la chose n'est-elle pas encore prouvée ; sa résistance au phylloxera, que l'on croyait absolue, n'est que relative; toutefois elle est suffisante pour que, dans les bons terrains, il y ait peu à craindre de ce côté. La question d'adaptation au sol est très importante pour ce cépage; on a vu l'herbemont se chloroser dans des terrains d'alluvion de premier ordre, de même que sur des terres calcaires excellentes. Le climat est aussi pour beaucoup dans la vigueur et la production de ce cépage.

Ainsi, dans les pépinières départementales d'Orléans, il ne vient qu'après le jacquez, le cunningham et le cynthiana comme vigueur, et après le jacquez comme production. Dans le sud-ouest, au contraire, il est classé au premier rang à ces deux points de vue. L'herbemont, par suite de sa vigueur, demande une taille longue; cultivé en chaintres dans des régions humides et tempérées, il donnerait une production énorme. Son vin, moins noir et moins alcoolique que celui du jacquez, lui est bien supérieur comme franchise de goût et se rapproche de nos vins français ; on peut presque l'assimiler à nos vins de plaine ordinaire ; en le laissant vieillir, il s'améliore beaucoup. Les qualités de ce cépage ont engagé les viticulteurs à en faire des semis, de manière à améliorer l'espèce. C'est ainsi que M. Harwood a obtenu une variété appelée de son nom d'herbemont Harwood, dont le grain est beaucoup plus gros que celui du type ; il mûrit aussi quatre ou cinq jours plus tôt; sa végétation est un peu moins abondante, mais il est tout aussi fertile. Une autre variété, due à un pépiniériste d'Agen, l'herbemont Fouzan, paraît elle-même supérieure au type par sa vigueur, la grosseur de ses grains et sa productivité.

Un propriétaire algérien, M. d'Aurelles de Paladines, a fait avec l'herbemont des hybridations qui ont donné naissance à des variétés recommandables par leur résistance aux maladies cryptogamiques et par leur fertilité. On ne sait pas encore si elles résisteraient au phylloxera, aussi les greffe-t-on, pour plus de sûreté. M. d'Aurelles a greffé dans sa propriété de Bou-Amrou, il y a quelques années, un hectare et demi de l'herbemont n° 1 sur solonis; ces souches portaient à la deuxième feuille, en moyenne, 10 kilogrammes de raisins ; beaucoup de leurs grappes pesaient plus de 1 kilogramme; l'une d'elles arrivait au poids énorme de 1kg,850; les grains en sont serrés et juteux. Ces souches de deux ans doubleront certainement lorsque la charpente sera établie.

On a essayé d'acclimater en France ce nouveau cépage ; les essais qui en ont été faits dans l'Aude ont jusqu'ici bien réussi ; greffé sur riparia, il a donné des fruits l'année même de la greffe.

Othello (hybride d'Arnold). — Très vanté par les uns, dénigré par les autres, l'othello est encore un plant à étudier. Selon que le terrain et le climat lui conviennent, il réussit ou non. Dans certaines régions, le Lyonnais par exemple, il est très en faveur, et c'est de tous les producteurs directs le plus cultivé.

En somme, il possède des qualités recommandables : grande vigueur, production s'étant élevée jusqu'à 250 hectolitres à l'hectare.

Son vin, suffisamment alcoolique et très foncé de couleur, a un goût légèrement foxé qui disparaît à la longue par des soutirages. L'othello a l'avantage de reprendre plus facilement de boutures que l'herbemont et les autres æstivalis. Le reproche qu'on peut lui adresser est de n'être pas assez résistant au phylloxera; il faiblit en effet dans tous les terrains qui ne lui conviennent pas parfaitement; de plus, il est fréquemment atteint par le mildew.

Cunningham (æstivalis). — Cépage fertile et très vigoureux, laissant un peu à désirer comme résistance au phylloxera; raisin de grosseur moyenne, à grappes noires; vin peu coloré, mais très alcoolique, dosant jusqu'à 15°; un peu foxé. Le cunningham vient assez bien dans les terrains de coteaux, mais a le tort de mûrir ses grappes un peu tard : il est exempt de maladies cryptogamiques. On lui préfère généralement la variété Long n° 1, un peu plus productive que le type, et mûrissant quelques jours plus tôt. Toutefois, la maturation tardive de ce cépage empêchera de le cultiver dans les régions froides de la France.

Cynthiana (æstivalis). — Cépage de moyenne fertilité et de médiocre vigueur; grains noirs et petits; vin alcoolique et très foncé; ne résiste pas bien au phylloxera; demande un climat tempéré et humide. Dans la vallée de la Saône, par exemple, il réussit à merveille et a donné de bons résultats. Il est à peu près indemne de maladies cryptogamiques.

La liste des producteurs directs, porte-greffes américains connus et répandus, s'arrête là; mais il nous reste, pour que cet article soit complet, à énumérer et à décrire très succinctement un grand nombre d'autres variétés de vignes américaines à l'étude ou à l'essai; quelques-unes n'ont même pas encore été cultivées en France, et leur réputation nous vient d'Amérique; nous ne pourrons, à leur égard, que répéter ce que disent les viticulteurs américains.

Alexandre (labrusca). — A joué un assez grand rôle aux États-Unis dans les premiers essais de vinification dans ce pays; grains noirs ou blancs suivant la variété à goût musqué.

Alvey (hybride d'æstivalis). — Variété vigoureuse, à grains noirs, sujette à la coulure : peu recommandable.

Aminia (hybride de Roger). — Cépage mi-vigoureux, rustique et fertile, mûrissant ses fruits de bonne heure; les Américains en disent beaucoup de bien : quelques essais viennent d'en être tentés en France.

Ariadne (hybride de clinton). — Plante vigoureuse, très fertile et productive; vin très noir, alcoolique, à bouquet agréable.

Arnold (hybride d'). — On appelle ainsi les cépages obtenus au Canada par M. Charles Arnold en fécondant le clinton par le pollen de variétés étrangères.

Bacchus (hybride de clinton obtenu par M. Rickett). — Souche vigoureuse, grains noirs, moyens, ronds; vin foxé, alcoolique, riche en couleur, exempt de mildew; très prôné aux États-Unis; commence à se répandre en France.

Black-Defiance (hybride de concord). — Cépage dont on dit beaucoup de bien, en laissant de côté la question de résistance au phylloxera encore indécise; chez

M. Robin, à Lapeyrouse-Mornay, 45 souches ont produit 250 litres de vin de belle couleur ; réfractaire au mildew ; magnifique raisin noir de table.

Black-Eagle (hybride de labrusca). — Beau raisin de table à gros grains noirs obtenu par M. Underhill; vigoureux et fertile.

Black July ou Devereu (æstivalis). — Cépage délicat, sujet au mildew ; produit un vin d'un bon bouquet et alcoolique.

Black Pearl (riparia). — Cépage vigoureux d'une splendide végétation, donnant un vin d'une belle couleur noire ; peu connu encore en Europe.

Brandt (hybride d'Arnold). — Cépage d'une belle végétation ; grappe assez grosse ; grain noir, moyen, rond ; maturité précoce ; a été essayé avec un certain succès dans la Drôme, où il a résisté jusqu'ici au phylloxera.

Brighton (labrusca). — Réputé aux Etats-Unis comme un des meilleurs raisins de table, où, dans la région de l'Est, il est, comme tel, cultivé en grand.

Canada (hybride d'Arnold). — Cépage ayant quelques rapports avec le brandt, mais aussi des différences caractéristiques ; grappe assez grosse, grain moyen ; souche de bonne vigueur ; chair juteuse et sucrée ; vin coloré et alcoolique.

Catawba (labrusca). — Un des premiers cépages cultivés aux Etats-Unis et importés de bonne heure en France ; a été abandonné par suite de son goût foxé et de son peu de résistance au phylloxera.

Champion (labrusca). — Cultivé aux Etats-Unis à cause de son extrême précocité ; c'est son seul mérite.

Concord (labrusca). — Très recherché aux Etats-Unis ; les essais qui en ont été faits chez nous l'ont fait rejeter à cause de son goût foxé ; souche fertile ; grains énormes.

Cornucopia (hybride d'Arnold). — Ressemble assez au clinton ; grains plus gros et meilleurs ; souche très vigoureuse, exempte de mildew ; maturité précoce ; vin rouge vif d'un goût assez franc.

Delaware (hybride d'æstivalis). — Bon raisin de table à grains roses, juteux et sucrés ; souche assez vigoureuse et productive.

Duchess (hybride de concord). — Cépage blanc à beaux grains dorés ; saveur fine ; un des bons raisins de table que nous ont expédiés les Américains.

Elvira (semis de Taylor). — Un des meilleurs raisins blancs d'Amérique ; souche vigoureuse, rustique et fertile ; grappes petites et nombreuses ; grain moyen ; maturité précoce ; goût foxé.

Elsinburgh (æstivalis). — Variété très précoce ; grain petit, noir ; vin rouge vif ; sujet au mildew.

Eumelan (æstivalis). — Un des cépages à maturité précoce les plus estimés aux Etats-Unis ; grappes de bonne dimension, à gros grains noirs ; sujet à la coulure.

Eureka (labrusca). — Semis d'Isabelle, dont il a les qualités sans avoir des défauts aussi accentués ; il est surtout moins foxé.

Excelsior (hybride de Rickett). — Cité par ce viticulteur comme le plus beau cépage de sa collection, issu du *vitis vinifera*, et de l'*iona* ; grains roses oblongs, souche vigoureuse et fertile.

Gœthe (hybride de Roger). — Raisin de table un peu tardif ; grain gros, rosé, ovoïde, à chair sucrée mais foxée.

Hermann (*æstivalis*). — Cépage à belle végétation; très fertile, tardif, donnant un vin d'un parfum particulier.

Humboldt (*hybride d'æstivalis et de riparia*). — A gardé de celui-ci sa résistance au phylloxera et au mildew; raisin blanc et petit; ne peut être accepté que comme porte-greffe.

Huntingdon (*hybride de rupestris et peut-être de riparia*). — Le plus précoce des raisins américains de cuve; grains moyens, ronds; très fertile, résiste bien au mildew; a été cultivé avec succès dans des terrains calcaires pierreux; a résisté jusqu'ici au phylloxera.

Irwing (*hybride de concord et de frontignan blanc*). — Souche vigoureuse et fertile; grappe à jolis grains blancs rosés; raisin de table.

Isabelle (*labrusca*). — Souche très vigoureuse, exempte de maladies cryptogamiques; depuis longtemps introduite en France; végétation luxuriante dans les bons terrains; raisins très foxés.

Montefiore (*semis de Taylor*). — Cépage à raisins petits, noirs, à goût foxé, prôné en Amérique, mais peu apprécié en Europe.

Noah (*semis de clinton ou de Taylor*). — En dehors de sa résistance au phylloxera qu'on ne peut encore garantir, le noah est un des meilleurs cépages américains à vin blanc : il est vigoureux et fertile, résiste bien au mildew et donne un vin très alcoolique, dont on pourrait faire de très bonne eau-de-vie.

Nortons Virginia (*æstivalis*). — Ressemble tellement au cynthania qu'on peut le déclarer identique à cépage.

Oporto (*hybrides de riparia*). — Est recommandée comme résistant au phylloxera; comme producteur direct, n'offre aucun avantage.

Rickett (*hybrides de*). — Obtenus par M. Rickett sur sa propriété, à Nenburgh.

Rogers (*hybrides de*). — Obtenus par M. Rogers dans son jardin de Roxburg, près de Boston.

Rulander (*æstivalis*).—Cépage fertile et vigoureux, peu résistant au phylloxera, vin rouge pâle, alcoolique.

Secretary (*hybride de clinton et de muscat Hambourg*). — Tient de ce dernier pour la beauté des raisins; belles grappes à gros grains noirs; cépage fertile et vigoureux; serait précieux s'il résistait au phylloxera; vin noir alcoolique.

Senasqua (*hybride de concord et de black-prince*). — Magnifique raisin noir pruiné; grappes grosses; ferait un excellent raisin de table s'il n'était pas foxé.

Scuppernong vitis ratumdifolia. — Vigne du sud de l'Amérique, sans intérêt pour nous.

Triumph (*hybride de concord et de chasselas musqué*). — Le plus beau raisin blanc de table, malheureusement à goût foxé; vigoureux et rustique, à grappes et à grains énormes; son vin a un goût parfumé désagréable; ne peut être cultivé que pour la table ou l'eau-de-vie.

Waverley (*hybride de clinton et de muscat*). — Obtenu par M. Rickett, et une des meilleures acquisitions; cépage vigoureux et très fertile; maturité précoce; vin noir alcoolique.

Pour terminer la question des vignes américaines, nous aurons à exposer les résultats obtenus par M. Millardet et quelques autres chercheurs intelligents au moyen de l'hybridation; mais tous les détails à ce relatif trouveront bientôt leur place.

3° **Cépages exotiques divers.** — La nécessité de trouver des cépages vinifères résistant au phylloxera a amené les viticulteurs à essayer diverses espèces de vignes non seulement de l'Amérique, mais encore de toutes les parties du monde. C'est ainsi que les vignes sauvages de l'Asie et de l'Afrique ont été mises à contribution, tout comme celles des États-Unis. Mais, hélas! aucune d'elles n'a encore remplacé nos vieux cépages français, et nous en sommes toujours à la période des tâtonnements et des espérances.

Vignes du Soudan. — Il y eut un moment de fièvre chez les viticulteurs en 1881, lorsque M. Lécard, voyageur français, au retour de ses explorations dans l'Afrique centrale, révéla la découverte, faite par lui dans le Soudan, de vignes à racines tuberculeuses, à végétation annuelle, d'une vigueur incomparable, portant des grappes noires ou violettes propres à faire du vin. Une vigne de ce genre était, par la nature même de sa souche tuberculeuse, à l'abri du phylloxera. On se mit avec ardeur à semer les graines importées par M. Lécard, et, comme cela arrive souvent, la désillusion ne tarda pas à se produire. Sous notre climat, ces vignes donnèrent naissance à des rameaux grêles et chétifs, sur lesquels aucun fruit ne se montra. Néanmoins, nous n'entendons pas blâmer les tentatives de ce genre : on ne saurait trop, au contraire, les encourager; il faut seulement savoir se défendre d'illusions décevantes. Les vignes du Soudan importées par M. Lécard se rapportent à cinq espèces différentes : *Vitis Lecardii*, *V. Aurandii*, *V. Chantinii*, *V. Faidherbii*, *V. Hardii*, toutes à tiges annuelles et à racines tuberculeuses.

Il y a aussi en Guinée une autre vigne, à souche tubéreuse, que M. le comte d'Arpoaré, agronome délégué par le gouvernement portugais, a vue et qu'il a fait connaître comme produisant de belles grappes de raisin d'un goût agréable. Cette vigne est, paraît-il, très abondante dans la Guinée.

Vitis capensis. — Le *vitis capensis* ou vigne du cap de Bonne-Espérance, à racines tuberculeuses, comme les précédentes, a été introduite en France il y a quelques années et a fructifié en 1887, dans le jardin de M. Mazel, au golfe Juan. Son beau feuillage persistant ressemble plutôt à celui du lierre ou du peuplier qu'à celui de la vigne, ses baies sont globuleuses, déprimées, de 2 centimètres de diamètre, d'un rouge violet foncé à maturité; la pulpe est d'un goût acide, avec une saveur âpre. Le semis ou l'hybridation pourra sans doute améliorer cette espèce.

Vignes de Cochinchine. — Notre colonie asiatique possède, elle aussi, des vignes tuberculeuses d'une puissance de végétation au moins égale à celle du Soudan. Pour en donner une idée, il suffira de dire que M. Martin, jardinier chef à Saïgon, a trouvé des pieds de vigne produisant 100 kilogrammes de raisins et de grappes pesant 4 kilogrammes; ces vignes se trouvent dans toute la Cochinchine; elles produisent diverses variétés de raisins; les uns, noirs à grain rond ou allongé; les autres à grain blanc; le vin qui en a été fait en Cochinchine est peu alcoolique; il ne dépasse pas 5° d'alcool, mais une culture bien étendue en augmenterait certainement la force; il est d'une belle couleur; on en a importé quelques échantillons qui, à la dégustation, ont été reconnus buvables ; c'est tout ce qu'on peut en dire. Ces vignes viennent très bien dans les sols argileux et caillouteux, presque arides ; elles affectionnent surtout les sites ombragés des forêts. La culture en a été tentée en France, notamment dans l'Allier ; des tubercules importés de Cochinchine et plantés au commencement de juin ont donné des fruits au mois d'octobre de la même année. Il est fâcheux que le vin de cette espèce soit si mauvais.

Vignes de la Chine. — Parmi les vignes chinoises, assez nombreuses, qui pourraient être le point de départ de variétés plus ou moins vinifères, deux surtout ont fait quelque bruit en France : ce sont les *vitis Romaneti* et le *vitis* ou *spinovitis Davidi* ; toutes deux sont dues à un missionnaire lazariste, le père David, qui les a trouvées dans la province de Chan-si ; le *vitis Davidi* a été découvert dans une vallée granitique à 1,500 mètres d'altitude, à une saison où le sol était couvert de neige ; cette vigne a un caractère particulier, c'est d'être épineuse ; toutefois, les jeunes plants, venus en France de semis, ne portent pas encore d'épines ; sans doute elles viendront avec l'âge. La seconde espèce, le *vitis Romaneti*, a été trouvée par le P. David à environ 40° plus au sud de la même province, à une altitude de 1,390 mètres, dans un terrain granitique.

Ces vignes portent, dans leur pays d'origine, des grappes de raisins noir et blanc un peu plus gros que les grains de groseille. Des graines en ont été envoyées par le P. David à M. Romanet du Caillaux, qui les a introduites en France. Leur ensemencement a donné naissance à des pieds qui paraissent assez vigoureux, quelques-uns ont commencé de fructifier. L'altitude élevée où on les a découverts en Chine permet d'espérer qu'ils ne souffriront pas de nos hivers ; on a déjà remarqué leur rusticité sur les jeunes pieds venus de semis ; les gelées de printemps, qui ont fait tomber les bourgeons de cépages français, n'ont eu aucune action sur ces deux vignes chinoises, bien qu'elles eussent déjà des feuilles.

En dehors des *vitis Davidi* et *Romaneti*, il existe encore en Chine un certain nombre d'espèces de vignes ; quelques-unes ont été essayées en France, mais sans donner de grands résultats ; citons le *vitis Thunbergii*, dont le vin a un goût désagréable ; le *vitis Amurensis*, de la vallée de l'Amour, cultivé à l'école d'agriculture de Montpellier ; ses grains sont noirs et petits et ne résistent pas au phylloxera.

Vignes du Cachemyr. — M. Ermens, ancien chef des cultures du maharadjah du Cachemyr, a signalé la présence dans cette contrée de vignes excessivement vigoureuses, croissant au milieu des forêts et s'élevant jusqu'à la cime des arbres les plus hauts ; un pied mesuré par lui n'avait pas moins de 40 centimètres de diamètre à la base et dépassait 20 mètres de hauteur. Trois espèces ou variétés distinctes, remarquées et cultivées déjà par les indigènes, appelèrent son attention ; ces derniers les désignaient par les noms suivants : *opiman*, *kavaury*, *katchebourié*. M. Ermens en récolta des fruits avec lesquels il fit du vin. La variété *opiman* lui donna un vin rouge de bonne qualité, agréable à boire, et qui avait quelques rapports avec les vins du Rhin ; le *katchebourié* a produit un bon vin blanc ; mais le *kavaury* lui a donné une boisson très inférieure. Les densités des moûts dépassaient 10° pour les trois échantillons. Le climat tempéré du Cachemyr permet d'espérer l'acclimatation en France de ces vignes si elles résistent au phylloxera ; elles sont malheureusement très sujettes à l'oïdium.

La reconstitution de notre vignoble fait chaque année des progrès sensibles ; on est sorti de la période de tâtonnements et l'on accorde confiance à certains cépages américains qui ont fait leurs preuves, comme résistance au phylloxera

Fig. 261. — Phylloxeras pondant sur les renflements des radicelles.

et comme production. Parmi ceux-ci on recommande les *riparias* et les *rupestris* et particulièrement l'*aramon rupestris ganziu* qui est un porte-greffe de

Fig. 262. — Racine et radicelles couvertes de phylloxeras.

premier ordre, ainsi que le *rupestris metallica*, qui supporte 35 0/0 de calcaire. Il serait trop long d'énumérer ici toutes les variétés de cépages qu'on peut planter suivant les terrains, il suffit de savoir qu'on peut le faire maintenant avec toutes chances de réussite.

Nous ne saurions mieux faire d'ailleurs que d'engager les viticulteurs à s'adresser au *Syndicat central des agriculteurs de France*, fondé il y a huit ans sous le patronage de la Société des agriculteurs de France.

Cette association se charge d'indiquer les plants qui conviennent suivant la nature du terrain et les procure à ses adhérents avec des remises importantes sur les prix du commerce.

Le Syndicat central se charge également, dans des conditions avantageuses, de l'analyse des terres et de la fourniture des engrais chimiques.

LE PHYLLOXERA

Une maladie de la vigne, apparue il y a une trentaine d'années, le plus terrible fléau qui ait frappé l'agriculture, est causée par un insecte, le phylloxera.

Cet infiniment petit ne se contente pas de faire souffrir la vigne, d'amoindrir, de gâter ou même de supprimer momentanément la récolte, il la détruit.

Ce n'est pas une maladie, c'est la mort.

La mort se communiquant de cep à cep, de vigne à vigne, de pays à pays, marche assez lentement, mais sûrement, et ne laisse après elle que du bois desséché et des racines pourries.

Un vignoble attaqué dure généralement trois ans. La première année on ne s'aperçoit pas du mal, la récolte n'a rien d'anormal, les observateurs peuvent constater seulement qu'après la vendange les feuilles tombent beaucoup plus tôt qu'à l'ordinaire.

La seconde année la vigne bourgeonne difficilement, la végétation est maigre, la récolte diminuée de plus de moitié; les feuilles, qui ont eu tant de mal à pousser, tombent de bonne heure, quelquefois même avant la vendange.

La troisième année, il n'y a plus ni bourgeons ni pousses, la vigne est morte, épuisée par un mal invisible; toutes ses racines et ses radicelles sont pourries.

Ce mal invisible a pour cause l'insecte phylloxera qui attaque le cep par les racines, et de préférence par les radicelles, plus tendres pour l'introduction de son petit suçoir et plus succulentes pour sa nourriture.

Le fléau se propage par *taches :* c'est le nom qu'on donne aux points d'attaque, car la maladie a tout à fait l'apparence de la tache d'huile, s'agrandissant toujours.

Au centre de la tache, si l'attaque remonte à quelques années, — et l'on ne peut guère s'en apercevoir autrement, — sont quelques ceps complètement morts; autour, une ceinture de ceps ayant peu de feuilles et ne donnant pas de fruits; plus loin, nouvelle ceinture de ceps qui paraissent très bien portants.

Mais il ne faut pas se fier à l'apparence; ces ceps, atteints déjà, sont condamnés.

Ce *phylloxera dévastateur* paraît être originaire d'Amérique; depuis quelques années, il a acquis une triste et fâcheuse célébrité par les dégâts qu'il a causés dans nos vignobles. La question a pris une telle importance qu'elle mérite d'être étudiée sérieusement; nous entrerons donc à ce sujet dans quelques détails.

Cette nouvelle maladie de la vigne n'a pu encore être enrayée, aussi l'une des sources de la richesse nationale a été pendant longtemps atteinte, le pays, déjà si éprouvé a perdu un de ses revenus les plus nets et les plus assurés. Or elle fait encore chaque année de rapides progrès.

La maladie s'est d'abord montrée à peu d'intervalle en deux points différents, d'où elle a rayonné sans les quitter, causant un dommage de plus en plus considérable et allant jusqu'à tuer les vignes. Dans le Bordelais, on l'a signalée vers 1869, elle est restée cantonnée sur la rive droite de la Garonne et a commencé à atteindre les grands crus.

Dans le Midi, l'invasion éclata aux yeux vers 1867; mais, comme dans le Bordelais, elle a dû débuter quatre ou cinq ans auparavant, on ne sait au juste en quels points. Partie du plateau de Roquemaure, elle a descendu la vallée du Rhône, s'avançant au delà d'Hyères, à l'est, en suivant la mer; à l'ouest, elle s'est étendue au delà de Lunel et, au sud, de Montpellier vers Cette. Au nord, le fléau, remontant la vallée du Rhône, a atteint les grands crus de l'Ermitage. Il s'est montré aussi en Corse.

Au total, plus d'un million d'hectares ont été envahis.

La cause de cette maladie est la présence d'un petit puceron inconnu avant ces dernières années; M. Planchon lui a donné le nom de *phylloxera vastatrix*.

Le premier signe visible à l'œil, dans un enclos atteint, est ce que M. Bazille appelle, avec beaucoup de justesse, « la tache d'huile ». Au milieu de ceps en bel état et vigoureux, on en voit cinq ou six qui jaunissent, puis un nombre plus considérable prend le même aspect, ceux du centre étant en plus mauvais état que les autres. Les feuilles perdent leur couleur verte, se dessèchent par leurs bords; les grappes n'arrivent pas à maturité; au printemps suivant, les souches, au lieu de donner des sarments de 4 à 5 mètres, comme cela n'est pas rare dans le Midi, en donnent de 0m,50, 0m,30, et 0m,20 seulement. Le mal a gagné du terrain pendant ce temps-là, il s'est étendu toujours en cercle. Cette progression a lieu tantôt très rapidement et d'une manière « foudroyante », tuant en six mois des vignes superbes et en plein rapport, tantôt plus lentement et d'une façon moins redoutable. Le fait le plus effrayant et qu'aucune maladie n'avait encore déterminé, c'est la mort de la souche. En tout endroit, les vignes sont attaquées; terrains secs ou humides, rocailleux ou argileux, tout est pris sans distinction.

Quand on arrache un cep attaqué, au mois de juin, dans toute la force de la végétation, on remarque que les radicelles, au lieu d'être grêles et cylindriques, présentent çà et là, et surtout à leur extrémité, des renflements spéciaux. L'étude anatomique démontre, sans réplique, qu'ils sont le fait de l'action du puceron qu'on aperçoit souvent encore sur l'excroissance qu'il produit, et non pas le résultat d'une végétation anormale. C'est une hypertrophie toute locale qui n'est due ni à la gelée, ni à l'humidité, ni au brouillard, à la vieillesse ou à la dégénérescence de la souche, mais qui est produite uniquement par le parasite. Le renflement résulte d'une piqûre, et la radicelle n'est renflée que là où elle a été perforée par le puceron. Vers la fin de l'été, ces renflements deviennent noirs et pourrissent. On sait que l'absorption des éléments nutritifs du sol a lieu uniquement par les radicelles; quand elles ont disparu, la vigne souffre de la faim. Les racines pourrissent bientôt de proche en proche; la destruction commencée s'achève et la vigne périt petit à petit.

La pourriture commence au chevelu; quand il se forme des radicelles saines nouvelles, le mal s'y porte et elles périssent à leur tour; la cause de la maladie est donc le puceron, elle ne réside pas dans le végétal. La présence de la maladie dans toutes les situations, en plaine ou en montagne, prouve le peu d'influence des conditions météorologiques. Quant à dire que la vigne a dégénéré, cela est peu soutenable; pourquoi la maladie s'étendrait-elle en cercle, quels que soient l'âge, la nature du cépage, le mode de taille, etc. Il y aurait donc dégénérescence de proche en proche. Ces mots vagues et dépourvus de sens cachent le manque d'observation. On peut affirmer que le phylloxera est la cause unique de la maladie des vignes.

Le phylloxera, à l'état adulte, demeure fixé sur les racines; il enfonce son suçoir dans les cellules de l'écorce et demeure là immobile. Il est d'une couleur jaune verdâtre, arrondi et bombé comme une petite tortue. Il présente d'ordinaire une série de tubercules noirs sur chaque anneau.

On voit souvent des œufs par transparence dans l'intérieur de son corps; on n'en voit pas plus de trois à la fois; ils sont volumineux et occupent toute la cavité interne.

Dans cet état, l'insecte ne tarde pas à pondre; il est bientôt entouré d'œufs ovales, d'un jaune très vif. Ces œufs (qu'il faut se garder de confondre avec les œufs d'acariens, fréquents sur les racines, et qui sont blancs et non jaunes) éclosent rapidement, il en sort un jeune animal agile.

Dans quelques cas beaucoup plus rares, il semble passer à l'état de nymphe, présente des rudiments d'ailes et se transforme en une sorte de petit moucheron.

Le phylloxera peut vivre sur les feuilles des vignes américaines, différentes spécifiquement de notre vigne d'Europe; il y a produit des galles particulières. Ce sont des dépressions de la face supérieure de la feuille, hypertrophiée en ces points, qui contiennent dans leur cavité un phylloxera, le plus souvent entouré d'un grand nombre d'œufs. L'ouverture de la galle est en forme de fente et bordée de poils blanchâtres qui s'entre-croisent et ferment l'orifice; à l'autre face, on voit une verrue grosse comme un grain de moutarde, diversement velue et mamelonnée. Il y a parfois un grand nombre de galles sur les feuilles, cent, deux cents ou davantage. Dans chaque galle, il peut y avoir jusqu'à cinq cents œufs, dit-on.

Les phylloxeras des galles sont parfaitement semblables aux autres; ils n'en diffèrent que par l'absence des tubercules sur le dos. L'identité de cette forme et de celle des racines a été démontrée directement par M. Planchon en transportant sur des racines l'insecte des galles qui s'y fixa et y pondit; sur ces nouveaux insectes, les tubercules se montrèrent aussi; le doute n'est donc pas possible. Les galles ne se présentent surtout que sur les vignes américaines. Sur les vignes indigènes, on en rencontre quelquefois, mais très rarement; on n'en cite que deux ou trois cas.

Seule connue en Amérique au début, cette forme fut découverte en 1854 par Asa Fith, entomologiste de l'État de New-York. Elle fut retrouvée en 1863 par Westwood, en Angleterre, dans les serres. En juillet 1869, elle fut découverte à Sorgues, près d'Avignon, par M. Planchon, et, quelques semaines après, par M. Laliman, à Bordeaux.

Ainsi, en résumé, le phylloxera se montre à nous sous plusieurs formes : *radicicole*, avec un état ailé aérien, et *foliicole;* ces deux états, malgré la diversité d'apparence, ne constituent qu'une seule et même espèce toujours ovipare.

L'histoire du phylloxera a longtemps contenu un grand nombre de points obscurs ou complètement inconnus. Pour n'en citer que quelques-uns, on a ignoré la durée de la vie de l'animal, la durée de la période à l'état d'œuf, l'intervalle qui sépare les mues, le nombre de ces mues, les circonstances de la transformation en nymphe ; cette transformation avait-elle lieu après une ponte? Mais la lacune la plus grave a été relative à la sexualité : on ne connaissait pas les mâles.

M. Duclaux a cherché les conditions qui favorisent l'extension du phylloxera; il est arrivé à ce résultat très remarquable, c'est que la rapidité de la progression de la maladie dépend, toutes choses égales d'ailleurs, presque uniquement de la constitution physique du sol.

L'insecte s'avance plus rapidement dans un sol fissuré ou crevassé que dans un sol compact. Dans la Crau d'Arles, où le sol est formé d'anciennes alluvions du Rhône et composé de cailloux roulés avec quelque peu de terre végétale, dans la Crau, dis-je, les interstices entre les cailloux sont en assez grand nombre pour que l'invasion de la maladie ait été suivie de près par la mort des vignes; la maladie présenta de nombreux cas foudroyants. Dans les bonnes terres, ni trop rocailleuses, ni trop argileuses et qui ne se fendillent jamais pendant l'été, la résistance s'établit naturellement; les terrains sablonneux, où l'insecte paraît se déplacer avec difficulté, sont aussi dans ce cas.

Le phylloxera, en effet, s'avance d'une souche à l'autre, soit par la surface du sol, ainsi que M. Faucon l'a observé, par les profondeurs du sol en suivant les racines et les fissures, soit enfin par l'air à l'état d'insecte ailé emporté par les vents. Ce dernier mode de progression, auquel il est impossible de s'opposer, fait que le phylloxera peut s'établir au milieu d'une région saine, à huit ou dix lieues de toute vigne malade. Le propriétaire doit être sur ses gardes, car il est fréquent de voir les vignes attaquées présenter une apparence satisfaisante et donner une dernière fois une belle récolte; à l'instant où la tache se montre en un point, il est souvent trop tard pour lutter, le parasite occupe déjà d'immenses espaces; c'est ce que M. Planchon a appelé l'état latent de la maladie, état trompeur et funeste parce qu'il laisse s'endormir dans un repos fatal le viticulteur désormais ruiné.

La progression par la forme ailée démontre en passant le peu de succès qui attend les tranchées, fossés, etc., faits en vue d'isoler un champ de l'action du phylloxera. Cette méthode, applicable avec quelques chances de résultats efficaces contre l'extension d'une tache, ne servira à rien comme moyen préventif.

Les premières études sur le phylloxera ont été refaites ces derniers temps, l'évolution du phylloxera a été suivie avec soin dans ses mœurs, son cycle biologique, les moyens de le combattre, et aujourd'hui, sauf quelques points encore obscurs, cet ennemi de nos vignobles est assez bien connu.

Nous allons donc décrire rapidement ses diverses transformations et faire connaître ensuite les moyens de lutte que la science nous a donnés.

L'œuf d'hiver ou œuf des sexués, déposé à l'automne sous l'écorce du vieux bois, donne naissance, au mois d'avril ou de mai suivant, c'est-à-dire dès les premiers beaux jours du printemps, à un insecte de teinte jaunâtre et de forme allongée. C'est le *phylloxera aptere agame*, c'est-à-dire privé d'ailes et de sexe. De ces jeunes phylloxeras, les uns montent sur les rameaux et, après avoir subi diverses transformations, s'y multiplient et produisent souvent sur les feuilles des excroissances appelées galles; ce sont les *gallicoles*. Les autres descendent dans la terre et s'établissent sur les racines de la vigne; ce sont les *radicoles*. Ces derniers se divisent en deux catégories : les nymphes et les mères, qui, après avoir passé par trois mues successives, d'une durée totale de dix à quinze jours, font une ponte de vingt-cinq à trente œufs, après quoi elles meurent. Ces œufs donnent naissance, au bout de huit à dix jours, à d'autres phylloxeras, passant par les mêmes mues et devenant, à leur tour, mères pondeuses, et le cycle se continue et se renouvelle pendant toute la belle saison sans le secours du mâle. C'est ce qu'on appelle *la parthénogenèse*.

A l'entrée de l'hiver, les mères pondeuses meurent et les jeunes phylloxeras passent l'hiver sur les racines de la souche dans un état complet d'engourdissement, pour se réveiller au printemps et recommencer l'évolution interrompue par les froids de l'hiver. Les jeunes phylloxeras destinés à devenir nymphes, n'arrivent à cet état qu'après cinq mues successives. On les reconnaît à leur corps plus allongé et d'un jaune orange plus foncé. Quinze ou vingt jours après cette transformation en nymphes, celles-ci sortent de terre et deviennent insectes ailés. Emportés par les vents, ces phylloxeras vont essaimer au loin et c'est là une des causes principales de la rapidité avec laquelle s'étendent parfois les *taches phylloxériques*.

Ces insectes ailés s'attachent à la face inférieure des feuille et y pondent quatre ou cinq œufs de grosseur différente. Ces œufs éclosent au bout de dix jours.

Les plus petits donnent naissance à des mâles, les plus gros à des femelles, tous aptères. Le phylloxera mâle n'a pas d'appareil digestif. Il semble n'être venu au monde que pour une œuvre créatrice, car, dès qu'il s'est accouplé avec la femelle, il meurt. Cette femelle pond un œuf unique, relativement très gros; c'est *l'œuf d'hiver*, appelé encore œuf d'invasion ou *œuf des sexués*. Son éclosion donne naissance, au printemps suivant, à de nouveaux phylloxeras, ainsi que nous l'avons dit plus haut.

Telle est la genèse, généralement acceptée, du phylloxera vastatrix. Cependant, nous devons dire que certains points de ce cycle biologique ont été contestés. M. Donnadieu a soutenu, par exemple, avec beaucoup de conviction, que le phylloxera radicole forme deux espèces absolument distinctes, et il a fourni à ce sujet quelques brèves notes à l'Académie des sciences, en attendant des documents plus importants, qui permettront de mieux juger la question. Cette opinion ne nous paraît pas encore étayée sur des preuves assez précises pour pouvoir donner raison à M. Donnadieu. La question a une importance non seulement théorique, mais pratique, puisqu'elle est liée à un des systèmes de défense préconisés pour combattre le phylloxera, la destruction de l'œuf d'hiver. Évidemment, s'il n'y a qu'une seule espèce de phylloxera, la destruction de l'œuf d'hiver enlève la source principale de reproduction de l'insecte. Si, au contraire, il y a deux espèces de phylloxeras, la destruction de l'œuf d'hiver ne devient que très secondaire, puisque les phylloxeras des racines n'ont aucun lien commun avec les autres.

On a tenté divers moyens de lutter contre le phylloxera ; ils sont de plusieurs sortes et fondés sur diverses considérations.

On a essayé, par une excellente culture, par l'application d'engrais puissants, de ramener la vigne à la vie.

On obtient toujours ainsi une amélioration ; mais elle n'est que temporaire ; si le traitement ne se continue pas en devenant chaque année plus énergique, la vigne ne tarde pas à retomber dans l'état d'affaiblissement primitif.

Cet état résulte de ce qu'elle ne peut, par ses racines dont le nombre a diminué et qui sont dans de mauvaises conditions, absorber les éléments nutritifs en quantité suffisante ; si les racines fournissent une nourriture plus substantielle, leur insuffisance comme nombre sera compensée. Mais le parasite demeure et se multiplie de plus en plus ; la vigne pourra retomber. C'est cette méthode que suivent en général ceux qui ne croient pas au phylloxera comme cause de la maladie et qui pensent que l'état des vignes vient de la mauvaise culture ou des circonstances météorologiques. Elle ne doit pas être rejetée entièrement ; mais, appliquée seule, elle sera souvent inutile.

Un autre système de traitement a essayé, non plus de relever la vigueur de la plante, mais de s'attaquer à l'insecte. On a employé des agents toxiques divers : les huiles de schiste, de pétrole, l'acide phénique pur ou impur, le coaltar, la terre coaltarée, les huiles lourdes, les résidus de gaz ont été essayés : on a tué parfois la vigne sans réussir à anéantir ou à éloigner le puceron ; on a traité les vignes par la suie, le soufre, les gaz délétères (ammoniaque ou hydrogène sulfuré), etc. ; les résultats obtenus ont été peu encourageants.

On a essayé, en outre, le sel marin, les sels de potasse, la chaux, le polysulfure de calcium, soit seuls, soit mélangés à d'autres substances ; ils n'ont guère donné de résultats que comme engrais chimiques.

Le phylloxera résiste plus aisément qu'on ne le croirait tout d'abord à l'action des insecticides. Il n'est pas très aisé de l'atteindre sur les radicelles où il se trouve à la profondeur considérable d'un mètre et plus. Son corps est couvert d'un enduit gras, il est incomplètement mouillé par l'eau ; ajoutons qu'il peut fort bien vivre et se multiplier dans un sol qui exhale une forte odeur bitumineuse ; on ne peut, d'ailleurs, forcer la dose des substances toxiques sous peine de faire périr la vigne.

Des essais ont été faits au moyen de produits vénéneux d'origine végétale ; on a voulu utiliser le tabac, le quassia amarra, la staphisaigre, le suc d'euphorbe, etc. ; les résultats n'ont pas été heureux.

Il faut pourtant se garder du découragement et continuer les essais.

Afin de stimuler les recherches, le gouvernement a proposé un prix pour celui qui trouverait le moyen de détruire le phylloxera ou de guérir la maladie.

Les départements de l'Hérault et de la Gironde sont entrés les premiers dans une voie excellente. Ils ont institué une série d'essais réguliers pour pouvoir juger les remèdes proposés; aucun moyen n'a complètement réussi.

Il y a pourtant un traitement, la submersion, qui participe des deux méthodes précédentes et qui a donné d'excellents résultats. Il tue le phylloxera par asphyxie, en le tenant sous l'eau pendant trente jours en hiver et quelques jours à plusieurs reprises durant l'été. M. Faucon a ramené à la production normale de 200 hectolitres ses vignes qui, pendant deux ans, à demi mourantes, en ont donné 50 et 45 au plus; c'est une véritable résurrection. On devra donc employer son procédé dans les endroits où il est applicable; il y aura de réelles chances de succès.

Mais, dans les pays de coteaux, ce système est évidemment inapplicable (et c'est là qu'on produit le plus de vins, et les meilleurs); il en est de même dans les contrées où les cours d'eau importants font défaut. C'est pourtant jusqu'ici le meilleur procédé connu. Dans le Midi, on a songé à canaliser le Rhône pour inonder l'Hérault, les Bouches-du-Rhône et le Gard.

En s'appuyant sur des considérations tout autres, M. Laliman, de Bordeaux, a proposé de laisser de côté les vignes européennes et de planter des vignes américaines. On obtiendrait un vin médiocre, mais abondant et à bon marché. L'important n'est pas de conserver les grands crus, car, coûte que coûte, on trouvera toujours le moyen de les protéger, mais bien le vin commun, sain et de bonne qualité, le vin « à trois sous le litre » comme on dit dans l'Hérault; c'est lui qu'il faut garder ou produire par de nouvelles vignes.

Mais y a-t-il des vignes indemnes? Les uns disent oui, d'autres disent non. C'est simplement un malentendu et les discussions proviennent de déterminations inexactes. Les cépages sont souvent désignés par des noms erronés; l'envoi de types bien déterminés et surtout une étude faite sur place en Amérique a fait cesser toute incertitude. Les expériences de M. Laliman ont établi, à Bordeaux, que certains cépages américains résistaient dans des endroits où tous les autres ont péri et périssent quand on les plante à nouveau.

Ceci étant admis, pour que chaque pays pût conserver ses crus et ses vins, il suffisait d'une opération simple, un peu coûteuse peut-être, mais sûre, *la greffe*.

On sait que la greffe conserve chez le sujet greffé les particularités les plus délicates; il suffirait ainsi de remplacer les racines des vignes européennes par celles d'une vigne américaine quelconque, mais résistant au phylloxera. Ce moyen a été proposé par MM. Laliman, de Bordeaux, et Bazille, de Montpellier. C'est là une solution de la question pour les grands crus.

On a songé à importer des insectes mangeurs de phylloxeras; les anthocoris et autres insectes aphidiphages pourront dans quelques cas, manger les phylloxeras des galles, mais n'iront pas probablement les trouver sur les racines.

MM. Planchon et Lichenstein ont proposé de planter des boutures, dont les racines fraîches et saines seraient un appât pour le phylloxera; on les arracherait et on les brûlerait quand elles seraient couvertes de pucerons.

Ce serait autant de détruit. Des expériences se font à Montpellier. Mais il faut avouer tristement que de tous les procédés proposés aucun n'a donné des résultats facilement applicables et réussissant dans tous les cas.

Qu'on nous permette de montrer jusqu'où l'on a pu s'égarer dans la recherche des remèdes. On a proposé de faire arriver indirectement par le végétal lui-même le poison jusqu'au phylloxera. Dans un trou pratiqué dans le tronc, on déposerait une substance toxique qui changerait la nature de la sève, laquelle

Fig. 263. — Phylloxera aptère, vu en dessous.

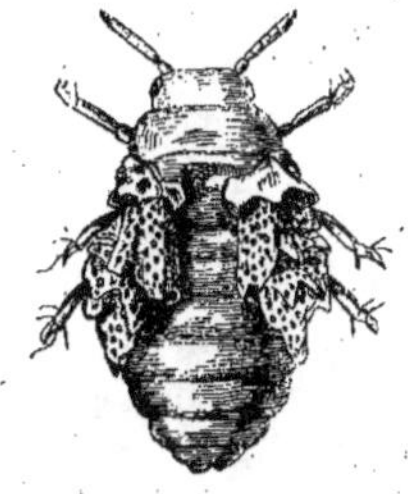
Fig. 264. — Phylloxera en mue.

serait un poison pour le parasite. Cela repose sur une erreur grossière, la possibilité de changer à volonté la composition des liquides nouriciers lentement élaborés par la plante. L'expérience a, du reste, été faite ; la substance toxique,

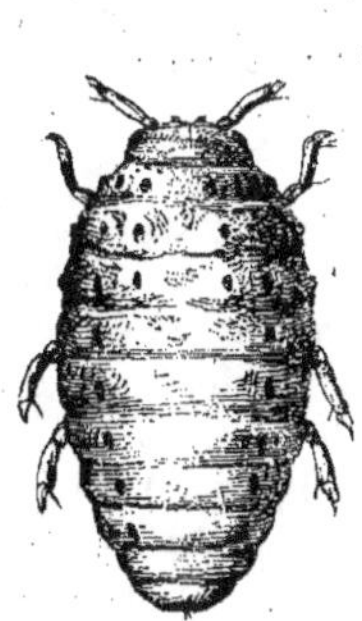
Fig. 265. — Femelle aptère vue en dessus

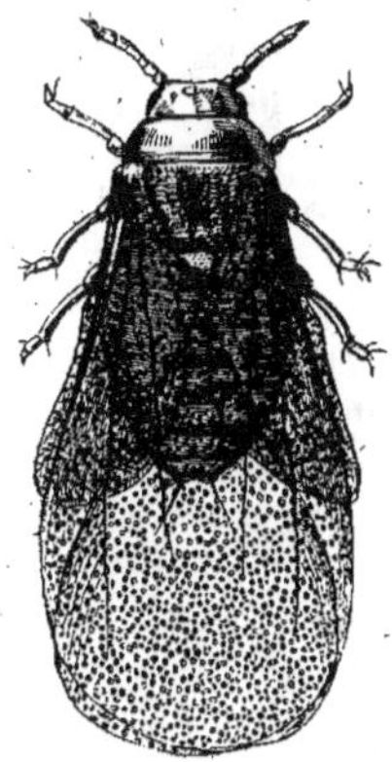
Fig. 266. — Femelle ailée.

quand elle a pénétré dans le végétal, a commencé par le tuer. On a conseillé d'arroser les souches avec du vin blanc. Le remède serait pire que le mal.

Dans tout ce qui précède, il n'est pas question de l'époque d'application du procédé ; c'est, en effet, qu'on a cherché empiriquement une méthode de traitement. On a oublié le principe naturel qui est de bien connaître son ennemi pour pouvoir l'attaquer avec chances de succès ; on est allé à l'étourdie et l'on n'a rien obtenu. Ce n'est pas tout que d'entreprendre une série régulière d'essais, il faut aussi une série régulière d'études. Jusqu'ici la question est restée entre les mains de personnes cherchant à leur temps perdu, pour ainsi dire, et déblayant le terrain; mais ce n'est pas tout, il faudrait qu'elle fût le but, l'unique et constante occupation d'un certain nombre d'hommes de science, parce qu'ils ont plus que les autres l'habitude des observations sérieuses et délicates. C'est dans cet esprit que l'Académie des sciences a agi en prenant en main la question; elle a nommé primitivement trois délégués : MM. Duclaux, Cornu et Balbiani.

C'est probablement dans l'histoire naturelle de l'insecte qu'on trouvera une partie de la solution du problème.

M. Planchon a proposé d'appliquer les divers traitements pendant l'hiver, époque pendant laquelle le phylloxera n'a pas d'œufs, mais hiverne sous la forme de jeune, de couleur brunâtre et immobile. Les œufs possèdent une membrane bien plus résistante que celle de l'animal vivant.

M. Max Cornu se fonde sur un fait emprunté à l'histoire de l'insecte pour conseiller une époque un peu différente. Quand le phylloxera se réveille de son engourdissement hivernal, il quitte une peau épaisse et brune et reprend une certaine activité; il se déplace rapidement sur les racines. La minceur de ses téguments, l'activité organique qu'il déploie doivent favoriser l'absorption des substances toxiques par exemple. Comme le réveil du phylloxera est subordonné au réchauffement du sol, on devrait faire durer le traitement pendant cette période de réchauffement. C'est probablement par des remarques de cette nature, ou analogues, qu'on arrivera à combattre avec succès un insecte, si bien défendu par sa vie souterraine et le nombre des individus vivants.

En résumé, les viticulteurs, les hommes qui s'intitulent pompeusement « hommes pratiques », ont obtenu jusqu'ici ce qu'ils pouvaient obtenir : peu de chose ; les résultats des savants sont, il faut bien l'avouer, insuffisants ; il en faut d'autres.

Qui nous les donnera.

Depuis le vote de la loi du 22 juillet 1874, par laquelle l'Assemblée nationale a institué un prix de 300,000 francs en faveur de celui qui trouverait « un moyen efficace et économiquement applicable dans la généralité des terrains pour détruire le phylloxera ou en empêcher les ravages », plus de six cents procédés ont été communiqués à la commission chargée de les examiner.

Aucun de ces procédés n'a été jugé digne du prix, et il est douteux, dès à présent, qu'on trouve contre le phylloxera un de ces spécifiques invincibles dont on semblait espérer la découverte. Quoique tous les chercheurs et inventeurs se soient donné beaucoup de mal, les palliatifs sont encore ce que l'on peut employer avec le plus de chances de succès ; on a tout essayé, insecticides, poisons violents qui tuaient la vigne plus aisément que le phylloxera, mélanges de toutes sortes, tabac, soufre, eaux ammoniacales du gaz, coaltar, pétrole, eau de mer, l'expérience a démontré que beaucoup de ces substances pouvaient avoir un certain effet, mais que leur emploi était dispendieux ou peu pratique, et, en résumé, la commission a déclaré s'en tenir provisoirement aux sulfocarbonates de potassium, de sodium ou de baryum, déjà depuis longtemps préconisés par son président d'alors, M. Dumas. Voici comment elle en recommande l'emploi.

Le phylloxera peut être combattu, soit en l'attaquant sur les racines de la vigne, quand il y est établi, c'est le *traitement répressif;* soit lorsque ses œufs ne sont encore déposés que sur les ceps, ce qui précède presque toujours l'invasion souterraine, car les migrations à longue distance du phylloxera s'opèrent par l'insecte ailé; c'est le *traitement préventif*. Ces deux traitements diffèrent et dans les agents et dans les époques; il convient donc de les examiner séparément.

Traitement répressif. — Le premier signe de l'invasion souterraine du phylloxera consiste dans l'apparition de renflements sur les radicelles du chevelu de la vigne; l'étiolement du feuillage et des bourgeons n'est qu'une conséquence des ravages causés, sous terre, par l'insecte. La radicelle attaquée continue encore à tirer du sol des éléments de nutrition, tant qu'on observe sur elle ces renflements; mais elle est fatalement destinée à mourir, et peu à peu tout le chevelu sera attaqué. La souche, à son tour, dépérira. C'est donc au moment où les renflements sont aperçus qu'il faut détruire l'insecte et favoriser la reconstitution du chevelu. Le sulfocarbonate de potassium jouit activement de ces deux propriétés : il tue l'insecte et revivifie la vigne. Les sulfocarbonates de sodium et de baryum jouissent des mêmes propriétés, mais à la condition de leur adjoindre un engrais qui contienne de la potasse. L'époque la plus favorable pour le traitement est la période d'arrêt de la végétation, soit à son début, soit à sa fin; à cette époque, la vigne, dégarnie de feuilles, ne transpire et n'absorbe plus; les agents chimiques qui pourraient lui être nuisibles sont sans action sur elle; d'un autre côté, les insectes, engourdis dans le repos hibernal, sont tous des jeunes; il n'y a ni œufs ni mères fécondées : on peut tout tuer d'un coup. On peut retarder l'application jusqu'au moment où la végétation va reprendre; mais alors il faut veiller, car le moindre retard serait fatal. L'insecte, engourdi dès que la terre a une température inférieure à 10°, reprend son activité et très rapidement dès qu'elle s'élève au dessus de ce terme, et quelques jours de chaleur suffisent pour la fécondation et la ponte des femelles; or, la médication n'atteint que fort peu les œufs.

Le sulfocarbonate de potassium s'emploie à la dose de trente ou quarante grammes, dissous dans cinq litres d'eau, par mètre carré, au moment où la façon de février ou mars vient d'être donnée à la vigne. Dans cette saison, la terre est imprégnée d'eau, ce qui dispense de délayer davantage le sulfocarbonate; le labourage l'a préparée à l'absorber, et l'on profite en plus du déchaussement donné au pied du cep, que l'on remplit de la solution; avec le reste on arrose tout le rayon environnant en ayant soin de tracer des rigoles horizontales si le terrain est en pente. Quand la solution est absorbée, on arrose de nouveau avec dix litres d'eau pour entraîner la liqueur toxique vers les radicelles profondes. La dose indiquée est celle qui convient aux jeunes ceps; pour les vieilles vignes qui plongent leurs racines jusqu'à un mètre de profondeur, il faut la doubler, et le résultat est moins certain. Le sulfocarbonate de sodium est plus actif; on l'emploie cependant aux mêmes doses, en lui associant un engrais qui doit contenir 20 grammes de potasse par quantité employée pour un mètre carré. Le sulfocarbonate de baryum est employé sous forme pulvérulente; les pluies se chargent de le dissoudre et de le faire pénétrer. Il est très actif, on lui associe de la potasse dans la même proportion. L'effet de cette médication est assuré; son seul défaut, c'est d'être encore chère ; elle ne pourra entrer largement dans la pratique que lorsque les sulfocarbonates de potassium et de sodium seront produits à des prix plus accessibles.

Le traitement préventif. — Une certaine obscurité a longtemps plané sur le mode de propagation aérienne du phylloxera. Une étude plus attentive a fait reconnaître qu'à un moment donné des phylloxeras ailés se disséminent par bandes et vont déposer leurs œufs sur les ceps, principalement sous les feuilles et sous l'écorce. De ces œufs sort une génération de petits insectes sexués, lesquels produisent par leur accouplement l'insecte régénéré, chargé, sur place, de ranimer chaque année la vitalité des foyers anciens ou de créer à distance de nouveaux foyers d'infection. Heureusement, l'œuf du phylloxera ailé n'est pas destiné à une éclosion immédiate ; il hiverne sous l'écorce et n'éclot qu'au printemps suivant. Le viticulteur qui reconnaît sa présence a donc de longs mois devant lui pour choisir ses moyens de destruction. Ces moyens sont nombreux et n'ont rien de particulier au phylloxera lui-même ; ce sont ceux qu'on emploie contre tous les pucerons, contre la pyrale, etc. : échaudage à l'eau bouillante ou à la vapeur, décortication des souches et combustion des écorces, emploi des insecticides et de préférence de ceux qui ont l'eau pour véhicule, les essences, telles que l'huile de térébenthine, l'huile de cade, l'huile de schiste, les huiles lourdes de la distillation du gaz, les goudrons ont ici leur emploi marqué. Une émulsion, obtenue en battant à l'aide d'un balai de bouleau, un kilogramme d'huile de cade et dix litres d'eau, a donné de bons résultats ; l'époque la plus favorable est celle où l'œuf, parvenu presque au dernier degré de l'incubation, c'est-à-dire en mars, est moins résistant à l'influence des agents extérieurs ; deux badigeonnages, opérés l'un au commencement, l'autre à la fin de l'hiver, sont naturellement plus efficaces qu'un seul.

Tels sont les moyens qui ont été recommandés par la commission.

Dans certaines régions, il a été possible d'opérer autrement. Ainsi, dans la Crau, où se trouvent d'immenses vignobles, on a la ressource des sables. Le phylloxera s'accommode mal du sable, qui empêche ses cheminements souterrains. En associant donc au sable, qui limite les ravages de l'insecte, de puissants engrais, fumier de ferme, colombine, etc., qui favorisent la reprise du chevelu, des viticulteurs ont pu rendre aux ceps attaqués leur ancienne vigueur, ou du moins trouver pour leurs vignes un *modus vivendi* grâce auquel le fléau est supportable ; les vignes restent malades, mais modérément, et fournissent encore de belles récoltes. En associant des sables aux cendres et aux engrais des sulfocarbonates, ils ont tenté de se débarrasser entièrement du phylloxera.

En Suisse, où le fléau a fait son apparition en 1874, on a pris des mesures radicales pour s'opposer à sa diffusion : l'administration du canton de Vaud et celle du canton de Genève, où le phylloxera s'était montré, ont prescrit l'arrachage immédiat des vignobles infectés, avec indemnité pour le propriétaire. Ces mesures ne sont pas possibles en France.

Le phylloxera pendant longtemps a été concentré dans un immense triangle dont la base est assise sur la Méditerranée, d'Aubagne au delà de Marseille, à Boisseron, près de Lunel, et dont le sommet, au Nord, après avoir dépassé Valence, a menacé de remonter le Rhône. Villiers-Morgon a été l'avant-garde de l'invasion. Dans ces conditions, l'arrachage des vignobles, sur une étendue de peut-être 1,500,000 hectares, était impossible.

L'emploi des sulfocarbonates l'est-il moins? C'est ce qu'on ne peut guère décider. Partout où les vignes peuvent être irriguées, on se débarrassera du fléau sans grands frais; une couche de quelques centimètres d'eau maintenue quelques jours suffit pour noyer les pucerons et leurs œufs; une seconde immersion n'est même pas toujours nécessaire. Malheureusement, les plus beaux vignobles sont placés sur des coteaux et ne peuvent être immergés. M. Naudin, à l'Académie des sciences, a préconisé un moyen qui, moins radical que l'arrachage, pourrait avoir de bons résultats. Il consiste à scier les ceps entre deux terres, au niveau de la naissance des grosses racines, c'est-à-dire à 10 ou 15 centimètres de profondeur, et à recouvrir de terre les souches amputées. Les ceps coupés doivent être brûlés sur place et leurs cendres répandues sur le terrain, qu'elles amélioreront. Ces deux opérations faites, on ensemence, sans labourage, car il faut bien se garder de remuer la terre et de mettre à nu les radicelles infestées; des lupins, du trèfle, du sainfoin, de la luzerne, peuvent être semés et recouverts par un seul trait de herse. L'arrêt de la végétation, sans nuire aux vignes, qui, au contraire, y retrouveront une nouvelle vigueur, serait fatal aux insectes, qui, réduits à sucer des radicelles déjà mourantes et non alimentées par la végétation aérienne, ne tarderaient pas à mourir d'inanition. La couche de terre durcie au-dessus d'eux et le fourré des herbes opposeraient d'ailleurs à leur émigration une barrière infranchissable. Le cultivateur perdrait deux ou trois années de récolte en vin, compensées en partie par les récoltes en fourrage. Les souches les plus malades auraient sans doute péri dans l'intervalle, mais les autres repousseraient vigoureusement dès la seconde année, et la vigne aurait profité tant de ce repos forcé que des engrais verts ou autres fumures que l'on aurait pu lui appliquer.

Enfin, si tous ces moyens étaient impuissants, il resterait encore, pour sauver la viticulture française d'un complet désastre, l'importation de certains cépages américains que jusqu'ici le phylloxera ne se montre aucunement disposé à attaquer. Plantés au milieu même d'un foyer d'infection très intense, ils sont restés indemnes. Ces cépages ne donneraient que des vins d'une qualité médiocre, mais la conservation des vins dont les prix soient accessibles à tous est, après tout, la grande affaire. Pour les grands crus, il est probable qu'on parviendra toujours à les conserver, si coûteux que soient les moyens de destruction employé; on aurait de plus la ressource de la greffe sur les cépages américains.

Nous allons revenir avec quelques détails sur les moyens précurseurs contre le phylloxera.

Un remède sûr, économique et pouvant être employé avec succès dans tous les terrains pour venir à bout du phylloxera, est encore à trouver; aussi la commission supérieure n'a pu distribuer la somme de 300,000 francs votée par les chambres dans le but d'encourager les chercheurs.

Cependant, divers systèmes sont connus et pratiqués depuis plusieurs années et ont, chacun, leur mérite respectif.

Le premier est celui relatif à la destruction de l'œuf d'hiver; il a été préconisé par M. Balbiani, professeur au Collège de France. Il consiste à badigeonner la partie aérienne de la souche au moyen d'une substance dont voici la formule :

Huile lourde de houille.	28 parties.
Naphtaline	60 —
Chaux vive.	120 —
Eau	400 —

Voici la manière de préparer ce mélange :

On prend de la chaux grasse en petits morceaux, sur laquelle on répand, à trois reprises différentes et à trois minutes d'intervalles, quarante litres d'eau chaque fois, en agitant légèrement. Après un repos de vingt minutes, on jette peu à peu la naphtaline écrasée sur la chaux devenue pulvérulente, et l'on brasse vivement. On ajoute alors, en trois fois et à intervalles très rapprochés, l'huile lourde, en la mélangeant intimement aux autres substances. On verse ensuite petit à petit le reste de l'eau, de manière à former une sorte de bouillie très claire. Cette opération terminée, on badigeonne avec un pinceau trempé dans ce mélange, qu'on doit avoir soin de remuer constamment, les souches de la vigne malade préalablement décortiquées.

L'utilité pratique de ce procédé, après avoir été chaudement préconisée, a été un peu abandonnée. Il n'a pas donné en effet les résultats attendus. Toutefois, il n'est pas absolument à dédaigner. Si son emploi isolé n'est pas suffisant, il peut être préconisé à titre d'adjuvant des autres formes de défenses, surtout au commencement de la période d'invasion.

La submersion est considée depuis longtemps comme un des moyens les plus puissants pour combattre le phylloxera et est aujourd'hui employé sur plus de 25,000 hectares. Elle le serait davantage si le gouvernement donnait plus d'extension aux canaux réclamés depuis longtemps pour l'agriculture; il peut se faire que la submersion fatigue à la longue certaines terres, ainsi que M. Gaston Bazille l'a fait connaître ; mais ce sont là des exceptions; et, partout où la situation et le terrain le permettent, les propriétaires doivent user de cet excellent moyen de défense. Toutes les terres ne conviennent pas à ce procédé. Lorsque le sol est trop perméable, les molécules de l'air y pénètrent facilement et l'asphyxie ne peut se produire. D'un autre côté, s'il est imperméable, le même résultat se produit, puisque l'air ne peut en être chassé. Il faut donc que le sol soit dans des conditions de perméabilité moyenne; ce sont surtout les sols argilo-calcaires qui se prêtent le mieux à la submersion; mais il faut aussi que le sous-sol, surtout s'il n'est pas à une bonne profondeur, ait de son côté des qualités suffisantes pour retenir l'eau. Le nivellement du terrain doit d'abord être fait avec grand soin; si le sol a le moindre relief, les parties profondes seraient trop submergées et les autres auraient le défaut contraire. On divise généralement les terrains en planches que l'on entoure d'un bourrelet de terre d'une hauteur moyenne de $0^{m},75$ à un mètre et assez épais pour résister à la pression de l'eau. Les clos destinés à être submergés doivent avoir des fossés d'écoulement, de manière à permettre un dessèchement rapide du terrain lorsque les eaux auront suffisamment séjourné sur le sol. S'il n'existait pas, le sous-sol pourrait conserver une humidité défavorable à la vigne. La durée du séjour de l'eau dans un vignoble varie suivant le climat. Dans le Nord, elle est moindre que dans les régions plus tempérées, le phylloxera y étant moins vigoureux et s'y multipliant moinsvite. Elle peut être réduite dans les départements du Nord à trente ou quarante jours, tandis qu'elle doit être de cinquante à soixante jours dans les départements méridionaux, et de soixante-dix à quatre-vingts jours si le terrain était par trop perméable. Le sol doit être constamment recouvert d'au moins $0^m,20$ d'eau, pour que la submersion produise l'asphyxie du phylloxera d'une manière complète. L'eau la meilleure pour la submersion est celle des canaux et des rivières, mais, à défaut de celle-ci, on peut parfaitement user de celle de source, et notamment de celle de puits artésiens. Dans le Gard, on a creusé de nombreux puits qui permettent aujourd'hui de submerger des milliers d'hectares.

La submersion, donnant aux vignobles une production plus considérable, a besoin d'être soutenue par de larges fumures. La meilleure époque pour cette opération est celle du repos de la vigne; cependant, la saison d'été a aussi ses avantages; le phylloxera y meurt plus vite, et, dans les régions sèches, la terre reçoit une humidité favorable à la vigne. La submersion doit être renouvelée tous les ans, au moins tous les deux ans, car il ne faut pas laisser le temps à l'ennemi de redescendre sur les racines.

Le *sulfure de carbone* est, avec la submersion, un des remèdes les plus préconisés. Sa puissance insecticide est considérable, elle l'est même parfois un peu trop, car il lui est arrivé de tuer à la fois et l'insecte et la vigne. Aussi cette méthode a-t-elle des détracteurs acharnés. Néanmoins, elle est pratiquée sur près de 100,000 hectares, et le sulfure de carbone, lorsqu'il est entre les mains de viticulteurs intelligents, est une arme puissante contre le phylloxera. Mais il ne faut pas essayer de s'en servir dans les terrains argileux, dans les calcaires pierreux, ni dans les sols d'une profondeur insuffisante; on irait au-devant d'un échec complet.

Voici les principes qui doivent guider les viticulteurs dans le traitement par le sulfure de carbone. Il importe d'abord de ne traiter que des vignes assez vigoureuses pour pouvoir supporter le traitement; un remède *in extremis* ne sert jamais à grand'chose. On doit ensuite renouveler le procédé tous les ans. Le vignoble doit être traité dans son entier, même lorsque les rangées de souches sont espacées, de manière à atteindre tous les insectes.

L'époque du traitement influe beaucoup sur les résultats de ce procédé. Le sol ne doit être ni trop sec, ni surtout trop humide; aussi a-t-on abandonné en grande partie les traitements d'hiver pour s'adonner à ceux de printemps et même d'été; il faut éviter toutefois de traiter la vigne au départ de la végétation, lors de la floraison et depuis la floraison jusqu'aux vendanges. Autrefois, on déposait le sulfure de carbone à $0^m,35$ et $0^m,40$ de profondeur; la pratique a fait découvrir le vice de cette méthode, et l'on obtient de meilleurs résultats en le déposant à $0^m,15$ ou $0^m,20$ seulement. Les vapeurs du sulfure étant plus pesantes que l'air tendent toujours à descendre; de plus on atteint ainsi les racines superficielles.

La dose à employer est de cent cinquante à deux cents kilogrammes de sulfure par hectare; si elle est plus élevée, on risque de tuer la vigne. Le traitement varie de cent à deux cents francs l'hectare, selon le prix de la main-d'œuvre, la quantité de sulfure employée et le mode de traitement. On se sert, en effet, soit de la charrue sulfureuse, soit des pals injecteurs; il y a, avec la charrue, économie de temps et d'argent.

On a essayé à plusieurs reprises d'adjoindre diverses substances au sulfure; le pétrole, par exemple, a donné d'assez bons résultats; mais une méthode qui semble se généraliser dans une partie tout au moins du Midi, est le traitement au sulfure de carbone dissous dans l'eau. MM. Fafeur frères et Benoist ont, il y a quelques années, imaginé pour cela un appareil ingénieux. Il se compose d'un récipient contenant le sulfure et communiquant par sa partie supérieure avec une conduite d'eau sous une pression minimum de un kilogramme par centimètre carré. Cette pression s'exerce sur le sulfure amené par un tube, qui porte près de son introduction dans la conduite un robinet permettant de donner des doses de sulfure variant jusqu'à deux kilogrammes maximum par litre d'eau. La dissolution est donc produite sous pression à l'abri de l'air par la rencontre des deux courants d'eau et de sulfure. On verse au pied de chaque souche quarante litres d'eau, renfermant en dissolution vingt à trente grammes de sulfure de carbone. Les résultats obtenus par cette méthode ont été satisfaisants.

D'un autre côté un chimiste, M. Rohart, avait cherché un moyen de rendre la dissolution du sulfure encore plus active. Il y est arrivé en se servant d'une composition savonneuse qui a la propriété, non plus de tenir le sulfure en suspension dans l'eau, mais de le dissoudre à raison de 50 0/0. Ce nouveau composé est ensuite additionné d'eau ordinaire, à raison de un gramme par litre d'eau; soixante litres par souche de cette eau empoisonnée suffisent pour tuer l'insecte. Divers essais ont été faits dans l'Hérault avec le trisulfure de carbone (c'est ainsi que l'appelle son inventeur) et semblent devoir encourager à continuer des essais dans ce sens.

Le *sulfocarbonate de potassium* est moins dangereux que le sulfure de carbone; malheureusement son application est difficile, d'abord parce qu'il exige de grandes quantités d'eau, ensuite parce que le prix élevé de ce traitement qui n'est pas moindre de plusieurs centaines de francs par hectare, effraye à juste titre les viticulteurs. Enfin son emploi ne peut avoir lieu que dans des terrains peu compacts, profonds et d'une bonne perméabilité.

Le sulfocarbonate de potassium est formé par une combinaison de monosulfure de potassium et de sulfure de carbone. Répandu dans la terre, il se décompose rapidement sous l'influence de l'acide carbonique, qui s'y trouve renfermé, et donne naissance à un engrais de carbonate de potasse, et à deux insecticides, l'hydrogène sulfuré et le sulfure de carbone, dont les vapeurs toxiques asphyxient l'insecte. Ce traitement se fait en général à l'époque du repos de la végétation. Des viticulteurs se sont bien trouvés de l'appliquer en deux fois : pendant l'hiver, d'abord, et, ensuite, au milieu de l'été. Des milliers d'hectares environ sont traités en France de cette manière.

Toutes les méthodes que nous venons d'indiquer sont déjà anciennes, et sans être parfaites, ont rendu des services importants à la viticulture; mais les chercheurs continuent à expérimenter d'autres procédés. L'*aloès* semble devoir être un insecticide d'avenir, s'il faut en croire les expériences tentées depuis il y a quelques années par M. Guy de Bergerac. Les vignes où ont eu lieu ces essais ont été visitées par une délégation des syndicats agricoles du Sud-Ouest, dont faisait partie un viticulteur distingué du Midi, M. de Malafosse, qui a fait un

Fig. 267. — Appareil locomobile pour la production des eaux-de-vie.

compte rendu intéressant de sa visite à la vigne où M. Guy a fait ses expériences. Cette vigne, située sur de mauvais coteaux de calcaire blanc, était plus que malade, puisqu'un tiers des souches avait disparu. Aujourd'hui, dit M. de Malafosse, la résurrection a eu lieu, et, au milieu d'une campagne aux trois quarts stérilisée, ce clos apparaît comme une tache verdâtre. Cette vigne avait été traitée en 1886 en entier, et les deux tiers l'avaient été de nouveau en 1888 ; les souches traitées deux fois étaient sensiblement plus belles que les autres.

On a souvent essayé du *pétrole*, seul ou mélangé à d'autres substances; certains propriétaires de la région du Sud-Ouest ont obtenu par cette méthode des résultats satisfaisants.

Le Dr Taugourdeau avait imaginé, il y a quelques années, un mélange de cendres et d'acide arsénieux. L'expérience n'a pas obtenu de cette méthode les résultats qu'en espérait son inventeur et que les premiers essais avaient fait présumer.

Nous laisserons de côté une foule d'autres inventions, sur lesquelles il n'y a pas encore de données assez positives; des tentatives continuent dans ce sens, espérons qu'elles aboutiront.

En attendant, nous avons deux manières de braver le phylloxera; la première est d'adopter les cépages américains, dont nous avons déjà parlé; la seconde est la plantation des vignes françaises dans les sables, où le phylloxera ne peut vivre. C'est ainsi que des terrains absolument infertiles du département des Landes et de la région d'Aigues-Mortes sont devenus de véritables mines d'or pour leurs propriétaires; mais il faut, pour que les vignes françaises soient à l'abri du terrible puceron, du sable pur, sans adjonction de fumier, qui deviendrait un refuge pour le phylloxera.

Comme on le voit, la lutte contre le phylloxera, qui dure déjà depuis plus de vingt ans, n'a pas été décisive; l'ennemi a continué à s'avancer dans toutes les directions, et aujourd'hui, sauf quelques parties de la Champagne et de la Bourgogne, tous les vignobles de France sont plus ou moins atteints.

Notre pays, qui possédait, avant l'invasion phylloxérique, 2,503,000 hectares de vignes, a vu ce chiffre réduit de plus d'un demi-million, malgré la replantation en cépages américains.

Les autres États de l'Europe n'ont guère plus été épargnés que la France.

Le puceron a fait son apparition en Portugal et en Espagne dès 1872, et les taches se sont élargies constamment depuis cette époque.

En Italie, il a été découvert en 1879 dans la province de Côme et dans celle de Milan, et a aujourd'hui atteint la plupart des provinces de ce pays.

On l'a constaté aussi dans la Russie méridionale, en Suisse, en Autriche-Hongrie, en Allemagne, en Roumanie, en Turquie, en Grèce.

Notre colonie africaine a eu elle aussi la visite de l'insecte dévastateur, qui a été découvert dès 1885 près de Tlemcem et de Sidi-Bel-Abbès, et qui semble vouloir continuer à faire tache d'huile, malgré tous les efforts du gouvernement algérien pour l'arrêter.

Enfin, on l'a découvert jusqu'au cap de Bonne-Espérance, dans la Turquie d'Asie, en Australie et dans la Nouvelle-Californie.

On peut donc dire qu'il est partout où l'on cultive la vigne ou qu'il y sera d'ici à peu de temps.

Pour essayer d'arrêter les progrès du mal, les chambres françaises ont voté des lois spéciales, qui ont mis beaucoup d'entraves au commerce agricole et horticole, sans produire de grands effets. Les lois établies contre le phylloxera sont celles du 15 juillet et du 16 août 1879. D'après ces lois, la France est divisée en trois zones soumises chacune à un régime spécial. La première a été considérée comme indemne, on cherche à la défendre en interdisant l'entrée des vignes et objets susceptibles d'y introduire l'insecte; un service de recherches y est organisé et l'autorité peut y procéder d'office et sans l'assentiment des propriétaires à des traitements d'exception.

La deuxième, alors faiblement envahie, a été également fermée aux importations qui pourraient créer de nouveaux points d'attaque. L'État en abandonne la défense aux propriétaires, se bornant à les encourager par des subventions.

La troisième zone est celle qui était complètement phylloxérée. L'introduction des vignes américaines y est autorisée, et l'application des insecticides y est subventionnée.

Mais en dehors de la législation spéciale à la France, une convention, appelée *convention de Berne*, est intervenue entre l'Allemagne, l'Autriche-Hongrie, l'Espagne, la France, l'Italie, le Portugal, la Suisse et les Pays-Bas pour organiser une défense commune contre l'invasion phylloxérique. Il va sans dire que le phylloxera s'est moqué de la convention de Berne, comme de toutes les autres lois édictées contre lui, ce qui ne veut pas dire pour cela que nous blâmions les gouvernements de s'être ligués contre le redoutable ennemi, nous constatons seulement l'impuissance de la législation internationale contre les empiétements du phylloxera, qui ne semble pas près d'être arrêté dans sa marche envahissante.

Si l'on veut que cette question aboutisse à une solution, il faut, non pas proposer un prix, mais débourser la somme nécessaire (et assez élevée) pour payer les frais d'études et d'expériences bien dirigées.

Faites que plusieurs personnes ne craignent pas de quitter leurs études favorites pour aborder des études utiles sur le phylloxera; donnez-leur les facilités que ces études réclament et faites qu'on puisse travailler en toute liberté. Le temps consacré par les savants à ces recherches est un capital qu'ils perdent au service de vos intérêts; ils ne peuvent, d'ailleurs, faire leurs essais sans de lourdes dépenses, qu'il est injuste de laisser à leur charge.

Greffe des vignes. — Avant l'introduction des plantes américaines, la greffe des vignes était, théoriquement parlant, à peu près inconnue. Personne n'avait intérêt à greffer des cépages indigènes qui venaient fort bien naturellement, et le greffage n'était guère pratiqué qu'à titre exceptionnel. L'apparition du phylloxera, en forçant les viticulteurs à cultiver des plants américains réfractaires à l'insecte, a imposé l'obligation de la greffe; car les vignes américaines à production directe sont peu nombreuses et ne sauraient, en aucun cas, remplacer nos bons crus indigènes. Il a donc fallu se préoccuper des divers modes de greffage, et l'on a eu à subir, dans les premiers temps, nombre de mécomptes. Aujourd'hui, après vingt ans d'études, on connaît assez bien les défauts et les qualités des diverses greffes pour pouvoir prendre parti en connaissance de cause, et, s'il est encore des points obscurs et des côtés ignorés de la question, ils ne sont que secondaires.

Les deux modes les plus répandus sont la greffe anglaise et la greffe en fente simple. La première se fait de la façon suivante : On fend en bec de flûte le plant américain et le greffon; on entaille l'un et l'autre à la profondeur d'un centimètre, de manière à former deux petites languettes; on adapte le greffon au sujet en faisant pénétrer les languettes dans les fentes et on lie solidement.

La greffe en fente simple est plus facile. On taille le greffon en coin allongé ; on fend le pied de vigne américain et on introduit le coin de greffon dans la fente, de manière à faire coïncider les écorces, après quoi on ligature. Ces deux greffes servent pour les divers modes de greffage que nous allons successivement examiner.

Greffe en place de plants racinés. — C'est elle qui paraît donner dans son ensemble les résultats les plus sûrs et les meilleurs. On comprend, en effet,

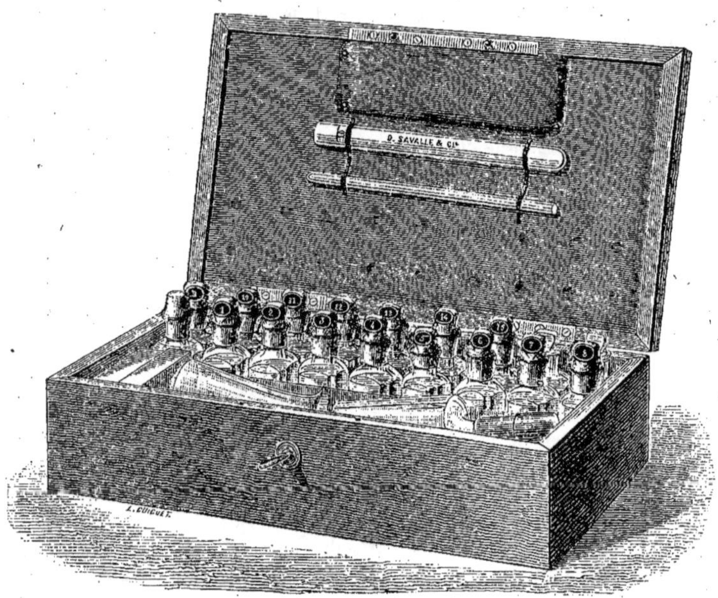

Fig. 268. — Boîte à réactifs pour l'essai du vin.

qu'un plant enraciné depuis un an, deux ans ou davantage, est tout préparé pour recevoir le greffon ; ses racines ont pénétré la terre et amènent la sève dans les tissus, dès le réveil de la végétation ; il n'y a donc pas ce double travail nécessaire à la greffe sur bouture, travail d'enracinement et de soudure à la fois, qui impose à la nature un fardeau souvent au-dessus de ses forces. La greffe sur place demande des ouvriers habiles et expérimentés ; le travail est plus long et plus coûteux que dans les autres modes de greffage ; mais on a remarqué que, toutes conditions égales d'ailleurs, une plantation de plants américains greffés sur place était moins sujette à la chlorose que celle provenant de plants greffés sur table. On peut greffer les plants racinés soit à demeure, soit en pépinière. Le premier mode a l'avantage de ne pas retarder la mise à fruit du greffon, puisqu'il n'y a pas d'arrêt dans la végétation. De plus, la double transplantation que l'on fait subir au sujet, une première fois après le bouturage, et une seconde fois après le greffage, doit lui être préjudiciable. On a toujours remarqué plus de vigueur dans les vignes greffées à demeure que dans les autres. Toutefois, on doit reconnaître un inconvénient sérieux à ce mode de procéder, c'est l'irrégularité dans le vignoble. Il faut regreffer parfois pendant deux ans et trois ans de suite les plantes chez lesquelles le greffon a manqué, ce qui nuit au coup d'œil.

Greffe sur table de plants racinés. — La greffe précédente a l'inconvénient d'être peu expéditive, et, pour les grands domaines, où l'on a plusieurs centaines de milliers de plants à greffer, elle est difficilement praticable. Celle-ci n'a pas cet inconvénient. Grâce aux machines à greffer, inventées dans ces dernières années, on peut aller vite en besogne ; aussi s'est-elle rapidement généralisée. Pour ne pas ébranler le point d'adhérence, dans les opérations de la mise en place, quelques praticiens ont eu l'idée d'envelopper la partie greffée d'une bague de

Fig. 269. — Essai de vin. Épreuve par la chaleur.

plomb ou d'une couche de terre bien adhérente. Dans le but d'avoir aussi un vignoble plus uniforme, beaucoup de propriétaires laissent les plants greffés en pépinière pendant une année, avant de les mettre en place. Il y a évidemment perte de temps et d'argent dans ce double travail, mais plus d'uniformité dans la végétation du vignoble.

Greffe bouture sur bouture. — Beaucoup de gens très compétents ne sont pas très partisans de ce mode de greffage et sont convaincus qu'il est pour quelque chose dans le grand nombre des plants américains chlorosés. Cela ne veut pas dire que la chlorose ne frappe que les vignes reconstituées par ce mode de greffage, les faits donneraient tort à cette opinion, mais certains viticulteurs pensent que le double travail imposé à la nature par ce fait doit anémier le cep et le rendre plus sujet à certaines maladies, telles que la chlorose ou le cottis. En dehors de cette question, il en est une autre nécessaire à la réussite de ce système, c'est le terrain. Si le sol n'est pas suffisamment humide, le nombre des plants non racinés ou non soudés sera considérable. Aussi, ce mode de reconstitution de nos vignobles ne peut être prôné partout, sa réussite dépendant de diverses conditions de sol et de climat. A part cela, il faut reconnaître qu'il est on ne peut plus commode et que nul ne peut l'égaler comme économie et rapidité de temps. Il est presque indispensable, par exemple, de mettre les plants en pépinière; le mieux est d'avoir une butte de sable de $0^m,50$ d'épaisseur environ; les greffes faites, on met les plants dans le sable, de manière que le greffon soit enterré de $0^m,02$. Pendant les chaleurs, on doit arroser, surtout si l'on n'a pas couvert la butte avec du fumier pailleux. Au printemps suivant, l'on plante à demeure.

Greffe de Cadillac. — Tous ces modes de greffage ont l'inconvénient de décapiter le cep, et, par suite, d'arrêter le mouvement de sève ascensionnel, ce qui est toujours nuisible. Pour obvier à cet inconvénient, quelques viticulteurs ont imaginé la greffe dite de Cadillac. Voici comment on opère. On fait une incision oblique sur un des côtés du sujet. Le greffon est taillé en biseau au-dessous d'un œil. On doit avoir soin de faire la taille du biseau de façon à ne pas trancher la moelle des deux côtés, mais d'un seul seulement. On fait ensuite pénétrer le greffon dans la partie incisée du sujet, et on lie comme d'habitude. Dans le Bordelais, cette greffe se pratique à la fin d'août ou au commencement de septembre; mais, dans les contrées plus froides, on se trouvera mieux de la faire en juin. Le sujet n'étant pas étêté, il n'y aura aucune interruption dans la végétation. Au printemps suivant, si l'opération a été faite à l'automne, on pince les rameaux du sujet pour refouler la sève dans le greffon, et, l'hiver suivant, on supprime la tête du plant américain pour ne plus laisser que le greffon. Si la greffe se fait au printemps, on peut étêter le sujet à l'entrée de l'hiver de la même année.

Conditions générales de la greffe. — Pour obtenir une bonne réussite, il est essentiel d'abord que la partie greffée soit à l'abri des influences atmosphériques, chaud et froid, pluie et soleil. Par suite, le greffage doit être à $0^m,02$ ou $0^m,03$ au-dessous du niveau du sol; mais comme cette mince couche de terre ne suffirait pas pour opérer la parfaite opération de la soudure, on fait une petite butte de terre autour de la partie greffée, et l'on a soin de la tenir toujours meuble, pour qu'elle puisse être réchauffée par les rayons du soleil, et vierge de toutes mauvaises herbes. Deux fois dans la saison, pendant les deux premières années, on devra avoir soin de couper les radicelles qui se formeront autour du greffon et feraient du tort aux racines du plant américain; à plus forte raison devra-t-on enlever les gourmands qui surgiraient de dessous terre et affameraient le greffon. On s'est demandé longtemps avec quel lien il convenait de ligaturer la partie greffée. Aujourd'hui, on se sert presque universellement du raphia, qui est assez résistant pour assurer une bonne soudure et n'étrangle pas le greffon. Sauf dans des terrains très humides, il est inutile de le sulfater. En dehors du raphia, on a essayé de diverses ligatures, de rondelles de roseau, de bouchons de liège, etc.; mais, en somme, le raphia est ce qu'il y a de mieux.

A quel âge doit-on greffer un plant américain? Il est difficile de donner ici une réponse précise. Cela varie beaucoup suivant la vigueur et la force du sujet. Dans les terrains médiocres, où les cépages américains ne grandissent pas vite, il faut attendre toujours au moins deux ans, et souvent l'on se trouvera bien de greffer seulement à la troisième feuille; on regagnera vite le temps perdu. Dans les sols fertiles, où les plants végètent avec vigueur, on peut greffer au bout de la première année. Toutefois, l'york-madeira fait exception à cette règle. Sa lenteur à pousser ne permet guère de le greffer avant trois ou quatre ans.

Au reste, tout cela est une question de tact; c'est au viticulteur à voir si le bois de ses plants américains est assez fort pour supporter les sarments de nos vignes européennes, et assez vigoureux pour pouvoir les nourrir. La question du greffon a, de son côté, une importance capitale pour la réussite de cette opération.

On sait en effet que pour les arbres fruitiers certaines parties des branches ont une plus grande tendance à fructifier que d'autres. Il faudrait donc avoir soin de ne jamais prendre ses greffons que sur des sarments fructifères; à plus forte raison ne doit-on jamais les choisir sur des vignes atteintes du phylloxera ou frappées par les maladies cryptogamiques; le cep étant affaibli, les sarments portent en eux des causes latentes d'appauvrissement et d'anémie, qui empêcheront plus tard le plein développement de la souche. On doit, en général, couper les greffons avant le mouvement de la sève, surtout si on veut les conserver longtemps; si, au contraire, ils doivent être immédiatement employés, le fait a moins d'importance.

A quelle époque doit-on greffer? Ici encore, il est difficile de préciser et il peut et doit y avoir de nombreuses différences entre le Nord, le Centre et le Midi. En principe, on peut greffer tant que la sève est en mouvement; cependant on ne peut conseiller de le faire pendant les fortes chaleurs de l'été, ni après le 1er septembre dans le Nord et le 15 septembre dans le Midi. Généralement, on greffe du 15 mars au 15 juin; il y a là trois mois qui suffisent amplement aux opérations du greffage, si importantes qu'elles soient.

Commencer plus tôt serait dangereux et cette époque du 15 mars est même trop précoce pour le Nord, où l'on doit attendre jusqu'en avril. Certains viticulteurs se sont mieux trouvés de greffer de bonne heure, d'autres préfèrent greffer tard, en mai par exemple; ceci est encore une question de climat.

On s'est demandé pendant quelque temps si la qualité de nos bons cépages français allait être influencée par la greffe sur plants américains. Comme si le cognassier, par exemple, communiquait son goût aux poiriers que l'on y greffe! Aujourd'hui les plus ignorants en ces matières peuvent être rassurés. La qualité du vin est la même, qu'il provienne d'une plantation directe ou d'un plant greffé. Les cépages américains offrent au contraire deux avantages, d'abord une production bien plus rapide, car, l'année même de la greffe, on commence parfois à avoir une petite récolte, et une fertilité plus grande, provenant de la vigueur de ces plants. Par exemple, et cela est l'avis de M. Millardet, la greffe a deux inconvénients : 1° elle diminue le degré de résitance des plants américains au phylloxera, c'est-à-dire de ceux qui, comme le jacquez, ne sont pas absolument réfractaires à l'insecte; 2° elle amène ou tend à amener la chlorose. Il y a là diverses raison d'ordre physiologique sur lesquelles nous ne pouvons nous appesantir ici, mais qui rendent ces deux faits presque indiscutables. Les viticulteurs auxieux se demandent souvent si les plants ainsi greffés vivront de longues années. L'avenir seul peut nous édifier à ce sujet. Tout ce que l'on peut dire, c'est que chez certains propriétaires il existe des plants greffés depuis dix-sept ou dix-huit ans et qui se portent encore fort bien. C'est là une chose rassurante pour les hésitants. Ce qui les préocupe et ce qui leur fait craindre pour l'avenir, c'est que le bourrelet varie beaucoup de grosseur, suivant la nature des plants; mais il y a un moyen bien simple de le réduire à sa plus simple expression, c'est de tailler la vigne très long, dès la première année, voire à $0^m,50$ et plus : la sève sera attirée vers le haut du sarment et le bourrelet ne se formera pas ou du moins grossira peu.

LE VIN

La vigne n'a été introduite en Gaule que très tardivement et seulement après l'invasion romaine ; en revanche, elle y prospéra très rapidement et y prit des qualités absolument inconnues aux vignobles de l'Orient et du Midi. La réputation des vins de France, que les progrès de la culture et de la vinification n'ont fait qu'accroître, était déjà grande au moyen âge. Le vin joue de très bonne heure dans les mœurs de notre pays un rôle extrêmement important; ce qu'il s'en consomme dans les cours, les châteaux et les abbayes, ce qu'il s'en voiture aux grandes foires du Landit et autres, ce que le fisc perçoit de droits sur les charrettes et les bateaux qui voiturent la précieuse liqueur par terre et par eau, il ne serait pas aisé de le dire. C'est, après le blé, le vin, que la dîme des églises et des couvents, que les droits seigneuriaux frappèrent le plus impitoyablement. Le vin figure presque sans exception dans toutes les assemblées, dans toutes les cérémonies civiles ou ecclésiastiques. Les circonstances les plus lugubres ne font pas exception à cette règle : si l'on conduit un pauvre diable à Montfaucon, les filles-Dieu de la rue Saint-Denis ont le privilège de lui offrir deux verres de vin; si messieurs du parlement assistent à une exécution, le bourreau est tenu de leur fournir du vin. Les avoués et patrons des églises reçoivent sous forme de vin une partie de leurs honoraires. Les princes et les rois imposent à leurs vassaux des redevances de vin, etc.

Mais s'il est facile de recueillir dans les chroniqueurs ces détails, qui prouvent en France, au moyen âge, un grand développement de l'industrie vinicole, il le serait bien moins de se procurer des renseignements un peu précis sur les procédés de culture et de vinification, sur les chiffres de production, de consommation intérieure et d'exportation. L'exportation ne dut jamais être bien grande, vu le manque presque absolu de voies de communication. Il serait plus difficile encore ou, pour mieux dire, il serait absolument impossible de classer les vins du moyen âge, car, en réalité, ces vins ne furent jamais classés. Les cépages, cultivés au hasard et sans choix, fournissaient des liquides absolument indéterminés et qui n'avaient d'autres caractères distinctifs que ceux qu'ils empruntaient au terroir et au mode de fabrication, fort élémentaire partout, mais néanmoins

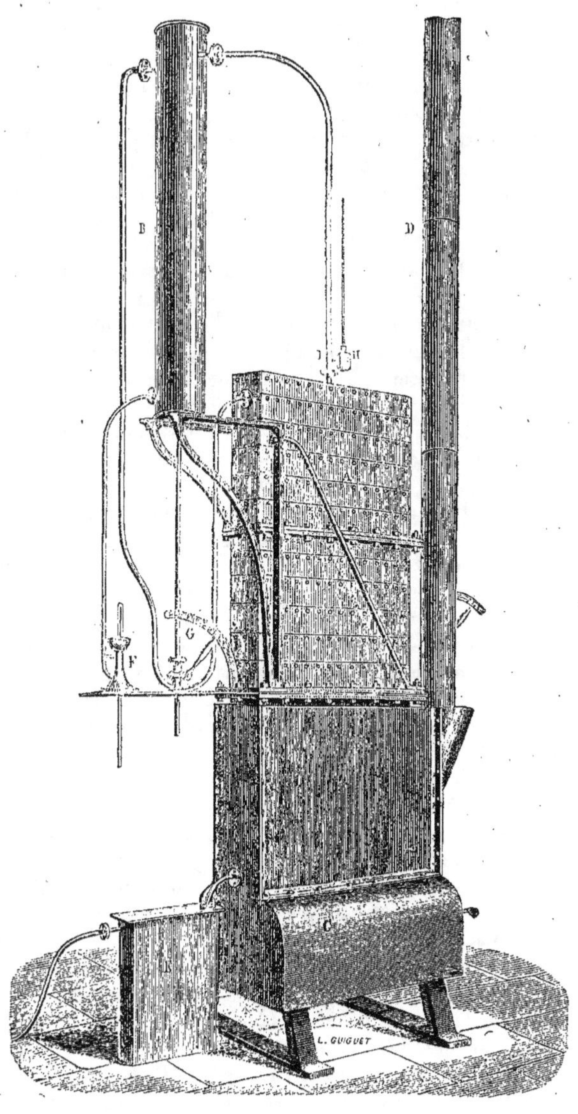

Fig. 270. — Appareil portatif pour la distillation.

très varié. La culture et la fabrication rationnelles, qui ont fait de nos jours de si grands progrès, ont bien changé l'état de la question.

L'un des produits les plus raffinés de l'industrie vinicole, le vin mousseux, n'est pas absolument moderne, mais ne remonte pas bien loin. Le vin blanc lui-même est une invention relativement récente.

Dom Grossard, dernier procureur de l'abbaye d'Hautvilliers, qui s'était retiré à Montier-en-Der lors de la Révolution, donne de curieux renseignements sur l'origine du vin mousseux : « C'est, dit-il, dom Pérignon qui a trouvé le secret de faire du vin blanc mousseux, car avant lui on ne savait faire que du vin paillé ou gris. C'est encore à dom Pérignon qu'on doit le bouchage actuel. Pour mettre le vin en bouteilles, on ne se servait que de chanvre et on imbibait dans l'huile cette espèce de bouchon. » On pense que la fabrication des premiers vins mousseux remonte à l'année 1695, et cette opinion est fondée sur un passage tiré d'un mémoire de 1718 : « Depuis plus de vingt ans, le goût des Français s'est déterminé au vin mousseux ; on l'a aimé, pour ainsi dire, jusqu'à la fureur ; on a commencé d'en revenir un peu dans les trois dernières années. »

C'est dans le même ouvrage qu'on trouve la description des procédés usités à cette époque pour faire mousser les vins blancs : « Les sentiments ont été fort partagés sur les principes de cette espèce de vin ; les uns ont cru que c'était la force des drogues qu'on y mettait qui le faisait mousser si fortement ; d'autres ont attribué la mousse à la verdeur des vins, parce que la plupart de ceux qui moussent sont extrêmement verts ; d'autres ont attribué cet effet à la lune, suivant le temps où l'on met les vins en flacons. Il est vrai qu'il y a eu des marchands de vin qui, voyant la fureur qu'on avait pour les vins mousseux, y ont mis de l'alun, de l'esprit-de-vin, de la fiente de pigeon, et bien souvent d'autres drogues, pour le faire mousser extraordinairement, mais on a une expérience certaine que le vin mousse lorsqu'il est mis en flacons depuis la récolte jusqu'au mois de mai... » On voit combien on était loin alors de soupçonner l'existence de l'acide carbonique et la nature de la fermentation.

Du reste, la fabrication des vins a progressé avec le développement de la production, que quelques chiffres vont faire connaître.

Dans l'année 1874, la France a produit 63,146,125 hectolitres de vin, sur lesquels le département seul de l'Hérault a fourni 13,071,342. Le maximum de la production dans notre pays a été atteint en 1869, avec 70,000,000 d'hectolitres. Cette merveilleuse industrie est partagée entre la presque totalité de nos départements : onze seulement sont complètement étrangers à la culture de la vigne. L'Algérie, où cette culture est tout à fait nouvelle, possède déjà plus de 4,000 hectares de vignes et produit 25,000 hectolitres de vin, qui sont en partie exportés dans nos départements du Midi. L'entrepôt de Bercy, à Paris, reçoit à lui seul plus d'un quart des vins consommés en France. Les traités de commerce conclus depuis 1860 avec l'Angleterre et divers autres États d'Europe ont donné une prodigieuse activité à l'exportation et augmenté la production dans des proportions considérables. L'exportation actuelle peut être évaluée à plus de 20,000,000 d'hectolitres. Ce magnifique développement s'est opéré malgré l'énormité et la multiplicité des taxes qui grèvent le commerce des vins à l'intérieur. A Paris, où la consommation des vins atteint l'énorme proportion que nous avons indiquée, les vins, après avoir déjà acquitté des droits fort variés et fort onéreux, sans compter les frais de transport, sont frappés d'un droit d'entrée de plus de 21 francs par hectolitre.

Au point de vue de la production vinicole, la France a été divisée en six régions, que nous caractériserons d'un mot. La région sud se distingue par l'énorme quantité de vins qu'elle produit, plus que par leur qualité. Les départements riverains de la Méditerranée fournissent plus de la moitié de la récolte totale de la France. L'Hérault transforme une très grande partie de ses vins en alcool. Le Sud-Est, moins bien partagé pour la quantité, produit, en revanche, des vins de premier choix, et notamment les vins de l'Ermitage. L'Est se distingue par ses vins de Champagne, dont la réputation est universelle, et par ses vins de Bourgogne, qui ne sont pas moins appréciés. Les vins du Centre ont peu de réputation. Ils sont, en grande partie, convertis les uns en excellent vinaigre, les autres en eau-de-vie. L'Ouest est un peu mieux partagé; néanmoins, ses vins en nature n'ont pas une grande réputation, mais ses eaux-de-vie, dites cognac, n'ont pas de rivales. Le Sud-Ouest produit les vins de Bordeaux, qui ont, avec des qualités différentes, autant de réputation que les vins de Bourgogne. Il est, de fait, bien difficile de faire un choix entre le clos-vougeot et le château-laffite pour les vins rouges, le montrachet et le château-yquem pour les vins blancs.

Après la France, le premier pays viticole est incontestablement l'Espagne, qui produit surtout des vins de liqueur de premier choix. Il suffit de citer le xérès, le malaga, la malvoisie et l'alicante. Il ne faut pas trop se presser de juger ces vins, car bien des personnes qui se hâteraient de les condamner n'ont jamais eu l'occasion de les connaître, les mauvaises imitations étant infiniment nombreuses. Il est aussi facile, en effet, d'imiter plus ou moins habilement le malaga qu'il est difficile de trouver un mélange donnant une idée quelconque du château-margaux. Ce fait menace la réputation des vins d'Espagne, et la négligence que les Espagnols apportent à la fabrication risque de la tuer. L'exportation des vins de ce pays baisse à mesure que celle des nôtres se développe.

Le Portugal, non moins bien partagé par le sol et le climat, qui ne diffèrent guère de ceux de l'Espagne, est également livré à la routine. Le porto et le douro sont battus en brèche par les mêmes causes que le xérès et le malaga.

L'Italie doit être placée sur le même rang que l'Espagne et le Portugal, tant pour les avantages du sol et du climat que pour l'extrême incurie des cultivateurs. L'albano, le marsala, le lacryma-christi suffiraient à faire la fortune d'une contrée plus industrieuse; les Italiens en tirent plus de vanité que de profit.

L'Allemagne possède justement les qualités qui font défaut aux deux péninsules. Moins favorisée par le climat, réduite à peu près à la vallée du Rhin, elle a tiré de cette situation inférieure un parti merveilleux, par les soins presque superstitieux qu'elle a su donner à la culture de la vigne et à la fabrication du vin. Le johannisberg, notamment, est, de tous les vins du monde, celui qui se vend le plus cher.

L'Autriche proprement dite produit une grande quantité de vins, qu'il serait peut-être plus juste d'appeler des vinaigres. Mais la Hongrie a d'excellents vins, notamment son tokay, dont la réputation n'est nullement usurpée.

La Suisse produit beaucoup de vins, mais presque tous de qualité médiocre.

La Grèce néglige beaucoup trop les vins communs. Ses vins de liqueur, notamment la malvoisie, sont justement estimés.

La Russie ne possède pas encore beaucoup de vignes, mais fait de sérieux efforts pour s'approprier cette culture. Ses vins de Crimée, imitation de la plupart de nos vins occidentaux, sont loin d'être dépourvus de mérite.

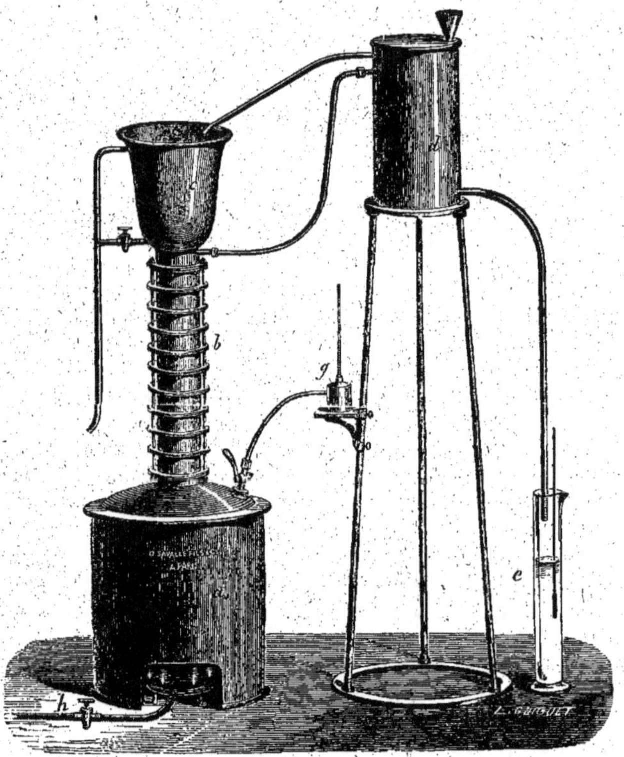

Fig. 271. — Appareil pour l'essai du vin.

Les Turcs ne boivent pas de vin et, par conséquent, ne plantent guère de vignes que pour consommer le raisin en nature. Il faut pourtant signaler le vin de Chypre, vin presque fabuleux, presque aussi inconnu qu'il est célèbre.

Il faut en dire autant de l'Asie tout entière, qui ne connaît presque pas le vin. Cependant, nous devons citer le vin de Schiraz, tout aussi célèbre et non moins rare que celui de Chypre.

L'Afrique n'est guère mieux partagée : nous avons signalé les vignobles naissants de l'Algérie; les vins que produit l'Afrique sont généralement détestables, si l'on excepte le vin de Constance, qui est un des meilleurs vins de liqueur. Les vins des Canaries sont fort appréciés ; celui de Madère est très prisé mais pas plus qu'il ne mérite.

La culture de la vigne est récente en Amérique puisqu'elle ne date que du XVIIe siècle. Elle s'est beaucoup développée dans les États-Unis.

L'Ohio, surtout, et la Californie fournissent une assez grande quantité de bons vins, qui viennent quelquefois jusqu'en Europe. On a eu, dans ces dernières années, une idée qui a produit des effets déplorables : on a importé, d'Amérique en France, des ceps de vigne destinés, croyait-on, à fournir de précieuses variétés, et qui ont acclimaté chez nous le phylloxera de la vigne. Le mal est

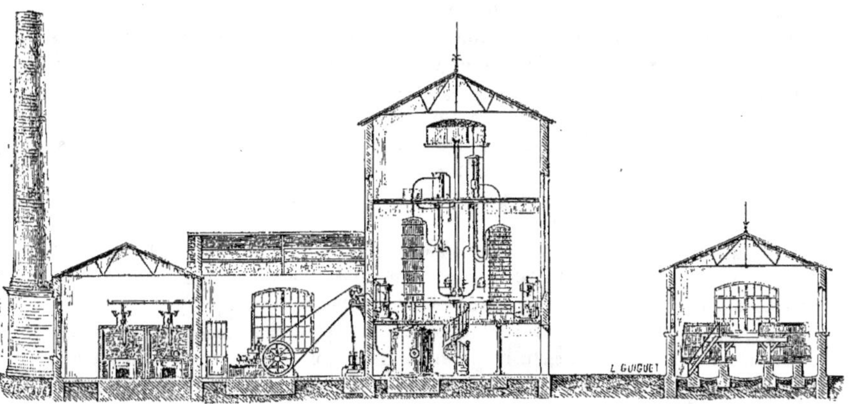

Fig. 272. — Usine pour la distillerie.

actuellement si grand (1876) et se propage avec une telle rapidité, qu'on se demande si les vignobles français ne pourraient pas être définitivement perdus.

Vérification et manipulations diverses. — Comme les autres arts que les anciens ont connus et pratiqués, l'œnologie est restée longtemps purement empirique, et, parmi des procédés rationnels, a conservé jusqu'à ces derniers temps une foule de pratiques inutiles ou même nuisibles. Quand la chimie eut révélé le mystère de la fermentation alcoolique, qui est la base de la vinification, on se préoccupa naturellement de soumettre la réaction du moût de raisin aux conditions scientifiques qui seraient les plus capables de la favoriser et d'assurer la stabilité et la bonne nature des résultats obtenus.

Malheureusement, les tâtonnements inévitables dans les expérimentations de ce genre découragèrent tout d'abord les personnes qui avaient fondé sur la science des espérances exagérées; d'autre part la routine, avec son obstination ordinaire, rejetait avec dédain les nouveaux procédés, et aujourd'hui, même, en pleine lumière, certains viticulteurs s'obstinent encore dans des méthodes vicieuses que la science a définitivement condamnées. La vinification, cependant, est désormais complètement connue, et les viticulteurs intelligents ont entre les mains des moyens infaillibles pour écarter la plupart des inconvénients auxquels se heurtaient leurs prédécesseurs.

On pourrait croire que la vinification consiste uniquement dans la transformation du sucre en alcool; ce serait une erreur de le penser, et, pour s'en convaincre, il suffit de consulter l'expérience. Tout le monde sait que, s'il est facile, par le manque de soin, de faire de très mauvais vin avec des raisins de bonne qualité, il est impossible, jusqu'ici, d'en faire de bon avec du raisin de qualité inférieure; on peut, en ajoutant du sucre à ce mauvais vin, lui fournir l'alcool dont il manquait, mais on ne lui communiquera jamais les principes particuliers qui donnent à chaque espèce de vin son parfum spécial, résultat impliqué dans ce que nous entendons par la vinification. D'ailleurs, si la pauvreté d'un vin en alcool exigeait qu'on ajoutât du sucre au moût pour l'enrichir, il est reconnu que le sucre d'amidon, en ce cas, serait préférable à celui de canne ou de betterave.

Pelouze et Liebig admettent, parmi ces principes, l'éther œnanthique ou pelargonique; mais l'existence de ce corps n'est pas encore bien démontrée dans ce liquide. Berthelot admet que les éthers qui existent dans le vin sont principalement des éthers acides (malique, tartrique) peu volatils et qui ne sauraient donner aux vins leur bouquet.

Celui-ci réside, d'après lui, dans des substances qui renferment, indépendamment d'une petite quantité d'alcool amylique, des éthers composés et peut-être des huiles essentielles, variables pour les différentes espèces de vins.

Ce qu'il y a de certain, c'est que ces éthers, huiles, essences, etc., ne préexistent pas dans le jus du raisin et qu'ils se forment en vertu d'un travail chimique bien postérieur à la maturation. Ce qui n'est pas moins certain, c'est que ce travail n'est pas une fermentation du genre de celle qui amène la formation de l'alcool. C'est une oxydation lente qui provoque la métamorphose de l'alcool et des acides en éthers et en huiles essentielles. La preuve, c'est que le bouquet et la saveur des vins augmentent avec leur âge. Les chimistes ont étudié l'influence de l'oxygène sur le vin, et ils sont arrivés à constater les résultats curieux de cette influence.

En étudiant ces phénomènes, M. Pasteur a constaté les faits suivants : 1° le moût de raisin ne contient pas du tout d'oxygène en dissolution, mais seulement de l'acide carbonique et de l'azote; 2° le moût abandonné à lui-même au contact de l'air ne contient pas d'oxygène libre en dissolution; celui-ci se combine au fur et à mesure de sa dissolution avec les principes oxydables que renferme naturellement le jus de raisin. En agitant cependant de l'air avec le moût et en analysant les gaz dissous, aussitôt après l'agitation, on peut retrouver de l'oxygène et il faut quelques heures pour qu'il disparaisse.

La combinaison de l'oxygène de l'air avec le moût modifie sa couleur; le moût de raisin blanc, d'abord incolore, passe peu à peu au jaune brun ; le moût de raisin rouge contient aussi des matières qui rougissent au contact de l'air. Ce qu'il importe surtout de faire remarquer au point de vue de l'application, c'est l'influence considérable de l'aération sur la fermentation du moût.

Cela dit, nous allons exposer brièvement les procédés usuels de vinification.

On peut les diviser en quatre séries : 1° expression du moût; 2° fermentation; 3° décuvage et mise en tonneaux; 4° mise en bouteilles.

Avant tout, il importe de rappeler que les raisins mûrs peuvent seuls donner de bon vin, et, comme les raisins n'arrivent pas tous en même temps à la maturité, dont l'époque est surtout variable suivant les cépages, on ne saurait obtenir un vin passable que par un bon choix de plants ou par la culture exclusive d'un seul plant, et, dans ces conditions même, le vin ne sera irréprochable que si l'on a le soin de ne cueillir les raisins qu'à mesure qu'ils arrivent à maturité. Si la maturité est poussée à l'excès, et surtout si l'on soumet le raisin à une dessication partielle, après qu'il est cueilli, on obtiendra des vins liquoreux.

Convient-il d'égrapper les raisins avant de les fouler? La question est sérieuse et a été souvent discutée. On ne saurait la résoudre d'une manière certaine. La rafle donne au vin une saveur âpre, styptique, très propre à corriger la fadeur naturelle à certains crus, mais qui ne pourrait que nuire à des vins d'une nature plus généreuse. Quant au foulage, opération si importante en elle-même, on l'a longtemps préféré au pressurage et il est même encore assez universellement pratiqué, parce qu'il a l'avantage de laisser entiers les pépins, dont l'écrasement donnerait de l'âpreté au vin. Les producteurs bien outillés écrasent aujourd'hui les raisins entre deux cylindres de fil de fer qui désagrégent très bien la pulpe, mais ne saurait écraser les pépins. Le dégagement de l'acide est, au fond, le phénomène qui résume toute l'opération de la fermentation et qu'il faut soumettre à la marche la plus régulière possible. C'est pour cette raison qu'il importe de ne pas entraver ce travail par une addition de moût nouveau sur du moût déjà en fermentation, et de ne recevoir, autant que possible, dans une même cuve que la vendange d'une même journée.

La fermentation, on le sait, ne peut commencer qu'au contact de l'air; mais, dès qu'elle est prononcée, il est préférable de ne laisser d'ouverture à la cuve qu'autant qu'il en faut pour permettre le dégagement de l'acide carbonique. Cette pratique, toujours utile, est surtout nécessaire si la rafle et les pellicules du raisin ont été séparées du moût après le foulage; dans le cas contraire, elles surnagent sur la vendange dès qu'elle entre en fermentation et l'isolent généralement assez du contact de l'air pour éloigner toute crainte de fermentation d'acide acétique. Il est absolument inutile de se précautionner, comme on le fait quelquefois, contre les pertes d'alcool qu'entraînerait la fermentation; il est prouvé aujourd'hui par l'expérience et par la théorie que ces pertes sont presque insensibles. Il est d'autant plus utile de couvrir les cuves pendant la fermentation que celle-ci est sujette à se ralentir dans les cuves ouvertes, et qu'en ce cas on ne connaît d'autre moyen d'activer le travail que d'enfoncer le chapeau dans le moût, opération qui offre les plus graves inconvénients, et qui est souvent la cause du mauvais goût que les vins du meilleur cru sont sujets à contracter. On évite maintenant ces inconvénients et l'on réunit les avantages de toutes les méthodes en tenant le chapeau immergé au moyen d'un châssis spécial et en couvrant la cuve.

L'époque du décuvage ne saurait être indiquée d'une manière générale; elle varie selon les crus, la température et surtout les qualités qu'on veut donner. Disons seulement que la décomposition du sucre sera d'autant plus complète, et par conséquent le vin plus alcoolique, que la fermentation aura été plus prolongée. On ne saurait retarder trop longtemps le décuvage des vins destinés à la distillation.

Le soutirage a besoin d'être pratiqué avec des précautions que l'on néglige généralement. Comme le vin est encore en ce moment plus ou moins en fermentation, le contact avec l'air, auquel on l'expose beaucoup trop imprudemment, peut facilement y provoquer le développement de l'acide acétique. C'est le grand danger qu'il faut combattre, non pas seulement en ce moment, mais tant que, la fermentation n'étant pas complètement achevée, il sera nécessaire de laisser le vin en contact avec l'air.

Le refroidissement et l'évaporation du vin produisent rapidement un vide dans les tonneaux qui le contiennent, et accroissent ainsi la surface de contact avec l'air; l'ouillage, ou l'addition de vin, a pour but de réduire cette surface autant que possible. Quand le vin est suffisamment dépouillé par le dépôt spontané des matières qu'il tenait en suspension, on le soutire; mais cette opération, même répétée, est presque toujours insuffisante, et il est nécessaire de clarifier les vins par le collage. Cette pratique, outre le but direct et connu qu'on lui reconnaît, a encore l'avantage de vieillir le vin; car il est parfaitement prouvé aujourd'hui que cette saveur et cette coloration particulières qui donnent leur prix aux vins vieux ne sont que le résultat de l'oxygénation. Aussi se trouve-t-on constamment en face de ce problème difficile : bonifier, vieillir le vin par un procédé qui peut également l'aigrir. C'est aussi l'oxygène qui, absorbé complètement par les matières très avides de ce gaz que contient le vin, lui donne ou exalte en lui son arome particulier. Ces faits bien connus ont inspiré le moyen de vieillir rapidement les vins; il consiste uniquement à les tenir en contact avec l'air, et à les soumettre à une température élevée. On sait les effets obtenus en faisant voyager les vins dans les pays chauds; sur les conseils de M. Pasteur, on est arrivé plus simplement au même résultat en les chauffant au moyen d'un appareil particulier.

Toutes les opérations indiquées jusqu'ici ont uniquement pour but de développer dans les vins des qualités qu'on peut appeler naturelles; mais il est souvent nécessaire de corriger en eux soit des défauts natifs, soit des défauts développés par quelque accident particulier. Parmi les opérations usitées dans ce but, se place en premier lieu le vinage ou addition d'alcool.

Il est important, tout d'abord, de distinguer deux espèces de vinage, l'un bon, l'autre mauvais; le premier n'est qu'une préparation des vins trop faibles de leur nature à l'aide d'une addition alcoolique, préparation qui, sans leur donner le bouquet, les rend plus propres à l'alimentation; le second est une sophistication pure, faite dans de telles conditions que l'alcool ajouté au vin le rend mauvais au goût et nuisible à la santé. Tous sont d'accord pour établir cette distinction; mais il n'en est pas de même de la fixation des conditions qui doivent lui servir de base. Les unes prétendent que le vinage peut se pratiquer après la fermentation du vin aussi bien qu'auparavant et avec de l'alcool pur, de quelque substance qu'il provienne, aussi bien qu'avec de l'eau-de-vie de vin; mais ceux-là ne se trouvent guère que parmi les distillateurs de betteraves et les marchands de vin intéressés aux falsifications; il est incontestable qu'ils soutiennent une mauvaise théorie. Les autres, se jetant dans l'excès contraire, prétendent que toute préparation du vin, par l'alcool ou par l'eau-de-vie, soit avant, soit après

Fig. 273. — Appareil transportable pour la distillation des alcools.

la fermentation, est une sophistication nuisible; mais ceux-là nous paraissent également mus par l'intérêt; ce sont les viticulteurs des contrées dont les vins sont bons par eux-mêmes et n'ont pas besoin de ces préparations. Enfin, d'autres, prenant au milieu, rejettent le vinage par l'alcool pur, mais l'admettent pratiqué avec de l'eau-de-vie de vin et surtout avant le curage.

Cette dernière opinion, qui est celle de M. de Saint-Trivier, nous paraît la plus raisonnable. « Je m'oppose de toutes mes forces, écrivait ce viticulteur, au vinage fait avec de l'alcool pur, qu'il provienne du raisin, de la betterave, de la pomme de terre, etc. ; mais je regarde comme une pratique honnête et utile, dans certains cas, le vinage fait à la cuve avant la fermentation avec des eaux-de-vie de vin ou de marc, à 52° environ. Ce vinage est nécessaire pour maintenir certains vins faibles et ne présente aucun inconvénient pour l'alimentation publique. L'eau-de-vie à 52°, contenant encore des parties constitutives du vin, s'assimile plus facilement au moût sous l'influence de la fermentation. L'alcool mélangé en certaine quantité dans un liquide empêche toute fermentation ; il en résulte que le vinage fait à la cuve ne peut pas dépasser une proportion donnée. Ce vinage produisant de bons résultats, et ne pouvant d'ailleurs s'opérer que chez le producteur, offre plus de garanties que le vinage au tonneau auquel on ne peut fixer de limite. »

A la question du vinage se rattache celle de la réduction des impôts sur les alcools et eaux-de-vie qui sont employés dans cette préparation. Les distillateurs de betteraves et les marchands de vin pétitionnent depuis longtemps pour cette réduction, les viticulteurs les plus puritains s'inscrivent contre, et ceux qui pensent comme M. de Saint-Trivier demandent seulement que le producteur de vins ayant besoin d'être préparés par l'eau-de-vie au moment du cuvage soit libre d'employer à cet usage son eau-de-vie avant qu'elle ait été frappée d'aucun impôt : « Attaquer, dit-il, la faculté de ce vinage, ce serait attaquer la liberté du producteur, qui a le droit de transformer chez lui, comme bon lui semble, les produits de ses terres, produits qui ne doivent être soumis à l'impôt qu'à leur sortie du domicile de ce même producteur; vouloir lui imposer un droit à domicile serait attenter à sa liberté. ».

Dans les Charentes, toute exploitation agricole, grande ou petite, est munie d'un alambic qui permet de prendre dans le vin même la quantité d'eau-de-vie nécessaire à son amélioration, à mesure qu'on le livre à la fermentation. En ce qui concerne le mauvais vinage allant jusqu'à la sophistication véritable, la chose importante pour les consommateurs c'est de pouvoir constater la fraude ; la chimie en fournit le moyen suivant : chauffer, dans le bain-marie jusqu'à 60°, une bouteille bien bouchée de vin à vérifier, puis en verser sur une assiette ; si le vin est naturel, il n'exhalera que son odeur de vin ; s'il est falsifié par l'alcool, il produira une odeur alcoolique d'autant plus forte qu'il en contiendra davantage.

Ce que nous avons dit du vinage peut, en grande partie, s'appliquer au plâtrage. On sait que certains départements du Midi ont l'habitude d'ajouter à leur vendange une certaine quantité de plâtre. Cette pratique a des effets de clarification et de conservation connus depuis longtemps ; mais elle a été attaquée avec beaucoup de vigueur comme une sophistication dangereuse pour la santé par des ennemis intéressés des vins du Midi. La question a même été portée à la tribune du Corps législatif, mais la loi prohibitive qu'on demandait à la Chambre a été refusée. La curiosité publique était néanmoins excitée et la question du plâtrage est venue plusieurs fois devant l'Académie des sciences. Les effets de cette opération ont été nettement déterminés par M. Chancel. D'après lui, le plâtre ajouté au moût agit de deux manières : mécaniquement en entraînant certains principes azotés nuisibles à la conservation du vin, et chimiquement, mais d'une façon plus complexe. Le sulfate de chaux aurait pour effet de faire passer dans le vin une partie de l'acide tartrique qui, sans cela, serait resté dans le marc. Or l'acide tartrique anime la couleur du liquide et assure très efficacement sa conservation. De plus, le plâtre transforme en sulfate de potasse la plus grande partie du bitartrate de potasse contenu dans le marc. En somme, il y a échange d'acide sulfurique et d'acide tartrique dans le composé potassique, et par conséquent mise en liberté d'acide tartrique, qui reste dans le liquide, et de chaux, qui se précipite avec le sulfate de potasse. MM. Bussy et Buignet étaient arrivés exactement aux mêmes conclusions, en opérant sur un mélange de tartrate de potasse et de sulfate de chaux additionné d'eau et d'alcool.

Les opérations du vinage et du plâtrage ont seulement pour but de modifier les qualités de certains vins naturellement défectueux à quelque point de vue; mais les vins sont en outre exposés à une foule d'altérations artificielles qui sont aujourd'hui très bien étudiées, et dont quelques-unes sont déjà combattues victorieusement. M. Pasteur a fait sur l'altération des vins des études extrêmement remarquables et éminemment pratiques.

M. Pasteur était déjà connu par ses travaux sur les ferments et sur la fermentation alcoolique, lorsqu'il fut adjoint à M. Balard, en 1862, pour rechercher avec lui les causes de l'altération d'un grand nombre de vins du Midi provenant de la récolte de 1861. Les deux savants reconnurent dans les vins tournés la présence d'un ferment particulier différent de celui qui détermine la fermentation alcoolique et analogue à celui qui provoque la fermentation lactique. Ce ferment organisé se présente sous la forme de petits filaments droits d'une largeur égale au diamètre d'un grain de fécule.

En 1864, M. Pasteur porta ses recherches sur les maladies des vins observées particulièrement dans le Jura. Il trouva encore dans les liquides malades de petits végétaux microscopiques, dont il donna une description détaillée accompagnée de dessins. Il soupçonna dès lors une vérité qu'il a formulée depuis : c'est que chaque maladie est causée par un ferment particulier.

L'acidité que prennent en tonneau les vins rouges ou blancs a pour cause déterminante le *mycoderma aceti*, ou fleurs de vinaigre. C'est un végétal composé d'articles réunis en chapelets. Chaque article, légèrement déprimé vers le milieu, est deux fois plus long que large ; cette longueur, au reste, ne dépasse guère 15 dix-millièmes de millimètre. Ce mycoderme prend naissance à la surface du liquide, surtout si celui-ci est renfermé dans des tonneaux qui ne sont pas pleins. Si l'acidité est bien prononcée, le mal est irréparable ; le vin est perdu, il n'y a qu'à achever de le transformer en vinaigre. Si l'acétification n'est encore qu'à son début, on peut l'arrêter en saturant l'acide par une solution concentrée de potasse caustique.

Quand le microscope fait découvrir dans la pellicule du vin un autre végétal, le mycoderma vini ou fleurs du vin, qui se reproduit par bourgeonnement, il n'y a rien de fâcheux à redouter. Ce mycoderme est formé de cellules globulaires ramifiées, de deux à six millièmes de millimètres de diamètre. Quand il est seul, il ajoute à la qualité du vin, lui donne plutôt le bouquet de la vieillesse et le préserve même, dans une certaine mesure, des altérations que pourrait causer le mycoderme acétique. En le faisant développer sur des vins artificiels, M. Pasteur leur a communiqué une partie du bouquet propre aux vins naturels; aussi conseille-t-il de semer à la surface du vin en préparation quelques parcelles de ce végétal emprunté à la pellicule d'un bon vin blanc.

Les vins rouges communs ne portent que des fleurs de vin ; les vins rouges vieux et très fins se couvrent au contraire facilement de fleurs de vinaigre. Les vins qui restent doux après la fermentation offrent un mycoderme particulier formé d'une sorte de tige avec rameaux terminés par cellules ovoïdes qui se détachent facilement.

La maladie désignée sous les noms d'amertume des vins, goût de vieux, etc., est déterminée par des filaments noueux, branchus, très contournés, qui sont fréquemment associés à une foule de petits grains bruns de forme sphérique. Ce ferment atteint de préférence les bons vins rouges de Bourgogne.

Le ferment des vins tournés ou piqués consiste en filaments très ténus, qui flottent dans le vin et le troublent. C'est pour cela qu'on attribue cette altération à la lie de vin qui serait remontée dans le liquide, et qu'on la combat, sans succès, par le collage. Le ferment des vins tournés a beaucoup d'analogie avec celui de la fermentation lactique. Dès qu'on reconnaît dans une goutte de vin la présence de ces filaments cylindriques et flexibles, il faut aérer le vin par un soutirage, qui suffit quelquefois pour amener la précipitation des parasites.

Le ferment des vins filants est formé de chapelets de petits globules sphériques.

On voit ainsi qu'aux diverses maladies des vins correspondent des ferments ou mycodermes différents bien déterminés. En 1865, l'Académie des sciences fut saisie à la fois, par M. de Vergnette-Lamotte et M. Pasteur, de deux communications ayant pour but l'annonce d'un moyen simple et peu coûteux de conserver et même de bonifier les vins. M. de Vergnette-Lamotte, qui est Bourguignon, fournissait les meilleurs produits de ses vignobles à M. Pasteur, qui leur appliquait son procédé et les renvoyait ensuite à leur propriétaire, mais sans indiquer sa manière d'opérer. M. de Vergnette-Lamotte cherchait à la découvrir. Il avait d'abord eu recours à la congélation du vin, qui a été vivement recommandée, mais qui est à la fois difficile et inefficace. Il recourut ensuite au chauffage. Il s'était demandé si ce n'est pas là chaleur, plutôt que le transport, qui vieillit prématurément et bonifie les vins qu'on expédie aux Indes pour les ramener ensuite. Lorsqu'il eut connaissance des travaux de M. Pasteur sur les mycodermes du vin, il voulut voir ce que deviendraient ces végétaux sous l'action d'une chaleur prolongée. On n'ignore pas que c'est sur l'effet de la chaleur prolongée fournie par une étuve ou par un bain-marie qu'est fondé le procédé d'Appert pour la conservation des substances végétales. D'après ces considérations, M. de Vergnette-Lamotte soumit à une température de 50°, dans une étuve, et pendant deux mois, quelques bouteilles de vin qui, au sortir de l'étuve et après quelques jours de repos à la cave, fut trouvé de beaucoup supérieur, quant à la couleur et au goût, au vin resté en cave.

L'opération recommandée à la même époque par M. Pasteur ressemblait beaucoup à celle-ci. La seule différence consistait en ce que M. Pasteur ne voyait aucun inconvénient à ce que les bouteilles fussent entièrement remplies, sans trace d'air entre le liquide et le bouchon, qui doit être ficelé. Après l'opération, le vin se refroidit, on repousse le bouchon dans le goulot et on le mastique. Ce

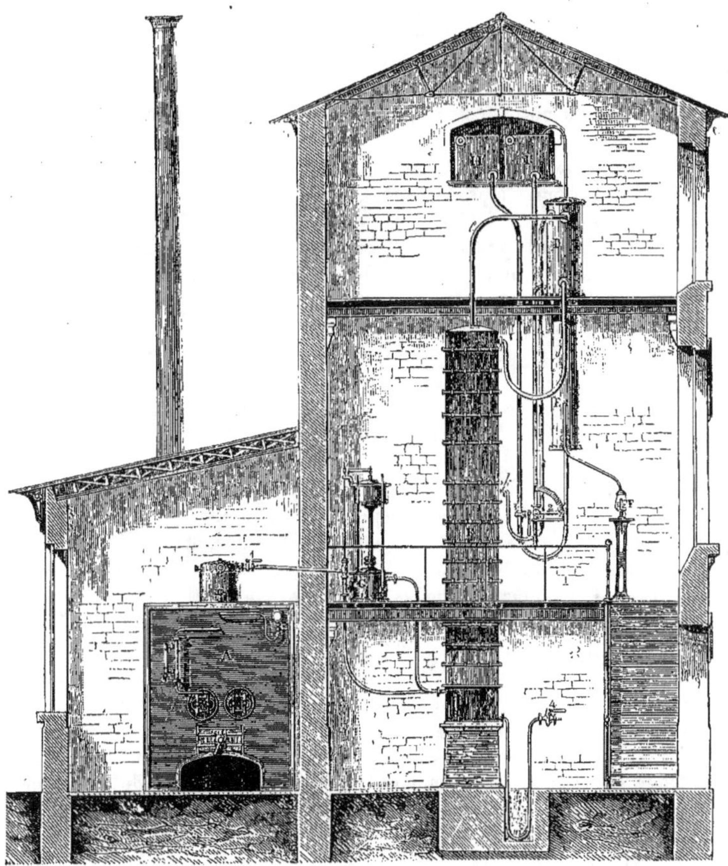

Fig. 274. — Appareil produisant, du premier jet, de l'alcool de vin à 94°.

procédé étant long et incommode dans la pratique, M. Pasteur l'a depuis complètement modifié. Il chauffe les vins en vase ouvert et ne craint pas de les transvaser au contact de l'air. Pour cette méthode, M. Pasteur a pris un brevet, qu'il a d'ailleurs aussitôt légué au domaine public. Ce brevet fut, en 1869, l'objet d'amères contestations de la part de M. Paul Thénard, qui revendiquait en faveur de M. de Vergnette-Lamotte la priorité du procédé. Il est probable que ce mode d'opérer a été découvert à peu près simultanément par les deux chercheurs. Toutefois, il convient d'ajouter que c'est M. Pasteur qui, avec l'autorité de son nom et de l'Académie dont il est membre, a le plus contribué à répandre, jusqu'à le rendre populaire, le procédé de chauffage des vins. Les deux inventeurs expliquent de la même manière l'effet de la chaleur : elle tue tous les ferments qui pourraient déterminer l'altération des vins.

Cette application de la chaleur n'était d'ailleurs pas aussi nouvelle qu'on l'a cru. Dans cette même année 1865, M. Landrez a informé l'Académie que plusieurs propriétaires de la Côte-d'Or employaient, mais à titre de recette secrète, le chauffage des vins porté jusqu'à 75° pour en assurer la conservation et l'amélioration.

Depuis la publication des travaux de M. Pasteur, l'industrie s'est mise en quête d'appareils propres à produire en grand le chauffage des vins; elle en a bien vite trouvé un grand nombre.

En général, tous se réduisent à faire passer un courant de vapeur d'eau enfermé dans un serpentin à travers une masse de vin contenue dans des tonnes ou cuves ouvertes à l'air. Quand la température du vin est arrivée à 60°, on la maintient pendant une heure, après quoi on peut laisser refroidir le liquide et le transvaser. Le ministre de la Marine nomma en 1868 une commission pour étudier les procédés de M. Pasteur. L'enquête fut longue et minutieuse. Ses conclusions, appuyées de l'avis des négociants et des producteurs les plus compétents, préconisèrent la méthode de M. Pasteur et en recommandèrent l'application, surtout à l'égard des vins destinés à être exportés.

La Commission a recommandé un appareil dû à M. Perroy, officier de la marine, au moyen duquel on peut chauffer 500 hectolitres de vin dans une journée de dix heures, avec une dépense de 0 fr. 05 à 0 fr. 06 par hectolitre.

Il a été reconnu que l'opération du chauffage enlevait aux vins environ 1/2 0/0 d'alcool. Il est donc utile de les viner dans la proportion de 1/2 0/0.

C'est pour ses travaux sur les vins que M. Pasteur a été récompensé de la grande médaille d'honneur de l'Exposition universelle (1867).

La théorie de M. Pasteur sur les ferments et sur le traitement des vins n'a point passé sans rencontrer de contradicteurs. En 1865, M. le baron Eugène du Mesnil fit breveter un procédé de traitement du vin par le vide. M. du Mesnil proposait de placer le vin sous le récipient d'une immense machine pneumatique. Il paraît que les résultats de ce mode d'opérer furent, au dire de son auteur, des plus satisfaisants; mais nous n'avons pas entendu dire qu'ils aient été contrôlés. M. du Mesnil ne nie pas les avantages du procédé de M. Pasteur; mais il les explique autrement.

Suivant lui, M. Pasteur a pris des bulles de gaz pour des mycodermes. Sous l'action des 50° de chaleur, les gaz sont suffisamment dilatés pour briser les capsules de la fibre du vin qui les contiennent, et le liquide est en partie purifié. Si le vin contenait des mycodermes, dit M. de Mesnil, ces végétaux, loin d'être détruits par une chaleur de 50°, en recevraient un surcroît d'activité.

Aujourd'hui, l'action améliorante et conservatrice du chauffage appliqué aux vins est certaine et notoire; elle s'étend au goût, à la couleur, à la limpidité, à la nature même du dépôt, qui devient adhérent et ne se détache pas du fond de la bouteille, même quand on la renverse le goulot en bas. Le procédé d'ailleurs est pratique, même pour les vins les plus ordinaires; la dépense ne serait que de 0 fr. 10 à 0 fr. 12 par hectolitre. Il réussit à coup sûr pour les vins en bouteilles. S'il s'agit de vins en tonneaux, le traitement est non moins efficace, mais à la condition qu'on défende les vins, pendant leur circulation à travers les appareils du contact de l'air renouvelé, ce qui n'exclut pas la présence absolue de l'oxygène, puisque, aidée de la chaleur, l'action de ce gaz peut contribuer à améliorer et à conserver.

Le commerce des vins. — Depuis que le phylloxera a fait son apparition en France, l'industrie viticole a traversé des phases diverses. Le chiffre de la récolte des vins a varié chaque année entre 25,000,000 et 35,000,000 d'hectolitres; la moyenne a été de 31,800,000 hectolitres.

Il y a loin de là à la production moyenne des périodes précédentes : 50,000,000 d'hectolitres pour la période de 1860 à 1869, et 54 millions d'hectolitres de 1870 à 1878. Mais il ne faut pas croire la production nationale condamnée à ne plus dépasser le niveau auquel elle est tombée.

L'industrie viticole a déjà eu à subir dans le passé des épreuves tout aussi difficiles et elle en est sortie victorieuse. De 1853 à 1856, lors de la première invasion de l'oïdium, les récoltes se sont abaissées à 22, 21, 15 et même 10,000,000 d'hectolitres, et cependant le chiffre de la production s'est successivement relevé pour atteindre en 1875 le maximum, jusqu'alors inconnu, de 33 millions d'hectolitres. Il ne faut pas perdre de vue, d'ailleurs, que, par une coïncidence malheureuse, des conditions climatériques déplorables ont, depuis plusieurs années, parallèlement avec le phylloxera, accentué les funestes effets dont s'est ressentie et dont se ressent encore la viticulture. Viennent des années de température normale, et, avec les efforts déjà très appréciables tentés par les agriculteurs pour remplacer les plants infectés de phylloxera, par des ceps qui résistent mieux à l'invasion du parasite, et par la constitution des vignobles algériens, on peut opérer le retour de récoltes suffisantes pour alimenter la consommation, sans que l'on ait besoin de recourir, dans de fortes proportions, aux fabrications industrielles ou aux importations étrangères.

Voici la nomenclature des départements dont la producttion de ces dernières années a atteint ou dépassé 500,000 hectolitres; Hérault, 4,508,000 hectolitres; Gironde 3,000,000 d'hectolitres ; Aude, 2,861,000 hectolitres ; Gard, 1,465,000 hectolitres; département d'Alger, 1,149,000 hectolitres; Pyrénées-Orientales, 1,120,000 hectolitres; Loire-Inférieure, 1,116,000 hectolitres; Puy-de-Dôme, 1,098,000 hectolitres; département d'Oran, 1,081,000 hectolitres; Bouches-du-Rhône, 996,000 hectolitres; Gers, 933,000 hectolitres; Haute-Garonne, 765,000 hectolitres; Loir-et-Cher, 725,000 hectolitres; Côte-d'Or, 701,000 hectolitres; Saône-et-Loire, 661,000 hectolitres; Indre-et-Loire, 621,000 hectolitres; département de Constantine, 499,000 hectolitres.

Les trois départements algériens, dont la production totale s'élève au chiffre de 2,729,000 hectolitres, ne sont pas compris dans l'évaluation ci-dessus indiquée des 30,102,000 hectolitres de vins français. On voit à quel rang honorable les vignerons africains se sont élevés en peu de temps. La culture de la vigne a à peine quinze années d'existence en Algérie et déjà l production de ces trois départements dépasse de beaucoup celle de la majorité des départements français. Il y a une perspective d'avenir fort rassurante au sujet des conséquences désastreuses pour nos vignobles du phylloxera, du mildew et du black-rot. Le sol africain doit fournir avant peu à la métropole des compensations importantes.

La Tunisie, où des colons français ont introduit, depuis 1884, la culture de la vigne, commence de son côté à se signaler. Elle a environ 8,300 hectares plantés en vignes, et a produit environ 15,000 hectolitres de vin.

Les vins tunisiens pèsent de 10°,5° à 13° les rouges, et de 13° à 15°,5 les blancs. C'est en 1887 que les vins de Tunisie ont fait leur première apparition sur le marché. Les vins moyens bien faits ont été offerts au cours de 20 à 30 francs l'hectolitre pris à Tunis, et les colons ont trouvé acheteurs de 35 à 60 francs l'hectolitre pour des qualités supérieures.

En France, le travail de restauration des vignes s'affirme de plus en plus. La superficie des terrains livrés à la culture de la vigne présente chaque année une augmentation. Mais, pendant plusieurs années encore, nous serons forcés de recourir à la production étrangère.

La moyenne des importations durant les trois premières années a été de 2,400,000 hectolitres. C'est l'Espagne qui fournit le plus fort appoint. De nouvelles ressources ont été demandées par les récoltants eux-mêmes à l'addition d'eau sucrée sur les marcs, et, par l'industrie, à la fabrication des vins de raisins secs, dont nous parlons ci-après.

Les vins de marc (deuxième et troisième cuvées), ces dernières années ont donné 2,385,000 hectolitres; les vins de raisins secs 2,220,000 hectolitres.

L'État cherche à favoriser le plus possible l'industrie viticole. Aux termes de la loi du 1er décembre 1887, les terrains nouvellement plantés ou replantés en vignes doivent être exonérés de l'impôt foncier jusqu'à l'époque où les vignes ont dépassé leur quatrième année. Pour jouir de l'exemption résultant de cette loi, les propriétaires des vignes qui, au 1er janvier de l'année courante, étaient âgées de moins de quatre ans doivent adresser à la préfecture pour l'arrondissement du chef-lieu, et la sous-préfecture pour les autres arrondissements, une déclaration portant l'indication exacte des terrains occupés par ces vignes.

Une distinction est établie entre les vignes qui sont constituées au moyen de producteurs directs et celles qui le sont au moyen de porte-greffes; l'âge des premières se compte à partir de la plantation proprement dite, tandis que l'âge des secondes ne se compte qu'à partir du greffage.

Vins de Champagne. Dans la région de Reims, Châlons, Aï, Avise, Epernay et environs, la superficie plantée de vignes destinées à produire les vins mousseux dits de Champagne est évaluée à 14,000 hectares qui, plantés, représentent 124,000,000 de francs.

La production moyenne de vin par an est 450,000 hectolitres. Mais la meilleure partie est seule transformée en vins mousseux.

En 1850, le nombre des bouteilles de champagne expédiées était de 8,000,000; il s'élève aujourd'hui à 22,558,084. L'approvisionnement annuel des producteurs de vins de Champagne est de 65,000,000 de bouteilles et de 173,613 hectolitres de vins destinés à être préparés.

Vins de raisins secs. L'industrie des vins de raisins secs a pris en France une grande extension. Pendant les années 1886, 1887 et 1888, on en a importé chez nous un peu plus de 272,000,000 de kilogrammes, pour une somme de 112,000,000 de francs, ce qui donne une moyenne annuelle de 91,000,000 de kilogrammes, pour une valeur de 37,500,000 francs environ. La Grèce et la Turquie, à elles seules, fournissent à peu près par moitié chacune cette énorme importation. A raison de 4 hectolitres par 100 kilogrammes de raisins secs, cela

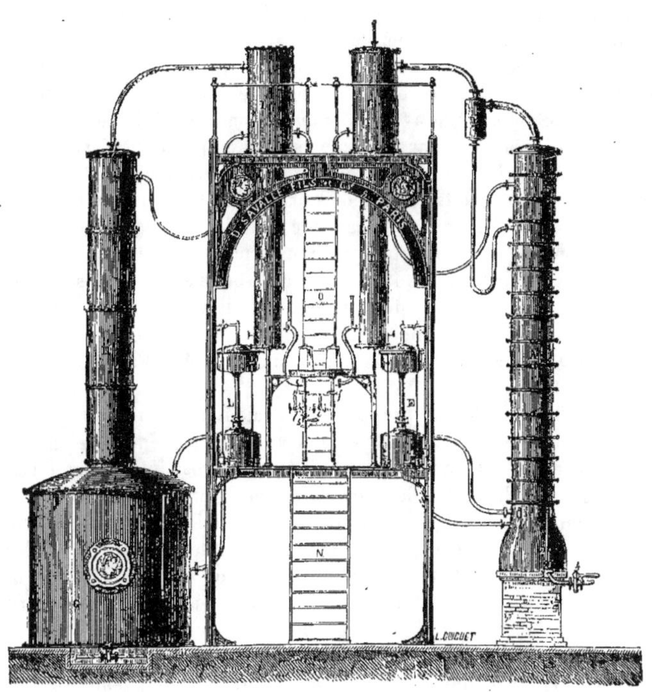

Fig. 275. — Ensemble d'appareil pour la distillation des vins, avec rectificateur.

fait 3,640,000 hectolitres de vin par an. Et ce chiffre s'accroît encore par suite de l'alcool qu'on est obligé d'ajouter pour augmenter l'alcoolisation de ces vins qui ne titrent guère que 6 degrés. On peut donc dire que l'introduction des raisins secs donne lieu à la fabrication de plus de 4,000,000 d'hectolitres de vin.

Les raisins secs, à leur entrée en France, sont frappés d'un droit de douane de six francs les 100 hectolitres.

Lorsque le vin de raisin sec est bien fabriqué, c'est-à-dire lorsqu'il n'entre dans sa compostion que du raisin sec, il constitue une boisson saine, moins réconfortante que les vins de raisins frais, mais à coup sûr tout inoffensive.

Vinification, sucrage des moûts. Une bonne température estivale trop froide ou trop humide, l'oïdium, le mildew, l'anthracnose, le black-rot et d'autres fléaux dont la vigne est atteinte, empêche la formation des principes sucrés et ne permettent pas toujours aux vins d'être assez alcooliques pour se conserver. Aussi les pouvoirs publics, préoccupés de la situation pénible de la viticulture, ont-ils voulu encourager le sucrage de la vendange, opération parfaitement licite en soi, en édictant les dispositions favorables à cette pratique.

Le sucrage est, en effet, une opération excellente, mais qui demande à être bien conduite pour produire tous ses effets. Et d'abord quel sucre doit-on choisir? Le glucose semblerait devoir être pris de préférence, par la raison bien simple qu'il se transforme directement en alcool; mais, dans la pratique, il est difficile d'avoir du glucose pur, et les matières étrangères qu'il contient souvent peuvent donner au vin un goût désagréable; c'est pour cela qu'on préfère généralement le sucre de canne ou de betterave raffiné ou saccharose. Mais ce dernier ne se change en alcool qu'après avoir subi une première opération, c'est-à-dire après s'être transformé en glucose; c'est ce que l'on appelle l'interversion. Pour cette transformation, deux agents sont nécessaires : l'acide tartrique et la chaleur. Lorsqu'on répand dans le moût une certaine quantité de saccharose, l'acide tartrique et la chaleur se réunissent pour la transformation en glucose; mais celui-ci doit lui-même se transformer en alcool, et cette double opération se fait incomplètement parce que la chaleur de la cuve n'est pas suffisante; on perd par suite une quantité considérable de sucre et d'alcool, et souvent le vin reste trouble. Une expérience faite récemment par deux chimistes, MM. Fréchov et Klein, est concluante à cet égard.

Dans deux flacons d'égale grandeur ils avaient introduit 500 grammes de moût, additionné d'une égale quantité de sucre. Dans le premier flacon ils mirent de la saccharose pure, et, dans le second, de la saccharose intervertie. La fermentation eut lieu normalement et les vins de ces deux flacons donnèrent l'analyse suivante. Premier flacon : liquide trouble, odeur acétique, degré alcoolique 5°. Deuxième flacon : liquide clair, odeur franche, degré alcoolique 8°,30. Ces faits étant établis, il est facile de faire l'interversion avant de jeter le sucre dans la cuve. On peut s'y prendre de deux façons : on peut faire bouillir le sucre dans le moût à raison de 50 kilogrammes par 100 litres de moût; au bout d'une heure d'ébullition l'interversion a eu lieu, et, lorsque le liquide est à peu près refroidi, on le jette dans la cuve; on peut aussi faire fondre le sucre dans l'eau, en maintenant l'ébullition pendant une heure, après y avoir ajouté de l'acide tartrique à raison de 200 grammes par 20 kilogrammes de sucre. Il faut, en principe, 1kg,700 de sucre pour augmenter d'un degré un hectolitre de moût; mais dans la pratique on peut compter 2 kilogrammes de sucre pour un degré d'alcool. Avec un pèse-sirop Beaumé il est facile de se rendre compte de la dose d'alcool contenue dans le moût et d'y ajouter le sucre nécessaire pour arriver à avoir un vin de 3 à 9 degrés, chiffre minimum nécessaire pour une bonne conservation. Mais bien des propriétaires ne s'arrêtent pas là et font des vins de seconde, de troisième et parfois de quatrième cuvée; c'est ce qu'on appelle des vins de sucre. Il est reconnu en effet qu'une première fermentation ne suffit pas pour absorber les matières colorantes ou aromatiques qui donnent au vin la couleur et le goût et résident dans la vendange. L'acool seul disparaît. En le remettant sous forme de sucre, on obtient une nouvelle fermentation qui entraîne avec elle une partie de ces matières restées dans le marc; une troisième fermentation, une quatrième s'il est possible, achèvent l'élimination. Le sucre à ajouter doit être calculé d'après les bases indiquées plus haut. On peut mettre une quantité d'eau égale au vin retiré de la première cuvée.

En deux ou trois jours généralement, le vin est fait. Les cépages à jus coloré comme les pineaux et certains hybrides Bouschet, se prêtent bien aux vins de seconde et troisième cuvée.

Vinification des cépages américains. — La vinification des cépages américains demande des soins particuliers. Le Jacque, par exemple, a une tendance fort accusée à se décolorer; il passe du rouge au bleu violacé et prend un goût d'âcreté désagréable au palais.

Pour fixer sa couleur, il faut ajouter à la cuve de 200 à 300 grammes d'acide tartrique par hectolitre de vin; il faut ensuite décanter à plusieurs reprises. L'usage du plâtre pour l'amélioration du Jacque serait à conseiller si les viticulteurs n'avaient pas à craindre l'adoption de règlements répressifs à cet égard.

Le cynthiana donne un vin trop corsé; on ajoute à la vendange 300 litres d'eau et 50 kilogrammes de sucre pour 100 litres de moût; c'est du moins ainsi qu'agit M. Robin, qui cultive ce cépage en grand dans la Drôme. Beaucoup d'autres plants américains ont un goût foxé, auquel on ne saurait se faire en France. Les soutirages successifs l'atténuent considérablement; de plus, il est moins sensible lorsqu'on vendange de bonne heure, avant la pleine maturité des grappes. Enfin, un propriétaire du Sud-Ouest prétend avoir fait disparaître ce goût foxé par le simple chauffage du moût. Nous n'indiquons ce dernier procédé que sous réserve, ne connaissant pas d'expériences concluantes à cet égard.

Plâtrage des vins. Les vins du Midi, par suite d'une fermentation plus rapide que dans le Nord, se conservent moins bien; aussi les viticulteurs des départements méridionaux avaient-ils recours depuis longtemps au plâtrage de leurs vins. Mais, à la suite de quelques abus, M. Cazot, alors ministre de la Justice, lança à la date du 27 juillet 1880, une circulaire réduisant à 2 grammes de sulfate de potasse par litre la quantité de ce sel tolérée dans les vins.

Les protestations des viticulteurs du Midi furent telles que M. Cazot fut obligé de retirer la fameuse circulaire et que ses successeurs ont continué de suspendre l'application. Pendant ce temps la question a été étudiée sous ses diverses faces; mais les opinions contradictoires des savants et des expérimentateurs n'ont pas été de nature à trancher le débat. Le plâtre exerce sur le vin une action multiple que M. Chancel résume ainsi : 1° il clarifie et augmente les chances de conservation du vin en précipitant, par une action toute mécanique, des substances très altérables ; 2° il élève le degré acidimétrique du vin, et par là en avive la couleur et en assure la stabilité ; 3° il fait passer du marc dans le vin la moitié de l'acide tartrique, qui sans son intervention resterait dans le marc, à titre de tartre ; 4° il introduit dans le vin la presque totalité de la potasse qui se trouve dans le marc à l'état de bitartrate. Les effets du plâtre sont donc assez importants; cependant, la question d'hygiène passant avant toute autre considération, il était nécessaire de savoir si, oui ou non, le plâtre était nuisible à la santé, répandu dans le vin à dose moyenne. M. Foëx, directeur de l'École d'agriculture de Montpellier, a fait pour cela des expériences très précises et très concluantes.

Il a fait deux lots du personnel de l'École. Le premier lot, à la tête duquel il était, a bu chaque jour, pendant un mois, un litre de vin plâtré à 4 grammes; le second lot a bu du vin ordinaire. Le Dr Bourdel, chargé des constatations quotidiennes, a rédigé un rapport déclarant que le vin plâtré n'a produit aucun effet nuisible sur la santé des hommes soumis à ce régime. De plus, Auvoynaud a reconnu que la presque totalité du sulfate de potasse est éliminée au fur et à mesure des absorptions par les reins et les urines. Malgré cela, la Faculté de Médecine, consultée à son tour, a jugé tout le contraire à la suite du rapport du Dr Marty, et ne tolère les vins plâtrés que si la quantité de sulfate de potasse n'excède pas 2 grammes par litre.

Les ministres, assez embarrassés, n'ont pas encore tranché la question.

Certains industriels qui emploient des vins plâtrés pour le coupage de vins supérieurs pratiquent le déplâtrage, c'est-à-dire la précipitation de l'acide sulfurique par les sels de baryum, chlorure ou carbonate. Cette opération n'est pas sans danger pour la santé du consommateur, à cause de la forte quantité de sel barytique vénéneux que le vin peut retenir.

Tartrage et phosphatage. — Toutefois, la recherche de ce difficile problème a amené les expérimentateurs à essayer d'autres substances pouvant avoir les mêmes effets que le plâtre, tout en étant d'une absolue innocuité. Deux méthodes ont été recommandées par l'Académie de Médecine, sur un rapport du docteur Gautier: le tartrage et le phosphatage. Les conclusions du rapport de M. Gautier sur ces deux procédés sont les suivantes: 1° le tartrage des moûts augmente environ de 1°,5 le titre alcoolique des vins; 2° le tartrage et le phosphatage n'offrent aucun inconvénient pour la santé publique; 3° ces deux procédés ont pour effet de diminuer, dans le vin, la proportion des alcools supérieurs, qui sont des substances nuisibles, de clarifier le vin, d'empêcher qu'il soit altéré par les ferments secondaires, de lui donner sa belle coloration sans affaiblir ou changer son bouquet et sa sapidité, d'assurer sa conservation et de le rendre facilement transportable, enfin, d'y introduire des sels utiles à la nutrition.

Les résultats connus à ce jour montrent qu'il y a un peu d'exagération dans le rapport de M. Gautier sur la valeur du tartrage et du phosphatage; leurs effets sont cependant assez importants. Le tartrage s'opère de la façon suivante : faire dissoudre 3 kilogrammes d'acide tartrique dans 5 litres d'eau bouillante et y mêler 2 kilogrammes de craie; 200 à 300 grammes de cette solution suffisent pour un hectolitre de vin.

Le phosphatage consiste à employer le phosphate bicalcique ou phosphate précipité du commerce comme on emploie le plâtre, à la dose de 350 grammes par hectolitre de vin; on jette le phosphate sur la vendange ou dans la cuve avant la fermentation. Enfin, on a essayé encore un mélange de plâtre et d'acide tartrique, soit 1 kilogramme du premier et 700 grammes du second pour 1,000 kilogrammes de vendange, et ce procédé a donné, au dire de M. Buffard, des résultats supérieurs au tartrage et au phosphatage.

Matières colorantes naturelles. — La coloration des vins n'est pas due à une matière colorante unique, mais à un certain nombre de produits spéciaux, différant d'un cépage à l'autre, et dont l'ensemble constitue une famille de corps appartenant à la série aromatique, corps acides dérivés par oxydation d'autant de tanins correspondant, et partiellement combinés dans les vins sous forme de sels ferreux.

L'œnocyanine de Mulder serait un de ces sels ferreux.

Ces pigments, étudiés par M. Glénard, existnet dans la pellicule du raisin non fermenté et peuvent être isolés en faisant digérer ces pellicules dans l'alcool à 85° après une énergique pression, et précipitant par l'eau. On obtient ainsi une poudre d'un rouge violacé, peu soluble dans l'eau, insoluble dans l'éther, soluble dans l'alcool qu'elle colore en rouge carmin, poudre répondant dans le carignan à la formule $C^{24}H^{20}O^{10}$, dans le grenache à la formule $C^{23}H^{22}O^{20}$, dans

Fig. 276. — Plantes industrielles : Le tabac (*Nicotiana tabacum*).

le gamay à la formule $C^{20}H^{20}O^{10}$. Ces matières colorantes ont des propriétés semblables et donnent, en se dédoublant, des produits identiques; il y a entre elles la même analogie qu'entre les diverses catéchies, dont elles ne se distinguent du reste que par deux atomes d'oxygène en plus. Elles dérivent de corps tanniques incolores que l'on peut extraire de la pellicule du raisin prêt à mûrir, mais qui s'oxydent et se colorent en rouge au contact de l'air.

Les vins contiennent une autre matière colorante, poudre d'un bleu indigo précipitée par le chlorure de sodium. C'est le sel ferreux d'un acide azoté rouge, que l'on peut isoler par l'acide chlorhydrique; ce sel répond dans le carignan à la formule $C^{63}H^{60}FeAz^{2}O^{36}$.

Coloration artificielle des vins. — Depuis quelques années la coloration artificielle des vins est devenue l'objet d'une véritable industrie.

Les matières dont on se sert appartiennent aux trois règnes de la nature. Dans le règne animal, nous trouvons la cochenille ; dans le règne végétal la betterave, le bois de campêche, l'hièble, le sureau, le phytolacca, la myrtille, le troène, la mauve noire, l'orcanette ; enfin le règne minéral nous fournit les éléments les plus employés, et parfois les plus dangereux, pour la coloration des vins, dans les dérivés de la houille. Le premier de ces dérivés et le plus connu est la fuchsine, qui fit son apparition il y a une quinzaine d'années.

On a beaucoup discuté pour savoir si cette matière était toxique ou non ; des expériences contradictoires ont été faites à ce sujet.

MM. Clouet et Bergeron la déclarèrent inoffensive. D'après eux, « la fuchsine, débarrassée de toute matière étrangère, bien purifiée, sans trace d'arsenic, est une substance inoffensive, même à forte dose » ; mais c'est précisément cette pureté que l'on trouve rarement dans la fuchsine du commerce, et c'est pour cela que d'autres expériences ont donné des résultats contraires. En somme le comité consultatif d'hygiène a sagement agi en posant les conclusions suivante : « La fuchsine est non seulement toxique lorsqu'elle renferme de l'arsenic (et la plupart des caramels de teinture livrés au commerce en contiennent une notable proportion), mais en outre, lorsqu'elle est complètement débarrassée de ce poison, elle est encore nuisible, en ce sens, d'une part, qu'elle altère la qualité du vin d'une manière plus sérieuse que les autres couleurs artificielles, et, d'autre part, qu'aux doses où elle est généralement introduite dans le vin, elle paraît capable sinon de produire immédiatement des accidents d'empoisonnement, du moins d'amener au bout d'un laps de temps encore indéterminé, des troubles fonctionnels et même des altérations organiques de nature à compromettre la santé du consommateur. Depuis, plusieurs autres dérivés de la houille, propres à la coloration des vins, ont été découverts, et aujourd'hui c'est par milliers de kilogrammes que ces diverses matières sont versées dans le commerce pour les vins.

De ces dérivés, les uns sont toxiques ; d'autres, le plus grand nombre, le sont peu ou point. Les plus communs sont : la fuchsine acide ou sulfoconjugué de fuchsine, la safranine, le brun d'aniline, la chrysoïdine, le bleu de méthylène, etc. Heureusement la chimie est parvenue à déceler toutes les fraudes qui se commettent dans la falsification du vin. Les réactifs employés pour cela sont : l'ammoniaque, le sous-acétate de plomb, l'alun et le carbonate de soude, l'alun et l'acétate de plomb, l'éther, le carbonate de soude et l'acétate d'alumine, le fulmi-coton, l'eau de baryte et l'alcool amylique, l'acide jaune de mercure, le biacide de manganèse, etc. Il y a une lutte continuelle entre les fraudeurs et les chimistes honnêtes. Nous pouvons espérer que ceux-ci auront le dernier mot.

Vieillissement des vins. — Un Américain vient de trouver le moyen de donner aux vins nouveaux le goût des vins vieux ; c'est au docteur Fraser, de San-Francisco, que revient l'honneur de cette découverte. Tout récemment la chambre syndicale du commerce des vins et spiritueux de la Côte-d'Or a été appelée à déguster des vins vieillis par l'électricité, car c'est là la base du procédé Fraser.

Un vin de Beaujolais de 1886, soumis pendant six semaines au traitement électro-magnétique, a paru sensiblement vieilli et amélioré.

Un volnay de 1886, traité également pendant six semaines, s'est trouvé plus avancé de deux ans environ et considérablement amélioré en saveur et bouquet. Enfin, des liqueurs de fabrication récentes de l'Ermitage et de la Grande-Chartreuse, et des eaux-de-vie nouvelles, soumises au même traitement pendant quelques semaines, ont paru vieillir de plusieurs années et leur arome s'est développé.

Congélation des vins. — La congélation est un moyen assez récemment employé pour conserver les vins. Pour cela, il faut abaisser leur température jusqu'à 6 ou 7 degrés au-dessous de zéro. On enlève ensuite les glaçons qui se sont formés. Mais ce mode est moins bon que celui du chauffage, car il altère un peu la constitution du vin. Les glaçons, étant formés d'un mélange de 5 à 9 0/0 d'alcool et d'eau, diminuent la quantité du liquide dans les vins et augmentent la proportion des autres corps. Mais, d'une part, il se précipite du tartre, des substances azotées et des matières colorantes. Les vins congelés résistent mieux que les autres au temps et aux voyages, mais leur bouquet s'altère avec le temps. Au reste, ce procédé n'est réellement pratique que dans les pays froids où la congélation peut être obtenue par l'air ambiant. S'il faut user de procédés artificiels, l'opération devient très coûteuse et peu pratique. En somme elle est inférieure à tous les points de vue au chauffage et est assez rarement employée en France.

Vins médicinaux. — On appelle vins médicinaux les préparations pharmaceutiques résultant de l'action dissolvante du vin sur des substances médicamenteuses. Les vins rouges sont surtout appliqués aux substances toniques et astringentes, les vins blancs aux diurétiques, les vins de liqueurs aux principes végétaux altérables, ou encore aux produits résineux (scille, safran, opium). Le Codex prescrit les vins mirants, vin rouge et vin blanc de France, contenant environ 10 0/0 d'alcool, le vin de Lunel et le grenache contenant 15 0/0 d'alcool, enfin le vin de Malaga, qui en contient jusqu'à 18 0/0. On prépare des vins, soit par macération de la substance dans l'alcool puis dans le vin de filtration, soit par simple addition au vin de la teinture alcoolique. Soit enfin par simple addition de la substance elle-même. Les vins médicinaux les plus usités sont : les vins de quinquina, de gentiane, de colombo, de coca, d'absinthe, de pepsine, le vin aromatique, le vin antiscorbutique, les vins de Boldo, d'eucalyptus, de Buche, de Quassia amara.

Vinage. — On donne généralement le nom de vinage à l'opération qui consiste à alcooliser les vins, soit avec des eaux-de-vie, soit avec des alcools proprement dits. Autrefois on donnait aussi ce nom au mélange des vins, mais cette opération est appelée actuellement coupage.

Le vinage provient de la nécessité où se trouvent parfois les viticulteurs de renforcer le degré alcoolique de leurs vins pour les conserver et les faire voyager ; mais, le sucrage produisant des effets identiques, les viticulteurs s'adonnent de préférence à cette pratique, parfaitement licite et nullement contraire aux lois de l'hygiène. Il n'en est pas de même du vinage, quand il n'est pas fait dans les conditions voulues. Lorsque l'eau-de-vie est ajoutée au vin avant la fermation, le mélange s'opère d'une façon tellement intime qu'il n'y a guère d'inconvénients au point de vue hygiénique ; mais lorsque le mélange se fait dans les barriques, le vin ainsi traité peut devenir dangereux et produire tous les effets de l'alcoolisme.

Il l'est à plus forte raison lorsque, au lieu d'eau-de-vie à 50°, on se sert d'alcools plus ou moins rectifiés, à 90° ou 95°. Malheureusement, c'est presque toujours de cette façon qu'a lieu aujourd'hui le vinage ; car le propriétaire, au prix où se vendent les vins, a peu d'intérêt à en brûler une partie pour viner la seconde, et c'est surtout le commerçant qui fait cette opération avec des alcools d'industrie à bas prix. Or, dit le docteur Bergeron, l'alcool en nature dilué au titre de l'eau-de-vie, des liqueurs usuelles ou même des vins de consommation générale, est rapidement absorbé et entraîné vers le foie et le cerveau, et exerce sur ces organes, sans que rien ne retarde ni n'atténue l'énergie de son action, une stimulation directe, dont la fréquente répétition amène fatalement les altérations anatomiques et les désordres fonctionnels les plus graves ; sa combinaison, pendant le travail de la fermentation, avec certains principes contenus dans les moûts, a pour effet, au contraire, de ralentir son absorption, d'affaiblir ses propriétés excitantes et de les ramener, en définitive, aux proportions d'une stimulation évidemment favorable à l'entretien des forces chez les malades aussi bien que chez les individus sains qui font une grande dépense de force physique. D'où il suit que, toutes choses égales d'ailleurs, on exposera d'autant moins le consommateur aux dangers de l'alcoolisme, que l'esprit s'y trouvera plus intimement lié à d'autres substances. Il est aujourd'hui prouvé que l'action nocive des alcools est en rapport avec leur origine et leur degré de pureté. Or, en vertu de nos traités avec l'Espagne, et pendant longtemps avec l'Italie, nous avons dû accepter des vins vinés avec de mauvais alcools d'Allemagne jusqu'à 15°,9 ; mais le traité de 1882 porte que les dispositions relatives au titre alcoolique des vins n'est applicable qu'aux vins naturels ; or des vins vinés avec de l'alcool ne peuvent plus être considérés comme vins naturels.

La direction générale des douanes a interprété le traité de 1882 dans ce sens, et, dans une circulaire datée du 5 mars 1888, elle a décidé que les vins et les piquettes vinés, au lieu de payer seulement 2 francs par hectolitre, seraient passibles des droits appliqués au régime de l'alcool.

En ce qui concerne les questions de vinage à prix réduit réclamé par la France, elles ont été longuement discutées par les Chambres, mais on n'a pu encore s'entendre sur cette question délicate.

LES ALCOOLS

Nous n'étudierons dans cet article les alcools qu'au point de vue de la *chimie* et de l'*industrie*.

Les boissons fermentées sont presque aussi vieilles que le monde et il est curieux, en étudiant la vie intime des peuples, de constater les moyens souvent bien étranges employés pour se procurer des breuvages contenant de l'alcool par fermentation, mais cette question touche trop à l'ethnographie, aussi n'avons-nous pas à en parler pour le moment.

L'alcool ordinaire est très anciennement connu, il est utilisé de quantité de de façons pour les usages domestiques et industriels ; il est dit *alcool vinique* ou encore *alcool éthylique* pour marquer soit sa provenance, soit sa relation avec l'éthylène dont il est un hydrate.

L'alcool est le type des corps auxquels on rattache aujourd'hui presque tous les composés de la chimie organique.

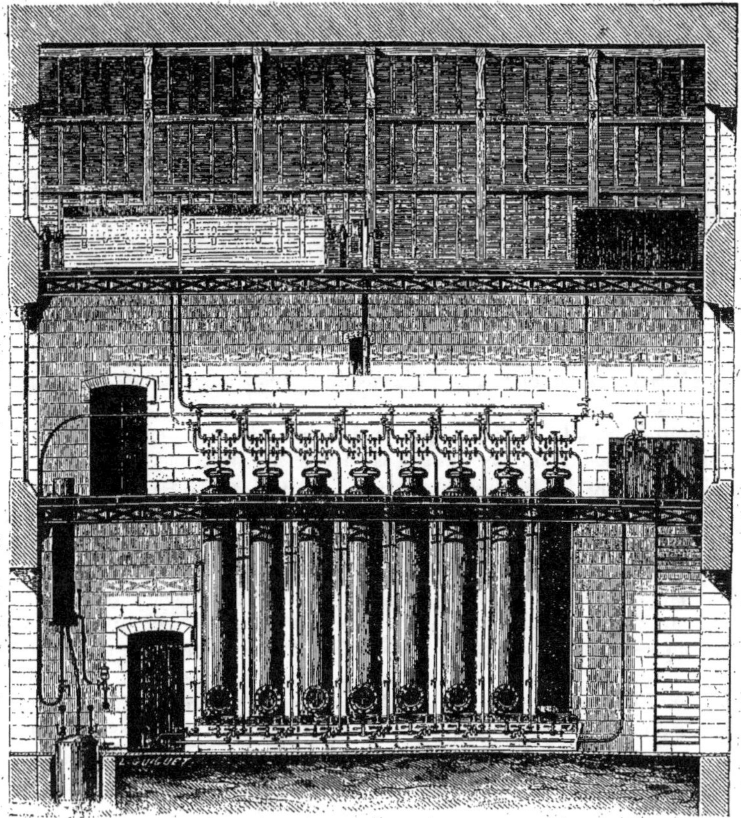

Fig. 277. — Batterie du filtrateur des alcools.

Au moyen âge, on le signale chez les Arabes. Un médecin de Montpellier, Arnault de Villeneuve, vers la fin du XIIIe siècle, en donna une description. Basile Valentin et Valerius Cordus le transformèrent en éther au XVIe siècle. Les travaux de Scheele, de Gehlen, de Thénard, de Dumas et de Boulay firent connaître peu à peu sa fonction spéciale. Berthelot, en 1854, en fit la synthèse.

Pour donner une définition chimique des alcools, on peut dire que ce sont des corps neutres formés de carbone, d'hydrogène et d'oxygène capables de s'unir aux acides, en les neutralisant, pour former des éthers, avec séparation des éléments de l'eau.

L'alcool est le produit principal de la fermentation alcoolique, fermentation importante qui produit toutes les boissons fermentées, vin, bière, cidre, etc. Dans cette fermentation, l'alcool résulte toujours du dédoublement, sous l'influence d'un ferment, *la levure de bière*, d'un principe sucré, le *glucose*, qui dérive soit du sucre, soit de la cellulose ou des matières amylacées que l'on trouve toutes formées dans le règne végétal. On peut exprimer cette action par la formule suivante :

$$C^{12}H^{12}O^{12} = 2\,C^4H^6O^2 + 2\,C^2O^4$$

Il se produit en même temps d'autres corps aux dépens du glucose.

M. Berthelot a pu obtenir l'alcool non plus par fermentation, mais par synthèse en partant des éléments.

L'alcool pur $C^4H^4(H^2O^2)$ ou $C^4H^6O^2$ est un liquide incolore très fluide, d'une odeur agréable, d'une saveur caustique et brûlante. Sa densité à la température ordinaire est 0,794. Celle de sa vapeur est 1,589. Il bout à 78°,4. On n'a pu, pendant longtemps, le solidifier ; cependant on était arrivé à le rendre visqueux à une très basse température. Aujourd'hui on peut l'obtenir solide à — 130°.

L'alcool coagule l'albumine et la gélatine, aussi utilise-t-on cette propriété dans le collage.

Nous avons dit que l'alcool provenait le plus généralement d'une fermentation. Les ferments organisés dont nous avons à nous occuper ici sont des êtres qui, placés dans des conditions propices, vivent et s'accroissent aux dépens de certaines matières organiques en les décomposant. La fermentation alcoolique qui produit nos boissons fermentées est un mode de décomposition du sucre, sous l'influence du ferment vivant qui croît et se multiplie, levure de bière.

Pour réaliser cette fermentation, on peut faire l'expérience suivante : on met dans un flacon une dissolution de sucre à 10 pour 100, on ajoute quelques grammes de levure humide, on constate bientôt un dégagement d'acide carbonique facilement reconnaissable tandis que la liqueur perd son goût sucré en prenant une odeur vineuse; la distillation permettra de retirer l'alcool produit.

Bien que les boissons fermentées aient été connues de temps immémorial, on ne s'est occupé sérieusement de leur étude que depuis la fin du siècle dernier.

Lavoisier, Gay-Lussac, Dumas, Boulay, Dubrunfaut recherchèrent la raison d'être de l'alcool.

Les belles études de Pasteur sur les ferments datant d'une trentaine d'années, ont éclairé en tous points la fermentation alcoolique.

La levure de bière est un végétal (*saccharomices*) formé de chapelets de globules se reproduisant par bourgeonnement, et qui se compose de cellulose, de matières azotées et de sels minéraux, de phosphates alcalins et terreux.

Ces globules, placés dans un liquide sucré contenant des matières azotées et des matières minérales, vivent et se multiplient en empruntant au sucre les éléments de la cellulose et des matières grasses qui sont nécessaires pour la formation de nouveaux globules.

Le poids du sucre décomposé est en relation, non pas avec le poids de levure employé, mais avec celui de la levure qui s'est organisée pendant la fermentation. Il n'y a jamais de fermentation sans multiplication des globules, ou développement des globules déjà formés. La fermentation n'est donc pas due à la décomposition d'une matière azotée, mais à l'organisation d'un ferment vivant.

Presque tous les sucs végétaux contiennent des matières sucrées et amylacées associées à des substances albuminoïdes et minérales susceptibles de contribuer au développement de fermentations alcooliques. Toutes ces fermentations ont lieu soit aux dépens des glucoses, soit aux dépens des sucres analogues, soit enfin aux dépens des substances transformables en glucoses. C'est sur ces faits que repose la fabrication des boissons alcooliques ou fermentées.

Jusque vers le milieu de ce siècle, on s'était contenté, en France, de l'alcool produit presque exclusivement de la distillation du vin, connu déjà au VIIIe siècle; quelques départements fournissaient seuls l'alcool consommé, environ 500,000 hectolitres.

Depuis cette époque, la consommation a toujours monté coïncidant malheureusement avec les maladies de la vigne, principalement l'oïdium et le phylloxera, réduisant la production de nos vignobles, dans le Midi par exemple, à près des deux tiers.

Pour rétablir l'équilibre entre la consommation sans cesse croissante de vin et d'alcool, il fallut chercher une nouvelle source de produits dans leur fabrication industrielle. Au lieu de se contenter de distiller les liqueurs fermentées, *vin*, *bière*, *cidre*, on prit des matières sucrées, qui, après fermentation, furent distillées. Plus tard, on s'adressa aux matières amylacées (céréales, fécules), susceptibles de se transformer d'abord en sucre, par diastase, et ensuite en alcool par fermentation. On eut ainsi des alcools industriels de *grains*, de *pommes de terre*, de *betterave*, etc.

On connaît, depuis la fin du XVIe siècle, le moyen d'extraire de l'alcool des grains et des fruits amylacés, préalablement soumis à la fermentation. Cette industrie, découverte par le docteur Libavius, de Halle, s'est développée d'abord dans les pays du Nord, où la culture de la vigne n'existe point.

Il y a quelques années, la fabrication de l'alcool en France était de :

Alcools de vins	506,900	hectolitres.
— de mélasses	412,800	—
— de betteraves	208,150	—
— de grains, pommes de terre	122,150	—
	1,250,000	hectolitres.

Cette production annuelle a monté encore; elle s'est élevée à 1,864,351 hectolitres. On peut même prévoir prochainement le chiffre de deux millions.

Alcools de substances farineuses	567,768	hectolitres.
— de mélasses	728,523	—
— de betteraves	465,451	—
— de marcs et lies de vin	43,853	—
— de vins	23,240	—
— de cidres	20,908	—
— de fruits	7,680	—
— de substances diverses	7,028	—
Totaux	1,864,351	hectolitres.

On remarquera combien l'alcool de vin a diminué dans la production générale.

Les graines farineuses donnent, par fermentation et distillation, des quantités d'alcool qui varient, pour 100 kilogrammes de matières premières, de 5 kilogrammes (glands verts du chêne) à 35 kilogrammes (riz). L'avoine et l'orge rendent 19 à 22, le blé et le seigle 24 à 29, le maïs 28 à 30 0/0.

Les mélasses, suivant leur provenance, donnent de 12 à 21 litres d'alcool par 100 kilogrammes. Le sucre et la cassonade, suivant leur poids, de 36 à 46 0/0; la glucose (sucre de fécule), de 34 à 41 0/0.

Les principaux alcools industriels se fabriquent ainsi :

Alcools de grains. — On les fait avec des grains de seigle, d'orge, de maïs, de blés avariés. Les grains concassés sont mêlés avec de l'orge germée, *malt des brasseurs*, riche en diastase ; on délaye avec de l'eau à 55°. La saccharification se fait en quelques heures, on refroidit vers 20°, on ajoute de la levure de bière. Deux jours après, la fermentation alcoolique est terminée ; la distillation donne, pour 100 kilogrammes de grains, 29 litres d'alcool à 95°. Les résidus (*marcs* ou *vinasses*) sont donnés aux bestiaux.

Alcools de pommes de terre. — Les pommes de terre crues écrasées sont mêlées avec de l'*orge germée* et de l'eau vers 55°. La saccharification se termine en quelques heures. On obtient la fermentation alcoolique par de la levure, 2 kilogrammes pour 100 kilogrammes de pulpes. Après 48 heures, on peut distiller.

Les marcs peuvent servir à la nourriture de bestiaux.

Alcools de mélasses. — On mêle les mélasses avec de l'eau, de façon que l'on ait 8° Baumé à 20° de température. On ajoute 3 à 4 millièmes d'acide sulfurique qui détermine l'interversion du sucre ordinaire et permet la fermentation alcoolique immédiate sous l'influence de la levure de bière. Après une trentaine d'heures, on soumet à la distillation; 100 kilogrammes de mélasse donnent 23 litres d'alcool absolu.

Alcools de betteraves. — On lave les betteraves, puis on les râpe et presse pour avoir le jus auquel on ajoute 2 kilogrammes pour 1,000 litres d'acide sulfurique. Après la saccharification, on produit la fermentation par la levure, puis on distille quand elle est terminée. 1,000 kilogrammes de jus fournissent 35 litres d'alcool à 95° centésimaux. Le liquide résidu contient des sels que l'on extrait.

Les pulpes servent à la nourriture du bétail ou encore à la fumure des terres.

LE VIN ET LA RECONSTITUTION DES VIGNOBLES FRANÇAIS EN 1894

La reconstitution des vignobles français est faite aujourd'hui. M. Max Nansouty, dans le *Génie civil*, nous donne sur ce sujet si intéressant les renseignements suivants.

La belle récolte de vin de l'année 1893, abondante en quantité en même temps qu'excellente comme qualité, aura redonné définitivement le courage à notre industrie vinicole, en même temps qu'elle aura consacré les efforts faits pour lutter contre le phylloxera, le mildew et le black-rot.

La lutte a été vive et l'alarme a été grande, mais les résultats sont aujourd'hui acquis.

En 1790, Lavoisier estimait la consommation du vin en France à 15 millions et demi d'hectolitres. La production était alors de 25 à 30 millions d'hectolitres.

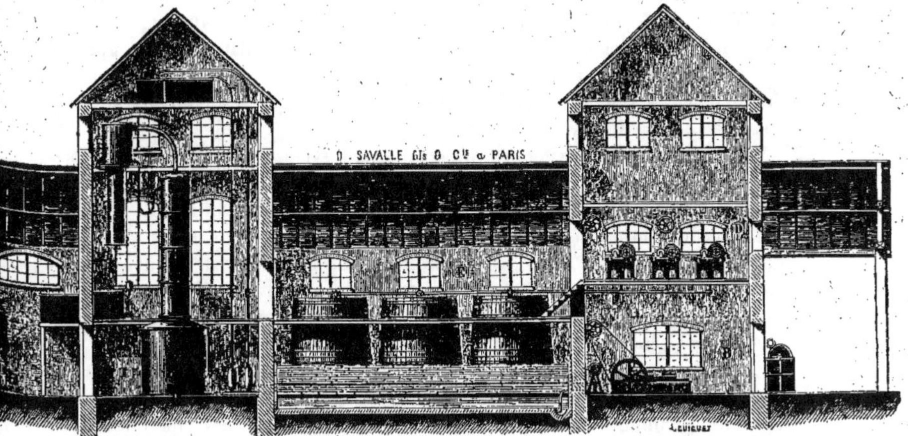

Fig. 278. — Ensemble d'une distillerie agricole travaillant les betteraves par le système des presses continues.

La production a subi les modifications suivantes :

De 1850 à 1859, elle était de 30,251,000 hectolitres.
— 1860 à 1879, — 5,097,500 —
— 1880 à 1889, — 29,677,000 —

En 1892, elle a été de 29,082,000 hectolitres et la récolte de 1893 a eu lieu dans d'excellentes conditions.

Ce résultat est dû, en grande partie, à la reconstitution, en vignes américaines, de 500,000 hectares de vignes dont la résistance au phylloxera, américain d'origine, lui aussi, est un heureux résultat de la sélection naturelle.

MM. Viala et Ravaz ont étudié, avec un soin qui fait honneur à la science française, l'adaptation du sol, les procédés de greffage et d'adaptation au sol des nouvelles variétés de vigne introduites en France. On ne connaît guère encore les noms de ces nouvelles venues.

Ce sont, dans la région méditerranéenne, le V. Riparia sauvage, le Solonis, le Taylor, le Ruspestris, le Jacquez, le Cunningham, l'York-Madeira, le Mustang et quelquefois l'Herbemont et le Vialla.

Dans le Sud-Ouest, le Vialla, l'York-Madeira, le Solonis, le Riparia sauvage, le Rupestris, l'Herbemont, l'Othello, le Canada et le Noah.

Dans la Savoie, l'Isère, le Beaujolais et la Bourgogne, le Vialla, l'York-Madeira, certaines variétés de Riparia sauvage, le Noah, le Canada, l'Othello, le Senasqua, l'Eumelan et le Cynthiana.

Maintenant que le danger est, en grande partie, tout au moins, conjuré, on peut, sans risquer le découragement, évaluer les pertes que le phylloxera a occasionnées au vignoble français.

M. Lalande les évaluait, en 1888, à dix milliards de francs. En y ajoutant les pertes ultérieures dans la dernière période, ainsi que les frais de reconstitution, M. P. Vialla en porte l'effrayant total à 20 milliards de francs environ! Ces pertes ont été l'objet de véritables émigrations de la population des campagnes vers les grands centres : un quart, un tiers parfois, de la population s'est déplacé dans les Charentes et le Languedoc. Partout où le phylloxera se montrait, il en était à peu près de même.

Ce cauchemar évanoui pour toujours, espérons-le, on ne peut, sans admiration, considérer la vitalité d'un pays qui a résisté à une pareille catastrophe, venant se joindre à tant de pertes et de désastres d'un ordre différent.

La reconstitution des vignobles a amené dans l'industrie de la viticulture quelques améliorations dont l'avenir profitera. La culture de la vigne, qui était restée liée à des traditions parfois maladroites, se fait actuellement avec une grande perfection, car on a compris, sous le poids de la nécessité, qu'il ne fallait rien laisser au hasard.

C'est ainsi que les fumures, mal comprises autrefois, sont pratiquées avec méthode et intelligence. La vinification aussi, c'est-à-dire, en quelque sorte, la préparation chimique du vin, a été étudiée par nos savants les plus distingués; elle dispose d'un outillage spécial, toutes ses phases ont été définies et l'on ne risque plus, comme cela se voyait trop souvent autrefois, de compromettre une récolte par la mise en œuvre, maladroite ou imparfaite, de ses produits.

Nos agronomes peuvent se porter forts de conjurer désormais, partout où elle se produira, la crise phylloxérique, soit en l'empêchant d'éclater, comme cela se fait en ce moment même en Champagne, soit en reconstituant d'une façon certaine les portions de vignobles détruits lorsque la destruction n'a pu être évitée, faute d'avertissement, par les moyens préalables.

L'état actuel est donc satisfaisant en somme. On en est revenu à se préoccuper d'assurer l'écoulement des vins naturels, d'une part, en leur permettant de circuler, par la simplification du régime des boissons et des octrois, d'autre part, en s'efforçant d'y accoutumer de nouveau le gosier des consommateurs.

Cette dernière condition paraît superflue. On ne saurait croire cependant combien elle présente d'importance. Les vins coupés, mouillés et alcoolisés, qui ont été mis en circulation pendant la néfaste période de dépression de l'industrie vinicole, avaient régulièrement le même goût. Fabriqués de toutes pièces, soit avec des produits naturels, soit avec des drogues chimiques, ils présentaient une uniformité que ne possède pas le vin de raisin normalement récolté. Or, cette uniformité était littéralement passée à l'état d'habitude, et l'on sait que l'habitude est une seconde nature : le proverbe le dit et l'expérience le prouve. Ce n'a donc pas été sans un certain étonnement, mêlé de suspicion, que le public a vu le vin naturel succéder au vin fabriqué de toutes pièces que l'on avait l'habitude de lui servir. C'est avec peine que nos viticulteurs s'efforcent de remonter ce fâcheux courant, lequel porte les consommateurs à mettre une falsification plus ou moins hygiénique bien au-dessus du produit naturel et hygiénique qu'elle est censée représenter. On y parviendra, sans doute, car les choses purement conventionnelles n'ont qu'un temps, mais il en restera un historique curieux des moyens extraordinaires que l'on a mis en œuvre pour remplacer le vin, dans la triste période où le phylloxera paraissait vouloir le faire disparaître de France avec une incoercible rage.

La préparation des succédanés du vin destinés à combler le déficit dans la production pendant les années pénibles, est un curieux chapitre industriel. On s'est efforcé, par cent moyens plus ingénieux les uns que les autres, d'élaborer des liquides ayant, sinon les qualités, du moins l'aspect et le goût du vin de France.

Il y avait tout d'abord les falsifications tolérables, qui seront les plus longues, certainement, à déraciner.

C'était, tout d'abord, le sucrage, ou addition de sucre, susceptible, d'une part, de servir de condiment, comme cela arrive dans le vin de Champagne, par exemple, d'autre part, de fournir de l'alcool. On a sucré le vin considérablement. Cette mise au régime de l'eau sucrée eût été sans inconvénient, comme le reconnaissent d'éminents chimistes, parmi lesquels M. Aimé Girard, si les glucoses employés pour l'opération ne contenaient parfois un gramme d'acide arsénique par 100 kilogrammes provenant de leur fabrication. Cette proportion d'arsenic est très faible, mais trop grande encore ; elle n'a besoin d'aucun commentaire, comme le dit, si justement, le savant M. Maumené.

On soumettait, de plus, le vin au vinage ou alcoolage, destiné à lui incorporer de l'alcool. Les praticiens réparaient ainsi, disaient-ils, « la faute du soleil », et l'expression est charmante.

En effet, le sucre naturel et l'alcool manquent dans les vins qui ont eu le malheur de naître dans une saison froide. Mais, hélas! que d'alcools invraisemblables, quelconques, impurs, on a mis en œuvre pour réparer la faute du soleil dans les années néfastes!

Nous ne rappellerons que pour mémoire l'ingéniosité des moyens par lesquels on a coloré les vins falsifiés, lesquels se prêtaient admirablement aux inspirations des coloristes. La fuchsine, la rosaniline, la groséine, toutes les teintures extraites de la houille, ont apporté au commerce des vins un concours excessif si l'on considère les lois de l'hygiène. Tant pis pour les clients qui, fidèles à des habitudes anciennes, s'efforçaient de se faire une cave et conservaient leurs bouteilles dans un local insuffisamment sombre! Le produit tinctorial pâlissait à vue d'œil et, en quelques semaines, la belle couleur rubis avait disparu pour faire place à un liquide décoloré. Cette aventure a causé de fâcheuses surprises.

Le plâtrage a de beaux états de services; il remonte à une haute antiquité et fut institué dans le but d'améliorer les bons vins et de guérir les vins médiocres. Comme cette dernière catégorie dominait, on a beaucoup plâtré avec du plâtre impur, qui donnait au vin un goût d'eau de Barèges. Les falsificateurs n'hésitaient pas à qualifier ce goût de « goût de terroir » ou « goût de pierre à fusil ».

Le phosphatage transforme le vin en produit médicinal; lorsque l'on n'en abuse pas, il n'est pas malfaisant. Cependant, lorsque l'on croit boire du vin de propriétaire et que l'on se trouve exposé à absorber une potion pharmaceutique, on a quelque droit de se plaindre.

Nous ne parlerons pas avec trop d'amertume du vin de raisins secs. Lorsque le vin de raisins secs est fabriqué avec de bons raisins secs, il ne vaut pas, à la vérité, le vin de raisins frais, mais il est, en somme, admissible. L'essentiel est

Fig. 270. — Presse continue pour extraction des jus de betteraves.

qu'il soit convenablement préparé et que l'on n'y mêle pas, sous prétexte de conservation ou d'augmentation de volume, des produits chimiques qui le rendent insalubre. Les anciens, d'après ce que dit Pline, offraient les vins de raisins secs comme vins d'honneur aux grands personnages. Peut-être le vin de raisins secs, dont nous avons été inondés pendant la période phylloxérique, a-t-il été déclaré responsable de quelques méfaits qu'il n'avait pas commis. Quoi qu'il en soit, le vrai vin de raisins frais de France le remplacera avec un incontestable avantage.

Mais où le vin a été, en vérité, vilipendé, c'est dans toutes les préparations à bases de fruits ou de racines que l'on a fait passer sous son nom, dans la consommation.

A l'étranger, notamment, avec de belles étiquettes, on a vendu et bu de choses invraisemblables.

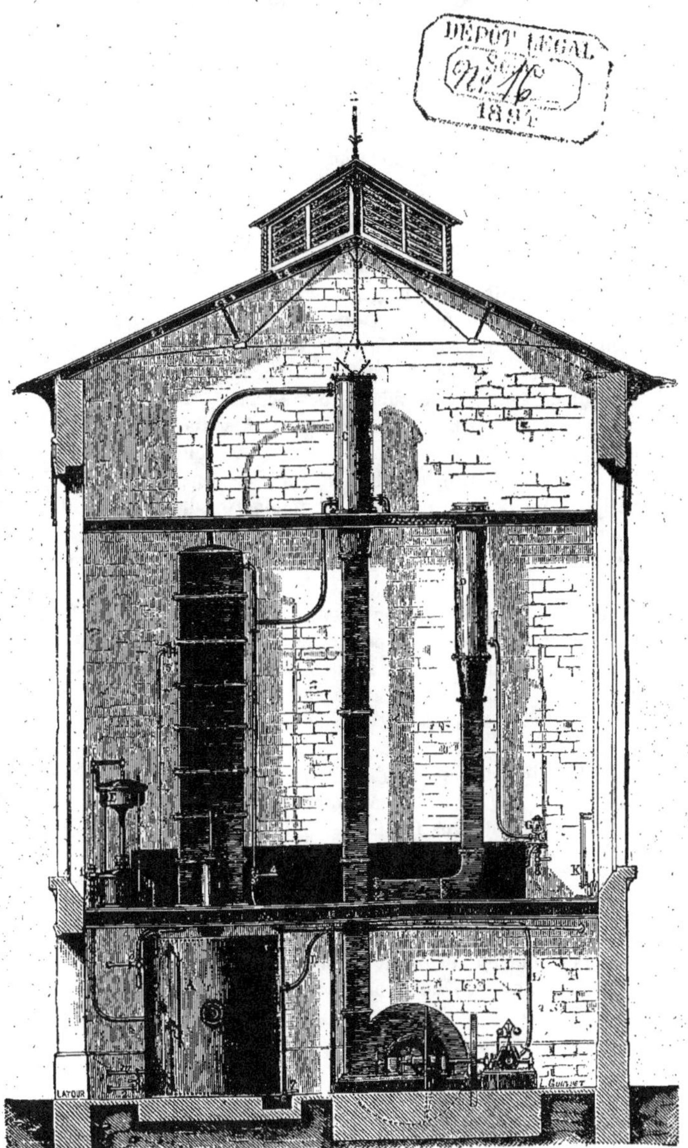

Fig. 280. — Rectificateur méthodique des alcools.

Le vin de riz du Japon, le vin d'orge sucré et le vin de betterave ont connu une prospérité regrettable. On fabrique, à Londres, des quantités considérables, paraît-il, de vin de groseille, qui se vend comme chablis et qui se prépare avec le *ribes uva crispa*, de Linné, vulgairement nommé groseille à maquereau.

Le vin de Porto apocryphe se fabrique avec du cidre, de l'eau-de-vie et un peu de gomme de Kino.

Le vin vieux du Rhin, le respectable « Old Hock » des Anglais, se fabrique de même avec du cidre, de l'eau-de-vie et un peu d'éther azotique alcoolisé.

Les figues, les dattes, la fécule, avec addition de colorants de la houille, ont fourni des quantités de liquides étranges vendus et consommés sous le nom de vin. La teinte de Fismes, c'est-à-dire la teinture obtenue en broyant dans l'eau des baies de sureau, fournit un colorant d'un rouge intense qui a été largement mis à profit dans ce but par les fabricants spéciaux.

On peut espérer, et ce n'est pas sans un grand soulagement, que la reconstitution des vignobles, désormais accomplie, conduira à une disparition prochaine de l'industrie des vins artificiels. Elle a connu de trop beaux jours, grâce à la funeste triple alliance du phylloxera, du mildew et du black-rot. On frémit à l'idée des ravages que pouvait produire dans la santé publique cette consommation désordonnée, en doses inconnues, de produits chimiques, de colorants et d'alcools de qualité douteuse.

Les vins français naturels sont assurément sauvés du cataclysme et du discrédit, puisque, au vu et au su de tout le monde, on en a récolté, cette année notamment, des quantités considérables très supérieures à la consommation et que, par conséquent, il n'y a plus aucun intérêt à les contrefaire.

Nos vins d'Algérie apportent de plus en plus à la consommation un utile et hygiénique contingent.

C'est sur les vins étrangers qu'il faut désormais porter une attention scrupuleuse au nom de l'hygiène et de la probité commerciale. Les grandes fabriques de vin montées hors de nos frontières vont se trouver embarrassées de leur outillage et de leurs approvisionnements; elles vont faire de grands efforts pour perpétuer chez les consommateurs le goût de leurs défectueux mélanges. C'est une question de sauvegarde pour l'intérêt de la France viticole et aussi pour la santé publique que d'apporter dans le commerce des vins une loyauté absolue et une netteté d'origine qui réduiront à néant les efforts des falsificateurs en cette matière. Ils disparaîtront, comme un fléau, avec le phylloxera qui fut leur allié.

PLANTES INDUSTRIELLES

LE LIN

Le lin cultivé (*linum usitatissimum*) est l'espèce type d'un genre qui sert lui-même du type à la famille des linées ou linacées.

Le lin est une plante annuelle, à tige droite et cylindrique, haute de 50 à 60 centimètres, rameuse à sa partie supérieure. Les feuilles sont linéaires, lancéolées, aiguës et d'un ton glauque. Ses fleurs sont d'un bleu clair un peu grisâtre. Ses semences, dont la forme et l'aspect sont bien connus, ont une grande importance commerciale comme graines oléagineuses, et à cause de leur fréquent emploi en médecine, principalement sous forme de farine. Elles contiennent, en effet, 10 0/0 environ, d'un mucilage très visqueux, et jouissent de propriétés émollientes, auxquelles on a souvent recours contre les affections inflammatoires.

Le lin croît spontanément dans nos champs; mais on le cultive sur une très grande échelle dans le nord de la France, dans certaines parties de l'Allemagne, en Silésie, en Belgique, en Hollande, en Russie, en Angleterre, etc. Les parties de la France où l'on cultive le plus de lin sont la Flandre et la Normandie; viennent ensuite le Maine, l'Anjou, la Bretagne, le haut Languedoc et la Gascogne. Sa culture est simple et facile. Le plus ordinairement, on le sème au printemps. Dans quelques localités cependant, les semis se font en automne avec la graine de la variété dite lin d'hiver. Lorsqu'on a surtout en vue d'obtenir de bonnes graines, on sème clair dans une terre forte; mais lorsqu'on cultive le lin pour en extraire les fibres textiles, il faut semer beaucoup plus dru, dans une terre légère, préalablement bien ameublie. La proportion de graine employée varie, selon le cas, de 100 à 175 kilogrammes par hectare. Après les semailles, on herse, on passe le rouleau, puis on donne quelques sarclages pendant que le plant est encore assez jeune pour permettre cette opération.

La plante est mûre lorsqu'on voit jaunir les tiges et les capsules. La récolte se fait alors par arrachage, et l'on réunit les pieds en petites bottes, de manière à favoriser la dessiccation. On sépare les graines, soit en froissant dans la main l'extrémité des tiges, soit en les battant légèrement ou en les faisant passer entre les dents d'une sorte de râteau; quant à la filasse, on la sépare, comme celle du chanvre, par le rouissage. On connaît deux procédés principaux pour le rouissage du lin : le procédé ancien, ou procédé agricole, qui est encore le plus répandu en Russie, en Allemagne et en Hollande, et le procédé nouveau, ou procédé manufacturier, qui est généralement adopté en Angleterre, en Belgique et en France. Le premier consiste à immerger le lin dans l'eau courante ou à l'étendre sur le pré. Le second opère le rouissage dans l'eau chaude, où l'on ajoute quelquefois des substances qui agissent chimiquement sur la plante et favorisent la séparation des fibres. En Angleterre, on fait usage du système dans lequel on emploie simplement de l'eau pure, chauffée à 80° ou 90° au plus, en y laissant séjourner les tiges de lin pendant un temps qui peut varier de soixante-dix à quatre-vingt-dix heures; si la température était plus élevée ou l'immersion plus prolongée, le lin serait plus ou moins altéré; mais l'avantage que présente ce système est précisément de faire dépendre le succès de l'opération de l'intelligence et de l'attention du manufacturier, tandis que dans le procédé agricole, la matière est abandonnée à l'action des agents naturels et aux risques des intempéries, sans qu'on puisse rien faire pour l'en préserver. A l'opération du rouissage, succèdent celles du *teillage* et du *peignage*.

Le teillage, appelé aussi *broyage* ou *macquage*, a pour but d'écraser la partie ligneuse de la tige du lin et de la séparer ainsi des fibres corticales. Le teillage est suivi de l'*espadage* ou du *raclage*, opérations qui ont toutes deux le même but, à savoir, d'enlever les brins ligneux restés adhérents à la filasse à la suite du broyage. La racloire est fort employée en Westphalie et dans les districts voisins. En Belgique, on espade le lin avec une espèce de hachoir en bois. En même temps que l'espade ou la racloire sépare les brins de paille, elle enlève aussi l'étoupe la plus grossière, formée des fibres les plus courtes et de celles qui viennent à se casser, et mélangée de beaucoup de débris ligneux. Cette étoupe se vend à part. Elle sert surtout à faire des sacs grossiers ou des toiles d'emballage. On admet en général que 100 kilogrammes de tiges de lin, rouies et séchées, rendent de 45 à 48 kilogrammes de lin broyé, lesquels, après l'espadage ou le raclage, donnent environ 25 kilogrammes de filasse nettoyée, et 9 ou 10 kilogrammes d'étoupes. Le reste n'est que paille et débris.

Le peignage a pour but de diviser parfaitement les brins sans les briser, de les assouplir sans les fatiguer, enfin de les ranger aussi parallèlement que possible. Les étoupes provenant de cette opération sont beaucoup plus belles et plus propres que celles qu'on obtient par l'espadage ou le raclage.

Nous venons de dire d'une façon générale ce qu'est le lin, il nous faut maintenant entrer dans de plus amples renseignements botaniques et agricoles.

Le genre lin, type de la famille des linées, comprend près de cent espèces de plantes herbacées ou de sous-arbrisseaux à feuilles alternes, entières, opposées ou verticillées ; à fleurs assez grandes, bleues, jaunes, blanches ou couleur de chair, ayant un calice à cinq sépales, une corolle à cinq pétales unguiculés, à étamines hypogines, à ovaire à cinq loges contenant chacune deux ovules, et surmonté de cinq styles, quelquefois de trois; un fruit capsulaire globuleux.

L'espèce de ce genre la plus intéressante est le lin commun, originaire de l'Europe centrale, et qui donne lieu à des cultures extrêmement importantes.

Il y a une tige droite, cylindrique, rameuse vers le sommet, haute de $0^m,50$ ou $0^m,60$. Les fleurs sont bleu clair un peu grisâtre, de la nuance dite gris de lin. Les filaments textiles du lin sont des tubes creux, cylindriques, rigides, ouverts par les deux bouts, ayant de $\frac{1}{45}$ à $\frac{1}{55}$ de millimètre. Leur surface est lisse et offre des nœuds placés irrégulièrement, mais dépourvus des petits appendices filamenteux que l'on observe sur le chanvre.

On doit considérer le lin comme supérieur au chanvre, parce qu'il produit de la filasse plus fine, plus soyeuse, plus douce ; si cette filasse ne sert pas à fabriquer des cordes aussi solides que celles du chanvre, les toiles que l'on en obtient jouissent d'une renommée aussi étendue que méritée. Qu'il nous suffise de dire

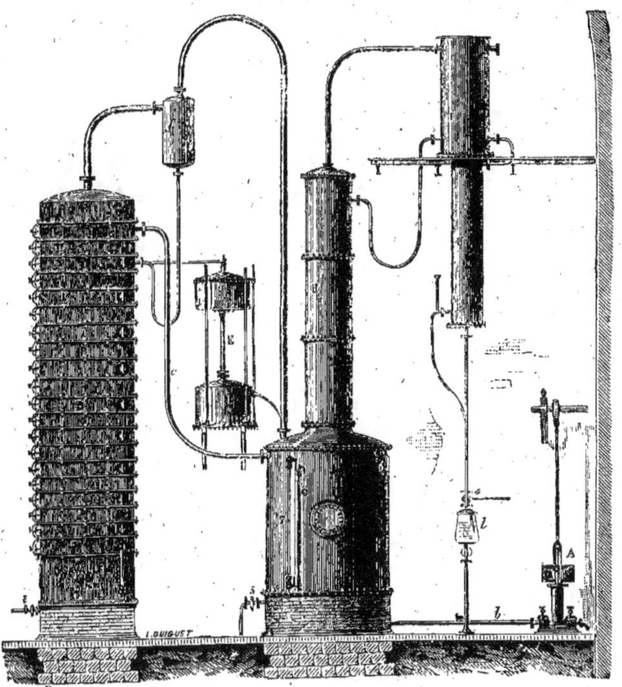

Fig. 281. — Appareil continu du distillateur pour grains et pommes de terre.

que les toiles de Hollande, de Courtrai, de Bruges, de Gand, d'Oudenarde, les batistes et les dentelles de Valenciennes et de Malines sont produites exclusivement par le lin. Le chanvre est plus fort, mais aussi plus grossier.

L'avantage du lin sur le coton, c'est d'abord de produire des fils plus solides, ensuite de pouvoir être cultivé dans tous les pays, aussi bien en Europe qu'en Asie et en Afrique.

C'est le lin commun qui paraît avoir fourni les premiers vêtements de l'homme. Les écrivains ont engagé une vive polémique sur la question de savoir si cette plante textile est d'origine orientale, ou si elle a été cultivée de tout temps dans nos climats. « Cette plante, dit Thiébaut de Berneaud, croît naturellement dans les champs : de temps immémorial on la cultive en grand dans plusieurs de nos départements et dans diverses contrées de l'Europe. Elle était très répandue chez les peuples celtes, et surtout chez les Scandinaves, et même chez les Germains. Sa culture était du domaine des femmes, ainsi que sa préparation en fil et en toile. Ce sont les Gaulois, au rapport de Virgile, qui l'ont fait connaître aux Romains. Le lin n'est donc point venu de l'Orient au nord de l'Europe, comme on le répète chaque jour. »

Il est certain, en effet, que dans les Gaules et dans la Germanie, la culture du lin est immémoriale. Du temps de Pline, on fabriquait, dans les pays des environs du Pô, des étoffes de lin d'une grande finesse : « le fil, dit-il, en est aussi fin que celui d'une araignée. »

D'autre part, l'ancienneté de la culture du lin dans l'Inde ne saurait être révoquée en doute. On a dit, mais sans preuve, bien entendu, que les Égyptiens ont été les premiers à semer le lin, et qu'Isis leur en fit connaître l'usage ; ce qui indique que la culture de cette plante remontait chez eux à l'antiquité la plus reculée. Du temps de Moïse, le lin était cultivé en grand en Égypte. D'après Gibbon, les Égyptiens étaient renommés pour leurs manufactures de toile et leur commerce d'exportation du lin, au temps des empereurs romains. Ce qui prouve incontestablement que le lin était commun en Égypte, c'est la prodigalité avec laquelle on en a enveloppé les momies, même des derniers rangs du peuple ; car il est bien reconnu aujourd'hui que les bandelettes des momies sont formées, dans leur chaîne et dans leur trame, de lin, et non pas de coton comme on l'avait admis pendant longtemps.

En France, la culture du lin mit longtemps à se vulgariser. « Vers le milieu du moyen âge, dit A. Isabeau, un duc de Bretagne épousa une comtesse de Flandre ; la bonne dame, en arrivant en Bretagne, fut frappée de la malpropreté de ses nouveaux sujets, qui ne portaient alors que des vêtements de laine sur la peau. Elle fit venir de son comté de Flandre des cultivateurs et des tisserands qui apprirent aux Bretons à cultiver le lin et à en faire de la toile. Depuis ce temps, la Bretagne est restée le pays de France où l'on fabrique les meilleures toiles de lin. »

La culture du lin était, au XVIIe siècle, bien plus florissante qu'elle ne l'est aujourd'hui. Nous fournissions alors des toiles à l'Espagne, à l'Angleterre, à la Hollande et à leurs colonies. Depuis cette époque, la culture du lin s'est développée chez nos voisins des bords du Rhin, qui ont fait de grands progrès en agriculture, et nos industriels sont devenus leurs tributaires.

De même que toutes les autres plantes dont l'homme s'est emparé, le lin commun a pris, par les circonstances de la culture, des qualités particulières, diversement appréciées dans le commerce. On distingue le lin de Riga, celui de Zélande, celui de Flandre, etc. Le premier se distingue par la qualité supérieure de sa semence ; le second par la finesse et la douceur de sa filasse. Ces différences ne sont dues qu'aux climats, aux terrains et surtout aux différents modes de culture, qui sont plus ou moins appropriés à la perfection, soit de la graine, soit de la matière filamenteuse ; mais le grand nombre des variétés du lin cultivé a donné lieu à une véritable confusion.

Bosc distingue trois variétés : le lin froid ou grand lin, le plus fin et le plus tardif ; le lin chaud ou têtard, à filasse courte ; le lin moyen, qui tient le milieu entre les deux précédentes variétés. Thiébaut de Berneaud ne reconnaît que deux variétés : le lin d'été ou petit lin, qui fournit les fils les plus fins, les plus soyeux ; le lin d'hiver ou gros lin, plus long, plus gros, plus abondant, mais moins fort et de qualité inférieure. Les paysans français distinguent généralement leur lin en lin de chaud et lin de froid. Le premier est le lin de printemps ; le second est celui qu'on peut semer avant l'hiver. On dit aussi quelquefois lin de gros et lin de fin, pour distinguer le lin que l'on sème clair, avec des graines du pays, de celui que l'on sème dru, avec de la graine de Riga, afin d'obtenir de meilleure filasse.

Le lin redoute les climats trop humides et les climats trop secs, ainsi que les contrées battues par des vents continuels. Il lui faut un pays tempéré et des situations abritées. C'est pourquoi la grande culture du lin appartient à l'Anjou, aux Flandres, au Hainaut et à certaines parties de l'Allemagne et de la Russie. Le lin est cultivé dans presque toutes les contrées de la France. Dans les pays méridionaux, on choisit pour cette culture les pentes exposées au nord et au nord-est, parce que les expositions du sud sont sujettes à la sécheresse, et l'on a remarqué que l'exposition de l'ouest donne des filasses moins fines et moins blanches.

On doit choisir de préférence des terres sablo-argileuses, riches en engrais.

Le choix du terrain est essentiel : il doit être propre, débarrassé des mauvaises herbes, et avoir déjà porté une vieille prairie rompue, ou bien un trèfle, un chanvre, une avoine, des carottes fourragères, des pommes de terre, des betteraves, des féveroles ou du colza. A moins d'avoir affaire à un terrain exceptionnel, un cultivateur ne doit pas semer plus de deux fois en sa vie le lin à la même place ; on a réduit cette solution depuis un demi-siècle, et la qualité du lin s'en est ressentie. Les environs de Fleurus, après avoir porté du lin tous les cinq ans, refusent aujourd'hui le service. On doit proscrire les fumiers longs, notamment celui du cheval, ainsi que le guano, qui passe pour altérer la filasse. On engraisse bien mieux en faisant parquer des moutons, ou en employant du fumier de vache très pourri, de la matière fécale étendue d'eau, du purin dans lequel on a délayé des tourteaux de lin, de pavot, de colza et de chènevis. Le lin est d'ailleurs très avide d'engrais.

Les opérations qui ont pour but de préparer le sol à recevoir la semence du lin sont fort importantes : elles varient selon la nature du terrain, l'état dans lequel il se trouve par suite des cultures précédentes et suivant les climats. En Flandre, dans les terres fortes, on donne généralement trois labours, dont le dernier est suivi de hersage et de roulage. En Hollande, dans les terres grasses et un peu humides, on donne aussi trois ou quatre labours, et même davantage. Dans le Maine-et-Loire, pour les lins d'hiver, on laboure vers le commencement de l'automne, on herse avant de semer, et on se contente de briser les mottes à l'aide du hoyau ; mais, pour les lins d'été, on déchaume à l'aide d'une houe.

Le lin dégénérant au bout de trois ou quatre générations dans nos contrées, nous sommes forcés de tirer nos graines de l'étranger. Les graines de lin du commerce se distinguent en lin tonnelé, qui nous arrive de Livonie et de Lithuanie par Riga, et lin ensaché, que l'on tire de la Zélande, province des Pays-Bas. L'Amérique nous expédie aussi de la graine de lin à fleurs blanches.

Depuis longtemps les cultivateurs français et allemands ont recherché comment ils pourraient se décharger du lourd tribut qu'ils payent à l'étranger et principalement à la Russie; leurs essais n'ont pas abouti jusqu'ici. La graine de lin, pour être bonne, doit être courte, grosse, épaisse, rondelette, ferme, pesante, d'un brun clair et huileuse. On rejette les semences vertes. Si la graine ne tombe pas au fond d'un verre plein d'eau, elle n'est pas assez pesante et on la rejette encore; si elle ne pétille pas et ne s'enflamme pas aussitôt qu'on la jette sur un fer rouge, c'est qu'elle n'est pas assez huileuse. Enfin si, éprouvée sur couche, elle ne germe pas en quatre ou cinq jours, elle est vieille, et il ne faut pas s'en servir.

On sème le lin à différentes époques et de différentes manières. La méthode

Fig. 282. — Lin cultivé (*Linum usitatissimum*). Port de la plante. — Fleur isolée.

la plus ordinaire consiste à semer à la volée sur un dernier hersage, et à enterrer le grain à la herse ou au rateau. Les semis du printemps sont préférables. On les commence en mars, dans les terres légères, et on les finit dans les premiers jours de mai. Pour les terres fortes, on opère un peu plus tôt. Si l'on a en vue de récolter de la filasse, et non de la graine, on doit semer dru, épais.

On choisit de préférence un temps modérément humide. 170 kilogrammes de graines suffisent pour ensemencer un hectare de terrain, si l'on a en vue d'obtenir du lin de gros, qui produira de la filasse inférieure, mais qui abondera en graines. Si l'on veut du lin de fin, ne produisant que de la filasse, il faut employer 230 kilogrammes de graine par hectare.

La culture qui suit les semis et précède la récolte se borne à des sarclages que l'on répète plusieurs fois. Dans les pays où le lin s'élève à une grande hauteur, on est obligé de le ramer, opération qui consiste d'abord à répandre sur la surface du terrain des rameaux de bruyère, qui offrent le double avantage d'empêcher le terrain d'être battu par les pluies et d'offrir contre le vent un appui aux jeunes plantes. Plus tard, on plante au bord des planches, à un mètre de distance, de petites fourches de $0^m,20$ à $0^m,25$ de hauteur, et l'on étend sur ces fourches des perchettes que l'on y fixe avec des liens. De distance en distance, on place en travers d'autres perchettes, et l'on forme ainsi une sorte de réseau qui soutient

Fig. 283. — Métiers pour fabriquer les étoffes.

les faibles tiges contre les coups de vent. Le ramage paraît inutile pour les lins de gros.

Parmi les diverses maladies qui attaquent le lin, nous devons signaler en premier lieu le *feu* ou *charbon*, qui le fait noircir dans sa partie supérieure et jaunir à la partie inférieure. On attribue cette affection au retour trop précipité de la culture de cette plante dans le même terrain, ou aux engrais pailleux et longs, ainsi qu'aux tourteaux de colza. L'*étêtement*, autre maladie, fait incliner, puis tomber la sommité des tiges, et provoque, vers le milieu de ces tiges, l'émission d'un nouveau bourgeon. Les pieds de lin atteints de cette affection sont sujets à produire de mauvaise filasse.

Le *miellat*, maladie très rare, se reconnaît aux feuilles qui se couvrent çà et là d'une matière visqueuse et sucrée, dont les pucerons semblent être la cause. Le *rouge*, causé par la sécheresse prolongée, est annoncé par la teinte rougeâtre de l'extrémité des tiges. La partie atteinte du rouge résiste au rouissage. Deux plantes parasites nuisent aussi au lin pendant sa croissance l'*orobanche* rameuse et la *cuscute*. Il faut les arracher avec soin, ce qui est loin d'être facile.

Il paraîtrait, d'après une découverte récente, que les moutons ne se nourrissent pas des feuilles de lin, et qu'il ne peut y avoir que profit à introduire les troupeaux dans les cultures, pour les débarrasser des mauvaises herbes ; ce fait mérite confirmation.

On récolte le lin à des époques variables, suivant que l'on veut utiliser la graine ou la filasse. Le lin dont la graine est mûre ne produit que de la filasse inférieure ; alors on ne l'arrache que lorsqu'il est bien dépouillé de ses feuilles et que ses capsules brunissent. Si l'on veut obtenir à la fois de la filasse et de la graine, on arrachera dès que le tiers inférieur des tiges sera jaune ; mais si l'on veut avoir de la filasse fine, il faut sacrifier la graine et arracher le lin au moment où la fleur s'ouvre ; en Silésie même, on l'arrache plus tôt.

Le lin s'arrache à la main. Avec les tiges de même hauteur, on forme de petites bottes, et ces bottes forment ensuite des faisceaux, trois par trois, ou bien sont disposées en pente, de chaque côté d'une ligne de petites perches posées sur des fourches basses. Lorsque les petits paquets ont séché à l'air libre, on les bat ou on les peigne, pour les débarrasser des graines. Le battage est préférable ; il s'opère à l'aide d'une batte de laveuse. Les paquets de tiges, en attendant le rouissage, sont conservés en lieu sec, couvert et aéré ; les graines, encore à demi enveloppées de leurs capsules et attachées à leurs pédoncules, sont aussi conservées en lieu sec et aéré, quelquefois dans des sacs ouverts où on ne les tasse point.

Un hectare de lin varie énormément dans ses produits. Il ne donne pas moins de 3,000 kilogrammes de tiges brutes, ni plus de 9,000, dont on retire de 350 à 800 kilogrammes de filasse.

En France, le produit moyen de la filasse est de 375 kilogrammes pour 7 hectolitres et demi de graine par hectare. Le total de la production française peut être évalué à 37,000,000 de kilogrammes.

Nous avons vu que l'on cultive le lin, non seulement pour sa filasse, mais encore pour sa graine.

La graine de lin rend environ 25 0/0 d'huile siccative, qui remplit un rôle important dans les arts. Elle sert à préparer l'encre des imprimeurs et des lithographes, les vernis gras, les taffetas gommés, les toiles cirées, les cuirs vernis. L'huile de lin, réduite sur le feu, donne une *sorte de glu* très connue des chasseurs à la pipée. De toutes les huiles, celle de lin se solidifie le moins aisément au froid ; elle reste liquide jusqu'à 27° au-dessous de zéro.

Elle est surtout employée par les peintres, qui, après l'avoir fait bouillir avec de la litharge, la mélangent avec les couleurs.

Dans son état naturel, elle est jaunâtre; mais la litharge lui communique une teinte rouge très foncée.

La médecine tire un très grand parti de la graine de lin. Cette graine contient : un mucus renfermant de l'acide acétique et des sels, de l'extractif, de l'amidon, de la cire résine, une matière colorante, de la gomme, de l'albumine et principalement une huile fine. Le mucilage de graines de lin est très visqueux ; il possède des propriétés émollientes. Sous forme de poudre ou de farine, la graine de lin est d'usage journalier. Elle est la base de la plupart des cataplasmes. En France, on se sert de la farine non exprimée, c'est-à-dire non privée de son huile. Quelques pharmacologues, en raison de la facilité avec laquelle cette farine non exprimée rancit, ont cherché à faire adopter l'usage de la farine de tourteau de graines de lin ; mais, à tort ou à raison, leur conseil n'a pas été suivi.

Pour préparer cette farine, on pile la graine dans un mortier ou on la broie dans un moulin spécial. Macérée à froid, à la dose de 10 à 20 grammes dans un litre d'eau, la graine de lin est très employée en boisson tempérante. Elle est surtout utile dans les maladies des organes génito-urinaires. Le décocté est employé en lavements, lotions, fomentations, etc.

Les autres espèces du genre lin sont loin d'avoir la même importance économique que le lin commun ; nous nous contenterons de citer : le lin cathartique, qui a été employé autrefois comme purgatif ; le lin campanulé et le lin sous-frutescent, que l'on cultive comme plante d'ornement.

Dès que la récolte du lin est terminée, on procède au rouissage, qui a pour but de dissoudre et d'enlever le reste de la sève contenue dans la plante, ainsi que la partie gommeuse qui retient les filaments adhérents entre eux et à la paille, et d'altérer la paille de manière à la rendre cassante et facile à séparer de la filasse par le teillage. Tantôt on immerge le lin dans l'eau stagnante, tantôt on l'expose sur le blé à l'influence des agents atmosphériques et de la lumière. Le rouissage par exposition peut se faire en automne et même en hiver; on retourne de temps en temps, et au bout d'un mois le lin peut être relevé. Le rouissage par immersion s'exécute mieux au mois d'avril. L'eau ne doit être ni calcaire ni séléniteuse. Au bout de douze à quinze jours, on retire et on étend sur le pré pendant seize jours. Pendant l'immersion, il faut éviter la fermentation putride, qui altérerait la filasse.

Ce procédé de rouissage présente sur le précédent un avantage de 6 à 8 0/0 sur le poids de la filasse, qui conserve en outre une bien plus belle couleur. On peut aussi, au lieu d'exposer sur le pré, plonger le lin dans une dissolution de sous-chlorate de magnésie. M. Scrive, de Lille, a perfectionné un mode de rouissage pratiqué en Amérique sous le nom de procédé de Schenk, et qui donne d'excellents résultats. Le lin est placé debout dans des cuves munies de faux fonds percés des trous et remplis d'eau maintenue à la température de 30°. Lorsque la fermentation putride commence à devenir sensible, on renouvelle l'eau chaude par de petits filets qui s'introduisent sous le faux fond, au milieu de la cuve et à la partie supérieure. Au bout de soixante-douze à quatre-vingt-seize heures, le rouissage est complet ; le lin est retiré entre des cylindres et séché à l'étuve.

Le lin roui et desséché est ensuite torréfié dans un four, ou au-dessus d'une fosse abritée, au fond de laquelle on entretient du feu.

Le maillage consiste à battre les tiges sur une aire à l'aide d'un maillet échancré.

Le teillage ou macquage est la séparation de la filasse et du bois ou chènevotte, opération qui s'opère presque partout en France à la main, à l'aide d'une broye, instrument composé d'un châssis et d'une mâchoire mobile, le tout en bois. La mâchoire, façonnée dans sa partie inférieure en forme de tranchant, se meut de bas en haut; en descendant, elle entre dans une fente qui divise le châssis par le milieu, et elle brise la chènevotte qu'on y a placée transversalement et dont elle disperse les débris. Les broyes les plus avantageuses sont celles qui sont pourvues de plusieurs rangs de ces mâchoires. En Belgique, on se sert, pour le broyage du lin, d'une sorte de marteau ou battoir, cannelé en dessous. En Allemagne, on ratisse la peau du lin à l'aide d'un couteau d'une forme spéciale.

Le peignage du lin est rarement exécuté par le cultivateur. Le lin sort des mains de celui-ci encore plus ou moins embarrassé de brins de bois; les fils n'en sont pas d'ailleurs parfaitement détachés les uns des autres; le peignage a pour but de parer à ces inconvénients. Il se fait aujourd'hui à l'aide de machines. Le peignage à la main faisait une perte très considérable au lin. Les peigneuses mécaniques ont pour but d'obvier en partie à cet inconvénient. 100 kilogrammes de filasse brute donnent, après le peignage, de 60 à 65 0/0 de longs brins, de 30 à 34 0/0 d'étoupes; de 10 à 1 0/0 de déchet. Les étoupes sont portées à des machines à carder, peu différentes de celles que l'on emploie pour la laine. Les dents en sont seulement un peu plus grosses et plus droites.

En Angleterre, après avoir débarrassé l'étoupe grossière des trois quarts de sa paille, on la rouit dans une solution de soude caustique, soit à chaud pendant quatre heures, soit pendant vingt-quatre heures, à froid. La matière lavée, séchée, broyée et peignée à nouveau, produit une étoupe supérieure, et le résidu de l'opération, qui était perdu par nos anciens procédés, peut encore subir des opérations qui le rendent propre au filage et au tissage.

Les étoupes de rebut, qui se perdent chez nous, sont, chez les Anglais, rouies de nouveau et lavées, puis placées dans une cage en bois que l'on plonge successivement dans des cuves contenant: la première, une solution de carbonate de soude: l'étoupe y séjourne un quart d'heure; la deuxième 5 0/0 d'acide sulfurique: immersion de l'étoupe jusqu'à parfaite division des fibres; la troisième, une solution de carbonate de soude: immersion jusqu'à neutralisation de l'acide sulfurique dont l'étoupe est imbibée; la quatrième, de l'hyperchlorure de magnésie: immersion de quatre heures, blanchiment parfait. Après un léger bain, l'étoupe est séchée et portée à une machine semblable à celle dont on se sert pour hacher de la paille, et qui coupe les fibres à la longueur convenable pour le filage mécanique. On obtient ainsi une sorte de coton de lin, dont les tissus peuvent être teints, imprimés ou blanchis absolument comme les tissus du coton. De plus, avec ces fibres, on fabrique des feutres avec ou sans mélange de laine, et si l'on ne trouve pas à les employer autrement, on en obtient des papiers de premier choix. La filasse, une fois peignée et cardée, n'est pas encore propre à être filée ; il faut qu'elle soit étalée en rubans uniformes. Cet étalage s'obtient en faisant passer, à l'aide de rouleaux, les poignées de filasse entre les dents de deux peignes placés à côté l'un de l'autre. Un entonnoir de cuivre poli rapproche les brins étalés, les réunit et en forme un ruban étiré, qu'on lamine en le faisant passer entre deux rouleaux. La machine à l'aide de laquelle on obtient ces résultats a été plusieurs fois perfectionnée dans ces derniers temps.

Au siècle dernier, le lin se filait exclusivement à la main ; aujourd'hui, il se file presque tout à la mécanique, grâce à l'invention de Philippe de Girard. Avant lui, on employait depuis longtemps des machines à filer le coton ; mais

Fig. 284. — Métier à marches.

ces machines étaient reconnues impropres à filer le lin. L'invention de Philippe de Girard consiste surtout dans l'addition de peignes qui continuent l'étirage et maintiennent le parallélisme des fibres pendant l'opération.

De même que pour les autres matières textiles que l'on veut filer, on commence par enrouler uniformément le ruban de lin sur une bobine. Les rubans ainsi enroulés sont transportés aux métiers à filer, qui se distinguent en métier à filer sec et métier à eau chaude. Le premier sert à filer les fils communs, le second, dont l'idée première est due à Philippe de Girard, sert pour les fils plus gros. Le filage, soit en gros, soit en fin, a lieu sur des métiers qui ont la plus grande analogie avec les métiers destinés au coton. Ils n'en diffèrent, pour les lins fins, que dans l'emploi de l'eau chaude, dans laquelle passe le fil avant de s'enrouler sur la bobine. L'emploi de l'eau chaude a pour but de dissoudre la substance gommeuse qui unit, qui colle les fibres du lin. Après cette dissolution, les fibres deviennent divisibles à l'infini, et l'on peut en obtenir des fils d'une finesse extraordinaire. Le dévidage et le numérotage des fils de lin s'exécutent comme le dévidage et le numérotage de tous les autres fils. Le tissage des fils de lin s'opère comme celui du chanvre et du coton.

LE CHANVRE

Il faut distinguer entre le chanvre proprement dit, si connu et si universellement employé en Europe, et les autres matières textiles, toutes exotiques, qui ont commencé à s'introduire dans notre commerce depuis quelques années, et qu'on désigna par le même nom générique, à cause de leur ressemblance plus ou moins grande avec le véritable chanvre.

Nous donnerons avant d'entrer dans la partie agricole de la question quelques renseignements généraux sur le lin et son industrie, puis nous passerons en revue les diverses substances qu'on est convenu d'assimiler jusqu'à un certain point, au chanvre de nos climats.

Chanvre proprement dit ou chanvre d'Europe. — Le chanvre du commerce est la fibre fournie par l'écorce de la plante du même nom.

Cette plante constitue à elle seule un genre formé par Tournefort et adopté par les botanistes modernes, mais qui, après avoir été placé dans la famille des urticées, est devenu le genre type d'une petite famille créée par Endlicher, celle des cannabinées, composée de deux genres seulement : le genre *cannabis* et le genre *humulus*. Le premier, dont nous nous occupons, ne comprend qu'une seule espèce : c'est le chanvre ordinaire (*cannabis sativa*), qui ne varie, comme toutes les plantes, que par suite des circonstances plus ou moins favorables de culture, de climat, etc., où il se trouve placé; différences qui créent des variétés ou sortes commerciales distinctes au point de vue de la longueur, de la finesse ou de la solidité du fil, mais qui ne modifient nullement les caractères sur lesquels repose la détermination de l'espèce botanique.

Le chanvre est une plante annuelle, originaire du centre de l'Asie, transportée et naturalisée, dès la plus haute antiquité, en Europe, où elle a parfaitement réussi. Elle est dioïque, et il existe une différence très sensible entre le chanvre mâle et le chanvre femelle. Les gens les moins versés dans la science ne peuvent les confondre; seulement c'est un préjugé très répandu parmi nos paysans, que les individus les plus grands, les plus robustes et les plus vivaces sont les mâles, et que les plus petits, ceux qui vivent moins longtemps, sont les femelles. C'est tout le contraire qui est la vérité; et les choses sont, pour la plante dont nous parlons, l'inverse de ce qu'on observe dans l'espèce humaine et chez la plupart des animaux.

Le chanvre femelle, ayant mission de porter à maturité les semences destinées à perpétuer l'espèce, est naturellement plus fort et vit plus longtemps que le mâle, dont le rôle est terminé dès qu'il a répandu sur la femelle sa poussière fécondante. C'est aussi une erreur de croire que le chanvre n'est pas une plante de grande culture. Il convient, au contraire, parfaitement aux exploitationst importantes; seulement, il faut savoir choisir le sol et le climat, qui lui sont favorables. Or, l'extrême sécheresse et l'excès d'humidité lui sont également nuisibles. Dans le premier cas, il se rabougrit et ne pousse pas; sa fibre est tenace, mais courte et rude; dans le second, il croît en hauteur, mais il reste malingre, sans force et ne donne que des produits de mauvaise qualité.

Le chanvre s'accommode assez bien de tous les terrains; cependant ceux qui lui conviennent le mieux sont les plus riches en humus ou terre végétale. Le terrain destiné à cette culture doit être fumé avec des engrais chauds et bien consommés. Cette opération a lieu en automne. A cette même époque de l'année, il faut que le sol soit labouré profondément; on renouvelle le labour au printemps, mais plus légèrement. Le semis se fait, suivant les localités, au mois de mars, d'avril, de mai ou même de juin; l'essentiel est qu'on n'ait plus de gelée à redouter, et la récolte peut commencer trois ou quatre mois après. On récolte d'abord le chanvre mâle, qui jaunit le premier, puis un mois ou six semaines plus tard, le chanvre femelle et l'on sépare de ce dernier la graine (chènevis) en faisant passer la tête de la plante à l'égrugeoir. Nous parlerons plus loin de cette graine, qui constitue une marchandise assez importante. Le chanvre, arraché et séché, est soumis à une opération qu'on nomme le rouissage, et qui a pour objet de séparer, par la fermentation, les fibres ligneuses unies entre elles par une substance gommo-résineuse.

Il existe trois systèmes de rouissage employés suivant les pays : le rouissage dans l'eau stagnante, qui est fort malsain à cause des exhalaisons délétères dont il provoque le dégagement; le rouissage dans l'eau courante, qui est préférable sous le rapport hygiénique aussi bien que sous le rapport industriel, mais qui a l'inconvénient de faire périr les poissons, empoisonnés par la substance narcotique dont la plante est imprégnée dans toutes ses parties; enfin le rouissage sur pré, plus lent que les précédents, mais parfaitement inoffensif et donnant de très bons résultats. On a proposé quelques routoirs mécaniques, dont aucun n'a réussi, et l'on est revenu au rouissage sur pré, qui a pris, depuis quelques années, une grande extension.

Lorsque le rouissage est terminé, on sèche de nouveau le chanvre, et on le sépare de la chènevotte, par une manipulation qui varie aussi selon les contrées. En beaucoup d'endroits, on pratique le teillage, qui se fait à la main; ailleurs, on a recours à des procédés mécaniques, qu'on appelle le broyage et le ribage. La dernière opération est celle du sérançage, qui a pour but d'affiner la filasse. Le teillage est encore en faveur dans la Bourgogne et dans la Champagne. En Picardie, en Alsace et en Anjou, on préfère le broyage.

Le rendement moyen d'un hectare de chanvre est de 650 à 700 kilos de filasse, et d'une quantité de chènevis à peu près triple de celle qui a servi à l'ensemencement. La tige de la plante, après qu'on en a retiré la filasse, est sans usage important. On en fait, dans certains départements, des allumettes soufrées; elle fournit aussi un charbon assez convenable pour la fabrication de la poudre à tirer; mais la préparation de ce charbon est difficile à cause de la rapidité avec laquelle il se réduit en cendres.

Dans quelques contrées de l'Asie, on fume les feuilles de chanvre mêlées avec celles du tabac; enfin c'est du chanvre que s'extrait la substance célèbre qu'on nomme haschich et que le Vieux de la Montagne administrait à ses sicaires, les hachichin (d'où l'on a tiré le mot assassin), pour leur donner, par l'ivresse voluptueuse qu'elle leur procurait, un avant-goût des récompenses réservées, dans le paradis de Mahomet, à leur fanatisme meurtrier. On a apporté, préparé et expérimenté en France, il y a une dizaine d'années, quelques échantillons de haschich, mais cette substance ne pouvant être considérée comme un médicament, la vente en a été prohibée par l'autorité.

L'usage du chanvre, pour la confection des cordes de toute espèce, remonte à la plus haute antiquité; mais, comme fibre textile pouvant servir à la fabrication du linge, son emploi est tout à fait moderne. Au temps d'Olivier de Serres, on n'en faisait que des tissus très grossiers, et l'on citait comme objets d'un luxe

Fig. 285. — Mettage en mains.

extraordinaire, ainsi que comme un vrai tour de force du fabricant, les deux chemises de toile de chanvre que possédait la reine Catherine de Médicis. De nos jours, les anciens usages du chanvre, c'est-à-dire la fabrication des cordes, des ficelles, des toiles d'emballage, de la toile à torchons, etc., sont encore de beaucoup les plus importants; toutefois, on utilise la belle filasse, concurremment avec le lin et le coton, pour tisser des toiles dont on peut faire des draps, des serviettes et même du linge de corps d'une finesse supportable et d'une grande solidité.

Le chanvre est l'objet d'une culture très suivie, très étendue et très productive, aux États-Unis, en Italie, en Russie et en Allemagne. La France tire de ces pays une grande partie de celui qu'elle consomme, bien qu'elle possède aussi de vastes chènevières, principalement dans les départements formés des anciennes provinces de Champagne, de Picardie, d'Artois, d'Alsace, de Bourgogne, de

Touraine et d'Anjou. La production du chanvre est absolument nulle en Espagne, en Portugal et en Angleterre. Aussi ces pays sont-ils obligés de prendre au dehors la totalité du chanvre dont ils ont besoin. L'Angleterre seule en importe chaque année pour près de 13 millions.

Les chanvres français les plus estimés étaient autrefois ceux de Champagne;

Fig. 286. — Pliage de la chaîne.

mais ils ont dégénéré depuis quelques années, et on leur préfère aujourd'hui ceux de l'Anjou, de la Touraine, et surtout de la Picardie.

Le chanvre se vend quelquefois en tiges vertes ou sèches, réunies en bottes assez grosses, et s'expédie ainsi sur les lieux où il doit être préparé pour l'usage de l'industrie; mais, dans la grande majorité des cas, c'est dans le pays même où on le récolte qu'il subit les préparations nécessaires. On le reçoit donc ordinairement brut et simplement roui, ou bien teillé ou broyé, ou bien peigné, c'est-à-dire tout prêt à être mis en œuvre par les tisserands, ou bien enfin en étoupes, qui sont des filaments plus ou moins mêlés et enchevêtrés, provenant du peignage et du sérançage des chanvres de bonne qualité. On connaît assez les usages du chanvre en ces divers états ; on sait que les étoupes reçoivent dans l'industrie et dans l'économie domestique diverses applications utiles ; qu'on les emploie en grandes quantités pour calfater les navires; qu'on en rembourre les meubles; qu'on en fait des boudins ou bourrelets pour boucher les interstices des portes et des fenêtres, etc.

Le chanvre brut présente des brins de $1^m,30$ à $1^m,60$ environ, d'une teinte fauve grisâtre, tenaces, gras, transparents, résistants, mêlés de chènevotte et de débris ligneux. Ces brins doivent être égaux entre eux, et leurs extrémités ou têtes ne doivent pas être fourrées d'étoupes. Si le chanvre a été préparé par le broyage, il est sec et rude au toucher, bien que ses fibres soient fines et bien divisées.

Le chanvre teillé est en général plus fort, plus nerveux et plus soyeux; mais il se peigne moins aisément et le déchet qu'il éprouve est plus grand pour l'amener à un même degré de finesse, ce qui tient à ce que ses fibres sont plus entières et plus grosses. Quant aux espèces de chanvres peignés, elles varient presque à l'infini, selon les instruments qu'on a employés, selon la qualité naturelle du chanvre, et selon le plus ou moins de soin et d'habileté apporté à l'opération. Cependant le beau chanvre peigné doit être long, brillant, soyeux, doux au toucher, exempt d'étoupes et de débris ligneux, et d'une teinte écrue, tirant plutôt sur le blanc grisâtre que sur le jaune.

Les chanvres bruts ou peignés s'expédient sans emballage; les écheveaux sont réunis en paquets qui en contiennent une centaine environ et qui pèsent 50 kilogrammes.

Les variétés ou sortes de chanvres connues sur les marchés sont très nombreuses; elles se distinguent principalement par le nom de leur provenance, bien que chacune puisse comprendre, en outre, des sous-variétés auxquelles on applique des désignations particulières. On classe les chanvres français selon leur beauté, abstraction faite de leur origine, en plusieurs catégories où les personnes habituées à ce genre de commerce peuvent seules se reconnaître.

Ainsi, il y a le chanvre cru ou chanvre en masse, le chanvre courton, le chanvre filasse, le chanvre sérancé. Ce dernier se divise lui-même en chanvre prêt à filer, en chanvre à écheveaux et en chanvre affiné, moyen et commun. Le chanvre affiné est blanc, lisse, égal et fin; le chanvre moins blanc, chanvre commun, est grisâtre et inégal. Le chanvre en masse ou chanvre cru, que les Italiens appellent *canape greggis*, est celui qui n'a reçu aucune préparation.

Au point de vue botanique et agricole le chanvre est un genre de plantes qui ne renferme guère qu'une seule espèce, le *chanvre cultivé* (*cannabis sativa*); mais plusieurs de ses variétés ont été regardées par quelques auteurs comme autant de types spécifiques; nous en parlerons plus loin. On ignore la vraie patrie de cette plante, ou du moins il règne encore beaucoup d'incertitude à ce sujet.

Son aire géographique est très étendue, car on l'a trouvée spontanée en Russie, dans l'Asie centrale, dans l'Inde et en Australie. L'opinion la plus répandue fait venir le chanvre des régions chaudes de l'Asie. D'autres pensent non sans raison que son point de départ a été le nord de l'ancien continent; il est certain que les Scythes, les Scandinaves et les Germains le cultivaient très anciennement, pour en faire des toiles, des vêtements, des voiles pour leurs navires. Les nations riveraines de la Méditerranée paraissent ne l'avoir connu qu'assez tard, et on peut croire que, dans les premiers temps, ils n'en ont pas tiré tout le parti possible.

Un passage des satires de Perse nous apprend que, chez les Grecs comme chez les Romains, le chanvre ne servait qu'à faire des câbles, des cordages, des filets de chasse. Sous les empereurs, d'après M. Hœfer, tout le chanvre nécessaire aux emplois de guerre se fabriquait à Ravenne, en Italie, et à Vienne, dans les Gaules. Avant l'époque où vivait Olivier de Serres, on fabriquait de la toile avec le chanvre; mais c'est seulement sous Catherine de Médicis que l'on réussit à en obtenir d'assez fine pour faire du linge de corps; on cita comme une nouveauté les deux chemises de chanvre que possédait cette reine.

Aujourd'hui, cette plante est cultivée dans presque toutes les contrées où le sol est livré à l'agriculture.

Parmi les pays les plus renommés pour la production du chanvre, on cite le Bolonais en Italie, le grand-duché de Bade, le Piémont, l'Égypte, quelques cantons de la Prusse, de la Russie et de la Suisse, la vallée du Grésivaudan et plusieurs départements français.

Le chanvre est une plante à fleurs dioïques; les mâles sont disposées en grappes. Il y a cinq étamines opposées aux folioles du périgone, et des anthères terminales, grandes, oblongues, pendantes, à deux loges quadrisillonnées opposées, qui s'ouvrent longitudinalement. L'ovaire est rudimentaire, presque nul. Les fleurs femelles sont réunies en épi et unibractées. Leur périgone est monophylle urcéolé, très finement membrané, l'ovaire qu'il recouvre est uniloculaire et subglobuleux. Le style court, terminal, porte deux stigmates allongés et pubescents. Le fruit est une cariopse uniloculaire bivalve; il contient une graine oncinée à test verdâtre, colorée à l'ombilic et finement membranacée. Les feuilles inférieures sont opposées; les supérieures sont alternes, incisées, hispides. Les pieds mâles sont plus grêles, moins élevés que les femelles; ils diffèrent d'aspect et arrivent plus tôt au terme de leur développement. Dans les campagnes, on appelle *chanvre mâle* les pieds femelles, et *chanvre femelle* les pieds mâles. Il est bon d'ajouter que ces dénominations n'emportaient, dans l'origine, aucune idée de distinction entre les sexes, et n'étaient qu'une sorte de métaphore indiquant la supériorité habituelle en taille et en force des mâles sur les femelles, que l'on remarque dans le règne animal.

Il existe une variété de l'espèce commune, dite chanvre de Piémont, dont la tige atteint plusieurs mètres de hauteur; elle a l'avantage de produire en abondance de grosse et forte filasse pour les besoins de la marine; mais elle présente l'inconvénient de dégénérer rapidement, et de retourner en peu d'années aux proportions du chanvre ordinaire, lorsqu'elle est cultivée dans un autre pays.

Le chanvre de Chine ou gigantesque est regardé par les uns comme une espèce distincte, et par les autres comme une ancienne variété de chanvre commun. Quoi qu'il en soit, son aspect diffère sensiblement de celui de ce dernier. Les branches du chanvre de Chine sont plus larges et plus diffuses, et retombent un peu aux extrémités; ses feuilles, très longues, ont des folioles beaucoup plus souples, ce qui donne à l'ensemble de la plante un aspect pleureur très caractéristique. Cette espèce de variété peut atteindre une taille encore plus élevée que celle du chanvre de Piémont. On en a vu des pieds qui mesuraient plusieurs mètres de longueur. Le chanvre de Chine ne donne pas de graines sous le climat de Paris ; mais il fructifie parfaitement aux environs de Toulon. On peut l'employer aux mêmes usages que le chanvre commun et celui de Piémont. Les Orientaux le cultivent surtout comme plante enivrante. Ses diverses parties, soit seules, soit associées à d'autres substances, telles que l'arec ou l'opium, et mises sous forme de poudres, de pilules, de pastilles, de breuvages divers, servent aux musulmans et aux nègres à se procurer une ivresse tantôt agréable et riante, tantôt délirante et furieuse. Parmi les préparations de ce genre, la plus employée est le hachich.

Le chanvre n'est pas précisément délicat sous le rapport du climat ; néanmoins, une température douce et même chaude est celle qu'il affectionne. Il craint tout à la fois l'excès de la sécheresse et l'excès de l'humidité. Les sols bien amendés, riches en humus, ameublis par de bons labours, frais sans être humides, sont ceux qui lui conviennent le mieux. Le plus souvent, on ne cultive le chanvre que sur une petite échelle ; et il n'en est point question dans un assolement régulier. Il peut être cultivé pendant une longue suite d'années à la même place, « vraisemblablement, dit M. Joigneaux, parce que les engrais qu'on fournit restituent en grande partie au sol les éléments minéraux que le chanvre lui enlève à chaque récolte. Néanmoins, un moment arrive toujours où, malgré les fumures copieuses, il convient de s'arrêter ; c'est lorsque l'orobanche envahit la chènevière ». Quand, par exception, le chanvre est destiné à faire partie d'un assolement, on le place ordinairement après le trèfle ou les pommes de terre. Il vient aussi très bien sur les gazons rompus, les marais desséchés, etc.

L'époque du semis varie, suivant les localités, de mars à juin.

On met, en général, 260 à 300 litres de graine par hectare. Le choix de la semence est très important. La graine de la dernière récolte est la seule qu'on doive employer ; elle doit être lourde, luisante et d'une couleur gris foncé.

Comme les petits oiseaux sont très friands de graines de chanvre, il faut garder la chènevière jusqu'à ce que les plantes soient complètement sorties de terre.

Quand le chanvre a bien pris, il doit couvrir entièrement le sol, de manière à étouffer toute végétation adventice. Il n'exige donc aucun soin pendant le cours de sa végétation. Ses ennemis sont, du reste, en très petit nombre : on signale seulement, parmi les insectes, la larve du sphinx tête de mort, et, parmi les plantes, l'orobanche et la cuscute, qui, l'une et l'autre, indiquent l'épuisement du sol. Les petits oiseaux commettent quelques dégâts en mangeant le chènevis, quand il est mûr.

Les pieds mâles du chanvre sont plus hâtifs que les femelles ; ils arrivent quatre à six semaines plus tôt à leur maturité ; on est donc forcé de les récolter avant les autres.

Le chanvre mâle donne la meilleure filasse ; mais sa récolte a l'inconvénient d'exiger beaucoup de main-d'œuvre, et, en outre, de causer la perte d'un grand nombre de pieds femelles. Pour ces motifs, et comme d'ailleurs le nombre des pieds mâles n'atteint guère que le quart de celui des femelles, on a proposé de ne faire qu'une seule récolte. Néanmoins, il est probable que l'ancienne méthode se maintiendra ; car il est essentiel, pour la qualité du produit, que tous les pieds soient parvenus au même degré de maturité, afin que le rouissage, le blanchiment et la teinture agissent sur la filasse et sur les tissus d'une manière uniforme.

On arrache le chanvre à la main, et on le lie par petits paquets, que l'on dresse les uns contre les autres, soit par faisceaux, soit sur deux files parallèles formant toiture, et appuyées contre une perche maintenue horizontalement par des piquets, à une certaine hauteur du sol. Quand la récolte est finie, le chanvre mâle est immédiatement porté au routoir; on attend davantage pour le chanvre femelle. Celui-ci doit être préalablement desséché, afin qu'on puisse en détacher

Fig. 287. — Le bobinage.

la graine. On procède ensuite au rouissage. Cette opération, qui est une véritable fermentation, a pour but de séparer les fibres de l'écorce des autres parties de la tige, en dissolvant la matière gommo-résineuse qui les unit.

Au sortir du routoir, on fait sécher le chanvre, puis on le met en bottes, en attendant le moment d'extraire la filasse. Cette extraction, désignée quelquefois sous les noms de macquage ou broyage, se fait au moyen du couteau à macquer, de la broye ou de toute autre machine analogue. Quand la filasse est entièrement séparée des parties ligneuses ou chènevottes, on la fait passer successivement entre les dents de peignes de différents calibres, afin de l'approprier et d'en faire plusieurs sortes, suivant la finesse et la longueur des fibres textiles. Pour faciliter ces diverses opérations, on fait chauffer le chanvre, soit au four, soit dans le fourneau. La première méthode est suivie par les petits cultivateurs, qui utilisent ainsi la chaleur qui reste dans le four après la cuisson du pain.

Dans la grande culture, le chanvre est porté au fourneau dès que le rouissage est terminé. Ce fourneau consiste en un trou carré de 2m,30 de profondeur, sur 3m,50 de largeur, ouvert dans le sol à un endroit où se rencontre une dépression de terrain, par exemple au bord d'un chemin creux. Une ouverture pratiquée à la partie basse sert à entretenir le feu. La partie supérieure est recouverte par une claie en bois, au-dessus de laquelle le chanvre est disposé sur une épaisseur convenable. On doit veiller avec le plus grand soin à ce que le chanvre soit retiré à temps. La plus légère négligence peut occasionner l'incendie de tout ce qui recouvre la claie. « Avant de procéder à cette dessiccation, dit M. Joigneaux, on prend ses mesures; on s'assure du concours d'un grand nombre d'ouvriers des environs, hommes, femmes et jeunes gens, qui exécutent le broyage de tout le chanvre dans le courant de la même journée, au fur et à mesure qu'on l'enlève de dessus la claie. Il n'y a point à se croiser les bras; la besogne est rude pour tout le monde, mais aussi cette besogne se termine par une grande fête. On fait grasse chère, et le cidre arrose les bons morceaux. »

La filasse du chanvre est, après la soie, la matière textile la plus tenace. On l'emploie pour faire un fil très fort, de la ficelle, des cordes, des câbles pour la marine, des toiles à voiles; mais la force dans le chanvre n'exclut pas la finesse; ses fibres convenablement préparées donnent des fils et des tissus aussi fins, aussi blancs que ceux qu'on retire du lin. La toile usée est facilement convertie en papier.

On tire parti des chènevottes, soit pour faire des allumettes, ce qui devient de plus en plus rare, soit pour chauffer les fours, soit enfin pour faire un charbon des plus estimés pour la fabrication de la poudre à canon.

Le chènevis ou graine de chanvre est susceptible de servir à l'alimentation de l'homme; on en fait une assez grande consommation dans les provinces occidentales de la Russie. On l'emploie encore avec avantage à nourrir les volailles et surtout les oiseaux de volière à gros bec. Enfin, on en extrait une huile siccative employée dans la peinture, la fabrication des savons mous, l'éclairage et même les usages culinaires, dans certaines contrées. Les tourteaux de chanvre ou résidus d'huilerie de chènevis sont excellents pour engraisser les bestiaux, qui en sont très friands. Les feuilles du chanvre constituent un excellent engrais; on a même conseillé cette plante enfouie en vert, pour améliorer les mauvais terrains.

LE TABAC

Le mot tabac désigne communément les feuilles séchées de la nicotiane (*nicotiana tabacum*), plante de la famille des solanées, originaire des contrées les plus chaudes de l'Amérique continentale et des Antilles, mais qui s'est parfaitement acclimatée dans beaucoup d'autres pays de climats très divers. Au Brésil, au Mexique, à la Floride, cette plante porte le nom de *Pétun*. Elle fut introduite en Europe au XVe siècle par les Portugais, qui l'avaient découverte et en avaient appris le singulier usage, dans leur île de Tabago : d'où son nom vulgaire de tabac et son nom latin *tabacum*, que les botanistes français ont ajouté à celui de *nicotiana*. Quant à ce dernier, il est destiné à rappeler que cette plante fut apportée en France, vers le milieu du XVIe siècle, par le sire Jean Nicot de Villemain, ambassadeur du roi François II en Portugal. Jean Nicot en fit hommage à Catherine de Médicis et au grand prieur de France, ce qui la fit appeler aussitôt herbe à la reine, herbe du grand prieur, herbe de l'ambassadeur. Un certain Thiénet, qui visita l'Amérique bien avant l'époque de la mission diplomatique remplie par Nicot, a réclamé dans un in-folio, publié en 1617, la priorité de l'importation du tabac. « Je puis me vanter, dit-il, avoir été le premier en France qui a apporté la graine de cette plante, et pareillement semé, et nommé ladite plante l'herbe angoumoise. Depuis, un quidam qui ne fit jamais le voyage, quelque dix ans après que je fus de retour, lui donna son nom. » Quoi qu'il en soit de la valeur de cette réclamation, il est certain que si le tabac existait en France avant Nicot, ce fut bien ce personnage qui le fit connaître, et mérita ainsi de lui donner son nom. En Angleterre, le tabac ne fut introduit que quelques années plus tard par sir Walter Raleigh, favori de la reine Élisabeth, lequel, revenant d'Amérique où il était allé présider à l'organisation de quelques établissements anglais, rapporta des feuilles et des graines de tabac, et, qui plus est, une pipe dont il savait fort bien se servir.

Le tabac ou nicotiane est une plante annuelle à grandes feuilles d'un vert terne, à tiges droites et rameuses, à fleurs petites et d'un rose pâle. Il atteint une hauteur de 1 mètre à 1m,50. Toute la plante, hormis les fleurs, exhale une odeur forte. Ses feuilles renferment une huile essentielle à laquelle est due cette odeur, et un principe alcaloïde, la nicotine, qui existe en proportion variable (de 2 à 8 0/0 après dessiccation) dans les différentes espèces, et qui est un poison narcotico-âcre des plus violents. La présence de la nicotine fait du tabac une plante vénéneuse et médicamenteuse, dont les sauvages avaient probablement reconnu dès longtemps les propriétés, et qu'ils employaient, contre certaines maladies, en infusions et en fumigations. Ce sont sans doute ces fumigations qui ont donné naissance à l'usage bizarre de brûler les feuilles de tabac desséchées, pour en aspirer la fumée.

Pays de production. — Le tabac est cultivé en grand dans le nord des États-Unis, dans l'Amérique centrale et méridionale, principalement au Pérou et au Brésil, à Cuba et à Saint-Domingue, à Manille, à Java, dans l'Inde, en Grèce, en Hongrie, en Hollande et en Belgique, dans le Palatinat et généralement dans toute l'Allemagne; en France, dans les départements des Alpes-Maritimes, des Bouches-du-Rhône, de la Dordogne, de la Gironde, de l'Ille-et-Vilaine, du Lot, de Lot-et-Garonne, de la Meurthe, de la Moselle, du Nord, du Pas-de-Calais, du Bas-Rhin, du Haut-Rhin, de la Haute-Savoie, du Var; enfin en Algérie, et depuis peu, à titre d'essai, en Corse et dans la Haute-Savoie. La production du tabac a suivi en Algérie, depuis quelques années, une marche rapidement progressive. Actuellement la production annuelle est de près de dix millions de kilogrammes, et les quantités livrées à la régie s'élèvent environ à cinq millions de kilogrammes. C'est à peine la cinquième partie de ce qui passe annuellement par les ateliers de l'État. Le reste est fourni par la culture intérieure dont le produit peut être évalué approximativement à une vingtaine de millions de kilogrammes et par l'importation.

Les tabacs indigènes offrent des caractères différents : les uns sont réservés à la fabrication de la poudre à priser et les autres sont employés dans la fabrication des tabacs à fumer et des cigares. On classe dans la première catégorie les tabacs du Lot, du Lot-et-Garonne, du Nord et de l'Ille-et-Vilaine; ceux des autres départements sont classés dans la seconde.

Enfin le tabac d'Algérie, qu'on assimile aux tabacs indigènes, est, suivant la

Fig. 288. — Roues pour cannetage.

nature du sol et les soins apportés à sa culture, de qualité très variable. Certaines plantations, et notamment celles des Arabes, en produisent qui ne le cèdent point aux meilleurs tabacs exotiques, tandis que d'autres ne donnent que des produits de qualité inférieure et presque de rebut.

La majeure partie des tabacs récoltés en Algérie est achetée par la régie; une partie est absorbée par la consommaiion locale et le surplus est exploité. Jusqu'à présent les ventes pour l'exportation ont pris peu d'extension.

Récolte et fabrication du tabac. — En France la récolte des feuilles de tabac s'opère lorsqu'elles se couvrent de taches jaunes, ce qui a lieu au commencement de l'automne. On choisit pour cette récolte un jour où le sol ne soit pas humide; on coupe les feuilles et on les laisse se faner sur la terre, au soleil; puis on les met en tas et on les transporte sous des hangars où on les étend, pour les faire sécher, sur des ficelles tendues à cet effet. Lorsqu'elles sont bien sèches, on les met en balles comprimées, soit pour les emporter, soit pour les diriger sur

les manufactures. Les manufactures de France sont au nombre de quatorze. Elles sont situées à Paris, Bercy, Lyon, Toulouse, Marseille, Bordeaux, Nantes, le Havre, Lille, Strasbourg, Dieppe, Morlaix, Tonneins et Châteauroux.

Fig. 289. — Travail du lin et du chanvre (Piquage à la machine).

La direction générale de Paris a adopté un mode de fabrication uniforme pour toute la France. Les légères différences qu'on peut observer dans les produits sont dues aux idées particulières des directeurs sur la fabrication et surtout à la nécessité où ils sont de satisfaire au goût des groupes de consommateurs qu'ils doivent approvisionner.

Les feuilles arrivent à la fabrique en balles faites comme il a été dit plus haut. Avant de passer dans les ateliers de fabrication, elles subissent trois opérations préliminaires, savoir : l'époulardage, c'est-à-dire le nettoyage et le tirage; le mouillage, qui se fait avec de l'eau salée, pour leur donner de la souplesse, et les préserver de la moisissure, et l'écôtage, qui consiste à enlever la côte médiane des feuilles et leurs nervures saillantes. Elles revêtent ensuite quatre formes différentes, celle des cigares, celle de tabac à fumer, celle de tabac à priser et celle de rôle à mâcher ou, c'est le mot consacré, à chiquer. Les cigares sont confectionnés par des femmes qui passent leur journée à rouler les menues feuilles entre leurs doigts, puis à les revêtir d'une feuille plus grande, exempte de côtes et de déchirures, et qui constitue la robe du cigare. Le tabac à fumer ou scaferlati est haché, au moyen de machines mues par la vapeur, en lanières très ténues. On lui fait subir ensuite une sorte de torréfaction, sur des tables creuses en tôle, dans lesquelles circule de la vapeur très chaude; on achève de le sécher à une température plus douce et on le met en paquets de 500, 200 et 100 grammes.

Le scaferlati ordinaire, vulgairement appelé caporal, est fabriqué avec un mélange de feuilles de diverses provenances. Les manufactures françaises fabriquent également des scaferlatis étrangers; les sortes, au nombre de trois seulement, désignées par le nom du pays d'où proviennent les feuilles qui entrent exclusivement dans leur fabrication, sont : le maryland, le varinas (tabac du Levant) et le latakié.

Pour la fabrication du tabac à priser, on choisit des tabacs gras et corsés, comme le virginie, et des tabacs forts comme le hollande, le nord et le lot. Cette fabrication est assez compliquée. Les feuilles sont d'abord entassées en masses énormes, et livrées à une première fermentation qui dure de cinq à six mois. On les râpe ensuite, on les fait fermenter de nouveau pendant plusieurs mois; enfin, on tamise la poudre et on la met en paquets. Le tabac à priser doit posséder trois qualités fondamentales : le parfum, qui est dû à l'huile essentielle odorante, contenue dans les feuilles et développée par la fermentation; le montant que lui donne l'ammoniaque engendrée par la décomposition de ses principes azotés et hydrogénés, et la force, qui est due à la nicotine, dont le tabac à priser renferme encore 2 1/2 ou 3 0/0.

Les rôles à mâcher se consomment principalement dans les ports de mer. La consommation en est relativement peu considérable, et la fabrication extrêmement simple. On en distingue deux sortes : les rôles ordinaires, vulgairement appelés carottes et les rôles menu-filés, que l'on désigne aussi sous le nom de tabac en ficelle. Les premiers sont de véritables cordes en feuilles de tabac; les feuilles du Nord, du Lot et du Lot-et-Garonne, forment l'intérieur, et l'extérieur est d'ordinaire en tabac de Virginie. Les secondes se fabriquent avec du virginie seulement; ils sont de qualité supérieure.

Il nous est impossible, on le comprend, d'étudier dans tous les pays de l'Ancien et du Nouveau Monde, un produit dont l'importance commerciale se traduit par de pareils chiffres. Nous nous bornerons donc à quelques indications sommaires, qui nous semblent devoir intéresser le lecteur, en lui servant en quelque sorte de jalons pour se former une idée plus nette de la nature et du degré de développement de la branche de commerce qui nous occupe.

Après avoir donné une idée générale du tabac, étudions-le au point de vue botanique et agricole.

Le genre tabac ou nicotiane renferme des plantes herbacées ou frutescentes, à feuilles alternes, généralement amples; les fleurs, réunies en grappes ou en panicules terminales, présentent un calice campanulé ou urcéolé, un peu irrégulier, persistant, à cinq divisions; une corolle tubuleuse, en entonnoir ou en coupe, à cinq lobes: cinq étamines, à filets longs; un ovaire libre, à deux loges multiovulées, surmonté d'un style simple terminé par un stigmate en tête; le fruit est une capsule ovoïde, mince, membraneuse, entourée par le calice, divisée en deux loges qui renferment des graines très petites, mais très nombreuses. Les nombreuses espèces de ce genre croissent en Amérique, notamment dans les parties centrales de ce continent; mais plusieurs d'entre elles sont aujourd'hui cultivées en grand dans presque toutes les contrées chaudes ou tempérées du globe.

Le tabac ordinaire ou tabac proprement dit, appelé aussi petun, herbe à la reine, etc., est une plante annuelle, couverte, sur toutes ses parties herbacées, de poils glanduleux, visqueux; sa tige, qui atteint et dépasse même la hauteur de 2 mètres, est droite, robuste, rameuse au sommet et porte des feuilles alternes, sessiles, un peu embrassantes, très grandes, lancéolées, oblongues, molles, d'un beau vert; les fleurs, grandes, roses, munies de bractées, sont disposées en grappes, dont l'ensemble constitue une ample panicule terminale; la capsule renferme des graines noires. Cette espèce, originaire des régions chaudes de l'Amérique du Sud, est la plus anciennement et la plus fréquemment cultivée, soit dans les jardins d'agrément, pour l'élégance de son port et la beauté de sa floraison, soit en grand, dans les champs, pour ses usages économiques. Elle a produit de nombreuses variétés ou races plus ou moins vigoureuses, à feuilles plus ou moins longues ou larges, ou aiguës, à fleurs de couleur carnée ou d'un rose plus ou moins foncé. Ces variétés n'offrent pas de caractères assez nettement tranchés pour pouvoir être distinguées au point de vue botanique ou horticole; on peut citer néanmoins le tabac du Guatemala, à fleurs blanches, relativement petites, groupées en panicule compacte, et plus tardives, et le tabac du Cap, à feuilles très amples, ondulées et à fleurs roses. Dans le commerce, on distingue de nombreuses variétés ou plutôt de sortes de tabac, d'après l'abondance ou la dimension des feuilles, leur odeur, leur saveur, leur composition chimique, en un mot tous les caractères qui influent sur leur valeur marchande; on les désigne généralement par le nom du lieu de leur provenance.

Le tabac du Maryland ou à larges feuilles, regardé par la plupart des auteurs comme une simple variété de l'espèce précédente, s'en distingue surtout par ses tiges plus robustes, ses feuillles plus amples et plus ondulées, largement ovales ou condiformes aiguës, et par ses fleurs un peu plus grandes et d'un rouge pâle. C'est sans doute à ce type qu'il faut, d'après MM. Vilmorin, rapporter une variété récemment introduite dans les jardins sous le nom de tabac géant à grandes fleurs rouges ou pourpres. Cette variété, beaucoup plus grande et plus robuste dans toutes ses parties, a des feuilles qui atteignent 0^{m},45 de longueur sur 0^{m},30 de largeur et des fleurs d'un rose pourpré ou d'un rouge carminé assez intense. Le tabac de Virginie est aussi rattaché par plusieurs botanistes à la première espèce;

sa tige, qui dépasse rarement la hauteur de 1^m,50, porte des feuilles beaucoup plus petites, obliquement pointues au sommet; ses fleurs rosées sont disposées en grappes peu nombreuses et paniculées.

Le tabac glauque est un arbrisseau de 4 à 5 mètres, à feuilles longuement pétiolées, ovales aiguës, d'un vert très glauque; ses fleurs, très abondantes, sont d'abord d'un jaune verdâtre, passent ensuite au jaune clair et luisant. Originaire de l'Amérique du sud, il est aujourd'hui presque naturalisé dans le midi de la France; sous la latitude de Paris, on le cultive comme bisannuel; dans tous les cas, il se fait remarquer par la rapidité de sa croissance. Le tabac à longues fleurs est une espèce annuelle, atteignant rarement la hauteur de 1 mètre, à grandes feuilles glabres et d'un vert gai, à fleurs blanches au dedans, fauves ou jaunâtres au dehors; il est originaire du Chili, et on le cultive dans les jardins, à cause de l'abondance et de la dimension de ses fleurs. Le tabac à fleurs de pervenche ressemble beaucoup au précédent, dont il se distingue beaucoup par ses fleurs blanches, longuement tubuleuses, qui en font une très jolie espèce.

Le tabac glutineux est une plante annuelle, visqueuse dans toutes ses parties, à feuilles pétiolées, condiformes, ondulées, tomenteuses et à fleurs d'un rouge pâle, un peu irrégulières; il croît au Pérou. Le tabac paniculé est aussi annuel; sa tige roide, haute de 1 mètre à 1^m,50, couverte, comme toutes les autres parties de la plante, d'un duvet blanchâtre, porte des feuilles ovales, entières, presque condiformes, acuminées; ses fleurs forment une panicule grêle et peu ramifiée; il croît aussi au Pérou. Le tabac à feuilles de voigandià se fait moins remarquer par ses fleurs, d'un blanc jaunâtre terne, qui atteignent la longueur de 0^m,80, on ignore sa vraie patrie. Le tabac rustique est une plante annuelle, velue, glutineuse, à feuilles ovales, entières et à fleurs d'un vert jaunâtre; on pense que c'est la première espèce introduite en Europe, où elle est aujourd'hui presque complètement naturalisée.

Culture. — Bien qu'il soit originaire des pays chauds, le tabac est cultivé en grand, mais seulement comme plante annuelle, dans tout le midi et le centre de l'Europe et jusqu'en Hollande, mais pour qu'il réussisse sous les climats froids, il faut que l'été y soit assez long et assez intense pour que la plante puisse parcourir toutes les phases de sa végétation; il faut aussi choisir les expositions les plus chaudes et les plus abritées. Toutefois, dans les contrées méridionales, les produits sont plus abondants et de meilleure qualité. Les sols qui conviennent le mieux à cette plante sont ceux qui sont profonds, de consistance moyenne, assez frais en été, riches et, autant que possible, anciennement fumés, enfin, bien nettoyés des mauvaises herbes. Le terrain choisi doit être bien ameubli par un bon labour en automne, un second vers la fin de l'hiver; enfin, deux labours séparés par un hersage, dans le courant d'avril. La fumure, qui est en général abondante et composée d'engrais riches en sels alcalins, est répandue sur le sol après le labour d'automne et enfouie par celui d'hiver.

On ne peut guère semer le tabac à demeure ou en place, vu l'extrême finesse de la graine, qui ne permettrait pas de la répartir régulièrement. On sème donc en pépinière, dans le courant de mars, et on transplante les jeunes pieds en uin, sur un dernier labour, suivi d'un hersage et d'un roulage. S'il ne survient pas de pluie après la plantation, on doit y suppléer par des arrosages pour faciliter la reprise.

Au bout de quinze jours ou trois semaines, on bine légèrement et, un peu plus tard, on raffermit chaque pied par un léger buttage. Il ne reste plus, pour assurer la bonne végétation de la plante, qu'à détruire les mauvaises herbes par

Fig. 290. — Travail des étoffes (le piquage).

des sarclages assez fréquemment réitérés. Dès que la couronne des plantes commence à se former, on la pince, c'est-à-dire qu'on en coupe l'extrémité entre les ongles du pouce et de l'index ; on en renouvelle cette opération sur tous les bourgeons, au fur et à mesure qu'ils se développent, en ayant soin de la pratiquer toujours dans la matinée ; ces pincements ont pour but et pour résultat de favoriser le développement des feuilles inférieures.

Tels sont les principes généraux de la culture du tabac; mais, dans l'application, cette culture présente quelques particularités intéressantes, dues à des circonstances étrangères à l'économie rurale. Dans certains pays, comme la Belgique ou la Hollande, elle est entièrement libre et subordonnée seulement aux conditions de sol ou de climat, et aux exigences du commerce. Dans d'autres, ne cultive pas qui veut le tabac; en France, par exemple, cette culture n'est autorisée que dans un certain nombre de départements, où elle occupe une étendue de 10,000 hectares environ. Elle est, en outre, soumise à des règlements qui prescrivent un mode de culture dont il n'est pas permis de s'écarter. Ainsi, par exemple, la régie fixe le nombre de plants que doit contenir chaque hectare, et ce nombre varie beaucoup, suivant les contrées; il est de 50,000 dans le Pas-de-Calais, de 10,000 seulement dans les départements méridionaux. « Ces prescriptions, disent MM. Girardin et Dubreuil, sont loin d'être en rapport avec les intérêts des cultivateurs du Midi, qui, avec une culture soignée et des engrais plus abondants, pourraient nourrir, sur un hectare de terre, un plus grand nombre de plants. » C'est encore la régie qui impose le choix de la variété qu'on doit adopter, et les cultivateurs se plaignent, non sans raison, de ne pouvoir choisir des races plus productives.

La récolte commence vers la fin de l'été; on doit pour cela choisir un beau temps et attendre que la rosée soit dissipée. Dès que les feuilles jaunissent et que leur extrémité se penche vers la terre, on coupe ces feuilles à leur point d'insertion; souvent même on coupe la tige rez terre. On laisse le tout couché sur le sol pendant quelques heures; après le coucher du soleil, la récolte est rentrée en grange ou sous un hangar; on enfile les feuilles à des ficelles qu'on suspend à l'air; quand ces feuilles sont suffisamment sèches, on les attache par paquets ou manoques de 25 à 30, la dernière servant à lier les autres; on en fait un grand tas, où elles reprennent bientôt leur souplesse. S'il se manifeste un peu d'humidité dans le tas, on l'ouvre et on le distribue en couches épaisses, que l'on remue fréquemment. Enfin, on réunit les manoques en balles, on les livre à la régie ou aux fabricants, et ici commence une nouvelle série d'opérations. Le tabac, naturalisé dans toutes les parties du monde, est aujourd'hui cultivé en grand dans plusieurs pays. Les lieux les plus renommés pour sa culture sont : la Havane, Bornéo, le Brésil, la Virginie, le Mexique, l'île de Ceylan. En Europe on estime particulièrement les tabacs de l'Italie, de la Hongrie et de la Hollande.

Parmi les tabacs indigènes en France, les meilleurs sont ceux de la Guyane, de la Normandie et de l'Artois. Le meilleur tabac pour la confection des cigares est cultivé à l'extrémité occidentale de l'île de Cuba, et on le désigne sous le nom vuelta-abajo; l'espèce la plus en vogue dans cette région est le nicotiana repanda. Celui que l'on cultive à l'est de la Havane, d'une qualité inférieure, se nomme vuelta-arriba. La plus célèbre vega ou plantation, nommée Yara, se trouve dans le voisinage de la ville de Santiago-de-Cuba.

Le bon tabac de Cuba ou de la Havane est aromatique, d'une belle couleur brune, à la feuille sans taches, mince, élastique, et qui brûle sans aucun goût âcre ou amer. Ce vuelta-abajo se divise en cinq classes :

1° Calidad ou libra, renommée pour l'excellence de son arome, sa couleur, son élasticité et la perfection de ses feuilles, particularité qui la rend inappréciable comme enveloppe de cigares; 2° ynjuriado principal ou premières, qui a moins de parfum, et dont la couleur est plus claire; cette classe fournit également les enveloppes; 3° segundas ou secondes, classe inférieure aux deux précédentes, sous tous les rapports, mais bonne pour faire le cigare lui-même et pour fournir des enveloppes de seconde qualité; 4° terceiras ou troisièmes, que l'on emploie généralement pour remplissage; 5° quartas ou quatrièmes, classe employée également pour remplissage.

Le tabac de choix est celui qui croît sur les bords des rivières périodiquement inondées, ce qui lui a fait donner le nom de tabac de rio. Ces rivières sont : Lo Rio, Riottondo et Pincer del Rio, et leur tabac se distingue de tous les autres par le sable fin que l'on trouve dans les plis des feuilles.

Les prix des tabacs de la Havane sont toujours élevés et les qualités supérieures se vendent extrêmement cher ; la plus grande partie est convertie en cigares dans l'île même, où on excelle à les fabriquer, et, de là, on les exporte en Europe, sous le nom général de havane et sous les noms particuliers de régalias, impériales, panatellas, etc. L'île de la Trinité produit aussi un tabac de qualité supérieure.

« Dans la partie orientale de l'île d'Haïti, on cultive trois espèces de tabac, dit M. Mangin : le nicotiana latifolia, le nicotiana angustifolia et une variété dite semilla de Cuba ou tabac de la Havane, connue dans le pays sous le nom de tabaco de olor (tabac d'odeur). Les deux premières espèces, qui sont cultivées en bien plus grande quantité que la troisième, composent la majeure partie des exportations et donnent presque exclusivement les feuilles propres à faire les enveloppes de cigares. Ce que le commerce recherche surtout dans ces tabacs, ce sont les feuilles longues, larges, sans trous, souples, fines et de belle couleur, propres à faire des couvertures ou capas.

« Le tabac d'odeur, qui a beaucoup plus de force, de résine, de montant, est beaucoup moins abondant. On le travaille peu, parce que le commerce allemand, qui a monopolisé, ou à peu près, la totalité des exportations, n'en retire qu'un trop faible bénéfice pour les frais qui s'allient aux envois de cet article. Le parti que l'on peut tirer du tabac de Saint-Domingue explique le prix qu'on en donne. On ne fume pas, dans la majeure partie des Antilles, sous le nom de cigares de la Havane, d'autres cigares que ceux qui sont faits avec toutes les rognures de feuilles à enveloppes, réunies et recouvertes d'une belle capa ordinaire. Cela fait un cigare faible et d'un goût très agréable, qui pourrait réussir en France.

« Le tabac pour l'exportation est emballé en surons de 1 quintal, de 100 livres françaises anciennes. Le quintal se compose en général de 16 à 20 manojos pour les tabacs de première qualité, et l'on compte qu'ils donnent de 18,000 à 20,000 enveloppes de cigares ; un bon ouvrier peut en retirer jusqu'à 25,000 dans les tabacs fins. »

Aux Etats-Unis, où il n'existe aucun monopole, la culture du tabac est immense, et c'est là que les nations européennes trouvent le complément nécessaire à leur consommation. Dans l'Etat de Connecticut, on cultive une qualité excellente pour enveloppes ; on en expédie une grande partie à Cuba, et l'Etat de New-York accapare le reste dans le même but. Ces variétés particulières sont précieuses à cause de la finesse de leurs feuilles et de l'absence de fibres épaisses. On a souvent tenté de transplanter la graine du tabac espagnol dans diverses parties du monde, particulièrement dans les Etats du centre de l'Union américaine ; dans certains cas, ces essais ont été couronnés d'un succès marqué. On a toutefois jugé nécessaire de renouveler la graine tous les deux ans, la plante, au bout de ce temps, perdant son goût et son arome originels. Dans le Maryland, un de ces Etats, on consacre à la culture du tabac des capitaux considérables, et cette exploitation est devenue largement rémunératrice.

Dans l'Amérique du Sud, principalement au Brésil, à la Nouvelle-Grenade, au Paraguay, la culture du tabac est facile et abondante. L'Europe tire de ces contrées du tabac en feuilles, des cigarettes et des cigares de qualité moyenne.

Au Mexique, on cultive le tabac sur une grande échelle, mais seulement pour la consommation intérieure, l'exportation en ayant été jusqu'à présent interdite. Le tabac employé pour la confection des cigares de Manille vient de l'île de

Fig. 291. — Cannetière.

Luçon et il passe pour être presque égal en qualité à celui de La Havane. On cultive aussi un tabac supérieur dans la province de Hœdoc, île de Java, où il croît sur un sol naturellement riche, alternativement avec le riz, et sans engrais. Dans l'Asie occidentale, le tabac de Latakih, en Syrie, et celui de Schiraz, en Perse, sont les plus estimés.

En Europe, la culture belge a peu d'importance et donne des produits médiocres, dont une partie s'infiltre en France par voie de contrebande. En Hollande, au contraire, on cultive des tabacs estimés et l'on obtient même des produits renommés, qu'on exporte en Angleterre, en Belgique, en France et dans le nord de l'Europe. Ils consistent en tabac en feuilles, en scaferlati et surtout en cigares, qui se vendent facilement. Les tabacs qu'on cultive en Hongrie sont, en général, de bonne qualité. En Russie, on cultive cette plante en grande quantité, surtout dans les régions méridionales. On en distingue quatre qualités : la feuille très grande, saxonne, pour cigares ; la feuille grande, saxonne, pour cigares ; la

feuille petite, saxonne jaune ; la feuille moyenne et ronde, russe makhorta. La plupart des tabacs russes sont de couleur plus ou moins noire, ce qui tient au procédé employé pour le faire sécher. En France, la culture donne des produits estimés pour fabriquer le tabac en poudre et le tabac à fumer ordinaire. Les tabacs qu'on cultive en Algérie sont de qualités très différentes.

Propriétés et usages. — Le tabac a été analysé par Vauquelin, et, après lui,

Fig. 292. — Ateliers pour le travail des tissus.

par de nombreux chimistes. Il renferme : des substances minérales (silice) ; des bases minérales (potasse, chaux, magnésie, ammoniaque) ; des acides minéraux (azotique, chlorhydrique, phosphorique, sulfurique) ; des acides organiques (acétique, citrique, malique, oxalique, pectique, ulmique) ; des corps neutres organiques (cellulose, cire ou graisse, résines jaune et verte, matières azotées) ; enfin, une base organique, la nicotine. Cette composition, très complexe, est d'ailleurs tout à fait variable, suivant les sortes sur lesquelles on opère. La plante, à l'état frais, a une odeur plus ou moins forte, vireuse, nauséeuse et une saveur âcre, amère, piquante et désagréable. Ces propriétés deviennent plus marquées dans les feuilles séchées simplement et par les moyens ordinaires ; ces feuilles deviennent alors très fragiles et prennent une couleur jaune particulière qui les fait aisément reconnaître. C'est presque toujours à cet état frais que la plante entre dans la matière médicale.

Le tabac, qui a joui d'une grande réputation dans l'ancienne médecine, est beaucoup moins usité aujourd'hui, et avec raison, parce que son emploi est très dangereux, surtout à l'intérieur, et demande une grande circonspection. On l'emploie sous forme de décoction, d'extrait aqueux, de sirop, d'infusion en lavement ou de fumigation. Quant aux extraits et aux teintures, leur action est si énergique et si dangereuse que la prudence commande de s'en abstenir. A l'extérieur, on l'emploie sous forme de décoction ou d'emplâtre. On l'administre, dans le premier cas, comme émétique ou purgatif, contre l'asthme; dans le second, comme excitant ou fondant, pour guérir les plaies, les ulcères, les tumeurs des hypocondres, etc.

L'action stimulante du tabac est si forte qu'elle peut produire l'inflammation des tissus sur lesquels on l'applique, même de la peau non dénudée. Ses effets peuvent devenir plus dangereux encore lorsque ses principes sont absorbés et portés dans l'appareil circulatoire; alors ils exercent une action narcotique qui se porte sur le cerveau et se traduit par une sorte de stupeur, un tremblement général, susceptibles d'avoir un dénoûment mortel. Voici, d'après A. Gautier, les quelques cas dans lesquels son emploi peut être avantageux. En lavement, il agit comme excitant direct dans la constipation rebelle, ou comme révulsif dans l'apoplexie séreuse, les fièvres soporeuses, l'asphyxie, surtout par submersion, où il faut réveiller l'énergie vitale par une excitation forte, auquel cas on emploie aussi, mais avec moins d'avantage, la fumée introduite dans les intestins. Il agit aussi efficacement comme stimulant indirect des poumons dans l'asthme, les catarrhes anciens, les dispositions à l'hydropisie de poitrine, etc.; comme diurétique, si on le donne à petites doses à l'intérieur, pour guérir les obstructions du ventre et l'hydropisie, quand il est nécessaire d'exciter des organes abdominaux.

« A l'extérieur, dit l'auteur cité, on a beaucoup employé le tabac, soit les feuilles vertes appliquées sur des ulcères anciens, ou leur décoction, vertes ou sèches, en lotions dans le même cas; ou sur la peau pour guérir la gale, les dartres, la teigne, les tumeurs indolentes, scrofuleuses et détruire les poux. Enfin, le tabac peut être un sternutatoire fort commode pour les personnes qui n'en usent pas habituellement, en ce qu'il produit l'éternuement sans aucun danger d'enflammer. » Toutefois, dans ce dernier cas, il peut avoir un inconvénient, en ce que l'usage momentané de ce médicament peut conduire à l'emploi habituel du tabac à priser. Enfin, on a conseillé l'application des feuilles fraîches sur les parties malades, contre les douleurs névralgiques, la goutte, les rhumatismes, les maux de dents, etc.

HOUBLON

Le houblon est un genre de plantes de la famille des urticées, formé d'une espèce unique, le *houblon commun* (*humulus lupulus*), auquel ses usages économiques et médicinaux, et principalement son emploi dans la fabrication de la bière, donnent une très grande importance agricole, industrielle et commerciale. Le houblon est une plante herbacée, vivace, grimpante; ses tiges creuses, anguleuses et velues s'enroulent toujours de gauche à droite et peuvent s'élever à une hauteur de 3 à 5 mètres. Ses racines sont menues et entrelacées; ses feuilles ont quelque analogie de forme avec celles du mûrier, et plus encore avec celles de la vigne. Il porte des fleurs mâles et des fleurs femelles : les premières sont en grappes rameuses irrégulières, sortant de l'aisselle des feuilles supérieures; les secondes forment une espèce de capitule globuleuse de la grosseur d'un pois. Les fruits qui succèdent à ces fleurs sont de petits cônes allongés, membraneux, ovoïdes, à écailles minces et consistantes. A la base de chacune de ces écailles se trouvent deux petits akènes enveloppés d'une poussière jaune granuleuse, douée d'une saveur extrêmement amère. Cette poussière, à laquelle les cônes de houblon doivent les propriétés caractéristiques qui sont la base de leurs applications, fut aperçue et étudiée d'abord par M. Planche et par M. Ives de New-York, qui lui donnèrent le nom de lupuline. MM. Payen et A. Chevallier, qui l'ont examinée ensuite, ont reconnu qu'elle constituait en effet le principe actif du houblon; mais ils ont établi aussi, contrairement aux observations trop superficielles de leurs devanciers, qu'au lieu d'être simplement comme ceux-ci l'avaient cru, une substance résineuse pulvérulente, c'est une matière complexe, non seulement organique, mais organisée. MM. Payen et Chevallier l'ont appelée la sécrétion jaune du houblon et ont réservé le nom de lupuline au principe amer particulier qui s'y trouve contenu; ils y ont constaté, en outre, la présence d'une résine, d'une gomme, d'une huile essentielle et d'un peu de soufre.

Le houblon croît naturellement sur la lisière des bois et dans les haies, en Angleterre, en Hollande, en Belgique, en Allemagne, en Franconie, en Bohême et dans le nord de la France. Il est abondant aussi dans les États du nord de l'Union américaine et au Canada.

Mais si l'on s'en rapportait exclusivement à la nature du soin de multiplier cette plante dont la consommation s'accroît chaque jour, ce qu'on en pourrait récolter serait loin de suffire à nos besoins. Aussi le houblon est-il devenu, dans les pays que nous venons de nommer, l'objet d'une culture suivie qui ne laisse pas d'exiger des soins et de présenter des difficultés. Le succès, toutefois, dépend du choix du terrain plutôt que du mode de culture. Le terrain doit offrir une couche de terre végétale légère et substantielle, de 70 centimètre à 1 mètre, dans laquelle les racines puissent s'étendre en tous sens. C'est ainsi qu'on peut obtenir des plantes vigoureuses, et, par suite, récolter en abondance des cônes plus riches en matière jaune que ne sont ceux des houblons qui ont végété dans des terres peu profondes ou trop fumées; sans compter que dans ces conditions la houblonnière se maintient plus longtemps en rapport. On a évalué à 300 francs par arpent la différence de valeur entre le produit recueilli sur un sol convenable et suffisamment profond, et celui que fournit une terre sans profondeur, quelque bien fumée qu'elle soit.

On plante le houblon, soit en automne, au mois d'octobre, soit plutôt au printemps, c'est-à-dire depuis la fin de février jusqu'au milieu d'avril. A cette époque aussi on taille les vieilles houblonnières, on pose les échalas et l'on y attache, avec des liens de jonc ou de paille, les tiges du houblon planté l'année précédente. La récolte se fait ordinairement de la fin d'août ou commencement d'octobre, selon la variété de houblon qu'on a cultivée, et en tenant compte aussi de l'état de la saison. Il faut choisir un temps sec et même n'opérer qu'après que le soleil a séché la rosée. Le houblon qu'on cueille alors qu'il est encore humide de pluie ou de rosée, a une odeur moins sensible, une couleur jaune qui met en défiance les acheteurs, et il est sujet à moisir. Il faut cueillir le houblon dès qu'on s'aperçoit qu'il est mûr, ne pas attendre que la fleur soit passée et opérer la cueillette des houblons hâtifs et des houblons tardifs à des époques différentes, déterminées par leur maturité respective.

Enfin, il est nécessaire d'apporter une grande attention à la manière dont se fait la récoltes des cônes, de les débarrasser exactement des feuilles, menues branches et autres matières étrangères qui s'y trouvent mêlées et en diminueraient la valeur, et de mettre à part les houblons de couleur brune qui nuiraient aussi à la vente des houblons bien préparés.

Lorsqu'on a cueilli une certaine quantité de houblon, il faut avoir soin de ne pas le laisser se tasser dans les paniers où il pourait s'échauffer et perdre de sa qualité. On le fait sécher immédiatement, soit à l'étuve, soit en l'étendant en couches très peu épaisses sur le plancher bien propre d'un grenier aéré. Cette dessiccation doit être arrêtée à un certain point; le houblon trop sec est privé d'une partie de sa matière jaune, il s'est décoloré, il a perdu de son arome, et partant de sa valeur réelle. Si, au contraire, il n'est pas assez sec, il prend dans les sacs une couleur brune et une odeur de moisi qui le font rejeter par les brasseurs. On reconnaît que le houblon n'a été ni trop ni trop peu desséché aux caractères suivants : 1° la queue qui supporte le cône est dure et cassante ; 2° les feuilles intérieures sont peu flexibles, se détachent aisément et se brisent entre les doigts en dégageant une odeur aromatique.

Lorsque le houblon est sec, on le transporte dans des magasins disposés pour le recevoir. Là on le met en tas sur les planches qui garnissent le sol et les murailles; il y reprend un peu d'humidité et, par suite, une souplesse qui lui permet de supporter l'emballage sans se briser. On reconnaît que les cônes de houblon ont repris une dose d'humidité suffisante lorsque, frottés dans la main, ils cèdent à la pression sans se réduire en poussière.

L'emballage est une opération des plus importantes, et qui, selon qu'elle est bien ou mal faite, exerce sur la bonne ou mauvaise qualité des houblons du commerce une influence décisive. Le houblon emballé d'une manière convenable conserve toute sa valeur pendant plusieurs années, tandis que mis simplement dans des sacs et légèrement foulé il perd promptement une partie de son huile essentielle; il éprouve, au contact de l'air humide, une altération plus ou moins rapide, comme toutes les substances végétales, et ne vaut plus rien au bout de trois ou quatre ans au plus.

Les cultivateurs flamands ont coutume de conserver le houblon dans des chambres obscures, boisées partout, où ils l'entassent fortement. Là, les brasseurs en prennent des échantillons, puis ils font enlever leur lot qu'ils foulent

Fig. 293. — Métiers mécaniques.

dans des sacs afin d'y en faire entrer le plus possible. Mais ces précautions ne suffisent généralement pas pour empêcher toute déperdition du principe actif; les interstices, larges et nombreux, qui subsistent entre les cônes, laissent toujours circuler, dans la masse, de l'air qui emporte peu à peu la plus grande partie des principes volatils du houblon. La théorie explique parfaitement ce fait, que confirment de nombreuses observations. On sait, en effet, qu'en un an, deux ans, etc., le houblon, simplement ensaché, perd la moitié, les deux tiers, les trois quarts, enfin la totalité de sa valeur, tandis que, aggloméré en masses dures et compactes, comme les Anglais le préparent depuis longtemps et comme on le prépare aussi en France et en Allemagne depuis quelques années, il se conserve intact au point que, souvent, les acheteurs les plus expérimentés sont embarrassés d'assigner son âge. Il arrive, en effet, que le vendeur a effacé sur le ballot la marque qui indiquait la marque exacte de la récolte, pour en substituer une autre plus récente de deux, trois ou quatre ans, sans qu'il soit possible de déceler cette supercherie. Le procédé d'emballage qui donne ces remarquables résultats, est connu, en raison de son origine, sous le nom de procédé anglais. Voici en quoi il consiste.

Le houblon, recueilli et séché avec les précautions convenables, est mis dans de grands sacs de toile où on le foule le plus possible, et qu'on soumet ensuite, debout, à l'action graduée d'une forte presse à vis ou, mieux, d'une presse hydraulique. Le houblon, au fur et à mesure qu'il est comprimé, occupe moins de volume, et le sac, devenu relativement trop grand, forme des plis nombreux et de plus en plus grands. Pour empêcher que le houblon ne se gonfle de nouveau lorsque la pression aura cessé, on défait les plis, on tend le plus possible l'enveloppe, on la ferme à la partie supérieure avec une couture solide; puis on rabat sur le corps du sac l'excédent de la toile; on fait à la jonction une deuxième couture très serrée, et le sac, ainsi arrêté solidement, ne peut plus se prêter au gonflement du houblon. En attendant que les sacs fermés soient expédiés ou livrés à la consommation, il faut les garder dans un lieu sec et frais. Le houblon aggloméré en pains, de la manière que nous venons de dire, pèse 300 kilogrammes le mètre cube. Pour l'essayer, on frotte les cônes dans l'intérieur de la main, l'odeur plus ou moins agréable, plus ou moins forte qui se développe, permet aux personnes exercées d'apprécier la qualité du produit. Cette odeur varie, selon la saison, l'époque de la récolte, la durée de l'emmagasinage et les moyens employés à sa conservation. On prélère toujours le houblon récemment récolté, fortement comprimé dans les sacs et dont les cônes sont entiers.

Les cultivateurs distinguent quatre variétés de houblon, savoir : le houblon sauvage, qui est le type de l'espèce et duquel sont provenues les autres variétés; le houblon rouge, le houblon blanc et long et le houblon blanc et court. La seconde de ces qualités est médiocrement estimée, mais elle a l'avantage de s'accommoder aisément d'une terre médiocre; la troisième et la quatrième sont meilleures, mais moins robustes et ne réussissent que dans de bonnes terres. On appelle houblon vierge celui qui est planté en automne et donne une récolte dès la première année. Quant aux variétés commerciales de houblon, elles s'établissent et se désignent d'après les pays de provenance où l'on suppose que la nature du terrain, le climat, les procédés de culture, de récolte, de conservation et d'emballage peuvent influer d'une manière plus ou moins sensible sur les propriétés du produit. C'est ainsi que l'on reconnaît le houblon d'Allemagne, qui est le plus renommé; celui d'Alsace, le plus estimé de nos houblons indigènes; ceux d'Angleterre, de Belgique, de Hollande et des autres pays où la culture de cette plante se pratique sur une grande échelle. Ces pays sont tous septentrionaux, et la liste en est facile à dresser. Nous y ajouterons, d'après M. A. Chevallier, les chiffres approximatifs de la production, chiffres qui servent aussi à évaluer la consommation de la bière dans chacun d'eux.

L'Angleterre se place au premier rang, et sa production en houblon ne s'élève pas, assure-t-on, à moins de 250,000 quintaux métriques par an. Aussi en exporte-t-elle des quantités assez considérables dont nous recevons quelquefois une partie, comme on le verra plus loin. La seconde place appartient à la Bohême qui produit 70,000 quintaux métriques; la troisième à la Bavière qui en produit 60,000; la quatrième à la Belgique qui en récolte 50,000. La France ne vient qu'en cinquième ligne; il est vrai que le houblon n'est guère cultivé que dans les départements du Nord, du Pas-de-Calais, du Haut et du Bas-Rhin et dans une partie de l'ancienne Lorraine. Elle produit annuellement 22,000 quintaux environ, la Pologne 20,000, les Etats-Unis 20,000, le grand-duché de Bade 16,000, le Brunswick et l'ancienne Marche 15,000, le Wurtemberg 5,000.

On voit que l'Angleterre dépasse de bien loin tous les autres pays de l'Europe. On a calculé, en effet, que le terrain cultivé en houblon dans la Grande-Bretagne comprend une étendue totale d'environ 52,000 acres, dont 27,500 dans le comté de Kent, 10,500 dans celui de Sussex, 12,500 dans le Herefordshire, et 2,000 dans le Worcestershire. Le régime auquel cette industrie est soumise chez nos voisins d'outre-Manche n'est cependant rien moins que libéral et paraît peu en harmonie avec les principes qui dominent l'ensemble de leur législation commerciale.

Les cultivateurs de houblon étaient placés, il y a encore quelques années, sous la surveillance de l'excise, qui perçoit deux pence par livre de houblon produite dans le royaume. Chacun d'eux est tenu de faire au bureau de l'excise, le 1er août au plus tard, la déclaration exacte du nombre d'acres qu'il a en culture, de la situation et du nombre de ses fours et de ses séchoirs. L'officier du fisc a le droit de visiter les endroits où l'on ensache le houblon, ainsi que les entrepôts et les magasins où l'on garde les ballots. Aucun de ces ballots ne peut sortir du magasin sans avoir été pesé et estampillé par l'officier qui marque ou devrait marquer sur chaque sac le poids reconnu à la pesée, le nom et l'adresse du cultivateur.

Celui qui contrefait la marque de l'officier est puni d'une amende de vingt livres. Quiconque met dans le même sac ou sous la même enveloppe du houblon de différentes qualités est aussi condamné à une amende de vingt livres. Tout mélange de drogues ou autres substances tendant à altérer la couleur ou l'odeur du houblon entraîne une amende de cinq livres par quintal de marchandise ainsi falsifiée. Enfin, l'action de couper ou de détruire malicieusement une plantation de houblon peut avoir pour conséquence les travaux forcés ou la transportation au delà des mers, soit à temps, soit même à perpétuité.

En France, la culture du houblon est entièrement libre; le commerce de ce produit l'est également, sauf les droits de douane dont il est frappé à l'entrée et à la sortie du territoire français, comme toutes les autres marchandises.

Les usages du houblon sont nombreux. Quelques personnes mangent les jeunes pousses de cette plante, accommodées de la même manière que les asperges. Ces jeunes pousses contiennent une matière sucrée qui, par la fermentation, se convertit en alcool.

En Suède, en Lithuanie, on retire des tiges du houblon une matière fibreuse analogue à celle du chanvre et dont on fait des cordes et des cordes grossières. On extrait les fibres du houblon soit par le rouissage dans l'eau stagnante, dans l'eau de mer ou dans celle des rivières, soit en faisant macérer les tiges dans une lessive de cendres, en les laissant sécher, puis en les faisant passer entre deux cylindres de bois cannelés. On a recommandé l'emploi des cônes de houblon pour préserver le blé des attaques des insectes. Ces mêmes cônes sont d'un fréquent usage en médecine, à raison de leurs propriétés toniques et dépuratives, vermifuges et stomachiques. Mais la principale application des cônes de houblon consiste dans la fabrication de la bière, dont ils sont un des éléments essentiels. Outre qu'ils communiquent à cette boisson une saveur amère fort appréciée des amateurs, ils contribuent puissamment à la préserver des altérations qu'éprouvent d'ordinaire, au bout de peu de temps, les solutions végétales livrées à la fermentation.

La partie utile du houblon est, avons-nous dit, une substance jaune, pulvéru-

Fig. 294. — Le lissage.

lente, très aromatique, qui revêt les écailles des cônes et qui forme au moins le huitième de leur poids. Cette sécrétion pulvérulente peut facilement se recueillir; il suffit pour cela de sécher à une douce température les folioles du houblon, puis de les remuer au-dessus d'un tamis de crin; la poudre séparée des matières étrangères traverse les mailles.

MM. Poyen et Chevallier qui l'ont analysée l'ont trouvée composée de

Huile essentielle;
Résine;
Au moins une matière azotée;
Une substance amère;
— gommeuse.

Fig. 295. — Soutirage mécanique des bières.

Ils y ont en outre trouvé des traces d'acétate d'ammoniaque, de soufre, de silice, de chlorure, de calcium, de sulfate et de malate de potasse, de phosphate et de carbonate de chaux, enfin d'oxyde de fer.

La qualité des houblons que l'on trouve dans le commerce est très variable; aussi il y a grand intérêt pour le fabricant de bière de s'assurer de cette qualité avant de faire des achats de cette matière première qui est toujours à un prix élevé. On remarque en outre que les houblons de France sont peu riches en matière utile, cela tient aux procédés d'emballage qui sont généralement moins perfectionnés qu'en Angleterre et qu'en Amérique et qui cependant ont une très grande influence sur la conservation des propriétés du houblon.

Par des procédés qu'il n'entre pas dans notre cadre de décrire ici, MM. Payen et Chevalier sont parvenus à extraire de la sécrétion jaune une substance qu'ils ont appelée lupuline, et à laquelle ils attribuent la plupart des propriétés du houblon; cette matière amère et aromatique, lorsqu'elle est chauffée, est très soluble dans l'alcool; l'eau en dissout 5 0/0 de son poids, ce qui explique comment on parvient à l'incorporer dans la bière; au reste, l'huile essentielle qui accompagne la lupuline joue très probablement aussi un certain rôle dans la conservation de la bière.

Aussitôt après la récolte du houblon, tous les soins doivent se porter sur la dessiccation et l'emballage des folioles; on se contente généralement d'étendre les cônes dans de vastes greniers où on les retourne chaque jour avec un rateau, jusqu'à ce qu'ils aient atteint le degré convenable de siccité; en Alsace, où l'on s'occupe activement de la culture de houblon, on rend cette dessiccation plus rapide en exposant le houblon sur des cadres garnis de treillages en cordes et distants les uns des autres de 33 centimètres. Ces procédés de dessiccation à l'air libre ont l'inconvénient d'exiger beaucoup de temps et d'être soumis aux influences atmosphériques; lorsque l'air est humide, la dessiccation peut se prolonger, et pendant tout ce temps le houblon perd nécessairement de ses propriétés. On obtiendrait des résultats meilleurs et beaucoup plus réguliers en opérant la dessiccation à une douce température dans une étuve à courant d'air chaud; on pourrait employer à cet effet des tourailles ordinaires ou bien les étuves perfectionnées que l'on emploie dans d'autres fabrications; dans tous les cas, la température ne devra jamais s'élever au-dessus de 30° centigrades. Cette question a beaucoup occupé en Angleterre les producteurs de houblon, plusieurs appareils ont été imaginés qui paraissent devoir donner de très bons résultats. Il faut encore avoir la précaution, lorsque la dessiccation a été produite dans une étuve, de laisser le houblon séjourner quelques jours dans un grenier, afin qu'il reprenne à l'atmosphère une très petite quantité d'eau, qui est destinée à l'assouplir et à l'empêcher de se briser et de se réduire en poussière lorsqu'on l'emballe.

L'emballage des cônes de houblon desséchés est une des opérations qui influent le plus sur la conservation plus ou moins longue de cette matière première; on doit même lui attribuer la cause des énormes différences qui existent entre la valeur des houblons anglais et ceux de France après quelques années de garde.

Les premiers conservent pendant très longtemps une grande partie de leurs propriétés; les seconds, au contraire, ont généralement perdu presque toute leur valeur au bout de trois ou quatre années au plus.

En France on se contente le plus souvent d'emballer le houblon en le foulant avec les pieds dans des sacs; sous cette légère pression, il reste de nombreux interstices, à travers lesquels l'air peut circuler librement; il entraîne peu à peu l'huile essentielle, l'oxygène et plusieurs autres principes dont il détruit les propriétés.

En Angleterre, au contraire, après avoir bien tassé le houblon dans de forts sacs tendus dans des formes, on le soumet à l'action énergique d'une presse hydraulique: dans cette opération, les cônes sont tellement pressés les uns contre les autres que l'air et l'humidité n'y pénètrent qu'avec la plus grande difficulté. Malgré toutes ces précautions, le houblon perd toujours de sa valeur en vieillissant; mais il la perd d'autant moins rapidement que l'emballage a mieux été fait.

Les meilleurs houblons ont une couleur jaune d'or, de grands cônes et une odeur agréable; lorsqu'on les frotte entre les mains, ils y laissent des traces jaunes très odoriférantes sans aucune parcelle de la plante; on peut du reste s'assurer directement de la proportion de la sécrétion jaune, au moyen du procédé que nous avons indiqué plus haut.

En Angleterre, les houblons les plus beaux, les plus pâles et les plus parfumés sont emballés dans des sacs de beaux canevas, qu'on appelle poches et qui, remplis, pèsent environ 76 kilos; ils sont destinés aux brasseurs d'ale. Les houblons, de couleur foncée et à parfum très fort, sont emballés dans des sacs d'un tissu grossier et qui peuvent contenir environ 152 kilos; ils sont vendus aux brasseurs de bière forte et de porter. Dans ce pays, les plus beaux houblons croissent dans les environs de Canterbury; ceux de Worcester ont un agréable et doux parfum très estimé par beaucoup de buveurs d'ale. Le houblon étant un produit d'une assez grande valeur, on a cherché à diverses reprises à remplacer sa substance amère au moyen de la décoction d'autres substances.

Les huiles essentielles tirées des écorces d'arbres résineux, les décoctions du buis, de la gentiane, etc., ont été tour à tour essayées. Quelques-unes de ces matières sont vénéneuses; les autres, tout en remplaçant l'amertume du houblon, ne suppléent pas à son parfum; on peut donc dire que leur emploi est condamnable, surtout lorsque la question d'argent est la seule raison qui détermine le brasseur à les employer.

La bière. — On désigne sous le nom de bière les boissons plus ou moins alcooliques résultant de la saccharification des matières amylacées, puis de leur transformation partielle en alcool après une addition des principes aromatiques du houblon. On attribue l'invention de la bière à Osiris, roi d'Égypte, il y a près de quatre mille ans. Nos aïeux buvaient de la bière; du temps de Strabon, la Flandre et l'Angleterre en consommaient aussi. La bière ancienne ne renfermait pas de houblon; ce sont les Allemands qui ont eu, au XIe siècle, l'idée d'y introduire cette substance.

Matières premières. — Les matières premières qui servent à la fabrication de la bière, sont : 1° de l'eau; 2° une céréale, orge, froment, riz, maïs ou des substances qui peuvent la remplacer, pommes de terre et sucre de fécule ; 3° du houblon.

Bien que toute substance amylacée ou sucrée puisse être employée pour la production de l'alcool de la bière, dans la pratique on donne la préférence aux céréales et particulièrement à l'orge, dont le prix est peu élevé et qui se saccharifie très bien. L'orge (*hordum vulgare*) est une graminée cultivée dans toutes les contrées de l'Europe; sa production en France dépasse vingt millions d'hectolitres, dont plus du quart est employé à la fabrication de la bière. Pour 100 parties, son grain renferme 67 parties d'amidon, 5, 6 parties de dextrine et pas de sucre.

Le houblon (*humulus lupulus*) est une plante grimpante de la famille des urticées. Les fleurs femelles de cette plante sont des cônes constitués par des écailles ténues et disposées les unes sur les autres; sous ces écailes se trouvent de petites glandes de couleur jaune d'or, ressemblant à de la poussière, dans lesquelles sont contenus les principes immédiats les plus importants du houblon; ces petites glandes sont désignées sous le nom de lupuline ou farine de houblon; parmi les principes immédiats qu'on y rencontre se trouve la résine de houblon, ou principe amer. Le houblon, qui croît naturellement en Europe, est cultivé en grand en Allemagne, en Angleterre, en France et en Belgique. Sa qualité exerce un influence considérable sur la qualité, la finesse de goût et l'inaltérabilité de la bière. Les fleurs, récoltées avant que les graines soint complètement mûres, sont séchées à une température de 40°, puis fortement comprimées et expédiées dans des sacs imperméables à l'eau.

Le houblon n'est pas employé seulement pour donner à la bière le goût et l'arome d'amertume particulier caractéristique de cette boisson, il agit encore comme antiseptique puissant. La dissolution d'orge germée est un liquide qui s'altère spontanément à un tel point que tout travail en serait impossible sans addition de houblon. Enfin l'eau employée n'est pas sans influence. Les eaux riches en sulfate de chaux, très peu potables, donnent une bière très limpide, et qui se conserve mieux. Les eaux de rivière sont préférables aux eaux de source et de puits.

Composition de la bière. — Elle est nécessairement très variable. Si nous considérons la bière normale faite exclusivement à l'aide de l'orge germée, du houblon et de l'eau, les éléments de sa constitution sont les suivants : alcool, acide carbonique, des matières extractives ou solubles dans l'eau, des acides parmi lesquels l'acide lactique, le tanin, des corps volatils divers (ammoniaque, essence de houblon, acide sulfureux); des matières grasses dans des proportions minimes; des sels, particulièrement du phosphate de chaux. La somme de tous les éléments d'une bière, après soustraction de l'eau, se nomme sa richesse totale; la somme des éléments non volatils est sa richesse en extrait. Les bières riches en extrait de malt sont dites substantielles; les bières sèches, au contraire, contiennent peu d'extrait mais souvent beaucoup d'alcool, parce que le moût était plus riche en sucre.

La proportion centésimale d'alcool varie de 1 à 9; ces dernières sont donc aussi alcooliques que les vins de Bordeaux. L'acide carbonique y figure dans les proportions de 3 à 6 volumes; c'est ce qui fait mousser la bière. L'extrait non volatil va de 3 (certaines bières françaises) à 9 (Salvator de Munich), 10 et même 19 (Burton ale) pour 100.

Suivant leur mode de fabrication et leur composition chimique, les bières diffèrent entre elles au moins autant que les vins. Les bières allemandes sont généralement de bonne qualité, fortes et quelquefois un peu lourdes. Les bières belges, très différentes et produites par une fermentation spontanée qui tourne toujours un peu à la fermentation acide, renferment de notables proportions

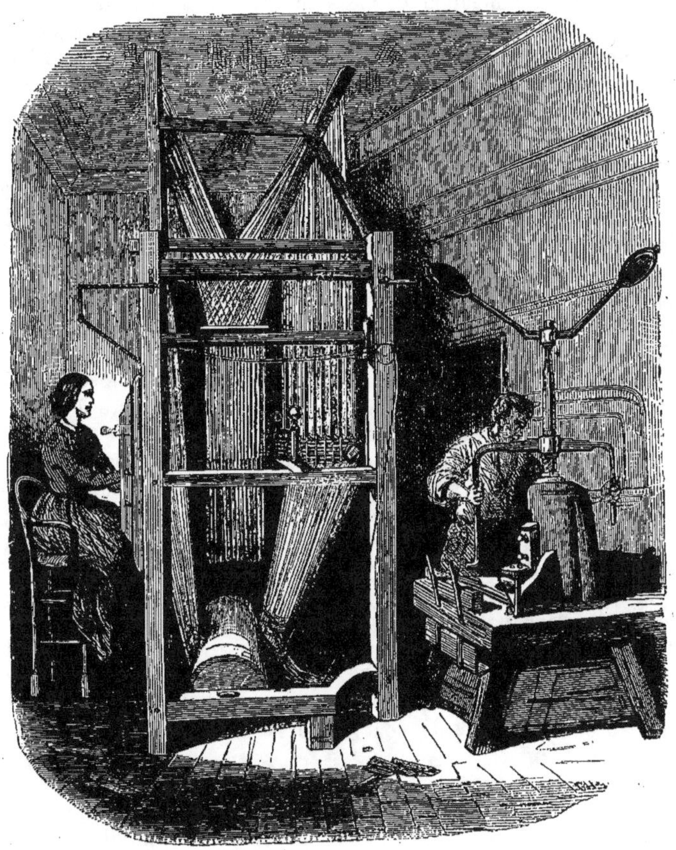

Fig. 296. — Poinçonnage des cartons.

d'acide acétique et lactique ; aussi ont-elles un goût aigre. Les bières anglaises, fortes, alcooliques comme le vin, ont un parfum peut-être exagéré et une forte amertume très recherchée des consommateurs anglais. Les bières autrichiennes sont en général fines, légères, parfumées, peu colorées et peu alcoolisées; ce sont elles qui constituent la boisson la plus salubre. Les bières françaises sont très diverses ; on adopte surtout en France les procédés de fabrication allemands et autrichiens.

Consommation. — La bière est une boisson agréable et qui nourrit fortement; elle agit par son alcool, par son acide carbonique, par les principes actifs du houblon et par les matières protéiques provenant de l'orge. Elle convient à tous les estomacs. Mais l'abus de la bière peut être une des causes qui conduisent à l'obésité et à la diminution dans les forces vives de l'économie; l'abus des bières fortes peut conduire à la goutte. Comme le vin, la bière riche en alcool peut produire l'ivresse, et, par suite, mener à l'alcoolisme; on considère même l'alcoolisme chronique par la bière comme plus grave encore que l'alcoolisme ordinaire.

Les pays où l'on consomme le plus de bière sont : la Bavière (219 litres par an et par habitant), le Wurtemberg (154 litres), la Belgique (145 litres), la Grande-Bretagne et l'Islande (118 litres), la Saxe (60 litres), Bade (56 litres), l'Alsace-Lorraine (51 litres), les autres pays de l'Allemagne du Nord (48 litres), la Prusse (39 litres), les Pays-Bas (37 litres), l'Autriche-Hongrie (34 litres), l'Amérique du Nord (26 litres). Puis viennent la France, la Suède, la Norvège et la Russie. La consommation en France était, pour l'année 1872, de 19 litres par an et par habitant; cette consommation a sans doute augmenté depuis cette époque, mais d'une petite quantité.

Emploi de la drèche. — Nous empruntons à M. Basset une étude fort intéressante sur le meilleur emploi possible en agriculture de la drèche, du résidu capital du travail de la brasserie.

La drèche à l'état ordinaire constitue une des nourritures les plus avantageuses pour le bétail, sous la condition rigoureuse, bien entendu, qu'on ne la leur donne que saine et en bon état de conservation.

En effet, cette matière comparée au foin de prairie, sous le rapport de l'azote seulement, renferme 0,71 d'azote 0/0, avec 79,875 d'eau, tandis que le foin, à 11 0/0 d'eau seulement, n'en contient que 1,15. Si nous ramenons la drèche à ce degré d'hydratation, nous trouvons qu'elle renferme 5,166 d'azote pour 100 parties, en sorte que, au même degré de dessiccation que celui du foin ordinaire, 100 kilogrammes de drèche vaudront 450 kilogrammes de foin sous le rapport alimentaire et pour l'azote seulement, en faisant abstraction de la proportion considérable de fécule, dont le rôle est cependant d'une très haute importance.

A l'état ordinaire, avec 79,875 d'eau, 100 kilogrammes de drèche ne représentent que 61k,87 de foin à 1,15 d'azote et pour 100 parties d'eau. Ainsi la ration de drèche humide répondant à 12k,500 de foin, sera de 20 kilogrammes environ, tandis que, si elle était amenée à 11 0/0 d'eau seulement, il n'en faudrait que 2k,78 pour représenter 12k,5 de foin ordinaire.

Et encore, il convient de répéter que nous laissons de côté la richesse de la drèche en amidon, richesse bien supérieure à celle du foin et dont il faut tenir compte, puisque l'amidon et les féculents doivent être placés au premier rang des aliments calorifiques ou respiratoires. Si l'azote, si la matière azotée est la substance réparatrice du muscle, la source de la viande, la matière hydrocarbonée est le principal aliment de la combustion animale et la source de la chaleur interne; elle fournit les éléments de la matière grasse et, lorsqu'elle est introduite en proportion suffisante dans l'économie, lorsque, d'ailleurs, l'animal ne supporte pas l'influence de causes de déperdition trop active et qu'il est en chair, elle détermine l'approvisionnement, l'accumulation de la graisse dans les tissus. La drèche est donc un aliment excellent sous les deux rapports de la production de la viande et celle de la graisse.

Nous réservons cependant quelques observations auxquelles il convient de prêter une attention sérieuse, lorsqu'on veut tirer tout le parti possible d'un régime alimentaire donné. Nous les exposons succinctement.

Sans nous occuper ici de ce que doit savoir tout bon éleveur au sujet des rations d'entretien, de réparation ou d'engraissement et d'augmentation, nous pensons qu'il doit être fait une grande différence dans l'alimentation des animaux selon qu'ils sont arrivés au gras ou qu'ils sont dans une période moins avancée de l'augmentation progressive. Il nous semble résulter des principes de la physiologie, confirmés par l'expérience, que l'animal fabrique moins de graisse, lorsqu'il n'est pas arrivé à tout son développement osseux ou musculaire; lorsque ce développement est atteint, la production de la graisse prend, au contraire, l'avance sur tout le reste et elle doit être regardée comme le complément de l'accroissement.

Pendant qu'un animal s'accroît, pendant qu'il franchit la distance qui le sépare de son entier développement musculaire, jusqu'à ce qu'il soit arrivé à ce qu'on appelle la mise en chair, il n'a donc besoin d'aliments calorifiques et engraissants qu'à titre d'aliments respiratoires. C'est-à-dire que, pendant cette période, ces aliments doivent lui être donnés avec une certaine parcimonie, tandis que les aliments plastiques, réparateurs, producteurs de la chair, du muscle, ainsi que les aliments propres à augmenter le développement de l'ossature, doivent lui être administrés largement, non seulement pour remplacer la dépense due à l'exercice des fonctions ou causée par le travail, mais encore pour produire l'accumulation, l'augmentation de la matière musculaire.

Dans cette période, les aliments azotés sont les plus essentiels. Nous admettons, sans doute, que toutes les conditions d'une bonne hygiène sont accomplies, que toutes les questions de masse alimentaire, d'aération, de travail, d'exercice, de propreté, de repos, etc., ont été soigneusement prévues et calculées, et nous ne parlons que du but spécial de l'alimentation.

Il n'est pas moins évident que lorsque l'animal est en chair, lorsqu'il est arrivé à son développement osseux et musculaire, il convient de l'empêcher de perdre et de commencer à lui faire produire de la graisse. Dans cette période mixte, il faut que les aliments soient assez riches en matières plastiques pour que la chair augmente encore et qu'il n'y ait pas de déperdition musculaire; il faut qu'ils contiennent assez de matières hydrocarbonées pour pourvoir aux besoins de la calorification et, de plus, pour présenter l'excédent nécessaire à la production du tissu adipeux. Dans cette seconde période, il faudra donc que la base de l'alimentation repose sur une proportion bien comprise d'aliments azotés et d'aliments hydrocarbonés pour parvenir au double but que l'on se propose d'atteindre. Dans aucun cas de l'élevage et de l'engraissement, la drèche de brasserie n'est mieux indiquée, et c'est l'aliment le plus parfait que l'on puisse donner aux animaux en chair, que l'on veut faire passer au gras. Elle contient, en effet, la matière azotée et la fécule dans les proportions les plus heureuses pour les deux objets dont nous venons de parler, et c'est alors le véritable temps de son maximum d'emploi.

La troisième période doit conduire l'animal du gras au fin gras. Il ne doit rien perdre de sa chair, au contraire, mais il faut que la graisse pénètre partout, dans les interstices des muscles. Après ce qui précède, il est à peine nécessaire de dire que l'alimentation de cette période doit être surtout hydrocarbonée, et que les matières féculentes doivent en faire la base capitale.

La drèche pourra donc être employée dans ce troisième temps, pourvu que son action soit complétée par une addition suffisante de farineux et de féculents. Les légumineuses, les pommes de terre, les grains entiers, le tout après cuisson

Fig. 297. — Métier pour le tissage mécanique.

préalable, les matières grasses et les tourteaux fourniront facilement un complément utile et, dans un espace de temps très court, le résultat cherché sera atteint, si l'on a suivi les principes que nous venons d'exposer.

Ainsi, l'alimentation de la première période sera essentiellement composée de fourrages et de matières azotées. La drèche pourra en faire utilement partie pour un quart de la ration journalière. Dans la seconde période, la drèche sera employée presque exclusivement, et l'on y ajoutera des fourrages ou même des matières moins nutritives que dans la proportion nécessaire pour faire masse. Les féculents proprement dits seront joints à la drèche pour l'accomplissement de la troisième période.

Culture du houblon. — Si on laissait exclusivement à la nature le soin de nous fournir le houblon, nos besoins seraient loin d'être satisfaits. Aussi le houblon est-il devenu, dans certains pays, l'objet d'une culture suivie et laborieuse.

Les cultivateurs de houblon en distinguent quatre espèces : le *houblon sauvage*, le *houblon rouge*, le *houblon blanc et long* et le *houblon blanc et court*. La seconde de ces qualités est médiocrement estimée, mais elle a l'avantage de s'accommoder aisément d'une terre médiocre ; la troisième et la quatrième sont meilleures, mais moins robustes. On appelle houblon vierge celui qui est planté en automne et qui donne une récolte dès la première année. Quant aux variétés commerciales de houblon, elles se désignent et s'établissent d'après les pays de provenance, qui

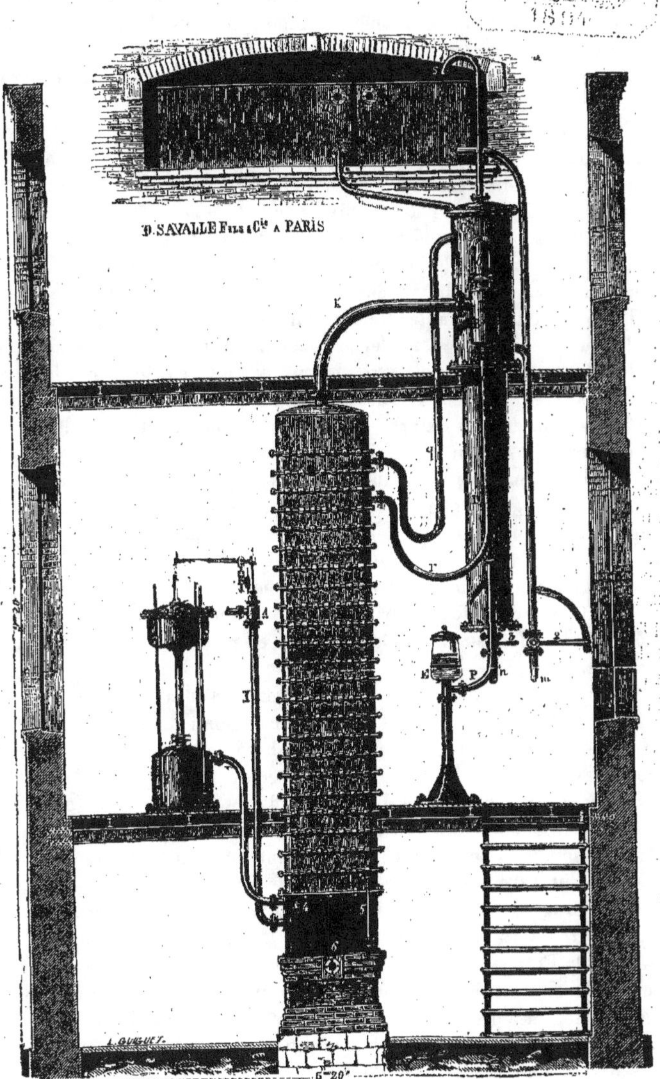

Fig. 298. — Appareil distillatoire pour les sucreries de cannes.

varient tous sous le rapport de la nature du terrain, du climat, de la récolte, etc. C'est ainsi que l'on distingue le houblon d'Allemagne, qui est le plus renommé, celui d'Alsace, le plus estimé de nos houblons indigènes, ceux d'Angleterre, de Hollande et des autres pays où la culture de cette plante se fait sur une grande échelle.

La culture du houblon est très ancienne, il en est question dans diverses chartes accordées à des abbayes du temps des Carlovingiens. Jean sans Peur décerna aux plus habiles créateurs de houblonnières, dans les Flandres, des médailles d'or à l'effigie de la plante. Olivier de Serres parle du houblon comme servant à la fabrication de la bière et cultivé pour cet usage avec beaucoup de soins *au pays où telle artificielle boisson est en usage au défaut de la vigne.*

Depuis deux siècles, la plupart des gouvernements européens se sont préoccupés de la culture de cette plante. De nos jours les Anglais et les Belges ont créé des houblonnières modèles, pour l'enseignement gratuit de tout ce qui se rapporte à leur entretien. L'Angleterre ne cultive pas, en houblon, moins de 24,000 hectares. L'Allemagne, où l'usage de la bière a sans doute pris naissance, n'est pas au-dessous de l'Angleterre pour la quantité de houblon récoltée, et elle lui est bien supérieure pour la qualité. La Bohême et la Bavière récoltent des houblons qui n'ont peut-être de rivaux que ceux de l'Alsace. En France, le houblon n'est cultivé en grand que dans les département du Nord et de l'Est.

L'Angleterre se place au premier rang sous le rapport de la production du houblon. Elle en produit près de 250,000 quintaux métriques par an. Aussi elle en exporte des quantités considérables. La seconde place appartient à la Bohême, qui produit 70,000 quintaux métriques; la troisième à la Bavière, qui en fournit 60,000; la quatrième à la Belgique, qui en récolte 50,000. La France ne vient qu'après.

Il est vrai que cinq seulement de nos départements cultivent le houblon.

Rambervillers, dans les Vosges, revendique l'honneur d'avoir introduit le houblon en Lorraine, avant même qu'il fût cultivé en Alsace. Cette prétention est fondée; car cette culture était établie sur son territoire avant 1789. Aujourd'hui, elle est répandue dans une foule de localités de la Meurthe, des Vosges et de la Moselle; néanmoins, le houblon de Rambervillers occupe encore le premier rang. C'est seulement à partir de 1805 que le houblon a commencé à se propager en Alsace. Il y fut introduit, à cette époque, par un brasseur d'origine badoise, nommé Dérendinger, dont les descendants comptent encore parmi les plus habiles planteurs de Haguenau. L'Alsace est la vraie patrie du houblon dans le nord-est de la France. Les houblonnières établies dans les environs de Haguenau occupent à elles seules plus de 200 hectares. Oberhoffen, Schweighausen, Neuwiller donnent des produits qui rivalisent avec ceux de Bohême et sont bien supérieurs à ceux de la Lorraine et de la Belgique. De la Lorraine et de l'Alsace, la culture du houblon a gagné la Bourgogne, le Pas-de-Calais, la Seine-Inférieure, le Maine-et-Loire. Malgré les grands développements de culture, la production est encore inférieure à la consommation, et nous tirons annuellement près de 1 million de kilogrammes de cônes de houblon soit de l'Allemagne, soit de la Belgique. Boisson énergique et rafraîchissante, la bière pénètre maintenant partout, même au milieu des contrées vinicoles; on en fabrique partout, du nord au midi de la France. On pourrait donc doubler la production du houblon dans notre pays sans qu'elle cessât d'être rémunératrice. Il nous paraît donc indispensable d'entrer dans quelques détails sur le mode de végétation du houblon, sur les sols et les façons qui lui conviennent, ainsi que sur les ennemis qu'il a à craindre.

Cette plante est vivace; ses racines, à la fois traçantes et pivotantes, sont très persistantes. Ses feuilles opposées, rugueuses en dessus, palmées et dentées en scie, comme celles de la vigne, partent de nœuds espacés de $0^m,30$ à $0^m,50$. Les inférieures, très grandes, ont d'ordinaire cinq divisions; les supérieures, plus petites, sont pour la plupart à trois divisions seulement ou même absolument cordiformes. Les tiges sont annuelles, très volubiles et toutes couvertes de petits crochets. Les fleurs mâles, petites, blanchâtres, dépourvues de corolles, et munies d'un calice à cinq divisions, forment des grappes peu apparentes. Les fleurs femelles, réunies sous forme d'écailles autour d'un axe commun, forment un cône de la grosseur du bout du doigt. La graine, placée à la base de chaque écaille, de couleur brune, de la grosseur d'un grain de mil, mûrit à la fin de l'été. Les cônes ont alors de $0^m,03$ à $0^m,04$ de long, ils sont jaunâtres ou légèrement tintés de violet. Chacune de leurs écailles est couverte d'une poussière résineuse, jaune et très aromatique, qui a reçu le nom de *lupuline*. C'est à cette substance que le houblon doit la plus grande partie de sa valeur. Elle contient 50 0/0 d'une résine très odorante, 10 d'un principe amer, 2 d'huile volatile, de la gomme, de l'acide malique, de l'acétate, du sulfate et du chlorure d'ammoniaque. Les pieds non fécondés produisent de la lupuline aussi bien que les pieds qui ont été fécondés; néanmoins, il est admis que la fécondation a une action favorable sur le produit; en conséquence, on a l'habitude de mettre des pieds mâles dans la proportion de 1 sur 100 pieds femelles.

On a dit que le houblon est la vigne des pays froids. Il ne faut pas entendre par là un climat rigoureux. Au contraire, dans les pays où le houblon réussit le mieux, par exemple en Bohême ou en Angleterre, le climat est plutôt doux et humide que froid. Dans les pays exposés à une sécheresse persistante, on place des houblonnières dans le voisinage des cours d'eau. Ce qu'il faut au houblon, c'est une fraîcheur sans excès d'humidité, du soleil sans sécheresse pour faire mûrir ses cônes et donner à la lupuline tout son parfum. On évitera donc de planter à l'exposition du nord, dans les localités exposées aux brouillards, aux exhalaisons des marais, à la poussière des grandes routes, aux ouragans et aux sécheresses, dans les lieux ombragés ou trop encaissés.

Le houblon demande une terre plutôt légère que forte, mais toujours profonde.

Le sable noir ou gris, mêlé d'argile, riche en humus, reposant sur un fond tourbeux, est excellent pour cette culture. Dans la tourbe pure, le rendement est considérable, sans exiger beaucoup d'engrais; mais les produits sont de qualité médiocre.

Dans les sables, le houblon a beaucoup d'arome, mais résiste mal à la sécheresse. Enfin dans les terres fortes on n'a que des produits très inférieurs, bien que, sous le rapport de la quantité, la récolte ne laisse rien à désirer. Or on ne doit pas l'oublier, dans la culture du houblon, la qualité est tout ou presque tout. Sans elle la plus belle végétation est sans valeur réelle. Quand, à la bonne qualité du sol, se joignent d'autres avantages résultant de la disposition des lieux, tout est pour le mieux.

Par exemple, s'il se trouve dans le voisinage, à la hauteur voulue, un cours d'eau ou une source, c'est une circonstance favorable qu'il importe de ne pas négliger. On aura soin alors de disposer le terrain en pente régulière, afin de pouvoir, à l'aide de rigoles, faire couler l'eau dans chaque allée de la houblonnière pendant les temps secs. Les pieds dans l'eau, la tête dans le feu, telle est la double condition du succès. Le vent cause souvent de grands ravages. Tout ce qui pourra atténuer sa violence sans intercepter l'air et la lumière devra donc être accepté comme auxiliaire. Lorsqu'on peut planter les houblonnières sur des collines exposées au midi et sillonnées de sources, on possède une exposition aussi favorable qu'il soit possible d'imaginer. Après avoir fait choix d'un terrain convenable et d'une bonne exposition, on peut commencer les cultures préparatoires. La première, la plus indispensable, est un défoncement de 0m,70 à 0m,90 de profondeur; ce défoncement est obligatoire par suite de la disposition particulière des racines, qui, étant à la fois traçantes et pivotantes, ont besoin de beaucoup d'espace, tant en largeur qu'en profondeur.

On fera ensuite une guerre à mort aux herbes parasites, on donnera des amendements, s'il y a lieu; enfin, on fera en sorte qu'au moment de la plantation on ait une terre profondément ameublie, bien nettoyée et pourvue de tous les éléments nécessaires pour un établissement durable. Il faut du fumier, et beaucoup; il le faut, en outre, bien décomposé. Le fumier de ferme, mélangé de tous les détritus de l'écurie, de l'étable et des bergeries, convient parfaitement au houblon.

Les engrais industriels sont aussi très utiles, surtout lorsqu'on les mélange soit avec du fumier de ferme, soit avec des composts. Une fois la place prête, on s'occupera, si on ne l'a fait déjà, du choix d'une variété. Les variétés du houblon cultivé sont assez nombreuses. On les divise généralement en deux catégories : les précoces et les tardives. Ces dernières sont les plus répandues, cependant on conseille d'associer, sans les confondre, les unes et les autres, afin que la récolte soit moins pressée. Les meilleures variétés, celles qui sont le plus estimées dans le commerce, portent des cônes moyens ou petits, mais fermes au toucher, très odorants, de couleur plutôt foncée que blanchâtre. La plantation se fait dans le mois de mars ou même plus tôt, quand l'état de la température le permet. On a dû creuser préalablement des trous présentant 0m,30 à 0m,40 de développement dans tous les sens. Ces trous, disposés en quinconce ou à angle droit, sont éloignés l'un de l'autre de 1m,60 à 2 mètres. On les remplit à demi de fumier, puis de terreau ou de bonne terre végétale, de manière à former un petit mamelon qui sera réduit ultérieurement par l'effet du tassement. L'espacement doit naturellement varier avec une foule de conditions particulières qu'il n'est pas possible de désigner d'avance. Les chiffres que nous avons donnés plus haut indiquent les limites extrêmes qu'il ne faut presque jamais dépasser. Plus serrés, les pieds de houblon produisent beaucoup moins et sont plus exposés à certaines maladies. Un espacement convenable diminue les frais de main-d'œuvre, en permettant d'employer pour les façons des instruments aratoires traînés par des animaux. On se sert, pour la plantation, de pousses ou boutures retranchées des pieds anciens pendant l'opération de la taille. On les place deux à deux dans chaque trou, afin d'en assurer la reprise. Elles mesurent, avec leurs racines, de 0m,25 à 0m,20 de long. Le houblon planté au printemps ne commence à produire que la seconde année. On fait, dans quelques endroits, des plantations d'automne,

Fig. 299. — Chauffage tubulaire pour la distillation.

sur lesquelles on peut récolter un petit nombre de cônes vers la fin de l'été suivant.

Parmi les travaux d'entretien, le premier est la taille. Cette opération n'a pas seulement pour effet d'augmenter la fécondité de la plante ; elle donne encore à la lupuline une finesse d'arome qu'elle ne possède point à l'état sauvage. Les auteurs ne s'accordent pas sur l'époque la plus favorable pour pratiquer la taille ; les cultivateurs, eux, l'entendent parfaitement ; ils l'avancent ou la reculent suivant les sols, les climats, les saisons, et ils ont raison. Pour l'exécuter, on commence par déchausser les souches, puis on coupe, à 0m,007, environ, la partie qui a fourni des tiges l'année précédente, ainsi que toutes les racines traçantes ; on laisse subsister seulement la racine pivotante munie de quelques yeux. Il ne reste plus ensuite qu'à recouvrir de nouveau la souche. Quand la végétation a repris son activité et que les nouveaux rameaux ont atteint de 0m,30 à 0m,35, on supprime tous les brins faibles ou mal venus, et on ne réserve que quatre des plus beaux, dont deux de réserve et deux seulement en activité de service.

La tige flexible du houblon a besoin d'un appui pour se tenir élevée en l'air. Pour lui donner cet appui, deux procédés sont en présence. Dans le premier, qui est le plus convenable, on emploie des perches de pin, de sapin ou de châtaignier, que l'on a préalablement débarrassées de leur écorce. Ces perches ont différentes longueurs, suivant la hauteur des tiges qu'elles sont destinées à soutenir. En Alsace et aux environs de Rambervillers, la perche à houblon est haute de 10 à 12 mètres ; en Lorraine, où l'on plante plus dru, elle est beaucoup plus petite. Généralement, on déplante ces perches à la fin de chaque saison, en ayant soin de conserver intacts les trous dans lesquels elles se posent, afin d'abréger le travail de la replantation au printemps suivant. Dernièrement, M. Munich, de Malzéville, a recommandé un mode d'échalassement fixe.

Dans ce système, on trempe le pied des perches dans du goudron, et elles durent de cinq à huit ans, tout en restant hiver et été dans le sol. Voilà qui est bien, mais on pourrait faire mieux. On pourrait enduire de goudron de houille, que l'on trouve à bas prix dans le commerce, non seulement le pied, mais encore toute la perche. Il y a aussi le procédé Boucherie, aujourd'hui tombé dans le domaine public, au moyen duquel on pourrait donner aux perches et échalas une durée presque illimitée, en les imprégnant de sulfate de cuivre ou de quelque autre liquide analogue. L'emploi des perches pour le houblon constitue une dépense assez onéreuse pour qu'on s'applique à la diminuer par tous les moyens que la science fournit. On a même cherché à les supprimer entièrement au moyen de fils de fer tendus horizontalement, comme pour la vigne. Cette méthode remonte à Mathieu de Dombasle, qui a mis tous ses soins à la propager. Il faut croire que tout le monde n'a pas été du même avis que le célèbre agriculteur de Roville, car on la trouve rarement employée de nos jours. Les autres soins d'entretien consistent dans des ratissages, des sarclages et des arrosements en temps de sécheresse. Il faut qu'une houblonnière soit tenue constamment dans un grand état de propreté ; il est essentiel surtout d'y empêcher la croissance des plantes parasites.

Pour récolter, un homme monte sur une échelle à large base ; arrivé au sommet, il étend le bras, muni d'un bâton portant à son extrémité une serpe, coupe le sarment et fait glisser le houblon jusqu'au pied de la perche. Par ce moyen, un seul homme fournit de la besogne à quarante cueilleuses.

Le temps de la récolte varie suivant les circonstances. On reconnaît que les cônes sont mûrs et qu'il est temps, par conséquent, de procéder à la cueillette, à des signes qui changent avec les variétés cultivées. Tantôt ce sont les extrémités des cônes qui brunissent, tantôt ces cônes prennent dans toute leur étendue une teinte jaune plus ou moins prononcée. Dans la plupart des cas, on reconnaît que la maturité est arrivée lorsque les cônes, encore fermes et denses, sont devenus visqueux par l'exsudation d'une huile volatile.

Il faut apporter une grande attention à la récolte des fruits. Ceux-ci doivent être débarrassés des feuilles, menues branches et autres matières étrangères qui pourraient en diminuer la valeur.

Quand on a cueilli une certaine quantité de houblon, il faut l'empêcher de se tasser dans les paniers. On le fait sécher immédiatement, soit à l'étuve, soit en l'étendant en couches minces sur le plancher bien propre d'un grenier aéré. Cette dessiccation doit être arrêtée à un certain moment. Le houblon trop sec perd de son arome et de sa couleur; celui qui ne l'est pas assez tend à se moisir. On reconnaît que le houblon a été desséché à point aux caractères suivants : 1° la queue qui supporte le cône est dure et cassante; 2° les feuilles intérieures sont peu flexibles, se détachent aisément et se brisent entre les doigts en dégageant une odeur aromatique. Quand le houblon est sec, on le transporte dans des magasins construits exprès. Là, on le met en tas sur des planches qui garnissent le sol et les murailles; il y reprend un peu d'humidité et, par suite, une souplesse qui lui permet de supporter l'emballage sans se briser. Cette dernière opération est d'ailleurs très importante et, selon qu'elle est bien ou mal faite, exerce une influence décisive sur la qualité du houblon.

Le houblon emballé d'une manière convenable conserve toute sa valeur pendant plusieurs années, tandis que, mis simplement dans des sacs et légèrement foulé, il perd promptement une partie de son huile essentielle et éprouve alors au contact de l'air humide une altération plus ou moins rapide.

Les cultivateurs flamands ont coutume de conserver le houblon dans des chambres obscures, boisées partout, où ils l'entassent fortement. C'est là que les brasseurs viennent en prendre des échantillons; puis ils font enlever leurs lots, qu'ils foulent dans des sacs en les tassant aussi fortement que possible.

Malgré cette précaution, le houblon perd toujours une partie de ses principes volatils. En un an, deux ans, etc., le houblon en sacs perd la moitié, les deux tiers, les trois quarts, enfin la totalité de sa valeur, tandis qu'aggloméré en masses dures et compactes, comme les Anglais le préparent dès longtemps et comme on le prépare aussi en France, en Allemagne depuis quelques années, il conserve son arome et ses qualités. Le procédé d'emballage qui donne ces résultats est connu, avons-nous dit, sous le nom de *procédé anglais*, et voici en quoi il consiste : le houblon, recueilli et séché avec les précautions convenables, est mis dans de grands sacs de toile, où on le foule le plus possible et qu'on soumet ensuite à l'action graduée d'une forte presse ou même d'une presse hydraulique. Le houblon, au fur et à mesure qu'il est comprimé, diminue de volume, et le sac, devenu relativement trop grand, forme des plis nombreux. Pour empêcher que le houblon ne se gonfle de nouveau, on défait les plis, on tend l'enveloppe et on la ferme à sa partie supérieure avec une couture solide; puis on rabat sur le corps du sac l'excédent de la toile, on fait à la jonction une deuxième couture très serrée, et le sac ainsi fermé solidement ne peut plus se prêter au gonflement du houblon. En attendant que les sacs fermés soient expédiés ou livrés à la consommation, il faut les garder dans un lieu sec et frais.

Le houblon aggloméré en pains de la manière que nous venons de dire pèse 300 kilos le mètre cube. Pour l'essayer, on frotte le cône dans l'intérieur de la main; l'odeur plus ou moins aromatique, plus ou moins forte qui s'en dégage permet d'apprécier la qualité du houblon. Cette odeur varie du reste beaucoup.

Le houblon est sujet à plusieurs maladies. Le *miellat* est une sorte de vernis sucré qui arrête la végétation et attire, en outre, des légions de pucerons et de fourmis. Le *chancre* attaque les racines. Le *blanc* ou *meunier* est une sorte de poussière farineuse, qui, par les temps secs, couvre toutes les parties du végétal.

Fig. 300. — Apprêt des tissus.

D'un autre côté, divers insectes s'attaquent à cette précieuse plante. La *puce de terre* perfore ses feuilles, dont elle dévore le parenchyme. Le *ver blanc* ou larve du hanneton et surtout l'*hépiale* vivent aux dépens des racines. Contre ces ennemis, on n'a pas encore trouvé de remède dont l'efficacité ait été constatée.

Outre son emploi dans la fabrication de la bière, le houblon sert encore à d'autres usages. Quelques personnes mangent les jeunes pousses de cette plante accommodées de la même manière que les asperges. En Suède et en Lithuanie, on retire des tiges du houblon une matière fibreuse analogue à celle du chanvre et dont on fait des cordes et des toiles grossières. On extrait les fibres du houblon soit par le rouissage dans l'eau stagnante, dans l'eau de mer ou dans celle des rivières, soit en faisant macérer les tiges dans une lessive de cendres, en les faisant sécher, puis en les faisant passer entre deux cylindres de bois cannelés. On a recommandé l'emploi des cônes de houblon pour préserver le blé des dégâts produits par les insectes.

Fig. 301. — Sylviculture : Bois à sabots : Sabotier dans les bois, par Camille Bernier.

On a également proposé, dans ces derniers temps, d'utiliser les feuilles sèches du houblon pour la nourriture du bétail en les mélangeant avec d'autres fourrages. Le bétail les mange sans répugnance, pourvu qu'elles ne soient pas trop desséchées, et s'en trouve fort bien.

C'est là un point qui n'est pas à négliger ; on sait combien les houblonnières donnent de déceptions. Si l'on pouvait en utiliser les feuilles comme fourrage, ce serait une chance de plus pour cette culture, qui prend chaque jour une nouvelle extension.

En médecine, le houblon est surtout conseillé dans diverses maladies ; il passe pour jouir des propriétés dépuratives quand on l'emploie à la dose de 10 à 30 grammes pour un litre d'eau bouillante.

Il jouit aussi des propriétés stomachiques des amers.

Les cônes du houblon servent aussi à faire des oreillers pour les personnes affligées d'insomnie.

L'ŒILLETTE

L'œillette est une variété du pavot, cultivée pour ses graines oléagineuses.

La culture du pavot n'a d'importance en France qu'en Lorraine et dans l'Artois ; elle exige des soins et une adresse tels, que l'on intéresse toujours l'ouvrier au succès par une part dans la récolte. Le pavot fournit, en moyenne, par hectare, 20 hectolitres de graine, du poids de 35 à 60 kilogrammes. Cette graine renferme plus de 40 0/0 d'huile ; mais on n'en extrait, en pratique, que 30 0/0.

La culture du pavot ou œillette ne fut introduite en France que pendant les dernières années du XVIIIe siècle. L'huile que produit la graine de pavot est comestible, mais sa vente, à l'état pur, fut longtemps défendue, parce qu'on lui attribuait un effet narcotique qu'elle n'a pas. C'est aux travaux et aux instances de l'abbé Rozier que l'on dut, vers 1775, de faire réformer l'arrêt qui défendait aux épiciers de conserver, dans leurs magasins, un tonneau d'huile dans lequel ils n'auraient pas introduit 500 grammes d'essence de térébenthine, afin d'ôter la possibilité de vendre cette huile comme huile à manger. Aujourd'hui l'innocuité de l'huile de pavot est parfaitement reconnue ; c'est la meilleure huile après l'huile d'olive. Lorsqu'elle a été extraite à froid, sa saveur est à peu près insipide, son odeur à peine sensible et sa couleur jaune d'or. Elle supporte 10 à 12 degrés de froid sans se figer. Elle est loin d'avoir le goût savoureux et agréable de l'huile d'olive, cependant le commerce qui ne se respecte pas la mélange à l'huile d'olive, afin de la vendre ainsi beaucoup plus cher.

Le pavot est cultivé dans les départements du Nord, du Pas-de-Calais, de l'Aisne, de la Somme, du Haut-Rhin, du Bas-Rhin, de la Meurthe, de la

Meuse, etc. Il vient bien sous tous les climats et ne redoute que l'excès d'humidité.

On rentre les graines de pavot au grenier en y laissant des débris de feuilles, de tiges et de capsules; on en fait des tas peu volumineux que l'on remue deux fois par semaine, jusqu'à ce que les graines soient sèches. On prend, du reste, des précautions analogues à celles que nous avons déjà indiquées pour les graines de colza. Ainsi, pour conserver la graine en magasin, on la passe de temps en temps à un tarare; afin d'empêcher les mites de l'attaquer et de se multiplier, il faut éviter de laisser la graine dans les sacs aussitôt après le battage; la graine pourrait se détériorer en s'échauffant.

Un hectolitre de graine de pavot ou œillette bien nettoyée pèse de 60 à 65 kilogrammes; son poids moyen est de 62 kilogrammes. Cette graine est très riche en huile. Suivant M. Moride, elle en renfermerait, quand elle est sèche, 43 0/0; cependant, en fabrique, on n'en obtient guère plus de 28 à 35 0/0. Voici, du reste, les rendements moyens donnés par les meilleurs auteurs :

	Par 100 kilog.	Par hectolitre.
Gasparin	35 kilog.	20 kilog.
Moll	35 —	24 —
Schwertz	39 —	22 —
Payen	31 —	22 —
Bonnet	30 —	» —
Moyenne	34 kilog.	23 kilog.

100 kilogrammes de graines produisent de 52 à 56 kilogrammes de tourteaux, un hectolitre de graines donne de 34 à 36 kilogrammes de tourteaux.

L'œillette est la plus petite de toutes les graines oléagineuses; elle est réniforme, et sa couleur est d'un gris assez foncé lorsque sa maturité est parfaite, et d'un gris tirant sur le vert lorsqu'elle n'est pas complètement mûre.

L'huile d'œillette successivement employée avec une sorte d'enthousiasme, puis réprimée et même expressément défendue, est un objet de commerce très important pour ceux de nos départements situés dans le voisinage de la Belgique, et par conséquent un moyen certain de richesse pour les cultivateurs qui consacrent une partie de leurs terres à porter des pavots. L'huile d'*œillette* a par elle-même une odeur vireuse et un goût nauséabond; quand on sait l'en dépouiller, elle se montre claire, saine, blonde, d'une saveur douce et agréable, et l'une des meilleures que l'on puisse demander aux plantes oléagineuses herbacées; sa réputation serait parfaite si elle pouvait garder ce léger goût de noisette qu'elle manifeste dans la nouveauté. Bien faite et tenue dans un lieu frais, elle se conserve longtemps, sans perdre de sa bonté, sans contracter aucun principe de rancidité, et sans se coaguler par l'action des plus grands froids. On doit la tirer à clair avant de la déplacer, car le mouvement lui devient contraire, surtout si l'on se trouve au moment des chaleurs. On l'emploie avec succès à l'assaisonnement comme à la préparation des aliments crus ou cuits, pour l'éclairage et dans les arts.

A diverses époques, toutes les fois que les hivers extraordinaires ont amoindri les produits de l'olivier ou causé de grands préjudices à ces arbres dans les climats chauds, et que l'on s'est vu forcé de recourir presque partout à l'usage de l'huile d'*œillette*, des ignorants ou des malintentionnés se sont empressés de l'accuser de recéler quelques éléments très dangereux; des médecins même, plus routiniers que praticiens éclairés, qui s'en servaient dans leurs potions narcotiques, ont souvent parlé dans le même sens; cependant, il est constant que l'opium fourni par notre pavot, ainsi que celui d'Orient, ne provient pas de la graine, mais de la capsule qui la renferme, et qu'en mêlant ensemble et semences et capsules, cette substance perd presque toutes ses propriétés médicinales.

L'expérience a démontré, de plus, que l'opium ne s'obtient pur que par des têtes de pavot coupées jaunâtres, c'est-à-dire avant qu'elles aient atteint leur parfaite siccité, et même avant la maturité des graines.

S'il était besoin d'ajouter quelque chose à l'appui de l'innocuité de l'huile d'œillette, il n'y aurait qu'à citer la forte et bonne constitution des habitants de nos départements du Nord, qui en font un usage habituel. La moitié de ce que l'on recueille sur cette huile est consommée dans le pays; le surplus passe dans le Midi, où elle sert depuis plusieurs siècles à la fabrication du savon et même à des falsifications de l'huive d'olive.

COLZA — CAMELINE — NAVETTE

Le colza. — Le colza, qui est une espèce de chou, vient bien dans presque tous les terrains qui ne sont pas trop inconsistants. On le sème à l'automne ou au printemps, sur le terrain soigneusement préparé, ou bien on le transplante. Cette dernière méthode est la plus fréquemment employée. On choisit un moment où le terrain de la pépinière est humide, pour que l'arrachage ait lieu sans difficulté. La plantation se fait à la charrue; on dépose les pieds de colza contre la raie, à $0^{m},25$ environ les uns des autres; la charrue les enfouit en formant le sillon suivant. Il ne faut point enterrer le collet, ce qui exige assez de soin. Quelquefois on replante par simples boutures.

Le colza exige une forte fumure et des engrais riches en azote. Le guano, l'engrais flamand lui conviennent parfaitement. Dans de bonnes conditions on obtient 40 hectolitres de graines par hectare, pesant 68 kilogrammes chacun environ, et fournissant à peu près 0,3 de leur poids d'huile.

On se sert, en général, pour charger le colza sur les charrettes sans l'égrener, d'une grande fourche à dents, en bois léger, qui pourrait également convenir pour d'autres récoltes.

Cameline. — Cette plante peut prospérer dans les terrains légers et sablonneux. Elle est très épuisante; on la sème en mai ou en juin. On éclaircit le plant de manière que les pieds soient écartés de $0^{m},16$ environ, et on sarcle pour détruire les mauvaises herbes. La cameline produit, par hectare, de 12 à 20 hectolitres de graines, du poids de 70 kilogrammes chacun. Elle est moins délicate que le colza et moins sujette à manquer complètement; mais son produit est bien moins considérable.

Navette. — La navette est encore appelée *ravette* ou rabette; on la cultive très en grand dans nos départements de l'Est, dans le Holstein, dans la Silésie, etc.

Fig. 302. — Jasmin.

La navette d'hiver est la variété la plus productive et la plus généralement cultivée. La navette de printemps, appelée aussi *navette d'été*, *navette de mai*, *navette annuelle*, est moins cultivée. Elle est assez répandue cependant dans la Bourgogne, la Lorraine, l'Alsace, et dans les parties montueuses du Dauphiné, où la navette d'hiver réussit très-difficilement.

Après avoir été déposées dans le grenier avec une certaine quantité de siliques, les graines de navette sont remuées deux ou trois fois par semaine afin qu'elles ne s'échauffent pas. Quand elles sont sèches, on les nettoie à l'aide du crible et du tarare. La conservation de ces graines exige les mêmes soins que s'il s'agissait du colza, c'est-à-dire, on les rentre avec une partie des siliques; on les crible quand elles sont sèches, et on les dépose sur le plancher du grenier en une couche peu épaisse.

La graine de navette est un peu moins pesante que la graine de colza. La graine de navette d'hiver de bonne qualité pèse de 65 à 68 kilogrammes l'hectolitre ; un litre contient de 220,000 à 235,000 graines.

La graine de navette d'été pèse de 60 à 65 kilogrammes; un litre contient environ 250,000 graines.

Un hectolitre de graines de navette d'hiver pesant 66 kilogrammes doit donner 22 kilogrammes d'huile et 40 à 42 kilogrammes de tourteaux. Un hectolitre de graines de navette d'été pesant 62 kilogrammes doit donner de 17 à 18 kilogrammes d'huile et 40 kilogrammes de tourteaux.

L'huile de navette est employée pour l'éclairage, la fabrication des savons mous, le foulage des étoffes, etc. Elle se vend à peu près le même prix que l'huile de colza.

Le commerce préfère les graines récoltées dans la plaine de Caen; celles qui proviennent des environs de Rouen viennent après. Les graines récoltées dans la Lorraine et la Franche-Comté sont moins estimées.

Les graines de colza, de navette et de rabette appartenant au même genre (*brassic*) doivent avoir beaucoup de ressemblance entre elles; toutes les trois sont rondes et ont une couleur brun foncé. La graine de colza est cependant un peu plus grosse que les autres, ainsi qu'on a pu le constater par la contenance au litre que nous avons donnée de chaque espèce de graines. En outre, sa couleur est plus franche.

La navette ou rabette a une teinte rouge très sensible. Dans la graine de colza et dans la graine de navette, la bonne qualité pour la production de l'huile se reconnaît au grain rond, petit, noir et dur; écrasée par l'ongle, la graine doit présenter une chair jaune serin qui graisse fortement l'ongle; la peau doit être noire et mince; les grains qui sont gros annoncent une culture dans un terrain trop fumé ; ceux qui ont un reflet rouge annoncent une récolte faite prématurément. On reconnaît si les graines sont nouvelles ou anciennes, en en écrasant quelques-unes sous la dent. Si elles sont nouvelles, leur saveur est douce et légèrement herbacée; si elles sont anciennes, leur saveur est âcre, rance et désagréable.

LA GARANCE

La racine de garance est, sans contredit, après l'indigo, la substance tinctoriale la plus importante à tous égards. La couleur rouge qu'elle fournit, et qui se fixe très bien sur les tissus, au moyen des mordants d'alumine, est une des plus belles et des plus solides que l'on connaisse.

Cette plante vient dans toute espèce de terrain; mais on la cultive de préférence dans les terres meubles et légèrement humides. Ce n'est qu'au bout de trois ans qu'on tire la racine de terre; dans le Levant, la récolte ne se fait même qu'au bout de cinq à six ans.

La racine se compose de trois parties bien distinctes : d'un cœur ligneux jaune qui la parcourt dans toute sa longueur, d'une partie corticale rouge et d'une pellicule légère et rougeâtre nommée *épiderme*. Comme c'est surtout dans la partie corticale que réside le principe colorant, on cherche, autant que possible, à l'isoler des deux autres parties. C'est là le but de la mouture qu'on fait subir habituellement à la racine séchée et vannée.

La racine entière est connue, dans le commerce, sous le nom d'*alizari*. Ce n'est que lorsqu'elle a été pulvérisée qu'on lui donne le nom spécial de garance.

Les alizaris sont très peu employés pour les opérations de la teinture, et il n'y a guère que l'alizari d'Avignon et celui d'Auvergne qui se trouvent sur les marchés de France; l'alizari de Chypre est fort rare; celui d'Alsace ne s'y montre jamais.

Les poudres dites garances sont distinguées, d'après leur origine, en garance de Hollande, garance d'Alsace et garance d'Avignon.

La garance a été longtemps la matière tinctoriale rouge la plus employée. La plante qui fournit cette matière colorante est elle-même nommée *garance (rubia tinctorum)*; c'est un arbrisseau, ou même une plante herbacée, de la famille des rubiacées. Elle est originaire de l'Asie moyenne et du midi de l'Europe, où elle croît naturellement. On la cultive dans les environs d'Avignon, en Alsace, en Hollande et dans d'autres contrées. La matière tinctoriale est renfermée dans la racine, qui est de la grosseur d'un porte-plume; elle est formée d'un épiderme rougeâtre, recouvrant une écorce d'un rouge brun foncé, et au centre se trouve une partie ligneuse, d'un rouge plus pâle et jaunâtre; elle a une saveur amère et styptique. La garance est employée en teinture depuis les temps les plus reculés à Andrinople, à Smyrne, à Chypre; de là, elle vint en Europe, en passant par la Grèce et l'Italie. La culture de la garance en Alsace et à Avignon date seulement de 1760; mais elle y prit rapidement une telle extension que, au milieu du XIXe siècle, le département de Vaucluse fournissait annuellement 60 millions de kilogrammes de poudre de garance propre à la teinture. La fabrication de l'*alizarine artificielle* a depuis cette époque ruiné presque complètement la culture de la garance.

Le principe colorant de la garance est spécialement accumulé dans la racine. Quand la plante a deux ou trois ans, on l'arrache, en octobre ou novembre; dans le Levant on attend même cinq ou six ans, et on obtient ainsi des garances supérieures à toutes les autres. Ces racines sont séchées à l'air ou même à l'étuve, puis débarrassées de leurs radicelles. Elles constituent alors ce que l'on nomme l'*alizari*, employé en certaines circonstances directement à la teinture; mais le plus souvent on réduit l'alizari en poudre, qui prend dès lors le nom de *garance*. La pulvérisation se fait sous l'action de meules verticales en pierre, qui font vingt-cinq tours par minute; par des tamisages successifs suivis de repassage à la meule, on obtient une poudre très uniforme et plus ou moins fine. Avec 100 kilogrammes de racines séchées à l'air on obtient seulement 80 kilogrammes de poudre, à cause des pertes déterminées par le séchage plus complet à l'étuve, et par l'enlevage des matières terreuses et des radicelles.

On rencontre dans le commerce un grand nombre de variétés de garance, différant les unes des autres par l'origine et les soins apportés à la pulvérisation. Les garances provenant de la pulvérisation des radicelles est la qualité la plus inférieure; la garance surfine, la meilleure, provient au contraire des racines triées de premier choix; entre ces deux extrêmes il y a plusieurs variétés intermédiaires. Les qualités dépendent en outre de la nature du terrain de culture; à Avignon, les meilleures garances sont celles des *palus*, terres anciennement couvertes de marécages.

LA RAMIE

La *Ramie*, ou *China pass*, ou *Herbe de Chine*, n'a cessé depuis une vingtaine d'années d'occuper le monde savant. Originaire de Chine, elle prospère dans le mid de la France, à Montpellier, en Corse; elle réussirait encore mieux en Algérie et en Tunisie, sur des terres abondamment arrosées et même marécageuses.

Cette plante fournit de belles et longues fibres textiles que les Orientaux mélangent quelquefois aux fils de soie.

La difficulté d'emploi de la ramie repose sur le fait que l'on n'a pas encore pu débarrasser complètement ses fibres des produits gommeux qui les imprègnent. Mais M. Frémy, qui s'est livré depuis de longues années à l'étude du squelette des végétaux, est parvenu, par des procédés chimiques de pratique industrielle, à obtenir pures les fibres de la ramie.

Cette plante présente donc, pour notre pays, un intérêt particulier et deviendra peut-être un jour notre *coton français*. Elle nous affranchirait du tribut de 180 millions que nous payons annuellement aux pays producteurs du coton.

« Cette plante précieuse, disait Frémy en 1886, dans une séance de l'Académie des sciences, soulagera également les souffrances de notre agriculture; elle pousse vigoureusement dans nos départements du Midi, frappés par l'abandon de la garance; elle réussira dans nos colonies, menacées dans leur exploitation de la canne à sucre. On comprend la supériorité, au point de vue du prix de la main-d'œuvre, que nous donnent les réactifs chimiques sur la pratique des Chinois, qui extraient les fibres du liber de la ramie à l'aide d'un petit couteau. Je considère comme résolues les principales questions que la science pouvait aborder dans le traitement de la ramie; je m'en réfère à cet égard aux mémoires que j'ai communiqués antérieurement à la Compagnie, et je place sous les yeux de mes confrères des échantillons qui prouvent que la purification et l'extraction des fibres sont obtenues de la manière la plus complète et par des procédés peu coûteux. J'espère que nos agriculteurs n'hésiteront plus aujourd'hui à entreprendre la culture de la ramie et que nos habiles filateurs sauront utiliser les fibres en leur conservant leur éclat soyeux, comme cela se pratique de temps immémorial en Chine. La France, possédant ainsi un textile végétal qui ressemble à la soie, donnera un exemple nouveau des services que la science peut rendre, lorsqu'elle s'allie à l'agriculture et à l'industrie. »

Les plantes qui composent la famille des urticées ont joui autrefois d'une grande faveur comme plantes textiles ; l'ortie dioïque, si commune dans les décombres au bord des chemins, était très cultivée au XVIe et au XVIIIe siècle comme plante textile, et sa toile fut longtemps plus estimée que celle du chanvre. Quoique cette plante soit encore utilisée aujourd'hui à la fabrication du fil et des

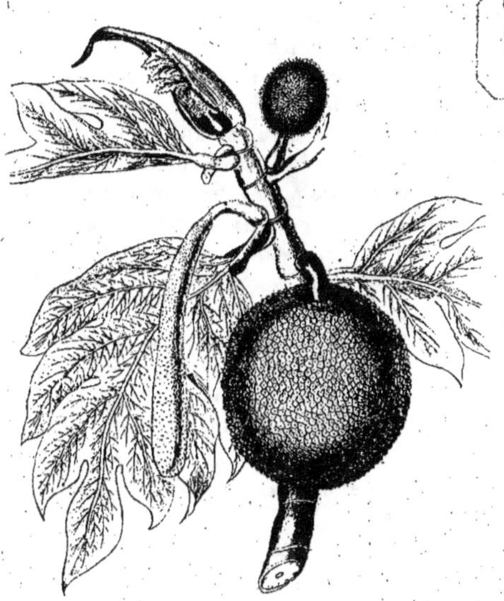

Fig. 303. — Artocarpe.

grosses toiles, elle n'est pas cultivée en grand, et ses rivales, le lin, le chanvre, le coton, ont accaparé depuis longtemps les principaux marchés.

La défaveur dans laquelle les urticées étaient tombées cesse aujourd'hui, depuis que les espèces indigènes de la Chine et du Japon, la ramie et les variétés voisines, sont connues.

La ramie, ou ortie blanche (*Bœhmeria nivea*), forme la plus anciennement connue (*fig.* 521), est originaire de la Chine et du Japon, et si on la rencontre à Java, à Sumatra et dans d'autres îles de l'archipel Indien, il paraît probable qu'elle y a été naturalisée à la suite des cultures. Les autres formes, *B. Caudicans*, *B. Tenacissima,* n'ont été rencontrées nulle part à l'état sauvage, ce qui paraît démontrer que ce sont des variétés produites par une culture très ancienne.

L'ortie blanche est une plante vivace par la région souterraine de la tige ou rhizome : elle développe dans l'air des tiges fortes, droites, d'une hauteur de 1^m,50 à 4 mètres ; ces tiges gèlent chaque année dans notre climat. Les feuilles sont grandes, ovales, crénelées, cotonneuses et souvent d'un blanc de neige à la face inférieure ; les fleurs, petites, sont réunies en grappes grêles cylindriques, placées à l'aisselle des feuilles.

On distingue comme dans l'ortie dioïque deux sortes de fleurs : les unes ne renferment que les étamines, au nombre de quatre, étalées en croix lorsque la fleur est complètement épanouie; les autres ne renferment que le pistil, reconnaissable à ses deux stigmates plumeux.

Ce sont ces dernières fleurs qui seules portent des graines, mais cette production des graines n'a lieu que dans les régions chaudes. Les graines ne mûrissent pas dans le centre et le nord de la France.

L'importance de la ramie comme plante textile fut signalée, malheureusement sans résultat, dès l'année 1845, par le regretté M. Decaisne. On connaissait bien les principales variétés de la ramie, déjà cultivée depuis longtemps dans les jardins botaniques, mais aucun essai important de culture industrielle n'avait eu lieu : le coton encombrant tous les marchés, il ne se trouva pas d'agriculteur ayant assez d'initiative et de persévérance pour introduire la nouvelle plante.

C'est seulement à l'époque de la guerre de Sécession, quand la culture du coton, tombée en souffrance, ne suffisait plus à entretenir les manufactures anglaises, que l'on songea à utiliser, sous le nom impropre de china-grass, les filasses fabriquées en Chine avec l'ortie blanche. Acceptée d'abord à titre temporaire, la ramie ne tarda pas à montrer sa supériorité sur le coton, et, lorsque celui-ci fit sa réapparition en Europe, les fabricants anglais continuèrent à s'approvisionner de china-grass. Bientôt les cultures de l'Inde, de la Chine et du Japon devinrent insuffisantes, et les Américains se hâtèrent d'introduire chez eux la ramie. Aujourd'hui cette plante est définitivement établie dans la Louisiane, le Texas, le Mississipi, où de nombreuses plantations de cotonniers ont été détruites pour lui faire place.

C'est seulement à cette époque que la ramie fut introduite en France. Des agriculteurs, M. le comte de Malartre, dans la plaine de la Crau, M. de Vernéjoul de La Roque, dans le département du Gard, M. Paris-Bohé, dans le Roussillon, frappés de l'importance commerciale de la nouvelle plante textile, obtinrent de bons résultats par la culture de la ramie, qui paraît devoir être très avantageuse dans ces régions. Il est peu probable que cette culture donne d'aussi bons résultats dans le nord et le centre de la France, car la ramie prospère dans les climats chauds et redoute la gelée, lorsqu'elle envahit le sol à plus d'un décimètre. C'est surtout en Algérie, dans la Corse et dans le Midi que sa culture est appelée à un brillant avenir, surtout depuis que le phylloxera et la ruine de la culture de la garance ont laissé de grands terrains disponibles.

Dans les pays où le climat est assez chaud, si la sécheresse n'est pas trop à redouter, la culture intensive de la ramie est facile à établir. On prépare le terrain par un labourage profond avant l'hiver, puis une scarification et un hersage complètent la division et l'ameublissement de la terre. Cette plante, étant vivace, se reproduit par éclats ou par marcottes. Quand les pieds ont atteint un mètre, on les coupe à 3 ou 4 centimètres du collet; c'est la première récolte.

On peut, en France, faire au moins deux récoltes de la ramie, et en Algérie au moins trois. D'après les calculs de M. de Malartre, les dépenses à faire par hectare représentent 600 francs environ, tandis que le revenu minimum égale environ 1,560 francs, ce qui donne un bénéfice de 900 francs par hectare pour deux coupes effectuées dans l'année.

On prépare la filasse de la ramie comme celle du chanvre. Cette filasse a l'apparence et l'éclat des étoffes de soie; celle qui est fournie par les tiges de première récolte est dure et résistante, on en fait des étoffes solides, des cordes et des cordages; celle qui provient de la deuxième et de la troisième coupe est plus tenace, sert à fabriquer un tissu fin rappelant la soie.

On voit l'importance de la ramie comme plante textile et l'avenir brillant que sa culture réserve à l'Algérie et au midi de la France.

La ramie succédané du mûrier. — Il y a deux ans il a été donné communication d'un fait qui, par ce temps de maladie du mûrier, a une importance primordiale, si la chose est confirmée; il s'agit de la nourriture des vers à soie par la ramie. On en doit la connaissance au consul anglais à la Nouvelle-Orléans.

Un planteur de Colombia (Caroline du Sud), qui élève des vers à soie, ne pouvant se procurer les feuilles de mûrier nécessaires à leur existence, leur présenta des feuilles de ramie; elles furent dévorées avec avidité.

Les cocons de ces vers, envoyés à Philadelphie, furent reconnus plus gros que ceux des vers nourris avec les feuilles du mûrier; en outre, leur produit soyeux etait supérieur comme finesse. Si l'expérience a bien été faite dans les conditions ordinaires, et si l'essai peut se reproduire sur une grande échelle, la sériciculture a trouvé une ressource abondante pour l'alimentation de ses élèves, car la culture de la ramie réussit parfaitement dans les contrées où le climat permet l'établissement des magnaneries.

PLANTES COLONIALES

LE DATTIER

Le dattier, espèce de palmier (*Phœnix dactylifera*), prospère dans toute la vaste zone que coupe en deux le tropique du Cancer, depuis l'océan Atlantique jusqu'à la vallée de l'Indus, entre le 12° et le 37° lat. N. Dans cette région, il est, comme le bambou dans l'Asie orientale, comme le cocotier sous l'équateur, le don le plus précieux de la nature, car il fournit à presque tous les besoins de la population : nourriture, vêtement, logement, ustensiles de ménage, sans compter une foule d'emplois d'économie domestique; en même temps ses couronnes de feuillage permettent de cultiver sous leur ombre épaisse une multitude d'autres végétaux que dessécheraient les rayons directs du soleil.

Espèce dioïque, le dattier reste infécond si les sujets femelles ne reçoivent pas le pollen des sujets mâles : aussi les habitants des oasis ont-ils le soin d'assurer l'action fécondante en attachant une grappe de fleurs mâles à portée des fleurs femelles. Quoiqu'il se plaise sous le soleil le plus ardent et dans l'atmosphère la plus sèche, il a besoin de fréquentes et abondantes irrigations : aussi ne se trouve-t-il que rarement dans le désert proprement dit; sa place naturelle est dans les oasis, jardins arrosés par des sources et des filets d'eau, cultivés et plantés par la main de l'homme, au sein des steppes africains et asiatiques. La bande transversale qu'il occupe sur ces deux continents est appelé Beled-Djerid, pays des palmes, longue chaîne montagneuse qui s'étend en Afrique du Maroc aux rives du Nil, par Tafilet, Ouargla, Tuggurt, Nefta, Tripoli, les oasis de Siouah et d'Aujelah, et au delà de l'Égypte se prolonge en Arabie jusqu'au golfe Persique, projetant dans le sud quelques ramifications vers le pays des Touareg, B'damès, le Fezzan, les oasis Hhardjed et Dakhiled; mais ce nom s'applique plus spécialement à la région des palmiers qui occupe le sud de la Tunisie, et qui est le foyer principal de la production pour la quantité comme pour la qualité.

Au nord de cette chaîne, le palmier devient un arbre d'ornement plus que de rapport, apparaissant isolé plutôt que cultivé en massifs : on en trouve pourtant quelques groupes importants qui produisent des fruits, en Espagne, en Portugal, en Sicile et en Grèce, dans des conditions climatériques qui rappellent les stations africaines du palmier. Partout où il domine comme culture principale, l'impôt est établi par pied de palmier, et cet impôt unique satisfait à la justice absolue, car le capital, comme le revenu de chacun, se mesure au nombre de palmiers dont il recueille les fruits. Dans les oasis de la province algérienne de Constantine, l'impôt annuel varie de 20 à 40 c. par arbre.

Le dattier se reproduit de semis et de boutures; ce dernier mode est généralement et presque exclusivement adopté, parce qu'il assure la reproduction des mêmes variétés, ce que ne fait pas le semis. Vers l'âge de six à sept ans, il atteint de 3 à 4 mètres de hauteur et commence à porter ses fruits. Puis d'année en année, sa vigueur s'accroît jusqu'à trente ans, âge où sa tige élégante, souple et élancée dans les airs, couronnée par d'ondoyants et verts panaches, a atteint toute sa hauteur. Il se soutient dans la même force pendant soixante ans environ, après quoi il décline graduellement et périt vers la fin de son second siècle d'existence, à moins que les propriétaires ne trouvent plus de profit à l'abattre qu'à assister à cette longue et stérile décadence.

Dans la vigueur de l'âge, chaque palmier porte moyennement par année de 8 à 10 régimes de dattes dont chacun pèse de 6 à 10 kilogrammes, ce qui élève le rendement d'une plantation de dattiers, en matière alimentaire, à des proportions qu'atteignent bien peu de végétaux. On peut calculer en effet qu'à un espacement de 5 mètres en quinconce, un hectare peut recevoir 400 palmiers, dont le produit, à neuf régimes de 8 kilogrammes par sujet, représente 28,800 kilogrammes de dattes. Il produit également tous les ans.

La maturité et la qualité des dattes sont en raison directe de la chaleur; c'est pourquoi les oasis méridionales et peu élevées au-dessus du niveau de la mer, ou qui, par leur forme et leur situation, concentrent le mieux les rayons du soleil, produisent des fruits meilleurs que les oasis septentrionales, ou d'une altitude élevée.

Les dattes fraîches (arabe : koufarra) constituent un aliment de luxe auquel les hommes attribuent des vertus aphrodisiaques, et les femmes la propriété de

Fig. 304. — Monstera deliciosa.

favoriser l'embonpoint. Les dattes sèches (temeur) sont la nourriture essentielle de tous les habitants du Sahara, et un élément notable de l'alimentation dans les autres régions à palmiers, car elles entrent dans la composition de presque tous les mets, sinon comme base, au moins comme accessoire. Il est remarquable que, sous peine de maladie grave, on ne peut en faire une consommation usuelle, sans les mêler avec quelque autre aliment : fromage, lait, galette, etc.

A peine cueillies, elles sont mises à sécher au soleil, puis entassées dans des magasins où leur dessiccation s'achève : en cet état elles peuvent se conserver dix à douze ans, et mieux encore comprimées sous forme de gâteaux. Pour l'usage des caravanes, on fait avec la datte une préparation alimentaire qui porte en arabe le nom spécial de *bsiça*. A cet effet, le fruit, débarrassé de son noyau, est pilé avec de la farine de froment et du beurre fondu, puis placé dans une peau de mouton ou de chevreau, où il se conserve d'une année à l'autre. La *bsiça* est délayée dans l'eau pour être mangée.

La culture a grandement multiplié les variétés de dattes. Dans le Beled-Djerid tunisien, on en compte une soixantaine. Dans les oasis des Ziban algériens, dont Biskara est la capitale, on en distingue jusqu'à soixante-quinze variétés, qui se classent en deux groupes bien distincts, suivant qu'elles sont dures ou molles. Les dattes dures sont les plus estimées en raison de la facilité de leur conservation et de leur transport, après qu'elles ont été desséchées. Les dattes molles ne peuvent être conservées que dans des vases ou des peaux de bouc, où elles sont fortement comprimées, à l'abri du contact de l'air. Outre la consistance, les variétés sont distinguées d'après la forme du fruit, sa saveur, sa grosseur, sa couleur, l'époque de sa maturité, la forme du noyau, etc. Les deux variétés les plus estimées sont le *deglet nour* (datte lumière) et le *monaklir* (nez, à cause de sa longueur). Celle-ci est réservée aux princes, et la première est la plus recherchée dans le commerce; elle se vend au régime, tandis que les autres se vendent au poids. Les pays d'où viennent les fruits les plus renommés sont : dans le Maroc, Tafilet; en Algérie, Tuggurt et l'Oued-Souf; en Tunisie, Nefta et Tozer; en Arabie le Tledjaz. Celles à pulpe grasse, fortement sucrées, qui paraissent sur nos tables en Europe, sont les meilleures; celles à pulpe maigre, à saveur un peu âpre, constituant la dernière qualité, sont généralement données aux animaux. Les qualités intermédiaires, de beaucoup les plus nombreuses, sont les seules qui entrent dans le commerce local des pays de culture.

Outre sa fonction alimentaire, la datte est la principale denrée d'échange des régions où on la récolte en Algérie : c'est une règle générale qu'à l'époque de la cueillette la charge de blé vaut, dans le Sahara, deux charges de dattes, et que, dans le Tell, au moment de la moisson, une charge de dattes vaut deux charges de blé : ce qui équivaut à dire que, dans la moyenne de l'année, la datte et le blé se valent, poids pour poids.

Les dattes ne se consomment pas toujours comme fruit. Par la pression, on obtient un miel de qualité exquise, qui sert aux mêmes usages que le miel ordinaire, et principalement à la préparation de gâteaux feuilletés. La partie la plus liquide de ce miel fournit un sirop qui s'emploie comme le sirop de sucre et sert à préparer une boisson qui rappelle l'hydromel. Sous l'action de la meule, on obtient une fécule très saine que l'on emploie, avec celle du blé et de l'orge, pour la préparation du couscoussou et de plusieurs pâtisseries. En faisant macérer des dattes sèches dans l'eau, on se procure une piquette rafraîchissante que les Européens de l'Afrique ont adoptée à l'instar des indigènes. En les distillant, elles donnent un alcool ou eau-de-vie qui se prépare en Égypte et en Nubie. Il n'est pas jusqu'au noyau (alef) qui, tout dur et indigeste qu'il soit, ne soit donné en nourriture aux chameaux, chevaux, mulets, chèvres. Percé de deux trous, il forme des chapelets; rebuté pour tout autre usage, il sert de combustible, difficile à allumer, mais brûlant très bien. Quant à la rafle de la grappe (ardjoum, d'où l'on a tiré régime), elle fait des balais.

Quoique la datte soit le principal produit du dattier, il s'en faut que ce soit le seul. Toutes les parties de cet arbre précieux sont utilisées, ainsi qu'on en jugera par une rapide énumération de leurs emplois divers.

Palme, pétiole de la palme (djerid). Brut, il sert de latte pour terrasses; on en fait des claires-voies, portes, lits, sièges. Les filaments détachés sont transformés en cordes et en sacs de grosse toile. La chirurgie arabe l'utilise pour attelles dans la fabrication des appareils à fracture. On en fait des cannes en France.

Feuilles de la palme (sol). Elles servent à faire balais, cordes, nattes, cabas, coussins, éventails, seaux, sébiles, tasses à boire que recouvre une couche de goudron, chapeaux à bords très larges. Cette feuille sert aux mêmes usages que le palmier nain dans le Tell, notamment à toutes sortes d'ouvrages de sparterie.

Fleurs mâles (talyh). Elles sont considérées comme aphrodisiaques; on les mange, préparées au jus de citron.

Involucres des fleurs (kemomin). Ils entrent dans plusieurs compositions médicinales.

Spathes. Elles servent de vases ou récipients à divers usages.

Bourre (lifa). Ce tissu réticulaire, qui enveloppe le pied de la palme, sert à faire des cordes, à rembourrer le bât des chameaux; il entre, avec le poil de ces animaux, dans la confection des toiles de sacs, de tentes; le lifa donne en outre d'excellentes bourres pour les armes à feu.

Jeune pousse, ou chou ou cœur (djoumar). Partie centrale de la jeune pousse du tronc, de consistance charnue, dont le goût rappellerait celui de la noisette, si ce n'était une légère amertume. Comme l'ablation de ces jeunes pousses coûte la vie au sujet, elles n'entrent dans l'alimentation que lorsque l'arbre a péri par accident.

Sève (el ma). A l'état frais, elle fournit un liquide sucré qu'on appelle lait de palmier; par la fermentation naturelle, elle devient une liqueur vineuse qu'on appelle vin de palmier; par la distillation, on obtient un alcool de palmier.

Bois. — A défaut d'autres grands arbres dans les régions sahariennes, le bois de dattier, fibreux, très résistant, plus dur à l'extérieur qu'au centre, est employé à tout : poutres de terrasse, planches, palissades, portes, piliers, boisage des puits artésiens, barques sur les lacs, instruments de labourage, conduites d'eau, outillage de toutes sortes, meubles, etc. Ce bois est d'un travail difficile, à cause du croisement et de l'entrelacement de ses fibres; il durcit et devient solide en séchant : on dirait qu'il n'a pas de fil. Sa couleur brune vermicellée est de l'effet le plus orignal. Employé en bois debout, il est tigré en noir sur un fond jaune. La racine surtout est fort belle. A Laghouat, on a utilisé le bois de dattier dans toutes les constructions, suivant l'exemple des indigènes eux-mêmes, qui, malgré leur respect pour l'arbre qui les nourrit, en font un tel usage que les soldats français l'ont appelé le sapin du Sahara. Autour de cette ville saharienne où, à cause de l'altitude et du froid de l'hiver, les plantations des palmiers prospèrent moins bien que dans les régions basses, à température moins variable, le palmier mâle atteint 14 à 16 mètres de hauteur sur 85 à 90 centimètres de tour; en de meilleures conditions, il s'élève à 25 mètres.

L'ébénisterie, la tabletterie et la marqueterie tireraient un grand parti du bois de palmier s'il était connu ou plus commun. Le bois du palmier femelle possède les mêmes propriétés que celui du mâle; cependant ses fibres sont plus lâches et plus solides. Inutile d'ajouter que le bois de palmier sert de combustible : la combustion en est lente et donne peu de flamme, mais dégage beaucoup de chaleur.

Dans tous les pays qui entourent la Méditerranée, la datte est l'objet d'un commerce qui s'accroît d'année en année; les habitudes d'aisance et la facilité des communications la rendant accessible à des classes de population et à des régions pour qui ce fruit était, il y a quelques années, un article de luxe inabordable.

Par ses qualités nutritives, dues au sucre, à l'amidon et au gluten qu'elle contient, par la facilité de sa digestion, la datte justifie pleinement la faveur dont elle jouit : c'est un des fruits secs les plus sapides et les plus sains qui puissent figurer sur nos tables.

LE THÉ

On donne le nom de *thé* aux feuilles desséchées qui proviennent du *thea viridis*. Cet arbrisseau rameux, toujours vert, présente quelque ressemblance avec le myrte : il s'élève à une hauteur de 1 à 2 mètres. Les feuilles sont alternées, supportées par de courts pétioles, dures, d'un vert un peu luisant ; elles ont, en général, 1 décimètre de longueur sur 3 centimètres de large. Les fleurs naissent solitaires ou plus rarement deux à deux ; la corolle a ordinairement six pétales blancs arrondis et ouverts ; les graines sont sphériques, entourées d'une peau mince, luisante, un peu dure, qui leur sert de coque et qui renferme deux, trois et même cinq cellules ; chacune de ces loges contient un noyau blanc, huileux, de la grosseur d'une noisette, d'une saveur nauséabonde et amère. Ces fruits mûrissent en décembre et janvier.

La Chine et le Japon sont les seuls pays où l'on trouve le thé croissant spontanément. Quelques tentatives ont été faites pour acclimater ce précieux arbuste dans le nord de l'Inde, sur les collines qui sont au pied de l'Himalaya ; mais elles n'ont donné que des résultats fort insignifiants. A Java, à Singapore, on voit de ces arbrisseaux venant fort bien en pleine terre, mais ils ne servent là qu'à embellir les jardins. Les régions où ils prospèrent le plus sont celles qui se trouvent entre le 23e et le 25e degrés de latitude.

Presque toutes les provinces de la Chine fournissent du thé, mais en général dans les qualités inférieures et qui ne servent qu'à la consommation locale. Cinq provinces donnent des sortes supérieures convenant au commerce du dehors, ce sont : Fo-Kien et Canton, pour les thés noirs, Kiang-si, Chekiang et Kiang-nan pour les thés verts. C'est de cette dernières province que viennent les produits les plus recherchés. Les coteaux, peu propres à la culture des céréales, sont en Chine consacrés à la culture du thé ; le voisinage des ruisseaux et des rivières est une circonstance bien favorable. Un sol pierreux et même aride n'est point un obstacle.

Au Japon, le thé qui croît aux environs d'Odsi, petite ville près de la mer, est le plus recherché. Il y a des enclos réservés pour l'usage de la famille impé-

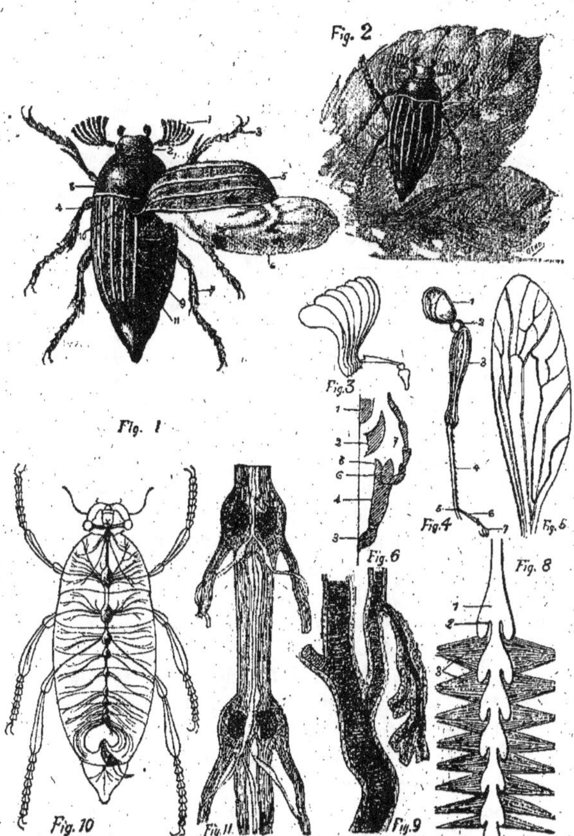

Fig. 305. — 1. *Melolontha vulgaris.* — Hanneton vulgaire, vu de dessus. — 2. Hanneton marchant. — 3. Antenne. — 4. Patte. — 5. Aile. — 6. Figure schématique des pièces de la bouche. — 8. Vaisseau cardio-dorsal. — 9. Trachée. — 10. Système nerveux glanglionnaire ventral. — 11. Système nerveux sympathique.

riale. On veille avec soin à ce que les feuilles soient préservées des insectes et de la poussière et la cueillette est faite, feuille à feuille, par des ouvriers exercés dont les mains sont couvertes de gants.

Culture du thé. — Elle ne présente pas de difficultés : le thé se reproduit par graines en pépinière ; on a soin de faire les semis très épais, parce que la plupart des graines ne donnent aucun résultat. Le terrain est un sol léger recouvert d'une mince couche de terre végétale, il paraît qu'on ne lui fait subir aucune préparation : point d'engrais, point d'arrosage. Les plants ne doivent être ombragés par aucun arbre; ils doivent recevoir en plein les rayons du soleil. L'exposition au sud est la meilleure. On attache, pour les qualités supérieures, une très grande importance à la nature du sol, à l'exposition.

Cueillette. — Elle ne s'opère que lorsque l'arbre a trois ans de pousse. Elle a lieu habituellement trois fois par an. La cueillette d'avril est la moins abondante, mais c'est celle qui donne la qualité la plus recherchée; en juin, c'est celle qui fournit le plus; en juillet, produits inférieurs; une quatrième cueillette, qu'on opère quelquefois, n'est qu'un glanage. En avril, les feuilles sont jeunes et très délicates; en juin, on sépare, après avoir cueilli, les feuilles les plus tendres. Les cultivateurs qui visent à la quantité ne cueillent qu'en juillet. L'état de la température, au moment de la cueillette, est un point important. Un ouvrier exercé, arrachant les feuilles une à une, peut en ramasser de 12 à 15 livres en un jour. Une plante donne le plus souvent un tiers ou un demi-kilogramme de feuilles, mais il y a à cet égard de grandes variations.

Préparation des feuilles. — C'est une opération fort délicate, qui exige des soins, de l'expérience et d'où dépend le mérite de la marchandise. On apporte les feuilles cueillies dans des hangars bien aérés; on les étend en couches minces sur des plateaux de bambou; on les y laisse jusqu'à ce qu'elles soient devenues un peu molles; on les fait sécher en les posant sur des plaques de métal placées sur des fourneaux, et on agite les feuilles avec les mains jusqu'à ce que la chaleur soit insupportable. Il en sort, pendant cette demi-cuisson, un suc âcre et grisâtre, on enlève ensuite les feuilles, on les répand sur des nattes ou sur du papier, on les froisse, on les agite dans des corbeilles pour qu'elles s'enroulent et frisent. Cette opération se répète trois et quatre fois s'il le faut, jusqu'à ce que toute humidité ait disparu. Les feuilles destinées à faire du thé noir subissent, au préalable, une exposition au soleil, dont les thés verts sont exempts.

Lorsque les feuilles ont été frottées et enroulées avec beaucoup de délicatesse, lorsqu'elles ont été complètement séchées, on procède au triage ou à la séparation des qualités; au criblage, afin de séparer, au moyen de treillis de bambous, les feuilles des brins de tiges; au vannage, pour chasser la poussière et les corps étrangers; au tamisage, qui a lieu dans des tamis de soie très fins. La torréfaction, qui s'opère sur les fourneaux, est la partie la plus difficile de ce travail. Un degré de trop ou bien un peu d'insuffisance altère la qualité. Le thé noir, c'est-à-dire celui qui a été le plus torréfié, subit enfin une dernière opération, celle de l'étuvage; les feuilles sont placées dans des paniers de bambou sous des brasiers de charbon, à l'abri de la fumée et des cendres. On les remue avec la main jusqu'à parfaite dessiccation.

Les procédés de culture et de fabrication sont, à peu de chose près, au Japon les mêmes qu'en Chine. On assure que le Japon fournit des qualités supérieures à celles que donne l'Empire Céleste; jusqu'à présent on n'a guère pu en juger, mais si des relations commerciales, prohibées durant des siècles avec la plus grande rigueur, viennent à s'établir avec l'Europe sur un pied régulier, on verra, sans doute, les provenances du Japon donner lieu à des affaires considérables et faire une rude concurrence aux produits chinois.

Au Japon, les plantations sont établies loin de toute habitation et même de toute autre culture, afin qu'aucune émanation ne puisse nuire à la qualité du thé. L'engrais est formé d'anchois desséchés et de jus de graine de moutarde. Les arbres doivent jouir librement de toute l'action des rayons solaires; ils réussissent particulièrement sur des coteaux bien arrosés. Afin de rendre la végétation plus productive et plus riche, on les ébranche chaque année. Ce n'est qu'après cinq années de pousse qu'on opère la cueillette. Lorsqu'on veut obtenir des qualités supérieures, on a soin de choisir et de trier les feuilles au fur et à mesure de la récolte, et on ne cueille dans la journée que ce qui peut être sec avant la nuit. Il y a deux modes de séchage : le premier consiste à torréfier les feuilles dans une bassine de fer chauffée, puis à les étendre sur une natte où elles sont roulées avec les doigts; cette opération se répète cinq à six fois jusqu'à ce que les feuilles soient complètement sèches. Le second mode consiste à les exposer à la vapeur d'eau jusqu'à ce qu'elles soient flétries, à les rouler ensuite avec les doigts et à les torréfier.

Le thé est cultivé dans toutes les provinces de la Chine; mais, de même que pour les vins chez nous, certaines localités fournissent des produits très supérieurs à ceux qu'on obtient dans d'autres. Autrefois, Canton était le seul port ouvert au commerce européen, et les meilleurs thés, venant de l'intérieur de l'Empire, avaient à parcourir de très longues distances pour y arriver. L'ouverture de divers autres ports a changé cet état de choses, et Shang-Haï a acquis une grande importance sous ce rapport, grâce à la facilité des communications par le Yang-tsé-Kiang avec les plantations qui donnent d'excellents thés verts et qui sont, sur les hauteurs du district de Wou-Youen, arrosées par un affluent du grand fleuve que nous venons de nommer.

Analyse chimique et préparation. — Dans son état de fraîcheur, la feuille du thé renferme un principe stimulant et astringent combiné avec le tanin et l'acide gallique; la torréfaction que subit la feuille fait évanouir une portion de ce principe irritant et âcre qui est presque entièrement détruit dans les thés noirs. Une forte infusion de thé précipite en noir la dissolution de sulfate de fer; elle coagule la dissolution de colle. On en fait usage pour colorer certaines étoffes ou pour aviver leur couleur.

En Chine, ainsi qu'au Japon et chez divers peuples de l'Extrême-Orient, le thé est la boisson ordinaire et de première nécessité; toutes les classes de la population en font un très grand usage. Les Chinois attribuent à ce breuvage de les préserver de la goutte, de la pierre, des coliques néphrétiques; il réveille les individus somnolents et il cause une légère exaltation au cerveau; il est favorable aux personnes obèses et sédentaires.

L'impression produite par le thé varie fortement selon le degré de sensibilité physique des individus. Chez quelques personnes, il ne produit presque aucune impression; chez d'autres, il suscite des troubles dans les fonctions de l'organisme; il provoque une agitation assez violente et cause l'insomnie.

Usage et propriétés du thé. — Les Chinois, grands gourmets en fait de thé, n'en font usage que lorsqu'il a été conservé au moins un an, temps nécessaire pour qu'il se dépouille d'une partie de ses principes narcotiques et styptiques. Ils préfèrent les thés noirs aux verts, comme étant beaucoup plus doux, et ils le préparent en versant de l'eau bouillante sur les feuilles pour en tirer l'infusion, mais ils n'y mêlent jamais ni sucre ni lait. Les Japonais réduisent le thé en poudre; ils en mettent une cuillerée dans une tasse, répandent dessus de l'eau bouillante et agitent le mélange avec un instrument à dents jusqu'à ce qu'il s'élève de l'écume; ils s'empressent alors de humer cette mousse, et cette opération se répète plusieurs fois.

En Europe, on mélange souvent, par parties égales, le thé noir avec le vert, ou bien on met une partie de thé vert et deux de noir, afin d'avoir une boisson moins stimulante. Trois cuillers à café sont la dose ordinaire pour une théière contenant six tasses. On met le thé dans la théière, on répand dessus un peu d'eau bouillante, on laisse infuser deux ou trois minutes, on achève de remplir la théière d'eau bouillante, et le thé est tout prêt à boire.

Il est à propos de chauffer l'eau dans une bouilloire consacrée à ce seul usage et sur un feu vif au charbon; la théière doit être échaudée immédiatement avant d'y mettre le thé. On peut tirer une seconde et même une troisième eau, faible, il est vrai, si le thé employé est frais et de bonne qualité.

CAFÉ

L'arbre qui produit le café, le *coffea arabica*, appartient à la famille des rubiacées et est originaire de la haute Égypte et de l'Arabie-Heureuse; il y atteint 5 à 6 mètres de hauteur; les feuilles ont de la ressemblance avec celles du laurier, mais elles soint moins sèches et moins épaisses. De petits bouquets de fleurs blanches semblables à celles du jasmin, naissent à l'insertion des feuilles; elles se fanent très vite et sont remplacées par des fruits qui ressemblent assez aux cerises et qui contiennent un mucilage jaune, glaireux, renfermant deux grains de café, qui, dans leur état naturel, sont accolés suivant leur face plate et enveloppés d'une seule et même pellicule, de manière à présenter la forme d'un sphéroïde un peu allongé.

Ce ne fut que vers la fin du xve siècle que l'on commença à cultiver le café en Arabie. La chronique attribue la découverte du café, comme breuvage, au supérieur d'un monastère, qui, voulant empêcher les moines de s'endormir pendant les offices de nuit, leur fit prendre une infusion de café, sur le rapport de bergers qui prétendaient que leurs troupeaux étaient vifs et plus éveillés lorsqu'ils avaient brouté des fruits de cette plante. L'usage du café se répandit rapidement, quoiqu'il rencontrât beaucoup d'opposition de la part du gouvernement turc. Sous le règne d'Amurat III, le mufti fit fermer par une loi tous les cafés, et cette même loi fut remise en vigueur pendant la minorité de Mahomet IV. Ce ne fut qu'en 1554, sous le Grand Soliman, que l'usage du café devint permis à Constantinople, et plus d'un siècle s'écoula encore avant qu'il fût connu en France et en Angleterre. L'aga Soliman en introduisit l'usage à Paris, et en 1672 un Arménien établit le premier café à la foire de Saint-Germain. A mesure que l'usage du café se répandit, toutes les puissances qui possédaient des colonies sous les tropiques cherchèrent à y transplanter et acclimater l'arbre à café. Les Hollandais furent les premiers qui transplantèrent cette plante de Moka à Batavia, et de là à Amsterdam; en 1714, les magistrats de cette dernière ville envoyèrent à Louis XIV un plant de café qui fut placé au Jardin des Plantes, et duquel sont provenues toutes les plantations de la Martinique.

Le principal centre de production du café est encore l'Arabie-Heureuse, surtout aux environs d'Aden et de Moka. On le cultive sur des collines qui

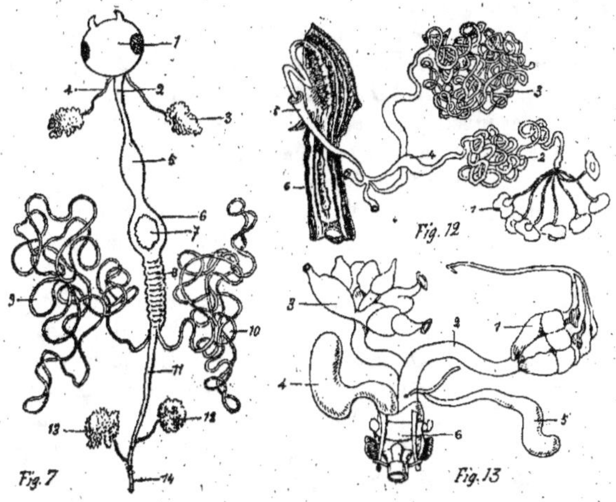

Fig. 306. — *Melolontha vulgaris.* (Hanneton vulgaire.) — 7. Figure schématique du tube digestif. — 12. Organes génitaux mâles. — 13. Organes génitaux femelles.

l'abritent en partie contre la chaleur des rayons solaires. On le récolte en étendant des draps sous les arbres, puis on secoue ceux-ci.

On laisse ensuite sécher les fruits au soleil, sur des nattes, puis on les passe sous un rouleau très pesant pour briser l'enveloppe qui recouvre les grains de café, que l'on sépare ensuite par le vannage. On sèche encore ces grains au soleil avant de les mettre en magasin.

Le café le plus estimé est celui de Moka; il est en grains presque jaunes, petits et arrondis, et possède un goût et un parfum plus agréables que tout autre. Viennent ensuite les cafés de la Martinique et de l'île Bourbon; le premier est en grains plus gros et plus allongés que ceux du café moka; ces grains sont arrondis à leur extrémité, ont une couleur verdâtre et conservent presque toujours une pellicule grise argentée qui tombe lorsqu'on les torréfie; le café bourbon se rapproche davantage du moka, dont il provient plus directement. Le café de Saint-Domingue est effilé en pointe aux deux bouts, et est beaucoup moins estimé que les deux précédents.

Malgré les travaux d'un grand nombre de chimistes, nous ne possédons que peu de documents certains sur la vraie composition chimique du café, et nous sommes encore assez éloignés de savoir à quels principes on peut attribuer son action sur l'économie animale. En 1820, Runge a découvert, dans la solution aqueuse du café, une substance cristalline, à laquelle il a donné le nom de caféine, mais qui ne paraît jouer qu'un rôle tout à fait secondaire dans les propriétés de l'infusion de café.

Pour préparer la caféine, on traite le café vert ou torréfié par l'eau bouillante, on précipite la dissolution par l'acétate de plomb, on filtre, on sépare l'excès de plomb en faisant passer dans la liqueur un courant d'hydrogène sulfuré, on filtre et on fait cristalliser par évaporation. La caféine ainsi obtenue est un corps très indifférent, qui est identique ou au moins isomère avec la théine, découverte dans le thé, et est une des substances végétales les plus azotées; elle renferme : carbone 8 at., hydrogène 10 at., oxygène 2 at., et azote 4 at.

L'histoire de la découverte du café et de son introduction en Europe et aux Antilles est si intéressante que nous croyons devoir y revenir.

Le café, avons-nous dit, est originaire du royaume d'Yémen, dans l'Arabie-Heureuse. Le premier qui ait fait usage du café est, selon Schehabeddin, auteur arabe du XVe siècle, un muphti d'Aden, qui vivait au commencement du IXe siècle de l'hégire.

Mais, selon la tradition vulgaire, on serait redevable de cette découverte à un mollach (religieux mahométan) nommé Chadely ou Scyadly, dont le nom est encore en vénération dans l'Orient. Ce saint personnage, se voyant souvent surpris par le sommeil au milieu de ses prières, imputait ses assoupissements à la tiédeur de sa dévotion, et sa conscience timorée était tourmentée de pieux scrupules; le hasard, ou, selon la légende, le prophète, touché de sa peine, lui fit rencontrer un pâtre qui lui raconta que ses chèvres avaient brouté des baies d'un certain arbrisseau, elles restaient éveillées, sautant et cabriolant toute la nuit. Le mollach voulut connaître ce singulier végétal : le pâtre lui montra un joli petit arbre à l'écorce grise, au feuillage d'un vert brillant, presque semblable à celui du laurier-amande, et dont les branches déliées portaient, aux aisselles de leurs feuilles opposées, des bouquets de petites fleurs blanches comme le jasmin, entremêlées de petits fruits, les uns naissants et verts, les autres plus avancés, et d'un jaune clair; d'autres, en parfaite maturité, de la grosseur, de la forme et de la couleur de nos cerises anglaises. C'était le cafier ou cafeyer.

Le mollach voulut éprouver sur lui-même la vertu singulière de ces baies. Il en prit une forte infusion, et il passa toute la nuit dans une sorte d'enivrement délicieux qui n'ôtait rien à la liberté de son esprit. Il fit part de sa découverte à ses derviches, et bientôt le café fut recherché par les dévots musulmans comme un présent divin, apporté du ciel par un ange à un vrai croyant.

L'usage du café passa bientôt d'Éden à Médine, à la Mecque, au Caire et dans tout l'Orient. On prenait du café durant les prières, on en prenait dans les mosquées, on en prenait même dans le saint temple de la Mecque et devant la tombe du prophète. Bientôt il s'éleva de nombreuses boutiques où l'on distribuait cette boisson au public : ces lieux d'assemblée furent d'autant plus fréquentés que les mœurs des Musulmans leur laissent peu d'occasions de se réunir; les rangs s'y mêlaient; on y causait familièrement; on y jouait au trictrac, aux échecs et au mancalah, jeu turc presque aussi taciturne que les échecs. Souvent les mosquées se trouvèrent vides tant les cafés étaient encombrés, et alors les prêtres d'anathématiser avec fureur cette boisson jadis sainte. On s'avisait aussi d'y parler politique, et plus d'une fois le despotisme en prit ombrage, fit fermer ces boutiques et défendre l'usage du café sous les peines les plus sévères. Mais anathèmes et persécutions vinrent se briser contre la puissance de cette boisson dont on avait savouré les vertus; prêtres et gouvernants se soumirent eux-mêmes à son charme tout-puissant sur des peuples privés de l'usage du vin.

Le café est, dans l'Orient, une des premières nécessités de la vie. Une des obligations que le Turc contracte, dit-on, envers la femme qu'il épouse, c'est de ne la laisser jamais manquer de café.

Avant le XVIIe siècle, on ne connaissait guère en Europe le café que de nom. Quelques voyageurs qui en avaient contracté l'habitude en Orient, en importèrent d'abord pour leur usage personnel : Pietro della Valli, en Italie, en 1615; La Rogue, à Marseille, en 1644; Thévenot, à Paris, en 1647. Même avant Thévenot, un Levantin avait établi, sous le Petit-Châtelet, en 1643, une boutique où il vendit quelque temps de la décoction de café sous la dénomination de *cahové* ou *cahouet*, mais sans grand succès.

Ce fut Soliman Agá, ambassadeur de la Porte près de Louis XIV, en 1669, qui introduisit en France l'usage du café. Selon l'habitude des Turcs, il en offrait à toutes les personnes qui venaient le visiter. De jeunes et beaux esclaves, dans leur magnifique costume oriental, présentaient aux dames de petites serviettes damassées, garnies de franges d'or, et leur servaient le café dans de riches tasses de porcelaine du Japon. L'usage du café se répandit dans toute la haute société; ce fut une fureur. Le café était aussi rare que recherché, et le prix s'en éleva un moment jusqu'à 80 francs la livre. Mais de nombreux envois arrivèrent du Levant à Marseille, et le prix du café descendit même au-dessous de ce qu'on le paie aujourd'hui.

Trois ans après le départ de Soliman Aga, l'Arménien Pascal éleva à la foire Saint-Germain une boutique pour vendre de l'infusion de café. La tasse n'était payée que deux sous et demi. Il eut un grand concours de monde, et Pascal fit de brillantes affaires. Après la foire, il alla s'établir quai de l'École; mais l'affluence étant moins considérable dans sa nouvelle boutique, il passa à Londres, où l'usage du café était déjà connu depuis l'an 1652.

Après Pascal vint Maliban, autre Arménien, qui ouvrit un nouveau café; mais peu de temps après il quitta Paris pour aller en Hollande, et laissa sa maison à un nommé Grégoire, qui porta son établissement rue Mazarine, afin de s'approcher de la Comédie, située alors dans cette rue, vis-à-vis la rue Guénégaud.

Vers la même époque, un petit boiteux surnommé le *Candiol*, portant un éventaire muni de tous les ustensiles nécessaires, débitait le café à domicile à deux sous la tasse, sucre compris. Son associé Joseph avait ouvert un café au bas du pont Notre-Dame, tandis qu'un autre Levantin d'Alep, Étienne, en établissait un, rue Saint-André-des-Arts, en face du pont Saint-Michel.

Mais tous ces cafés n'étaient guère que de sales tabagies, fréquentées seulement par des fumeurs, par quelques voyageurs arrivant du Levant et par quelques chevaliers de Malte; le café y était de mauvaise qualité et mal servi. En 1689, le Silicien Procope vint, à l'exemple de Pascal, ouvrir un café à la foire Saint-Germain. L'élégance de sa boutique, la qualité supérieure du café, la propreté exquise du service y attirèrent une affluence considérable. Le temps de la foire passé, il alla s'établir rue des Fossés-Saint-Germain, en face de la Comédie-Française, où le café subsiste encore.

Le voisinage du théâtre y amena tous les auteurs dramatiques, et avec eux tout ce qui s'occupait de littérature à Paris. On y discutait non seulement le mérite des pièces représentées, mais aussi toutes les questions littéraires, philosophiques ou politiques, et souvent l'opinion publique n'était que l'écho du café Procope. Alors tombèrent en discrédit les cabarets, où, jusqu'à cette époque, les hommes les plus éminents par leurs talents et leur position dans le monde ne dédaignaient pas de s'aller enivrer en société. Au vin, qui, en troublant la raison, allume les passions brutales, succéda cette infusion salutaire qui échauffe le cerveau et stimule toutes les facultés intellectuelles. Cette petite révolution dans nos habitudes eut, on n'en saurait douter, une heureuse influence sur ceux-là même qui faisaient ou dirigeaient l'opinion publique. Vers le milieu du règne de Louis XV, on comptait déjà, à Paris, environ six cents cafés. Maintenant le nombre de ces établissements s'élève à plus de trois mille. Et il n'y a point de petit village qui n'ait au moins un ou deux cafés où les politiques du lieu vont se former une opinion dans les journaux.

Tout le café qui était consommé en Europe avant le XVIIIe siècle venait des Échelles du Levant, mais particulièrement d'Alexandrie et du Caire. Le pacha d'Égypte ayant mis des droits fort élevés sur cette denrée, on songea, en Europe, à faire le commerce directement avec l'Arabie par la mer Rouge. L'active industrie des Hollandais surmonta toutes les difficultés, et leurs vaisseaux purent faire directement des chargements de café à Moka. Les Anglais et les Français ne tardèrent pas à suivre cet exemple : mais ce n'était pas encore assez. On songea à se procurer un arbrisseau si précieux : on avait plusieurs fois essayé de planter des graines, mais toujours sans succès; car l'embryon ou le germe du café est si délicat, qu'il périt aussitôt qu'il est desséché; il ne conserve la faculté de germer qu'autant qu'il n'a point perdu sa pulpe et ses pellicules. Comme on ignorait cette particularité, on croyait que les Arabes, pour s'en assurer le monopole, avaient le soin de détruire, par la torréfaction, l'embryon des graines avant de les livrer au commerce. Il est vrai que, sous peine de la vie, il était défendu de porter à l'étranger aucun plant de cet arbrisseau, défense d'autant plus difficile à enfreindre qu'on ne trouve le caféier qu'à la distance de 25 lieues de Moka, port où se rendaient les navires européens. Ce fut encore l'industrie hollandaise qui parvint à ravir aux Arabes cette précieuse plante, sur la demande réitérée de Nicolas Witsen, bourgmestre d'Amsterdam et gouverneur des Indes Orientales. Vanhorn, premier président des Indes Orientales, résidant à Batavia, parvint à se procurer quelques plants de caféier et en envoya un à Amsterdam. Ce caféier ayant donné des graines l'année suivante, ces graines furent mises en terre et produisirent plusieurs arbrisseaux. Le bourgmestre en envoya un à Paris, à M. Resson, lieutenant-général de l'artillerie, qui en fit

Fig. 307. — La patate.

cadeau au Jardin des Plantes. Mais cet arbrisseau étant mort avant d'avoir donné des fruits, il en fut envoyé un autre d'Amsterdam à M. Pancras, en 1714. Chose remarquable ! pendant que les Hollandais se montraient si généreux en Europe, ils défendaient, sous peine de mort, d'exporter le caféier de leurs colonies, où ils le cultivaient depuis quelques années. Le caféier envoyé à M. Pancras fut mis sous les yeux du roi, puis porté au Jardin des Plantes, et fut l'origine de tous les caféiers des colonies françaises. De ses graines, on eut l'année d'après plusieurs plants. On en donna un à M. Isambert, qui partait pour la Martinique ; mais M. Isambert mourut presque en arrivant, et l'arbrisseau fut perdu. En 1716, M. Déclieux, qui s'embarquait de même pour la Martinique, parvint aussi à se procurer un caféier du Jardin des Plantes. La traversée fut longue ; le capitaine, craignant de manquer d'eau, fixa à chacun sa ration journalière, et M. Déclieux partagea avec sa plante sa portion à peine suffisante. Arrivé à la Martinique, il eut encore à défendre son arbrisseau contre plusieurs tentatives de vol. Mais bientôt il eut le plaisir de le voir se charger de fleurs et de fruits ; et en peu d'années de nombreuses et vastes *cafeyères* couvrirent presque toutes les parties montagneuses de nos Antilles. A l'époque de la Révolution, la partie française de Saint-Domingue produisait de 45 à 50 millions de livres de café, la Martinique, près de 10 millions ; la Guadeloupe, de 6 à 7 millions ; le tout d'une valeur d'environ 30 millions de livres tournois. Le café valait alors 10 à 12 sous la livre ; mais la perte de nos colonies et le blocus continental en élevèrent le prix à 5 et 6 francs.

A cette époque, le suisse d'un hôtel du faubourg Saint-Germain imagina de griller et de réduire en poudre des glands qu'il mêlait au café. Comme il vendait son café à un prix très bas, il en eut un débit considérable et fit fortune. La ruse fut enfin découverte, et chacun s'imagina suppléer au café. Un grand nombre de brevets d'invention furent délivrés pour cet objet. On fit d'abord torréfier de l'orge et du seigle, puis des pois chiches et une sorte de lupin, dont on a continué de faire usage en Belgique sous le nom de café. On employa aussi la carotte, la betterave, la châtaigne, la racine de chicorée. Cette dernière production eut le plus grand succès, et elle est devenue une nouvelle branche de commerce, particulièrement pour le département du Nord ; et aujourd'hui les débits de poudre de chicorée se multiplient partout sous le nom de café avec un qualificatif quelconque.

Le *caféier* est un genre d'arbrisseau qui appartient à la famille des rubiacées, et donne son nom à la tribu des cofféacées. Il renferme un certain nombre d'espèces, dont une surtout a acquis une grande célébrité : c'est le café d'Arabie (*coffea arabica*, de Linné). C'est un petit arbre dont la tige, qui peut atteindre 7 à 8 mètres de hauteur, est droite et couverte d'une écorce grisâtre, ainsi que les branches ; les feuilles sont opposées, persistantes et d'un beau vert. Les fleurs, blanches, odorantes, réunies en bouquets axillaires, ressemblent assez à celles du jasmin. Le fruit du caféier est une baie qui ressemble beaucoup à la cerise ; elle a la même grosseur, et sa couleur, d'abord d'un jaune vert, puis rouge, acquiert par la maturité une teinte brun foncé ; son goût est aigrelet, agréable et rappelle celui du café. Ce fruit renferme un noyau divisé en deux loges ou cavités, tapissées intérieurement par une membrane cartilagineuse ; ces loges contiennent deux graines convexes du côté externe, aplaties et marquées d'un sillon longitudinal au côté interne : c'est le café.

Le café d'Arabie forme à lui seul le plus riche produit du commerce de la mer Rouge. Transporté, à ce qu'il paraît, de l'Abyssinie dans le Yémen, il y est devenu indigène et s'y reproduit sans culture; mais il n'acquiert la saveur exquise qui lui a valu sa réputation que par les soins qu'on lui donne. Bien que les régions élevées de l'Arabie méridionale conviennent à la culture du café, il demande en même temps de l'humidité et de la fraîcheur; aussi les Arabes plantent-ils d'autres arbres à côté des caféiers, afin de leur procurer de l'ombrage. C'est dans les environs de Sanâ que cette plante, cultivée avec une grande intelligence, acquiert toute la qualité dont elle est susceptible. Les collines coupées en terrasses sont régulièrement arrosées pendant l'été à l'aide de grands réservoirs placés sur les hauteurs. Le caféier est toujours vert : sa hauteur ordinaire est de douze à quinze pieds; les branches sont élastiques, l'écorce rude est d'une couleur blanchâtre. Les fleurs ressemblent à celles du jasmin et répandent un parfum agréable. Les arbres sont en fleurs au commencement du mois de mars et l'air est embaumé de leur délicieuse odeur. Quand la fleur tombe, le fruit la remplace, d'abord vert, puis rouge et ressemblant, quand il est mûr, à une cerise. Deux graines enveloppées d'une fine pelure se trouvent sous la cosse. On fait deux ou trois récoltes par an, et il arrive souvent, pour le caféier, comme pour l'oranger, de voir des fruits et des fleurs sur le même arbre. La première récolte, qui se fait ordinairement au mois de mai, produit la meilleure qualité de café. On secoue la fève sur un linge étendu sous l'arbre, on la fait ensuite sécher à l'ardeur du soleil, et, à l'aide d'un rouleau pesant de bois ou de pierre, on sépare la graine de la cosse. Le café est apporté sur le marché de Sanâ, dans les mois de décembre et de janvier.

Le caféier ne donne de bons produits que dans les régions tempérées, là où la température ne s'élève pas au-dessus de 35° et ne descend pas au-dessous de 10°. En France, il ne vient que dans les serres et ne produit que des graines petites et de mauvaise qualité; cependant elles peuvent servir à la reproduction de l'arbre; pour cela, on les sème aussitôt après leur maturité dans la terre à oranger; les arrosements doivent être copieux en été et modérés en hiver. On possède une variété de caféier à feuilles crépues, et, sous le nom de caféier bâtard ou caféier odorant, on cultive l'*ixora odorata*, qui appartient à un genre voisin.

Dans les pays qui produisent le café, le caféier se reproduit par semis effectués sur place, ou mieux en pépinière.

L'ensemencement peut avoir lieu en tout temps, mais on le fait de préférence à l'époque des équinoxes ou dans les deux mois qui suivent. Les graines ne doivent jamais avoir plus de quinze jours. On les débarrasse de leur baie ou cerise, mais on conserve la membrane mince et jaunâtre qui les entoure et que les planteurs désignent sous le nom de parchemin. Les pépinières doivent être établies dans un terrain parfaitement meuble.

La plantation a besoin d'être soigneusement entretenue et fréquemment arrosée; au bout de neuf à dix mois, on met en place, et l'on sarcle ensuite trois ou quatre fois par année. Sous la zone torride, le caféier doit être protégé, dans son jeune âge, contre l'ardeur du soleil et contre les vents violents. On plante, à cet effet, dans les caféières, diverses sortes d'arbres qui varient suivant les pays.

Pendant les deux premières années qui suivent la plantation, on cultive aussi entre les caféiers différentes plantes légumineuses telles que le maïs, le ricin, etc.

Le caféier est exposé aux attaques d'un grand nombre d'insectes. Le plus dangereux de tous, dit M. Paul Madinier, est la larve aplatie et très petite d'une noctuelle mineuse, qui se nourrit de la substance parenchymateuse des feuilles. Logée entre les deux épidermes de ces organes essentiels, elle les couvre de taches livides, dévore les fibres intérieures, absorbe la sève, obstrue les canaux circulatoires, empêche la respiration végétale de s'effectuer, épuise enfin la plante et amène son dépérissement.

La récolte du café se fait en deux ou trois fois. Les cerises sont ramassées à la main et traitées de diverses façons afin d'en extraire le café marchand. Celui-ci porte différents noms, suivant la méthode employée dans cette extraction. Le café en crocos, appelé au Brésil cascagrossa, s'obtient par la dessiccation des cerises à l'air libre, sous des hangars ou dans des étuves. On sépare ensuite les fèves de leur enveloppe. Les qualités inférieures du Brésil, des Philippines, se préparent en laissant fermenter les cerises jusqu'à ce que la pulpe sucrée soit disparue. Le café gragé et lavé se prépare au moyen du moulin à grager. Cette méthode, employée depuis longtemps dans les Antilles, est celle qui fournit les meilleurs produits. On cueille les cerises lorsqu'elles sont rouges, sans attendre qu'elles passent au noir. On les soumet ensuite à l'action du moulin à grager. Cette machine, modifiée et perfectionnée à diverses reprises, se compose essentiellement de deux cylindres de bois, ayant chacun environ 0m,3048 de diamètre, recouverts d'une pièce de cuivre dont la surface est percée de trous, qui fait l'office d'une râpe. Les cerises passent entre les cylindres, et la séparation des graines s'opère très facilement. La fève avec son parchemin et un peu de pulpe tombe dans un réservoir pratiqué au-dessous de la grage ; là elle est soumise à un courant d'eau qui la nettoie complètement. On la met ensuite sécher au soleil sur une espèce de terrasse ou glacis, dont la surface inclinée est enduite d'un bon ciment. Quand la fève commence à prendre une teinte noirâtre, on l'introduit dans une étuve chauffée à 25°, où elle doit séjourner jusqu'à ce qu'elle éclate sous la dent et soit devenue d'un vert pâle. Le café est alors successivement pilé, vanné, lustré et trié. On le met ensuite dans des sacs et on le laisse dans l'étuve jusqu'au moment de l'expédition. Le café trempé provient de cerises qu'on a laissées fermenter dans l'eau, jusqu'à ce que la pulpe fût détruite. 100 kilogrammes de cerises fournissent en moyenne 15 kilogrammes de café marchand. La pulpe peut servir à faire d'excellente eau-de-vie.

Au Brésil et dans les îles de l'Amérique, on taille souvent le caféier. Cette opération s'exécute immédiatement après la cueillette des fruits. Elle a lieu, suivant deux méthodes bien distinctes, en plein vent ou à basse tige. La première, employée surtout dans les terres humides et fortes, où il est difficile, quelquefois même impossible, de maîtriser la végétation, consiste à couper les branches qui ne produisent plus de fruits et à courber les autres en tous sens autour du tronc. La méthode à basse tige, appelée aussi à la française, parce qu'elle a pris naissance dans nos possessions des Antilles, est en usage dans les terres sèches exposées aux vents violents. On laisse seulement une ou deux tiges, et on coupe les branches gourmandes ainsi que les brindilles. On conserve

Fig. 308. — Sapin du Nord.

parfois ces dernières, mais seulement lorsqu'elles sont en petit nombre, bien placées et très vigoureuses. Les branches à fruit ne doivent être retranchées que quand elles sont trop nombreuses ou épuisées. Le sommet de la tige doit être tenu dégarni de feuilles et de brindilles, afin que l'air et les rayons du soleil puissent pénétrer partout. Lorsque les caféiers sont vieux ou épuisés, on parvient quelquefois à leur communiquer une force et une vie nouvelle en les sciant à environ 20 centimètres au-dessus du sol. Il ne faut pas cependant trop compter sur cette opération : elle ne réussit pas toujours, et bien des arbres ainsi coupés ne repoussent plus.

On a essayé plusieurs fois la culture du café en Europe. Dans la banlieue de la commune de Mallesdorf, en Bavière, on cultive une espèce de café qui mûrit complètement et dont le goût est très agréable bien qu'il soit un peu plus amer que celui du café exotique. On en cultive aussi, depuis des années, dans les environs d'Ascholtshausen, et mainte famille y a récolté sur un lopin de terre environ cinquante livres de café, suffisant à sa consommation pour l'année entière. Ce café réussit à merveille dans un terrain sablonneux ; ses grains mûrs sont d'un jaune pâle comme le café de l'île Bourbon. On le sème au printemps ; les plantes atteignent la hauteur d'environ 80 centimètres et commencent à fleurir au mois de juillet ; les fleurs sont de couleur bleu de ciel. Le fruit mûrit en août.

L'ALFA

Le mot alfa est un nom arabe, passé dans la langue commune en Algérie d'abord, et de là en France, de diverses plantes de la famille des graminées, le *lygeum spartum*, les *stipa tenacissima, stipa gigantea, stipa barbata*. Ces plantes, remarquables par le nerf de leur contexture, sont répandues à profusion dans toute l'Algérie, dans le Sahara comme dans le Tell ; elles y résistent à la sécheresse et aux chaleurs, couvrant seules les sables et le roc de leurs épaisses touffes, hautes de un mètre à un mètre et demi, alors que la végétation tout entière s'affaisse sous l'ardeur du soleil d'été. Peu de plantes sont plus utiles. Elles fournissent au bétail, aux chevaux surtout, une nourriture substantielle dans les pacages les plus arides. Avec les feuilles rondes et aiguillées, longues et tenaces de l'alfa, les indigènes, et à leur exemple les Européens, font toute espèce d'ouvrages de sparterie : corbeilles, tapis, nattes, chaussures, chapeaux, sacs, même des cordes excellentes. Comme matière brute, l'alfa a donné naissance, dans la commune d'Arzew, à un commerce considérable d'exportation. L'industrie européenne lui a découvert de nouveaux emplois, le crin végétal, le fil, le papier, le carton. C'est une des plantes que met en œuvre la papeterie de l'Harrach, établie dans la Métidja, non loin d'Alger. La pâte en est un peu dure ; mais mêlée à celle de chiffons elle lui donne de la consistance et s'adoucit elle-même.

L'alfa croît aussi en Espagne, où on le connaît sous le nom de *sparte*, qui est devenu celui de l'industrie qui la met en œuvre. Les Espagnols, à qui cette industrie est familière dans leur patrie, s'y montrent particulièrement aptes en Algérie.

La production naturelle de l'alfa et de sa congénère, fort semblable, le *dis*, est véritablement illimitée en Algérie.

L'alfa est, on le sait, un des grands éléments de la production agricole algérienne. L'Afrique française du Nord comprend trois grandes zones distinctes par le climat et la production agricole.

On cultive la vigne sur le littoral et dans le Tell proprement dit; le palmier-dattier vient dans les régions sahariennes, partout où il est possible de se procurer de l'eau.

Enfin, les hauts plateaux appartiennent aux céréales et à l'alfa dont les fibres se prêtent à de nombreuses et utiles applications.

On s'en sert pour la sparterie, la vannerie, la corderie; on en fait également des rideaux et des tentures.

En purifiant les fibres, on peut les transformer en celluloïd; enfin, on en tire une excellente pâte à papier qui s'emploie pure ou mélangée à de la pâte de chiffons, de bois ou de paille.

Le papier fabriqué avec l'alfa est souple, soyeux, résistant, transparent. A poids égal, il est plus épais que les papiers de chiffons; très souple, il prend très bien l'impression, il fait matelas sous les caractères d'imprimerie.

C'est ainsi qu'il convient pour les impressions soignées et les éditions de luxe.

L'alfa est venu à point pour combler le manque des matières nécessaires à la fabrication du papier, non point parce qu'elles étaient produites en moindre quantité, mais bien parce que la consommation du papier a augmenté dans des proportions considérables.

Grâce à l'alfa, des matières communes comme la paille peuvent être employées en plus grande proportion que par le passé, le mélange avec l'alfa corrige en partie les imperfections du papier de paille.

Il n'est pas étonnant que l'emploi de l'alfa se soit étendu dans tous les pays de grande consommation de papier.

C'est l'Angleterre qui consomme la plus grande partie de la matière fournie par les pays qui produisent l'alfa, c'est-à-dire l'Algérie, l'Espagne, la Tunisie, la Tripolitaine, le Maroc.

Sur les 225,000 tonnes d'alfa récoltées annuellement, l'Angleterre a pris environ 200,000 tonnes. La presque totalité de l'alfa produit a été demandée par la papeterie; 15,000 tonnes seulement ont été employées par la sparterie, la vannerie et la corderie.

En Algérie, la province d'Oran est particulièrement favorisée pour la production de l'alfa. L'exploitation y était d'abord concentrée près du littoral, puis, à mesure qu'ont été exécutés les chemins de fer de pénétration, on a livré à la consommation des produits venus à de plus grandes distances de la mer.

L'exportation des alfas d'Algérie est estimée à environ 10 millions de francs.

Il n'y a pas de doute que ce chiffre ne soit largement majoré dans l'avenir; on se préoccupe avec raison d'accroître les moyens de transport en Algérie; des routes et des chemins de fer sont étudiés dans les trois départements. Ces moyens de transport contribueront largement aux progrès de nos possessions de l'Afrique du Nord.

Notamment en ce qui concerne l'alfa, on estime que l'Algérie pourra en produire 400,000 tonnes, lorsque des moyens de transport permettront de les expédier économiquement aux ports du littoral et l'extension de cette culture profitera notamment au département d'Alger qui possède de vastes territoires dans lesquels l'alfa viendrait dans de bonnes conditions.

LE COTON

Le coton occupe le premier rang dans l'histoire industrielle des nations modernes. Quand on songe au rôle prodigieux que joue ce produit dans le monde, quand on dirige la pensée vers ces milliers de vaisseaux qui le transportent incessamment à travers les mers, vers ces innombrables ateliers de filature et de tissage répandus sur la surface du globe, et qui occupent une si grande masse de travailleurs, on serait disposé à croire que l'industrie cotonnière, encore si moderne, est aussi vieille que l'humanité dont elle satisfait un des premiers besoins. C'est à son abondance, à la facilité avec laquelle on peut le filer et le tisser, à son bas prix, que le coton doit son succès sans exemple. Aussi a-t-il remplacé en grande partie, et successivement, le lin, le chanvre, la soie et la laine, soit employé seul, soit mélangé avec ces divers produits.

Par sa valeur commerciale, il forme aujourd'hui à lui seul plus de la moitié des exportations totales des États-Unis ; c'est à lui surtout qu'est dû le développement rapide de la puissance et le bien-être de ceux de ces États où il est cultivé, en même temps qu'il contribuait à la prospérité de leurs confédérés politiques, et qu'il ajoutait grandement à la richesse et à l'influence de l'Union. Ses bienfaits n'ont point eu pour bornes la seule république de l'Amérique du Nord ; ils se sont généralisés, et partout la société ressent les effets de son heureuse influence. Toutes les classes et toutes les professions, quoique sa culture et sa fabrication sur une grande échelle soient encore d'une date récente, reconnaissent que la laine végétale est un des plus grands présents que Dieu ait fait à l'humanité.

L'accroissement du commerce du coton, en excitant l'intelligence des ingénieurs anglais, donna naissance à la plupart de ces inventions extraordinaires dans l'art mécanique, qui ont contribué à rendre l'Angleterre la nation industrielle la plus puissante dont l'histoire puisse fournir l'exemple.

L'importance de ce produit providentiel fournit à la marine commerciale du monde le fret le plus abondant, procure du travail à plus de trois millions d'individus, et sa manufacture en fils et en tissus atteint aujourd'hui une valeur annuelle de près de quatre milliards de francs.

Le coton est une espèce de laine végétale plus ou moins fine, soyeuse et blanche, qui enveloppe les graines d'un genre de plante appartenant à la monadelphie polyandrie, classe 16, ordre 8 de Linné, et, suivant la méthode naturelle de Jussieu, à la classe 13, ordre 14, famille de maloacées, dicotylédonées, sulifères. Cette plante a pris le nom de cotonnier; parmi ses variétés nombreuses, on distingue principalement les suivantes :

Cotonnier herbacé (*gossypium herbaceum*). — Cette sorte croît en Égypte, en

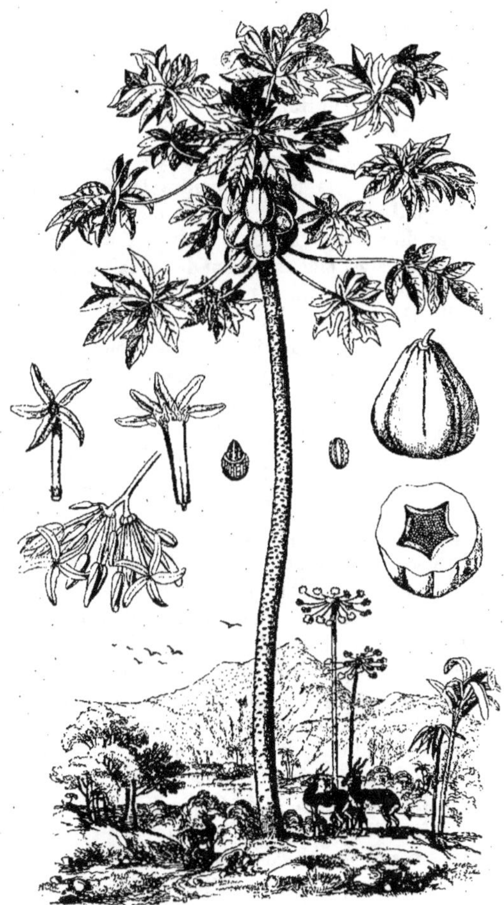

Fig. 309. — Le Papayer.

Syrie, en Perse, aux Grandes-Indes, et sa culture s'est propagée dans les îles de la Méditerranée, dans le royaume de Naples et sur les côtes de l'Andalousie. Elle varie beaucoup dans son port : c'est quelquefois une plante annuelle, ne s'élevant pas au delà de 49 à 54 centimètres; quelquefois un arbuste qui atteint de 1 mètre 60 centimètres à 2 mètres et dont la tige est vivace et ligneuse dans sa partie inférieure. Telle est l'espèce cultivée aux États-Unis.

Cotonnier-arbuste. — Cette espèce comprend sept variétés qui croissent spontanément dans les régions tropicales de l'Asie, de l'Afrique et de l'Amérique.

Tous les cotons de l'Amérique du Sud, et la plupart de ceux des Indes occidentales, figurant parmi les qualités désignées dans le commerce sous le nom de cotons longue soie, proviennent d'une des variétés du cotonnier-arbuste.

Le *gossypium arboreum*. — Cotonnier-arbre qui atteint parfois une hauteur de 5 à 7 mètres, croît dans l'Inde, l'Arabie et l'Égypte, d'où il a été transplanté aux Canaries et en Amérique. On trouve aussi le cotonnier-arbre en Chine, dans l'intérieur et sur la côte occidentale de l'Afrique.

Le coton est renfermé dans une cosse ou capsule à semence et adhère fortement aux graines. Cette cosse le protège contre les injures de l'air et de la poussière, jusqu'à ce qu'il soit arrivé au degré de maturité qui le rend propre à l'industrie. La chaleur du soleil le fait alors s'étendre, et la cosse, en s'entr'ouvrant, livre des fibres délicates, plus ou moins longues, assez flexibles et assez fortes pour que l'art puisse les tordre ensemble et les convertir en fils d'une finesse extrême.

La récolte du coton se fait quelques jours après l'ouverture des cosses; et comme la plante ne cesse de produire qu'à l'époque des fortes gelées, qui la tuent, la cueillette a lieu ordinairement en août, septembre et octobre, mais elle se prolonge ensuite, s'il y a lieu, autant que la température le permet. L'époque plus ou moins précoce ou tardive des gelées est donc une des causes prédominantes du chiffre plus ou moins élevé des récoltes aux États-Unis.

Les diverses variétés du cotonnier demandent un sol sec et sablonneux. Le sel paraît aussi contribuer à la belle qualité du coton, car c'est sur les côtes de la mer que le cotonnier fleurit le mieux et donne de meilleurs produits, c'est-à-dire la soie la plus fine, la plus nerveuse et la plus longue.

La récolte du coton exige les plus grands soins, car la manière dont elle est faite influe puissamment sur la qualité des produits, ainsi que le moulinage qui consiste à séparer les filaments de la graine. Ce travail difficile doit être fait avec attention, parce qu'après l'emballage plus il y a de fractions de graines et d'ordures adhérentes au coton, moins les produits ont de prix.

D'après toutes les dissertations sur l'origine première des espèces de gossypium cultivées maintenant aux États-Unis, il paraît hors de doute que la graine des cotons courte soie (*uplands*) provient de Chypre et de Malte; celle des cotons de Géorgie longue soie (*sea-islands seed*) est, dit-on, originaire de la Perse; bien que la semence qui servit aux premiers essais de culture, en 1786, provint des îles de Bahama, où elle avait été importée de l'Anguille, petite île de la mer des Caraïbes. Les produits de cette graine ne donnèrent pas de fruits la première année; mais, par suite de la douceur de l'hiver de l'année 1786, on obtint de la semence provenant des nouvelles pousses, et la plante fut dès lors acclimatée. Les essais tentés avec la graine du coton de Bourbon ne réussirent pas.

Le coton *sea-islands* fut pour la première fois cultivé comme récolte, et naturellement alors à titre d'essai, en 1788. Les années suivantes virent les tentatives et les résultats s'accroître d'une manière prodigieuse, et, dès 1798, cette culture avait déjà remplacé celle de l'indigo dont on cessa de s'occuper pour l'exportation. Lors de son introduction dans la Géorgie, la culture du coton longue soie fut bornée aux terrains les plus élevés et les plus chauds des sea-islands; ces portions des plantations continuent à être généralement préférées, et elles rendent presque invariablement des résultats beaucoup plus considérables, malgré leur épuisement qui semble inviter à étendre davantage la culture dans les terrains bas. Quelques graines étaient déposées, soit dans de petites buttes de terre séparées de cinq pieds l'une de l'autre, soit dans des trous préparés dans le terrain de niveau, à une distance pareille. Les espaces intermédiaires étaient sarclés à la main, ou nettoyés avec la houe : car alors, comme aujourd'hui, on se servait peu de la charrue dans les plantations de ce coton.

Un tel mode de culture devait donner des produits fort limités, malgré la fertilité naturelle du sol : en effet, à l'exception de quelques cas isolés, ils étaient à peine de 100 livres de coton par acre de terre.

En 1794, un planteur de Bahama, qui voyageait dans la Géorgie, y donna le conseil de semer le coton à des intervalles beaucoup plus rapprochés. Ses avis furent dédaignés des planteurs, hormis un seul, Thomas Spalding, qui adopta pleinement le mode de culture en usage dans les Indes occidentales; de cette manière on obtint, dans une saison favorable, il est vrai, 340 livres de coton par acre de terre. Dès lors, ce mode de culture trouva de nombreux adeptes, et donna bientôt une grande extension à la production de cette espèce de coton si supérieure. En une année, la révolution fut accomplie; depuis cette époque, la distance entre chaque plante a été déterminée d'après la force naturelle ou artificielle de la terre, variant de 8 à 24 pouces; tandis que les ridges sont établis de quatre à six pieds, soit en moyenne à cinq pieds l'un de l'autre.

Les méthodes étaient très variées et sans principes fixes jusque vers l'année 1802, quand la culture prit une forme régulière dans la Caroline et dans la Géorgie, bien qu'aujourd'hui encore, comme il y a soixante ans, on ne se serve guère de la charrue, dans ces contrées, que pour tracer les sillons parallèles qui servent à former les ridges, qu'on change de place toutes les fois que le champ est mis en état d'être ensemencé de nouveau. Dans la Géorgie, on a essayé de les laisser en permanence à la même place dans des terrains bas, pendant six à huit années consécutives, et parfois avec succès, surtout en semant alternativement une rangée de cotonniers et de blé.

Dans l'origine de la culture, les engrais étaient inconnus, et on n'employait pas d'autres moyens pour suppléer à l'épuisement des terres que de les laisser en friche, en portant ses efforts sur de nouvelles plantations. Mais ces expédients finirent par devenir impraticables, par suite d'une extension prodigieuse de culture; et c'est alors qu'on s'occupa sérieusement de la question des engrais. Les forêts, répandues partout sur le sol, et les marécages fournirent une grande quantité de substances convenables pour renouveler la fécondité de la terre. La vase qu'on retire des marais salins est l'engrais le plus estimé, aujourd'hui encore, pour les cotons Géorgie longue soie. Jusqu'en 1844, les cultivateurs de la Caroline du Sud méconnaissaient presque tous, en pratique aussi bien qu'en théorie, l'efficacité des engrais calcaires; mais, depuis cette époque, la marne et la chaux sont employées avec le plus grand succès.

On soumit à l'analyse chimique la tige de la plante, sa semence, et le coton lui-même, en état de santé aussi bien qu'en état de souffrance; et l'on parvint ainsi à connaître non seulement les moyens de remédier au mal, mais encore dans quelle proportion ces moyens devaient être employés.

La fibre du coton sea-islands fut analysée en Angleterre, en 1825; sur cent parties de cendres du même poids on trouva le résultat suivant :

Matières solubles dans l'eau :

Carbonate de potasse	44,8	64
Muriate de potasse	9,9	
Sulfate de potasse	9,3	

Matières insolubles dans l'eau :

Phosphate de chaux	9	36
Carbonate de chaux	10,6	
Phosphate de magnésie	8,4	
Peroxyde de fer	3	
Alun, une trace, et déchet	5	
		100

Cette analyse explique la prédilection de ce cotonnier pour le voisinage de la mer, qui lui fournit en abondance les substances salines nécessaires au parfait développement et à la nature de son fruit ainsi que de ses produits.

Ce que nous venons de dire concernant la culture du cotonnier s'applique principalement aux provenances de la Caroline du Sud et de la Géorgie, et en particulier aux cotons sea-islands. L'extension de cette culture dans les États de l'Union américaine a nécessairement conduit à employer d'autres méthodes appropriées aux usages des diverses localités et aux différentes natures de terre.

De même que les méthodes de culture varient à l'infini, les manières de récolter le coton, de le nettoyer de ses feuilles et des corps étrangers ramassés en même temps; de le trier, de le loger avant et après le moulinage, en attendant de le mettre en balles, diffèrent beaucoup également, suivant les habitudes, la température de chaque localité, et aussi suivant la nature des produits, certaines espèces ayant moins de corps que d'autres, et réciproquement; d'où résulte la nécessité de leur donner des soins variés.

Les planteurs des cotons soyeux provenant des sea-islands de la Caroline du Sud, ont de grandes obligations aux connaissances botaniques ainsi qu'à la louable persévérance de M. Kinsey Burden senior, de Saint-John's Colleton, qui porta au commencement du siècle une sérieuse attention à l'amélioration de ses produits, et à perfectionner cette nouvelle branche d'industrie.

Le succès extraordinaire qu'il obtint donna lieu, pendant plusieurs années, à beaucoup de recherches et de discussions; les causes de l'excellent résultat consistaient dans le choix de ses semences, et bientôt on ne rejeta plus comme auparavant les graines couvertes de duvet; au contraire, on conserva avec soin celles qui en portaient une plus ou moins grande quantité, tandis que celles qui n'en avaient point furent mises au rebut.

On était dans le vrai.

Cette révolution dans la culture du sea-islands fut d'abord plus nuisible qu'utile aux intérêts des planteurs ; car le chiffre des exportations de cette sorte diminua après 1830, alors que l'on commença à s'adonner plus généralement à la production des cotons fins. Depuis il s'est relevé, surtout avec l'introduction récente du longue soie en Louisiane et dans la Floride.

Les cotons qui croissent sur les côtes de la Caroline du Sud et de la Géorgie ont une teinte jaunâtre, fort prononcée pour quelques variétés ; tandis que les districts intérieurs des mêmes États et de leurs voisins plus au sud, aussi loin

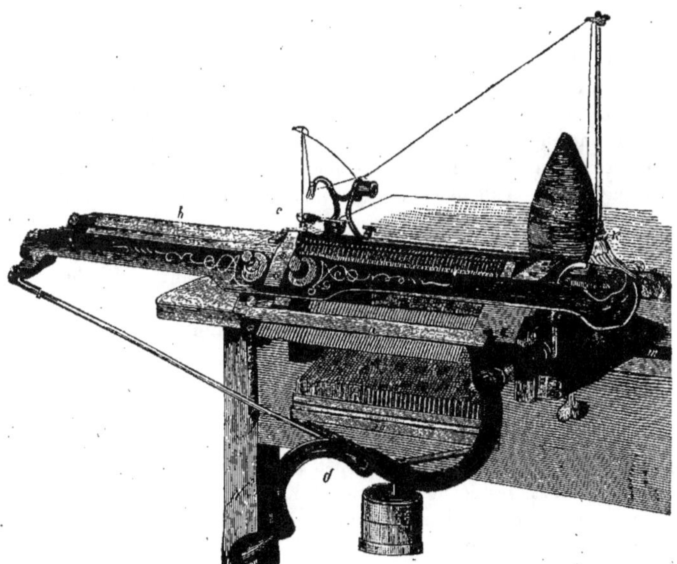

Fig. 310. — Machine à tricoter.

que la Rivière-Rouge, produisent du coton fort blanc, mais de beaucoup inférieur aux précédents en force et en finesse.

Une portion des cotons des Indes occidentales est d'une couleur beurrée, et l'on représente plusieurs espèces de l'Inde comme ayant une légère teinte de l'aurore. Les cotons du Bengale, de Madras, de Surate, de Smyrne, de Chypre, de Salonique, et en général du Levant, se distinguent par leur manque de couleur. Il en est autrement du Siam, — fameux pour sa nuance nankin. Le coton de Pacca est fortement coloré, et, quoiqu'il soit entièrement consommé dans cette province, par conséquent inconnu dans le commerce, cependant en examinant la mousseline, nommée dans un langage hyperbolique toile de vent tissé, dont le poids se fait à peine sentir, on a acquis une preuve suffisante que sa fibre est plus grosse que celle des meilleures qualités des cotons des États-Unis croissant sur les côtes de l'Océan.

Une livre de ce coton, réduite à un seul fil, s'étend, suivant la provenance, à une distance de 200,000 à 300,000 mètres et même davantage.

Les caractères distinctifs du mérite relatif des diverses espèces de coton en laine sont : la force, la finesse, la longueur et l'absence de nœuds ou de queues de rats. La supériorité du coton sea-islands sur toutes les autres sortes est due à ce que ses fibres sont : « des tubes en spirale s'adaptant singulièrement aux procédés de la filature, en se liant facilement, tout en glissant l'une sur l'autre avec une force élastique naturelle, pendant la formation du fil. » Les filaments de ces cotons varie de 1 à 2 pouces en longueur, et en finesse de 1/1,500 à 1/33,000 de pouce.

Dans le but de garantir et de conserver les propriétés des cotons, remarquables par la production, ou par la qualité, des choix de graines, nous l'avons dit, sont faits chaque année par le planteur en personne. Mais en surmontant une difficulté, une autre, qu'il s'est créée lui-même, l'attend encore.

Nous voulons parler du défaut des distances à observer entre les semis. Les cotonniers dégénèrent facilement ou s'hybrident mutuellement; de là le grand nombre des espèces et des variétés, sur lesquelles les botanistes ne sont pas d'accord. Linné compte cinq espèces; Lamarck et d'autres naturalistes, huit et treize; Rohr, trente-huit, sans parler des variétés dérivant de l'influence du climat, du sol, de l'engrais, de la culture et du mélange des graines.

Ces causes tendent non seulement à augmenter le nombre des variétés, mais encore à altérer la durée de la plante. Le cotonnier arboreum, qui vit pendant cinq ou six ans dans les Indes occidentales, est une plante annuelle aux États-Unis.

Il est certain qu'on peut trouver diverses espèces de coton dans chaque champ. Les différences sont quelquefois peu sensibles; cependant elles le sont assez pour qu'on puisse les découvrir, sans être botaniste.

La graine choisie par le cultivateur, annuellement suivant l'usage, est plantée avec soin dans un bon terrain, lequel, s'il contient plusieurs acres, est, dans beaucoup de cas, contigu à ses plantations principales, dont il n'est séparé, dans d'autres circonstances, que par un étroit sentier. Par suite de cette disposition des lieux, le pollen des plantes du champ le plus étendu imprègne les pistils des fleurs du plus petit ou de celui qui est sous le vent régnant d'habitude; alors le caractère particulier du coton est perdu : c'est ce qui donne naissance à une nouvelle variété.

Peu de temps après que le coton fut cultivé avec succès dans la Caroline du Sud, il fut attaqué par ses ennemis naturels, notamment dans la Géorgie, par la chenille *noctua xylina*, ou teigne du coton, qui parut dès l'année 1793.

Dans tous les pays le coton est sujet aux ravages de cet insecte.

Parmi les causes de la décadence de la culture, la plus saillante, disons-nous, est la destruction de la plante par cet insecte. C'est en partie ce même motif, dit-on, qui a fait abandonner le gossypium dans plusieurs des îles des Indes occidentales. Cependant ce fléau n'y était pas fréquent.

Tous les efforts faits jusqu'à présent pour l'empêcher de se propager sont restés entièrement sans résultat.

Dans la Géorgie, le cotonnier a beaucoup à souffrir des ravages de la punaise rouge et de ceux causés par la larve d'une sorte de scarabée l'*apata monachus*.

Tous les cotonniers paraissent originaires des régions voisines de l'équateur; mais la culture les a répandus sur une plus large zone, car ils sont cultivés en grand à Pékin, par 41° de latitude nord : ils ont été portés, d'après le témoignage de Gmelin, à 4° plus au nord sur les rives de la Houma, dans le voisinage de la mer Caspienne. Humboldt pose, comme limites de température au-dessous desquelles cesse le climat favorable au cotonnier herbacé, espèce qui, par sa nature, doit le moins redouter le froid, une chaleur moyenne de 22 à 24° centigrades en été et de 7 à 9° en hiver. Dans les régions équatoriales, le cotonnier est cultivé dans des contrées situées jusqu'à une hauteur de 9,000 pieds au-dessus du niveau de la mer. Dans l'Himalaya, entre le Gange et la Jumma, de 28 à 31°,5 de latitude, Royle en a vu quelques pieds, cultivés par la consommation locale, à une hauteur de 4,000 pieds. Le centre principal de la culture du coton longue soie, dans les Carolines, est dans les environs de Charleston, entre la ville de Savannah (Georgie) au sud, et Georgetown (Caroline du Sud) au nord. On peut donc prendre le climat de cette ville (lat. 32° 46′ N.) comme point de départ et comme type favorable à la végétation du cotonnier. Là, on sème dans les premiers jours d'avril; les balles entrent en maturité vers la fin d'août et le commencement de septembre, et la récolte se continue très tard jusqu'en novembre, quelquefois même jusqu'en décembre. La limite de la culture du coton sur le littoral des États-Unis est à peu près vers 37° de latitude, non loin de Richmond, en Virginie; mais elle y est très incertaine et n'a du reste qu'une importance tout à fait secondaire. Dans la Caroline du Nord, elle n'a pas plus d'extension, quoique le climat soit plus favorable. En résumé, on peut conclure que le climat le plus favorable à la production du coton sera celui qui fournira à la plante une quantité de calorique au moins égale à celle qu'elle trouve là où sa culture réussit le mieux. En outre, il devra présenter cette circonstance qu'à partir de l'époque de la première cueillette il s'écoulera encore une période de deux ou trois mois sans froids, ni pluies diluviennes, afin que le cotonnier puisse donner de nouvelles fleurs et les amener à maturité.

Le cotonnier redoute les grandes pluies et les terrains trop humides ou inondés; il recherche cependant les terrains frais, mais perméables et offrant à l'eau un écoulement facile; ses racines profondes lui permettent de résister énergiquement aux effets de la sécheresse. L'eau qui séjourne au pied de cette plante la rend maladive et finit par la détruire; si l'humidité est trop prolongée. Les meilleurs engrais pour les cotonniers sont les vases salées des bords de la mer ou des cours d'eau dans lesquels la marée se fait sentir. Sous l'influence de cet amendement, la plante se fortifie; ses fruits mûrissent moins vite, mais mieux, et ne tombent pas aussi facilement. Les localités voisines de la mer, si préjudiciables aux caféiers, sont, au contraire, très favorables aux cotonniers. Un terrain élevé, où le sol est compact et de couleur jaunâtre, convient encore très bien à la culture du coton, et les amendements peuvent être formés de feuilles, de fumier, de chaux vive mélangée avec des matières végétales. Le guano est aussi un excellent engrais pour cette culture. On ne multiplie le cotonnier que par ses graines; ordinairement on emploie celles de l'année précédente, et, comme elles sont assez dures, on les fait tremper pendant quelques heures dans l'eau ou dans une lessive alcaline faible; on cherche aussi à enlever par le frottement le duvet qui adhère à celles de quelques variétés. L'époque de l'ensemencement varie avec le climat; dans les contrées équatoriales, elle doit être choisie de telle façon qu'elle laisse au jeune plant le temps de se fortifier suffisamment pour résister aux grandes chaleurs; dans les climats tempérés, on sème lorsque les gelées ne sont plus à craindre.

La meilleure préparation à donner au sol consiste à labourer la terre avec une charrue ou avec la herse, de manière à ramener sur les lignes droites, espacées de 1m,50, toutes les matières végétales qui se trouvent sur le champ. On forme ensuite des bandes sur des lignes ainsi préparées; le terrain est labouré avec la charrue, lorsque cela est possible. Trois mois après l'ensemencement, c'est-à-dire lorsque la tige prend une couleur brune, on nettoie la terre et on éclaircit les pieds, en arrachant les moins bien venus. Le premier sarclage se fait dès que la plante est élevée. Le but de ce sarclage est de pulvériser la terre. On fait successivement cinq, six ou sept sarclages pendant la saison, et on cesse tout travail dès que la plante se couvre de fruits. Lorsque les cotonniers sont trop vigoureux il est avantageux de les écimer.

L'époque de la récolte varie selon les climats : dans la Guyane et la Géorgie elle commence en septembre et se prolonge jusqu'en décembre; alors arrivent les pluies, pendant lesquelles elle est suspendue; puis, à la fin de février, lorsque de nouvelles branches et de nouvelles feuilles se sont développées, elle reprend et continue jusqu'en avril.

L'aspect d'un champ de cotonniers est fort pittoresque. La cueillette se fait autant que possible par un temps sec et chaud, après que la rosée s'est dissipée, et elle a lieu à différentes reprises. En général, il est d'usage d'attendre que les capsules s'ouvrent d'elles-mêmes pour faire la cueillette du coton. Cette méthode a l'inconvénient d'exposer le coton à la poussière et à la pluie, au moins dans sa partie supérieure. Il serait préférable de cueillir les capsules mûres et de les faire sécher ensuite à l'abri de tout ce qui peut endommager le produit. Du choix dans le temps utile de la cueillette dépend beaucoup la qualité du coton. Pas assez mûr, les soies sont fines, brillantes, mais faibles; trop attendu, le coton perd de son éclat et de sa souplesse. Laissé trop tard sur pied, le soleil le brûle ou rend les fibres sèches. Le coton est cueilli à la main et mis dans un sac que chaque ouvrier porte attaché à sa ceinture. Lorsque le sac est plein, on verse le coton sur des nattes ou des pièces d'étoffe, et on le transporte ensuite dans les bâtiments de la plantation. Là, on l'étend sur le plancher pour le faire sécher et le nettoyer. Divers appareils ont été inventés pour séparer le coton de ses graines; ces machines ont une certaine influence sur la qualité du coton, et cette observation doit guider, avant aucune autre, dans les perfectionnements dont ces instruments sont susceptibles.

Selon M. G. Heuzé, le cotonnier herbacé ou annuel qui végète pendant sept mois environ, a besoin pour fleurir et mûrir ses graines d'une température qui s'élève jusqu'à 45 et 48°. L'époque des semis varie selon les climats; en Algérie, ce sont les mois de mai et de juin, et l'on récolte en octobre. La germination demande de huit à dix jours. La floraison a lieu de quatre-vingts à cent jours après les semis et la maturité des fruits, soixante-dix ou quatre-vingts jours après la floraison. La maturité est compromise si la température s'abaisse, même momentanément, au-dessous de 16 à 17°.

Le cotonnier veut un terrain fertile, profond, de consistance moyenne, médio-

Fig. 311. — Le Poivrier.

crement humecté, argilo-calcaire, ou calcaire siliceux. Cette culture épuise le sol et exige une fumure abondante, des amendements calcaires, notamment.

Les semis se font par paquets avec la pioche; en lignes, dans des rayons qu'on recouvre avec le râteau, ou à volée, méthode qui n'est guère pratiquée que dans la basse Égypte. Les cotonniers doivent être isolés, de façon que toute leur surface extérieure ait de l'air et du soleil. Une dizaine de jours après que les graines ont levé, on donne un premier binage que l'on répète dès que la surface de la terre s'est durcie; puis on éclaircit les plants en laissant les mieux venus et en enlevant les autres de manière à produire l'espacement convenable. Quand les boutons à fleur ont paru, on donne encore un binage, que l'on répète dans certaines contrées où l'on peut établir un système d'irrigation; c'est la principale condition qui limite le nombre des points où la culture du coton est possible. C'est la pénurie des eaux, dont dispose aujourd'hui l'agriculture en Algérie, qui a fait que malgré tous les encouragements la production du coton a bien de la peine à dépasser 150,000 kilogrammes, quand on évalue à 2,260 millions de kilogrammes la production du coton sur la surface du globe, dont les 9/10 de l'Amérique, de l'Inde et de l'Égypte. Ce dernier pays, sollicité à produire par la guerre civile d'Amérique, restera, grâce à son Nil, un pays de grande production, et l'ardeur du fellah arabe à s'enrichir y a engendré des merveilles comparables à celles qu'avait fait admirer l'énergie du planteur du sud des États-Unis.

Des insectes de tout genre contrarient la culture du coton, comme dans la plupart des graines qui germent dans les pays chauds et humides où les générations d'insectes se produisent avec une si effrayante fécondité, mais de plus le coton a une chenille particulière qui, tous les mois, donne une nouvelle génération d'insectes qui se multiplient pour vivre sur la plante.

Après avoir sans doute été faite longtemps à la main de temps immémorial, cette séparation est obtenue dans toute l'Asie, dont le coton nous est venu, dans les Indes et la Chine par un petit appareil appelé par les Anglais soller-gin, composé de deux cylindres tournant en sens contraire, suffisamment rapprochés pour attirer le coton sans laisser passer les graines entre eux. Avec son aide, un ouvrier peut préparer en moyenne dix ou quinze kilos par jour; c'est un appareil domestique.

Dans les grandes plantations des États-Unis, on opère avec des machines bien plus puissantes qui peuvent éplucher jusqu'à 3,000 kilos par jour en brisant quelques fibres, inconvénient qui ne compense pas les avantages de ces machines dans les grands centres de production, lorsque le coton est à son prix normal et peu élevé. Ces machines ont été considérées par les Américains comme une des causes capitales du succès de l'industrie de la production du coton dans le sud.

Le cotonnier fut cultivé dès la plus haute antiquité en Égypte, dans l'Inde, en Assyrie, etc. Hérodote décrit une plante de l'Inde dont les hommes de ce pays s'habillent. En sanscrit, le coton se nomme *kurpasum*, et, dans la langue actuelle des Indous, *carbasus*, deux mots qui ont une frappante analogie avec l'hébreu *karpas*. De ces deux mots les Grecs ont fait *karpasos*. Pline dit que « dans la haute Égypte croît une plante appelée *gossypium* ou *xylon*, dont on fait du fil d'une blancheur et d'une finesse telles, qu'il n'y a aucune laine qu'on puisse lui comparer ».

Vers le xe siècle de l'ère chrétienne, les Sarrasins naturalisèrent le cotonnier dans le royaume de Valence en Espagne, et le nom que nous lui donnons n'est qu'une légère altération d'un de ceux sous lesquels ils l'ont désigné. C'est au xive siècle que, suivant Mérrino et Alkin, on voit les premières balles de coton transportées par les Vénitiens en Italie et en Angleterre.

Dans le nouveau monde, la manufacture des étoffes de coton semble avoir été très bien pratiquée par les Mexicains et les Péruviens, longtemps avant la découverte de leur pays par les Européens.

Christophe Colomb trouva le coton à l'état sauvage dans Hispaniola (Haïti), et plus tard les explorateurs le reconnurent plus au nord, au bord du Mississipi. Cortez, en quittant Cuba pour son expédition mexicaine, s'approvisionna d'une grande quantité de coton. Il ordonna à ses soldats d'en ouater leurs habits, afin qu'ils fussent protégés contre les flèches des sauvages; et quand il aborda la côte du Mexique, parmi les riches présents qu'il reçut de Montézuma, se trouvaient des rideaux, des couvertures et des robes de coton aussi beau que de la soie, et d'une teinture riche et variée. En Chine, le cotonnier est connu depuis les siècles les plus reculés, mais ce ne fut que vers le xe siècle de notre ère que l'usage des tissus de coton s'y généralisa, et aujourd'hui les neuf dixièmes de la population chinoise s'habillent de coton.

CANNE A SUCRE

Le sucre a été connu de toute antiquité, et l'Inde, où la canne à sucre croît spontanément à l'état sauvage, fut sans doute le berceau de la fabrication : aussi les premiers auteurs qui aient fait mention du sucre le désignent-ils sous le nom de *sel indien*.

Parmi ces premiers auteurs on peut citer Théophraste, qui, dans un fragment conservé par Photius, dit, en parlant du miel, que la troisième espèce vient des roseaux. Au dire d'Archigène, célèbre médecin grec qui vint exercer la médecine à Rome, sous le règne de Domitien, le sel indien ressemble par la couleur et la dureté au sel ordinaire; mais par sa saveur douce il se rapproche du miel. On lit également dans Dioscoride qui vivait avant Pline : « Dans l'Inde et l'Arabie Heureuse, on donne le nom de sucre à une espèce de miel solide produit par des roseaux; sa forme lui donne l'apparence du sel : mis sous la dent il se brise aussi comme le sel. » Mais, en Europe du moins, le sucre demeura fort longtemps très rare et ses usages étaient très bornés.

Pline dit même qu'on ne l'employait qu'en médecine (*ad médicinæ tantum usum*). La canne à sucre fut importée d'Asie en Europe, soit par les Sarrasins, lors de leurs nombreuses incursions, au commencement du xiie siècle, soit par les Européens eux-mêmes, au retour des Croisades. La canne à sucre, cultivée d'abord avec succès dans l'île de Chypre et en Sicile, fut transportée vers 1420 à Madère : la culture y réussit parfaitement, ainsi qu'aux îles Canaries, et jusqu'à l'époque de la découverte de l'Amérique, ce furent ces îles qui approvisionnèrent l'Europe de la majeure partie du sucre qui s'y consommait. Après la découverte du nouveau monde, les Espagnols et les Portugais développèrent dans leurs nouvelles colonies la culture de la canne. Déjà, vers la fin du xve siècle, la culture de la canne était très répandue à Saint-Domingue, d'où elle pénétra bientôt au Brésil, aux Barbades, au Pérou, au Chili, dans toutes les îles espagnoles de l'Amérique, et enfin dans les colonies françaises, anglaises, hollandaises et danoises ; elle est restée, depuis lors, la principale richesse de ces contrées.

La *canne à sucre* (*arundo saccharifera*) est une plante de la famille des graminées. Sa hauteur moyenne varie depuis 2m,60 jusqu'à 3m,30 ; on en trouve qui s'élève jusqu'à 6 mètres; son diamètre est d'environ 41 millimètres. Sa tige est lourde, cassante, d'un vert qui vire au jaune, aux approches de sa maturité ; elle est partagée par des nœuds saillants, circulaires, dont le plan est perpendiculaire à l'axe de la tige : de ces nœuds partent des feuilles qui tombent à mesure que la canne mûrit : la tige de la canne, parvenue à maturité, est remplie d'une moelle fibreuse, spongieuse, d'un blanc sale, qui contient un sucre doux très abondant : ce sucre est élaboré séparément dans chaque entre-nœud. Cette plante se reproduit par grain ou par bouture avec une égale facilité. La canne à sucre ne peut être cultivée avec profit que dans les pays chauds. On en distingue plusieurs variétés, parmi lesquelles on préfère généralement la canne de Haïti : elle est plus riche en sucre, plus hâtive, d'une culture plus facile et moins exposée à souffrir des intempéries.

D'après les analyses de MM. Péligot et Dupuits le jus ou vesou de la canne contient de 17 à 21 0/0 de sucre cristallisable ; la canne contient en outre divers principes immédiats azotés et non azotés, des sels, de la silice et une petite quantité d'huile essentielle agréable qui suffit pour faire distinguer facilement les sucres de canne de ceux de betterave, lorsqu'ils sont à l'état brut.

La canne à sucre est une grande et belle plante de la famille des graminées, du genre *saccharum* et de la tribu des andropogonées. La disposition particulière des feuilles engainantes et opposées, genouillées au point où elles se séparent de la gaine, et celle des bourgeons axillaires, placés au niveau des nœuds, est un de ses caractères.

Lorsque la canne est arrivée au terme de sa croissance, il s'élance de son sommet un jet allongé, surmonté par une panicule de fleurs blanchâtres, et ce jet porte aux colonies le nom de *flèche*. Les tiges de la canne ne sont pas creuses, comme cela arrive dans beaucoup de graminées, le tissu en est plein, rempli d'une moelle spongieuse, traversée longitudinalement par des faisceaux vasculaires très nombreux.

En ce qui concerne la structure de cette plante, on remarque entre la périphérie et le centre un vernis extérieur, formé de cérosie, l'épiderme ; une masse de tissu cellulaire traversée par les faisceaux vasculaires, ceux-ci plus abondants vers la périphérie. Le tissu cellulaire renferme le sucre, mais on trouve des granules d'amidon dans les jeunes tiges et dans les parties non mûres, et j'ai en outre observé la présence du glucose dans les nœuds supérieurs de la canne, au-dessous de la flèche et dans la flèche même, en sorte que les observations faites sur cette plante semblent conduire à cette conclusion que le sucre prismatique dérive du glucose par une simple déshydratation, laquelle est produite par la maturation de la plante. On remarque que cette observation est contraire aux conclusions de M. Péligot, qui accusait seulement du sucre cristallisable dans la canne, mais qui n'avait probablement pas expérimenté sur des parties non mûres et à différentes époques de la végétation. Les principales variétés cultivées de la canne à sucre sont : la *canne violette*, la *batavia* ou *violette à rubans*, la *canne verte à rubans*, la *canne d'Otaïti* et la *canne de Bourbon*, ou *canne créole*. La canne violette à rubans ou canne de Batavia est très vigoureuse et paraît résister le mieux aux intempéries. C'est ce qui semble résulter de la culture des États-Unis

Fig. 312. — Atelier de tricot mécanique.

et que M. N. Bosset, à qui nous empruntons ces lignes, a pu constater dans des expériences suivies à Paris.

La canne végète très bien dans les terres fortes, basses ou humides, mais elle y devient moins riche en sucre et renferme plus de sucre liquide. En partant à la fois des principes et de l'expérience, on trouve qu'il faut à la canne une terre riche en humus, substantielle, profonde, très meuble ou facile à ameublir, d'une humidité moyenne, comme les sols légers d'alluvions argilo-sablonneux et riches en débris végétaux. Elle craint les terres neuves, nouvellement défrichées, et, au point de vue de la production sucrière, il est préférable de la cultiver sur des vieilles terres, malgré les préjugés de certaines localités. Dans beaucoup de contrées on pratique l'écobuage des terres neuves destinées à la canne, et cette opération et très profitable en ce qu'elle fait disparaître l'excès de l'ammoniaque et des matières azotées.

En général, on partage les terres en pièces carrées, aboutissant au chemin d'exploitation, et séparées entre elles par des intervalles de 5 à 7 mètres. Dans ces pièces, on creuse à la houe des fosses de 0m,45 à 0m,50 de long sur 0m,35 de large et 0m,16 à 0m,20 de profondeur. La terre qui en provient est mise à côté pour recouvrir plus tard la jeune plante, à peu près comme nous agissons dans la culture des asperges.

Il faut très peu de matières minérales à la canne, bien qu'elle puisse les absorber en proportion assez notable. C'est surtout une plante à silice. Ses principaux besoins correspondent à la nécessité de l'air et de la lumière pour les parties aériennes, à un grand assainissement du sol, un ameublissement convenable, et beaucoup de perméabilité quant aux portions souterraines. La composition de ce sol sera toujours bonne, si elle se rapproche de la moyenne générale. L'emploi des amendements pour la canne est soumis à des règles d'expérience et de sens commun, en vertu desquelles on doit admettre que si l'argile calcinée et pulvérisée, le chaulage, le marnage, l'addition de phosphates, peuvent être très utiles, l'usage des cendres crues, des plâtras et autres matières riches en principes salins doit être proscrit.

Les meilleurs engrais pour la canne sont les pailles de la plante, les engrais verts, le fumier et les composts formés surtout de bagasses épuisées. Quand au guano, toutes les observations sérieuses portent à le proscrire d'une manière absolue, et il en est de même des engrais liquides, à moins qu'on ne les emploie à très faible dose, et comme excitants, dans la préparation des composts. Le mode d'application des engrais varie nécessairement suivant la méthode de culture employée, mais il importe de recouvrir toujours la substance fertilisante.

L'époque de la plantation de la canne doit se choisir de manière à donner à la plante la plus longue durée possible, et de façon que, dans le cours de sa végétation, elle puisse profiter, pour son développement, de la saison humide, et pour sa maturation, de la saison sèche. Aux Antilles, on plante du commencement de septembre à fin décembre, de janvier à avril et du milieu d'avril au milieu de juin. La meilleure règle consisterait à suivre les idées de M. de Casseaux, et à planter en mai pour récolter un an plus tard.

Les cannes se reproduisent de rejetons ou de boutures, que l'on doit choisir aussi robustes que possible; les yeux doivent être bien portants et vigoureux, et provenir d'un tronçon bien développé. On doit éviter les entre-nœuds du sommet comme trop tendus et trop aqueux.

Les boutures ou les œilletons et rejetons de canne se plantent au plantoir, à la houe, à la charrue, en carré, en quinconce, en ligne, en fosse ou sur ados. La plantation peut se faire dans la verticale ou obliquement, ou encore horizontalement dans les fosses. Quand on plante en lignes, continues ou interrompues, soit à la charrue, soit à la main, il est bon de faire déposer l'engrais dans le fond du sillon, de le recouvrir d'un peu de terre et d'y planter ensuite les boutons ou les œilletons. On recouvre avec de la terre très meuble sur une épaisseur de 10 à 12 centimètres. En somme, ce qu'on peut faire de mieux consiste dans la plantation en lignes continues, à 0m,25 ou 0m,30 de profondeur, que l'on fera suivre d'un remplissage progressif en temps utile. Il faut compter employer de 7 à 8,000 kilogrammes de cannes pour la plantation d'un hectare.

Au bout de huit à dix jours, dans de bonnes conditions, on commence à voir sortir les bourgeons des plantations. Si les cannes ne reprennent pas toutes, on remplace les manques ; cette opération se nomme le cousage. Les autres soins de culture consistent dans deux ou trois binages, des sarclages, le buttage. Celui-ci ne doit pas dépasser $0^m,25$ à $0^m,35$ d'élévation verticale, mais avoir la plus large base possible.

Il importe également beaucoup au succès des plantations de cannes de pouvoir leur distribuer une dose d'humidité suffisante par des irrigations convenables. C'est le seul moyen d'éviter les retards dans la maturation, qui proviennent le plus souvent d'une reprise de la végétation, sous l'influence de la moindre pluie qui survient à l'époque qui précède la coupe.

S'il est d'une mauvaise pratique d'enlever les feuilles vertes, il est très utile de pratiquer l'effeuillage des feuilles sèches, afin de hâter la maturité des nœuds correspondants; mais je crois que la plus grande faute que l'on puisse commettre, par rapport à la canne, consiste dans l'abus des plantations intermédiaires, lorsque les lignes ne sont pas très distancées.

La récolte de la canne doit se faire lorsqu'elle a atteint sa maturité industrielle, c'est-à-dire quand elle renferme le maximum de sucre cristallisable. Cette circonstance se présente un an, quinze mois ou même seize ou dix-huit mois après la plantation. Le colonel Codazzi a fourni à cet égard une donnée intéressante. Suivant cet observateur, la canne mûrit en douze mois par une température moyenne de $+25°,6$; en quatorze mois par $+23°,2$ et en seize mois par $+16°,2$. On a émis l'opinion que les rendements en sucre sont proportionnels à la durée de la végétation, ce qui peut être exact dans certains cas, mais cependant ne doit pas être pris comme règle absolue. Suivant M. de Caseaux, un nœud est mûr lors de la chute de la feuille qui lui appartient, et la canne ne gagnerait plus rien après le treizième mois. L'émission de la flèche n'est pas un indice certain de maturité, et souvent même cette circonstance correspond avec une plus mauvaise qualité du jus et une plus grande difficulté dans le travail.

Les nœuds de la canne mûrissent à partir du sol, c'est-à-dire en raison de leur âge, et la partie supérieure peut encore être en pleine végétation, lorsque les nœuds inférieurs ont dépassé la limite de la maturité. Les cannes folles venant de terres neuves, les flèches et les amarres, les cannes passées ou grillées, sont peu propres à la fabrication.

On n'a pas encore de moyens industriels sanctionnés par l'expérience pour conserver les cannes coupées et, en raison de l'altération rapide qui les fait entrer en fermentation, le mieux à faire, est de traiter cette plante au fur et à mesure de la récolte.

On coupe les cannes par les pieds, à l'aide d'un coutelas et suivant une section oblique, on les divise en tronçons de 1 mètre à $1^m,30$; on les réunit en bottes, que l'on transporte aussitôt à l'usine. Il va sans dire que l'on supprime avec soin, à ce moment, les flèches au niveau du dernier nœud dont la feuille est tombée, le jus des portions supérieures non mûres ne pouvant que nuire à la fabrication.

La production moyenne d'un hectare de cannes est d'environ 70,000 kilogrammes en matière exploitable, avec une bonne culture, mais elle est souvent très inférieure à ce chiffre, bien qu'il ait été démontré qu'on peut le dépasser de beaucoup avec des soins bien entendus. Le prix de revient des 1,000 kilogrammes de cannes peut être évalué en moyenne à 7 francs, dans des conditions rapprochées des cultures européennes.

Aussitôt après la récolte, il faut s'empresser d'ameubler le sol près des lignes, de réparer les accidents de la coupe sur les touffes, de rechausser les plantes, après leur avoir fourni les engrais et les amendements utiles ; mais il va de soi qu'on ne peut vaquer à ces opérations qu'après avoir soigneusement enlevé les pailles et les amarres provenant du travail de la coupe. Ce n'est qu'à l'aide de soins sérieux et de l'adaptation, dans les limites du possible, des méthodes et de la culture modernes, que l'on peut parvenir à conserver en bon état une plantation de cannes pendant une longue série d'années, sans être obligé de recourir à la mesure barbare du défrichement. J'ai conseillé le renouvellement partiel à l'égard de la canne à sucre, pour laquelle il me paraît aussi profitable que pour la vigne, pourvu que les lignes de culture soient suffisamment espacées.

Déjà la culture de la canne a fait en Algérie des progrès considérables, et dans un nombre d'années assez limité, il est à espérer que notre colonie africaine pourra prendre rang parmi les pays producteurs de sucre. « J'ajouterai toutefois, dit M. Bassel, que les cannes d'Algérie sont moins riches en sucre cristallisable et renferment plus de glucose que les cannes des Antilles, ce qui nécessite plus de soins à la récolte et une élimination plus attentive des parties non mûres, que l'on peut, du reste, utiliser par la distillation. »

ARACHIDE

L'arachide est une plante herbacée de la famille des légumineuses. *Arachis hypogœa*, Linn.

Cette graine, vulgairement mais improprement appelée *noisette ou pistache de terre*, est oviforme, allongée, obtuse par ses deux bouts, enfermée dans une enveloppe coriace et indéhiscente, qui, par sa forme et ses dimensions, rappelle les petits cocons de ver à soie, mais d'une couleur grise. Les gousses sont portées sur un pédoncule qui, après la floraison, se replie et s'enfonce dans la terre, où les fruits achèvent de mûrir. De là son épithète latine.

La noix de Touloucouna paraît être la graine d'une espèce du même genre.

C'est à titre de graine oléagineuse que l'arachide a pris rang dans le commerce et la culture. L'arachide croît spontanément au Sénégal et sur la côte occidentale d'Afrique jusqu'au voisinage de l'équateur : elle y est devenue l'objet d'une culture régulière par les noirs, dont quelques-uns émigrent même, de l'intérieur sur le littoral, pendant la saison des travaux, et rentrent dans leur pays avec le prix de leur récolte, troquée contre des marchandises européennes.

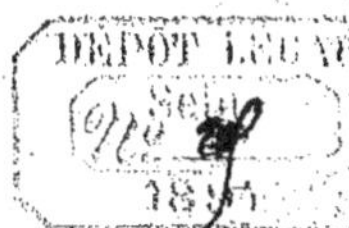

Fig. 313. — Forêt de sapins à Hohenschwangau.

Les profits de cette spéculation agricole ont engagé les chefs indigènes à y appliquer tous leurs captifs, et, par là, cette plante a puissamment aidé à réduire la traite des esclaves d'Afrique.

L'arachide s'est introduite dans le midi de l'Espagne, où elle est cultivée sous le nom de cacahouet. Sous ce même nom, elle a pénétré en Algérie, où la facilité de sa réussite l'aurait rendue populaire, si la préférence acquise à l'huile d'olive, aussi abondante que peu chère, ne lui eût fermé les débouchés de la consommation alimentaire.

Essayée de même dans les Landes, dans l'Hérault, en Italie, elle n'a pas tardé à y être négligée. Elle se maintient mieux en Tunisie, ainsi qu'au Mexique et aux Antilles, où elle est indigène. Cependant les provenances du Sénégal restent jusqu'à présent sans rivales sérieuses ; aussi sa culture s'y étend-elle de plus en plus, soit dans le haut pays, au Bondou et au Kassou, soit le long de la côte, vers la Gambie et le golfe de Guinée. On n'a commencé à la cultiver dans la Gambie que vers 1840, et dans le Sénégal, au Cayor, qu'en 1842. On estime la production de la Gambie à 12 millions de kilogrammes; celle du Cayor, à 4 millions ; et ce n'est qu'un début dans une carrière illimitée de travail fructueux et facile. Mais les bras font déjà défaut aux besoins. Dans le commerce du Sénégal, on distingue deux sortes d'arachides : celles de Galam et celles du Cayor. Le coque des premières est plus mince, mieux remplie par une amande qui fournit un rendement d'huile plus considérable ; cependant le voisinage de Saint-Louis, centre de ce commerce, fait que la plupart des arachides exportées viennent du Cayor. Le restant descend du Ouale, du Fouta et surtout du Bakel, dans le Galam, qui en expédierait beaucoup plus sans la difficulté des transports.

L'arachide jouit de nombreuses propriétés. Ses graines, fraîches et crues, ont un goût qui ressemble à celui des amandes, auquel se joindrait une saveur légèrement âcre, qui n'est pas désagréable dans le pays natal, et qui se dissipe entièrement par la cuisson. C'est, en général, après les avoir fait bouillir, mais surtout griller, que l'on en fait usage comme aliment. Cuites, leur goût rappelle celui des pistaches, d'où vient leur nom vulgaire. Dans l'ancien et le nouveau monde, les Espagnols en font grand usage comme fruit alimentaire. On peut préparer avec ces graines différentes friandises, telles que dragées, émulsions. Lorsque les arachides ont été convenablement torréfiées, on en forme une pâte à laquelle on ajoute du sucre. Le mélange rappelle le chocolat pour la couleur et le goût.

Mais la principale valeur de l'arachide lui vient de l'huile qu'elle fournit dans une proportion de 30 à 33 0/0 de son poids. Cette huile, très limpide et d'un goût agréable, remplace fréquemment celle d'olive. Elle est surtout employée dans les industries de la savonnerie, de l'éclairage et du graissage des laines. La pharmacie, la parfumerie en tirent aussi quelque parti.

Les tourteaux, qu'on en extrait dans une proportion de 65 à 70 0/0, sont recherchés par les agriculteurs du midi de la France.

LE POIVRIER

Le poivre, employé comme épice comestible, est une baie desséchée en forme de grains plus ou moins sphériques, rugueux, de la grosseur de petits pois, d'une saveur piquante et brûlante, pure, sans amertume. C'est le fruit d'une plante tropicale, d'un arbrisseau sarmenteux et grimpant, appartenant à la famille des pipéracées.

Le poivre constitue, depuis les temps les plus reculés, dans tous les climats, un besoin réel; c'est une denrée nécessaire, salubre, et de consommation quotidienne. Il n'est pas d'épice ni d'arome plus répandu et plus demandé : c'est le rival du sel. Le nom qu'il a chez les peuples d'Europe montre qu'ils ont reçu le poivre par l'intermédiaire des Arabes et des Perses, jusqu'à la période du commerce direct avec les Indes, commencé par les Portugais et continué avec une énergie admirable par les Hollandais et les Anglais. Les grains de poivre en forme de petits pois sont appelés par les Arabes *fulful* ou *filfil;* ce mot se change dans la langue des Perses en *pilpil,* la prononciation des Grecs donne naissance aux dénominations de toutes les nations modernes.

La dénomination sanscrite chez les Javanais, usitée aussi à Célèbes, Bali et Lomboc, est la même que celle du Malabar, et nous fait supposer que l'Archipel doit la connaissance du poivrier à l'Asie continentale. Il n'est pas encore certain que le poivrier noir se trouve à l'état sauvage dans l'archipel Indien; il est natif des montagnes occidentales de l'Asie. A Sumatra, le nom malais *lada,* piquant, rappelle le caractère spécifique de la baie. Aux Philippines, ce mot malais se prononce *lara.*

Pline raconte que l'on vendait à Rome le poivre au poids, comme l'or et l'argent. On payait à Rome, selon lui, le poivre noir à raison de 9fr,50 le kilogramme; le poivre blanc à raison de 18 francs. Pendant le moyen âge, une livre de poivre était un cadeau que les princes même n'ont pas dédaigné. L'empereur Henri V (1104-1125), rétablissant l'alliance entre Padoue, Venise et les autres parties de l'Italie, a stipulé qu'on lui rendît hommage chaque année en présentant, dans le mois de mars, 50 livres de poivre. Le conseil municipal de Marseille payait, au XIIe siècle, chaque année, une livre de poivre aux couvents. Les droits de navigation sur le Rhône, l'Isère, le Rhin, s'acquittaient pour chaque bâtiment en une livre de poivre. C'était une livre de la même espèce aussi que chaque bateau parti de Zurich pour Bâle expédiait à l'arrivée.

Plus tard, on a bien renoncé à acquitter ce droit en nature, par suite du changement des mœurs, mais pourtant le nom historique du droit ou de l'impôt s'est conservé longtemps en Allemagne dans l'expression *pfeffer-geld* et *pfeffer-zoll.*

Ces faits historiques nous font comprendre l'empressement qui a poussé les premiers navigateurs et commerçants vers les contrées asiatiques, où l'ancien commerce du Levant cherchait le poivre pour le transporter, par Alep et Alexandrie, en Europe. Ils nous expliquent comment le commerce de cette épice populaire a été longtemps, nonobstant la baisse des prix, une affaire d'or. En 1603, cinq navires de la Compagnie hollandaise des Indes orientales revenaient chargés de 1,771,560 livres d'Amsterdam de poivre noir (ou 875,150 kilogrammes) réalisant un bénéfice d'à peu près 2 millions 1/2 de francs.

Pendant le XVIe siècle, les Portugais, après avoir monopolisé le commerce maritime d'épices, ont non seulement maintenu les prix antérieurs, mais les ont encore augmentés à peu près de 15 0/0; le poivre, qui revenait sur les lieux de production à 45 ou 50 centimes le kilogramme, se payait à Lisbonne à raison de 9 francs. Les Hollandais, qui leur succédèrent, ramenèrent bien vite ces prix à un taux raisonnable : en 1603, le poivre valait au marché hollandais de 30 à 33 groot livre, c'est-à-dire 3 francs le kilogramme.

Les Portugais trouvèrent le poivre à Cochin, et bientôt ils l'allèrent chercher à Achem, le port de Sumatra où se concentrait alors tout le commerce de l'Archipel.

Ce fut là aussi, et à Bantam, que s'adressèrent d'abord les Hollandais; mais leurs navires ne tardèrent pas à explorer les côtes qui produisaient cette épice et à l'y prendre directement. Plus tard, les Anglais se livrèrent à leur tour à ce commerce. Au début de la navigation dans l'intérieur de l'archipel Indien, le poivre faisait l'objet principal des chargements, non par la valeur, qui était inférieure à celle d'épices plus fines, telles que la cannelle, les girofles, etc., mais par la masse. En 1720 encore, aux enchères publiques de la Compagnie hollandaise des Indes, 30 0/0 des valeurs réalisées provenaient du poivre.

Il est hors de doute que le marché principal se trouvait alors en Hollande, et en supposant même que, par suite de la concurrence des Anglais, des Français et des autres nations, la quantité de poivre transporté en Europe se fût élevée au triple, il faut conclure de ces chiffres que la consommation était plus restreinte qu'à l'époque présente.

La consommation actuelle dans la Grande-Bretagne varie de 50 à 60 grammes par individu annuellement; dans la France elle n'en diffère pas beaucoup.

A répartition égale, la consommation actuelle de l'Europe s'élèverait à 13,500,000 kilogrammes, c'est-à-dire en prenant 50 grammes par tête, ou la prise d'un gramme par semaine. On s'efforce d'écrire l'histoire du merveilleux dans les temps modernes; nous avons, dans de la poussière poivrée prise sur la pointe d'un couteau, le médium de l'esprit commerçant éveillé au XVIe siècle.

Description du poivrier. — Le poivrier noir est, comme nous l'avons déjà dit, l'unique du genre qui donne les baies de poivre; ses feuilles sont légèrement aromatiques. Les autres espèces de piper ont attiré l'attention des indigènes à cause de l'arome des feuilles, qu'on mâche sous le nom de *sirih* (malais) ou de *soeroch* (javanais). Le *piper arborescens* à baies amères s'appelle *sirih tjabeh oetan*. Les autres espèces de sirih portent le nom générique de *chavica* : tels sont le *betel* (*sirih daoen bettle, tamboolie*, sanscrit; *leko-macass*, etc., *lau-ip*, chinois), le *sirih boeah* (*bodé*, javanais, etc.). On sait que le célèbre voyageur Cook a trouvé chez les natifs des îles de la mer Pacifique, à Tahiti, etc., une boisson enivrante nommée *ava*, préparée avec les racines du poivrier ava ou kava (*piper methysticum*).

Le poivrier noir est un arbrisseau grimpant à tiges rondes, sarmenteuses comme la vigne, qui peuvent atteindre une longueur de 6 mètres et même, en s'attachant aux arbres comme le kapok (bombax) jusqu'à 20 mètres. Mais, dans les contrées où l'on recherche une riche moisson de baies, on a soin de ne pas le laisser dépasser 4 ou 5 mètres. Ses feuilles sont d'un vert foncé, coriacées, acuminées, 11 à 12 centimètres de longueur, ovales; les feuilles supérieures plus elliptiques; les inférieures plus rondes et légèrement cordées. On comprend qu'il y a plusieurs variétés de cette plante, suivant sa culture. Ainsi on préfère, à Sumatra, la variété vigoureuse des Lampongs, connus sous le nom de *ladakawur*.

On distingue, suivant les origines, le *lada jambi* (Djambi), le *lada manua*, etc.; à Bornéo, la variété *lada maluakka* est la plus estimée ; le

Fig. 314. — Travail en forêt : Transport d'une scie circulaire.

lada negrie donne des baies de qualité inférieure, qui tombent en grabeaux.

Les lieux principaux de provenance sont : Sumatra et la presqu'île malaise;

Fig. 315. — Scie circulaire transportable en action.

la côte orientale de Siam (entre 11°30′ et 12°30′ lat. N.); Bornéo et Java. En s'éloignant de l'archipel Indien, vers l'Occident, on trouve encore la culture du poivrier à Ceylan et à Malabar, mais elle y est peu développée.

SYLVICULTURE

Les grandes forêts se font de plus en plus rares en France. Aussi sommes-nous obligés de faire venir de l'étranger la plus grande partie de nos bois de construction, de menuiserie et d'ébénisterie. C'est principalement à l'Europe orientale, là où d'immenses forêts couvrent encore presque un tiers du territoire, que nous demandons ce qui nous manque. Les facilités de transport qu'offrent aujourd'hui les chemins de fer d'une part, la navigation fluviale ou maritime de l'autre, permettent d'amener jusque chez nous, à bon compte, les produits de l'exploitation.

Dès l'origine de l'histoire, nous voyons, en suivant les grandes invasions de peuples, des incendies de forêts marquant partout le passage des barbares. Au commencement de notre ère, la dévastation des forêts continue. Sous l'occupation romaine de notre sol des lois restreignirent la dévastation des bois pour le défrichement; mais il n'en fut plus de même dans la suite, car on ne put arrêter les dévastations pendant les temps de barbarie. Les moines, de leur côté, défrichèrent les terres et abattirent des bois dans les plaines pour les cultiver, ou sur les coteaux pour y planter des vignes.

Dans le IXe siècle, les Normands par leurs incursions, et les flots des Croisés qui se portèrent dans les lieux saints, furent causes que, dans beaucoup d'endroits, les terres devinrent incultes ou furent envahies par les eaux, qui devinrent stagnantes. Les forêts négligées ou détruites devinrent insensiblement, dans le nord et dans l'ouest, les landes de la Bretagne, les déserts de la Champagne, les vastes déserts du Poitou; dans le centre, les terres marécageuses de la Bresse, du Forez, de la Sologne, du Berry et du Gâtinais.

Des ordonnances royales parurent successivement, depuis Charlemagne, pour arrêter la dévastation des forêts et adopter des mesures conservatrices; parmi ces ordonnances, on distingue particulièrement celles de 1669, véritable code forestier pour l'époque, et dont l'influence a été puissante pour la conservation des forêts.

La Révolution de 1789 arriva; l'Assemblée constituante n'apporta qu'un palliatif momentané au mal qui s'était accru, et le régime de la Convention mit le comble aux déprédations.

Napoléon, sous le Consulat, par son décret du 16 nivôse an XI, prit également de sages mesures conservatrices.

Les assemblées législatives, jusqu'en 1859, suspendirent la liberté illimitée de défricher les bois; mais la loi du 18 juin, qui régit aujourd'hui la matière, permit le défrichement au-dessous de 10 hectares après demande préalable.

Depuis une vingtaine d'années, on autorise annuellement le défrichement d'environ 16,000 hectares; cependant on peut porter ce chiffre à environ 30.000.

On peut se demander s'il est bien nécessaire de défricher les bois pour les besoins de l'agriculture, quand il existe en France 21,730,000 hectares environ de pâturages et de landes cultivables.

Si l'on déboise les forêts au delà des besoins de l'agriculture, on sera dans la nécessité de reboiser, dans un avenir plus ou moins éloigné, des terres livrées aujourd'hui à la culture, ou de les transformer en pâturages (Becquerel).

« La conservation des forêts, disait Martignac dans l'exposé des motifs du Code forestier, est l'un des premiers intérêts des sociétés, et, par conséquent, l'un des premiers devoirs des gouvernements. Tous les besoins se lient à cette conservation. Nécessaires aux individus, les forêts ne le sont pas moins aux États. Leur existence même est un bienfait inappréciable pour les pays qui les possèdent. »

On s'est beaucoup occupé, dans ces derniers temps surtout, de l'influence des forêts sur les climats. Peu connue jusqu'à ce jour, présentant même des faits en apparence contradictoires, cette influence ne saurait néanmoins être mise en doute. Si des massifs forestiers trop étendus augmentent l'humidité et abaissent la température moyenne d'un pays, il n'en est pas moins vrai que, renfermés dans des limites rationnelles, ils égalisent la température, modèrent l'action des vents violents et maintiennent le degré de fraîcheur nécessaire. Par la masse de leurs branches, ils divisent les pluies torrentielles, et les forcent à s'écouler lentement en ruisseaux qui font la richesse de l'agriculteur, en même temps que le réseau de leurs racines maintient la terre végétale sur les côtes abruptes et l'empêchent d'être entraînée dans les vallées. Les pays montagneux où se sont produits des déboisements inintelligents sont exposés à des avalanches et à des éboulements, à des inondations qui portent partout la désolation et la misère.

L'action des forêts sur le sol est tout à fait hors de contestation. Les feuilles des arbres forment un excellent engrais.

Au bout d'un certain nombre d'années, elles ont produit une couche puissante d'humus, et le sol, généralement médiocre, s'améliorant peu à peu, est devenu propre à porter des cultures plus lucratives. C'est par des plantations d'arbres résineux que les terres arides de la Sologne et de la Champagne pouilleuse acquièrent à peu de frais un degré de fertilité qu'on ne saurait leur donner, par les moyens ordinaires, qu'au prix de dépenses considérables. C'est par la création de vastes massifs de pins maritimes que Brémontier est parvenu à fertiliser les dunes de la Gascogne et à arrêter la marche de ces sables mouvants qui menaçaient d'envahir les terres voisines dans un terme très rapproché. M. Chambrelent a repris l'œuvre de Brémontier et, grâce aux travaux et à la persévérance de ce savant agronome, les Landes sont devenues un pays de rapport forestier.

Il est des sols impropres à toute culture, et que les forêts seules peuvent mettre en valeur. Les montagnes des Vosges, où la couche végétale n'a souvent que quelques centimètres d'épaisseur, portent de magnifiques massifs de sapins et d'épicéas. Les sables les plus arides se couvrent de bouleaux, de châtaigniers et surtout de robiniers, essence précieuse des États-Unis. Les coteaux les plus rocailleux, qui laissent à peine à la végétation un peu d'humus dans leurs fissures, portent des arbustes plus humbles, mais non moins utiles ; le buis, les alaternes, l'érable de Montpellier, etc., y donnent encore quelques produits. Les sols marécageux et inondés reçoivent l'aune, le frêne, le saule, le peuplier, le cyprès chauve, un des plus beaux présents que nous ait faits l'Amérique du Nord. On peut utiliser ainsi les moindres parcelles du sol abandonné. Un arbre peu connu dans nos climats septentrionaux, le micocoulier, fait la richesse des habitants de quelques communes du département du Gard, qui le cultivent sur le bord de leurs champs pour en faire des fourches très estimées en agriculture. Il serait facile de multiplier les exemples à ce sujet.

A un autre point de vue, les forêts rendent aussi d'éminents services. On sait que l'hiver amène souvent une suspension, un chômage dans les travaux agricoles. De nombreux travailleurs sont sans ouvrage ; les attelages restent inoccupés. Dans ce cas, les populations forestières trouvent, dans les travaux de l'exploitation des bois, des ressources en argent et en nature, modestes sans doute, mais qui suffisent pour leur assurer une aisance supérieure, toutes choses égales d'ailleurs, à celle que l'on trouve généralement chez les populations éloignées des forêts.

L'objection la plus forte qu'on puisse faire contre la culture forestière est fondée sur le chiffre peu élevé du revenu, généralement inférieur à celui de la production agricole. La faiblesse de ce chiffre ne tiendrait-elle pas à l'influence des mauvaises méthodes de culture, au choix peu judicieux des essences, au peu de soin que l'on prend de recueillir tous les produits des forêts, à l'ignorance où l'on est trop souvent des divers emplois auxquels les bois sont propres ; en un mot, au peu de parti que l'on sait tirer de la propriété forestière ? C'est ce qui a lieu dans la plupart des cas.

Ce n'est pas seulement à l'économie rurale que les forêts rendent des services aussi importants. Elles fournissent aux grandes constructions civiles, à l'artillerie, à la marine, ces belles pièces de bois nécessaires à la création et à l'entretien de leur matériel. Si, pour les bois de mâture, nous sommes encore tributaires des peuples du Nord, il est permis de croire que des cultures entreprises dans ce but spécial et dans des localités choisies nous fourniront des pins d'excellente qualité et en assez grand nombre pour suffire à tous nos besoins et assurer nos approvisionnements contre toute éventualité. Les arts industriels retirent encore des forêts plusieurs bois qui peuvent rivaliser avec les bois exotiques. Citons également l'énorme quantité d'arbres résineux que la télégraphie électrique emploie pour ses poteaux.

Il n'est pas besoin de rappeler, autrement que pour mémoire, les services rendus par les forêts à l'hygiène publique par l'amélioration des climats et l'assainissement des sols marécageux, au commerce et aux usines par l'augmentation et la régularisation des cours d'eau, à l'économie domestique par la production du bois de chauffage et du charbon que les combustibles minéraux ne peuvent pas toujours remplacer, à la grande propriété par la sécurité des placements.

Les forêts servent aussi à nos plaisirs ; le chasseur y trouve un gibier abondant ; l'artiste, des sites pittoresques ; le naturaliste, des animaux ou des végétaux variés.

L'influence des forêts sur la richesse des nations ne saurait donc être mise en doute. Le déboisement des montagnes n'est certainement pas étranger au

changement qui s'est produit en Orient, où de vastes contrées autrefois populeuses et florissantes sont aujourd'hui transformées en déserts arides. T. de Bernaud a écrit à ce sujet quelques passages intéressants :

« Tant d'avantages n'ont pas toujours bien été appréciés par les hommes. D'im-

Fig. 316. — Abatage et tronçonnage en forêt, à action directe de la vapeur.

menses forêts ont disparu dans les âges les plus anciens et les plus renommés de la civilisation, comme au temps moderne. Rappelons-nous un instant les empires les plus fameux, les métropoles les plus florissantes de l'Asie, de la Phénicie,

Fig. 317. — Abatage et tronçonnage en forêt, avec transmission d'une force hydraulique par l'électricité.

de la Perse, de la Grèce ; tous se sont promptement effacés, anéantis, alors que des conquérants se sont attachés, pour éclairer la marche dévastatrice de leurs armées ou pour fournir à leurs besoins, à faire abattre, à faire dévorer par la flamme les massifs de grands végétaux qui couronnaient les montagnes et abritaient des plaines fertiles ou de riches vallées. Les forêts, les arbres, les vergers, qui formaient autour d'Athènes un rempart de verdure, furent détruits par Cléomène, Xerxès, Darius, Alexandre, armés contre des peuples qui se soulevaient pour conserver ou recouvrer l'indépendance, ruinèrent toutes les forêts existant depuis le Pont-Euxin, les Pyles de Syrie et de la Chaldée jusqu'à la mer Caspienne. Le fils de Philippe, voulant rentrer dans la Grèce avec une flotte triomphante, fit abattre, à des distances immenses, toutes les forêts qui décoraient les monts et les rivières. Denys, pour se venger du peuple qui le méprisait, ne laisse pas un arbre debout sur le sol. La Syrie était déjà presque un désert au temps de l'assassin de Callisthène; le conquérant macédonien n'a pu qu'en consommer la ruine; ainsi le mont Liban a vu tomber ses forêts de cèdres et la neige s'asseoir sur son front élevé pour rouler en torrents sur les vallées brillantes qui descendent de ses flancs, jadis si pompeux, aujourd'hui dépouillés. La Gaule, couverte de longues forêts antiques avant l'invasion des Romains, a été mise à nu. L'Allemagne, l'Italie, la péninsule Ibérique, souvent la proie des conquérants, offrent partout de vastes landes sous le nom de marches. Dans des temps plus modernes, on voit les forêts incendiées à l'époque des guerres de religion. »

La civilisation réagit à son tour sur les forêts; à mesure que la population augmente, que l'agriculture et les arts se perfectionnent, le sol forestier se défriche peu à peu.

Dans les pays vierges, comme l'Amérique du Nord, on détruit les forêts partout où la population s'accroît; là, il ne s'agit que de trouver les moyens les plus faciles de les extirper.

En Europe, les forêts couvrent encore près du tiers de la surface totale. L'Allemagne, la Russie et la Suède et Norvège sont les contrées les plus boisées de l'Europe et fournissent leurs produits forestiers aux autres peuples.

L'Espagne, dont la position est peu favorable à la végétation, possède cependant un douzième de son territoire couvert de forêts.

Quant à la France, il résulte d'un rapport présenté le 15 février 1851 par M. Beugnot, à l'Assemblée législative, que la contenance du sol forestier était, en 1850, de 8,860,139 hectares. Une statistique plus récente porte la superficie boisée de la France à 8,674,850 hectares, qui se décomposent ainsi : 1,171,415 hectares appartiennent à l'État; 189,435 hectares, aux communes et aux établissements publics; enfin, 5,612,000 hectares, aux particuliers. Ce n'est pas le sixième du territoire.

Il est à remarquer que, depuis 1791, les forêts de l'État diminuent chaque jour, par suite d'aliénations successives.

De nos jours, la sylviculture est entrée dans une voie de progrès. Un code forestier approprié à notre époque a été promulgué, une école forestière fondée, des cours de sylviculture créés dans les établissements d'instruction agricole, l'économie forestière représentée dans nos assemblées politiques industrielles ou scientifiques.

Toutes ces mesures produiront sans doute des résultats avantageux, qu'il est permis de prévoir, mais que l'avenir seul constatera. En attendant, la situation forestière de la France est loin d'être mauvaise. Nous possédons encore près de 10 millions d'hectares de forêts, qui, traités et aménagés d'une manière convenable, pourraient suffire à nos besoins généraux.

Ces forêts sont réparties d'une manière très inégale. Les six départements qui possèdent la superficie la plus boisée sont : la Côte d'Or (242,525 hectares), les Vosges (221,727 hectares), la Haute-Marne (211,783 hectares), la Nièvre (184,170 hectares), la Meurthe (182,225 hectares), la Meuse (180,759 hectares). Les six départements le moins boisés sont : la Manche (15,985 hectares), le Finistère (14,576 hectares), le Morbihan (13.848 hectares), la Corrèze (13,760 hectares), le Rhône (11,860 hectares), et la Seine (2,180 hectares).

Un travail statistique, publié par l'administration forestière, fait connaître la contenance des massifs les plus considérables. De ce nombre sont : la forêt d'Orléans (43,550 hectares); la forêt de Chaux, dans le Jura (19,503 hectares); la forêt de Fontainebleau (17,000 hectares); la Hart, dans le Haut-Rhin (14,764 hectares); Compiègne (14,385 hectares); Rambouillet (12,818 hectares).

Les essences principales qui entrent dans la composition de ces forêts sont, parmi les bois feuillus, c'est-à-dire parmi ceux qui repoussent de souches et qui, à quelques rares exceptions près, perdent leurs feuilles en hiver : le chêne, le hêtre et le charme, et, parmi les résineux, c'est-à-dire parmi ceux qui, dans nos climats, ne repoussent pas de souches, et qui, sauf le mélèze, conservent toujours des feuilles : le sapin, l'épicéa, le mélèze, les pins sylvestre, maritime, etc.

Les modes de culture varient suivant les essences.

Lorsque, dans un massif, on laisse croître les arbres jusqu'à l'âge où ils sont susceptibles de porter des semences fertiles, et qu'on les exploite de manière à en obtenir un réensemencement naturel, on leur applique le mode de traitement dit de la futaie et le massif lui-même prend le nom de futaie.

Lorsqu'on les coupe avant l'époque où ils produisent des semences, et que l'on compte, pour la régénération, sur la faculté qu'ont les souches de rejeter, on les exploite d'après le mode dit du taillis simple, et le massif porte cette dernière dénomination.

Enfin, lorsque, au milieu du taillis, on laisse épars çà et là un certain nombre de sujets, destinés à parcourir une ou plusieurs révolutions, le repeuplement s'appelle taillis composé, ou encore taillis sous futaie.

On s'est très fortement préoccupé, dans ces dernières années, du reboisement de nos montagnes. C'est, en effet, une mesure de haute utilité publique, et qui mérite l'attention générale.

Le repeuplement de ces pentes fréquemment dénudées présenterait les avantages directs que nous avons indiqués au commencement de cet article.

Des plantations d'arbres résineux, tout en régénérant ce sol appauvri, fourniront des produits à un certain nombre d'industries ou de services publics, qui sont encore tributaires de l'étranger. Mais il y aurait encore un autre avantage. La superficie forestière actuelle étant suffisante, à mesure que l'on reboiserait les terres vaines et vagues des régions montagneuses, une étendue correspondante de forêts en plaine pourrait être défrichée et rendue à la culture.

L'aménagement est une opération qui consiste à régler le mode de culture (taillis ou futaies), la marche et la quotité des exploitations d'une forêt, de manière à en obtenir le rapport annuel jugé le plus avantageux dans l'intérêt du propriétaire.

M. Tassy fait connaître en ces termes les diverses opérations que nécessite l'aménagement d'une forêt : « Pour que le rapport d'une forêt puisse être soutenu, dit-il, il faut qu'il ne dépasse pas le taux de l'accroissement moyen; pour qu'il soit matériellement le plus grand possible, il faut que les bois soient exploités à l'âge qui correspond à leur plus grand accroissement moyen, et qu'en conséquence, à l'époque fixée pour leur abatage, le quotient obtenu en divisant leur volume par leur âge soit plus élevé qu'aucun de ceux que l'on trouverait en faisant un calcul analogue, dans l'hypothèse d'un âge d'exploitabilité plus ou moins reculé. »

Lorsqu'il s'agit d'aménager une forêt, la première chose à faire est d'en déterminer la contenance. Cette opération, quand on la veut rigoureuse et que la forêt occupe une vaste étendue, exige une triangulation préalable.

On procède ensuite à la reconnaissance générale de la forêt, afin de constater aussi exactement que possible les conditions géologiques, climatériques, culturales, économiques, etc., dans lesquelles elle se trouve placée. La qualité du sol, la nature du climat, la consistance du peuplement, le débit et le prix des bois, les voies de transport, les lieux de consommation sont, dans cette reconnaissance, l'objet d'une attention particulière et fournissent les données sur lesquelles on se fonde pour choisir le mode d'exploitation le plus convenable.

Lorsque ce choix est arrêté, on fixe l'âge auquel les bois doivent être coupés, pour que l'on puisse réaliser le rapport le plus avantageux.

Cet âge étant connu, on détermine la durée de la révolution, c'est-à-dire du temps nécessaire pour que les exploitations parcourent toute l'étendue de la forêt.

On termine enfin cette série de travaux par la formation d'un tableau synoptique, dit plan d'exploitation, qui indique la quotité des coupes annuelles et l'ordre dans lequel elles doivent se succéder.

Telles sont les principales opérations que l'aménagement d'une forêt exige; on y ajoute l'étude des travaux de routes, d'assainissement, etc., et, en un mot, de toutes les améliorations que réclamerait la mise en valeur de la propriété.

Dans les taillis, la révolution adoptée n'est jamais bien longue; les coupes s'exploitent à blanc étoc, sauf un petit nombre de réserves ; la quotité de l'exploitation annuelle se règle par contenance. L'aménagement qui se réduit à diviser la forêt en autant de parties égales qu'il y a d'années dans la révolution ne saurait présenter beaucoup de difficultés.

Dans les futaies, il n'en est pas de même. Les révolutions y sont, en général, très longues, et cette circonstance tend beaucoup à compliquer leur aménagement; mais ce sont surtout les exigences de la culture qui rendent cette opération difficile. Ces exigences veulent que les arbres exploitables ne soient enlevés qu'en plusieurs fois, de manière que l'ensemencement complet puisse d'abord avoir lieu, et qu'ensuite le jeune repeuplement ne soit exposé que graduellement aux influences atmosphériques ; or, pour cela, il est nécessaire de fixer la quotité des exploitations annuelles, non par contenance, mais par volume, et voici comment on procède : on divise la révolution en un certain nombre de périodes égales (de quatre à six, en général) ;

on partage la forêt en un égal nombre de parties, appelées affectations, auxquelles on donne la même contenance, si leur fertilité est semblable, et une contenance inversement proportionnelle à leur fertilité, dans le cas contraire. On détermine ensuite la période dans laquelle chacune de ces affectations devra être exploitée.

Fig. 318. — Scie à abattre les arbres, à action directe de la vapeur.

On estime le volume total des arbres coupés dans celle qui est destinée à arriver la première en tour d'exploitation. On augmente ce volume de l'accroissement que les mêmes arbres seraient susceptibles d'acquérir, si on les laissait sur pied pendant la moitié de la période dont ils forment l'affectation, et on divise le tota obtenu par le nombre d'années de cette période.

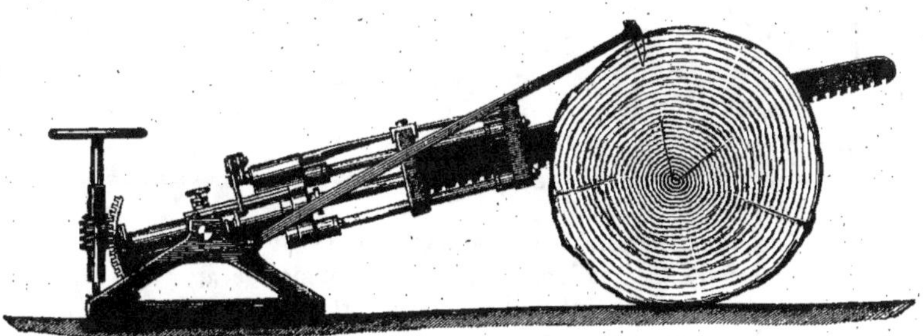

Fig. 319. — Scie à tronçonner les arbres, à action directe de la vapeur.

Le quotient indique le volume à prendre chaque année sur un point quelconque de l'affectation, dans le cours de la période correspondante.

Indépendamment de cette exploitation, qui est la principale, il y a, dans les autres affectations, des nettoiements et des éclaircies à faire, afin de favoriser la croissance des massifs. Ces coupes se règlent par contenance.

Tous les bois et forêts de l'État doivent, aux termes de l'article 15 du code forestier, être assujettis à des aménagements réglés par des décrets, conformément à la nature du sol et des essences.

Dans toutes les forêts aménagées en taillis, l'ordonnance réglementaire du 1er août 1827, article 69, fixe à vingt-cinq ans au moins l'âge de la coupe. Il n'y a d'exception à cette règle que pour les forêts dont le châtaignier et les bois blancs forment l'essence principale ou qui sont situées sur un terrain de mauvaise qualité.

Quant aux sapinières situées sur les hautes montagnes et dans lesquelles les circonstances climatériques s'opposent à ce qu'on interrompe jamais le massif, les coupes se font en jardinant, c'est-à-dire en enlevant çà et là les arbres les plus vieux quand ils atteignent d'ailleurs l'âge et la grosseur déterminés.

M. Deperthuis a autrefois dressé le tableau suivant que l'expérience a fait connaître sur le produit d'un arpent de bois destiné au chauffage.

TABLE DU PRODUIT D'UN ARPENT DE BOIS SELON L'AGE DE LA COUPE ET LA NATURE DU TERRAIN

AGE DE LA COUPE	SOL		
	MAUVAIS	MÉDIOCRE	EXCELLENT
10 ans	9 stères 1/2	16 stères 1/2	21 stères 1/2
15 —	12 —	27 — 1/2	43 —
20 —	18 —	46 — 1/2	71 —
25 —	25 —	63 —	100 —
30 —	31 —	80 —	129 —
35 —	33 — 1/2	100 —	167 —
40 —	33 — 1/2	118 —	200 —
50 —	28 — 1/2	148 —	267 —
60 —	24 —	180 —	334 —
70 —	14 —	198 —	382 —
80 —	9 — 1/2	220 —	430 —
90 —	4 — 1/2	229 —	456 —
100 —	»	243 —	487 —

L'arpent de 100 perches carrées de 22 pieds vaut 51 ares.

Le tableau ci-dessus suppose que le bois est bien garni ; s'il en est autrement il faut en réduire les nombres dans un rapport dépendant de l'étendue des vides ou clairières dont il faut d'abord déterminer la proportion. Supposons, par exemple, qu'il s'agisse d'acheter 5 hectares 95 ares de bois de vingt-cinq ans dans un sol de qualité moyenne et que les clairières soient de 1/7. Les 5 hectares 95 ares ne vaudront réellement, déduction faite du septième, que 5 hectares 10 ares ou 10 arpents, ce qui, à raison de 63 stères de bois par arpent (voir le tableau), donne 630 stères pour l'équivalent de la coupe ; si le prix du stère, dans le lieu de l'exploitation, est porté à 10 francs, l'enchère ne devra plus dépasser 6,300 francs.

Jusqu'à trente ans le bois porte le nom de taillis, au delà il prend successivement ceux de demi-futaie, haute futaie et vieille futaie.

L'estimation de la valeur d'une futaie est principalement basée sur la quantité de pièces de charpente qu'on peut en tirer. On range les arbres par classes, qu'on nombre et qu'on estime à part ; la somme donne le prix total.

L'administration des forêts a publié pour l'Exposition de 1867 une carte forestière, qu'elle a accompagnée d'une notice que nous reproduisons ici, car elle renferme des renseignements très intéressants sur la culture forestière de la surface de la France en général ; il y est relaté des faits très différents de ce qui paraît probable et de ce qui se dit le plus communément.

Les forêts de la France sont les débris d'immenses massifs qui, autrefois, s'étendaient uniformément sur la majeure partie du pays. Il a paru intéressant d'en montrer la distribution actuelle et de rechercher les causes qui l'ont déterminée.

Parmi elles figurent certainement la constitution géologique et minéralogique, dont le relief, l'altitude, la composition et la valeur du sol végétal sont les conséquences.

M. Élie de Beaumont, dans la remarquable introduction placée en tête de sa description géologique de la France, a éloquemment signalé l'influence qu'exerce la structure géologique du sol sur la richesse, la culture, l'industrie d'une contrée, sur le développement des populations, jusque sur leurs qualités intellectuelles. Mettant en regard deux types extrêmes, Paris, placé au centre d'un vaste bassin secondaire et tertiaire, et le Cantal, qui domine toute la région granitique et primaire du plateau central, il les a ingénieusement comparés aux deux pôles d'un aimant de propriétés contraires. L'un, en creux, est attractif ; l'agriculture, l'industrie, y sont florissantes, les populations nombreuses, agglomérées ; l'autre, en relief, est répulsif ; il est pauvre, peu peuplé, sans agriculture, sans industrie.

Évidemment une influence aussi générale a dû s'exercer sur les forêts. En quel sens ?

Il semble naturel d'admettre, au premier abord, que les régions accidentées ou montagneuses, et surtout particulièrement celles qui se trouvent formées de roches éruptives ou de dépôts sédimentaires anciens, n'ayant pu, avec un sol maigre, généralement superficiel, devenir agricoles, ont dû, par compensation, rester forestières.

Les forêts sont si peu exigeantes, elles protégent et améliorent si efficacement par elles-mêmes leur propre sol, que les contrées répulsives semblent leur avoir été affectées par destination.

La carte forestière démontre immédiatement le peu de fondement de ces prévisions et prouve tout le contraire.

Les contrées riches, agricoles, industrielles, sont en même temps restées forestières ; telle est la contrée attractive par excellence, le bassin de Paris, des Vosges aux collines du Bocage, du Morvan à l'Ardenne ; telle est l'Alsace ; tel est le bassin de Bordeaux, quoique à un moindre degré.

Les contrées pauvres, sans agriculture, sans industrie, ont exercé leur action répulsive jusque sur leurs anciennes forêts ; elles sont les plus déboisées de la France.

Le plateau occidental, le plateau central surtout, tous les deux essentiellement graniques ou primaires, en sont la démonstration évidente. En l'état actuel, la carte forestière exprime aussi bien que la meilleure statistique le degré de prospérité de chaque région : contrée boisée, contrée prospère; contrée déboisée, contrée pauvre.

Il est peu d'exceptions à cette règle.

En y réfléchissant, ce résultat était inévitable.

La culture forestière n'est point l'ennemie de la culture agricole; loin de là, elle en est la compagne obligée; outre l'action météorologique bienfaisante qu'elle peut exercer, elle lui fournit des produits indispensables.

Le principe économique de l'équilibre entre l'offre et la demande s'est ici réalisé. Les pays riches, agricoles, industriels, consommant beaucoup de matière ligneuse et la payant bien, sont restés boisés, parce que les propriétaires de forêts y trouvaient le placement facile, avantageux de leurs produits. Par la cause inverse, les pays pauvres, où le bois restait sans valeur, se sont peu à peu dénudés et les forêts ont disparu devant l'insouciance des propriétaires ou par le pâturage immodéré des chèvres et des moutons.

La matière ligneuse est, par sa nature, encombrante et d'un transport onéreux, et il ne faut pas s'étonner que la production se soit toujours maintenue à portée des lieux de consommation. Une viabilité perfectionnée peut sans doute modifier cette loi, mais elle ne lui portera certainement pas une atteinte profonde.

Pour la généralité de la France, ce sont donc bien plutôt les considérations économiques de l'intérêt local ou privé, qui ont dessiné les grands traits de la carte forestière, que les indications de la géologie.

Mais si de l'ensemble on reporte les regards sur les diverses régions naturelles en lesquelles il se décompose, on ne tarde pas à s'assurer que les caractères géologiques, négligés dans la distribution générale des richesses forestières, ont repris dans chacune d'elles toute leur valeur.

A peu près seuls ils y ont déterminé la répartition des forêts, et les ont fait conserver pour la plupart sur les sols qui, sans leur concours, seraient condamnés à la stérilité.

Il peut n'être pas sans intérêt de parcourir rapidement ces diverses régions naturelles de la France.

On distingue parmi elles :

Les régions accidentées ou montagneuses, telles que l'Ardenne, le plateau occidental, les Vosges, le plateau central et le petit massif des Maures et de l'Esterel, dont le soulèvement a précédé l'époque secondaire, et dont les terrains ne peuvent être conséquemment qu'éruptifs ou primaires; le Jura, soulevé au milieu de la période secondaire; les Pyrénées, au commencement de la période tertiaire; les Alpes, enfin, ébauchées depuis longtemps, mais dont la dernière façon coïncide avec la fin de cette même période.

Les bassins, dont les terrains, de nature sédimentaire, n'ont point été violemment disloqués et forment des régions de plaines ou de coteaux.

Il en est deux principaux : le bassin de Paris et celui de Bordeaux.

On y peut joindre l'Alsace, lambeau d'un bassin plus étendu prolongé au delà des frontières de la France.

Le déboisement s'est très inégalement étendu sur les diverses régions naturelles de la France, étudiée dans son ensemble.

Contrairement aux prévisions fondées sur l'état géologique et minéralogique,

Fig. 320. — Les bois. — Scierie horizontale alternative pour placage ou panneaux.

sur l'aptitude bien connue des forêts à croître encore là où l'agriculture n'est plus possible avec profit, on constate que les bassins y ont le mieux résisté, eux et les montagnes qui les bordent immédiatement et les alimentent; que les grands massifs accidentés, plateaux ou groupes montagneux, sont, au contraire, presque totalement dénudés, surtout dans les parties les plus répulsives, les parties centrales. Les besoins de la consommation, la nature encombrante de la matière ligneuse, la difficulté et le prix élevé des transports, ont en grande partie déterminé ce premier résultat.

Mais on remarque, d'autre part, que dans chaque bassin, considéré isolément, la répartition de la production agricole et forestière y est parfaitement logique, parfaitement subordonnée à la structure géologique, à la composition minéralogique du sol. On y voit qu'à peu d'exceptions près l'agriculture est en possession de toutes les terres fertiles; que la sylviculture n'occupe plus que celles qui, sans son concours, resteraient vouées à la stérilité : les grès et les sables siliceux, les calcaires, puis les crêtes des collines, les versants rapides.

Satisfaisante dans les groupes secondaires, la répartition des forêts ne l'est donc pas dès qu'on envisage la surface entière de la France. On y regrette le déboisement, sans compensation, des grands massifs montagneux, et l'on peut entrevoir le moment où, grâce aux développements rapides de la viabilité, il sera possible de remettre toutes choses à leur place, de faire cesser l'anomalie constatée.

Reboiser les contrées élevées et pauvres dans une juste mesure, en se conformant aux indications de la géologie, est sans contredit un bienfait, pour elles-mêmes d'abord, puis pour les bassins qu'elles dominent et qu'elles doivent fertiliser de leurs eaux; loin d'être pour eux une cause toujours menaçante de dévastations, c'est l'unique moyen d'y développer un peu d'agriculture, d'y affermir l'industrie pastorale; c'est rendre le sol à sa production naturelle et créer pour l'avenir d'importantes ressources d'intérêt général; c'est enfin fixer les populations qui ne sont jamais tentées d'abandonner les régions forestières où le travail leur est assuré pendant la mauvaise saison (Ardennes, Vosges, Jura), mais qui émigrent de celles qu'un déboisement exagéré a atteintes et réduites à une chétive exploitation pastorale, les laissant inactives et sans ressources en hiver (Cantal, Savoie).

Mais le reboisement des montagnes n'entraîne nullement, comme corrollaire, la destruction des forêts qui restent dans les bassins.

Dans ceux-ci, toute l'œuvre utile du déboisement est consommée; le pousser au delà serait nuisible, la carte forestière l'atteste. Les sols restés boisés soit par le relief, soit par la composition minérale, ne comporteraient généralement pas la culture agricole, et si quelques-uns d'entre eux, en bien petite proportion, font exception à cet égard, qui pourrait s'en plaindre en voyant les magnifiques chênes qui croissent, ne peuvent croître que là, et sont d'un besoin de premier ordre pour la grande industrie et les constructions maritimes?

Qu'on le remarque bien, d'ailleurs, la végétation forestière des bassins n'a aucune analogie avec celle des montagnes : les chênes des plaines et des grandes vallées ne seront jamais remplacés par les sapins et les épiceas des régions montagneuses, pas plus qu'ils ne remplaceront ces derniers : les uns et les autres sont nécessaires et s'appliquent à des usages différents. Et quand même cette considération serait écartée, quand même le succès des reboisements, soumis à tant de vicissitudes, serait assuré, ne sait-on pas combien est long le terme au bout duquel les produits principaux des forêts à recréer de toutes pièces sous l'âpre climat des montagnes deviennent réalisables? Que l'on étudie les échantillons qui représentent plus spécialement la végétation des lieux élevés, et l'on verra ce que sont les arbres de cent vingt à cent cinquante ans; on s'y convaincra qu'il ne faut y espérer de produits utiles qu'au bout d'un temps fort reculé, d'autant plus reculé que l'altitude des lieux à reboiser est plus considérable. Jusqu'à ce moment, et dans l'hypothèse impossible où les produits des montagnes pourraient suppléer ceux des plaines, le maintien des forêts des bassins ne saurait faire élever le moindre doute.

La crainte d'une surabondance de produits ligneux est la dernière objection possible, objection peu sérieuse si l'on rappelle le prix des bois de travail et de constructions croissant au delà de toute proportion avec celui des autres matières premières de consommation; la rareté de plus en plus grande de certaines essences, et particulièrement du chêne; le chiffre toujours plus élevé des importations forestières.

La conservation de ce qui reste des forêts des bassins, le reboisement des plateaux et des montagnes, tel est le dernier mot de l'étude de la carte forestière et géologique de la France, l'un des moyens les plus certains de maintenir, de développer la prospérité de notre pays.

LES BOIS

Bernard de Palissy écrivait, il y a trois siècles : « J'ay voulu quelques fois mettre par estat les arts qui cesseroyent, alors qu'il n'y auroit plus de bois ; mais quand j'en eus escrip un grand nombre, je n'en sceus jamais trouver la fin à mon escript; et, ayant tout considéré, je trouvay qu'il n'y en avoit pas un seul qui se peust exercer sans bois. »

Ces quelques lignes d'un des hommes qui ont illustré la France, comme savants et comme artistes, résument on ne peut mieux l'importance économique, industrielle et commerciale de la partie la plus considérable du règne végétal.

Les usages du bois sont infinis et demanderaient un volume pour être décrits seulement ; nous nous arrêterons un peu aux deux aspects sous lesquels nous allons les envisager ici : les constructions et le chauffage.

On donne le nom de bois à la substance ligneuse, dure et compacte des arbres, placée entre l'écorce et la moelle; elle se compose de l'aubier, bois imparfait, tendre et d'une couleur blanche, et du bois proprement dit, dont les couches sont d'autant plus fermes, plus denses, qu'elles se rapprochent davantage du centre. Il est souvent assez difficile de distinguer la ligne de démarcation entre le bois et l'aubier; quelquefois elle est très nettement tracée par la couleur. Son épaisseur varie suivant les essences des arbres : tantôt elle est très considérable, comme dans le peuplier qui semble n'être composé que d'aubier; tantôt elle est extrêmement mince, comme dans le chêne; dans tous les cas, l'aubier a une valeur beaucoup moins grande que le bois, et l'on est obligé de l'exclure des constructions solides, parce qu'il est rapidement décomposé au contact de l'air et par les insectes qui l'attaquent presque toujours. Les bois qui ont le moins d'aubier sont, abstraction faite des espèces, ceux que produisent les sols gras et humides, et qui ont crû dans des expositions froides; c'est, d'ailleurs, dans le premier âge de l'arbre que l'aubier est le plus abondant.

Il est généralement admis que la qualité des bois tient surtout à leur pesanteur qui, selon qu'elle est plus ou moins grande, leur donne plus de force, plus de résistance et plus de durée, comme matériaux de construction, et, au point de vue du chauffage, une chaleur plus intense et plus persistante. Les arbres qui croissent dans les pays chauds, dans les terrains secs, dans les situations aérées, donnent ordinairement un bois plus pesant que celui des arbres placés dans des conditions opposées. Le bois du cœur a plus de poids que celui de la circonférence; celui des branches ou du sommet est moins lourd que celui du corps et surtout que celui qui se rapproche le plus des racines.

On comprend combien il importe de connaître la force de résistance des bois propres aux constructions; aussi, la science s'est-elle attachée à déterminer les divers degrés de cette puissance qui reposent sur les lois suivantes : 1° deux morceaux de bois, d'une longueur et d'une hauteur égales, offrent des résistances différentes dans le rapport de leur largeur; 2° deux morceaux de bois, d'une longueur et d'une largeur égales, diffèrent dans leur résistance, en raison du carré de leur hauteur; 3° deux morceaux de bois, d'une largeur et d'une hauteur égales, ont une résistance différente, en raison inverse de leur longueur. L'expérience a prouvé qu'une pièce de bois, si elle est posée librement sur ses deux bouts, se rompt sous l'action d'un poids moitié moindre, que si elle est retenue par les bouts.

Le développement des arbres et, par conséquent, la dimension des pièces de bois propres aux constructions tiennent aussi aux influences atmosphériques. Les plus grands arbres croissent, en général, dans les pays chauds, et l'on cite des espèces, telles que l'araucaria du Chili, qui atteignent, à ce qu'on assure, jusqu'à 80 mètres de hauteur. Cependant, on trouve, dans le Nord, des arbres qui arrivent à une très grande élévation; dans les Alpes et dans le Jura, on voit des sapins qui mesurent 40 et 45 mètres, et les pins laricio de la Corse s'élèvent à peu près à cette hauteur; le chêne, le hêtre, l'orme et le peuplier ont de 20 à 30 mètres d'élévation. Quant à la grosseur des tiges, on cite des faits extraordinaires. Tout le monde a entendu parler du fameux châtaignier de l'Etna, connu sous la désignation de *castagno di senti cavalli*, dont le tronc, entièrement creux, a, dit-on, plus de 53 mètres de circonférence. On cite encore le cyprès chauve de Santa-Maria de Cesta, près d'Oxaca, au Mexique, qui a près de 40 mètres de tronc : et un érable de la Caroline, près du lac Howel, qui, avec 24 mètres de circonférence, pouvait contenir sept hommes à cheval dans la cavité de son tronc.

Les diverses espèces ou essences de bois sont : pour ainsi dire, innombrables.

Celles qui servent à l'industrie et qui font l'objet des spéculations commerciales sont elles-mêmes trop nombreuses pour que nous puissions dire quelques mots

Fig. 321. — Les bois. — Machine à façonner les sabots.

sur chacune d'elles; nous devons nous borner à parler des bois le plus ordinairement employés comme bois de construction, et des bois de chauffage; des articles particuliers seront consacrés aux bois de teinture, aux bois d'ébénisterie et à la conservation des bois.

Aune (*Ulnus*). — De la famille des Amentacées de Jussieu. On reconnaît cinq ou six espèces d'aunes, dont trois se trouvent en France, dans les territoires marécageux, et, plus particulièrement, sur les bords des ruisseaux. La plus commune, connue dans le Midi sous le nom de verne ou vergne, atteint jusqu'à 12 à 15 mètres de hauteur. Ce bois, qui peut se conserver presque indéfiniment dans l'eau, sert à faire des corps de pompe, des pilotis pour canaux souterrains et des étais dans les galeries de mines. On l'emploie aussi pour la confection des sabots et les caisses d'emballage qui exigent une certaine consistance. Comme il prend le noir facilement et qu'on peut lui donner un assez beau poli, on s'en sert aussi en ébénisterie. Il donne d'ailleurs un excellent combustible.

Bouleau (*Betula*). — De la même famille que le précédent. La science en classe une vingtaine d'espèces, dont quatre intéressent surtout le commerce des bois. Il croît avec rapidité dans les terrains légers, et atteint facilement 15 mètres de hauteur, dans ceux qui lui conviennent; il est un des arbres qui supportent le mieux le froid. La tige du bouleau blanc ou commun est droite et revêtue, quand il est jeune, d'un épiderme blanc et luisant. Son bois est utilisé par l'artillerie qui y trouve diverses petites pièces droites ou courbes, et surtout des jantes de roues. On en rejette non seulement l'aubier, mais aussi le cœur, trop sujet à se fendre; il ne peut d'ailleurs être mis en œuvre qu'après avoir séjourné longtemps à l'abri de la pluie et du soleil. On l'emploie aussi dans divers pays pour le charronnage et la charpente; il sert encore à faire des cercles de tonneaux; enfin il est employé à la confection de divers ustensiles de ménage et des sabots. Mais c'est surtout comme combustible qu'il est apprécié : les boulangers le recherchent parce qu'il brûle vite en donnant une flamme très vive. Son charbon est de bonne qualité et peut être employé à la fabrication de la poudre à canon. Avec ses menues brindilles on fait de bons balais.

Charme (*Capinus*). — De la famille des Cupulifères. Le charme est un arbre généralement peu élevé; cependant, s'il croît en liberté, il peut aller jusqu'à 20 mètres de hauteur, mais il ne dépasse guère 2 à 3 mètres de circonférence. Son bois est blanchâtre, dur et pesant; sa ténacité est très grande; seulement il est extrêmement difficile à travailler, à cause de la direction irrégulière de ses fibres. Il est employé par les charrons et les tourneurs; on s'en sert aussi pour les leviers de bois et les manches d'outils. Comme il donne beaucoup de flamme et de chaleur par la combustion, il est fort estimé comme bois de chauffage.

Châtaignier (*Castanea*). — De la même famille que la précédente. L'espèce la plus intéressante est le châtaignier ordinaire, qui croît partout en Europe, mais qui préfère les lieux profonds et abrités où il prend un grand développement, en hauteur et en largeur, aux lieux élevés, exposés et froids, où il se ramifie de 3 à 4 mètres. Bien placé, il arrive à une élévation de 25 à 30 mètres en un demi-siècle; à cet âge, on peut en tirer de belles pièces de bois; les charpentes de plusieurs vieux édifices prouvent qu'autrefois ces pièces étaient beaucoup moins rares qu'aujourd'hui. Il fait d'assez bonnes planches quand il est très sain; seulement elles se fendent facilement. Les usages auxquels il est le plus propre sont la fabrication des cercles de barriques et l'emploi en échalas, piquets de clôture, treillage, etc.; dans ces cas divers, il doit être aménagé en taillis dont on coupe les jets tous les trois ou quatre ans. Les vers ne l'attaquent pas, et il se pourrit difficilement. Comme bois de chauffage, il est assez peu estimé; son charbon, peu propre aux usages domestiques, est excellent pour les forges; ses cendres sont riches en potasse.

Chêne (*Quercus*). — Est aussi de la famille des Cupulifères. On n'avait reconnu d'abord que 14 espèces de chênes; aujourd'hui, on en a déjà classé près de 150; et on le trouve à l'état d'arbre gigantesque comme à l'état d'arbrisseau. En général, c'est un bel arbre, qui croît principalement dans les parties tempérées de l'hémisphère septentrional, redoutant également les grands froids et les grandes chaleurs. Il est assez peu difficile sur le choix du terrain, et la qualité du bois est en raison inverse de la bonté du sol dans lequel il croît et de la rapidité de son développement. On compte une douzaine d'espèces dans les chênes de l'ancien Continent; mais il en est deux qui sont beaucoup plus connus que les autres, et que l'on confond même le plus souvent : c'est le chêne pédonculé et le chêne rouvre. Cette dernière désignation prévaut généralement. Le bois de chêne est excellent comme bois de construction; il fournit les meilleures pièces de charpente et tient une bonne place dans les constructions navales. L'action des agents atmosphériques est moins grande sur lui que sur les autres bois; son séjour dans l'eau lui communique une dureté et une ténacité particulières; il devient alors semblable à de la corne : aussi, est-il très avantageusement employé pour pilotis. Il se fend assez facilement à l'air; du moins en est-il ainsi du chêne blanc. Le chêne vert est moins sujet à cet inconvénient, mais il ne se trouve abondamment que dans les pays méridionaux. La menuiserie emploie le bois de chêne pour toutes les pièces qui exigent de la solidité; l'ébénisterie trouve dans ses planches des veines qui le rendent propre à la confection de certains meubles de luxe. Il ne faut pas oublier qu'il donne les meilleurs merrains; enfin, il est un excellent combustible, et son charbon se classe dans la première qualité.

Frêne (*Fraxinus*). — Genre de la famille des Olacées. L'espèce de frêne la plus connue est d'une taille élevée et se plaît dans les endroits un peu humides; son tronc est droit; son bois, blanc, souple, liant et élastique; en séchant, il devient dur et d'une extrême légèreté; ces qualités diverses le font rechercher pour le charronnage et l'artillerie qui l'emploie à faire des leviers, les timons, les flèches des caissons, les fusées à bombes et à obus; il est propre à la confection de tous les objets qui doivent opposer une grande résistance sous des dimensions assez faibles. Comme combustible, il est peu estimé.

Hêtre (*Fagus*). — Cet arbre prend un très grand développement dans le nord et dans le centre de la France, surtout en grosseur. Il fournit un bois dense et dur, propre aux gros ouvrages de menuiserie; malheureusement il est facilement attaqué par les vers qu'on n'éloigne qu'en l'exposant à la fumée, après l'avoir fait tremper quelque temps dans l'eau.

Orme (*Ulmus*). — Famille des Ulmacées. De toutes les espèces, l'orme champêtre forme la plus importante. Il vient parfaitement dans les pays tempérés, dans les parties moyennes et méridionales de l'Europe, de l'ouest de l'Asie et du nord de l'Afrique. Son tronc est droit et élevé; son bois brunâtre, dur, à grains assez serrés; son poids, à l'état vert, est double de ce qu'il est à l'état sec.

Il se conserve longtemps dans l'eau et y est recherché pour la quille des grands navires; mais il est assez difficile de trouver de grandes pièces saines, parce qu'il se creuse dès qu'il atteint une cinquantaine d'années. Il a aussi l'inconvénient de se tourmenter. Le charronnage emploie de préférence l'orme tortillard, beaucoup plus résistant à cause de ses fibres entrelacées. L'artillerie se sert de l'une et de l'autre espèces : de la première pour faire des jantes de roues, des séparations de coffres, des hampes d'écouvillons. Les ébénistes tirent parti des excroissances fréquentes de l'orme, et y trouvent de jolies feuilles de placage. Divers insectes, en déposant leurs larves entre les bois et l'écorce, amènent fréquemment le dépérissement de cet arbre. Pour arrêter les ravages de ces insectes, on a essayé de décortiquer l'arbre superficiellement ou de l'enduire d'une couche d'huile de goudron; ces moyens ne paraissent pas avoir complètement réussi.

Peuplier (*Populus*). — Genre de la famille des Salicinées. Cet arbre, à la tige élancée, peut venir partout, excepté dans la terre glaise, et croît dans les terrains frais avec une rapidité surprenante; il n'est pas rare de le voir s'élever, dans un sol ordinaire, à plus de 10 mètres, en moins de dix ans, et l'on a coutume de dire qu'il donne un revenu de 1 fr. 50 par an. Il s'élève jusqu'à 35 mètres de hauteur. Son bois est blanc, léger, tenace, et prend facilement la teinture. C'est le peuplier noir que l'on emploie le plus dans la menuiserie. Le peuplier pyramidal sert pour les charpentes légères, et l'on en fait les voliges pour caisses d'emballage. Le peuplier fait de très mauvais charbon, et ne donne presque aucune chaleur au foyer.

Pin (*Pinus*). — Genre de la famille des Abiétinées et dont on connaît plus de 50 espèces. Le pin sylvestre est, de tous, celui dont le bois offre le plus de qualité. Sa tige droite s'élève à plus de 30 mètres et atteint 4 mètres de diamètre. Il croît naturellement dans toute l'Europe, mais principalement dans les montagnes. On recherche son bois, solide, résistant et durable, pour la construction et la mâture des navires. Il se conserve longtemps sous terre et dans l'eau. Comme il est facile à travailler, il est employé dans les ouvrages qui exigent un bois à la fois léger et résistant. Ses branches font d'excellents échalas. Le bois du pin maritime, que l'on trouve principalement dans les landes de Gascogne, est moins estimé que le précédent, et sert aux mêmes usages. il croît rapidement dans les sols siliceux, ce qui le rend précieux pour les landes et le littoral des mers. On a remarqué, à l'Exposition universelle de 1855, des pieds de pins maritimes et chênes blancs, provenant de semis exécutés en 1850 sur un domaine situé dans les landes, et d'après une méthode particulière. Le développement extraordinaire de ces jeunes plants, dont la hauteur moyenne était de 3 mètres à 3 mètres 1/2, et le diamètre de 50 centimètres au-dessus du sol, a tellement frappé le jury, que, après une enquête minutieuse, il a demandé pour M. Chamberlent, l'auteur de cette méthode, qui devait permettre de boiser une quantité immense de terres incultes, la croix d'officier de la Légion d'honneur. Le pin laricio, qui croît naturellement en Corse, dans les Hautes-Pyrénées comme en Autriche, fournit un bois de qualité médiocre, mais facile à travailler, et que les sculpteurs emploient volontiers, surtout pour les figures dont on décore la proue des navires. Le charbon du pin est bon pour les forges.

Sapin (*Abies*). — De la famille des Abiétinées, est un des beaux arbres des contrées tempérées et froides de notre hémisphère ; c'est en Europe qu'il atteint

Fig. 322. — Les bois. — Machine à faire les assemblages à queue d'aronde.

la plus grande hauteur. Il est très commun en Norvège, en Suède, en Laponie, dans le nord de l'Allemagne, et en France, dans les Alpes, le Jura, les Pyrénées, les Vosges, etc. — Les plus belles forêts de sapins se trouvent sur les côtes méridionales de la Baltique et en Asie. Il croît abondamment dans la Sibérie. Le sapin noir s'élève jusqu'à 35 mètres sur plus de 4 mètres de diamètre ; il est à la fois élastique et léger; dans les navires, il fournit surtout les genoux. Le sapin en peigne, avec le sapin élevé, fournissent la plus grande partie des bois de construction employés en Europe; ils donnent également les planches de toutes dimensions et les plus fortes poutres des plus grands bateaux.

Tremble (*Populus tremula*). — De la famille des Salicinées. Le tremble est une espèce de peuplier qui croît rapidement dans les forêts montueuses. Son bois, peu dur, ne sert guère qu'aux layetiers et aux fabricants d'allumettes. C'est un bon combustible pour les fours de boulangers, très médiocre pour les foyers. On en fait aussi des voliges, des lattes et des sabots. Telles sont les principales espèces de bois dont nous avions à parler. On classe encore les essences, en bois durs et en bois blancs, suivant que leur texture est plus ou moins serrée.

Bois durs. — On compte parmi les bois durs le chêne, l'orme, le hêtre, le frêne, le charme, l'acacia, le châtaignier, l'érable, le platane, le sycomore.

Bois blancs. — Ce sont : le bouleau, l'aune, le peuplier, le tremble, le saule, le marronnier, le tilleul.

L'Osier. — L'osier est une espèce de saule (famille des salicinées) qui croît, comme les autres espèces du même genre, dans les lieux humides et marécageux, au bord des rivières et dans les îles qu'elles forment. Cette plante est très commune dans toute l'Europe. On en distingue une douzaine de variétés, dont les plus communes sont les suivantes : L'*osier commun* ou *osier blanc* (*salix viminalis*), arbre de 5 à 7 mètres de haut, à rameaux droits et effilés, revêtus, lorsqu'ils sont jeunes, d'une sorte de duvet soyeux. L'*osier jaune*, vulgairement appelé *amarinier* et *bois jaune* (*salix vitellina*), joli arbrisseau qui atteint une hauteur de 3 à 4 mètres. Ses jeunes rameaux sont revêtus d'une écorce jaune pendant l'été et jaune rouge pendant l'hiver. L'écorce de vieilles tiges est grise et gercée. C'est l'espèce la plus utile et celle dont les rameaux longs, droits et flexibles, se trouvent en plus grande quantité dans le commerce. Il a besoin d'un bon terrain, peu profond et moyennement humide. On a coutume de le multiplier sur le bord des rivières et des ruisseaux, pour exhausser et raffermir les rives et former des digues contre les débordements. On coupe tous les ans ses rameaux, et on ne les emploie guère qu'après les avoir dépouillés de leur écorce. Pour cela, on les conserve en bottes dans les caves jusqu'à ce qu'ils poussent, et alors on enlève facilement leur écorce, en les faisant passer par une sorte de filière en bois construite pour cet usage. On les assujettit ensuite par faisceaux avec des liens, pour les empêcher de tordre et de se contourner ; et lorsqu'on veut s'en servir, on les fait tremper dans l'eau pour les rendre plus souples. Le bois de l'osier jaune est blanc, tenace et flexible. On l'emploie à la confection de corbeilles, de liens et de divers autres ouvrages.

La production de cet arbrisseau a pris, depuis une vingtaine d'années, en France, un très grand développement, par suite de la fabrication en quantités considérables des paniers dans lesquels on expédie les fruits à Paris de différents points du territoire.

L'*osier rouge* ou *saule à feuilles d'amandier* (*salix amygdalina*), de 8 à 10 mètres de hauteur, à rameaux droits, à écorce jaunâtre ou rougeâtre ; cette sorte est estimée à l'égal de la précédente pour les ouvrages de vannerie. On l'exploite aussi comme menu bois ; mais il est médiocre pour le chauffage.

L'*osier pourpre* (*salix purpurea*), joli arbrisseau de 2 mètres à 2m,50, croît spontanément dans les vallées et les forêts humides ; ses rameaux sont très flexibles et employés aux mêmes usages que ceux des précédents.

L'*osier noir* ou *osier vert* ; c'est la même variété que l'osier blanc, ou une variété très voisine et qui n'offre rien de particulier. On l'appelle aussi saule flexible par opposition au saule fragile ou cassant, dont les rameaux sont rejetés par les vanniers à cause de la facilité avec laquelle ils se brisent sous le moindre effort. L'osier pour les vanniers et l'osier à barriques ou vime se vendent en gerbes ou bottes.

Le Thuya. — L'arbre dont nous allons parler est le thuya *articutara*, appelé par quelques botanistes *callitris quadrivalvis*. L'Algérie a, jusqu'à présent, le privilège d'en fournir l'industrie, quoique l'arbre croisse probablement dans toute l'Afrique septentrionale et en Arabie.

Tantôt il s'élève sur un tronc unique à une hauteur moyenne de 8 à 10 mètres avant la bifurcation des branches ; tantôt en gaulis, cinq à sept brins, ou en rondins, de 3m,50 à 4 mètres de haut, sur 40 à 50 centimètres de tour, pouvant donner 2 pièces de 1m,50 à 2 mètres de longueur, avec un tour de 70 centimètres à 1 mètre.

Le tronc et la racine du thuya sont employés ; mais c'est celle-ci qui est principalement recherchée par l'ébénisterie pour ses loupes dues probablement à l'action immédiate et souvent répétée des vents du sud, car c'est à l'exposition du sud que se trouvent d'ordinaire les plus beaux spécimens.

Les causes qui ont attaqué le tronc semblent avoir fait refluer la sève dans le sol, car la racine présente toujours une masse disproportionnée au bois qu'elle porte hors de terre. La couleur en est franche, variée de mille nuances d'un ton chaud brillant et doux. Ses teintes immuables ne pâlissent pas comme dans le bois de rose, ne brunissent pas comme dans l'acajou. Le dessin, du plus riche aspect, présenté en veine, en nœuds, en gerbes, la moucheture, la moire, la chenille, tantôt seules, tantôt combinées, sur un fond où domine tantôt le rouge, tantôt le noir.

Le grain, fin, ferme, serré, non poreux, est susceptible du plus parfait poli et conserve parfaitement le vernis.

Le bois se dessèche facilement, sans jouer ni se gercer. Le travail en est plus facile que celui d'aucun bois, sauf l'acajou. Mis en œuvre sec ou demi-sec, il ne se tourmente pas. Il paraît doué d'une sonorité exceptionnelle pour le piano. Légèrement gratté, il exhale une douce odeur, d'où lui vient probablement son nom grec (θυω, *odorare*). Il est incorruptible sous l'action de l'air, et même inaltérable dans l'eau.

Le thuya convient pour le grand et le petit meuble ; il s'emploie en placage comme en massif, sculpté comme poli. Les déchets servent pour le tour, la tabletterie, la marqueterie. Dans les petits meubles il se marie admirablement avec le marbre onyx translucide ou albâtre antique, provenant aussi de l'Algérie, province d'Oran, carrières d'Aïn-Tem-balek.

Les racines ont ordinairement 1m,80 à 2 mètres de circonférence, sur 40 à

50 centimètres de hauteur, et pèsent de 30 à 50 kilogrammes, mais on en trouve qui ont jusqu'à 9 mètres de tour et pèsent 2,400 kilogrammes. Bien saines, elles se vendent en moyenne sur le pied de 10 francs les 100 kilogrammes, brutes, et de 50 à 75 francs les 100 kilogrammes, dégrossies.

Le tronc de l'arbre devient loupeux sous l'influence du vent chaud et sec d'est, et participe alors de la valeur et des emplois de la racine. Dans sa constitution ordinaire, il forme des billes de 1m,50 à 5 mètres de long, propres à la menuiserie. Poussant en gaulis, il forme des rondins de 3m,50 à 4 mètres de long, employés dans la charpente en Algérie, comme poutres pour soutenir les traverses, comme arcs-boutants pour soutenir les avancements du premier étage sur le rez-de-chaussée, ou bien, incorporés avec le torchis et les moellons, ils consolident les murs.

Le service télégraphique s'en est utilement servi pour ses poteaux.

Le thuya fournit encore d'autres ressources à l'industrie. Du bois du tronc et surtout de la racine, les Arabes extrayent du goudron. Son écorce leur sert à préparer les cuirs. L'arbre exsude une matière résineuse qui est un mélange de résine acide et d'huile essentielle pouvant servir pour les vernis incolores à l'esprit-de-vin.

Des petites glandes situées à la partie inférieure du tronc on extrait un liquide résineux parfaitement limpide qui, desséché, donne une sorte de *sandaraque* (*alk arar*).

La médecine indigène attribue des propriétés médicinales assez actives aux fruits et aux feuilles du thuya : on a essayé de la décoction amère du bois comme succédané du quinquina.

Les propriétés résineuses du thuya le font confondre par les Arabes, sous le nom d'*arar*, avec le *genévrier*, le *cèdre*, le *pistachier*, etc., que les ébénistes emploient aussi, de leur côté, sous le nom inexact du thuya; mais ses propriétés industrielles, comme ses caractères botaniques, le distinguent nettement de toute autre essence.

Il est très abondamment répandu dans les trois provinces d'Algérie, principalement dans celle d'Oran, depuis les bords de la mer jusqu'aux crêtes les plus élevées de l'Atlas. En beaucoup d'endroits, les troncs ont disparu de la surface, dévorés par l'incendie, et la racine se conserve sous terre, intacte, abondant aliment d'une lucrative spéculation.

Les Romains le connaissaient et l'appréciaient fort sous le nom de *citrus*, inexactement traduit tantôt par cèdre, tantôt par citronnier : la description précise que donnent les auteurs des tables de citrus, auquelles ils mettaient des prix extravagants, ne laisse aucun doute sur l'identité de ce bois avec le thuya.

Le Noyer (*Juglans Regia*). — Le noyer est un de nos beaux arbres dicotylédonés compris parmi les arbres forestiers et d'avenues, que l'on désigne sous le nom d'arbres feuillus pour les distinguer des conifères (pins, sapins, etc.); il était déjà connu et utilisé en Grèce et en Italie bien avant notre ère, mais cette époque déjà très éloignée n'est rien auprès de sa haute antiquité sur la terre; on le rencontre dans les couches géologiques tertiaires.

Il est surtout abondant dans la partie moyenne de ce terrain, avec des arbres de la même famille, dont on a signalé plus de quatre-vingts espèces parmi les végétaux de la flore miocène, que l'on pourrait comparer, par l'abondance et la richesse de ses formes, aux flores tropicales.

A mesure que les âges géologiques se sont succédé, la flore s'est modifiée; aux formes tropicales sont venues se joindre des formes du nord, première

Fig. 323. — Les bois. — Machine à raboter le bois.

ébauche de la flore pliocène, d'où les noyers, les chênes, les hêtres, les tilleuls, etc., unis aux bambous, aux palmiers et aux autres végétaux que l'on ne rencontre plus maintenant que sous les tropiques, donnaient par leur ensemble un aspect grandiose aux forêts de cet âge. Dans la période suivante ou quaternaire, la flore européenne a commencé à prendre les caractères que nous lui voyons aujourd'hui.

De nos jours, on rencontre le noyer dans toute l'Europe tempérée, où on le cultive avantageusement pour son bois, ses feuilles et ses fruits.

Le noyer forme, avec un certain nombre d'arbres voisins, la famille des juglandées, dont il est le type. Les Carya ou Pacaniers sont propres à l'Amérique du Nord, les Pterocarya au Caucase, les Engelhardtia à Java, et enfin les Platycarya à la Chine.

Le noyer vit très vieux, en subissant un accroissement considérable; le tronc, très gros et élevé chez les arbres âgés, porte à sa partie supérieure de nombreuses branches et rameaux garnis de feuilles alternes et composées, portant à leur aisselle deux ou trois bourgeons superposés. Les fleurs sont réunies en épis d'une forme particulière que l'on désigne sous le nom du chaton; les fleurs femelles ont des ovaires rudimentaires où se développeront les ovules après fécondation.

A maturité, le fruit est très développé et indéhiscent; il se compose extérieurement du péricarpe, qui n'est que l'ovaire très développé, composé de deux couches distinctes : la couche épidermique dure ou épicarpe ayant au-desssous d'elle une partie charnue, le mésocarpe; l'ensemble de ces deux couches constitue la partie désignée sous le nom de brou.

Quant à la partie la plus interne du péricarpe ou endocarpe, elle subit un accroissement considérable, en même temps que ses cellules s'épaississent, et forme, en définitive, la coque de la noix que tout le monde connaît; elle consiste en deux valves qui renferment intérieurement le fruit formé par deux gros cotylédons très lobés, recouverts d'une pellicule très mince ou périsperme.

Nous avons dit que le noyer était très recherché à différents points de vue; son bois est couramment employé en ébénisterie pour la construction de différents meubles qui servent à orner nos habitations; tout le bois ne sert pas à cet usage, mais seulement la partie centrale désignée sous le nom de duramen ou bois de cœur. La partie externe ou aubier n'a ni la dureté, ni la couleur foncée de la première, aussi n'est-elle qu'un déchet utilisé pour le chauffage.

Ce sont surtout les troncs des vieux arbres, dont les couches sont ligneuses, nombreuses, incrustées et épaissies, qui peuvent être employés avantageusement; ils présentent alors par places les veines si recherchées à juste titre et qui donnent aux objets d'ébénisterie en noyer leur cachet particulier.

Les feuilles renferment une glucose particulière, l'inosite, mais elles sont surtout riches en essence et en tanin, ce qui les fait employer en médecine, principalement à l'état d'injections pour combattre les inflammations vaginales chez la femme.

Les fruits dont nous nous occuperons plus spécialement sont utilisés de bien des façons; cueillis avant maturité et coupés en deux sans enlever le péricarpe, ils sont confits et constituent les cerneaux. A maturité, on n'utilise que la noix comme substance alimentaire; le péricare ou brou sert aussi à cet état pour préparer la liqueur dite brou de noix et, traité par la potasse, il fournit une teinture employée en ébénisterie grossière pour donner au bois blanc la couleur et l'apparence du noyer.

Les noix renferment dans l'intérieur des deux valves de la coquille une amande très irrégulière, huileuse, constituant la partie comestible du fruit. Dans les régions de l'Europe où ne croît pas l'olivier, on utilise l'amande de la noix pour l'extraction de l'huile qu'elle renferme; à cet effet, on écrase les amandes, puis on les soumet à l'expression, on en obtient ainsi 25 0/0 du poids brut.

Cette huile a une couleur jaune verdâtre, est douce et agréable, mais elle a le défaut de s'épaissir rapidement en absorbant l'oxygène de l'air, ce qui en fait une huile siccative. Sa densité est de 0,928 à 12° et elle se congèle à 18° au-dessous de zéro; l'acide nitrique la colore en rouge cerise.

Le résidu de l'expression des amandes constitue le tourteau employé sur place par les agriculteurs pour engraisser les animaux pendant l'hiver. Il reste, en effet, dans ce résidu, toute la substance alimentaire de la noix, c'est-à-dire l'aleurone, substance azotée comparable, par sa composition chimique, aux albumines animales et végétales, principalement au gluten chez les céréales et à la légumine que renferment les graines des légumineuses : pois, haricots, lentilles.

Cette substance est renfermée dans les cellules de l'amande sous forme de grains microscopiques fort petits, ne dépassant guère 12/1000 de millimètre de diamètre, qui y existent en grand nombre, et qui, malgré leur petitesse, n'en constituent pas moins une grande quantité de substance alimentaire mise en réserve pour fournir à l'embryon, au moment de la germination, les matériaux nécessaires à son développement.

Les noix sont aussi utilisées sur nos tables comme dessert, et, quand elles sont saines, elles ont un goût et une saveur que tout le monde apprécie. Elles ont l'inconvénient de rancir assez vite par suite de l'altération de l'huile qu'elles renferment; aussi les industriels qui en font le commerce ont-ils l'habitude de les soumettre à l'humidité pour gonfler l'amande, atténuer le mauvais goût et faciliter l'enlèvement de la pellicule qui recouvre l'amande ou périsperme. Mais ce procédé a le fâcheux inconvénient de faire moisir rapidement les noix qui se couvrent de végétaux cryptogames microscopiques.

M. Planchon, qui a fait une étude attentive de ces champignons intérieurs, a rencontré parmi eux une espèce commune très vénéneuse, le rhizopus nigricans, qui rend l'usage de ces noix mouillées extrêmement dangereux.

Aussi, d'après les conclusions du rapport de ce savant professeur, le conseil d'hygiène a interdit le mouillage des noix comme contraire à la santé publique.

Le bois de teck. — Parmi les bois exotiques que l'on rencontre aujourd'hui sur les marchés des principaux ports d'Europe, le teck, par ses qualités et par son prix, occupe une des places les plus marquantes de nos nouvelles importations.

Ce bois, *tectonia grandis*, parfois appelé « chêne des Indes, » appartient à la famille des verbonacées; son importation date à peine de 25 ou 30 ans; non pas qu'il n'en existât auparavant, mais il était plutôt considéré comme bois d'ébénisterie et sa consommation était très restreinte.

Depuis lors et très rapidement, l'usage s'en est développé chez nous. Aujourd'hui, partout où l'on veut réunir le luxe à la solidité, le teck remplace le chêne et l'emporte même parfois sur l'acajou et le noyer.

Depuis quelques années, nos grandes compagnies de chemins de fer en ont ordonné l'emploi dans la construction de leur matériel roulant. Journellement nous frôlons ce bois dans les voitures de 1re classe de nos chemins de fer, et quiconque a fait un voyage transatlantique a pu admirer dans les magnifique-

vapeurs de nos lignes régulières, le teck, employé non seulement comme fine boiserie intérieure, mais aussi, dans certaines circonstances, comme pièces spéciales de charpente et très souvent comme marches d'escaliers ou cloisons extérieures des cabines du pont.

L'usage, du reste, s'en étend déjà à la construction des habitations luxueuses et s'étendrait bien davantage si le prix exorbitant de ce bois n'en expêchait la consommation courante.

La valeur du teck a considérablement augmenté depuis quelques années. Il y a une quinzaine d'années, nos industriels obtenaient le teck, par parties de 100 à 200 francs le mètre cube, franco dans un port de mer.

Depuis, les prix ont augmenté sans cesse ; ils atteignent actuellement 300 à 375 francs pour les poutres, et 450 à 550 francs pour les panneaux.

Cette hausse se justifie d'ailleurs parfaitement ; des circonstances spéciales ont augmenté sensiblement la valeur de cet article. D'un côté, la consommation a augmenté dans d'énormes proportions dans presque tous les pays d'Europe et, d'autre part, la production, par suite de la difficulté de l'exploitation et de la lenteur que met cette essence à atteindre le maximum de sa croissance, vu l'exiguité des terrains et des climats propres à la culture, la production, disons-nous, ne saurait suivre la même progression ascendante.

Le teck se trouve dans les grandes forêts de Java, de Malabar, de Siam et surtout en Birmanie. Il a été introduit dans les Indes anglaises où il est planté en grande quantité dans le Bengale.

Le bois de teck est aussi fort et aussi solide que le chêne, mais plus léger et plus flottable. Il se comporte bien dans tous les climats et résiste à tous les changements de température. Ce bois est le seul que nous connaissions qui puisse être employé vert, au moment même de l'abattage sans devoir être séché, mais même à l'état de siccité, il ne se gerce que d'une manière imperceptible. D'une nature onctueuse et élastique, il prend bien le clou et ne détériore pas le fer, pas plus que celui-ci ne l'altère. C'est le bois par excellence pour les constructions de la marine.

Le teck ne se trouve que rarement dans les terres d'alluvion. Il recherche les hauts plateaux à l'abri des influences de la mer. C'est dans ce dernier habitat qu'il acquiert toutes ces qualités.

Ces derniers sont les meilleurs et reconnus généralement comme tels. Ils ont la fibre fine et un poids spécifique plus fort. Ils sont plus huileux et plus durables que ceux des autres provenances.

Nous avons dit plus haut que la consommation du bois de teck avait pris des proportions extraordinaires. Les chiffres que nous donnons ci-dessous, d'après l'*Écho forestier*, pour le seul port de Liverpool, en donneront une juste idée.

Alors qu'en 1885 la consommation à Liverpool était de 85,000 billes et en 1886 de 100,000, elle atteignit 177,000 en 1888 et en 1889, 200,000 billes.

Le stock au 1er janvier 1889, et dans le même port, était de 188,000.

A Londres, la consommation de teck en 1881 s'est élevée à 15,727 loads (22,075 m. c.) et le stock qui se trouvait en magasin le 1er janvier dernier était de 9,643 loads (13,196 m. c.)

Les statistiques pour la France nous font défaut.

Fig. 324. — Les termites.

Le pitchpin. — Le pin austral, plus communément appelé *pitchpin*, est un grand et bel arbre de la classe des conifères qui croît en superbes massifs sur les montages de la Floride et de la Géorgie. Ce bois arrive des États-Unis aux ports français de la Manche, de l'Océan et de la Méditerranée qui en reçoivent chaque année des chargements composés généralement de poutres taillées à la hache avec arrimages en petites poutres et bordages. Depuis quelques années, les bois de choix nous arrivent aussi en madriers.

Le pin austral appelé pin rigide, comme grandeur et comme aspect, est plus beau que le pin Riga, mais son bois n'offre pas l'élasticité, la force et la durée de ce dernier. Les bois de pitchpin n'acquièrent leurs fortes dimensions que dans des sols humides; leur sève est toujours aqueuse, et pour conserver leurs qualités il faut les placer dans des conditions qui s'opposent à la corruption ou à la dissipation de leur sève, facilement soluble à l'air et à l'eau.

Ordinairement très droits, régulièrement proportionnés et presque sans nœuds, d'un grain fin et serré, ces bois sont surtout employés dans les constructions navales, surtout comme bas mâts, qui exigent moins de flexibilité que les parties élevées des mâtures. Comme ce bois se comporte très bien à l'abri des intempéries de l'air, que son arome pénétrant écarte tous les insectes, on l'emploie, dans de grandes proportions, à la confection des meubles, intérieurs de navires, intérieurs de wagons, d'omnibus, etc.

Depuis une vingtaine d'années, les fabricants de meubles parisiens ont adopté le pitchpin comme bois de meuble et ils ont produit des mobiliers scolaires et de campagne, souvent très élégants, d'aspect propre et gai.

Voici quelles apparences ce bois doit présenter pour être accepté sans crainte par les acheteurs.

Le pitchpin de bonne qualité doit être uniformément d'un jaune clair, les cercles concentriques pas trop larges doivent être alternés, l'un d'un jaune brillant chargé de résine, l'autre d'une substance plus molle de couleur blanchâtre.

Dans les pièces employées pour mâtures, les nœuds doivent être non seulement petits, mais parfaitement sains, espacés entre eux de manière à ne pas être placées presque à la même hauteur, ce qui enlèverait toute force à cette partie. L'odeur de la résine doit être bonne et naturelle, et les copeaux doivent se déchirer et non sauter en éclats.

Il est essentiel d'apporter une grande attention à l'examen des nœuds, même les plus petits, et dont la couleur, quoique noirâtre, ne serait pas plus mauvaise que celle d'autres nœuds qui auraient été sondés et trouvés sains.

Le mal peut être profond ou superficiel, tandis que les nœuds viciés au même degré présentent un aspect semblable entre eux.

Il est bon de s'assurer aussi que les nœuds sains ne soient pas rapportés ou collés à la place de mauvais nœuds. Les bois gélifs ou roulés doivent être absolument rejetés.

Ces qualités, qui s'appliquent au bois de pitchpin destiné aux constructions, sont également exigées pour les bois devant être employés par l'ébénisterie. Pour ces derniers, le bois doit être de grain plus fin et absolument sans nœuds défectueux.

LES LANDES DE GASCOGNE

A propos de sylviculture, nous devons parler de la mise en valeur des landes de Gascogne; il y a là un bel exemple à suivre pour quantité de régions françaises, encore aujourd'hui presque abandonnées.

Avant les remarquables travaux exécutés par l'ingénieur Brémontier, à la fin du siècle dernier, les sables de l'Océan ne cessaient d'envahir le vaste territoire situé entre l'embouchure de la Gironde et celle de l'Adour, sur une longueur de 120 kilomètres. Sur ces espaces, des églises, des monastères, des villages ont disparu sous des monticules sablonneux. Bordeaux même se trouvait menacé. Poussés sur le rivage par les eaux de la mer, les sables y formaient des dunes de figure particulière, en pente douce très allongée du côté de la mer, à profil presque vertical du côté de la terre. Cette conformation explique le phénomène de la progression des dunes et permet de dire que les dunes marchent.

Quand les vents soufflent de la mer, ils font remonter par glissement les particules sableuses le long de la paroi la plus inclinée, les élèvent au sommet ou crête de la dune, d'où elles retombent de l'autre côté. C'est pour arrêter ce mouvement des dunes, pour les fixer, que Brémontier fit planter des pins maritimes à longues aiguilles qui végètent parfaitement dans les sables, les arrêtent en les emprisonnant dans leurs racines. Mais ces dunes plantées et fixées, il fallait les défendre à leur tour contre l'envahissement de nouveaux sables venus de la mer. C'est dans ce but que l'on ménagea le long du rivage, entre la mer et les anciennes dunes, une dune artificielle allongée ou bourrelet d'un profil opposé à celui des dunes naturelles, c'est-à-dire que les pentes ont été adoucies du côté de la terre et sont presque verticales sur la face regardant la mer.

L'effet indiqué plus haut se produit, mais en sens inverse. Si les sables marins sont projetés du côté de la terre quand le vent souffle du large, ces mêmes sables, si les vents soufflent de terre, sont repoussés jusqu'au sommet de la dune d'où ils glissent de l'autre côté. Il y a alors effet compensateur entre les deux projections. La stabilité propre de ces dunes artificielles est assurée par des palissades et par des plantations. A la longue, leur surface s'est couverte d'ajoncs, de mousses, de détritus végétaux qui jouent un rôle important dans le travail de consolidation.

Les plantations des dunes et des landes n'ont pas eu seulement pour objet d'immobiliser les sables, mais elles ont assaini le pays qui n'était qu'un vaste marécage par suite du manque d'écoulement de toutes les eaux provenant d'un versant dont la surface embrasse plus de 100,000 hectares et dont le sous-sol est imperméable.

Ces eaux, pluviales et autres, se trouvant arrêtées par le bourrelet de dunes leur coupant toute issue vers la Gironde ou la mer, s'amassaient dans les bas-fonds et transformaient tous les bas cantons en autant de marais où vivait une population peut-être pittoresque, parce qu'elle ne pouvait circuler qu'au moyen d'échasses, mais étiolée, misérable. Pour assainir les landes, on creusa latéralement au bourrelet de défense un canal de quinze mètres de largeur dans lequel viennent se déverser toutes les eaux des 100,000 hectares de terre séparés de la mer; de là, ces eaux s'écoulent pour aller se perdre dans la Gironde ou dans le bassin d'Arcachon. Ce canal assure donc le dessèchement du pays, par suite sa salubrité; en outre, il a permis à la culture de se rendre maîtresse d'une partie de ce territoire.

En rappelant autrefois ces faits à l'Académie, M. Chambrelent s'est élevé contre un projet de loi que le ministère de l'Agriculture aurait l'intention de présenter aux Chambres pour qu'il soit donné le droit de concéder des terrains domaniaux dans les Landes, sur le bourrelet ou aux environs, à qui voudrait remplacer les plantations actuellement existantes par des vignes et des pommes de terre. Suivant M. Chambrelent, le résultat attendu étant au moins douteux,

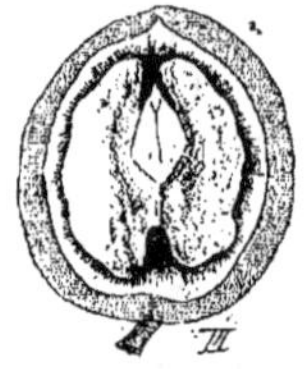

Fig. 325. — Noyer (*juglans regia*). — I. Fleur femelle. — II. Fleur mâle. — III. Fruit ouvert. — IV. Graine.

il est à peu près certain que l'on risquerait de détruire la stabilité relative du sol, de déterminer la disparition du canal collecteur, par suite de voir le mouvement progressif des sables reprendre. Dans cette situation, le pays redeviendrait un marécage et tous les bénéfices d'un travail aujourd'hui séculaire seraient perdus.

Les landes, il y a moins d'un siècle, n'étaient donc qu'un vaste plateau de sables stériles, couvert d'eau pendant l'hiver, mais brûlé et desséché par le soleil d'été.

Une population maladive et misérable y élevait des moutons de petite race. Pour garder leurs troupeaux qui paissaient sur ces espaces marécageux, les bergers marchaient sur des échasses fixées à leurs pieds, et s'appuyaient sur un bâton qui leur servait également de siège quand ils voulaient se reposer. Depuis que les dunes qui bornaient les landes du côté de la mer ont été fixées par des semis de pins maritimes, les landes ont pu être transformées en une immense forêt entremêlée de vastes clairières livrées à la culture.

La dernière transformation des landes de Gascogne en terres de culture et en prés, remonte à une cinquantaine d'années, quand un élève ingénieur, M. Chambrelent, fut envoyé dans ce pays. Jusqu'alors, on n'admettait pas qu'une pente existât pour faciliter l'écoulement des eaux, et on prétendait que l'assainissement du pays était une entreprise impossible. M. Chambrelent commença par faire consentir aux communes des landes de vendre une partie de leurs terres à peu près incultes, et quand, le principe de cette vente ayant été adopté, on eut procédé à sa réalisation, les communes avaient reçu près de onze millions de francs.

La première et nécessaire opération avant de songer à tirer parti des terres, c'était de les dessécher. Dans ce but, le jeune ingénieur qui avait reconnu que, malgré la pensée générale qu'il n'y avait sur le plateau des landes aucune pente, une inclinaison d'un demi-millimètre par mètre existait, fit creuser des fossés à ciel ouvert, dirigés suivant les lignes de pente. Ces fossés se remplirent d'eau

Fig. 326. — Poire (*Pirus communis*).

durant l'hiver, et, pour mieux faire comprendre l'efficacité de son remède d'une application si simple, il l'appliqua sur un domaine qu'il acquit moyennant dix francs l'hectare.

Dès lors, disait-il plaisamment, surpris dans sa lande de Saint-Alban par une pluie battante, il vit le terrain s'égoutter si parfaitement et si rapidement qu'il n'eut les pieds mouillés sauf par l'eau qui entrait par le col de son habit.

Dans ces terres débarrassées de l'eau qui restait stagnante, M. Chambrelent fit semer à la volée des pins; mais, au lieu d'attendre pour ces semis le mois de juillet, il fit semer dès le mois de mars, c'est-à-dire aussitôt l'hiver passé. Auparavant, on était obligé d'attendre l'été, saison pendant laquelle la chaleur du soleil séchait la terre, mais alors les jeunes plants, s'ils levaient, périssaient bientôt sous l'influence de la sécheresse. En semant au printemps, sur ses terres drainées par un système de fossés, M. Chambrelent put obtenir des semis en bon état de résistance.

Bientôt, les communes imitèrent l'exemple que leur donnait l'ingénieur-agriculteur, et quand une loi eut, en 1857, facilité aux communes la mise en valeur de leurs terres, la culture forestière prit une grande extension. Avec la forêt vint le pâturage et avec le pâturage le bétail qui fournit, indépendamment de ses produits en lait, beurre, viande, etc., des quantités de fumier de plus en plus considérables. Ces fumiers ont permis de doter les landes de cultures de légumes qui se consomment sur place ou sont envoyés au loin.

Nous avons dit que, durant l'hiver, les eaux de pluies s'accumulaient à la surface du plateau landais. Malgré cela, les landes étaient privées d'eau réellement potable, ou tout au moins de bonne qualité.

Les eaux superficielles, contenant toutes sortes de matières nuisibles, venaient se mêler avec les eaux inférieures et les gâtaient complètement.

L'habile ingénieur fit creuser des puits de 4 à 5 mètres de profondeur, les fit revêtir d'une maçonnerie étanche faite en mortier hydraulique. De cette manière, les eaux inférieures arrivent seules au fond du puits, car les eaux superficielles ne peuvent traverser la maçonnerie hydraulique. Au fond du puits, on entasse des graviers ou des cailloux cassés, qui constituent une espèce de filtre, et on recueille ainsi de l'eau d'une qualité excellente. Presque tous les habitants des Landes possèdent des puits ainsi installés; on fabrique des anneaux en ciment de Portland de 80 centimètres de diamètre, qu'on pose les uns au-dessus des autres, avec des joints de ciment. C'est un moyen de construction à la fois commode et économique.

Grâce au drainage par les fossés, aux plantations et à la constitution des puits, les landes, considérées jadis comme une contrée des plus malsaines, sont aujourd'hui admirablement assainies : les maladies locales ont disparu, les fièvres n'y sont pas plus fréquentes que dans les autres départements, et la durée de la vie moyenne s'y est accrue.

Aujourd'hui, la culture forestière est devenue la richesse principale des landes de Gascogne. D'abord, on a semé les pins; puis, quand le sol s'est formé, qu'une couche de terreau s'est trouvée constituée, les autres essences ont pu s'ajouter aux premières, et maintenant on rencontre, non plus seulement des grandes futaies de pins, mais aussi de vastes espaces couverts de jeunes chênes poussant avec vigueur. Les habitants ont maintenant en grande abondance, par suite à bas prix, un combustible qui leur faisait défaut autrefois, et comme les forêts sont percées de fort belles routes, qu'un chemin de fer traverse les landes du nord au midi, et un autre, celui de Lamothe à Arcachon, de l'est à l'ouest, l'exploitation de ces forêts est facile et fructueuse. On y exploite les pins pour en tirer la résine et l'essence de térébenthine; pour leurs bois, qui servent aux constructions, à la fabrication des poteaux télégraphiques, aux étais des mines. Sous ces deux dernières formes, ils s'exportent en quantités considérables, non seulement pour le service des chemins de fer et des usines de France, mais aussi pour ceux de l'Amérique et pour les houillères d'Angleterre.

Un économiste estimait qu'en 1857, les huit cent mille hectares de terres landaises valaient 10 francs l'hectare, soit 8 millions de francs; aujourd'hui, la valeur moyenne de l'hectare étant de 300 francs, on arrive à une valeur totale de 240 millions de francs pour l'étendue totale. Le point de départ de ce résultat merveilleux n'est autre que le drainage des landes par le système des fossés, dû à M. Chambrelent.

LE PAVILLON DES FORÊTS A L'EXPOSITION DE 1889[1]

La science forestière est de toutes les sciences pratiques une des plus généralement méconnues en France. On est propriétaire d'une forêt de chênes, de hêtres, de divers bois blancs, et on s'imagine que pour en tirer un parti convenable, il suffit de la raser tous les 20 ou 25 ans, de réserver à chaque exploitation quelques « brins pour conserver ce qu'on appelle une réserve » ; on croit volontiers que chaque 20 ou 25 ans l'opération se reproduira de même, c'est-à-dire dans des conditions identiques et ainsi de suite indéfiniment, sans qu'il y ait lieu de s'en préoccuper ni de faire aucun travail de restauration.

Ce sont là autant d'erreurs que l'on cherche à combattre victorieusement.

La forêt, comme toute autre propriété, ne peut prospérer et durer qu'à la condition de recevoir des soins qui lui sont propres. Il faut surtout y remplacer les souches qui s'épuisent par de jeunes plants, dégager ceux-ci des couverts qui les tuent, veiller à ce que le sol ne soit pas trop envahi par les eaux stagnantes, y faire des assainissements, etc., etc.

Il faut, en un mot, cultiver les forêts et les entretenir.

La forêt est une des grandes ressources du sol français ; on s'en rend bien compte en visitant *le pavillon des forêts* élevé autrefois sur les pentes du Trocadéro à l'Exposition, aujourd'hui transporté au bois de Vincennes. C'est un véritable musée ordonné avec art où l'histoire du bois se présente clairement à nous dans tous ses détails. Tout ce pavillon est construit en bois naturel en arbres de nos forêts agencés de façon à produire une décoration simple et agréable.

Après avoir gravi quelques marches, on entrait dans une vaste salle au milieu de laquelle étaient exposées diverses marchandises pour l'abatage et le débit des troncs en planches, en poutres, en pièces de forme et d'épaisseur variées. Sur le pourtour, deux étages, le rez-de-chaussée et un premier étage formant galerie large de 3 à 4 mètres environ. En haut comme en bas, une foule d'échantillons et de collections.

Les essences sont groupées par ordre naturel, selon la famille végétale, et chaque essence nous présente différents échantillons de débits et d'objets fabriqués montrant les applications plus particulières du bois.

Si on parcourt rapidement chaque groupe, sur les panneaux on voit : le *tilleul*, bois tendre et léger; il ne sert guère dans la construction, et c'est un médiocre combustible. Son charbon est toutefois bon pour la fabrication de certaines poudres, et son bois reçoit de nombreux emplois. Les luthiers le recherchent pour certaines parties de leurs instruments; les sculpteurs sur bois en font

1. Ce pavillon est aujourd'hui au bois de Vincennes, avec tout l'agencement du temps de l'Exposition. En le visitant on se rend bien compte de l'importance de la sylviculture.

quelque usage, mais il sert surtout à la fabrication des jouets d'enfants. On l'utilise encore beaucoup pour la saboterie, la fabrication des allumettes et celle de la pâte de papier. Le liber de l'écorce forme ce qu'on appelle la *tille*, une sorte de substance filamenteuse, fort tenace, que l'on tresse de façon à en former des cordes.

L'érable. Un coup d'œil sur les objets exposés montre à quoi il sert principalement : voilà des robinets, des outils divers, des manches et des éclisses de violons, des plaques pour découpage, des planches teintes, des chaises, etc. Voici, à la suite, la série des arbres fruitiers : le poirier, dur, compact, prenant bien la teinture, qui est fort recherché pour la sculpture; le cerisier, employé pour chaises et fauteuils, apprécié des luthiers, fort utilisé pour la fabrication des pipes et des instruments de dessin; le sorbier, l'alizier, recherchés pour les règles et équerres, et certains instruments de musique. Le cornouiller ne sert guère que pour les cannes et manches d'outils; la bruyère, pour les pipes et balais; le frêne, pour le merrain, les rais, les chaises, la carrosserie surtout.

Chacun connaît le grand rôle que joue le noyer dans la fabrication de l'ameublement : il n'est pas besoin d'y insister. Le sapin sert surtout à faire des tables d'instruments à cordes, des planches et des caisses, des allumettes et de la pâte à papier. On l'emploie encore à faire des jouets d'enfants : le visiteur verra, au pavillon des Forêts, une série représentant différentes phases de l'évolution que traverse un morceau de sapin pour devenir cheval de bois d'enfant.

Voici encore l'épicéa, très utilisé comme bois de résonnance ; on en fait beaucoup de tables d'harmonie. Puis le mélèze, très employé dans la charpente des maisons et vaisseaux et pour la tonnellerie ; le pin maritime, dont on fait surtout des traverses de chemin de fer, des pilotis, de la charpente. La grande spécialité du châtaignier, ce sont les échalas et la tonnellerie; du tremble, les allumettes ; du peuplier, la pâte à papier, qui est excellente, les allumettes, le charbon, bon pour la poudre, les planches pour caisses. Le bouleau sert surtout à faire des sabots, et on le distille avec le hêtre, de préférence à beaucoup d'autres bois, pour en extraire toute une série de produits qui occupent aujourd'hui une industrie très florissante.

On voit encore, au pavillon de Forêts, nombre d'échantillons de pâte à papier préparée avec du bois. Assurément, jusqu'ici, le bois ne donne point un papier aussi fin que celui que l'on tire des chiffons; mais on obtient une série de papiers ordinaires d'excellente qualité, et si l'on mélange à la pâte de bois des proportions variables de pâte de chiffons, on arrive à fabriquer des papiers très satisfaisants et qui se distinguent difficilement des meilleurs produits obtenus avec le chiffon. Faut-il rappeler encore, parmi les produits du bois, la résine et ses multiples dérivés, si utiles dans tant d'industries, le sucre de bois, etc.

Dans la série de ce qu'en terme de foresterie l'on nomme les bois morts, le visiteur trouvera à s'instruire abondamment. Ici, c'est la bourdaine, dont le charbon est le meilleur de ceux que l'on connaît et emploie pour la fabrication de la poudre; là, le buis, très recherché pour la sculpture, la tabletterie et le tour; le coudrier, employé pour les cercles, corbeilles, étuis, hottes, caisses d'emballage et échalas; le genévrier, qui sert à fabriquer les bois de crayons; le houx, bois dur et résistant, dont on fait des dents d'engrenage, —

Fig. 327. — La fourmi fuligineuse.

là où l'acier n'est pas utilisable; — le troène, qui fournit un bon charbon pour la poudre.

Voici encore le micocoulier, arbre du Midi, qui sert beaucoup à faire des fourches et les manches à fouet dits perpignans ; puis l'orme, qui est très recherché dans la fabrication des poulies, comme on le peut voir par un coup d'œil jeté sur le panneau correspondant à cet arbre, et dans celle du gros charronnage et des tampons de wagons. Avec le charme, nous arrivons à un bois dont les applications sont nombreuses. Dur et tenace, il sert à faire les dents d'engrenage, les formes de chaussure employées par les cordonniers, aux coups de maillet desquels il résiste facilement; le merrain en général, les coins, les blocs, etc. Mais les deux essences les plus importantes de nos forêts n'ont point encore été citées : ce sont le hêtre et le chêne. Un emplacement plus considérable a été réservé à ces essences en raison de leur grande utilité et du nombre de leurs applications. Le hêtre ne vit jamais très vieux ni ne devient très grand; il vit trois ou quatre cents ans au plus et n'atteint guère que 40 mètres de hauteur, avec 6 mètres de circonférence, il est répandu dans toute la France. Ses emplois sont nombreux, comme on en peut juger par la quantité d'objets exposés. Ici, ce sont des attelles pour jougs, là des sabots, de la boissellerie, de la brosserie; ailleurs, des meubles : on sait combien le hêtre est employé pour les meubles de cuisine. Ne craignant pas l'eau, — par contre, il craint les alternatives de sécheresse et d'humidité, — le hêtre sert beaucoup à faire les pilotis, les bateaux, les rames, le merrain, les traverses de chemin de fer. C'est un des bois qui s'injectent le plus facilement; imprégné de vapeur d'eau chaude, il devient flexible, — ce qu'il n'est point à l'état naturel, — se laisse courber et ployer à volonté : le bois tourné de Vienne n'est autre chose que du hêtre. Enfin, c'est un combustible excellent. Voilà ce que raconte le panneau consacré au hêtre.

Passons, en face, au panneau du chêne. Les emplois de ce bois sont assez connus pour qu'il n'y ait pas lieu de les rappeler au long : charpente, ameublement, tonnellerie, boissellerie, parqueterie, wagons, charronnage, le recherchent et l'utilisent à force. Ce n'est pas que le chêne soit le plus dur, le plus souple des bois : il n'excelle en aucune de ces qualités, mais il les présente toutes à un degré moyen. Il est très répandu dans nos forêts et il fournit un combustible excellent. Ce n'est certes pas là toute l'exposition, et les documents sur les bois sont inépuisables. Pour chaque essence, l'on trouve encore, rangés d'une façon uniforme, avec beaucoup d'ordre et de précision : un herbier, c'est-à-dire une carte d'échantillons de la fleur, de la feuille, des graines, etc.; une collection de graines; une collection d'échantillons de bois sains; des sections microscopiques avec agrandissements photographiques ; une carte de répartition géographique, en France ; des échantillons de bois malades ; une collection des insectes connus pour s'attaquer à l'essence considérée, qu'il s'agisse des feuilles, des fruits, de la tige ou des racines; des échantillons des dégâts causés par ces insectes; une collection des champignons parasitaires de cette essence, et enfin des échantillons des parties qui sont spécialement utilisées pour d'autres emplois que celui de la charpente ou de la menuiserie en général : feuilles, fleurs médicinales, racines, charbons, dérivés, comme le goudron, l'acide pyroligneux, etc. ; en un mot, l'étude biologique complète de chaque essence, celle de ses emplois industriels, étude très bien comprise et dont tous les éléments sont disposés dans un ordre parfait.

Après avoir trop rapidement passé en revue les panneaux des premier et second étages, on peut se reposer en admirant les beaux dioramas représentant diverses opérations forestières. Dans deux d'entre eux nous assistons au reboisement des montagnes et de refrènement des deux torrents le Rion-Bourdoux et le Bourget. Un autre diorama nous offre le spectacle de la lutte victorieuse de l'homme contre une montagne qui s'écroule.

Quelques chiffres sur la richesse forestière de la France :

La contenance boisée dans chaque pays d'Europe est, par habitant :

37 ares en Allemagne; 3 ares en Angleterre; 44 ares en Autriche; 9 ares en Belgique et en Danemark ; 52 ares en Espagne ; 25 ares en France ; 42 ares en Grèce ; 5 ares en Hollande; 58 ares en Hongrie et en Serbie; 13 ares en Italie ; 11 ares en Portugal; 37 ares en Roumanie ; 27 ares en Suisse; 3 hectares 84 ares en Suède ; 4 hectares 32 ares en Norvège ; 3 hectares 37 en Russie ; 7 hectares 77 ares en Turquie.

Les 9,557,515 hectares de forêts de la France se subdivisent en : 7,597,768 appartenant à l'État, 1,959,747 aux particuliers.

Les forêts de l'État ont une valeur de 1,263,884,500 francs et leur revenu net est inférieur à 2 0/0. — Un fait caractéristique est que depuis vingt ans les recettes ont diminué, tandis que les dépenses ont augmenté.

Les forêts de l'État rapportent environ 10 francs par hectare.

ANIMAUX NUISIBLES A L'AGRICULTURE

LE HANNETONAGE

De tous les animaux, le *hanneton* est, sans contredit, celui auquel l'agriculture devrait faire une guerre acharnée. Cet animal est, en effet, l'un des plus nuisibles que nous connaissions.

Il est inutile d'en dépeindre avec détail l'extérieur, chacun en a vu. Qui de nous, en effet, ne s'est jamais amusé avec ces bestioles pendant les heures ennuyeuses où nous nous sommes assis sur les bancs de l'école, devant un professeur plus ou moins sévère, à la parole plus ou moins intéressante ?

A première vue nous observons trois choses :

La tête, qui porte les yeux, les pièces de la bouche et les antennes ;

Le thorax, sur lequel s'attachent les pattes et les ailes, enfin l'abdomen :

Si nous soulevons les ailes et si nous examinons les anneaux qui composent cette partie du corps, nous voyons qu'ils sont engainés les uns dans les autres, qu'ils sont, comme disent les Anglais, « télescopés ».

Sur leur partie la plus extérieure, nous rencontrons des ouvertures qui sont les orifices respiratoires.

Enfin, le dernier anneau porte l'anus et l'orifice génital.

Appendices. — La *tête* présente deux antennes et les appendices buccaux.

On donne le nom d'antennes à ces sortes de panaches qui ornent le devant de la tête.

Nous étudierons les appendices buccaux avec le tube digestif.

Le thorax présente à sa partie inférieure trois paires de pattes, et à sa partiet supérieure deux paires d'ailes.

Les *pattes* sont toutes construites sur le même modèle.

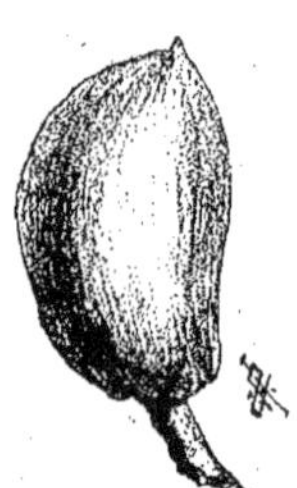

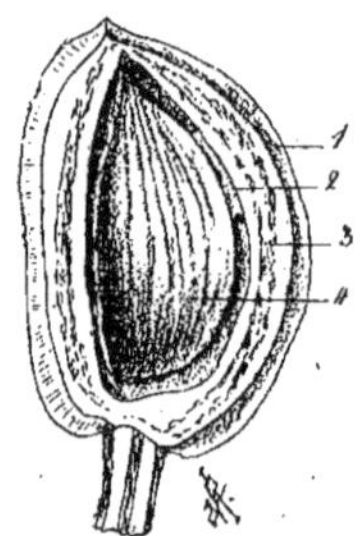

Fig. 328. — Amandier (*Prunus amygdalus syn. amygdalus communis*). Fruit.

Elles comportent un article basilaire, gros plus ou moins renflé (hanche), qui s'articule avec le thorax. Cette pièce est suivie d'une cuisse, d'un tibia et d'un tarse muni d'une griffe plus ou moins puissante.

Les ailes sont des replis de l'épiderme qui se développent par bourgeonnement.

Les ailes supérieures se chargent d'une matière spéciale, la chitine, qui donne leur consistance dure.

Comment l'animal se sert-il de ses appendices ?

Marche. — Ce serait une erreur de croire que l'animal se meut simplement en portant une patte devant l'autre. Il porte toujours les deux pattes extrêmes du même côté, et la moyenne du côté opposé dans la même direction.

Soit par exemple le côté droit : la première et la troisième patte seront dirigées en avant pendant que la seconde sera en arrière. Inversement, du côté gauche ce sera la seconde patte qui sera en avant pendant que la première et la troisième seront en arrière.

Vol. — L'aile est formée de baguettes chitineuses supportant une mince membrane. Lorsque l'animal vole, il remonte rapidement le bord antérieur de l'aile, tandis que le bord postérieur, remonté moins vite, reste en arrière et fait ainsi étaler la membrane. Par un va-et-vient continu de l'aile, l'animal va suivant un mouvement dont la résultante est une horizontale. Mais alors son propre poids l'entraînerait et fatalement il tomberait s'il ne remédiait à cet inconvénient en prenant une position oblique.

Ces animaux, on le sait, volent avec une très grande vitesse.

Appareil digestif. — Le tube digestif comprend deux parties : une partie masticatrice et une partie digestive. La première comporte une série de pièces très fortes destinées à broyer les aliments dont l'animal fait sa nourriture.

Le canal comprend un œsophage suivi d'un estomac et d'un intestin. A ces

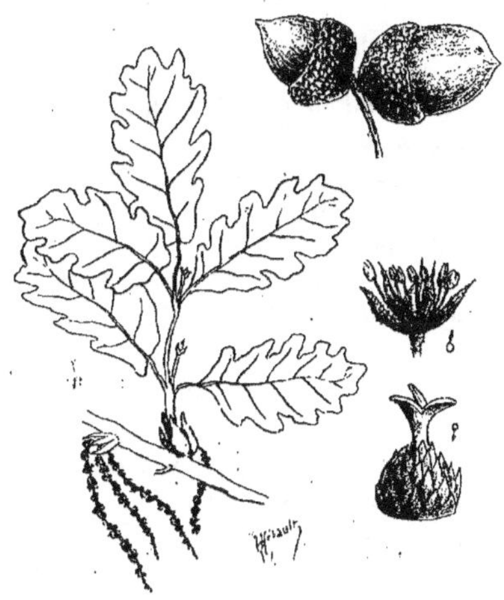

Fig. 329. — Chêne (*Quercus robur*). Branche avec les chatons. — Fleur mâle. — Fleur femelle. — Fruit (gland).

diverses parties viennent s'adjoindre des tubes dits de Malpighi qui jouent le rôle d'organes rénaux.

Circulation. — Le sang circule dans un long vaisseau dorsal qui joue le rôle de cœur. Il existe une série de renflements qui, à l'aide de muscles puissants, sont mis en mouvement. Le sang est alors poussé vers la tête. De là il tombe dans la cavité générale du corps, où il se revivifie et revient au cœur, dans lequel il entre par des ouvertures latérales.

Le sang renferme des globules amiboïdes. (Leucocytes.)

Respiration. — La respiration se fait à l'aide de trachées. On donne ce nom à une série de petits canaux qui vont se ramifier à l'intérieur du corps.

Le sang, chez tous les animaux supérieurs, va au-devant de l'air nécessaire à la vie; chez le hanneton, de même que chez tous les insectes d'ailleurs, c'est l'air, qui va au-devant du sang, sorte d'anomalie dans le règne animal, mais qui cependant se retrouve d'une façon absolue dans tout ce groupe.

Système nerveux. — Le système nerveux se compose d'une chaîne ventrale ormée d'une série de ganglions réunis par des connectifs.

Un système stomato-gastrique y est adjoint.

Organes génitaux. — Les sexes sont séparés. Chez le mâle on rencontre une poche spéciale affectée à la formation des spermatophores, sorte de poche dans laquelle est enfermée la liqueur séminale, poche qui ne se rompra qu'au moment de la fécondation.

Les organes femelles n'offrent rien d'anormal. Les œufs fécondés sont pondus dans la terre par la femelle, qui ne tarde pas à mourir.

Au printemps suivant, l'œuf éclot et subit à l'intérieur du sol ses diverses modifications. Après les phénomènes intimes de l'évolution, l'œuf donne naissance à une larve que l'on désigne généralement sous le nom de *ver blanc*. C'est cette larve qui produit de si considérables dégâts dans nos champs. Pour subvenir à ses besoins, elle creuse dans l'intérieur du sol de nombreuses galeries en coupant tout ce qui se trouve sur son passage. Les plantes, ayant alors leurs racines coupées, s'étiolent ou meurent.

Au bout d'un certain temps, généralement la seconde année, la larve prend une forme spéciale que chacun connaît, c'est la forme *chrysalide* ou *nymphe*. L'animal en sort avec la forme adulte, mais les téguments sont très faibles. Ils durcissent peu à peu et l'on a bientôt un *hanneton* parfaitement conformé qui sortira de la terre pour voler sur les feuilles dont il se nourrira, car c'est un *phytophage*.

Le remède, direz-vous, aux désastres produits par le hanneton, en terme savant, *melolontha vulgaris?*

Il n'y a qu'à tuer tous les vers blancs que l'on pourra rencontrer d'abord ;

Puis empêcher ces vers blancs de se produire en exterminant leurs procréateurs, c'est-à-dire les hannetons adultes.

L'adulte par lui-même n'est pas nuisible, mais en les détruisant on empêche ses descendants, qui, eux, sont nuisibles, de dévaster toutes nos cultures, car on a sapé l'édifice par la base, on a frappé le mal au défaut de la cuirasse. On l'anéantit du coup.

Nous avons passé sous silence l'évolution de cet être ; nous devons cependant y revenir. Au moment où les hannetons pullulent, il est bon de rappeler ce qu'ils ont été avant d'être l'insecte ailé que chacun connaît.

Peu de gens, en effet, se doutent que ce coléoptère a été un petit ver, le ver blanc des jardiniers.

Depuis quelques jours les hannetons sortent de terre, car ils sortent de terre, absolument comme des champignons.

Au bout de quinze jours, nous allons avoir des mâles et des femelles, les dernières reconnaissables surtout à ce que les grandes ailes membraneuses ressortent au-dessous des élytres. L'accouplement va se faire presque aussitôt et le mâle mourra. Il est étonnant de voir d'aussi gros animaux presque éphémères. Les cerfs-volants passent l'été, les papillons ne meurent qu'au mois de septembre, les libellules au mois d'août, les hannetons, pauvres parias, ont à peine le temps de saluer le soleil qu'ils sont morts. Les femelles vivent quelques jours de plus que les mâles. Lorsqu'elles ont été fécondées, ce qui a lieu par le même processus que chez les animaux les plus supérieurs, elles creusent avec les pattes de devant un trou d'une vingtaine de centimètres de profondeur dans lequel elles déposent une trentaine d'œufs de la grosseur d'un grain de chènevis.

N'allez pas croire que cet animal va confier sa ponte au premier endroit venu, pas du tout. Le hanneton femelle va fuir les grands arbres qui donnent trop d'ombrage et conséquemment trop de fraîcheur, les terres trop battues dans lesquelles la larve ne pourrait pas se mouvoir, les terres argileuses qui empêchent l'eau de descendre plus profondément et, par conséquent, entraînent une humidité contraire au développement du futur hanneton.

La femelle va rechercher avec soin les terres meubles riches en détritus végétaux desquels la larve pourra se nourrir, les terrains ni trop secs, ni trop humides, etc.

L'instinct le guide en tous points.

Lorsque la ponte est effectuée, la femelle meurt et les œufs sont abandonnés aux soins de la nature.

L'œuf subit ce qu'en histoire naturelle on nomme la *segmentation*, ce qui constitue une orientation des diverses parties d'un même tout, qui est le *protoplasma* qu'il renferme.

Chacune de ces parties continuant son développement donnera, l'une le tube digestif, l'autre les muscles, l'autre le système nerveux, etc.

L'œuf, pondu à fin mai, subit cette transformation pendant l'été, et à l'automne il donne naissance à une petite larve qui, à l'approche des froids, s'enfonce jusqu'à 50 et 60 centimètres dans la terre.

Au mois d'avril suivant, l'animal se rapproche de la surface et là chacune des larves qui avaient toujours vécu ensemble s'en va de son côté.

Dès ce moment commencent les dégâts dans les cultures.

Les vers blancs, en effet (on donne alors ce nom à la larve du hanneton), passent toute la seconde année de leur vie sous terre, se nourrissant des radicelles des plantes qui poussent au-dessus d'eux. Privées de leurs racines, elles meurent par étiolement. C'est là un moyen infaillible de savoir exactement à quelle profondeur se trouvent les vers blancs; car on connaît toujours la profondeur à laquelle s'enfonce la racine de telle ou telle plante que l'on cultive.

Au mois d'octobre, les larves subissent une nouvelle hibernation. Elles ont alors atteint les quatre cinquièmes de leur taille.

Au printemps suivant, les dégâts recommencent jusqu'à fin juin, époque à laquelle les larves s'enfoncent de nouveau profondément et subissent leur dernière modification.

La larve se replie sur elle-même et devient immobile. En même temps la peau se détache de toutes parts, les pattes ambulatoires se replient sous le corps, les pattes masticatrices remontent vers la bouche pour donner les vraies mâchoires et les ailes se forment. On donne à la larve, dans cet état léthargique pendant lequel toutes ces parties se développent, le nom de *nymphe*.

Au bout de cinq à six semaines, la nymphe se dépouille de la peau larvaire et donne un petit hanneton semblable à l'adulte.

Ses téguments sont plus mous, l'animal est plus sensible, la moindre variation de température un peu trop brusque suffirait à le tuer.

Aussi passe-t-il l'hiver dans le sein de la terre et n'en sort-il qu'au printemps pour s'accoupler. Il y a là une sorte de cycle que nous venons de résumer brièvement.

Comme on le voit, tous les trois ans, on devra avoir une forte invasion de hannetons.

Le moyen d'arrêter les dévastations de ces insectes est de les détruire le plus que l'on peut.

Outre ce moyen violent, nous ne saurions trop recommander à nos lecteurs l'emploi du sulfure de carbone ou de la benzine, qui coûte moins cher.

Le hanneton est l'un des animaux les plus nuisibles à l'agriculture, non par lui-même, mais par sa larve, et le détruire par tous les moyens possibles et imaginables est faire œuvre utile.

Donc, guerre aux hannetons; tuez sans remords : pour chaque hanneton détruit, vous sauvez au moins une dizaine d'épis.

Les lépidoptères. — On nomme ainsi un groupe d'insectes que l'on désigne vulgairement sous le nom de *papillons*.

Chacun connaît l'extérieur de ces animaux aux multiples couleurs; aussi nous dispenserons-nous d'en donner une description détaillée, ce qui abrègera beaucoup le travail que nous nous proposons de faire ici.

Au moment où l'été va commencer, l'on sera frappé de la brusque disparition des chenilles qui désolent nos jardins et de la subite apparition des papillons qui ornent nos prairies. En effet, avant d'être l'insecte ailé, cet être fut d'abord un ver.

Pour faciliter notre étude, nous la diviserons en deux parties :

1° Étude du papillon ou forme adulte ;

2° Étude de la larve ou chenille.

Le papillon est un être d'apparence généralement brillante et d'aspect le plus souvent agréable, au vol indécis. A peine a-t-il touché une fleur qu'il l'abandonne aussitôt pour voler vers une autre à laquelle il ne s'arrête même pas, poussant plus loin ses pérégrinations et n'obéissant qu'à son caprice.

Le corps présente à première vue une tête munie d'antennes parfois fort longues et très élégantes, d'une trompe enroulée en spirale et de deux gros yeux composés.

A la tête fait suite un thorax, presque toujours velu et plus ou moins renflé, qui porte, à la partie inférieure, six pattes et à la partie supérieure quatre ailes recouvertes d'écailles très fines et d'ordinaire très brillantes. C'est à la richesse de couleur de ces écailles que ces animaux doivent leur éclat.

Ce thorax est suivi d'un abdomen globuleux de grosseur variable.

Si nous reprenons ces parties en détail, nous voyons que la bouche est conformée pour la succion et non pour la mastication, comme c'était le cas pour le hanneton que nous avons précédemment étudié.

Les yeux se composent d'une série de prismes hexagonaux placés côte à côte, dans chacun desquels vient se terminer un nerf. C'est l'ensemble de ces yeux simples qui forme l'œil composé. L'agencement de ces prismes a donné lieu à de très grandes discussions pour savoir comment l'animal percevait l'image d'un objet. Il serait fastidieux de citer ici l'opinion des nombreux auteurs qui ont

Fig. 330. — Pavillon de l'administration des forêts, anciennement au Trocadéro, aujourd'hui visible au bois de Vincennes.

traité la question, pas un seul, d'ailleurs, n'étant absolument d'accord avec ses prédécesseurs ou ses successeurs.

Les pattes ne nous offrent aucune modification saillante et ce que nous avons dit du hanneton peut s'appliquer ici.

Les ailes sont magnifiques à voir. Le plus souvent ornées de couleurs à reflets chatoyants, qui cachent les nervures que nous connaissons, elles sont de grandeur très variable. Tantôt elles sont élégamment relevées, tantôt elles reposent sur le dos en s'imbriquant comme les tuiles d'un toit.

L'abdomen comprend six anneaux qui s'articulent à la manière d'un télescope et présentent à son extrémité postérieure l'ouverture ovale.

Connaissant l'extérieur, fixons l'animal sur le ventre pour l'ouvrir par le dos.

Sur les côtés nous apercevons à la loupe de petites ouvertures, ce sont les stigmates destinés au passage de l'air nécessaire à la respiration.

Un stigmate est suivi d'un tube ramifié : la trachée, qui porte au sang l'air oxygéné.

Si nous coupons la peau du dos en suivant cette ligne des stigmates, et que nous relevions d'arrière en avant le lambeau ainsi formé, nous apercevons sur la ligne médiane : le cœur, semblable à celui du hanneton, à la figure duquel nous renvoyons le lecteur.

Chez cet animal, le sang en effet tombe dans des lacunes interorganiques pour être ensuite repris par le cœur qui l'a aspiré par ses ouvertures latérales et postérieures, et le rejette par sa partie antérieure.

Le système digestif se compose d'une bouche transformée en trompe pour la succion des sucs dont l'animal se nourrit. A cet organe fait suite un œsophage et un jabot dans lequel les aliments subissent un commencement de digestion qui se continue dans l'estomac et se termine dans l'intestin.

Dans la partie terminale du rectum viennent aboutir deux ou plusieurs tubes très longs, entortillés sur eux-mêmes un grand nombre de fois. Ce sont les tubes de Malpighi qui jouent le rôle d'organes excréteurs. Vers le dos on voit des glandes en grappes, diversement groupées, ce sont les organes génitaux mâles ou femelles suivant le sexe.

Toutes ces parties sont entourées par des trachées qui en rendent la dissection, sinon difficile, du moins délicate et minutieuse.

Enfin, à la partie ventrale de notre insecte, nous trouvons le système nerveux, très simple. Il se compose d'un *cerveau* qui, par deux connectifs, rejoint les ganglions *sous-œsophagiens*, premiers renflements d'une chaîne nerveuse. A ce ganglion sous-œsophagien font suite d'autres gros ganglions dits *thoraciques*. Une série de petits renflements abdominaux termine la chaîne nerveuse. De chacune de ces masses partent des nerfs qui se répandent sur tous les organes.

Voici ce qui concerne l'adulte, mais la larve offre bien plus d'intérêt en ce sens qu'elle subit des métamorphoses, c'est-à-dire des changements de formes avant de donner naissance à l'adulte.

Afin de mieux fixer les esprits, prenons un type. Pour plusieurs raisons nous choisirons le bombyx mori ou bombyx du mûrier, dont la chenille est le ver à soie.

D'abord, c'est un animal facile à se procurer, d'autre part chacun le connaît, soit parce qu'il en a vu, soit parce qu'il en a élevé jadis. Le ver à soie n'est donc pas un étranger pour nous.

Lorsque l'adulte mâle a fécondé la femelle, celle-ci pond un très grand nombre d'œufs très petits, noirâtres, qui passent l'hiver à l'état de repos. La femelle meurt aussitôt sa ponte achevée. Les œufs ne présentent pendant toute la mauvaise saison aucune modification, mais au printemps ils se rompent et il en sort un petit ver noir. C'est la nouvelle larve du papillon. Grand tout au plus de quelques millimètres, ce petit être croît rapidement et en quelques semaines atteint une longueur de plusieurs centimètres.

La tête est dépourvue d'antennes, mais munie d'yeux et d'une bouche conformée pour la mastication, bouche analogue à celle du hanneton.

A la partie inférieure du corps se voient trois paires de pattes, et à la partie postérieure un certain nombre d'appendices qui servent également à la locomotion et connues sous le nom de fausses pattes.

L'avant-dernier segment porte un éperon dont on ne connaît pas très bien le rôle physiologique.

L'animal vit dans cet état pendant quelque temps, mais en subissant, à diverses époques bien déterminées, des mues qui le rendent visiblement malade. A la fin de sa période larvaire, il tisse une enveloppe dans laquelle il s'enferme, c'est le *cocon*.

Pour le fabriquer, il sécrète une matière spéciale qui est la soie, à l'aide de glandes situées de part et d'autre du tube digestif et qui viennent déboucher à la filière sous la lèvre inférieure.

La filière peut être plus ou moins ouverte ou fermée au gré de l'animal.

Enfermée dans son enveloppe, la chenille se métamorphose et passe à l'état de chrysalide. Sans sortir de sa prison, elle change aussi d'aspect et de forme, elle devient papillon.

L'animal est alors semblable à l'adulte, mais les ailes humides sont collées au corps et les pattes sont à peine visibles. A l'aide de la salive, la chrysalide humecte un point du cocon et sort. L'air assèche bientôt les membranes de l'insecte qui vole à la recherche du papillon de sexe opposé au sien et le féconde ou en est fécondé. Ceci fait, la femelle pond, meurt et le cycle recommence.

C'est ce que nous avons résumé d'une façon schématique, dans le tableau synoptique suivant :

1re année.		Papillons.		
	Œufs.			
2e année.	Larve.			Papillon.
			Chrysalide.	
		Cocon.		

Les larves, avant de passer à l'état de chrysalide, se fixent de diverses façons : si c'est par une soie, on les dit *suspendues;* si elles s'enveloppent, elles sont *emmaillotées;* enfin, si elles s'enferment, nous avons le cas précédemment étudié : le *cocon*.

Le rapprochement des sexes est le cas le plus général ; cependant, dans le bombyx mori, que nous avons pris pour type, il n'est pas nécessaire, et les œufs peuvent éclore par simple phénomène de parthénogénèse.

De nombreux essais de classification ont été tentés; mais, malgré tous les efforts des auteurs, il a jusqu'ici été impossible d'obtenir une solution. Nous nous contenterons donc d'adopter les grandes divisions établies il y a déjà longtemps.

Suivant les coutumes des papillons, on les a divisés en DIURNES et NOCTURNES.

Les premiers se distinguent des seconds en ce qu'ils ont généralement les ailes relevées, tandis que les autres, au contraire, les ont rabattues sur le dos.

Dans les papillons diurnes, nous pouvons placer :

Les PYRALES, charmants petits animaux aux couleurs variant du blanc mat au jaune safran, du bleu clair au bleu foncé.

Les SPHYNX, dont une espèce particulière est très commune dans le midi de la France : le *S. tête de mort.*

Parmi les papillons nocturnes, nous pouvons citer :

Les BOMBYX généralement velus :

B. mori (*B. du mûrier*), dont la chenille est très connue sous le nom de ver à soie.

B. grand paon de nuit, animal de grandeur énorme, qui, la nuit, vient souvent tomber au pied des lampes qui éclairent nos appartements.

Les TEIGNES, dont la chenille fait de si grands dégâts dans les fourrures et les étoffes. Le papillon est très petit, a les ailes argentées, et est très répandu par toute la France. Généralement désigné sous le nom de *nouvelle*, ce petit animal, très commun pendant l'été, est attiré par la flamme des bougies auxquelles il vient invariablement brûler ses ailes.

Les criquets et les sauterelles. — Établissons immédiatement la différence entre les criquets et les sauterelles trop souvent confondus : Les *sauterelles* ou *locustes* ont de longues et fines antennes; des tarses au bout des pattes, à quatre articles. L'abdomen des femelles se termine par une longue tarière ou *sabre* leur servant à pondre dans des trous. Les *acridiens* ou *criquets* ont des antennes plus ou moins courtes et épaisses, des tarses de trois articles, et l'abdomen des femelles manque toujours de la longue tarière cornée, remplacée par quatre pièces, deux supérieures, deux inférieures, plus ou moins acuminées; aussi la ponte a lieu sur le sol même. L'*Acridien voyageur* dépose environ quarante œufs, disposés sur trois rangs longitudinaux, oblongs, d'un jaune pâle, entourés d'une matière visqueuse, à laquelle se colle la terre ou le sable, de sorte que ses œufs sont dans une sorte de nid, courbe, arrondi à un bout et tronqué à l'autre, qui est formé par une calotte de terre.

Le mâle de ces orthoptères fait entendre un cri grêle et perçant en frottant le bord interne dentelé des cuisses postérieures contre les nervures saillantes des élytres. La femelle possède aussi cet appareil de tridulation, mais à l'état rudimentaire et pareil à celui des larves; cependant chez quelques espèces elle peut produire des sons mais plus faibles.

Les criquets se tiennent de préférence dans les champs, les prairies et sur les montagnes; ils restent à l'état de larves pendant le printemps et une partie de l'été, deviennent adultes à la fin de l'été et à l'automne. Ils ont le vol court et produisent en l'air un bruit de crécelle. Ils se nourrissent de substances végétales.

Ces dernières années ont été malheureusement favorables au développement de ces insectes migrateurs, aussi ont-ils causé de grands ravages dans notre belle colonie d'Algérie.

Fig. 331. — Pèlerinage dans les bois (tableau de Gustave Brion).

Actuellement, leurs déprédations continuent et on ne prévoit pas la fin de ce fléau.

Deux espèces, dans l'ancien monde, sont le désespoir de l'agriculteur. La plus grande, le *criquet voyageur*, se rencontre des côtes occidentales de l'Afrique aux rivages de la Chine. Une seconde espèce, de taille un peu moindre, l'*œdipode migrateur*, s'avance plus au nord et se montre dans le Midi de la France et dans toute l'Europe orientale. Le nouveau monde et l'Australie ont aussi quelques autres espèces d'acridiens à migrations, mais moins fréquentes et moins désastreuses que dans l'ancien monde.

L'histoire de tous les temps a enregistré les sinistres voyages des acridiens. Les criquets dévastateurs paraissent habituellement prendre leur origine dans les déserts de l'Arabie et de la Tartarie; les vents d'est les amènent en Afrique et en Europe. On voit des vaisseaux couverts de ces insectes à 60 ou 80 lieues en mer. Les vents sont en effet leur auxiliaire indispensable.

Nous ne remonterons pas aux époques éloignées pour chercher les récits de leurs dévastations, des famines qui les suivent et des pestes qui résultent de leurs cadavres amoncelés. L'Europe fut particulièrement ravagée en 1747, 1748, 1749. En 1748, une de leurs nuées arriva jusqu'en Angleterre. En 1709, les criquets arrêtèrent l'armée de Charles XII, en retraite dans la Bessarabie, après la défaite de Pultawa. L'armée se trouvait dans un défilé, hommes et chevaux étaient aveuglés par une grêle vivante sortie d'un nuage épais interceptant le soleil. L'approche des criquets fut annoncée par un sifflement pareil à celui qui précède la tempête, et le bruissement de leur vol surpassait le sombre mugissement de la mer courroucée.

Aux Indes, dans le pays des Mahrattes, on en vit une colonie serrée sur une longueur de 80 lieues et épaisse de plusieurs pieds.

Barron et Levaillant nous rapportent que les criquets dévastent souvent l'Afrique australe, que leurs cadavres masquent la surface des rivières, et que le sol semble balayé ou hersé. En 1835, des nuages de criquets cachaient, en Chine, le soleil et la lune. Après les végétaux sur pied, les récoltes en magasins et les vêtements dans les maisons furent dévorés. Les habitants s'enfuirent dans les montagnes.

En 1780, le Maroc fut en proie à la plus affreuse famine, à la suite des criquets, et les pauvres déterraient les racines et recherchaient, pour se nourrir, les grains d'orge dans la fiente des dromadaires. A la fin de 1864, les plantations récentes de cotonniers furent détruites au Sénégal par les criquets, et on observa un nuage d'avant-garde de 15 lieues de long.

Notre colonie algérienne, dans toute son étendue, est très souvent leur proie. Le général Levaillant en a vu, à Philippeville, un nuage de 3 à 4 myriamètres de longueur former sur le sol, en s'abattant, une couche de $0^{m},3$. Les récoltes furent ruinées en 1847.

En 1845, l'Algérie avait été éprouvée en entier par le fléau des acridiens. Depuis, leurs invasions avaient été partielles; mais, en 1866, leurs bandes sorties du Sahara couvrirent de nouveau toute notre colonie. L'invasion commença au mois d'avril; les criquets, sortis des gorges et des vallées du sud, s'abattirent d'abord sur la Métidja et le Sahel d'Alger; la lumière du soleil était interceptée par leurs nuées; les colzas, les avoines, les blés, les orges, les légumes furent dévorés, et les insectes dévastateurs pénétraient même dans les maisons. Les Arabes tentaient d'empêcher par de grands feux et d'épaisses fumées, et par divers bruits, la descente de leurs faméliques essaims. A la fin de juin, les jeunes criquets sortis des œufs, affamés en raison de la déprédation précédente, comblaient les sources, les canaux, les ruisseaux. Presque en même temps, les provinces d'Oran et de Constantine furent envahies. Le fléau n'a pas disparu les années suivantes et il causa sur le territoire arabe une désolante famine.

Nous nous arrêterons là, dans cette longue suite de maux causés par ces insectes, contre qui, espérons-le, on arrivera à trouver un puissant remède pour diminuer l'intensité de l'invasion.

Les pucerons; les fourmis. — Vers l'époque des mois de juillet et août, les fourmis constituent pour les possesseurs de jardins un véritable fléau. On ne saurait donc trop rechercher quels moyens on peut opposer à l'établissement des fourmilières, et quels sont les procédés les plus efficaces pour détruire ces insectes fort intéressants au point de vue de l'observateur des mœurs animales, mais insupportables quand ils ravagent les pelouses, les plates-bandes, les parterres ou circulent sur votre personne en produisant ce genre de démangeaison que l'on a appelé le fourmillement. Pour détruire les fourmis, on a préconisé le pétrole, les essences, le marc de café, etc.; mais M. Joigneaux a recommandé une recette beaucoup plus simple, le charbon en morceaux.

« Le public des lecteurs, dit-il, ne s'y est point arrêté, sans doute à cause de l'invraisemblance apparente du procédé, et le public a eu tort.

« Nous avons voulu, pour notre compte, en avoir le cœur net. A cet effet, nous avons pris quelques morceaux de charbon de bois, qui ne sont ni malpropres ni encombrants, et les avons placés sur les tablettes d'une armoire de cuisine, près des fruits, des sucreries et de la viande fraîche de boucherie. Tout aussitôt, les fourmis, qui ne fréquentaient que trop ces tablettes, ont disparu.

« Nous avons, en outre, ouvert un trou avec la main dans une fourmilière du jardin et nous y avons jeté une poignée de charbon de bois cassé par petits morceaux. Les fourmis ont également délogé. On voit par là que rien n'est plus facile que de débarrasser les pots de fleurs, les pieds d'arbres fruitiers, les fraisiers, etc., des fourmis qui viennent s'y établir.

« Nos essais ont été répétés, et l'ennemi ne revient pas. Quand il reviendra, il nous suffira de remplacer le vieux charbon par du nouveau. En somme, pas un sou à débourser en pure perte. Le charbon qui a servi dans l'armoire et même dans la fourmilière du jardin, ira tout simplement au réchaud ou au fourneau de la cuisine.

« Disons en terminant qu'il résulte de nos renseignements pris chez un charbonnier que jamais on n'a vu de fourmis dans sa maison. Cette exception a de l'importance, les années de chaleurs nous n'avons connu aucune habitation qui n'ait eu grandement à souffrir de la visite des fourmis. »

Indépendamment des fourmis, la végétation compte encore un grand nombre de dévorants contre lesquels on a préconisé une foule d'insecticides.

On sait que les groseilliers, tant à grappes qu'épineux ou à maquereaux, sont sujets à être dévorés par des chenilles qui les dénudent complètement. Un jardinier chez qui ces arbustes étaient envahis par ces insectes, après avoir employé sans succès contre ceux-ci différentes substances, a essayé l'emploi d'une solution de sel connu vulgairement sous le nom de salpêtre du Chili, qui est du sulfate de soude. Il a fait dissoudre dans de l'eau chaude environ cent soixante-dix grammes de ce sel et il a versé cette solution dans vingt litres d'eau. Il a aspergé ensuite les groseilliers avec ce liquide. Deux opérations ont suffi pour faire périr toutes les chenilles. Le même procédé a donné des résultats également avantageux contre d'autres chenilles, même contre les pucerons.

M. P. Duchartre a fait observer qu'un chimiste éminent à qui il parlait des bons effets du salpêtre du Chili, lui exprimait son étonnement qu'on n'avait pas songé en horticulture à employer pour la destruction des insectes sur les végétaux, la solution de sulfure de carbone, dont l'action serait certainement efficace et dont l'application serait aussi facile que peu coûteuse.

Pour obtenir cette solution, il suffit de mettre du sulfure de carbone au fond d'un grand vase en porcelaine, en faïence ou en verre, que l'on achève de remplir d'eau. On agite le tout. L'eau prend tout le sulfure de carbone qu'elle est capable de dissoudre, et l'excès de cette substance reste au fond du vase pour une nouvelle solution. Le liquide qui a dissous une certaine proportion de sulfure de carbone peut être projeté sur les plantes au moyen d'une seringue de jardinier ou de tout autre appareil analogue. Le sulfure de carbone ne coûtant pas très cher, les frais de ce traitement seraient évidemment très faibles.

Il arrive souvent que les palmiers entretenus dans les serres ou les jardins d'hiver sont attaqués par les pucerons kermès qui leur font beaucoup de mal. Un horticulteur, M. Albert Truffaut, a essayé de détruire ces insectes avec le sulfure de carbone, non en solution, mais en nature. Malheureusement le remède était trop violent et les palmiers ont péri. La même opération, répétée sur d'autres palmiers avec le sulfo-carbonate de potassium, a détruit les kermès sans nuire aux plantes. Depuis cette double expérience, M. Truffaut considère que le sulfo-carbonate de potassium est le meilleur des insecticides à recommander.

Suivant M. Forney, botaniste et horticulteur éminent, beaucoup de substances peuvent être employées comme insecticides.

Le silicate de potasse ou verre soluble, fortement étendu d'eau, fait périr les insectes parce que, en séchant, il forme autour d'eux une enveloppe ou croûte qui empêche l'accès de l'air. Sur les kermès, les résultats que donne l'emploi de cette substance sont très remarquables.

La benzine, ajoutée à l'eau en faible quantité, produit un excellent effet contre les pucerons ordinaires; mais l'action est très inégale sur le puceron lanigère. Heureusement, il est une substance qui agit sur celui-ci de la manière la plus efficace : c'est le résidu épais que le pétrole laisse au fond des tonneaux; or, c'est une matière absolument sans valeur commerciale. Appliquée avec un pinceau sur les arbres envahis par le puceron lanigère, cette matière les en débarrasse complètement dans l'année même. Enfin, quand il s'agit d'arbres à haute tige attaqués par ce même puceron, M. Forney conseille de mettre à leur pied de la suie pendant l'hiver. « Comme, dit-il, l'insecte s'enfonce en terre pour y passer la mauvaise saison, la suie l'empêche de remonter sur les arbres à la fin de l'hiver et les arbres en sont ainsi délivrés.

Destruction des fourmis. — Il y a beaucoup de moyens de détruire les fourmis; mais il y a aussi beaucoup d'espèces de fourmis qui, ne se comportant pas toutes de même façon, ne peuvent être combattues par les mêmes moyens. Il y a surtout les fourmis sédentaires et celles voyageuses ; contre ces dernières il n'y a pas grand'chose à faire; leur nombre est tellement considérable et le temps de leur migration si court, qu'il est mieux de s'en garer que de lutter de front. Leur passage dure une semaine, quelquefois deux, suivant l'importance de la colonne; mais vouloir s'opposer au passage de la suite, lorsque les premières ont adopté un chemin, serait un travail considérale peu en rapport avec les quelques déprédations qu'on voudrait éviter. Nous avons vu, dans Paris même,

Fig. 332. — Fin d'été (Tableau de R. Collin, pour la nouvelle Sorbonne).

des maisons de six étages envahies de la cave au grenier par ces fourmis voyageuses, sans qu'une seule armoire soit épargnée, puis elles sont parties au bout de quelques jours et il était impossible d'en retrouver une seule.

Les fourmis sédentaires peuvent être détruites par des insecticides, la naphtaline, l'acide phénique, etc., ou être attirées dans des sirops ou liqueurs dont elles ne peuvent se dépêtrer. Dans ce cas, on place les appâts dans des pots à parois bien lisses, pour ne pas permettre aux insectes qui y tombent de remonter par les bords.

Le Ver blanc et le Sulfure de carbone. — Il est un autre ennemi des jardins contre lequel il est bon d'être armé.

Cet ennemi, c'est le ver blanc, dont la résistance à la destruction est d'autant plus grande que ses ravages sont souterrains et visibles seulement quand la plante est déjà fortement atteinte.

M. Chargueraud, de la Société d'horticulture, vient de faire des expériences en vue de détruire les vers blancs au moyen du sulfure de carbone. Malheureusement ces expériences n'ont nullement réussi; ces larves n'ont ressenti en aucune manière l'action de cette substance. Dans ses essais, M. Chargueraud a employé 25 grammes de sulfure de carbone par mètre carré de terrain et il a introduit ce liquide dans la profondeur du sol en y ouvrant, au moyen d'un pieu, un trou dans lequel il l'a versé et qu'il a ensuite bouché sans retard. Après cette opération, les fraisiers du carré soumis à ses expériences ont continué d'être détruits comme auparavant. Il a planté, au bout d'une quinzaine de jours, des salades au milieu des fraisiers et, comme d'ordinaire, les vers blancs se sont portés de préférence sur ces plantes. Il a fait ensuite un essai encore plus direct dont les résultats ont été tout aussi négatifs. Il a rempli de terre un grand baquet formé de la moitié d'un tonneau et dans cette terre il a introduit d'abord douze vers blancs, ensuite 25 grammes de sulfure de carbone. Au bout de quinze jours, il a reconnu que deux de ces larves s'étant échappées, les dix qui étaient restées dans la terre étaient parfaitement vivantes. Il est donc démontré par ces deux expériences que le sulfure de carbone ne fait pas périr la larve du hanneton.

Des expériences entreprises par un de nos amis, au moyen du sulfo-carbonate de potasse introduit, à l'état de solution, au pied de chaque poirier, de la même manière que l'on opère pour la vigne, n'ont pas donné de résultat appréciable.

Mais, suivant l'avis de M. Maxime Cornu, l'action du sulfure de carbone serait fort inégale suivant la nature du sol. Si le sol est meuble, sec et chaud, les vapeurs de sulfure de carbone le traversent sans difficulté et vont se perdre au dehors sans avoir exercé aucune action sur les insectes souterrains. La même substance agit, au contraire, quand la terre est moins perméable et modérément humide, comme elle est en général à la fin de l'automne. Il est à présumer, ajoute M. Cornu, en analysant les expériences de M. Chargueraud, que celui-ci a opéré par un temps sec et sur une terre meuble. Il en aurait été autrement si cet honorable collègue avait arrosé cette même terre après y avoir introduit la matière insecticide; mais alors il est probable que les plantes qu'il voulait sauver de l'atteinte des vers blancs seraient mortes sous l'action de la substance employée, la dose de 25 grammes par mètre carré étant trop forte.

M. Maxime Cornu termine en disant qu'il a obtenu de bons résultats de l'emploi de la naphtaline contre le ver gris, larve de la noctuelle, et qui détruit beaucoup de plantes en les coupant au collet. Au moment de la plantation, il suffit de mettre une pincée de naphtaline en poudre au fond du trou qui doit recevoir les racines des plantes pour n'avoir plus rien à craindre du ver gris.

Il semble permis de penser que la même substance pourrait produire un effet semblable sur le ver blanc.

Destruction des courtilières. — M. de Barrau de Muratel a fait connaître à la Société d'acclimatation que, dans le Tarn, qu'il habite l'été, ses corbeilles de fleurs étaient chaque année détruites par les courtilières. Les zinnias et les pétunias avaient particulièrement à souffrir des ravages de ces insectes.

Pour se débarrasser de ces hôtes incommodes, M. de Barrau de Muratel fit placer dans le sol, à une profondeur de 30 centimètres et distantes de 50 centimètres, des capsules renfermant 10 grammes de sulfure de carbone.

Les plantes se trouvèrent fort bien de ce traitement, les courtilières ont disparu et la végétation s'est montrée vigoureuse jusqu'aux gelées. L'expérimentateur a cru en outre devoir remarquer que le sulfure de carbone serait d'un bon emploi contre les cryptogames qui envahissent les racines de certaines plantes, mais ceci sous toutes réserves; une nouvelle expérience est nécessaire pour en tirer une conclusion certaine.

M. le président de la Société a dit qu'il est convaincu de l'efficacité du sulfure de carbone comme insecticide, et il est employé couramment à Verrières pour débarrasser les terreaux de feuilles mortes et autres des insectes qui y vivent. Il signale aussi comme de précieux auxiliaires la huppe et la pie, qui font une guerre acharnée aux courtilières et aux vers blancs.

Nous ajouterons que le sulfure de carbone projeté dans une fourmilière au moyen d'une seringue à injections a donné d'excellents résultats.

Actuellement l'auteur de cet article l'essaie en solution dans l'eau contre les pucerons du rosier.

Destruction des insectes dans les serres. — Tous les jardiniers qui ont des serres connaissent ces petits animaux nocturnes; je les appelle ainsi parce qu'ils ne font leurs ravages que la nuit, ce qui en rend la destruction très difficile, surtout dans les serres à orchidées où ils trouvent beaucoup de refuges contre le jour qu'ils redoutent. Aussitôt la nuit venue, ils sortent et s'en vont chercher leur nourriture sur les plantes. Ils s'attaquent aux jeunes pousses, aux tiges à fleurs et aux jeunes racines, surtout des orchidées. Il n'est pas besoin d'énumérer ici toutes les plantes auxquelles ils s'attaquent, ni tous les procédés qui sont employés pour leur destruction, ceux-ci sont tous plus ou moins pratiques et demandent beaucoup de temps. Tous ont été essayés, et on peut s'arrêter au suivant, qui est très simple et peu coûteux. Il consiste à avoir quelques balais de bouleau, à les mettre dans la serre, couchés ou debout, toujours dans un endroit humide et un peu obscur, dans les sentiers ou sous les gradins et même entre les plantes. Ces balais offrent aux cloportes un refuge qu'ils préfèrent à tout autre pour y passer la journée. Tous les deux ou trois jours, vous prenez vos balais et vous les secouez fortement pour en faire tomber les cloportes que vous écrasez immédiatement.

Si vous avez un seau d'eau chaude, vous pourrez y tremper vos balais ; il faut pour cela de l'eau presque bouillante, car ces animaux ont la vie très dure. Souvent on trouve aussi sous les balais de grosses limaces, cherchées bien longtemps. Par ce procédé fort simple, on détruit aussi beaucoup de mille-pattes, qui affectionnent également ces sortes de refuges. Ce qu'il faudrait voir dans les serres, ce sont des rainettes. Ces petites grenouilles vertes, qui ne vivent exclusivement que d'insectes et de petits animaux tels que les cloportes, loches et mille-pattes, méritent d'être considérées comme des auxiliaires très utiles aux jardiniers dans les serres.

L'eau de savon insecticide. — Dans une de ses séances, la section de viticulture de la Société d'agriculture de la Gironde a entendu une communication d'un de ses membres, M. Gontier Lalande, concernant l'emploi de l'eau de savon pour la destruction des insectes parasites des végétaux.

Il a chez lui une cressonnière qui est attaquée tous les ans, au printemps, par un puceron noir. Si on laisse faire cet insecte, il mange rapidement les feuilles. Du cresson il va aux autres plantes : choux, salades, asperges, et les détruit également. Avec une seule aspersion d'eau de savon on les détruit.

M. Gontier Lalande a fait de l'eau de savon à 3 grammes par litre d'eau, il a arrosé sur des choux où elles se trouvaient, environ quarante chenilles, qui sont tombées immédiatement à terre. A peu près autant de ces chenilles ont été placées dans le creux d'une feuille de choux et arrosées, puis égouttées ; quelques instants après elles étaient toutes mortes, sauf une qui leur a survécu quelque peu.

Pour lui, l'eau de savon est un des meilleurs insecticides et ne présente aucun danger, car les chiens en boivent sans être dérangés.

Il pense qu'à l'aide des pulvérisateurs dont on se sert déjà contre le mildew des projections d'eau de savon, pouvant aller jusqu'à la dose de 5 grammes par litre, détruiraient les larves.

Destruction des insectes. — Le *Journal de Jonzac* rapporte que quelques propriétaires du canton de Montguyon, effrayés par les ravages des insectes, par le puceron ailé, et notamment par des nuages de chenilles, en même temps que désolés de la rareté du gibier, résolurent de lutter à la fois contre l'envahissement de cette plaie renouvelée de l'Égypte, et contre la disette du poil et de la plume. Ils ont donc groupé à cet effet leurs propriétés, qui forment un ensemble d'environ 600 hectares, y ont défendu la chasse d'une manière absolue, et se sont interdits à eux-mêmes, pendant deux ans, de tirer un seul coup de fusil sur le terrain syndiqué.

La surveillance est des plus sérieuses ; aussi voit-on beaucoup plus d'oiseaux que les années précédentes, les nids ayant été partout respectés.

Une assez grande quantité de gibier de repeuplement a admirablement réussi, elle promet de jolis coups de fusils, dans les tirés de la réserve.

Voilà un exemple à suivre. Si dans chaque centre important se formait une « Société de repeuplement du gibier et des oiseaux utiles à l'agriculture », cultivateurs et chasseurs s'en trouveraient mieux.

Fig. 332. — L'exposition horticole japonaise

Destruction des limaces. — M. Paul Noël, directeur du laboratoire régional d'entomologie agricole de Rouen, emploie le moyen suivant :

« Tous les ans, dit-il, les journaux publient des procédés nouveaux pour la destruction des limaces, et toujours ces procédés sont impuissants à conjurer les dégâts terribles qu'elles causent dans les jardins.

« Nous croyons donc être utile aux horticulteurs et aux agriculteurs en leur indiquant un procédé des plus simples et qui a toujours parfaitement réussi. Ce procédé consiste à placer dans les cultures quelques crapauds ou même des grenouilles : en quelques jours, ces animaux dévorent toutes les limaces.

« Nous savions que les Anglais employaient de plus en plus ce système, qu'il y a dix ans ils achetaient des crapauds 5 francs le cent pour cet usage et qu'aujourd'hui ils les paient jusqu'à 3 francs la douzaine.

« Nous avons donc voulu tenter la même expérience et nous avons pleinement réussi.

« Depuis trois ans, le jardin loué pour le laboratoire était abandonné, rempli de ronces et de lierres, absolument rempli de limaces.

« Nous y avons mis en liberté 100 crapauds et 90 grenouilles et, en moins d'un mois, toutes les limaces étaient détruites.

« Nous avons semé des choux, des épinards, des laitues, des chicorées, des fleurs de toutes sortes, et pas une feuille n'est actuellement attaquée.

« Les cultivateurs viennent se rendre compte eux-mêmes des résultats obtenus; alors que toutes ces plantes recherchées des limaces sont détruites dans les jardins voisins, dans le jardin du laboratoire elles y sont en pleine végétation. »

Destruction des mulots et des souris. — Une recrudescence des dommages causés aux récoltes par les mulots et les souris s'est manifestée sur de nombreux points du territoire. Le ministère de l'Agriculture vient d'adresser aux professeurs départementaux d'agriculture une circulaire relative à la destruction de ces rongeurs.

Le procédé de destruction que le ministère propose d'expérimenter a été employé avec succès, depuis plusieurs années, à l'École pratique d'agriculture de Bauchêne (Mayenne).

Dans un tuyau de drainage d'environ trois centimètres de diamètre intérieur, on y introduit vers son milieu, à l'aide d'une petite palette, un mélange de 4/5 de farine et 1/5 d'acide arsénieux (arsenic du commerce), puis on dépose ces tuyaux à proximité des trous où se trouvent les mulots.

Ce procédé est simple et peu coûteux ; il permet, en outre, de ne pas exposer les animaux domestiques, non plus que le gibier, aux conséquences du danger de l'absorption du mélange.

La circulaire invite les professeurs à se rendre dans les localités du département où ils exercent, qui seraient ravagés par les rongeurs, et faire connaître aux populations agricoles, par la voie de conférences, le moyen de destruction que nous venons d'indiquer.

Destruction des rats. — On sait combien il est difficile d'amorcer les pièges à rats.

Les pièges les mieux combinés restent souvent sans effet.

Le directeur du Jardin zoologique de Washington avait, comme cela arrive dans la plupart des établissements où l'on tient des oiseaux, ses bâtiments infestés par les rats, et ne pouvaient réussir à s'en débarrasser.

Il crut remarquer un jour que les rongeurs étaient particulièrement friands de la graine du tournesol, et il en amorça ses pièges. Depuis ce temps, les rats se prennent par quinzaine.

Destruction des rongeurs. — Voici un moyen très simple, mais certain, de détruire les rats et les souris. On prend de la chaux vive (en pierres et non éteinte), on la pulvérise dans un mortier et on passe au tamis; on y ajoute alors son poids de sucre en poudre. Le mélange opéré, on étend cette poudre dans les endroits fréquentés par les rats et les souris. Comme ils sont très friands de sucre, ils mangent la poudre, qui n'a ni mauvais goût ni odeur repoussante. Les liquides de l'estomac venant à mouiller la chaux, on comprend ce qui se passe aussitôt. La chaux s'hydrate au contact des liquides, s'échauffe et se gonfle ; et une violente inflammation ne tarde pas à s'emparer de l'estomac et à occasionner la mort de l'animal.

Le crapaud et les abeilles. — Le crapaud serait un ennemi assez redoutable des abeilles, pour lesquelles il montrerait un goût assez prononcé.

M. Guétier, de la Société impériale russe d'acclimatation des animaux et des plantes, a eu l'occasion d'observer un soir, au rucher de la Société, un crapaud qui, monté sur la planche conduisant à l'ouverture de la ruche, guettait les abeilles et les avalait une à une, au fur et à mesure de leur arrivée. L'animal était si absorbé dans sa chasse, qu'il laissa l'observateur approcher sans discontinuer son travail de destruction, et cela dura ainsi pendant une heure et demie.

Ayant ouvert le crapaud, M. Guétier trouva son estomac littéralement bourré d'abeilles.

Pour se rendre compte de l'étendue du préjudice causé par cet animal, M. Guétier en attrapa plusieurs au hasard dans l'herbe du rucher; tous contenaient des abeilles.

Mis ainsi en garde, M. Guétier surprit souvent, depuis, des crapauds occupés à attendre les abeilles à l'entrée des ruches. Il est donc évident que, non content de manger les abeilles attardées qui n'ont pu monter à la ruche, le crapaud se livre à une chasse systématique.

Si l'on considère que le goût de cette chasse est assez répandu parmi les crapauds et qu'elle a lieu quotidiennement, on se fera une idée des proportions dans lesquelles ces utiles insectes périssent, si l'ennemi peut accéder à la porte de la ruche.

Le rôle des vers de terre dans la culture. — On se rappelle le bruit soulevé, il y a quelques années, autour du livre de Darwin, relatif au rôle joué par les vers dans la formation de la terre végétale. De nouvelles et patientes recherches ont prouvé que les idées exprimées par l'illustre naturaliste, au lieu d'être exagérées, restaient plutôt au-dessous de la vérité. Le ver de terre est un merveilleux agent de fertilisation en ramenant à la surface du sol, par ses déjections, le sous-sol ; c'est un laboureur perpétuel et inconscient. Tous les vingt-sept ans environ, on peut estimer que chaque parcelle du sol, jusqu'à 60 centimètres de profondeur, est de nouveau soumise aux influences atmosphériques.

Les crapauds. — Ces batraciens ont leur utilité, et ils peuvent rendre de véritables services à ceux qui, surmontant leur répugnance, entreprennent de les domestiquer. Ils s'y prêtent très bien. Dans le jardin, ils dévorent les limaces et les escargots dont ils sont très friands. Dans la maison ils font une guerre acharnée aux blattes, aux moucherons, aux punaises. Dans la cave, ils atteignent une foule d'insectes qui par leur habitat échappent aux animaux de nuit. Enfin, on prétend que leur seule présence éloigne les rats et les souris qui ne peuvent s'habituer à leur société. D'ailleurs, le crapaud, malgré ses pustules, n'a pas d'action nuisible sur les organismes supérieurs.

Les oiseaux. — Les oiseaux sont nos bienfaiteurs : loin de les détruire, comme nous le faisons, nous devons les protéger et faciliter leur multiplication le plus possible. Heureux l'agriculteur ou l'horticulteur qui sait les attirer ou les retenir sur son domaine, car ils l'égayent et l'enrichissent.

Sans doute, quelques-uns de ces petits êtres charmants, infatigables, et d'une utilité incontestable, prennent leur nourriture sur les produits de la terre; mais, détruire des êtres qui sur mille graines en prélèvent une est la plus fatale des fautes de calcul et le plus coupable des actes de l'ingratitude. En effet, que dirait-on d'une personne qui reprocherait au vigneron, au moissonneur, au cultivateur, de prélever sa boisson, sa nourriture sur les fruits, la viande et le pain qu'il fait produire et recueille ?

Parmi les nombreuses classes d'oiseaux qui se meuvent autour de nous, il existe deux classes de petits oiseaux qu'il importe de connaître et de bien définir, parce qu'ils nous intéressent tout particulièrement et plus que ne le pensent beaucoup trop de personnes.

Ce sont :

1° Les *granivores*, qui se nourrissent de graines et de fruits ;

2° Les *insectivores*, qui se nourrissent d'insectes.

Ces derniers ne sont peut-être pas les plus nombreux, mais ils sont, que personne ne l'ignore, les plus utiles au point de vue de l'agriculture, la base de la prospérité et de la richesse des nations.

La classe des *granivores* comprend la plupart des oiseaux de basse-cour, tels que le coq, la poule, le pigeon, la tourterelle, le paon, le faisan, la pintade, ainsi que la perdrix, la caille qui constituent, en partie, l'ordre des gallinacés, et quelques petits oiseaux, tels que l'*alouette*, le *bec-figue*, le *chardonneret*, le *linot*, le *verdier*, le *pinson*, le *moineau*, etc.

La classe des *insectivores* comprend, en général, toutes les sylvies ou oiseaux à bec fin.

Parmi ces derniers, viennent en première ligne le *rossignol*, l'*hirondelle*, les *fauvettes*, les *mésanges*, qui tous méritent une mention spéciale.

Le *rossignol* ou *Philomèle*, en poésie, est un grand destructeur de larves et de fourmis. De tout temps, il a été, à juste titre, en grand honneur chez les naturalistes. Aristote, Pline, Barrington l'ont exalté; Buffon lui consacre plusieurs pages de son ouvrage.

Qui de nous, par une belle nuit de printemps, alors que toute la nature est dans le silence, ne s'est plu à écouter avec ravissement le ramage de ce chantre des bois? Sans doute, beaucoup d'autres oiseaux nous plaisent par leur chant, leur gazouillement, mais aucun n'égale le rossignol. Quand celui-ci chante, il semble que tous les autres doivent se taire.

Lorsque, dans les premiers jours d'avril, ce coryphée du printemps nous arrive pour chanter l'hymne de la nature, le plus beau et le plus sentimental

Fig. 334. — Oranger.

assurément, il commence par un prélude timide, par un des tons faibles et doux comme pour essayer son instrument.

Le rossignol mâle précède généralement de quelques jours l'arrivée de la femelle; dès que celle-ci arrive, il enhardit son chant pour lui plaire, semble-t-il, et déploie dans toute leur plénitude les ressources de son incomparable organe. Quelle puissance de voie et quelle mélodie! Aussi, que de fois, en marche, ne nous sommes-nous pas arrêtés pour l'écouter; on ne se lasse pas de l'entendre.

Le rossignol se nourrit exclusivement d'insectes : chenilles, araignées, vermisseaux, larves et fourmis. On peut dire, en toute sécurité, que c'est le plus utile et le plus charmant des oiseaux.

L'*hirondelle* ou la *Progné* des poètes fait une guère acharnée aux moucherons. Son estomac peut en contenir six cents; son plumage sombre est des plus simples;

l'hirondelle semble parée pour les jours de deuil, son gazouillement ressemble à une oraison funèbre, mais elle nous débarrasse des moustiques; de plus, elle est familière et sait se faire aimer.

Ce fidèle messager des beaux jours, que par ignorance ou routine certains Méridionaux tuent impitoyablement, est remarquable par la constance qu'elle met à revenir dans les mêmes endroits, à des époques périodiques qui ne varient pas ou peu, quelque temps qu'il fasse. L'hirondelle attache son nid à la chaumière, au palais des grands, et si elle aime l'humilité, elle aime aussi les grandeurs tristes; elle passe l'été aux ruines de Versailles et l'hiver à celles de Thèbes.

Les *fauvettes* sont aussi des insectivores précieux; elles chassent dans l'air les mouches et les pucerons. Nous en connaissons trois espèces distinctes qui sont :

1° La *petite fauvette grise* ou *fauvette babillarde;* 2° la *grosse fauvette grise;* 3° la *fauvette à tête naine.* La première gazouille constamment; les deux autres possèdent un chant qui ressemble à un sifflement des plus agréables, mais plus ou moins fort, suivant l'époque.

Les fauvettes, ainsi que tous les oiseaux qui émigrent, nous reviennent vers les premiers jours d'avril; elles vivent de chenilles, d'araignées, de petits insectes; mais elles ne dédaignent pas certains fruits, tels que la figue, le raisin et l'abricot.

Les *mésanges :* il y en a quatre espèces bien répandues. Il est important de savoir les distinguer, car toutes sont également utiles. C'est par centaines qu'il faut compter les chenilles servies chaque jour par la mésange à sa jeune famille qui a toujours le bec ouvert. Elle-même s'administre journellement environ cinq cents œufs, larves et corps d'insectes.

Nous citerons : 1° la *mésange à longue queue;* 2° la *mésange bleue;* 3° la *mésange grise* à tête noire; 4° la *grosse mésange* à plastron jaune et noir, qui est la plus commune dans nos pays. Ces oiseaux sont un peu granivores; mais la seule graine que nous sachions qu'ils mangent est le chènevis dont ils nous paraissent assez friands.

La mésange ne mange pas la graine en place, elle l'emporte sur l'arbre le plus voisin; et, la tenant avec une patte, elle la perce en deux ou trois coups de bec. Cette manière d'opérer lui est toute particulière. La principale nourriture de la mésange se compose d'insectes doriens, surtout de chenilles, ces sales et répugnants insectes qui, dans certaines années surtout, dévastent nos récoltes et nos fruits. Il y a bien la loi sur l'échenillage, mais, en France principalement, cette loi est exécutée comme celles sur l'échardonnage, l'ivresse, etc., etc.

Les mésanges font de douze à quinze petits par couvée; aussi, quand arrive l'automne, les voit-on se promener par petites troupes qui se composent du père, de la mère et de leur nombreuse famille.

A l'encontre de la plupart des insectivores, les mésanges n'émigrent pas, elles passent l'hiver chez nous, et, dès les premiers froids, elles se jettent dans nos jardins, parcourent nos vergers dans tous les sens, y recherchent les chenilles qui s'y sont attardées; elles explorent minutieusement les bourgeons, les mousses, les lichens, les fragments d'écorces et les branches des arbres fruitiers; puis, de leur bec fin et dur, en arrachent les larves, les œufs que différents insectes y ont déposés et généralement solidement fixés.

Font partie aussi des insectivores le *traquet*, qui attrape au vol les mouches, les vermisseaux, qui débarrasse la vigne de la *pyrale* (une pyrale de moins promet 115 grappes de raisin de plus) ; le *rouge-gorge*, la *gorge-bleu*, le *roitelet*, les *bergeronnettes*, qui purgent des charençons les greniers de blé ; le *rossignol* des murailles appelé vulgairement *queue-rousse*, l'*ortolan* ou *tire-langue*, qu'à tort il est permis de chasser, puisqu'il détruit énormément de fourmis ; la *pie-grièche*, le *loriot* qui vivent de sauterelles, de scarabées ; le *pic-vert*, le *grimpeau*, le *pinson*, le *moineau*; ces deux derniers passent pour des granivores dangereux ; mais, en réalité, ils mangent beaucoup plus d'insectes nuisibles que de graines, et le mal qu'ils causent est surpassé de beaucoup par le bien qu'ils font ; le pinson et le moineau (pierrot) attaquent volontiers la jeune larve du hanneton, dont ils font un grand carnage pour nourrir leurs petits. Il en est de même de la pie et du corbeau.

Indépendamment des services que les oiseaux nous rendent, ces petits volatiles que tout le monde aime à entendre gazouiller et à voir voltiger sans cesse, ne font-ils pas encore le plus bel ornement de nos jardins, de nos bois, de nos forêts, qui sans eux seraient monotones et mélancoliques.

Nous entendons trop souvent quelques personnes ignorantes dire : Nous n'avons ni terres, ni vignes, ni arbres, que nous importe à nous quelques oiseaux de moins et quelques insectes de plus. Un tel raisonnement ne peut être tenu que par un étourdi, car chacun sait que la pénurie des récoltes atteint tout le monde, le pauvre comme le riche, et plus encore celui qui n'a rien que celui qui possède.

Les oiseaux sont nos auxiliaires les plus actifs et nos bienfaiteurs ; ils ont droit à notre protection et à notre aide pour leur multiplication ; car, si l'on continue à les détruire comme on le fait depuis quelque soixante ans surtout, bientôt, nous les verrons disparaître complètement et nous nous trouverons incontestablement en face d'un terrible fléau.

Aussi prions-nous instamment les autorités d'exercer une surveillance très active et de faire exécuter et respecter très sérieusement la loi sur la destruction des oiseaux. Nous pensons qu'il n'est que temps et que les pères et mères, les maîtres et les maîtresses de l'enfance agiront sagement en faisant comprendre à leurs enfants et à leurs élèves que détruire une couvée, attraper un oiseau est non seulement un acte d'inhumanité, mais encore un acte préjudiciable à tous et qu'on ne saurait punir avec trop de sévérité.

Les petits oiseaux. — La couvée de l'alouette du pays a besoin de 400 insectes par jour. Il faut 156 chenilles à une couvée de roitelets.

Le rossignol est un grand destructeur de larves et de fourmis.

La fauvette chasse dans l'air les mouches et les pucerons.

L'hirondelle a un estomac dans lequel on peut trouver 540 insectes.

C'est par centaines qu'il faut compter les chenilles servies chaque jour par la mésange à sa jeune famille. N'ayant pas de couvée à nourrir, elle ne pourra, sans bien crier la faim, s'administrer moins de 500 œufs, larves et corps d'insectes.

Dans une chambre, un rouge-queue peut prendre 600 mouches en une journée.

Le traquet attrape au vol, mouches, vermisseaux ; en sus, il débarrasse la vigne de la pyrale. *Or, une pyrale de moins promet 115 grappes de raisins de plus.*

20 bergeronnettes purgent de charançons un grenier de blé. Or, la destruction d'un charançon sauve 92 grains de froment.

A cela, on répondra peut-être qu'à de certains moments beaucoup d'oiseaux vivent, avalant autant de fruits et de graines que d'insectes.

Mais détruire l'être qui, sur mille graines qu'il sauve, en prélève une, serait la plus fatale des fautes de calcul et le plus coupable des actes d'ingratitude. Cela équivaudrait à faire un crime au moissonneur de se nourrir de pain.

Les oiseaux utiles. — Il est plus facile de compter les oiseaux nuisibles que les oiseaux utiles. Les premiers sont rares; les seconds abondent. La mésange, la fauvette, le pinson, le verdier, le tarin, le rouge-gorge, les becfins en général, le troglodyte, le roitelet, l'hirondelle des fenêtres, le martinet, le freux, la petite corneille, la chouette, le pic, les engoulevents, etc., nous rendent de grands services. Les petits mangent des insectes, les gros font la guerre aux larves des champs, aux mulots, aux souris.

On s'accorde à ne pas dire de bien des moineaux ; pourtant leurs services me paraissent racheter et au delà les dommages qu'ils nous font. Essayons de les éloigner, mais ne les tuons pas. En divers endroits où l'on avait mis leurs têtes à prix, on s'en trouva mal et l'on paya fort cher pour en avoir de nouveau.

La chasse aux corbeaux. — On recommande le procédé suivant pour s'emparer des corbeaux dans les endroits où ils se réunissent en grand nombre en hiver et causent des dommages aux récoltes : dans le fond de cornets de papier de 10 à 12 centimètres de haut et d'un petit diamètre, on place un morceau de viande; les parois intérieures des cornets sont enduites de glu. On place les cornets ainsi préparés sur la neige aux endroits où les corbeaux ont l'habitude de se réunir. Ils essayent de retirer la viande des cornets et par suite ceux-ci leur restent collés sur la tête et ils ne voient plus. Les corbeaux, englués et voltigeant, s'arrêtent et se reposent bientôt après maintes cabrioles fantastiques et culbutes les plus grotesques. Leur capture est dès lors très facile.

Le hérisson. — D'aucuns assurent que le hérisson est absolument utile et qu'il se contente de manger des limaces, des reptiles et les fruits tombés des arbres. On ne peut être aussi affirmatif.

On l'accuse avec raison de détruire les œufs des oiseaux qui nichent à terre. Il aime les poulaillers et cherche à y pénétrer. Quand il y réussit, il mange les œufs et les poussins, et on peut même croire qu'il attaque la grosse volaille et les lapins.

C'est une erreur de croire qu'un hérisson enfermé entre quatre murs n'en sortira pas. Un naturaliste cite trois petits qui ont disparu de leur prison dans la nuit et n'ont pas été retrouvés.

Avantages et inconvénients des taupes. — Les taupes sont à la fois utiles et nuisibles. Elles sont utiles dans les champs et dans les prés, parce qu'elles mangent des vers blancs et d'autres insectes, parce qu'elles drainent le sol et qu'elles ramènent au-dessus la terre du dessous.

Elles sont nuisibles dans les jardins parce qu'elles bouleversent les semis de légumes et de fleurs, parce qu'avec elles on ne saurait répondre d'une récolte. Elles sont nuisibles dans le voisinage des étangs dont elles trouent les digues.

C'est à vous, après cela, de voir si vous avez intérêt à les ménager ou à les détruire. Les propriétaires d'étangs et les jardiniers ne leur font pas de quartier. Dans la grande culture on fera bien de les ménager.

Destruction des rats et des souris dans les poulaillers. — La préservation ou la destruction des rats et des souris joue un grand rôle dans

Fig. 335. — Bergamote.

l'hygiène de poulaillers. Nous trouvons l'indication d'un moyen de destruction dont la simplicité nous semble mériter l'attention de nos lecteurs.

« Voici la manière de purger les poulaillers des rats et des souris qui y causent des dommages nombreux. Nul n'ignore que cette vermine dévore non seulement le grain destiné à l'alimentation des poulets, mais s'attaque aussi aux œufs et aux poussins récemment éclos. J'ai longtemps été partisan des pièges, parce que ce moyen est le plus pratique. Mais la plupart de ceux qui en usent ont observé qu'à la longue ces brigands gris, qui ne manquent pas d'intelligence, finissent par comprendre la destination de ces engins et ne s'y font pincer qu'exceptionnellement. Il fallait trouver un procédé meilleur.

« Pour délivrer les poulaillers, les greniers et autres pièces semblables des rats et des souris, faites sortir la volaille de bon matin : si c'est un poulailler fermé et couvert, bouchez hermétiquement toutes les ouvertures au moyen de bandes de bon papier collé ou de coton, introduisez-y un ou plusieurs récipients en métal, suivant la grandeur de la pièce, remplis de bois (il vaut mieux que le charbon soit du bois de chêne ou du hêtre. et en gros morceaux), allumez le charbon en laissant encore la porte ouverte, et lorsqu'il n'y a plus à craindre que le feu s'éteigne, sortez et fermez soigneusement la porte et toutes ses fentes par lesquelles le gaz pourrait s'échapper.

« Un peu avant la nuit, après une dizaine d'heures au moins, ouvrez la porte laissez le gaz se dégager avant d'entrer dans la pièce (un quart d'heure environ), ensuite ouvrez de nouveau toutes les fenêtres pour que l'air se purifie, et rentrez la volaille. Si vous pouvez disposer d'une autre pièce pour y garder la volaille, il vaut mieux laisser le poulailler pendant vingt-quatre heures sous l'action du gaz carbonique : ses effets ne seront que plus certains.

« En rentrant dans la pièce, vous trouverez sur le sol beaucoup de rats et de souris morts ; et tous ceux qui seront restés dans leurs cachettes, ainsi que leurs petits, auront subi bien certainement le même sort, quelle que soit la profondeur du terrier, vu la pesanteur du gaz carbonique et sa fluidité.

« Avec ce moyen on se délivre également de tout insecte et même des parasites. Il faut cependant avoir bien soin que le gaz ne puisse pénétrer d'aucune manière dans les écuries, dans les étables où il y aurait des animaux, ou dans les chambres habitées, si elles sont contiguës aux pièces soumises à l'action du charbon, car on n'ignore pas l'action mortelle du gaz carbonique sur l'économie. »

Comment on éloigne les lapins rongeurs. — Les jeunes arbres et aussi les jeunes pépinières souffrent beaucoup, s'ils n'en meurent, des dévastations faites par les lapins. Ces rongeurs viennent enlever à quelques centimètres de terre les écorces tendres des arbres près desquels ils peuvent approcher. Dans les plantations en plein champ, il est assez difficile, lorsqu'on ne veut pas faire la dépense d'un enclos de treillage, de protéger efficacement les pépinières et les arbres à écorce tendre. On prend de la bouse de vache, de la chaux et de la marne, mélangées par tiers. On ajoute du sang de bœuf ; on applique, autour de ces arbres, sur l'écorce jusqu'à un pied de hauteur, le ciment ainsi composé, le résultat est des plus satisfaisants. On avait préconisé jusqu'à ce jour la chaux, mais la pluie arrivait peu à peu à la laver et laissait l'écorce à nu à la merci des rongeurs. Le mortier de bouse, de marne, de chaux et de sang de bœuf détruit en même temps les insectes parasitaires. C'est par sa mauvaise odeur qu'il éloigne les rongeurs qui, paraît-il, sont délicats. M. de Vilmorin préconise de préférence le coaltar qui ne demande aucune préparation ; on en achète, et avec une petite quantité on badigeonne le bas de la tige d'un nombre considérable d'arbres.

Application du sulfate de cuivre contre les rongeurs.—Les lapins et les lièvres ne font pas plus de bien dans certains vignobles et dans les jardins qu'ils n'en font aux champs. Ainsi un jardinier des environs de Loches (Indre-et-Loire) se plaint beaucoup des dommages que les lapins lui ont causés. Dès le commencement de mai, les bourgeons de vignes et même des ceps avaient été mangés. Il eut l'idée de les défendre au moyen d'un traitement à la bouillie bordelaise. Il s'en trouva bien ; les lapins ne touchèrent plus aux vignes. Mais ils se rabattirent dans le proche voisinage sur des champs de haricots. Le jardinier, M. P. Garanger, protégea ses haricots comme il avait protégé ses vignes. A cet effet, il prit 1 kilog. 500 de sulfate de cuivre qu'il fit dissoudre dans un baquet d'eau ; il fit ensuite un lait de chaux avec 2 kilogrammes de chaux grasse en pierres qu'il versa après refroidissement dans le baquet d'eau où était le sulfate de cuivre. Le mélange fut étendu au moyen de 100 litres d'eau.

Avec ce liquide et un pulvérisateur, il arrosa le soir ses haricots par un beau temps sec, et les lapins n'y touchèrent pas plus qu'à la vigne.

Ce succès mérite d'être connu. Il est évident que l'application de cette bouillie ne convient pas uniquement à la vigne et aux haricots, et qu'on pourrait l'étendre à d'autres espèces végétales sujettes à être endommagées par les lapins, comme, par exemple, aux céréales en bordure près des forêts, aux choux, etc.

Il serait intéressant de savoir aussi quel serait l'effet du même liquide sur les jeunes arbres et sur les pépinières que les lièvres ne ménagent pas.

Enfin, nous savons tous qu'une dissolution de sel de cuivre est absolument désagréable aux escargots ; or, il nous semble qu'elle devrait rebuter les limaces avec autant d'efficacité. S'il en était ainsi, nous arriverions à sauver quantité de plantes potagères que ces limaces n'épargnent pas au moment de la levée. C'est le cas particulièrement des haricots, des courges et des concombres.

Nous ne pouvons pas nous défendre contre ces animaux, puisqu'ils commettent surtout leurs dégâts pendant la nuit. S'il nous suffisait d'un arrosage fait la veille au soir avec un pulvérisateur, le service rendu serait réellement d'une grande importance et nous délivrerait de toutes sortes d'ennuis.

Nous prions nos lecteurs de poursuivre les essais commencés dans le département d'Indre-et-Loire. Ceux qui n'ont pas de pulvérisateur sous la main peuvent se servir d'un balai qu'ils tremperont dans le liquide et qu'ils secoueront sur les plantes à protéger.

Application du sulfate de cuivre aux arbres fruitiers. — Tous les ans, dit M. Magny, vers les mois de février et de mars, alors que les boutons à fruit commencent à grossir sur les arbres fruitiers, à quelque espèce qu'ils appartiennent, des oiseaux (les bouvreuils et les mésanges notamment) s'abattent dans les jardins de notre contrée et vident ces boutons au point de compromettre la récolte des fruits dans une forte proportion.

Ayant eu recours sans le moindre succès à divers moyens pour me mettre à l'abri de ces maraudeurs, j'ai eu l'idée, l'année dernière, de couvrir entièrement mes arbres, surtout les lambourdes à fruit, de la bouillie suivante :

Chaux, 2 kilogrammes, à éteindre dans 4 litres d'eau ;

Sulfate de cuivre, 1 kilogramme, à dissoudre à chaud dans 42 litres d'eau.

Mélanger les deux, chaux et sulfate ; ajouter ensuite de l'argile pour donner de la consistance et 500 grammes de suie.

Je me basais sur ce que le sulfate de cuivre étant un poison, l'instinct des oiseaux les en éloignerait. Quelle qu'en soit la cause, le résultat a été bon, car, sur tous mes arbres ainsi enduits, aucun bouton n'a été endommagé et la floraison s'est faite d'une manière normale.

Cette bouillie, ainsi que je l'ai constaté, a encore l'avantage de détruire les insectes qui hivernent sous les écorces et de combattre la tavelure des fruits.

Contre un autre ennemi de mes jardins j'ai encore employé la bouillie dont j'ai donné la formule plus haut, ajoute M. de Magny, en augmentant un peu la proportion de sulfate de cuivre.

Tous les horticulteurs connaissent le goût très prononcé des limaçons pour les brugnons; depuis bien des années, j'avais presque renoncé à en récolter malgré la chasse matinale faite à leurs visiteurs. Me basant encore sur la propriété toxique du sulfate de cuivre, j'ai enduit tous les murs de mes espaliers, le tronc des arbres, ainsi que toutes les branches avec la bouillie, et j'ai eu la satisfaction de cueillir une pleine récolte de brugnons parfaitement indemnes.

La volaille dans les vignes. — Dans le Médoc, on voit parmi les vignes des poulaillers en briques et d'autres en planches assez semblables à nos niches à chiens. On y met deux ou trois poules qu'on lâche le matin et qu'on enferme le soir. Elles se cantonnent, ne s'éloignent guère et détruisent beaucoup d'insectes.

Ailleurs, on met dans les vignes des couveuses avec leurs poussins. La poule se préoccupe trop de sa couvée et ne fait pas autant de besogne qu'une poule sans poussins.

Les canards, les pintades, les dindons rendent également de grands services, et aussi longtemps que les raisins ne mûrissent il y a profit à les mettre dans les vignes.

Comment on prend les limaces. — M. Hardy, vice-président de la Société d'horticulture de France, recommande le moyen suivant pour détruire les limaces.

Étendre de la graisse ou du mauvais beurre sur de petites planchettes ; les placer le soir dans les endroits où on s'est aperçu de la présence des limaces : le lendemain matin, toutes les planchettes sont recouvertes de limaces ; il n'y a plus qu'à les tuer.

Une chose remarquable dans cette méthode de M. Hardy, c'est que les limaces presque imperceptibles viennent sur les planchettes; on arrive ainsi à les exterminer toutes.

Insectes utiles. — En tête plaçons les abeilles et les vers à soie. On les connaît bien, mais en voici quelques-uns que l'on connaît moins.

Quand vous verrez courir au jardin une longue bête tout à fait noire, n'ayant que des moignons d'ailes, pas poltronne, redressant sa tête et sa queue si on l'empoigne, ne la tuez pas : c'est le *staphylin odorant*, un carnassier, un destructeur d'insectes.

Pour la même raison, ne tuez pas le joli *carabe doré* qu'on nomme *cheval à bon Dieu* et *jardinière*. Il y a de ces carabes qui sont noirs, qui sont cuivreux. Ils valent les dorés.

Ne tuez pas la petite *coccinelle* rouge ou jaune, avec des points sur les élytres, et que vous appelez *bêtes à bon Dieu*. Sa larve mange les pucerons...

Ne tuez pas les *libellules* ou demoiselles, qui prennent les insectes au vol, ni les *ichneumons*, qui ressemblent à de gros cousins, portant une tarrière au derrière et qui pondent dans le corps des chenilles.

Moyen d'éloigner les altises et les escargots. — M. Millardet a signalé l'action que la sulfostéatite cuprique exerce sur les altises et les escargots. Des applications faites sur une grande échelle et en plusieurs points différents, par

M. d'Andoque de Sériège, propriétaire de l'Aude, « auraient montré que cette poudre met l'altise en fuite et pour longtemps, puisque, après un intervalle de huit jours, elle n'avait pas encore reparu ».

Quant à l'action de la même poudre sur les escargots, ajoute M. Millardet,

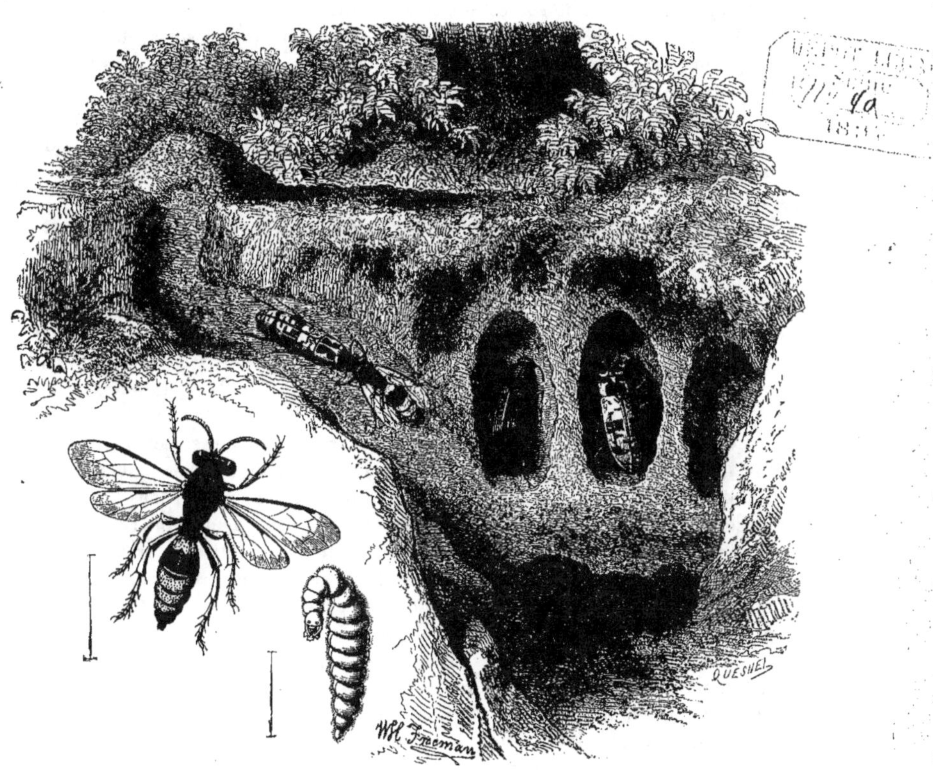

Fig. 336. — Le cerceris buprestiside.

j'ai pu m'assurer qu'elle est bien réelle. A la suite d'une des pluies de ces derniers jours, je fis, dans mon jardin, une application à faible dose de cette poudre sur quelques vignes qui étaient chargées de ces animaux, gros et petits. Le lendemain, il n'y en avait plus un seul sur le feuillage : la plupart avaient disparu; quelques-uns seulement se retrouvaient sur les échalas. Je dois ajouter cependant que, deux jours après, à la suite d'une pluie qui avait lavé les feuilles, je retrouvai la plupart de mes convives sur la plante et en fort bon appétit.

Il me semble qu'une application de cette poudre le long des chemins, des haies et des fossés, qui servent de retraite à l'altise comme à l'escargot, pourrait être un moyen commode et peu coûteux d'éloigner cette redoutable engeance.

La sulfostéatite cuprique est un mélange de sulfate de cuivre et de stéatie ou silicate de magnésie. C'est sans doute la couperose qui éloigne ou détruit les altises et les escargots, et il est probable qu'on obtiendrait de bons résultats dans les vignes avec les autres poudres à base de sulfate de cuivre proposées pour combattre le mildiou. C'est un essai à faire.

Chasse aux escargots et aux limaces. — Lorsque le sol a été mouillé soit par la pluie, soit par un arrosage, on place, à une distance les uns des autres, des petits tas de son.

Inévitablement les limaces et les escargots s'en approchent et s'y installent.

La nuit venue, on peut, en s'éclairant d'une lanterne, les ramasser en grande quantité et, en renouvelant l'opération, il est facile d'en débarrasser les jardins qu'ils ont envahis.

La guerre aux fourmis. — Les fourmis ne nuisent pas aux plantes directement en rongeant une partie quelconque pour s'en nourrir, puisqu'elles ne sont pas herbivores; mais elles deviennent gênantes dans les jardins, parce qu'elles en bouleversent la terre, et qu'en soulevant celle à travers laquelle ces insectes creusent leurs galeries, ils finissent souvent par enterrer certaines plantes dont ils entravent ainsi la végétation et dont, d'ailleurs, ils amoindrissent ou annihilent même l'effet ornemental. C'est surtout ce qui arrive pour les géraniums et les dessins de mosaïculture.

« On a conseillé, dit M. Dybowski, différents procédés pour se débarrasser des fourmis. Pour lui, ce qui lui a donné les meilleurs résultats, c'est une solution de sulfo-potassium au centième. Il étend un litre de cette solution dans l'eau d'un arrosoir de dix litres, et il verse ensuite ce liquide dans la fourmilière. Si l'eau n'a pas pénétré partout, il recommence l'opération et il obtient alors sûrement l'effet désiré. Les plantes voisines de la fourmilière ainsi traitée ne souffrent nullement de l'action de la substance employée. Ce procédé ne peut être employé dans les serres où les fourmis sont souvent fort incommodes; mais là on les détruit sans peine en mettant dans un vase quelconque de l'eau sucrée additionnée d'un peu de rhum ou de cognac. Les fourmis vont s'y noyer, et parfois en si grande quantité que leur masse finit par former dans le vase une sorte de bouillie épaisse et presque solide. Enfin, quand les fourmis suivent dans leurs pérégrinations une ligne déterminée, comme cela arrive généralement, on les détourne sans peine en traçant sur leur chemin des raies avec du blanc d'Espagne, substance qui leur inspire, paraît-il, une profonde répulsion. De là, quand on les voit se diriger vers un arbre pour l'envahir, on peut sans peine les détourner en traçant au bas du tronc une large bande circulaire avec du blanc d'Espagne.

Voici encore deux procédés également recommandés contre ces industrieux, mais incommodes insectes.

Pour éloigner les fourmis, non seulement des fleurs mais aussi des locaux qui en sont infestés, d'aucuns recommandent l'usage du cerfeuil. Il suffit d'une poignée de cette plante fraîche dans les endroits où se trouvent ces insectes pour que ceux-ci délogent à l'instant.

Quand on ne peut se procurer du cerfeuil frais, on peut, si c'est une chambre qu'il s'agit de débarrasser des fourmis, verser quelques gouttes de pétrole dans le trou ou la fente qui leur sert de refuge ; si c'est un arbre qu'il faut protéger, on badigeonne le tronc au moyen d'un pinceau imbibé de cette huile.

Voici un autre moyen :

Pour les faire disparaître des pelouses qu'elles détruisent, il faut arroser les terrains de pétrole : c'est un moyen très efficace.

Un sériciculteur espagnol a employé un moyen très simple et très économique pour éloigner les fourmis; il consiste à répandre sur les fourmilières et sur les endroits que les fourmis fréquentent le plus, de la sciure de bois qu'on arrose avec de l'eau putréfiée après qu'elle a servi au lavage du poisson. Les fourmis disparaissent comme par enchantement.

Quelques gouttes d'acide phénique versées sur le passage de ces envahissants ennemis les refoulent promptement. Pour les empêcher de grimper aux arbres fruitiers, on a vu employer avec succès un fil de laine roulé en bague autour des arbres et légèrement huilé.

L'acide phénique, répandant une odeur insupportable pour certaines personnes, peut être remplacé par du sel de cuisine ; on répand sur le sol une traînée de sel, les fourmis, non seulement ne franchissent pas ce petit rempart, mais elles quittent leur nid si on jette du sel dans le voisinage de ceux-ci.

Pour les arbres fruitiers, entourer le tronc à 10 centimètres du sol d'une espèce de corde de laine de la grosseur du pouce; verser doucement de l'eau de tabac sur la laine jusqu'à ce qu'elle en soit bien imbibée. Les fourmis meurent toutes sur le bourrelet de laine, et celles qui sont au pied de l'arbre s'éloignent.

Dans les appartements, outre l'emploi de l'acide phénique, on conseille également d'envelopper un morceau de camphre dans un linge ou du papier, de le mouiller et de le placer dans l'endroit dont on veut éloigner les fourmis.

On peut encore éloigner les fourmis en déposant un citron pourri dans l'endroit où ces insectes se trouvent.

L'eau dans laquelle on a fait bouillir des écrevisses a aussi la propriété de déplaire aux fourmis.

Pour les éloigner des arbres fruitiers, on donne au tronc une couche circulaire de quelques centimètres de largeur d'huile de chanvre mélangée à la suie de cheminée.

Quand on répand de la sciure de bois sous les arbres, les fourmis n'en approchent pas.

Destruction des pucerons et des fourmis. — Procurez-vous du savon *jaune*, provenant des fabriques de stéarine. Faites-en dissoudre dans l'eau, et, avec une seringue, lancez cette eau de savon sur les fourmilières, sur les pucerons verts, noirs ou gris de vos rosiers, de vos fèves ou de vos choux. Les insectes n'y résisteront pas. Il n'y a que le puceron lanigère qui ait résisté à l'eau de savon jaune.

Pour ce qui est des fourmis, on recommande de verser sur les fourmilières de l'eau dans laquelle on fait bouillir racines, tiges et feuilles de cerfeuil. Il n'en coûte guère de vérifier la chose.

Les semences et l'acide phénique. — La *Gazette agricole* indique que les Anglais emploient l'acide phénique au lieu du chaulage pour purger le blé des insectes et des rongeurs qui le détériorent. C'est un produit qui donne d'excellents résultats, mais qui exige beaucoup d'attention; à de très faibles doses, il détruit la propriété germinative du blé.

Dix grammes d'acide phénique suffisent pour donner à un hectolitre d'eau une odeur suffisante pour éloigner les insectes, mais alors il faut mouiller le grain et l'égoutter immédiatement, il ne faut pour ainsi dire pas de contact. A ce sujet voici un exemple utile à la culture :

Un cultivateur sème chaque année du maïs en mai. Pour le soustraire à la voracité des corneilles, il est obligé de faire garder ses semis. Une année il a simplement trempé les grains de maïs dans de l'eau phéniquée, pas un grain n'a été touché par les corneilles.

Dans son jardin, le même cultivateur s'affranchit des limaces, en entourant les plantes ou fleurs à protéger par des cailloux trempés dans de l'eau phéniquée et plantés à la surface du sol.

Remèdes contre les pucerons. — Chacun connaît et emploie de nombreux remèdes contre les pucerons. Ceux que nous allons décrire présentent deux avantages, l'économie et l'efficacité; l'un d'eux surtout est moins coûteux que tous les autres remèdes préconisés : Il consiste à faire évaporer dans la serre de l'urine de cheval; après deux ou trois jours d'évaporation, tous les pucerons sont détruits et, quelques jours plus tard, les plantes prennent un accroissement vraiment extraordinaire : les feuilles se développent outre mesure, les nouvelles pousses, bien constituées, sont d'une vigueur extraordinaire pour des plantes cultivées en pots.

Voici comment on s'y prend, dit M. G. Loveling : on place des réservoirs de vaporisations remplis d'urine sur les tuyaux de chauffage; on laisse évaporer et on renouvelle deux fois l'urine aussitôt que le réservoir est vide. Le seul inconvénient de ce mode de destruction des pucerons, c'est l'odeur désagréable de la vaporisation, mais qu'importe l'odeur si les effets obtenus sont bons! Les plantes, même les fougères, n'en souffrent pas; celles-ci, au contraire, développent quantité de nouvelles frondes, quelques jours après l'opération.

L'autre remède est une invention anglaise; il consiste à faire brûler des cônes qui renferment le contenu d'une bouteille remplie d'une matière dont les inventeurs gardent le secret; on ferme bien la serre et on allume les cônes; chacun de ceux-ci détruit, dit-on, toute trace d'insectes dans un espace de 1,000 pieds cubes sans détruire ni gâter les fleurs, les jeunes pousses et les fougères. Ces cônes s'appellent : *Lethorion Vapour cones*. Une seule fumigation suffit pour détruire tous les insectes. Ces cônes peuvent donc être utilisés avec succès dans les serres à palmiers où se trouvent des fougères.

J'ai employé les deux systèmes que je préconise; le premier m'a donné deux résultats : destruction des insectes et végétation luxuriante; le second a détruit très efficacement les insectes.

Vitalité des hannetons. — Dans un mémoire présenté à l'Académie des sciences, sur les dommages causés à l'agriculture par le hanneton et sa larve, M. J. Reiset a donné des preuves curieuses de la vitalité des hannetons.

10 hannetons bien vivants ayant été enfermés pendant cent cinquante jours dans un pot à fleurs couvert d'un pavé, 4 seulement ont été trouvés morts. Les 6 autres, mis à l'air, ont pris immédiatement leur vol.

50 hannetons ont été placés dans le vide, sous la cloche de la machine pneumatique. Après dix minutes, les insectes paraissent tous morts et sans mouvement, au moment où on les recueille; exposés au soleil, pendant un quart d'heure, tous se sont ranimés et envolés.

39 hannetons sur 50 se sont envolés, après douze heures de séjour dans une atmosphère n'ayant plus que 15 millimètres de pression.

Après huit heures de séjour dans ces mêmes conditions, on trouve seulement 6 morts sur 50 insectes.

De même, l'asphyxie et la mort des hannetons par l'immersion dans l'eau ne sont bien constatées qu'après cinq jours écoulés.

On voit que de sérieuses difficultés se présentent quand on doit faire périr, en peu de temps, une certaine masse de ces insectes.

M. Reiset a trouvé que la naphtaline peut rendre les plus grands services en certaines circonstances. Il conseille de mélanger les hannetons, couches par couches, avec la naphtaline dans une futaille, à raison de 4 à 5 kilogrammes de naphtaline. La mort des insectes survient très rapidement.

Ajoutons que les insectes tués en masse par un procédé quelconque d'empoisonnement ou d'asphyxie constituent un excellent engrais pour les plantes du parterre comme pour celles du potager. C'est un engrais riche en matières organiques.

L'engrais de hannetons. — Les cultivateurs se garderont bien de laisser perdre les insectes recueillis au cours de la campagne de hannetonnage entreprise cette année dans un grand nombre de départements, car la valeur comme engrais de ces coléoptères est loin d'être négligeable.

M. V. Cambon a analysé dans son laboratoire, à Lyon, un lot de quelque centaines de hannetons, et voici les résultats qu'il a obtenus :

Poids moyen d'un hanneton.	0 gr. 750
Eau contenue dans 100 grammes d'insectes.	66 —
Matière sèche.	34 —
Ces 34 grammes de matière sèche contiennent :	
Azote organique.	3 gr. 90
Acide phosphorique.	0 — 70
Potasse. . . . . 0 gr. 50 à	0 — 80
Cendres après calcination au rouge.	3 — 50

« On voit, dit M. Cambon, que la valeur-engrais de ces cadavres d'insectes est assez considérable puisqu'elle représente environ 8 francs les 100 kilogrammes. J'ajoute que c'est un produit très rapidement assimilable. Les personnes peu au courant de l'appréciation du produit des engrais s'en rendront un compte plus précis si je leur dis que 100 kilogrammes de hannetons équivalent, comme matière azotée, à 800 kilogrammes de bon fumier de vache.

« On voit donc que ce n'est point perdre son temps que de ramasser des hannetons. Combien de fruits ne recueille-t-on pas à grand'peine, et Dieu sait avec quelles précautions, qui ne se vendent pas au marché plus de 8 francs les 100 kilogrammes. »

Pour détruire les insectes recueillis, M. Cambon recommande d'employer la chaux vive ou de faire passer les hannetons dans un four à pain chauffé au plus à 125°. « On peut encore, ajoute-t-il, introduire dans un tonneau le sac plein d'insectes, verser dans ce tonneau quelques centaines de grammes de sulfure de carbone, recouvrir d'un couvercle et laisser le sulfure s'évaporer; au bout d'une heure, tous les hannetons sont asphyxiés. »

Destruction des vers blancs. — Tous les agriculteurs savent le tort que les vers blancs ou mans causent souvent aux récoltes de betteraves et de pommes de terre. On a indiqué un grand nombre de moyens plus ou moins pratiques, pour atténuer les pertes qu'ils occasionnent.

Voici à titre de renseignement le résultat qu'on a obtenu à l'école d'agriculture de l'Allier :

M. Laurent, chef de pratique à l'école, frappé par la grande quantité de mans ramenés à la surface par la charrue (2 à 3 par mètre parcouru), dans la culture des pommes de terre et des betteraves, eut l'heureuse idée de les faire ramasser par la charrue dans la partie qui devait être occupée par les pommes de terre et sur 15 ares environ de celle que devaient occuper les betteraves.

Les résultats ont été merveilleux. Les pommes de terre n'eurent aucunement à souffrir des ravages de ces larves malfaisantes.

Les betteraves semées dans la partie nettoyée ont donné un rendement de 34,000 kilogrammes à l'hectare, tandis que, dans la partie où l'on n'avait pas ramassé les mans, le rendement n'a été que de 10,150 kilogrammes à l'hectare.

La destruction de ces larves sur toute la surface occupée par les betteraves aurait donc eu, comme résultat, une augmentation de récolte de 23,850 kilogrammes par hectare.

Le ramassage de ces larves peut être fait par un enfant ou une femme (une seule personne a suffi pour suivre une charrue), et, comme il faut environ trois journées d'attelage pour labourer un hectare, on n'a donc qu'une somme très minime à débourser pour préserver des vers blancs les tubercules ou les racines.

Destruction des vers de terre. — Les lombrics, ou vers de terre, détruisent parfois, du jour au lendemain, des semis de graines, par la quantité de galeries qu'ils pratiquent sous la terre, afin d'extraire ce qui convient à leur nourriture. Divers procédés existent pour détruire ces vers. On peut les éloigner des jeunes semis en arrosant les planches avec des décoctions de plantes d'une odeur et d'une saveur âcre et désagréable, comme les feuilles de chanvre, de noyer, de tabac, de bulbes d'ail. Le brou de noix bouilli dans l'eau communique à celle-ci une saveur particulièrement déplaisante aux lombrics, et qui les met promptement en fuite.

On peut aussi arroser la terre dans laquelle on veut semer des graines fines, avec de l'eau contenant en suspension de la chaux en poudre; au bout de deux minutes, les lombrics sortent de terre et viennent mourir à la surface du sol.

Les verminières. — Les vers de terre sont un manger de choix pour les volailles. C'est pourquoi la multiplication artificielle des vers de terre est une opération excellente dans un établissement où l'on élève des volailles sur une certaine échelle. Aussi les habiles éleveurs ont-ils soin de se munir d'une verminière, qui fournit en abondance à leurs volailles la nourriture animale qu'elles aiment le plus.

Voici la méthode à suivre pour créer une verminière :

On creuse une grande fosse, puis on la remplit de paille de seigle hachée, mêlée avec du crottin de cheval; on jette dessus une légère couche de terreau qu'on arrose avec du sang de bœuf, ou de veau, ou de tout autre animal fraîchement immolé. On jette sur cette couche de menus morceaux de viandes gâtées, de boyaux de volailles, de cadavres d'animaux crevés; on les recouvre avec des marcs de vendange et avec des grains ou criblures d'avoine, de blé, de son. Lorsque la fosse est pleine, la fermentation putride, avivée par le fumier de cheval, ne tarde pas à se développer, et des millions de vers ou d'êtres embryonnaires y prennent naissance et se renouvellent chaque jour. Les volailles en sont tellement avides qu'il importe de ne pas les laisser s'en repaître à satiété; leurs œufs seraient détestables. Mais cette nourriture aiguise leur appétit et pousse à la ponte des œufs. En tout cas, la verminière est un riche et précieux garde-manger pour tous les hôtes de la basse-cour.

Pour l'entretenir en bon état de production on l'arrose le matin avec des eaux grasses dans lesquelles on mêle du sarrasin et des hachures de pommes de terre. Les poules accourent picorer ce tas avec un appétit insatiable. Les habiles ménagères tirent un excellent parti des verminières gouvernées de cette façon.

Divers moyens de détruire les chenilles. — On peut projeter sur l'arbre ou la plante, au moyen d'un pulvérisateur, un fin brouillard de jus de tabac à 12° Beaumé, étendu de quatorze fois son volume d'eau. On peut encore employer l'eau phéniquée ou l'eau de savon.

Un autre moyen consiste à répandre de la chaux éteinte sur les arbres, après une pluie abondante.

Depuis quelques années, on a préconisé la benzine et surtout le pétrole. Voici comment on opère : au moyen d'un pulvérisateur, on projette sur les feuilles un nuage de pétrole d'une excessive ténuité.

A peine le pétrole a-t-il touché les chenilles, que celles-ci tombent à terre, se tordent et bientôt meurent. Celles qui se trouvent abritées par les branches ou les feuilles n'échappent même pas à l'action du pétrole, car l'odeur de cette substance suffit pour les tuer.

Toutefois, si les chenilles se montrent abondantes, ce traitement ne laisse pas d'être assez coûteux. Aussi l'a-t-on remplacé par le suivant, qui consiste dans une formule où le pétrole a néanmoins sa place.

Voici cette formule :

Eau	100 litres
Savon noir	5 —
Huile de pétrole	3 —

On fait fondre le savon noir dans une certaine quantité d'eau chaude; on laisse refroidir; on ajoute le pétrole en agitant le tout et on complète le mélange par l'addition de l'eau. On se sert de cette solution comme des précédentes.

Moyens de reconnaître la présence de la cuscute dans la graine de trèfle ou de luzerne. — Pour reconnaître la présence de la cuscute dans un échantillon de graine de trèfle ou de luzerne, on jette cette graine dans un baquet d'eau.

Les semences fourragères iront au fond, les capsules de cuscute surnageront.

On peut aussi employer ce procédé : on frotte entre les mains la graine que l'on veut essayer de façon à briser les capsules de cuscute et à mettre les graines en liberté. On crible, et les graines de cuscute, très petites, passeront; celles de trèfle et de luzerne resteront dans le crible.

L'anthonome du poirier. — M. Fallou a donné à la Société d'horticulture communication de la note suivante sur l'*Anthonome du poirier :*

La larve vit en avril dans les bourres à fleurs du poirier et est désignée par M. Forest, dans ses cours d'arboriculture, sous les noms vulgaires de *Ver d'hiver* ou de *Ver de bourgeons à fleurs;* l'insecte parfait paraît en mai. Il passe l'hiver caché dans les crevasses des écorces et dans les lichens; il se réveille au commencement de mars pour s'accoupler; la fécondation opérée, la femelle perce les bourgeons avec son long bec et y dépose un œuf qui éclot au bout de huit jours. Aucun bourgeon renfermant une larve ne fleurit. Un cercle noirâtre se forme à sa base et lui-même finit par noircir et se dessécher. Avant les années 1855 et 1856, cet insecte était presque inconnu aux environs de Paris, mais depuis il est devenu un véritable fléau pour les poiriers en quenouille ou en espalier. Son apparition dans nos jardins ne remonte pas au delà des années déjà citées. La métamorphose a lieu dans le bourgeon. Pour détruire cet insecte, on recommande d'enlever en avril tous les bourgeons attaqués et de les brûler.

Destruction des courtilières. — La courtilière ou taupe-grillon est un insecte d'aspect répugnant. Cette hideuse bête a les ailes terminées par des lanières recourbées et retournées sur elles-mêmes et un abdomen mou, difforme, monstrueux. Elle creuse des galeries souterraines au moyen des puissantes pattes antérieures dont elle est pourvue.

Divers moyens sont recommandés pour détruire ces insectes. On recommande de verser dans les nids (qu'on trouve facilement en suivant les galeries que les courtilières ont creusées et qui font saillie sur le sol) du pétrole, du goudron de gaz, de l'eau de lessive grasse. On peut également profiter du moment où il n'y a pas de végétaux sur la terre infectée par les courtilières pour y verser de l'urine de bétail ou du jus de fumier en putréfaction. Ce liquide tue les taupes-grillons; mais il faut répéter l'opération plusieurs fois pendant l'année.

Pour prendre les courtilières, pendant la période de leur travail souterrain, on leur tend des pièges : le plus simple est d'enterrer sur le passage des galeries souterraines des pots à fleurs vides, au fond desquels elles tombent et d'où elles ne peuvent plus sortir.

Les nids de guêpes. — Il y a plusieurs moyens de se débarrasser des guêpiers; le plus commode est celui-ci : prenez dans un flacon de 40 à 50 grammes de pétrole ou d'essence de térébenthine et munissez-vous d'une poignée de chiffons de laine. Après le coucher du soleil et avant qu'il ne fasse nuit, allez au guêpier, versez un peu de pétrole ou d'essence sur le tampon de chiffons que vous tiendrez de la main gauche, versez le reste dans le trou du guêpier; appli-

Fig. 337. — Le saut du Doubs, par Horst.

quez de suite le tampon sur ce trou et maintenez-le avec une pierre plate ou une motte de terre.

Le lendemain matin, avec une pioche, vous enlèverez le nid et vous le broierez de façon à achever la destruction des larves et des guêpes incomplètement asphyxiées.

En agissant ainsi, l'opérateur ne court aucun risque d'être piqué.

Plantes insectifuges. — L'échalote, dont chacun connaît l'odeur pénétrante, possède, nous écrit un de nos abonnés, le privilège de mettre en fuite les courtilières (taupes-grillons), les limaces, les mulots et jusqu'aux fourmis. Il suffit de répandre quelques parcelles de cette plante sur la route que suivent ces insectes.

Pour éloigner les insectes. — Les blattes, les araignées, les fourmis et une foule d'autres insectes n'aiment pas, mais pas du tout, l'alun; cette antipathie a suggéré l'idée au rédacteur du *Journal of Chemistry* d'essayer le procédé suivant pour les éloigner de son habitation : dans quatre litres d'eau bouillante, il a fait complètement dissoudre 1 kilogramme d'alun et a appliqué cette solution avec un gros pinceau dans tous les points et crevasses de ses planchers, ainsi que sur le bord de ses fenêtres. Cela lui a réussi, et il s'est empressé de faire part à ses lecteurs de la recette que nous lui empruntons.

Le sylphe opaque. — Ces temps derniers, un fléau nouveau est venu atteindre notre agriculture et causer dans les semis de bettraves de véritables désastres. La culture betteravière, si importante pour la région du Nord en particulier, commençait à se relever de la situation difficile que l'état de l'industrie du sucre lui faisait depuis plusieurs années, et voilà qu'un insecte menace d'anéantir en quelques heures toutes les espérances des agriculteurs.

Le redoutable ennemi de la betterave est la larve d'un coléoptère de la tribu des nécrophages, le *sylphe opaque*, vulgairement *bouclier sombre*. Ce n'est pas d'aujourd'hui que l'on connaît ce dangereux destructeur de la betterave. Il a été signalé plusieurs fois, non seulement en France, mais à l'étranger. M. Comon, professeur départemental d'agriculture à Arras, vient de publier une note très intéressante sur le sylphe, note à laquelle nous ferons de fréquents emprunts. M. Comon l'a étudié, dans tous les champs ainsi qu'au laboratoire ; il l'a *cultivé* pour connaître ses mœurs et ses transformations, en vue de rechercher les moyens de le combattre ou de le détruire.

La tribu des nécrophages à laquelle appartient le sylphe est, en général, composée d'insectes utiles à l'homme : ils vivent de matières organiques en putréfaction et des immondices déposés sur le sol et qu'ils en débarrassent. Si, pendant la belle saison, on ouvre l'abdomen d'un animal quelconque en putréfaction, ou même souvent les excréments de certains animaux, on aperçoit à l'intérieur une masse grouillante noirâtre, composée de larves agiles et d'insectes parfaits qui se repaissent de la matière organique en décomposition : ce sont des sylphes. Parmi ces nécrophages, il en est qui vivent de feuilles; les espèces que les entomologistes désignent sous le nom de *S. atrata*, *S. opaca*, cette dernière surtout, sont dans ce cas. La voracité avec laquelle elles dévorent les champs de betteraves à cette époque en est la preuve.

M. Comon donne du sylphe opaque la description suivante : « La larve est de couleur noir brillant, elle est longue de 14 à 16 millimètres quand elle est adulte. Le corps est aplati et formé de douze segments ou anneaux dont les trois premiers sont armés de pattes. Les angles postérieurs des segments sont aigus ; l'extrémité postérieure de l'abdomen se termine en pointe, ils sont armés de deux appendices coniques. Les mandibules sont courtes et fortes. L'insecte parfait est noir, mat, aplati. La tête inclinée est cachée sous le corselet : elle est munie d'antennes en forme de massue. Le corselet est arrondi latéralement, mais coupé assez carrément en arrière. Les élytres ne sont pas très convexes, mais se rétrécissent en arrière ; arrondies à leur extrémité postérieure, elles présentent un bord extérieur qui semble former une gouttière plus ou moins profonde suivant les sujets. Lorsqu'on saisit un sylphe, il répand par la bouche et par l'anus un liquide noirâtre. »

Cette description permettra aux cultivateurs de reconnaître aisément l'ennemi de leurs cultures de betteraves.

Les pontes et les éclosions des larves sont plus ou moins précoces, de fin avril à mai. Dans le Pas-de-Calais, M. Comon a, depuis trois ans, toujours vu apparaître les premières larves le 20 mai et disparaître les dernières le 10 juin. Une larve peut arriver à son complet développement en une douzaine de jours. Quand elle est adulte, elle s'enferme en terre, à quelques centimètres de profondeur et s'y transforme en nymphe. Au bout de peu de temps, l'animal reparaît sous forme d'insecte parfait. A l'arrière-saison, les insectes parfaits s'enferment en terre à une certaine profondeur, parfois jusqu'à 40 centimètres. C'est dans ces conditions qu'ils hivernent.

Dans ses élevages au laboratoire, il n'a pas pu obtenir plus d'une génération par an : il est porté à penser, sans pouvoir l'affirmer toutefois, qu'en liberté la génération de mai-juin doit également être la seule. Cependant, il est incontestable que, si d'autres générations surviennent, elles ne sont que supplémentaires et ne font aucun mal aux betteraves trop développées alors. D'ailleurs, au delà du 15 juin, on n'a jamais rencontré de larves dans les champs de betteraves. Les insectes parfaits cependant n'y font pas défaut : on les voit le plus souvent sous les mottes de terre et très rarement sur les feuilles dont ils se nourrissent cependant.

Le sylphe, d'après cela, est donc principalement nuisible à l'état de larve : il est nuisible à cause de sa voracité, ce qui explique la nécessité où est la larve de parcourir, en moins de quinze jours, les phases de nutrition qui l'amènent à son développement complet. L'insecte parfait, au contraire, qui ne doit plus s'accroître, mange beaucoup moins, n'ayant qu'à pourvoir à son entretien et non à son développement.

Les larves, n'apparaissant que le 20 mai, peuvent n'occasionner que de légers dégâts, réparables en peu de temps, ou causer la destruction de la récolte. Cela dépendra de l'état de développement des betteraves à cette date. Quand la végétation est avancée, les sylphes, malgré leur nombre, ne tuent pas la plante, ils en retardent seulement la croissance. La plante étant déjà forte, le sylphe ne mange que le parenchyme de la feuille, n'attaque ni les côtes ni le cœur de la plante ; une pluie survenant, aidée par l'emploi du nitrate de soude, le cultivateur sauve sa récolte.

Mais, dans une année tardive, les choses vont tout autrement. Si la végétation des betteraves est en retard d'un mois, la plante est petite, elle a beaucoup souffert de la sécheresse ; les larves, à leur éclosion, n'ont trouvé que de très jeunes plants de betteraves qu'elles ont dévorés complètement : la plante périt. La voracité de la larve est telle qu'en un jour elle mange la récolte d'un champ d'une assez grande étendue.

Si l'on ne connaît que trop les ravages causés par le sylphe, on n'a malheureusement jusqu'ici à leur opposer aucun obstacle sérieux. Tous les essais de destruction des insectes parfaits ou des larves sont demeurés nuls.

Les malheureux agriculteurs en sont réduits à assister à la dévastation de leurs champs, sans pouvoir l'enrayer par un procédé quelconque.

En attendant que, d'un côté ou de l'autre, on arrive à combattre le ravageur des betteraves, il faut chercher à prévenir son invasion pour une autre année. M. Grandeau estime, d'accord avec M. Comon, qu'il faut tâcher de prendre les sylphes par la famine, c'est-à-dire alterner la culture de la betterave avec celle d'une autre plante inapte à nourrir le sylphe. Mais pour atteindre ce but, seul remède quant à présent à opposer au mal, une entente est nécessaire entre les planteurs de betteraves. Il faut opérer l'alternance sur une très grande étendue contiguë de terrain, si l'on veut éviter qu'en affamant les sylphes dans un champ ils ne se jettent sur le champ voisin ensemencé en betteraves. C'est le cas pour les cultivateurs de se syndiquer contre l'ennemi commun et d'adopter un assolement rigoureusement appliqué dans une région et qui pourrait, il y a lieu de l'espérer, avoir raison en un temps assez court du terrible ennemi de la betterave.

Le jus de tabac. — Le jus de tabac est l'un des meilleurs insecticides à opposer aux ravages d'une foule de parasites qui attaquent et détruisent nos végétaux. Malheureusement ce produit, quoique abondant, est difficile à obtenir, car il n'a qu'un seul producteur, l'État, fabricant unique du tabac à fumer et à priser.

Jusqu'ici la crainte de la fraude a été le principal, sinon le seul obstacle, à ce qu'il fût donné satisfaction aux réclamations du public. Aussi l'administration a-t-elle recherché s'il ne serait pas possible de mélanger aux jus une substance inoffensive pouvant les rendre impropres à la préparation de tabacs factices. A la suite d'essais, il a été reconnu que le goudron de Norvège, mélangé au jus dans la proportion de 1 0/0, satisfaisait à cette double condition.

Dans cette situation, le ministre des Finances a arrêté, pour la vente des jus de tabacs, de nouvelles dispositions, en vertu desquelles on peut se procurer des jus, soit directement dans les manufactures de tabacs, soit par l'intermédiaire des entrepôts de tabacs fabriqués.

L'administration des tabacs livre les jus marquant de 12 à 15 degrés à l'aréomètre. Mais, pour les employer, il ne faut pas que ces jus marquent plus de 1/2 à un degré, par conséquent le jus vendu par l'administration doit être étendu de quinze à vingt fois son volume d'eau. C'est le soir que l'on asperge les plantes attaquées par les insectes ; jamais pendant la grande chaleur du jour, et le lendemain matin, on doit laver la plante par un nouvel arrosage à l'eau pure.

Les fumigations de jus de tabac ne se pratiquent que dans les serres, avec des jus concentrés que l'on répand sur des plaques de fonte ou de tôle échauffées à haute température.

Enfin, on utilise les jus de tabac pour la destruction des parasites des ani-

Fig. 338. — La chasse, par Boucher.

maux : poux, puces et acares des diverses gales. On opère dans ce cas avec des jus à 5 degrés, appliqués en lotions réduites à de petites surfaces, et on renouvelle plusieurs fois l'opération. Il ne faut pas employer les jus de tabac quand les affections à traiter ont déterminé sur la peau des plaies ou des érosions.

Voici la manière d'opérer :

Mode d'emploi en horticulture. — Les jus provenant du lavage et de la macération des tabacs sont utilisés avec succès pour la destruction des insectes nuisibles aux végétaux. L'emploi peut en être fait soit par arrosages directs, soit sous la forme de fumigations.

Arrosages. — On arrose les plantes avec des jus très faibles marquant de 1/2 à 1 degré Baumé au maximum. Ainsi le jus à 12° 1/2, que les manufactures livrent le plus souvent, doit être étendu de 15 à 20 fois son volume d'eau. Il est recommandé de procéder aux arrosages de préférence dans la soirée, et non pendant la forte chaleur du jour, et de laver les plantes le lendemain matin par un arrosage à l'eau pure.

Fumigations. — Pour ce procédé, qui est applicable seulement « dans les serres », on fait usage du jus concentré. On en projette une certaine quantité sur des briques ou mieux sur des plaques de fonte ou de fer préalablement chauffées à une forte température. Il se produit immédiatement dans la serre une épaisse fumée à laquelle les insectes sont extrêmement sensibles.

Traitement de certaines maladies des bestiaux. — Les jus de tabac sont également employés avec non moins de succès pour le traitement de certaines maladies des bestiaux et notamment des bestiaux de la race ovine ; ils sont surtout d'une grande efficacité pour détruire les poux, les puces et les acares des différentes gales, et en général pour combattre toutes les maladies parasitaires de la peau. On se sert à cet effet de jus de 5 degrés environ qu'on administre en lotions réduites chaque fois à de petites surfaces. Il est prudent, à cause des dangers d'empoisonnement, de ne pas employer les jus sous forme de bains généreux ; il est recommandé également de surseoir à leur emploi quand la peau présente des plaies ou des érosions.

Emploi du sulfure de carbone. — M. Quentin, directeur du laboratoire agronomique du Loiret, propose une préparation du sulfure de carbone qu'il estime supérieure à celles qu'on connaît pour la destruction des insectes de la vigne et des autres plantes.

Pour cette préparation, on fait dissoudre 100 grammes de carbonate de soude dans un hectolitre d'eau de pluie. On mélange ensuite un volume égal de sulfure de carbone et d'huile quelconque (de colza, par exemple). — On obtient un oléo-sulfure de carbone qu'on verse dans la solution de carbonate de soude à raison de 10 litres par hectolitre. On a ainsi une émulsion de 60 grammes de sulfure de carbone à l'état liquide qu'on répand au moyen d'un pulvérisateur.

M. Quentin dit avoir délivré la vigne de la cochylis avec ce liquide.

MALADIES DES PLANTES

LA PUCCINIE DU BLÉ

Lorsque les blés commencent à mûrir, il arrive souvent que l'agriculteur voit ses espérances déçues. Les moissons, qui d'ailleurs avaient déjà un aspect rougeâtre, se couvrent subitement d'une teinte noire, les tiges se penchent, les épis dépérissent et la récolte est perdue. Si on examine de près une tige de blé, on la voit couverte de petites taches noires en forme de lignes parallèles à son axe.

Dans l'épi, le grain est étiolé et rabougri. Chacun sait que ce sont là les caractères d'une maladie parasitaire, la rouille des blés.

D'autre part, on remarque souvent au printemps de petites taches sur les feuilles d'épine-vinette (*Berberis vulgaris*). Ces taches ont été depuis longtemps attribuées à la présence d'un champignon auquel on donnait autrefois le nom d'*Ecidium berberidis*. On sait à présent que la rouille orangée, la rouille noire et le champignon rouge de l'épine-vinette ne sont que les divers états d'un même parasite auquel on a donné le nom de *puccinia graminis*.

La puccinie n'est autre chose qu'un champignon microscopique de la famille des *Urédinées*. Ainsi que la plupart des végétaux de cette famille, la puccinie subit différentes métamorphoses suivant les saisons et suivant la plante qui lui sert de support.

Voici les principaux faits de cette existence variée :

A la fin d'avril, les spores [1] de la puccinie, tombant sur les feuilles de berberis, en percent l'épiderme et y développent un thalle [2] qui se ramifie dans les espaces intercellulaires du parenchyme. Ce thalle donne lieu à des productions de deux sortes. Celles qui apparaissent les premières en grand nombre et s'épanouissent à la face supérieure de la feuille sous la forme de petites bouteilles : ce sont les *Ecidiotes*. Leur cavité est tapissée de poils qui s'échappent bientôt par l'ostiole [3] suivis de rameaux divisés en plusieurs spores. On leur donne le nom d'*Ecidiolispores*. Ces spores, en tombant sur le sol dans un milieu convenable, grossissent

1. *Spores*. Semence des plantes cryptogames.
2. *Thalle* ou *mycelium*. Sorte de tige constituée par des expansions souterraines.
3. *Ostiole*. Petite ouverture.

et se multiplient pour bourgeonnement. Elles donnent alors naissance à des sporidies[1], qui, transportées à leur tour sur l'épine-vinette, y forment un nouveau thalle (Cornu) destiné à propager la plante de proche en proche.

Les formations de la face inférieure se nomment *Ecidies*. Elles ont la forme d'une cupule et sont munies d'un *peridium*[2]. Dans cette cupule naissent des spores portant le nom d'*Ecidiospores*. Ces spores nées de l'écidie ne développent de thalle que sur le blé.

Nous voici arrivés aux derniers jours du printemps. Les écidiospores, transportées par le vent sur les tiges et les feuilles du blé, y germent et émettent des tubes germinatifs. Ces tubes, pénétrant par les stomates, forment sous l'épiderme un thalle qui se développe sous l'apparence de saillies linéaires et parallèles. La couleur de ces productions a fait désigner la maladie qu'elles caractérisent sous le nom de *rouille orangée* ou même rouille tout court.

SAISONS	PLANTES NOURRICIÈRES	FORMES AFFECTÉES PAR LE PARASITE	SPORES PRODUITES PAR CHAQUE FORME	LIEU OU LES SPORES doivent se déposer pour germer.
Printemps...	Épine-vinette......	Écidiole............ Écidée...............	(1) Ecidiolispores. (2) Écidiospores..	Sur le sol, puis sur berberis. Sur graminées.....
Été...................	Graminées..........	Rouille orangée...	(3) Urédospores...	Sur graminées.....
Automne et Hiver.	Id.	Rouille noire.......	(4) Téleutospores.	Germent là où elles sont nées.
Printemps....	Id.	—	(5) Sporidies.......	Sur berberis........

C'est donc au commencement de l'été que se développe ce que les anciens appelaient *Uredolinearis*. Le thalle de l'uredo émet des spores ovales supportées par un pédicelle qui perce l'épiderme du blé. Ces spores ou *Urédospores* se détachent, tombent et laissent échapper par leurs pores[3] germinatifs leur protoplasma[4] sous la forme de tubes, qui vont former un nouveau thalle et propager la plante autour d'eux.

Plus tard, à l'automne ou même le plus souvent dès la fin de juillet, les lignes orangées deviennent noires. C'est que les urédospores ont été remplacées par les *Téleutospores*. Celles-ci ont la forme de petites massues divisées en deux parties. Leur membrane est épaisse et de couleur brune; chacune des deux divisions est munie d'un pore germinatif. La rouille noire passe l'hiver sur les tiges et les feuilles de la graminée.

1. *Sporidies*. Spores secondaires.
2. *Peridium*. Partie externe du réceptacle entourant certains champignons.
3. *Pores*. Synonyme d'ostiole.
4. *Protoplasma* ou *plasma*. Matière pâteuse contenue dans les cellules végétales et devant servir à la formation des tissus.

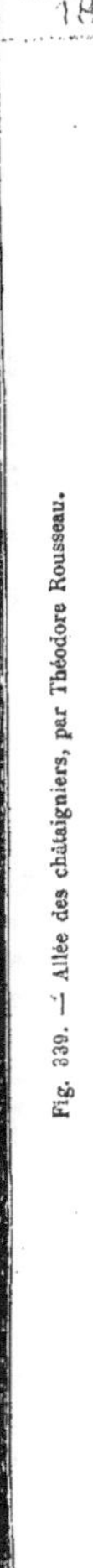

Fig. 339. — Allée des châtaigniers, par Théodore Rousseau.

Au printemps, les téleutospores émettent de chacun de leurs deux cellules un tube divisé lui-même en plusieurs cellules.

Les quatre cellules supérieures produisent des *sporidies*. Ce sont ces nouvelles spores qui, disséminées dans l'air, iront se fixer sur les feuilles d'épine-vinette et recommencer le cycle dont nous venons de parcourir les différents stades.

Le mildew ou mildiou. — Ces années dernières, une série d'expériences ont été faites dans diverses régions vinicoles pour préserver les vignes du mildiou.

Le principal sinon le seul remède reconnu efficace est le vitriol bleu ou sulfate de cuivre. Les essais ont été faits avec cinq formules que nous indiquons :

1 kilogramme de sulfate de cuivre et 1 kilogramme de carbonate de soude.
1 kilogramme de sulfate de cuivre et 2 kilogrammes de carbonate de soude.
2 kilogrammes de sulfate de cuivre et 2^{kg},500 de carbonate de soude.
2 kilogrammes de sulfate de cuivre et 4 kilogrammes de carbonate de soude.

C'est à la première de ces formules, soit 1 kilogramme de sulfate de cuivre et 1 kilogramme de carbonate de soude pour 100 litres d'eau, que l'on doit donner la préférence, parce que c'est celle qui, pour le plus bas prix possible, réunit les avantages les plus nombreux et offre toutes les garanties désirables d'efficacité.

A Marcy, dans la Nièvre, où diverses formules du procédé à l'hydrocarbonate de cuivre ont été expérimentées dans des conditions très diverses, plusieurs vignes n'ont reçu qu'un seul traitement, tantôt préventif, tantôt après un ou deux jours d'invasion ; dans le premier cas, les feuilles ont été presque complètement indemnes, malgré les sept invasions que l'on a observées ; dans le second cas, le succès a été tout aussi satisfaisant quand on a traité le jour même ou le lendemain de l'invasion.

En Côte-d'Or, on a observé les mêmes faits ; mais il y a lieu de penser qu'il sera toujours prudent de faire deux traitements, dont l'un au moins préventif, comme on l'a toujours recommandé depuis qu'on a reconnu dans les sels de cuivre un antidote puissant contre le mildiou.

Malheureusement, et malgré le bon marché des traitements aux composés de cuivre, trop peu de propriétaires ou vignerons ont traité leurs vignes contre le mildiou dans le courant de l'année dernière. Nous pensons que les années prochaines nous n'aurons pas à regretter cette négligence qui est une des causes de la pauvreté de vendanges.

Traitement de l'anthracnose. — Cette maladie qui se déclare, comme l'oïdium et le mildiou, dans les années humides, est causée par un champignon microscopique. Elle se manifeste ordinairement sous la forme de taches ou pustules qui apparaissent sur les parties vertes de la vigne, aussi bien sur les jeunes rameaux et les raisins verts que sur les feuilles. Ces taches, d'abord petites, s'étendent peu à peu et se creusent, et déterminent le rabougrissement des sarments, le recroquevillement des feuilles, et arrêtent la croissance du raisin.

C'est surtout dans les sols bas et dans les terrains humides que l'anthracnose exerce ses ravages. Les vignes qui en sont les plus affectées sont, après le carignan : la clairette, la grenache ou alicante, et l'aramon.

Pour le traitement curatif de cette maladie de la vigne, malheureusement trop fréquente, l'on peut signaler la formule suivante :

Soufre sublimé	50 0/0
Sulfate de fer en poudre	15 à 20 0/0
Chaux grasse en poudre	30 à 35 0/0

Le mélange qui constitue cette poudre, que l'on répand au sablier ou mieux au soufflet, peut être fait à la ferme.

On doit l'employer dès la première apparition du mal et en répéter l'application.

Les soufres composés au sulfate de fer, d'Apt ou de Schlœsing, et la sulfostéatite soufrée donnent d'excellents résultats pour le traitement de ce parasite.

Le black rot. — On sait que la maladie des vignes désignée en Amérique sous le nom de *black rot* s'est malheureusement installée en France et y fait des progrès incessants. Ne l'ayant découverte d'abord que dans un espace très resserré de la haute vallée de l'Hérault, on a pendant deux ans espéré qu'elle demeurerait renfermée dans des limites fort étroites. Mais l'an dernier déjà, M. Prillieux avait pu signaler de nouveaux foyers du mal répandus çà et là dans la vallée de la Garonne, entre Agen et Aiguillon, dans la haute vallée du Lot, à partir de Figeac et aussi dans celle du Tarn, près de Milhau et de Saint-Affrique. Cette année on a reconnu sa présence auprès du riche vignoble d'Aigues-Mortes, à côté de Lunel, et dans la Gironde à Cérons, non loin de Sauterne. Enfin ces jours derniers même, un nouveau foyer a été constaté dans une région jusqu'ici indemne, la Charente, à Chazelles.

Aussi, vu les effroyables dégâts que peut causer la maladie du *black rot*, M. Prillieux n'a-t-il pas hésité à faire expérimenter par un pharmacien d'Aiguillon, M. Lavergne, et tout auprès de cette localité, le traitement cuprique reconnu déjà efficace contre le *mildew*, c'est-à-dire par la bouillie bordelaise. L'expérience a absolument réussi et démontré avec la plus complète certitude, ainsi qu'on le soupçonnait, mais sans l'avoir jusqu'ici positivement établi ni en Amérique ni en France, que les traitements cupriques peuvent arrêter l'invasion du *black rot* comme celle du *mildew*, à condition d'être appliqués à temps et d'une façon convenable.

Nous avons donc aujourd'hui toute assurance de voir la vigne résister au *black rot* comme elle a résisté à l'*oïdium* et au *mildew*, l'expérience d'Aiguillon étant une garantie de succès dans l'avenir.

Chlorose des arbres. — Il arrive fréquemment que, durant l'été, on s'aperçoit du jaunissement des feuilles des arbres fruitiers. Ce jaunissement est un indice d'anémie végétale. Dès que l'on s'aperçoit de son apparition il faut bêcher la terre à un mètre cinquante centimètres autour de l'arbre, afin que les racines malades puissent recevoir la composition suivante : sulfate de fer pulvérisé 0^k525 ; sel commun 1^k500 ; alun de roche 0^k525, total 2^k550. On délaie dans 40 litres d'eau jusqu'à ce que tout soit fondu, puis on arrose l'arbre près du tronc deux fois le premier jour, et on repète l'opération le lendemain. Cette composition donne de la vigueur aux racines non malades, corrode celles qui le sont et rend la force à celles qui ne sont pas entièrement attaquées. M. Dupouy, qui s'est livré à des études comparatives très complètes de l'effet des engrais sur les arbres, remplace la formule précédente par un mélange de 5 kilogrammes de superphosphate de chaux, 1 kilogramme de sulfate d'ammoniaque, 2 kilogrammes de nitrate de potasse et 2 kilogrammes de sufate de chaux, qu'on appliquera à la dose de 200 à 300 grammes par pied d'arbre.

Blanc des rosiers. — Pour combattre cette maladie appelée nielle ou blanc des rosiers, qui gâte et même tue les plus beaux rosiers, il faut avoir recours au remède suivant :

Éteindre 15 grammes de chaux vive dans 10 grammes d'eau ; y mélanger 30 grammes de fleur de soufre et y ajouter petit à petit 60 grammes d'eau ; avoir soin de remuer toujours et de faire cuire le tout jusqu'à réduction à 30 grammes de solution aqueuse. On verse alors un peu plus d'une cuillerée de ce mélange dans un litre d'eau, ou douze à quinze cuillerées dans un grand arrosoir. On bassine les plantes malades au moyen de cette solution. Le lendemain on bassine à l'eau fraîche. Avec deux arrosages, on guérit souvent les rosiers attaqués du blanc.

Maladie des pommes de terre. — *Peronospora infestans.* — (Phytophtora infestans).

Les parasites végétaux et animaux livrent à la vie sous toutes ses formes une guerre sans trève ni merci.

En France le phylloxera, après nous avoir laissé quelques années de répit, a semblé vouloir reprendre ses dévastations en attaquant les vignes en Champagne, et ravageant nos meilleurs crus.

De plus loin, d'Irlande, il nous est venu aussi de terribles nouvelles, le peronospora, parasite redoutable de la pomme de terre, véritable fléau présageant la famine, a fait à plusieurs reprises son apparition brusque et terrible.

De toutes parts se multiplient en Irlande les symptômes du retour d'une catastrophe : la famine, l'impitoyable famine qui, de 1845 à 1849 faucha dans les rangs de la population d'Erin et en réduisit le total, soit directement par la mort, soit par l'émigration forcée, de plus de huit à moins de cinq millions semble menacer de nouveau ce malheureux pays. Comme à cette époque funeste, c'est la maladie des pommes de terre qui met en péril l'existence de tout un peuple.

Sur tout le littoral ouest du comté de Donegal au comté de Kerry, particulièrement dans le Moya et le Galway, sur une partie du littoral est, dans le comté Waherfort le peronospora a fait son apparition.

Ce terrible champignon qui attaque la pomme de terre est le peronospora (*peroné* agrafe, *spora* semence) c'est un parasite entophyte (qui se développe à l'intérieur de la plante). Comme tous les entophytes, ce champignon germe à l'extérieur de la plante nourricière, sous l'influence de l'humidité ; son tube germinatif perce l'épiderme et la couche subéreuse encore mince qui recouvre les jeunes tubercules de la pomme de terre, pour aller développer un mycélium intérieur, touffu, filamenteux constituant la partie fondamentale et végétative de la plante. Les filaments de ce mycélium envahissent ensuite peu à peu la partie aérienne de la plante, déterminant le brunissement et l'altération des tissus qu'il parcourent. Les zoopores vont au moment de la reproduction émettre leurs filaments germinatifs sur d'autres pommes de terre qu'elles infestent.

Le peronospora infestans est un genre de champignons oomycètes de la famille des peronosporées qui comprend encore un autre terrible parasite qui attaque la vigne, le peronospora vénicola appelé vulgairement mildew.

Remède contre la maladie des pommes de terre. — Dans une

Fig. 340. — Petits pâtres bretons, par Henri Girardet

séance de l'Académie des sciences, M. Duchartre a donné d'intéressants détails sur la découverte, par M. Prilleux, d'un nouveau remède à employer contre la maladie des pommes de terre. Dans un hectolitre d'eau on met 6 kilogrammes de sulfate de cuivre et 6 kilogrammes de chaux, et on arrose les plants malades avec ce mélange. Une expérience faite avec le plus grand soin du 5 au 16 août a donné les résultats suivants : 32 0/0 de perte, par suite de la maladie, dans les plants non traités ; aucune perte dans les plants traités par le mélange Prilleux.

Il est indispensable de prendre la maladie au début, c'est-à-dire dès qu'on aperçoit quelques taches noires sur les feuilles. En agissant ainsi, le succès est certain.

Maladie des amandiers. — Les amandiers, dans le midi de la France, sont atteints d'une maladie caractérisée par de grandes taches circulaires orangées, plus jaunes sur les bords, couvrant souvent plus de la moitié de la feuille.

Ces taches sont dues à l'apparition d'un champignon qui occupe le tissu intérieur de la feuille. Les deux variétés d'amandiers, celle qui produit des amandes douces et celle dont les amandes sont amères, sont également attaquées. Le plus grand nombre des feuilles étant atteint, le feuillage offre un aspect caractéristique.

M. Maxime Cornu, qui, en qualité d'inspecteur de l'agriculture, a fait dans le Midi de nombreuses excursions, a constaté qu'en 1882 et 1883, la maladie s'est répandue dans l'Hérault, le Gard, le Vaucluse, le Var, les Pyrénées-Orientales et surtout dans les Bouches-du-Rhône, non loin de Salon. Cette localité est le centre d'importantes cultures d'amandiers. Des centaines d'hectares sont couverts de plantations de cet arbre et Salon est le centre le plus fort du commerce des amandes.

La maladie du pêcher. — Les pêchers de Montreuil, eux aussi, sont malades : ils ne meurent pas tous, mais beaucoup sont frappés.

Cette maladie est caractérisée par la présence sur les rameaux du pêcher de taches de nécrose. On voit apparaître çà et là, dit M. Prilleux, aux premiers jours de printemps, sur les jeunes rameaux de pêcher d'un an ou de deux ans, des taches brunes qui s'agrandissent et finissent par entourer d'un anneau complet d'écorce morte les pousses qui ne tardent pas à mourir ; l'arbre attaqué est alors tout dégarni de branches coursonnes.

Cette maladie cause d'importants dommages dans les jardins des environs de Paris et surtout à Montreuil, où la production des pêches a une si grande importance. On a reconnu qu'elle est produite par un petit champignon parasite appartenant au genre *Coryneum*. La nécrose locale des jeunes rameaux qui en résulte est fréquemment accompagnée de production de gomme ; mais M. Prilleux ne croit pas que l'on puisse attribuer, d'une façon générale, au *Coryneum* la maladie de la gomme, car il l'a vue se produire dans bien des cas où certainement le *Coryneum* ne se développe pas.

L'observateur a signalé l'existence dans les écorces nécrosées de myriades de corpuscules d'une excessive ténuité qui se tiennent dans les tissus profonds où apparaît la dégénérescence gommeuse, mais il réserve pour une autre communication l'étude des causes et des effets de ces corpuscules dans les altérations organiques des végétaux.

M. Prilleux indique comme remède aux ravages du champignon *coryneum* le badigeonnage des branches du pêcher au moyen de solutions de sels de cuivre — le sulfate de cuivre ou vitriol bleu — ou d'acide sulfurique très étendu d'eau. C'est au printemps qu'il conviendrait d'appliquer le remède.

Une maladie du mûrier. — M. Cantoni, directeur de l'École d'agriculture de Milan, a adressé la lettre suivante à la Société d'agriculture :

« Je m'empresse de vous faire savoir qu'il y a une *nouvelle maladie du mûrier*.

« A la moitié de mars de cette année, on m'avait prié de visiter la *Val fredda du Lambro*, où beaucoup de mûriers montraient des rameaux de deux à trois ans presque complètement couverts d'un duvet blanc comme de la neige, faisant croire à une moisissure.

« Cette maladie avait été observée en 1884 et 1885, mais c'est seulement cette année qu'elle se montra d'une façon alarmante, s'étendant aux communes de

Ponte, Longone, Gastino, Castelmarte et Proserpio, jusqu'à Canzo, remontant la vallée du Lambro.

« Pourtant on avait observé que les mûriers qui avaient été largement taillés en 1885 portaient leurs rameaux tout à fait sains, et qu'à présent, tandis que les rameaux malades ne portent que très peu de feuilles, les autres ne laissaient rien à désirer.

« A cause de cela, sans m'occuper de la détermination de la nature parasitaire de la maladie, j'ai cru utile de suggérer une large taille des branches des mûriers malades, après l'éducation des vers à soie, et de les brûler le plus tôt possible.

« Ayant porté à Milan quelques-uns des rameaux envahis on s'aperçut qu'il s'agissait d'un insecte du groupe des Kermès. En effet, au-dessous du duvet blanc, l'écorce présente une espèce de miliaire, à cause des très nombreux et très petits écussons qui couvrent et défendent l'insecte.

« Il semble qu'il s'agisse d'une nouvelle espèce du genre *Diaspis*, à laquelle le savant entomologiste Targioni-Tozzeti appliqua le nom de *Diaspis pentagona*, dont il faudrait étudier la vie pour connaître le moment opportun de le combattre.

« En attendant, M. Franceschini propose un mélange qui est le même que celui que M. Balbiani recommande contre l'œuf d'hiver du phylloxera.

« Enfin, pendant mon excursion dans la vallée du Lambro, j'ai pu observer que des pêchers étaient plus fortement envahis par la même maladie. — Que Montreuil se tienne sur ses gardes! »

Maladie du maïs. — M. Laboulbène a étudié sur les dommages causés aux récoltes de maïs par la chenille du *Botys nubilalis;* voici les conclusions de son important travail :

1° Le lépidoptère nuisible au maïs sur pied, par sa chenille rongeant l'intérieur des tiges, est le *Botys nubilalis*; l'épi est rarement attaqué par pénétration dans le support des graines, sans que l'insecte touche à celles-ci, contrairement à ce que font d'autres espèces dévorant le grain;

2° Cet insecte n'est pas absolument propre au maïs ; on le trouve aussi sur le houblon, le chanvre, le millet;

3° Il devient très nuisible aux plantations du maïs pendant plusieurs années consécutives, si la culture n'est pas alternée; si on abandonne les vieux pieds dans lesquels la chenille passe l'hiver, l'insecte parfait qui en provient va pondre sur les plantes encore jeunes et bien appropriées. On trouve là ce que M. Laboulbène a appelé l'adaptation d'un parasite à un hôte plus favorable ou meilleur;

4° Le moyen d'anéantir les insectes dévastateurs d'une future récolte consiste à recueillir à l'automne ou en hiver les tiges attaquées du maïs et à les brûler soigneusement;

5° Cette pratique rationnelle de détruire par le feu les restes des vieux pieds atteints, pratique que M. Laboulbène a indiquée à plusieurs reprises aux cultivateurs de l'Ain, des Landes, etc., a produit d'excellents résultats.

La gomme des arbres fruitiers. — M. Pierre, de la Société d'horticulture du Cher, a donné à ce sujet à la *Revue horticole* l'intéressante communication suivante :

« J'ai l'avantage de vous signaler un remède contre la gomme des pêchers qui m'a parfaitement réussi. Partant de ce principe que la gomme était produite par un cryptogame, j'ai badigeonné mes pêchers, après avoir mis à nu les endroits malades, avec une bouillie bordelaise très épaisse et très chargée de cuivre. Ce travail a été fait en 1888, fin de l'hiver, peu de temps avant l'entrée en végétation, et depuis je n'ai pas vu une trace de gomme. Je n'ai malheureusement pas la dose de sulfate de cuivre, mais je ne crains pas de dire qu'il en faut au moins cinq fois autant que dans la bouillie bordelaise employée pour la vigne. »

Destruction des mousses. — Qui ne jure et ne peste contre les mousses et le tort qu'elles font aux prairies comme aux pelouses des jardins. Voici un procédé recommandé par un Anglais, M. Edgson. M. Edgson a expérimenté avec succès le sulfate de fer semé à l'état pulvérulent sur les prairies envahies par la mousse. M. Marguerite Delacharlonny a repris ces expériences en France, et, sur un hectare de prairies, il a répandu 250 kilos de sulfate de fer; un mois après, les mousses paraissaient complètement détruites, et loin d'avoir souffert, les herbes avaient poussé avec une nouvelle vigueur. Depuis, les mousses ayant reparu en quelques endroits, un nouveau traitement — mais cette fois seulement avec 100 kilos de sulfate de fer — suffit pour anéantir le reste des parasites. Considération importante : la récolte du foin a presque doublé!

Doit-on attribuer ce rendement seulement à la disparition des mousses? On peut admettre que si le sulfate de fer a agi comme destructeur de ces plantes, il a aussi contribué comme engrais à l'accroissement des herbes utiles; son rôle a donc été double, — ce qui tendrait à démontrer que les mousses s'étaient développées parce que le terrain était épuisé et ne permettait pas aux graminées, légumineuses et autres, de se développer.

Destruction des plantes parasites. — Si votre jardin est envahi par le mouron des oiseaux, petite plante envahissante dont il est fort difficile de se débarrasser, à cause des innombrables graines et des mille radicelles adventives qu'elle produit pour ainsi dire à vue d'œil, il faut pour détruire, après avoir arraché les pieds, attendre une forte gelée et frotter fortement la surface du sol avec un balai de bouleau ou de bruyère. Le succès est certain.

C'est encore le moment de tâcher de débarrasser votre jardin du chiendent, s'il en possède. La façon d'opérer est fort simple : on laboure ou bêche le sol et on laisse les racines de la plante exposées à la gelée qui les fait périr. Cette opération exécutée en la saison chaude serait sans résultat, car le plus petit fragment de chiendent muni d'un nœud émet des racines, et en peu de temps le sol est de nouveau envahi.

Pour détruire le champignon dit « toile des serres ». — M. G.-D. Huet propose l'emploi du sel contre cette végétation microscopique qui envahit les banquettes, les pots et les plantes elles-mêmes, dans les serres à multiplication, et qui est connu vulgairement sous le nom de « toile des serres ». M. Huet a employé ce moyen avec succès, après avoir inutilement remplacé la terre par de la sciure de bois, puis par du mâchefer mélangé de cendres.

Il suffit, pour prévenir la croissance du cryptogame, lors de la rentrée des plantes en terre, de saupoudrer de sel les bâches, avant le placement des pots. Une poignée de sel éparpillée sur les escarbilles de mâchefer dont la bâche est recouverte est suffisante pour trois ou quatre mètres carrés.

Si, au lieu de mâchefer, la bâche était recouverte de terre de sable, de sciure ou autre matière, l'effet du sel serait probablement le même. Si la quantité de sel qu'on aurait mise avait été insuffisante et que des taches de « toile » se montrassent durant l'hiver, rien n'empêcherait de saupoudrer à nouveau la bâche en faisant le nettoyage des plantes.

Destruction des œufs d'hiver du phylloxera. — Les badigeonnages des ceps de vigne au moyen de solutions de sulfate de fer, ou de sulfate de cuivre, ont été recommandés pour détruire l'œuf d'hiver du phylloxera.

Dans une note qu'il a adressée autrefois à l'Académie, M. Faudrin, d'Aix, dit qu'il a fait badigeonner, en hiver, les ceps taillés soit avec une solution d'un kilogramme de sulfate de fer ou vitriol vert, dans deux litres d'eau, soit avec une solution d'un kilogramme de cuivre dans cinq litres d'eau. Le résultat a été de détruire non seulement les œufs, mais encore les insectes qui se trouvaient sur l'écorce. Le sulfate de fer lui a paru préférable au sulfate de cuivre.

De son côté, M. Balbiani a donné lecture de nombreuses lettres de propriétaires qui témoignent des bons effets de la naphtaline pour combattre l'œuf d'hiver et sa progéniture. M. Balbiani a constamment et vivement préconisé l'emploi des mélanges dans lesquels la naphtaline est unie, en certaines proportions, avec la chaux vive, l'eau, les huiles lourdes.

Tous les essais contre le phylloxera n'ont point réussi. Le seul remède a été l'arrachage et le replantage de plants vigoureux.

Parasites végétaux. — Sans être un ennemi redoutable, le puceron de la vigne exerce sur la plante une certaine action destructive ou tout au moins affaiblissante.

M. Steinbrüggen détruit ce parasite en mélangeant des aiguilles de pin ou de sapin avec de la terre et répandant ce compost par couches de un à deux centimètres autour de chaque pied de vigne. Il se produit, dit-il, une action chimique, laquelle donne naissance à de l'acide formique qui éloigne les pucerons.

La Cuscute. — La cuscute est le terrible parasite de la luzerne et du trèfle. On sait avec quelle rapidité elle se répand dans un champ et d'un champ dans toute une région. Une seule graine, mêlée par hasard aux semences de trèfle ou de luzerne, suffit à infester ce champ tout entier.

Tous les agriculteurs, d'ailleurs, connaissent tout le mal causé par cette graine et surtout sa puissance germinative extraordinaire. La cuscute résiste même aux sucs gastriques et lorsqu'un animal a mangé du trèfle au pied duquel était attachée la cuscute, celle-ci retourne bientôt exercer dans les champs ses ravages sous forme de fumier.

Il est donc du plus haut intérêt, pour les agriculteurs, de prendre toutes les mesures qui les préserveront contre une telle invasion. Aussi, sur la proposition de M. Scribaux, le directeur de la station d'essai des semences à l'Institut agronomique, la Société d'agriculture a-t-elle formulé le vœu de voir prendre en France des mesures législatives pour préserver nos champs de ce parasite.

La France ne ferait, en cela, que suivre l'exemple donné par le duché de Bade, la Saxe et le Brunswich. Dans ces pays, en effet, tout individu qui a négligé de détruire dans ses champs la cuscute est puni d'une amende de 5 à 30 marks et d'un emprisonnement équivalent.

Sans recourir à de telles peines, on peut empêcher la propagation de la cuscute. Il suffit pour cela de s'adresser aux cultivateurs, qui prendront eux-mêmes les précautions nécessaires lorsqu'ils achèteront les graines destinées à ensemencer leurs champs. D'ailleurs, à quoi servirait d'imposer la destruction si on n'en continue pas moins à semer le mal ?

C'est donc sur l'examen des graines qu'ils achètent que toute l'attention des agriculteurs doit se porter.

Or, aujourd'hui, grâce à l'organisation des stations agronomiques, copiées sur celle que dirige M. Scribaux, tout cultivateur *peut* acheter des graines exemptes de cuscute. Comment cela ? En exigeant sur facture la *pureté absolue* de la graine de trèfle ou de luzerne.

Mais, dira-t-on, il est impossible d'exiger une pareille chose. Une graine se glisse si facilement parmi les autres !

A cela on peut répondre qu'il faut se faire garantir sur facture cette *pureté absolue* de ses graines. Voici le procédé que M. Denaiffe a proposé pour obtenir de bonnes semences.

Sur cent kilogrammes de graine primitive, il en reste dix-huit impurs, après le travail suivant :

La semence passe d'abord dans l'*épierreur* qui en sépare les pierres, les mottes de terre, les graines dures qui ne germeraient pas, les grains et graines étrangers de volume supérieur à celui de la luzerne (sénés, oseille sauvage, vesces, etc.). L'épierreur est un crible en tôle perforée à trous allongés ou ronds de grande dimension. De cet appareil, la graine se rend dans l'*aspirateur*, qui en sépare la poussière, les enveloppes de graines, débris de cosses, fenasse, débris légers, graines très légères, plates, brisées, ou insuffisamment développées pour germer, enfin la cuscute légère. Une seconde aspiration achève de débarrasser la luzerne des graines étrangères de faible poids et du restant des graines vides ou plates, des insectes, etc. Après l'aspiration, vient un premier criblage séparant la cuscute de petit volume, le sable, la terre et les graines de très petit volume (trèfle blanc, hybride, petit plantain, etc.). Un deuxième criblage enlève encore du sable et de la terre, la cuscute et du plantain de volume moyen, de la luzerne très peu développée et qui donnerait un faible rendement. Enfin, une dernière opération débarrasse la semence de la cuscute et du plantain de gros volume, de la terre, du sable et des graines de luzerne trop petits que n'ont pas écartés les précédents traitements.

On a alors une graine absolument *exempte* de cuscute, ainsi que le prouve le certificat de l'Institut national agronomique délivré à l'acheteur avec la facture.

Ce que M. Denaiffe obtient, tous les grainetiers peuvent l'obtenir, c'est donc aux agriculteurs à prendre eux-mêmes les mesures nécessaires, c'est-à-dire à exiger la garantie de pureté. Les grainetiers ne voulant pas perdre leur clientèle se muniront des appareils nécessaires au lavage des graines et nos champs verront, peu à peu, disparaître la cuscute, qu'on pourrait presque appeler : le phylloxera des prairies.

Le parasite du hanneton. — MM. Prilleux et Delacroix ont annoncé que le parasite de la larve du hanneton était un champignon, le botrytis tenella ; ce champignon est voisin du botrytis bassiana, qui produit la muscardine du ver à soie; bien que leurs caractères soient très tranchés, il est facile, ainsi que le démontrent les expériences pratiquées par MM. Prilleux et Delacroix, d'infecter les larves du hanneton avec le botrytis bassiana, et réciproquement, d'infecter le ver à soie avec le botrytis tenella.

On comprend alors le danger qu'il pourrait y avoir à cultiver sur une grande échelle le botrytis tenella, dans le but d'utiliser les cultures pour la destruction des vers blancs. Il ne serait possible de le faire que dans les pays où l'on ne s'occupe pas de sériciculture.

D'autre part, l'ensemencement des spores du botrytis tenella, qu'il est facile de pratiquer dans des pots de jardin qu'on arrose avec de l'eau renfermant une certaine quantité de ces spores, présente des difficultés lorsqu'il s'agit d'opérer sur une étendue de terre assez considérable.

MM. Prilleux et Delacroix ont cherché le moyen de tourner cette difficulté; ils ont essayé d'infecter des hannetons à l'état parfait, vivants ou morts, et leur intention était d'enterrer ensuite ces hannetons infectés dans les terres renfermant des vers blancs; leurs tentatives ont été infructueuses, attendu qu'ils ne sont pas parvenus à obtenir le développement du botrytis tenella sur les hannetons à l'état parfait.

Ils ont eu recours aux vers blancs vivants, qu'il est facile de se procurer pendant toute l'année, qu'on peut infecter en quelques heures.

Il faut éviter de blesser les vers pour les infecter, attendu que l'infection par piqûre réussit mal et que, d'autre part, les vers piqués meurent et pourrissent sans être muscardinés.

Il faut éviter encore de laisser les vers blancs hors de terre, car, au bout de plusieurs heures, ils succombent et ne s'infectent pas.

Le procédé d'infection que recommandent MM. Prillieux et Delacroix consiste à prendre de grandes terrines plates, comme celles dont se servent les jardiniers pour faire des semis; on les enterre dans un sol frais, à l'ombre; on met, dans le fond de ces terrines, une couche trop peu épaisse pour que les vers blancs puissent s'y cacher; on l'imbibe d'eau légèrement; puis on y dépose les vers, qu'on saupoudre des spores de botrytis tenella; au bout de quatre à six heures, ils sont infectés; on les enterre ensuite dans les plaines qui renferment des vers blancs, et on peut les remplacer par d'autres dans les terrines à infection.

Le Gui. — Le gui devient une plante à la mode vers le temps de la Noël. Sa sombre verdure n'est pourtant pas très gaie cependant, c'est une des rares plantes qui conservent la parure verte des beaux jours pendant les froids hivers. Ses petits fruits blancs contrastent avec sa couleur glauque et en somme le gui ne fait point mauvais effet.

Rappelons rapidement ce qu'est cette plante parasite des arbres de nos forêts : le genre *gui* renferme des arbrisseaux à rameaux articulés et dichotomes, portant des feuilles le plus souvent opposées et des fleurs unisexuelles, monoïques ou dioïques, auxquelles succèdent des baies pulpeuses et monospermes.

On constate des variations plus ou moins importantes suivant le végétal sur lequel a crû le gui. Il est rare sur le chêne, mais se montre fréquemment sur le pommier, le poirier, l'aubépine, l'amandier, l'olivier, le saule, le peuplier, l'aune, le noisetier, le robinier, etc.

La propagation et la végétation de ce parasite présentent quelques particularités remarquables. La graine est portée ordinairement par certains oiseaux, tels que les grives, sur les rameaux des arbres, où elle se fixe par la matière visqueuse qui l'entoure. Bientôt elle entre en germination ; quel que soit le côté de rameau sur lequel elle est fixée, la radicule se dirige toujours vers le centre de ce rameau, vers la moelle, tandis que la tige se développe dans la direction opposée ; le gui arrive à former une touffe, une sorte de boule compacte d'un vert jaunâtre, il fleurit et fructifie toujours à la même époque.

Le gui était bien connu dans l'antiquité, mais c'est surtout chez les Gaulois qu'il avait acquis une haute réputation.

Le gui passait, en effet, pour une panacée, et l'on ne se contentait pas de le prendre comme remède : on en ornait les murs des temples et des habitations, on en mettait la poudre de ses feuilles dans des sachets, que l'on portait suspendus au cou en guise d'amulettes. C'est là, sans doute, qu'il faut chercher l'origine de la haute réputation dont le gui a joui dans l'ancienne médecine, et qui s'est conservée jusqu'à nos jours dans un grand nombre de localités, avec certaines coutumes ou traditions superstitieuses, qui sont comme un reflet lointain du culte druidique. Ajoutons que, dans certains pays, on suspend encore le gui au cou des enfants pour les préserver des maléfices; on en fait des chapelets qu'on croit souverains contre l'épilepsie.

Le gui épuise les arbres sur lesquels il végète, aussi doit-on chercher à le détruire.

TABLE DES MATIÈRES

Pages.

PLANTES COLONIALES

LE DATTIER

LE THÉ

LE CAFÉ

L'ALFA

LE COTON

CANNE A SUCRE

ARACHIDE

LE POIVRIER

SYLVICULTURE

LA FORÊT

LES BOIS

LES LANDES DE GASCOGNE

LE PAVILLON DES FORÊTS

ANIMAUX NUISIBLES A L'AGRICULTURE

MALADIES DES PLANTES

FIN DE LA TABLE DES MATIÈRES

Sceaux. — Imprimerie Charaire e Cie.

www.ingramcontent.com/pod-product-compliance
Lightning Source LLC
LaVergne TN
LVHW052152050726
842523LV00017B/3

* 9 7 8 2 0 1 4 1 1 2 8 0 1 *